倘若没有先于科学的巫师、炼金术士、占星家和魔法师，没有他们如饥似渴地追求种种隐秘的和被禁止的力量，那么，你们相信科学会产生和壮大吗？

——尼采（Friedrich Nietzsche）

《快乐的知识》（Die fröhliche Wissenschaft，1886 年），第四卷

从事了长期的化学史研究，我们今天可以清楚地认识到，在承担化学史撰写的人的道路上都搁置着什么样的困难。除非他求助于古代文献和东方文献，否则只靠渊博的科学知识是远远不够的。

——谢弗勒尔（Michel Eugène Chevreul，1786—1889 年）

1847 年对雷诺和法韦（Reinaud，J. T. & Favé，I.）著作的评论

学问，虽远在中国亦当求之。

——穆罕默德言行录（《圣训》）

苏拉瓦底（al-Suhrawardy）选辑本，第 273 段

Joseph Needham

SCIENCE AND CIVILISATION IN CHINA

Volume 5

CHEMISTRY AND CHEMICAL TECHNOLOGY

Part 2

SPAGYRICAL DISCOVERY AND INVENTION: MAGISTERIES OF GOLD AND IMMORTALITY

Cambridge University Press, 1974

李 约 瑟

中国科学技术史

第五卷 化学及相关技术

第二分册 炼丹术的发现和发明：金丹与长生

李约瑟 著
鲁桂珍 协助

科 学 出 版 社
上 海 古 籍 出 版 社
北 京

图字：01-2001-0315

内 容 简 介

著名英籍科学史家李约瑟花费近50年心血撰著的多卷本《中国科学技术史》，通过丰富的史料、深入的分析和大量的东西方比较研究，全面、系统地论述了中国古代科学技术的辉煌成就及其对世界文明的伟大贡献，内容涉及哲学、历史、科学思想、数、理、化、天、地、生、农、医及工程技术等诸多领域。本书是这部巨著的第五卷第二分册，为该卷“炼丹术的发现和发明”专题研究的第一部分，内容包括：有关炼丹术的历史文献，概念、术语和定义，炼丹程序的鉴定，长生不老药的证明等。

本书适于科学史工作者、化学工作者及相关专业大学师生阅读。

图书在版编目(CIP)数据

李约瑟中国科学技术史．第五卷，化学及相关技术．第二分册，炼丹术的发现和发明：金丹与长生/(英）李约瑟 著；周曾雄等 译．—北京：科学出版社，2010

ISBN 978-7-03-021993-0

Ⅰ．李… Ⅱ．①李…②周… Ⅲ．①自然科学史－中国②古冶金术－技术史－中国 Ⅳ．N092

中国版本图书馆 CIP 数据核字(2008)第070040号

责任编辑：孔国平 付 艳 李俊峰／责任校对：钟 洋

责任印制：吴兆东／封面设计：无极书装

编辑部电话：010-64035853

E-mail：houjunlin@mail.sciencep.com

科学出版社
上海古籍出版社 出版

北京东黄城根北街16号

邮政编码：100717

http://www.sciencep.com

北京虎彩文化传播有限公司印刷

科学出版社发行 各地新华书店经销

*

2010年 4 月第 一 版 开本：787×1092 1/16

2024年 2 月第七次印刷 印张：36 1/4

字数：910 000

定价：309.00 元

（如有印装质量问题，我社负责调换）

中國科學技術史

李約瑟著

冀朝鼎

第五卷 化学及相关技术

第二分册 炼丹术的发现和发明：金丹与长生

翻 译 周曾雄 李敉功 陈 罕

校 订 李敉功 周曾雄 胡维佳

校订助理 胡晓菁

志 谢 华觉明 何绍庚 王明明

谨 以 本 书 献 给

长期奋斗中的两位战友
他们将自然科学知识用于和平和爱
而不是服务于仇恨与战争

北京清华大学植物生理学教授

汤佩松

《绿色的奴役》的作者
世界粮食问题的倡议者
——回想起大普集的战时实验室——
年 年 清 喜

和

前伦敦伯克贝克学院结晶学教授

贝尔纳

《历史上的科学》和《科学的社会功能》的作者

以爱尔兰哺育的罗耀拉般的智敏，
他将人类的三个敌人重新释明；
看那“世界”、“自我”、“魔鬼”身着黑袍兜圈漫步，
而爱的两个朋友高举红旗前行。

凡　例

1. 本书悉按原著迻译，一般不加译注。第一卷卷首有本书翻译出版委员会主任卢嘉锡博士所作中译本序言、李约瑟博士为新中译本所作序言和鲁桂珍博士的一篇短文。

2. 本书各页边白处的数字系原著页码，页码以下为该页译文。正文中在援引（或参见）本书其他地方的内容时，使用的都是原著页码。由于中文版的篇幅与原文不一致，中文版中图表的安排不可能与原书一一对应，因此，在少数地方出现图表的边码与正文的边码颠倒的现象，请读者查阅时注意。

3. 为准确反映作者本意，原著中的中国古籍引文，除简短词语外，一律按作者引用原貌译成语体文，另附古籍原文，以备参阅。所附古籍原文，一般选自通行本，如中华书局出版的校点本二十四史、影印本《十三经注疏》等。原著标明的古籍卷次与通行本不同之处，如出于算法不同，本书一般不加改动；如系讹误，则直接予以更正。作者所使用的中文古籍版本情况，依原著附于本书第四卷第三分册。

4. 外国人名，一般依原著取舍按通行译法译出，并在第一次出现时括注原文或拉丁字母对音。日本、朝鲜和越南等国人名，复原为汉字原文；个别取译音者，则在文中注明。有汉名的西方人，一般取其汉名。

5. 外国的地名、民族名称、机构名称、外文书刊名称，名词术语等专名，一般按标准译法或通行译法译出，必要时括注原文。根据内容或行文需要，有些专名采用惯称和音译两种译法，如"Tokharestan"译作"吐火罗"或"托克哈里斯坦"，"Bactria"译作"大夏"或"巴克特里亚"。

6. 原著各卷册所附参考文献分 A（一般为公元 1800 年以前的中文和日文书籍），B（一般为公元 1800 年以后的中文和日文书籍与论文），C（西文书籍与论文）三部分。对于参考文献 A 和 B，本书分别按书名和作者姓名的汉语拼音字母顺序重排，其中收录的文献均附有原著列出的英文译名，以供参考。参考文献 C 则按原著排印。文献作者姓名后面圆括号内的数字，是该作者论著的序号，在参考文献 B 中为斜体阿拉伯数码，在参考文献 C 中为正体阿拉伯数码。

7. 本书索引系据原著索引译出，按汉语拼音字母顺序重排。条目所列数字为原著页码。如该条目见于脚注，则以页码加 * 号表示。

8. 在本书个别部分中（如某些中国人姓名、中文文献的英文译名和缩略语表等），有些汉字的拉丁拼音，属于原著采用的汉语拼音系统。关于其具体拼写方法，请参阅本书第一卷第二章和附于第五卷第一分册的拉丁拼音对照表。

9. p. 或 pp. 之后的数字，表示原著或外文文献页码；如再加有 ff.，则表示指原著或外文文献中可供参考部分的起始页码。

目　　录

插图目录

列表目录

缩略语表

以下为正文和脚注中使用的缩略语，参考文献中使用的杂志及类似出版物的缩略语，见第310页起。

B　　Bretschneider, E. (1), *Botanicon Sinicum*（贝勒，《中国植物学》）

CC　　贾祖璋和贾祖珊（*1*），《中国植物图鉴》，1958年

CCIF　　孙思邈，《千金翼方》，约660年

CHS　　班固（和班昭），《前汉书》，约公元100年

CLPT　　唐慎微等撰，《证类本草》，1249年版

CSHK　　严可均辑，《全上古三代秦汉三国六朝文》，1836年

CTPS　　傅金铨辑，《证道秘书十种》，19世纪初

HFT　　韩非，《韩非子》，公元前3世纪初

HNT　　刘安等，《淮南子》，公元前120年

ICK　　多纪元胤，《医籍考》，约撰成于1825年，1831年印行；1933年东京影印，1936年上海影印

K　　Karlgren, *Grammata Serica*（高本汉，《汉文典》）

KHTT　　张玉书纂，《康熙字典》，1716年

Kr　　Kraus, P., *Le Corpus des Écrits Jābiriens* (*Mémoires de l'Institut d'Égypte*, 1943年, vol. 44, pp. 1—214)（克劳斯，《贾比尔文集》）

LPC　　龙伯坚（*1*），《现存本草书录》

MCPT　　沈括，《梦溪笔谈》，1089年

N　　Nanjio, B., *A Catalogue of the Chinese Translations of the Buddnist Tripiṭaka*, with index by Ross (3)（南条文雄，《英译大明三藏圣教目录》）

PPT/NP　　葛洪，《抱朴子（内篇）》，约公元320年

PTKM　　李时珍，《本草纲目》，1596年

R　　Read Bernard E., *et al.* (1—7)，李时珍《本草纲目》某些卷的索引、译文和摘要。如查阅植物类，见Read (1)；哺乳动物类，见Read (2)；鸟类，见Read (3)；爬行动物类，见Read (4或5)；软体动物类，见Read (5)；鱼类，见Read (6)；昆虫类，见Read (7)

RP　　Read & Pak（1），《本草纲目》中矿物类各卷的索引、译文和摘要
SC　　司马迁，《史记》，约公元前 90 年
SF　　陶宗仪辑，《说郛》，约 1368 年
SHC　　《山海经》，周和西汉
SIC　　冈西为人，《宋以前医籍考》，北京，人民卫生出版社，1958 年
SKCS　　《四库全书》，1782 年；这里系指从七部钦定抄本中选定一部印行的“丛书”
SNPTC　　《神农本草经》，西汉
SSIW　　脱脱等；黄虞稷等和徐松等，《宋史艺文志·补·附编》，上海，商务印书馆，1957 年
TKKW　　宋应星，《天工开物》，1637 年
TPHMF　　《太平惠民和剂局方》，1151 年
TPYL　　李昉纂，《太平御览》，公元 983 年
TSCC　　陈梦雷等编，《图书集成》（1726 年），索引见 Giles，L.（2）
TSCCIW　　刘昫等和欧阳修等，《唐书经籍艺文合志》。刘昫（后晋，公元 945 年）的《旧唐书》和欧阳修与宋祁的《新唐书》（宋，1061 年）中的书目合编。上海，商务印书馆，1956 年
TT　　Wieger，L.（6），*Taoisme*，vol. 1，Bibliographie Générale（戴遂良，《道藏目录》）
TTCY　　贺龙骧和彭瀚然辑，《道藏辑要》，1906 年印行
TW　　Takakusu，J. & Watanabe，K.，*Tables du Taishō Issaikyō* [nouvelle édition (Japonaise) du Canon bouddhique chioise]（高楠顺次郎和渡边海旭，《大正一切经目录》）
WCTY/CC　曾公亮撰，《武经总要》（前集），军事百科全书，1044 年
YCCC　　张君房编，《云笈七籤》，道教类书，1022 年
YHL　　陶弘景（托名），《药性论》
YHSF　　马国翰辑，《玉函山房辑佚书》，1853 年

志　　谢

承蒙热心审阅本书部分原稿的学者姓名录

这份名录仅适用于第五卷第二至五分册，其中包括第一卷第 12—15 页、第二卷第 xxi—xxii 页、第三卷 pp. xxxix ff. 、第四卷第一分册第 xii—xiii 页、第四卷第二分册第 xxi 页和第四卷第三分册第 xxv—xxvi 页所列与本册有关的学者。

卜德（Derk Bodde）教授（费城）	导言
查尔斯（J. Charles）先生（剑桥）	冶金化学
德布斯（A. G. Debus）教授（芝加哥）	现代化学
何四维（A. F. P. Hulsewé）教授（莱顿）	理论
亚希莫维奇（Edith Jachimowicz）博士（伦敦）	比较（阿拉伯）
摩根（S. W. K. Morgan）先生（布里斯托尔）	冶金（锌和黄铜）
雷蒂（Ladislao Reti）教授（米兰）	仪器（酒精）
施舟人（Kristofer M. Schipper）博士（巴黎）	理论
萨金特（R. B. Serjeant）教授（剑桥）	比较（阿拉伯）
谢泼德（H. J. Sheppard）先生（沃里克）	导言
史密斯（Cyril Stanley Smith）教授（剑桥，马萨诸塞）	冶金和理论
萨默斯（Robert Somers）先生（纽黑文，康涅狄格）	理论
司马虚（Michel Strickmann）博士（京都）	理论
泰赫（Mikuláš Teich）博士（剑桥）	导言
沃森（R. G. Wasson）先生（丹伯里，康涅狄格）	导言（民族真菌学）
齐默尔曼（James Zimmerman）先生（纽黑文，康涅狄格）	理论

作 者 的 话

自写完本书第四卷（物理学及相关技术）的“作者的话”以来，至今已近12年。在此期间为以后的各卷做了不少工作。令人欣慰的是，我们现在能够把第五卷（炼丹术的发现和发明）的实质性部分，即炼丹术和早期化学奉献出来。它汇集了平时和战时的各项技艺，其中包括军事和纺织技术、采矿、冶金和制陶术。此项安排的要点已在第四卷“作者的话”（第三分册第 xxxi 页）中阐明。由于合作方面的迫切需要而不是考虑编排上的逻辑性，所以有关这一门类的其它论题，只得放在化学中心主题之后而不是之前。因而第五卷先出版第二、三、四和五分册，第一和第六两分册则只能俟诸异日。

目前我们正在出版的实际卷数（册数），可能给人一种印象，似乎我们的工作正在按某种几何级数，或者说按某种指数曲线在扩大。但这主要是一种错觉，因为我们是应承许多友人的意见，才努力减少书的厚度以便于阅读的。同时，根据多年的经验，要预言中国文化中各种学科史的撰写究竟要多少篇幅，简直是不可能的。在开始阶段，我们可以给各学科安排一个合乎逻辑的序列（数学—天文学—地质学和矿物学—物理学—化学—生物学），并且给全部与之相关的技术预先留出位置（我们实际上也这样做了），但是要预计出每个学科需要的确切篇幅，用詹姆斯二世党人祈祷（the Jacobite blessing）的话来说，那就“完全是另一回事”了。我们也知道，书中若干章节的篇幅不成比例，可能会给爱好传统式整齐划一的人以杂乱无章的印象。但是我们的材料是不容易“塑造”的，恐怕也不可能做到这一点。在相当程度上我们只得效仿道家的自然不羁，顺由传奇式花圃的出人意表，而避免去抑制茂盛的花木，使之在笛卡尔花圃划定的几何框框中生长。道家可能赞同巴克斯特（Richard Baxter）的观点：“混乱地进天堂胜过有序地下地狱。”由于某种机遇，我们排出的顺序是想把比较容易的学科放在前面（虽然作者当时曾认为数学是一门特别难的学科），因为这些学科无论在基本概念方面或是能得到的原始资料方面都比较清晰而准确。随着工作的进行，出现了两种现象：第一，技术上的成就和扩展，远比预计的更为庞大（如第四卷第二分册和第三分册就属于此种情况）；第二，正如俗话所说，我们深感正涉足于越来越深的水中（这一点将在第六卷关于医学的各章中充分表现出来）。

炼丹术和早期化学是本卷的主题，它们为上述第二种困难提供了相当充分的例证，

但是此类主题还有它们自己的困难。面对一大堆有关古代、中古时期和传统中国的炼
xviii 丹术、化学、冶金术和化学工业的原始概念以及难于确定的事实，作者曾一度几乎失去信心。此类事实较之于在天文学或土木工程等学科中碰到的任何情况，的确更加难以确定，也更加错综复杂，不易阐明。必须承认，我们最后不得不砍除大片的荆棘始得前进。这与我们在西方炼金术和早期化学的传统历史中遇到的杂乱无章的思维和混淆不清的术语是一模一样的。这里，我们必须分清炼丹术和原始化学，并引进若干术语，如制作赝金（aurifiction）、点金（aurifaction）和长生术（macrobiotics）等。平心而论，对于目前的论题，无论是西方学者还是中国学者都还很少研究和了解。不像天文学和数学，早在18世纪，一个宋君荣（Gaubil）就能够做出杰出的工作；而在晚近一些的我们的时代，一个陈遵妫、一个德索绪尔（de Saussure）和一个三上义夫就能够把它们清理出头绪来。假如对于炼丹术和早期化学的研究也已获得这样的进展，那么要明确区别从公元前3世纪到公元17世纪的不同时期内我们所研究的各类炼丹家流派，就会比现在容易得多。同样，有关中国人对"外丹"（无机实验室炼丹术）和"内丹"（生理炼丹术）所作的原则性区分，我们也会取得更充分的了解：前者为来源于矿物的长生不老药的制作，后者则更注意炼丹者自身的作用。而在西方，这种区别甚至在十年前尚未被充分认识。正如我们将在这几个分册中说明的那样，上述两种古老的趋向曾一度结合起来，在宋代以后的医药化学中将实验室方法应用到生理物质上，从而产生了一种我们只能称之为"原始生物化学"的学科。但此点将在有关生物化学的章节中加以论述。

现在简单地介绍一下我们的几位合作者。何丙郁博士，1961年起任吉隆坡马来亚大学中文教授，曾在第四卷第三分册第xxxv页中向读者作过介绍。在本卷中，何博士负责中国炼丹史分章主要部分的起草工作。鲁桂珍博士是作者最早的合作者，（用史学家的术语来说）始自1937年，鲁博士一直从事本卷各册所有阶段的工作，特别是参加了我们了无尽期而又艰难困苦的脑力劳动，写成了介绍有关概念、定义和术语的各节，对所有炼丹术理论、永生思想和复合长生不老药的生理病理学都作了阐述。不过她的特长领域一直是在"内丹"，正是她及时发现了"三元"（the three primary vitalities）、"颠倒"（mutationist inversion）、"逆流"（counter-current flow）及这类深奥形态（matters）的含义，这些至少允许在这里以粗略方式（参见相应的j节）单独拆开的形态，构成了奇异而陌生的体系，这种体系或许类似于瑜伽，但就生物化学思想的前史而言，
xix 它是饶有趣味的①。第三位合作者就是我们要首次表示欢迎的席文（Nathan Sivin）博

① 鲁桂珍博士的若干研究结果已单独发表过［Lu Gwei-Djen (2)］。

士，美国麻省理工学院（Massachusetts Institute of Technology）教授，他为长生不老药炼丹术一般理论的一节作出了贡献。

虽然席文教授给了本书全体写作成员很多帮助，他通读了全书的其余部分，并提出了校订意见，但是必须在这里附带声明（尽管在以前各卷中并无此需要），即我的合作者，除了他们各自直接合作写成的部分以外，对于本书其它部分中的叙述、译文，甚至一般的细微差别，都不能由他们为集体负责。经过我们长久讨论而仍然保留下来的所有不一致以至矛盾的地方，必须由我本人来负责。对此我只能回答说，虽然技巧上还未臻完美，将来肯定会有学者加以改进，但在目前我们已经竭尽所能了。假如命运给我们四人以机会，使我们能在同一地方共同工作6年，那么情况应该会有所不同，但事实是何教授和席文教授两人甚至没有在剑桥见过一次面。因此，这几册书是由不同人经手，花费相当长时间，艰苦创作才得以问世的。其中当然会有理解程度不一致的痕迹。的确，仅就长生不老药理论这一节而论，假如我没有做过若干润饰工作，而该节的某一部分（也许并非无关紧要的部分）又是何丙郁和我在1959年初发表的论文的修订稿的话，该节应当注明“席文撰”，而不是“与席文合撰”。没有时间和地点上的一致，要达到完全令人信服的一致事实上是很难完成的。但是，这并不等于说，在整体范畴内我们对于各主要事实和问题没有在总体上把握住统一性，因此我们完全可以称作是合作者。

此外，我渴望进一步表达感谢之情。在第二次世界大战期间，我曾帮助剑桥获得了《道藏》和《道藏辑要》。稍后（1951—1955年），曹天钦博士，当时是基兹学院（Caius College）研究员（Fellow），利用我们专门收集的一套显微胶片（现在属于东亚科学史图书馆，East Asian History of Science Library，系一家教育信托机构），对《道藏》中有关炼丹的书籍作了一次最有价值的开拓性研究。在他回到上海中国科学院生物化学研究所（近年来他任该所副所长）以后，他的这些研究记录对何博士和我是很大的帮助，成为我们的另一节——水溶性反应——的主要基础。其次，当我们面对东方和西方化学仪器演变这样一种令人迷恋而又困难重重的研究时，李大斐（Dorothy Needham）博士曾投入了大量的精力，其中包括了若干起草工作。不过这刚好充当了她自己有关肌肉生物化学史的著作《肉体机器》（*Machina Carnis*）中的一个部分。她也通读了全书，也许她是全世界唯一这样做的人。

校对各节打字原稿和样稿的人数可能没有以前各卷那么多，我们要特别感谢圣约翰学院（St John's College）的查尔斯（J. A. Charles）先生，他是一位化学家、冶金学
家和考古学家。从最初的时期起，他向何博士和我提供的建议就是极其宝贵的。我们 xx
也曾和沃里克郡（Warwick）的谢泼德（H. J. Sheppard）先生进行了可贵的磋商，特别

是他在剑桥丘吉尔学院（Churchill College）任教师（Schoolmaster-Fellow）的时候。由于某种原因，碰巧剑桥的化学家当时几乎没有什么人对他们学科的历史感兴趣。但如果贝里（A. J. Berry）博士和帕廷顿（J. R. Partington）教授还在世的话，我们本来是能够得到他们的帮助而获益匪浅的。事实上我们确曾与帕廷顿教授有过富有成果和非常友好的交往，不过主要是有关火药方面的。当时王铃教授和我曾共同努力并相当成功地使他信服，中国在这方面作出了真实和主要的贡献，但那时本卷还未动笔。1968年，即本卷开始写作很久以后，在科莫湖（Lake Como）畔贝拉焦（Bellagio）的塞尔贝洛尼镇（Villa Serbelloni）召开了首届道教研究会议。何丙郁、席文和我都出席了这次会议。在会上我们从著名的道师施舟人（Kristofer Schipper）那里得到了很大的激励，从而在我们的导论中意外地增加了有关礼拜仪式和炼丹术起源的一节。除了专业领域内其他许多同事提出的宝贵意见外，席文博士还希望我们提到史密斯（Cyril Stanley Smith）教授评述长生不老药炼丹术理论整节的好意，他还对何四维（A. F. P. Hulsewé）教授及其同事的殷勤接待表示感谢，当时该项研究正在酝酿之中，研究的准备工作差不多全是在莱顿的汉学研究所（Sinologisch Institute）进行的。

必须说明，这几册中的某些部分是对邀请我们的团体所作的演讲。因此，导论中各节引用的有关概念、术语和定义等部分，是为在巴黎巴斯德研究所（the Pasteur Institute in Paris）举行的拉普金（Rapkine）讲座（1970年）和次年在伦敦伯克贝克学院（Birkbeck College in London）举行的贝尔纳（Bernal）讲座写的。有关历史的各节，特别是有关近代化学的开始部分，曾用于威尔士班戈大学（the University of Wales at Bangor）举行的巴拉德·马修斯（Ballard Matthews）讲座。“内丹”资料中的相当部分乃是构成牛津贝利奥尔学院（Balliol College，Oxford）弗里曼特尔（Fremantle）讲座的基础①，而在此之前一年，还曾以更为简要的形式在伦敦哈维学会（Harveian Society）的哈维（Harvey）讲座上使用过。

我们在这几册中向学术界提供的，并由本册第三十三章论述炼丹术和早期化学所提出的所有其它问题之外的一个问题，就是人类的统一性和连续性问题。按照我们在这里的论述，我们能否让自己想象，在不远的将来，我们能够将人类研究化学现象的历史写成整个旧大陆文化的一项单一的发展呢？假定古代冶金术和原始化学工业曾有过几个不同的中心，那么炼丹术和化学在蔓延似地从一种文明传播到另一种文明的进程中，究竟在多大程度上逐渐成熟为一项单一的有目标的努力（endeavour）呢？

---

① 因此，与此有关的一册，乃是对已故弗里曼特尔（Francis Fremantle）爵士的捐助托管人履行责任，即出版该讲座的演讲稿（1971年）。

按照通常的想法，人类的经验的某些形式，看起来比其它形式取得了更明显的进步。我们很难说米开朗琪罗（Michael Angelo）比菲迪亚斯（Pheidias）或者但丁（Dante）比荷马（Homer）有多大进步，但是要说牛顿（Newton）、巴斯德（Pasteur） xxi
和爱因斯坦（Einstein）对于自然界的知识比亚里士多德（Aristotle）或张衡知道的多得多，恐怕是没有什么问题的。这就告诉我们，艺术和宗教作为一方，科学作为另一方，两者之间是会有某些差异的。虽然看来没有人能说清楚这些差异到底是什么，但是在自然科学领域内，我们无论如何得承认，随着时代它有一种不断的进化，一种真实的进步。尽管文化可能是多种多样的，语言也各不相同，但是它们都参加了同样的追求。

在本书的各卷中，我们假定只有一种单一的自然科学，它是由人类的各个群体经常在不同程度上接近，并以不同程度的成效和连续不断地创建形成的。这就是说，我们能够从古巴比伦的天文学和医学的草创开始，经过中古时期中国、印度、伊斯兰国家和古典西方世界自然科学知识的发展，直到欧洲文艺复兴后期最有效的发现方法本身（像曾说过的那样）被发现时的突破，探索出绝对连续性的轨迹。许多人可能都持有这种观点，但是还有另外一种观点，它是与一位30年代的德国世界史学家斯宾格勒（Oswald Spengler）的名字相联系在一起的。斯氏的著作，特别是《西方的没落》（*The Decline of the West*）［Spengler（1）］一书曾一度颇负盛名。按照他的观点，由不同文明产生的科学，犹如独立而互不相容的艺术品一样，只有在它们自身的参考系内才是正确的，不能纳入单一的历史和单一而不断增长的结构中去。

我认为凡是曾受到斯宾格勒影响的人，对于他所描绘的各个特定文明或文化的兴衰图像，如同人类或动物生命周期中的单个生物机体从出生、成长到衰亡一样，多少都会有所尊重。对于诸如道家哲学观点的一切同情，实际上我也不能拒绝。道家始终强调自然界生与死的循环，恐怕庄周本人也具有这种观点。虽然人们易于看到艺术风格和表现形式，宗教仪式和教义，或者说不同类别的音乐是无法相互比较的；但就数学、科学和技术而论，情况就不一样了。人们经常生活在其中的环境，其性质基本上是不变的，因此人们对环境正确的理解，也必然趋于一个不变的结构。

对于某些学者，在急于对古埃及或中古时期中国、阿拉伯或印度的世界观与我们自己的世界观之间的差异作出公正的评价时，如果他们并不总是仿照可能会导致斯宾

格勒悲观主义的思维方式行事的话，那么这一点也许就无须强调了①。我说悲观，是因
xxii 为他确实预言过近代科学文明的没落和衰亡。例如我们的合作者席文，就经常正确地指出，对于中古时期和传统的中国，"生物学"并不是一门独立而有明确定义的科学。人们有关生物学的概念和论据，来自哲学著作、本草学书籍、农学和园艺学的论文、自然物群的专论以及各式各样名目繁多的笔记等作品。他强调如果不附加条件地说"中国生物学"，会使人以为有这样一个科学体系，而它在历史上实际并不存在，并且会忽视确实存在的智力模式。如果过分认真地对待这种人为的学科名称，也将意味着一种自然的，但可能是错误的假定，即中古时期的中国科学家与近代的西方同行一样，对于有生命的世界提出一模一样的问题，只是由于偶然的机会，通过民族特性、语言、经济、科学方法或社会结构的某种特殊倾向而得到了不同的答案。按照这一思路，人们就不会去研究古代和中古时期的中国科学家是否问了一些同样的问题。一部成功的比较科学史的建立，不是罗列一些现在对我们有意义的孤立的发现、见解或技能，而主要是"正视整个复杂的概念体系，并保持它们之间的联系和接合的完整性"。只有理解了那些待解决的问题，这类复杂的体系才能保持其完整。换句话说，中国的科学必须看成是从一种理论认识发展为另一种理论认识，而不是看做向现代科学的一种失败的发展。

所有这一切都已非常清楚；当然人们不可简单地把传统的中国科学看成是一种"失败的"原型，但是这里要做的阐述无疑必须极端审慎。必须防范陷入另一极端的危险，即否定一切科学基本上有连续性和普遍性。这就可能使斯宾格勒的观念死灰复燃，即认为已经死亡的（更糟糕的是现行的）各种非欧洲文明的自然科学都是隔绝的、不能相互融合的思维模式，比之其它任何东西，它们更像各不相同的艺术品，是一系列对自然界的不同观点，既相互矛盾又互不相关。这种观点有可能被用作历史上某种种族主义教义的外衣，认为近代以前的科学和非欧洲文化，完全受种族特征所制约，并且严格地封闭在它们自己的范围之内，不属于人类阔步前进的一部分。不仅如此，这

① 最近，在地质学家中一直在进行着一场与此有关的辩论。哈林顿［Harrington（1，2）］曾在希罗多德（Herodotus）和以赛亚（Isaiah）的著作中查到了颇令人感兴趣的地质学见解，但他曾受到古尔德［Gould（1）］的指责，后者坚持认为"科学并非向真理的迈进，而是一系列各自适应于一种主导文化的概念体系"，认为进步在于上述概念体系的转变，即具有创造性的思想家用新概念来处理旧理论的异常现象，使之转化为新的信仰体系。这显然是库恩（Kuhn）的方法。但是现在还没这样一道公式，它将能充分说明真正的知识是如何逐步渗透到各个连续的文明中去的，以及它是如何全面地积累起来的。哈林顿［Harrington（3）］本人在他的回答中坚持认为，"自然界存在着一种独特的状况，一切对现实的评价都向它汇聚"，因此他认为人们能够并且应当以其本身对自然界的知识来评估古人的见解，同时千方百计地了解他们的智力结构。他还以中古时期中国人对化石意义的评价为例作了说明（参见本书第三卷，pp. 611ff.）。我们感谢得克萨斯（Texas）的奥尔布里顿（Claude Albritton）教授，是他引起了我们对这次辩论的注意。

种观点几乎没有留下空间来容纳人们经常遇到的作用和反作用，即一种文明对另一种文明所产生的根深蒂固的影响。

席文在另一处写道："为什么中国从未自发地经历过相当于我们的科学革命？显然，这个问题很接近于比较科学史的核心。我的看法是，要想把中国的传统从内部充分弄清楚以前就得到任何答案，简直是浪费时间和徒增烦恼。"情况已非常清楚，我们 xxiii
当然必须懂得那些用阴阳、五行、象征的相互联系和《易经》中的卦爻来进行思维的人们，并学会本能地透过他们的目光去观察。但是这种阐述在这里可能再一次暗示一种纯粹是内在主义者的或意识形态的解释，以说明近代自然科学没有在中国文化中产生的原因。我并不认为最后我们将会主要求助于被当作一种隔绝的斯宾格勒单元来看的中国思想界所固有的抑制性因素。想必人们总是希望，这些智力限制的因素有些是会被识别的，但就我而言，我仍然相信，如果社会和经济条件曾有利于中国近代科学的发展，上述诸因素中有许多因素是可能克服的。假如情况真是如此，那么那时发展起来的近代形式的科学就会与西方实际发展起来的有所不同，或者说发展的顺序不同，这就无从确知了。例如，当时中国没有欧几里得（Euclid）几何学和托勒密（Ptolemy）的行星天文学，但中国却做了研究磁现象的全部基础工作，这乃是以后电学的主要先驱①。此外，中国文化所秉承的观念，较之西方文化具有更多的有机性和更少的机械性②。不仅如此，我们将看到中国文化也许独一无二地提供了有关长生不老药的唯物观念，这种观念经由阿拉伯传至欧洲，导致了罗杰·培根（Roger Bacon）长寿的乐观主义和帕拉塞尔苏斯（Paracelsus）的医药化学革命。就近代科学的起源而论，其重要性不亚于伽利略（Galileo）和牛顿（Newton）。不管中国思想界在意识形态上的抑制性因素最后证实是什么样的，但实际情况始终是：传统中国的社会和经济特性是与这些因素分不开的。它们显然是那种特定形式的一部分，而在这些问题上人们不得不利用"一揽子交易"的方法来思考，当然，同样的道理，古希腊人的科学成就与他们的商业、海运和城邦民主制的发展是分不开的。

总而言之，中国没有产生出具有特色的近代科学来，但同时又在许多方面领先欧洲大约14个世纪之久，这是需要作出某种解释的③。照我的看法，内在主义的历史编纂学很可能在这里遇到巨大的困难，因为亚洲文明的理性、哲学、神学和文化的观念体系，不可能接受由某种原因引起的压力并采取所需的应变。其中某些观念体系，诸

① 见本书第三卷和第四卷第一分册中的讨论。

② 关于此点，在本书第二卷各章节中都曾加以强调。

③ 这里提及的争论点，我们在本书第三卷 pp. 150 ff. 作了初步说明。某些在不同时期所作的"独白"也由李约瑟［Needham（65）］汇总。

如道教和理学，实际上看起来比任何欧洲观念体系，包括基督教神学在内，都更适应近代科学。很可能最终的解释将被证明是极其矛盾的：贵族的军事封建主义看起来比
xxiv 官僚的封建主义强大得多，但是实际上是弱得多，因为它没有后者合理。信奉造物主上帝的神教能够产生近代科学思想（三教从来没有可能做到），但是并不能给它一种灵感，一直持续到现代——如此等等。对此我们现在尚不清楚。

类似的问题近来一直使波斯学者赛义德·侯赛因·纳斯尔（Said Husain Nasr）感到困扰，他正在为伊斯兰国家的科学史作出重要的贡献。对他来说，他也面临着阿拉伯文明未能产生近代科学的问题。但是他远没有对此表示遗憾，反而摈弃一切对整体的、社会进化的科学发展的信仰，把它当作优点来肯定。打开他近期的一本书来看，我们可读到如下的一段文字[①]：

> 现在，科学史经常被看成是对自然的研究中技术的逐步累积和定量法的改进。此种观点认为，现今的科学概念是唯一正确的，因此它按照近代科学来判断其它文明的科学，并且主要是根据它们随时间的“发展”来进行评估。但是，本书的目的不是从近代科学的观点和这一“进化论的”历史观来检验伊斯兰国家的科学。刚好相反，而是按伊斯兰的观点反映伊斯兰科学的某些状况。

现在，纳斯尔认为中古时期伊斯兰教的神秘主义者和一般哲学家曾寻找并找到过一种神秘的灵知（*gnosis*），或者说宇宙的智慧（*sapientia*），在其中所有的科学“都知道它们的位置”（如同旧时大宅第中的奴仆一样），并伺候着神秘的神学，把它作为人类经验的最高形式。因此，在伊斯兰教中，神的哲学就是“科学之女王”（*regina scientiarum*）。任何人只要懂得一些神学和科学，就必然会在某种程度上同情这种观点，但是它的确有两个致命的缺点：否认人类经验形式的平等和把伊斯兰的自然科学与全人类自然科学大步前进的运动分隔开来。纳斯尔反对单独用表面的“有用”来评价中古时期的科学。他写道[②]：“不管它的用途在历法演算、灌溉或建筑方面多么重要，其最终目的始终是使现实的各种规则保持一致，从而使物质世界与它的基本精神原理联系起来。它只有按照其本身的目的和本身的观点才能得到理解和评价。”我不同意这种论点。我必须坚持，中古时期的科学是全人类科学事业的一部分，其中既不分希腊人或犹太人，也不分印度人或汉人。“帕提亚人（Parthians）、梅德人（Medes）和埃兰人（Elamites），以及居住在美索不达米亚（Mesopotamia）、犹地亚（Judaea）、卡帕多西亚（Cappadocia）、本都（Pontus）和亚洲……以及利比亚（libya）的昔兰尼（Cyrene）附

① Nasr（1），p. 21。

② Nasr（1），pp. 39—40。

近若干地区的人们……我们确实听到他们用我们的语言谈论上帝的神奇之作。”①

纳斯尔［Said Husain Nasr（2）］的另一部著作也明确地表露他否认人类经验形式的平等。恐怕由于低估了基督教国家内传统上对自然界的高度评价，托马斯·布朗爵士（Sir Thomas Browne）写道②：“自然界是一篇普遍而通用的文稿，它展现在全人类的眼前。”他在文艺复兴时期的科学革命中看到了一种对自然界的根本的非圣化现象， xxv
他极力主张，为了有利于本质上是宗教的世界观，可以说，只有重新圣化自然，人类本身才能从厄运中得到拯救，否则的话是无法避免的。假如近代科学仅在基督教国家内部出现，并与基督教思想有某种因果关系的联系，那么照他看来，它会给予科学一种坏的影响。他说：“为什么近代科学绝不会在中国或伊斯兰国家出现”③，其主要原因正是：

> 由于存在着一种玄学和传统的宗教结构，拒绝把自然造成一种渎神的东西……无论在伊斯兰国家，还是在印度或远东，既不会从自然的物质和本质中抽取出神圣的和精神的特性，也不会去削弱这些传统智慧的范围来使纯世俗的自然科学和世俗哲学能够在传统智慧的正统模型之外得到发展。近代科学没有在伊斯兰国家发展，并不像有些人声称的那样，是一种衰败（或无能）的标志，而是伊斯兰国家拒绝把任何形式的知识看做是纯粹的世俗知识，而且脱离它想象中所认为的人类存在的最终目的。

这些都是惊人之语④，但是它们是否意味着只有在欧洲，各种经验形式才发生明显的演变呢？换句话说，纳斯尔是从一种受宗教支配⑤的中古时期世界观的再造中，而不是从受伦理支配的各个个人的现行活动中去寻找各种经验形式的综合。那是走回头路，但回头路是没有的。科学家必须这样工作，好像自然界就是“渎神”的。正如桑蒂利亚纳（Giorgio di Santillana）所说⑥：

> 哥白尼（Copernicus）和开普勒（Kepler）相信的宇宙景象与穆斯林曾经信奉的一样多，但当他们不得不在面对“真理的关头”，他们选择了一条显然不是神灵之路；他们认为事物本来怎样，就应当说成是怎样，总之，他们觉得这样做是更加尊重神的智慧。

---

① 《圣经·使徒行传》（Acts）2.1。

② *Religio Medici I*, xvi. “例如有两本书是我收集神学的来源；除了一本写上帝外，另一本写他的仆人，即自然界……”

③ Thomas Browne（2），p. 97。

④ 持这一类观点的绝非限于穆斯林学者。从布尔克哈特［Titus Burckhardt（1）］有关炼金术的书中，我们可找到来自基督教世界内部非常类似的态度，特别是参见 pp. 66，203。

⑤ 这使我们感到很惊奇，即他认为中国文化在任何时候都是受宗教支配的。

⑥ 见桑蒂利亚纳为纳斯尔著作所写的序言［Said Husain Nasr（1），p. xii］。

也许这是标志一种只能称之为“保守观念”的弱点，它驱使纳斯尔拒绝宇宙、生物学和社会学方面整个进化的事实和理论。

在把近代自然科学作为一种对“自然的非圣化现象”来思考时，就会联想到许多意见和可能性，但是有一个显然令人吃惊的原因，那就是它发生在基督教国家，即一种宗教的老家之中，在这里神的化身已经使物质世界神化，然而它却没有发生在伊斯兰文化地区，在那里从来没有产生一种基督教式的救世教义[1]。这种环境可能提供一种支持社会和经济因素在科学革命突破中占首要地位的论证。意识形态、哲学和神学方
xxvi 面的差异也许绝不会被低估，但至关紧要的是一些有利的压力使封建主义转变到重商主义、再转变到工业资本主义。这些压力除了法兰克人的西欧文化以外，没有在其它任何文化中起过有效的作用。

在另一处地方，纳斯尔想知道伊本·海赛姆（Ibn al-Haitham）或比鲁尼（al-Bīrūnī）或哈齐尼（al-Khāzinī）对于近代科学的看法。他推想他们在看到严格的定量知识在目前所占的地位时必定会为此感到惊奇。他们对此不会理解，因为对于他们来说，一切科学（*scientia*）都从属于智慧（*sapientia*）。他们的定量科学只是解释一部分自然，而不能了解自然的全貌。他说：[2]“在伊斯兰世界始终处于次要地位的‘先进的’科学，现在在西方差不多成了最重要的东西；而不变的和‘不先进的’科学或智慧，原本处于主要地位，现在却缩减到几乎没有了。”碰巧我在历史上的一个可怖时刻读到了这些话。从纳斯尔永远不变的伊斯兰智慧（*sapientia*）的立场来批判近代科学的世界观，假如有什么分量的话，那么可以肯定，近代科学及其产生的技术已经远远超前于西方和现代世界的道德。因而我们一想到人类恐怕不能控制它而感到不寒而栗。也许过去人类社会中还从未有人能控制技术，但是他们未曾面对现在那样破坏的可能性。我读到纳斯尔话语的时刻，正值1970年9月约旦（Jordan）内战之后，那是发生在伊斯兰国家内部的一场可怕的、自相残杀的大灾难。后来，我们得知另一场更加骇人听闻的实例。孟加拉（Bengali）的穆斯林被他们来自印度河谷（Indus Valley）的同宗教兄弟大批屠杀，智慧（*sapientia*）没有能防止这类事情，从历史的观点来看，在大量伊斯兰国家或东亚国家的内部，战争和各种残酷的行为，看来并不比基督教国家少。无论如何，近代科学是无辜的，它并未使人类命运变坏，相反它已使人类命运大大变好，一切都取决于人类将如何利用这些难以想象的力量，是为善还是为恶。为了人类

---

① 丘皮特（D. Cupitt）大师在继剑桥神学院演讲（1970年）后的讨论中曾讲了此论点，并使用了演讲中的若干段落。其中一部分后来曾发表［Needham（68）］。两相对比只是程度上的不同，因为伊斯兰哲学也倾向于承认物质世界是一种神的创造。

② Nasr（1），p. 145。

的安全，需要某种新事物；我相信这种新事物能够并且终将被找到。

在以后的讨论中，席文明确地表示，他和我们其余的人一样，正受托从事一般的比较科学史的研究。那将有力地证明我们全部工作的正确。他的论点并不表示中国的（或印度的，或阿拉伯的）传统，只能根据它自身的世界观来评估，然后留作为博物馆的一种艺术品，而是表示对于这种传统，必须尽可能充分地去了解它，并据此作为在广阔范围内进行比较的前奏。他认为真正有益的东西不在于孤立的发现之间的对比，而在于作为发现模式的整个思想体系间的对比①。因此，人们可能会同意，不仅那些特定的、个别的超前于近代科学的发现，在显示人类自然知识缓慢发展方面是饶有趣味 xxvii
的；而且我们需要确切地弄清中古时期中国、伊斯兰国家或印度的世界观和科学的哲学，与近代科学的世界观和科学的哲学到底有什么不同，它们彼此之间又有什么不同。显然，每一种传统的体系之巨大意义不仅在于其本身，而且在于它与我们现代观念模式的关系。由此可见，作为走向近代科学的明显步骤，我们不仅要称颂中国人在公元前1世纪所作的太阳黑子的记录②，陶弘景在公元5世纪最早提到的有关钾盐的火焰试验，或者库特卜丁·设拉子（Quṭb al-Dīn al-Shīrāzī）于1300年③首先对“虹”作了正确的光学解释；而且要注意去检验产生这些新事物的整个思想和实践体系。近代科学曾是它们的共同目标，但是它们的进化，只能根据由当时总体观念、价值和社会态度所开放或封闭的各种可能性来解释（也就是说，说明其因果关系）。

论述原始化学炼丹术的理论背景的第三十三章（h）可以当作用上述方法考察早期科学的一种例证或试验④。席文的贡献在于论述了一种研究自然的抽象方法，而这种方法与伽利略以后的物质思想几乎毫无关系。纵观擅长理论的炼丹术士的目标，并用他们自己的话来表达，证实他们善于设计和构造一套精致的化学模型，以表现统驭一切自然变化的宇宙循环之道。大量的和谐与共鸣鼓舞着这些模型的设计。人们可以从他们的基本理论中判明若干要素：矿物在地球内部成熟的古老信念、时间的复杂作用以及数和命理学之间的微妙关系，以确保实验室是一个微宇宙。一旦我们对结合诸要素的体系至少有了一个粗略的了解，我们就能领悟到中国炼丹术士所想象的、非凡的极乐境界：把超越一切的宇宙大循环缩小为一个罗盘，使术士能够对此进行思考，正如我们所说的那样，导致与宇宙秩序完全融为一体而达到理想的自由境界。但是在调查研究的过程中，我们收集到了非常丰富的思想观念，值得我们去探讨，并和其它文化，

① 参见 Sivin（10）。

② 参见本书第三卷，p. 435。

③ 参见本书第三卷，p. 474。

④ 在席文［Sivin（9）］的原著中，可以找到此种方法的另一次尝试，它用于数理天文学。

其中包括近代世界的思想观念进行比较。例如，作为典型的世俗科学的炼丹术思想，来源于独特的肉体永生的观念。这是一种有可能控制变化和衰败的崇高信念。我们着手去了解炼丹术士的思想是如何确定他工作的各个细节的，即材料、仪器和燃烧火候的匹配和改革，以及几百年以后，新结果如何在新的提高的理论中得到反映的。

同样重要的是要注意到，前近代科学体系的每一项超前的重要成就都有其阴面和阳面，即优点和缺点。例如，中国天文学的天极－赤道体系使虞喜对岁差的识别比喜
xxviii 帕恰斯（Hipparchus）晚6个世纪，但另一方面，它又使苏颂比胡克（Robert Hooke）领先同样的时间，首次把转仪钟应用在观测仪器上；由一行和梁令瓒制作的机械化示范装置，比格雷厄姆（George Graham）和汤皮恩（Thomas Tompion）于1706年[1]制作的太阳系仪早一千多年。同样，也许由于坚信有物质的长生不老药存在，致令无数的王公大臣丧失了生命，其数量绝不少于道教的术士；但是它也确实积累起大量有关金属及其盐类的知识。像火药这样一些震动世界的发明，就是为了寻求上述知识而偶然得到的。同样，古代有关用尿和其它分泌物作药的思想，如果我们不知道经过一系列合理但具有准经验性的思考，与本来为完全不同的目的而发展起来的化学技术相结合，就会导致类固醇和蛋白质荷尔蒙的制备，比实验内分泌学和生物化学时代早好几个世纪，那么我们可能很容易就把它当作“原始的迷信”抹杀掉。

前面我已简要地提到，在人类连续性和一致性的观念中，唯一的危险是把近代科学作为定论，并以此画线来评判过去的一切。这一点已受到阿加西（Joseph Agassi）的严厉批评，他［Agassi（1）］在关于科学史编纂学的生动的专论中曾不无讽刺地说：只需“把科学教科书按年月顺序重新排列”，对于过去的科学家则按照他们的发现在现代知识的主体中仍然占有的份额大小进行裁定并打上黑色或白色的标记。显然，这种培根式的，即归纳主义者撰写科学史的方法，是绝不会公正地对待哈维和牛顿的“黑暗面”的，更不用说是帕拉塞尔苏斯了。对于那种神秘的炼金术灵感和思想源泉的领地，我们必须克服很大困难才能恢复。正如帕格尔（Walter Pagel）的毕生事业所成功地显示的那样，这块领地对于思想史是很重要的。人们立刻可以看出，对于非欧洲文明来讲，这种困难更大，因为他们的思想界是我们所更不熟悉的。不仅如此，现代知识的主体每天都在变化和增长。我们根本无法预见距今100年以后它的面貌将是怎样。皇家学会的会员喜欢说：“自然现象的真实知识。”但是没有人知道得比他们更清楚，这种知识是随时间不断变化的。它既不独立于西欧历史的偶然事件之外，也不是对过去的科学发现（无论是西方的还是东方的）的价值要求进行专门审判的最终法庭。它是

① 所有这一类内容，请参见本书第三卷和第四卷第二分册。

一杆可靠的量尺，只是我们绝不要忘记它的暂时性。

我的合作者和我本人早已习惯于把古代和中古时期所有民族的科学和文化比作河流，它们都流入近代科学的大海。用中国一句古话来说就是："朝宗于海。"① 总的说来，这无疑是正确的。但是仍有充分的余地来容纳各种不同意见，如过程是如何发生的，又是如何进行的。人们可能认为中国和西方的传统实质上循着同样的道路通向今 xxix
天的科学，根据归纳主义者的观点，任何古代体系都可以用这个现代的科学来度量。但是在另一方面，正如席文所坚持的那样，这些传统本来就走着各自的道路，现在仍是这样，它们之间真正的结合，还有待于遥远的将来。毫无疑问，各门科学的融合点，亦即江河最后入海处的沙洲，是各不相同的。在天文学和数学方面，只花了较短的时间，那是在 17 世纪；在植物学和化学方面，进程要慢得多，直到现在才完成，而医学的融合则尚未发生②。现代科学并未停滞不前，谁能说出未来的分子生物学、化学或物理学，到底会在多大程度上必须更多地采用有机主义的观念，而不是迄今流行的原子和机械论的观念呢？谁又能知道随着医学的继续进步，由心理和情感引起身体病症的观念可能需要怎样进一步发展呢？在诸如此类的场合下，要是今日的科学长此以往保持不变，那么传统的中国科学的思想体系在整个科学的最终状态中所起的作用会比人们可能承认的大得多。我们必须永远牢记，事物要比它们表面看起来的更复杂，而且智慧并不是我们天生的。为了撰写科学史，我们必须把现代科学当作标尺，这是我们唯一能做的事，但是现代科学也会变化，而且还没有终点。事实证明，这里还有另一条理由把人类研究自然的整个进程看作一项单一的事业。但是我们必须回到我们正在介绍的这一卷书上来。

虽然本书第五卷其它各分册尚未准备付印，但我们仍乐意提一提与我们合作的人们。第五卷第一分册有关军事技术的章节③，至今草稿已完成了多年④，但是由于要撰写一个极其重要的一节而耽搁了，这一节是关于人们熟知的最早的化学炸药，即火药的发明的，虽然进行此项研究所需的各种笔记、书籍和论文早已收集。现在，我的老合作者，澳大利亚堪培拉（Canberra）高级研究所（Institute of Advanced Studies）的王铃（王静宁）教授，正在考虑关于此点能够做些什么⑤。同时，加利福尼亚大学戴维斯

① 参见本书第三卷，p. 484。

② 此情况已在别处详细阐明。Needham（59），重刊于 Needham（64），pp. 396。

③ 第五卷第一分册后改为钱存训著的"纸和印刷"，1985 年出版。——译者注

④ 包括一篇有关文献的导言，一项关于近战武器的研究，论述弓弩和弹道机械的各节，以及一篇作为军备基础的有关钢铁技术的详尽叙述。这一初稿，最近已作为纽科门学会（Newcomen Society）的专题论文出版［Needham（32，60）］。

⑤ 十一年前，我们在《中国遗产》上发表的文章中，曾对此论题作了初步的阐述。我们仍认为此项论述基本上是正确的；Needham（47）。此文最近重新以平装本发行。

分校（University of Califonia at Davis）的罗荣邦教授，于1969年到1970年的冬天在剑桥不仅撰写了论述中国盔甲和马衣历史的一节，而且完成了整个第三十七章——论述制盐工业的草稿，其中包括对钻凿深井的史诗般发展的论述（第五卷第五分册）。差不多同时，我们说服了芝加哥大学（University of Chicago）中文图书馆馆长（Chinese Librarian）钱存训博士，请他承担第三十二章（关于中国的纸和印刷术的伟大发明及其发展）的撰写工作。目前此项工作正在积极进行中。至于陶瓷技术（第三十五章），我
xxx 们顺利地邀请到伦敦大学（University of London）戴维中国陶瓷博物馆（the Percival David Museum of Chinese porcelain and pottery）馆长梅德利（Margaret Medley）小姐与我们合作，对于这部分书稿，许多人也会抱着殷切的期待。最后，有色金属冶炼技术和纺织技术仍在等待将它们编纂成形的饱识之士，供他们使用的大量的笔记和文件已经收集起来。

根据惯例，我们谨向下列帮助我们在不属于我们专业范围内顺利进行工作的各位人士表示深切的感谢，他们是：邓洛普（D. M. Dunlop）教授，在阿拉伯文方面；谢尔登（Charles Sheldon）博士，在日文方面；莱迪亚德（G. Ledyard）教授，在朝鲜文方面；以及贝利（Shackleton Bailey）教授，在梵文方面。

其次是我们的高级秘书莫伊尔（Muriel Moyle）小姐，她继续为我们编纂完美无缺的索引。其他诸如梁钟连杼女士（另一位基兹学院研究员、物理学家梁维耀博士的夫人），她完成了许多书写得很好的汉字插页，并且制作了大量人物传记的参考卡片；霍金（Philippa Hawking）小姐，她果断地修改了译自日文的译稿。我们也由衷地向布罗迪（Diana Brodie）夫人和毕比（Evelyn Beebe）夫人娴熟而精确的打字帮助致谢，并向华昌明夫人的编辑工作表示谢意。

在前几卷中（例如第四卷第三分册第xxxvi页）已经提及剑桥大学出版社——我们与全世界进行交流的宝贵媒介；也提到冈维尔和基兹学院（Gonville and Caius）——我们居住和生活的地方，也是我们安身立命之所。所有这一切，随着时间的推移已变得更加实在且它们的服务和鼓励始终如一，这点与我们由衷的感谢心情完全一致。假如没有排版及印刷鉴定技师的热诚，假如得不到学术界同仁的理解、善意和正确评价，那么这几卷书所阐述的东西根本就不可能问世。为此，我们高兴地向我们的朋友，剑桥大学出版社的伯比奇（Peter Burbidge）先生表示敬意。趁此机会我们还要附带向布彻（Judith Butcher）女士——友好的接生女神（Lucina）致谢，她主持了本书第四卷第三分册的大量出版工作。

关于财政方面，我们要继续感谢伦敦韦尔科姆基金会（Wellcome Trust of London），在准备这几册化学书稿的整个期间，它一直慷慨地支持我们。由于这几册书有许多地

方要涉及医药史，我们感到接受他们可靠的帮助是恰当的。我们要特别强调，中国的原始化学一开始就是长生不老药炼丹术（相同时代的其它文明就不是这样），此外，炼丹术士经常也同时是医生（远比其它文明更常见）。虽然长生不老药的基本概念，对于征服死亡的乐观主义达到了现代科学未敢希冀的高度，但它仍是在药物和治疗方面。所有这些都将在后面详加阐述。同时，也是最后，必须附带说明，席文博士希望向美国国家科学基金会（National Science Foundation，U. S. A）和麻省理工学院人文学系的资助表示感谢。

一如既往，我们谨向预期的读者说几句话作为结束，以提供一种路标来指导阅读 xxxi
那些仅靠某种醒目的插图并不总能感到轻松的章节。这并不是有意用来作目录的代替品，或者是目录的放大，而是一种“内部信息”的有益揭示，以说明哪些是重要的段落，并使它们与居次要地位的细节区别开来，尽管这些细节本身通常也是很吸引人的。

首先，我们劝告读者仔细研究有关概念、术语和定义的导言（第三十三章（b）），特别是第8—11页，因为读者只要对制作赝金、点金和长生术（前面第xiv页已经提到过）之间的差异获得一个清晰的概念，那么他就能使所有旧大陆文明的原始化学和炼丹术中遇到的每一种事物分门别类，并各就其位。这里与计时的历史颇相似，因为从漏壶到机械钟之间的主要空白点，只能用长达六个世纪的中国水力机械钟来填补。同样，希腊化时代的制作赝金和点金的原始化学作为一端，以后的拉丁炼金术和医疗化学作为另一端，这两者之间的空白点，也只能用中国的化学长生术的知识来填补。

自此以后，辩论即沿着几个方向展开。读者可以从中自行选择。既然古代帝国早期就已经知道灰吹法试验，那么点金的信念怎么会产生呢？请看第三十三章（b）的（1）—（2），特别是p. 44。在这一方面，中国处于怎样的地位呢？中国古代的炼丹术士在实验方面可能做了哪些工作呢？请看第三十三章（b）的（3）—（5）和（c）的（1）—（8）。为什么他们特别热衷于尘世生命的永生（即便是以天堂的形式）甚于制造或伪造黄金呢？关于这一点，我们力求在第三十三章（b）的（6）中加以解释。这样一类肉体永生的归纳推理，确是中国炼丹术的一个特点，因而我们的结论是：古代中国的世界观，是能够将这种信念具体化为“丹”（elixir）的唯一的环境，“丹”被看做可以对抗死亡，是化学家的最高成就（特别参见pp. 71，82，114—115）。

这是辩论的要点，而在以后部分［第五卷第四分册，33（i）的（2）—（3）］中，我们循着那伟大的创造性梦想前进，从阿拉伯文化到拉丁的培根和帕拉塞尔苏斯的西方。宗教、神学和宇宙论的不同，并未能停止它的进程。但它无疑是在道教的内部诞生的，因而读者就被请来参加一种推测：炼丹术士用的炼丹炉来源于用于宗教仪式的香炉的可能性不会比来源于冶金炉低［第三十三章（b），（7），特别是pp. 127—154］。

最后，我们要说明一下有关服用长生不老药的生理背景［第三十三章（d），（1），特别是 p. 291］。为什么一开始它们对服用者的吸引力是那样大，而后来又那样致人死命？这里还有一个术士死后永久保存尸体的问题，在道士心目中，这与肉体永生的关系是非常重要的［第三十三章（d），（2），特别是 pp. 106，297—298］。

xxxii 在直叙中国炼丹术始末史，即“纪事本末”这一节［第五卷第三分册，第三十三章（e），（1）—（8）］中所说的那样，没有哪一部分实际上比任何其他部分更重要。但是，在（1）中详细阐述的有关制作赝金和长生术最古老而又严格的记录，以及在（2）和（6，i）中提到的有关最古老的化学书籍的研究，都具有特殊的意义。其后是有关实验室仪器、水溶液反应和炼丹理论（全部见第五卷第四分册），这从目录中已可明了，因而也就无需再作强调。当然，中国炼丹术士与时间的关系［见第三十三章（h），（3）—（4）］又作别论。可以说，炼丹术士的理论确实就是专事控制变化和防衰老（Change and Decay Control Department）的科学（或原始科学），因为他们相信能够大大地加快自然的变化，从而使地球中的其他物质转变成黄金。在另一方面，他们能够逐渐减缓人体的衰老和死亡。有“三魂七魄”附于其上的人类躯体总是受衰老和死亡支配的。这样，按照中国古老的谚语［第三十三章（e），（1）］，“金可作，世可度”。长生不老药基本上就是控制时间和速率的物质，这是两千年以前原始科学的一种崇高而乐观的观念。

最后，我们从“外部的长生不老药”（“外丹”）转向“内在的长生不老药”（“内丹”），从原始化学转向原始生物化学，从依靠矿物和无机药物到相信可能用生物的体液和物质制造长生不老药。为这种新概念，我们创造了第四个新词——enchymoma（内丹），其综合意义实际上就是将人体的必死改变为永生的训练。这种“内丹”（生理炼丹术）载于第五卷第五分册［第三十三章（j），（1）—（8）］，其基本概念可以在两处，即（2），特别是其中的（i，ii），以及（4）中找到。它不像西方的“神秘炼金术”那样，主要是心理方面的，虽然它大量利用了冥想技术，像印度瑜伽术所做的那样，实际上两者是互为关联的。我们的结论是：它的大部分做法非常有益于身心的健康，虽然它的理论包含了许多伪科学和原始科学，见（4）之末尾和（8）。

归根到底，中国的医疗化学在中古时期后期开始把外丹实验室方法应用于内丹材料，即身体的分泌物、排泄物和组织上，从而导致了一些巨大的成就和期望［第三十三章（k），（1）—（7）］，不过我们不必再对此详加阐述了。这已足以充当读者的向导，希望读者能够与我们充分地分享许多新的见解和发现带来的激动和满足。

第三十三章　炼丹术和化学

（a）导言：历史文献

（1）原 始 资 料

每一个很想知道如何去发现中国在化学工艺和科学方面成就的人，可能面临的第 1
一个问题就是：我们有些什么文献？答案是：浩如烟海，其中只有一小部分载入图籍和作过研究，并且几乎全部印成书册。在我们的朋友中最常见的误解之一，就是我们不得不大量地与手写本打交道（附带说一下，这种看法并非由于受某些大图书馆常见的那种不适当的名目——“东方手写本部”——的启发）。事实上，印刷在中国比欧洲早得多，中国在 8 到 9 世纪就开始了，而在欧洲到 15 世纪才开始。因此可以有把握地说，中国的每一种资料，不是已经印出来，就是无可挽回地遗失了。不过这方面也有某种例外，如像敦煌石窟寺的大型写本藏经洞①，或是流传下来的明、清两代学者个人的作品等这样一类稀贵的发现②，不过总的说来，上述说法是正确的，我们必须依靠印刷的文本。

对于炼丹术和早期化学来讲，最重要的源泉就是道教的经籍，即《道藏》，它实际上包含有成百上千种炼丹术书籍和论文③，下面我们将讨论这部宏大的经籍总集在传布中国炼丹术传统方面的作用④。这并不是说除了《道藏》之外，就再没有其他适合我们现在目的用的重要书籍了，实际上是有的，而且我们将会发现许多这样一类的书籍，不过它们差不多都与道教有联系。但是，有关最早的起源部分，《道藏》能提供的帮助较少，因而在这里断代史就成为最重要的东西。从《史记》开始，其中有不少断代史给我们提供了极其重要的信息，而且都具有充分的历史权威性。此后，我们必须转向某几类文献，即类似于我们已经在其他章节⑤中概述过的文献，这里最重要的是本草著作，它包括的内容上至公元前 2 世纪，下达 18 世纪末⑥。由于这些著作从未被局限于植物界的产物和处置，因而它们提供了有关准经验性的炼丹术和化学以及化学行业的

---

① 参见本书第一卷，pp. 126 ff.。

② 这方面的一个例子将在第五卷第三分册有关现代化学的章节中加以阐述。

③ 参见本书第一卷，p. 12。遗憾的是，上述著作中至今只有极少的一部分被完整地翻译出来。在席文［Sivin（1），pp. 322 ff.］的著作中列出了 13 种，并附有文献细目，但并非全都出自《道藏》。

④ 见本书第五卷第三分册。在本册参考文献 A 之后，可以找到一份我们在参考文献 A 中录有全名的《道藏》书籍的子目编号参考表［Weiger（6），vol. 1］。

⑤ 见本书第四卷第二分册，pp. 166 ff.。

⑥ 这些将在本书第三十八章（第六卷）中详加阐述，但在本卷中接触到它们时也将加以讨论。

珍贵资料。还有大量与此有关的医药文献，我们常常可以从中获取有用的旁证材料，而从6世纪以来，我们又有专门论述农业和其他技术的书籍，这些论述随着时代的前
2 进而愈见其精心而详尽。最后，我们必须利用百科类书及词典的文献，其中最古老的可将我们带回到公元前3世纪。然而我们仍未能穷尽我们的资源，因为随着时代的前进，产生了无数的纪事和“笔记”等书籍，其中有些提供了价值很高的资料，从而补足了由比较正式的著作所引出的结论；我们也不应忘记，众多的小说和小说类作品，它们至少向我们展示了作者认为在他们的时代可能发生的事。

众所周知，所有这类作品的年代，在中国可以比其它古代文明更加精确地确定。当然，我们不应局限于书面的文本，因为考古学可以给我们不少帮助。无论是对古代和中古时期染色物品或金属制品所作的化学分析，还是对保存在墓葬或宝库①中的化合物和药品作抽样研究，或者是收集来自古老的浮雕和图画的资料，这种直接的方法都会带来很大的帮助。最后，但并非最不重要的一点是要经常记住人类学方面的情况，假如我们忽视传统的化学方法（从酒中蒸馏酒精就是一个明显的例子），而这些方法至今或者直到最近仍在中国人民及其邻国人民中应用，那将是不可原谅的。当人们面临化学仪器演变的各种问题时，这最后一项来源就变得特别重要，因此，至少有三种主要的来源可供我们获取资料：即非常丰富的书面文本，对化学的和图像材料的考古学的直接研究，以及在东亚文化中逐代传下来的工艺知识和技能。

(2) 间接资料

在概述以往一百年左右对中国炼丹术和早期化学的认识逐渐发展的时候②，为了方便起见，在用西方语言写的作品与用汉语和日语写的作品之间，无需作出实质性的区分，虽然后者必然受到表意文字的限制。简单地说，中国古代就存在炼丹术的信念，大约在19世纪中叶，由中国学者完整地传给他们的同行——西方汉学家的先驱，但是这种信念赢得欧洲科学史家的真正注意，却经过了更为漫长的时间，部分原因是差不多在我们这一代以前，他们一直没有得到足够的有事实依据的背景材料。其实，这件事的要点，已包含在艾约瑟［Edkins (17)］于1855年撰写的关于道教的颇有创见的论文之中，在本章之末③，我们将对此加以引用；类似的内容还可以提到丁韪良［Martin (2, 3, 8)］的论文集，它们分别于1868年和1880年出版和再版。在谈到点金和长生不老药时，他说：“如果中国人是最后才放弃这令人陶醉的幻想，那么我们就有充分的理由相信，由于他们最
3 先创造这种概念而应该享有更高的荣誉。”随后他提供了若干篇中文原文的节略译文，用我们的目光来看，它们既非上选，而且早已过时，但是艾约瑟和丁韪良的方向基本没有错，可惜他们的论文是在中国出版的，在欧洲几乎没有人注意到它们。

19世纪余下的时间主要用于研究中国的药物、矿物和化学品，因为西方没有人能

① 一个明显的实例可见下文 pp. 160—161。

② 在此时期以前某些间接提到的资料，将在有关论述比较研究这一节中以序言的方式加以说明（本书第五卷第四分册）。

③ 本书第五卷第五分册。

胜任从中文原文中查找炼丹术和早期化学的工作。从1850年以来，药物化学家汉伯里（Daniel Hanbury）非常重视中国的无机药物材料，包括有关的一些论文，它们都收集在他1876年的集子里。而在两年以后，在日本工作的海尔茨［Geerts（1）］出版了两本有关东亚矿物和金属知识的书籍，他以文献为依据，并和汉伯里一样，在书中附有汉字。此法曾由与库雷尔（Courel）一起工作的德梅利［de Mély（1）］继续下去。库雷尔于1896年翻译出版了《和汉三才图会》中有关无机物质的章节，并精心地作了注释。《和汉三才图会》是寺岛良安于1712年根据在此以前一个多世纪的《三才图会》编纂的百科全书。虽然我们不必试图在西方化学史中去寻找平行的发展，但我们不能不注意到贝特洛［Berthelot（1）］1885年的第一部著作，以及3年后他与吕埃勒（Ruelle）合作出版了划时代的希腊“炼金术大全”（Greek “alchemical” Corpus）［或者我们应该说是“原始化学大全”（proto-chemical Corpus）］。以后于1893年，他［Berthelot（10）］继续出版了拉丁炼金术文集，同年，还出版了叙利亚炼金术文集［与杜瓦尔（Duval）合作］和阿拉伯炼金术文集［与乌达（Houdas）合作］。较早的19世纪化学史家，如赫费尔（Hoefer）和科普（Kopp），对中国的炼丹术一无所知可以不论，但是在梅耶（von Meyer）的《化学史》（*History of Chemistry*，1891年）中，连索引都没有提到中国，就未免太不近情理了。他确实知道亚历山大里亚人和阿拉伯人，但对两者都很少注意。然而，在转入20世纪以后，有了一些进展，因为有两位名不见经传的化学家约塔尔［Hjortdahl（1）］和霍尔根［Holgen（1，2）］分别于1909年和1917年借助一些汉学家如沙畹（Chavannes）、德阿尔莱（de Harlez）、伟烈亚力（Wylie）和伯希和（Pelliot），甚至他们自己还学了一些汉语，在朋友们的帮助下，他们绞尽脑汁才弄通了《抱朴子》一书的几个章节，并写出了两三篇出色的论文①。他们知道李少君、
刘安和魏伯阳，承认在古代中国使生命永生的长生不老药远比点金重要，他们推测， 4
这一重点是经由阿拉伯炼丹术士传入欧洲的。他们甚至知道“外丹”和“内丹”的区别，虽然他们对此还不十分了解。他们部分是受了雷（P. C. Ray）初版的印度化学史（1902年）的推动，认为在“亚洲深处”必定隐藏着许多激动人心的事物，但是一切都毫无效果。正如我们可以在缪尔（Pattison Muir）、索普（Edward Thorpe）和斯蒂尔曼（Stillman）等人的著作中看到的那样，由梅耶所代表的忽视东方的传统，一直持续

① 在这里我们还应提到少量相当正确的资料，即有关中国的化学工业渗透入欧洲的事情。一位学医的传教士施维善［Porter Smith（1，2）］，曾于1870—1871年就这方面撰写了颇有价值的论文。根据内证来看，我们可以看出，他的这项工作曾为安特诺里德［Antenorid（1）］所知悉。安氏于1902年发表的出色论文，虽然很短，但也是根据柏林皇家图书馆的中文书籍写成的，并且他知道葛洪，甚至刘宣城［中国的格劳贝尔（Glauber），参见本书第五卷第三分册］。安特诺里德似乎曾在中国工作过。但这两位作者都被忽视了，虽然后者不久前曾被冯·李普曼（von Lippmann）引用过（见下文）。稍后，于1931年，查特利［Chatley（37）］在伦敦炼金术学会上宣读了关于中国炼金术的论文，论文虽也写得简短，但对于一位当时在中国居住的西方工程师来说，能做到掌握这么多的资料，已是难能可贵了。然而这件事或许是由于战争，或许是由于冯·李普曼像该学会的主持人之一，韦特（A. E. Waite；参见本书第五卷第五分册）一样偏执而再次被忽视了。由艾约瑟、丁韪良和查特利收集的资料，当时（1913—1915年）在该团体中曾引起了某种纠缠不清的争论。请分别参见韦特［Waite（14，15）］的著作和有关这些论文的讨论。学会主席雷德格罗夫（Stanly Redgrove）曾说过，我们真正需要的是炼金术学会有一位或几位谙熟必要的语言的会员，从事于中国和印度炼金术的研究，以便能把这一含混不清的问题弄清楚。但是由于当时并没有这样的会员，以致问题还是老样子。

到20世纪20年代，虽然其中有些作品仍有值得称道的东西。

更糟糕的是挪威人和荷兰人的基本上正确的观念，并没有对20世纪初最伟大和最有学问的化学史家冯·李普曼（E. O. von Lippmann）产生影响（虽然他曾提到过他们），他的名著《炼金术的起源与传播》（*Entstehung und Ausbreitung der Alchemie*）出版于1919年。从1878年青年时代开始，冯·李普曼作为一个制糖工业的化学家，就一直从事于历史题材的写作，他撰写的许多出色的专题论文和论文集，至今仍有应用价值。可惜他是一个有偏见的人，他否定中国在炼金术和早期化学史方面所起的作用[1]，并且在他的有关论述[2]中力图把此排除在外。虽然这些论述确实曾注意到同时代汉学家所做的事情，但冯·李普曼所举的权威，例如用顾路柏（Grube）替代查沙畹，并非他当时能够推出的最佳人选。基于无知和猜想，他有关中国天文学概况的论述是不适当的，而对有关传说年代的批评，则更属多此一举，因为当时任何一个优秀的汉学家都不会相信的。但是，冯·李普曼采取了一种简单的做法，把一切中国的东西都描绘成传说、欺骗和迷信，并且利用他个人晚年与伟大的旅行家李希霍芬（von Richthofen）相识的关系，从他那里接受一种猜想，毫无根据地认为中国在8世纪以前没有炼金术，以后才由阿拉伯商人从希腊传入，而且声称凡是8世纪以前的一切有关文件都是伪造的[3]。因此，冯·李普曼并不很清楚如何去谈刘安和李少君，他只是经过第三手资料才约略地知道他们，然而并没有提到资料的确切名称。冯·李普曼写道：“中国人没有他们自己所特有的化学方法，也没有他们原先自己设计的仪器。”对于这种说法，我们将于本卷稍后部分加以评述。这件令人遗憾的事是在于他本人不懂汉语，甚至不知道有《道藏》存在，没有应用断代史或本章学著作，没有意识到考古学和人类学的论据，他自以为是地把区区十二页文字称作“中国的化学和炼金术”（Chemie und Alchemie in China），确实令人痛心。至于这原本可以在多大程度上说得好一些，实非我们现在能知道的。

5 冯·李普曼的基本精神曾在许多出版物（有些是在他去世后出版的）中得到继承。迟至1953年[4]，仍强烈地影响着像菲尔茨－达维德［Fierz-David（1）］这样一类的作家。但是他在英国的伟大的继承者帕廷顿（J. R. Partington）并不准备跟他走，早在1927年，帕廷顿就为《史记》、《淮南子》和《抱朴子》等书的真实性进行了辩护［Partington（8a）］，并强调了它们在世界化学史方面的重要性。至于李少君的活动（公元前133年），他表示只要记载的年代能够得到满意的证实，那么这就是已知其他任何文化中最早的炼金术。次年，由于得到了伊博恩［Bernard Read（11）］的支持，帕廷顿［Partington（9）］宣称：“如果能促使中国专家提供某种帮助，那么炼金术向西方传布的新篇章马上就能写出来。”［Partington（8b）］然后在1931年，帕廷顿有意脱离冯·李普曼的路线［Partington（8c）］，深刻地批判了冯·李普曼处理原始资料的态

① 人们必然会产生某种印象，即这种态度可能与当时的国际政治形势有关。

② 特别是参见Lippmann（1），pp. 449 ff.。

③ 这一心态产生的幻觉，冯·李普曼与贝特洛是共同的，后者认为《史记》是伪造的，并怀疑《抱朴子》一书的真实性。另见Lippmann（1），pp. 52—53。

④ 特别是参见Lippmann（16）及（9），vol. 2，p. 81。

度，并且也许是首次向科学史家介绍了《道藏》，《道藏》最早的目录是由戴遂良［Wieger（6）］编纂的，早在20年前就可以买到了。最后在1935年，帕廷顿［Partington（16）］赞扬了戴维斯（Tenney Davis）及其小组的早期工作，对此我们即将在下面谈到。两年以后，他［Partington（4）］的《化学简史》（*Short History of Chemistry*）对中国古代和中古时期有关炼金术的情况作了一个虽然简短但是公正而坦率的评价。

20世纪20年代和30年代，帕廷顿寄予希望的“中国专家”真的下了苦功，虽然他们并非全部都用他所懂得的语言写作。1921年，章鸿钊完成了他的巨著《石雅》的初版，这是一本研究无机物知识的著作，它从远古开始，主要是从矿物学和冶金学的角度进行研究，至今它对所有在中国文化方面从事化学史工作的人员仍具有头等重要的意义。即便经过了半个世纪，把它全部翻译出来也是值得的。1918年以来，王琎发表了一系列优秀的、有关以中国文化为主题的论文①，从1920年开始，日本化学家近重真澄对中国炼丹术和冶金化学作了类似的研究②。继日本作者中濑古六郎的著作（1927年）之后，曹元宇③于1933年对中国古代和中古时期所特有的化学仪器首次作了基础性研究。30年代末，李乔苹发表了一部论述中国化学工业史的名著，其以后的各种版本至今仍在使用④。大量的中国人撰述的第二手研究文献逐渐涌现出来，其中可提到的有：王琎（*12*）、曾昭抡（*2*）、王季梁和纪纫容（*1*）⑤ 等。

同时，居住在中国的西方人也没有闲着。1928年，伊博恩和一位朝鲜化学家朴柱秉把
《本草纲目》（1596年）中差不多全部有关无机物的条目节译了出来，他们的译作至今仍有 6
价值。他们的许多活动是在四川成都华西协合大学进行的。陈普仪（Roy Spooner）与王先生（C. H. Wang）合作绘制了中国炼丹术的历史图表，⑥ 柯理尔（H. B. Collier）与冯家骆合作收集炼丹书籍⑦，而郭本道则对道教进行了类似而深入的研究。但是影响最为广泛的当推约翰生（Obed Johnson）于1925年完成，并于三年后在上海出版的《中国炼丹术考》（*Study of Chinese Alchemy*）这一部著作，它主要根据来自儒家和道家经典的资料以及诸如《庄子》和《淮南子》等书籍，但它也利用了一些断代史，并清楚地指出，正当长生不老药的观念在秦、汉时代已经非常盛行时，在欧洲炼金术中并未出现这种现象，直到培根时代并掺入阿拉伯知识后才有所改变。虽然约翰生知道戴遂良的工作，但奇怪的是他并没有打算引用《道藏》中有关炼丹术的作品。

约翰生之后，情况就不一样了。约翰生的著作立即激励英国的阿瑟·韦利［Arthur Waley（10，14，24）］写出了一些作品，把这一论题提高到空前的学术水平。这一点也

① 这些论文于1955年汇编成册。

② 1936年发表了他的著作的英译本，在以后许多年中，他的著作一直是有关此主题的两本主要著作之一，另一本著作是约翰生撰写的（见下文）。

③ 不久以后，巴恩斯（Barnes）就出版了他的节译本。

④ 1948年出版了英文版（其中既无索引，也无文献目录），此后又出版了中文的增订版（1955年）。

⑤ 这里我们只要参考一下张子高（*1*）和丁绪贤（*1*）两位先生各自著作的中国化学通史就可以了。这两本书或者没有或者很少注意到中国本土的早期发展。

⑥ 我们手头有一份这种图表。

⑦ 这些书籍最终闲置（虽然此词用得并不恰当）于我们在剑桥的东亚科学史图书馆，我们愿意借此机会为柯理尔教授所做的好事向他表示感谢。

迫使那些大学问家不得不重视中国。说实话，阿贝尔·雷伊（Abel Rey）没有作出什么贡献，因为他的《希腊人之前的东方科学》（*La Science Orientale avant les Grecs*）作了错误而令人困窘的假定，认定在希腊人以后东方没有科学，致使他成了自己想象下的俘虏。另一方面，萨顿（George Sarton）则竭力推崇他的“科学史大全”（Encyclopaedic History of Science，1927—1947 年）中他所知道的中国人的姓名（到 15 世纪为止），而且认为随着研究的进展，将有更多的中国人姓名出现。

随着戴维斯（Tenney Davis）及其合作者的工作（1930—1943 年），又开始了一个新时代[1]。戴维斯是一位著名的炸药化学家，有很多中国和日本的合作者，如赵云从、吴鲁强（卒于 1936 年）[2]、陈国符和中濑古六郎，他们通力合作，研读了大量的中国原著，其中有些来自《道藏》，时间从 4 世纪到 14 世纪，并直译了出来，不过其质量不算太好。这是一项艰苦奋斗的先驱性工作，但它大大地扩大了西方人能见到的中国炼丹术书籍的范围。不久以后，又出现了《抱朴子》的译本，它是由耶稣会会士菲弗尔（Eugen Feifel）翻译的，从汉学角度来看，译文可能是比较好的，但是它缺少戴维斯所能提供的那种化学洞察力。可惜的是在他们的全部工作中，从未能逾越一个基本障碍，即他们都没有认识到中国的“炼丹术”由两部分组成：实际的实验室炼丹术（不管是点金的
7 还是医疗化学的），即“外丹”；生理炼丹术，即“内丹”，一种类似瑜伽的体系，利用这种体系，长生不老药应在炼丹者本人的体内合成。由于两者采用了非常相似的术语，因而就需要随时弄清楚它们实际上指的是哪种体系。有些细微差别往往难以捉摸，以致戴维斯等人未能理解。后面我们将更多地见到这类情况。但是，对于戴维斯及其合作者的翻译不应低估或忽视，因为没有一位汉学家——不管他的学问有多大——能够替代在实验室工作台旁多年的工作人员[3]。而且其中有一位合作者陈国符继续深入研究《道藏》（1949—1963 年），从而使他成为既懂“内丹”又懂“外丹”的专家。

1934 年，霍普金斯（A. J. Hopkins）出了一本虽然有些混乱但颇有可读性的书，它是论述希腊化时代的原始化学或“炼金术”的。该书为一个旧的论题进行了辩护，认为原始化学的产生是由于希腊哲学应用于埃及工匠技术的结果。这一点引起了与戴维斯的一个小小争论，当时戴维斯认为一切炼金术（狭义的，请参见下文 p. 12）都起源于中国，而且在很久以后才由阿拉伯人传到拉丁人那里。从理论角度来考虑，霍普金斯［Hopkins（2）］和戴维斯［Davis（2，3，7，13）］的著作颇为可读，我们将于后文（pp. 8 ff. ）加以讨论。

这一点把我们带回到最近 20 年，这段时间中确实见到了许多进步。牛津的汉学家德效骞［H. H. Dubs（5，34）］写了两篇论文，确实想根据广泛而具有可靠事实依据的资料解决各个问题。如果说我们现在有许多论点与他不一致，那只是由于推理和思考方面的问题，而不是学术上的过错。20 世纪 50 年代和 60 年代从事编写炼金术史和化学史一般用书的作者，现在都把中国的贡献放在令人尊敬的位置，例如泰勒［Sher-

[1] 莱斯特和克利克斯坦［Leicester & Klickstein（1）］给我们提供了一份合作者的简介。

[2] 戴维斯编制的传记。

[3] 这些译作成为 1940 年西巴专题讨论会（Ciba Symposium）上威尔逊［W. J. Wilson（2a-e）］有影响力的汇编资料的主要部分。

wood Taylor (3)]、霍姆亚德 [Holmyard (1)] 和莱斯特 [Leicester (1)]；而菲古罗夫斯基 [Figurovsky (1)] 的著作中，还有些东西可供俄国读者之用。中国学者的著作最为重要，尤其是其中的两部作品：一部是袁翰青 (*1*) 所著，他是我的朋友，早先在兰州科学教育馆工作；另一部是燕京大学资深教授张子高 (*2*) 所著。张氏的这部著作被称作“在有关论题上力求达到专业水平的第一部历史书”。我们还得到了很有价值的日文著作，特别是吉田光邦 (*5, 6*) 的炼丹术和化学通史，它们明确指出点金术在早期欧洲原始化学中的突出地位，与长生不老药在中国成为主题适成对比。在中国，化学一开始就是以医药为主的。60 年代末，朝比奈泰彦 (*1*) 和益富寿之助 (*1*) 报道了对保存在奈良正仓院皇室宝库中 8 世纪的化学品所作的分析和鉴定[①]。中文的第二手研究文献也在持续发表，这一点可以从诸如王琎 (*11*) 和冯家昇 (*5*) 等人的论文中看出， 8
同时中国的其他化学家也用英语写了有价值的论文，如黄子卿和赵云从 [Huang Tzu-Chhing (1, 2), Huang Tzu-Chhing & Chao Yün-Tshung (1)] 的著作。

从阿瑟·韦利时代以来至今已有 40 年，显然，若将世界化学史作为一个整体，要在阐明中国对其的贡献方面作出实质性的进步，我们必须针对中国的炼丹术和早期化学文献，充分用汉学资料装备起来。我们与鲁桂珍、何丙郁和曹天钦合作的早期论文 (从 1939 年起，特别是 1959 年前后)，都是为了表达这一理想。同样，这一理想也促进了 20 世纪 60 年代西方的两项重大贡献，即魏鲁男 [Ware (5)] 全文翻译了《抱朴子》一书 (约成书于 320 年)，和席文 [Sivin (1)] 对孙思邈《丹经要诀》(约成书于 640 年) 详加注释的研究，并附有该书评注本的译文。前一本书虽然在若干细节上尚有争论，但仍可与早先对汉学研究所作的巨大努力相媲美，例如佛尔克 (Forke) 翻译的《论衡》，该书出版已近百年，但最近又再版了。现在许多青年汉学家写关于王充的短文，可以比佛尔克写得更好，并且可以通过对某些篇作出更详细的分析和校订而获取博士学位。从今 50 年以后，魏鲁男 [Ware (5)] 翻译的《抱朴子》也将处于同样的地位；同时，这类作品对几十年内东西方交流所起的作用是极其巨大的。至于席文的著作，由于其丰富的辅助材料、对主题精辟的分析、为孙氏这位伟大的医师和炼丹家编制的详细“传记”和“年谱”，以及对长生不老药名称、术语、化学物质、疾病等等所作的内容丰富的汇编，使其具有独特的价值。

现在化学史家已做好充分准备，欢迎中国进入那些从最初开始就从事我们现在称之为“物质性质”研究的文明组成的文明圈。他们的确准备正视中国文化在若干精华特性方面作为创造者和发明人而取得的受人尊敬的位置。几年以前，德布斯 [Debus (4)] 对整个领域作了颇有趣味的述评，他写道：“中国的炼丹术不但早于西方，而且还把寻找保健作用的长生不老药作为研究的基本部分，而长生不老药的概念，直到 12 世纪才首次出现在西方书籍中，它是由阿拉伯文通过翻译传入西方的。”但是甘岑米勒 [Ganzenmüller (4)] 着重提出了一个合理的警告，他也觉得中国的炼丹术比其他任何炼金术早，同时他要求对一切典籍作严格的年代分析，只有用这种方法才能对各种文明进行对比和鉴定。我们怀着希望，这一合理的要求可能会由于本卷书籍的出版而在

① 有关同一论题的前期作品，可以参见土肥庆藏 (*1*) 的工作。

一定程度上得到满足。

(b) 概念、术语和定义

现在我们处在接近论题的最重要的十字路口，或者说是5条路或6条路的交叉口。错误的选择会使我们陷入沼泽和无法穿越的灌木丛，而正确的选择可使我们看到各种事物相互联系的景色。虽然研究炼金术和早期化学的学者，在欧洲和阿拉伯文化区内
9 已写了成千上万的文章，但是只要试图接触中国和印度的类似事物，情况就会变得更加错综复杂，而这又是不可避免的。我们的经验是，为了对问题作必要的阐明，需要引进一些至今尚不通用的术语。此外，我们还必须对讨论中所用的“炼金术”或“炼丹术”（alchemy）一词给出确切的定义。作为我们今天所理解的化学，当然是一门科学，就像物理学中研究电的那个分支一样——全部都是文艺复兴以后的产物，确切地说是与18世纪的情况相一致的；但是化学的前史可以追溯到古代和中世纪，而“炼金术”或“炼丹术”乃是与当时人们在化学上观察的结果相适应的框架。这一复杂的概念需要比迄今已有的更加细致。

本书各卷始终强调道教对中国科学、原始科学和医学的深远影响。在较早时期①，我们曾有机会谈到中国社会早期的萨满，即“巫”，道家哲学和宗教都起源于这些古代方士和古代那些相信人们研究自然比治理人类社会更为重要的中国哲学家之间的一种结合，这一点恐怕是没有疑问的，而儒家则为治理人类社会感到非常自豪。那些哲学家认为一个人道德上的完善更多的是依靠他与自然的宇宙相结合，而不是他与其他人的社会关系。在古代道家学说的核心中有一种手艺人的要素，无论是巫师和哲学家，或者是占卜者和宇宙论思想家，两者都相信用一个人的双手就能达到重要而有用的结果。他们的思想与原始封建贵族或儒家学者兼官员不同，不像他们高坐于公堂之上发号施令，除了阅读和写作外从不用他们的双手。这就是在古代中国，凡是发现有自然科学产生的地方，必定有道家参与的原因。化学也不例外。“方士”，即技师、奇术工匠、专家，或者像德效骞（Dubs）惯用的称呼“掌握神秘处方的先生”②，我们在公元前5世纪到公元5世纪之间常听说起他们，无疑都属于道家或道士。他们从事各种领域的工作（且不说占卜和念咒），做星象家、天气预测员、农艺师和草药师、医生、灌溉者和造桥师、建筑师和装饰师、金属冶炼师和锻造师，但首先是炼丹术士。我们确信，只要我们把炼丹术（或炼金术）这个词定义为“长生术”与“点金”的结合，那么任何地方炼丹术的开始，必定都与这些术士有关。

这些术语是“行话”，虽不常见，但经过仔细挑选。借助这些词，再加上另一个词，我们就能说明一个情况，可以说是总的理论概要。依照我们的看法，其可以适用
10 于所有旧大陆的文化，而不仅仅于欧洲，并且进而提供证据以支持该理论的若干部分，使之向本节其余部分的各个方向发展。在西方古代（我们指的是公元1世纪到5世纪）

① 本书第二卷第十章。

② 有关这种古怪的翻译，见 YüYing-Shin（2），p. 105；Sivin（1），p. 23。

亚历山大里亚（Alexandria）的原始化学家中，有两组人马各自努力做着显然不同的工作，即点金和“制作赝金”；这是一种在任何文明中都可以鉴别的原型。

制作赝金（aurifiction）的定义是有意伪造黄金（可以引申到伪造白银和其它贵重物品如宝石和珍珠，只是各自用着不同的名称），常常专门用来进行欺骗——不管是用其它金属“搀入”黄金和白银的方法，还是用铜、锡、锌、镍等制成像黄金或白银一样的合金，或者是用含金的上述混合物作表面富集处理，或者是用汞齐法镀金，再或者是使金属暴露于硫、汞和砷或含有此种元素的易挥发化合物的蒸气中，从而在其表面沉积一层适当光泽的薄膜。对顾客的欺骗，或者是欺骗的目的，在这一项定义中并不是主要的，因为他可能满足于外观像黄金一样的物质①，这些赝品可能适合他的用途②。但是原始化学的工匠必定清楚，他的制品经不住灰吹法的基本试验。由此他必定知道，从制造工场的角度来看，他的制品是“假的”；然而具有哲学家特点的原始化学家可能从事同样的工艺过程，其产生的结果从哲学的角度来看，会被看做是“真的”③。这一悖论在下文中将会变得可以理解。

另一方面，我们把点金（aurifaction）定义为一种信念，即有可能用很不相同的物质，特别是用贱金属制成黄金（或者是“一种”黄金，或者是一种人造“黄金”），其外观与天然金毫无区别，而且性能比天然金有过之而无不及。如同我们即将论述的那样，这是一种哲学家的而不是工匠的信念。原始化学哲学家的这种自我欺骗是本定义的一项基本要素，倒不是因为他这方面的轻信和卑鄙，而是因为在那样一个时代还无法观察合金中各金属元素守恒的现象，而人造“黄金”的某些特性和质量确实与它的名称相符。当时并不认为这种黄色金属的全部性能必须都与天然金一样，在最低程度上，只要在重量、柔软度、延展性、锻压性和内部均匀度这些性能中有其中一种就可以了，当然色泽总是最重要的。正如诗人所说：“闪闪发光的东西是黄金。”④ 我们相信，无论是东方还是西方的原始化学哲学家常常都不懂得灰吹法试验（对于此点我们将提出一项社会学的理由），但是，即使他们懂得这种试验，也可能认为这与他们的命名不相干，他们可以把在某种程度上具有黄金的外形、质量或某些偶有属性的东西叫 11
做“黄金”⑤。这一综合观念当然就是过去人们常常认为的整个“炼金术”（alchemy）的内容，但是我们发现它对阐明点金要素和长生术要素之间的区别却大有裨益。

---

① 像宋代王哲和他的皇帝的情形那样，参见本书第五卷第三分册。

② 这里可参考鲁斯卡［Ruska（11），pp. 313，316］与拉格克兰茨［Lagercrantz（2）］的一场有趣的辩论。拉格克兰茨曾假定，“炼金术”随时随地都是欺骗，除了其它事情外，他还顺便引用了铿迪（al-Kindi）给哈里法（Caliph，约公元830年）的一封信，即《烹饪术》（*Kimiya al-Ṭabīch*）［译文见 Wiedemann（28）］。它描述肉类和蛋类等的代用模拟制品（大概供素食者之用），与中国佛教寺院久负盛名的大豆制品的烹饪相类似（参见第四十章）。鲁斯卡对炼金术是彻头彻尾的欺骗这一观点进行了反驳，他指出人们总是要给“代用”制品留下一些余地，例如古代中国珍珠和玉的仿制品，希腊化时代埃及的玻璃宝石，以及今天的合成橡胶和纺织纤维。每一样东西都与周围的环境和涉及的民族有关。

③ 如希腊化时代的希腊埃及专业人员的说法。

④ 参见下文 p. 71。

⑤ 在经院哲学中，偶性表示一种性质或质量，它对于我们某种特定事物的概念来讲，是非本质的东西（例如纸张的白色或食品的甜味）。在中世纪拉丁神学的“变体论”中，圣餐中供品（面包和酒）的偶性仍保持原样，但本质却彻底改变了，在炼金术的转变中，本质仍保持原样，但其偶性改变了，例如铅灰色转变成金黄色。

长生术（macrobiotics）是用来表示一种信念的合适的术语[1]。借助于植物学、动物学、矿物学，尤其是化学知识，有可能制备药品或长生不老药（“丹”），以延长人类的寿命，超越老年（“寿老”），使精神和肉体返老还童，从而使这样的修真之人（“真人”）[2] 能够活几百年（“长生”），最后达到不死的境界[3]，羽化飞升，成为真正永生的仙人（“升仙”）[4]。这就是道教的肉体永生的概念，我们将在以后对此详加论述。但是还有另一个原因有利于中国炼丹术观念的发展，即中国对矿物药品的使用没有任何偏见，不像欧洲那样长期实行盖伦（Galen）药物管制；的确，中国人走了另一个极端，几个世纪一直持续合成各种危险的长生不老药，其中含有金属和其它元素（除金以外还有汞、砷、铅等），这些元素对那些敢于服用的人带来极大的害处[5]。然而只要道士愿意，他们可以避免这些危险，因为还有许多其它技术可以探求肉体的永生。不仅有炼丹和药物方面的技术，而且有饮食、呼吸、体操、阴阳交合、日光疗法、冥想等方面的技术。利用这些技术，他能渴望进入宇宙中无形的仙界，成为永生的“天仙”；或者转而设法成“地仙”，以元神漫游于山林之间，以同样得道的神灵作陪，四
12 时更新，安度永生。他们就是我们在许多美丽的中国画中能够见到的人物，在广博无垠的景色中显得很细小，常飞翔于远山深谷之中。

我们认为上述三种基本作业的概念，即制作赝金、点金和制备不死药，可以应用于一切文明中早期化学的所有方面，而且可以凭此使它们相互联系起来。根据这些定义，炼丹术与制作赝金和点金各自都有明显的不同。这样，希腊的早期化学家就不应称作“炼丹家”，因为在他们的头脑中很少或者没有长生不老的想法[6]。许多人认为，“长生不老药”（elixir）[7] 这个词最好用来作为“炼丹术”（alchemy）本身的定义[8]，因为长生不老的概念，是12世纪以后[9]随着阿拉伯化学知识的传布才传入欧洲的。由于“炼丹术”一词毕竟具有阿拉伯语前缀，因而直到12世纪后欧洲才提到它是很自然的事。此后经过若干时间，它才充分发挥它的作用，但是它的重点，即化学上能生产的长寿药品，这在罗杰·培根（1214—1292年）撰写的著作中得到了充分的发挥。在此

① 佛尔克［Forke（4），vol. 1，pp. 63，83］曾这样使用，其它德国汉学家偶尔也这样用。这自然而然地使我们想起不朽的古希腊医师希波克拉底（Hippocrates）的名言，该名言已在本书第四卷“作者的话”中引用过（见第四卷第一分册第 xxi 页，第二分册第 xxviii 页，第三分册第 xxxiv 页）。最近在伦敦和纽约出版了一本有关饮食祭礼的书，就是用它做书名。这一点与本书的内容无关，但由于这种祭礼看来源自日本，那就不是毫无趣味了。参见 Sakurazawa（1）。另一方面，格鲁曼［Gruman（1）］造了一个颇有创见的新词“万寿”（prolongevity），但这词不大符合我们的需要，因为它的意义尚不足以表示道士所期望的与天地同寿（虽然不是超自然的）的永恒性。

② 严格地说，“真人”这一称号属于天宫的高级仙官（参见下文 pp. 109 ff.），但它早已在尘世界被用作赞美修真之人的尊称。参见陈国符（*1*），第 279 页。

③ 不要认为活几百年是一成不变的必经步骤，因为在某些场合，可能很快而突然飞升仙班。

④ 有关长生不老药，我们必须增加一种叫“内丹”（enchymoma）的长生药，它不是由外界的物质组成，而是由修真之人本身的体液和元气组成（见本书第五卷第五分册）。

⑤ 见本书第四十五章，同时参见 Ho Ping-Yü & Needham（4）。

⑥ 这并不是说希腊化时代的原始化学没有渗透着诺斯替派和赫尔墨斯（Gnostic and Hermetic）神秘主义。不过这种神秘的点金术导致了后来西方炼金术的隐喻性心理形式，而不是长生不老药概念的本身和医药化学的发展。

⑦ 当然，此术语有拜占庭希腊语的起源，但现在看来，源自中国的可能性至少一样大；见第五卷第四分册。

⑧ 有关词根“chem-”的起源，是一个争论不休的问题，请看本卷第四分册的讨论。

⑨ 在那时以前几乎没有什么迹象。参见 Thorndike（1），vol. 1，pp. 697 ff.，pp. 772 ff.。

之前，在西方一般大量存在的是制作赝金、点金和原始化学，但并不致力于制备延年益寿的药品，或者我们可以简称为“长生剂”（macrobiogens）。另一方面，中国的原始化学从一开始就是真正的“炼丹术”，这正是因为在中国，也只有在中国①，肉体永生概念占统治地位。对于上一段开首第一句表示长寿的句子，我们用中文术语来表达，这并非偶然，因为那代表真正具有重要意义的文明。虽然在希腊化世界有过某种类似的事物，如“不死药”（*φάρμακον τῆς ἀθανασιος*），但进一步观察，它们原来更近于隐喻②。

长生术和点金的两种理念首先在中国炼丹家心中一起出现，始于约公元前4世纪的邹衍时代，这在各种文明中看来是最早的③。如同我们即将见到的那样，中国也制作
赝金，而且传布很广，以至于在公元前144年发布诏令，未经批准不准私人铸造钱币 13
和制造“伪黄金”④。如果这些冶金的原始化学家没有其他方面的兴趣，那么他们就确实不是我们所指的炼丹家了。但是仅在此后一二十年，即公元前133年，李少君就力劝皇帝支持他的研究⑤；公元前125年，以刘安为首的一群自然哲学家则在编著《淮南子》一书⑥，其中点金和长生不老之间的联系（可能源自更早的邹衍学派）清晰可辨。这样，在制造永生金属——黄金，和人在世上达到永生之间的结合就开始了，而且在以后的数百年间传遍了整个世界⑦。最初，这种结合表现为，用人造黄金制作的盘和器皿具有妙不可言的特性，不管是谁，凡是用它们饮食的人都能获得长寿或永生，这些餐具无疑是用作植物性长生不老药即“不死之草”的盛器。这种不死之草就是公元前第1千纪中期起的战国时期各国原始封建诸侯以及后来第一位皇帝——秦始皇本人一直急切寻觅的⑧。点金的“黄白之术”看来是由邹衍和他的同伴创造的，经李少君和刘安，还有刘向（约前60年）⑨ 和茅盈（约前40年）⑩ 的努力而闻名于世。此外，“点化”法就是把少量强力的化学剂或粉末［即中世纪著名的“点金石”（philosophers'

---

① 戴维斯［Davis（3，4）］的若干论点与本段的观点相当接近，虽然30年代的讨论会，由于受到许多误解和与论题无关的纠缠而变得混乱不清。但是，迈赫迪哈桑［Mahdihassan（31），p.25］仍很清楚地说明了这一观点；Mahdihassan（33），p.80，还可参见 Haschmi（6）。

② 在下文 pp.72 ff.，我们将对此作更加充分的讨论。

③ 有关邹衍及自然主义学派的资料，请见本书第五卷第三分册。有关某种永生形式与金属金之间相联系的概念要早得多，而且好像最早来自印度。见下文 pp.118 ff.。

④ 细节见本书第五卷第三分册。

⑤ 见本书第三十二章（e），其中主要段落已翻译出来，同时可见 Needham（70）。

⑥ 有关刘安与炼丹术的联系，请参见下文 pp.97，124 和第五卷第三分册。

⑦ 为什么黄金在中国取得这样优势地位，这是有若干特殊原因的，而在任何其它文明中则没有这种原因。的确，世界任何地方的人都认为黄金是最美的金属，也都承认它具有抗腐蚀性。但是在中国文化中，黄色在五个方位中属中央之色，五行属土，并与在象征的相互联系体系中的全部特性相合（参见本书第二卷，pp.262，263）。因此，黄色（在大部分中国历史中）代表皇权、神力和尊贵。不仅如此，它还表示超出尘世的颜色，因为供死者生活的地方，即在地下的某个场所，最晚在公元前8世纪就已叫作“黄泉”（参见后面 pp.81，84 和85）。这些联系已受到埃利亚德［Eliade（5），p.118］的关注，这里提出来，是因为它们与我们进行的论证有关，即在古代世界中，中国是长生不老药、炼丹术全部理论得以发展的唯一文化。

⑧ 这可能与印度—伊朗的“圣酒”（*soma-haoma*）有关，将在下文 p.115 加以讨论。有鲁瓦和吴云瑞［Roi & Wu Yun-Jui（1）］对道家所用的植物撰写的专论。

⑨ 见本册 p.48 和第五卷第三分册。

⑩ 见本册 pp.234，235 和第五卷第三分册。

stone)] 加到某种基质上，使它全部转变成贵重金属。这种方法至迟在公元前1世纪末已在中国出现，虽然我们现在尚无把握把程伟的故事[1]放在公元15年前后还是公元前95年前后。同时有一种观念也在逐渐形成，这种观念认为人造金和天然金不应局限于
14 用来制造不锈器皿，而是应当被摄取，即实际上以某种形式被人体所吸收。有关服用黄金最早的参考资料之一见于约公元前80年的《盐铁论》[2]，而到公元1世纪，封君达在服用汞，王兴则有某种未经说明的“可服用的黄金”制剂（“金液之丹”）[3]。较早的术士曾试用朱砂粉和其它矿物及金属物质的混合剂。对于这种做法，我们具有比道家经典更有力的证据，因为淳于意医生有一份正式报告，谈到公元前160年他是怎样护理另一位服用过量矿物制剂而致病的侍医的[4]。

古代中国的炼丹传统大体上发于三种不同的根源，即：①从药物植物学方面寻找可致长生的植物；②用冶金化学方面发现的方法从事制作赝金和点金；③从药物矿物学方面利用无机物治病。这三种根源想必至迟在战国时期就已经产生，远在秦代和汉代之前，而统一的传统想必在公元1世纪末（如果不是公元1世纪初）就已定形[5]。它早在4世纪由葛洪加以系统化[6]，然后在5世纪由陶弘景[7]和7世纪由孙思邈[8]等人加以扩充。因此，这个传统当然构成本章的大部分内容，它建立了世界上最早的化学医疗法。

由此在点金和永生之间建立起来的思想联系，注定会有2000年的寿命，这需要及时加以说明。所有其它金属都会生锈和腐蚀，像凡人一样，患着相同的疾病，因此点金石就成了人类和金属的灵丹妙药。它会使两者增加抗腐的性能，其主旨是使“不完美的”事物臻于“完美”[9]。据认为是罗杰·培根（Roger Bacon）于13世纪创作的《小炼金宝典》（*Speculum Alkimie Minus*）一书中写道：“炼丹术是一门科学，它教人加工和制造一种叫做长生不老药的药品，当这种药品点化到金属或者不完美的物体上，顷刻就能使它们达到完美无缺。”[10] 但同时真正用罗杰·培根本人大约写于1266年的话

---

① 见本书第五卷第三分册。在另一处（第五卷第四分册）我们将会见到，在希腊化时代原始化学点金家的著作中，无疑有“点化”观念的存在，不过与通常所说的观点不一样，而且在公元1世纪或2世纪之后，对于在那样早的时期彼此进行交流的可能性也作了考虑。

② 相关文字在本书第五卷第三分册已翻译出来。

③ 另见本书第五卷第三分册。虽然其中有若干事例的证据在时间上晚一些，但按事件的一般流向，如果从另外的角度来考察，常可变得相当可信。但是，考虑到诸如此类的参考材料的情况，我们要经常记住两点：①可能是有关“内丹”（生理炼丹术）的说明，请看第五卷第五分册；②在以后的时代，药剂师总会不时给草药的混合制剂起这样一类的名字。不过那当然总是从早先的点金炼丹术派生而来的，可能两点附加的说明在这里都不适用。

④ 参见本书第五卷第三分册，该处提供了原文。

⑤ 这一原始状况在本书第五卷第三分册中有进一步的发展。

⑥ 见本书第五卷第三分册为他写的章节。

⑦ 见本书第五卷第三分册。

⑧ 见本书第五卷第三分册。

⑨ 因此谢泼德［Sheppard（6）］提出了如下的定义：“炼金术是使物质和精神世界中低级的东西发生转变的技艺。”我们认为此定义太广泛而且含混不清，它可能承认点金而不包括长生术。

⑩ 译文见 Davis（8），p. 1946；参见 Hopkins（1），p. 214。按若干原稿看，原作者被认为是另一位无名僧侣，即科隆的西蒙（Simen of Cologne），但真正的作者仍不清楚；见 Birkenmaier（1）；Sudhoff（1）。参见 Multhauf（5），p. 196；Read（1），p. 24。

来说："按照聪明人的看法，凡是能够从贱金属中去除全部杂质和腐物的药品，也将从
人体中去除同样多的腐物，从而使人的寿命延长许多世纪。"① 我们引用罗杰·培根的 15
作品，因为他是最早从完整意义上，而不局限于制作赝金和点金上来讨论炼丹术的欧洲人之一；我们相信，类似的观念可能从所有印度、伊朗和阿拉伯文化的文献中得到说明，通过这些文化流动着一股梦想的潮流，它具有伟大的创造力，使化学在整个旧大陆诞生。阿拉伯炼丹术与希腊化时代的原始化学相比，前者大大地偏重于医药而后者则主要注重冶金，此情况一直受到了一位敏锐的观察家的重视②，但这更符合于中国的炼丹术，在中国，道教、医药和炼丹术不仅在理论上，而且在个人实践方面始终紧密相连。现在我们可以毫不怀疑地说，阿拉伯的实验家和作家曾受到中国观念和发展的深刻影响③，其程度实际上也许并不低于拜占庭文化所保存的希腊化时代点金原始化学的影响。有人甚至这样说，在东亚发生的事情，是导致建立权威性炼金术格式的主要因素，这种格式在欧洲文化中一直从1150年前后延续到帕拉塞尔苏斯（Paracelsus）④、利巴维乌斯（Libavius）、波义耳（Boyle）、普里斯特利（Priestley）和拉瓦锡（Lavoisier）等人的时代（从1500年至1800年），它还在三种文明中导致了化学及相关技术上大量的发现。

(1) 西方的赝金制作和点金

我们已经介绍了阐述方案的大纲，它是我们全部评价的基础。现在需要从各方面使主题展开。首先我们必须把制作赝金的技术与点金的哲学进行对比。这最好从西方人最熟悉的地方开始，即从希腊化埃及的亚历山大里亚为中心的希腊世界的原始化学开始。然后，在本章的主体部分，我们将有许多机会看到这两种概念怎样在中国持续数世纪之久的情况。

刚才我们提到过在希腊化时代的埃及存在过两个互不相同的派别，即制作赝金的技术工匠和神秘的点金哲学家。这样的区分或多或少与流传到我们手里的两类主要文献有关。一方面是一组3世纪用希腊文写的有关化学的纸草书；另一方面是一部"炼金术"的文集，文稿也是用希腊文写的，大约从1世纪开始，最初可能是在7世纪末或8世纪初收集的⑤，但是对我们有用的最早的一份文稿，其写作时间大约在公元

① 见杰布（Jebb）编辑的《大著作》（*Opus Majus*，p. 472）；伯克的译本［Burke，vol. 2，p. 627］；甘岑米勒的德译本［Ganzenmüller（2），p. 181］。有关罗杰·培根的著作和思想的总体论述，见Thorndike（1），vol. 2，pp. 616 ff.。关于他的长生术见本书第五卷第四分册。

② Temkin（3）。

③ 亦见本卷第四分册。

④ 他说炼丹术的任务不是炼金而是制药，见《评论书》［*Paragranum*，Ⅲ；Sudhoff ed.，vol. 8，p. 185；Strebel ed.，vol. 5，p. 114］；参见Walden（4）；Ganzenmüller（5）。

⑤ 参见Festugière（1），p. 240。

950—1050年①。由于这些情况是大家很熟悉的，所以叙述不妨从简。早在19世纪，瑞
16 典驻亚历山大的副领事达纳斯塔西（Jan d'Anastasy）获得了一大批纸草文稿，它们最后存放在荷兰和瑞典的博物馆里。但是直到1885年莱曼斯［Leemans（1）］发表莱顿纸草文稿X（Pap. Leiden X）时，才知道有一份有关化学史的重要文本被保存了下来②，随后于1913年，拉格克兰茨［Lagercrantz（1）］发表了来自斯德哥尔摩（Stockholm）的霍尔米恩西斯纸草文稿（Pap Holmiensis）③，进而又有一半关于亚历山大里亚化学技师的工艺资料问世了④。其中前面的文件似乎来自底比斯，后面的则来自亚历山大里亚。莱顿纸草文稿几乎全都是与处理金属，特别是贵金属有关。而斯德哥尔摩的纸草文稿只有部分资料涉及这个题目，它主要是叙述纺织品的媒染或染色工艺和人造宝石的制备工艺的。两者都没有从理论上参考希腊的或其他的哲学。莱顿纸草文稿X没有提到典籍根据，只有一次提到菲墨纳斯（Phimenas），他好像是一位埃及人。霍尔米恩西斯纸草文稿提到了一位叫德谟克利特（Democrites）、一位叫阿那克西劳斯（Anaxilaus）和一位叫阿非利加努斯（Africanus）的人，后者曾写过一本至少包括三个部分的书⑤。

现在我们来谈谈文集⑥。对于它的细节我们将不得不在有关比较与传播的章节（本书第五卷第四分册）中来加以考察；关于它的主要作者或托名作者，这里只有一句话

---

① 即威尼斯马尔西安抄本（Venetian Marcianus）299，我们资料的基本来源。帕里斯抄本（Paris Gr.）2325是13世纪的作品，而帕里斯抄本2327、2375和2419都是15世纪的作品，但是，这些作品有时比最古老的手稿更加完整。参见Berthelot（2），pp. 173 ff.，200 ff.。

正如我们有机会在别处（本书第三卷，p. 622）见到的一些原文，它们并没有独立的证据以说明它们假定的写作时间已有8个世纪左右，这在汉学研究中势必令人抱着怀疑的态度去看待，但是由于种种理由，诸如羊皮纸的应用、使用印刷术的时间晚等等，这种严格的标准看来不适用于欧洲古典和人文学科范围之内。此外，在此种情况下，内部的证据就是使文集与纸草书紧密地联系起来［参见Berthelot（1），pp. 68，80］。

② 原文附有法文译文，由贝特洛［Berthelot（12）］发表，此外，在贝特洛［Berthelot（1，2）］的著作中还有详细的叙述。卡利［Caley（1）］则发表了附有注译的英译本。

③ 见卡利［Caley（2）］的英译本和注释。

④ 莱顿纸草文稿有111个条目或制法，斯德哥尔摩文稿有152个条目，而按另一种计算是154个条目。哈默－詹森［Hammer-Jensen（1）］对两者都做了有益的讨论。

⑤ 这位德谟克利特可能与下一段出现的伪德谟克利特（Pseudo-Democritus）是同一人，也可能不是。阿纳克西劳斯差不多可以肯定就是拉里萨（Larissa）的阿那克西劳斯，他是一位术士兼技师，在公元前28年被驱逐出罗马，参见Wellmann（2）。阿非利加努斯就是S. J. 阿非利加努斯（Sextus Julius Africanus，卒于232年），他是一位熟悉各类技术，特别是化学技术的作家［参见Berthelot（1），p. 187］。莱顿纸草文稿X还从迪奥斯科里德斯（Dioscorides，公元60年）的医药材料中引用了10节有关无机物的制备方法作为结束。

⑥ 贝特洛和吕埃勒［Berthelot & Ruelle（1）］编辑，此处引用为《希腊炼金术文集》（*Corp. Alchem. Gr.*）。虽然我们在这里肯定不接受"炼金术"这个术语，辛格（Charles Singer）也不接受，虽然他的理由可能与我们很不相同。他［Singer（8），p. 9］说："有一系列希腊文作品，大家管它叫'希腊炼金术'，这个名称既不幸又不合适。说它不幸是因为这已引起误解，以为炼金术在希腊文明中有其根源。说它不合适是因为这一文献并未包括一般公认的炼金术所特有的学说……"可能他和我们一样，心中想的主题是长生不老药，但这一点很难确定。在辛格［Charles Singer（13）］另一篇有关词典编辑的文章中，他又满足于把点金作为主要标准。总之，他确信在神秘的希腊化时代的原始化学家中，埃及的要素要胜过希腊要素。这一点仍有待于讨论。希腊的化学史家如斯特凡尼季斯［Stephanides（1）］和扎卡赖亚斯［Zacharias（1）］也不承认希腊化时代的"*chymeutikē*"是炼金术的名称，因为他们极力要削弱它在点金方面的内涵而大力强调它在纯化学和冶金技术方面的性质。至于说到文集本身，除了现代常见的报道，如Holmyard（1）和Leicester（1），还有Berthelot（1，2）以及Taylor（2，3，7）。

需要说明。他们的年代是一个颇有争议的问题；问题的关键在于一部不完整的著作《论自然而神秘的事物》（*Physika kai Mystika*）[1]，此书显系一位名叫德谟克利特的人所写，但远较他的同名人、前苏格拉底的原子论哲学家（卒于公元前375年）要晚，因 17
此称后世的为伪德谟克利特。该书只涉及一位匠师，奥斯塔内斯（Ostanes；也许并非偶然），他是一位波斯人[2]，但差不多为其他所有撰稿人所引用，因而该书通常被看做是最古老的。它也的确很重要，因为它描述了“制金”（*chrysopoia*，*χρυσοποιία*）和“炼银”（*argyopoia*，*ἀργυροποιία*）。有一段时间认为伪德谟克利特可能就是希腊化埃及的自然主义者——门德斯的博卢斯（Bolus of Mendes），他是一位德谟克利特哲学家，在公元前2世纪的前25年里非常活跃，而且著作颇丰（涉及医药、染色、奇迹、同情、憎恶等诸方面），目前除了题目和少量残篇外已全都散佚[3]。另一个极端是把伪德谟克利特的年代推延到5世纪的后半叶，而文集中的所有其他作品也相应的推得更晚[4]。在考虑了全部证据以后，我们可以说，最好的答案就是把伪德谟克利特的年代定在公元1世纪，也有可能在公元前1世纪的最后20—30年内。此人无疑得益于博卢斯的著作，而且也受到更遥远的东方的重大影响［如他的匠师梅德人（Mede）奥斯塔内斯提出的那样］。他非常熟悉诺斯替学派和赫尔墨斯学派[5]，但至少对逍遥学派（Peripatetic）哲学的通俗模式也相当了解。说明上述情况后，下面是其他的有关人物：科马里乌斯（Comarius）和伪克娄巴特拉（Pseudo-Cleopatra），同时还有实验室仪器的重要发明家——犹太妇女玛丽（Mary）以及一些不太著名的人物[6]。进入2世纪后，有帕诺波利斯的佐西默斯（Zosimus of Panopolis），他是一位伟大的系统分类学者和讽喻作家[7]。到3世纪末，有伊安布利库斯（Iamblichus），到4世纪末，有辛尼修斯［Synesius，可能与托勒密（Ptolemais）的主教不是同一人］。以后有几位评论家，5世纪末有奥林匹奥多罗斯（Olympiodorus），6世纪末有哲学家克里斯提安乌斯（Philosophus Christianus），7世纪初有亚历山大里亚的斯特法努斯（Stephanus）[8]，7世纪末有哲学家阿诺尼穆斯（Philosophus Anonymus）。最后是残篇收藏家：8世纪末有牧首秘书乔治（George Syncellus）、9世纪有佛提乌（Photius）和10世纪末有苏伊达斯（Suidas）。随

① 《希腊炼金术文集》Ⅱ，i。

② 参见本书第五卷第四分册。

③ 这是狄尔斯［Diels（1）］的观点。在详尽彻底讨论这一论题时，费斯蒂吉埃［Festugière（1）］很想追随他的观点，但又老实承认，这样做有几乎不可克服的困难。

④ 除了科马里乌斯和克娄巴特拉（Cleopatra）的书外（《希腊炼金术文集》，Ⅳ，xx），持同样态度的哈默-詹森［Hammer-Jensen（2）］倾向于把此书的年代推定到4世纪或5世纪初。

⑤ 见Festugière（1）；Nock & Festuaière（1）；Scott（1）；Sheppard（1），有关巫术和魔术的一般背景见Hopfner（1），有关占星术见Gundel & Gundel（1）。也许有关那篇富含哲理的冶金术神学的最佳短文是费斯蒂吉埃［Festugière（2）］所作，但是他并没有注意到它的二元论与几个世纪后重要的摩尼教（Manichaean）二元论之间的相似性。

⑥ 例如：佩贝基乌斯（Pebechius）、佩塔西乌斯（Petasius）、佩托西里斯（Petosiris）、潘墨涅斯（Pammenes）、潘塞里斯（Panseris）、贝拉基（Pelagius）。

⑦ 他的各种看法也已由泰勒［Taylor（8）］译出；荣格［Jung（14）］的译文更加完整；另见Glover（1）。

⑧ 《希腊炼金术文集》中未列入，但可见于Taylor（9）。

后还有令人混淆不清的诗人塞卢斯（Michael Psellus）[1]，约 1045 年。这一切都使我们归结到现存最古老的文集手稿的写作年代上[2]。到斯特法努斯为止的这一批人，用后来作者的话说，他们都是“世界性的哲学家”。

18 只要对两类文本作一比较，我们就可以看出，纸草文稿是技术人员的作品，其目的在于欺骗[3]；而文集中的作品系由化学哲学家所著，他们相信在某种意义上黄金确曾用他们的方法生产出来。例如，从莱顿文稿 X 中我们看到以下的叙述[4]：

第 8 条 “它将成为琥珀金（*asem*，即 *electrum*；一种金银合金）[5]，甚至可以骗过工匠。”[6]

（一种锡、铜、金、银的合金）

第 17 条 “伪造黄金”（标题）

（一种锌、铜、铅、金的合金）

第 23 条 “用于使铜变白，以便使它与等量的琥珀金混合，无人能识别出来……”

（一种铜、砷金、银的合金）

第 38 条 “使铜制品具有金的外貌……对这种骗术难以识破，因为擦划（用试金石？）能产生金制品的擦痕，而加热能化掉铅，但不能化金。”

（用铅金合金的胶质涂料镀金）

第 40 条 “这种金属与纯琥珀金一样好，足以欺骗工人自己。”

（一种锡、铜、金、银合金）

第 57 条 “它可以经受常规的黄金试验。”[7]

（用金汞齐镀金）

此阶段另外可以提到的是“降低”贵金属的成色，它常常是指“加倍”（*diplōsis*，*δίπλωσις*）或“加 2 倍”[8]。而且这类“稀释剂”中有些就是高锡青铜，与公元前 4 世纪《考工记》[9] 所述相似。最重要的一点是这些希腊化埃及的金属工匠很熟悉灰吹法，他们知道利用它使金和银从其他各种金属中分离出来。黄金的提纯见第 43 条，银的提

---

① 有关他的事请看比德兹［Bidez（1）］的著作及其译文。有关他以后的拜占庭化学家或炼金术士，参见 Zuretti（2）。

② 比之于现有的手稿，想必还有更多的手稿没有被发现，因为胡比基（Włodzimierz Hubicki）博士告诉我们，卡塞勒图书馆（Cassel Library）保藏有一部古代原始化学或炼金术的文集（手稿），这是贝特洛从未知道的。其中有许多作者的名字，与著名的马尔西安和帕里斯抄本中的名字不一样。因此，所有的结论都必定是初步的。

③ 我们应当认为他们是受过相当良好的教育的，因为纸草文稿提到阿那克西劳斯和阿非利加努斯（参见 p. 16）。无疑，他们也读过门德斯的博卢斯的作品。

④ 见 Berthelot（2），pp. 30—38；Caley（1）。

⑤ 在《巴比伦塔木德》（*Babylonian Talmud*；公元 2 世纪）中，“*asemon*”是一个表示锭块（金锭、银锭或金银合金锭）的常用词，参见 Sperber（1），p. 113。

⑥ 参见斯德哥尔摩纸草文稿第 3 条，高锡青铜：“除了工匠可以注意到某种特异之处外，这将是一种头等质量的银，因为它是用此法制成的。”

⑦ 显然是试金石而不是灰吹法。有关试金石的应用及其古代的渊源，见本书第三卷，pp. 672 ff.；在地中海地区它是非常古老的。

⑧ 拉丁文为“*augmentatio*”（增加），此观念沿袭的时间与炼金术本身一样久。我们恰好是在《论矾和盐》（*De Aluminibuset Salibus*）一书中阿拉伯和拉丁知识的交汇点上发现的，该书由 11 世纪的一位西班牙实践者编纂而成［Ruska（21），pp. 84 ff.，参见 Multhauf（5），pp. 160 ff.］。

⑨ 参见本书第四卷第二分册，pp. 11 ff.。

纯在第26和第44条。灰吹法或食盐置换法可以使银以氯化物的形式被置换出来，见第15、20、20a和25各条。因此他们完全知道他们所做的事，而且他们与我们一样能测定贵金属的纯度[①]。在公元初的头几个世纪中，人造制品传布很广，拜占庭的特米斯提乌斯（Themistius）的书中有一节对此有很好的说明，该书撰写于4世纪，它仅作为一 19
种比喻告诉人们如何能够确信选择了适当的哲学[②]：

> 假如有人把人造黄金，或者仿造的紫色染料，或者假定宝石拿到市场来卖，你会发火吗？对这些情况你能容忍吗？你会不会让市场监督员逮捕这个商人，把他作为一个骗子或诈骗犯处以鞭挞呢？出于同样的道理，你会不会去寻求各种手段来化验黄金、试验真正的紫色染料和宝石呢？当你购物时，你会不会向市场值班的检验员咨询，以便在购买上述贵重物品时可以得到专家的建议呢？

当然，仿制品无疑可以这样出售，但是“货物出门概不退换，顾客小心上当”的警告，其适用范围远较地中海地区为广，假宝石（彩色玻璃，纸草文稿中有很多关于这方面的叙述）[③] 是主要项目之一，它们从古罗马的叙利亚出口，远达印度和中国等地[④]。

从伪德谟克利特以来的文集的风格与上述的一切形成鲜明的对照。文集的作者一再谈到“制金”和“制银”，但丝毫也没有暗示他们获得的像金和像银一样的制品不能与金和银完全相当。总而言之，如果说工匠们是自觉地制作赝金，那么哲学家们则已经开始了我们所谓的点金。显然，他们同时具有更大的神秘性和比喻性。他们给人以印象，即他们一直对范围更广的化学现象更感兴趣，例如对利用犹太妇女玛丽和伪克娄巴特拉创制的新仪器进行蒸馏的各种作用[⑤]。这些新发明：各种类型的蒸馏器、干馏釜（*ambix*，ἄμβιξ；包括称作“*kērotakis*”，κηροτακίς的回流冷凝器在内）[⑥]，以及硫、砷、汞及其化合物蒸气的性质，他们都已作过研究。这些都是希腊化时代原始化学家的真正的伟大成就[⑦]。他们所做的大部分事情，都是根据“色调”，即颜色深浅的标志进行的，这一概念无疑来源于织物的染色工艺[⑧]。因此，一切事情都取决于合金的制作，其中通常含有若干贵金属和覆盖在合金表面的有色薄膜[⑨]。正如织物的纤维用媒染剂和染料反复上色一样，像金、像银一样的外观，都可以由这些古代的冶金哲学家制造出来，更不用说漂亮的蓝色、绿色、灰色和紫色的表面薄膜了，但他们可能忽略了一个事实，即这些颜色并不总是能渗透到全部质料中去。由于所用的语言含混不清，
对于特定物质的术语意义又不确切，以至于现在常常难以弄清楚当时到底做了什么[⑩]。 20

---

① 参见 I Thess. 5. 21。Berthelot（2），p. 57。

② *Orat.*，xxi，247，译文见 Hammer-Jensen（1），由作者译成英文。

③ 鲁斯卡［Ruska（20）］讨论了源自阿拉伯和希腊的这些技术。从刘易斯［M. D. S. Lewis（1）］关于“古时的人造宝石”一文中可以得到更多的事实。

④ 参见本书第一卷，p. 199。

⑤ 见 Berthelot（2），pp. 127 ff.。除了蒸馏和升华外，他们还懂得熔化、煅烧、溶解、过滤和结晶。参见本书第五卷第四分册。

⑥ 参见本卷第四分册。

⑦ Hammer-Jensen（2），p. 41。

⑧ 有关此点可参考普菲斯特［Pfister（1）］的饶有趣味的长篇论文。参见下文 p. 28。

⑨ Hopkins（1），pp. 80—83，Hokins（3），（4）。参见下文 pp. 251 ff.。

⑩ 参见 Partington（4），p. 22。

但是在伪德谟克利特的书中首先对“制金”有三项说明如下：①用汞或砷的合金使铜或青铜具有金或银的颜色；②用另一种金属来处理含银的矿物以得到一种合金，随后用一种未加说明的试剂使合金变成黄色；③焙烧含银的黄铁矿，接着用食盐处理，大概可以得到氯化物，然后与硫和矾一起加热，最后得到金和银与其他金属的合金①。原文一再说：“这样你就能得到黄金”，“用这种方法就能制造出金子来”。主要的问题（这个问题对所有文明中的点金都很重要）在于当工匠们确信他们是在成功地仿造黄金的时候，而哲学家们却相信他们在制造“黄金”，这到底是怎么一回事？工艺上的制作赝金是怎样导致神秘的点金的？为什么在一个熟知精炼炉火焰和灰吹法试验已有一千年之久的世界上，会出现由贱金属嬗变为贵金属的观念呢？

两者是如此的相近，以致可以看到哲学家和工匠一直采用几乎完全一样的工艺过程。奇怪的是伪德谟克利特和莱顿文稿 X 都尊敬地提到一位伟大的“制金”工匠潘墨涅斯或菲墨纳斯②。他们是不是同一个人一直有着激烈的争论③，但是这一点无关紧要，因为两种文本都提到使金和银加倍或增量的方法，即掺入“*claudianum*”（一种铜、锌、锡、铅合金，经硫化物或砷处理而变黄）而制成合金，或者再提高含金混合物的表面浓度④，用朱砂或其他矿物提炼的汞镀金。这样，两类实验工作者都用基本上是黄铜的制品，即含锌量高达30%并可能含有若干其他杂质的铜合金⑤进行加工。因此制作赝金和点金两者之间的界线变得很细，但是这条界线在两类人之间还是很清楚的。一类人对黄金下的定义与我们现在一样⑥，他们了解而且应用灰吹法，他们的操作是为了欺骗；另一方面，有另一类人，他们找到了哲学和神秘的正当理由，管他们制造的任何像黄金的物质叫“一种”黄金，由于它是用艺术的方法制造的，因而即使它不比天然金更好也至少一样好，即使他们知道灰吹法试验，他们对其也置之不理。因此，制作赝金还是点金，要看你对你在做的事的想法而定，如果是有意识的欺骗，那么要知道有些工匠在不得已时会揭露你；或者你就是一位用哲学理论武装起来的原始化学创造家，并不想直接利用点金来赚钱；或许是你不知道判断精炼炉火焰的方法，或许你不
21 相信此种方法的决定性作用⑦。这样，问题的关键有两个方面，积极的方面是有令人信服的哲学，消极的方面是对排列在合金中的元素原子的守恒性一无所知。

---

① 《希腊炼金术文集》Ⅱ，i，4 ff.；斯蒂尔曼［Stillman（1），p. 157］的注释；Leicester（1），p. 45。

② 见 Berthelot（2），pp. 24，45，66，70 ff.。莱顿纸草文稿 X 第 84 条，《希腊炼金术文集》Ⅱ，i，19。

③ Diels（1），p. 134；Hammer-Jensen（1），p. 283，（2），p. 88。

④ 斯德哥尔摩纸草文稿，第 2 条，提到了一位叫德谟克利特的人，还提到了阿那克西劳斯，在此特殊的场合，不敢说这就是我们提到的伪德谟克利特，但也可能就是他。

⑤ 以贝特洛［Berthelot（2），p. 66］引用的若干现代的合金为例，它们的含锌量比此更高，因此这类合金在不能把金属锌分离出来以前是制造不出来的（参见 pp. 206—214）。

⑥ 当然，在对化学元素的意义是什么还缺乏了解的情况下，这样说是不大确切的，但可以接受的是其综合的物理性能，尤其是它在加热时高度的抗氧化能力。

⑦ 哈默－詹森［Hammer-Jensen（2），p. 73］清楚地看出了工匠和哲学家之间的分歧或鸿沟。她认为哲学家可能受到用汞齐法从金矿砂中提取黄金的影响，这种方法在《希腊炼金术文集》Ⅲ，xlv，3 中有清楚的说明。它可能看来像是从低贱材料嬗变成真正的黄金，与工匠使黄金成色降低的工艺相反。参见普利尼（Pliny）《自然史》（*Nat. Hist.*）XXXIII，xxxii，99。

（i）制 金 理 论

柏拉图（Plato）和亚里士多德（Aristotelian）的逍遥学派对此提供了积极的论证，因而对欧洲点金的早期阶段具有极其重要的意义。这是霍普金斯［Hopkins（1）］撰写的一部书的主旨，该书在当时堪称名著①。帕廷顿常说，他认为霍普金斯的路线完全错了，希腊化时代原始化学运动的唯一真实的理论核心是俄耳甫斯的（Orphic）——诺斯替派的——赫尔墨斯的谱系②。我一度也接受这一观点，但是进一步考虑，似乎没有玄学理论就不可能产生早期阶段的点金。显然，像伪德谟克利特、科马里乌斯、玛丽、潘墨涅斯和伪克娄巴特拉等原始化学家都不是专业哲学家，但是在那时亚里士多德的自然哲学乃是饱学之士常识的一部分③，同时我们不能小看神秘的泛神论在他们之间的作用。可以说他们首先是受过教育的艺术爱好者，他们在冶金化学工匠的操作中发现了某种东西，可以用来达到极其重要的不同目的，即制作宇宙进程和循环的模式（像他们所理解的那样），以使缺少理解的凡人从无常中获得拯救和解脱④。特别是在发明了新型化学装置以后，这一运动当然立即就获得了它本身的动力。但是，在逍遥学派的哲学为主的地方，它仍是点金的理论⑤。

用最原始和最简单的方式来表示，亚里士多德的哲学一方面承认没有理性的原始
质料（*prōtē hylē*，πρώτη ὕλη），另一方面又承认其有组织的形式（*eidos*，εἶδος）。但 22
是，质料所能采取的多种形式并不恰好具有明显的外观，正如一尊塑像或任何一种固
态制品，它们同样含有一块金属或矿物所具有的物理和化学性质或特性⑥。每一种质
料⑦被看成是一个统一体，而且只能具有一种“实体形式”，例如各种实体组分的形式
（假定有的话）则沉没在实体形式之中，只具有潜在的特性。这样，当两种单独的金属
混合在一起，例如铜和锡相混而制成青铜时，可以认为作为原材料的两种实体形式消
失了，而代之以第三种实体形式，即青铜的实体形式。此时它本身自成为一个统一体，

---

① 可惜霍普金斯的解释太混乱，未能把其主旨说清楚。尽管如此，该书仍值得一读，它提供的文件资料虽然不够充分，但却包含有许多原始的发现和有用的见解。当然，凡是我们应当说是点金的地方，他都一律说成是炼金术。

② 关于此点参见谢泼德［Sheppard（1，2，4，5）］的论著，这些论著对于神秘宗教和诺斯替主义的文献附有不少参考资料。但是对于公元3世纪后摩尼教的影响所作的某些研究，仍有商榷的余地。

③ 研究亚里士多德本人对化学现象的观念，最好的部分就是他的第四部书《气象学》（*Meteorologica*）。该书一度曾认为是他学生的作品，但现在确认是他的原著，虽然没有特别指出就是这本书。这本书现在已有迪林［Düring（1）］的新译本和所写的论文。但《论生成与消灭》（*De Generatione et Corruptione*）一书也是重要的。乔基姆［Joachim（1）］和冯·李普曼［von Lippmann（12）］都有论亚里士多德化学概念的专题论文。

④ 关于此点参见 Festugière（1），pp. 260 ff.，282。如果这涉及西方先验论意义上的永生，那么它与道家主张的那种世俗的永生是毫不相干的。

⑤ 或者如霍普金斯［Hopkins（1）］指出的那样，炼金术“直到哲学被引用来解释金属工匠们的艺术创作时才存在”［参见 Hopkins（1），p. 7］。炼金术（即点金）作为埃及的染料工艺和希腊哲学的结合，乃是“科学胜利的第一例证，它使理论与实际相结合”［参见 Hopkins（1），pp. 50，57］。我们在以前好像也听到过这一类事情（见本书第三卷，p. 159），也许在科学史的各个伟大的转折点上都会有这类事发生。

⑥ 参见 Leicester（1），p. 27。

⑦ 霍普金斯［Hopkins（2）］说要注意词源，没有特色的素质“位于”形式和特性的内部，而只有形式和特性才能使我们了解其素质。这里有一篇经典性文章，即《蒂迈欧篇》（*Timaeus*），50e。

而且不管它铸成一件容器或是一尊铜像，都具有一种新的物理—化学“形式”。这样的第三种物体叫做“介体”（*meson* 或 *metaxia*；*μέσον μεταξία*），它不仅是一种机械的混合物，或是一种并列的聚合体（*synthesis*；*συνθεσις*），而且是一种真正的“结合体”（*krasis*；*κρᾶσις*）或“融合体”（*mixis*；*μῖξις*），其组分相互间有很大的影响[①]。所有这一切可能体现一个概念，即全体大于它各部分之和。事实上这是亚里士多德长期形成的生物观，尽管这一概念在以后的生物学中很为重要，但是在这里它只能叫做“早熟的有机体论”[②]。它为点金所做的事就是辨明一块人造金具有特定的黄色光泽并且具有天然金的其他一种或两种其他性能，于是就有理由认为它是“一种”黄金，即一种具有黄金的实体形式的金属制品，即使（如果有人刻意地坚持要求做试验）可以证明它并非在一切方面都与天然金相同[③]。

由于同样的原因，亚里士多德的形式和质料的理论所认定的概念，在以后欧洲炼金术中起着同等的支配作用[④]，操作人员必须要做的事就是除去现存形式中的原始质料（*prima materia*，*terra virginea*），使它回复到原始混沌状态，然后赋予它别的实体形
23 式[⑤]。当然，这说起来容易做起来难，但是此术语是可以理解的，即“剥去旧的实体形式”（溶解、分离、区分、分解；*solutio*，*separatio*，*divisio*，*putrefactio*），然后“加上新的实体形式”（用洗浸法；*ablutio*，*baptisma*）[⑥]，下降（抑制、煅烧；*mortificatio*，*calcinatio*）到最低阶段的过程叫“黑化处理（*melanōsis*；*μελάνωσις*），但上升过程则通过一系列变色的工序来实现。首先是变白（*leucosis*；*λεύκωσις*），继而变黄（*xanthōsis*；

① 正如乔基姆所说的那样，亚里士多德大体上认识到了近代机械混合物和化学结合物之间的区别，但是由于没有化学元素方面的知识，不能正确地运用这种区别。

② 有关实体形式的学说，在亚里士多德本人的原文中也没有说得很清楚，而是后来由其他人，特别是阿拉伯的一些思想家，如伊本·西那［Ibn Sīnā；即阿维森纳（Avicenna）］汇编成典的；参见 Multhauf (5)，pp. 122，149。

③ Leicester (1)，pp. 7，41。亚里士多德曾以黄金作为融合体的例子。贝特洛［Berthelot (2)，pp. 54 ff.］在论及古代对合金的性质缺乏了解时，曾明确指出了在合金和纯金属之间的命名上有含混不清的地方。天然的金银合金有一个单独的名称。埃及语为“*asem*”、希腊拉丁语为“*electrum*”，而拉丁语的“*aes*”则同时适用于青铜（铜锡合金）和铜，汉语的“铜”也一样。“科林斯青铜”（Corinthian bronze；金银铜合金）只不过是一种成色降低的金，而“克劳狄合金”（*claudianum*）则是一种成色降低的铜（铜铅合金）。在汉语里也一样，“金”可以指任何金属，虽然也常常用以表示典型的金属——金，特别是在其前面缀以形容词“黄”组合成“黄金”的时候。参见下文 pp. 51ff.。根据现存的碑文来判断，“铜”这个词似乎是指当初楚国人所用的青铜，但到了汉代它就变成通用的了（郑德坤博士的私人通信）。

④ 1625 年，梅森（Marin Mersenne）注意到亚里士多德是炼金术哲学中一切有用的和可接受的东西的主要和必不可少的泉源（*Verité des Sciences*，p. 167）。

⑤ 此论系根据《形而上学》（*Metaphys.*），vii，v. 4。参见 von Prantl (1)，p. 143；Berthelot (1)，pp. 76，266，276，280，(2)，p. 73；Festugière (1)，pp. 234，237；Leicester (1)，pp. 27，41 ff.。在核物理学家的“等离子体”中也许能找到现代类似的东西。

⑥ 中世纪后期保存下来了最古老的工艺术语之一：贝非［*baphē*，*baphikē*（*βαφή*，*βαφική*）和 *bapsis*（*βαψις*）］把布料浸入染色的“浸液”中，由此引出的技术产生了无数的后果。参见《希腊炼金术文集》Ⅲ，vi，10，Ⅲ，xxxvii。

ξανθωσις），最后变紫（*iōsis*，ἴωσις）[①]。上述术语可能来源于许多过程，例如它们依次是提炼金的混汞法，采用合金或表面沉积法使铜或铅镀银，用类似的方法使银或铜镀金。也许最后用硫化物和醋酸盐处理，使青铜产生淡紫色闪光或紫色饰层[②]。

有关一种原始质料有许多形式的观念，加沙的埃涅阿斯（Aeneas of Gaza）在论述点金的一节文章中说得很清楚，该文写作于公元 484 年。除《文集》本身所包含的文章外，这确是提到这种工艺的最早著作了[③]。他通过他文中的人物欧克西特奥斯（Euxitheos）说[④]：

> 质料经历许多变化而形式保持不变，因为它就是为了具备各种特性而制造的。假定有一尊阿基琉斯（Achilles）青铜像，再假定它被毁坏了，破裂成许多小碎片，如果现在有一位工匠把这些碎片收集在一起，使它提纯，并用一种奇异的科学把它变成黄金，然后用它制成阿基琉斯像，这尊像就成为金像而不是铜像，但不管怎样它仍然是阿基琉斯。这与组成我们脆弱易朽的身体的质料正好一样，它可以由造物主的工艺而变得纯净和不朽……把质料变成某种更好的东西，根本不是什么不可思议的事情。因此，精于此道的专家，取来银和锡，使它们的外观差不多完全消失，给它们上色，把它们转变成上好的黄金。人们用磨得很细的沙子和可溶解的泡碱制造玻璃——一种闪闪发光的新东西，用的也是这种方法。

毫无疑问，混合（*mixtio*）和混合物（*mistum*）的性质是早期化学的中心问题；混合物、化合物和元素之间的区分，要在很久以后才有可能说清楚。在整个中世纪，就这个问题进行过无数次学术性讨论[⑤]。有些人说，混合物中各个成分的形式保持不变[⑥]， 24
而阿维森纳[⑦]认为原先存在的各元素的形式组合成新的形式。但是托马斯·阿奎那（Thomas Aquinas）[⑧] 在混合物的均匀性方面更倾向于坚持亚里士多德的立场，他说在产生混合过程时[⑨]，总是有一种新的形式施加到 4 种元素的质料上。因此，当一种实体与别的东西混合或结合时，它的个性就完全丧失，从而形成一种完全新的物品。虽然它可能显示出一些性质（热、冷、湿、干、结构、颜色），但要视其组成成分及其比例而

---

① 《希腊炼金术文集》Ⅳ，xx，5，科马里乌斯的作品；同书 III，xxxviii，xl，佐西默斯的作品。Berthelot & Ruelle（1），vol. 2，pp. 290，208，211，vol. 3，pp. 279 ff.，202，204。有关颜色的象征，参见 Sheppard（8）。它成为 1619 年前后多恩（John Donne）创作的名诗“圣露西日——白昼最短日之夜曲”（A Nocturnall upon St Lucie's Day）。“*Iōsis*”有另外的意义，见下文 p. 38 的脚注。

② 参见 Hopkins（1），vii，100，（3）。

③ 除非我们接受马尼利乌斯（Manilius）所著《天文学》（*Astronomica*，约公元 30 年）Ⅳ中一节的看法，他在其它冶金化学条目中提到利用配量使金和银倍增的方法。但是仅因为它的内容，斯卡利杰尔（Scaliger）认为这一节是经人篡改的；贝特洛［Berthelot（1），p. 70］，倾向于恢复它的原貌。

④ *Theophrastus*，Barth ed.，p. 71，76；译文见 Berthelot（1），p. 75；Hammer-Jensen（2），p. 79，由作者译成英语。

⑤ 见 Thorndike（6）；Hooykaas（1，2）；Partington（7），vol. 2，p. 380。就亚里士多德哲学的一般性质来讲，它既是西方中世纪科学进步的基础，同时又是一种障碍。见施拉姆［Schramm（1）］引人注目而有启示性的讨论。

⑥ 假如斯特凡尼季斯［Stephanides（1），p. 32］和扎卡赖亚斯［Zacharias（1）］是对的，那么这位 7 世纪末的哲学家阿诺尼穆斯（《希腊炼金术文集》Ⅵ，xiv，4，5，6）看来对此持有进步的观点。

⑦ 原名伊本·西那，卒于 1037 年。

⑧ 从 1225 年到 1274 年。

⑨ 另见 Multhauf（5），pp. 122，149。

定。费内尔（Jean Fernel，1497—1558 年）相信各元素的形式保持不变，只是性质相混合并均匀地扩散罢了。但是，比尔赫尔斯迪克（Francone Burgersdyck，卒于1635 年）宁愿遵循阿威罗伊（Averroes）① 的观点，认为混合物的形式是由“呈松散并处于变动状态的”4 种元素的形式组成的。

所有这一切观点都由于原子论在 17 世纪的重新流行而一扫而空，因为一个对合金性质的正确概念，必然意味着点金的死亡。人们一旦了解存在的简单粒子，当它们用“合成法”与其他粒子混合（或结合）时，它们不会消灭，而且以后用“分析法”可以使它们恢复原状。这样，除黄金本身以外，再没有人造黄金或“各种黄金”（即具有黄金实体形式的材料）的容身之地了。这一以加桑迪（Gassendi）、笛卡尔（Descartes）和波义耳为中心，重新介绍原子论的故事，已经常常有所论述②，我们无须在这里赘述，只是要提一提森纳特（Daniel Sennert，1572—1637 年）和巴索（Sebastain Basso，1621 年），他们全力以赴地解决亚里士多德哲学的困难，尤其是容吉乌斯（Joachin Jungius，1587—1657 年），他不仅可以被看做是植物学，而且可以被看做是化学的复兴者③。他笃信原子论，提出了“集合分离假说”（*hypothesis syndiacritica*），“集合”（syncrisis）表示不同种类的原子集合在一起，“分离（diacrisis）”则表示以后发生的分离和消散。在一种混合物（*mistum*），例如合金中，其原始成分并不让位于完全新的东西，它们仍保持原样，只是小得看不出来而已。而且混合物基本上是不均质的，其性质并不是新的实体形式，而是它各成分混合时的天然效应。它们的品质没有变化，变化的是它们的位置。这样，容吉乌斯首先于1630 年充分解释了铁从硫酸铜溶液中沉淀出铜的原因，这绝非事出偶然④。由于他的工作，使质料的近代意义取得了应有的地位，而不再“听从于实体形式的支配”⑤。

25 这里有两点对我们的一般论题具有更为广泛的影响。第一，贝特洛是相当正确的，他强调了一项重要的事实，即尽管门德斯的博卢斯、伪德谟克利特以及其他一些人都自称是德谟克利特学派，但是在整个希腊原始化学点金文集中⑥，一次也没有提到过原子论的观念和用原子来解释化学变化的情况。他们远不是德谟克利特学派、伊壁鸠鲁学派（Epicurean）或卢克莱修学派（Lucretian）。他们的背景是由俄耳甫斯的⑦和赫尔

---

① 即科尔多瓦的伊本·路西德（Ibn Rushd of Cordoba），卒于 1198 年，差不多与朱熹是同时代人。

② 参见 J. C. Gregory（1，4）；Partington（2）。有关更大范围的情况，见 M. Boas（2），Greenaway（4）。

③ 见坎格罗［Kangro（1）］的新研究和帕格尔［Pagel（15）］就此进行的讨论。

④ 中国的“湿法炼铜”；见本书第五卷第四分册。虽然范·海尔蒙特（van Helmont）比容吉乌斯更早（于1624 年），但尚无充足的证明。

⑤ 当然，原子论的重新流行和对合金的不均质性的真正了解，不是导致炼金术衰落的唯一原因。正如 D. 辛格［Dorothea Singer（4）］明确指出的那样，宏观宇宙——微观宇宙学说不可能在哥白尼（Copernicus）和维萨里（Vesalius）所创造的气氛中长期存在下去。把内含的伦理观从科学的世界观中排除出去，意味着像“完美无缺”这样一类概念的死亡，而“完美无缺”一直是所有金属必须去争取达到的［参见 Gregory（2）］。

⑥ Berthelot（1），p. 263。

⑦ Reitzenstein（1）。

墨斯[1]的神学、诺斯替派[2]和斯多葛派（Stoic）[3] 的宇宙论，以及逍遥学派的自然哲学集合而成。前面两点提供了宇宙模型，这是原始化学实验室能够模仿的，后一点则提供了解释，说明物质在其向完美无缺嬗变的过程中所发生的情况。此时阿布德拉城（Abdera）的德谟克利特看来已经罩上了术士和实验主义者传统的外壳。因此，希腊的原始化学家根本没有把他的原子哲学的遗产，而是把该遗产的外壳当作他们的标志[4]。第二，在中国，平行发展的点金即始终没有受到原子论破坏性力量的影响，因为据早期研究所知，原子学说从未为中国知识界所接受，虽然由于与印度佛教徒的接触而不断被介绍进来[5]。这样，一种混合物或一种合金的本质，在中国的传统文化中就不会知道，也绝不可能知道。那么假如有人问，是什么在中国取代了“逍遥学派的自然哲学”呢？答案无疑会归于几种相当灵活的学说：以《易经》的“卦”或六爻作为力量的象征而进行的演算，“阴”和“阳”的基本力和循环，五行的相生相克，以及化学物质特殊的“气”或“精气”[6]。因此，中国和欧洲一样，对于点金有正、反两方面的看法，虽然正面的看法与欧洲不一样[7]，对此我们不应过于苛求。史密斯（Cyril Stanley Smith）说得好[8]：

> 虽然化学家有理由可以对炼金术士的嬗变试验进行嘲笑，但物理学家，即使
> 是非核物理学者也不应如此。嬗变是一个有充分根据的目标，它是亚里士多德可
> 结合性品质理论的自然结果，其真实性的事例比比皆是：儿童吃进食物而发育成
> 长，冶炼工把绿色的矿物转变为红色的铜，或是把黑色的方铅矿转变为贱金属铅
> 和洁白的银，铸工把铜转变为闪闪发光的黄铜，陶工给他的制品上釉，金匠制造 26
> 乌银，玻璃工制造彩色玻璃窗，铁匠控制铁熔化时的变化使之转变成钢并增加硬
> 度。从物理学的观点来看，这种属于性质的变化都是嬗变，虽然并不（全部）[9] 符
> 合化学经过净化的现代含义，而且在可能研究物理学之前先要把化学弄清楚。不
> 可能制造真金的原因在于必须同时复制它的全部特性，要是单项地以延展性、反
> 射性、颜色、传热性来相比，则实际上除了金的密度外，其中每一项性能都可用

---

① 见 Scott (1); Nock & Festugière (1); von Lippmann (1, 11)。

② 有关其组成，见谢泼德［Sheppard (1, 3, 4)］和沃尔夫［J. C. Wolf (1)］的古典著作。

③ 正如普兰特尔［von Prantl (1)］在距今一个世纪的一项有趣的研究中所指出的。还可参见同时期的 Kopp (1), vol. 2, p. 223。斯多葛派的影响在谜语、格言或警句中表现得特别明显，这是希腊原始化学独具的特性，关于这一点我们将在本书第五卷第四分册与中国的思想一并加以考察。有关斯多葛派的物理学，见 Sambursky (1, 2, 3)

④ 有关希腊的原子论，可以从伊壁鸠鲁（Epicurus）著作的编辑者贝利［C. Bailey (1)］那里学到很多东西。

⑤ 参见本书第四卷第一分册，pp. 3 ff.。

⑥ 我们经常发现这样的用语，如“天然金之气”。有关中国炼金术的一般理论，见本书第五卷第四分册的有关章节。

⑦ 在另外一处我们已提出理由，说明我们不同意把理学的“理”和“气”混同于亚里士多德的“形式”和“质料”（参见本书第二卷，p. 475）。但是，无论如何这个问题基本上是风马牛不相及的，因为在炼金术文献中很难找到根据这些理学概念所作的解释。

⑧ Smith (4), p. 639。

⑨ 这是我们插入的。

普通材料经过适当处理赶上金子而毫不逊色。有过许多实例证明其目标是正确的[①]，但所提到的关于性质结合的理论并未提供一种可靠的方法以实现这个目标。炼金术士在材料混合和加热时想必见到过许多令人惊奇的事情，甚至可能比单纯追求美学效果的老工匠见到的更多，但是他们并没有增添可供传播的知识。他们的象征性语言，与任何安全系统一样，对于初入门者或是局外人都起着阻碍作用；而他们的理论，则由于过于坚信而使他们闭目塞听，对许多现象视而不见，而看见的却是实际没有的东西。

有很多迹象表明，希腊原始化学家确实认为他们自己是逍遥学派亚里士多德哲学的追随者。后来的注释者常常用如下的说法："我们附加说一句，具有世界性影响的哲学家、新的饱学之士、柏拉图和亚里士多德的评注家们说……"然后可能详述溶解和加热的次数[②]。另外还有伪德谟克利特本人著名但近似谜语的说明："是的，我也已来到了埃及，（如同在行进的队列中）负责有关秘术和自然事物（*pherōn ta physika*；*φέρων τὰ φυσικά*）的科学，因此（借助于几条可靠的原理），你可以超越形形色色杂乱无章的奇珍异物（*tēs pollēs periergeias*；*τῆς πολλῆς περιεργείας*）和混杂不清的物质现象（*synkechymenēs hylēs*；*συγκεχυμένης ὕλης*）而得到升华。"[③] 显然，这听起来好像有一个人宣称把一项理论应用到早先一直是一种经验的实践中去。此外，"形式"（*eidos*）这个词在文集中经常出现，例如在短语"*exetasis tōn eidōn*"（*ἐξέτασις τῶν εἰδῶν*）中表示"试验其形式"[④]。这一点在辛尼修斯与狄奥斯科鲁斯（Dioscorus）的对话中进行了讨论。其用来说明化学形式取舍的词语，与已经引用过的加沙的埃涅阿斯的话非常相似，并且把原始化学家与木工、石工和青铜铸工作了对比[⑤]。

我们可以从伪德谟克利特的原文中觉察到斯多葛派的影响。原料经加热的作用失
27 去其特有的性质而变成黑色的熔体，即一种不成形的"原始材料"（*materia prima*）；或者用斯多葛派的术语来说，是一种"经完全熔化而毁坏的"实体[⑥]。该实体中处于休眠状态下的完美的胚芽或"种子"，此时受到激发而再生，据认为这是由于合适的化学处理的结果。其根据的理论是每种特殊类型的再生，都是受到到处弥漫的普遍精神（*pneuma*）的作用，以及理性组织原则或生殖的理性（*logos spermatikos*；*λόγος*

---

① 对于西方的拉丁圣餐神学，这里我们不再多加议论。但此点将再次出现，不过上下文文意略有不同（见本书第五卷第四分册）。

② 例如参见《希腊炼金术文集》Ⅲ，vi，13，佐西默斯的作品；Ⅵ，xiv，1，哲学家阿诺尼穆斯的作品［Berthelot & Ruelle（1），vol. 2，pp. 127，425；vol. 3，pp. 128，406］。

③ 本说明紧接在一段描述伪德谟克利特在庙中幻想他的匠师奥斯塔内斯的灵魂和内部藏有谜语的圆柱自行裂开的故事之后。《希腊炼金术文集》II，i，3［Berthelot & Ruelle，vol. 2，p. 43；vol. 3，p. 45］。此原文的各种形式汇集，见 Bidez & Cumont（1），vol. 2，pp. 311ff.；参见 Festugière（1），pp. 228—229。梅德人奥斯塔内斯的名字并不见于我们现在所有的关于伪德谟克利特的原文中，但是所有其他写传说的作家都同意他就是所指的匠师；例如可参见《希腊炼金术文集》II，iii，1，2，辛尼修斯的作品。

④ 《希腊炼金术文集》II，i，15。

⑤ 《希腊炼金术文集》II，iii，9。

⑥ 参见阿弗罗狄西亚的亚历山大（Alexander of Aphrodisias），《论混合物》（*De Mixtione*），216 m 14ff.，引自 Sambursky（2），p. 121。

σπερματικός) 的指导[1]。这样，通过与合适的化学物质，根据放之四海而皆准的同情与厌恶定律而发生反应[2]，再借助于热和水分的供应，如同在有生命的世界中一样，不断加入少量的黄金以增强种子的作用，据信再生是可以实现的[3]。一系列颜色的转变可作为获得新品质的证据，如以前常提到的变白、变黄，有时变紫（参见上文 p.23）。这一切都表示金属走向完美的进程中经历变化的程度[4]。

此时欧洲的思想在它的轨道上摇摇摆摆地登上了一个位置，与中国人所处的位置非常接近。正如贝文（Bevan）所指出的那样，斯多葛哲学和《薄伽梵歌》（*Bhagavad Gītā*，公元前200至公元400年）在伦理学上惊人地相似[5]，因此我们也常有机会注意到斯多葛派和中国思想间的相似之处。在本书各卷中已多次谈到了这个情况；我们论述了精和种子（“精”、“种”、“子”）之间的相似性，这两者都纯属中国思想（本书第二卷，pp.38，481，487）和佛教思想（同书，pp.408，422），我们也论述了生殖的理性与理学关于一切事物的组成原理（即“理”，本书第二卷，p.476）的相似之处；最后还论述了波动理论在连续介质（“气”）中的相似之处，它由中国人和斯多葛派两者所设想而又都与所有原子论相对立（本书第四卷第一分册，pp.11 ff.）。因此，可能有人会再次提出问题，这些观念在多大程度上用于古代中国的点金理论。这一点很难说，当它于2世纪进入我们视野的时候（见本书第五卷第三分册），阴和阳的二元论，五行的相生相克，尤其是《易经》中象征各种力量的“卦”（三爻和六爻）起着大得多的作用[6]。不过“精”、“气”甚至“理”在中国是始终存在的。假如语言和命运有可能使魏伯阳与伪德谟克利特学派的人在一起交谈的话，相信他们会找到一些共同点，或者至少他们认为有共同点。

3世纪末，点金的理论观点发生了变化，而且由于赫尔墨斯教条的影响，其与救世 28
神学对救赎性质的探求几乎没有区别。金属转变的操作看起来已仪式化，成为表达主要是象征性的死和再生的一种方式。但是，这并不一定是说当时的专家根本不再关心实际技术了。如果我们通读佐西默斯的原文，那么我们就能看到，他认为黄金的物质外壳是空白的，而“黄金”的内涵则独立于金属实体之外，这种金属实体支持它的精神内涵（管它叫精神的，是因为它由极易挥发而散佚的蒸气的作用而产生），并认为这种更高级的精神就是“黄金”。因此，当一个人有了一种含有“黄金内涵”的材料（如同一个人可能具有染料的基本色素一样）时，他就掌握了后来所谓的点金石，从而能够“着色成金”，即用此法制成“真正的黄金”[7]。

---

① 参见 Bevan（2），p.43，（3），pp.xiii ff.。

② Festugière（1），vol.1，pp.198 ff.，231 ff.。

③ 这种看法与近代的某些概念有些相似，例如催化概念和晶核概念。另外，发酵的概念在以后的炼金术中也起着相当大的作用，因为“少许酵母可发出一大块面团”，是一种最古老的又最引人注目的“点化”模式。参见本卷第四分册。

④ 这几段是和谢泼德先生合作起草的，他对诺斯替主义和原始化学所作的研究［Sheppard（1）］强调了斯多葛派思想的作用。

⑤ Bevan（2），pp.69，70，77 ff.。

⑥ 有关中国炼金术的理论见本卷第四分册。

⑦ 这里作了修改的字句来自 Hopkins（1），p.70，参见 pp.75，120。铜变“银”，由汞（或砷，或锑）的蒸气完成；而“银”变“金”，则由硫的蒸气完成。

颇引人注目的一点是，在希腊化时代的文集中载有某些有关黄金的真实定义，它们证实了上述所说的一切。这些定义以术语汇编的形式出现，并用做主要文稿的标题，其方式如下①：

黄金：它是黄铁矿②、锌渣③和硫磺④。

黄金：金属和矿物的碎片，转变为黄色并达到完美无缺。

黄金：即我们称为白物、干物、黄物和用不褪色染料染成的金色（材料）。

作出这些定义的确切时间无法确定，但是这种“词汇”看来是古老的。它们必定是指各种形式的镀法，即在银色金属或合金的表面沉积上硫化物的薄膜和采用提纯法的表面富集技术（参见下文 p. 250）；也指降低天然金和琥珀金的成色，以及黄铜和砷铜的制作（下文 pp. 195，233）。值得特别注意的是，没有任何有关灰吹法的资料。

在几页以前，我们提到了染色工匠的染色工艺。一位巴尔米拉（Palmyra）墓葬品⑤专家普菲斯特曾写了重要的专著，对纺织品染色工艺过程在莱顿和斯德哥尔摩纸草文稿中的作用作了研讨。他感到奇怪的是，该文稿似乎对一些易褪色染料（它们在颜色上对酸度和所用的染媒金属特别敏感）远比可靠、耐晒而不褪色的靛蓝⑥和茜草⑦染
29 料受到赞赏和青睐。例如其中大量谈到了“岩藻”，即一种来自红色海藻的藻红染料⑧，也谈到紫朱草，即染色工匠的牛舌草⑨和浆果莓属（*Arbutus*）、鼠李属（*Rhamnus*）和红蓝菊属（*Carthamus*）果实的色素。所有这些都叫人不可思议，因为普菲斯特本人从事 3—7 世纪叙利亚和埃及织物的考古研究，有可能从化学方面说明当时最普通的染料实际上是用于红色的茜草和胭脂虫⑩，用于紫色的茜草和靛蓝的混合物（当然假定还没有应用昂贵的软体动物骨螺⑪），用于蓝色的靛蓝以及用于绿色的靛蓝和各种黄色染料的混合物。同样使他惊异的是制作假宝石的诀窍竟然是利用表面上色的彩漆，这种伎

① 《希腊炼金术文集》I，ii（Berthelot & Ruelle，vol. 3，pp. 16，17），贝特洛［Berthelot（2），p. 20］有讨论。

② Berthelot（2），p. 257。相当于“白铁矿”，任何金属（或半金属）硫化物。

③ Berthelot（2），pp. 239 ff. 。天然或炉炼菱锌矿（碳酸锌或氧化锌）。

④ Berthelot（2），p. 267。

⑤ 参见本书第三十一章。羊毛是谈论得最多的织物。

⑥ 这是来自欧洲的菘蓝原植物染料（*Isatis tinctoria*），而不是印度和中国的木蓝属植物染料（*Indigofera tinctoria*）。在希腊语中它称为碳沥青（*anthrax*；ἀνθραξ），因为斯德哥尔摩纸草文稿提到靛蓝染料来自印度，因而木蓝属植物染料有时必定是从国外进口的。

⑦ 茜草属植物染料或戟形麻风树红色染料（*Rubia tinctorium* 或 *R. peregrina*）是属于欧洲的。中国的红色染料是茜草（*R. cordifolia*），在巴尔米拉的织物中发现有一些中国的丝织物是用这种染料染色的。在希腊的根类植物（*rhizēs*；ρίζης）中，茜草染料是已知最耐晒的一种天然红染料。

⑧ 岩藻（*phykos*；φῦχος）最可能来自红藻染料（*Rytiphloea tinctoria*），不过许多红色海藻都可用作染料。

⑨ 来自于琉璃苣同源的牛舌草（*Anchusa tinctoria*）根，其名称源自希腊语“*anchousa*”（ἄγχουσα）。紫朱草源自阿拉伯语“*hinna' al-ghālah*”。

⑩ 一种蚧科昆虫，即欧洲黎凡特产地（Levantine habitat）的胭脂虫属的蚧壳虫（*Kermes vermilio*），与墨西哥的胭脂虫（*Dactylopus coccus*）相似。希腊语为“*kokkon*”（κόκκον），阿拉伯语为“*qirmiz*”，源自波斯文。

⑪ 著名的骨螺属（*Murex brandaris*），可参见 W. A. Schmidt（1）；Lacaze-Duthiers（1）；Dedekind（1）。弗里德伦德尔［Friedländer（1）］于 1909 年发现其染料就是 6，6'-dibromindigo，这一发现成为比较生物化学和技术史的一个经典的会合点。

俩任何人只要用钉子划一下就能拆穿，而不知道埃及工匠早在他们数百年前就一直在制作优质的玻璃料、彩色玻璃和珐琅。

所有这一切使得普菲斯特得出结论，即纸草文稿虽然包含有若干实在的手工艺方法，但从总体上讲，它们既不是工艺手册，也不是骗子手的指南。他把纸草文稿的作者多半看做是一些像伪德谟克利特本人一样的业余哲学爱好者，他们为染料在不同化学条件下发生的色彩变化所眩惑，并非蓄意要用他们许多种“假紫色染料”来愚弄人。在这里我们发现他难于继续下去，倒不是因为对古代染色技术以希腊化的原始化学为基础这一点有任何怀疑之处，希腊化的原始化学确实曾拓展了一种观念，把色彩的技艺运用到宝石上去，而且更具意义的是运用到金属上去，而是因为其有关冶金的部分确实存在着欺骗的意向，而且实际上也可能已经有了欺骗的行为，尤其是工匠们明知有灰吹法，而且必定知道那是经不住精炼炉火焰的试验的。确切地说，靛蓝和茜草的混合物可能真的已被用来假冒真正由软体动物得来的泰尔紫——这就要看商人如何说了。最后我们应当小心，不要过于依靠反证。纸草文稿传到我们手中时已经很少，而且是断章残篇，在至今尚散失的资料中，说不定就有文稿作者们述说的耐晒而不褪色的染料和质地均匀的彩色玻璃。普菲斯特的著作不失为化学考古方面最令人满意的作品之一，其全部意义就在于对准工匠性质的纸草文稿①和哲学上原始化学性质的文集之间进行了鲜明而确切的对比。

（ii）持续的点金梦 30

我们已经看到，当原子论再度介绍到17世纪的欧洲时，亚里士多德的理论站不住脚了。但点金和炼金术并没有因此而立即败亡，因此，主要是为了与作为本章主体的中国的发展进行对比，我们很值得扼要地去追溯一下否定、怀疑、希望和信心在阿拉伯和西方思想中的交替过程，并标志出点金梦在近代各个时期中持续的时间②。

当然，在阿拉伯文原著中有着各种各样的观点，其中有些观点显然不失为真知灼见。例如在成书于公元900年前后的《贾比尔文集》（*Jābirian Corpus*）中，有一卷作

---

① 我们倾向于这种提法，因为撰写纸草文稿的作者确实并不是通常所说的工匠。首先他们是有阅读和写作能力的人，而工匠则不然，他们的巨大兴趣在于寻找一种技术，用廉价材料仿制一切最贵重的东西（织物、宝石、金属）以及其它贵重的货物。的确，他们由于受到化学变化产生的色彩现象的吸引而与撰写文集的哲学家有过联系，随后又由于他们坚信仿制品与真品不同而与哲学家分道扬镳。他们在气质上被认为类似于达·芬奇一类的人物，而在行事上则接近于文艺复兴时期的高级工匠（参见本书第三卷，p. 154 ff.）。他们的专长与后来的绅士科学家养成的专长大不相同。

② 霍普金斯把希腊化的原始化学叫作“炼金术”，而把拉丁中世纪的这一概念称为“伪炼金术”，甚至称为“作假的炼金术”［Hopkins（1），pp. 164ff.，192ff.，212］，这是因为一方面希腊化的原始化学家在“染色技术”方面取得了相当实际的成果；另一方面后来的西方炼金术士（从12世纪到17世纪）声称能从其它物质制作具有黄金各种特性的金子，则是基于欺骗、作假或是一种单纯的信念。的确，阿拉伯和中世纪拉丁西方都梦想从其它的原子结构制造真正的黄金，但只要核物理学还没有诞生，这恰似陷在窗玻璃后的飞蛾，不停地拍动翅膀一样无效。虽然希腊化的和中国的点金术士确实制作过不少人造“黄金”。但是我们无意于采用霍普金斯的术语，因为后来西方的行家心目中还有另一个目标，即制备“长生不老药”，这使他们成为我们观念中的真正炼丹家。由于他们展示的效果纯属自欺欺人，因而他们仍然是点金术士。

了如下叙述[1]：

> 当汞和硫结合成单一的物质时，一般认为它们已经发生了根本性的变化，并且形成了一种全新的物质。但是事实却不是这样。无论是汞和硫，两者都保持着各自的性质。全部发生的变化是它们各自的部分变弱了，因而达到了相互间非常接近的程度，以至于用肉眼看起来该产品是均质的。但是，如果人们能找到一种装置，使两部分相互分开，那么就会明显地看到，两者仍各自保持着它们固定的天然形式，并未发生嬗变和变化。老实说，在自然哲学家看来，这种嬗变是不可能的。

这是《贾比尔文集》的基本部分，它已了解希腊的原子理论，当时要是对此认真地对待，那么点金信念的根源就会受到打击，但是，从事自然科学的亚里士多德学派的势力过于强大，他们维护着点金的信念。即便如此，其他穆斯林科学人士对点金采取了相当正确的看法。值得注意的是伊本·西那其人[2]，他对中世纪后期的西方具有巨大的影响。他于1022年写道[3]：

> 就炼金术士的主张而论，必须明确地说明，要实现（金属）品种的真正变化，他们是不能胜任的。但是，他们能够制作（高级的）仿制品，把红色（金属，即铜）变成白色，使它很像白银，或者变成黄色，使它很像黄金。他们还能够使白色（金属）具有他们所需的任何颜色，直到它与金或铜非常相似。他们能够清除铅（即锡和铅）中绝大多数的缺陷和杂质。但是在这些制品中，其基本性质仍未
> 31 改变，它们只不过是受到诱发性质的支配，以致可能造成错误，恰似人们被盐、硇砂等等[4]所欺骗一样。
>
> 我不否认可以达到的精确度甚至能够骗过最精明的人，但是说有可能消除或者赋予品种以差别，我则至今仍不以为然。相反，我倒认为是不可能的，因为目前还没有一种方法能使一种组合（若干性质的）蜕变成另一种。

虽然有时荒谬地把阿维森纳的配方归功于亚里士多德本人[5]，但这配方在中世纪欧洲是家喻户晓的，而且"*Quare sciant artifices alkimie species metallorum mutare non posse*"这一句话在其后的6个世纪中一直是信仰者的一块绊脚石。另一方面，伪阿维森纳配方也在传布，它称为《炼丹精华》(*De Anima in Arte Alchemiae*)，大概在1140年前后由杂七杂八的阿拉伯原文在西班牙编辑而成。罗杰·培根曾受到它的影响[6]，而且它不断为13世纪百科全书编纂者所引用[7]。虽然该书详述了7种试验真金的方法，其中包括灰吹

---

[1] 译文见 Holmyard（2），译自《物性大典》(*Kitāb al-Khawāss al-Kabīr*)。

[2] 至少在他年龄较为成熟的时候写的，因为有两篇专题论文看来是他年轻时写的，经斯特普尔顿、阿佐、侯赛因和刘易斯［Stapleton，Azo，Husain & Lewis（1）］发现并译成英语。如果情况属实，那么他最初必定完全相信点金的嬗变是可能的。

[3] 载于《治疗论》(*Kitāb al-Shifā'*)，译文见 Holmyard & Mandeville（1），p. 41；Partington（3）。参见 Hopkins（1），p. 179；Leicester（1），p. 70。

[4] 那时候要鉴别盐类当然是很困难的。

[5] 原文有时用"*De Mineralibus Aristotelis*"（《亚里士多德的论矿物》）或"*De Congelatione et Conglutinatione Lapidum*"（《论矿石的凝结与粘合》）作标题。

[6] D. Singer（2）。

[7] 参见 Partington（3），其中提供了有关鲁斯卡著作的参考资料。

法，但它又支持嬗变是真实的观点，并说用点金石制造的黄金是最好的金子，又承认某些赝金制造者在制造假金和假银①。

这一矛盾导致了长时期的没有定论，像大阿尔伯特（Albertus Magnus）这样博学多才的人也只能用“可能”这样的词语来回答。因此，他在1242年前后撰写的《论矿物与金属的性质》（*De Mineralibus et Rebus Metallicis*）一书中写道②：

> 在所有炼金术的工艺中，最好的工艺是遵循大自然本身的方法，也即使硫和汞纯化，然后混以金属物质，因为每一种金属都是借助这些手段生成的。但是那些不改变金属种类，用白色颜料使金属发白和用黄色颜料使金属发黄的人是一些骗子，由于金属种类并未改变，因而并未制造出真正的黄金和白银，他们当中的所有人，或者部分，或者全部都是这样干的，因为我得到了点化成的金和银，在我手中做了试验，它们耐住了6—7次加热，然而在更猛烈的焙烧下终于烧毁而损失，最后留下一些残渣。正如医生治病一样，先用药清除致病物，然后恢复健康；技艺高的炼金术士用大量汞和硫，两者都是金属的组成物，他们希望得到哪种金属，就按照该金属天然和基本特性所应具的比例使两者结合起来；只要在自然的容器中制造的东西，也可能在人工的容器中制造出来，自然用星辰和太阳的热所生成的东西，（或许）也可能用人工热能来完成。

一边是富有经验的金匠，另一边是点金的炼金术士，使得博韦的樊尚（Vincent of Beauvais）也表现出同样的犹豫不决。在他的《大宝鉴》（*Speculum Majus*，约1255年）一书中写道③：

> 在某种程度上炼金术可能是假的，然而我们时代的古典哲学家和工匠已经证明它部分是真的……有些人使白色（金属）染成黄色，以致看起来像黄金。他们清除铅中的杂质，以便看起来像白银，虽然它仍然是铅，但他们使之具有的性能足可使人们上当受骗。

但是，只要亚里士多德哲学继续占统治地位，只要没有人像阿尔贝特（Albert）一样坚 32
持用灰吹法试验，炼金术士就永远是胜利的。伊斯兰世界的情况与基督教世界的情况一样。公元13世纪末，艾哈迈德·伊拉基（Ahmad al-'Irāqī）写了一本“培殖黄金认知手册”（*Book of Knowledge acquired concerning the Cultivation of Gold*），继续主张有关原始质料的古老教义，主张形式的剥夺和强迫接受，甚至把含银的铅④经灰吹法残留下来的银看做是嬗变的结果。14世纪初，在维拉诺瓦文集（Villanovan Corpus）的专题论文中有一篇维护这样的观点：即“金属的第一物质只有一种，按照自然的作用，随着受热程度的不同它本身被赋予不同的形式。”⑤

与前面（p. 24）已提到的原子理论家同时期的有16世纪的伟大冶金家比林古乔

① 关于该书，见 Berthelot（10），vol. 1，pp. 293 ff.。

② 甘岑米勒［Ganzenmüller（2），p. 77］翻译；Partington（3），p. 11。

③ 引自 Hopkins（1），p. 168。

④ 关于《培殖黄金认知手册》（*Kitāb al-' Ilm al-Muktasab fī Zirā'at al-Dhahab*），见 Holmyard（5）。参见本书第五卷第四分册。

⑤ Hopkins（1），p. 164。

(Biringuccio)、阿格里科拉（Agricola)、埃克尔（Ercker)，可以说他们之中没有一个用得着点金[①]。但是，有许多更伟大的名人却采取更为模棱两可的态度，从其中我们可以举出两位来，即弗朗西斯·培根（Francis Bacon）和牛顿（Isaac Newton)。前一位在某些方面虽然很严格，但事实上他确曾认为制造黄金是可能的。这一点我们可以从他提到的有关中国炼金术的一段有趣的文章中见到。他的一种说法是非常闻名的，这是对从希腊时代直到现在的整个运动的一个公正的评判。他在《学术的进展》（*Advancement of Learning*，1605 年）一书中写道[②]：

> 有三种科学，人们的智力与想象的联系，比他们与理性的联系更为密切，它们是：占星术、自然魔术和炼金术。不管怎么样，这些科学的目的和愿望是高尚的……炼金术要求对物体中一切不同的部分进行分离，它们是在自然的混合状态下合在一起的。但是，这些目的的起源及实施，无论在理论上还是在实践上都充满了错误的浮夸。对于这些错误和浮夸，伟大的教授们则企图用高深莫测的文字来掩盖和隐藏，或者求助于耳闻口传和诸如此类的手段来为欺骗行为挽回信誉。然而这种叙述对于炼金术来讲无疑是恰当的，它可以和“伊索寓言”（Aesop）中那个农夫相比，农夫临死时告诉他的儿子们说，他给他们留下了金子，埋在葡萄园的地下。于是他们挖遍了全部土地，什么金子也没有发现。然而由于他们挖掘和翻动了葡萄根部周围的土壤，次年他们的葡萄获得了大丰收。对制造黄金的方法的搜寻和传布，无疑导致了许许多多优秀和丰硕的发明和实验，它们不仅揭开自然的奥秘，而且用于人类的生活。

在同书的另一个地方，他认为制作赝金的可能性要比点金大得多。

> 由于他熟知重量和颜色，熟知在锤击下软韧还是易碎，在焙烧时易挥发还是稳定不变以及其它种种性能，他可以采用制备前述性能相应的技术来制作某种金属，使之具有黄金的性能和形式。这种可能性要比投入些许药物顷刻间就能把大量水银或其它材料转变成黄金的可能性更大。同样，有人懂得除湿[③]的性质，懂得
> 33 营养品与接受营养物之间的吸收作用，懂得增进和净化精神的方式，懂得精神如何消耗体液及固体部分的方式，他就会采用间接的方法，如调节饮食、海浴、涂擦油膏、服用药品、运动以及诸如此类的方法以延长寿命，或者在一定程度上恢复青春和活力。这种可能性要比服用几滴或少量液剂或方剂达到长寿的可能性更大[④]。

在这里，培根有关“长生不老药”的说法非常切合中国的内丹（见本书第五卷第五分册)，虽然他对中国的内丹一无所知。他确实知道的是有关中国的点银术。对此他在《十个世纪的自然史》（*Natural History in Ten Centuries*，即《林中林》，*Sylva Sylvarum*，1627 年）一书中以赞成的口吻写道：

---

① 对于此点，兰格［Lange (1)］有一项特别的分析。参见潘特奥（Pantheo）的《与炼金相对的粗贱》（*Voarchadumia*，1530 年）。

② *Works*，Montagu (ed.)，vol. 2，p. 44。

③ 即干燥术。

④ *Works*，Montagu (ed.)，vol. 2，p. 147。

> 世界已经被制金的意识玷污了。此项工作本身我认为是可能的，但是至今所提出的实施方法，在实际上充满了错误和欺骗，在理论上充满了荒谬和幻想。例如说，大自然倾向于把所有金属都制成黄金；假如大自然能摆脱各种障碍，那么它会完成它自己的工作；假如金属的粗糙、不洁和病害得到了治理，那么它们都会变成黄金；在实施计划时投入少量的药物，就可使大量贱劣药物增殖成黄金①，这一切只不过是梦想；炼金术的其它许多方面也一样。为了拯救质料，炼金术士又从占星术、自然魔术、经文的阐释、耳闻口传②、古代作者虚构的例证，以及诸如此类的事物中收集许多虚无缥缈的东西。
>
> 另一方面，他们也确实发现了不少有益的实验，从而给世界带来若干改进。但是，当我们要逐步控制物体的变形和嬗变，以及有关金属和矿物的实验时，我们要揭开自然的真实道路和途径，以便可以达到这种伟大的效果③。
>
> 我们赞赏中国人的才智，他们在制金上绝望后就疯狂地从事制银。因为金是金属中最重的材料，要从材料比金轻的其它金属制金的确更加困难，不像用铅或汞制银，因为这两者都比银重。因此，它们需要的是深一层的固定而不是凝缩。同时，在遇到要动用有关成熟的定理时，我们将进行旨在使金属成熟的试验，从而把其中的一些金属转变成黄金。我们确实认为，将一些金属进行完美的调制，或者浸提、或者熟化，就会生产出黄金来④。

这样，尽管容吉乌斯和原子论者已经做了一切可能做的事情，但“号召汇集各种才智的大钟”继续传出赞成点金的钟声⑤。

现在大家知道，牛顿［还有伽利略——近代精密科学的奠基人和典范］是一位对炼金术深感兴趣的学者，而且他是一位积极的实验室工作者，他留下来大量有关本题 34
的手稿，这些手稿尚保存着，不过还未加以详细地说明⑥。大部分这方面的资料是一些节录，摘自 14 世纪到 17 世纪初的炼金术作家如弗拉梅尔（Flamel）、里普利（Ripley）、索特雷（Sawtre）、森迪沃吉乌斯（Sendivogius）和梅尔（Maier）等人的著作。

---

① 注意具有倍增概念的长寿（见上文 p. 18）。

② 在中国炼丹术中，我们将发现不断重复强调的口传的重要性（本书第五卷第三分册）。

③ 弗朗西斯·培根生前并未做这项工作，因为他早在 1626 年就去世了。这本书是由他的牧师罗利（W. Rawley）出版的。

④ *Works*, Montagu (ed.), vol. 4, pp. 159, 160。培根关于密度的观点在一篇题为《密度与稀度的历史》(*Historia Densi et Rari necnon Coitionis et Expanionis Materiae per Spatia*) 的论文中有进一步的阐述，该文也在他死后于 1638 年发表［*Works*, Montagu (ed.), vol. 10, p. 283］，文中包括有一份著名的金属比重表。比这早得多的时候，中国的数学书籍中就包含这一类密度表，例如《孙子算经》（见本书第三卷，p. 33）。我们向弗洛德（Barbara Flood）小姐致谢，因为她使我们注意到这几段文字。

⑤ 培根著作在整体上对炼金术和化学的论述，见 West (1) 和 Gregory (3)。有关他的总的看法，见 Rossi (1)。

⑥ 见 Sherwood Taylor (10); Geoghegan (1)。手稿的整理工作正在积极进行之中，时间上自 1676 年差不多直到牛顿离开剑桥为止。牛顿的图书馆藏有丰富的炼金术书籍，对此费森伯格［Feisenberger (1)］曾作了介绍。

牛顿甚至读过诸如《阴阳交合议》（*Consilium Conjugii*）[①] 这样一些中世纪的准阿拉伯原著。他与这些作家的神秘的炼金术风格必定非常和谐，因为他生长在一所智力上由剑桥柏拉图学派，如亨利·莫尔（Henry More）、库德沃斯（Ralph Cudworth）和惠奇科特（Benjamin Whichcote）占统治地位的大学里[②]。早在1667年，即在他被选为三一学院（Trinity College）院士以前，和在他发挥高度智力想出了万有引力理论之后不久，他就私下在做化学实验。1678—1696年，在他（还相当年轻）成为卢卡斯数学教授（Lucasian Professor of Mathematics，1669年）之后，他在学院内自己的实验室中消耗了大量时间[③]。这就是他创作关于物体运动的巨著（《论物体运动》，*De Motu Corporum*，1685年）的时期，而《自然哲学的数学原理》（*Principia*）一书，则在1687年出版。他的助手汉弗莱·牛顿（Humphrey Newton；并非近亲）后来曾作如下记载：

> （他）很少在凌晨两三点以前就寝，有时到五六点钟……特别是春秋两季，他经常要在他的实验室工作约6个星期，无论昼夜，差不多灯都亮着。有一次他和我两人轮流熬夜，直到他把化学实验做完。他做实验非常准确、严格和一丝不苟……[④]有时（虽然少有），他查看实验室的一本发霉的旧书。我想起那本书的书名是《阿格里科拉论冶金》（*Agricola de Metallis*），他的主要计划是研究金属的嬗变，为此所用的主要配料是锑。

幸运的是，在牛顿的手稿中保存下来了大量他自己实验记录的资料，根据这些资料我们发现，他特别感兴趣的是金属分解的可能性、金属氯化物的性质以及低溶度合金的制作[⑤]。牛顿本人可能并不是中世纪意义的炼金术士，即点金的虔诚信奉者，但是他生
35 活在那样一个时代，即点金根本不可能被从宫廷中排除出去，嬗变仍然被认为是切实可行的，并未受到拉瓦锡和道尔顿（Dalton）的原子、元素和化合物观念的影响[⑥]。因此他颇像利巴维乌斯和贝歇尔（Becher），是一位炼金家，他勤奋地学习传统的著作，以近代化学家的方式进行系统的实验，然而用古老的术语来表达，他对于嬗变和点金本身并不抱成见[⑦]。想必此时牛顿已认识维加尼（Giovanni Francesco Vigani）。维加尼

---

① 《阴阳交合议，或论日月三书；由阿拉伯语译回拉丁语》（*Consilium Conjugii*，*seu de Massa Solis et Lunae libri III*，*ex arabico in latinum sermonem reducti*）；参见 Berthelot（10），vol. 1，p. 249；弗格森［Ferguson（1），vol. 1，p. 176］认为该书不早于14世纪，并怀疑它有某种阿拉伯原著。但是，有关“金和银的酵素”这一概念是很古老的，实际上在希腊化时代已存在，见 Berthelot（2），pp. 31，57，209，210，257，304 和本书第五卷第四分册。

② 参见本书第二卷，pp. 503 ff.。例如福布斯［Forbes（26）］曾对此点有过说明，而在麦圭尔和拉坦西［McGuire & Rattansi（1）］的著作中则有详细的描述。另见 Rattansi（3，4）；Westfall（1）；Walker（3）；Yates（3）。

③ 见冈瑟［Gunther（4），pp. 40 ff.，220 ff.］的报道；Partington（7），vol. 2，pp. 468 ff.。实验室必定在你进入大门右侧的小花园里，因为他的几个房间肯定位于花园和小教堂之间，而且与之相毗连。

④ 这是一篇很有意义的记载，因为我们现在从牛顿本人的实验室笔记知道，他非常注意称量，而且把各项比例记录下来。

⑤ Boas & Hall（2）。这或许是因为牛顿要弄清楚金属化合物的挥发度，并研究“金属中的汞”这样一个争论不休的问题。至今把一种熔点为94.5℃的铅、锡和铋的易熔合金称作牛顿易熔合金（Newton's metal）。参见表102。

⑥ 显然，不管范·海尔蒙特和容吉乌斯怎么说［部分引用，见 Partington（7）］，牛顿至少在许多年内一直相信“湿法炼铜”（参见 p. 24 和本书第五卷第四分册）是铁转变为铜的真正嬗变。

⑦ 有关牛顿对炼金术的兴趣与他的自然界体系之间的联系，还可见 Newall（1）；McKie（1）；Rattansi（2）。有关他的物理学与后来化学发展之间的关系，见 Thackray（1）；McGuire（1，2）。

是一位熟练的实验化学家、冶金家和药学家，来自意大利的维罗纳（Verona），1683年或稍晚开始在剑桥教授上述学科，先在王后学院（Queens' College）和圣凯瑟琳学院（St Catharine's College），后在三一学院任教。1703年，该学院院长本特利（Richard Bentley）专门为他配置了“一座第一流的化学实验室”，当年，剑桥大学任命维加尼为第一位化学教授①。但显然，这已是1699年牛顿移居伦敦就任造币厂厂长以后的事②，同年，牛顿成为皇家学会会长。更早一些时候，即1692年，他与波义耳和洛克（John Locke）就非常关心“增殖黄金”的计划，可是最后一无所获③。至于说到牛顿在化学上的声望，主要在于他在他的《光学》（*Opticks*，1704年和1717年）一书中增添了几个“疑问”，那时他打算研究用微粒的假说来作解释的可能性。在这一点上他已达到了这样的程度，即已非常接近于我们现在所说的亚原子微粒（质子、电子等）的层次，以及原子本身和由之组成的分子④。他的目标无疑是要了解宇宙间大和小两个极端，从最微小的粒子到宏大的银河系，虽然这远非他能力所及。与此同时，他几乎终身都在深入而正式地研究神学⑤、希伯来预言书的译释、圣经考古学和古代年代学⑥。大家也都知道，即使在他最具创造性的物理学和宇宙学工作中，他觉得他只是在重新找到“隐藏的智能”（*prisca sapientia*），也即古代哲人和预言家：毕达哥拉斯（Pythagoras）、德谟克利特、所罗门（Solomon）、摩西（Moses）、腓尼基人莫斯克斯（Moschus the Phoenician）等已具有但隐藏在寓言和象征中的智慧⑦。一种类似的动机，必定也是他
在炼金术方面勤奋工作的一份力量。因此，牛顿被称为最后的一位贤者（magi），同时 36
也是第一位近代物理学家⑧，虽然这一评价被认为是言过其实，但它却隐藏着一项真理，即在对东西方科学进行的各种对比中最具重要价值。在衡量孟煦、陈致虚或朱权这样一类炼丹家的贡献时，我们要记住，在西方近代科学运动的兴起中，点金对于最伟大而杰出的智者有时仍然是一个不断争论的问题。

---

① 见 Gunther（4），pp. 221ff.；Partington（7），vol. 2，pp. 686—687；Peck（1）。1713年，维加尼逝于纽瓦克（Newark）。他是一本名为《化学精义》（*Medulla Chemiae*，1682年）小型教科书的作者。他的实验室与牛顿的实验室并不在一起，而是更向西面，可俯瞰通达河边的滚木球草坪。

② 1697年他受任为造币厂监督，1699年为厂长［Craig（1，2）］在造币厂，他进行了许多次试验，由此证明他具有非凡的操作技能，因此他从未受制作赝金的误导。

③ Partington（7），vol. 2，pp. 470—471；Forbes（25）。

④ Vavilov（1）；Forbes（26）。

⑤ McLachlan（1）。

⑥ Manuel（1）。

⑦ McGuire & Rattansi（1）；Walker（2）。这是基督教思想中巨大而丰富的赫尔墨斯和柏拉图哲学传统的一部分。这里我们不妨注意一下沃克［Walker（1）］的论文，他说赴中国传教的耶稣会士，即一些“相信耶稣在圣体内仅是形象性存在的人”［李明（Louis Lecomte）、郭弼恩（Charles le Gobien）、白晋（Joachim Bouvet）、马若瑟（Joseph de Prémare）、傅圣泽（J. F. Fouquet）］的工作是对“古代神学”表示热忱的最后阶段之一。中国的古籍预言救世主的降临，不亚于地中海沿岸地区的异教徒哲学。这一切最后有助于比较宗教的兴起，关于此点可见 Manuel（2）。

⑧ 见凯恩斯［Keynes（1）］的一篇著名论文，但是我们不应把牛顿看做是具有“分裂人格”的人，他可能同时使用炼金术的、数学的和天文学的方法来探索统一的自然科学。

(2) 工匠的灰皿和点金哲学之谜

现在我们回到了迷宫的入口处，并从另一个方向重新出发。为了更广泛和更清楚地重述这方面的情况，据我们看来，在每一种旧大陆的文明中，主要包括两类人，一方面是熟悉并能实际操作灰吹法试验的工匠，他们能制造人造金，并且非常清楚这些人造金经不住灰吹法试验（这是制作赝金）；另一方面是一些哲学家，他们给金下了定义，把人工制品也包括了进去；他们或者不知道灰吹法，或者置之不理，不承认它的有效性（这是点金）。在希腊化时代的埃及，以及与之邻近的时期和地点，纸草文稿相对于文集鲜明地突出了这种对比性。在汉代中国和东亚文化圈，这一对比反映在皇室作坊（“尚方”）的工匠方面，他们探查出公元前 144 年一些欺诈行为（参见上文 p. 12），并且在与李少君以后的道家方士（参见上文 p. 13）所作的长生点金进行了对比以后，证实了刘向大约在公元前 56 年的失败（参见下文 p. 48）。只要不用灰吹法，术士们在各方面都能取得成功。但是灰吹法是什么？有关灰吹法的应用我们在历史上可以追溯多远？

虽然按照现在的角度来看，灰吹法主要是试验真金的可靠性和纯度的一种方法，但它是从矿石中提取黄金和进行精炼的过程中自然产生出来的。试金只不过是一种小规模的精炼。金或银，不管是否含有其它金属，都放在骨灰皿（即坩埚或浅盘）中与铅一起加热，骨灰皿则置于隔焰和反射热流的氧化性炉中烧灼。此时形成一氧化铅（黄丹），同时形成某些贱金属的氧化物，它们与其它各种杂质一起被分离出来被吸入
37 多孔的灰中，并化作烟气而吹掉，直到最后留剩下一小块或一小团贵金属[①]。这是“精炼工匠的炉火”，但是它不能把银从金中分离出来（几百年来此过程称作分金法）[②]，这就是早期美索不达米亚（Mesopotamian）和埃及的黄金实际上是琥珀金，即金和银两种金属合金的原因[③]。这种古代的分离方法叫做“干分法”或“粘结法”[④]。把食盐和
38 砖粉或黏土混以“硫酸盐”（硫酸铜和硫酸铁）置于周围，然后经过猛烈加热，使包括银在内的金属形成氯化物，但对金则无明显作用，这些氯化物或者挥发掉，或者和

---

① 参见 Mellor (1), p. 386; Sherwood Taylor (4), pp. 31, 35; Berthelot (2), pp. 35, 38, 39; Gowland (2, 3, 6)。亚里士多德（在《气象学》Ⅳ中）曾把灰吹法提金提出来并作为“沸腾”的一个例子；Düring (1), p. 38。奥格登［Ogden (1)］描述了庞贝（Pompeii）维蒂之家（Casa del Vetti）的一幅著名壁画，它表现一家由爱神（*amorini*）工作的造币厂的造币过程。高兰［Gowland (8)］曾对 3 世纪锡尔切斯特（Silchester）的一家罗马炼银厂的炉子材料进行了分析，并借助他对日本传统工艺（图 1300）的知识再现了这座炉子，此炉与纸草文稿处于同一时期。有目的的从含银铅中回收银是当时罗马的一种常规方法［Friend & Thorneycroft (1)］。

② 关于此点，胡弗夫妇［Hoover & Hoover (1), pp. 458 ff.］有一项极好的历史说明，虽然现在看来某些方面已有些陈旧。

③ Partington (1), p. 232; Quiring (1), fig. 21。

④ 参见本书第三十章讨论的使熟铁渗碳成钢的方法，但是，那里的问题是渗入碳而不是使金属成为氯化物而吸取出来。来自硫酸盐的氧化铁，在适当的阶段有助于氧化而生成氯化物。“湿法炼铜”(pp. 24, 35) 及其类似的方法有时也称作粘结法。炼黄铜 (pp. 195 ff.) 和镀砷 (p. 241) 也是如此。

图 1300　日本用灰吹法从含银铅中提取银的工艺，此图绘制年代较晚，但具有传统的特色，采自增田纲谨的《鼓铜图录》（1801 年），第七页；复制图见 Gowland（2，12）。

氧化物一样为灰皿之灰所吸收，留下一块或一粒纯金[①]。显然，这一工艺也可以用于含
金合金的表面富集，即从合金的外表层去掉铜和银。正如希腊化时代的工匠已经确知 38
的那样[②]，经过这样处理的制品经得住试金石的试验。看来古代或中古时期早期的人们尚不知道“湿法分金”或“折银法”，即用硝酸（硝镪水；*aqua fortis*）或硝酸和盐酸的混合物（王水；*aqua regia*）进行处理的方法，因为直到 13 世纪末，欧洲才发现强无

① 参见 Berthelot（2），pp. 13 ff. 及 p. 15，取自另一部莱顿纸草文稿 V，该稿称之为“*iōsis*”（即生锈法，或者说是氧化法）；还可参见 Berthelot（2），pp. 31，42；Bergsøs（2）；Sherwood Taylor（4），p. 34；Aitchison（1），vol. 1，p. 173，vol. 2，p. 312；高兰［Gowland（2，6，7，12）］在日本亲眼目睹此项作业。普利尼在《自然史》（xxxiii，xxv，84）中描述了这一工艺，记录了残渣的药用价值。此点可能使后人想到可服用的金质长生不老药的概念传入西方的时间。但是该药中所含的盐，当然是氯化银，而不是别的什么金的衍生物。

② 纸草文稿 X，第 20，20a；参见贝特洛［Berthelot（2），pp. 34，55 ff.，58，71］有关伪德谟克利特之事的论述。参见图 1301。

机酸①。第三，可以用“硫化法”来进行分离，此法是将合金与硫一起加热，使其中的银转变为硫化银，金则保持不变，然后再去掉黑色的硫化银，（假如不需要乌银）可以
39 加上铅用通常的灰吹法把银回收回来。但是有关此法的记载看来不会早于12世纪的前半叶②。最后，还有过另一种金银分离法，即利用辉锑矿（一种天然存在的硫化锑）的方法。这里熔体又分为两层，上层为硫化银和若干贱金属的硫化物，从而使银再一次以硫化物而不是以氯化物③或硝酸盐的形式被排除；下层为金和金属锑，而后者则可借助进一步加热来去除④。关于此法在西方直到中世纪末才有所叙述⑤，但是现在有若干线索表明，可能早在古代就已有人知道并加以利用。

图1301 提高含金合金的表面浓度，此为日本一造币厂利用粘结法给硬币“上色”。此图绘制年代较晚，但具有传统的特色，复制图见 Gowland（6，12）。

从远古时代开始，人们就在进行分析试验，而灰吹法工艺要比任何其它现存的定量化学工艺具有更长久的历史⑥。人们称量投入的物料，再称量产出的物品。由于大家

---

① 参见本书第五卷第四分册。

② 此法见特奥菲卢斯（Theophilus Presbyter）的《论各种技艺》（*De Diversis Artibus*，1125年前后）III，70；Hawthorne & Smith，p. 147 ed.，Dodwell p. 128，ed。它也可能是阿拉伯人的一项发明，也可能来自卡提（al-Kathi，1034年）；参见 Ahmad & Datta（1），本书第五卷第四分册。

③ 颇有意义的是氯至今仍被用作分金的媒剂，它以气态的方式泵入熔融的金属中。这项工艺首先由汤普森（L. Thompson）于1833年加以描述，并于1867年首次由米勒（F. B. Miller）在澳大利亚应用。

④ 有关阿格里科拉《论冶金》（*De Re Metallica*，ch. 10）的评述，参见 Berthelot（2），p. 264；Sherwood Taylor（4），p. 35；Hoover & Hoover（1），pp. 451，461。

⑤ 这最初见于《试金手册》（*Probierbüchlein*），约成书于1520年。在以后的时期中，精炼工匠们开发出许多介于盐、硫和硫化锑工艺之间的混合法（Hoover & Hoover，上述引文）。

⑥ 见格里纳韦［Greenaway（1）］的专论和他［Greenaway（2，3）］的论文。我们非常感谢格里纳韦先生给了我们一份尚未发表的打字原稿以供使用。

都非常熟悉这方面的历史，这里没有必要来罗列大量实例，但是由考古学和历史建立起来的总的情况，则可以通过少数实例来获得。早在公元前14世纪初（相当于商代），巴比伦国王布尔拉布里阿什（Burraburiash）就向埃及阿梅诺菲斯四世（Amenophis Ⅳ）抱怨说，到他那里的金子质量太劣："20迈纳（mina）的金子，用火烧炼后只剩5迈纳。"① 然而公元前第4千纪美索不达米亚金子的纯度高达91%②。而在公元前1900年乌尔第三王朝（Ur III）的原文中就提到了有意配制的金铜合金③。来自碑铭的证据启示，至少从公元前1200年起埃及就从事金的精炼④，而到公元前500年，金的纯度达到了99.8%，大大超过了任何可能存在的天然金的制品⑤。现在有公元前1800年前后 40
古亚述关于精炼银耗损和合金纯度的详细说明⑥。甚至有苏美尔人对两种耗损（黄丹的挥发和贱金属氧化物被灰皿吸收）所作的鉴别，因为精炼过程分两个阶段进行（*ṭabbu* 和 *patāqu*）⑦。没有确凿的证据说明古代美索不达米亚有过用于分金的食盐粘结法，虽然可以推断此法可能被应用，而且巴比伦塔木德（公元3世纪）提到了此种方法，表示它可能是一种悠久的传统⑧。特洛伊二期文化（Troy Ⅱ，约公元前2000年）⑨ 和迈锡尼文化（Mycenae，约公元前1500年）属于另外的古代文化，其制品分析和考古发现都为灰吹法提供了证据，而在后一种情况下，银制品中含有锑，可能表示已采用辉锑矿法⑩。在那波尼德（Nabonidus）时代（公元前6世纪中叶），在美索不达米亚南部经常用灰吹法对金、银进行分析鉴定⑪，然而参考资料却可以在一切同一时代文化的文献中找到。的确，在某些方面引自圣经而为我们熟悉的资料，比上述资料更早，例如《以赛亚书》（Isaiah，约公元前720年）⑫ 和《以西结书》（Ezekiel，约公元前580年）⑬ 中的银渣，或者《耶利米书》（Jeremiah）中所述"风箱猛烈地鼓风，铅在炉火

---

① Levey（2），p. 187；Forbes（3），p. 155。这见于泰勒阿马尔纳（Tel el-Amarna）的信件；布尔拉布里阿什在位年代为公元前1385至前1361年。

② Leveg（2），p. 187。Forbes（3），p. 156，把精炼金的开始时期定为公元前2000年至前1500年，但是使银提纯的灰吹法的发明大约还要早一千年。两者都发生在小亚细亚邻近地区。可能正是这一地区导致产生出后来的术语"*obryza*"（ὄβρυζα，希腊语）形成"*obrussa*"（拉丁语）和古典时期以后的"*obryza*"，即（金的）"试验"或"经过试验的"（金子）。这种术语本万尼斯特［Benveniste（1）］认为是指灰吹法和粘结法，其来源于实际进行操作的灰皿。由于"*hubrušhi*"（赫梯—胡里安语，Hittite-Hurrian）表示黏土或陶制的器皿或容器，这类外来语可能会由于金（希腊语为 *chrysos*；*χρυσοζ*）这个词本身可能来源于赫梯—胡里安语"*hiaruhhe*"而得到证实。当然，这之间要经过某种中间的形式，例如希伯来语"*ḥārūṣ*"。

③ 古巴比伦碑，参见 Levey（2）p. 188。

④ Lucas（1），pp. 257 ff.，262 ff.。

⑤ Aitchison（1），vol. 1，p. 167；Lucas（2）。关于古代中国金、银制品，看来几乎没有什么分析研究，对于它们的研究主要限于艺术史方面；H. Ling Roth（1）；Andersson（8）；参见 Gyllensvärd（1）。

⑥ Levey（2），pp. 180 ff.。

⑦ Levey（2），pp. 182－183，192。第二阶段的温度更高。

⑧ *Erubim*（B），53b，引自 Levey（2），p. 192。参见 Partington（1），pp. 27，36，46。

⑨ Partington（1），p. 343；Roberts［-Austen］（1）。

⑩ Partington（1），p. 351；Blümner（1），vol. 4，p. 151。

⑪ 有许多楔形文字碑铭；Levey（2），pp. 190 ff.，那波尼德在位时期从公元前555至前538年。参见 Meissner（1），vol. 1，pp. 269，356；Strassmeier（1，2）；Partington（1），pp. 233，237。

⑫ 《以赛亚书》i，22，25。

⑬ 《以西结书》xxii，18 ff.，22。

中烧损”（约公元前620年）[①]。在《玛拉基书》（Malachi）中还有一段著名的话[②]：

> 但是，他的来临谁能忍受？而当他出现的时候，谁能受得了？因为他像精炼工的炉火，像漂洗工的肥皂，他将作为银的精炼工和提纯工，他将纯化利未（Levi）的子孙，使他们纯化得像金和银一样。

“提纯釜用于银的提纯，炼炉用于炼金，上帝则锻炼人心。”[③] 看来旧大陆到处都知道灰吹法[④]。从公元前8世纪以来，腓尼基人就在西班牙里奥廷托（Rio Tinto）矿区采用此法[⑤]。就在不久以前，哈佛-康乃尔（Harvard-Cornell）的考古工作队，在吕底亚（Lyd-
41 ia）萨迪斯（Sardis）发掘了一座公元前6世纪的克洛索斯（Croesus）的炼金厂[⑥]。分析的结果同样清楚地证明了约公元前500年左右波斯的大流士（Darius）的宝藏[⑦]。

前面（p. 18）已提到，据3世纪的纸草文稿记载，希腊化时代的工匠已采用灰吹法和粘结法[⑧]。但是这些技术的背景是埃及的炼金业及其精炼厂。公元前2世纪（约公元前170年）阿伽塔基德斯（Agatharchides）曾对此以及矿山的悲惨条件作了叙述，西西里的狄奥多罗斯（Diodorus Siculus）则复述了这些情况[⑨]。如果我们承认现存的《政事论》（*Arthasāstra*）的原文和那个时代一样古老的话，那么从那个时代（公元前1世纪）起，印度也可以包括在内，因为书中的灰吹法和粘结法的图，两者最晚也是与希腊化埃及的纸草文稿和巴比伦塔木德平行发展的，而且它们都出现在以后的著作中，如7世纪的《丹宝制作》（*Rasaratnākara*）[⑩]。在此以后的著作，则已无必要引述。但是这些技术，正如我们可以在马杰里提（al-Majrīṭī）于10世纪末或11世纪初写成的书[⑪]中见到的那样，显然已为阿拉伯冶金化学家所熟知。就拉丁语系的欧洲而论，贵重金属的精炼和试验，已在8世纪和9世纪的实用手册中传布。1125年前后，特奥菲卢斯（Theophilus Presbyter；即黑尔马斯豪森的罗格，Roger of Helmarshausen）在他的著作

---

① 《耶利米书》vi，28—30。

② 《玛拉基书》iii，2，3，iv，1。

③ 《箴言》（Proverbs）xvii，3，参见 xxvi，23，xxvii，21。另见《箴言》xxxi，23 和《诗篇》（Psalms）xii，6，lxvi，10。有关圣经上的所有这类资料，见 Partington（1），pp. 487ff.。引自《箴言》的一句话，使我们想到中国《皇极经世书》（1060年）中一句颇相似的话：“金百炼然后精，人亦如此。”

④ 现在有礼拜仪式和圣经学两方面的资料。例如埃塞俄比亚人（Ethiopian）的圣马克礼拜仪式以一段祈祷开始，以祈求赐福给教堂、集会和器皿，并使之圣洁，“要将它们精炼7次，去除一切不洁、腐败、污染和罪恶，就像经过精炼和提纯，去除了氧化物的银子一样”[Brightman（1），vol. 1，p. 195；Rodwell（1），p. 2]。

⑤ Blanco-Freijeiro & Luzón（1）；Partington，p. 451；Maréchal（3），p. 108。

⑥ 舒马赫（M. Schumach）的报道，《泰晤士报》1968年10月15日。

⑦ Partington（1），p. 405。用灰吹法从含银的铅中提炼银是阿提卡（Attica）拉夫里昂山（Mt Laurion）的标准生产工艺，此法最晚从公元前5世纪以来就已应用[Lucas（1），p. 282；Ardaillon（1）；Maréchal（3），pp. 98，106]。

⑧ 参见普利尼的《自然史》XXXIII，xix，60，xxv，84，xxxi，95，xxxiv，xxxi，121，xxxv，lii，183，参见 Blümner（1），vol. 4，p. 133。这些记载可追溯到稍早于公元77年，但是在斯特拉波（Strabo，约公元前30年）的著作中，有关粘结法的叙述尚欠明确（Strabo，III，2，8）。

⑨ Diodorus，III，pp. 11 ff.，详细说明见 Blümner（1），vol. 4，pp. 126 ff.。此项说明包括用食盐的粘结法。

⑩ Ray（1），1st ed.，vol. 1，pp. 230 ff.，234；vol. 2，p. 4；2nd ed. pp. 52，54，130，222 ff.。此项著作载有不少有关印度金匠用于提纯和分析试验的古老方法的个人观察。

⑪ 关于《圣贤的足迹》（*Rutbat al-Ḥakīm*），见 Holmyard（4）。

中[①]更作了详细的叙述。此时，我们已非常接近伦敦主教菲茨奈杰尔（Richard FitzNigel）和英国财政大臣于1180年前后所作《财政署对话录》(*Dialogus de Scaccario*)[②]中描述的官方分析试验法。通用钱币的首次常规试验，即“硬币样品箱试验”（Trial of the Pyx），始于1248年，然后在拉丁文的贾比尔（Geber）的著作《完善术大全》(*Summa Perfectionis*)中加以描述[③]，再由后来的各类冶金学作者进一步发挥[④]。我们现在对灰吹法和粘结法似乎已经说得过多了，但不这样做就不足以对此至关重要的项目作出公正的评价，因为贵重金属的试验和分析法不仅历史悠久，而且应用普遍（图1302）[⑤]。

那么在上述情况下，“炼金术”即点金，如何还能兴起？伟大的先驱者贝特洛[⑥]认 44
为这个问题非常令人迷惑，在他写的总论中每一页都呈现出迷惑不解的文句。金匠的作业[⑦]到底是怎样变为“炼金术”的？在一处地方，当他论述到纸草文稿和文集的早期原文极为相似以后写道[⑧]：

> 同时，两种文献所共有的若干制法都很正确，一些工序迄今仍有效。它们有时与罗雷手册（Roret manuals）[⑨]相一致，而与点金的幻想主张适成对比，更引起了我们心中的惊奇。当一些人在推行骗术，有意用制品的外表来蒙骗别人，最终又欺骗了他们自己，相信借助于某种神秘的仪式，他们能把像金或像银的合金转变成真金和真银。对于他们的心态和智能我们怎样来理解？

他认为这只可能是巫术和神秘宗教的影响，他说：“在一个时候，制造者只限于欺骗公

---

① 《论各种技艺》，第23章，关于灰吹法炼银，第33、34章，关于粘结法炼金，译文见Hawthorne & Smith（1），pp. 96，108 ff.；Dodwell（1），pp. 74，84 ff.。

② 约翰逊［C. Johnson（1）］编。此时有一位长官布朗（Thomas Brown），他曾在西西里为罗杰二世（RogerⅡ）服务，回到英国后被指派到财政署。这里可能与阿拉伯化学知识和实践有直接联系。参见本书第三卷，p. 563。

③ 《完善术大全》，第88—91章，Russell-Holmyard ed.，pp. 180 ff.，Darmstädter ed. pp. 87 ff.；Berthelot（1），p. 207。参见Leicester（1），p. 86；Wilson（3）。

④ 例如埃克尔（Lazarus Ercker，1574年），译文见Sisco & Smith（1）；比林古乔（1540年），译文见Smith & Gnudi（1）。这一类书籍中最早的当推《试金手册》(*Probierbüchlein*)，成书于1520年前后，Anon.（88），译文见Sisco & Smith（2）；参见Wendtner（1）。布鲁塞尔的阿诺尔德（Arnold of Brussels，约1480年）熟知灰吹法，但他主要是一个炼金术士［见Wilson（3）］。

⑤ 贝瑟［Bergsøe（2）］曾详细讨论了印第安文化中灰吹法知识和应用问题。厄瓜多尔（Ecuador）埃斯梅拉达斯（Esmeraldas）沿海地区（即后来印加帝国的一部分）的工匠肯定知道有铅，但他们只是用“灰吹法”去除小块镀金金属中的铜，因为他们的主要来源是天然金，无需去除贱金属而使金提纯。来自科克莱（Coclé）的金制品中已经发现含有微量的铅［Lothrop（1）］，因此在哥伦布以前的文化中，人们就可能已经知道利用氧化铅的氧化脱铜法。我们在“灰吹法”上加上引号，是因为厄瓜多尔印第安人不用炼炉或坩埚，而完全在木炭层上用吹管操作，但是它们的原理是一样的。科克莱的发现物进一步揭示，许多金铜合金制品中不含银，表明那里的工匠也采用盐粘结法（像高兰［Gowland（7），p. 137］描述日本所用的方法一样）；这一印象更因萨维尔［Saville（2）］引用德·萨阿贡（Bernardino de Sahagun）书中一段妙文而得到加深。

⑥ 他的传记，见Boutaric（1）。

⑦ 见威尔逊（W. J. Wilson）对霍普金斯［Hopkins（1）］著作的评述。有关霍普金斯的观点见上文pp. 21，30，他的评论言之有理，他批评霍普金斯没有涉及“炼金家和金匠之间持久不断的争论”。在阅读霍普金斯的著作时，要时时记住他所作的奇怪的定义。对他来说，“真炼金术”就是制作赝金，包括“青铜化”，而“假炼金术”则是点金。

⑧ Berthelot（2），p. 6，由作者译成英文。

⑨ 金匠实用手册（Goldsmiths' practical manuals），从1825年起由罗雷在巴黎出版。参见Rosenberg（1）。

42

图 1302　含银铅的灰吹法处理；采自《天工开物》（1637 年）卷十四，第十四、十五页，

43

此图为清人所绘，译文见 Sun & Sun，p. 241。另见图 1303。

众，对于他本人的工艺并不自我欺骗（这是文集作者的特色）；而在另一个时候，他把巫术的手法和祈祷加进了他的工艺，从而成为他自己行业的受骗者。"① 另一先驱者冯·李普曼也倾向于这种看法②，但这不能达到我们的需求，因为工匠和哲学家两者的环境充满了巫术、诺斯替主义和法术③。

在另外的地方，贝特洛试用另一种解决方法，它更富有冶金学的特色。他写道④：

> （纸草文稿工匠的）工序与现在金匠的操作很接近，不过现在国家坚持采用特别的标记以说明制品在官方实验室鉴定后的真实成色，从而把仿制品和低成色制品的贸易与真正贵重金属的贸易明显地区别开来。尽管如此，公众仍不断地上当
> 45 受骗，因为他们并不很熟悉这类标记和检验的方法……在古代，还不知道现在的精密分析法……因此很容易使人相信，可以把仿制品做得尽善尽美，与真品一模一样。这就是炼金术士采取的方法。

的确，有人可能认为真金和真银本身就是混合的，因而"加入另一种金属而使金（或银）的数量加倍的主张意味着一种想法，即金和银本身都是合金，而且只要促使这些混合物发生一种类似于发酵和生殖的变化，就有可能使它们繁殖和增殖。"⑤ 贝特洛也指出，嬗变在那时是很容易想象的，因为具有明确特性的纯金属与它们的合金没有什么不同，它们都有一个含糊的名称，诸如"*aes*"、"*electrum*"等等⑥。"*asem*"不仅是一种金和银的天然合金，而且几乎可以用铜、锡、铅、锌、砷和汞制成的任何发亮的金属来仿制⑦。有 12 或 13 种不同的合金在文中都称作"*asem*"⑧。

> 这种混乱的状态最适合进行欺骗，因而从业人员必定尽可能地保持这种局面。但由于一种易于了解的反馈作用，这种局面通过在作业中受处理的制品而转到从业人员本人的心里。哲学学者的"原始质料"论认为，在所有物体中原始质料都是一样的，只是它接受的实际形式来自四种元素所表示的基本性质，这更助长和加剧了此种混乱。因此工匠们习惯于去制作像金或像银一样的合金，有时达到尽善尽美的程度，以致他们自己也受了欺骗。最后他们相信有可能借助某些合金和某种技巧重新制造这些金属，并借助主宰一切变化的超自然力量而臻于完美⑨。

这里，贝特洛触到一处痛点，即希腊哲学的作用，但他仍感到像霍普金斯所作那样，不得不作出假设："这些方法是为工匠们写的，而他们后来都可能变为真正的炼金术

---

① Berthelot（2），p. 20，由作者译成英文。

② Von Lippmann（1），pp. 275 ff.。

③ 有关的纸草文稿V和W主要是讲巫术；参见 Berthelot（2），pp. 8 ff.，16 ff.；Gritfith & Thompson（1）。见谢泼德［Sheppard（1）］所撰具有旁征博引的论文。关于巫术、符咒和仪式，见 Hopfner（1）。关于占星术，见 Gundel & Gundel（1）。

④ Berthelot（2），pp. 53，54，由作者译成英文。

⑤ Berthelot（1），p. 240，由作者译成英文。

⑥ Berthelot（2），pp. 54，55。

⑦ Berthelot（2），pp. 62 ff.。

⑧ Berthelot（2），p. 73。

⑨ 同上。

士。”[①] 这就是我们称之为“骗人者受人骗”[②] 的理论，而这一点确实是不能相信的。贝特洛本人曾有过重大的疑虑，因为他这样写道[③]：

> （纸草文稿中工匠采用的）方法有时与炼金术手稿中所载的方法是一样的，它们实际上是一些欺骗无知公众并使他们产生错觉的工具。但是该行业的专家们何以能设想，借助他们工匠的技艺或者巫术的符咒使仅具外观的制品变成真正的制品方面真能取得成功？我们对这种暴露出来的心态感到困惑。

就我们所知，1697 年以后牛顿成为伦敦造币厂的权威，他本人在那里做过许多实验，分析各种外国银币、检验金锭以及测试各种青铜制品的机械性能。但是，他并不把这类工作看做是化学或任何科学的一部分，用他自己的话来说：“精炼和分析是手工
业”。他又说：“分析技师只是手工业的能工巧匠而已。”[④] 对工匠工作的这种轻视态 46
度，可能为我们提供了对整个问题的答案。关于点金的起源，不仅在希腊化世界内，而且较早在中国和可能较晚在印度，只要我们抛弃先驱化学史家的成见，即认为工匠和“炼金术士”是同一类人，那么一切问题可以迎刃而解。现在我们所需要的是一种社会学的研究，即颇似我们在前面几段已经暗示过的那样，换句话说，在金属工匠和爱好工艺的哲学家之间，其社会等级有着很大的差异。

根据这种观点，赝金制作者和点金者是两种差别很大的社会集团，相互间很少有个人来往，当然也有少数个人彼此交往颇深。受过教育而哲学上抱神秘主义的绅士，在从事实际操作的工匠的技艺（他们对此不断以多种新颖的方法加以扩充和发展，与蒸馏法有关的发明可资证明）中发现了一种能在“实验室规模”上模仿和说明宇宙过程的方法，从而可以使一切金属达到像金子一样的完美，或者说达到哲学家（我们甚至可以称他们为艺术品鉴赏家）以“诡辩方式”定义为金的程度[⑤]。另一方面，工匠们由于继续从事他们贵重金属代用品的行业，而他们对金和银的定义和我们的大体上一样，因而他们仍然能证明哲学家达到的根本不是真正的嬗变。但是，只要专家们的工作继续保持在理论和教导方面，只要不致力于财务收益和侵犯君主及统治者的实际利益，工匠们绝少会被应召去做这类事情[⑥]。有些哲学家可能不知道灰吹法和粘结法，另一些哲学家则可能认为它们与他们的定义无关而不予考虑。他们可能想到过火对他们微妙的工作是一种严重的损害。当这一般性解释为大家接受时，原始化学、点金和炼金术早期历史中所有问题都会得到解决。

此外，有件很有意思的事是，其他科学史家把类似的假说运用到各不相同的领域里去。龙基（Ronchi）一直致力于解决一个问题，即望远镜只是聚光镜和散光镜的一种简单组合，为什么它的发展要花那么长的时间[⑦]？而且是工匠而不是科学哲学家于 13

① Berthelot (1), p. 44。

② Berthelot (2), p. 61。

③ Berthelot (2), p. 64。

④ 见 Forbes (26); Craig (1, 2)。

⑤ 在古希腊，诡辩家的意思仅指优秀的辩论家，但要注意的是“sophistication”一词，随着世纪的更迭，在欧洲的许多语言中已表示货物的掺假和伪造之意。

⑥ 参见本书第五卷第三分册中孟洗的透露内情的故事。

⑦ 见龙基［Ronchi (5, 6) & (7)］提到的有关显微镜之事，另见 Lindberg & Steneck (1)。

世纪末发展了当眼镜用的透镜，而这些哲学家中的大部分甚至在以后仍对透镜茫然无知。龙基提出一个问题，为什么至少在3个世纪以后，人们才开始研究把各类透镜组合在一起的可能性？而当这件事终于着手去做时，它又几乎同时在1600年前后分别在荷兰、意大利、英格兰，可能还有中国，由一批带有工匠色彩的人们各自独立地进
47 行①。他找到的答案是：学者们充分意识到我们称为光学错觉的存在，因而自然哲学受到了格言“单凭视觉是不可信的”的蒙蔽②。龙基写道：“工匠们不进学校，也不学习哲学，这真是人类的幸运。”正是伽利略把这两种传统结合起来，抛弃了学者们的怀疑论，同时又改进了工匠们的望远镜。

（3）古代中国的金和银

现在到了从瞭望塔上观察第三条路径，比较专门地来探讨古代和中古时期早期中国情况的时候了。通常由于没有觉察到社会学上的差别的解释力，例如考虑过去许多社会中等级障碍造成的影响，恐怕是至今未有人提出最完善的理论以说明中国炼金术发展的一个原因。现有的理论是德效骞［Dubs（5，34）］在两篇学术论文中提出来的。虽然他用以研究此问题的汉学水平远超过早先研究同一课题的任何作者，也许韦利［Waley（14，24）］除外，但他的论文却充满了推理上的错误、难以置信的史料和对希腊与中国史料的曲解。的确，德效骞非常倾心于他的理论，以至于认为经过仔细地考虑，其结果看起来是这一类研究中所遇到的“专门辩论”中最惊人的事例之一。汉学家德效骞也许“出于他个人的义不容辞”的心理，宣称中国是一切炼金术的根源，（按照我们的定义）我们完全同意这一点，但遗憾的是他推理的根据是错的。他的论点有两条：①在中国商、周时代黄金特别稀贵；②直到西汉末或东汉时中国才知道灰吹法，因而不能分辨真金和赝金。他写道：“炼金术［即点金］只能起源于不熟悉黄金，而且缺少分辨真金和赝品方法的地区。”③ 他又写道：“炼金术［即点金］不可能在美索不达米亚产生，因为在那里人们拥有充分的试金手段，从而排除了炼金术的产品。”④ 根据同样的理由，点金也不可能起始于埃及⑤。但是，任何只要熟悉希腊化时代制作赝金和点金文献的人，立即就会明白，实际发生的情况是，不管有没有灰吹法，点金（*chrysopoia*）可以昂首无视于它所处的文化，而且其中有些人熟知揭露“点金制品”的方法，只要社会情况要求他们这样做。至于哲学的点金家，他们则致力于完全不同的概念，例如整个宇宙的模型、以金色金属或其它物质反映心灵的完美（这是他们意
48 义上的金子，但与我们的不同），他们用自己的方法给这些产品下定义，而且努力不使

---

① 有关事实已由李约瑟和鲁桂珍［Neddham & Lu Gwei-Djen（6）］在论述薄珏（约1630年）的贡献时加以汇总。发散透镜的出现比会聚透镜晚得多，但是学者们为了稳妥起见认为一项学术性的发明往往需要充足的时间。

② 这无疑是有些学者拒绝仔细检验伽利略望远镜的原因，并不像通常所认为的那样把事件都归因于根深蒂固的亚里士多德哲学。

③ Dubs（5），p. 80。

④ Dubs（5），p. 84。

⑤ Dubs（34），p. 25。

工匠们来干扰他们的形象。在希腊化的埃及以及地中海沿岸其它地区发生过的事，也同样可能在中国发生。事实正如我们料想的那样确实在中国发生了，不过在时间上可能还要稍早一些而已。德效骞未予重视的东西，也就是大多数科学史家所忽视的东西，即在各个历史时期的连续层次中，都存在有各自独立的社会组织，这一点一直被认为是完全一致的[1]。为了进一步使这两种事例处于同等地位，我们现在将力求表明，古代中国的黄金并不那样少，而且在那里很早就知道和应用灰吹法[2]。

但是，我们在这样做以前，必须指出德效骞理论中的主要错误。他当然知道公元前 144 年有关禁止铸钱者制作“伪黄金”的法令（见本书第五卷第三分册）；当然也知道刘向于公元前 60 至前 56 年间以皇家工场全部资源为后盾制作“黄金”全面失败之事（亦见本书第五卷第三分册）。事实上他本人早在同一篇论文中就对发生上述两项事件的时间作了详细的说明。但是奇怪的是他居然没有看出，单就这些事件本身就足以说明中国平民至少从秦代开始就已经知道并应用灰吹法。不然的话，他们怎能识别“伪黄金”和天然真金（“真黄金”、“真金”、“生金”）？试金石大约是在很久以后（14 世纪）才引入的[3]，而在那个时代，密度测定法是否已采用还不很肯定，虽然金子的这种性质已确为人们所熟知（这些数据已列表在 3 或 4 世纪的《孙子算经》内了）[4]。不合逻辑的是，德效骞引用了公认的证据，证明占星学、冶金学和化学，由公元前 6 世纪到前 4 世纪从巴比伦传到中国[5]，但没有提出任何理由说明为什么灰吹法技
术不在其中，虽然他倾向承认灰皿是公元前 1 世纪刘向彻底失败的主要因素[6]。对他说 49
来，中国尚不知灰吹法的关键时期是战国后期和秦代，即从邹衍（参见上文 pp. 12—13）到李少君（参见本书第五卷第三分册）的时代。于是长生术就与点金相结合，产生出一种与众不同的存在了许多世纪的宗教混合物，并且传布到伊斯兰世界和欧洲。

---

① 此外，他们通常假定，在历史上任何给定的时期内，每一个人都清楚整个文化单元中其他任何人的思想和作为。在本书各卷的其它许多地方，我们已经强调了人与人之间的信息能逾越极大的文化和语言上的障碍，并穿过毛细管式的奇异通道而得到传播，但反过来也需要强调由于等级和外来性造成的障碍。的确，有时候一个人在一座外国城市中可能学到一些重要的东西，而对他家乡在他眼皮底下发生的事却视而不见。

② 奎林［Quiring（1）］的著作可能是有关黄金生产、开采和冶炼的一部最好的通史，遗憾的是略去了印度和中国，也许奎林感到证据不足和缺少东方学专家的支持，虽然他论述了欧洲和非洲，也论述了西亚和中亚。

③ 见本书第三卷，p. 672。

④ 见本书第三卷，p. 33。

⑤ 占星学的传播已在本书第二卷 p. 353 讨论过。在公元前第 2 千纪和前第 1 千纪，青铜、铁、汞、轮、战车想必都是向东流传的。有人［Berriman（2，3）］甚至提出汉代的重量单位“斤”相当于巴比伦重量单位“迈纳”（*mina*）的 1/4。在不列颠博物馆内，现在存放有一枚约 980 克重的标准砝码。这枚砝码注有年代，为尼布甲尼撒二世（Nabuchodonasar Ⅱ；公元前 605 至前 562 年）在位时期。它是按照早先乌尔第三王朝的国王舒尔吉（Shulgi）的苏美尔标准砝码仿造的。人们总是怀疑在比较衡制上的巧合，但是其影响可能是真实的。如果不计较细节，我们是同意德效骞提出的此类传播原则的，但是必须强调，此类传播大都是从肥沃新月地带向两个方向进行的，即向东和向西。其中最突出的实例之一就是勾股定理（参见本书第三卷，p. 96），现在，卡拉蒂尼［Caratini（1）］发现巴比伦的圆几何学既影响了希腊希俄斯（Chios）的希波克拉底，又影响了印度的《阿跋斯檀婆绳法经》（*Apastamba Sūtra*）。在物理学的声学方面，某些知识项目（本书第四卷第一分册，pp. 176 ff.）也说明了此项原则，更为重要的是天文学中的二十八宿（本书第三卷，pp. 254 ff.），物理学、生理学和医学的“气”的概念（本书第四卷第一分册，p. 135，另见本书第六卷各分册）也遵循此原则。在我们看来，灰吹法从巴比伦传至中国是没有疑问的，不过我们认为此项技术的传入是在公元前 7 世纪前后而不是公元前 1 世纪。

⑥ Dubs（34），p. 31，（5），p. 84。

我们坚信当时中国对天然金非常熟悉，对分析法也一样，但是这种环境并不能阻碍炼金术的兴起，虽然存在工匠和他们的灰吹炉，但在方士意识形态的冲击下得不到重视。我们不久就可以看到这些早期年代的直接证据。不过我们可以再提出一件德效骞式推论的实例。西汉时期，贵族和王子们每年八月献祭时照例都要向皇帝进贡黄金。评注家如淳曾于公元40年前后解释，如果贡金重量不足或者颜色不正（“色恶”），将被拒绝接受，贵族也要受到惩罚①。这不像德效骞认为的那样，可以用来证明辨色是当时采用的唯一检验法。那可能只是描述质量低劣的金属合金的一种简略说法。

德效骞对中国先秦时期黄金业的轻视程度，或许可以从下列事实窥其端倪，即他对一个原始封建国家已存在有金币达数世纪之久这样一件事实完全保持沉默。现代考古学从商周墓葬中出土的大量金制器件已经证明，早在孔子时代②之前1千年，中国已有黄金业③。其中钱币属于南方的楚国，这差不多是近代以前唯一用模压而不是铸造的中国货币④。这种硬币为一些扁平的方片，有冲压标记，厚约5毫米，显然有时是从压有多达20个印记的大金坯上割下的，就像我们把邮票从整版上撕下来一样。这种钱币称作“爰金”，“爰”即印记标定的单位，每一个方片上还有楚都的名称，例如，大约公元前300年的“郢爰”，然后是“陈爰”和“寿春爰”，直到公元前223年并入统一
50 的帝国为止。这种钱币的始用年代现在尚不清楚，但是郢城约建成于公元前700年。由于最古老的金属钱币是小亚细亚的吕底亚钱，它不早于公元前7世纪，因而把爰金的采用设想为公元前6或前5世纪则比较合理，那时恰好是孔子时代。我们感到很有意义的一点是，首先发现楚国金币并加以研究的人，正是我们的老相识沈括，他在大约1086年成书的《梦溪笔谈》中对此进行了描述⑤，更加有意义的是他倾向于接受大众的意见，即认为这些金币是淮南王留下来的“炼丹所得的金”（“药金”，参见本书第五卷第三分册）。

有关古代中国金的来源问题，还有许多事情尚待去做，不过德效骞［Dubs（4）］曾致力于专门的研究，即研究王莽新朝的黄金储备。到公元23年为止，王莽已积聚黄金约5百万盎司，超过中世纪欧洲黄金的总供应量⑥。比王莽早2个世纪的汉武帝也是一个富皇帝，因为到公元前123年为止，仅军事赏赐一项就支出不下于160万盎司⑦。德效骞可能满有理由相信，其中有不少来自外国，特别是来自西伯利亚，系与游牧民

---

① 《前汉书》卷六，第二十页，译文见Dubs（2），vol. 2，pp. 80，126。

② 德效骞［Dubs（34）］曾提到孔子根本不知道金子。席文［Sivin（1），pp. 20 ff.］在与我们相应的评论中指出，孔子从来没有说过铜，也没有说过铜的合金，虽然他生活在具有丰富多彩的青铜器文化之中。这位圣人是不谈论此类世俗事物的（参见本书第二卷，p. 14）。

③ 见Chêng Tê-Khun（9），vol. 2，pp. 7，73，161，199，245（商代）；Chêng Tê-Khun（9），vol. 3，p. 12，74，77，86，89，98 ff.，104，155 ff.，236，238，245 ff.（周代）。德效骞的意见显然是根据40年代博物馆长们的看法，而现在需要更改了。他甚至竭力提出，安特生［Andersson（8）］所描述的一把商代镀金斧是汉代镀的金，然后埋或者再埋入土中的。这样的注释应当用奥卡姆剃刀（Occam's Razor）刮掉。

④ 见Wang Yü-Chhüan（1），pp. 180 ff.；Yang Lien-Shêng（3），p. 41；Chêng Tê-Khun（9），vol. 3，pp. 157，262 ff.。参见本书第一卷，p. 247。

⑤ 《梦溪笔谈》卷二十一，第四页，第10段，参见胡道静（*1*），下册，第680页。

⑥ 另见Dubs（2），vol. 3，pp. 2，pp. 510 ff.。

⑦ 《史记》卷三十，第四页，译文见Chavannes（1），vol. 3，p. 553。

族贸易所得，而到了公元前110年以后，则经由古丝绸之路来自欧洲。根据现代采矿方面的一致意见，认为分散在中国各地的黄金矿藏远较通常设想的为广，虽然储量丰富的地方不多①。在汉代，江苏北部鄱阳湖附近的砂金矿产地是很著名的②，但是在汉代末，这些矿产地似乎已经开采干净了③。其它的资源在《水经注》内有记载（3—5世纪）④。到10世纪，中国已作为产金国而闻名于国外⑤。从汉武帝向前反推，要说秦始皇的黄金储备不多，看来倒是很奇怪的。

德效骞的论点，即早期典籍没有涉及黄金，是很成问题的。他争辩说，既然所有其它金属都有它们自身的特性，那么黄金在中国必定是最后一种为人所知的金属⑥。根 51
据演变语言学的观点，一个比较合理的事例，可以因为它是最早出现而被辨认出来，而所有其它事例则借助限定语音成分的方法加以识别。更加重要的一件事实是公元121年成书的字典《说文》中有一个“鐾”字，它是一个古字，差不多已废弃不用，乃是金的同义字⑦，加上另一个古字“镠”，它的意思是“最好的”金⑧。因此，既然《说文》上的字出自周秦时期，那时必定有了金的精炼⑨。不管什么地方只要有了精炼，跟着就会有分析检定。这样，上述简易偏旁的语义学意义必定是“优异的金属”。一般说来，金确实可以表示任何金属，但“黄金”几乎总是专指金子⑩，“白金”几乎总是专指银子，“赤金”几乎总是专指铜⑪。尽管如此，但总会存在某种含混不清的地方，使

① 例如见 Bain (1), pp. 154 ff.; Torgashev (1), p. 121 ff.; di Villa (1), p. 84; Mathieu (1), p. 463。在王宠佑［Wang Chung-Yu (1), pp. 77 ff.］的书目中有许多参考资料。还可参见郭施拉［Gutzlaff (1)］的早期论文。在本世纪的最初几十年中，中国每年的黄金产量约为20万盎司。

② 《前汉书》卷二十八上，第三十八页；《水经注》卷三十九，第十四页。

③ 《前汉书》卷二十八下，第三十八页，约成书于公元100年。

④ 例如陕西南部城固附近汉水上游流域（《水经注》卷二十七，第九十六页）和长江流域在湖南和湖北与湘江汇合处的以东地区（《水经注》卷三十五，第三页）。

⑤ 例如《两种古代宝石与流体石；黄物和白物》（*Kitāb al-Jauharatain al-'Atīqatain wa'l-Hajaratain al-mā'ī 'atain al-safrā' wa'l-baidā'*）一书，伊本·哈伊克［Abū Muḥammad al-Hamdānī ibn al-Ha'ik；卒于945年，参见Mieli (1), p. 115］。该书附有堂皇的中国式标题（参见“黄白术”），内容有利用混汞法提取黄金（参见本书pp. 21, 242, 247和第三十六章）和灰吹法炼银的详细叙述，以及有关从中国输出黄金的情况；节译本见Dunlop (5)，全译本见Toll (1)。不要把哈伊克与另一位名字类似的学者拉施特（Rashīd al-Dīn al-Hamdānī；1247—1318年）相混，对于后者，我们已有机会在本书第一卷p. 218上读到。有关阿拉伯钱币的冶金学方面，见Toll (2)；Levey (9)。

⑥ Dubs (5), p. 82。

⑦ 《说文解字》卷一上（第13页）。

⑧ 《说文解字》卷十四上（第297页）；参见《尔雅》卷六，第六页（下文p. 54中将加以讨论）。“镠”字不久就被更简单的词所代替，如“熟金”，即经过灰吹法提纯的金子。在更早的年代中，它还有过另一种意义，用“玄镠”表示，出现于春秋战国时期周的青铜器铭文之中，用来表示“质地优良的暗色金属”（青铜；引自郑德坤博士的私人通信）。

⑨ “大篆”假定源自西周，约公元前800年；“小篆”源自李斯，公元前213年；参见Bodde (1)。

⑩ 参见Dubs (2), vol. 1, pp. 111, 175。

⑪ 参见《前汉书》卷二十四下，第十页注［Swann (1), p. 268］。后来“青金”用来指铅，“黑金”用来指铁。这与五行和空间方位一起形成了另一种象征的相互联系。这样，金显然相当于黄色中央，铅相当于青色东方，铜相当于赤色南方，银相当于白色西方和铁相当于黑色北方。还可参见章鸿钊（*1*），第310页。

52

图 1303 分金炉，借助铅使银和铜分离，然后用灰吹法处理（参见 p. 60）。《天工开物》（1637 年），Gowland（11）；特奥菲卢斯的，见 Hawthorne & Smith（1），p. 139；比林古乔的，见 Smith & Smith（1），pp. 224 ff. 。

53

清代绘图，卷十四，第十五、十六页；译文见 Sun & Sun，p. 242。有关方法，见 Gowland（9），p. 296，Gnudi（1），pp. 156 ff. 阿格里科拉的，见 Hoover & Hoover（1），pp. 491 ff. 埃克尔的，见 Sisco &

一些不正当的冶金者得以乘机谋利[1]。在古代书籍中，“金”这个字必须小心对待，但
54 经过仔细观察，我们没有理由否定它在某些情况下就是金子。《诗经》在约公元前8世纪很明确地提到了“南方的金属”（“南金”）[2]，注疏家认为它与《书经·禹贡》中提到的是一回事，该篇提到南方两州——扬州和荆州，曾向周的京城进贡“三种品位的金属”（“金三品”）[3]。《书经》约成书于公元前470年，但有许多事例说的是大约公元前800年前后的情况[4]，大多数注疏家一直认为这三品就是金、银和铜。在《易经》中，有关的部分可追溯到公元前4世纪以前，其中提到了“黄金”，这也许是一物二名的最早例证[5]。与此可相提并论的是它在《管子》中经常出现，而且只有“金”字才与玉和珠并用[6]，一如我们所料，此种金属产于楚国的江河地带。最后，《周礼》成书于西汉时期，但包含有许多来自公元前4世纪齐国的资料，伏魔者方相氏的长袍上缝有四只金（“黄金”）眼睛[7]。我们确实不能说经典中没有金。

前面提到的有关粗金和精炼金的最古老的术语，现在必须参照与之平行的银作进一步的阐述。《尔雅》这部字书，其正文可以追溯到公元前3世纪，即秦代和汉初，有如下说明[8]：“黄色金属（‘黄金’，金）称作‘璗’[9]，其最上品称作‘镠’[10]。白色金属（‘白金’，银）称作‘银’，其最上品称作‘镣’[11]。”（“黄金谓之璗，其美者谓之镠。白金谓之银，其美者谓之镣。”）关于此点，郭璞3世纪在他的注疏中说，“此说明

---

① 参见章鸿钊（*1*），第320页起。章氏有两点理由表明“黄金”在古代有时表示铜和青铜，但两者都不能令人信服。《书经·舜典》（第二篇，可能成书于公元前7世纪）说罚金用“金”支付［Medhurst（1），p. 25；Karlgren（12），pp. 5，6］。孔颖达于公元600年左右在他的《尚书正义》中对此评论说：“自伏胜的《尚书大传》（公元前2世纪）以来，传统上用黄色金属（“黄金”，通常指金子）来付罚金，但实际上很可能是“黄铁”（涂上金色的铁或某种含有铁的黄色合金）。”孔颖达心里想些什么我们根本不清楚，就像王捷的故事（本书第五卷第三分册）所示，铁有时确实进入了制作赝金的过程。此外，“黄铁”是一个古老的术语，因为伏胜在他的《书经·吕刑》的注疏中涉及罚金时也用了这个术语。总之，章氏的结论是黄金就是我们现在所说的铜或青铜，因为当时的人们显然有可能用那些金属来缴付罚金。这无异假定那个时代金和铁是得不到的，这对铁来讲可能是真的，但对金来讲，其可靠性就太小了。伏胜可能是错的，但这并不证明黄金就是他所指的青铜。

同样，《山海经》（其成书年代几乎无法确定，但就其内容来看不会晚于公元前4世纪）说［卷五，第三十七、三十八页，参见 de Rosny（1），p. 286］，在某山的阳坡有很多“赤金”，而阴坡则盛产“砥石”，另一座山的阳坡也有很多“黄金”，而阴坡也盛产“砥石”。章氏强调，既然两山如此邻近，它们的地质结构必然相似，因此“黄金”等于“赤金”，而两者都等同于铜。由于这段文字颇具有传奇性，因而其结论是不能接受的。在该书的其它地方，赤金有时可能表示赤铁矿（“赭”）而不是铜。

② 《诗经·鲁颂·泮水》，Legge（8），vol. 2，p. 620；《毛诗》299；Karlgren（14），p. 257。

③ 高本汉［Karlgren（12），p. 15］“三种品质的青铜”的解读，我们认为不能接受。

④ 见本书第六卷第三十八章有关推断年代的讨论。

⑤ 见《易经》第二十一卦“噬嗑”，参见本书第二卷，p. 316。卫礼贤与贝恩斯（Wilhelm-Baynes，vol. 1，p. 94）译；Legge（9），p. 102。此卦对金的精炼可能并非毫无意义，因为它表示“咬啮和烧透”。

⑥ 《管子·地数第七十七》，第二、三页，译文见 Than Po-Fu，Than Po-Fu *et al.*（1），p. 147。《左传》中每次出现的“金”字系指何种金属很难确定，但其中有一些，如作为礼品的礼带，金要比青铜恰当得多。

⑦ 《周礼·夏官司马下》，第六页（注疏本卷三十一），译文见 Biot（1），vol. 2，p. 225。

⑧ 《尔雅·释器第六》，第六页，由作者译成英文。

⑨ 我们看到《说文》（公元121年；卷一上，第13页）也这样说。据推测，以玉和水为部首是因为沙金粒在“稠汤般”沉积的沙粒中闪闪发光，看起来如同黄色的玉粉。的确，许慎就是这样说的。

⑩ 另见《说文》卷十四上（第297页）。

⑪ 《说文》卷十四上（第293页）。

金和银具有不同的名称，分别表明它们（粗制和）精炼的形式”（“此皆道金银之别名及精者”）[①]。这样就没有可能去否定周代末期、秦代和汉代早期的人们已熟悉灰吹法工艺，而且也很可能懂得粘结分离法[②]。

(4) 古代中国采用的灰吹法和粘结法 55

对于中国古代的灰吹法还能说些什么？桓宽的《盐铁论》是根据公元前81年的盐铁国有化会议逐字逐句写成的，在书中我们见到一则谚语，大意是说，“当熔融的金子（‘铄金’）在炉子里时，连盗跖也不会去偷”[③]（“夫烁金在炉，庄跻不顾”）。当然，盗跖很有名，是盗贼的代表人物。《庄子》（约公元前290年）中有一整篇关于他的专门论述[④]。这里我们不难追溯到这句话的最早出处，即韩非子的著作，其时间略晚（约公元前280年）[⑤]。韩非的论点（以法家的眼光来看）是需要规定严格的法律，事先列出严厉的惩罚条例，并坚决而迅速地执行。该文说道：“普通人会拿着几尺布不交出来（纳税，因为他很容易把布隐藏起来）。但即便是盗跖本人也不会去摸一下百镒之金（相当于2000盎司），如果这金子处于熔融状态。”（“布帛寻常，庸人不释；铄金百溢，盗跖不掇。”）虽然在这些句子中未用形容词“黄”字，但谚语总是崇尚简洁，而且事实上“镒”作为一种重量单位，在传统上就用来表示金的重量，类似于英国旧有的金衡制[⑥]。假如在公元前3世纪之初在炉内已有熔化的金子，同时进行灰吹法冶炼和铸成金锭，而且这里涉及贵重金属，那么可以有把握地认定已有秤量制。因此，此项资料可以和p.40（上文）上巴勒斯坦的资料相印证。此项资料在中国史上的地位很重要，因为它来自稍后于邹衍时代，而早于李少君约1个半世纪。不仅如此，该谚语在当时可以说是家喻户晓，因为它在后来的大批文章中常可见到。值得注意的是李斯在公元前208年（仍早于李少君时代）的一次讲话，他强调如果盗跖偷盗熔融的金子，必将立时遭到报应[⑦]。很久以后，在梁代，此谚语又出现在刘勰（卒于550年）著名的文学评论《新论》中。“当熔融的金子在炉中时，盗贼不敢去碰它，那并非因为他们不想偷，而是因为一碰到就会烧掉他们的手。”[⑧] 至于其余的情况，我们只要提一下公元前144年的铸币法令（见上文p.12）就可以了。此项法令想必是在李斯讲话以后不久实施的，虽然在秦代已经不继续推行。另一件值得一提的事是，公元前56年刘向制造人造金失败，此事发生在桓宽写作《盐铁论》之后仅20多年。

其次的一段文章是在《周礼》里面，不过《周礼》并非成书于周代而是西汉，因此多半是公元前2世纪到公元前1世纪的记载。非常遗憾的是，有关金匠这一章早已 56

---

① 郭璞继续作进一步的注疏，但为了方便，将在下文p.261上加以评述。

② 这也是中国化学史家的意见，如薛愚（*1*）。

③ 《盐铁论·诏圣第五十八》，第十二页，参见《盐铁论校注》卷十（第362页）。

④ 《庄子·盗跖第二十九》，参见本书第二卷，p.101。

⑤ 《韩非子·五蠹第四十九》，第二页，由作者译成英文，借助于Liao Wên-Kuei（1），vol.2，p.283。

⑥ 附加一点，一再提到有关盗贼的事可能不适用于铜、锡或青铜。

⑦ 《史记》卷八十七，第十六页，参见Bodde（1），p.40。此处李斯引自《韩非子》。

⑧ 《新论》第四十七篇，由作者译成英文。

从该书的《考工记》中失佚，因为该章应当载有公元前4世纪齐国的有关工艺流程的宝贵证据，也许可与希腊化时代的纸草文稿相媲美。但是，其中有关“职金”（执掌金属和矿物的官名）的条目和我们的问题有关[①]。

职金执掌有关金、玉、锡[②]、（贵重及供装饰用的）宝石以及红色和天蓝色颜料的法律。他接受征税的货物，鉴别材料的质量：精制品或是粗制品（“媺恶”）[③]，并且记录它们的数量和重量。然后在货物上打上法定的印记。他把金和锡存放在军械库（“兵器之府”），而玉、宝石和颜料则存放在金库（“守藏之府”），同时缴纳一份他登记的副本。他还负责接受以金属和货币缴纳的罚金，并把它们递交给掌兵器的主管（“司兵”）。当祭祀上帝时，他要提供金盘，而当为诸侯和王子设宴时也要这样做。不论什么时候，只要国家有重大事故要报警，或者金属和宝石的作业需要进行时，他都必须进行指导。

〈职金掌凡金、玉、锡、石、丹、青之戒令。受其入征者，辨其物之媺恶与其数量，楬而玺之，入其金锡于为兵器之府，入其玉石丹青于守藏之府。入其要，掌受士之金罚、货罚，入于司兵。旅于上帝，则共其金版，飨诸侯亦如之。凡国有大故而用金石，则掌其令。〉

对上段文字的阐释有一定的困难。第一句中的“金”不可能指“（五种）金”，因为其后还有锡，因而指铜可能更讲得通，特别是因为这两者都存放在军械库（见第四句）或兵库（在这类古代或仿古典籍中，铁制武器是不予重视的）。但是在第一句中，金排在玉之前，这表示我们应把它看做是金子[④]，而锡则可能是青铜。只要财富属于“军备”，它们存放在军械库内并不一定与此矛盾。此外，铜和锡的纯度（第二句），比起金和银来从来都是无足轻重的。第五句中的罚金可能是青铜或者是金子[⑤]，但考虑到青铜的去处，更可能是指青铜。另一方面，倒数第二句中的“金版”必定是金盘而不是别的东西[⑥]。总的说来，此段文字可以认为提供了证据，证明在公元前150年，恰值推行禁止铸币法令时期，已经有了金的精炼和鉴定。这与《考工记》本身一样，年代可能暗示在公元前4世纪初。

当我们谈到《说文》的时代，约公元120年，情况就变得更加明朗了。许慎在他有关金的条目中说道[⑦]：

在五种有颜色金属中，黄色的最（贵重）。它长时间放在阴湿之处而绝不会腐蚀，虽经百炼而绝不会丢失重量（“百炼不轻”）。

〈金，五色金也。黄为之长。久薶不生衣，百炼不轻。〉

57　魏伯阳的《参同契》中有一段类似的说法。我们认为该书撰写于公元142年（参见本书第五卷第三分册）[⑧]。

---

① 《周礼·秋官司寇》，第二十九页（注疏本卷三十六），由作者译成英文，借助于Biot（1），vol. 2，p. 361。

② 或青铜。

③ 这些词汇也可以像用于天然产物一样译为“好或者坏”。

④ 毕瓯（Biot）遵循注释家的说法，但又表示不放心，在第四句金和锡之间加上了“金属”一词。

⑤ 有些注释家说，如果人们没有金子，他们可以缴付钱币。

⑥ 注释家也作如是观。

⑦ 《说文》卷十四上，第293页，由作者译成英文。

⑧ 《参同契·金返归性章第十》，第二十一页，由作者译成英文，借助于Wu Lu-Chhiang & Davis（1），p. 240。

金处于烈火中而不失其光彩。开天辟地以来，日月的光辉从未衰退，而金子永不会（在炉中）损失重量。

〈金入于猛火，色不夺精光。自开辟以来，日月不亏明。金不失其重，日月形如常。〉

这里还有另外一段，可能是指灰吹法炼金，虽然它语多晦涩和隐喻，以致难以弄清①。但按推测之意译之，其大意如下：

金很像一座堤坝，其周围有液体（直译为水）自由流动，设金的量为15，液体（灰皿中的铅）量与之相等。在金投入炉中以前，得预知其重量，以两和1/24两（"铢"）计重。这时必定有五分熔化的液体余量。而这些就是得到的两种物质。金（如果它是纯金）的重量将和开始投入时一样保持不变，土②（灰皿的灰分）不会进入其中，但其它两种东西（铅和火）会进入。这三种东西会相互掺和，并发生惊人的变化③。下面是太阳之"气"（即火），随着不断地加热，会突然汽化和液化，并随之以固化。这就是"黄舆"的形成。但是，当时间终了时，金属的性质可能遭到破坏，从而它的寿命也缩短④。最后，液体的特性和材质转变成粉尘，就像"窗内发光的尘埃"（太阳光照射的灰尘）……⑤

〈以金为堤防，水入乃优游。金计有十五，水数亦如之。临炉定铢两，五分水有余。二者以为真，金重如本初。其三遂不入，火二与之俱。三物相含受，变化状若神。下有太阳气，伏蒸须臾间。先液而后凝，号曰黄舆焉。岁月将欲讫，毁性伤寿年。形体如灰土，状若明窗尘。〉

这里我们从贵金属（假如看做是金）的称重开始，而以得到混有灰皿中灰分的一氧化铅而告终。

有关灰吹法和粘结法的文章，可能最早见于名为《黄帝九鼎神丹经诀》一书中⑥。我们现有的一本是著于唐初或宋初的，但它所包含的若干资料（第一卷），由于葛洪曾引用过，可能推溯到2世纪。对于下面几段文字，无法确定其确切的年代，但我们认为它们是与3世纪的希腊纸草文稿属于同一类作品，这并非纯属幻想，虽然它们很可 58
能写于4世纪或5世纪。首先介绍两种用粘结法炼金以去除银和其余所有氯化物混合金属的工艺。

不区分金的样品的质量，无论优或者劣是绝对不允许的。

假如银（与铜）制成合金，则它呈蓝黄色⑦。假如金（与铜）制成合金，则它呈紫红色。它们焙烧时放出黑色的蒸气，说明这两者皆不可用（于制造长生不老药）。但成色好的金子呈黄红色，而且经百炼不会减少重量（"百炼不耗"）。

---

① 《参同契·金丹刀圭章第十四》，第三十页，由作者译成英文，借助于 Wu Lu-Chhiang & Davis（1），p. 243；Liu Tshun-Jen（1），p. 87。在另外的地方（本书第五卷第三分册），我们对此提供另一种解释，即对金汞或铅汞混合法制作长生不老药的描述。但是，如果提到的"液体"指的是溶化的铅而不是汞，那么显然是灰吹法。当然，以后的内丹注释家，例如16世纪的陆西星把这一切都解释为一种有关性和生理过程的譬喻，而照我们在适当地方（第五卷第五分册）所作的解释，所有这些意义都可能同时并存。

② 原文中应是"土"不是"三"。

③ 这可能是指在表面上流动的铅和其它贱金属氧化物薄膜。

④ 也许由过热导致的汽化。

⑤ 此短语以后将经常出现，参见本卷第三分册。

⑥ *TT* 878。《云笈七籤》（卷六十七，第一页起）上有节略本，但并不含有上述各段文字。

⑦ 参见 Hiscox（1），p. 69。

虽然人们可以得到一些金子（但它不一定很纯），因此就像普通人常做的那样，要把此金锤打成薄片①。然后同盐一起（放到炉中）烘焙一昼夜，（从坩埚）取出，（再）熔化、锤打，再（同盐一起）烘焙，此项工艺一直进行到重量不再减少为止②。

〈金之善恶不可不择。若银杂则其色青黄；若金杂则其色紫赤，烧之有黑爈在肌上并不可用也。若好金者，其色黄赤，百炼不耗。求虽得之，犹应打为薄。依俗间法，以盐土炮之一日夜，又出之，更镕更打炮，烧取不耗乃止。〉

在一两页后，我们又读到：

取自溪流的粗金（砂金）的精炼法。用洁净的黏土（甘土）制作一坩埚，用火烘干。要用松木炭，把坩埚放入炉中，然后把粗金放入坩埚，用风箱鼓风吹旺炉火，当金属熔开时加入盐粉，搅拌均匀，注意观察直到完全熔化，然后用一根荆棒去除熔渣（“恶物”）。继续加入盐粉，搅拌并去除熔渣。当工序完成时，把金属浇入铸模，并确保没有裂缝或断裂。如果出现此种现象，则用等量研成粉状的铁屑、牛粪烧成的灰和盐粉混合，在牛粪火上加热，直到混合料变成均匀的颗粒，然后加到再加热的金上面。（过一些时间）察看一下，如果它已经变软，就取出来锤打成薄片。使等量的黄矾和白杨树脂相混合③，加入泥浆并（加热）使之液化。然后把此混合料涂在金叶上并放在木炭火上加热，一直到赤热状态为止。此种操作要重复4—5次，于是能得到最佳质量的赤金④。

〈出水金铆法：用甘土作锅，火爈使干。用松木炭置锅炉中，即下金铆埚中，即排囊火炊之，使即下盐末合搅，看镕尽以荆杖掠去恶物。更下盐末更搅，掠去恶物，尽泻脂膜中，出入打看，若散裂，即以铁醋滤为屑，和牛粪灰盐末等分，还用牛粪火中，养之还沙，取更镕打，看若柔软即打使薄。用黄礬石、胡同律等分，和镕和泥，涂金薄上，炭火烧之赤即罢。更烧，如此四五遍即成上赤金。〉

值得注意的是，这里加入铁和硫酸盐，恰好和古代西方的工艺一样。在同一卷中，接着还有以下几段文字⑤：

用矿石炼银的方法。

如果银矿石的品位高而且呈白色，那么用白矾和硇砂粉与银矿一起在火中焙烧。如果银矿的品位不高，而且不呈白色，那么这种矿石乃是粗矿，因而一磅银砂要混以一磅熟铅（放在由洁净灰粉制成的坩埚内加热），从而炼成高质量的白银。

制作能耐住马弗炉（“火屋”）内高温的灰皿（“坯”）。把土压实制成一个槽（“墻”），深3尺，长度随需要而定。这是必须置放模子的地方。每只模子供制作一只灰皿之用。用仔细过筛并经过净化的灰填满模子，然后加水使填料达到干湿

---

① 此话可能是指加盐粘结法而不是锤打金叶，虽然根据考古学的证据，那在中国是古老的。《天工开物》中有很多这方面的描述，译文参见 Sun & Sun（1），p. 237。

② 《黄帝九鼎神丹经诀》卷九，第一页，由作者译成英文。

③ 用“胡同律”代替“葫同泪”。来自“populus balsamifera”；参见 Laufer（1），p. 339。

④ 《黄帝九鼎神丹经诀》卷九，第二、三页，由作者译成英文。参见图1304。

⑤ 《黄帝九鼎神丹经诀》卷九，第七页，由作者译成英文。

合适的程度以备应用。向下轻轻加压把填料压实，然后用刀刮削，使成为杯状（“坯”）或坩埚状，在灰皿上铺上一薄层盐，然后放入（含有若干铅的）粗银。 60
盖上黄土，四周和上方填塞木炭。做完这一点后，用晒干的瓦片做一个炉顶。在每一只灰皿的上方要留一个气孔，以备大量的蒸气逸出。所有灰皿的前面都要开一个孔，到适当的时候可以经常观察皿中物料的情况。（当加热快终了时）用铁钩撇除黏稠的矿渣（“糖屎”），若干时间以后，火力已将全部物料烧透，铅和银开始沸腾，剧烈地涡旋，最后铅消失（烧离），而银液则不再运动①。接着可见到紫、绿、白三色的美丽色彩②。现在可用一端有湿布的棍棒来使银冷却。这时炼得的银叫“龙头”（银）③。然后用铁勺将大量银取出，因而此法称作“龙头白银法”。

〈出铆银法：有银若好白，即以白礬石硇末火烧出之。若末好白，即恶银一斤和熟铅一斤又灰滤之，为上白银。

作灰坯火屋中以土墼作土增，高三尺，长短任人，其中作模，皆得坯中细炼灰使满其中，以水和柔使熟，不湿不干用之。小抑灰使实，以刀铍作坯形，灰上薄布盐末，当坯内铆各以黄土炼覆，上装炭使讫，还以墼盖炉上，当坯上各开一孔，使大气通出，周泥之。坯前各别开一孔，看时时瞻候以铁钩钩断糖屎使出。须臾火彻，锡铆沸动，旋回与银分离，锡尽银不复动，紫绿白艳起，艳起以杖击，少许布水湿沾之，其银得冷却，起龙头以铁匙，按取名曰龙头白银。〉

此文附有一小张随同复制的简图（图1305），虽然在性质上有些含混不清，但在本书中我们对于灰吹法炼银和粘结法炼金两者都有了比较完整的描述。

在以后的文献中还有大量有关这些方法的叙述④，但是无需赘述，因为这些方法在唐初已为人们所熟知而成为毋庸争辩的事实。苏颂在其《本草图经》（1061年）一书中关于银的条目中说道：“银在矿中（常）和铜混在一起，因此当地采集银矿的人们必须加铅并反复加热，直到炼出贵金属银来。那时管它叫做‘精炼银’（熟银）⑤（“银在矿中与铜相杂，土人采得，以铅再三煎炼方成，故为熟银。”）。”但是，在本草学的专题著述中，灰吹法通常列在黄丹（“密陀僧”，来自波斯语“*mirdāsang*”或“*murdāsanng*”）⑥的项目下加以叙述，由于黄丹是从灰皿的灰分中回收的，而且在苏颂时代，它已不再像659年那样从波斯进口⑦，其时苏敬在编辑和注释《新修本草》——
一部最古老的官方药典⑧。对于苏颂的事迹以及《天工开物》（1637年）中有关灰吹法 61

① 这是“纯化”的现象。

② 这可能是熔融金属表面的虹彩。但是，如果炉子非常热，则可能见到绿色银蒸气。

③ 大概是指小粒或小块纯银。

④ 例如《金华冲碧丹经秘旨》（*TT* 907），卷二，第二页（1220年）。

⑤ 引自《本草纲目》卷八（第5页），由作者译成英文。图1303所示分金炉。

⑥ 见 Laufer（1），p.508，以及章鸿钊（*8*），第40—41页注释。

⑦ 苏颂的说法见《证类本草》（1249年）卷四（第113页）及《本草纲目》卷八（第20页）。

⑧ 《新修本草》（卷四，第十二页）中，他说这是胡人，即波斯人的词。它既没有在西汉时期的《神农本草经》中提到，也没有在《抱朴子》中提到，因此，该项贸易想必始于六朝的某个时期。见 RP 14。显然如劳弗（Laufer）经常所设想的那样，这是若干事例之一，即断不可因一个外来的名称而推断出一个项目起源于国外。中国人可能在更早的时代就已认为密陀僧只不过是灰吹法的副产品，并且用一种名不见经传的名称（极可能用“炉底”、“铅脚”或黄丹）来命名。一个外来的名称可以证明一项外国贸易，但不能证明对某一事物的最早的知识。

59

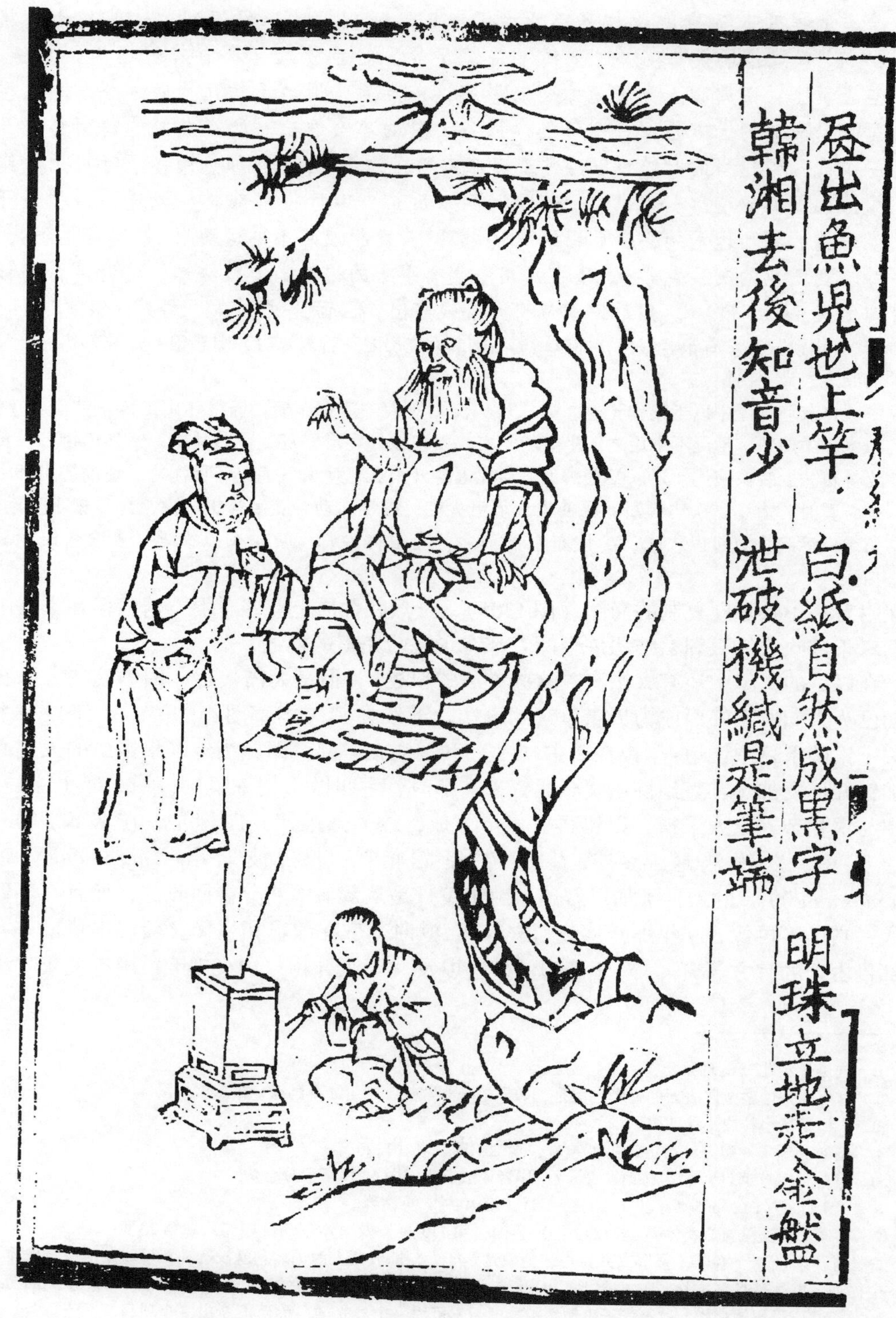

图 1304 冶金神仙面授灰吹法，采自《事林广记》；或许是用盐或者氯化铵和硝石粘结法制金。“伎术类”，第七页。1478 年版本，此书于 1325 年出版，而编辑则在 1100 年至 1250 年之间。

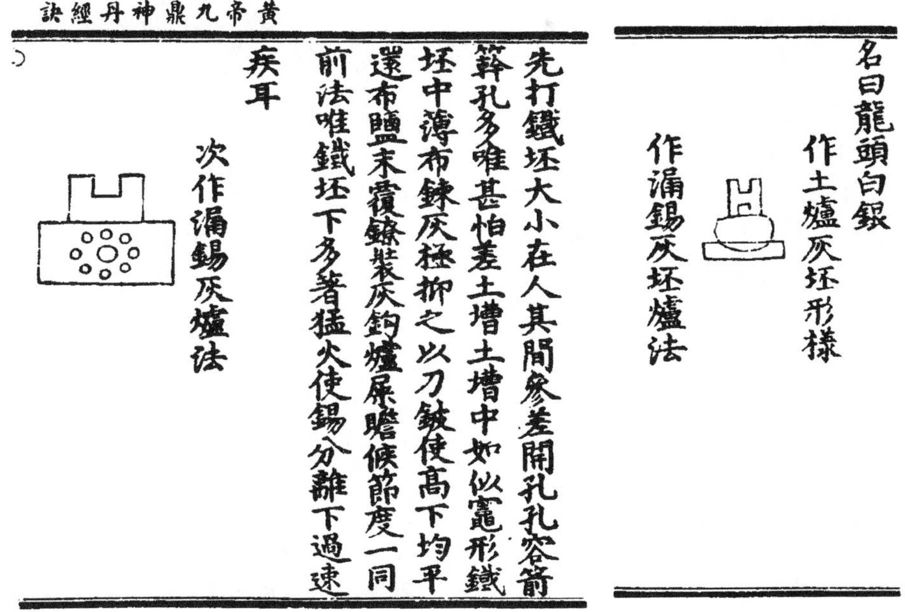
黃帝九鼎神丹經訣

名曰龍頭白銀

作土爐灰坯形樣

作涌錫灰坯爐法

先打鐵坯大小在人其間參差開孔孔容箭
簳孔多唯甚怕差土增土增中如似竈形鐵
坯中溥布鍊灰極抑之以刀鈹使高下均平
還布鹽末覆鏇裝灰鈎爐屎瞻候節度一同
前法唯鐵坯下多著猛火使錫入分離下過速
疾耳

次作涌錫灰爐法

图 1305 灰吹炉简图，采自《黄帝九鼎神丹经诀》（*TT* 878）卷九，第七、八页。

的叙述，我们将在第三十四章关于化学技术的部分中介绍。在稍早一些的年代，由陆容在 1475 年写作的《菽园杂记》中还有更好的描述，但是由于它和银矿的开采联系紧密，我们将留待到第三十六章有关有色金属冶炼的部分中来叙述①。

最后，我们必须记住《事林广记》中有关的章节，该书由陈元靓编撰，时间约在 1100—1250 年，但初版在 1325 年印行。为了说明现在的讨论，我们复制了该书的一幅插图，采用的是 1478 年出版的珍本②，图中一位冶金神仙正在面授灰吹法工艺（图 1304）。除了其他事情外，这一“伎术类”中对粘结法作了很好的叙述，说明用氯化钠或氯化铵和各类矾去除表层中其他金属以提高金合金表面的含金浓度③。这些叙述在细
节上与现在实用论文中提供的规程相吻合④。还有其他一些镀金和涂敷的方法：用砷使 62
黄铜变白，看起来像白银；用硫化砷使银变黄，看起来像黄金；以及制作“白铜”（这是著名的中国合金，由锌和铜镍组成）⑤ 和“镶嵌金”（二硫化锡），它用于金粉涂料，更早用于长生药⑥。该“伎术类”简明扼要，理应仔细地研究并予以翻译。关于中国古代灰吹法和粘结法的情况就介绍到这里。

---

① 现在有许多关于在中国和日本继续采用传统的灰吹法的记述，它们都是现代观察者所作；例如可参见 Wu Yang-Tsang（1）；Clark（1）；Gowland（6）；Geerts（4，6）。本书第三十六章还有更多的有关这方面的叙述。参见图 1302 和图 1303。

② 藏于剑桥大学图书馆。伎术类（幻术）。

③ 另见《格古要论》（1388 年），第三十六页，译文见 David（3），p. 135。

④ 例如见 Hiscox（1），p. 383。

⑤ RP 6。参见 Hiscox（1），pp. 69 ff.；在德国银（锌镍铜合金）或新银条目下。也可参见下文 pp. 225 ff.。

⑥ 参见下文 pp. 69，271—272 和本书第五卷第三分册。

但是，在更换论题之前还要说一下存在于药物学家间的一种印象，即粗金对人有毒而纯金则无毒。陶弘景在公元500年前后写道①：“天然的、未经精炼的金（‘生金’）能避邪，但同时又含有毒素，假如吞服未经提纯（‘不炼’）的金，它能毒死人。”（“……谓之生金。辟恶而有毒，不炼，服之杀人。”）此外，陈藏器在725年写成的《本草拾遗》中写道②：

> 所有金（多少）都有毒，不过未经精炼的天然金（“生金”）毒性更大。如果当药服用，则可致人死命。它是由岭南部落（岭南夷獠）从山洞（和山溪）生产出来的。这种金像红色和黑色的沙砾，与（破碎的）铁矿结核属于同一类型。南方人说，产生金的地方，或者是有毒爬虫牙齿脱落的地方；或者它们停留过；再或者是它们有毒的排泄物遗留在石头上的地方。金的毒与雌黄和雄黄的毒属于同一类型。假如一个人中了金的毒，他可以用蛇制剂冶愈。见有关“金蛇”的条目③。《本经》④写道，说黄金有毒，但那是很错误的，因为天然金和黄金（精炼和提纯的金）完全是不同的东西。
>
> 〈有毒。生金有大毒。药人至死。生岭南夷獠洞穴山中。如赤黑碎石，金铁屎之类。南人云：毒蛇齿脱在石中；又云：蛇着石上。又鸩屎着石上皆碎，取毒处为生金，以此为雌黄，有毒；雄黄亦有毒。生金皆同此类。人中金药毒者，用蛇解之。其候法在金蛇条中。《本经》云：黄金有毒，误甚也。生金与彼金全别也。〉

粗金中毒可能是物理性的，也可能是化学性的。前者是由于粉末中石英晶体的刺激；后者则由于铅矿石或者硫化铁矿，最大的可能是由于砷矿石造成的结果。陈氏所说的中毒现象很像是由砷造成的，这一点可能是很值得注意的。

（5）《抱朴子》中的点金

所有这一切，我们好像一直徘徊在希腊化时代埃及工匠的作坊中，因此我们现在必须对某种与神秘的希腊化时代哲学家相对应的事物作出更为仔细的检验。这样，与我们的论题相对照，使我们从纸草文稿回到文集中来。考虑到这一点，此时我们要做的事，可能最好是看一看中国最伟大的炼丹术作家葛洪对于金（或者“黄金”）是怎么说的。他断定金是可以制造出来的。对《抱朴子》（约成书于320年）仔细研究得出
63 的结论，可以在相当程度上代表中国所有早期的炼丹术，而且与大部分中国的主要传说相适应。因此，我们将提出一些问题，大致可以归纳如下：葛洪是怎样看待嬗变的？他采用何种术语来代表嬗变？他了解灰吹法吗？他是否认为他的人造金不同于天然金？如果这样，两者孰优孰劣？最后，他是否给予它们专门的名称？

对葛洪来说，化学变化只是充塞于整个自然界的各种变化和嬗变的一个方面。

> （他说）什么是（自然界中）嬗变之术（“变化之术”）不能达到的？……

---

① 引自《证类本草》卷四（第109页），由作者译成英文。

② 引自《证类本草》卷三（第97页），由作者译成英文。以后段落的译文，见Schafer（13），p. 251。

③ 此类“金蛇”乃是相当有名的爬虫；*Coronella bella*（R 116）。原产贵州和广西，其金色或银色的鳞片在古代被选用为解毒药。

④ 《神农本草经》，现存最古的药典，其年代可溯至公元前2世纪。

> 飞禽走兽（“属”）和爬行类动物在创造（“造化”）[1] 中都被赋予特殊的形式，但是我们永远也描绘不尽它们突然发生的亿万种变态（“易”），旧貌（换新颜）并转化成不同的东西……[2]
>
> 〈夫变化之术，何所不为……至于飞走之属，蠕动之类，禀形造化，既有定矣。及其倏忽而易旧体，改更而为异物者，千端万品，不可胜数。〉

甚至已知人类有变化成动物或转化为石头或者树木的[3]。男人可以转化为女人，反过来女人也可以转化为男人[4]。高山变成深渊，而峡谷则升成高峰[5]。铅原本呈灰白色，但它可以变成红色，看起来像朱砂[6]。朱砂原来呈红色，但它可以变白，看起来像铅[7]。至于动、植物间的变态，更是不可胜数：蛇化为龙[8]，毛虫化为蛾或蝴蝶，牡蛎化为青蛙，田鼠化为鹌鹑，鳄鱼化为老虎，腐草化为萤火虫[9]，猴子年老时变成不同种类的猿，老熊变成狐狸[10]，雉转化成贻贝，麻雀转化成蛤[11]。而且“它们变得与天然的一模一样”[12]（“亦与自生者无异也”）。葛洪下结论说[13]：

> 因此，显而易见，嬗变在自然界是某种自发的（“自然”）的事情。那么，为什么我们要对从其它东西制金和制银的可能性表示异议？观察一下用火镜（从天
> 上）取得的火和夜里用月镜得到的水，它们与普通的火和水有什么不同[14]？ 64
>
> 〈变化者，乃天地之自然，何为嫌金银之不可以异物作乎？譬诸阳燧所得之火，方诸所得之水，与常水火岂有别哉？〉

因此，他的自然观是非常正确的，因为他是以多次观察为基础，虽然也依据未经试验过的信念[15]。如果我们没有忘记可敬的西方炼金家之一，费拉拉（Ferrara）的佩特汝

---

① 我们在很久以前就提醒读者注意（本书第二卷，p. 581；第三卷，p. 599），此短语绝非指西方关于创造的概念。用“由成形力赋予”来表示可能更加合适。

② 《抱朴子内篇》卷十六，第二页，由作者译成英文，借助于 Ware（5），p. 263。

③ 《抱朴子内篇》卷二，第三页，用另一种说法重复相同的内容［Ware（5），p. 263］。

④ “男女易形”（卷二，第三页）。性的自然转变，在汉代就已为人们所熟知；见 Needham & Lu Gwei-Djen（3），p. 165，更详细的叙述见本书第六卷中的第四十五章。

⑤ 见本书第三卷 pp. 599 ff.。在中古时期早期的中国地质学中，已观察到“火成”和“水成”两类过程，并且有一个专门的术语“桑田”（桑林），它代表陆地，尽管它一度被海水淹没，而以后升到山顶上，或者原是山谷后来上升而变为山地。

⑥ 由于形成氧化物，红铅。实际上普利尼把这两种物质混淆了。

⑦ 由于用它制成了汞。《抱朴子内篇》卷十六，第二页［Ware（5），p. 263］。

⑧ 《抱朴子内篇》卷十六，第二页，译文见 Ware（5），p. 263。

⑨ 《抱朴子内篇》卷二，第三页，译文见 Ware（5），p. 37。关于萤火虫，见本书第四卷第一分册，p. 75。

⑩ 《抱朴子内篇》卷三，第二页，译文见 Ware（5），p. 56。

⑪ 《抱朴子内篇》卷十六，第五页，译文见 Ware（5），p. 268。

⑫ 同上。

⑬ 《抱朴子内篇》卷十六，第二页，由作者译成英文，借助于 Ware（5），p. 263。

⑭ 我们在本书第四卷第一分册 pp. 87 ff. 中已论述过点火镜和承露镜的情况。

⑮ 当然，我们将在本书第三十八和三十九两章中充分讨论有关植物学和动物学的转变观念。但是，值得在这里一提的是，这些观念看来是在战国时期得到增长的，也许这和自然主义学派的原始科学思想有关联。它们不仅对化学变化有意义，而且对评估人类变成仙，并在此过程中长出翅膀和羽毛的可能性也很重要（参见下文 pp. 96，100）。约在公元前 513 年，赵鞅（赵简子）对动、植物的转变表示羡慕，而且对人不能达到某种身体上的转变而表示惋惜（《国语·晋语九》，第九页）。但是从公元前 4 世纪以来，常提到的“长羽毛的人”，即神仙（“羽民”、“羽人”；例如《山海经》、《吕氏春秋》、《淮南子》等），而且在汉代艺术中时有表现。

斯·波努斯（Petrus Bonus），他在1330年左右撰写的《新宝珠》（*Pretiosa Margarita Novella*）一书（比葛洪晚1000年）中仍采用和葛洪类似的论点，那么我们就不会苛求于葛洪对转变故事的依赖性了①。

> 大自然在云雾中产生蛙，或是借助于被雨打湿的灰尘的腐烂作用，或是靠对同类物质的最后处置……蛇怪蜕变而生成蝎子。牛犊的尸体产生蜜蜂，驴的尸体产生黄蜂，马肉中产生甲虫，骡肉中产生蝗虫……

而且他很可能加上藤壶转变成鹅的故事，这是早期西方博物学最通行的信条之一②。总而言之，葛洪的世界观与前面（p. 25）引用史密斯［Smith（4）］作品中一段所描述的极为相似。

他用另一种方式来说明，对我们关于合金和单一金属的思考颇有教益。这是说到玻璃的一段话③：

> （他说）在外国用玻璃（“水精”）制碗，它由五种灰结合而成。现在在我们沿海各省，交州和广州，许多人已得到此种工艺的知识，并从事于熔铸玻璃（“铸作之”）的生产。但是当他们谈到玻璃（是水晶）时，普通人不会相信他们，说水晶是一种在自然界才能找到的物质（“本自然之物”），与玉属于同一类型。因此，既然天然金（“自然之金”）是一种人们所熟知而贵重的社会财富，那么普通人有什么理由（“理”）去相信金是能制造出来的？无知者不相信红丹（四氧化三铅）和铅白（碱式碳酸铅）④ 都是铅转变的产物。许多人并不知道骡是公驴和母马的后代，因为他们坚持认为每一种事物都有它自身独特的种子（“物各自有种”）。那么在碰到确实难于理解的事物怎么办？一个人少见就会多怪——这是普遍的方式。至于说到信仰，有些事物是一清二楚的，但是人们宁愿坐在翻转的圆桶下面，这自来就是最真实的话。
>
> 〈外国作水精碗，实是合五种灰以作之。今交广多有得其法而铸作之者。今以此语俗人，俗人殊不肯信。乃云水精本自然之物，玉石之类。况于世间，幸有自然之金，俗人当何信其有可作之理哉？愚人乃不信黄丹及胡粉，是化铅所作。又不信骡及駏驉，是驴马所生。云物各自有种。况乎难知之事哉？夫所见少，则所怪多，世之常也。信哉此言，其事虽天之明，而人处覆甑之下，焉识至言哉？〉

65 这样，恰如亚里士多德一样，葛洪心目中的金是一种合成物，而人工制造的玻璃是它的一种模式。总的说来，他在《抱朴子》中至少有三处断言金是可以用类似的方法制造的⑤。“我向你保证，汞能够汽化，而金和银能（成功地）找到。”⑥（“吾保流珠之可飞也，黄白之可求也。”）“‘长生指南’告诉我们……正是由于金和银的本性，使得

① 见 Holmyard（1），pp. 140，141。

② 见 Heron-Allen（1）。

③ 《抱朴子内篇》卷二，第十一页，由作者译成英文，借助于 Ware（5），p. 52。关于中国的玻璃生产和玻璃工业史，见本书第四卷第一分册，pp. 101ff.。

④ 有关此项重要物质，见本书第五卷第三分册。

⑤ 我们刚听到他的询问，既然在自然界有多种多样异乎寻常的嬗变，为什么有人会拒绝由其它物质制作金和银的可能性呢（上文 p. 63）？

⑥ 《抱朴子内篇》卷三，第五页，译文见 Ware（5），p. 60。

人们能够制造它们。”① （“故《仙经》……又曰，金银可自作，自然之性也。”）事实上葛洪在好几处告诉我们，由于财源不足，战争和动乱造成的交通障碍以及许多其它的困难，他未能进行他所描述的全部制备工作②。但是，也许我们对此不能太拘泥于字面——他确实见多识广，而且注意到一些对他说来极不平常的结果，因此，他感到他提出的颇有说服力的信念是有充分根据的。

他用过哪些词语来称呼这一人工嬗变？据粗略地统计，书中约出现50次下述词语：

1. 生金	生产金	1
2. 得金	得到金	1
3. 作金	制作金	11
4. 作黄金	制作黄金	3
5. 为金	使变为或转为金	4
6. 成金	成功地转变为金	9
7. 成黄金	成功地转变为黄金	9
8. 化黄金	转化成黄金	1
9. 作银	制作银	4
10. 作白银	制作白银	1
11. 成银	成功地转变为银	4
12. 成白银	成功地转变为白银	2

其总的意义是相当清楚的③。但是有一点值得注意，其中四条（即7，8，10和12）应当表示我们现在意义上的金属金和银。他们不必要这样做的理由，可在下文中见到。对于葛洪来说，在灰吹过程中保持重量不变，不是（像我们认为那样）能将看起来像黄金的物质确定为黄金的唯一或主要的标志。

毫无疑问，葛洪非常熟悉灰吹法。他说：“金即使火炼百次不会减少，永埋土中不会腐朽。”④ （“黄金入火百炼不消，埋之毕天不朽。”）确实，这自然地成为他的类比论 66
点的一部分，人类的器官只要经过“金化”，也能得到同样的不变性。我们最好读一读原文中有关“金丹之道”的这一段，即有关“金质（或金和朱砂合成的）长生不老药之路”的讨论。他说的内容如下⑤：

---

① 《抱朴子内篇》卷十六，第五页，译文见Ware（5），p. 269。

② 见《抱朴子内篇》卷四，第二页；卷六，第三页和卷十六，第一页［相应的译文分别见Ware（5），pp. 70，112，262］。

③ 偶尔也用到其它一些词语，例如“作黄白”，即“制作黄金与白银”（《抱朴子内篇》卷十六，第十一页，译文见Ware，p. 277），或“合作金丹”，即“制作和合成金质长生不老药”（《抱朴子内篇》卷四，第一页，译文见Ware，p. 69）。有时把“凝”字放在说明如“成黄金”之前，即“凝固而成功地转变成黄金”（例如《抱朴子内篇》卷十六，第七页，译文见Ware，p. 272）。

④ 《抱朴子内篇》卷四，第二页，译文见Ware（5），p. 71。

⑤ 《抱朴子内篇》卷四，第二页起。由作者译成英文，借助于Ware（5），pp. 70 ff.。

一个人在饮用了麦芽糖（“玉饴”）① 制作的饮料之后，就会感到略带甜味的水生植物的液汁（“浆荇”）淡而无味②。看了昆仑山的山峰之后，就会觉得（自己家乡的）山是何等得小。同样，一个人探讨过了金丹（即金和朱砂制作的长生不老药）之道，就不会再去翻阅书籍寻找微末小技了。当然，由于这种神丹妙药很难满足需要，人们不得不采用一些次要的东西，以便使过程继续下去。但是，虽然一个人可能服下大量的这种补药而且得到一点益处，但这类补药绝不会导致人的长寿和永生。怪不得从老子传下来的口头指示说，一切都将以痛苦的空虚而告终，除非你能得到循环转化再生性长生不老药和可饮用的金（“还丹金液”）。

人靠五谷而生，只要有了它们，人就能够生存；如果断了五谷，人必死亡。但是考虑一下最好的神丹妙药的质量——难道它对人类的好处不会比五谷好上千万倍吗？金丹是这样的一种妙药，它炼得越久，它的变化和嬗变就越神奇。金子烧炼百次不会丢失重量，不管埋藏多久也不会腐朽。一个人服用这两种药（长生不老药和金）就可以精炼他的身体（“炼人身体”），使得他青春常驻，永不死亡。寻找这些外部的物质以增强人本身的体质，就像给灯火注油，使它不致熄灭③。人们用铜绿（醋酸铜）④（油膏）涂抹在他们的（腿和）脚上，以便当他们必须在水中长久工作时，腿和脚不致腐烂，因为铜的力量保护着下面的皮肉⑤。但是当金丹一进入人体，就透入（血和“气”的）循环系统，它不像铜绿（油膏）那样是一种表面性的保护⑥。

〈夫饮玉饴则知浆荇之薄味，睹昆仑则觉丘垤之至卑。既览金丹之道，则使人不欲复视小小方书。然大药难卒得办，当须且将御小者以自支持耳。然服他药万斛，为能有小益，而终不能使人遂长生也。故老子之诀言云，子不得还丹金液，虚自苦耳。夫五谷犹能活人，人得之则生，绝之则死，又况于上品之神药，其益人岂不万倍于五谷耶？夫金丹之为物，烧之愈久，变化愈妙，黄金入火，百炼不消，埋之，毕天不朽。服此二物，炼人身体，故能令人不老不死。此盖假求于外物以自坚固，有如脂之养火而不可灭。铜青涂脚，入水不腐，此是借铜之劲以扞其肉也。金丹入身中，沾洽荣卫，非但铜青之外傅矣。〉

67 这样，金的神奇的耐久性可以传递给人，使他获得类似于永生的性质。但是我们立刻要转而问，葛洪是否真的相信他的人造金具有经受住灰吹试验的品质，或者说它们与

---

① 这是甘蔗从印度广泛引进中国以前在中国采用的一种增甜剂。使谷类淀粉糖化而成麦芽糖，是由麦芽的淀粉分解酶完成的，也即使黍子、小麦或大麦发芽，然后加工成麦芽糖和葡萄糖，但在任何酵母能使之进一步发酵之前，将生成的麦芽糖和葡萄糖进行加工。硬的糖制品叫做“饧”，软的或液态的叫做“饴”。在葛洪之后二百年，即公元540年左右撰写的《齐民要术》中曾对此法作了详尽的描述［见 Shih Shêng-Han（1），pp. 77 ff.］，但是此法至迟在汉初必定已经应用。由于此法应用了发芽作用，因而值得注意的是，中国人和东亚人在制酒时一般都喜欢利用霉菌来糖化。

② 这里提到的植物经鉴定为池花科荇菜属（*Limnanthemum nymphoides*；B Ⅱ 47，399），《尔雅》中有记载。有好几种水生植物，其液汁略似甘蔗。

③ 乍看起来，这好像是曾经鼓励许多化学家努力研究的一则格言。“怀着希望的旅行胜于到达目的地，而真正的成功在于劳动”。但是，几乎可以肯定的是，葛洪把油比作长生不老药，它可以使生命之火燃烧而无需普通的燃料。

④ RP 9。

⑤ 显然，这必定指一种古代的驱虫处方，以防止肝吸虫和水蛭的侵害。

⑥ 显然暗示一种细微的差别，即这里所指的金属表面上的薄膜与真正合金之间的差别。

天然金有什么不同之处？

每当他述说包括嬗变在内的长生不老药的制备时，他都要说出或暗示，人造金是优良的，或者至少是与众不同的，除此以外，他还有一段文章，声称人造金或嬗变来的金经受得住灰吹法的考验——这正是18世纪前炼金家和分析化验家之间一直争论不休的要点。我们最好读一读他本人的原话①：

> "长生指南"说，朱砂的精华（"精"）产生金。这是另一种说法表示金可以由朱砂制造②。这就是金一般总是在山中朱砂沉积层下面发现的原因③。如果一个人成功地制成了金子，则它将是一种货真价实的东西（"则为真物"），表里一致，精炼百次而不会使它减少（"百炼不减"）。因此，当规程告诉我们说它可以制钉，这就证明它是坚硬（"坚劲"）的。于是这个人知道他已掌握了自然过程（"自然之道"）。
>
> 此外，从它的功效来看，有什么理由要称它是"赝品"（"故其能之，何谓诈乎"）？在铁上涂一层石绿，使它具有像铜一样的红色④；或者用蛋白来处理银，使之变为像金一样的黄色⑤；这可以称之为"赝品"。这些都是例证，说明其表面起了变化，但内部仍保持不变（"皆外变而内不化"）。
>
> 〈仙经云，丹精生金。此是以丹作金之说也。故山中有丹砂，其下多有金。且夫作金成则为真物，中表如一，百炼不灭。故其方曰，可以为钉。明其坚劲也。此则得夫自然之道也。故其能之，何谓诈乎？诈者谓以曾青涂铁，铁赤色如铜；以鸡子白化银，银黄如金，而皆外变而内不化也。〉

随后他转向别的论题。但是这一段却非常有趣，因为它包含着一个明显的内在矛盾。首先，葛洪说他的人造金（至少是几种样品）能经受住灰吹试验。对此我们的意见只能与近重真澄的一致⑥，即在若干制品中，其初始成分含有金矿物，从而产生了少量能经受住灰吹试验的真金。这一点原是不难相信的，然而葛洪立即又说，人造金很坚硬，足可以制钉，虽然他很清楚，天然金是最软的金属之一。不过这种情况可以得到改变，
如果把"钉改写成锭"⑦，而且有些翻译家已经一直这样办了⑧，但是此法并不能躲开 68
矛盾，因为葛洪以此作为坚硬的证明。唯一的解决办法可以推断为，葛洪指的是两种不同的实验，即在一些情况下曾生产出少量我们认为的金，在另一些情况下，最后产品只是看起来像金的合金，其硬度比自然金大。接着他对"诈"（狡猾的欺骗）作出

---

① 《抱朴子内篇》卷十六，第五页，由作者译成英文，借助于 Ware（5），p. 268。

② 对此最简单的思考方法就是记住汞齐法镀金中汞的使用。此段末尾还表明葛洪对于表面"着色"和制作表里一致的合金两者间的区别是非常清楚的。因此，我们应更多地考虑汞对于铜、青铜或黄铜的某种作用。

③ 地质学和地球化学勘探曾采用过类似的实验性观察，这可以追溯到周代。我们已在本书第三卷 p. 673 ff. 中讨论过。

④ 这里显然是指"湿法炼铜"（见本书第五卷第四分册）。该法使来自矿山的胆矾液流过废铁的表面，铁离子和铜离子发生交换，使铜沉积下来。另可参见上文 p. 24。

⑤ 一项纯希腊式的说明，它表示在佐西默斯时代中国和埃及都已知道硫化物或多硫化物溶液的黄化作用，但是我们并不知道中国人如何制备这些。

⑥ Chikashige（1）；详见本卷第三分册。

⑦ 此词也可解作"锚"（参见本书第四卷第三分册，p. 657），但此义在这里不合适。

⑧ 因为有好几处都出现这样的措辞。魏鲁男［Ware（5）］是这样做的，但未见于吴鲁强和戴维斯［Wu Lu-Chhiang & Davis（2）］的译本。

定义，即各种类型的"着色"，其表面薄膜或涂层与下面的物质不同。这一点很重要，它使得他的见解和希腊化时代的点金家有颇大的不同。对希腊化时代的点金家来说，不管什么东西，只要外观上看起来像金，具有金的物质形式、品质或附属特征，尽管经不起灰吹试验，在他们的观念中都是"金"。然而就葛洪而言，至少我们从该段文字的推断，人造金必须和天然金看起来完全一样，换句话说，虽然中国的炼丹家熟知"着色"法，但他们的制品通常是均匀的，尽管其也经不起灰吹试验。

不仅如此，他们认为为了寻求长寿和肉体的永生，这些人造金比天然金更为优越①。这里有一段文字非常引人注意，文中记述了葛洪向他的老师郑隐的提问：为什么道士不用天然金而用转变（"化"）② 而成的人造金来制作长生不老药③。他强调，"制品不是真实的（'非真'），而不真实就是赝品（'诈伪'）④"。但是郑隐回答说，天然金和天然银皆非道士经济能力所及，他们设法利用富有的王公大臣的财力。如果他们能得到，当然没有问题，但是，既然他们不能得到，他们只得用人工方法制造这些金属。他又说："最后，由嬗变而得来的金（'化作之金'）包含有许多不同化学成分的精华（'诸药之精'），因此它优于天然金（'胜于自然者'）！"（"余难曰：'何不饵世间金银而化作之，作之则非真，非真则诈伪也。'郑君答余曰：'世间金银皆善，然道士率皆贫。故谚云无有肥仙人富道士也。师徒或十人或五人，亦安得金银以供之乎？又不能远行采取，故宜作也。又化作之金，乃是诸药之精，胜于自然者也。'"）此外，别处也有说明，说可饮用的金丹优于天然金，部分原因是因为它的制作要经过巨大的困难⑤。它需要钱，隐居名山，避开世俗的怀疑论者和批评，需要宗教仪式和洁身典
69 礼；除了斋戒外，禁食辛辣食物和鱼，更不用说节制饮食了；要在严格的温度条件下长时间的加热和费力的观察；最后还需要一位真正的行家作为导师给以口头指点⑥。

其次，据葛洪说，他的人造金是与天然金不同的。已经举过的例子是可以用它制钉。但是至少还有两处实例，表示在这两种情况下正在凝固的汞变为闪闪发光的金子，"可以用它制钉"⑦（"凝水银为金，可中钉也"）。在另一处，一种炼金药可以生成一种太硬或太软的金属或物质，"如果太硬，就用猪油与它一起加热；如果太软，则用捣碎

① 这里有一点要提醒，即中国早期铜镍合金的制作者（见下文 pp. 225ff.）很可能说它的确比银好，因为它用起来不像银那样会由于生成硫化银而变黑。

② 我们犹豫在此种场合下可否用嬗变，甚或变质一词，因为它涉及的哲学与西方有极大的不同。但是，这两个词并不都完全适用。

③ 《抱朴子内篇》卷十六，第四、五页，译文见 Ware（5），pp. 267，268。我们在本书第五卷第三分册将复述该段全文。

④ 请注意第二个词与公元前 144 年颁发的"禁铸诏书"中所用的词相同。

⑤ 《抱朴子内篇》卷四，第十五页，译文见 Ware（5），p. 92，并参见 pp. 89 ff.。这种长生不老药也是一种点金石，因为用它点化在汞上可使之嬗变为银和金。可以假定，其中必定有某种氧化或还原作用，使罐中合金表层的颜色发生变化。参见《抱朴子内篇》卷十六，第二页，译文见 Ware（5），p. 264，文中详细叙述了吴大文和程伟有关点化的业绩。此点将于本卷第三分册进一步探讨。

⑥ 特别参见 Ware（5），pp. 51，271，319。

⑦ 《抱朴子内篇》卷十六，第五页，译文见 Ware（5），p. 269，引自更早的《玉牒记》。该书的情况，现在已一无所知，虽然在葛洪的参考书目中有《玉策记》一书（卷十九，第三页）。另见卷十六，第七页，译文见 Ware（5），p. 272。

的白梅一起加热”[1]（“金或太刚者，以猪膏煮之，或太柔者，以白梅煮之”）。此点可能是对一部更早著作的响应，该书初谈到了炼出的“金”太硬或太软的情况[2]。除此以外，《抱朴子》还多次谈到使金变软以便服用的方法。把金放入一种叫“朱草”的血红色液汁中，它便软化而生成“金浆”[3]。“精炼的金”也可以用酒软化[4]。另一种人造金要在同牡荆[5]或赤黍[6]制的酒中浸泡100天，之后才能与其它东西相熔合。书中还提供了其它多种类似的处方。所有这些貌似奇怪的东西都很容易解释清楚，假如我们处理的是二硫化锡片，即“彩色金”而根本不是金属金的话，事实上这种情况是非常可能的，因为葛洪的最引人注目的作业之一正是用锡、“红色晶盐”（铝、钾、铁等金属的硫酸盐）和石灰水制备硫化锡。现在，二硫化锡（SnS_2）很容易用锡屑、汞、硫和氯化铵制造，制成的薄片具有金的色彩和光泽，而且永不生锈，可用作“青铜粉”，即制作某些现代金色颜料[7]的基料。我们越来越倾向于认为这种产物在葛洪制备长生不老药方面所起的作用，要比一般推想的更大，甚至在他的饮用金浆方面也不例外，虽然它的制备方法与硫化锡的不尽一致，与最终欲得银和金的点化法也不相应[8]。尽管如此，它却使葛洪原文中许多一向无法解释的地方可以说得通。

总的说来，葛洪的人造金比天然金好，而且一般与天然金不同。那么，他是否有 70
时也给它们一些特殊的命名？如果是这样，那么我们就会见到，几百年后出现的整个为人造金命名的名单是如何开始的，而对于这些人造金，中国炼丹家是明白无误地区别于天然金的（见下文 p. 273）。除了刚讨论过的“饮用金浆”（“金液”）外，还有若干其它特殊的名称。稍后，在同一卷中，用点化法制成的“银”，暴露于炽热和通风的条件下就能转变为“赤金”（“化为赤金”），因而称为“朱砂金”（“丹金”）[9]。用此金制成的盘或碗，可使用它饮食的人长生不老[10]。此外，在另一处提到，用钾矾、汞、朱砂、孔雀石和雄黄制成的一种制剂能产生“上等色彩，紫色光泽的金”（“上色紫磨金”）[11]。然而这里大有文章，但是我们必须推迟几页，把它放到下一节中去。在那里我

① 《抱朴子内篇》卷四，第十三页，译文见 Ware（5），p. 88。

② 《黄帝九鼎神丹经诀》（*TT* 878），第五页，参见 Ware（5），p. 79。

③ 《抱朴子内篇》卷四，第十一页，译文见 Ware（5），p. 85。此种植物现在还难以识别。

④ 《抱朴子内篇》卷四，第十八页，卷十一，第十六页，译文见 Ware（5），pp. 95，198。

⑤ 牡荆（*Vitex cannabifolia*；R 148，CC 379）；最早的叙述见《名医别录》；《本草纲目》，卷三十六（第114页）。

⑥ 孔庆来等（*1*），pp. 480，481；据说“黍”（*Panicum miliaceum*）可能是一种红色的品种，但它不可能就是“*P. glabrum*”，即红茎黍（“红茎马唐”；CC 2037）。

⑦ 见 Mellor（1），p. 411；A. Smith（1），p. 697；Hiscox（1），pp. 134，140，492；Aikin & Aikin（1），vol. 2，pp. 430 ff.。

⑧ 《抱朴子内篇》卷四，第十四页，译文见 Ware，pp. 89，90。假如作业开始阶段的“金”系锡之误，或者是锡的代用名，这可能是制作彩色金的另一方法，因为汞和硫两者都可能一直存在，这要视对这些晦涩难解的代用名如何解释而定（进一步的讨论见本书第五卷第三分册）。另一方面，混合物并不加热，只是温浸在醋酸（浓醋）里面。

⑨ 《抱朴子内篇》卷四，第十四页，译文见 Ware，p. 90。

⑩ 这是一项重要的叙述，它回到中国炼丹术的一个最早阶段，即李少君和汉武帝的几次讨论（见本书第五卷第三分册）。

⑪ 《抱朴子内篇》卷十六，第八页，译文见 Ware，p. 274。

们将讨论中国炼丹术的整个冶金化学背景，而这里仅需要说明的一点是：我们认为这是一种铜金合金，表面具有瑰紫色的铜绿，由于铜盐和醋酸的作用而变成“青铜色”（下文 p. 257）。

此外，假如我们可以把葛洪当作中古时期早期中国所有炼丹家中具有相当代表性的人物，我们就可以得到若干有关他们的信念的明确结论。他们对整个自然界发生的奇妙变化具有深刻的印象，并且对其中许多变化进行了相当正确的观察，虽然其它一些变化取自传奇和民间传说而未加详细考核。李少君、程伟、茅盈和魏伯阳等几代人（见本书第五卷第三分册），即从公元前 3 世纪到公元 2 世纪，是否充分认识到金在炉中重量不变试验的决定性作用。对此现在尚不清楚，他们有可能不太知道这种试验（因为已经提到的社会学方面的充分理由），或者至少是不熟知这种试验①。然而到了葛洪的时代，即 3 世纪末，有关灰吹法的知识，比在希腊的文集中得到更明确的证实。因此，接受多种人造金并非出于无知，而是深思熟虑后的决定，即给“金”下一个不同于工匠所持的定义。这样，在灰吹法中重量保持不变这一条，对道士来说已不像我们所认为的那样，是唯一的，或者是主要的性质，因而把外观像金的物质都叫做金，葛洪想必知道他和他的朋友制作的金，大多数不是灰吹金，他们也熟知均匀的合金和表面着色之间的区别。但是他们进行的是点金而不是制作赝金，因为他们生产的是符合他们自己定义的人造金。这里没有欺骗的意图②。正如希腊的文集中的男人和女人一
71 样，这里至关重要的是黄金的色彩。事实上，照道教炼丹家的观点来看，为了达到肉体永生，人造金比天然金优越。当然，这里没有什么亚里士多德学派的学说，在西方，亚里士多德学派关于“原始质料”和实体形式的学说曾大大地掀起了点金热，但是在思维方面一般是类似的，因为既然有的东西看起来显然像金，为什么拒绝称之为金？我们知道锡（Sn）和硫（S）的本质是这两种元素的原子，因而可能难于理解怎么可以把硫化锡与元素金（Au）混为一谈。但是我们必须要做的是力求把这项知识从我们心中冲洗出去，以便能够理解服用我们可以称之为“金色颜料”的东西（看来这就是 4 世纪很多道教徒服用的长生不老药）。服用这种药可能被认为把真金的不朽性传递给人类脆弱的身体和精神。让我们再一次说闪闪发光的曾经是金子。

（6）不死药；东方和西方的长生术和永生理论

现在让我们再一次回到分岔路口，并采取朝着另一方向的第六条路，它能使我们更加充分地探索中国和西方永生的内涵。假如制金和永生之间的联系确实是在中国的文化中首先发生，那么所指的永生是属于哪一类？关于死后生活的概念和可能免于死

---

① 这正是陈国符［（*1*），下册，第 370 页］表示的观点。

② 当然，在较后的时代中，朝廷中可能有些骗子和冒险家，他们并不相信他们提供给高位者的是危险制剂和长生不老药。但是一般的印象是，这些人本身大多数是信仰者。他们的努力目标是制得长生不老药而不是点成的金，这一事实就表示尚方工匠很少可能被招来对其结果做试验。我们即将见到，当他们真的这样做时，制作赝金者就被查出来（参见本卷第三分册），但是制作赝金者往往相当坦率，并声明制作的并不是灰吹金，只是一些好看的合金，其适合于用作皇室的礼品。

亡的概念，在全部早期文明中自然总是含糊不清的，但是通过简单的比较研究，就可以看到中国固有的观念与某些其它文化的观念差别有多大。我们还可以给出这些观念发展的各个阶段的大致年代。我们必须说明的实质上是，在中国文化中，也只有在中国文化中，末世学的条件适合于形成真实的信仰，相信长寿药，即能达到肉体永生的化学和生理的长生不老药是存在而且有效的。没有明显的伦理分化，即另一世界的天堂和地狱，而“只有人为完善的灵魂”与他们极为纯净或缥缈状态的躯体一起，或是在地上的人间或是在天上的星宿里面享受永恒的生命——总之仍然完全在自然界的范围之内。这一点与印度—伊朗—欧洲文明有根本的差别。虽然长生不老药的观念及时地扩展到整个旧大陆，但它的形式发生了变化而且淡化了。因此，首先如何使它具体化这一点非常重要。但是，在谈到观念的一般比较范围和描述中国独特的环境之前，尚需预先说明一点，即尽管有时发现有一种印象①，但是在希腊化时代的原始化学家的文稿中，几乎一点都没有关于长生不老药或长生剂的记述②。

(i) 希腊的隐喻和中国的现实 72

提出这一思路的各段文字，虽经仔细观察，但仍令人难以捉摸，例如在《科马里乌斯之书——哲学家和高僧向克娄巴特拉指示点金石的天授和神圣的技艺》(*Book of Comarius, Philosopher and High Priest, instructing Cleopatra on the Divine and Sacred Art of the Philosophers' Stone*) 中提到的“生命之药” (*pharmakon tēs zōēs*, *φάρμακον τῆς ζωῆς*)③。该书的书名可能出现得较晚，但从它的内容来看，其本文肯定不属于《文集》中较晚作品之列，而且很容易确定是公元 2 世纪的作品。有一处地方，奥斯塔内斯和他的伙伴在与克娄巴特拉谈话时这样说：

> 在你身上隐藏着惊人而可怖的神秘。给我们以启发吧，用你那绚丽的光辉照亮这些要素。让我们知道最高的如何降为最低的，最低的如何升为最高的，以及正中间的如何接近 [最低的和] 最高的，使它们和它合而为一，[影响它们的要素是什么]。告诉我们圣水④是如何从上面降落使死者苏醒，这些死者正到处躺在地狱中，锁在黑暗里面。生命之药是如何到达他们那里的，又如何唤醒他们，使他们从睡眠状态苏醒过来的。在火 (明亮的光) 的降服作用下生成的新生的水，是如何渗透到他们里面的。蒸汽支持着他们。当蒸汽从海上升起时，它支持着水⑤。

在稍后又继续说：

> 它们 (这些物质已经生成) 类似于从水的源地和为它们服务的气团中产生，把它

① 例如 Jung (1), p. 94; (3), p. 154。

② Leicester (1), pp. 56, 57。

③ 《希腊炼金术文集》Ⅳ, xx。

④ *Ta hydata eulogēmena*; *τὰ ὕδατα εὐλογημένα*。

⑤ 《希腊炼金术文集》Ⅳ, xx, 8。方括号表明不同手写本之间的区别。

> 们从黑暗带向光明，从哀痛进入欢乐，从疾病走向健康[1]，从死到生[2]，赋予它们先前所没有的天赐[3]而神圣的光荣……它们从睡眠中苏醒过来，而且全体从地狱升起……[4]

尽管所用的语言很神秘，但我们大体上都同意这两段文字是描述在回流冷凝器（*kērotakis*）装置[5]中进行回流蒸馏的情况。汞、硫或砷的蒸气从底部的材料上升，和放在顶部的一种金属发生化学反应，然后冷凝并顺着器皿的边流下，以便这一循环的过程能随意继续下去。所用语言与一些神秘宗教的语言密切相关，同时与赫尔墨斯的和诺斯替派的文本和观念也有密切的关系[6]。据说没有比这在遣词用句上更像“保罗使徒书”
73 （Pauline epistles）[7] 中神秘的篇章了。在“活水”中再生，为新教徒涂抹圣油[8]，把蒸气比作灵知发出的芳香[9]，所有这些都表示希腊化时代的原始化学与他们那个时代的宗教思想是何等相近。但“生命之药”，甚至是“永生之药[10]”在世界的这一部分基本上仍然是隐喻性的，而且常常由基督教徒和诺斯替教徒用作圣礼的颂诗，不管是洗礼[11]或者是圣餐[12]。另外，其固定不变的内容主要是关于“另一世界的”，因为在希腊化时代的宗教

---

① *Kai ex astheneias eis hygeian*；*καὶ ἐξ ἀσθενείας εις ὑγείαν*。

② *Kai ek thanatou eis zōēn*；*καὶ ἐκ θανάτου εις ζωήν*。

③ 当然，或者是“含硫的”（参见 p. 252）。

④ 《希腊炼金术文集》Ⅳ，xx，16。

⑤ 例如参见 Sherwood Taylor（2），pp. 131ff.。

⑥ 作为和“生命之药”平行的著作，哈默-詹森［Hammer-Jensen（2）］从赫尔墨斯的文集中引用了《波伊曼德尔》（*Poimandr*）Ⅰ，29；关于诺斯替派则引用了查斯丁（Justin）的《希坡律图：驳斥诸异端》（*Hippol. Refut. Omn. Haer.* Ⅴ，27）。

⑦ Reitzenstein（1），p. 315。甚至在《希腊炼金术文集》Ⅳ，xx，15 和 16 中，有一项两次重复提到的资料：三分法，即分为躯体（*sōma*；*σῶμα*），精神（*pneuma*；*πνεῦμα*）和灵魂（*psyche*；*ψυχή*）三个部分，这一点与圣保罗（St Paul）和曼达派（Mandaeans）相同。这与中国的“三元”（三种原始生命力）的教义略有相似之处，我们将于后面第五卷第五分册中加以讨论。

⑧ 一种带香味的油膏，用于弗里吉亚人（Phrygian）的秘密宗教仪式（Firmicus Maternus，*De Errore Prof. Rel.* C，22 ff.）。参见《新约全书·约翰一书》（I Joh）第二章：“你们从那圣者受了恩膏，并且知道这一切的事……”

⑨ 参见《新约全书·哥林多后书》第二章（Ⅱ Cor. 2，pp. 14 ff.），“感谢神！常率领我们在基督里夸胜，并藉着我们在各处显扬那因认识基督而有的香气。因为我们在神面前，无论在得救的人身上，或灭亡的人身上，都有基督馨香之气。在这等人，就作了死的香气叫他死；在那等人，就作了活的香气叫他活……”这种观念来自伊朗，见于《阿维斯陀》（*Avesta*，Yašt，22），即“一种唤醒死者的馨香”；也发生在曼达派的礼拜仪式中。正如我们在本书第二卷 pp. 408 ff. 所见，这种观念在佛教中也起着很大的作用，只是侧重点有所不同。此点在这里与我们已无关紧要，但是在早期道教中，有关焚香可能具有的重大意义，将必须稍加叙述（见下文 pp. 128 ff.）。一些有趣的讨论，见 Reitzenstein（1），pp. 82 ff.，313 ff.，393，400。

⑩ 如荣格［Jung（2），p. 20］所指出的，根据狄奥多罗斯（Diodorus，*Bib. Hist*，I，25）的说法，认为女神伊西斯（Isis）具有一种永生之药（*to tēs athanasias pharmakon*；*τὸ τῆς ἀθανασίας φάρμακον*）。参见 Reitzenstein（1），p. 25；McL. Wilson（1），pp. 219，251。

⑪ 洗礼常被认为是“生命之水”。在犹太-基督教诺斯替派中间，厄勒克塞派（Elchasites）教徒经常重复洗礼，而伊便尼派（Ebionites）教徒则每天做洗礼。有关参考文献，见 Hammer-Jensen（2），pp. 15 ff.。有时措词与中国的思维方式颇接近，或者看起来是如此。在诺斯替派中，有一位叫梅兰德（Menander）的人，据说“他的门徒能通过他们的洗礼接受复活而变成他，他们再也不会死亡，而且长生不老”［Irenaeus，*Adv. Hear.* I，23，v；引自 Grant（1），p. 30］。

⑫ 和这两样类似的事物见于早期基督教的环境中，但都不能用先前在以色列的情况来解释［Reitzenstein（1），p. 82］。狄奥多罗斯的特殊用语由叙利亚人依纳爵（Ignatius）用于基督教的圣餐。参见 Ecclesiasticus（6，16）。

徒中，无人想象一个生命能在现存的世界中永存不朽[1]。

另一段可以用作例证的古代文章为《奥斯塔内斯给佩塔西乌斯的信》（*Letter of Ostanes to Petasius*）[2]。“神”（或者是含硫的）水，即多硫化钙的混合物，被认为是一种包治百病的万能灵药[3]。“奥斯塔内斯”说：

> 正是由于这种珍贵的神水，疾病[4]得以治疗。有了它瞎子的眼睛重见光明，聋子的耳朵听见声音，哑巴开口说话……这里是神水的制作方法……[5]此水能使死者生，生者死；使黑暗变光明，光明变黑暗。它能控制海水，也能扑灭火焰……

这一段无疑说的是金属表面硫化物薄膜生成的各种颜色。但是末句中提到的那种模棱
两可的性质，大大地削弱了文中可能有的关于长生不老药的印象。的确，作者用诗歌 74
的方式对硫化物薄膜变黄、变红和变黑的作用作了简单的描绘。

第三类文字是有关长生的，原先当作是标题的一部分，但实际上只是向读者的致意。这是一部奇特的书，贝特洛和吕埃勒称之为《摩西的化学》（*The Chemistry of Moses*）[6]。它确可以与莱顿纸草文稿X相媲美，虽然它也包罗了一些伪德谟克利特的片断和有关干馏蛋的资料。毫无疑问，此书属于犹太亚历山大里亚原始化学实践的传统，我们将在谈到伪“以诺书”（Book of Enoch）和“化学”一词起源问题时（本卷第四分册）再来讨论，虽然它既无书名又无作者的名字，但是它必定在别的地方，即在《文集》中称之为《先知摩西的家用化学》[7]或《摩西的发酵技术》[8]的部分。该书一开始就叙述：“上帝对摩西说，我已挑选犹太部落的教士贝勒斯莱埃勒（Belseleel）作为金、银、铜、铁以及一切可加工的石头和木材的技师和一切技艺的主管。”[9]接着该书插入了许多处方。但是一开始是致读者的一个祈祷：“工作成功，制作顺遂，劳动达标和生命永驻。”[10]此种“祝贺”在每一篇正文的结尾都重复出现[11]，它从不构成标题的一部

---

[1] 换句话说，他们是完全超越自然的，而中国的观念从不这样。唯物主义者的“药在瓶中”的方法是东方的而不是西方的。即使伟大的中国长生不老药杀死了人，也只是在这个世界继续存在下去的一个阶段或一道门户。

[2] 《希腊炼金术文集》Ⅳ，ii，1—3。全文的结尾是向上帝和基督祈祷，这显然是在拜占庭时期加上去的，可能是在公元6世纪，此时正值奥林匹奥多罗斯活动时期，但前面的文章可能完成于4个世纪之前。

[3] 参见 Berthelot（1），pp. 2，52，165 ff.。

[4] 根据所用的原稿不同，或者是“所有疾病”。贝特洛和吕埃勒［Berthelot & Ruelle，vol. 3，p. 251］提出“疾病”指的是贫穷。

[5] 这似乎是蛋类的破坏性蒸馏，蛋壳则提供石灰。

[6] 《希腊炼金术文集》Ⅳ，xxii。

[7] *Mousēs ho prophētes en tē oikeia chymeutikē*（Μουσῆς ὁ προφήτης ἐν τῇ οἰκείᾳ χυμευτικῇ）。参考材料见《文集》V，vii，10。这是一部有关人造宝石的书，完成时间相当晚，因为其中涉及伊斯玛仪派的阿拉伯人（Ismai'li Arabs），因此至少是14世纪的事情。

[8] *Hē Mōse ōs Maza*（Ἡ Μωσέως μάζα）；在据传是佐西默斯（4世纪）的著作中曾两次提到过该书，《文集》III，xxiv，4，5。还有一部《摩西的贵金属增量法》（*Diplōsis of Moses*，参见上文 p. 18），I，xviii。参见 I，xii，2 和 III，xliii，6。

[9] 仿效《旧约全书·出埃及记》（Exod. 35vv. 30 ff.），与方舟和犹太神堂的技艺主管一样。

[10] *Machrochronia biou*（μαχροχρονία βίου）。

[11] 《希腊炼金术文集》Ⅳ，xxii，63。

分①，而且它与医药，不管是长寿药还是永生药都毫无关系。

从希腊和拜占庭时代以来，人们能找到的材料大致就这么多了。当然，到13世纪，特别是由于罗杰·培根的作用，有关长生不老药的概念已明白无误地移植到欧洲（参见上文pp. 14—15和本书第五卷第四分册），虽然它必定受到西方宇宙论和神学的限制，使它局限于获致长寿而不是肉体的永生。正是这种可能性在人们观念上的不同，我们现在必须进行验证。但是，自从经阿拉伯人传入以后，“不死之药”（“不死之草”）和欧洲的思想尽可能地结合起来了，其结果之一可以在帕拉塞尔苏斯的《论长生》（*De Vita Longa*）一书中见到。该书大约写作于1526年，并于1562年印刷出版②。他说：生命“只不过是某种经过香脂防腐处理的木乃伊，用混合盐溶液保护人体，以阻止致死之虫的侵袭和防止腐烂”——这是一种很有胆识的说法，从中可见到全部现代科学的曙光③。像平常一样，帕拉塞尔苏斯创造了一些新的术语用于他的长寿理论。“iliaster”为一种原始质料，被赋予包括生命在内的全部有机的
75 潜能，因而成为一种万能的造型要素；“aquaster”则是一种心理要素，带有准质料的属性，为精神活力的源泉④。这两者都在体内形成“天然的长生不老药”，而且由身体产生，颇像中古时期早期中国内丹家所寻找的东西（参见本书第五卷第五分册），而且它们可以采用适当的外部方法来增强。现在我们要做的是观察一下不同文明中末世学的世界观，来阐明为什么长生不老药的观念在中国能极大地盛行，而在欧洲只有部分地被采纳，但是在那个时候，它已完成了诞生炼金术的任务，因而形成了一种或许是最大的刺激力量，促使人们去研究他们周围的化学世界。

下面将谈一下我们的观察，但帕拉塞尔苏斯的“经香脂防腐处理的木乃伊”（embalsamed mumia）先要把我们引向题外，然而这对我们又是有益的。这不是希腊式的隐喻，药学家认为古埃及的尸体在坟墓里得到长期保存是一件奇事，因而有时把这种“经香脂防腐处理的”和“成为木乃伊的”肉体，看做含有某种保存生命的“香脂”要素⑤。根据卢卡斯⑥的翔实记载，我们知道古代作香脂防腐处理过程在于泡碱（碳酸钠、硫酸盐和少量氯化物）的脱水作用，不过芳香剂如肉桂、桂皮、松香、树胶（芳香树胶和没药树脂）等等也放入尸体或放在其周围⑦。根据药学史家的意见，制作木

---

① Berthelot (1), p. 123。

② 有关此书的详细分析，见Jung (2), pp. 133 ff.。

③ 有关帕拉塞尔苏斯的“香脂”和“木乃伊”，见Pagel (10), p. 101；有关它们在后来的作家如多恩著述中的作用，可见Mazzeo (1), pp. 108 ff.。有关多恩、托马斯·布朗爵士（Sir Thomas Browne）和沃恩（Henry Vaughan）等人的著作中论述的赫尔墨斯的药物，见Sencourt (1), pp. 146 ff.。

④ 有关“iliaster”和“aquaster”，见Pagel (10), pp. 88, 112, 227 ff.。

⑤ 一些凭经验认定有效而类似于防腐油的物质（我们称之为抑菌剂），在这里还可能有某种心理上的联系。我们仍记得贝克莱（Berkeley）主教于1744年撰写的著作《西利斯：关于焦油冷浸剂功效的哲学反思和探讨之链》（*Siris, or Enquiries Concerning... Tar-Water*）。此外，还有肯普弗（Engelbert Kaempfer）在他1694年就职报告中描述的“矿物木乃伊”的收集情况，此类木乃伊他曾在波斯亲眼目睹过［Bowers & Carubba (1), pp. 281ff.］。他曾实际做过治疗骨折的动物实验。一种产于吉尔吉特（Gilgit）的类似药物（*silajit*）至今仍在乌纳尼－寿命吠陀（Unani-Ayurvedic）的医药中应用，参见Maqsood Ali & Mahdihassan (4)。

⑥ Lucas (1), pp. 307 ff.。

⑦ 有关芳香剂和香料，我们由于别的原因将作较多的论述，见下文pp. 134 ff.。

乃伊的物质已成为阿拉伯人医药材料的一部分，此点曾分别由拉齐（al-Razī，约卒于920年）和伊本·拜塔尔（Ibn al-Baithar，13世纪）加以讨论过①。把木乃伊作为药物的起源，恐怕要到拜占庭时期的埃及去寻找。

令人惊讶的是它在欧洲药物学中长期的延续——直到18世纪②。在帕拉塞尔苏斯时代，它得到布拉萨沃拉（Brasavola，1536年）的介绍，而在牛顿时代则得到波梅（Pomet，1644年）的推荐。当时认为它在骨折和破裂方面具有良好的治愈能力。不仅欧洲人继续相信它，而且从17世纪中叶以后，荷兰人居然还把它输出到日本，即“一种来自阿拉伯的甜香脂，叫做木乃伊”③。实际上晚到1786年，一位日本名医大槻玄泽，还在他的《六物新志》④中把有关讨论从荷兰文译成日文。

这里我们还要接受一个教训。说来令人难以相信，实际上用非自然死亡青年的尸 76
体制备木乃伊的方法是帕拉塞尔苏斯派医生提供的。这一点可以在1609年奥斯瓦尔德·克罗尔（Oswald Croll）的《化学宫》（*Basilica Chymica*）一书中见到⑤，还可以在查理二世（Charles Ⅱ）的主治医生勒菲弗（Nicolas Lefèvre）的《化学专论》（*Traicté de la Chymie*，1660年）中见到⑥。除了其它方法外，还有一种是肌肉烟熏，然后用没药、沉香、酒精和松脂处理⑦。李时珍常常为他的迷信愚昧而受到西方作家的指责，因为他的《本草纲目》（1596年）卷五十二为“人部”，假如他们有可能多地知道一些自己的短处，恐怕也就不会去找人家的岔子了。

木乃伊虽然事实上进入了李时珍的书中，但李氏对它并不重视。他只是从陶宗仪的《辍耕录》才知道的，该书约写成于1366年，到1469年出版。显然，陶氏所听到的来源于阿拉伯。其有关的一段如下⑧：

木乃伊⑨

根据陶九成（陶宗仪）《辍耕录》的说法，在阿拉伯人⑩的地方，凡愿意捐献出身体以救人的70—80岁的老人，就不再饮食，只是洗澡和吃少量的蜜，直到一个月以后，他的排泄物完全是蜜的时候，接着就是死亡。他的同胞把他的尸体浸渍在放满蜜的石棺中，注明下葬的年月。一百年以后，除去棺上的封缄，其中形

① 参见 Berendes (1), vol. 2, pp. 23 ff.; Partington (7), vol. 2, pp. 98, 126, 132。

② 见 Wootton (1), vol. 2, pp. 23 ff.; Partington (7), vol. 2, pp. 98, 126, 132。

③ Bowers (1), p. 28。

④ 有关大槻玄泽和他的著作，见 Fujikawa (1), p. 61; Bowers (1), p. 96。

⑤ Partington (7), vol. 2, pp. 174 ff., 177。

⑥ Partington (7), vol. 3, pp. 17 ff., 21。

⑦ 在比较近代的印度，对此产生的干扰性反应，即使只是在普通信仰方面，也简直是带着谋财害命的味道。这可见 Maqsood Ali & Mahdihassan (4), Mahdihassan (12), pp. 93, 100; Mukerji (1), vol. 2, p. 293。

⑧ 《本草纲目》卷五十二（第110页），引自《辍耕录》卷三，第十六页（此条的位置视不同版本而异），由作者译成英文，借助于R442。我们曾汇集几种版本，文字基本相同。有关“人部”现在可见 Cooper & Siven (1)。

⑨ 弗兰克［Franke (17)］曾考虑这个词的来源，他看来倾向于认为源自阿拉伯语“*mulāhīda*”，即异端的或非正统的人。正如日语的“*miira*”（木乃伊）源自“没药”（波斯语“*mirra*”）。他还提出，蜜（honey）的概念来自柏油（asphalt）或沥青（bitumen）。这些概念中没有一个看来是很引人的。为什么不说它是来源于阿拉伯语“*mūmiyā*”呢？

⑩ 陶宗仪文中说的是穆斯林。

成的蜜饯用于治疗躯体和四肢的创伤和骨折——只要少量内服就可以治愈。虽然这在那些地方很少见，但老百姓管它叫“蜜人”，或者按照他们的语言叫“木乃伊”。

陶氏的说法就是这样，至于我本人则不敢肯定这一传说是否真实。总之，我附录在这里以供学者们考虑。

〈木乃伊。(时珍曰)按陶九成《辍耕录》云：天方国有人年七八十岁，愿舍身济众者，绝不饮食，惟澡身啖蜜，经月便溺皆蜜。既死，国人殓以石棺，仍满用蜜浸之，镌年月于棺，瘗之。俟百年后起封，则成蜜剂。遇人折伤肢体，服少许立愈。虽彼中亦不多得，亦谓之蜜人。陶氏所载如此，不知果有否？姑附卷末，以俟博识。〉

这样，文中的内容是阿拉伯的，但故事却和缅甸人把方丈或高僧的尸体放在蜜中保存的习俗掺合在一起，从而使得用人类永久不坏的肌肉制药的西方观念与为他人作自我牺牲的佛教特有的主旨结合起来。后面（pp. 299 ff.）我们还有机会重新回到东亚制作木乃伊的主题上来，现在该是讨论末世学的时候了。

77 (ii) 东、西方有关死后的观念

人死后的状况，自人类开始有社会生活以来一直是非常吸引人的题目，而古代中国人对此问题的关切，更甚于其它民族①。也许画一幅简略的线图（表93）是解释不同文化中各种信仰的最快捷的方法。人文学者可能认为此图太简略，但是对于受过自然科学训练的人来说，作示意图乃是一种习惯。我们暂时把属于另一世界领域的地狱和天堂放在一边，因为在那边居住要从伦理上解决，而只说一说在现存世界的某个地方，或多或少已脱离肉体的人类灵魂的居住问题。这里有三种可能性：(Ia)在地上，即这里或其它某个地方；(Ib)在地下，即在地下某个范围内，而且在一定程度上通常是含糊不清的；(Ic)在上面星空中的某个地方②。其基本点是，所有的男人和女人，不管好与坏，最终都要到这些普遍的、包罗万象的地方去。

死者在地上另有一处地域的观念，在英美文学中是常见的，例如“快乐的猎场”的山脉和森林，起源于北美的印第安人部落③。另一些人认为，死者永远住在他们的坟

---

① 虽然中国人的特色是在很长一段时间内避免对他们去世后的形象作出武断的看法。只是随着佛教的传入才改变了此种情况。鲍吾刚［Bauer (4)］论述中国人有关天堂等观念的著作出现得太晚，以致在这里不能给我们提供什么帮助。

② 有关这些观念与古代宇宙论的关系，可参见 Warren (1)。

③ 这为海地和巴西的美洲印第安人所分享，同样的有马来西亚的卡普阿斯人（Kapuas)、伊丹人（Idaans)和杜松人（Dusuns)，还有土著澳大利亚人［McCulloch (3)］和印度的托达人（Todas)。班图人（Bantu)、埃维人(Ewe)和婆罗洲的海洋达雅克人（the Sea Dayaks)也曾同样面对着一种类似于世间的、在未知森林中的生活［McCulloch, (2)］。此外，在某些非基督教的斯拉夫传奇（Slavonic legends)中也是一样［McCulloch (6)］。对于许多非洲民族来说，其鬼魂继续生活下去，与其后的几代人保持接触，帮助或者破坏其生活，并希望从子孙后代那里得到应有的孝顺［Taylor (1)］。

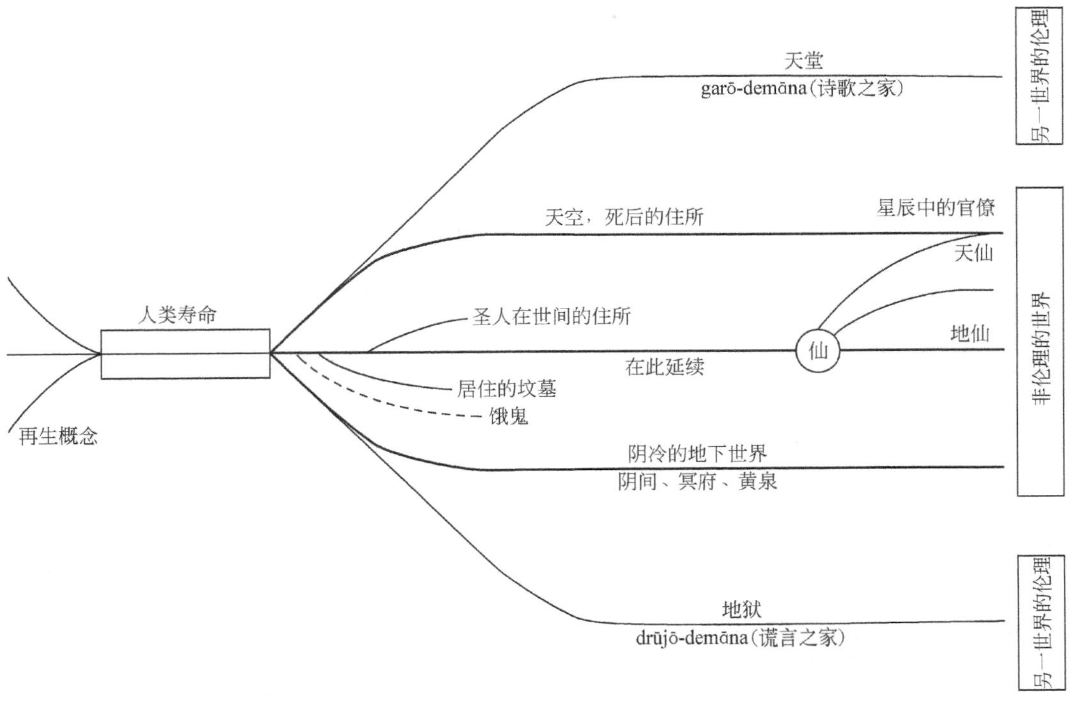

表 93 永生概念的示意图：伦理分化的发展

墓或古冢里①，或者加入到石头、树木②、动物或禁忌动物③中去。据说，有时“有福人的住所”在很远的地方，在地上的另外一部分，西方或东方④，或者在另外的岛

① 这一点基本上符合古代罗马宗教的情况，坟墓是死者的住所，而对“祖先的崇拜”差不多与中国人一样虔诚［Reid (2)］。在古代斯堪的纳维亚文化 (ancient Scandinavian culture) 中情况也差不多，它尊敬“坟堆中的住客”(*haugbúi*) 或精灵 (*álf*)，因而重视殉葬品和海葬［Craigie (1)］。古埃及的观念中，有一项是要使死者继续活下去，其尸体制成木乃伊而保存起来，并且保持其死亡的年岁安置在尼罗河 (Nile) 西岸沙漠边缘的坟墓之城中；参见 Barton (1)；Baikie (1)。

② 印度说达罗毗荼语部族 (Dravidian tribes) 的贡德人 (Gonds) 和库尔格人 (Coorgs)，锡兰 (Ceylon) 的维达人 (Veddas)、巴布亚人 (Papuans) 和巴拉圭 (Paraguay) 的伦瓜人 (Lenguas) 就是这样［McCulloch (2)］。

③ 印度的奥昂人 (Oraons) 和东非的赫人 (Khé) 就是这样［McCulloch (2)］。古代日本的传说，在日本灵魂转变为蛇［McCulloch (5)］，不过一般说来很少谈到死后的情形。当然，以后佛教传入了它的地狱和天堂。

④ 的确，这些地方并非总是为人的灵魂开放的，在古代伊朗的意识形态中，在地上有“有福之人的住所”，但鬼魂并不去那里。确切地说，有来自阎王领地 (Yimavara) 的居民周期性地到那里居住，《阿维斯陀》(*Avesta*, Vendīdād, ii) 上有此记述［见 Gray (1)］。“Yima”（阎王）同“Yama”，即后来印度教和佛教的地狱之王。这一切可能是印度—雅利安人迁移的传说。印度教也有一个世间乐园［参见 Jacobi (3)］叫作“北俱卢洲”(Uttarakuru)，远在须弥山 (Mt Meru) 的北边（参见本书第三卷，p. 568），那里的居民没有国王 (*vairājyam*)，但鬼魂也不到那里去 (*Rām āyana*, iv, 43, *Mahābhārata*, vi, 7)。

78 上[①]。这些信仰对我们很重要，因为它们与中国最典型的思想观念之一有密切的关系，
即人们可以以仙家的身体继续在地上生活下去，永生不灭，虽然他们很少到人类的聚
居地去访问[②]。

但是，在古代民族中传播得更为广泛的一种观念是：人死后都要转到灰色的地下
79 鬼魂世界中去。这曾是古代以色列（阴间）[③]和古希腊（冥府）[④]的最主要的概念，但是

---

① 这种观念流行于美拉尼西亚（Melanesia）[McCulloch（3）]。巴比伦（Babylon）的传说，也有座海岛由乌特那庇什提牟（Ut-Napishtim）治理，而吉尔伽美什（Gilgamesh）曾到过该岛寻找不死草［Barton（1）］。参见 Sandars（1）、d'Horme & Dussaud（1），pp. 319，320。类似的还有凯尔特的“青春之地”（the Celtic“land of youth”，Tir na nóg），如同叙事诗“布兰之航行”（Voyage of Bran）所说的那样，该地有时位于诸海之外［McCulloch（4）］。后来诗中把“布伦品乐园”（Brendan's Paradise）转变为基督教的天堂和地狱之岛。至于地中海地区，传说“在西方大洋中有一些有福之人的岛屿”，这必然会想起东海中的蓬莱岛（参见本书第二卷，p. 240，第四卷第三分册，pp. 551 ff.；第五卷第三分册）。并可追溯到公元前8世纪的希腊诗人赫西奥德（Hesiod，*Op. et Di.* pp. 170 ff.），继之是希腊诗人品达（Pindar，鼎盛于公元前477年）和欧里庇得斯（Euripides，例如 *Bacch.* pp. 1339 ff.）。最后经鉴定上述岛屿为赫斯珀里得斯群岛（Hesperides）［也可能是马德拉群岛（Madeira）或加那利群岛（Canaries）。］公元前82年，伟大的罗马将军塞多留（Quintus Sertorius，公元前132—前72年）听说加的斯（Gades）的这些岛屿，并准备扬帆前往，但由于他的海军是一支奇里乞亚（Cilicia）的海盗船队，其着眼于更加有利的目标而不得不放弃这个念头（Plutarck，*Vit.*，Langhorne & Langhorne tr.，vol. 4，pp. 111 ff.）。详见 Hall（2）。

② 有一项秦代或汉代道家关于人间天堂的美丽描述，我们已提供了它的译文（本书第二卷，p. 142），另一项描述是关于秦代的，请见下文 p. 112。

③ 阴间这一幻想的地下鬼魂世界，是死者（*reph' āīm*）的地方，在《旧约全书》（Old Testament）和智慧文学（the Wisdom Literature）中，它并不是奖赏或惩罚的场所。先知者（*nebi' im*）的设想是极力反对对死后的生活加以强调，而且有意识地抑制对此点的过多关注［参见 Wood（1），Charles R. H.（3），pp. 157 ff.，160，161，Oesterly & Robinson（1），pp. 222 ff.，233 ff.。］“耶和华”（Jahweh 或 Yahwé）是主生而不是主死之神。公正和正义是这个世界而非另一世界之事。这里是犹太教和儒家学说之间许多相似点之一。只是在以后，从公元前4世纪起才有复活的观念在犹太思想中传播。从阴间演变为具体的天堂和地狱，为时较晚，它最早出现的地方之一，是在伪《以诺书》中［参见 Charles（1），pp. cx，127—128，（3），pp. 217—218，292—293］。关于此点的更早部分，我们归到另一地方（本卷第四分册），但是与这里有关的部分，其年代可以确定在公元前95至前64年之间。我们不应忘记“苦难的地方”，但原先它仅是一个真实的山谷（欣嫩谷，Hinnom），与非人的和崇拜偶像的祭品有关。以此作为另一世界惩罚罪人的地方，这种观念产生于公元前3世纪之后［Charles（4）；Charles（1），pp. 55，56；Charles（3），pp. 161 ff.］。波斯在这些发展方面对以色列的影响，已广为神学史家所公认，虽然有点勉强［参见 Charles（3），pp. 139 ff.；Cheyne（1），pp. 394 ff.］。欲窥全豹请进一步参见 Oesterley & Robinson（1），pp. 79，243，246，352，360 ff.。

至于有关独特的肉身复活的观念，即身体本身的改建，我们就会想到，西亚可能从中国得到了肉身成仙而永生的概念，关于此点我们即将仔细地加以考察。在《但以理书》（Book of Daniel，约公元前165年）以前，在以色列还没此种概念。有人认为这种概念源自伊朗，但可能性更大的是源自古老宗教有关肥沃新月地带神话的一种独特的说法（由埃及向北和美索不达米亚向西传入）。奥西里斯（Osiris——地狱判官）为塞特（Seth；堤丰，Typhon——百头怪）所杀，并被切成碎块，伊西斯又把这些碎块拼合起来。荷露斯（Horus）、阿努比斯（Anubis）和透特（Thoth）为奥西里斯在其它神面前伸张了正义；参见 Moret（1，2）；H. Schaefer（1）。与此相应的有苏美尔（Sumeria）的塔木兹（Tammuz，Dumuzi），他不得不下到厄里什基迦勒（Eresh-Kigal）的地下世界中去，但忠诚的伊西塔（Ishtar）搜寻到他，并根据伊亚（Ea）的命令把他重新带回，将其恢复了身体，因此就有了“为阿多尼斯（Adonis）举哀”和为他的复活而欢庆的著名风俗；参见 Pinches（1）；Zimmern（2）。事实上奥西里斯和塔木兹两者都是司绿色植物生长之神，而神话则由崇拜沃土和植物而产生。以色列只是把它们应用于每个人，而基督教则自然地照着做。

④ 荷马的地下世界即冥府［Hades；严格地说是“*Aidēs*”（'Αιδής），即灵魂世界］，其幽灵是一些无血色的人影，并没有生命力，虽然他们能吸取牺牲的血，人们及其后代的供奉对他们多少有些帮助［Reid（1）］。

这一点可见之于更古老的巴比伦文明中[1]，见之于旧大陆另一端的中国[2]，同样也见之于持续至今的比较原始的社会中[3]。它甚至还存在于若干中古时期的文化中[4]。总之，强调在地下这一点，很自然地来源于下列事实，即埋葬差不多都是在地下的[5]。

第三种观念认为死者的领域在世界之内，不过是在天上，它不像前两种观念那样普通，但至少是古埃及所具有的观念之一[6]。各种原始民族也认为死者的灵魂会在星星上找到一个家[7]。此外，这种信仰对我们很重要，因为它在道教哲学中占显著的地位， 80
因为功行圆满之人可以及时飞升天界、名列仙班，在仙府和天宫中占一席之地。

到此还没有形成伦理分化（ethical polarisation），但是所有这些有关普遍性“公共”场所的古代观念，已逐渐为另一种判断性模式，即裁判的模式所侵犯，那就是把人分为好人和坏人两种，对好人嘉奖而对坏人惩罚[8]。这样就引进了主要是另一世间的要旨，得救与罚入地狱相对应，其主题是把天国作为真实的乐园（11a），而把地狱作为永久受苦的场所（11b），两者都不是人类所见的世界能想象的。在一些文化中可以找到在这个方向上的开始或部分的进程，例如希腊人曾推出过一种想象，把死后的世界分为若干部门：“天堂乐土”（Elysian Fields），供墨涅拉俄斯（Menelaus）一类的英雄和忒瑞西阿斯（Teiresias）一类的圣哲们居住，而混沌的苦难区则聚集着普罗米修斯（Prometheus）、西绪福斯（Sisyphus）或坦塔罗斯（Tantalus）一类人物，他们遭受长期的

① 一个阴暗的地下世界，由厄里什基迦勒女神统治，但受伊西塔的折磨，参见 Rogers（1）。

② 有关“黄泉”这样一个类似于阴间的地下世界，我们将在下文（pp. 84 – 85）中稍加叙述。

③ 基奥瓦人（Kiowa）、塞里人（Seri）和特瓦人（Tewa）等（美洲印第安人），想象有一个大致类似于我们世界的地下世界；非洲的祖鲁人（Zulus）和巴苏陀人（Basutos），还有巴布亚人、波利尼西亚人（Polynesians）和托雷斯岛民（Torres Islanders）也这样想象［McCulloch（2）］。我们还可以在凯尔特“青春之地”传奇的某些版本中看到地下世界在地底或海底，“在中空的山中”有仙族（*sídhe*）的住宅，在那里主要是谈情说爱［McCulloch（4）］。

④ 主要是北欧海盗时期（8到10世纪）的斯堪的纳维亚人，女神赫尔（Hel）负责一处非常阴暗的地方，与希腊人的冥府极为相似；参见 Craigie（1）；McCulloch（7）。

⑤ 我们限定在地下这一点是因为还有一些比较异常的风俗，例如使尸体暴露于以腐肉为食的鸟类之下或者悬挂在树上。

⑥ 死者应当住在天上的星辰中间，并随着太阳神之船巡航天空；参见 Barton（1）；Baikei（1）；Frankfort（4）。或者他们住在一个地下世界（*tuat*），在夜里也由太阳神巡行并予以照明，与活人世界恰好相反。我们没有忘记奥西里斯的审判，那是对“灵魂”的称量。在古埃及肖像学中，在金字塔文本中，以及在《死者之书》（Book of the Dead）［译文见 Budge（4）］（其最早的修订本可追溯到公元前第4千纪中期）中都占显著地位。这是另一世界的向导。然而直到公元前第2千纪中期，伦理还未充分分化。凡是能顺利通过无罪考验的人们，也即他们的心在天平上能与真理和正义女神玛亚特（Maāt）的羽毛保持平衡，就能获准永远与诸神在一起，若是坏人，则立即被叫作埃米特（Åm-mit）的妖怪吞噬，或斩首再投入火海——换句话说，就是把他们消灭掉，永世不得存在；参见 Budge（4），p. cvi；Petrie（5）；McCulloch（9），p. 374；以及 Cerny（1）。在所有关于“天堂”的信条中，此条确实是属于最仁慈的。但是从公元前第2千纪中期以来，出现了新的、不同的文本《生死门之书》（Book of the Gates）和《关于阴间的书》（Book of What is in Tuat）。按照这些书的说法，坏人的“灵魂”并不被消灭，而是被送到地下世界一个叫作阿门提（Amenti）的区域受永久的苦刑；参见 Hall（1），p. 460；Cerny（1）。

很快我们就会见到，亚洲方面伦理分化的主焦点看来一直是波斯的袄教圣书，不过年代似乎太早，说不上波斯和埃及之间的相互影响，因此埃及的发展看来是土生土长的。我们非常感谢普拉姆利（J. R. Plumley）教授在这方面提供的意见。

⑦ 例如巴塔哥尼亚人（Patagonian）、阿维波内人（Abipone）［McCulloch（2）］。参见 di Santillana & von Dechend（1）。

⑧ 这就是查尔斯所谓的“将来的教化”［Charles（3），p. 157］。

痛苦或者无休止地做虚功①。但是，这种伦理分化的真正来源，显然是出于伊朗的二元论，它逐渐扩展，直到旧大陆的所有地方。从最古老的祆教圣书开始，有一幅始终一致的图像，供正直人居住的高级乐园，共分四层，它们是“*garō-demāna*”，即阿胡拉·玛兹达（Ahara Mazda）的“诗歌之家”；在它下面的是“*drūjō-demāna*”，即阿里曼（Ahriman; Angra Mainyuš）的“谎言之家”，它又分为四层②。这是印度—伊朗的模式，因为公元前第2千纪后期的吠陀（Vedas）清楚地设想过在这世界外有一处诸神居住的天堂，还有一个地狱或阴间也在这世界外，人死后按照他们的行为遣送到这些地方。于是在吠陀本集（Saṃhitās）和梵书（*Brāhmaṇas*）中，详细地列出了天堂和地狱（*nārakaloka*）而且数量增多。特别是在公元前3世纪以后，只有奥义书（Upaniṣads）才提出在地上再生的观念，而对于圣贤则消除其作为人存在的观念。凡继续出没在
81 地上的鬼魂，则导致“饿鬼”（*pretas*）炼狱的存在，而其它的鬼魂则可能变为恶魔（*rakṣasas*），也可能在地上出没③。

此整个图像全部为佛教④、以色列、基督徒⑤和伊斯兰教⑥所接收，并以不同的方式加以发展。佛教的“生道”（*gati*）包括136座地狱中的住客：恶魔、饿鬼、动物、人、神和14座天堂的住客⑦。在再生过程中，鬼魂不断在天平中升降⑧。因此，从公元2或3世纪以来伦理分化的原则，就是以这种形式传到中国⑨，但是，特别值得注意的是上述伦理分化原则，以前，也就是说在从事炼丹术和早期化学的最早研究时期（公元前4世纪到公元1世纪），还从未在那里出现过。有关这一点的意义，将随着我们的前进而愈见明朗。现在我们必须相当注意的是，在这几个世纪中实际上占统治地位的

---

① 参见 Reid（1）。从某些说法看来，天堂乐土在地上而不在阴间，但是谁也不知道如何到那里去［Hall（1）］。随着时光的流逝，例如在柏拉图时代人们比较注重由米诺斯（Minos）、拉达曼托斯（Rhadamanthus）或埃阿科斯（Aeacus）当判官的苦难区域，也许这是来自波斯的影响。有关灵魂轮回和再生的观念也开始出现，这可能受到印度的影响。早期伦理分化的另一例证，可以取自异教徒、北欧海盗的斯堪的纳维亚，那里派送它的勇士与奥丁（Odin，主神）和托耳（Thor，雷神）一起在瓦尔哈拉（Valhalla，神殿）宴会，与此同时，贵妇们则在弗雷娅（Freya）的庭院中聚会；参见 Craigie（1）；McCulloch（7）。

② 见 Casartelli（1）。鲜为人知的是，仍为印度祆教徒喜欢的但丁《神曲》式史诗《正义的维拉夫之书》（*Artā-ī Vīrāf Nāmak*），写作于5或6世纪。作者曾由祆教天使斯拉奥沙（Sraosha）引导游历了九重天和一〇三层地狱。

③ 有关此项详情，见 Keith（7）。

④ 参见托马斯［Thomas（2）］和普森［de la Vallée Poussin（9）］所写的概要。按西藏大乘佛教的仪式为“死者大办佛事”是很具特色的，那里有8个冷冻狱和8个炽热狱［Waddell（4）］。

⑤ 简要的概述见 Harris（1）。有关波斯对以色列和犹太教在这方面的影响，参见 Oesterley & Robinson（1），pp. 312 ff.，388 ff.，391，394 ff.。

⑥ Wood（2）。那里天堂（有7层）赋予人“感官上”的快乐，是一个美丽而永葆青春的地方，但地狱也有7层。

⑦ 6种“感官”（欲界；*kāmaloka*）形式，4种记忆（色界；*rūpaloka*）形式，另4种（无色界；*arūpaloka*）在一切形式之上。在涅槃境界中，一切存在的形式，甚至包括天堂在内，也被留在后面。

⑧ 参见本书第二卷，pp. 421—422。

⑨ 在以后的时期中，被罚入地狱的鬼魂所受的各种苦难，在中国民间信仰中起了很大作用，早先在城隍庙内即可见到的模型就可以证明——我特别记得的是在敦煌见到的那套模型。自六朝以来，曾创作了许多但丁式游地府的故事，对此可参见前野直彬（*1*）。这些故事中至少有一个已经由戴闻达［Duyvendak（20）］翻译出来；参见本书第二卷，p. 126。随着世纪的推移，地狱变得愈来愈坏。

有关生与死的思维模式。

在表93描绘的示意图中，中国固有的地位大致如下：从各方面来看，中国的文化大体上与现世界的各个层次相联系。商代（公元前第2千纪晚期）人对于死后往何处去似乎没有什么观念，但是他们却特别害怕家鬼，许多甲骨文字是属于询问某种疾病或不幸的，这是否是由于某些祖先因为某种原因发生不满所致①。于是逐渐形成了一个幽暗领域的形象，它与我们的世界没有什么不同，只不过在地下某个邻近“黄泉”的地方，黄泉即中国的阴间或冥府，它在公元前第1千纪早期已成为通行的名称。那里需要仆从和财产，因此商代帝王墓葬用活人作牺牲，但很快改用木俑替代，就像古埃及墓葬用的雕像（*ushabti*）。同时还有许多青铜器和墓葬用的模型家具，而这从宋代以来一直给中国考古界带来极大的喜悦。此外，祭祀表示“祖先崇拜”的长久传统，其力
排众议，坚定不移地一直保持到现代②。人有魂魄的理论也逐渐形成了，但值得注意的 82
是，灵魂的呈现并不是单一的，而是一组两个，以后又增加（到10个），一部分在阳世，属阳，一部分在阴间，属阴。与中国人现世的精神气质基本上相一致，认为生活在地上是美好而极其可贵的。因而从商代以来，人们日益重视长寿，并生活在一个安静的隐居地；长寿或者儿孙满堂，是上天所能赐予的最大福分。为什么不能长生不老？为什么真的不能？公元前4世纪初以来，到处都传播着一个信念，认为有一种技术方法可以延长人的寿命，以致实际上达到永生不死。不是在这个世界的某个地方，也不是地下的黄泉世界，而就是在这个世界的山林之间永久生存。此时发生了某种重要的事，大大地加强了这个信念，这也许是从巴比伦王国、波斯或者印度传来的一项有关一种药用植物，草药或者是不死之药的信息，为了能与中国的世界观协调一致，甚至可能对其稍加曲解。于是掀起了一股巨大的与有时称为对“仙”的崇拜有关的活动浪潮，即一种与众不同的肉体的永生，其时身体仍是需要的，并且以一种微妙的或“羽化”的形式加以保护，无论这不死的人物或流连于地上优美的景物之间，或作为完美的仙人飞升天宫列入仙班。这两种情形都处于充满万物之“道”的自然世界之中。

现在我们要重新回到化学史上来。其重要之处是在于中国在文化形成的若干世纪中，并未受到伦理上分化的体系的支配，这种体系犹如一道筛子，把绵羊和山羊分开，汇成两列离开这世界，分别进入纯粹光明和纯粹黑暗的境界。也许在古代中国人的心目中有过一种深刻的认识，即对每一个人来说，善和恶是混在一起不可分开的。现在，在维持事物发展的根本的连续性方面，很自然地会想到一种药用植物或一种金属矿物的长生不老药。我们确实不能希望去保证一个脱离躯体的灵魂能达到另一世界的天堂，或者保护灵魂免受另一世界的苦难，特别是当两者都是理所应当的时候。这主要是一

---

① 见岛邦男（*1*）。

② 关于这一点，华立熙［Walshe（1）］的论点很有启发：“在中国古籍中，一再说明祭品的真正价值要以制作祭品的精神来衡量；真正的祭品是奉献者的心，没有这一点，即便是最完善的祭礼也不会使鬼魂感到满意。”一般舆论也认为，虽然我们对鬼魂的状况知之不多，但献祭者本身的精神状况却可大大地得益于他们在这些祭礼中的行为和思想。我认为在目前已没有必要指出“崇拜”（worship）这个词在大家熟悉的短语中只是表示尊敬和尊重之意，例如在短语“His Worship the Mayor”（市长阁下）和古英格兰教会婚礼中的“With my body I thee worship”（我完全尊重你）。我们也没有必要回想到17和18世纪在中国的罗马天主教（Latin Church）传教士之间关于祖先崇拜的无谓争论。

种药，正如各种药物在此时此地必须维持或恢复健康一样，长生不老药也必须在此地永久地维持健康。金和银不会在空气中自动氧化，这一事实只是一种次要的考虑，但它是一项很容易理解的类比，只要宇宙论的结构允许有一种永久性的“保持”，虽然事实上它只是一个次要问题。然而在一切文明中，所有炼金术和它所包含的一切，我们认为都来源于这种特殊情况而非其它。

83　既然“仙”的永生特别受到道教的护持，可能有人会对此发问，它是如何与清静无为的修养，即达观的道家所推崇的“静心”（心的平静和不受任何外界环境包括死亡在内干扰的宁静）协调起来的①。但这只是表面上的矛盾而已。也许我们继承了传统的儒家学说的偏见，可能倾向于把道教的宗教和道家的哲学区分得太清楚②。关于道家的哲学，就我们过去的情况来看，是属于德谟克利特、伊壁鸠鲁和卢克莱修学派。其心的清静与无畏是明眼观察自然的结果，乃是“道”的原理或自然所固有的秩序，是对自然神秘地认同和与自然的结合，以及为一切自然现象命名的法则，因而最后它不断地与发展中的自然科学和实用技术相联系。这类技术有时是真实的，例如屠夫、车匠、船夫、制扣匠、音乐师和数学家的技术③；有时则属于浪漫的幻想，例如乘风飞行④，或者像普罗斯佩罗（Prospero）那样完成各种魔法操作，把一个鬼魂闭锁在一粒豆中和使偶像说话⑤。这类技术在道家哲学书中比比皆是。现在长寿显然是一门技术，而肉体的永生不过是更大的技术而已。没有一项成功的技术能违背自然的本性（“为”）。为了取得成功，必须使它顺着自然的本性而行。因此“无为”这一明训不是“不动”而是“不要逆自然而动”⑥。这里问题的实质在于无限期延长人的寿命是否“违反自然”。答案是否定的，因为自然的时标是变动的，如果说矿物和金属在地下缓慢的生长可以由炼金家予以大大地加速⑦，那么人的短暂的生命活动可以缓慢下来，而且拉长到无穷——这就是长生不老药。用席文的名言来说，那就是“控制时间的物质”。在《庄子》一书中已经有长生不老人，但更加重要的是它特别强调寿命的相对性⑧。一只“夏天晚上的蚊子”不能和龙比较生命的长短，大鹏鸟从地平线的一边飞到另一边，犹如小麻雀从一根树枝跳到另一根树枝。清静无为当然是称心如意，而且是值得称赞的，但是真有一些技术能够使人不断活下去，那么利用这些技术只是从另一角度来遵循自然。假如一个人发现或遵循了某些通常还未为人知或未加以实践的自然过程，那么他可以不用离开自然界或做任何违反“道”的事而避开死亡。同时我们也不应忽视一个事实，那为道家哲学家、隐士和行家所称颂的静心，其本身就是老年病学的一剂良方。的确，随着这些技术的逐步发展，以及人们对它们的信念逐步加深，人们自身的责任

① 参见本书第二卷，pp. 63 ff. 。

② 曾有不少人对这两种传统作出了有价值的贡献，例如张湛（鼎盛于公元320至400年），系《列子》一书的编者（也可能是该书一部分的作者），他还写了一部包括房中术在内的有关道家内丹的著作。

③ 本书第二卷，pp. 121。

④ 本书第二卷，pp. 65 ff. 。

⑤ 本书第二卷，p. 444。

⑥ 本书第二卷，pp. 68 ff. 。

⑦ 参见本书第五卷第四分册。

⑧ 本书第二卷，p. 81。

也越来越得到强调。我们将在有关内丹的章节（本书第五卷第五分册）中看到，“我的寿命决定于我的作为，而非决定于天命”这样一种信念是如何传播的。然而这一点也仍然是顺应自然的一种方式，因为道家始终是培根哲学者，即“我们不能命令自然，只能顺应自然”[①]。 84

那么人们所说的黄泉是什么？假如有人随便问一位受过教育的中国友人关于死者的地方，他会立刻想到《左传》所载郑国统治者庄公发生于公元前721年的动人故事。庄公的父亲武公娶了申国的公主武姜，她生有两个儿子，但她偏爱次子共叔段。庄公继位后，段即反叛，并占据了许多城市，但随后为他的兄长平定。在兄弟阋墙的某个时刻，段意欲把武姜围困在郑国都城中，而她本想为他打开城门，但为忠于庄公的臣下所阻止。现在引述如下：

> 庄公当时将（武）姜监禁在颍城，并发誓说：他们不都到黄泉，他永不再与她相见。后来他为这句誓言而后悔。
>
> 一位叫考叔的，他是颍谷地区的长官，听说了这件事，便去拜见庄公并献上了一些礼品。庄公留他吃饭，并注意到他把一些食物放在一旁，就问他为何如此。考叔回答说：“您的奴仆还有一个母亲，她喜欢品尝我吃到的各种好吃的东西。她还没有尝过这种王公家的菜肴；恳请不要怪罪我为她留下了一点。”
>
> 庄公显得伤心，过了一会儿说：“啊，你还有位要为她保留下美食的母亲，唉，唉，我没有双亲，我没有母亲。”考叔询问为何这样说，庄公告诉了他原因，他（在兄弟内战后）的誓言。于是，考叔欣喜地说：“主公为何要因誓言伤心呢？如果您在地下挖一条隧道，（就像建王陵时那样）挖到一些泉眼，您就可以安排与您的母亲在那儿见面（‘若阙地及泉，隧而相见’）。谁还能说您没有遵守誓言呢？”
>
> 庄公听从了这个建议，并进入了隧道吟诵道：“在这伟大的地下隧道之中，会重新获得快乐与和谐。”他的母亲从隧道中走过来吟诵道：“在这地下世界之外，我们的心中充满着欢乐。”从此，他们恢复了原先的母子关系。
>
> 君王和大夫们（后来总是）说：“颍考叔的孝心是完美的，因为通过他对自己母亲的爱，唤醒了（郑）庄公对母亲的爱。”[②]

〈（庄公）遂寘姜氏于城颍，而誓之曰：“不及黄泉，无相见也。”既而悔之。颍考叔为颍谷封人，闻之，有献于公。公赐之食，食舍肉。公问之，对曰：“小人有母，皆尝小人之食矣。未尝君之羹，请以遗之。”公曰：“尔有母遗，繄我独无。”颍考叔曰：“敢问何谓也？”公语之故，且告之悔。对曰：“君何患焉，若阙地及泉，隧而相见，其谁曰不然？”公从之。公入而赋：“大隧之中，其乐也融融！”姜出而赋：“大隧之外，其乐也泄泄！”遂为母子如初。君子曰：“颍考叔纯孝也，爱其母，施及庄公……”〉

---

① 《新工具》（*Novum Organum*），“语录”第129；参见本书第二卷，p. 61。本段所涉及的问题曾在贝拉焦道教会议（Bellagio Conference on Taoism, 1968年）上进行过辩论，问题系由葛瑞汉［Graham A. C. (7)］的贡献引起，此项讨论有助于现在对问题进行系统地阐述。此次会议已由尉迟酣［Holmes Welch (3)］作了报道。

② 《春秋·左传·隐公元年》，译文见 Couvreur (1), vol. 1, pp. 7 ff.。当然我们不能认定《左传》故事和谈话的确切日期。

人们可以从这里学到很多东西。在公元前 8 世纪，有关死者幽暗的地下之家的观念，
85 又广为接受，并且认为其并不在离地面很远的地方。也许黄色是受含铁矿泉周围的黄红色沉积矿所启示。而且在后来的五行理论中，土自然处于中央的地位并与黄色相应，因而后来又和地上帝皇的权力相联系。

“黄泉”这个词通常用来表示地下的区域。在公元前 4 世纪末叶有过一种说法，即“蚯蚓在上面吃干土，在下面喝黄泉”①。（“夫蚓，上食槁壤，下饮黄泉。”）但是，对我们论题很有意义的是，庄周差不多在同一时期谈到他自己作为一个永生不死者时说：“时而漫步于黄泉之下，时而翱翔于九天之上。”②（“且彼方跐黄泉而登大皇。”）到公元 1 世纪末，一次自然主义者和礼仪学者会议的记录说：“阴气汇集于北方黄泉之下。”③（“北方者阴气，在黄泉之下。”）公元 82 年左右，王充谈到：“人们天然不喜欢黑暗。谁愿意当一名矿工在黄泉附近挖掘坑道？”④（“闭户幽坐，向冥冥之内，穿圹穴卧，造黄泉之际，人之所恶也。”）但是，黄泉作为死者之家却一直贯穿于中国思想史之中。关于此点，《管子》一书（前4世纪）中有一则长篇讨论，即齐桓公与鲍叔和管仲就这个题目进行的谈话⑤。在《前汉书》（约公元100 年）中，有一首关于广陵厉王之死的挽诗：

黄泉之下黑暗而神秘，
但人既然有生则必然有死，
那么心中为什么要哀痛而悲伤？⑥
〈黄泉下兮幽深，人生要死，何为苦心？〉

这是为以后的时代提供的一套模式。在以后的时代中，特别是在诗歌中，我们可以提出无数的资料来说明黄泉乃死者之家。但是在那里死者的情况怎样？他们在做些什么？却一直很少提到，我们不妨把黄泉比作阴间和地府⑦。

(iii) 魂　和　魄

在所有这类问题的讨论中，有关“灵魂”与其躯体的关系问题，是迟早会发生的。特别在了解古代中国人关于肉体永生观念方面，必须指出，在中国没有自发地产生一种有关单一而不可分的个人灵魂的理论；相反，从最早时期开始（或者早至我们能够追溯到的时期），每个人被认为至少有两种成分，一种可以说是气，另一种是相对密实

---

① 《孟子·滕文公下》第十三章，译文见 Legge（3），p. 161。另见《荀子·劝学篇第一》，第四页，译文见 Dubs（8），p. 35。

② 《庄子·秋水第十七》，译文见 Legge（5），vol. 1，p. 389。

③ 《白虎通德论·五行》，第九页，译文见 Tsêng Chu-Sên（1），vol. 2，p. 429。

④ 《论衡·别通篇第三十八》，译文见 Forke（4），vol. 2，p. 99。

⑤ 《管子·匡君小匡第二十》，第六页。

⑥ 《前汉书》卷六十三，第十五页。

⑦ 此外，与希腊和罗马一样，死者可以从祭祀中得到帮助。祭祀之一为“虞祭”，“使死者在另一世界得到安宁”；栗原圭介（*1*）根据《仪礼》及其注疏对此作了专门的研究。

的土①。阳间的成分，即“魂”，来自上层的气，而且要返归原处；阴间的成分，即 86
“魄”，由下面的土产生，死后下沉并与土相混②。这种两重体系完全符合宇宙间两种基本力量：阴和阳对立的论说。不过追根溯源，自然主义学派使阴和阳的哲学系统化是在公元前4世纪末，而这种论说在时间上还要早得多③。在以后长期持续的传统中，“魂”被看做是生殖和心智要素（“精神”）的“主宰”④，而“魄”则被认为是身体上具体的肉和骨（“肉体”）的“主宰”。

公元前534年，《左传》上记载了一则关于魂和魄的讨论，这想必是最古老的讨论之一，当时的作者们记叙了公孙侨（即子产，郑国博学的政治家，卒于公元前521年）关于胚胎学的一段讲话。他说道⑤：

> 当一个胚胎开始发育时，就是“魄”（的作用）⑥。（当魄赋予胚胎以形时，）这时就有了阳的部分，谓之“魂”。其后万“物”之“精”给两者（魂和魄）以力量，从而使它们得到精所具有的活力，生产和欢乐（“爽”）⑦。这样，最后产生了精神和智慧（“神明”）……
>
> 〈人生始化曰魄，既生魄，阳曰魂。用物精多，则魂魄强。是以有精爽，至于神明。〉

因此，我们希望在所有中国思想中寻找的精神和物质之间的界线是非常含混的⑧。“魂”和“魄”非常像“气”，难以捉摸，是一种近乎非质的东西⑨。有关“魂”和“魄”
的来源在《礼记》中有清楚的说明。《礼记》的文本较复杂，到1世纪末才固定下来， 87

---

① 参见本书第二卷，pp. 153 ff.。

② 在进一步讨论以前，我们希望作些说明，即用“灵魂”（soul）一词来翻译“魂”和“魄”，基本上是不恰当和不能令人满意的。我们这样用只是因为在西方语言中找不到更好的替换词。我们通常给它加上引号，但是老是加引号又显得累赘，因此读者阅读时要假定它仍加有引号。有时可以用“animus”（阿尼姆斯）代表“魂”，“anima”（阿尼玛）代表“魄”，但由于在某些现代心理学的体系中，这两个术语的学术性强，含义也不同，故而避免把它们作为基本用语。

关于阳间成分和阴间成分的返归，当然在一切文明中都有其踪迹。试比较克娄巴特拉的台词——刚好在她被毒蛇咬之前：

“我是火和风；我的其余元素，
让它们归于腐朽……”

《安东尼和克娄巴特拉》，第五幕第二场。

③ 本书第二卷，pp. 232 ff.。

④ 随后将会见到，在“内丹”（生理炼丹术）的庞大系统中，它们成为三种原始或初始生命力（“三元”）中的两种（本书第五卷第五分册）。

⑤ 《春秋·左传·昭公七年》，由作者译成英文，借助于Couvreur（1），vol. 3，p. 142。

⑥ 有一项有趣的发现，“魄”这个字另有一个古老的意义，因为在《书经》中发现它被用作一个天文学的术语，表示月亮的阴暗部分，因而它相当于一个古字“霸”，而“霸”字的命运却非常不好。在公元230年辑成的训诂书《广雅》中曾收集有这两个字，以备久存，但后来却被遗忘了。

⑦ 这是一个值得注意的短语，例如在公元543年辑成的字典《玉篇》中也能见到。

⑧ 我们不久就要回到这一点上来，见下文pp. 92—93。

⑨ 我总是记得青年时期与我一起在基兹学院读文学学士学位的同学，我的朋友奥克肖特（Michael Oakeshott）教授，在谈到科学界思想不严密的人时，常常以逗乐而轻蔑的腔调说：“你不能只把物质弄薄而使它变成精神。”但是中国的哲学家在全部历史中，只要他们承认物质和精神之间存在界线的范围内，他们正是这样做的。“唯物主义和玄学的理想主义”的争辩，对他们来说就像尘和灰的争辩。

但有不少材料可追溯到公元前5世纪，它说道[1]：“魂气归天，形魄归地”。[2] 在另一个地方[3]，又说：“魂神之盛也”（魂乃精神之丰盈）而“魄鬼之盛也”（魄乃魔鬼之丰盈）[4]。郑玄的注疏还进而说，眼和耳的灵敏性乃魄的具体表现（“耳目之聪明为魄”）[5]。

读一读成书于公元80年前后的《白虎通德论》中有关“魂”和“魄”的论述是颇有意义的，它可以转述如下[6]：

> “魂”和“魄”两字的意义是什么？“魂”表示不断地传播（“传”），不停地飞行；它是少阳之气，在人的外部范围活动[7]，它管理本性（或本能，即“性”）。
>
> “魄”表示对人不断地急切推动（“迫”）的观念，属少阴之气，在人体内活动[8]，管理情感（“情”）。“魂”与“除杂草”（“芸”）的观念有关，因为这是用本能去除（人本性中的）恶草。
>
> “魄”与明亮（“白”）的观念有关，因为这是用情感来管理（人的）内部[9]。
>
> “精”（生殖要素）和“神”（心智要素）两字的意义是什么？“精”与“安静”（“静”）的观念有关，它是在太阴之下生成并发射之“气”。它相当于水的转化力，能导致受孕和生命。
>
> 另一方面，“神”与“模糊不清”（“恍惚”）的观念有关。它属于太阳之气。[它相当于火的转化力，为万物建立秩序。][10]。我们可以称它为身体上一切肢体（和器官）转变和变化之源。
>
> 〈魂魄者，何谓也？魂犹伝伝也，行不休也。少阳之气，故动不息，于人为外，主于情也。魄者，犹迫然著人也。此少阴之气，象金石著人不移，主于性也。魂者，芸也。情以除秽。魄者，白也。性以治内。精神者，何谓也？精者静也，太阴施化之气也。象水之化，须待任生也。神者恍惚，太阳之气也，出入无间。总云支体万化之本也。〉

88 这样，“魂”与“神”一致，“魄”与“精”一致。只要我们致力于探究这些古代的心理——生理观念，我们就能得到一种印象，即其间的区别，一方面有些像我们所说的

---

① 《礼记·郊特牲第十一》，第四十七页，参见 Legge（7），vol. 1，p. 444。这在汉初想必已成为口头禅了。

② 《淮南子》（主术训，第一页）一书（公元前120年）有类似的说法，即魂由天上之气形成，而魄则由地中之气形成。公元210年，高诱在注疏中指出这两者的阴和阳的特性。另一处（说山训，第一页起）有刘安的一段关于魂和魄的对话。

③ 《礼记·祭义第二十四》，第四十八页。参见 Legge（7），vol. 2，p. 220。

④ 我们通常把古代常用的双名“鬼神”译为“神和魔”或“神和鬼魂”（次序与汉语原词相反）。死者如果不是处于平和状态，就会变成鬼，同时带有若干恶意的天然特性。“神”倾向于成为所在地的守护神或社稷神和家神，虽然也有一些成为权势可怕的神。佛教徒是如何把印度的鬼神观念纳入这样的系统的，已成为道端良秀（*1*）一项有趣的研究的主题。有关理学使鬼神概念的理性化，参见本书第二卷，p. 490。有关欧洲与此相平行的概念，见 Walker（2），p. 27。

⑤ “魂”和“魄”在《道德经》中也有记载，该书的成书时间在公元前4世纪。我们将在本卷第五分册中加以讨论。

⑥ 《白虎通德论·情性》，第四页，由作者译成英文，借助于 Tsêng Chu-Sên（1），vol. 2，p. 571。

⑦ 我们认为这可能是指运动神经和肌肉活动。

⑧ 我们认为这可能指感觉和知觉活动。

⑨ 正如何四维（Hulsewé）教授提醒我们的那样，这些“注解”至少有一部分是来自古代发音的相似性——例如“魂”和“魄”的古代发音分别为“*giwyn*”和“*pak*”。

⑩ 括号内系为与前句对偶而推想补入的字句。

运动和感觉活动之间的区别，另一方面又像随意过程与非随意过程之对比。这一点可以从《庄子》中有关冥想的一则短语“要静得像没有魂一样”（“莫然无魂”）中得到印证[①]。《庄子》约成书于公元前4世纪末。不过我们应谨慎小心，不要把这类解释推得过广。还有一点是在这些一般性的理论上，“黄泉”的居民可以有“魄”但是没有“魂”。这种运动停顿的状态，对生者可能起着宽慰的作用，以免他们把古代的忧虑承袭下来，且以为祖先有加害于他们的力量。但是，“黄泉”在诗意上的概念要大大超出它在哲学或科学上的概念[②]。虽然我们不知道战国和汉代关于这点有什么广泛的讨论，但“魂”和“魄”看来很可能被认为会消散和溶解在天地之“气”中，就像一滴一滴的酒滴入水中一样。这一点也可以在《庄子》中得到印证。为了形成人的生命，气得到集合和凝聚（“聚”），但当人死时气就分散（“散”），情况就是这样[③]。我们还记得庄周在他妻子死后所作的动人叙述[④]。最后，双重“灵魂”或多重“灵魂”的观念并非古代中国文化独有的现象，但要考察它的流传有多广，就离我们的题目太远了[⑤]。

在东汉或者稍后一点时期[⑥]，“魂”的数目固定为三个，“魄”的数目固定为七个[⑦]。要弄清为什么这样定的原因有些困难，因为五和六（假定它们与五脏六腑相合）和我们的料想较吻合。这里可能有大宇宙或占星学的意义在内，因为我们马上会想到“七政”或“七曜”（即日、月和五星）和北斗七星（“七星”）。但是，考虑到我们猜想“魄”的性质是接受感觉，因此它的数目更可能受命于感官和情感。“七孔”或 89
“七窍”（耳、目、口和鼻）是传统性的，另外还有“七情”（喜、怒、哀、惧、爱、恶和欲）。三“魂”的来源就不大明显，但它们可能与“三纲”（即君臣、父子和夫妻的关系）和“三顺”（三种相应的服从形式）有关。不管情况如何，由“七”和“三”组成“十”这个数目[⑧]，早在葛洪时代之前很久就已经永久定型了。葛洪在《抱朴子》（约公元300年）一书中有好几次提到它们。

---

① 《庄子·在宥第十一》，参见 Legge（5），vol. 1，p. 302。当然，他的意思是指关闭感觉器官和停止形象的流动，但这只有在静止的状态下才能做到。

② 这可能多半也是属于一般人的民间宗教，而不是哲学家先生们对于人的结构及其死后生活所作的推测。

③ 《庄子·知北游第二十二》，参见 Legge（5），vol. 2，p. 59。译文见本书第二卷，p. 76。

④ 《庄子·至乐第十八》，译文见 Legge（5），vol. 2，p. 4，5；Lin Yü-Tang（1），p. 180。这里也有一段有关老子之死的类似的叙述，《庄子·养生主第三》，译文见 Fêng Yu-Lan（5），p. 70；我们也在本书第二卷 p. 64 中给出了译文。

⑤ 这使我们很容易想到古埃及的一些观念。在若干非洲民族中，直到现在仍似乎在设想“幽暗”的灵魂留在地上或地下，而明亮的灵魂则升天［参见 Taylor（1），pp. 60 ff.］。至于中国的双重灵魂为什么会变为多重灵魂，见葛兰言［Granet（5），pp. 399 ff.］的讨论。

⑥ 无论在《太平经》（约公元150年）还是在《黄庭外景玉经》（2或3世纪；参见本卷第五分册）中似乎都没有提到“魂”和“魄”的多重性，但是在《黄庭内景玉经》（4至6世纪）中确有这一体系。我们感谢司马虚（Michel Strickmann）先生对此题目的讨论。

⑦ 每一个魂魄开始具有专门的名称，这可见《东医宝鉴》（1613年）卷一，第九四页，其中也讨论了魂魄与感官和情感的关系。另见《黄帝内经素问遗篇》第三十五页（注释），此文本必定早于1099年，可能还要早得多。

⑧ 读者可能愿意参考一下古埃及传统中组成身体、灵魂和精神的九种成分的类似情况。见巴奇［Budge（4）］的权威性解释。

(葛洪说)一切人，不论智愚，都知道他们的身体具有魂和魄。当它们中的一些离开身体时，随后就会生病。当它们全部离开时，人就会死亡。在前一种情况下，术士有遏制它们的方案，在后一种情况下，宗教习俗会提供仪式把它们召唤回来。在一切事物中，这些魂魄与我们关系最密切，但是纵观我们一生，可能谁也没有真正听到或看到过它们，但是，是否有人会因为它们看不见和听不到就断定它们不存在?[1]

〈人无贤愚，皆知己身之有魂魄，魂魄分去则人病，尽去则人死。故分去则术家有拘录之法，尽去则礼典有招呼之义，此之为物至近者也。然与人俱生，至乎终身，莫或有自闻见之者也。岂可遂以不闻见之，又云无之乎?〉

随后他列举了许多著名的鬼故事，这一切都是为了证明神圣的仙人也是存在的，虽然很少能见到他们。这里提出了《仪礼》作为有关宗教习俗的资料[2]，其成书时间与《礼记》差不多，但定型的时间要早一些，并且提醒我们《楚辞》最著名的辞赋中有两篇具有同样目的。《招魂》约创作于公元前240年，可能是景差所著[3]，而《大招》约创作于公元前205年，系一佚名诗人所作[4]。在此两篇辞赋中，作者历述了亡魂遗留下来的一切尊荣和欢乐——高贵的宫殿、美味的食品、漂亮的舞女等等——以召回亡魂。

葛洪提到的另一件事则具有炼丹方面的意义[5]。

供招魂用的小灵丹("召魂小丹")，是(对抗)三个勾魂使者的药丸[6]，而这一类由五种宝石和八种矿物(制成)的辅助性药物，可以立即使坚冰融化或者使人漂浮于水上。它们确能阻截鬼怪、防止虎豹、疏导脏腑阻塞，它们也能从膏和肓
90 中驱除致病的二竖[7]，使刚死的人复活，使受惊的离魂返体。所有这些都是日常用的普通药品，假如它们真的能够起死回生，那么大灵丹难道就不能使活着的人永生不死吗?

〈召魂小丹三使之丸，及五英八石小小之药，或立消坚冰，或入水自浮，能断绝鬼神，禳御虎豹，破积聚于腑脏，追二竖于膏肓，起猝死于委尸，返惊魂于既逝。夫此皆凡药也，犹能令已死者复生，则彼上药也，何为不能令生者不死乎?〉

---

① 《抱朴子内篇》卷二，译文见 Ware (5), pp. 49—50，经作者修改。

② 《抱朴子内篇》卷十二，第一页，译文见 Steele (1), p. 120；参见《礼记》，散见于各篇，例如《乐记第十九》，第二页，译文见 Legge (7), vol. 2, p. 174。

③ 译文见 Hawkes (1), p. 101。霍克斯 (Hawkes)推测，该篇是为楚考烈王(公元前262年—前238年在位)创作的。

④ 译文见 Hawkes (1), p. 109。霍克斯认为，从昏迷中唤醒的人是楚怀王心，即义帝(公元前206年—前205年在位)，是秦汉交替时期的一位傀儡王。

⑤ 《抱朴子内篇》卷五，译文见 Ware (5), p. 102，经作者修改。

⑥ 有关这一学说，见 Maspero (13), p. 99。

⑦ 此资料出自《左传·成公十年》，即公元前580年 [参见 Couvreur (1), vol. 2, p. 85]，同样的文字用于医师匡缓为晋候诊病的医案中。

假如在3世纪还没有一个相当完善的死的定义，那么维多利亚时代我们祖母用的鼻盐①完全可以称作“召魂小丹”，更不用说注射咖啡因了。这里药物学的辩论尤其令人感兴趣，因为在那个时代我们经常会见到各种形式的此类辩论。例如，张华的《博物志》（约280年）根据先前某个道家的或医药的资料②作了下述报道：

> 黄帝问天老③说：“在天地间生成的万物中，有没有某种东西人吃了可以长生不老？”
>
> 天老回答说：“有一种太阳草称作‘黄精’，人服用之后就可获致‘长生’④。还有一种太阴草，称作‘钩吻’，不能食用，因为吃了会中毒致死⑤。人们相信钩吻能毒死人，但不相信黄精有益于长生。为什么一种东西被人怀疑而另一种东西令人相信？”⑥
>
> 〈黄帝问天老曰：“天地所生，岂有食之令人不死者乎？”天老曰：“太阳之草，名曰黄精，饵而食之，可以长生。太阴之草，名曰钩吻，不可食，入口立死。人信钩吻之杀人，不信黄精之益寿，不亦惑乎？”〉

怀疑论者可能回答说，剧毒药很快就会显示它的作用，而长生或不死药则很难追踪它的效果。然而这些古代化学药物学家的逻辑在这方面却是令人信服的。

在另一处，葛洪提供了确切的数目：“七”和“三”⑦。他告诉我们说：

> 我的老师过去也常说，假如一个人希望长生，他就要勤于服用大灵丹；假如一个人欲与鬼神交流，那么他应当饮用金属溶液（“金水”）⑧并实施“分形”法⑨。借助分形法，一个人能自动地看到自己体内的三魂七魄，能进入天、地神仙之府，同时能使所有山神或河神为他服役。
>
> 〈师言欲长生，当勤服大药，欲得通神，当金水分形。形分则自见其身中之三魂七魄，而天灵地祇，皆可接见，山川之神，皆可使役也。〉

---

① 用一块海绵吸入氨水、碳酸铵以及各种香水，置于一个用玻璃瓶塞塞住的瓶中［见 Hiscox（1），pp. 510，628］，有时也用樟脑。

② 《博物志》卷五，第三页，由作者译成英文。

③ 可能是虚构的。

④ 黄精必定是百合科黄精属，可能是“*P. chininse = falcatum*”，或“山生”种（*P. lasianthum*，CC 1871）。道士食用其根，这种百合科植物的叶子被认为与“钩吻”（B III 7）的叶子极相似。

⑤ “钩吻”多半属漆树科（*Rhus toxidodendron*，CC 842，即 *R. vulgaris*）。参见 B III 162。

⑥ 有关“太阳”和“太阴”参见本书第五卷第四分册。

⑦ 《抱朴子内篇》卷十八，第四页，译文见 Ware（5），p. 306，经作者修改。

⑧ 当然是指“可饮用的金”，关于此点可见 pp. 14，68—69，107，271；或者混指“金属流体”，关于此点见我们的内丹讨论，本书第五卷第五分册。如果取它的表面价值，那么论矿物盐溶液这一节是合适的，见第五卷第四分册。

⑨ 正如葛洪文本前几段的解释，这是一种冥想技术，与用镜子使人增加许多像的方法有关，参见本书第四卷第一分册，pp. 91—92。

91

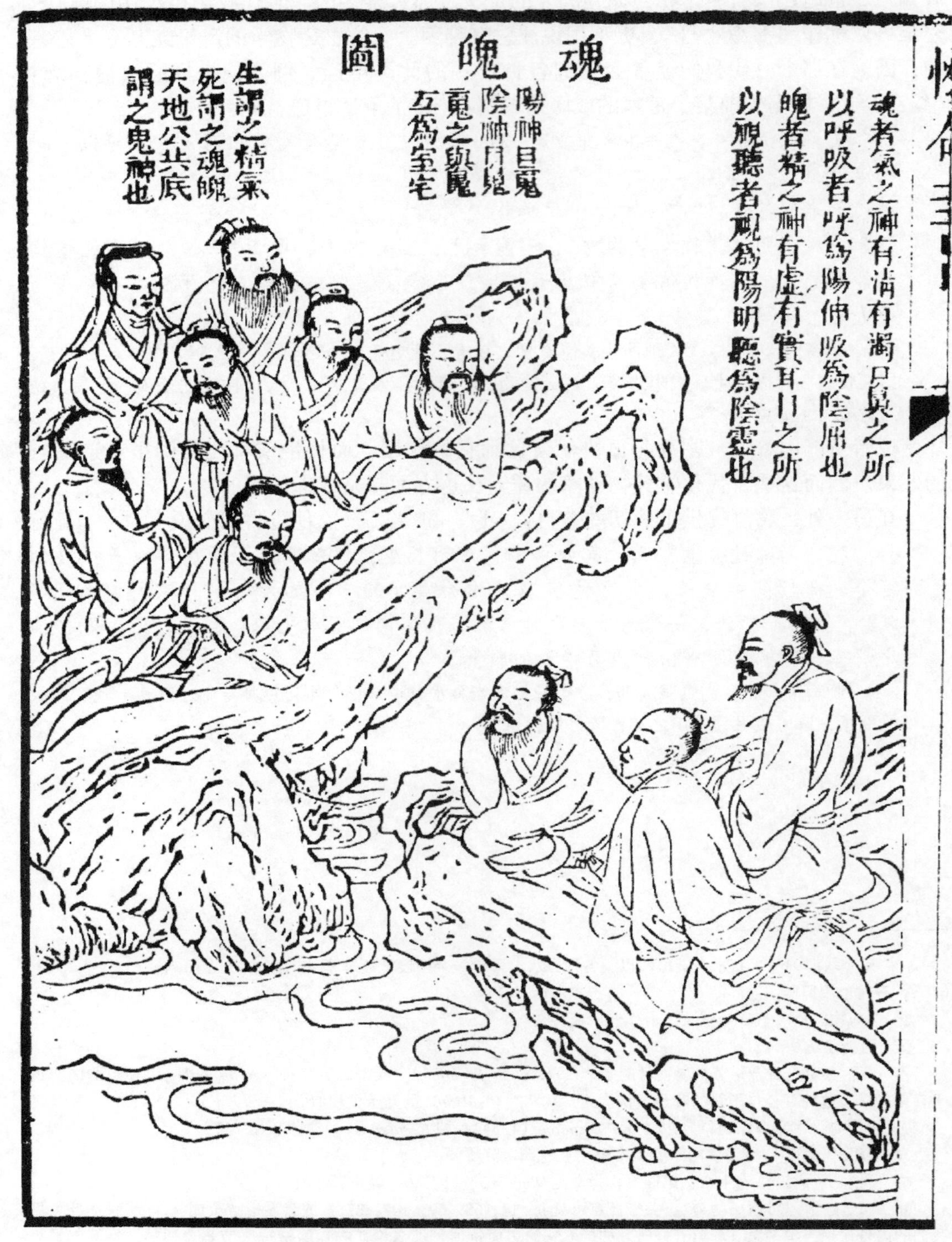

图 1306　一个人的三魂和七魄全体聚会。采自《性命圭旨》（1615 年）卷一，第三十二页。

无需赘述，但为了展示“三”和“七”的想象如何具体化，我们在图1306中引用了明 92
代晚期内丹著作《性命圭旨》(参见本卷第五分册)中的一幅图，图中显示全部“魂”和“魄”好像在实有的溪岸上聚会[①]。

这一切的实际意义我们已经在很早的一个阶段，也就是我们在讨论道家的肉体永生和有机哲学的关系时就提到了[②]。马伯乐在他最令人信服的几节文章（有译文）中有一节表明[③]，如果身体没有某种形式的存在，哪怕是非人间的形式，就不可能有阴和阳的灵魂的聚合；它们必定会向上和向下消散。在古代中国的思想中，几乎不存在原子学说[④]，因此“魂”和“魄”必定被认为溶化在“气”的海洋中。而当后来男人和女人孕育及出生时，海洋中的气就赋予他们以生命。与所有中国的思想特征相一致，人的机体是一种生物体，它在本质上即非纯精神的，也非纯物质的。它不是这样一种机器，这个机器里有一个单一的神，这个神可以离开，并在别的地方生存下去。并且为了随时可以辨认身份的连续性，它的各个部分不可分开。如果它打算继续存在下去，那它就照原样继续下去。我们大致可以把身体看做是穿项链的线，在上面穿着灵魂。这就是道家的永生必然会包含实体性要素，而永生必须是在现世界（包括星球）内的一种连续性的原因，因为他们不相信有其它纯“精神的”东西存在。现在我们必须转而面对一种信念，即确实存在着一种力的技术，使人类的机体能达到永生。但是在这样做以前，我们不妨稍停片刻，先来看一下古代中国有关实体性和精神性、存在和不存在的观念。

就在几页之前，我们有机会在谈到“魂”和“魄”时说明，在整个中国特有的思维中，精神和物质间的界线是非常模糊的。但是也许这仅是西方人的一种看法。我们对中国的认识论缺少全面的了解，而且我们仍不好说“物质”、“精神”和“无物”对中国古代或中古时期的思想家来讲指的是什么[⑤]。在前苏格拉底的西方思想中，最初的阶段之一是巴门尼德（Parmenides）坚决反对毕达哥拉斯学派的主张，他认为不管神话可能怎么说，“物”或者“存在”不能从“无物”或“不存在”创造出来。希腊的原子是“不存在”的海洋中“存在”的岛屿；但是原子论从未在中国取得过成功[⑥]，而
中国的“无”则与希腊各学派所指的“无物”或“不存在”根本不同。这个问题从未 93
在中国哲学中提出来过，可能是因为任何中国文件都未曾说到过物从无物中产生，因此也就无需反驳了。“无”与西方意义上的“无物”的不同之处在于它从来不是绝对的无物，供存在或物质的创造者去处理，而是一种未分化的无物，它本身含有一种普

① 唐代人们对“魂”和“魄”的看法，乃是石太宁格［Steininger (1)］著作的专题，他致力于论述拟古著作《关尹子》，该书大约撰写于8世纪，也可能稍晚。

② 见本书第二卷，pp. 153—154。

③ 见 Maspero (13), p. 17。

④ 见本书第四卷第一分册，pp. 3 ff.。

⑤ 在写这一段时，贝拉焦道教会议（1968年）就林克［Link (1)］撰写的一篇论文所进行的讨论给了我很大帮助，该文论述了道安（312—385年）释道般若本体论的道教先驱人物。

⑥ 参见本书第四卷第一分册，pp. 3 ff.。

遍的潜力，使万物分化和出现①。这就是为什么普通词语“造化者”（或“造物者”）②绝不能译作物或变化的创造者或创始者，而应译作内在的成形力或分化和个体化的努力。因此“无”乃是潜伏或潜力，与“有”，即存在的“物”相对立，其相互关系犹如树木的根（“本”）和枝（“末”）的关系。它还比存在更为完善，因为它具有多种尚未了解的潜力，而且其中有许多是永不会被了解的。道教徒和释道两教调和论者与亚里士多德对巴门尼德的答复可能有某些相似之处，即“创造并非来自无物，乃是来自永恒”——创造是永远继续下去的。这时如果有人能够说在中国的哲学观点中，在“物”和“无物”、“实”和“空”之间存在着完全的连续性，那么在“物质”和“精神”之间也存在有连续性这又有什么好奇怪的？我们可以说在分界线上有“气”。只有了解了这些关于统一性和连续性的概念，我们才有希望对本分章讨论的“肉体的”或“实体的”永生于古代中国的思想家所具有的意义，并获致某种观念。根据我们现在所知道的，或者我们自以为知道的，有关气体、真空、物质的基本粒子、核等离子体、物质和能量、反物质和时空连续等知识，我们就不会说古代和中古时期的中国人较之古代或中古时期的欧洲人有任何不及之处③。

（iv）肉体的永生、仙和天上的官吏

肉体永生的观念差不多是不知不觉地从长寿的观念中产生出来的④。古代中国人是
94 真正的人世间人，他们充满了对生命之爱和对快乐及欢愉的追求⑤，这无怪表示长生的“寿”字，一直成为周代开始几个世纪最常铭刻在青铜器上的祷词⑥。商代早期刻在占卜用的甲骨上的文字也提供了类似的情况⑦。但是逐渐形成一种概念，认为可能有一些方法，借此能使强健的身体状况超自然地延续下去，或者就像公元前 8 世纪以来众多

① 就这些问题而言，葛瑞汉［Graham（5）］的著作是不可缺的，我们将在本书第七卷第四十九章回到这些问题上来。

② 参见本书第二卷 p. 564、第三卷 p. 599 以及下文 pp. 208，209。

③ 我们在这里说到“中国特性的”问题，但是，我们显然不可能在一节篇幅中对许多世纪以来中国哲学许多学派的微妙之处作出合理的评价。这里所说的只是对大量不同系统的一种折中的阐述而已。

④ 任何达到高龄（“老”）的人，必定积累了大量超自然力量或神奇的才能（“德”）。由于这种过程发生得很慢，因而它有理由可以永远继续下去，或者至少能远远超出人的寿命。人“变”得很慢，但不经受变的危机（“化”）。因此，“不死”乃是生命的实际继续，故古人说：“圣人变而不化。”即圣人在进化但不遭受突然的变化（本书参见第二卷，p. 75），在这里具有相当的意义。此外，以后道家的某些永生概念确实包含“死亡”，然后离开空的墓穴或棺材，留一把剑、一根杖或者一双鞋（参见本书第二卷 p. 141 和下文 p. 298）。

⑤ 此种情况偶然也可以采用哲学上享乐主义的极端形式（“全生”，即完全满足个人生活的学说），而这可以将自私的享乐树立为一种普遍的行动原则。我们曾在本书第二卷 p. 67 中提到公元前 4 世纪末的杨朱，不过他是一位尚未充分证实的人物，因为《列子》中有些篇章的撰写年代不能确定，但大致不会早于公元300 年。但是，它嚣和魏牟（魏公子牟）则可以作为差不多同一时期比较确定的历史性代表人物，因为他们的学说在《荀子》一书中受到批判［《荀子·非十二子篇》，第十三页；参见 Dubs（8），p. 78；Fêng Yu-Lan（1），p. 140］。他们的观点（违背儒家）假定死亡是不可避免的，死亡是一切事物的终了（不为道家所接受）。有关整个论题的情况见小林胜人（*1*）。

⑥ 见徐中舒（*7*），第 15 页起。

⑦ 参见 Creel（2），pp. 182 ff.；Chêng Tê-Khun（9），pp. 180 ff. 和 pp. 218 ff.；陈梦家（*4*）等。

青铜器的铭文所包含的词语那样，如“难老”（使老年延缓）或“毋死”（不死）[①]。甚至可以把理想化了的礼节颂词也考虑在内，例如祝词“万岁”（祝愿你活到一万岁），在以后的许多世纪中成为向皇帝表示祝贺的传统用词。如下所述，这些词语都具有无可置疑的意义。大约从公元前4世纪以来，从东北沿海国家齐和燕开始，逐渐形成一种信念，认为有许多人曾使自己摆脱了死亡而获致永生。到公元前221年首次形成统一的帝国时代，此信念传遍了整个中国有人居住的地方。他们既不作为鬼魂进入黄泉，也不使他们的灵魂消散在广阔无垠的空气和土地中，相反，他们依然以一种完美、飘逸、气体静力学上很微妙的实体维系在一起。他们可以随意地在地上、云间或星辰间永远漫游，这成为秦汉时期一种固定不移的信仰，而且受到一代接一代的皇帝的特别重视。在以后的几个世纪中，又与固有的道教信仰结合在一起。自战国后期以来，在应用上颇为突出的词语有：“长生”（长寿和肉体永生）、“保身”（保护身体和个性，即可见的个人）、“却老”（拒绝老年的到来）和“不死”（永不死亡）。其中首末两词用得特别频繁，这可以从本章中译出的许多段落中看出来。

这一点我们还可以从当时文献中“不死的”或“不死”用于物名或地名中看到，尤其是在有关原始科学和自然奇迹的著作中更是如此。一座山[②]、一个国家[③]、一块土 95
地[④]、一片原野[⑤]、一条河[⑥]、一个民族[⑦]、一棵树[⑧]、一味药草[⑨]和一服药[⑩]——所有这一切都非常吸引人，只要人们能够到达那里或者找到一种药。在稍后阶段（见本卷第三分册），我们将读到一个有关向荆王献“不死药”，即长生不老药的故事。该故事记载在《韩非子》一书中，故其时间可推定在公元前4世纪后期。这里我们可以引述《韩非子》的另一个有关一个人向燕王传授不死之术的故事。其情节如下：

> 一位云游的方士有一次赴燕（国）王宫廷之宴，并向燕王传授某种永生之术（“不死之道”）。之后燕王又派了几个臣下去（更充分地）学习。但在他们学成之前这位方士死了。燕王非常生气，惩处了这些学习者。他从未想到他被那方士骗了，反而去责备学习的年轻人，还说他们懒散。但是，相信一件做不到的事（“不然之物”），接着又去惩罚没有过失的使者，这难道不是不动脑筋的祸患吗？此外，任何人首先要保护的是自身，假如这（方士）不能使他自身不死（“无死”），他又

---

① 徐中舒（7），第25页。

② “不死之山”，《山海经》卷十八，第二页。

③ “不死之国”，《山海经》卷十五，第四页。

④ “不死之乡”，《吕氏春秋》（公元前239年）第一三五篇（下册，第133页）。还见于《远游》（约撰于公元前110年，参见下文p. 98），《楚辞补注》卷五，第四页，参见Hawkes（1），p. 83。

⑤ “不死之野”，《淮南子·时则训》，第十七页。

⑥ “不死之水”，《淮南子·坠形训》，第三页。

⑦ “不死之民”，《山海经》卷六，第三页；《淮南子·坠形训》，第八页。

⑧ “不死之树”，《山海经》卷十一，第五页；《淮南子·坠形训》，第二页。

⑨ “不死之草”，《淮南子·坠形训》，第五页，还常见于其它书籍。

⑩ “不死之药”，《山海经》卷十一，第五页；《史记》卷二十八，第十一页；《前汉书》卷二十五上，第十三页；《韩非子·说林上第二十二》，第五页起。

怎能使燕王永生（“长生”）[①]？

〈客有教燕王为不死之道者，王使人学之，所使学者未及学而客死。王大怒，诛之。王不知客之欺己，而诛学者之晚也。夫信不然之物，而诛无罪之臣，不察之患也。且人所急无如其身，不能自使其无死，安能使王长生哉？〉

在这里我们见到了通常的怀疑论和诡辩论的混合物，但使我们感兴趣的是在公元前320年前后，曾有人准备传授达到肉体永生的技术，而同时有受过教育的贵族渴望去听他们讲授。方士的技术无疑包含了许多我们在以后要讲到的“内丹”（本卷第五分册）和各种形式的身体训练，但是它必然也包含有内服药品。它最早是一种“草”或者是药用植物，然后是“药”，可能是植物或者矿物化学剂，这种药自公元前4世纪初以来，一直占据了舞台的中心。

除了已经提到的肉体永生这一术语外，还有许多其它的术语，其中有些使我们的认识更进一步。例如“度世”（超越世界）、“登遐”（上升到遥远的地方）、“遐居”
96 （居住在那里）、“成仙”（成为仙人）、“升仙”和“上仙”（像神仙那样飞升）。“仙”这个术语表示什么？它原本写作“僊”[②]，有时也写作“僊”[③]，它的最简单的字形为一个人与一座山在一起。据《释名》（100年）[④]解释为“他们年老而不死，并把住处搬（‘遷’）到山中”，“他们全部进入了光明世界……”。“僊”的最古老的意义是一个摇晃和雀跃的醉汉[⑤]，此义见于《诗经》（约公元前8世纪）[⑥]。这使我们回到《庄子》上来，其中有一个叫“云将”的人与一个叫“鸿蒙”的不死之人谈话。鸿蒙是教授“无为”（不违背自然的本性）的，他对云将感到绝望，他在离开时说，“啊！你只会把事情弄坏，我将以舞蹈和翱翔的方式离去”[⑦]（“意！毒哉！僊僊乎归矣”）。在书中另一处提到了“僊”，其意义为“仙”，即不死之人，此字的始用年代大约为公元前3世纪，

① 《韩非子·外储说左上第三十二》，第三页，由作者译成英文，借助于 Liao Wên-Kuei（1），vol. 2，p. 39。此故事以后常被转述，例如见仲长统的《昌言》（约公元200年），《全上古三代秦汉三国六朝文》（全后汉文）卷八十九，第八页；《抱朴子内篇》卷五，第六、七页。

② “䙴”仍表像鸟一样飞升和翱翔之意。它最古老的字形为“䙲”，可能起源于一个古代的象形字，表示长着翅膀的身体。

③ 这显然与“䙲”有关，也与另一个古字“㥪”有关。此词念“biao”，表示“迸飞的火焰”。人们可以把不死之人看作为一种“鬼火”。

④ 《释名·释长幼第十》（第148页）。

⑤ 参见本书第二卷，p. 134。

⑥ 《毛诗》220，《宾之初筵》，是一首颇具趣味的歌，说的是在一次射艺宴会开始时宾客假正经的举止，而在后来则表示出某种堕落的情况。译文见 Legge（8），vol. 2，p. 398；Karlgren（14），p. 174；Waley（1），p. 296。

⑦ 《庄子·在宥第十一》，译文见 Legge（5），vol. 1，p. 302。我们刚才已经看到，从“仙”的几个最古字形的字源来说，都与各种形式的飞翔有关，同时它必定与东北大陆上萨满教（Shamanism）传统确立的魔幻飞行有关，而最古老的道教则部分导源于萨满教（参见本书第二卷，pp. 132 ff.，141；第四卷第二分册，pp. 568—569）。因此，不死之人的画像具有羽翼，似乎转变为鸟人（很奇怪，至少表面是如此，这与基督教画像的天使相类似），不再受制于陆地而可以随意“起飞”。在公元前2世纪中叶，曾有人谈到一个国家，其国人长有羽毛且不会死亡（《山海经》卷十五，第三页；《淮南子·坠形训》，第三页；《远游》，见《楚辞补注》卷五，第四页）。在以后的年代中，有若干世纪习惯上一直把道家称作“羽客”（长羽毛之人）。这一切都与下列情况有关，即认为不死之人可自由来往于天空和星宿以及地上最美丽的地方。有关这方面的整个论题见孙作云（*1*）和 Chêng Tê-Khun（7）。

不过一般认为这是后来加进去的①。在《列子》一书中曾两次提到此字，但又无法确定其确切年代②。我们很难知道“仙”这个字在书面或口头上有重要意义的首次使用的精确年代，因为汉代文字中的片断往往可以追溯到更早的时代。例如，《史记》③和《前汉书》④（大致分别撰写于公元前1世纪和公元1世纪）都记述了第一位皇帝——秦始皇帝在公元前219年，即统一帝国建立后不久，就刻意地寻找羡门高和其它不死的仙人⑤。同样，《史记》记述了汉武帝时方士栾大的成就（见本卷第三分册），说在公元 97
前113年中，栾大在6个月内接受6颗官的印信后，“燕国和齐国沿海地区，没有一个方士不抓住机会自夸掌握了变成不死神仙的秘密技术”⑥（“而海上燕齐之间，莫不搤捥而自言有禁方，能神仙矣”）。《前汉书》则描述了淮南朝廷的事务，说淮南王刘安（参见本卷第三分册）如何为方士所包围，他们不断地谈论“不死的神仙和黄白（炼丹）之术”⑦（“神仙黄白之术”）。那时约为公元前140年。但是最重要的也许是这两本史书中的追溯性记述⑧，说整个运动大约始于公元前380年，即从齐威王和齐宣王时代起⑨。据说（参见本卷第三分册之译文）邹衍（公元前350至前270年）⑩和他的阴阳家学派的信徒，以他们有关现象世界的理论引起了很大的轰动⑪，同时有许多探索者则探求把长寿转变为肉体永生的方法⑫。不仅如此，从燕昭王时代开始⑬，许多远征队赴东海寻找“蓬莱岛”，据说在那里可以找到不死之药，即长生不老药⑭。因此，虽然在汉以前的大多数文章中没有“仙”字⑮，但自公元前400年以来，它在一定范围内必定已为人所知和所用，它很可能局限在东北诸侯国内。公元前225年以后，帝国获得统

① 《庄子·天地第十二》，译文见 Legge (5), vol. 1, p. 314。当然《庄子》中对不死之人有大量的描述，对他们用“仙”字完全合适，例如《逍遥游第一》中姑射山的神人（参见本卷第三分册的译文）；《大宗师第六》中的女偊和卜梁倚以及《在宥第十一》中的广成子，但就是不见“仙”字。

② 《黄帝篇》第三页和《汤问篇》第五页。两处“仙”都与作为向传说中的皇帝提供咨询的“圣”（圣人）并用。

③ 《史记》卷二十八，第十页。

④ 《前汉书》卷二十五上，第九、十页。

⑤ 参见本书第二卷，pp. 133—134，240。

⑥ 《史记》卷二十八，第二十八页，参见 Chavannes (1), vol. 3, p. 482。

⑦ 《前汉书》卷四十四，第八页。《艺文志》中也提到“仙”字（卷三十，第五十三页），但这可能始于转变的年代，即大约王莽的年代。

⑧ 《史记》卷二十八，第十页起；《前汉书》卷二十五上，第十二页起。

⑨ 这两位君主的在位年代通常推定为公元前377至前312年，但有些学者认定威王的在位期为公元前358至前320年，宣王的在位期为公元前319至前301年。

⑩ 有些人认定为公元前305至前240年，但这些看来太晚了一些。

⑪ 见本书第二卷，pp. 232 ff.。

⑫ 参见本书第二卷，p. 240。参见上文 p. 13。

⑬ 一般认为在位期为公元前311至前278年。

⑭ 秦始皇帝自公元前219年以来曾大规模地从事这一工作，我们从《史记》（卷六，第十八页）得知，“仙”字好像是用来表示不死之人，他们生活在岛上，人们在寻求他们的帮助。

⑮ 此字不见于《山海经》（虽然人们以为会见到）、《论语》、《孟子》、《礼记》、《荀子》、《墨子》、《吕氏春秋》，也不见于《易经》，甚至不见于《淮南子》。当然，到了公元1世纪，它已成为普通字。可资证明的有班固的《西都赋》（参见《文选》卷一，第六页）和王充的《论衡》，特别是《道虚篇第二十四》[参见 Forke (4), vol. 1, p. 336]。此两作品均撰写于公元80年左右，参见《说文》（121年）卷八上（第167页）。但是在公元前100年左右，《史记》提到此字已经有24处之多。我们还可以在《远游》（约公元前110年，《楚辞补注》卷五，第二页）中找到此字，同时还可找到“真人”作为早期例证。

一，从而使上述地区原始科学的半巫术、半宗教的运动得到发展，由于秦帝国朝廷需要一种神秘的气氛，并在阴阳家和道家的观念中找到了它[1]。它势必会长期延续下去[2]。

这不仅仅是范围有限的朝廷的崇拜仪式问题，抑或是无知的民间宗教问题。那个
98 时代最伟大的诗人为道教诸神和仙写下了一些颂辞和抒情诗，以从前的楚国而得名的楚辞更是这样。远在秦统一以前，大约在公元前300年，楚国的一位贵族学者写下了著名的诗篇《离骚》[3]。屈原的诗篇一开始就为人世间的邪恶、诽谤的谗言和楚王的昏庸表示哀伤，但他把自己则想象为一个魔法师，乘着飞行的马车离开这个世界，飞向西方的天堂。他沿途统率诸神，向许多女神求爱，但均未成功。然而，这位诗人的魔力可能由于某种原因而不够强大，因而当他返回在他旧居上空翱翔时，他终于感到彻底失望。他曾旅行过的超现实世界和人世界一样，使他感到幻想破灭。另一诗篇《远游》系一佚名诗人作于公元前110年前后，可以看做是道家对《离骚》的答复。它描述了一次天上的旅行，其结果并不是忧愁和失望，而是万物之道的迷人统一[4]。正如余英时所说，《远游》是古代最好的叙事诗篇之一，它使我们形象地看到完美的不死之人的生活[5]。这正是我们应当着眼之点。

它在开始同样叙述了人世间的邪恶和忧伤，但诗人告诉我们他怎样在空虚和沉寂中找到宁静，从自然法则中获得真正的满足而不做违反自然法则之事。他听到赤松子如何洗去世界的灰尘，他尊敬"真人"的神奇力量，羡慕古时已经成仙的人。"他们脱离了变化不定的状态并从人们的视觉中消失。"他们不畏恐惧，摆脱了生活上的麻烦。无人能说出他们去了哪里。于是他出发，登上他神奇的旅程。

春和秋匆匆离去，从不停息，
我怎样才能在老家永驻长留？
轩辕[6]离我太远，我不敢渴望，
我将跟随王子乔[7]，把欢乐追求。

---

① 很有趣的是在早期青铜器的铭刻中从未发现有"仙"字，但是大约在公元前130年以后，此字突然变得非常流行，特别是用在镜子上。约有17则此类铭刻由容庚［(*3*)，后篇，第二十六页起］记了下来，其中有些已由高本汉［Karlgren (18)］译成英文。

② 有关普遍崇拜神仙的史实，周绍贤 (*1*) 和村上嘉宾 (*3*) 的近著都颇有价值。

③ 一般公认的年代为公元前295年左右，不过有些学者如蒋天枢 (*1*) 则认为要晚一些，在公元前269年，即在离屈原公元前262年逝世前不久。

④ 这些描述系根据霍克斯［Hawkes (1)］介绍他自己的这两篇诗文优秀译文的用语。他在这些诗文中看到了萨满教徒追寻的神游。

⑤ Yü Ying-Shih (2), p. 91。这是一项有关古代中国永生观念的学术研究，我们怀着感谢的心情利用此项研究撰写这几段文章。唯一抱歉之处是我们未能在区分"这个世界"的永生和"其它世界"的永生方面完全遵循他的意见。如果人们牢记着不同民族（印度—伊朗、基督教、伊斯兰教等）的概念，那么在古代中国的思想中就根本没有"其它世界"这一说，这就是经常使人耳目一新的原因。没有天堂或地狱，没有创造者上帝，而且当宇宙一旦从原始的混沌中形成以后，就不会再有预期的终结。一切都是自然的，而且处于自然之中。当然，自佛教渗入以后，"情况就改变了"。

⑥ 即黄帝，一位传说中的人物，被奉作所有道家的监护圣者。

⑦ 即王子乔，历史上的一位王子，系周灵王（公元前571至前545年在位）的儿子，后来被道家奉为他们的主要人物之一，他的名字曾与一套导引术相联系（参见本卷第五分册），他还出现在海员的磁性罗盘的连祷文中（本书第四卷第一分册，p. 286）。参见下文pp. 101，111和图1307。此处有人向他请教内丹。

99

图 1307　传说中的仙人王子乔，他正跨鹤吹笙穿云而过（《列仙全传》卷一，第二十七页）。

100 我晚餐六“气”，渴饮夜露①；
口漱日霭，品味朝霞②。
保持精神之光的纯液，
吸收“精”之“气”而弃去糟粕③。
随着柔和的南风漂流④，
我专程来到南巢。
在那里我见到王子乔老师并向他致意，
向他请教“气”（生命活力）的归一⑤。
他说：
“道只能接受，不能给予。
它可以小到不含任何东西，也可以大到无边无际⑥。
使你的魂灵保持清醒，它将由自身形成（‘自然’）。
使你的‘气’归一，并控制你的‘神’，
在午夜把‘气’和‘神’保持在体内。
宁愿不举不动，在虚空中等待道的到来⑦，
万物皆由此而生存，
这就是‘力量之门’（‘德之门’）。”⑧
听到了这宝贵的教导，我就离开，
随即准备我的旅程。
我在朱砂山遇见了羽人⑨，
我逗留在“不死之旧乡”。
早晨我在日出的温泉中洗发，
晚上我在九个太阳的栖息地晒干⑩。

---

① 这里指一种行气术，吞咽唾液并辟谷。

② 这是指光疗实践（本书第五卷第五分册），并吸收宇宙之“气”。

③ 可能是指“采补”之术（参见本卷第五分册），想必也指“气”的循环（也在第五分册讨论），即“吐故纳新”。

④ 参见本书第二卷 p. 66、第四卷第二分册 pp. 568 ff. 中有关列子的文字。

⑤ 有关原始生命力，即“气”、“精”和“神”，见本卷第五分册。有关男性和女性的“气”之归一，见本书第二卷，p. 150。

⑥ 这是仿效《道德经》的反论；例如可参见第十四、二十五、三十四和四十一诸章［译文分别见 Waley (4)，pp. 159，174，185，193］。

⑦ 即避免一切违背自然的行动，参见本书第二卷，pp. 68 ff. 。

⑧ 圣人或不死之人行动中所具的德或超自然力（*mana*），他们能使自身与自然宇宙所固有的生命、个性和变异的形成倾向（*nisus formativus*）相结合；参见本书第二卷，p. 35。

⑨ 这显然是指炼丹术的长生不老药。

⑩ 这是日月之树，系一则神话，为中国和西方的幻想中所共有；见本书第三卷图 242 及其它地方。人被设想生活在地处东、西两端的两个岛上。10 天为一“周”或一旬的 10 个太阳在那里栖息，直到飞行表上规定的时间起飞。

我啜饮“飞泉”的微液[1]，
并把绚丽的宝玉放在胸怀[2]。
我苍白的脸色转而成为满脸红光，
我的活力之“精”经过纯化更显坚强；
我的肉体各部融化成一种柔软的东西， 101
而我的精神变得轻松而渴望运动。
南国火热的本性是多么美好，
冬季开花的肉桂是多么可爱[3]！
〈春秋忽其不淹兮，
奚久留此故居？
轩辕不可攀援兮，
吾将从王乔而娱戏。
餐六气而饮沆瀣兮，
漱正阳而含朝霞。
保神明之清澄兮，
精气入而粗秽除。
顺凯风以从游兮，
至南巢而壹息。
见王子而宿之兮，
审壹气之和德。
曰：“道可受兮，不可传，
其小无内兮，其大无垠；
无滑而魂兮，彼将自然；
壹气孔神兮，于中夜存；
虚以待之兮，无为之先；
庶类以成兮，此徒之门。”
闻至贵而遂徂兮，
忽乎吾将行。
仍羽人于丹丘兮，
留不死之旧乡。
朝濯发于汤谷兮，
夕晞余身兮九阳。
吸飞泉之微液兮，
怀琬琰之华英。
玉色頩以脕颜兮，

---

① 这明显是指炼丹术的长生不老药，尤其是“飞”，乃是升华和蒸馏的术语（参见本卷第四分册）。我们很难排除一种可能性，即其描述的整个幻象乃是矿物药或致幻植物导致谵妄的结果。

② 文中的习语系指绚丽的宝石（“琬琰”），但各种评注明白地指出，那是指吞咽唾液，即“金酒”或“玉汁”，有关情况见本卷第五分册。

③ 译文见 Hawkes (1), pp. 83—84，经作者修改。《楚辞补注》卷五，第三至五页。

精醇粹而始壮。
质销铄以汋约兮,
神要眇以淫放。
嘉南州之炎德兮,
丽桂树之冬荣。〉

这样，诗人用隐晦的语言详细叙述了他的道家哲学的教诲和运用道家内丹的各种实践[1]。不具备这一切，他决不敢奢望进入神仙世界。于是稍过片刻他离开了。

抑制住我那不安定的魄，我登上天宫[2]，
我依附一片浮云，驾着它高高向上。
我吩咐天宫的守卫打开大门，
于是他推开大门并向我注视。
我召唤丰隆[3]在前面引路，
并要求进入大禁区[4]，我到达多层天的各个范围[5]，
并进入天上君主的朝廷（“入帝宫”）[6]。
我走向旬日计算器（“旬始”）[7]。
并观看纯洁的城市，万物的中心[8]。
早晨我从天宫的朝廷出发，
晚上见到下界的微间[9]。
我把我的万辆战车排列整齐，
102 我们缓慢而雄伟地并驾齐驱。
我的车驾驭了八条龙，它们摆动、腾跃，
载着一面云旗在风中飘摇……[10]”

---

① 有关详情见本书第五卷第五分册。值得注意的是，王子乔虽然是一位不死之人，但据传仍居住在地上某个地方。在安徽巢县附近，有一处洞府是专门供他用的。也许他在得道以后仍愿意返回地上，在下界一处专门的地方出没。

② 根据我们在前面（p. 87）见到的“魄”的趋地倾向，这显然是必要的。

③ 一位雨和云的神。

④ 在中国的星图学中有三大区域。“紫微垣”代表皇宫，主要在北极区，以两座星“墙”为屏藩，大致以65°角从北方向赤道延伸；参见 Schlegel（5），pp. 508 ff.，534。“太微垣”（即这里所指的），代表朝廷和太子区，它也以两座“墙”为屏藩，在室女座和狮子座内，恰好在180°昼夜平分点（赤道和黄道相交处）的上方。中心位置：赤经12时，赤纬约在北0°—20°或30°之间，参见 Schlegel（5），pp. 472，475，534。第三是“天市垣”，代表黎民百姓，为蛇夫座、武仙座、巨蛇座（头尾两部）和天鹰座内的一个广大区域，中心位置：赤经17时，赤纬从南15°到北30°；参见 Schlegel（5），p. 536。

⑤ 原字为“重阳”，因为阳力或气积聚在诸天的顶部。有关九重天或九层天的概念，见本书第三卷，p. 198。

⑥ 图90（本书第三卷，p. 241）为一幅汉代描绘一些不死之人觐见大熊星座神仙或天官的画。

⑦ 金星（“太白”）的名称之一。中国以前以旬记日，以后才改为7天为一周，有关情况见本书第三卷，p. 397。

⑧ 纯洁的城市（“清都”）相当于紫微垣（见前），乃诸元之核心（“钧”）。所有星星都环绕它回转，它也是天上诸帝之一的家。

⑨ 这里可能指东方的一座山名，但更可能是指地上广大无边的泄渊，即大旋涡或大涡旋（“尾间”），位于东方大洋之东，海水不断倾注其中（参见本书第四卷第三分册，pp. 548—549）。

⑩ 译文见 Hawkes（1），p. 84，经作者修改。《楚辞补注》卷五，第五、六页。

〈载营魄而登霞兮，
掩浮云而上征。
命天阍其开关兮，
排阊阖而望予。
召丰隆使先导兮，
向大微之所居。
集重阳入帝宫兮，
造旬始而观清都。
朝发轫于太仪兮，
夕始临乎于微闾。
屯余车之万乘兮，
纷溶与而并驰。
驾八龙之婉婉兮，
载云旗之逶蛇。〉

这样他继续前进，好像是周游宇宙，拜访星辰、天空、陆地和海洋的神灵——当然，他也停下来观看在下方遥远之处的老家——但这篇诗并不导致失望，而是与固有的“道”趋于神秘的统一[①]。颇有意思的是，虽然他可能处于群星之间，但仍在自然世界之内，因为事实上除此以外是一无所有，诗的结尾如下[②]：

我随即离开，继续我的漫游，
我们步伐整齐，驰向远方，
直到广袤世界的尽头，我们奔向“冷门”。
与疾风竞赛来到纯洁之泉，
我跟随颛顼超越积冰[③]。
并转而穿过玄冥[④]之领域，
跨越分界点（“间纬”），我向身后看去[⑤]。
然后我如唤黔嬴[⑥]来到我的面前，
并派他在前面开一条直路。
横越着四维空间，
遨游太空六方。
在高处我经过朝霞的裂纹和缝隙[⑦]，

---

① 这里我们发现（《楚辞补注》卷五，第八页）最早出现“度世”一词的地方之一，两旁有雨神和雷神伴随的诗人，受到要超越人类世界愿望的鼓舞而忘记了归去（“欲度世以忘归”）。

② 译文见 Hawkes（1），pp. 86—87，经作者修改。《楚辞补注》卷五，第九、十页。

③ 北方之神，通常认为就是高阳氏，系楚王的神圣祖先，不过原先也许是不同的人。

④ 伴随颛顼的神。

⑤ “纬”在这里指地球上分隔四象限的四根子午线，它们之间的距离为91.31°，由于在中国的宇宙论中向来把赤纬圈分为365.25°（本书第三卷中到处可见）。比较有趣的是，《远游》的作者曾设想它们会在地球的一个极相交，因为这暗示地球呈球形的概念。中国早期的许多宇宙论者确曾如此设想，并以鸟类蛋壳中的圆蛋黄或以弓弩的圆弹用作类比（参见本书第三卷，pp. 217—218，498—499）。

⑥ 造化之神，与玄冥相对应。

⑦ 此译法的理由见本书第三卷 p. 483。

向下我观看无底的深渊①。
在笔直的深处，看不见上面的土地，
在广阔无垠的高处，也见不到天际。
当我们观看的时候，我惊奇的眼睛看不到任何东西，
当我倾听的时候，没有任何声音传入我迷惑的耳鼓。
这样，我超越无为而达到（极度的）清澈，
从而进入太初的境域②。

〈舒并节以驰骛兮，
逴绝垠乎寒门。
轶迅风于清源兮，
从颛顼乎增冰。
历玄冥以邪径兮，
乘间维以反顾。
召黔赢而见之兮，
为余先乎平路。
经营四荒兮，
周流六漠。
上至列缺兮，
降望大壑。
下峥嵘而无地兮，
上寥廓而无天。
视儵忽而无见兮，
惝恍而无闻。
超无为以至清兮，
与泰初而为邻。〉

103 这样，文章以万物都以融合为“一”的记录而告终。但是，正是这现实的世界而不是别的世界一路上受到彻底的探索。这里有一种早期道家的等同于无色界（*arūpaloka*）的东西，即佛家可能视作涅槃论的“福音的准备”的东西。虽然它很有趣，但在这里并非是我们最需关注之事。我们所关注的是道家神仙在自然界的自由和永恒。显然，炼丹术，无论是化学的或是生理的，都已经是这种自由的代价和动力。

约公元前10年，谷永与汉成帝有一次谈话如下③：

当秦始皇刚刚统一中国时，他非常迷恋于神仙之道，所以他曾派遣徐福和韩终等人率领许多年轻男子和有才的童女出海寻求（岛上的）神仙和收集（他们的）丹药。但是他们都乘机逃离，无人返回。（花费）如此巨大的工程到底引起了

① “大壑”（巨大的深渊），见《列子》和《山海经》。因为据说它位于东方大洋之外，因此可能与“尾闾”是指同一东西。

② “太初”系指无差别和均匀。参见本书第二卷，pp. 114 ff.。

③ 《前汉书》卷二十五下，第十四页起，由作者译成英文，借助于 Yü Ying-Shih（2）。另见《全上古三代秦汉三国六朝文》(全汉文)卷四十六，第七页。谷永谈话的其余部分之译文见本卷第三分册。

全国的愤懑和怨恨①。继而在汉兴起以后，诸如新垣平②、少翁③、公孙卿④、栾大⑤以及其它许多来自齐地的人，都受到了汉武帝尊敬和宠爱，因为他们懂得神仙（“仙人黄冶”）的冶金之术，熟悉冶炼黄物（金子），擅长祭祀，善于服务鬼神，拥有驾驭自然之物的能力，并愿意出海寻找神仙及他们的丹药。他们接受的馈赠达数千（两）黄金。（栾）大特别受到恩宠，甚至娶了一位公主。加在他头上的官衔和职位是如此之高，以致四海都为之震惊。这样，在汉元鼎和元封期间（前116年—前103年），燕齐两地区有成千上万的方士神气活现，得意忘形，发誓说他们是真正的行家，谙熟获致神仙生活、进行祭祀仪式和增进福泽的技术……

〈秦始皇初并天下，甘心于神仙之道，遣徐福、韩终之属多赍童男童女入海求神、采药，因逃不还，天下怨恨。汉兴，新垣平、齐人少翁、公孙卿、栾大等，皆以仙人黄冶、祭祠、事鬼使物、入海求神、采药贵幸，赏赐累千金。大尤尊盛，至妻公主，爵位重累，震动海内。元鼎、元封之际，燕、齐之间方士瞋目扼腕，言有神仙、祭祀、致福之术者以万数。〉

在这些篇章中，我们一次又一次地见到帝王将相对获致肉体永生怀着高度的兴趣，更不用说各类王公和贵族了⑥。显然，由于他们之中很少有人有足够的时间、隐居的条件和耐心去从事道家修炼的生理上的技能，因此服用长生不老药显然成了替代的方法⑦，从而使原始的化学炼丹术得到大大地加强。有趣的是，我们在2世纪的《太平经》中发现，凡是能为君王献身去探究成仙之道的奇丹异方者，就可为他的功德得到极高的赞赏⑧。但是，与此同时，我们不应忘记第三种方法，即举行礼拜仪式的方法——祈祷、祭祀、列队游行、吟咒等。这类仪式在专为拜神和敬仙而建造的庙宇中 104
进行⑨。自秦帝国开始统一以来，此种情况就很明显，想必远在各原始封建诸侯国时期，它就已经存在。例如公元前209年，由宦官赵高伪造的秦始皇帝遗诏一开始就说：“我们巡视了整个帝国，并且向名山的诸神奉献了祭品，以求得延年益寿。”⑩（“朕巡天下，祷祠名山诸神以延寿命。”）这想必已经包括庆祝“封”和“禅”的献祭在内。根据儒家的观点，封禅的目的在于向天宣告一个新的朝廷已在执行上天的命令方面已经达到全境太平⑪，然而道家则认为封禅主要是为了使皇帝永生不死⑫。公元前110年，一个那时已经90多岁的老人齐丁公，在汉武帝前往封禅的路上见到武帝时曾明确地谈及

① 欲知出海之详情，参见本书第四卷第三分册，pp. 551 ff.。

② 一位来自赵地的风水先生，约公元前180—前160年。

③ 见本卷第三分册。

④ 参见下文 p. 105。

⑤ 见本卷第三分册。

⑥ 见本册 pp. 13，95，97，121—122。

⑦ 有关这方面的情节将在本书第六卷第四十五章中介绍；同时见 Ho Ping-Yü & Needham（4），重刊于 Needham（64）。

⑧《太平经》，王明合校本，第131—133页，还可参见第230页。

⑨ 扼要的叙述，见下文 pp. 128 ff.。

⑩《史记》卷八十七，第十一页，译文见 Bodde（1），p. 32。

⑪ 参见 Tsêng Chu-Sên（1），pp. 239 ff.。

⑫ 参见福永光司（*1*）文中的有相关讨论。

此点[1]。此前一年，在征服南方的国家——南越之后，汉武帝曾对本国的僧侣发下敕令，恢复向死者奉献那些业已证明对早先的统治者带来长寿的祭品[2]。次年，建起了两座命名为“益延寿观”的大庙宇，以供奉神仙，其中一座在都城，另一座在叫做甘泉的地方，在都城北面约二百到三百里[3]。砖瓦上部，刻有“益延寿观”字样，到我们现在仍可以看出来。

也许正是由于皇家的参与，使得那些不死的仙人，原先主要属于地上的情形，转而“升到天上”去，从而导致像《远游》作者这样的一类诗人的富于想象力的宇宙观。在司马迁所作的《司马相如列传》中，我们可以对这个过程的作用看得较为清楚。司马相如为公元前2世纪中期的大诗人和筑路者[4]。历史学家司马迁在引用哀悼“秦二世”(秦始皇帝之子)不幸的诗文后继续写道[5]：

> 汉武帝早先对诗人写子虚的赋文表示欣赏[6]。司马相如发现皇帝喜欢有关神仙之道的东西，于是乘机进言：“我对上林（猎苑）[7]的描绘不值得赞美，现在我有了更美的东西。好久以前，我开始作一篇歌颂伟大人物（皇帝）的赋（《大人赋》），现在
> 105 尚未完成，待完成后我将立即呈献给陛下。”此时（司马）相如已经注意到，按旧传统描绘的著名神仙通常都是一些清瘦的人物，出没于山岳或沼泽之间，但是他感到这根本不是皇帝和王子们谈论永生时所指的神仙。因此结束他的《大人赋》如下：
>
> [此时司马迁提供原文，它很像已经引用的《远游》，可能是在几年以后抄录了其中一部分。]
>
> 当（司马）相如奉上他的颂诗时，皇帝喜出望外，声称这使他感到好像他已经在云端飞驰，精力充沛地漫游于整个天地之间。
>
> 〈天子既美子虚之事，相如见上好仙道，因曰：“上林之事未足美也，尚有靡者。臣尝为《大人赋》，未就，请具而奏之。”相如以为列仙之传居山泽间，形容甚臞，此非帝王之仙意也，乃遂就《大人赋》。其辞曰：……相如既奏《大人之颂》，天子大说，飘飘有凌云之气，似游天地之间意。〉

这件事发生在公元前118年左右。事实上所有皇帝飞行和升天的原型都是来自“黄帝”的传说。5年以后，汉武帝朝廷的方士之一公孙卿，相当详尽地向他述说了这一事件。有一回黄帝在首山浇铸了一只青铜鼎（其中肯定酿制有长生不老药）[8]，一辆天上的龙车从天而降来接他，他步入龙车。与他一起登车的有70多人，其中包括他的大臣和宫廷妇女，在百姓的亲眼目睹下，他们全都飞升上天[9]。据记载，此时汉武帝无情地说：

---

① 《史记》卷二十八，第三十三页，译文见 Chavannes (1), vol. 3, p. 497; Watson (1), vol. 2, pp. 56 ff.。

② 参见 Watson (1), vol. 2, p. 63。

③ 《史记》卷二十八，第三十七页，译文见 Charannes (1), vol. 3, p. 508; Watson (1), vol. 2, p. 63。《前汉书》中有与此相类似的一节（卷二十五下，第一页）。道教庙宇采用与皇朝有关的类似命名，一直延续了若干世纪，例如唐代的长生殿。有关“甘泉”之事，参见第四卷第三分册，pp. 9, 14。

④ 参见本书第四卷第三分册，p. 25。

⑤ 《史记》卷一一七，第三十六页起、第四十页，译文见 Watson (1), vol. 2, pp. 332—336，经作者修改。

⑥ 《文选》卷七、八，译文见 von Zach (6), vol. 1, pp. 103 ff.; Watson (1), vol. 2, pp. 301 ff.。

⑦ 即刚才提及的赋文（《子虚赋》）的一部分。

⑧ 见葛洪有关此题的论述，见本卷第三分册。

⑨ 据传此故事有几种说法，其结果是令人悲痛的：有少数大臣抓住了龙须，但龙须抽了回去，把他们甩在后面。这可能是反官僚的一种饰词。

“啊，只要我能像黄帝那样，我就可以看到我自己弃若敝屣般地随便抛弃我的女人及其子女了。”[1]（“于是天子曰：‘嗟乎！吾诚得如黄帝，吾视去妻子如脱鵕耳。’”）这是值得记住的，因为在寻求永生时，对待其它人的态度有时是很不相同的。我们将留待以后再加以叙述[2]。

很早以前我们已经说过[3]，虽然帝王是传说中最古老的帝王之一，但实际上他是最后才被虚构出来的人物之一[4]。有关他的资料，最早是齐国青铜器上的铭刻，大致在公元前375年。在此铭刻中，黄帝是作为齐王的远祖出现的[5]。以后，在同一世纪之末，他再次出现在邹衍的五德周转和变移的理论之中[6]；此点使他与那时发源于齐国的黄老
道家学说紧密相连[7]。公元前300年前后，齐国稷下学宫有许多学者都是黄老道家[8]。 106
这是一种哲学和宗教的结合，它把主张《道德经》古老传统的哲学家与崇拜永生、炼丹术（包括原始化学炼丹术和生理炼丹术）和道教初期的庙宇礼拜仪式结合在一起。虽然黄老道家学说的发展细节至今仍含混不清[9]，但它在整个秦汉时期却一直在生长和发展。其最早的真人之一可能是汉武帝时期急切要寻找的安期子（安期生）[10]。黄帝和老子可能最初被尊奉为仙，到东汉时期，两位都被奉为神，虽然他们并未真正融合为单一的神。桓帝（公元147—167年在位）曾一再派使节到据称是老子的出生地去献祭，而桓帝本人则在宫内主持类似的仪式。这正是边韶有关老子的铭文的时期，它显示这位神圣的先知多么紧密地与仙的永生相联系[11]。而到公元170年左右，对黄老君的崇拜得到了刘宠和其它汉代王侯的保护和发扬[12]。因此，有些神仙的飞升天界成为道家并进而成为民众思想中根深蒂固的信仰，而另外一些神仙则仍像过去一样留在地上。这样，

---

① 《史记》卷二十八，三十一页，译文见 Chavannes (1), vol. 2, pp. 488 ff.; Watson (1), vol. 2, p. 52。类似的一节见于《前汉书》卷二十五上，第二十八页。

② 余英时 [Yü Ying-Shih (2), pp. 102, 105]，把黄帝式的传说以及相应的天上神仙的学说描述成“现世的”，这似乎相当矛盾。它不是现世的或是“他世的”，同样也不是世俗型的。没有对道教中“苦行主义”、性技术和自然神秘主义间微妙混杂的规则有所了解，就不可能对上述两者中的任何一种作出恰当的评估。坦白地说，西方的先人之见在这里是不能满足需要的。

③ 本书第一卷，pp. 87—88。

④ 即使黄帝确实是虚构的，中国的“传说”人物，像商代的君王一样具有一种接近生活的习性。假如收藏在台湾的龙山和仰韶文化的陶器现在用放射性碳测定年代为公元前5000年的话（据郑德坤博士的私人通信），那么还有很长的商前时期，而且毕竟还有一个夏。

⑤ 徐中舒 (*8*)。

⑥ 参见本书第二卷，p. 233。参见徐中舒 (*8*)，第502页。黄帝升天的故事见《庄子·大宗师第六》[译文见 Fêng Yu-Lan (5), p. 118; Legge (5), vol. 1, p. 244]，不过它被认为是后来插入的。

⑦ 闻一多 (*3*)，第154页。

⑧ 郭沫若 (*1*)，第160页。参见本书第一卷，pp. 95—96；第二卷，p. 235。

⑨ 关于此点秋月观瑛 (*1*) 有一项专门的研究。

⑩ 见本书第二卷，p. 134；第四卷第一分册，p. 316；第五卷第三分册。参见闻一多 (*3*)，第170页起；陈槃 (*7*)，第26页起。

⑪ 《全上古三代秦汉三国六朝文》(全后汉文)卷六十二，第三页起。

⑫ 《后汉书》卷八十，第二页。颇有意义的是这位刘宠还与弓弩所用的网格式瞄准具及其它瞄准具的发明有关（参见第三十章）。我们已经见到许多类似的例子，它们表示道教和理学家的哲学与科学或技术活动相趋同的现象。参见本书第二卷，p. 494。有关神化现象的详细情况，见 Seidel (2)。

就产生了“天仙”与“地仙”之别。公元20年桓谭就已列举出五类神灵人物①。到3世纪中叶，《太上灵宝五符经》特别重视天仙（最高天之仙），好像是要确立天仙的优势地位。葛洪在《抱朴子》中写道②：

> 神仙的指南书中说，最高级的仙（“上士”）自己能够飞升（“举形升虚”），他们称作“天仙”。第二等的仙（“中士”）常居名山（和森林），称作“地仙”。至于第三等的仙（“下士”），仅能在死后蜕去尸体，称作“尸解仙”。③
>
> 〈按仙经云，上士举形昇虚，谓之天仙。中士游于名山，谓之地仙。下士先死后蜕，谓之尸解仙。〉

107 他没有说明最末一等的仙居住在什么地方，据推测它可能是某个比黄泉更舒服的地方，可能是某些不大著名的山林④。一位方士似乎能够选择当天仙或地仙，因为《神仙传》中载有一段有关白石先生颇为动人的故事，他特意选择当地仙，值得一读⑤。《神仙传》约成书于公元4世纪初，虽然葛洪是否是原作者尚需存疑。

> 白石先生是中黄文人的门人。在彭祖时代⑥他已经有2000多岁。他不愿意修炼飞升（成仙）之道，但只是想当一个不死之人。他不愿抛弃人类生活的享受和乐趣，因而他采取的行动准则是以实践房中术为主旨⑦，并强调服用内服金药（“金液”）。他年轻时很穷，买不起所需的药品，有10多年他以养猪和牧羊为生，过着节衣缩食的生活。但他终于得到1万块黄金⑧，从而使他能够购买贵重的药品服用。他曾常常把一种白色的矿物与他的食品一起加热，并居住在附近有一些白色岩石的山中，因此人们称他为“白石先生”。他吃了肉和喝过酒之后，一天之内能行三百到四百里路。从见到他的人看来，他不超出40岁。他崇尚庙宇的崇拜和各种礼拜仪式，并喜欢读《太素传》之类的神秘的书。
>
> 有一次彭祖问他为什么不服用能使人升天的药品。对此他回答说：“天上的快乐真的能与人间找到的快乐相比吗？如果一个人能够在此下界生活下去，不老也不死，他将受到极大的尊敬。难道一个人在天上能得到更好的对待？”因此人们都说：“白石先生是一位不想成仙的仙人。”这是因为他不想升天去当一名仙官，他也无意在现世界获取名誉和声望。
>
> 〈白石生者，中黄丈人弟子也。至彭祖之时，已年二千余岁矣。不肯修升仙之道，但取于不

---

① 《新论》，见《全上古三代秦汉三国六朝文》（全后汉文）卷十五，第六页。第一等为“神仙”，第二等为“隐沦”（专事隐居的人物），第三等为“使鬼物”（役使鬼物者），第四等为“先知”（先知先觉者），第五等为“铸凝”（重铸的持久者），所有各等均在地上。

② 《抱朴子内篇》卷二，第九页，由作者译成英文，借助于 Ware（5），p. 47。“士”的三种等级使人想起《道德经》第三十八章，特别是第四十一章［参见 Waley（4），pp. 189，193］。

③ 有关“尸解”，参见本书第二卷 p. 141 和马伯乐［Maspero（13）］作品中的有关条目。另可见下文 pp. 302 ff.。

④ 葛洪补充说，李少君（参见上文 p. 13）是作为“尸解仙”离去的。《太平经》（王明合校本，第698页）提出，神仙在飞升前有时要在野地度过一长段时间。

⑤ 《神仙传》卷二，由作者译成英文。图1308。

⑥ 见本书第五卷第五分册。

⑦ 另见本卷第五分册。

⑧ 是制作赝金还是点金所得？

108

图 1308 神仙白石先生，所有地仙的典型，在享受他的田园之乐（《列仙全传》卷二，第十七页）。

死而已，不失人间之乐，其所据行者，正以交接之道为主，而金液之药为上也。初患家贫身贱，不能得药，乃养猪牧羊十数年，约衣节用，致货万金，乃买药服之，常煮白石为粮，因就白石山居，时人号曰白石生。亦时食脯饮酒，亦时食谷。日能行三四百里，视之色如三十许人，性好朝拜存神，又好读仙经及《太素传》。彭祖问之："何以不服药升天乎？"答曰："天上无复能乐于此间耶，但莫能使老死耳。天上多有至尊相奉事，更苦人间耳。"故时人号白石生为隐遁仙人，以其不汲汲于升天为仙官，而不求闻达故也。〉

这个故事的迷人之处在于平民式的气氛，简直是充满了田园牧歌的风味，但它给人留以印象，不是因为汉、晋道家是"现世的"，乃是因为他们之中有些人非常欣赏时间上永恒生活的观念，因为轮回就是涅槃①。

在另一方面有一种传播很广的信仰，即有人看到有些神仙白日飞升。《后汉书》本身就载有一则详细的报道，说是一个叫上成公的方士完成了此种飞升并为当时的两位
109 著名学者：陈寔（卒于公元187 年）和韩韶（卒于公元192 年）② 所目睹。仲长统（卒于公元230 年前后）在他撰写的《昌言》中也提及此事③，虽然他给了这位神仙另外一个名字（卜成），而目击者则是陈寔和韩韶两人的父亲和祖父，这些学者中没有一人是专门的道家。在以后的几个世纪中，天仙和地仙的品级经历了精心的设计，我们来扼要地看一看《太平经》中的若干叙述是颇有意义的。据我们所知，《太平经》大致与前面提到的几位学者属于同一时期。在该书中我们可以读到④：

宇宙间三万六千种事物中，最宝贵的是长生。其中第一是天，其次是地，然后依次是神人、真人、仙人、道人、圣人、贤人⑤——此八种皆具有天的高贵精神并享有天的意志和权力。他们都是天上的人，即都是上天需要他们在天庭供职的人，因此他们都关心同一件事，即上天最喜欢的事，养育男人和女人。上天最珍视长生，即超越一般的寿限。仙人也最珍视长生和生命。珍视生命的人不敢从事会造成死亡的工作，因为他们每个人都注重保护自己的身体（和灵魂）。

〈三万六千天地之间，寿最为善，故天第一，地次之，神人次之，真人次之，仙人次之，道人次之，圣人次之，贤人次之。此八者，皆与皇天心相得，与其同意并力，是皆天人也。天之所欲仕也，天内各以职署之，故思虑常相似也，是天所爱养人也。天者，大贪寿常生也，仙人亦贪寿，亦贪生；贪生者不敢为非，各为身计之。〉

我们在这里可以看到，在公元2 世纪已经有一种独特的伦理要素出现⑥。从同一书的其它部分，我们可以构成一座等级的阶梯，从地上上升到天上⑦。所有人都可以通过学习

---

① 在这方面读一读唐代的一篇文章是颇有意义的。该文说，服用半剂强力的长生不老药，就可以使一个人延缓成为天仙的决心，从而永远生活在地上，其百邪不侵并具有超乎自然的力量。另一半剂的药可随时使人升入天仙班列［《黄帝九鼎神丹经诀》（*TT* 878），卷二，第四页］。

② 《后汉书》卷一一二下，第十七页。

③ 《全上古三代秦汉三国六朝文》（全后汉文）卷八十九，第八页，源自《抱朴子内篇》卷五，第七页。译文见 Ware（5），p. 108。

④ 《太平经》，王明合校本，第222—223 页，由作者译成英文。有关此文的复杂历史，见熊德基（*1*）。

⑤ 颇有意义的是，为儒家所常用的"圣人"、"贤人"等名称在表内排得较后。

⑥ 此点还可由其它篇章得到证明，例如《太平经》，第138—139 页、第596 页，在余英时［Yü Ying-Shih（2），pp. 112，114］著作中还可找到它的节译。儒家学说和佛教已开始产生影响。

⑦ 《太平经》，王明合校本，第221 页。

和实践，当然包括服用长生不老药在内，逐级上升。

名称	象征
神人（神仙）[1]	天
真人（完美的仙人）	地
仙人（仙人）[2]	四季
道人（精通道之人）	五行
圣人（贤明之人）	阴和阳
贤人（次一等的贤明之人）	山和河
善人（行善之人）	—
民人（普通人）	万物
奴婢（奴仆）	草木

这样，其精心建立起了一套圣贤的等级制度，从地上最卑贱的凡人直到星辰的永久居 110
住者。

3世纪末，正如《登真隐诀》[3] 所示，天上的官职机构正在充分形成。该书包含有从公元366年左右以来的一些文本，系公元493—498年由陶弘景辑评而成。这位大医师，是多门学科和原始科学的专家，正是从同一天上官职机构的成员并同时从公元4世纪末稍后的记录得到启示而编辑了《真诰》[4]。在这里，有福之人的品级是很清楚的[5]。另一部性质类似的著作是《三真旨要玉诀》[6]，约撰写于公元370年，后于唐代编辑成书[7]。由陶弘景本人撰写的一本书是有关神仙的品级、荣誉和行政职务的，书名为《洞

① 他们的住所在天上的北极和紫宫。

② 这些可能包括葛洪的两个较低的类别。

③ *TT* 418。我们将经常再次提到此书，例如本书下文 p. 131。

④ *TT* 1004。

⑤ 例如，公元前1世纪的炼丹家茅盈（参见 p. 13）已成为命运之神的主管和东方神山的大公，而他的小弟茅衷则仍然是一位地仙，在茅山道观负责神仙候选人的工作。参见图1309。

⑥ *TT* 419，参见 Maspero（7），p. 376。

⑦ 这三位真人是许谧（鼎盛于公元345年）、杨羲（鼎盛于公元370年）和许谧之侄许翙（鼎盛于公元360年前后）。关于许翙的实例引起了一个问题，即入迷的道家利用自杀作为加入仙班的手段。许翙在30岁时认为他已接到一份“提前的征召”，保证他在“现世外”有一个令人羡慕的官阶，这是他师傅杨羲托梦告知的（《真诰》卷十七，第五、六页），因此他于公元370年摆脱了他在地上的烦恼。第二个实例发生在陶弘景时代，一个叫周子良的人，他在20岁的青年时期便确信将在神仙中得到光荣的晋升（《冥通记》卷一，第十一页）。其摆脱的方法仍不清楚，但陶弘景本人则猜想到是食用了有毒的真菌（《冥通记》卷四，第十九页），考虑到植物长生不老药的传统和某些菌类植物中含有致幻剂，这一点看来很可能。综上所述，我们就能意识到晋、梁时代的道士在他们宗教世界的体系中热诚笃信的某种原因了。与上文有关的一般情况是崇拜确信已经成仙的人所留下的“空墓”，而这些常被描绘成他们在服用长生不老药后已经达到了目的，长生不老药并不使他们继续在地上过具体的生活，而是一直把他们带上天国（《真诰》卷十四，第十六页起）。这些“药物”显然是有毒的。但像许翙和周子良这样的实例，显然是很少的，而道教也从未有过那种明显而持续的传统，即以自杀求进天堂或是达到佛教在一开始就有的涅槃。的确，我们完全可以设想，这些道教的现象，实际上是佛教神灵的启示。我们非常感谢司马虚先生在这个论题上给我们提供资料和咨询。参见 Strickmann（2，3）。

图版 四四三

图 1309　道教的天官体系，一幅以老子、如来佛和孔子为首的三教合一的流行图［采自 Doré（1），vol. 6，fig. 2］。左边为大熊星座北斗七星，右边为南斗（宿）六星。

第二排左边有文曲星（文昌），东岳泰山之神和电母；右边有雷公、药王等。中间安详地坐着大慈大悲观音菩萨，她的女侍龙女双手捧着盛有净水（生命之水；*amṛta*）的宝瓶和洒水用的柳枝。

第三排包括一些五行之神，还有寿星。左边有主管雨水丰足的水满娘娘、守护都城之神都城隍，旁边是升到仙班的炼丹真人吕纯阳（吕洞宾），他可能也是化学炼丹和生理炼丹的守护神。

第四排左边为五路财神和火神；在右边的一些神中有通信之神千里眼。

在底排，有主管人类疾病和家畜之神，还有主管生儿育女的送子娘娘。左边第二位为炼丹史上的著名之神灶君。

需要注意的是一些天官似乎坐在轮椅之中。其实这只是一种象征，表示他们随时随地可以出现在任何地方的能力，像哲人一样，“轻而易举地从世界的一端到达另一端”。

玄灵宝真灵位业图》①，该书无疑是6世纪初的作品②。在此期间，古代黄老道家的原始非伦理模式：诸天就是诸天，即在这个世界中，天空和星辰，以及身体和灵魂的延续， 111
不论在天上或地上，更多的是取决于技术（包括化学的长生不老药），而远不是伦理上判断的行为，此时已经与佛教的诸天，也就是严格由伦理来决定其它世界的诸天，产生了宗教上的合流，同时还引入了有关另一世界的地狱的新成分。此过程在3世纪初已经开始，而到4世纪中叶，也就是刚才提到的三真人时代，这种合流有了更大的发展。

当然，儒家对这些事是漠不关心的。虽然肉体永生崇拜受佛教影响颇大，但并非全部受它影响，而当它带有明显的伦理色彩时，比较受儒家青睐；但是真正其它世界的天堂和地狱的渗入是同一过程的一部分，而他们对此则非常厌烦。儒家把整个事情看做是危险地背离了人们在地上的责任，并乐意称此为人民的鸦片（如果他们已想到这个用语的话）。关于此种情况，自秦以后都可以看到。汉初，公元前196年，陆贾在他的《新语》中写道③：

> （假如一个人）从事于繁重而使人精疲力竭的修炼，进入深山，想成为一个神仙，（假如他）舍弃了父母抛弃了亲属，辟除五谷，放弃经典学习，摒弃天地钟爱之物以求不死之道，于是他不再能和现世界的人们进行交际或防止不对的事情发生。
>
> 〈乃苦身劳形，入深山，求神仙，弃二亲，捐骨肉，绝五谷，废诗、书，背天地之宝，求不死之道，非所以通世防非者也。〉

在这些世纪中，差不多每十年都能列举出具有同样态度的例子，在以后的年代中也一样。例如，王褒大约在公元前60年写了一篇文章，论述一位明君把贤臣聚集在自己周

① *TT* 164。

② 此类模式持续了多长时间，可以从大约8个世纪后元代张天雨的著作《玄品录》（*TT* 773）中看到，这是一本类似于《列仙传》的书。

③ 《新语·慎微第六》，第十五页，由作者译成英文，借助于 Yü Ying-Shih（2），p. 93。参见上文 pp. 78—79 述及的希伯来预言书。

围的能力，严厉地批评了王子乔和赤松子一类的仙人，说他们“抛弃了普通的生活，并把他们自己与同代人的联系切断（‘绝俗离世’）”①（“呴嘘呼吸如侨、松，眇然绝俗离世哉”）。有时这种态度有点模棱两可。桓谭是一位持怀疑论的自然主义哲学家，在前面几卷中我们曾多次引述过他，他在约公元前20年撰写的《新论》中说道：“根本没有神仙之道这回事，它只不过是那些喜欢谈论荒诞事情的人所编的寓言而已。”②（“无仙道，好奇者为之。”）然而就在他早年的时候，他曾为皇帝写过一篇颇有说服力的颂诗《望仙赋》③。这可能是传统的朝臣应制之作，也可能是他的思想随着年龄增长而改变了。或者也可能如同我们现在所了解的那样，我们过于天真地把“科学的怀疑论”与神仙技术中的“迷信信仰”作了对比。桓谭确实精通天文学、机械学和当时的
112 其它科学，但是他也留下不少有关道家的其它资料。鉴于道家的所作所为，他很可能从他们众多心理生理学的以及治疗的方法中辨别出真正的价值。当一位托勒密式的人笃信星命天宫图的时候，能够指望谁会在公元1世纪和2世纪时有把握地区别科学、巫术和神秘主义呢?

道家曾多方设法为他们自己辩护。我们只要从《抱朴子》中举出极为出色的一段就足够了。此段文章系葛洪回答一项指责，其认为成仙是对祖先的背叛，因为祖先再也收不到他们子孙应当奉献的祭品了④。

> 有人说：“假如人们能学会成仙术，飞升云端，抛弃社会生活，摒绝现世界，于是他们就再也不能按习俗向祖先奉献祭品。如果鬼魂有知，那他们不是要挨饿了吗?”抱朴子回答说：“我记得已受过的教诲，最高的孝道是保持一个人的身体完整和不受伤害。一个人得道成仙，从而导致永久的生命和永恒的觉醒，与天地同寿，而不仅仅把受之父母的身体，完整地返归（到土中），难道这不是更高的孝道吗？现在，我们一旦能升天，脚踏祥光，以云为车，以虹为华盖，我们将能品尝玫瑰色的晨气之露，畅饮蓝（天）和黄（地）醉人的精华。我们将以玉液琼浆为饮料，以闪蓝色的蘑菇和朱红色的花朵为食品，以红、碧玉石的洞府为住宅，用红色的美玉作房间，我们将在“太清”仙境任意漫游。假如我们祖先的灵魂知道了这些情况，难道他们不会分享我们的荣誉吗？他们可以作五帝的辅佐或者负责管理百神的队伍。他们无须寻求就能得到晋升。他们以花朵和可食用的玉为食。他们的影响将达到罗酆山地区⑤。他们的声望将回荡在（天宫的）梁柱之间。假如我们能忠诚地遵循这种道，那么即使他们不懂得道的奥秘，他们也绝不会挨饿。”

---

① 《全上古三代秦汉三国六朝文》（全汉文）卷四十二，第十页。有关此两位仙人之事见 Kaltenmark（2），pp. 35，109。

② 张华在他的《博物志》（卷五，第五、六页）中说，桓谭与他的朋友扬雄共同对此有强烈的信念（参见本书第三卷，p. 219）。有关桓谭本人的情况，见本书第二卷，p. 367。《新论》之文载于《全上古三代秦汉三国六朝文》（全后汉文）卷十五，第五页。

③ 此赋载于《全上古三代秦汉三国六朝文》（全后汉文）卷十二，第七页，也见于各种类书。鲍格洛［Pokora（3）］已出版了此赋的评述和译本。作赋的原因是在华山山麓一个道观举行尊奉王子乔和赤松子的典礼。

④ 《抱朴子内篇》卷三，第七页，由作者译成英文，借助于 Ware（5），pp. 63—64。

⑤ 鬼魂的另一处居住地，类似黄泉。

〈或曰："审其神仙可以学政，翻然凌霄，背俗弃世，烝尝之礼，莫之修奉，先鬼有知，其不饿乎！"抱朴子曰："盖闻身体不伤，谓之终孝，况得仙道，长生久视，天地相毕，过于受全归完，不亦远乎？果能登虚蹑景，云舆霓盖，餐朝霞之沆瀣，吸玄黄之醇精，饮则玉醴金浆，食则翠芝朱英，居则瑶堂瑰室，行则逍遥太清。先鬼有知，将蒙我荣，或可以翼亮五帝，或可以监御百灵，位可以不求而自致，膳可以咀茹华璚，势可以总摄罗酆，威可以叱吒梁成，诚如其道，罔识其妙，亦无饿之者。"〉

O quanta qualia sunt illa Sabbata！（啊，荣光喜乐必属于他们！）尽管基督教对天的看法在各方面有很大不同，但葛洪的描述却的确使我们想起阿贝拉尔（Abelard）①和克吕尼的贝尔纳（Bernard of Cluny）②的动人诗篇。

我不知道，啊，我不知道，
有什么样的社交欢乐，
有什么样的荣誉光辉，
有什么样的无比灵光。

但是，儒家仍未被说服。

我们已谈论了有关飞升之事（pp. 104 ff.），我们即将以更多的篇幅来加以叙述 113
（pp. 124 ff.），因而在这里插叙一下两件汉代精美绝伦的陶制墓俑可能是适宜的。墓俑显示神鸟背负着炼丹术士和他们的丹炉，即将起飞上界。此两俑系 1969 年于山东济南附近无影山的一座墓葬中发现的，测定年代为公元前 1 世纪或前 2 世纪；参见 Anon.（*113*）。图 1337 显示两位炼丹术士在相互致礼，其后是炼制长生不老药的鼎炉，具有人形的鼎足支在鸟翼上，同时一个随从在后面执着一柄礼仪用的大伞罩着他们。在同一墓中还出土了一具更大的俑，见图 1338。此鸟仅背负着两只大"瑚"（罐），其中无疑盛着长生不老药。

我们在这里描述的整个传统，现今仍在文学作品中得到继承。我们禁不住要引用毛泽东在 1957 年写给长沙女教师李淑一的动人词句。他说："这是一首'游仙'词，赠给你。"李淑一的丈夫柳直荀是毛泽东的战友，1933 年在洪湖战斗中牺牲，而毛泽东的第一位妻子杨开慧是李淑一的挚友，也在此 3 年之前红军撤离长沙后被国民党官员杀害。这里杨表示杨树，柳表示柳树③。毛泽东写道：

我失骄杨君失柳，
杨柳轻扬直上重霄九。
问讯吴刚④何所有，

---

① 1079—1142 年。歌颂天上永恒节日的赞美诗，这里引述的是该诗的第一行，该诗由尼尔（J. M. Neale）译成英文（参见 *English Hymnal*, no. 465）。

② 其后的几行诗引自贝尔纳的《最后的时刻》（*Hora Novissima*），也由尼尔［Neale（1）］译成英文；参见 *English Hymnal*, no. 412。贝尔纳的鼎盛期在 12 世纪中叶。

③ 柳，特指垂柳，柳属，杨柳科（*Salix babylonica* = *pendula*；CC 1697），它通常称作"杨柳"（R 624），也许是指它雌雄同株的特性，其飘忽的种子仅来自雌株。但杨也是所有杨属植物的总称。杨属和柳属植物合在一起组成一个家属，即杨柳科，雌雄异株乔木［Lawrence（1），p. 447］。

④ 吴刚是中国传说中的西绪福斯。例如据《酉阳杂俎》，我们知道他学仙有过，谪令伐桂，树在月中，高 5000 尺，他每砍一根树枝，马上有新的树枝在原处长出。

吴刚捧出桂花酒①。
寂寞嫦娥②舒广袖，
万里长空且为忠魂舞。
忽报人间曾伏虎，
泪飞顿作倾盆雨③。

114 (v) 古代中国炼丹术的起源和长生术

如果我们回顾一下我们走过来的路，就长生术与中国炼丹术起源的关系来说，我们就会看到有几件事已得到证实。

1) 尽管在阐述上比较隐晦，但能导致永生的长生不老药、不死之药，总之各种各样的长生剂，在希腊化时代的原始化学中并不属重要的部分，它更多的是注意制作赝金和点金，虽然在表达上很神秘。然而中国人从公元前4世纪起，确切地说，从公元前3世纪起，对长生药物却是深信不疑的。

2) 中国人所面对的永生的种类，基本上是属于肉体性的或物质性的，即一种在自然世界太阳下的永存，不管是在地上或是在星辰间的天空中④。不错，在中国思想中曾有过一个阴暗的地下世界（相当于阴间或地狱），但在佛教渗入以前未曾有过，也不可能有一种"伦理分化"论，并以此判别善人和恶人，使他们分别升入天堂或打入地狱。因此，完全可以设想有一种物质性的药物，或者是一种源自植物或矿物—金属的长生不老药，因为一切药物都是维持或恢复身体—灵魂有机体的健康，而仙的永生归根到底只是使这种健康无限期地继续下去而已。不管什么人都很少可能把一种物质性药物设想成一份通行证，通向由伦理决定的另一世界的天堂，或者保护他免于被打入涤罪的炼狱或地狱。要获致"神仙"的地位，主要取决于技术，即生理的、化学的和道术与礼拜仪式等的实践（并非印欧文明中所指的那种必不可少的"苦行"），经过长期修炼，使身体稀薄化或极度纯净化，但仍保存下来。因此，像真正的中国思想方式中其它任何事物一样，永生是属于"现世的"。

3) 为什么必须有身体，这一点可以从古代中国有关灵魂的说法中清楚地看出，因为在中国没有自发地产生过单一的灵魂论。相反，一个或者更多的"魂"（最后是3个）具有光明、大气和阳世（"阳"）的性质，因此在死亡时必然消失在上面的气体中；而

---

① 樟属桂树（*Cinnamomum Cassia = aromaticum*；R 494，CC 1318）。

② 见本书第五卷第三分册。

③ 由作者译成英文，借助于 Sollers (1)，p. 39；Ho Ju (1)，pp. 30，48；Huang Wên (2)，pp. 54，91 ff.；Bullock & Chhen，见 Chhen Chih-Jang (1)，p. 347。

④ 根据前面所述，其某些方面的重要性在这里相对说来是次要的。随着时间的推移，重点更多地转到升天（实体性天堂）上。据我们推测，这可能是由于公元前3世纪末建立帝国以来，几代皇帝和大臣们都接连地表示在道家的永生中寻求不死的强烈愿望。某些受尊敬的东西必定会在"来世"中为他们保留下来。同时，在诸天上，在星辰和星座中各有住宅和官府，并逐渐形成一套天上的官僚体系，其酷似地上皇家的官僚体系。到公元4世纪，谋取天上晋升是那些热衷成仙者的主要目标，虽然有少部分保守人物仍可以坚持原先的想法，在山林间，甚至在地上人们聚居处得到无穷的满足。参见图1309。

一个或者更多的“魄”(最后是7个)则具有黑暗、泥土和阴间(“阴”)的性质，因此必然溶解于大地的实体之中。魂魄好像一串念珠上的珠子，而身体是唯一能把它们串在一起的线。

上述三条足以说明从公元前4世纪到公元1世纪，中国的智力环境完全有利于长生不老药观念的发展(而点金至少从公元前2世纪中叶以后才与之共同发展)。但是，不死之药是一种土生土长的概念，还是作为一种外来的促进因素由某个地方传入的?[①]中国和日本的学者长期以来一直致力于此问题的研究，但结论却极不相同。有些人认为他们可以追溯到部落民族在开始形成的中国文明的边缘上所产生的影响，例如徐中舒(*7*)提出，北狄蛮人在公元前8世纪时颇活跃，而闻一多(*3*)则相信实行火葬的西羌人起着作用，但是没有一项证据足以令人信服。半个世纪以前，津田左右吉(2)在其论中国永生观念之产生的专题著作(现在仍不失为最精心的专著)中，倾向于相信完全其是土生土长的，是顺着从长寿到永生的思想自然发展起来的[②]。如果情况属实，那么很明显，东北沿海地区的齐国和燕国人民当起主要作用。1662年，顾炎武提出他们的观念来源于海市蜃楼[③]。此项观点得到了武门义雄(*1*)和近代其它许多学者的支持。但是，它至多也不过解释了神秘的蓬莱岛，根本未说明岛上的仙人，更不用说不死之药本身了。 115

综前所述，中国在战国时期和秦汉时期显然已完全能够提供过饱和溶液，只要放进合适的晶种，就能结晶出长生不老的炼丹术来。1947年，德效骞[Dubs(5)]曾提出，此项晶种乃是一种有关印度—伊朗植物的知识(或传说)，公元前第2千纪末，吠陀祭司曾用这种植物作祭品。这种植物波斯人称作豪麻(*haoma*)，印度人称作苏摩(*soma*)。它的使用时间必定比雅利安人入侵时间早，因为此项活动可以由祆教和吠陀两方面的资料加以充分证实[④]。此种植物的液汁，按照赞美诗的用词来说，据信可以医治身体和精神上的百病而致永生。德效骞进一步提出，月氏民族是传向中国的媒介，直到公元前3世纪，他们一直占据着甘肃西部首府甘州(今张掖)[⑤]。这个民族其实就是汉武帝时张骞去寻找的盟友，不过那时他们更向西迁移了[⑥]。这样，德效骞设想了一条经陆路从伊朗文化区到中国传布不死植物或不死药观念的路线，时间在公元前4世纪或许更早。他的文章就到此为止了。在初读这篇论文时，我感到没有什么吸引人之处，它没有假设在这样早的时期就与印度有来往(常常有人这样提出而又缺乏令人信 116
服的证据)，这是它的长处，但它似乎是说这观念是先传到中国西北的秦国而不是东北，这便与道家占首位的齐、燕两国的一系列事实相矛盾。

此项困难依然存在，但由于沃森(R. G. Wasson)和他合作者的发现，使整个论

---

① 见本书第一卷，pp. 244 ff.。

② 道教史家许地山(*1*, *2*)一直同意此点。

③ 《天下郡国利病书》卷十八，第三十六页。顾炎武也是首先指出神仙观念到晚周时代才开始的学者之一。

④ *Ṛg Veda*, Ⅷ, Ⅸ. *Avesta*, Yasna Ⅸ, 2, 19, Ⅹ, 7, 9, Ⅺ (the Hōm Yašt chapters)。

⑤ 参见本书第一卷，p. 181；第四卷第三分册，p. 10。

⑥ 参见本书第一卷，pp. 173。

题有了一种全新的见解[1]。通过对致幻植物[2]，包括仙人掌类[3]和真菌类[4]的总体考察和广泛的野外调查，对古代宗教和哲学中作用于精神的物质之功能，终于被逐渐揭开[5]。特别是毒蝇伞菌（*Amanita muscaria*）与此有关，这是一种蘑菇，具有鲜红色的菌盖，上有白色小疣，成熟时消失。它常与桦树生长在一起，间或也生长在松林中。20 世纪，亚洲东北部的吉利亚克人（Gilyak）、科里亚克人（Koryak）和楚克奇人（Chukchi）的萨满教徒仍用此种毒蝇伞菌（图1310，下文 p. 125）来引发宗教仪式的狂喜，即幻想飞行、灵魂的安全通行和晋谒诸神等活动[6]。这时关键性的意见是这种蘑菇的橙色液汁就是古代人的豪麻－苏摩（*haoma-soma*），因为吠陀赞美诗明确地包含着参加仪式者狂喜的迷幻景象。需要强调的是，原文的整个描绘与这种蘑菇作为祭祀植物在细节上都很一致，同时这种植物也产于温带北方高山的山坡上。当人们知道作用于精神的物质能够通过人体 5 次而保持不变，而催吐的成分则经过新陈代谢而消失，上述意见似乎就变得更加有理（此外还有许多其它论据）[7]。现在大家知道萨满教有饮司祭者尿液的项目，而且究诸文字可推断为吠陀的宗教仪式[8]。《吠陀经》明确无误地写道，“苏摩使虚弱者强健……延长寿命，给诸神以神力”，特别是因陀罗神（Indra）和月亮之神旃陀罗（Chandra）[9]。此经还经常反复地说：“我们饮了苏摩，我们已经获致永生，我们进
117 入了光明境界，我们认识了诸神。”[10] 这样，参加礼拜者的病治愈了，并成为不死之身

① 特别是见 Wasson（1，3），Wasson & Wasson（1）；Heim，Wasson *et al.*（1）。

② 例如来自旋花科墨西哥木质藤本植物（*Rivea corymbosa*）的阿兹特克伞房瑞威亚（*ololiuqui*），其中含有麦角酸的衍生物；Schultes（1），Osmond（1）。萨波特克人（Zapotecs）则采用与旋花科紫牵牛（*Ipomoea violacea*）相关植物的种子；Wasson（1）。

③ 来自乌羽玉（*Lophophora Williamsii*）的墨西哥皮约特仙人掌（*peyotl*；一种无刺仙人掌），它久已闻名；见 la Barre（1，2）。

④ 有关来自真菌墨西哥裸盖菇属（*Psilocybe* spp.）的裸盖菇碱的论述，其主要论文系霍夫曼［Hofmann & Heim（1）］撰写；参见 Heim（1，2）；Deysson（1）。这些是墨西哥瓦哈卡（Oaxaca）的萨波特克人、马萨特克人（Mazatec）和纳瓦印第安人（Nahua Indians）所用的蘑菇。沃森［Wasson（1）］曾与他们一起接受过“神之肉”。

⑤ 不用说，这和当今的部落民族和原始文化民族一样。现在已经有大量文献论述心理活性药物的民族药物学。目前我们只需援引埃弗龙、霍姆施泰特和克兰［Efron，Holmstedt & Kline（1）］编辑的专题讨论会记录汇编；所罗门［Solomon（1）］编辑的论文合订本；Crocket，Sandison & Walk（1）；Clark & del Giudice（1）；Keup（1）和 Walaas（1），以及 Gray（1），Hoffer & Osmond（1）。有许多历史性的研究尚待进行，以便对诸如沃森［Wasson（1）］所说古希腊的埃勒夫西斯秘仪（Eleusinian Mysteries），包括服用致幻剂等进行验证。关于此类药品在精神病学研究方面的价值，见 Osmond（1）。

⑥ 欲知致幻剂的化学性质，见 Eugster（1），Efron（1）等，以及 Razdan（1）。

⑦ 例如，此种神圣的饮剂不可能是一种发酵液，因为在植物捣烂并挤压后其液汁立即见效。按传统，“*haoma*”和“*soma*”两词的词根表示“挤压”之意；Modi（1）；Hopkins（3）；但近代的研究［Bailey（1），p. 105］认为表示“海绵状”。

⑧ 参见 Wasson（3），p. 29。把毒蝇伞菌的事例视作论证尚属言之过早，但是梵语学者和民族药物学家现在正趋于一致认为苏摩属于某种致幻植物。见 Wasson & Ingalls（1）；批评与回应见 Brough（1）和 Wasson（4）。

⑨ 参见 Hopkins（3）。祆教著作也说豪麻使人健康、长寿、智慧、高贵和精力充沛［Modi（1）］。

⑩ *Ṛg Veda*，Ⅷ，48，3。参见 Muir（1），vol. 2，p. 469，vol. 5，p. 258；Hillebrandt（1）。另见 Wilkins（1），pp. 69 ff.，72；Masson-Oursel；de Willman-Grabowska & Stern（1），p. 147。

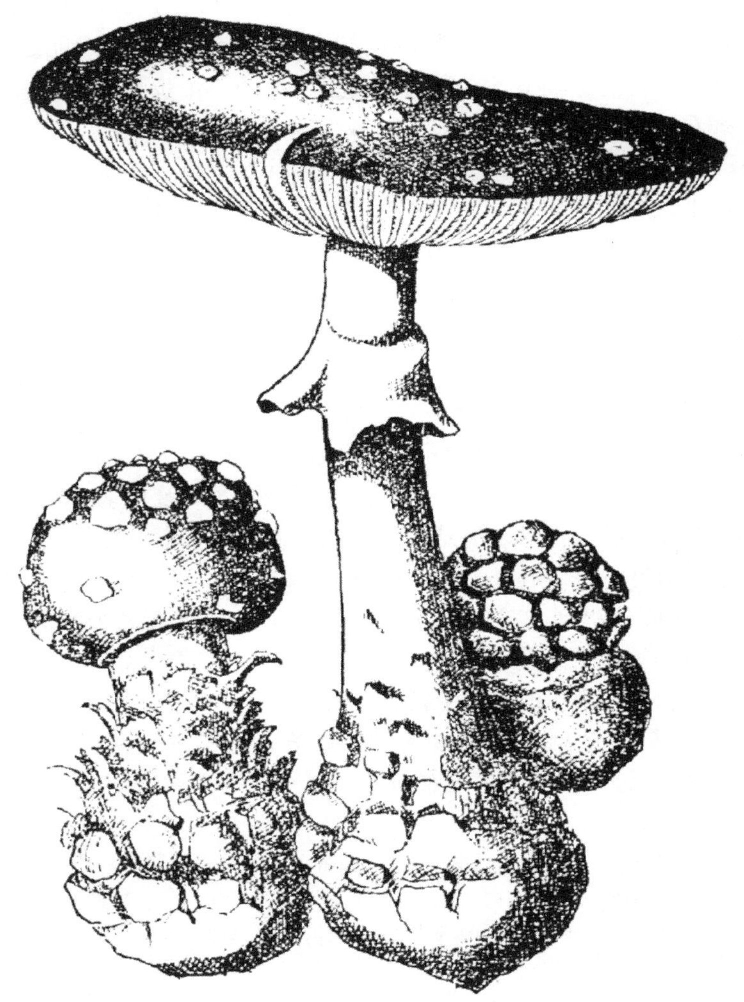

图 1310 毒蝇伞菌，一种具致幻作用但毒性又不甚大的蘑菇［采自 Heim (2)，fig. 12］。

(*amṛta*)①。要确切说明那些服用了苏摩汁的人确信他们已经获得或者将要获得永生的性质是有一定困难的，但是他们只要有一次体验到访问了诸神天堂之后，他们就可能会感到有把握再次去那里。他们实际上已相信他们已经分享诸神的生活②。显然，我们在这里有一些东西，远比希腊化时代希腊—埃及原始化学家的隐喻更具体，而且还有一些东西，恰好能够给中国道家提供坚定信念所需的要素，使他们成套的观念凝化为

① Macdonell (1)。此词以后在包括《摩诃婆罗多》(*Mahābhārata*)在内的史诗文学中具有相当大的作用，它表示永生饮料之意，系由海洋的翻腾而成［参见 Keith (5)，vol. 2，pp. 623—624］。据信，此点可能也曾给中国的观念带来若干影响。"*amrta*"与希腊词"*ambrosia*"同源［Fowler (1)；Zinner (1)，pp. 60，105］，如同"*amūrta*"(非物质的)与"*abrotos*"一样。

② 参见 Wasson (3)，pp. 209—210。

完全的长生不老药炼丹术①。因此，这种“不死之草”可能是毒蝇伞菌，而“不死之树”可能是桦树。长生不老药由植物到矿物金属（黄金）的转变，可能是在齐、燕两国原始化学和冶金从业者的影响下，在稍后时间里采取的一个步骤。

假如我们查看一下古印度礼拜仪式的经文，对此事是如何发生的就会看得一清二楚。此项研究一开始（上文 p. 12）我们给炼丹术根本起源下的定义是长生术加点金，顺便也注意到永生观念与不腐金属黄金之间的联系，而这种联系可能要古老得多。我们可以轻而易举地说这种思想联系必须追溯到有关金属性质的原始知识上去，但是我们需要询问比这更具体的事情。当我们在古埃及或肥沃新月地带的文献中寻找它时，
118 我们没有发现很多东西。例如，莫雷特在讨论法老王权的宗教基础时说：“拉神（Rā）之子——法老的血管里流动的是‘拉神的液体，是男神和女神的金’，赋予他生命的是来自太阳的发光流体，是‘一切生命、一切力量和持续时间之源’。”② 铭文说：“拉神的灵液是他的射线之金。”但是，这只不过是诗歌中的比喻而已。对我们更重要的是确凿的事实，即在古代印度，黄金与作为祭品的苏摩是紧密相连的。《百道梵书》（*Śatapatha-brāhmaṇa*）的许多段落都可以清楚地证实此点，和诸梵书一样，它成书于公元前 8 世纪到前 4 世纪，但极有可能在公元前 7 世纪。这部著作是一座名副其实的礼拜仪式学的宝库③，书中不断地提到了黄金（*suvarṇa*）。我们来看一看几个实例。

正如套话程序中一再重复的那样④，黄金是火神阿耆尼（Agni）之精⑤，是世间最纯洁的东西，是光、火和永生的神圣象征。其神话如下：

> 他（司祭）那时带着（一件）黄金物品。当时阿耆尼一度把目光投向圣水，他想“我可以和它们成对”。他和它们来到了一起，而他的精变成了黄金。由于这个

---

① 在此种解释方面仍存在一种困难，即一般公认苏摩作为祭品约在公元前 800 年印度已停止使用。婆罗门采用另一种非心理活性的植物来替代原先的蘑菇［Wasson.（3），pp. 5，69，95 ff.］。据推测，由于印度—雅利安人扩展到达罗毗荼人（Dravidian）的南部，由喜马拉雅山地区来的供应变得更加困难，但这也不能解释豪麻作为祭品也早在波斯停用的原因。在上述两种情况下，为什么不选用另一种有心理活性的蘑菇或有花植物来替代，这一点也不清楚。此外，在停止举行永生 - 迷幻的宗教仪式后和不死之草的观念传向中国前有大约四五个世纪的间隙，不过这一时间间隙看来并不太严重，只要我们记得不论在波斯或印度，与宗教仪式伴随进行的赞美诗都是和其它有关的经文一起写下来的，或者至少也由婆罗门和祆教学者一字不漏地熟记下来，只要其中的少数几个人就能把此项令人激动的种子观念传播给中国文化。我们也无需想象他们曾亲身来到中国。

还有第三个问题，即药物学上的苏摩—豪麻，升天的“通行证”，恰好出现在那些正在形成最清楚、影响最广关于另一世界的“伦理分化”文化中，这似乎是自相矛盾的（上文 p. 80）。但是我们要考虑两件事：第一，这种神奇的植物并非自那些文化开始，因为它可以往回追溯到公元前第 3 千纪的苏美尔人（下文 p. 121）；第二，伦理因素的发展可能正是苏摩作为祭品停止使用的原因。显然，琐罗亚斯德（Zoroaster，约公元前 620—前 550 年）本人也反对此种植物和饮尿［参见 Wasson（3），p. 32］。因此，印度—伊朗文化可能只是吉尔伽美什到秦始皇帝之间的一些中间站而已。

② Moret（3），pp. 47—48。

③ 无疑，它差不多是以后一切有组织的宗教仪式的根源。

④ 谢泼德［Sheppard（6）］的功劳是他强调了这一点，有关婆罗门书籍中的宗教和神话，德瓦斯特利［特别是 Devasthali（1），p. 96］的著作也值得一读。

⑤ 这是雄性之精所有的神秘而魔法般的生殖力，因而是产生生命的能力转移到闪闪发光的金属上。也可能指用熔炼法进行的生产过程。参见埃利亚德［Eliade（5）］的论证和高兰［Gowland（9），pp. 196 ff.］的论述。在这方面很引人注目的一点是在中国炼丹术中，朱砂的别名之一叫“日精”，即“太阳之精髓”（《抱朴子内篇》卷四，第九、十页，译文见 Ware，pp. 82 ff.）。

> 原因，黄金像火一样发光，因为它是阿耆尼之精。同样在水中也能找到黄金，因为他曾把精注入水中①。因此，一个人不能用金来使自身纯化，也不能用它来做任何事情②。现在有了光辉（以尊敬火），因为他（司祭）由此使它持有神之精……③

考虑到对立的结合以及“水与火的结婚”，我们已经有了一段陌生而对炼金术意义重大的文章，虽然其撰写和阐述的时间可能要比炼金术诞生早500年。另一种说法是，在雷电神因陀罗杀了陀湿多（Tvashtri）之子毗斯伐奴婆（Viśvarūpa）之后，陀湿多把因陀罗爆裂成碎片，“从他的精流出了他的组织而变成黄金”④。以后诸神使他重新聚合，因此僧侣们“用黄金来纯化，此种金属无疑是诸神的一种组织”⑤，同时“他们用黄金来纯化他们自己，因为黄金是永恒的生命，他们也以此来建立他们自身”⑥。“因为黄金是光，火也是光，黄金是永生，火也是永生。”⑦ 在举行礼拜仪式时祭坛上放一块黄金⑧，把它放在祭牛的脚印上⑨，并放在盛苏摩车的车迹上⑩。此外，在苏摩作为祭品的典礼 119
上，要举行一次购买苏摩（蘑菇）的仪式⑪，而且此事必须用金块去做。

购买苏摩的仪式。

> ……他（司祭）洗手的原因。经过澄清的黄油是一种雷电，而苏摩是一种精，他洗手是为了避免他以雷电（酥油）去损伤精（苏摩）。随后在他的（无名）指上系上金块。现在这个（宇宙）实际上是双重的，即真理和非真理，没有第三重。诸神是真理，而人是非真理。由于黄金是阿耆尼之精产生的，他把黄金系在无名指上是为了以真理去接触（苏摩的）柄，并用真理来处置它……⑫
>
> 随后使（献祭者）触摸这黄金并说：“你，纯洁之物，我用纯洁之物购买。”他确实用纯洁之物购买纯洁之物，他用黄金（换取）苏摩，“用光辉灿烂之物换取光辉灿烂之物”……“用永生之物换取永生之物”……⑬

此外，用金线编制滤网，供过滤苏摩的液汁之用⑭。在祭礼的某个时刻，司祭必须站在

---

① 肯定是指沙金。

② 除了宗教上和供装饰。

③ *Śatapatha-brāhmana*，Ⅱ，(1)，i，5，译文见 Eggeling（1），vol. 1，p. 277。

④ *Śatapatha-brāhmana*，Ⅻ，(7)，i，7，译文见 Eggeling（1），vol. 5，p. 215。

⑤ *Śatapatha-brāhmana*，Ⅻ，(8)，i，1，15，译文见 Eggeling（1），vol. 5，p. 236。

⑥ *Śatapatha-brāhmana*，Ⅻ，(8)，i，22，译文见 Eggeling（1），vol. 5，p. 239。

⑦ *Śatapatha-brāhmana*，Ⅶ，(4)，i，15，译文见 Eggeling（1），vol. 3，p. 366。

⑧ *Śatapatha-brāhmana*，Ⅲ，(2)，iv，8，9，译文见 Eggeling（1），vol. 2，p. 54。

⑨ *Śatapatha-brāhmana*，Ⅲ，(3)，i，3，译文见 Eggeling（1），vol. 2，p. 59。

⑩ *Śatapatha-brāhmana*，Ⅲ，(5)，iii，13，14，译文见 Eggeling（1），vol. 2，p. 130。

⑪ 实际的购买可能事先在幕后就进行了。

⑫ *Śatapatha-brāhmana*，Ⅲ，(3)，ii，1，2，译文见 Eggeling（1），vol. 2，p. 63。这种清晨挤压苏摩（*prātaḥ-savana*）的程序，在苏摩的大挤压（*mahābhiśava*）、中午挤压（*mādhyandina-savana*）和晚间挤压（*tritīya-savana*）时还要重复；参见译本 vol. 2，pp. 238，256，390。

⑬ *Śatapatha-brāhmana*，Ⅲ，(3)，iii，6，译文见 Eggeling（1），vol. 2，p. 70。随后是队列和苏摩以国王般的入场典礼。

⑭ *Śatapatha-brāhmana*，Ⅴ，(3)，v，15，译文见 Eggeling（1），vol. 3，p. 84。

一块黄金上面①，而且他的酬金必定要用黄金支付②。

黄金还用于许多其它的祭典之中，它涉及天文学上的象征，用来象征太阳③或用画眉草包起来并怀着同样的意图带到西方去④。它是赎罪过程中的一种可以求助的东西——如果火熄灭了，司祭可以献金，“因为黄金是阿耆尼之精……而儿子与父亲是一样的”⑤。这是圣火献祭（Agnihotra）仪式上早晨和晚上的祭礼，“确实是一种献祭的（典礼），以保证到老年（才）死亡，因为人们只有靠长久地延缓死亡的来临才能摆脱死亡”⑥。假如一个圣火献祭的司祭死亡，“则主祭者要把 7 块黄金塞入他生命本质（*prāṇa*）的七窍之中，因为黄金是光明和永生。这样，主祭者就把光明和永生给予了他”⑦。黄金还用来进献给国王，受献的国王必须踩在一块打有 100 个孔的金牌上以表示长命百岁，另外有 9 个孔表示 9 个生命本质⑧。另有一种金牌和一尊人的金像，那是建立火坛（Agnicayana）祭典中主要的祭品。在这种祭典中，火神的地位被提高了⑨。具有 120 个球形鼓突的金牌用来代表雷电神因陀罗或太阳神苏利耶（Sūrya），鼓突表示太阳的光线；金像则表示阿耆尼本身或生主（Prajāpati）⑩。凡是知道此金牌和金像象
120 征意义的人，无论何时“离开此生命时，他就转入另一身体而成为永生，因为死亡的是他自己本身”⑪。在牛祭时采用另一种扁平的金片⑫。最后，在印度—雅利安人最大的祭典——马祭（Asvamedha）时，黄金必定占主要的地位。屠刀是用金制作的⑬，“因为金是灿烂的光”，而“司祭就乘着此金光登上天界”⑭。当主事司祭（Adhvaryu）授予司祭—国王金制饰物（*nishka*）时，他们的轻声细语犹如互相唱和⑮：

唱：你是火、光和永生。

和：黄金就是火、光和永生。

［这样他把火热的精神、灿烂的光辉和永久的生命给予他］

---

① *Śatapatha-brāhmana*，V，(2)，i，20，译文见 Eggeling (1)，vol. 3，p. 35。

② *Śatapatha-brāhmana*，Ⅳ，(5)，i，15 和XIV，(3)，i，32，译文见 Eggeling (1)，vol. 2，p. 390；vol. 5，p. 503。

③ *Śatapatha-brāhmana*，Ⅲ，(9)，ii，9，译文见 Eggeling (1)，vol. 2，p. 224。

④ *Śatapatha-brāhmana*，Ⅻ，(4)，iv，6，译文见 Eggeling (1)，vol. 5，p. 195。这里和中国一样叫做“黄”金。

⑤ *Śatapatha-brāhmana*，Ⅻ，(4)，iii，I，译文见 Eggeling (1)，vol. 5，p. 187。

⑥ *Śatapatha-brāhmana*，Ⅱ，(2)，iv，1—18 和Ⅻ，(4)，i，1，译文见 Eggeling (1)，vol. 1，p. 322；vol. 5，p. 178。

⑦ *Śatapatha-brāhmana*，Ⅻ，(5)，ii，6，译文见 Eggeling (1)，vol. 5，p. 203。

⑧ *Śatapatha-brāhmana*，V，(4)，i，12 ff，译文见 Eggeling (1)，vol. 3，pp. 92 ff.。

⑨ *Śatapatha-brāhmana*，Ⅵ，(7)，i，Ⅰ；Ⅶ，(4)，i，10，15，43，ii，17，18 和Ⅷ，(1)，iv，1，Ⅷ，(7)，iv，7 ff.，译文见 Eggeling (1)，vol. 3，pp. 265，364 ff.，375，382，vol. 4，pp. 18，146。

⑩ *Śatapatha-brāhmana*，X，(4)，i，6，译文见 Eggeling (1)，vol. 4，p. 342。

⑪ *Śatapatha-brāhmana*，X，(5)，ii，7，23，译文见 Eggeling (1)，vol. 4，p. 368。

⑫ 在进行烹饪仪式时特别放在网膜的上面和下面。

⑬ 或者至少有一把刀是金制的。

⑭ *Śatapatha-brāhmana*，XIII，(2)，ii，16，译文见 Eggeling (1)，vol. 5，pp. 303—304。

⑮ *Śatapatha-brāhmana*，XIII，(4)，i，7，译文见 Eggeling (1)，vol. 5，p. 348。

唱：生命的保护者，请保护我的生命。
（和：你的生命受到保护。）
　　［他因此把生命力给予他。于是他说：］
唱：约束你的言论。
和：因为祭品就是言论。

因此，显然可以看出，在公元前第1千纪前半期的印度祭典神学中，金属金和永生之间联系的观念是很明确的，即使起初是象征性的。我们还可以在更早的时代，即至少是在《阿闼婆吠陀》（即《禳灾明论》，*Atharva-veda*）的颂歌或咒语中见到此种联系。此书主要是公元前10世纪的作品，虽然这一特殊的章节看来要稍晚一些，也许在公元前8世纪。这是一种咒语或祷词，在圣礼仪式上授予一枚金戒指或耳环以赐予长寿，特别是对于那些害怕被火烧伤或烧死的人。其原文如下①：

1. 金生自火而永生，
　它与世间的凡人聚集在一起；
　任何人都知道这一点，只要他确能保有它，
　它将保佑他直到耄耋。
2. 金为古人及其子孙所追寻，
　它光辉灿烂，具有天体本身的色彩；
　当它照耀的时候，会授予你天福，
　佩带它的人将会长寿。
3. 让它带来长寿和灿烂的光辉，
　力量、活力、精壮和健康将伴随着你；
　因此你将鹤立鸡群，
　用金色的光辉照耀向前。
4. 高贵的伐楼拿（Varuṇa）、神圣的祈祷主（Bṛhaspati）和伏魔的因陀罗，
　他们都知道金的功能；
　它可以成为你生命之源，
　也可以向你发出永恒之光。

上述情况或许就是秦始皇帝寻找的“不死之草”和李少君从事制造黄金的背景。的确， 121
某些极易令人相信的传闻或信仰传到了中国，遂使神学转变为哲学，说得更确切些，使祭典学转变为原始科学。

还有一两点必须提一下。首先，有关不死之草的观念绝非印度－伊朗文化的新发明，因为早在公元前2000年以前，苏美尔人的吉尔伽美什史诗中已有记载②。古代传说与致幻蘑菇或其它植物之间的确切关系，至今仍完全不清楚，但用回溯法来推断，则

---

① *Atharva-veda*, XIX, 26, 译文见 Griffith (1), vol. 2, p. 283; Bloomfield (1), pp. 63, 668—669; Whitney & Lanman (1), vol. 1, p. cxli, vol. 2, pp. 895, 936 ff.; Renou (1), pp. 24—25, 英译文经作者修改。

② 参见上文 p. 117。见 Widengren (1), 译文见 Sandars (1)。这一观念看来甚至传到以色列各地（参见上文 pp. 78—79）。《以赛亚书》(Isaiah, xxviii, 15 ff.) 在公元前8世纪严厉批评了某些人的说法：“我们已经与死亡订立了契约，而且与冥府达成协议，当溢出的灾祸将流过时，它将不会落到我们身上……”。见 Oesterley & Robinson (1), p. 247。

此种联系并非完全不可置信。其次，我们能否辨别出任何线索，说明在中国文化中曾有持续应用毒蝇伞菌或其它作用于精神的菌类呢？这是一个非常吸引人，但仍是悬而未决的问题。一开始沃森［Wasson (2)］比较倾向于相信在道士知识中非常重要的“魔菌”（“灵芝”；图1311）是有系统地在宗教仪式上应用致幻物质的证明，而且由于受到司马虚［Strickmann (1)］若干初步研究的鼓励，我们仍强烈地支持这种观点。但是后来沃森又感到不那么自信，部分原因在于中国艺术用古典方式描绘的这种神圣的真菌（图1312）业已证实是不能食用的，而且是一种在药理学上无活力的菌属，即灵芝属（*Ganoderma*）①。与此同时，他完全接受德效骞的观点，即印度—伊朗的“苏摩—豪麻”② 乃是引发始皇帝和汉武帝寻找活动的契机，即使它只是一种刺激性的传布也罢③。另一方面，
122 不管什么样的消息来自波斯④或者印度（我们现在也看到从陆路自波斯来，比从海路自印度来的可能性更大）⑤，我们相信古代道家确已知道毒蝇伞菌或有关菌类的性质并加以利用⑥，也许中古时期的道士也是如此，虽然要揭示其细节确非易事（无疑是《道藏》中的绝密秘方）。总而言之，这一事例现在无需证明，我们将在第四十五章讨论药物学时再作论述。隐花植物在道教全部象征体系和图像学中占有非常突出的地位，这确实是很费解的，除非其中有几种曾经向心地纯洁的人打开过通向神仙世界的大门。

试举一例，在《海内十洲记》中有一则传奇，讲的是有关航海远征队寻求不死之草的一则脍炙人口的故事。该书是一本叙述有关海上岛屿神话的小册子，传为汉代东方朔所撰，但实际上该书成于4世纪或5世纪。故事如下⑦：

---

① Wasson (3), p. 87。但是沃森同意［私人通信，1969年、1973年］中国和其它几种文化一样，都知道毒蝇伞菌，不过名字叫蛤蟆菌［刘波 (*1*)，第88页］，现在常叫毒蝇蕈（CC 2288）；虽然早些时候“红蕈”这个名称通常是指非心理活性的大红菇（*Russula rubra*），但有时也可能指毒蝇蕈［Wasson (3), p. 72］。唐、宋两代还有“笑菌”的文献资料，这类菌可能是指斑褶菇属（*Panaeolus*）或鳞伞属（*Pholiota*），并提出至少有若干具有心理活性的菌类已广为人知。陈仁玉的《菌谱》撰于1245年（第三页），管它们叫“杜蕈”。总的说来，进一步对道教和中国文化中具有致幻作用的菌类和其它植物进行研究，将是一项令人兴奋的任务。师图尔［Stuart (1), pp. 271 ff.］的工作可能提供了一个出发点，我们将在第六卷中回到这个主题上来。

② 夏德［Hirth (9), pp. 13 ff., 25 ff.］很早以前就认为，他曾经查明“*haoma*”直译为汉语的一种传统名称为海马葡萄鉴，即用葡萄藤的狮样怪兽装饰的许多镜子，它们是从唐代流传下来的。其图形和说明可见《宣和博古图录》（1125年）卷二十九，第二十九页，《西清古鉴》（1751年）卷四十，第一页起，或《求古精舍金石图》［陈经 (*1*)，第2卷，第45页起］(1818年)。但这里尚有几处缺陷，即镜子是后来的，是唐代而不是一般所认为汉代的。“豪麻”（*haoma*）根本不可能是发酵的葡萄汁，至于动物的名称应当指动物才合理，因而想必它另有其它来源。此外可见 N. Thompson (1)。

③ Wasson (3), pp. 80 ff.。

④ 这里我们不应忘记伊朗的六位或七位“神仙”［*spenta ame(r)sha*］，他们是阿胡拉·玛兹达的化身或表象。这些神仙中的最后一位是女性，即阿米雷戴［Amere(ta)tāt］，她本人不存在死亡。他们如同三神一体那样不可分开，在中国思想中产生过许多这样的事，包括有名的八仙，其中一位是妇女。我们感谢格尔舍维奇（I. Gershevitch）博士在这些伊朗知识方面提供的指导。

⑤ 这一直也是陈寅恪 (*3*) 的观点。

⑥ 这里不妨提一下，自汉初以来不断有道家方士饮尿的报告。我们把这些报告与很久以后经医药化学分离的类固醇性激素联系起来进行检查；这方面的情况可见本书第五卷第五分册，但同时也可参见 Needham & Lu Gwei-Djen (3)；Lu Gwei-Djen & Needham (3)。但是，此类记载始终是一种指示器，指示可能有毒蝇伞菌致幻药的存在，在公元12世纪陆游关于摩尼教徒（Manichees）的报告中也可找到类似的线索［Wasson (3), pp. 72 ff.］。道家也可能从吉利亚克人那里学来的（Wasson, P. C. 1973），参见本书第二卷，pp. 104, 128。

⑦ 《海内十洲记》，第一页，由作者译成英文，借助于 Groot (2), vol. 4, pp. 307—308；Wasson (3), p. 87, pp. 84—85。

图版　四四二

图 1311　手持魔菌（“芝”）的道教高人，陈洪绶（1599—1652 年）绘。照片采自 Wasson（1），pl. XX。

图版　四四四

图 1312　手捧魔菌（“灵芝”）的玉女，这是一次仙人聚会，魔菌就长在盆中。山西南部宋、元时期的道观永乐宫中的壁画。照片采自邓白（*1*）。

"祖洲"位于东海中不远的地方，约500里外。在它的西海岸外7万里处生长着"不死之草"。它状如菰芽[1]，(叶)长3到4尺。把这种植物放置在已死3天(之久)的人身上，人能立刻复生。如果内服此草，可获致长寿和永生("长生")。

以前，在秦始皇帝时代，许多非其罪和非其时而被杀的人，横尸于费尔干那(Ferghana，大宛)[2]和(通往该处的)路上，飞来了乌鸦一类的禽鸟，它们的喙中衔着这种草，并把它放在这些尸体的脸上，他们立即就坐了起来并恢复了生命。在官员把这种情况禀告给秦始皇以后，他当即派一位使臣带着样草到(都城)北郭外去见鬼谷先生[3]。鬼谷先生说："这种草是不死之草，生长在东海祖洲岛玫瑰色岩石间的田野中，它的别名叫'养神芝(滋养精神的神菌)'。[4] 它生长茂盛，丛生，叶子像水草，一根主茎足可使一个人起死回生。"

秦始皇听到这些后，心中非常渴望，并说："难道这种草真的不能从那边采来
吗?"他立即派遣徐福率领一队楼船出海[5]，随带500童男童女等等。他们按时起 123
航，驶向海外寻找祖洲，但是他们没有一个人返回。彼时徐福为一位道家，字"君房"，最后(无疑)他也得了道。

〈祖洲近在东海之中，地方五百里，去西岸七万里。上有不死之草，草形如菰苗，长三四尺，人已死三日者，以草覆之，皆当时活也，服之令人长生。昔秦始皇大苑中，多枉死者横道，有鸟如乌状，衔此草覆死人面，当时起坐而自活也。有司闻奏，始皇遣使者赍草以问北郭鬼谷先生。鬼谷先生云："此草是东海祖洲上，有不死之草，生琼田中，或名为养神芝。其叶似菰苗，丛生，一株可活一人。"始皇于是慨然言曰："可采得否?"乃使使者徐福发童男童女五百人，率摄楼船等入海寻祖洲，遂不返。福，道士也，字君房，后亦得道。〉

在这里有意义的是不管对该植物如何描绘，它总被认为是一种蘑菇。沃森把此故事与年代稍后、从印度—伊朗文化地区传来的两则故事进行对比[6]。菲尔多西(Firdousi)于1000年初创作的史诗《列王记》(*Shahnamah*)叙述了布尔佐(Bursōē)医生在萨珊王朝(Sassanid)库斯鲁一世阿努希尔万(Khosru I Anushirvan；约公元550年)时代，在喜马拉雅山寻找发光的不死之草的旅行。该草具有起死回生的能力。但是尽管有婆罗门教徒的帮助，他还是没有找到[7]。与此相类似的有《莲花往世书》(*Padma Purāṇa*；撰写于公元800—1000年间)书中记有一则关于德罗纳(Droṇa)山的传说，山上生长着一种叫"*oṣadhi*"的草，能够起死回生。只有把它弃之地府，魔王贾兰达拉(Jalandhara)

---

① 无疑是水生菰(*Zizania aguatica*)或茭白(*Zizania latifolia*)，BⅢ197，CC 2067。

② 此处把"大苑"改为了"大宛"。如果意指大宛，则产生历史性的混淆，因为远征队去中亚是汉武帝时代而不是秦始皇帝时代的事。

③ 这是另一处混淆，因为《鬼谷子》一书或者该书的极大部分，其作者不管是谁，都生活在公元前4世纪而不是公元前3世纪。他用作其名字的地方在河南省的阳城附近，阳城是古老的中央观象台的所在地(参见本书第三卷，pp. 296 ff.)。

④ 或者说是精神的精华或活力。

⑤ 见本书第四卷第三分册，pp. 441 ff.。有关远征队的事另见本书第四卷第三分册 pp. 551 ff. 和第五卷第三分册。

⑥ Wasson (3)，pp. 77，79。

⑦ *Shahnamah*，VV，3431—3568，tr. J. Mohl。

才能征服护持神毗湿奴（Vishnu），因为他的天兵一直靠这种草复生[①]。现在“*oṣadhi*”是用来代表苏摩的术语之一，而“*droṇa*”则是用来盛苏摩汁的木杯或圣餐杯。沃森认为所有这些传说都来源于吠陀祭品中起致幻作用的蘑菇（图1310）。他很可能是正确的。

在这一点上我们必须重新扼要地提一下伦理学的问题。人们可能很容易得到一种印象，即从基督教徒的观点来看，任何类型的伦理要素都未曾进入过具有中国神仙观念的原始“纯文化”中[②]。然而此点根本与实情不符，因为人类的天性促使信仰成仙而获致极乐的人们，不仅为他们自己而且为了那些亲近的人，即他们所爱的人而求仙。在古代中国，这个问题远比欧洲更为关心，即使在罗杰·培根时代采纳了来自阿拉伯的长生药概念之后也是如此，因为在欧洲，哪里可以享受炼丹的仙道？假如点金石除
124 用于金属外，真能用作人类的药物，那么延长寿命、返老还童，一个矍铄而健壮的老年是很有可能达到的。但是，受千百位传教士谴责的这个现世界，或者被人比作一间与邻室相连而又很不舒适的前厅，是没有什么吸引力来招引人作长期逗留的，而且三个邻室中有两个前景令人非常不安。中国人的世界观恰与其成为鲜明的对比。按伦理分类的另一世界的天堂和地狱并不存在，但是可见的世界是现实的、永恒的，并非创造出来的[③]，它永远不会分解，而他或她只要能够达到所需的纯净境界（requisite refinement）[④]，就能以其纯化和永久化的感官知觉继续享受这个世界。这就是众所周知的颂词“万寿无疆”的意义[⑤]。这时原始化学再度取得进展，因为很少有妇女，而儿童则完全没有可能经受得住山顶道观中的严酷生活和技能锻炼，于是长生不老药就成为唯一可行的途径。因此，在中国相信炼丹术士言论的诱惑力特别强烈。我们可以看到，有时必须采用儒家那种近乎英雄式的严肃态度来防止具有诗人般丰富情感的人，不仅本人不去服用长生不老药，而且与他们亲近的人也不要去服用。这样，在本节即将结束之时，我们必须再次提一下黄帝的话题（上文 p. 105），他乘着一条龙飞升上天，龙身上搭载着全部后妃和宫廷大臣，就像苏丹用的一架现代化专机。

现在我们重提一下公元前 2 世纪发生的一件重大的历史事件，那是关于淮南王刘安的（参见图1313），他是炼丹家、自然主义者和方士们的大施主，他的名字被用作

---

① *Padma Pūraṇa*, pt. 2, bk. b, ch. 8, vv, 40—63, tr. W. D. O'Flaherty。

② 当然，在稍后时代，道教徒在佛教的影响和儒家的压力下宣扬过传统的道德，例如早至公元 8 世纪的《功过格》和 11 世纪初的《太上感应篇》［译本见 legge（5）］。在这一类书中，可以发现一种诸多顾忌的态度，其适与拉丁基督教最坏的暴行成对比。参见本书第二卷，p. 159。最令人奇怪的是道教徒因犯罪或做坏事而自动从一个人的一生中减寿（日，月，年数）的教义。此点在《抱朴子》中已可见到（例如参见卷三，第八页；卷六，第四页），而在刚提及的正文中更明显。显然，诸神是以三天为单位计算的。佛教徒主张慈悲而反对此点，他们以净土宗传布的阿弥陀佛和 25 位菩萨的拯救性祈祷为教义［参见藤堂恭俊（*1*）］，类似于东正教隐修派（Hesychast）和其它修士派别中的“耶稣祈祷者”。

也许报应观念是民间宗教的一个古老成分。它为道教所吸收首先是在宗教仪式（禁忌）方面而不是伦理方面，后来受了儒家的影响才逐渐伦理化。有人推测，佛教因果报应的教义，当它在汉末到达中国时，已经有大致相当的东西存在。

③ 只是从原始的混沌中分化出来。参见本书第二卷，多处可见。

④ 有趣的是这个化学术语在这里信手拈来。

⑤ 现时每一位去中国饭馆的顾客都会见到“万寿无疆”作为饭碗装饰的一部分。但是，恐怕并非每一位都能理解它的原意。

《淮南子》的书名。在他被控谋反汉武帝后，于公元前122年被赐自尽，但是在他死亡或消失之后，很快就出现一则谣言或传说，说是事实上他升天成了仙，不仅他的全部家属和仆役，而且连府中的禽畜也一同升了天。他们全体都服了一剂特效的长生不老药[①]。无疑，在刘安的府中进行着大量的炼丹活动，甚至他许多顾问和操作人员的名字都流传了下来（参见本卷第三分册和第四分册）。因此，这段故事很可能是在这位王爷和他的家属逃亡到某个人迹不至的荒野之后由留下来的人编造出来的。无论如何，这段故事可作为一个例证，说明那时候人们普遍相信炼丹的妙用，它可以保证未经道家训练的妇女和儿童得到拯救。

可以再举一例以说明这些观念深入民心的程度。严可均在他收集的文论中保存了
一篇值得注意的汉代石碑铭文，题名为《仙人唐公房碑》[②]。它告诉我们公元7年，唐 125
公房曾是他家乡城固县的一名小官，城固县位于汉水上游，陕西和四川两省的山脉是以汉水上游为界来区分的。他碰巧赢得了当地的一位真人的友谊，真人收他为徒，并给他各种化学药物，其中有一种使他能通晓鸟、兽的语言。虽然他仍继续从事他的职业，但已逐渐成为仙人，他能依照人们的愿望唤来邻近任何一处的景色，并能使法召
集鼠群而予以杀灭，因为它们贪嚼郡守和皇帝使臣的被褥，其时唐公房正陪同他们巡 126
视这个区域。尽管他做了这件事，但仍与郡守发生了争执，因为他不愿把道传给郡守。最后郡守命令他的部属逮捕唐公房和他的家属。唐大为惊恐，遂向真人求救，真人随即让唐的妻子及子女服下一种长生不老药，并说："现在该走了。"但是他们不愿离开他们的家，于是真人就问他们是否想把全部东西带走，他们回答说是的，那的确是他们所想的。于是真人用一种化学制剂涂抹房柱（"以药涂屋柱"），同时还给家畜吃了长生不老药。此时很快刮起了一阵大风，升起了一片黑云，把唐公房和他的家人以及他们的家产全部带走。碑文继续述说，此事较之单个的成仙人物，如王子乔和赤松子，更是迥然不同。事实上，假如没有现代核物理和核化学所完成的业绩，我们可以认为它也远超过近代化学的力量；但是，遗憾的是，凶恶的蘑菇云会消灭唐公房和他的家属，也就不会有任何地上的天堂了。

到2世纪，在《太平经》中可以清楚地看到这类总的趋向。书中有一处说道[③]：

> 天生人类，万物齐备，并使之丰衣足食，人在十个月后出生，他们懂得事物的始终，能拯救他们这一代免遭灾祸与危险，从而产生一个和平与平等的伟大时代。最高等级的人学道，是为了帮助上天维护至高无上的地位和权力，他们热爱一切生命，积功立德，永生永存。第二等级的人学道，是因为他们渴望拯救他们所亲近的人。最低等级的人学道，仅仅为了他们能蜕去粗俗的形体。道通过圣人发出光芒，但不适于无知之人。能用道者能得到好运，不能用道者很难得到和平和免受伤害。

---

① 最详尽的记述见《论衡·道虚篇第二十四》，译文见Forke（4），vol. 1，p. 335；另见《风俗通义》卷二，第十五、十六页。此两种资料分别撰于公元82年和公元175年。

② 《全上古三代秦汉三国六朝文》（全后汉文）卷一〇六，第一、二页。余英时［Yü Ying-Shih（2）］是首先看出该文真谛的人士之一。

③ 《太平经》，王明合校本，第724页，由作者译成英文。

127

图 1313　淮南王刘安于公元前 122 年升天。《列仙全传》卷二，第二十五页。

〈天之生人，万事毕备。故十月而生，与物终始，故可度灾厄，致太平。上士学道，辅佐帝王，当好生积功乃久长。中士学道，欲度其家。下士学道，才脱其躯。道为贤明出，不为愚者。能用之者吉，不能用之，宁无伤无贼哉?〉

这里所举为肉体永生概念，它把最低的地位授予比较自私地追求个人成仙者，最好的是追求共同的好处，次好一些的是追求其周围人的好处。儒家的社会影响显然在起作用，如同在该书中到处可见到的那样，凡是抛弃父母、妻子、儿女独自去求仙的行动都受到强烈的谴责。在佛教以强大的伦理观念的冥界侵入这里影响每一事物之前，也许我们可以把这里的长生术问题与中国古代炼丹术联系在一起。

(7) 遗缺的要素；祭典和中国炼丹术的起源 128

现在，让我们最后一次离开我们的十字路口，沿着一条小道开始向一个完全意料不到的方向走去，穿过一个实际上充满香雾的森林，刚开始进入时，这个森林显得与我们熟悉的任何事物都完全不同，但当进一步了解之后，却远非如此。为了考虑化学的起源，炼丹家的炼炉与冶金匠师的敞炉和熔炉（或陶工的窑）的关系已被进行过充分地研究[①]，但是在中国文化中至少有另一项成分，即祭典学的而非冶金学的成分，几乎完全被忽视了。换言之，应当把香炉看作为炼丹炉的原型或祖先之一[②]。本卷不惜篇幅强调了中国炼丹术与道家的宗教和哲学之间的紧密联系。至今在所有道观内仍占有重要地位的香炉，对于古代要用火作为工具使自然物质达成奇异变化者，可能是最重要的激励因素之一，即中国的“用火哲学”（*philosophi per ignem*）。举例来说，假如在战国、秦和汉时期，真正把半巫术的物质如朱砂、硫或砷的硫化物投向祭典炉的炉火，从而产生化学和生理的惊人结果，那可能就远超过了激励。《抱朴子》强调说：

事实上最少量的次等朱砂长生不老药也远比植物界中最好的东西好。一切植物性物质投入火中时都燃烧成灰烬，但朱砂则生成水银（汞）；而当它经过一系列的转变后，又能再次回复成朱砂。这大大超过植物所能做的事，因此（此类化学品）能导致长寿和永生。只有神仙才懂得这种“理”，他们和普通人真有天壤之别![③]

〈然小丹之下者，犹自远胜草木之上者也。凡草木烧之即烬，而丹砂烧之成水银，积变又还成丹砂，其去凡草木亦远矣。故能令人长生，神仙独见此理矣，其去俗人，亦何缅邈之无限乎?〉

---

① 见 Eliade (5)。这是一本值得纪念的著作。

② 1968 年讨论已成为传统的道教祭典学时，施舟人［Schipper (3)］首先对此种理解加以阐述。祭典一直是了解道教的一项重大的遗缺因素，虽然道家经典著作《道藏》的 30%—45% 是属于祭典性质的（所据标准因人而异）。此点在戴遂良［Wieger (6)］的“分类目录”（*catalogue raisonnée*）中受到了相当冷遇。只有像施舟人博士和其它人一样亲自参加祭礼，才能真正弄清古老的经文与至今仍在采用的仪式和礼节之间的关系。古代的祈祷和现时的行动可以互相说明。只有深入到流传至今的现存传统中去，我们才能有希望去理解和设想公元 4 世纪时的想法和做法。参见 Holmes Welch (3)；Schipper (2, 4)；Saso (1, 2)；吉冈义丰 (*3*)。

③ 《抱朴子内篇》卷四，第三页，由作者译成英文，借助于 Ware (5)，p. 72。此段文字在约塔尔［Hjortdahl (1)，p. 221］的早期论文中用星号标出是有道理的。

嗅觉也一直是化学家最重要的工具之一，并常常用来追索香炉中植物和动物生成
物因分解而产生的变化。不难找到由神秘环境而产生科学的类似例子，我们可以设想
一下伽利略在比萨（Pisa）大教堂由悬挂烛架所做的钟摆运动而受到激励的情形，同样，
129 古代中国的阴阳家和方士的好奇心也为香炉现象所触动。正如我们即将见到的那样，
由于生烟乃是习俗复杂结构中的一部分，它远超出纯祭典仪式的范围，因而这一点尤
其可能发生。

每一个参加过道观祭典的人都会记得伴随典礼由焚香而来的缭绕烟雾①。这些烟雾并不像西方那样来自悬挂在链条上供装饰房屋用的罐笼里，而是来自直立的香炉里。香炉通常很大而且美观，往往很古老，用青铜或铸铁精制而成（图1314），安置在大殿前面的庭院中，也安置在殿内的神坛或经桌上②。有时香也放在悬于长棍一端的盆或盘内焚烧（“手炉”）③，或是把香木块放在庭院中的敞炉内焚烧（图1315）。很普遍的情况是把大束的香棒④插入盛满香灰供装饰用的大型金属炉中，或者在装饰用的金属盘中铺上平平的香灰，在其上用香末撒成线路，使之缓慢燃烧，或者用香糊经挤压硬化成大型锥形盘香，从屋顶悬挂下来（图1316）⑤。

道观中最重要的东西不是任何神的塑像或画像，不是“三清”，也不是神坛本身，
而是放置在坛上的香炉（“清炉”）。每年由抽签选定的俗家道观管理人称“炉主”，协
130 助他管理的人称“炉下”。在一种大祭典（“醮”）的长时间宗教仪式中，一位受任的
道人（“道士”、“道长”、“祭酒”、“高功法师”）⑥ 作为“斋官”⑦，站在神坛前面，
穿着道袍，面向北，两旁似乎各设执事和副执事两名，穿黑色长袍（“海青”）。他的
左边是“都讲”，司鼓，他的右边是“副讲”，司锣。再向外分别是左边的“值香”，
分管焚香之事，和右边的“引班”，担负引导队列和巡视神坛之责⑧。

---

① 在某种程度上，佛教的祭典活动也一样。无疑，佛教的祭典活动在公元2和3世纪曾对道教有过很大影响。但是佛教中对香味（gandha）的爱好，比起道教徒在礼拜中对香味的爱好可能总是受到更多的抑制（参见《新约·以弗所书》，V.1），得到道教鼓励的民间宗教也和道教一样。关于此点艾尔斯［Ayres（1）］说出了真话。自7世纪以来，景教到底对道教祭典学有何影响，这是另一码事，尚待进行适当的调查。

我本人永远不会忘记参加道教的中秋节，用它的祭品祭月神，时间是1945年9月，地点在四川和陕西省交界的庙台子。我怀着感激的心情回想起那次与马含真道长进行的有价值的谈话。我在笔记本上抄下了该道观的题词："月白风清高士炼丹"，至今我仍保存着。

② 用术语“祭坛”代替“经桌”或“圣桌”比较合适，因为祭典包括的祭品有花、水、茶、酒、饭、馒头和水果做的甜汤，虽然其永久的功能是放置木鼓、磬、锣和供唱颂的经卷［Schipper（2，3）］。和基督教一样，祭坛上也有蜡烛。许多细节可以在13世纪金允中撰的《上清灵宝大法》（*TT* 1204—1206）中找到。

③ 这在敦煌千佛洞石窟寺壁画中是常见的（参见图1317）。这种带手柄的香炉，在打醮的某个阶段仍是主要的用具（下文p.130）。诸桥辙次的《大汉和辞典》（第9卷，第967页）提供了其中一种的图例，系汉代所用的一只青铜制浅盆，带盖、有脚和手柄，名为“熏炉”（参见p.133）。勒柯克［von Lecoq（2），pp.167 ff.，pl.48］的书中收录了一具青铜实物，是在喀什和阿克苏之间的图木舒克的墓穴中发现的。

④ 这些就是现在全世界都知道的“香”（joss-sticks——神棒），当然这个词是从汉语借用来的仿造词，即只不过是葡萄牙语“*dues*”（神）经过洋泾浜（pidgin）英语转化来的混成词。

⑤ N. Lewis（1）；Holtorf（1）。

⑥ 分别为道学家、道长或长老、祭酒（汉代一种古老的称号）和有很高成就的法师（部分借自佛教）。

⑦ 更确切地说是斋堂的官员。

⑧ 他就是拿着驱鬼剑和神水的人。

图版 四四五

图 1314 云冈（山西大同附近）一个道观中的铸铁香炉，炉上铭刻的时间为1785 年（原照,摄于 1964 年）。

图版　四四六

图 1315　一处道观的庭院中正焚烧香木，香烟氤氲，这是葬礼或纪念仪式的一部分；背景为供着祭品的祭台。佩克哈默（H. von Perckhammer）摄，采自 Boerschmann（11），1931 年。

图 1316　广州一寺庙中可缓慢燃烧的盘香［刘易斯（Norman Lewis）摄于 1951 年］。

图版 四四七

图 1317 唐、宋时期的典型长柄香炉，出自敦煌 409 号洞窟西夏时期（11 或 12 世纪）的壁画。段文杰临摹，见 Anon.（*10*），图版六八。

每一次大醮都是从香炉点火（“发炉”）开始，并都随着回到香炉（“复炉”）而结束。正如祭典经文一再说的那样：“三界内外惟道独尊，万法之中烧香为首。”① 在有大批天使、神官和执事陪同下象征性地向天庭敬奉纪念品后，有一次穷凶极恶的打岔，由一道徒代表恶势力抢走手提的香炉。但是，随着管弦乐曲的增强和点燃的爆竹声，他被神圣的法师捉拿，关押在神坛内，而香炉则恢复为“道”继续工作。随后是奉上食品和酒以及花和茶作为祭品。这时敬请诸神降临，并作为这个社区特邀贵宾而参加活动，而这次醮正是为这个社区而举办的。法师唱道：“今天，我焚香在道之宝藏中寻找庇护，以求得道后获致永生，与道完善地结合在一起。现在让我们歌唱，与仁慈的圣父一起歌唱，我们亲密地结合，犹如骨和肉一样……”② 随后是读颂诗，其开头是：“我为（道的）法规而感到欣喜，它好像是我的爱人。”③ 最后在复炉时作祈祷：

> 哦，香的正式使节，左右的龙虎法师，照料香气的金童玉女，以及一切神灵，使我在今天带领会众的场所，有永生的神菌、朱砂和绿玉自动地从金液中
> 131 生长出来，并且有成群的真人在此炽热的香炉旁和谐地相会。愿十方的金童玉女照料和保护这一股香，并将我说的这些迅速转到上苍至高无上的玉皇大帝的御座之前④。
>
> 〈香官使者，左右龙虎君，当令静室忽有芝草，金液丹精，百灵交会在此香火前，使张甲得道之气，获长生神仙，举家万福，大小受恩，守静四面玉女，及侍经神童玉女，并侍卫火烟，书记所言，径入三天门玉帝（几前）。〉

在这里，道教中做天使的主持人是很具体的，而炼丹的迹象也很清楚。

有关宗教信仰的公开典礼就说到这里。但是我们必须经常记住，尚有许多秘密的仪式可能对实际的炼丹家本人有用或者甚至是必须奉行的。虽然对它们进行研究对于比较宗教学来讲可能是很有用的，但至今对此几乎还未予以注意。在本卷书中，我们倒是有机会时而谈到它们⑤，但由于篇幅所限，不能作长篇的讨论。例如，像《上清九真中经内诀》这样的作品，属于半传奇性著作，可能撰于4世纪，如果不是唐代的作品，则更可能是6世纪的作品。在这里我们可以发现有关礼拜仪式的说明，这类仪式必须在服用任何朱砂或矿物长生不老药之前，或者在它们的制备过程之前举行。据该文说“没有仪式，所有化学药物就不会带来任何好处”。要设置祭坛（图1318），配置酒和枣等祭品，并伴以必不可少的香（在忏悔罪孽后）向诸神如“太乙”⑥ 奠酒，并向

---

① Schipper（3）。

② 有关道教的“三清”，见本书第二卷，p. 158。

③ 一些系统的阐述可以逐字逐句地追溯到5世纪初，其似乎出自陆修静的祭典学著作，他可以称作中国的威南提乌斯·福图纳图斯（Venantius Fortunatus）。参见《太上洞玄灵宝授度仪》（*TT* 524），著作年代约为450年。译文见 Schipper（3），经作者修改。

④ 此段经文至今仍在应用，见于《登真隐诀》卷下，第十页。因此年代约在公元360年左右。译文见 Schipper（3），经作者修改。

⑤ 参见本书第五卷第三分册。

⑥ 另见本书第三卷，pp. 77，260，及本卷第三分册。

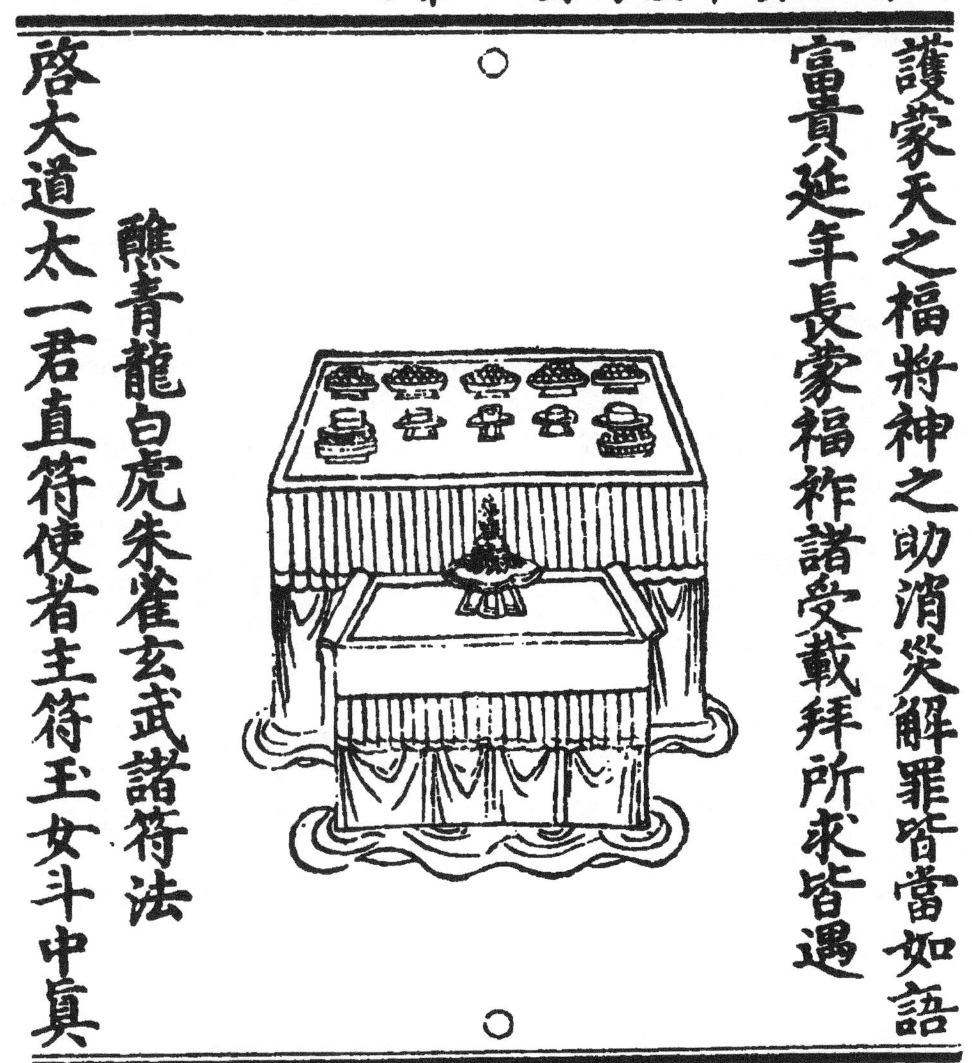

图 1318 置有祭品的炼丹用的祭坛，采自《上清九真中经内诀》(*TT* 901)，第四页。

其他大神如“素女”祈祷[①]。有一项典礼包括由老师及一位门徒主持的隆重的跳舞仪式[②]。该文还载有关于吉日、凶日和忌日的说明，还有供悬挂在神堂周围的避邪符。这一切都使人联想到后来欧洲准心理炼金家的信念，即工场同时必须是祈祷的地方。实验室与祈祷室（*laboratorium est oratorium*），我们可以常常从昆拉特（Khunrath）的《无

① 同时参见本书第五卷第五分册和第二卷，pp. 147 ff. 。

② 这可以称作“蒸苣胜”（苣胜乃是一种古代的谷类植物,具体品种已不详，但与永生不死有关）。见本书第五卷第三分册和第六卷中的第三十八章；另见 Waley（14）。另一种仪式为用红色写的“素女蒸胡麻法”。按照后来的证据（下文 p. 150）而言，此点可能是很有意义的，不过有关胡麻的细节已被略去。

穷智慧的竞技场》（*Amphitheatrum Sapientiae Aeternae*,1609 年）一书的复制图片或者从梅尔的《飞跑的阿塔兰塔》（*Atalanta Fugiens*,1618 年）的颂诗或短诗的音乐中见到[1]。

供道士冥想和礼拜用的神堂，即“净室”或“静室”（“靖室”、“静舍”或“靖
舍”、“清室”），其最古老的描绘是除了香炉外基本上是空的[2]。在这里进行“朝真”
即“拜见神仙”，虽然此词语在翻译上有点与时代不符，但用词是恰当的。一直有某种
132 趋向认为在公元 2 世纪或 3 世纪以前，中国用香不多[3]，我们虽然极不情愿，但仍不得
不相信，在秦始皇帝和汉武帝的仪式上没有什么疑问；而且有确实的证据，表明至迟
在秦代或周代末期已经使用香。的确，周代初期的文献并没有提供焚香的实例，甚至
在献祭中也不用香。而且当“香”字或“馨”字在《诗经》[4] 或《左传》[5] 中出现时，
它们无疑是指献祭食品和酒通常散发出来的甜香味，虽然有人预言这个青年人“将来
133 会和兰花（国香）一样”[6]。但是有一件事实可能有某种重要意义，即古代语言学家工
作时，把“香”这个字定为一个部首[7]（而且一直沿用至今），虽然此部首本身又由两
个可以单独分开的更常见的部首组成。但是在公元前 4 世纪，情况就变得很不一样了。

在前面讲地形图的起源时，我们已经提到过“山形香炉”或“博山香炉”，正如我们根据考古学和原文资料所知，它们在汉代已相当普遍[8]。它们在战国晚期首先采用的可能性极大。它们用金属或陶制作[9]，酷似一座连着山麓小丘的大山，它们代表昆仑山（相当于印度宇宙论中的须弥山），或者代表东海的蓬莱仙岛，它们饰有图形、带小孔，烟雾可以从中逸出。骨灰罐和其它器具则模仿它们而制成。有一则博山炉铭文流传至今，系刘向本人的亲笔（约公元前40 年）[10]。

> 我珍爱这一件完美无缺的器具，它像山一样高耸而陡峭！它的顶部像华山，它的底部是一块青铜板。它内装稀有香料，生红色火焰和绿色烟雾。其四周有密集的装饰，顶部与蓝天相接，面上刻有多种动物。啊！我从它各个侧面看去，甚至比离娄看得更远[11]。
>
> 〈嘉此正器，崭岩若山。上贯太华，承以铜盘。中有兰麝，朱火青烟。蔚术四塞，上连青天。雕镂万兽，离娄相加。〉

我们可能还记得技师丁缓，他在公元 180 年左右发明了“九层博山香炉”，上面有奇禽

① Tenney Davis（1）和 Read（1），pp. 251 ff.；另见 Montgomery（1），p. 81。对迈克尔·梅尔的最新研究，见 de Jong（1）。参见本书第五卷第五分册。

② 《登真隐诀》卷下，第七页，文中注释，5 世纪晚期。有关祈祷室的进一步情况，见 R. Stein（5）。

③ 例如范行准（6），第 23 页。参见《格古要论》，第七页，译文见 David（3），p. 12。

④ 例如见 Legge（8），vol. 2，pp. 472，479，602—603。

⑤ 例如见 Couvreur（1），vol. 1，pp. 86，255。

⑥ 此句见于公元前 605 年。Couvreur（1），vol.，p. 578。

⑦ 即 214 个部首之一，它们自 17 世纪以来一直为大家所公认（参见本书第一卷，pp. 30 ff.，第六卷第一分册）。

⑧ 本书第三卷，p. 581。已知最精致的实例之一，见图 1336。

⑨ 因此，带有陶瓷品部首“罏”的汉字字形，有时甚至在祭典的经文中也可见到。

⑩ 引自 Schipper（3），经作者修改。

⑪ 离娄为传说中具有远视能力的人，他能见百里外之物。见于《庄子》；参见 Mayers（1），no. 358。

异兽，能在上升的热空气流中“自己”活动[①]。汉代已有用香的习俗也已得到证明，这不仅是由于丁缓创制了配有平衡环的“被中香炉”[②]，而且是有了进一步的证据，说明这些“香篮”可以追溯到更早的时代，确切地说，司马相如的时代，约公元前140年。汉代的山形香炉，在此后数个世纪中把它们的山峰形状流传下来，成为某种手炉的顶盖，如同敦煌壁画中的那样。

当然，其中许多壁画是属于唐代的，而唐代的风俗习惯是全部中国中古时期的典型。薛爱华说得好[③]，在那时候祭礼用香、芳香剂、化妆香料、药料、调味香料、着色剂和辛香料之间没有明显的区别。好闻的香料抹在身上，用于洗澡或装在衣服的香囊 134
中。任何焚烧时发出香味的东西，都可被用作为祭神的供物，神秘经历中有强烈效果的要素，吸引福人和善人的重要物品，使神和爱人欢愉的事物和象征心地纯洁者忠诚崇拜的用品。就此而言，甚至在皇帝驾临时，香成为从事一切国事活动的一个重要特色，倒不是因为像古罗马那样皇帝本人是一位神，其实根本不是，而是因为他是全体人民博大无边的祭司，他的每一个动作中都具有一种神圣性，而他用的香，则像拜占庭皇帝的加冕服。即使在机关文职人员候选人考试时，香的应用会使官员和考生双方的心情安详平静，当然也不应忽视佛教对它们发展的重大影响，因为“寺”的梵文词就是“*gandhakuṭī*”，即香之室[④]。

(i) 香，典型的反应物

假如这个论题就到此为止不再讨论下去，那势必是难以令人满意的，因为我们的好奇心已被激发起来，想要了解中国人在道教和佛教寺庙礼拜中所用香胶和香木的本质[⑤]。它们属于何种香料是不难弄清楚的，但在探索此论题的细节方面，我们会遇到一些比较复杂的历史和植物学问题，它们至今尚未由学者们作最后的清理[⑥]，那是我们必须避免的。但是在研究此问题以前，我们不妨约略提一下中国古代和中古时期有关香的文献。它们大都仍然存在，虽然至今尚未经过系统地分析。陈敬在12或13世纪撰写他的《香谱》时，列举了11种先前有关此论题的专论，不过其中只有洪刍于1115年左右撰写的《香谱》完整地保存下来[⑦]。但是，引自沈立于1074年撰写的《香谱》的

① 见本书第四卷第一分册，p. 123。

② 见本书第四卷第二分册，p. 233。

③ Schafer (13)，pp. 155 ff.。

④ 如果不以各种方式音译，汉语意译则为“香室”。

⑤ 至少从宋代以后，香也用于孔庙的祭礼上，特别是孔圣人诞辰的前夕。参见本书第二卷，p. 32。

⑥ 在东亚和东南亚，对香、香料和芳香剂研究最有成就的现代专家之一是山田宪太郎（*1*，*2*，*3*，*4*），他的著作也包括与西亚及欧洲的贸易。关于唐代，薛爱华［Schafer (13)］的著作中收集了大量的资料，他另一部著作［Schafer (16)］收集资料的范围较小，而关于宋代及其贸易，我们有林元蔚（*1*）的卓越著作。当然，在夏德和柔克义［Hirth & Rockhill (1)］所译《诸蕃志》的译文中载有许多香料和香的贸易情况，并附有见于《岭外代答》及当时有关南方和国外产品的其它书籍的有用的参考资料。至于中古时期的日本，清水正儿（*1*）的研究中包含了许多饶有趣味的资料。还可参见 Casal (2)。

⑦ 在它43条的条目下，每条都附有简述、历史注释、来源、进口或国产，以及用途，包括药用。

各种文字，现在仍可找到[1]，该书是一本非常重要的书，因为它记述了用香计时的情形。关于此点我们将于稍后再回过来叙述。在南宋，有叶廷珪的《香录》，撰写于1151
135 年[2]；在元代，一位地方学者熊朋来，写了另一部《香谱》（1322年）；在明代，有相当多的著作，有的是短篇，如屠隆的《香笺》（撰于1577年），有的为长篇，阐述详明，如周嘉胄的《香乘》[3]，创作于1618—1641年，和毛晋的《香国》在时间上相隔不远[4]。这足以说明中国学者几世纪中一直对芳香材料的博物学怀着浓厚的兴趣，而且不管它们是易燃的或是其它性质的，都抱着认真的态度为它们写作。

事实上，早在对各个芳香剂进行系统描述的专著以前，就已经有若干关于香的配制的短文了。这些短文中，最古老的要算来自1世纪或2世纪《汉宫香方》中的一节文字，它恰好包含了大儒郑玄（公元127—200年）的一段评述。张邦基偶然幸运地发现了评述的原稿，把它收录在他的《墨庄漫录》里，此书约撰写于1131年[5]，其中提到沉香、广木香、丁香、龙脑香和麝香[6]，并用野蜂蜜和米粥作为香膏的粘合剂[7]。另一部书，即《后汉书》的作者，史学家范晔（公元398—445年）所撰的《上香方》，则对香料的分类加以进一步阐述，此书久已散佚。甚至同一朝代的一位皇帝也毫不犹疑地亲自就此题材进行写作，其例证就是刘宋明帝刘彧（公元465—473年在位）所著的《香方》，遗憾的是他的原文未能流传下来。最后应当说一下佛教徒的作用，那是一本散佚的书，即《龙树菩萨和香方》，著作年代不详，但显然是在佛教的背景下著作的[8]。

当然，在百科全书中还可找到很多有关香和香料的资料。例如公元983年的《太平御览》讨论了42种香和香料。非专论性的文章可能也很重要，例如丁谓（卒于1034年）所撰的题名为《天香传》的文章。许多论题庞杂的书籍，其中有些与香有关的部分可能也饶有趣味，例如陶谷于公元950年左右写的《清异录》，其中记述了许多芳香
136 剂和它们的历史[9]。500年后，有项元汴的《蕉窗九录》，其最后一部分是专论宗教用香料的。刚才提到的10世纪的一些著作，仅仅略晚于中国历史上两位最著名的香料商人：李珣和他弟弟李玹的活动时期。他们原籍波斯，移居在当时独立在四川的蜀王国。兄长为著名的诗人和自然学家，著有《海药本草》，该书在以后常被引用。弟弟为一位炼丹家和本草学家，以擅长香料及其蒸馏而闻名于世[10]。

---

① 在贝迪尼［Bedini（5）］的研究中有一些译文。参见《类说》卷五十九，第十二、十四页。

② 和田久德（*1*）曾对叶廷珪及其著作作过专门的研究。

③ 参见 Swingle（11），p. 266。

④ 在此时期，李时珍在《本草纲目》卷十四中列出并描述了56种芳香植物（“芳草”）。虽然其中有些是药物和观赏植物，具有强烈的香味，但不用于制香；在《本草纲目》卷三十四中，另外列举了35种芳香树和芳香木（“香木”）。

⑤ 《墨庄漫录》卷二，第十七、十八页。

⑥ 有关所有此类香料的说明，见下文 pp. 135—144。

⑦ 据信，它们不能在铜质或铁质器皿中混合。其配方转载于《宋以前医籍考》，第792—793页。此混合物在干燥前呈膏状，故命名为《杂香膏方》，该书见于《隋书·经籍志》，今散佚。

⑧ 此菩萨（如果真的只有这么一位）与炼丹有联系，我们将在另外的地方，即本卷第三分册和第四分册对他（或他们）加以讨论。

⑨ 《清异录》卷下，第五十八至六十二页。

⑩ 更多有关这一家族的情况，参见本书第五卷第三分册和第六卷第一分册。

那么中国人到底拥有或者得到了哪些最重要的芳香材料以形成他们氤氲香烟的基础？在表94中我们汇集了相当数量的香料，并附以中国名称，虽然我们还可以随意加以扩充，把许多稀闻少见的产品加进去。12种香料（9种来自植物，3种来自动物）完全是土产的，它们在秦统一中国前可能是各封建诸侯宫廷中的贸易品。桂香①、樟脑香②、甜罗勒香③、茅香④、甘松香⑤、一种广木香⑥、一种茴香⑦，还有笃耨香⑧和栀子香⑨为这一类土产香料的核心。值得注意的是有多达三种重要的动物香料早就在中国被发现和应用，麝香⑩和灵猫香⑪来自哺乳动物，而特别奇妙的甲香⑫则来自软体动物。在秦汉以后，又发现6种土生的芳香植物并加以利用，这6种植物与若干进口的 138
芳香物相类似，要不然就是引进了该种植物本身并使之适应了当地的水土。后者最明显

① 桂香出自桂［*Cinnamomum Cassia = aromaticum*（ = *Laurus cinnamomum*"）；R 494，CC 1318］。更多有关此种植物以及这里提到的其它许多植物的情况，将在本书第六卷第一分册论述植物学的第三十八章中加以介绍。

② 樟脑出自樟树（*Cinnamomum camphora*；R 492，493；CC 1317）。这里提到的全部三种樟脑在化学上是不相同的，这是右旋樟脑。参见 Hemsley（1）；Julien & Champion（1），pp. 229 ff.。

③ 甜罗勒香出自罗勒（*Ocimum basilicum*；R 134）。此名称没有“零陵香”那样有名。关于“零陵香”的最佳说法是它属于欧洲罗勒（*O. basilicum*）的一种特别香料；假如它有比较耐寒的品种，则也可能是广泛分布于亚洲热带地区的圣罗勒（*O. sanctum*），有关植物学上的分类，见 Barkill（1），vol. 1，pp. 570 ff.。

④ “茅香”，出自香茅［*Cymbopogon*（ = *Andropogon*）*nardus*；R 729；CC 1993；Burkill（1），vol. 1，p. 727］。见图1341（b）。

⑤ 甘松香（R 71）由败酱科的匙叶甘松（*Nardostachys jatamansi*）制成。

⑥ 见下文 pp. 140—141 的注。

⑦ “真正的”茴香子来自伞形科茴芹属的茴芹（*Pimpinella anisum*）。自古代后期或中世纪初以来，地中海地区用蒸馏法从茴香子提取茴香油［参见 Burkill（1），vol. 2，pp. 1728 ff.］。中国有一种与之相近的品种，即具萼茴芹（*Pimpinella calycina*），可制造“蜘蛛香”（R 229），但是我们尚不知道它何时开始使用。那里更加重要的是一种木兰科八角属（*Illicium*）的植物。其中有一种著名的品种是毒性很大的八角属［*Illicium religiosum*（ = *anisatum*）］，即“假”茴香或日本茴香，日语叫“*shikimi*”，汉语为“莽草”（R 505；CC 1339），在汉初（公元前2世纪）或更早时期就已为人所知并用作杀虫剂和毒鱼药。但是，另外有一种“星形”或中国茴香（*I. verum*），也就是八角茴香［R 506；参见 Burkill（1），vol. 2，pp. 1224 ff.］，可用作香料或食品的调料。

⑧ 一种出自笃耨香［*Pistacia terebinthus = P. khinjuk*；R 313，CC 839；Burkill（1），vol. 2，p. 1756］的树脂。参见 R 262。

⑨ 栀子（*Gardenia florida*；R 82；CC 221，222）。当它来自国外或西方部落民族时，称为蕃栀子。

⑩ 这是麝包皮小囊分泌物的干品，因此叫做“麝脐香”（R 369）。原麝（*Moschus moschiferus*）曾广泛分布于整个中华文化圈及其边缘地区，因此，从汉初以来人们就知道并应用这种香料是毫不奇怪的。《神农本草经》中载有麝香就足资证明［森立之辑本，卷一（第45页）］。要作大体的了解，可查看博维尔［Bovill（1）］的文章，他说麝香特别受到香料制造者的青睐，是因为它能使与它混合的其它芳香物质特别持久并发出幽香，同时还因为它具有非凡的广泛扩散能力。韩国英［Cibot（16）］曾论述了1779年传统的耶稣会士与它的关系。有关麝香化学的近况，见 Lederer（1）。

⑪ 这是大灵猫（*Viverra zibetha*；R 370）阴囊分泌物的干品，因此叫“猫香”或“狸香”。有关灵猫香的情况，也可见 Bovill（1）。它从不像麝香那样名贵，其特性也没有麝香那样显著。欧洲使用的猫香主要来自非洲的灵猫（*V. civetta*），由非洲大陆的阿比西尼亚（Abyssinia）和西部地区出口。到13世纪，这类猫香也有一些到达中国。夏德和柔克义［Hirth & Rockhill（1），pp. 234—235］曾讨论到此点，并提到在中国长期应用的两种代用品。

⑫ 甲香出自中国海岸腹足纲软体动物类之厣盖。日本海螺（*Eburna japonica*；R 236，237）是主要的品种，通常称作“海赢”，虽然它是许多种蛾螺的属名。更具体的说明莫过于香料本身的名称：“甲香”（介壳和鳞片制的芳香剂），其另一个名称为“甲煎”（煎熬介壳或鳞片的产物），此术语表示其相当复杂的制备过程，厣盖先用不同的溶液萃取数次，最后经磨碎并干燥。另外一些品种，如产于半咸水中的“*Potamides micropterus*”也曾被用过。这里我们复制了《证类本草》（1249年版）卷二十二（第455页）中的图例，见图1319。

137 **表94 香的组成部分和其它芳香物**

		中国土生 早	晚	从东南亚和南亚输入	从西亚、欧洲、非洲输入
沉香	aloes-wood (garroo)	—	*	*	—
龙涎香	(动)ambergris	—	—	*	—
茴香	anise	*	*	—	*
罗勒香	basil	*	*	—	—
安息香	bdellium (前期的)	—	—	—	*
安息香	benzoin (后期的)	—	—	*	—
龙脑香	Baro camphor (左旋龙脑)	—	—	*	—
樟脑香	Chang camphor (右旋樟脑)	*	*	—	—
艾纳香	sěmbong camphor (左旋樟脑)	—	*	*	—
桂香	cassia (桂皮)	*	*	—	—
茅香	citronella	*	*	—	—
灵猫香	(动)civet	*	*	—	—
丁香	clove	—	—	*	—
蒼糖香	elemi (榄香)	—	*	—	—
乳香	frankincense	—	—	*	*
香尚齐香	galbanum	—	—	—	*短时期
栀子香	gardenia	*	*	—	—
耶悉茗香	jasmine (药用)	*	*	—	*
茉莉花香	jasmine (Sambac)	*	*	*	—
紫藤香	laka	—	—	*	—
苏合香	liquidambar (后期的)	—	*	*	—
麝香	(动)musk	*	*	—	—
没药香	myrrh	—	—	—	*
甲香	(动)onycha	*	*	—	—
藿香	patchouli	—	*	*	—
广木香	putchuk (costus)	—	*	*	*
芸香	rue	*	*	—	—
檀香	sandal	—	—	*	—
甘松香	spikenard	*	*	—	—
苏合香	storax (前期的)	—	—	—	*
笃耨香	terebinth	*	*	*	—
必栗香	walnut—gum	*	*	—	—

(动)表示动物制品

139

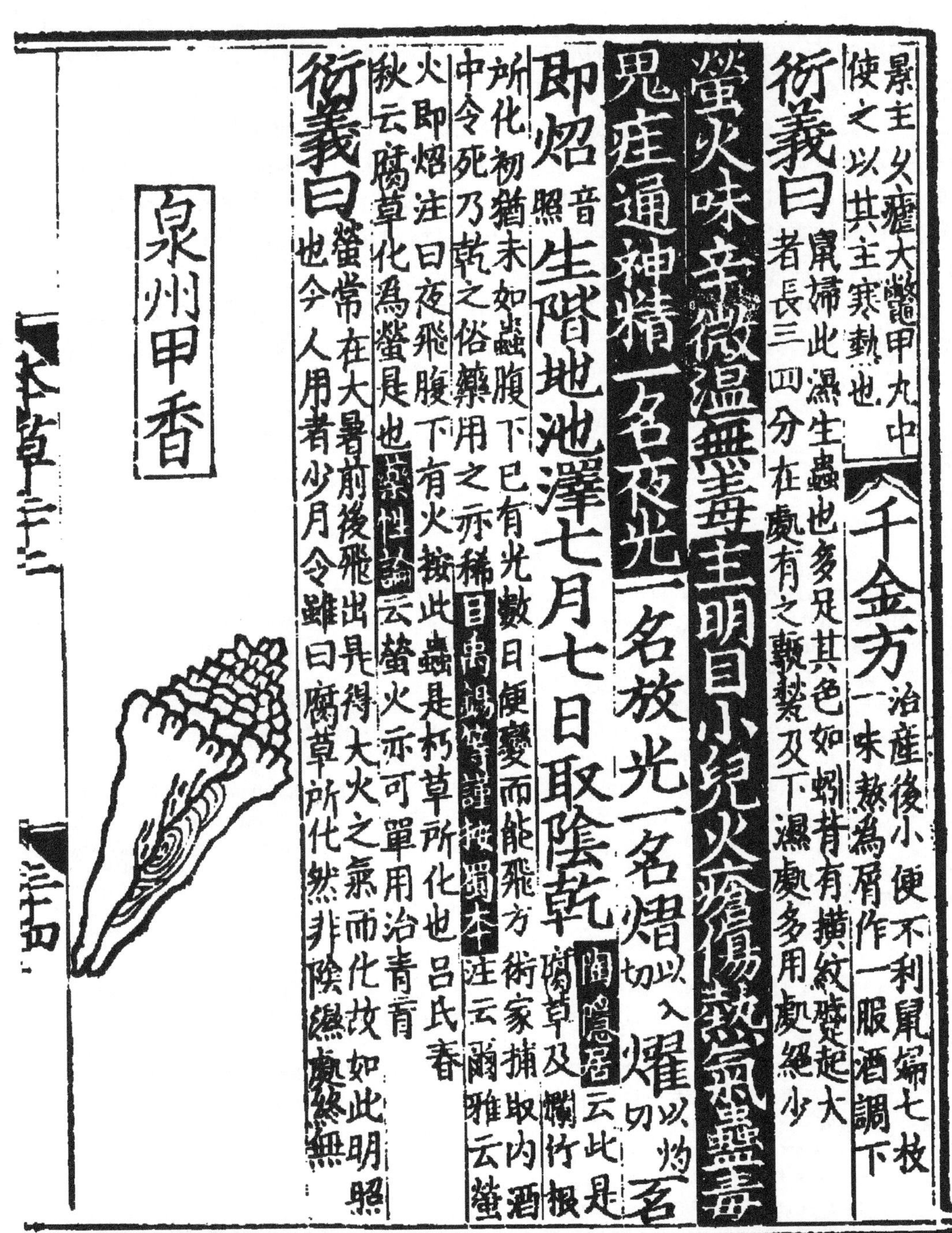

图 1319 具有芳香成分的软体动物，采自《证类本草》（1249 年）卷二十二，第三十四页（第 455 页）。相关的文字在左边，此页列举的主要词条是有关萤火虫的。

的实例是引进两种素馨的情形[1]，但是逐渐地发现甚至像沉香这样的外来香料[2]也可以在海南生长，而苏合香[3]经移植到南方和台湾后，就可以在中国范围内得到供应。某些香料的历史至今仍有许多不明确的地方。因此当我们把藿香[4]和艾纳香[5]列为主要从东南亚（“南海”）进口的香料时，同时有理由认为在中国也有同一种或另一种植物产生同一种或类似的产品，因而这就要由经常是错综复杂的商业史来判断不同时期的产品是进口的还是国内生产的了。另外也很难弄清古代中国和印度支那之间的界线在哪里，然而可以肯定的是，在唐代，橄榄属黑色糖质含油树脂（蒼糖香或榄香树脂）[6]，散发柠檬和松脂的香味，在广东收获，并送到京城和北方的所有寺庙以增进香的香味。
140 这就完成了对前面提到的另外 6 种芳香物的说明[7]。

另一组是由中东和地中海地区到达中国的香和香料，可能从最初的贸易交往时期就已开始，时间为公元前 2 世纪（陆路）和公元前 1 世纪（海路）[8]。这些香料总计也

① 适应水土的过程看来汉代时已在南方进行，但该香料可能继续由商家输入。其两大品种所具有的中国名称却表示它们来源于国外。“耶悉茗”（*Jasmimum officinale = grandiflorum*），源自阿拉伯语“*yāsmīn*”，但它也有地道的中国名称“素馨”（R 180；CC 455）。另一方面，“茉莉花”（*Jasmimum Sambac*），源自梵语“*mallika*”（R 181；CC 457）。我们将在本书三十八章对这类植物作更为详尽的探讨。

② 参见下文 p. 141 的注。沉香与“苦芦荟”毫无关系。苦芦荟是黏性多汁百合科植物叶汁的凝块“索科特拉芦荟”（*Aloe Perryi*），该植物生长在邻近索马里兰（Somaliland）的索科特拉岛（Socotra Island）［R 674；Burkill（1），vol. 1，p. 108］。这是一种药，可滋补、轻泻、清理肠胃、调经和利胆。输入中国后称作“芦荟”（参见波斯文“*alwā*”），最早见于公元 970 年的《开宝本草》。1225 年，赵汝适曾描述了它的制备方法，并说阿拉伯商人把它带到苏门答腊（Sumatra）［参见 Hirth & Rockhill（1），pp. 4，61，131，225］。在明代及明代以后，它与富含单宁的儿茶胶有些混淆。儿茶胶制自儿茶树［*Acacia catechu*；Burkill（1），vol. 1，p. 15］，其更为恰当的名称为“奴会”、“讷会”和“象胆”。

③ 见下文 p. 142 注。

④ 见下文 p. 142 注。

⑤ 见下文 p. 142 注。

⑥ 蒼糖香或榄香树脂为橄榄属和其它属树木的含油树脂。“中国橄榄”［*Canarium album*（= *sinense*）］的油在中古时期用于捻堵船舶的缝隙（R 337；CC 889）。但是主要用作香料的是另外一种，即爪哇橄榄［*Canarium copaliferum*（= *commune*）］，它常盛产于中国南方［Burkill（1），vol. 1，pp. 428 ff.；Schafer（13），p. 165；（16），p. 197］。由于这类含油树脂通常具有颗粒和像糖的性质，因而在中国用得最广的那种树脂称作蒼糖香。

⑦ 两种专用于熏杀藏书室蠹虫的准香料：芸香和必栗香，随后（下文 p. 148）即将介绍。其它能用于制作香或香品，讨人喜欢并且很早就能在中国得到的香料有白芷［*Angelica anomala*；R 207；Stuart（1），p. 41］，俗名“芳香”；和“白芳香”或“白茅香”（假如我们鉴别正确的话），即香草［*Hierochloe borealis*；R 740；Stuart（1），p. 207］，有些像香茅草，类似于英国民俗中教堂落成纪念日（rush-bearing）列队行进中所用的香草［参见 Burton（1）］。见图 1341（b）。

⑧ 参见本书第一卷，pp. 191，197；第四卷第三分册，pp. 443—444。反过来，在向西的交易方面，只要篇幅允许有些事情倒可以谈一谈，特别是在公元前 110 年古丝绸之路开辟之后。桂香自希罗多德时代以来就为人所知［参见 Innes Miller（1），pp. 42 ff.］，东印度的胡椒则输出到罗马帝国。但是麝香看来直到公元 4 世纪才有人提及，而樟脑则在时间上更晚。当辛香料的贸易正式开始时，它当然是和东南亚进行，先是通过阿拉伯人，然后是葡萄牙人，而不是和中国直接贸易（参见本书第四卷第三分册，pp. 519 ff.）。

是6种，另外有一种到的较晚而且少见，不包括在内。头等重要的当属乳香①，没药
香②则与之紧密相配③，固体的苏合香④和安息香⑤，后者取了波斯阿萨息斯王朝（Ar-
sacid Persia）的汉语名称，两者都很著名。随后要提到的是西亚类型的广木香⑥和茴 141
香⑦。第七种是黼齐香⑧，与阿魏（asafoetida）同属，仅在唐代出现，而且时间并不是
很长。这里还可补充两种地中海地区所产的树脂，即劳丹胶（岩玫瑰属）⑨ 和黄蓍
胶⑩，它们好像从未到过中国。

如果说在该时代之前的几个世纪中，香的许多成分是由西方输入中国的，那么随着时间的推移，东南亚的资源越来越多地成了贡物。中国到地中海地区的路线非常之

---

① 这是一种树胶脂，也称乳香（*olibanum*——拉丁语，*al-lubān*——阿拉伯语），出自哈德拉毛（Hadhramaut）的乳香［*Boswelli Carteri*（= *sacra*）］树和索马里兰的乳香（*B. Frereana*）树（R 336；CC 888）。由于其类似于蜡烛特性的产品形态，汉语管它叫“乳香”。它另有一个很独特的名称（参见上文 pp. 89，90），叫“返魂香”。另外两种乳香（*B. serrata* 和 *B. glabra*），原产印度，产生类似的树胶，称作“薰陆香”（*kunduruka*），不过质量较次，用于掺入阿拉伯和非洲乳香。根据陈嵘［（*1*），第596页］的记载，乳香属（*Boswellia*）树木现在已适应中国南方的水土。有关古代从阿拉伯费利克斯（Felix）输入乳香的情况，参见 van Beek（1），Innes Miller（1），Loewe（7）。

② 这是另外一种树脂胶，古代埃及人用于尸体防腐，出自阿拉伯半岛和非洲的没药树（*Balsamodendron myrrha* 和 *Commiphora abyssinica*）。汉语名“没药”（R 340；CC 891），显然来自波斯、希伯来或拉丁语的名称。有关其植物学及分布状况见 Burkill（1），vol. 1，pp. 961 ff.。根据劳弗［Laufer（1），pp. 460 ff.］的研究，在中国最早提到这种物质的是徐表的《南州记》，该书撰于4世纪，现已散佚，但曾由《海药本草》引用，见《证类本草》卷十三（第330页）。有关古代从阿拉伯费利克斯输入没药的情况，见 van Beek（1）。

③ 这些物质与金以及东方三博士联系起来，在这里自然地向我们显示出一种强有力的炼金术和象征性的色彩。见本书第五卷第四分册的“亚当洞穴”（the Cave of Adam）的故事。

④ 这是一种紫色的固体树脂，系地中海东部诸国及岛屿生长的一种树木安息香（*Styrax officinalis*）所产生［参见 Hanbury（1），pp. 129 ff.；Burkill（1），vol. 2，p. 2107］。我们曾有机会在很早阶段提到过它（本书第一卷，p. 202）。汉语名“苏合”，人们一直认为是古代地中海地区“*storax*”的译音。但是，无论是劳弗［Laufer（1），p. 456 ff.］还是其他语言学家都未能解释此词语音的确切来源，也许其媒介语为粟特语（Sogdian）。《本草纲目》卷三十四（第119页）引用《广志》的记述，说“苏合”乃是西方的一个国家。“*storax*”是命名为“苏合”的第一种物质，但后来如同我们即将见到的那样，其意义改变了。

⑤ 芳香树脂（gum guggul），出自于产生没药香同类的树木［*Balsamodendron mukul* 和 *B. Roxburghii*；Moldenke & Moldenke（1），p. 81］。芳香树脂（Bdellium 或 gum guggul）是中国以“安息香”命名的第一种物质。但后来其意义发生变化，用来表示南海的一种产物（见下文）。一般认为这几个中国字表示“安息人（即帕提亚人）的香料”［Lauter（1），pp. 464 ff.］，也即来自张骞所发现诸国之一的香料（本书第一卷，p. 174）。进一步可见山田宪太郎［（*5*），Yamada Kentaro（2）］的详细研究。

⑥ 广木香根系多种植物含香味的根的名称，值得注意的是，广木香（*Aucklandia Costus*）和云木香［*Saussurea lappa*（= *Aplotaxis lappa*）］分布广泛［参见 Burkill（1），vol. 2，p. 1968］。在汉语中有好几种名称，其中“广木香”可以称是最典型的名称（R 453）。在中国，“木香”和“蜜香”也可能用来称呼另一种颇不相同的植物，即总状土木香（*Inula racemosa*）的香根［Forbes & Hemsley（1），vol. 1，p. 430］。在诸如此类的情况下，几种广泛分布的植物一直被应用着，其在不同时代的来龙去脉，只有从多种语言的文献资料中才能弄清［参见林天蔚（*1*），第34页起］，但此项研究尚未有人做过。见图1341（a）。

⑦ 见上文 p136 注。

⑧ 来自一种小树，白松香（*Ferula galbaniflua*）［Schafar（13），p. 188；Laufer（1），p. 363］的甜质树胶产品。汉语称作“黼齐”或“黼齐”，可能是波斯语“*bīrzai*”的音译。但是很少有地方提及此点，恐怕主要就是段成式的《酉阳杂俎》（863年）卷十八，第十一页。

⑨ 来自玫红岩蔷薇（*Cistus creticus* = *villosus*）的一种树脂，迪奥斯科里德斯曾把它作为有用之物而提到过［I，128；译文见 Gunther（3），p. 68］。参见 Polunin & Huxley（1），p. 167。

⑩ 出自胶黄芪（*Astragalus gummifer*），即中东的一种灌木状巢菜的黏胶渗出物［Sollman（1），p. 746］。

长而且常常中断，而另一方面，正在发展的南海政治组织，在王公、苏丹和酋长的领导下鼓励贸易。在中国方面，于造船和航海方面有许多先进的东西[1]。因此，我们可以列出不下于 14 种芳香剂自东印度经中国南部沿海口岸输入中国，时间上不是在汉代就是在汉以后不久，或者至少在唐代有大量输入。这里著名的有檀香木[2]、沉香木[3]和紫
142 藤香木[4]、丁香[5]以及浮在海洋上具有奇异性质的动物香料龙涎香[6]。有两个颇有教益的实例说明一种早先是西亚产品的汉语名称转而用于后来东印度的产品。因此早期的“安息香”，即前面提到的阿萨息斯或帕提亚香是芳香树胶（gum guggul）[7]，但后来的“安息香”则是来自苏门答腊的安息香胶（gum benzoin）[8]；而前期的“苏合香”是来自西方固体苏合香[9]，后期的“苏合香”则是印度尼西亚的一种甜胶苏合香脂[10]，为一

---

① 见本书第四卷第三分册第二十九章，特别是 pp. 440 ff.，554 ff.，695 ff.。

② 此种木料具有奇妙的香味，是一种带有黄色心材的寄生性小树檀香（*Santalum album*），产于印度尼西亚的爪哇及其它地方。其汉语名称为“檀香”、“旃檀”或“白檀”（R 590；CC 1572）。经典中推颂的檀木，即“蔷薇木”，显然是黄檀（*Dalbergia hupeana*；R 381），来自很不相同的一种。第三种木料呈暗色，为“紫蔷薇木”，即“紫檀”（R 404）或紫檀香木，属于檀香紫檀［*Pterocarpus Santalinus*（= *indicus*）］，在唐代以前及唐代大量从南海输入。有关此项论题的全貌，参见 Schater（8）和（13），pp. 136 ff.。当然，所有此类木材至今仍广泛地应用。

③ 这种木材（特别是有病害的木材）属于沉香（*Aquilaria agallocha*），生长在安南，称作“*garroo*”，源自梵语“*agaru*”。然而在中国，由于它比重大一直称作“沉香”（R 252；CC 648）。在稍后年代，发现一种与此相关的品种，即当归（*A. sinensis*），它可在海南生长。参见山田宪太郎（*8*）。见图 1339a。

④ 马来的黄花梨（*kaya laka*），木料呈暗色，来自东印度的一种攀缘树，小花黄檀（*Dalbergia parviflora*），参见 Burkill（1），vol. 1，p. 754；Schafer（8）。汉语称作“紫藤香（R 342）。由于在道观中礼拜的教徒们特别喜欢它发出的香味，因而它又得到“降真香”（召请真人降落之香）的名称。此种香木粉现在多用于制作线香。

⑤ 这是丁香［*Caryophyllus aromaticus*（= *Eugenia caroyphyllata* = *aromatica*）］的干花蕾，原生于印度尼西亚，特别是摩鹿加群岛（Moluccas）；参见 Burkill（1），vol. 1，pp. 961 ff.。由于它看起来像钉子或鸡舌，因而在汉语中相应的管它们叫“丁香”或“鸡舌香”（R 244）。

⑥ 龙涎香是抹香鲸（*Physeter macrocephalus* = *catodon*）肠内形成的病理性腊质分泌物（类似于肠结石），受捕食的头足纲动物（枪乌贼和章鱼）之嘴的刺激而产生。在较早时期，大块的龙涎香常常可从海洋中飘浮的船只残骸和弃货上收集到，但目前小量的供应则主要来自捕鲸站［Bovill（1）］。纯净的龙涎香本身具有淡淡的芳香，一向受到香料制作者的青睐，因为它有一种非凡的力量，使高雅的花香和其它香味保持隽永而经月不散，并使它们获致特别温和的性质。由于这个原因，汉语中称它为“紫稍花”（R 103），虽然它还有另一个音译名：“阿末香”，其显然源自阿拉伯语的 *al-‘anbar*。但最普通的名称还是“龙涎香”（龙的涎液），不过“吊精”（鲸鱼的精液）也很通行。有关龙涎香在中国的历史，见 Schafer（13），p. 174，尤其是 Yamada Kentaro（1）。有关龙涎香的化学，见 Lederer（1）。

⑦ 见上文 p. 140 的注。

⑧ 该种香料来自安息香（*Styrax benzoin*）和长果姜（*S. tonkinense*），生长在暹罗和苏门答腊［R 185；CC 473；Burkill（1），vol. 2，pp. 2105，2108］。其奇怪的西语名系阿拉伯名“*lubān al-Jawī*”讹用而来，它为爪哇乳香（上文 p. 140），从而转为安息香树胶［Burkill（1），p. 2102］。当我们记得安息香酸（苯甲酸）和苯环对广博的有机化学所具有的意义时，这种对词源研究的爱好或许是可以谅解的。进一步可见山田宪太郎［（*5*），Yamada Kentaro（2）］关于安息香传布到欧洲和中国的详细研究。

⑨ 见上文 p. 140 的注。

⑩ 这是一种苏合香液（参见本书第一卷，p. 203），来自蕈树属（*Altingia*）的树木苏合香树（*A. excelsa* = *Liquidambar altingiana*），生长在印度尼西亚。在很长时间内它曾一直是主要来源。其胶质渗出液靠在树上开孔予以收集，就像割橡胶一样［Burkill（1），vol. 1，pp. 117 ff.］。但在东京（越南）另有一种细柄蕈树（*A. gracilips*），它无疑提供了若干后期的苏合香供中国之用。还有一种是枫香（*L. formosana* = *acerifolia*），为“枫香脂”的来源，实为同一种东西的另一名称（R 463；CC 1182）。对于苏合香（*L. orientalis*；R 462；CC 1183），一直有某些与之混淆不清之处，但那是生长在小亚细亚的一种树［Burkill（1），p. 116］，其树胶从未出口到中国。见图 1339（b）。

种液体香料。在上述两例中，其树属都很不相同。重要性稍低一点的有龙脑香[①]、艾纳香[②]、正宗的藿香[③]，以及广木香[④]，后者具有紫罗兰香味，且来源更为普通。耶悉茗香、茉莉花香[⑤]和笃耨香[⑥]，大概应属于从盛产香料的东印度输入的产品，而这些
地区可能继续生产劣等乳香[⑦]，用来掺入由西亚出口的“乳香”，这就补齐了可称为南 143
海产品类的 14 种主要香料[⑧]。

这些香料受到了很高的评价，这一点可以从《新修本草》所列的目录中看出，该书撰于公元 659 年，乃是所有文明中最古老的官方药典。在其中我们找到[⑨]下列 6 种最重要的香料成分：沉香、熏陆香、鸡舌香、藿香、磨糖香和枫香。其中第一种可能是中国海南产，但更可能是安南产；第二种是阿拉伯产和印度产；第三种是摩鹿加群岛产；第四种可能是中国产，但更可能是马来西亚产；第五种无疑来自中国南方，但第六种是印度尼西亚产，虽然也可能来自东京或中国台湾。这样，从中国的观点来看，至少有一半是外国产的。该药典写道：“这六种香料乃是芳香剂配方者认为最重要的实

① 或称婆罗洲樟脑（左旋龙脑），出自龙脑香树（*Dryobalanops aromatica*），是中国人传统的龙脑香（R 261；CC 697）。但此种“龙脑香”也称“婆律膏”，乃是苏门答腊西海岸巴罗斯（Baros）的音译，该处是龙脑香的巨大集散地。有关用它做炼丹实验的情况，见本卷第三分册。山田宪太郎（*6*，*7*）曾就它的历史作了专门的研究。

② 或称马来樟脑（左旋樟脑），出自菊科艾纳香（*Blumea balsamifera*），汉语为“艾纳香”［R 17；CC 2465；Burkill（1），vol. 1，p. 334］，最早从南海输入，但后来也在中国国内生产。参见 Hanbury（7）。

③ 这种芳香油（泰米尔语“*paccilai*”，梵语“*tamālapattra*”），可能与西方古代用三条筋树叶子（*malabathron*）所制的芳香油相同（参见本书第一卷，p. 178），来自马来亚某些薄荷属植物及广藿香（*Pogostemon cablin*）和一种刺蕊草属植物（*P. Heyneanum*）［Schafer（13），p. 172；Burkill(1)，vol. 2，pp. 1782 ff. ］，汉语名“藿香”。人们应用的另一种刺蕊草属植物为“*P. purpurescens*”。但是，相同的或非常类似的香料也产自中国土生的“藿香”［*Lophanthus rugosus* = *Agastache rugosa*；R 128；CC 318；Stuart(1)，p. 247；Forbes & Hemsley（1），vol. 2，p. 288］。

④ 见上文 p. 140 的注。

⑤ 见上文 p. 138 的注。

⑥ 见上文 p. 136 的注。

⑦ 见上文 p. 140 的注。

⑧ 对这些产品的深入研究，使沃尔特斯［Wolters（1）］在解决中国海外贸易史上最复杂的问题之一——“马来亚波斯”［南海（或西海）波斯］的性质，前进了一大步。由于这个问题难于处理，我们在前面几卷中（除第三卷 pp. 653—654 外）几乎没有论及此点，但在这里却值得重提一下，沃尔特斯对 4 世纪的四种中国文献中的“波斯松脂”感到好奇，经考察许多证据后，他得以证明，大概从那时以后，出自南亚松（*Pinus Merkusii*）的苏门答腊树脂就来到中国，并作为乳香的廉价代用品。松脂在中世纪欧洲也起着类似的作用。同样，来自阿拉伯的没药和安息香曾由苏门答腊安息香胶来填补（甚至顶替），而中国土产的樟脑，也由苏门答腊和马来西亚的龙脑香和艾纳香所补充。

但是强行以此进入中国—地中海地区贸易的“波斯人”究竟是何许人呢？有关“马来亚波斯”之谜曾有过好几种答案：一说是在东南亚某个尚未确定的地方或国家［劳弗、索瓦热（Sauvaget）、王赓武持此说］；一说是在北苏门答腊［费琅（Ferrand）持此说］；一说是在巴赛（Pasai）［菲利普斯（Phillips）、坪井九马三、伯希和持此说］；一说是在兰伯西（Lambesi）［杰里尼（Gerini）持此说］；一说是在波斯商人的聚居地［贝勒（Bertschneider）、蒙斯（Moens）持此说］；或者说是在整个东南亚处理来自东方和西方货物的波斯经纪人（夏德和柔克义持此说）。但是，沃尔特斯认为符合此种情况的唯一解释是“经营波斯货物的商人”，其中无疑大部分是苏门答腊马来人，无论从种族上或文化上都不是波斯人，正如“东印度人”不是印度人一样。因为只有在北苏门答腊，松属、龙脑香属和安息香属这三种树木才在一起生长，此点正是导致沃尔特斯得出他的结论的原因。

帕拉纳维塔纳［Paranavitana（4），pp. 19 ff. ］加上一条意见，说“波斯”这个词来自印度尼西亚一个民族的梵语名称“Vṛṣa”。参见 Gunawardana（1），p. 40。

⑨ 《新修本草》卷十二，第十二、十三页。

用材料。"[①]

因此看到源自日本"闻香"的非常类似的目录是不足为怪的。在日本平安时代(782—1167年),特别是在著名的《源氏物语》[②]撰写的年代(967—1068年),"闻香"在有教养的贵族中很流行。据莫里斯(Morris)[③]说,在这一位显赫的皇子世界中,香料的配合是鉴赏家颂扬的伟大艺术之一。而紫式部虚构的传记小说,对源氏所
144 组织的这类比赛提供了一个生动的说明[④]。评论家曾在此对所用的4种混合型香料鉴定出9种成分,据此可以看到它们大体上与《新修本草》的目录相似,其中沉香、乳香(印度的)、鸡舌香和苏合香为共同性的。日本的目录略去了藿香、磨糖香,但加上了甲香、檀香、麝香、松脂和"热带郁金香"(也许是藏红花)[⑤]。有意思的是其中有五种成分(桂香、甲香、麝香、松香和苏合香)是中国产或者是本地产,其它四种为印度支那或东印度产,另一种藏红花(假定鉴定是正确的)则来自西亚。桂香和甲香在全部四种混合型香料中都存在,沉香、乳香和麝香存在于三种混合型香料中,而其它成分则仅存在于一、两种里面。这整个的消遣极其高雅,无疑起源于唐代或唐代以前的道士和文人之中,其在东亚一直流传至今[⑥]。

但是,仍有若干种成分需要提及,制香者把它们放入粉料、软膏和固体混合料中[⑦]。为了了解这些情况,我们必须重新提一下这些材料的使用方式。一如我们所见,人们可能焚烧整段香木,也可能把混合的树胶投撒在燃烧的木炭上(如同基督教徒每天在礼拜仪式上所做的那样);或者可能制成香糊,然后硬化或凝固;再或者制成易燃的粉末,撒布成弯弯曲曲的线路,像一支缓燃的引信来回来去燃烧达很长一段时间,并且可以用来报时。后面两种方法乃东亚所特有。根据烛心的原理[⑧],过去(至今仍是)在正凝固的香糊中插进一根很细的木棍。不过从中古时期以来改用了另一种方法,即用注射器或泵把料挤压穿过拉板上的小孔,类似于食品工艺中制作某种面条的方法[⑨]。制成的香可能是直线形的,例如至今仍从北京出口的家用线香,或者制成前面已提及的大、小盘香(图1316)。德蓬森(Gontran de Poncins)曾以现代目击者的经历对此过程作了描绘[⑩],但是安文思(Gabriel de Ma-

---

① 原文为:"此六种香皆合香家要用。"

② "光源氏"是一个虚构人物,他是以几个真实人物为原型创作出来的,其中有菅原道真(参见本书第四卷第三分册,p. 650)。

③ Morris (1), pp. 191 ff.。

④ 《源氏物语》,池田校订本,第三册,第320—322页,译文见Waley (27), vol. 4, pp. 90 ff.。

⑤ 有关藏红花、红花和姜黄的情况见劳弗[Laufer (1), pp. 309 ff.]的学术专论。番红花(*Crocus sativus*)之花由西亚输入,用作高雅的芳香剂,也用作染料,其汉语名称为"郁金"。对于这些植物,我们将在第三十八章(第六卷第一分册)作更充分的探讨。藏红花(saffron)亦称"番红花",音译为"咱夫蓝"和"撒法即"(R 654; CC 1776),这里"即"为"郎"字之误。见图1340 (a)。

⑥ 张伯伦[Chamberlain (1), p. 219]对于此点的评述堪称欧洲人之偏见和愚蠢中最令人讨厌的实例。

⑦ 参见Li Chhiao-Phing (1), p. 146; de Poncins (1); Bedini (5)。

⑧ 在中国,它本身就是一根小棍或芦苇,但更结实。有关制烛工艺,见Hommel (1), pp. 34, 36, 166, 318 ff.。

⑨ 这些祖传的工艺与拔丝、现代人造纤维"纺织"相类似,而其原理则已经扩展到基础生物学最远的边界,因为采用挤压肌肉蛋白质长链分子液胶的方法,已经形成人造肌肉纤维了。

⑩ de Poncins (1),引自Bedini (5), p. 44。

galhaens，1611—1677 年）的证据，价值甚至更高，它证明在他那个时代，该项工艺已经得到充分发展[1]。正凝固的香糊过去也曾（至今仍是）制成小锥体，从锥尖点火； 145
而且正是用这种锥香，让它向下燃烧到剃光的头皮上，使佛教的和尚在受戒时烫出永久性的戒印（图 1320）[2] 多种木屑和干树胶粉的初步碾磨，用杵和石臼或者用脚踏式纵向运动的碾子（“研碾”）来完成。这种碾子在上一卷书中已有说明[3]。为取得凝固和易燃效果所需的各种媒介物或“稀释剂”中，有榆树根[4]、柏树[5]、刺柏[6]、桃金娘[7]和雪松[8]等树木的锯屑，紫苏的干叶[9]，肉豆蔻的渣滓[10]，松脂[11]和各种“阿拉伯树脂”[12][13]。用水和酒精（蒸馏过的酒）稀释到合适的程度。有时则加入微量的大黄和
硝石。 146

在数世纪中，逐渐形成了众多处理大量香料的工艺，我们将在本书第六卷中有关植物学和农艺的章节中有机会较仔细地观看一下其中某些项目的情况。此论题必然也涉及蒸馏的历史（参见本书第五卷第四分册）。我们恰好手头有一段摘录，可以用来作

---

① de Magalhaens (1)，pp. 153—154，我们已在本书第三卷 p. 330 列出了一段文字。也引自贝迪尼［Bedini (5)，p. 23］的著作，其中有一段现代的译文。

② 这里与艾灸的医疗技术有密切关系，关于此点将在本书第四十四章中详加讨论。

③ 本书第四卷第二分册，pp. 195，197。

④ 来自“榆”（*Ulmus campestris*；R 606）和其它种类。仅树根的皮适用。见 de Poncins (1)。

⑤ 大概是 *Cryptomeria*（=*Cupressus*）*japonica*，“杉”或“柳杉”（R 786a；CC 2137）。

⑥ *Juniperus chinensis*，“桧”［R 787；CC 2143；Burkill (1)，vol. 2，p. 1272］。

⑦ 在中国可能是 *Myrica rubra*，“杨梅”（R 621；CC 1687）。

⑧ 在中国可能是 *Cedrela*（=*Toona*）*sinensis*（=*odorata*），“椿”（R 334；CC 885）。

⑨ *Perilla ocimoides*（=*frutescens*），“荏”，一种与甜罗勒有关的植物［R 135a；CC 343；Burkill (1)，vol. 2，p. 1694］。其种子可提取干性油，其它部分含有柠檬醛，故像薄荷一样，可用作食品的调味香料。据沈立的记述（1074 年）［参见上文 p. 134 和 Bedini (5)，p. 11］，其干叶的粉末着重用作为一种成分，以利于计时香缓慢而均匀地燃烧。他还推荐用干枯的松花，将其仔细地碾成粉末，供同样的目的之用。

⑩ *Myristica fragrans*（=*officinalis*），“肉豆蔻”，一种棕色的坚果［R 503；CC 1336；Burkill (1)，vol. 2，pp. 1522 ff.］。其珊瑚红的假种皮或果仁的内皮带有芳香味，商业上经营的为肉豆蔻干皮（“肉豆花”）。

⑪ 它有许多名称：松香、松脂、松膏、松肪、松胶。其主要来源大概是红松，*Pinus Massoniana*（R 789a1；CC 2131；Stuart (1)，p. 33。

⑫ 欧洲用来做粘胶制品的“阿拉伯树脂”来自苏丹，以后是西非，再以后是印度，达两千年之久，并且总是从豆科金合欢属（*Acacia*）植物中提取。此种树脂的渗流乃是一种病理现象，它是受外伤的刺激而流出的。阿拉伯胶树（*A. senegal*）过去一直是最好的品种之一，但是也采用阿拉伯金合欢（*A. arabica*），而在印度则用儿茶（*A. catechu*）［参见 Burkill (1)，vol. 1，pp. 13 ff.，20］。从很早时期起，它们就以克欺（cutch）、黑儿茶（gambier）、儿茶等各种名称通过贸易流向西方和东北方，最后这一品种的产品可用于制革和染色，也用于制药。它的汉语名称也有好几种，如“阿仙药”、“儿茶”、“乌爹泥”和“孩儿茶”［CC 947；Stuart (1)，p. 2］。但是另有一种“阿拉伯树脂”树（*Acacia farnesiana*）广泛分布于华南，很像阿拉伯金合欢，称作“荆球花”和“金合欢”（CC 949）。这可能是制香者用得最多的香料。

⑬ 在烟熏物质中，我们不应忘记“蚊子香”，这是居住在中国的人都很熟悉的一种杀虫剂。除了选取若干比较普通的配料外，它通常还含有艾［*Artemisia vulgaris*，var. *indica*；R 9；CC 17；Burkill (1)，vol. 1，p. 245］，能产生按脑油和其它易挥发精油。还可能含有“烟草”（*Nicotiana Tabacum*；CC 303）叶的粉末以及少量的砷和硫。此外，在中国不同的地区，还可能加进一些当地的植物材料，因为中国有许多优良的杀虫剂为人们所熟知，而且已使用达数世纪之久。例如前面已提到过的八角（见上文 p. 136 的注），还有雷公藤及各种类型的除虫菊，它们将在本书第三十八章和第四十二章（第六卷）中再叙。

图版　四四八

图 1320　佛僧受戒的情景；1945 年，四川成都。在右边低着头的新和尚头顶上可以看到几天前用香烧出的 9 个烙印［桑德斯（Sanders）摄］。

为个中奥秘的实例。这一段摘录引自《岭外代答》，这是周去非于1178年撰写的有关外国植物的一部巨著。他写道[①]：

> 南方人有时称柚树之花为"泡花"[②]。当春天花蕾绽开时，呈圆形白色，状如大珍珠。采摘以后，香味颇似山茶花十分纯正而美好，足与素馨的甜香相媲美。番禺地区的广东人把花采下，经过蒸煮（或馏）以制作香料，效果极佳。在桂林（广西），有些人喜欢亲自从事此项工作，并实践出一套香料制作法。他们把质地优良的"沉香"[③]切成薄片，置于一只非常洁净的器皿底部，上面散放一层半开的柚花，然后再覆盖一层沉香薄片，之后再盖上一层柚花，如此交替装填。当器皿装满以后，遂密闭封口。第二天，不等各层柚花枯萎，就用鲜花置换，此项程序要一直继续到花季结束，香料也臻于完美。番禺的吴氏家族依照同样的方法分别用"素馨"和"茉莉"制成了"心字香"和"琼香"。其总的原则是必须压出花中的水分，以便收集花的香"气"（香味）并使香气自动地渗透入香木之中。这样（应用此法）他们从未用蒸煮器皿来加热或蒸馏（"实未尝以甑釜蒸煮之"）。
>
> 〈泡花，南人或名柚花，春末开。蕊圆白如大珠，既拆则似茶花。气极清芳，与茉莉、素馨相逼。番禺人采以蒸香，风味超胜，桂林好事者或为之。其法：以佳沉香薄片劈着净器中，铺半开，花与香层层相间，密封之。明日复易，不待花萎香蔫也。花过乃已，香亦成。番禺人吴宅作心字香及琼香，用素馨、茉莉，法亦尔。大抵浥取其气，令自薰陶以入香骨，实未尝以甑釜蒸煮之。〉

这必定是"吸香法"最早的说明之一，它是一种使花的易挥发精油渗透到脂肪性物质中去的方法[④]。有时则继之以蒸馏，以分离出各种油分，这至少是较后时期的事了（参见本卷第四分册）。

最后，这里必须说一下香在计时方面的作用，虽然此点在前文中已几次略为提到过，而且在前面几卷中也不时简要地谈论过[⑤]。某种形式的"香棒"，无疑是中古时期中国航海者用于计时的装置，它相当于西方的沙漏。这可能是一枝或数枝经过校准的棒香，他们借以在夜里、阴天或暴风雨时值班计时。但是也可能用某种更为复杂的东西，因为至少从宋代以后已制成了真正的金属香钟（"香篆"），着火点沿着用香粉筑成的篆字笔画线路（"香篆"因此命名）或几何图形的迷宫[⑥]弯弯曲曲地前进。通过更 147
换式样来改变总的燃香时间的方法，就不难作出一项安排来测定因季节变更而长短不一的夜"更"，也可以用来测定全年中十二时辰和一百刻的标准而无须更换香盘。在这些圆盘的形式中，有一种其燃烧的线路安排成一个时辰属阴（变细而向心）、一个时辰属阳（变粗而离心）。根据前述沈立《香谱》一书中所提的证据，这种式样是由一位

① 《岭外代答》卷八，第十四页，由作者译成英文。

② *Citrus decumana*（R 344）。

③ 见上文 p. 141 有关来自安南或海南的沉香的注。

④ 参见 Hanbury（8）。

⑤ 见本书第三卷，p. 330；本书第四卷第二分册，p. 509；本书第四卷第三分册，p. 570。用若干种香来计时，有庾肩吾（鼎盛于520年）的诗为证。

⑥ 欲知详情，请读者参见有关此专题的佳作 Bedini（5，6）。

候补官员梅溪[①]于1073年发明的，而在随后的若干年中由巧匠吴正仲制作。但是其一般原理可能要早得多，因为薮内清曾引述了一部《漏刻经》[②]，其中曾提到过一种“烟篆”。所有这类题目的著作已全部散佚，但它们都是古代的著作，其中最古的著作可能为霍融所撰（约102年），另外的一部为陈朝的朱史所撰（563年），稍后有太史令宋景的另一部著作，最后则有隋代或唐初皇甫洪泽的权威性专著。遗憾的是我们不清楚有关的片段出自上述著作中的哪一种，但是，无论如何此体系看来很可能在唐代以前几世纪即已开始，而不是在北宋末。此外，在唐诗中还有“香印”的资料[③]。直到现在，还有各种式样和形状奇特的“香印”钟存在[④]，虽然其中很少被用过。甚至其中一种还包括闹钟机构，即用一支直棒香支撑在一个容器的刻槽内，该容器经过精雕细刻，状如一只龙舟，当着火点达到某一点时便点燃一根细线，使一对小钟锤落入下面金属盘内[⑤]。在这些香钟里面，有些还附有刻度尺。从六朝时期（公元4世纪或5世纪）以来，中国还知道并应用“刻烛”，因为《南史》有好几次提到它们[⑥]。最后，炼丹和医疗化学的操作常用棒香和点燃某种香钟来计时，许多文献对此都有相当清楚的说明(参见本卷第三、四和五分册)。

148

(ii) 烟熏法、驱除剂和感应剂

我们现在必须用“烟熏掉”大体上不合需要的东西，从而回到宗教和礼拜仪式上乏人涉足的领域上来。前面已经暗示过，焚香只不过是中国远为复杂得多的习俗的一部分。烟熏（“熏”或“燻”）法本身就是这样[⑦]。这一类用作卫生保健和杀虫的措施，远在汉代以前很久就已经采取，这一点在《诗经》的一段经典诗篇中可以见到。其中一首古歌是关于每年清扫住宅的。它写道：

十月，蟋蟀在我们床下鸣叫，
裂缝均已堵塞，耗子都被熏跑，
北窗皆已封闭而所有的门户也都涂刷……
岁序的更迭要求这样……[⑧]

---

① 这可能是一个名字或笔名，而不是姓加名字。

② 薮内清（*4*），第23页，未附参考资料。

③ 例如在方干（鼎盛于860年）的某些诗句中。

④ 参见本书第三卷，图145。在贝迪尼［Bedini（5，6）］著作中有丰富的资料和实例，其中许多引文来自晚近西方作家和旅游者，以及宋代最重要文献的译文。

⑤ 参见本书第一卷 p. 203 所述的引人注意的机构。此类声源讯号，在阿拉伯重复发声的水钟和中国水力计时机械中都曾用过。这里提到的闹钟机构，至少可以追溯到11世纪。这可以根据王黼的落球机构——“烛龙”的名称推断出来；见本书第四卷第二分册，p. 499。当时我们还不能解释这一名称。

⑥ 参见诸桥辙次《大汉和辞典》，第2卷，第264页，以及前述庾肩吾的诗。

⑦ “熏”这个字（以其相应的字形来说）表示一种植物，至少从公元5世纪以来它与蕙草同义。这指何种植物，一直难以确定，但它很可能就是罗勒（参见上文 p. 136 的注），即一种芳香的唇形科植物（R 134a）。由于伊博恩对此项作了错误的鉴定，霍克斯［Hawkes（1），p. 23］在翻译《离骚》（《楚辞补注》卷一，第八页）时把它当作了黄香草木樨，不过这一点也许不必记住。另见 B Ⅱ 85，406，407，Ⅲ 60；朱季海（*1*），第90页起。

⑧ 《毛诗》154，《七月》；译文见 Legge（8），vol. 1，p. 230；Karlegren（14），p. 98；Waley（1），p. 166。

〈十月蟋蟀，入我床下。
穹窒熏鼠，塞向墐户。
嗟我妇子，曰为改岁……〉

此歌可以推定为公元前7世纪或更早的作品。这可能是最早提到的，而后来变为通行的“换火”（“爟火”）风俗，即每家一年一度举行的“新火”仪式[①]。封堵住所有隙缝，而后用梓木作为药物烟熏居室，这在稍后几个世纪的《管子》一书中已有叙述[②]。即使在西汉编纂，颇具古风的《周礼》中，也有好几处叙述在官员的监督下用除虫菊和八角属植物充当杀虫剂进行烟熏的事[③]。我们从后来的文献中知道，中国的学者定期烟熏他们的藏书室，以防止蠹鱼的侵害，这是一种很厉害的害虫，在中部和南方尤甚[④]。

此外，古代中国人不论在和平时期或是战争时期都是伟大的烟雾制造者。我们在 149
《墨子》一书（前4世纪）的军事章节中已经看到，在围攻战中采用唧筒和炉子产生毒烟和烟幕，特别是作为挖坑道袭击的一部分[⑤]，为此目的采用了芥子和其它含有刺激性挥发油的干性植物材料。可能没有比这更早的原始资料了，但比这晚的资料肯定很多，因为经过几个世纪，这些特别现代的技术，虽然应当受到谴责，却都得到广泛而精心着意的发展。例如，属于同一类的另一种装置，15世纪的毒烟弹（“火球”），此点已在本书的同一卷中提出讨论[⑥]，而它又使人想起《武经总要》（1044年）中常被引用的许多详尽的配方[⑦]。12世纪宋和金鞑靼人之间的海战以及那个时代的内战和叛乱，都进一步展示了许多例证，说明已应用含有石灰和砷的毒烟[⑧]。的确，大约在9世纪的某个时期，火药本身是一项震撼世界的发明，它是和上述情况紧密相连的，因为火药的

---

① 参见 Bodde（2），p.75；范行准（*1*），第24—25页。在许多文明中都有此种仪式，它在一年中的特定时刻举行。在基督教世界，西方的教堂以此种仪式作为复活节前夕礼拜的开始，仍然用来表示神灵的传统性象征。其要点不是继续用余烬作无性的繁殖，而是用燧石、火石或其它工具重新有性地创造出新火。

② 《管子·禁藏第五十三》，第十一页；参见 Needham & Lu Gwei-Djen（1），p.449。

③ 《周礼·秋官司寇》，第五、六页；《秋官司寇下》，第七、九页；译文见 Biot（1），vol.2，pp.386 ff.，相关讨论见 Needham & Lu（1），pp.436—437。参见史树青（2）。

④ 有许多植物被用来产生烟雾。值得注意的是芸香（*Ruta graveolens*），与柑橘科同源［B Ⅱ 409；CC 919；Burkill（1），vol.2，p.1921］。此种材料与其它杀虫植物一起，有时也掺和在书本身的粘合剂和纸张之中。另一种可供此种目的的有用材料为一种与胡桃有关的树木，叫作“必栗香”［*Plalycarya strobilacea*（=*Fortunea chinensis*）；R 620a；CC 1683］。

“蠹鱼”非只一个品种，但为害最大的是窃蠹科一种鞘翅目甲虫的幼虫，尤其是遍及全世界的面包甲虫药材甲［*Stegobium*（=*Sitodrepa*）*paniceum*；孔庆莱等（*1*），第412页］和生长在较北地带的图书馆的浓毛窃蠹（*Nicobium castaneum*）。药房的烟草甲（*Lasioderma serricorne*）有时也造成很大的损害；而属于另外一科，如蛛甲科和皮蠹科的甲虫已知也常常毁坏书籍。衣鱼（*Lepisma saccharina*）有时也毁坏书籍，据中国文献记载，它们可以用烟熏法杀灭，但它们不构成主要危害。奇怪的是，不论李时珍还是更早的药物学家，对此类害虫都未予以足够的注意。详见 Weiss & Carruthers（1）；Lepesme（1）；Essig（1）；A. W. Mckenny Hughes（1）。

⑤ 见本书第四卷第二分册，pp.137—138。

⑥ 本书第四卷第二分册，p.425。参见第四卷第三分册，p.684。

⑦ 例如《武经总要》（前集）卷十二，第六十七页。见 Davis & Ware（1）；Wang Ling（1）；Needham（47）。

⑧ 见本书第四卷第二分册，pp.420—421；第四卷第三分册，p.692。

发明肯定是来源于燃烧弹的制备，而它最早的配方有时就含有砷[①]。这一类技术是很古老的，因此当我们发现早在10世纪就用滚烫的蒸汽进行医药上的消毒就不会感到惊奇了。赞宁在公元980年左右所撰的《格物粗谈》中写道[②]：“当热病流行时，一开始发病就立即收集病人的衣着，进行彻底的蒸煮，这样就可以使家中其他成员免于感染。”（“天行瘟疫，取初病人衣服，于甑上蒸过，则一家不染。”）这想必会引起巴斯德（Pasteur）和利斯特（Lister）的兴趣，我们自然会在第四十四章有关医药卫生部分中再回来讨论此论题。自然科学知识好与坏两方面的作用总是相伴而行的，人的本性也是一样。

孙思邈约于公元640年撰写的《丹经要诀》，其配方中有一份是有关神烟驱鬼的，且已达到完美无缺的程度（参见本卷第三分册）。它称作“炼丹合杀鬼丸法”，其所含的配料成分不下20种，差不多全具毒性[③]。朱砂、硫和两种含砷的硫化物形成无机的
150 基质，但其中要加上7种植物的根，或多或少都具有强力的药理活性作用[④]；5种类似的果实、种子或茎梗[⑤]和4种动物产品[⑥]。这种配制品要像香一样焚烧，而且孙思邈保证它将杀死所有妨碍炼丹家炼丹的小鬼。它也许亦能杀死其它任何东西，因而就有了上述信念。而对于人类来说，它发出的烟，除了令人惊恐的生理症状外，还具有强烈的刺激作用。孙氏说，葛洪经常用此配方在“三奇丹”升华以前清除他炼丹室的鬼魔[⑦]。

但是，这里使我们更为关心的是古代道士在他们的香炉里产生致幻烟雾的可能性。据认为道士礼拜用的香，至少是一种烟熏和净化的技术，同样也是给诸神一种甜香味的奉献，或者至少它以萨满教的方式那样开始[⑧]。逐渐强调象征和奉献方面，可能是佛教传入以后的事，而且如同我们刚讲到的那样，必定有许多原先就有的古代习俗，它们自然会引向佛教。假如有人想用“产生臭气”的方法驱除鬼魔（以及耗子和昆虫），那么在“香”炉中加入硫、芥子、角蛋白以及诸如此类的物质是自然而然的事，这再一次表示出香炉和炼丹炉之间无可置辩的关系。而且可能在不久以后，道士就发现他们可以用此作为威力真正强大的心理炼丹术[⑨]。在香炉的焚烧物中加入大

---

① 我们将在本书第三十章（k）中详加讨论。

② 《格物粗谈》卷下（第32页），由作者译成英文。

③ 《云笈七籤》卷七十一，第十九页；译文和注释见 Sivin（1），pp. 208—209。

④ 藜芦（*Veratrum niger*；R 225）、乌头（*Aconitum* sp.；R 523）春秋两季收集其块根，半夏（*Pinellia tuberifera*；R 911）、玉簪（*Hosta* sp.；R 520）、苍术（*Atractylis ovata*；R 14），自古就和对永生的崇拜紧密相连，参见本卷第三分册。最后是钩吻（*Gelsemium elegans*；R 174）或漆树（*Rhus toxicodendron*；R 317）。

⑤ 莽草（*Illicium religiosum*；R 505），是一种有名的毒鱼药和毒虫药，参见 Needham & Lu Gwei-Djen（1），欧白英（*Solanum dulcamara*；可能）、桃（*Prunus persica*）、巴豆（*Croton tiglium*；R 322）和卫矛（*Euonymus alatus*；R 308）。

⑥ 犀牛角、麝香、干蜈蚣（*Scolopendra morsitans*）和牛黄。这最后一味（肠结石和胆结石）主要来自山羊体内，此材料仅含有石灰、胆红素和胆酸。

⑦ 在其它情况下的用法尚不清楚。

⑧ Schipper（3）。人们记得刺激强烈的醋蒸汽仍在某些礼拜仪式中应用，还有早期道观中忏悔者的自我鞭挞和急剧的跪拜，有关情形杨联升（2）已有叙述。任何半狂欢性的典礼都佐以强烈的嗅觉刺激，更不用说以烟雾形式作用于精神的药物了。

⑨ 因此，原先用“烟熏出”不需要的东西开始，现在变为将天神之物“吸入”自身。

麻（“大麻”、“火麻”；*Cannbis sativa = indica*），在道教的一部集子《无上秘要》中有明白的叙述[1]，此法应推至公元570年以前。这种植物（通常称作大麻、马力求那等）的心理药物性质，在汉代或汉代以前就已为人所知，这在《神农本草经》[2]“麻蕡”（大麻种子）条目下有清楚的说明：

> 多食用使人看见魔鬼并像疯子一样胡乱行走。但是，如果一个人长期食用的话，他就能够和神灵交流[3]，并且身体变轻[4]。
>
> 〈多食令人见鬼狂走。久服通神明轻身。〉

在同一条目中还提到了同义词“麻勃”，此术语可能还包含着一项有关大麻作用的警 151
告，因为“勃”字通常表示无法预言和突然的情绪变化，犹如在精神药物的作用下所发生的状况[5]。后来“麻花”又成为另一个同义词[6]。这一切都是可以理解的，因为吸食者所用中东和印度产的传统大麻[7]，是雌性植物花簇的干品，含有未发育的种子，并富含药效作用的树脂[8]。

上述引文属于公元前2世纪或前1世纪，而不属于后汉时期，而且这一知识可能在战国末期的自然主义学派中间流行过，因为“蕡”字专指大麻籽，见于公元前3世

① *TT* 1124。见 Schipper（3）。

② 森立之辑本，卷一（第45页），由作者译成英文。

③ 或作“获得洞察力”。

④ 肉体永生的特有先兆。

⑤ 在晚周的著作中有一条古典的惯用语：“色勃如也”，而“勃然大怒”则是一种通常的说法。同时，“勃”字在植物学上也可解释为花的迅速盛开和蒴果的开裂［参见 Li Chhang-Nien（2），p. 37］。

⑥ 如《千金翼方》（670年）卷四（第52页）。

⑦ 见 Burkill（1），vol. 1，p. 438；Dey（1）。这里有一个术语问题，因为亚非所有的大麻都是完全相同的东西。“*Chur*”由脱落下来的富含树脂的碎片组成，而“*charas*”则是一种经过分离和提纯的树脂。成熟花簇的干品，已脱去大部分树脂的叫“*ganja*”，这些品种既可以吸入也可以服用。雌性植物和雄性植物之叶叫做“印度大麻”（*bhang*；如研成粉末则叫“*siddhi*”），其功效最低，也同样可以吸入或服用。大麻的一个重要特性是其活性要素的最低致死剂量很高，即使过量也不会致死，虽然一般认为长期应用会导致神经错乱。有关大麻化学的近期研究，可查阅 Mechoulam & Gaoni（1）以及 Joyce & Curry（1）。大麻中含有生物碱类如大麻素，油类如大麻醇，以及树脂类如大麻酮。具有药物活性作用的主要化合物似乎是δ-9-四氢大麻醇，它有三个环，一人的有效剂量为1毫克。在中国文化中，抽吸大麻从不像印度、中东和非洲那样占显著地位，总的说来，在中国这种植物的医疗用途在于外用而不是吸入［《本草纲目》卷二十二（第49页起）］；Stuart（1），p. 90；Anon.（57），第2册，第66至67页）。

但其去皮的白色种子（“麻仁”）则作为一种“谷类滋补品”食用；经过压榨可得到一种有工业价值的干性油（“麻油”），可供制作防水纸和防水布之用。

有意思的是，大麻家族中仅有的另外一属是葎草属（*Humulus*），而且啤酒花提供了一个经典的例证，人们用它的活性成分来使酒精发酵沿正确的途径进行。

⑧ 格林斯庞［Grinspoon（1）］曾对若干活性物质的化学性质作过很有意义的叙述，但是对他所必须述说的有关中国药用植物的历史需要仔细审核。李时珍（《本草纲目》卷二十二，第五十页）引用陶弘景的话如下：“大麻籽很少用于医药方面，但是据术家说，如果与人参一同服用，它将赋予未卜先知的超自然能力。”（“麻勃方药少用。术家合人参服之，逆知未来事。”）李时珍评述的独到之处在于，这种制剂可能彻底治愈健忘症或精神恍惚症，但是也认为它将启示未来之事却未免言之过甚。

把大麻用作麻醉剂，通常认为始自华佗，正如儒莲［St. Julien（11）］和塔塔里诺夫［Tatarinov（2）］所说，他是公元3世纪的一位伟大的内科和外科医生，但是我们在药物学上有充分的理由说明它不适合此种用途，因而我们推测在“麻”（一种植物）和“痲”（失去感觉）之间产生了混淆。我们将在本书第六卷第四十五章对此详加讨论。

纪的《尔雅》中。有人猜测其根源在于周代原始道家的信念，一个人为了获致长寿和永生，必须辟谷（“绝谷”），并以各类不能食用的植物为生（参见本书第五卷第三分
152 册）。有时这些植物证明具有不同凡响的性质。《本经》的记述在以后的书籍中常被转述[①]。由于在古代道教中有这类“致幻”的经验，就需要有一间密闭的房间，而在最古老的道教仪式中恰好就有这种“净室”[②]。事实上4世纪的一段文章就是这样提出的：

> 对于那些开始学道的人，并不一定要进山……有些人带着净化的香，经过洒扫也可以召请真仙降临。魏夫人（华存）和许（谧）的信徒就属于这一类。
>
> 〈初学道不必入山闭门勤修……或清香洒扫亦能降真矣。魏夫人许氏之徒皆其流也。〉

此文出自《元始上真众仙记》[③]，文中提到的两位仙长是道教茅山派的大人物。女道长魏华存的活动时间在公元350年至380年[④]，而许谧，我们在前面（p. 110）已说到过，他卒于公元373年。如果我们追寻麻姑与神话间的联系[⑤]，那么还可得到一些信息。麻姑是泰山的女神，7月7日是当地收麻的日子，那一天在道教社区举行会宴[⑥]。

154 总之，我们有充分理由认为，古代的道士就已采用直接来自宗教礼拜仪式的技术，系统地对致幻烟雾做实验[⑦]。这里很可能与前面（p. 116）已经讨论过的菌类致幻剂有密切联系。在同等程度上也与内丹（本卷第五分册）的某些锻炼中有意识地造成缺氧和其它非正常状态相关联，甚至催眠和令人昏睡的技术也不应排除在外。而且以后我们将发现许多实例，说明一些方士和炼丹家能够借助他们奇特个人魅力，使其当事人和同代人产生深刻的印象（本书第五卷第三分册）。在所有情况下，香炉一直是变化和转变的中心，与之相联系的是礼拜、献祭、上升的甜香气、火、燃烧、分解、转变、

---

① 例如孙思邈的《千金翼方》（约670年）。大约与此同时，孟诜的《食疗本草》曾从一部道教著作《洞神经》中引用了此点，也可能引自《洞神八帝妙精经》（*TT* 635），但更可能引自《洞神八帝元变经》（*TT* 1187）。该段文字介绍了服用大麻的方法，并指出凡是希望见到神灵的人都须（与其它某些药物一起）服用，直到100天。孟诜所说的话以后又被《图经衍义本草》（1223年；*TT* 761；卷三十七，第九页）所引用。因此，大麻的致幻性质，在2000年或更长时间内，对于医药界和道教界乃是一种常识。此点并见于4世纪各种为获致幻觉能力的处方之中（例如《真诰》卷十，第四、五页）。杨羲描述了（《真诰》卷十七，第十四、十五页）他服用“初神丸”的亲身经历，此种药丸含有大量大麻。此药旨在针对“三虫”，其处方见《紫阳真人内传》（紫阳真人即周义山），*TT* 300，撰于公元339年以前，但不会在以前很久［译文见 Maspero（13），pp. 103—104］。

② 值得注意的是，在向净室祭坛上香炉致礼的指示中常常有“勿反顾”的禁令，这可能是揭示要把精神集中在致幻的烟雾上。我们对此点的重视，得到了司马虚先生的善意引导，他还为前面一脚注的后半部分提供了参考资料。

③ *TT* 163，第九页，由施舟人［Schipper（3）］发现。

④ 或许更早，因为《上清经》，即有关道教三清仙境的三十六部启示真经中的一部，据认为是由她口授给杨羲的，而该书的最古老的部分约撰于316年。也正是她向杨羲解释了在“净室”进行静修的方法。

⑤ 假想为2世纪的一位贞女，不仅与她的兄弟王元及其朋友蔡经一起获致永生，而且还被奉作神明（参见《神仙传》卷二，第五页）。她使我们特别感兴趣是由于她与地质学上的“桑田”论有密切联系，也就是说高山一度曾在海底（而且能再度成为高山），反之亦然；参见本书第三卷，p. 600。图1321。

⑥ 我们在这里并未谈到任何外国的影响，否则就离题太远了，但我们不禁要想起希罗多德（Herodotus）所撰有关斯基泰人（Scythians）的著名故事（《历史》，*The Histories*，Ⅳ，75）。他虽然没有直接说到致幻作用，但他确实谈到斯基泰人从不以普通方式洗澡，而是在毡制小屋中使他们自己暴露于用烧到红热的石头上烤炙大麻种子所产生的蒸汽和烟雾中，这时他们感到非常愉快和兴奋。此外，希罗多德还接着谈到斯基泰女人用柏、雪松和乳香制作一种香糊，涂抹在身上，从而使她们具有一种香甜的气味和光滑的皮肤。我们认为希罗多德并未抓住这一切进行的全貌。

⑦ 很有可能还有其它植物致幻剂适合于在道教祭坛中供集体吸入之用，这一点尚待查考。

153

图 1321 麻姑、她的兄弟王元以及蔡经；采自《列仙全传》卷三，第二十四页。

显圣与神灵沟通以及确保永生。“外丹”和“内丹”在香炉周围相遇[1]。难道我们不应把香炉看做是它们的发源点吗？

（8）化学物质的命名

现在我们回到比较现实的事情上来，归根到底总要说一说有关矿物、矿石和化学物质取得汉语名称的方式问题。由于这些名称和术语在本卷的余下部分必然会多次出现，因此作一个简要的考察是刻不容缓了。表95提供的是一份见于中国古代和中古时期文献中总的名称清单，各条目大致按年代排列，并包括与同时代西方（希腊文和拉丁文）术语所作的若干比较。这里无须赘述科学革命并未在亚洲发生，在中国也未自发地产生化学命名的近代系统，虽然最后曾作了巨大努力使一般公认的近代符号和术语归化于汉语[2]。现在值得一做的是审阅一下表95，选出某些化学名称以说明其经历各个年代的命名原则。为了简便起见，对于大量幻想而带有诗意的隐蔽性炼丹术中的名称，我们不予考虑，我们只考虑那些炼丹家、技术专家、药剂师和金属工匠共同使用的术语[3]。

我们首先应当考虑的是以单个汉字形成的术语。虽然要创造许多这样的字可能是
155 很方便的，但造字通常发生在远古时期，因此远在需要给无机或有机物质复杂的命名以前；这样，直到与近代化学相结合之后，汉语中才出现大量的新字[4]。更为普遍的是采用选词法，即以稳定的链把两个或三个汉字联合在一起形成一个名称；在这方面我们有许多例证。在上述两种情况下，颇有创造性的是首先使用部首，如“石”（第112号）、“玉”（第96号）、“金”（金属和合金，第167号）、“酉”（发酵的液体，第164号）和代表粉的“米”（米粒，第119号）。在表意造字方面，我们可以举出像“砒”代表三氧化二砷（第17号）[5]，或“鍮”代表黄铜（第29号），或“玛”用于复合词，代表“玛瑙”（第5号）；更为复杂的形式，我们可以看到“矾”代表明矾（第6号）和“礬”代表砷华（第18号）。当然，我们必须清楚，严格地说这些字大多数是形声字而不是象形字或会意字[6]，虽然在某些情况下选用声旁看来特别合适，如“礬”字，在“石”上面有“樊”（篱）或蒸发塔[7]。“卤”（盐，部首号197）可能是一个常用的通行部首，不过直到近代它的派生字才增多，虽然有关它使用的几个实例已列举在表95中。特别在道教著作中有一些特殊情况，例如用颇有意味的“汞”代表水银，他们特别把“气”（元气）写成“炁”，表示“一股空气”在“火”上方飘动。该字神秘

① 我们丝毫不想低估金属工匠和陶工们以他们的天赋知识在发展中国炼丹术方面的作用，然而有一种并非来自他们的带有强烈宗教色彩的动机，无论在外丹和内丹方面一开始就显得特别重要。事实上，希腊化时代早期原始化学家在点金方面也是如此，只是在细节上有不同的考虑。

② 见本书第五卷第三分册的最后章节。

③ 我们已经在本书的第三卷 pp. 641 ff. 有关矿物学命名方面述及此项论题。参见 Sivin（1），pp. 306 ff.。

④ 那时为每一个化学元素创造一个专用的汉字。

⑤ 序号表示表95中的条目编号。

⑥ 进一步的阐述见本书第一卷，p. 30。

⑦ 此点已在本书第三卷 pp. 642，653 讨论过。

的部首（部首号71）表示“虚无”，它几乎没有任何派生字，但“无”字表示打嗝或打呃，肯定与因自然而非因人而生的类似的空气流或蒸汽流有关。至于选词组合方面，只要举两个例子就可以了，如“石脂”表示各种黏土（表95，第7号），“石绵”表示石头的绒毛或纤维（第20号）。除了上面这类专用名称以外，通常把粉状物称作“砂”（“沙”）、“灰”、“粉”（磨成的米粉）和“糖”。升华物则常被称作“霜”或“雪”，汞齐称作“泥”。其它糊状物称作“脂”或“膏”，这已见于黏土的名称。差不多所有已制作好的化学品都可以叫做“丹”，严格地说，此术语应属于朱砂（第122号），它也常常被译作“长生不老药”[①]。

由于问题的性质，表示矿物和化学品的双字词或三字词没有植物学名词那样丰富，此点将在本书第三十八章加以讨论。然而我们在那里列举的14种命名的动机中，11种可以从化学领域举出例证。它们是：①形状和纹样、③颜色、④香气、⑤味道、⑥特 156
殊的性质和特征、⑦生长环境、⑧地理原产地、⑪性别、⑫用途、⑬姓名和⑭外国来源。此外，我们在这里还需加上一种，即⑮人工化学制备。下面我们将逐项举一两例说明之。

形状和纹样可以在“理石”（有纹理的石膏或雪花石膏，第34号）、“猫睛”（猫眼，即金绿宝石，氧化铍铝，第38号）和“芒消”（硫酸镁，第116号）中见到，芒消因其针状晶体组织而得名。这方面还可加入有趣的“豆金”，即硫化锡（第167号），因为它在制成后恢复成凝块状。颜色在“白青”，一种淡蓝色矿物，即石青（碱性碳酸铜，第23号），“紫石英”，即紫晶（第9号），尤其是在“石流黄”或“琉黄”，即硫（第169号）中，是显而易见的。香气或“臭气”，大概可以以氧化铵和碳酸铵的名称之一，即“气砂”（第10号）作为例证[②]。最后，味道可在典型的硫酸盐：蓝矾、硫酸铜，即“石胆”（第56号）中得到证实，表明它具有强烈的腐蚀、收敛和催吐性质。

专门的性质和特征是易于说明的。我们可以把磁性氧化铁（第117号）看作为“慈石”，即“慈爱之石”［如吉尔伯特（Gilbert）和沙利文（Sullivan）抒情诗的用语］，或“玄石”（至少在古代如此），即一种深色或神秘的石头。同样的道理，把硝酸钾称作“消石”或“硝石”（第140号），部分原因是因为它可作为助熔剂使金属易于熔化，部分原因是它能形成稀硝酸，有助于使其它许多矿物质溶解。第三个实例为“猛火油”，即石油的低沸点部分（挥发油，第129号），恰当地称作“猛烈着火的石油”。以“生产环境”来命名的比较少见，但用“逆石”来称呼与钟乳石反向生长的石笋方解石（第166号）是很好的例子。用“石脑”足以说明含有疏松结核的赤铁矿等矿物的晶球或球状物质（第81号）。性别在矿物中的作用远不如在植物中显著[③]，但有两种特别突出的化学品却是以此相区分的，那就是“雄黄”，即二硫化砷（鸡冠石，第15号），和“雌黄”，即三硫化二砷（第16号）。

以用途命名的可以以“遂石”，即打火石（和火镰，第78号）[④]；“胡粉”，即碱性

---

① 参见下文 p.157 有关颜色的表意符号，因为“丹”还可以仅指红色。

② 嗅盐的主要成分［Hiscox (1)，pp.510，628］。参见上文 p.90。

③ 虽然所有物质理所当然地分属阴或阳。参见本书第五卷第四分册。

④ 其背景见本书第四卷第一分册，pp.87 ff.。

碳酸铅（铅白，第 110 号）为例，铅白从很古时起就用作化妆品（参见本卷第三分
157 册）。以姓名命名的有“禹余粮”，大禹留下的食品，即赤铁矿（第 68 号）；和“陵阳子明”，即汞（第 125 号），后者只是用了一位半传奇的炼丹家的名字（本卷第三分册）。最后，在表示外国来源的名称中，除了从外文音译过来的名称自成一组外，我们可以以“回回青”，穆斯林的蓝色，即氧化钴（第 42 号）为例，它是一种供陶瓷工业用的重要颜料，最初由中亚或西亚国家输入，但后来得自中国国内发现的矿床。

唯一留下的一类名称是与产品的制作方法有某些关系的。“豆金”在某种程度上就属于这一类，但更好的例证是“飞雪丹”，即甘汞（氯化亚汞，第 123 号），和“白降丹”，即升汞（氯化汞，第 121 号）。黄铜的奇怪名称——“鍮石”（第 29 号），也可以放入这一类，因为它来源于下列事实，即锌以锌盐（炉甘石）状态被加入熔融的铜或铜合金中，故而加上了“石”字。这些就是我们所要说的有关中国文化中矿物和无机化学物质传统命名方式形成的概况。

在探讨像这样一个论题的时候，总是不免要看一下有关某些最重要的字的字源。在化学方面，颜色必定属于人们在叙述上感到最深切和最古老的需要之列，因此我们来看看人们对此是怎么说的①。先说“丹”字，表示红色或朱砂色，曾被看做平锅上放着一颗汞珠的图像（K 150，见下面的图示），这并非不可能的，虽然这将使有关汞的最初知识推到大大早于我们敢于推断的年代。另外一些人则看到一块矿物在坩埚内，或者一份矿粉在一块展开的滤布上②，而后者的可能性更大。“黑”字的象形图看做是

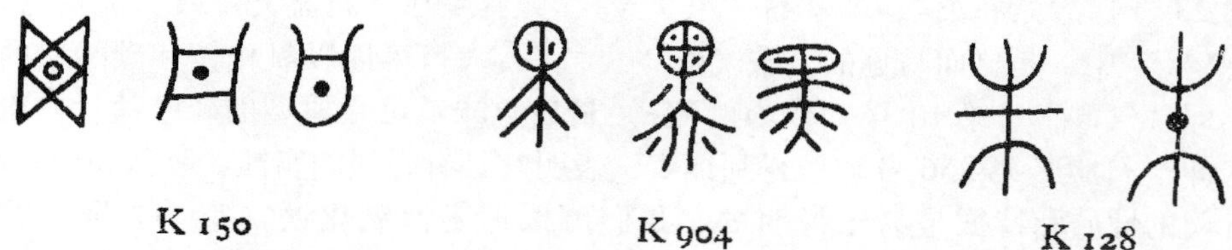

一对放在烟道或烟囱上收集烟灰的器皿，可能是供制墨之用（K 904），而许慎必定看到火和烟囱或其中的烟孔；但高本汉更愿意看做为一个人的图像，在出战前向身上和脸上涂上深色颜料的斑点。至于“朱”字，也表示红色，不过大家公认的是此图像描绘了一棵树，从它的树干上获取红色颜料，如苏木素或苏木精（K 128）。与此相类似的有“青”，即蓝绿色。这个图像几乎可以肯定是表示某种植物，很可能是靛青，其液
158 汁正收集在一只盘子里（K 812，c′，d′）。“黄”字很难阐释，而高本汉认为它的意义很不明确。一个猜想和另一个猜想都有道理，例如说它表示一个文身的人带着一包块金（K 707）；或者如郭沫若所说，它表示刻在黄玉上的花样。最后是“玄”，它表示蓝黑色，一种形式看来像是一条大蛇或一个人隐藏在某种遮盖物的下面，另一种形式则为一绞普通的蚕丝，相当该字的主要部分，在此情况下，该丝束无疑染成黑色或蓝黑色（K 366）。最后，值得注意的是所有有关其它颜色的名称，都具有表示纺织品的部

① 克林［Kelling (1)，p. 61］对此论题作了专门的研究。我们还引用了容庚 (3)、张瑄 (1) 和 Karlgren (1)。

② 参见 Mahdihassan (16)，pp. 22—23。

首，这说明它们都来自染色工艺①。

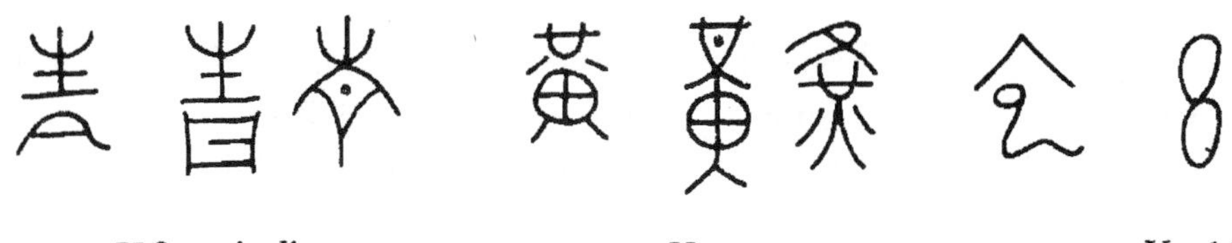

K812*c′*, *d′*　　　　K707　　　　K366

至于它们长时期以来的系统化，我们将仔细查验并在后面有关历史的章节中提出自公元前4世纪以来各种名单和词汇的连续性例证。本草文献，即药物学博物志，在这方面是很重要的，而且它包括好几种专门叙述无机界药物化学的著作（参见本书第五卷第三分册）。在这里可能只需提一下编辑这类辞书方面所作的最伟大而又独一无二的努力就可以了。梅彪的《石药尔雅》是一本有关矿物和化学物质的同义词词典，成书于公元806年，主要供医药之用②。但许多炼丹书籍都具有合理安排的表目。

此时很可能有人会问，根据特殊的传统中国名称来识别化学物质是否可靠？答案是：在过去的两个世纪中，通过比较性研究已经了解了大量可靠的知识；此种研究一部分是通过相应的书籍，但更直接的是通过观察和实验，采集中国药铺、外科手术室和工场本身制作的化学物质。这样，传统的知识由于近代化学分析而得到证实，偶然也有一些得到修正。这一段历史是值得一谈的。最初是17世纪和18世纪耶稣会士的活动，特别是那些对化学感兴趣的会士，如18世纪70年代和80年代的韩国英（P. M. Cibot）和金济时（J. P. L. Collas），但他们从未有机会进行系统的研究，也没有任何此类文章来自他们在欧洲同事的出版物③。直到1800年左右事情才真正有所开始。

首先我们着重看一看文字资料，随后在日益增长的程度上，辅之以中国化学和 159
制药业实际产品的第一手知识，然后再转而考虑有关特殊收集品的神奇传说。近代时期可以说是从吧郎（Hugh Gillan）开始的，他是马戛尔尼使团（Macartney Embassy）的随团医生，1794年他回国后写下了他的“中国医学、外科手术和化学状况的观察报告”（Observations on the State of Medicine, Surgery and Chemistry in China）。根据那个时代和他所花费的时间，不难想象，这观察报告不仅肤浅，而且显得目空一切。但是，由于它只含有少量的化学物质名称，并要通过奇怪的罗马字拼音才能辨认出来，而且直到我们这个时代才由克兰默-宾［Cranmer-Byng (2)］把它印刷出来，之前一直仅凭手稿，因而在文化的相互了解方面，其贡献是微乎其微的。1827年，雷慕沙（Rémusat）做了不少更为实在的工作，他将《和汉三才图会》的许多章节标题节译成分类目录。该书是寺岛良安于1712年编纂的，系以王圻父子于1609

① 研究表示各种器皿的古字同样很有意义并富有冒险性，但我们只得自我克制，不去进行。

② *TT* 894，此点在本卷第三分册中将详加描述。

③ 耶稣会在化学方面无所作为，与他们在数学和天文学方面的辉煌成就适成对比，其原因我们也将在本卷第三分册中详加讨论。

年发表的《三才图会》为蓝本的增订本。雷慕沙的作品包括卷五十五、六十、六十一，分别叙述了金属、宝石、矿石、矿物和化学物质①；70 年后，这些由德梅利［de Mély（1）］精确复制并完整地翻译出来，载在他的一部著作之中，迄今仍具使用价值。以后在 1867 年，普非茨迈尔［Pfizmaier（95）］完成了《太平御览》（卷八〇七至八一一）论述宝石和贵金属部分的翻译，这是他不掺杂个人感情的译作之一，20 年之后，贝勒［Bretschneider（2）］从 14 世纪的《辍耕录》中翻译了一份西亚的宝石名单②。

下一个浪潮来自盎格鲁撒克逊人，他们在 19 世纪下半期以传教士或科学家的身份来到中国和日本。施维善（Porter Smith）的作品"中国对医药材料和博物学所作的贡献……"（Contributions towards the Materia Medica and Natural History of China…），就是以中国人当时所用的无机物质为第一手知识而写成的，该著作在 1871 年于上海问世。在另一篇专论［Smith（2）］中，施维善特别注意到中国化学品的制作情况。确实，他在某种程度上没有辜负最博学的药物化学家汉伯里的期望，1860—1862 年，汉伯里在克拉珀姆（Clapham）那种很少与外国接触的环境中工作，学通了汉语，成功地研究了中国的化学品，而这些化学品是靠在中国的通信者得到的③。此项著作［Smith（1）］的修订本在作者死后才于 1876 年问世。在此之前，即 1872 年，卢公明［Doolittle（1）］在福州刊印了他的汉语词汇表，其中加进了若干化学术语④。同时荷兰学者海尔茨于
160 1859 年到长崎新成立的医学院任教授职位，并从事日本和中国天然产品的系统研究，其结果是分别于 1878 年和 1883 年在横滨出版了两卷未完成的专论。海尔茨以小野兰山的日语注释本为蓝本，对《本草纲目》中有关无机物的章节进行了意译和注释，他无疑对他撰写的化学物质具有丰富的第一手知识，因此他的书至今仍具使用价值。

此后是另一次停顿，直到 20 世纪 20 年代。1921 年，章鸿钊（*1*）在新创办而颇具魄力的中国地质调查所的主持下工作并撰写了一部著作，其名为《石雅》，这是一部博学之书，它从头讨论无机物质的整个命名问题，尽管它有各种各样的不足之处，但至今仍不失其首位的权威性⑤。与此同时，伊博恩和一位朝鲜人朴柱秉同为上海雷氏德医学研究院⑥（the Lester Institute）的人员，从事于《本草纲目》中矿物和化学品的研究，他们的著作［Read & Pak（1）］是一部资料的矿藏，它既是一本辞典，又是一部分析的书，1928 年首先在北京问世。该书也是至今不可缺少的⑦。

---

① 虽然雷慕沙熟悉范德蒙德（Vandermonde）的收藏品（见下文 pp. 160—161），但在他的名单中仍有许多错误和不确定之处。

② 德梅利［de Mély（1），pp. 25 ff.］有一篇法语译文。

③ 其鉴定大多数都非常正确，并附有若干分析。鉴定中包括了一些在时间上对中国化学界属于较近代的物质，如硝酸汞（"红升药"或"黄升药"），当然也包括那些在传统上常见的物质。汉伯里的兄弟托马斯（Thomas）曾访问过中国。

④ 化学由嘉约翰（J. G.. Kerr）负责，矿物学由慕维廉（W. Muirhead）负责，照相由汤姆森（John Thomson）和德贞（John Dudgeon）负责。此时他们已接近于编出近代中国化学术语汇编（参见本卷第三分册）。1841 年在澳门出版的裨治文和卫三畏［Bridgman & Williams（1）］的选集中，已经有一些中国化学名词和术语。

⑤ 这一点现在可以用益富寿之助［（*1*），第 180 页起］的意见加以补充。

⑥ 这是本书作者之一（鲁桂珍）科学活动的第一故乡。

⑦ 但是，需要强调的是，仅仅从它各种内在矛盾来看，就不能不加批判地予以接受。在过去若干年对化学品所作的许多分析中，可以提一下 Neal（1）；Douthwaite（1）和 Read & Li（1）。

显然，在我们所提到的人中，有许多非常熟悉中国所用的化学物质以及它们标准的中文名称，但是，在已有2000年之久的历史传统中，这些人都处在晚近时期。人们可能想知道，在这一时间关系图中是否可能找到另外几个时间点，在那时也能够以某种方式证明过去若干世纪中所用名称与实物的联系？这种可能是有的，至少有三个出色的事例，现在就来加以说明[①]。

1720年，有一位叫范德蒙德的法国医生来到了中国澳门并在那里行医10多年，在此期间，他曾在昆仑岛（Poulo Condor）上逗留。1732年，他在其中一处或别的地方按照《本草纲目》的条目收集了80种无机化学品的标本（相当于全部条目的60%），每种标本都标以汉字名称及罗马字拼音。他还准备了一份分类编目的手稿，其标题为“《本草纲目》中水、火（及灸）、土等金属、矿物及盐类”［Eaux, Feu (et Cautères), Terres, etc., Métaux, Minéraux et Sels, du *Pén Tshao Kang Mu*］[②]。这是一份对中国原著很不完整的译文，没有标示出李时珍所引用的资料来源，但他对医药上的应用特别感兴趣，同时也标出了汉字[③]。在他不久以后回到巴黎的时候，他把全部东西交给了朱西厄 161
（Bernard de Jussieu），朱西厄把收集品存放在自然历史博物馆（Musée d'Histoire Naturelle）。1839年，毕瓯（E. Biot）的朋友化学家布隆尼亚尔（Alexandre Brongniart）曾为毕瓯［Biot (22)］对这些样品作了分析，其结果在同一年发表。这样，在回溯到18世纪前期的时间关系图上，我们就有了极有价值的一个点。

差不多在此1000年以前，日本发生了一些事件，从而保存下来了一套收藏品，其过程在某些方面与上述情况很相似。公元756年，趁日本圣武天皇（公元742—748年在位）驾崩之际，他的遗孀诏令建立一座宝库，把朝中拥有的最美好和最贵重的物品永远保藏起来，以作为对天皇的永久纪念。永久是很长的时间，但由于日本人善于保护，因此在奈良东大寺地上所建的正仓院一直保存至今，而且其中的药物，无论是矿物的还是植物的，都用近代科学方法进行了研究。在600种宝藏中有60种是医药标本，它们并不像其它物品那样要永久保存，而是作为一种库存用来救济患病的贫民的。但是到了9世纪中叶，此种供药方法停止施行。以公元659年《新修本草》条目为蓝本的药物目录的原稿却保存了下来，其上面有四位大官的签署，第一位是宫廷行政首长藤原朝臣仲麻吕[④]。公元787、793、811和856年的药物清单也都保存了下来，而在公元950年又作了进一步的补充[⑤]。这在世界上简直是独一无二的，像这样一份具有高度真实性的古代收藏能够用来供人研究，而且可以有利于从许多出版物中获得其研究成果，较早的如土肥庆藏［(*1*), Dohi Keizō (1)］于1932年撰写的论文，其后有朝比奈泰彦（*1*）于1955年编辑的权威性著作，2—3年后有益富寿之助（*1*）对无机化学品

① 人们总是可以抱着希望，将来的考古研究会进一步提供类似的机会。

② 至少论文的内容就是这样。我们还未见到该文，但猜想它至少现在没有标题。

③ 它于1896年由德梅利［de Mély (1), pp. 156—248］印出。德梅利注意到范德蒙德是海尔茨之前的第一位汉学家，海尔茨懂得除非知道一种中国无机物质的汉语名称，否则就不可能加以讨论。这固然是对的，但汉伯里，也许还有施维善在海尔茨之前的功劳也不可抹杀。

④ 此项文件的摹真本附于朝比奈泰彦（*1*）。

⑤ 全部药物都源自中国，除了有6种显然来自南方地区和另有8种可能是日本土产。

所作的专门研究。但是，有一个奇妙的巧合，即同在公元756年，一位唐代的王子因为逃避叛乱，在长安秘密地埋下了一批宝藏，这批宝藏最近被发现，其中至少有12只银盒盛着附有标签的化学品（图1335）①。这样，除了在本世纪确立的对中国化学名词的各种鉴定外，自8世纪中叶到18世纪初这段时间里我们还有三套得到证实的术语。在此基础上我们提供了表95。

162 **表95的说明**

中国古代文献中化学物质、矿石和矿物的名称

1）本表把见于中国古籍的矿石、矿物和化学物质（主要是无机物）的专门名词与它们的近代名称，以及从希腊时代到文艺复兴时期以至近代化学的兴起时期在欧洲文献中最常见的名词并列出来。

2）表中各栏按下列顺序排列：

a）物质的近代名称，按其西文名称字母顺序排列，附以矿业和其它方面的同义词，以便相互参照。

b）鉴定所依据的参考文献，其缩略语如下：

A	朝比奈泰彦（*1*），项目号	MK	益富寿之助（*1*），页码
B	Bretschneider（1），项目号	R	Reed（1），条目号
C	章鸿钊（*1*），页码	RP	Read & Pard（1），条目号
G	Geerts（1），条目号	S	Sivin（1），页码
L	Laufer（1），页码	V	Vandermonde，载于 de Mély（1），页码
M	de Mély（1），页码		

有时参考文献会给出作者的全名，如Laufer（13）。符号（P）表示该物质见于Partington（1），p. 317所列的亚述—巴比伦化学品表中。参见Boson（1，2）和Campbell Thompson（5）以及由帕廷顿缩写的文献。

c）该物质的化学性质，并附以必要的注释。

d）古代和中世纪欧洲的名称。拉丁语和希腊语术语源自Berthelot（2）、Partington（1）、Stapleton（1），特别是贝利［K. C. Bailey（1）］论述普利尼的《自然史》的著作。后面标有符号（A）的术语，源自阿格里科拉［Hoover & Hoover（1）］，代表中世纪后期的传统。

e）不同时代中国的名称，从大约公元前4世纪最早的名单（《计倪子》），到1609年的《三才图会》。

3）下面为用于鉴定的中国文献的索引。

SHC	《山海经》	—	公元前8至前1世纪
CN	《计倪子》	计然	公元前4世纪
SN	《神农本草经》	—	公元前2至前1世纪 成书于公元1至2世纪
LH	《论衡》	王充	公元83年
HS	《前汉书》	班固	公元100年
SW	《说文解字》	许慎	公元121年
TT	《参同契》	魏伯阳	公元121年
PWC	《博物记》	唐蒙	公元190年
PP	《抱朴子》	葛洪	约公元320年
MI	《名医别录》和《本草经集注》	陶弘景	约公元495年
YH	《本草药性》	甄立言和甄权	约公元620年
TCY	《丹经要诀》	孙思邈	约公元640年
TP	《唐本草》（即《新修本草》）	苏敬（苏恭）等	公元659年

① 见Hsia Nai *et al.*（1），pp. 3 ff.；Anon.（115），p. 2；王冶秋等（*1*），第32页。这批宝藏包括炼丹装置，如银质串梨形冷凝器和一把带活动把的银勺（见本书第五卷第四分册）。还有萨珊王朝、拜占庭和日本的硬币，其年代在公元590—708年；参见Anon.（*106*），图版69，A、B、C；郭沫若（*8*）。

SI	《本草拾遗》	陈藏器	约公元725年
SY	《石药尔雅》（*TT* 804）	梅彪	公元806年
HY	《海药本草》	李珣	约公元923年
TF	《丹方鉴原》（*TT* 918）	独孤滔	约公元950年
JH	《日华诸家本草》	大明（日华子）	约公元972年
KP	《开宝本草》	刘翰、马志等	公元973年
WT	《外丹本草》	—	约1040年
CY	《嘉祐本草》	掌禹锡等	1057年
TC	《本草图经》	苏颂等	1061年
CC	《证类本草》（初版）	唐慎微	1083年
MC	《梦溪笔谈》	沈括	1086年
KM	《本草纲目》	李时珍	1596年
ST	《三才图会》	王圻	1609年

4）普通的文字词典不可能代替本术语汇编，原因之一是术语的真实意义只有在长期钻研技术文本之后才能显现出来，原因之二是词典不可能把所有无机化学物质、矿石和矿物一起列出来。本表为古代和中古时期中国炼丹家和化学技师存放在架子上的那些东西提供一个概要，因此此表有助于对它们的可能性和局限性的理解。然而它并非详尽无遗，对于鉴定仍需持保留态度。同时，由于范德蒙德在18世纪及时地收集了标本（参见上文p.160），使我们仍然能够分享中国炼丹家和药物学家的真实传统。同样，对日本奈良正仓院宝库始自公元756年且至今完好无损的收藏标本所作的分析，给我们提供了最宝贵的真实资料。此外，我们现在还有一批来自长安并附有标签的标本，其年代与上述相同。

5）有少数条目没有提供相应的中国名称，这是由于某些特殊原因而加入的，例如为了解释欧洲术语中的混淆现象。

6）本表包括一定数量的宝石和玉石名称，虽然它们大概很少用于炼丹的制备工作。此类物质的专门名词相当 163
复杂，而且有些混淆不清，不过由于章鸿钊（*1*）以及贝勒［Bretschneider（2）］和其它人的研究，现在已比以前清楚多了。

7）表中少数源自植物或动物的项目，如果它们是经过凝固或发酵等工艺的产物，则也包括在内。醋酸和乙醇也许是最重要的（参见本书第五卷第四分册），但是氰化物看来得自某种植物源。

8）很重要的一点是要明白，虽然本表看起来可能内容充足，但实际上仅仅是一座术语冰山露出的一个顶端而已。即使把我们认为已经知道的全部炼丹术的同义词或隐义词都包括进去，就将使它的篇幅增至两倍或三倍，而由它们组成的整个语言将再增加四倍，还有大量的阐释工作等待去做。即使根据9世纪梅彪编纂的矿物和药物的同义词词典《石药尔雅》，在某一特定时间，某物的本名是什么，以及它的同义词又是什么，也是不容易确定的。需要注意的是，《石药尔雅》中的多数条目都是比喻性的炼丹术名称。但是，借助梅氏的词典并不总是能阐释例如葛洪所用的术语。毫无疑问，在中国炼丹界有许多学派和传统，可能各自都有它自己的一套术语。不同地方的口诀都是工艺性的，而且基本上都是师傅对徒弟的个人传授。关于这一点，葛洪在有关“口诀”的两段重要文章中清楚地作了说明（《抱朴子》卷二和卷十六；参见本书第五卷第三分册）。

9）正如我们可以从附于多数化学名称后面，用其词首字母表示的权威著作中看到的，本表的确企图说明术语的变化，以及在什么时代哪种名称最通行。但是，在这里仍需有所保留，我们必须记住其中有大量重叠的情况，有些术语长时期内一直是其它术语的同义词，有些趋于消亡，又有些新名词出现和使用，另有一些则完全转化为与原先的意义相反。我们必须做更多的工作，才能弄清楚古代和中古时期中国化学术语的整个细节，以便能够确定某一位炼丹家在某个特定时代所描述的意义。

10）要确切地断定不同时代的化学家，例如公元2世纪《参同契》的作者知道多少种不同的化学物质是非常困难的，因为炼丹家在炼丹方面广泛采用隐义词和稀奇古怪的同义词，它们有可能掩藏着有意识的鉴定。但是，今后的研究，预计会在这方面作出很多成就。另一项困难是如同《本草》作者们所做的那样，对于同一种物质，由于其产地不同，表面颜色差异而赋予不同的名称。我们从表中删除了完全以产地为根据的名称，例如“瓜州矾”，一种硫酸亚铁，产自现今敦煌附近的瓜州。此外，在地区性称谓的习惯上也存在着很大差异，无论是所用的名称还是发音的方式。

11）要注意某些交错重叠的情况，同一名称（例如“寒水石”）用以称呼三或四种难以区分的矿物。此种情况在近代化学和矿物学兴起以前是不可避免的。但是在其它一些实例中，利用差异结晶使盐类分离和识别方面作出了可观的成就（参见本卷第四分册）。

12）表内列出的“近代的”中国名称，一般属于19世纪通行的普通名称，但是它们未必就是来源于那么晚的时代，我们能够指望追溯到唐代或唐代以前的某个世纪时遇见它们。

13）本表未列入当代中国的科学术语，因为它们可以在普通的技术词典中查到。至于中国近代化学的术语及命名的细节，见本卷第三分册。

14）当然，表中列出并经过鉴定的多数物质，通常都是很不纯的，不论在中国或是在西方都是如此。但是也有些例外情况，例如升华的亚砷酸晶体［de Mély（1），p. 231］和硫、硫酸亚铁以及钾矾［Read & Pak（1），pp. 70 ff.］。在其它情况下，例如汞，其本性就意味着只要实际上得到它，那就是一种相当纯的产品。有关这一问题见 Neal（1），Douthwaite（1）和 Read & Li（1），这些论著的作者发现15种纯度很高的物质可以在传统的市场上买到。其次，在考虑药理作用时必须记住，不管有意还是无意，在天然存在和半纯化的物质中都含有微量元素，有时它们可能特别重要。

15）在这里我们显然不可能去查阅为其它文化区域准备的全部物质的术语词汇，但是注意一下其中一、两种可能是有所帮助的。就欧洲而论，最新而全的要算是戈尔茨［Goltz（1）］的著作。许多希腊化时代的物质术语可见 Berthelot（2），即 Berthelot & Ruelle（1），vol. 1，pp. 288 ff.。同样，就物质（‘*aqāqīr*）的阿拉伯名称而论，除了西格尔［Siggel（2）］的词典以外，在斯特普尔顿和阿佐［Stapleton & Azo（1），pp. 55 ff.］的著作，斯特普尔顿、阿佐和侯赛因［Stapleton，Azo & Husain（1），pp. 321 ff.，345 ff.，363 ff.，369 ff.］的著作中有许多资料。

164 **表 95　化学物质、矿石和矿物的名称**（包括若干有机来源的化学品）

编号	近代名称①	参考文献	化学性质	古代、中世纪欧洲的名称	不同时代中国的名称
	磨料，见刚玉(59)、钻石(61)、石榴石(80)、石英(144)、砂(150)				
1	层积盐，例如杂卤石	A 7	硫酸钙、硫酸镁和硫酸钾的混合物，$2CaSO_4 \cdot MgSO_4 \cdot KSO_4 \cdot 2H_2O$		寒水石
2	醋酸（醋，有时可能是浓缩的，参见本卷第四分册）	S 291，293	$CH_3 \cdot COOH$	acetum	PP：酢、醋、酽醋（浓缩）、苦酒（溶液中含有其它物质） 其它名称：华池左（佐）味、左（佐）味、醋浆水
3	阳起石（形成闪石石棉、透闪石、角闪石等变体）	Hansford（1），M 105，MK 198，RP 75，S 293，V 220	硅酸钙和硅酸镁（常常呈纤维状）、绿色，如含铁，则呈棕色 $Ca(Mg,Fe)_3(SiO_3)_4$		SY：KM：阳起石、石棉

① 本栏物质名称后所附的数字为该物质在本表第一栏中的编号，系译者所加，以方便读者查找。——译者

续表

编号	近代名称	参考文献	化学性质	古代、中世纪欧洲的名称	不同时代中国的名称
4	冻石(叶蜡石)	C 152	水合硅酸铝 $Al_2Si_4O_{10}(OH)_2$(类似于滑石,见编号 168)		寿山石
5	玛瑙	RP 34, C 34,148, G 97, M 56, V 182	硅石,即微晶二氧化硅(SiO_2),含有其它化合物的沉淀物,常存在于利瑟风环内	gagates	SW:琼瑰 CY:KM:ST:近代:玛瑙 ST:琅玕
	雪花石膏,见硫酸钙(34)	A 56			
6	矾(参见本书第三卷,pp. 653—654)	C 170—171, M 145, MK 181, RP 131, S 276,279, V 247, Singer (8)	硫酸铝与单价金属硫酸盐的水合复盐[如钾矾, $KAl(SO_4)_2 \cdot 12H_2O$]纤钾明矾;或者铁明矾(钾被铁取代);镁明矾(钾被镁取代);锰明矾(钾被锰取代)。钾也可能被氨取代,这是西方自中世纪后期以来所采用的最著名的人造制品(参见第三十四章)	alumen, styptēria	SHC:石涅 CN:SN:PP:TF:KM:矾石 PP:白矾 SY:石黛、碧陵文候 ST:现称:明矾、枯矾(不含水)
7	水合硅酸铝(水磨土)	C 169, RP 57	黏土(常因含金属盐类而变色),为复杂的硅酸铝	cimolia creta, lapis palmatis, terra sigillata	SHC:石涅 SY:KM:五色石脂
	硫酸铝,见矾(6)				
8	琥珀	A 44, C 58,152, Laufer (17)	针叶树胶的化石	electrum	LH:顿牟 HS:现称:琥珀
9	紫晶	C 149, G 78, MK 186, RP 41, S 292	结晶硅石(SiO_2),含有其它化合物,特别是铁和镁的化合物	hyacinthus	SN:SY:KM:ST:现称:紫石英 SY:西戎淳味
10	氯化铵(硇砂,参见本书第三卷, pp. 654—655)	C 221, L 503, M 140, RP 126, S 283, V 246	$NH_4 \cdot Cl$。但对于阿拉伯人来说,碳酸盐与氯化物之间无明显区别	sal harmoniacus (仅中世纪)	TT:TP:SY:TF:KM:ST:硇砂 SY:硵砂或硇砂 现称:硵砂或气砂

165

续表

	编号	近代名称	参考文献	化学性质	古代、中世纪欧洲的名称	不同时代中国的名称
	11	锑(天然的)		金属 Sb	stimmi femina, alabastrum	—
	12	锑矿石(辉锑银矿、硫锑银矿)	RP 3	银锑硫化物的复盐($3Ag_2S \cdot Sb_2S_3$)		KM:锡吝脂
	13	硫化锑(辉锑矿)	Lucas (1), pp. 222 ff., RP 3	Sb_2S_3	stimmi 或 stibi larbasis, stimmi mas	ST:(可能是)黑石脂 现称:锑矿
		锰明矾,见矾(6)				
	14	杏仁	S 277	氰化物的来源(杏, *Prunus armeniaca*; R 444)		杏仁
		辉银矿,见硫化银(156)				
		辉锑银矿,见硫化锑(13)				
	15	二硫化二砷(P?),(雄黄,红)	A 41, C 211, G 53, M 79, MK 100—105, 156—157, 181, RP 49, S 277, Schafer (6), V 202	As_2S_2	sandaraca	SN:PP:SY:TF:KM:雄黄 PP:太笋首中石 SY:黄奴 现称:鸡冠石
	16	三硫化二砷(P),(雌黄,黄)	C 211, G 52, M80, MK100—105, 186, RP 50, S292, Schafer (6), V 202	As_2S_3	arrhenicum, auripigmentum, arsenicum	SN:PP:SY:TF:KM:雌黄 SY:黄龙血生、赤厨柔
166	17	三氧化二砷(P?),(在溶液中为亚砷酸, H_3AsO_3)	G 51, M 118, RP 91, V 231	As_2O_3	arsenicum(A)	TF:近代:砒 KP:KM:砒石或礵石 ST:砒霜石、白雪
	18	砷华(天然的三氧化二砷,砒霜)	G 51, M 117, MK 198, RP 88, 89, 90, S 294, V 231	As_4O_6		SHC:SN:PP:SY:KM:ST:礜、礜石 SY:秋石、鸡矢礜石
	19	毒砂(砷黄铁矿)	G 45, RP 7	FeAsS 或 $FeS_2 \cdot FeAs_2$	lapis subrutilus atque splendens (A)	KM:自然铜

续表

编号	近代名称	参考文献	化学性质	古代、中世纪欧洲的名称	不同时代中国的名称
20	石棉，亦见阳起石（3）和透闪石（175；纤蛇纹石）	M 85，RP 56	硅酸镁，$MgSiO_2$，呈绿色纤维状	amianthus	PP（以及其他古代作者）：火浣之布 SY：KP：KM： ST：现称：不灰木 现称：石棉
21	沥青	Forbes（10），RP 69	非挥发性的石油残渣	ampelitis	现称：硬石油
22	砂金石	C 152，266，G 86，RP 42，93，94	半透明的石英，由于含有黄云母鳞片而闪烁发光		宋代以后：金星石 JH：ST：婆娑石
23	石青（淡蓝色）	M 115，RP 85，86，86a，V 228	碱性碳酸铜 $2CuCO_3 \cdot Cu(OH)_2$	armenius lapis，armenium，caerulium，sapphirus	CN：SN：SY：KM：白青 CN：MI：肤青 SN：ST：扁青 SY：毕石 现称：蓝铜矿
	玫红尖晶石，见尖晶石（164）				
24	碧玄岩（P），（试金石，参见本书第三卷，pp. 672—673）	G 101，King（2）	黑色光滑坚硬的碧玉	basanites，coticula	旧称：现称：试金石
25	绿玉	C 149，175	铍铝六硅酸盐 $3BeO \cdot Al_2O_3 \cdot 6SiO_2$		旧称：催生石、黄鸦琥 现称：黄宝石
26	毛粪石	RP 112，S 281，Wootton（1），vol. 2，p. 15	在肠内由石灰、胆固醇、胆汁酸及色素、毛发等形成的结石，无论在东方还是在西方都看做是通用的解毒药		PP：蛇黄（可能与粒状黄铁矿相混淆） ST：牛黄
	黑云母，见云母（127）				
27	沥青，见硬沥青（137）	Forbes（4，10），RP 69	石油中高沸点的碳氢化合物馏分	bitumen（此术语包括液态石油、焦油、硬沥青和沥青碳氢化合物等的混合物）	KM：石漆
	闪锌矿，见硫化锌（183）				

167

续表

编号	近代名称	参考文献	化学性质	古代、中世纪欧洲的名称	不同时代中国的名称
	胶块黏土，见红黏土（40）				
28	硼砂（粗硼砂）（P?）	G 139，L 503，M 141，RP 127，V 246	硼酸钠，$Na_2B_4O_7 \cdot 10H_2O$	chrysocolla（A）	JH：近代：硼砂 TF：针砂，大朋砂 KM：ST：蓬砂 KM：盆砂
29	黄铜（P）	C 325，334，L 513，M 42，RP 17，59，S 290	Cu/Zn 合金制品（见下文 pp. 195 ff.）	aes candidum，oreichalcos，aurichalcum，orichalcum	旧称：黄银和其它名称 PP：黄铜 SY：KM：ST：鍮石
30	青铜（P）	C 329，334，RP 6	Cu/Sn 合金制品（见下文 pp. 197 ff.）	aes，chalcos	通称：铜、青铜 SHC：赤锡（?）
	菱锌矿，见碳酸锌（180）				
	方解石，见碳酸钙（31）、钟乳石（165）和石笋（166）				
31	碳酸钙（P），（白垩、方解石、钙质晶石）	A7，53，M 83，RP 54，119	$CaCO_3$	creta，argentaria creta	MI：SY：KM：ST：方解石 PP：寒水石 PP：现称：凝水石
32	氢氧化钙（熟石灰）	RP 70a，71，S 286	$Ca(OH)_2$		通称：熟石灰、消石灰 经过空气熟化：风化灰 PP（石灰水）：灰汁
33	氧化钙（P），（生石灰）	M 99，RP 71，S 286，V 218	CaO	assius lapis，sarcophagus lapis，saxum album，calx，titanos	SN：KM：ST：石灰 （来自软体动物之介壳）：PP：SY：牡蛎、蚌壳、蚌屑、蚌粉 SY：石云慈 ST：燃石（亦指燧石和煤） 现称：生石灰
34	硫酸钙（P），（石膏、雪花石膏、熟石膏、半水化合物；亦见透晚石膏，154）	A 11，56，C 224，234，M81，RP 51，52，V 205	$CaSO_4 \cdot 2H_2O$ 半水化合物，$2CaSO_4 \cdot H_2O$ 硬石膏，$CaSO_4$	gypsum，specularis lapis	SN：SY：理石 SN：寒水石、玉水石 PP：龙石膏 MI：（白）肌石 SY：盐精 KM：ST：现称：石膏

168

续表

编号	近代名称	参考文献	化学性质	古代、中世纪欧洲的名称	不同时代中国的名称
	甘汞，见氯化亚汞（123）				
	碳，见钻石（61），石墨（90），木炭（36），煤（41），灯烟（102）		元素 C	atramentum（?）	
	锡石（锡沙），见氧化锡（166a）				
	猫眼石，见金绿玉（38）				
	铅白，见碱性碳酸铅（110）				
	白铅矿，见碳酸铅（109）				
	胆矾，见硫酸铜（56）				
35	玉髓	G 90，RP 30	微晶石英（SiO_2）		PP：玉脂 MI；KM：白玉髓 SY：玄真赤玉
	辉铜矿，见硫化铜（57）				
	黄铜矿，见硫化铁铜（54）				
	白垩，见碳酸钙（31）				
36	木炭				通称：炭
37	磷绿萤石（参见本书第一卷，p. 199）		一种萤石（CaF_2）		旧称：夜光璧
38	金绿玉（猫眼石；金绿宝石）	C 105，150，RP 35f	$BeO \cdot Al_2O_3$		旧称：猫睛 KM：猫睛石 现称：猫儿眼
	纤蛇纹石，见石棉（20）				

续表

	编号	近代名称	参考文献	化学性质	古代、中世纪欧洲的名称	不同时代中国的名称
		水磨土，见硅酸铝(7)				
		朱砂，见硫化汞(122)				
		黏土，见硅酸铝(7)				
169	39	蓝黏土	RP 57a	水合硅酸铝	terra saxoniae	SY；KM：青石脂
		中国黏土（高岭石），见高岭土(99)				
	40	硅质红黏土（P），(红玄武土，有时可能指铁矾土)	A 21, C 169, M 86, MK 81—83, 134—138, RP 57e, V 208, S 274	水合硅酸铝，因含金属盐类（Fe，Mn）而变色		SHC：石涅 CN：SN：PP：KM：ST：赤石脂
	41	煤	C 201，G 71，M 97，RP 70，V 217	植物源的碳化石		汉以后：石炭 KM:ST:煤炭、燃石、石墨 现称：煤
	42	一氧化钴	M 115，RP 85	CoO，来自砷钴矿（$CoAs_2$）或辉钴矿（CoAsS）	cobathia（?）	KM：ST：扁青 ST：回回青
	43	钴黄渣（砷钴矿）		$CoAs_2$		
	44	辉钴矿（钴蓝釉）	M 149	CoAsS	cadmia metallica（A），cobaltum ferri colore（A）	ST：茶碗药、岩手、保夜手
	45	铜（P）	M 21，RP 6，S 291，288，V 159	金属 Cu	aes，chalcos，aes purum fossile（A）	TT：KM：现称：铜 TP：KM：赤铜 SY（修订版）：熟铜
	46	铜/铅合金	M 43	Cu/Pb		ST（日本）：唐金
	47	铜/铅/锡合金	M 43	Cu/Pb/Sn		
	48	铜/铅/锡/锌合金	M 43	Cu/Pb/Sn/Zn	claudianum	ST（日本）：黄唐金
	49	铜/锡合金，见青铜(30)				
	50	铜/锌合金，见黄铜(29)				

续表

编号	近代名称	参考文献	化学性质	古代、中世纪欧洲的名称	不同时代中国的名称
51	铜/锌/镍合金（白铜、铜镍合金，参见下文 pp. 225 ff.）	S 284	Cu/Zn/Ni		ST：白铜
52	碱性醋酸铜（P），（铜绿）	L 510，M 26，134，MK 193，RP 9，121，S 291，286，293，V 162	$2Cu_3(OH)_2(CH_3 \cdot COO)_4$	aerugo，rubigo，viride aeris	CY：KM：ST：铜青 ST：绿盐、盐绿
53	碱式碳酸铜（铜盐颜料；亦见孔雀石，118；蓝铜矿，23）	L 152，346，M 112，MK 184—185，RP 32，82，83，84，S 281，290，287，V 225	$CuCO_3 \cdot Cu(OH)_2$	aerogo，chrysocolla，molochites（A）	（粒状）CN：SN：PP：SY：TF：KM：ST：空青 170 （层状）CN：SN：PP：SY：TF：KM：ST：曾青 SN：SY：绿青、青琅玕 SY：赤龙翘、青龙血 KM：铜绿、石绿 现称：孔雀石
	辉铜矿，见硫化铜（57）				
54	硫化铁铜（含铜黄铁矿，黄铜矿）	RP 7，8	$CuFeS_2$	chalcitis sory，misy，melanteria，pyrites aurei colore（A）	KM：自然铜 现称：铜矿石
55	氧化铜（混合物）	RP 6a	CuO，Cu_2O	aeris flos，aes ustum，scoria，lepis，squama，aes nigrum（A）	TF：铜粉
	含铜黄铁矿，见硫化铁铜（54）				
56	硫酸铜（P），（蓝矾、胆矾）	M 116，MK 190，RP 87，132，S 287，V 229	$CuSO_4 \cdot 5H_2O$	chalcanthon	CN：SN：PP：SY：KM：石胆 TT：羌石胆 TF：胆子矾 ST：胆矾
57	硫化铜（辉铜矿）	RP 7	Cu_2S	chalcitis，sory，misy，melanteria	KM：自然铜、铜矿石
	绿矾，见硫酸亚铁（77）				

续表

	编号	近代名称	参考文献	化学性质	古代、中世纪欧洲的名称	不同时代中国的名称
	58	珊瑚	M 54，RP 33	腔肠动物的凝结物（碳酸钙）		TP；KM；ST：珊瑚
		升汞，见氯化汞（121）				
	59	刚玉	C 128，177，Hansford（1），M 126，RP 99，V 235	带有氧化铁的结晶氧化铝（Al_2O_3）	naxium，smiris（A）	旧称：解玉砂 ST：砥砺 现称：宝砂、黑砂
		赤铜矿，见氧化亚铜（60）				
		铜镍合金，见铜/锌/镍合金（51）				
	60	氧化亚铜（赤铜矿）	RP 6a，121	Cu_2O	flos aeris，(不纯) squama aeris	KM：铜落
		金绿宝石，见金绿玉（38）				
171	61	钻石	C 90,149,G 68，Hansford（1），Laufer（12），M 124,RP 99，V 167	结晶碳	adamas	HY；KM；现称：金刚石
	62	白云石	RP 96	碳酸镁与碳酸钙的复盐，$MgCO_3 \cdot CaCO_3$		CY；KM：花乳石 ST：花蕊石 现称：白云石
	63	龙骨	A 13，14，15，16，Read（4）	已经绝灭的爬行动物和哺乳动物牙齿和骨骼的化石，含有钙和磷		CN 及以后：龙骨
	64	龙血	Burkill（1），vol. 1，p. 857，R 717	龙血树属树木的红色树脂	cinnabaris，sanies draconis	KM：麒麟竭
	65	蚯蚓粪	S 275	一种很细的土，用作封泥成分		蚯蚓粪
		琥珀金，见金/银合金（88）				
	66	翡翠	C 151，RP 356	铍铝六硅酸盐，$3BeO \cdot Al_2O_3 \cdot 6SiO_2$		旧称：祖母绿； 现称：绿宝石、瑶玉

续表

编号	近代名称	参考文献	化学性质	古代、中世纪欧洲的名称	不同时代中国的名称
	刚砂,见刚玉(59)		刚玉和磁铁矿的紧密混合物		
	泻盐,见硫酸镁(116)				
67	长石	RP 53	铝与其它金属的多硅酸盐,例如:$K_2O \cdot Al_2O_3 \cdot 4SiO_2$;$CaO \cdot Al_2O_3 \cdot 2SiO_2$	silex, ex eo ictu ferri facile ignis elicitor(A)	SN:SY:KM:现称:长石、长晶石
68	氧化铁(赤铁矿)	C268,M109,RP78—78,V223, Neogi & Adhikari(1)	Fe_2O_3	haematiles, androdamas, hepatites, terra usta, minium, schistus	CN:SN:ST:禹余粮 CN:SHC:KM:石赭 SY:血师 PP:赤石 (密集成球状的棕赤铁矿) PP:TP:KM:石中黄子 SN:PP:SY:KM:ST:代赭石 PP:SY:KM:太－禹余粮、(硫酸亚铁、水绿矾经焙烧制成)绛矾 现称:赤(赭)铁矿、血石
69	氧化铁(褐铁矿)	A 12, RP 79	$2Fe_2O_3 \cdot 3H_2O$	schiston, ochra	早先常与赤铁矿通用 现称:棕铁矿 172
70	氧化铁(铁锈)	M 40, RP 25, V 172	水合 Fe_2O_3	robigo, squama ferri, scoria sideritis	SI:KM:铁锈、铁衣 ST:铁粉
71	硫酸铁	RP 133	$Fe_2(SO_4)_2$ 常混杂有硫酸亚铁		SY:黄老 KM:黄矾 ST:黑矾
72	硫化铁(黄铁矿、白铁矿)	M 25, MK 183 RP 7, 98, 112 S 274, V 161	FeS_2	chalcitis, sory, misy, melanteria,(如含砷)androdamas	MI:KM:SY:金牙石 SY:虎脱幽 KP:KM:ST:自然铜 现称:铁硫
73	四氧化三铁(亦见磁铁矿,117)	RP 22	Fe_3O_4	diphryges, faex aeris	SN:KM:ST:铁落 现称:铁合锈
74	醋酸亚铁	RP 24	$(CH_3 \cdot COO)_2Fe$		SN:铁精 KP:KM:铁华粉
75	硫酸铝亚铁(铁明矾)	RP 133, S 279	黄铁矾, $FeSO_4 \cdot Al_2(SO_4)_3 \cdot 22H_2O$		通称:黄矾

续表

	编号	近代名称	参考文献	化学性质	古代、中世纪欧洲的名称	不同时代中国的名称
	76	氧化亚铁	RP 23, Neogi & Adhikari(1)	FeO		SN:KM:铁精
	77	硫酸亚铁(P),(绿矾、水绿矾、皂矾,参见本书第五卷第四分册)。亦见纤水绿矾(84)	M 147,149, RP 132, S 273,276, V 248	$FeSO_4$ $FeSO_4 \cdot 7H_2O$	atramentum sutorium, alumen, chalcanthum	SY:鸡矢(=屎)矾、玄武骨 JH:TF:KM:ST:绿矾(水绿矾) TF:黄矾、青矾 KM:皂矾
	78	燧石	C 171, G 98, RP 70a	隐晶硅石(SiO_2)	silex	古称:燃石 KM:然石、遂石 ST(日本):火燧石
	79	硅藻土	RP 57b	黄色水合硅酸铝	sarda creta, terra sigillata	CN:青垩 KM:黄石脂 现称:漂布之泥、漂白土
		方铅矿,见硫化铅(113)				
	80	石榴石	C 49,55,271, RP 35g	Al、Cr或Fe'''+Mg、Ca、Mn或Fe''的正硅酸盐,如$Fe_3Al_2(SiO_4)_3$		SW:玫瑰 KM:石榴子 现称:石榴子石、红砂、紫砂
	81	晶球(P)	M 95, RP 79, V 216	赤铁矿的球状团块或含有疏松结核的其它矿物	aetites lapis (参见本书第三卷, p. 652)	MI:PP:ST:石脑 ST:石饴饼
173	82	玻璃(参见本书第四卷第一分册, pp. 101 ff.)	RP 36	硅酸钠和硅酸钙的固溶体	vitrum(如为蓝色)caeruleum	KM:ST:现称:玻璃
	83	火山玻璃(黑曜岩)	C 102, Laufer(13)	天然玻璃	obsius lapis	汉代:赤玉 唐代:火玉、靺鞨
		结晶硫酸钠,见硫酸钠(161)				
	84	纤水绿矾	S 276	$2Fe_2O_3 \cdot SO_3 \cdot 6H_2O$		黑矾

续表

编号	近代名称	参考文献	化学性质	古代、中世纪欧洲的名称	不同时代中国的名称
85	金(P)，(参见下文 pp. 193 ff.，257 ff.，273 ff.)	C 355，M 13，Pfizmaier(95)，RP 1，S 274，278，V 156	金属 Au	aurum	CN 及以后：金(品质最好的金属) 习惯用语和 PP：黄金 SY：男石上火 (冲积矿) TF：KM：ST：麸金*
86	金/铜合金(见表96)				
87	金/铅/锡合金	M 46	用来在铜的表面镀金(Au/Pb/Sn)，见下文 pp. 246 ff.		
88	金/银合金(琥珀金)	M 46	Au/Ag，参见上文 pp. 36 ff.	asem，electrum	
89	透角闪石	M 134	石棉或透闪石的变体		ST：玄精石
90	石墨	M 88，RP 57c	元素 C		SY：KM：ST：黑石脂 现称：石墨
	石膏，见硫酸钙(34)、透明石膏(152)和晶石(163)				
	赤铁矿，见氧化铁(68)				
91	毛发	Read (2) no. 409，S 283，Stapleton (1)	角质		CN：(兔)兔毫 后来：(人)乱发
92	埃洛石	A 43，S 278	水合硅酸铝黏土，类似于高岭土 $Al_2O_3 \cdot 2SiO_2 \cdot 4H_2O$		唐代：滑石
93	犀牛角	A 2，Laufer (15)，S 277	角质		CN：PP(及以后)：犀角
94	铁	M 33，RP 20，V 169	金属 Fe	ferrum	SN(及以后)：铁、(粉状)铖(针)砂

* “麸金”，此术语很形象化。我的朋友，三一学院的华莱士(John Wallace)先生，曾在萨瑟兰郡(Sutherland)赫姆斯代尔(Helmsdale)以西的休斯吉尔伯恩(Suisgill Burn)成功地淘选过金子，得到了闪闪发光的天然金片，有小针头大小——虽然不很多。

续表

174

编号	近代名称	参考文献	化学性质	古代、中世纪欧洲的名称	不同时代中国的名称
95	铁/碳合金	M 37	Fe/C；熟铁、铸铁和钢。参见 Needham（32）和（64），pp. 107 ff.		铸铁：生铁、铣 钢： （经直接脱碳）：真钢、纯钢、炼钢 （经共熔）：宿铁、跳铁、灌钢、团钢、伪钢 熟铁：熟铁、鍒、镤
	混合氧化铁，见氧化铁（68，69，70），四氧化三铁（73），氧化亚铁（76）				
	黄铁矿，见硫化铁（72）				
96	玉（硬玉）	C 125，Hansford（1），Laufer（8），RP 29—31	隐晶硅酸钠和硅酸铝；属辉石类。参见本书第三卷，pp. 663 ff.		清代：翡翠
97	玉（软玉，真玉）	C 111，Hansford（1），Laufer（8），M 52，MK 183，RP 29—31，S 294，V 176	隐晶硅酸镁和硅酸钙；属内石类，与纤维阳起石有关；因含有 Fe、Mn、Cr、Ti 和 V 而变有色。参见本书第三卷，pp. 663 ff.		CN 及以后：玉、真玉、（如研为粉末）玉粉
	碧玉，见碧玄岩（24）				
98	煤玉	RP 29	褐煤（半煤）	gagetes lapis	瑿
	纤钾明矾，见矾（6）				
99	高岭土（中国黏土，高岭石）	C 193，M 87，RP 57d	二硅酸铝 $Al_2O_3 \cdot 2SiO_2 \cdot 2H_2O$	terra sigillata（?），chia terra（?），samia terra（?），lemnia terra（?），medulla saxorum（A）	SY：KM：ST：白石脂 SY：白素飞龙 现称：高岭土
100	硅藻土	M 101	硅藻结构（SiO_2）		ST：石面
	红砷镍矿，见砷化镍（129a）				

续表

编号	近代名称	参考文献	化学性质	古代、中世纪欧洲的名称	不同时代中国的名称	
101	天青石(P),(佛青)	C 1,149,RP 38,Schmauderer(1,2,3)	(a)蓝方石,一种含硫酸钙的钠铝硅酸盐;(b)天蓝石,一种含硫化钠的钠铝硅酸盐;(c)方钠石,一种含氯化钠的钠铝硅酸盐三者的混合物	sappheirus	KM:琉璃(一个原先用于称呼有色的玻璃料、搪瓷和不透明绿玻璃的术语) 现称:青金石	
102	灯烟(中国墨)		针叶树的烟炱		墨、烟煤	175
	铁矾土,见红黏土(40)					
103	铅(P)	M 26,RP 10,S 273,V 163	金属 Pb	plumbum nigrum,galena	早期:黑锡 CN:PP:SY:JH:KM:现称:铅、鈆 PP:河车、河上游女 SY:黑金	
104	铅/银合金		Pb/Ag;参见上文 pp. 36,42,43;下文 pp. 278,281	stannum,stagnum		
105	铅/锡合金,见焊接金属(162)和白镴(136)		Pb/Sn			
106	铅/锡/金/铜合金		Pb/Sn/Au/Cu;参见上文 pp. 20,22;下文 pp. 195,223	chrysocolla	ST(日本):赤铜	
107	铅/锌混合物(来自混合矿石)		Pb 和 Zn(或含少量 Sn 的真合金,参见下文 p. 211)		早期:钔、白镴、白锡、镴、锡镴、链、鎌	
108	醋酸铅	M 28,RP 11,Schafer(9),V 165	$(CH_3 \cdot COO)_2Pb$	cerussa,psimithium	CN:黑铅醋 SY:金公 JH:KM:铅霜 现称:铅糖 ST:白粉	
109	碳酸铅(天然存在的白铅矿)	Schafer(9)	$PbCO_3$	plumbum nigrum lutei coloris(A)		
110	碱式碳酸铅(白铅、铅白)	RP 12,S 278,Schafer(9)	$2PbCO_3 \cdot Pb(OH)_2$	cerussa(?)	CN:水粉 TT:PP:SY:胡粉、(原为)餬粉 SN:SY:解锡、铅粉 TF:白铅 KM:粉锡、韶粉 现称:粉铅	

续表

编号	近代名称	参考文献	化学性质	古代、中世纪欧洲的名称	不同时代中国的名称
111	一氧化铅(铅黄、黄丹)	M 29,30, RP 14, Schafer(9), V 168	PbO	argyritis, chrysitis, lauriotis, molybdaena, molybditis, spodium, spuma argenti, usta	CN:黄丹 TT:SY:黄雅或黄牙(芽) TT:金华 PP:紫粉 TP:KM:现称:密陀僧 ST:炉底
112	四氧化三铅(红铅、红丹)	A 58, RP 13, S 279,273, Schafer (9)	Pb_3O_4。唐代的样品混有许多黄丹还可能混有三氧化二铅,Pb_2O_3	minium secundarium, syricum, phoeniceum	SN:PP:KM:铅丹 SY:铅黄华 PP:ST:黄丹、彰丹
113	硫化铅(方铅矿)	RP 10, Schafer (9)	PbS	galena, magnesia, plumbarius lapis(A)	TF:KM:草节铅 现称:方铅
176 113a	褐煤(亦见煤玉,98)		褐煤、半煤		ST:燃土(?)
	石灰,见氧化钙(33)				
114	石灰石(P),亦见大理石(120)	C 268, M 128, RP 62,71, S 285, V 235	$CaCO_3$	saxum calcis(A)	KM:锻石、密栗子 ST:(鲕状灰岩)麦饭石、(纤维薄层状)水中白石
	褐铁矿,见氧化铁(69)				
	铅黄,见一氧化铅(111)				
	磁石,见磁铁矿(117)				
115	碳酸镁(菱镁矿)	RP 96	$MgCO_3$,来自白云石,见编号 62	eretria terra	
116	硫酸镁(泻盐,参见本书第五卷第四分册)	A 35, MK 39—46,142—147,188, S 277	$MgSO_4 \cdot 7H_2O$		芒消 KM:水消
117	磁铁矿(P),(磁石;亦见四氧化三铁,73;参见本书第四卷第一分册, p. 234)	C 370, M 106, MK 186, RP 76,77, S 292, V 220	磁性的 Fe_3O_4(非磁性氧化铁矿在 KM 和 ST 中称作"玄石",想必原先与磁铁矿同义,而在 SN 和 MI 中称为"处石")	magnesia, heraclion	SN:SY:KM:ST:慈石 TT:PP:磁石 SY:玄石 SY:ST:处石 TF:铁磁石

续表

编号	近代名称	参考文献	化学性质	古代、中世纪欧洲的名称	不同时代中国的名称
118	孔雀石(绿),碱式碳酸铜(53)		$CuCO_3 \cdot Cu(OH)_2$		KM:绿青
119	二氧化锰(软锰矿)	C 384,M 90,RP 61,V 212	MnO_2	magnesia nigra	KP:KM:ST:无名异 现称:黑锰
120	大理石	C 160,148,152,RP 52,58	$CaCO_3$	marmor	SHC:文石 TP:KM:桃花石 KM:理石 现称:大理岩
	白铁矿,见硫化铁(72)				
	黄丹,见一氧化铅(111)				
	水绿矾,见硫酸亚铁(77)				
121	氯化汞(升汞)	M 74,RP 45,V 199	$HgCl_2$		TF:雪矾 KM:白降丹 现称:汞粉
122	硫化汞(P),(朱砂、银朱)	M 20,69,76,78,MK 192,RP 43,47,48,S 275,280,V 158,188,201	HgS	minium,anthrax	(天然存在)SN:TT:PP:SY:KM:ST:现称:丹砂 PP:朱儿 SY:仙砂、真珠 SY:TF:现称:朱砂 TP(最纯者的旧名):光明砂 ST:辰砂 SY:玄黄花 现称:水银珠
123	氯化亚汞(甘汞)	M 74,76,MK 102,RP 45,46,S 288—289,282,V 199,200	Hg_2Cl_2		PP:艮雪 TCY:流艮雪 SY:水银霜、金液、赤帝体雪 CY:KM:水银粉、轻粉、腻粉 KM:ST:(经纯化)粉霜 现称:飞雪丹、甘汞

177

续表

编号	近代名称	参考文献	化学性质	古代、中世纪欧洲的名称	不同时代中国的名称
124	硫化亚汞	RP 48	Hg_2S(但 HgS 在某些情况下也可能呈黑色或绿色，如黑辰砂矿)	aethiops mineral	CL:KM:ST:灵砂
125	汞(P),(水银)	M 72,RP 5,44,S 279,288,V 197	Hg	hydrargyrum, argentum vivum	SN:SY:TF:KM:ST:水银 TT:PP:姹女或河上姹女 PP:陵阳子明、流珠 TT:PP:SY:ST:汞 SY:玄女 KM:砞砂银 现称:铱
126	陨石	G 115 ff.,RP 113,114	硅酸盐或金属铁和镍的混合物,常与史前石器相混淆[参见 Needham(56)]		KM:霹雳碪、雷墨
127	云母	A 37,52,M 64,120,MK 147—150,181,RP 29,95,S 294,Schafer(5),V 187,232	Al、Cr 或 Fe''' + Mg、Ca、Mn 或 Fe'' + Na 或 K 的水合硅酸盐,例如白云母,$H_2KAl_3(SiO_4)_3$	specularis lapis, selenites, aphyroselinon mica(A)	SN:TT:PP:SY:KM:现称:云母 古称:火齐 (黑云母)ST:金星石
178 128	云母片岩	RP 95			CY:KM:礞石 ST:青礞石
	红丹,见四氧化三铅(112)				
	砷黄铁矿,见毒砂(19)				
	彩色金,见硫化锡(167)				
	白云母,见云母(127)				
129	石脑油(P)	RP 69	石油的低沸点轻质馏分		宋代和 KM:猛火油
	软玉,见玉(97)				
129a	砷化镍(红砷镍矿)	RP 6	NiAs		红铜
	乌银,见硫化银(156)				

续表

编号	近代名称	参考文献	化学性质	古代、中世纪欧洲的名称	不同时代中国的名称
	黑曜岩，见玻璃（83）				
130	红赭石（P）		含铁的氧化物颜色之土	lemnia rubrica，lemnia terra，rubrica，sinopis	赤石脂
	黄赭石，见褐铁矿（69）		水合三氧化二铁	melitinus lapis，ochra，sil	
131	缟玛瑙	G 94，RP 34	微晶氧化硅，SiO_2	onyx	现称：缟玛瑙
132	蛋白石	C 150，G 102	微晶氧化硅，SiO_2	opalus，opallios［参见 Lenz（1），pp. 166—167］	旧称：屋朴尔兰 现称：白宝石
	白铜，见铜/锌/镍合金（51）				
133	桃仁	A 3，S 290	氰化物的来源（桃，*Prunus persica*；R 448）		桃仁
134	珍珠（P）		牡蛎和其它双壳类软体动物介壳内形成的凝固物 $CaCO_3$		PP 及以后：明珠
135	石油（P）	C 205，M 96，RP 67，69	一切链烃和芳香烃的天然混合物		PWC：MC：石漆 PP：MI：石脑 CY：KM：石脑油 ST：现称：石油
136	白镴（铅/锡合金）	S 281	Pb/Sn；参见下文 pp. 217 ff.		近称：镴
	镁明矾，见矾（6）				
	松树脂，见树脂（146）				
137	硬沥青		木材干馏时沸点最高（超过 300℃）的烃类馏分，以后指煤焦油蒸馏后留在釜底的残渣	pix，pissasphaltum（如与沥青混合）；参见 Forbes（4a，b；10）	沥青、焦油
	熟石膏，见硫酸钙（34）				
	杂卤石，见层积盐（1）				

179

续表

编号	近代名称	参考文献	化学性质	古代、中世纪欧洲的名称	不同时代中国的名称
138	斑岩	RP 103	火成岩，其中有一种或多种矿物形成良好的晶体		TC：KM：麦饭石
139	钾碱	S 279	碳钾 K_2CO_3，带有少量碳酸钠 Na_2CO_3（木灰浸滤的产物），用石灰处理，产生氢氧化钾 KOH。用作洗涤剂，但灰汁也可指氢氧化钙	lixivium	TCY：灰汁、桑灰汁
	钾矾，见矾(6)				
140	硝酸钾（硝石，参见本书第五卷第四分册）	C 241，M 135，138，RP 125，V 244	天然的 KNO_3 以风化状态存在	spuma nitri(?) sal nitri	CN：SN：PP：SY：KM：消石、硝石 WT：ST：焰消 MI：地霜、北帝玄珠 SY：制石液、河东野 KM：苦消、火消 PP：化金石或金化石 ST：朴消 现称：硝石
141	硫砷银矿（红银矿）	C 323	Ag_3AsS_3	argentum rude rubrum translucidum(A)	SHC：赤银
142	浮石	M 102，RP 73，V 219	多孔的熔岩		PP：JH：KM：浮石 现称：轻石
143	硫锑银矿，亦见锑矿石(12；红银矿)	C 323	Ag_3SbS_3	argentum rude rubrum(A)	SHC：赤银
	黄铁矿，见硫化铜(57)硫化铁(72)				
	软锰矿，见二氧化锰(119)				
	叶蜡石，见冻石(4)				
144	石英(各种形式)	A 42，C 47，G 74 ff.，M 66，MK 158—159，RP 40，S 284	结晶硅石 SiO_2		SHC：火碧 SN：SY：KM：ST：现称：白石英 SY：宫中玉女
	生石灰，见氧化钙(33)				
	水银，见汞(125)				

180

续表

编号	近代名称	参考文献	化学性质	古代、中世纪欧洲的名称	不同时代中国的名称
145	野生(生的)悬钩子		氰化物的来源(插田泡,*Rubus coreanus*;R 457;或掌叶覆盆子,*R. chingii*)		覆盆子
	雄黄,见二硫化二砷(15)				
	红铅,见四氧化三铅(112)				
146	树脂(松树等)	B II,225,505 B III,300,301	多糖类、松脂酸等		CN:松脂 PP:松柏脂
147	树脂(塔坷胶)	A 36,50,S 278	来自杨树(*Populus balsamifera*;R622),用作熔剂		胡桐泪
	犀牛,见犀牛角(93)				
148	水晶(透明石英)	A 42,C 40,149,G 74,M 59,RP 37,S 288	结晶硅石,SiO_2	crystallus	SHC:水玉 SY:明合景 SI:SY:KM:ST:水精 宋代和现称:水晶
149	红宝石(亦见尖晶石,164)	C 26,63,149,G 80,Laufer (13),RP 35a	结晶氧化铝(Al_2O_3),含微量金属氧化物而呈红色		SHC:琅玕 KM:剌子 现称:红宝石、赤石英
	红银矿,见硫砷银矿(141)和硫锑银矿(143)				
	铁锈,见氧化铁(70)				
	硇砂,见氧化铵(10)				
	硝石,见硝酸钾(140)				
150	砂(P)	G 89,M 130,RP 105	硅石,粉碎的石英	arena	SI:KM:河砂 TF:海白砂 现称:(石英)黄砂
151	蓝宝石	C 63,149,RP 35b,e	结晶氧化铝(Al_2O_3),含微量金属氧化物而呈蓝色	hyacinthus,sapphirus	旧称:瑟瑟 KM:靛子、鸦鹘石 现称:蓝宝石

续表

编号	近代名称	参考文献	化学性质	古代、中世纪欧洲的名称	不同时代中国的名称
152	透明石膏	MK 23—25，RP 120，S 289	硫酸钙的变体，参见编号34，$CaSO_4 \cdot 2H_2O$，单斜晶系的		KP：KM：玄精石 SY：太阴玄精
153	蛇纹石	M 91，RP 31，135f	水合硅酸镁，$H_4Mg_3Si_2O_3$	ophites	MI：KM：白石华 ST：蛇枝 现称：琅瑛
	二氧化硅，见石英(144)、水晶(148)、砂(150)等				
154	银	A 59，M 18，RP 2，S 293，V 157	金属 Ag	argentum（亦用于含银的铅）	CN 及以后：银、白银 SY：女石下水 （天然存在者）：生银
	银/铅合金，见铅/银合金(104)				
155	银汞齐	RP 4	Ag/Hg		TP：KM：银膏 TF：水银银 近称：银泥
156	硫化银（辉银矿，乌银）		Ag_2S	argentum rude plumbei coloris（A）	ST：乌银
	熟石灰，见氢氧化钙(32)				
	砷钴矿，见钴黄渣(43)				
	菱锌矿，见碳酸锌(180)				
	皂石，见冻石(168)				
157	碳酸钠（天然碱，参见本书第五卷第四分册）	RP 134	天然的 $Na_2CO_3 \cdot NaHCO_3 \cdot 2H_2O$ 以风化状态存在	nitron，nitrum	KM：现称：石碱、碱

续表

编号	近代名称	参考文献	化学性质	古代、中世纪欧洲的名称	不同时代中国的名称
158	氯化钠(P)	A 38, C 180—181, MK 49—58, 151—155, RP 115—118, S 280,289,274, 284,287,V 240	NaCl	sal(不纯的) sal hammoniacus	SN:PP:SY:(不纯的湖盐)卤咸或滷、硇(及咸卤) SN:PP:KM:戎盐 PP:卤盐 MI:KM:食盐 TP(岩盐):光明盐 现称:石盐、白盐 PP:(如晶粒大)大盐、印盐 [如因海藻色素或锰的氧化物(锰土)或氯化物而呈红色]:赤盐
159	氢氧化钠		NaOH	aphronitrum(?) spuma nitri(?)(但总的说来,除了阿拉伯"灵水"外,直到近代才制备出苛性碱;参见本书第五卷第四分册)	
160	硝酸钠(智利硝石)		$NaNO_3$		ST(日本):盐消
161	硫酸钠(结晶硫酸钠、芒硝,参见本书第五卷第四分册)	MK 40—43, RP 122—124, S 286	$Na_2SO_4 \cdot 10H_2O$		SN:KM:朴消、消石朴、盐消、皮消 SI:KM:盐药 SY:海沫、单丹 (经纯化)YH:KM:玄明粉 ST:现代:芒消
162	焊剂(铅/锡合金)	M 43	Pb/Sn	tertiarum	ST:白镴
163	晶石	M 133,RP 119	石膏;结晶 $CaSO_4$		CN:PP:SY:KM:ST:凝水石 PP:冰石 现称:寒水石
	闪锌矿,见硫化锌(183)				

182

续表

	编号	近代名称	参考文献	化学性质	古代、中世纪欧洲的名称	不同时代中国的名称
	164	尖晶石(玫红尖晶石)	Laufer (13)	镁和铝的复合氧化物,含有微量 Cr 和 Fe		旧称:瑟瑟
	165	钟乳石	A 22,C 213,M 92,RP 63—66,68,V 214	方解石,即碳酸钙,$CaCO_3$		CN:SN:SY:KM:ST:现称:石钟乳 SN:SY:KM:孔公孽
	166	石笋	C 213,M 94,RP 63—66,68,V 216	方解石,即碳酸钙,$CaCO_3$		SN:ST:殷孽 TP:SY:姜石 ST:石床、逆石、石花
	166a	二氧化锡(锡石)				PP:石桂
	167	二硫化锡(彩色金)	Wu & Davis(2),pp. 232,264	SnS_2		PP:豆金
183	168	冻石(皂石、滑石;亦见埃洛石,92)	A 43,C 157,M 84,RP 55,MK 85—88,159—165,S 278,V 207	硅酸镁 $3MgO \cdot 2SiO_2 \cdot 2H_2O$	lapis viridis,coupholith	CN:SN:PP:SY:KM:现称:滑石 SHC:冷石 SY:今石
		辉锑矿,见硫化锑(13)				
	169	硫(P)(天然硫呈黄色)	M 143,MK 191,RP 128,S 287,V 246	元素 S	sulphur	CN:PP:SY:石流黄 SN:TT:PP:TF:KM:ST:硫黄 SY:现称:流黄
	170	硫(黑色,非晶,同素异形结构)	RP 130	元素 S		MI:KM:石流青
	171	硫(红色,非晶,同素异形结构)	RP 129,S 287	元素 S		MI:KM:石流赤
		塔坷胶,见树脂(147)				
		滑石,见冻石(168)				
		焦油,见硬沥青(137)				

续表

编号	近代名称	参考文献	化学性质	古代、中世纪欧洲的名称	不同时代中国的名称
172	锡	M 31,RP 15,S 281,V 169	金属 Sn	cassiteros, plumbum album, stagnum, stannum(但这些更可能是指熔炼 Pb 矿石时得到的 Pb 与 Ag 的合金) plumbum candidum	SY:昆仑毗 SI:TF:KM:ST:现称:锡
	锡砂,见锡石(166a)				
	粗硼砂,见硼砂(28)				
173	黄玉	C 152,RP 35c	氟硅酸铝	chrysolith	旧称:酒黄宝石 KM:木难石 现称:黄宝石
	试金石,见碧玉岩(24)				
174	电石	C 151	Al 和 B 的硅酸盐,含有不同量的其它元素		现称:碧硒
175	透闪石	M 105,RP 75,V 220	石棉的变体;Ca 和 Mg 的硅酸盐		SN:KM:ST:现称:阳起石
	天然碱,见碳酸钠(157)				
176	绿松石	C 1,149,Laufer (13)	水合磷酸铝 $Al_2(OH)_3PO_4 \cdot H_2O$		旧称:甸子 现称:绿松石、松儿石	184
	佛青,见天青石(101),				
	铜盐颜料,见碱式碳酸铜(53)				
	铜绿,见碱式醋酸铜(52)				
	银朱,见朱砂(122)				

续表

编号	近代名称	参考文献	化学性质	古代、中世纪欧洲的名称	不同时代中国的名称
	醋，见醋酸(2)				
	蓝矾，见硫酸铜(56)				
	绿矾，见硫酸亚铁(77)				
177	矿化水	C 19, M 54, 97, RP 29b(?), V 178	含有 H_2S 等的含铁石化矿泉，来自温泉或冷泉		咸温泉、咸冷泉 ST（含铁矿泉的沉积）：地溲
	砒霜，见砷华(18)				
	白铅，见碳酸铅(110)				
	硅锌矿，见硅酸锌(182)				
178	酒垢（粗酒石，酒石）		酒石酸氢钾 $(CH(OH)\cdot COO)_2KH$	tryginon, faex tartarum vini	酒石
	钴蓝釉，见辉钴矿(44)				
179	锌（参见下文 pp. 212 ff.）	M 41, RP 59	金属 Zn		10 世纪：倭铅 KM：白铅 ST：亚铅 现称：钲、锌
	闪锌矿，见硫化锌(183)				
180	碳酸锌（菱锌矿、锌华、锌晶石、水锌矿）	RP 39, 59	$ZnCO_3$	cadimia（但此术语包括 Cu 和 Ag 熔炼炉烟道中所有的混合升华物）	TF：胡女砂 KM：ST：炉甘石
181	氧化锌(P)	RP 59	ZnO	cadmia，（纯的）pompholyx，（不纯的）spodos, tutia, tytty	

续表

编号	近代名称	参考文献	化学性质	古代、中世纪欧洲的名称	不同时代中国的名称
182	硅酸锌(硅锌矿)	RP 59	$2ZnO \cdot SiO_2$	cadmia	现称:钲电矿
183	硫化锌(闪锌矿,方锌矿)	RP 59	ZnS	galena inanis (A)	现称:光钲矿
	铜绿,见碱性醋酸铜(52)				

表95的条目索引 185—187

续表

地溲 177	红砂 80
甸子 76	红铜 129a
靛子 151	胡粉 110
豆金 167	胡女砂 180
锻石 114	胡桐泪 147
顿牟 8	虎脱幽 72
矾石 6	琥珀 8
方解石 31	花乳石 62
方铅 113	花蕊石 62
翡翠 96	华池左(佐)味 2
粉铅 110	滑石 92,168
粉霜 123	化金石 140
粉锡 110	黄宝石 25
风化灰 32	黄丹 111,112
肤青 23	黄矾 71,75,77
麸金 85	黄金 85
浮石 142	黄老 71
覆盆子 145	黄龙血生 16
甘汞 123	黄奴 15
高岭土 99	黄砂 150
缟玛瑙 131	黄石脂 79
艮雪 123	黄唐金 48
宫中玉女 144	黄铜 29
汞 125	黄鸦琥 25
汞粉 121	黄雅(牙、芽)111
灌钢 95	黄银 29
光明砂 122	灰汁 32,139
光明盐 158	回回青 42
光钲矿 183	火浣之布 20
海白砂 150	火齐 127
海沫 161	火燧石 78
寒水石 1,31,34,163	火消 140
河车 103	火玉 83
河东野 140	肌石 34
河砂 150	鸡冠石 15
河上姹女 125	鸡矢(屎)矾 77
河上游女 103	鸡矢礜石 18
黑矾 71,84	碱 157
黑金 103	姜石 166
黑锰 119	绛矾 68
黑铅醋 108	解锡 110
黑砂 59	解玉砂 59
黑石脂 13,90	今石 168
黑锡 103	金 85
红宝石 149	金刚石 61

续表

续表

续表

188

(c) 冶金学及化学的背景、炼金过程的鉴定

本卷第三分册组成本章的主体部分，它包含有中国的实验室炼丹术和原始化学长期发展过程的丰富史料，而且其中有很多是关于各类制作赝金和点金的。因此，除了与长生不老药（本卷第四分册）和经验性工业技术（第三十四章）方面有关的盐类和非金属化合物之外，冶金化学占了重要的位置①。如果我们在阅读所收集的自公元前3世纪以来有关中国化学进程的资料时对其背景情况没有适当的精神准备，那么这些资料很容易变得神秘而令人迷惑不解，最后甚至会感到冗长而乏味。但如果我们事先对各种合金中这些古老金属的混合物可能会起的作用有所了解，那么在阅读时我们就能理解并且比较合理地推测出炼丹术士当时到底在干什么。事实上，可能像金和像银的合金的范围是很广的，只要王公大臣不坚持把这些产品交给金匠去用灰吹法检验，则大量非常令人信服的赝金制作以及非常真诚的点金都是可行的。我们将力求避免过多地牵涉到一般专门研究有色金属冶金的章节（第三十六章）范围，但在这里仍不得不对“人造”和“仿制”金银的情况作一些说明②。这是一个有关再现中国古代和中古时期“伪金”和“药金”的问题③。

有关资料自然而然地分为几个方面，首先我们应当考虑到成分“内外一致的合金”不管它们是用不同比例的方法以减少贵金属的用量，还是用与其它金属相结合的方法来制作，以此模仿贵金属的颜色和光泽。其次可能是在普通金属或不含贵金属的合金表面镀上不同厚度的贵金属层，从而形成各种形式的镀金；但也同样有可能从一混合物的表面去除贱金属，仅把金和银留下来④。当表层变得非常薄时，我们可称之为表面薄膜，而这类因化学作用在固化合金表面形成的涂层，有时非常美观而且相当持久。
189 除此之外，尚有一些独特的现象需要考虑。这样，我们需要加以思考的论题如下：

1）基质均一的合金；

2）用添加法提高表层的浓度；

3）用去除法提高表层的浓度；

4）形成表面薄膜；

5）特殊方法。

在弄清了这方面内在的各种可能性后，最后我们可以检验一下中国中古时期某些值得注意的各种金和银的目录，其中有些是“假的”，有些是“真的”，并且我们要看看在多大程度上能够确定这些金银的生产方法。就目前情况来说，只要有一个简单的处理

① 对于希腊化时代原始化学家的冶金知识所作的比较性研究，没有比鲁斯卡［Ruska（11）］所作的研究更为出色的了。

② 如果读者能查阅一些早期有关有色金属冶金的专题论文，特别是用历史观点来叙述的论文，例如高兰、珀西［J. Percy（1—4）］和海恩斯（A. H. Hiorns）的著作，那会感到很方便。

③ 在我们将涉及的古期和中古时期有关各种金属和合金的记述中，由于古代作者的著作既不精确又不一致，因而术语的问题非常困难。至于涉及由此而起的一些争论的性质，还只有章鸿钊（*1*）的著作最具价值，不可或缺。这样，在我们以下所举的例子中，将会见到各种不确定和不一致的地方。

④ 参见上文 p. 38。

方法就可以了，至于金相方面的问题，以及其它诸如共晶合金和其它相间的区别，则可留待更富技术性和更专门的地方（本书第三十六章）去解决[1]。

(1) 获得各金属元素的可能性

首先让我们考虑组成均匀的合金。有一点在开始就需要指出的是：中国的炼丹术士在很早的年代里就有可能使用某些矿物，并在其产品中结合进一些金属元素，而这些元素当时在旧大陆的其它地方不是那么容易得到的。由于各种不同的理由，我们不能将几种较不常见和知之较少的金属排除在外。所以必须估计有这种可能甚至很大可能，即中古时期中国的原始化学家们发现的赝金合金中含有一种或数种这类金属，这种情形使得下面即将讨论的成分百分比表特别令人感兴趣。关于金和银本身、古代青铜的组分铜和锡、各种形态的铅和铁，因为它们在所有各古代文明中的普遍存在而无须多说，但锌则不同。它的历史可能早至公元前3世纪，甚或公元前4世纪，即中国炼金术刚开始之际。那时已经发现了在熔化的铜中加入碳酸锌，即菱锌矿（“炉甘石”）[2]，就能生产出一种新的、看来与金十分相像的金属。希腊化时代的希腊人（如果不是更古老的希腊人）和罗马人也有黄铜，并且是由类似的方法制得[3]，所以中国炼丹术士在使用锌上面没有任何独特之处。然而到9世纪就不同了，在其它文明的竞争 190
者之前很久，中国人成功地用一种蒸馏的方法制出并能系统供应分离出的金属，从而可以按远比过去精确的成分制出不同的黄铜。

一种金属许多世纪以来（某种意义上）只中国人拥有别人都没有的突出例子是镍，因此他们是制造铜镍合金的最早的民族。因为许久以来我们就熟知它是钱币中的“银”，看来中国古典的“炼银术”是非常真实的，并且上文（p. 33）所引维鲁伦男爵（My Lord of Verulam，即弗朗西斯·培根）关于中国人拼命制银的说法，也可得到更好的理解。下面还将看到，从公元16世纪开始，中国向西方出口“白铜”（或者更恰当的名称：白色青铜）锭和白铜制品，它其实就是铜镍合金。它的制造在中国可以追溯到何时我们即将讨论，这里只需指出，用砷化镍矿（误称作“红铜”或红砷镍矿）[4]取代菱锌矿，就会制出白铜而不是红铜。两种合金都不可以含多量锡，因为其对两者的性能都有害。然而金属镍不像锌那样，在过去的中国从未分离出来过，它的分离是在18世纪的瑞典实现的。与它有关的元素钴是另一个不能从中国的人造合金中排除的元素，特别是明代以后，中国发现了本地的钴矿资源，并用来使有名的景泰蓝着色。但是甚至在此之前，就已经从波斯进口矿石了[5]。

---

[1] 还有有关金属间化合物的问题，参见 Westbrook（1）。

[2] RP 59。在西方，锌的最早来源之一，是从有一定含锌量的矿石熔炼银和其它金属的炉子烟道中刮出来的粉末（氧化锌，炉菱锌矿）。这就是普利尼的“*cadmea fornacum*”［*Nat. Hist.* xxxiv，xxii，100 ff.；Bailey（1），vol. 2，pp. 33 ff.，166 ff.］，而中国名“炉甘石”则表明用类似方法取得；只是后来这一命名用于天然矿产菱锌矿。

[3] 见下文 p. 198。

[4] RP 6。

[5] 见 Young & Garner（1）；Banks & Merrick（1）。起源可由混入钴中的锰含量的估计推导出。

其次必须考虑钨和半金属（这里用了一个方便但已经过时的名称）① 锑和铋。它们使得炼丹术士使用一些从未进入过本草学著作的矿物和矿石的可能性增大，这些矿物也因而从来没有一个今天我们能够找到的中国名称。总之，如果它们没有明晰的药用价值，它们就无权进入，此外它们只有民间的俗称，并只为当地人所知。它们的名称或是已经消失，或是极难重新发现。更有甚者，那些使用这些矿物的成功的炼丹术士们，一点都没有使它们广为人知的愿望。确实，辉锑矿（硫化锑 Sb_2S_3）或是一种极相近的含银矿石以“锡吝脂”之名载于《本草纲目》及自16世纪末以后的本草学著作②，但是就我们所知，任何时期的这类文献都没有记载钨和铋的矿石。但是这总是奇
191 怪的，因为中国已成为当今世界上最大的锑③和钨④生产国，而铋则共生于广东省的黑钨矿中⑤，并且在铜和铅的熔炼中总是可以回收铋⑥。因此人们有理由设想炼丹术士们的确在不同时期利用了含有这些金属的矿物，当今天人们熟知和日常使用的合金中含有这些金属时，我们不应当排除中古时期也能间或生产具有类似性质的合金的可能性，虽然通常随着炼丹术士的死亡，那些秘密也随之消失。

图1322　商代或周代早期含锑量高的铅质器皿（阿姆斯特丹国立博物馆照片）。

① 参见A. Smith（1），pp. 119，404，537 ff.。它们既能像金属一样生成碱性衍生物，也能像非金属生成酸性衍生物。

② RP3。自商周以来的不少铅制随葬品中含锑达5%或更高（图1322）。这些合金不像特意制成的，除非因为锑能增加铅的韧性而特意挑选含锑的铅矿石。参见di Villa（1），pp. 71 ff.；Torgashev（1），pp. 217 ff.；Gowland（9），p. 441。

③ Cardew（1）；Wei Chou-Yuan（1），pp. 444 ff.；Bain（1），pp. 30，150；Torgashev（1），pp217 ff.；Tegengren（2）；Wheler（1）；以及王宠佑［Wang Chhung-Yu（2，3）］关于锑生产技术的最好的现代论文。

④ Cardew（1）；Wei Chou-Yuan（1），pp. 436 ff.；Bain（1），pp. 30，150；Collins（1），p. 103；Torgashev（1），pp. 229 ff.。关于钨及其生产的最好的现代论文也是由中国冶金化学家李国钦和王宠佑［Li Kuo-Chhin & Wang Chhung-Yu（1）］所写。我本人曾有机会于1944年访问资源委员会位于广西、湖南、广东的钨矿和其它矿。

⑤ Collins（1），p. 103；Torgashev（1），pp. 247 ff.。

⑥ Bain（1），p. 190。

与前面几个元素不同，砷的化合物在中国古代和中古时期前期炼丹术士的实验室药品架上是属于最突出的药品之一。只要有办法防止挥发，就可以在制造似银的合金时加入它，如同在西方一样，能够使主要含铜的合金表面变白。如“雄黄”（二硫化砷 As_2S_2）、“雌黄”（三硫化砷 As_2S_3）、白砷（氧化亚砷 As_2O_3，“礜石”或“砒石”）[①]，这些矿物都广泛存在。许多中国中古时期的合金中一定有砷。至于锰是否出现在合金中就不那么确定了。但是二氧化锰（天然的软锰矿）至少在公元973年时起，即《开宝本草》出现的时候，本草著作中就称它为“无名异”[②]。20世纪前期含锰20%的铸铁曾以“镜子铁”的名称大量出口，这一事实可能表明软锰矿和其它天然锰资源的利用要早得多，而且应用于不是以铁为主的合金上[③]。至于镁，白云石（一种钙和镁的混合碳酸盐）在本草文献中以“花乳石”的名称为人所知晓，时间上至少从1060年开始，我们所知的最早的《嘉祐本草》刊行的年代，就有它的记载[④]。菱镁矿（主要是镁本身的碳酸盐），中国也有资源[⑤]，某些炼丹术士如果在当时条件下能够还原它，有可能加以利用，此外，有证据（见本书第五卷第四分册）表明在中古时期中国曾用分级结晶法系统地生产泻盐（硫酸镁 $MgSO_4$），所以它也有可能放入炼丹术士的炉子里去加热。

某些金属如铂、钯，可能还有镉，可以相当肯定地排除在中古时期中国人的金属 192
和矿物名单之外。但是铝占据一个相当有争论的独特位置，因为近年来它成为一个轰动事件的中心，而且尚未解决。1956年，南京博物馆一队由罗宗真（*1*）带领的考古学者在江苏宜兴发掘了卒于公元297年的晋代名人周处的墓[⑥]。在尸体腰部附近的泥土中发现了约20件腰带饰物，其中许多块送去进行化学分析。虽然一些饰物的主要成分是银和铜[⑦]，但是另一些几乎全是铝，只有达10%的铜和5%的锰。因为铝是极难熔炼的金属，而且在1827年之前从来没有分离出铝，所以这一发现在冶金化学史界引起了浓厚的兴趣。用电解法从铝矾土大规模生产铝只是到1889年才取得成功，所以发现3世纪的合金以铝为其主要成分实在非常特别。1959年杨根（*1*）提出了进一步的证实性分析，他报告说，在实验中用木炭作还原剂，氧化铝粉末和研细的铜做原料，以硼砂作熔剂；加热后，得到少量低铝-铜合金。然而任何冶金化学家都不会相信用这种办法会得到含铝85%的铝铜合金。另一种技术，即苛性碱会释放出电离的金属钠或钾，它们不断地置换出少量铝，然后铝立即溶解在熔化的铜中[⑧]。对这种技术的怀疑也一点都不少。杨根的通信在西方的技术刊物上引起相当大的反响[⑨]，中国和欧洲的化学家们

---

① 分别为RP 49，50，88，91。

② RP 61。

③ RP 28。这种镜铁使得酸性转炉炼钢法得以实现，并在近代冶金学的发展上起了重要作用。

④ RP 96。

⑤ Bain（1），p. 206；Torgashev（1），pp. 396 ff.。

⑥ 周处是一位在与藏人的战争中身亡的军事将领，同时也是一位对民族学和民俗学有兴趣的学者，在这方面他著有《风土记》。

⑦ 含有痕量的金、铁、铅、镁、钙、铋和硅。

⑧ 已故教授帕廷顿以及史密斯（Cyril Stanley Smith）博士的私人通信。

⑨ Anon.（89，90，91）。

开始分成对立的营垒。当张子高完全接受这一发现时[①]，他们遭到沈时英（*1*）的强烈批评，然而他自己也在这些原料当中发现了高含量的铝[②]，并混杂有一些次要成分。这些在现代用电解法生产的铝中是不会有的，除非是在极不清洁的车间里进行过重熔[③]。他所真正怀疑的是考古发掘的精确性，但是对于知道这一工作是中国科学院的主持下在过去20到30年间达到了高度科学水平的人们来说，这个疑问是很难提出的。罗宗真
193 （*2*）在答辩中为发掘作了辩护，但是在等待进一步发展的时候，某些化学家和参加这一工作的考古学者总是会有争论。对于我们来说，现在就排除中国中古时期炼丹术士的合金中含铝的可能性，这似乎是不明智的[④]。毕竟自战国时期有了达到使铸铁熔化的温度以后，炼丹术士就不断地将各种金属和矿石混合起来一起加热。仍然有待回答的问题是，这些铝铜合金（如果是真的）是特意制造的，还是由于偶然性使用了某些特定矿石而得到的。关于秘密（如果真是秘密）不会在日后完全失去的论点，不是很有力的论点，因为我们会有许多机会注意到，中国的炼丹术士不愿意谈论他们的特殊成就，在中古时期那个有保守秘密习惯的年代里，一些制作方法会很容易地和它们的创造者一起消失。因此我们将等待是否会有另外的古代高含铝的器物出现，同时保留我们的评判。这些就是古代炼丹术士可能用过或者没有可能使用的一些金属。

（2）金色的均质合金

现在来看几种合金的组成。要仿制黄金而又不使用大量贵重金属的最简易方法是将黄金用其它金属稀释或“降低成色”，这样做的有利条件是黄金在稀释时能保持它的颜色，虽然色调会有明显的变化。在表96中列出了一些今天仍然使用的合金[⑤]，从中可以看到各种各样的“黄金”色泽可以容易地产生出来[⑥]。这些古籍上关于合金外观的表格从巴比伦王国[⑦]和古埃及[⑧]一直保存了下来。对于亚历山大里亚时期的金匠和点金哲学家那样频繁提到、在本书中也数次出现（pp. 18，45）的贵金属“加倍”，各式各样的降低成色无疑是一种简单的解释。[⑨] 在《神农本草经》中讲述过的用硫酸铜（“石胆”）制造金和银（“成金银”）[⑩]，一定也是指这个方法。

---

① 张子高（*2*），第57页起。

② 他是唯一用重量法而不是用光谱分析的研究者，他发现不是含铝85%，而是超过95%。

③ 值得注意的有铁1%，硅达到1%，铜0.2%，镁0.3%。

④ 记得1964年在北京我的朋友艾黎（Rewi Alley）先生告诉我，以前好几次清除掉了他自己收藏的古代和中古时期的腰带搭扣样品，它们的外观和重量都像铝，他清除它们是因为他认为其不可能是真正的古物。

⑤ 参考Hiorns（2），pp. 139，151，361 ff.，372 ff.，453；Hiscox（1），pp. 50，66，68 ff.，73。

⑥ 参见Forbes（3），p. 218。

⑦ Levey（2），p. 188。

⑧ Lucas（1），p. 266。

⑨ 参见Berthelot（1），pp. 215 ff.，（2），pp. 29 ff.，32，38，56 ff.，64 ff.；Leicester（1），p. 39；Partington（1），pp. 39 ff.；Sherwood Taylor（2），p. 129。

⑩ 引自《证类本草》卷三（第89页）。森立之辑本，卷一（第24页）；顾观光辑本，卷三（第54页）。《太平御览》引作“合成金银”。

表 96　稀释或“降低成色”的各种金（组分百分比）　194

	金	银	铜	锡	锌	镉	铁	铝	镤	
稀释										
22 开（钱币）金	91.6	—	8.3	—	—	—	—	—	—	
硬化金	91.6	—	—	—	8.3	—	—	—	—	锌含量不可超过 17%
“绿”金	75	12	9	—	—	4	—	—	—	天然金银合金的一种
极浅黄色金	33	66	—	—	—	—	—	—	—	银含量超过 50% 趋向白色
亮黄色金	52	26	22	—	—	—	—	—	—	非常像《希腊炼金术文集》（I，xix）中欧根尼乌斯的“加倍”金（*diplōsis* of Eugenius）
浅红色金	64	11	27	—	—	—	—	—	—	
亮红色金	50	—	50	—	—	—	—	—	—	
灰色金	80	10	—	—	—	—	10	—	—	
蓝色金	75	—	—	—	—	—	25	—	—	
7 开金	29	33	38	—	—	—	—	—	—	常用于珠宝行业中的最低级者
表轴承抗摩擦金属	37.5	22.9	27.1	—	—	—	—	—	12.5	
纽伦堡金	2.5	—	90	—	—	—	—	7.5	—	
闪烁紫金	78	—	—	—	—	—	—	22	—	参见下文 p. 268
日本“乌金” *shakudō*	1—5	1—2	94—98	—	—	—	—	—	—	见下文表 100 和 pp. 264-265；Gowland（6，12）
镀金黄铜或阿比西尼亚金	0.5—1.5	—	85—94	1	6—12	—	—	—	—	实际是含金的黄铜
莱顿纸草文稿 X，no. 31，金胶体（*chrysocolla*）	28.5	14.25	57.25	—	—	—	—	—	—	像金焊料；Caley（1）

表 96 包括了大多数今天的金匠仍在使用的合金，但是，那些希腊化时代原始化学家所制造的——肯定还有他们的古代中国同行所制造的——合金则不一定有今天商业意义上的应用。这种应用要求合金良好的延展性的同时，还要看起来美观诱人和可以　195

用不要求太严谨的灰吹法检验①。在旧大陆的东端或西端，古代和中古时期都不可能有钯和镉作为组分，但是如前所述，中国有可能使用过铝。无论在东方还是西方，主要产品一定是由许多种不同比例的金、银和铜制成，但是根据古籍，在希腊化地区，无疑也在中国，常常还加入其它金属特别是锡②、铅③、锌④和砷⑤。有时先将它们结合在一起，如略带白色的克劳狄合金（*claudianum*）的情况那样，[该种合金根据公元41—54年在位的克劳狄（Claudius）皇帝命名]，其中含铜、锡、铅、锌和砷的混合物⑥，然后加入少量金或银组成合金⑦。它本质上是含金的黄铜，与较近代的镀金黄铜（Tal-mi）及阿比西尼亚金颇类似，虽然它含有少量铅和砷。砷会增加硬度和脆性，不过其效果也许被铅抵消。表96中另一个值得一提的是日本合金，因为我们下面讨论表面薄膜时即将遇到。这里的发现是，若将非常少量的金加入合金中，就会使它在用浸泡法上青铜色（参见下文p. 264）时，可获得特别美观的颜色。这件事也像通常那样起源于中国，而在日本臻于完善。

（i）黄铜的起源

现在我们有条件来审视各色各样外观极似金和银，而实际成分中不含任何贵金属的合金。它们中最普遍的是黄铜和青铜，某些品种可以在外观上酷似金和银（参见表97）⑧。含锌量在10% –35%的黄铜品种就属于这种情况，若粉碎成很细的鳞片状，就是今天使用的金涂料中的主要成分⑨。锌含量达40%仍能保持其特殊的金黄色，含量再高会带红色，接下去变白，特别是加入镍使它成为铜镍合金时。含锌超过66%会使它
198 变得太脆而没有什么用处。黄铜中很少加入锡，因为它使加工性能变坏，但是另一方面，在更古老的合金——青铜——中，锡总是和主要组分铜在一起。有些时候（特别是其中有少量锌的，如轴承用青铜黄铜），合金可以具有金的外观，但是模仿的更重要方面是白色似银的高锡青铜，例如用来制镜子和反射望远镜的合金。罗马时代已有各种黄铜，并且从公元前20年起就用来铸币，但是从他们所用的名称就可以知道罗马人

① 很早以前哈切特［Hatchett (1)］研究过金与少量其它金属的合金化对金的物理性能产生的影响。除银、铜、铁和锡外，都使它变脆和失去颜色，并按镍、锰、钴、锌、砷、锑的顺序效果愈来愈坏。

② Berthelot (2), pp. 28 ff., 35 ff., 38, 45, 55, 62。

③ Berthelot (2), pp. 32, 45, 55, 61, 66。

④ Berthelot (2), pp. 32, 45, 46。

⑤ Berthelot (2), pp. 67 ff.。

⑥ 其确切成分现在尚不详。

⑦ 参见Berthelot (2), pp. 67, 70, 71，其中阐释了伪德谟克利特（《希腊炼金术文集》Ⅱ, i, 6, 7）和奥林匹奥多罗斯（约500年，《文集》Ⅱ, iv. 12）的处方。

⑧ 参考Hiorns (2), pp. 139, 150, 151, 153, 155, 237, 241, 246, 248, 250, 255, 274; Hiscox (1) pp. 51 ff., 53 ff., 56, 58, 63, 68 ff., 492; Partington (10), p. 330, 386。福布斯［Forbes (3), p. 272, (28), pp. 261, 265］指出，西方长期把黄铜（后来常指粗锌）叫赝品，即“假金”。佩特斯［Pettus (1)］在1683年说铜和菱锌矿可制黄铜，并着重指出“锡和黄铜制出alchymy”。在1488年，“alchymy”就是含砷的铜。

⑨ 金济时［Collas (8)］大约于1785年在北京用燃烧的方法检验了中国的涂金纸，这表明并未使用金箔。如果不是二硫化锡（见上文p. 69和本卷第三分册），就很可能是低含锌的黄铜粉末加上树胶和快干油。

表 97 黄铜和青铜（组分百分比）

196—197

	铜	锡	锌	铅	铁	铝	镍	磷	颜色与性质
黄铜									
镀色金属	92—97	—	3—8	—	—	—	—	—	适用于金汞齐镀金
金色铜	88—93	—	7—12	—	—	—	—	—	暗金色[1]
含锡黄铜或曼海姆金或高锌黄铜	84	7	9	—	—	—	—	—	仿金，一种“青铜”
金色铜	90.5	—	8	1.5	—	—	—	—	仿金
铜锌锡合金或金色铜	80—90	0.5	10—16	—	0.25	—	—	—	仿金
顿巴黄铜或图尔尼黄铜	82—90	—	10—18	—	—	—	—	—	金色
最好的黄铜（电镀槽用合金，荷兰金）	76—84	—	16—24	—	—	—	—	—	亮金色
弹壳黄铜	70	—	30	—	—	—	—	—	黄色
普通黄铜	66	—	33	—	—	—	—	—	黄色[2]
铸造用黄铜	62—73	1—2	22—33	1—3	—	—	—	—	黄色
汉密尔顿合金	64.5	0.3	32.5	2.7	—	—	—	—	金黄色
四－六黄铜	60—62	—	38—40	—	—	—	—	—	易热轧、抗腐蚀，用于船的外壳
船用黄铜	62	1	37	—	—	—	—	—	金黄色，抗腐蚀
含铁四六黄铜	60	—	38	—	0.7—2		—	—	金黄色，抗腐蚀
铜锌合金	57	—	43	—	—	—	—	—	红黄色
高强度黄铜	55	—	41	—	2—4	—	—	—	强度相当于优质钢
高抗拉强度黄铜	50	—	45	—	—	—	5	—	一种白铜，参见表 101
镍黄铜	45	—	45	—	—	—	10	—	白色，一种白铜，参见表 101

续表

	铜	锡	锌	铅	铁	铝	镍	磷	颜色与性质
白黄铜	34	—	66	—	—	—	—	—	白色，用作焊料
索瑞尔锌合金	10	—	80	—	10	—	—	—	蓝灰色
青铜[3]									
现代钱币和奖章用青铜	95—97	2—4	1	—	—	—	—	—	
枪炮用合金	90—92	8—10	—	—	—	—	—	—	
机械用青铜	80—90	5—18	—	—	—	—	—	—	
轴承用青铜黄铜	80—90	4—22	2—15	—	—	—	—	—	像金
铸造用青铜									
古代	65—90	10—35	—	1—15	—	—	—	—	参见本书第三十六章中的《考工记》的图
现代	65—90	3—7	3—30	3	—	—	—	—	更像黄铜
制钟合金	65—85	15—27	1—0	1—12	—	—	—	—	可以热煅和淬火
制镜合金	66	33	痕量	痕量	—	—	—	—	银白色，作镜子及反射望远镜；参见本书第三十六章中的《考工记》的图
日本制钟合金	71—89	2—8	—	5—15	—	—	—	—	Gowland (6), p. 86
含铝青铜	90—99	—	—	—	—	1—10	—	—	含铝 3%—5%，美观、像天然金银矿的“绿色”金
	87	—	—	—	—	9.5	1—1.5	0.5	含镁 1.5%，这类合金的多数像软钢一样有延展性、韧性和可锻性
含磷青铜	89	9	1	—	—	—	—	<2.5%	硬，有弹性、韧性

1）可含锡 1%。

2）在任何含铜合金中加 0.3%—0.5% 的砷，可大幅提高其高温强度。

3）对中国古代的青铜铸造的精彩而简短的论述，可见 C. S. Smith (7), pp. 107 ff.。

没有发明这种合金①。"*Aurichalcum*"一字是希腊文"*oreichalcos*"(ὀρείχαλκος)的误译。希腊文的意思是"山上的青铜",而不是罗马文的"金色的青铜"。这个讹误却也表示了合金的颜色,使人想到它应有黄金的光泽(也许确有一些)和青铜的硬度。在西方使用菱锌矿的时间也许可追溯到公元前3世纪,伪亚里士多德(Pseudo-Aristotle)的书描述一种"灿烂的带白色的铜",它不是加入熔化的锡而是加入"某种土"制成的②,比这更早的多的泰奥弗拉斯托斯(Theophrastus)有过类似说法③。各种黄铜用于制作赝金的事,无疑出现在3世纪的莱顿纸草文稿上④,哲学家式的点金术士肯定也制作过它们⑤。

有了这些,我们现在就可以来讲述中国文化中的黄铜和铜镍合金的故事,前者与欧洲的发展平行,而后者则是东亚独有的。由于一些名词的不确定的含义并且随着不同历史时期而变化,一开始我们几乎陷入了不可靠记载的泥沼⑥。但是后来迷雾有所消 199
散,我们发现可以信赖某些要点,如《广雅》(见下文p.232)在3世纪提到白铜、公元前2世纪新疆逃亡者的行为(下文p.219)等。我们不能预知在本书第三十六章中所希望达到的结论,但是读者所迫切需要的是本章中有关中古时期中国炼丹术士在做什

① 参见贝利[Bailey(1), vol. 2, pp. 160 ff., 166 ff.]对普利尼《自然史》(XXXⅢ, i, ii, xxii ff.)的评论。另见Gowland(10)。

② *De Mir. Ause.* chs. 49, 62; 834a 1, 834b 22, 835a 9; 参见Blumner(1), vol. 4, p. 198。这本书被认为不会早于2世纪。在普利尼的时代,可能惯常加银矿中的菱锌矿(碳酸盐),或者加铜或银的熔炼炉的烟道中的氧化锌,来改善铜的品质。

③ *De Lapidibus*, 49。参见Michell(1), pp. 118 ff., (2); Dawkins(1); Frantz(1); Hofmann(1),特别是Roland & Scacciati(1)。关于斯特拉波的"假银"(*pseudargyros*, ψευδάργυ ρος)是不是真的金属锌(约公元20年)有很大的分歧,但描述还是有些说服力,他说他们从它制造出"*oreichalcos*"(*Geogr.* Ⅻ, viii, 16, 578c)。帕廷顿(私人通信)的修正对于这一段有很好的理解,有人以为它是引自约公元前330年希俄斯的特奥蓬波斯(Theopompos of Chios)的作品。无论如何,没有证据说明这项发现有持久的和广泛的产业应用。在1939年由希尔[Shear(1)]指导的对雅典市场的发掘中,帕森斯(A. W. Parsons)在漏刻计时厅附近确实找到一小块差不多是纯金属锌的碎片[Shear(1), p. 265]。随后法恩斯沃思、史密斯和罗达[Farnsworth, Smith & Rodda(1)]对它的研究表明,它曾被加热到可锻的温度下(100—250℃)锤打,这应当是冶金学上的一个重要发现。有关的一些实物的年代可以追溯到公元前4世纪或前3世纪,但是这些仍然是孤立的发现几乎和中国晋墓中的铝制腰带搭扣一样特别(参见本书pp. 192—193);人们不禁要同意福布斯[Forbes(28), p. 265]的观点,他怀疑是由于偶然性发生的现代混入,也许出自中国茶叶箱的内衬!

古希腊时期(公元前7世纪)有某种黄铜(*oreichalcos*),因为"荷马史诗"(Homeric hymns, Ven. 9)和赫西奥德(*Sc. Herc.* 122)都提到,但是传统的考古工作者不愿将它解释为黄铜[参见施拉姆(Schramm)的文章,载于Pauly-Wissowa, vol. 18(1), cols. 938 ff.; Blümner(1), vol. 4, pp. 193 ff.],除非是某种天然混合矿的合金,而该资源很快消失。关于这种可能性见Neumann(1)。柏拉图(约公元前360年)仍说过它是一种天然产的似金合金(《克里底亚篇》, *Kritias*, 114E),但是他从未见过。根据普劳图斯(Plautus)剧本的资料,从公元前200年开始人工造黄铜已普遍。参见Caley(6)。

另一古代黄铜来源是闪米特人的。麦卡利斯特[Macalister(2), vol. 2, p. 265]在以色列拉姆拉(Ramleh)附近的泰勒盖泽尔(Tel Gezer)发掘出的一支单个的别针,含锌23.4%,现在认为是公元前8世纪或更早之物。可能相当于荷马时代。处于各文明中心的波斯文化区也有类似的零散的记载,我们将很快加以讨论(下文pp. 220—225)。关于印度,见下文pp. 202—203。

④ 莱顿纸草文稿,第16、17、85条, Berthelot(2), pp. 32, 45 ff.。参见Berthelot(2), pp. 55, 65 ff.。

⑤ Berthelot(2), pp. 70 ff.; Sherwood Taylor(2), p. 128。

⑥ 人们还必须与其它的许多困难作斗争,考古文物的零散化学分析问题、合金与混合矿之间的辨认、什么时候合金中的特定百分含量是无意的而什么时候不是,等等。

么的大致轮廓。简单地说，我们相信从公元前3世纪开始中国就有了黄铜，并且在公元前2世纪以后应用愈来愈广。从公元前2世纪开始也使用锌与锡和铅的合金，特别是用于铸币，那个世纪前期的"伪黄金"可以肯定是各种黄铜。许多世纪以来无论在钱币[1]方面还是在装饰性器皿[2]方面，都有一种从使用青铜过渡到使用黄铜的缓慢趋势，这一进程在宋代加速。装饰性器皿常用化学浸泡法使之"着青铜色"。金属锌首先于10世纪以工业规模生产，在18世纪大量出口欧洲。我们相信在公元前1世纪（也许是公元前2世纪）就有了铜镍合金，而在12世纪以后使用愈来愈广。从公元6世纪开始其不时地用于铸币。从16世纪末开始不断出口到欧洲，欧洲对它的性质很不清楚，但是金属镍却不是首先在中古时期的中国制得，而是在西方由克龙斯泰特（A. F. Cronstedt）于1751年制得的。整个情况约于公元980年由（录）赞宁在《格物粗谈》中作了很好的概括[3]：

> 将炉甘石（菱锌矿）与红铜共热得到颜色像黄金的"黄色青铜"（即黄铜），将砒石（含镍的砷化合物矿）[4]与它共热得到"白色的青铜"（即白铜）；将锡与它共热则得响铜。
>
> 〈赤铜入炉甘石炼为黄铜，其色如金；砒石炼为白铜；杂锡炼为响铜。〉

在这里最古老的合金排名最后。完全相同的叙述出现在几处别的地方[5]，值得注意的是方以智于1664年在他的《物理小识》中说到[6]"炉甘石或倭铅"，这里的"倭"铅或"劣质"铅[7]是我们第一次遇到金属锌的古代名称。实际上，按照现在我们所知，赞宁
200 本来也会说这件事，但是他写书的时候离锌蒸馏法最初发现的时间太近，以致认为在他的时代还没有普遍为人所知。我们当然不认为中国古代或中古时期炼丹术所制的人造金和银都是简单的黄铜和铜镍合金，相反，很可能许多合金是成分复杂、制法精巧的，可能包含某些前面提到过的比较不常见的金属，虽然制造它们的精确方法极少可能不费力气就能获得。

在描述可以做得像贵金属的多种中国有色金属合金的历史时，最大的困难之处是对于同一样东西并不总是有同样的名称[8]。黄铜就有好几个，至少有半打，必须逐个考虑。首先是"鍮石"，这个名称今天仍广泛用于黄铜，它特别有趣，因为它的第二个字保持了古代的传统，不是由两种金属的结合制成，而是将一种矿石（菱锌矿）加入一种金属。但是因为它本身明显是一种金属而不是任何种类的石头，所以词典编纂者给第二个字加上一个金字旁来恢复名和实的一致，例如公元543年的《玉篇》就写作

---

① 见 Anon. (*78*)，表98上的分析。

② 见 Garner (1)；近重真澄 (2)，载于章鸿钊 (*1*)，第336页；Pope，Gethens，Cahill & Barnand (1)。

③《格物粗谈》卷下（第37页），由作者译成英文。

④ 参见表95编号17、129a，以及下文 p. 229 脚注。

⑤ 例如《天工开物》卷十四，第六页，参见下文 p. 229；《本草纲目》卷八（第8页）。

⑥《物理小识》卷七，第三十一页。

⑦ 注意：不是像一些人错误以为的"日本"铅。

⑧ 这让人想起我们遇到的相反方向的困难，当一件东西发生了根本变化却仍保持原来的名称。这方面的突出例子是本书第四卷第三分册 pp. 638 ff. 所载关于操纵长桨和尾柱舵的故事。

“鍮鉐”，许多词典后来也这样写①。它颇有意思地说明鍮石像黄金。现在我们跟踪鍮石，从近期资料开始并上溯最重要的早期资料，以便看它们会引出什么结论。在《物理小识》（1664 年）② 和《本草纲目》（1596 年）③ 中有我们期待的记述，但是探究则始于对曹昭作于 1387 年而后在 1459 年大幅增补和修订的《格古要论》的兴趣。这本书告诉我们“鍮石”（黄铜）④ 是“自然铜”的精华，但是现在它由“炉甘石”（菱锌矿）制成，以致它不是真正的原料（据推测以前的人可能有那种原料）⑤。这个说法令人感兴趣，因为这里讲的“自然铜”⑥ 也许可能是某些铜和锌的混合矿，黄铜就是由它炼出来的，但更可能的是，只是讲黄铜和一种矿石在颜色上的近似，这种天然矿物就是铜、铁和硫组成的黄铜矿，它有明亮的黄金光泽⑦。《格古要论》还有关于朝鲜人将黄铜研磨成乳剂的有趣资料，他们用这种乳剂涂在笛子和管乐器上使之呈金黄色⑧，这 201
的确是“青铜粉末”一次超前很长时间的应用，贝塞麦（Bessemer）正是利用它发了第一笔财。这本书接下去引用（许多后人也同样引用）了崔昉约于 1045 年在他的《外丹本草》中写的一段话。这可能正是我们的第一个焦点。

崔昉写道：

两斤铜与一斤“炉甘石”（菱锌矿）共熔，可得一斤半黄铜(“鍮石”)⑨。它难道不是产自矿石一类物质吗？真正的鍮石产于波斯⑩，外观酷似金，加热时它变红而不是变黑⑪。

〈用铜一斤，炉甘石一斤，炼之即成鍮石一斤半。非石中物取出乎？真鍮石生波斯，如黄金，烧之赤而不黑。〉

在他的时代，黄铜制作由政府垄断。《宋史》载⑫：

天禧三年（1019 年），法令规定违反青铜和黄铜法律的人可免除死刑。……但是自崇宁年间（1102—1106 年）以后，官府严格执行对私人熔炼的禁令。所有黄铜物品和容器都只限政府生产及出售。

〈天禧三年，诏：犯铜、鍮石，悉免极刑。……大严私铸之令，民间所用鍮石器物，并官造

---

① 《玉篇》卷二，第五十、五十一页。在当时及以后“鍮”也可写作“鋀”。

② 《物理小识》卷七，第二十八页以及其它各节。

③ 《本草纲目》卷九（第 84 页）“炉甘石”条。

④ 那时在欧洲称作“latten”或“orchal”。如果“latten”一词源于“*electrum*”（天然金银矿），那么它与金的关系就明显了。“orchal”一词当然来自“*orichalcum*”（黄铜）。

⑤ 《康熙字典》，第 1469 页。

⑥ 中国古文献中关于自然铜的记载是完全不清楚和不一致的，但是章鸿钊［（*1*），第 367 页起］在一段有趣的讨论中说，它们是指黄铁矿（FeS_2），也许是铅和铋的砷化物矿，但多数是黄铜矿（$CuFeS_2$ 或 Cu_2S，Fe_2S_3），它的某些形态如斑铜矿，闪亮且颜色鲜明而称作“孔雀石”。参见 Mellor（1），pp. 377，484；Gowland（9），pp. 57 ff.。另外一个名称叫“鍮石”，见于 1062 年的《本草图经》。

⑦ 章鸿钊［（*8*），第 50 页］认为“自然铜”的整个观念源于与黄铜矿的混淆。

⑧ 引自《物理小识》卷七，第二十八页。参见欧洲的特奥菲卢斯（Theophilus，Ⅰ，28；1125 年）的作品，以及 Theobald（1）。

⑨ 注意由于二氧化碳及挥发的减量。

⑩ 他没有说它仅来自那里，但认为是由混合矿制得，而不是由加入菱锌矿制得。

⑪ 由作者译成英文。

⑫ 《宋史》卷一八〇，第十四页，由作者译成英文，借助于 Chang Hung-Chao（*2*）。

鬻之，……〉

但是也有一些黄铜从东印度群岛，特别是从丹眉流进口，丹眉流是马来西亚的附庸于巴邻旁（即巨港）的一个王国，我们从收到的贡品记载上就可知道，例如1000年的记载①。

据《宋史》记载②，大约就在这个时候，在吐蕃（高昌）用白银和黄铜制成喷水器喷泉，喷出的水流互相交错，以为大众娱乐。那时黄铜器皿在中国一定相当普遍，因为赞宁两次写到从黄铜上除去绿锈的方法③。在中国黄铜也用作镀银的基体合金，这可以从撰于972年的《日华诸家本草》的人造银名目上（参见下文 p. 279）推论出来。

在公元第1千纪，那时黄铜在欧洲还很少被知晓，它的大量使用是很有趣的，我们将看看能上溯到什么时候。公元739年，官方编辑的《唐六典》载有来自凉州，还有来自波斯的进贡官员上贡黄铜（"鍮石"）④之事。玄奘在印度时对黄铜有很好的了
202 解，他的《大唐西域记》（646年）中有三处提到它，一处作为地下矿藏，两处作为建造巨大佛像的原料⑤。与此同时，孙思邈在他的《丹经要诀》中记有将波斯黄铜"加倍"或增量的方法，使之更进一步发展⑥。《隋书》再次提到公元590年左右从波斯进口的黄铜⑦，但是宗懔在他约早40年的《荆楚岁时记》（一本关于湖北、湖南、江西岁时民俗的书）中说，黄铜是制作每家都需要的几种针的标准金属，在那时单靠进口很难满足这种需要⑧。这方面最早和最有趣的记载⑨出现于王嘉的《拾遗记》，该书约撰于公元370年，其中他描述了石虎的四季浴室。石虎在本书前面已经提到过几次⑩，他是后赵的统治者（公元334—349年在位）。根据王嘉的记述：

> 浴池的边和阶梯用黄铜（"鍮石"）和精美的石料制作，并有琥珀制成的水盆和长柄水杓。夏季引入清凉溪水，用纱和透明丝绸制作的袋子内盛各种香料漂浮其中。严寒天气则将数十只巨大的青铜制作的龙烧至红热，投入以保持水温热，名曰"赤热火龙"。受宠爱的宫女日夜在那里宴饮、娱乐之时，用绣着凤的屏幕遮蔽。它称作"纯享乐浴宫"⑪。

---

① 《宋史》卷四八九，第二十四页。在夏德和柔克义［Hirth & Rockhill（1），pp. 62，67］的著作中作了确认，类似数量的锌的另一种合金鑞也在同时来到；参见下文 p. 217。详见 Hirth & Rockhill（1），pp. 78，81；Gerini（1），p. 254。

② 《宋史》卷四九〇，第十页。

③ 《格物粗谈》卷下（第27页），《物类相感志》（第13页）。

④ 《唐六典》卷二十二，第八页。

⑤ 《大唐西域记》卷二、四、十一。玄奘也提到由戒日王（Sīlāditya Rāja）建于那烂陀（Nālanda）的未完工的黄铜"*vihāra*"（龕?）（卷九，摩揭陀国下），译文见 Beal（2），vol. 2，p. 174。

⑥ 见本卷第三分册的讨论。他使用铅、锌和锡，给出了三种不同的方案。

⑦ 《隋书》卷八十三，第十五页。

⑧ 载于"七月"之下。

⑨ 到了公元4世纪末，"鍮"字已经是熟知的字，它已经用来音译蛮族人的姓氏，例如南凉（公元397—414年）的"鍮勿伦"。这记载在1627年的字书《正字通》上。

⑩ 例如本书第四卷第二分册，pp. 256，287，552。

⑪ 《拾遗记》卷九，第九页，由作者译成英文。

〈又为四时浴室，用鍮石珷玞为堤岸，或以琥珀为瓶杓。夏则引渠水以为池，池中皆以纱縠为囊，盛百杂香，渍于水中。严冰之时，作铜屈龙数千枚，各重数十斤。烧如火色，投于水中，则池水恒温，名曰"燋龙温池"。引凤文锦步障萦蔽浴所，共宫人宠嬖解媟服宴戏，弥于日夜，名曰"清嬉浴室"。〉

王嘉说，虽然百姓常从出水渠道用桶取香水回家，他们还是渴望看到石虎的灭亡，但对我们来说，值得注意的是这种维多利亚式装饰是黄铜制作的。跨越这个时期有两段不同的记载，却都出自佛经。一处是鸠摩罗什在公元397—400年，从梵文译出的《妙法莲花经》，他列出了制作佛像的材料[①]：

用黄铜("鍮鉐")，用红铜和白铜[②]，
用白鑞[③]，用铅和用锡，
用"铁木"[④] 支撑灰砂和泥土，
或用胶和漆布，做成并装饰
佛和菩萨的庄严塑像。

〈鍮鉐赤白铜，白鑞及铅锡，铁木及与泥，或以胶漆布，严饰作佛像。〉

另一处是月氏高僧支谦于公元222—230年，以某种印度资料为根据写作了《阿难四事 203
经》，他特别讲到黄铜作为金的替代品。他写道[⑤]：

世人愚蠢而且错乱
他们看事物上下颠倒，
他们愚弄和欺骗自己
就如用金的价格去买黄铜。

〈世人愚惑，心存颠倒，自欺自误，犹以金价，买鍮铜也。〉

但是这是我们能够追溯到的最久远的年代，再往前"鍮石"便消失在远古年代的迷雾之中[⑥]。人们通常设想，如可参见劳弗[⑦]的著作，中文的"鍮"是一个外来字，它来自

① TW 262，N 134；《大正新修大藏经》，第9卷，第8、9页，由作者译成英文，借助于 Chang Hung-Chao (3)，参见章鸿钊（*1*），第338，344页。

② 参见下文 pp. 225 ff. 关于白铜（铜镍合金）的章节。但这里讲的可能不是它，而是表面包以银或锡的青铜。

③ 参见下文 pp. 214 ff.，很明显鑞与铅和锡都不是同一样东西。

④ 参见本书第四卷第三分册，pp. 416，645。

⑤ TW 493，N 696；《大正新修大藏经》，第14卷，第757页，由作者译成英文，借助于 Chang Hung-Chao (3)。

⑥ 奥佩尔［Oppert（2）］有一篇关于印度的黄铜的论文值得重新审视。由于文字的年代和一些名称及术语不易确定，所以他的梵文引证难以说明。但是《罗摩衍那》几处提到黄铜和黄铜制造者与这里引用的佛经很好地相符合；我们也不会因为在11世纪以后的百科全书中找到锌金属而感到惊奇［例如，耶达伐波罗迦娑（Yādavaprakāśa）的辞典《毗迦延提》（*Vaijayantī*），以及《苏克拉—正道论》（*Śukranītisāra*），后者是后来对一种较早文本的增补，参见 Renou，Filliozat *et al.*（1），vol. 2，p. 129］。也可见 Ray（1），2nd. ed，pp. 138，153，155，157，171—172。奥佩尔也提到"calamine"（菱锌矿）、"calaem"、"cadmia"（碳酸锌）和"tutty"（未经加工的氧化锌）诸词都源于印度，鍮石一词也需要重新研究。

⑦ Laufer（1），pp. 511 ff.。

中古波斯语对菱锌矿的称呼“*tūtiya*”，它以“*tūtiyā*”和“*tutty*”① 两字传入阿拉伯语和多数西方语言，但是章鸿钊②对此十分怀疑，理由是中国和波斯之任何规模的贸易都不早于公元517年，这个时间对于刚刚引用的一些资料都太晚③。因此我们只能比较倾向于同意他的观点，即真正来源是印度，来自梵文“*tāmra*”（铜、黄铜）④，这个词随着早期的佛教进入中国。但是这不是说没有更早的中文字表示黄铜或其它锌的合金。所以搜寻仍在继续。

例如，曾有“黄银”。在时间上“黄银”也许在“鍮”之前，也许在后，但是由于几条理由它值得研究，特别是因为它涉及两篇作于12世纪末的著名冶金化学史论文。1664年方以智记录下的这个名称是黄铜的标准同义词⑤，但是大概它从没有广泛
204 使用过，而且在此之前500年曾造成很大的困惑，从而引起了下面的讨论。程大昌在他的撰于1175年前后的《演繁露》中专为“黄银”写了一节⑥：

> 皇帝唐太宗给了（宰相）房玄龄一条“黄银”腰带，他想将一条同样的给（与房玄龄同为宰相的）杜如晦，但是杜如晦刚死去而不能在场。皇帝说：“据传鬼和（病）魔都很害怕黄银。”（房玄龄于是把带子送给杜如晦的家庙）所以，皇帝拿另一条金属(“金”）带给他作为替代；这条无疑是“黄金”制的。但是第一条“黄银”带，可能是什么金属呢？
>
> 现在我们都知道黄铜(“鍮石”)，它的基体是铜而颜色似金，只是不那么光亮。因此很可能皇帝称作“黄银”的就是我们的黄铜。“鍮石”无疑是一种金属，但使用“石”字因为它并不总是天然产品；同样可以由“炉甘石”（菱锌矿）加热使之转变生成。所以两样东西共享同一个名称⑦。
>
> 《说文》（121年）上没有“鍮”字⑧，但是《玉篇》（543年）、《唐韵》（677年）和《集韵》（1037年）上都有。也许早年汉代人不知道将这种土与铜一起熔化，所以没有加上“石”字。谚语说真鍮不比金差，这就表明了它的价值。从天然资源（混合矿）生产的叫“真黄铜”，而由加热“炉甘石”生产的称“假”或“替代黄铜”。

---

① “tutty”一词最终也传入中国，但有不同的字。1596年李时珍列出了一种物质叫“朵梯牙”[《本草纲目》卷十一（第79页），RP 135v]，用于治疗视力方面的疾病，也许是白内障或沙眼，它按照一种含多种成分的复方配制，使人想起我们的菱锌矿冲洗液。因此无疑是锌的氧化物或碳酸盐。李时珍给出了他的典据，即由颇具科学思想的朱橚（周定王，见本书第六卷，第三十八章）于1418年前后编的《普济方》。因此，在中古时期后期波斯菱锌矿也许和钴矿一起输入中国并用于陶瓷业。但是到了李时珍的时代两者都停止了输入，因为他承认不能肯定朵梯牙是什么，记录下来只是为了引起进一步的研究。参见陈文熙（*1*）。

② Chang Hung-Chao（3），p. 131，章鸿钊（*8*），第49页起，第116页起。

③ 关于黄铜贸易的实例可见《（北）魏书》卷一〇二，第十五、十七页，以及《太平寰宇志》卷一八五，第十五、十六页。

④ 参见von Garbe（3），p. 35。

⑤ 《物理小识》卷，第二十八页。关于另一后期资料，参见de Mély（1），p. 19。

⑥ 引自《说郛》卷五十七，第十三、十四页，由作者译成英文。

⑦ 这类解释在后来的文献中常可见到，如约1590年王圻的《稗史汇编》，章鸿钊[（*8*），第50页]书中有引用。参见上文p. 200。

⑧ 这加强了刚提到的此字是佛教徒根据梵文创造的结论。

《元和郡县志》说：（山西）太原出产“赤铜”。如果是普通的铜，为什么要叫赤铜？也许它是黄铜。但是没有历史记载的证明，我不敢下结论。

隋代高祖统治时期（581—604年），辛公义作并州刺史。在他的治下洪水灾难得以避免，（山上）出产“黄银”。它被送到朝廷。也许唐太宗赐给房玄龄和杜如晦的腰带就是用与这同样的金属制成的。

现在谈论“鍮石”的人们说，最好的产自太原。而并州是太原的旧名。所以（辛）公义得到的可能是（从混合矿炼出的）“天然黄铜”，而不是加热“炉甘石”转变成的那种。当它被送去时称作“黄银”而不是“赤铜”，是因为它的价值，它属银的等级，只不过颜色黄一些①。使用这两个词表示它的美观。也许关于它吓退鬼神的传言是因为它含有铜……无论如何“黄银”与银无关而是以铜为主，这是我们能够肯定的。

〈唐太宗赐房玄龄黄银带，欲及杜如晦而如晦已不在。帝曰：“世传黄银鬼神畏之。”更取金带遣玄龄送其家。夫不赐黄银而别赐金带，则改赐之带必为黄金无疑矣。然则先赐之带命为黄银者，果何物也？

世有鍮石者，质实为铜而色如黄金，特差淡耳。则太宗之谓黄银者，其殆鍮石也矣。鍮，金属也，而附石为字者，为其不皆天然自生，亦有用卢甘石煮炼而成者，故兼举两物而合为之名也。

《说文》无鍮字，《玉篇》、《唐韵》、《集韵》遂皆有之。岂前乎汉者未知以石煮铜，故其名不附石也耶。谚言：真鍮不博金，甚言其可贵也。夫天然自生者既名真鍮，则卢甘石所煮者必为假鍮矣。

《元和郡县志》曰：“太原出赤铜。”夫不直言出铜，而特言“赤铜”，似是鍮石矣。而史无明据，不敢坚断。

隋高祖时辛公义受并州，常大水流出黄银以上于朝。此之黄银即太宗用以饰带而既赐房杜者矣。

今世之言鍮石者，太原所产为最，而太原即并州也，则公义并州所得盖自然之鍮，不经卢甘石煮炼者也。故公义所上，不云赤铜而云黄银也。黄银者云，其贵重可以比银，而色又特黄也，是故兼银黄两名而命其美也。且又有可验者鬼神畏铜古有传矣。……然则黄银之不为银而为铜，此尤可证也。〉

过了一些年后，高似孙读了程大昌的论述，并在他的《纬略》（约1190年）中写下他的看法，他说：② 205

（唐）太宗（627—649年在位）赐给房玄龄一条“黄银腰带……”程君在他的《（演）繁露》中提出那是什么金属的疑问。它确实很像属于黄铜族（“鍮石属”）。我也研究这件事，并认为黄铜的贵重程度不够赏赐给这样一位高位的大臣。

《礼（纬）斗威仪》（公元前后1世纪）说，“靠金属（元素）的力量统治的王公会找到黄银”，可见它是吉祥的东西。

《北史》③讲辛公义作牟州刺史时，“过量的豪雨降在东部山区，沿陈水、汝

① 因为它的白色使人想起是含镍的黄铜。

② 《纬略》卷五，第一页，由作者译成英文。参见章鸿钊（*1*），第326页。

③ 《北史》卷八十六，第十八页。

水及其它流向东海的河流发生可怕的洪水，唯有他管辖的境内没有受灾，麦子获得大丰收，山上产出‘黄银’并献给了朝廷”，所以我们知道它是奇异和不凡的东西”。

虞世南（558—638年）也在孔庙的碑文上提到（晋）太宗（371—382年在位）如何颁给王羲之（大书法家，321—379年）一颗“黄银”的印章，这可以由现存的谢恩表上知道。如果“黄银”和黄铜(“鍮石”）是同样的东西，恐怕那不会有什么意义。

《（旧）唐书》[1]说，在上元元年（674年）高宗皇帝颁布诏书，规定九品官服为淡绿色，并配黄铜(“鍮石”）制的宽带。所以在唐代黄铜腰带肯定是广为人知的。

唐慎微在《证类本草》[2]中引用（青）霞子[3]所说，“将丹砂在火中加热就变成‘黄银’，可重也可轻，可以有灵性，也可以有魔力”。与此类似，唐[4]的日华子列举17类（“品”）银……[5]包括“丹砂银”、“雄黄银”和“雌黄银”。《本草》本身（即唐慎微）也说丹砂、雄黄、雌黄都能杀死妖魔，所以所谓“黄银”如果不是“丹砂银”，就可能是“雄黄银”或“雌黄银”。（唐）太宗赐给（房玄龄）腰带，而（杜）如晦刚死去，这就是为什么他说它能够驱妖辟邪。又显庆年间
206 (656—661年）负责宫廷警卫的长官苏恭编撰《唐本草》[6]，在此书中他认为“黄银”器物可以保护人不受妖魔侵袭；所以我们再次看到“黄银”是吉祥之物。

方勺在他的《泊宅篇》（撰于1117年）中说：“‘黄银’来自四川，但是很少南方人知道它。前朝（即唐代）的朝臣颜京监在管理国库时，注意到有10支(‘黄银’）发卡是顶替应交的钱收上来的，这些金属的颜色和重量都与最好的黄金无异。”如果这些是最优品质的“（鍮）石”（黄铜），那么颜色可能相当白。因此根据颜色我们能确定（什么是“黄银”）。

〈太宗赐房玄龄黄银带，顾谓玄龄曰：“昔如晦与公同心辅政，今日所赐独见公。”因泫然流涕。程氏《繁露》以为黄银者果何物，鍮石属，其殆鍮石也。余考之，若以鍮为带而赐大臣，何足贵者？

按《礼斗威仪》曰，君乘金而王则黄银见。当是瑞物。

《北史》：辛公义为牟州刺史，时山东霖雨，自陈汝至于沧海，皆苦水灾，境内大麦独无所损，山产黄银获之以献。益知为异物。又虞世南书天子庙堂碑，太宗赐之王羲之黄银印一枚，有表以谢。若以黄银为鍮，是恐不然。

① 《旧唐书》卷五，第五页。参见 David（3），pp. 258，260。

② 高似孙可能引用的版本是1083年、1090年、1108年、1116年、1143年或者1157年这些版本中的任一种。

③ 如果这里指《宝藏论》（参见下文 p. 213）的作者，那就是918年，但是有几部更早的炼丹术著作都用了同一名字。

④ 不是唐代，《日华诸家本草》的年代是在972年。

⑤ 完整的名目见下文 p. 278。

⑥ 更准确的名称是《新修本草》（659年），虽然已经大部佚失（参见本书第六卷中的第三十八章），苏敬（苏恭是后来的作者为了避讳而使用的字）的文字仍有部分保存在日本，至今还可以读到，《新修本草》卷四，第二页。参见《本草纲目》卷八（第7页）。

按《唐书》，高宗上元元年，诏九品服浅碧，并鍮石带八胯。唐固自有鍮带也。

又按唐慎微《证类本草》载，霞子曰：丹砂伏火化为黄银，能重能轻，能神能灵。唐日华子论曰：银凡十七品：水银银、白锡银、曾青银、土碌银、生铁银、生铜银、硫磺银、黄银、砒霜银、雄黄银、雌黄银、鍮石银，惟有至药银、山泽银、草砂银、丹砂银、黑铅银五者为真，余则假也。

《本草》曰：丹砂、雄黄、雌黄皆杀精魅，所谓黄银者，非丹砂银，即雌黄、雄黄银也。太宗赐带之时，如晦已死，故帝曰："黄银，鬼神畏之也。"显庆中监门卫长史苏恭撰《唐本草》，其中称黄银作器，避恶。益知黄银为瑞物也。

方勺《泊宅编》曰：黄银出蜀中，南人罕识，朝散郎颜京监在京抵当库，有以十钗质钱者，其色黄与上金无异，上石则正白。此说尤分明。〉

这两本12世纪的书引起我们很大兴趣，不仅由于它的冶金学内容，还由于冶金史的早期实例。程大昌相当肯定"黄银"就是黄铜；高似孙认为应当设想其它可能性。皇帝将礼品赐给他的大臣、大学者房玄龄（578—648年）这个事件是完全有历史根据的[①]，辛公义做州刺史也同样[②]；可惜他管辖的是哪个州，历史记载有分歧，《北史》[③]说在山西并州，而《隋书》[④]说在山东牟州，因而有了两位早期冶金史学者的歧见——然而它的唯一后果是将从两地的已知产品得出的结论（例如所引程大昌文字中的第4段和第6段）暂时存疑[⑤]。

有趣的是，程大昌（引文第6段）和高似孙（引文第7段）都认为最好的黄铜是浅色金属。但是在金属锌分离出来以前，黄铜中含锌不可能超过30%，因此房玄龄不可能见到任何像比德里合金（Bideri metal）[⑥]的东西，或甚至黄铜焊料（表102）。因此必须考虑镍这个去除铜的颜色作用最强的金属，也许还有砷[⑦]。当高似孙提到10世纪和11世纪的炼丹和本草著作中的叙述时，他提出了另一论题，说"黄银"可以用丹砂、雄黄、雌黄来制造。这无疑指用汞或汞蒸气通过生成表面汞齐的办法，来使铜或暗色的铜合金的表面变白或白银化，或者生成含砷、硫的表面膜使之看来像银或像金。207
这些制作方法在3世纪亚历山大里亚城的炼金术士是常用的，至于中国文明，在有充分证据的条件下，它们似乎也可追溯到同样久远[⑧]。只要将青霞子的整段文章读一遍，就能读到使表面精美的各种方法，这段文章可以很容易地在1249年版的《证类本草》中找到[⑨]。青霞子接着说：

---

① 见《旧唐书》卷六十六，第七页。

② 可以有把握地定在约公元590年至600年。

③ 《北史》卷八十六，第十八页。

④ 《隋书》卷七十三，第十页。高似孙混淆了这两个资料。

⑤ 方以智在他的《通雅》（1636年）中对于并州就是太原，以及在他的时代最好的黄铜出自该城的印象很深。另一方面牟州可能是现代的登州或是在它的附近。我们从唐代历史（《旧唐书》卷三十八，第三十七页，《新唐书》卷三十八，第七页）发现，在牟州地区有一个"黄银"矿，它于公元627—650年开始生产。公元814年的《元和郡县志》也对此作了肯定。因此锌矿的发现也许就是辛公义作刺史的时候。

⑥ 这个名称来自海得拉巴（Hyderabad）西北60英里的小镇，从莫卧儿王朝时期起就在那里生产这种合金。见 Ray（1），2nd. ed，p. 217，及下文 pp. 240，241。

⑦ 参见下文 pp. 223 ff.，225 ff.。

⑧ 参见上文 p. 67 及下文 pp. 255，257。

⑨ 《证类本草》卷三（第80页）。

它(“黄银”) 可以是黑的或白的，可以是暗的也可以是亮的。一个人可以举不起一斛[①]这种金属，但是将万斤放入炉火，它会在瞬间飞上天空（变成蒸气）。即使将神灵派去寻找，也找不到它的踪迹。

〈能黑能白，能暗能明，一斛人擎，力难升举，万斤遇火，轻速上腾，鬼神寻求，莫知所在。〉

神灵固然从未听说过挥发的金属和氧化物，但是不管“黄银”看起来如何像白银和黄金，炼丹术士却知道其中一点贵重金属也没有，并且以这种方式巧妙地表达出来。

证据反复表明的意思是，即使“黄银”并非全部指黄铜，也多数是指黄铜，它可能含有某些镍和砷，虽然这个词有时也指用汞或砷使表面发生过改变的铜或其合金，也用于（主要是后来）“降低成色”的金银合金，例如天然产的金银合金[②]。这两篇文字中的历史记载对于早期的“黄银”就是黄铜给了更多的坚实支持；从宋代回溯到公元814年（“赤铜” =暗金色的铜锌合金?)[③]，到公元674年（规制黄铜腰带），到公元659年［苏敬（恭）对于它们驱邪的效果的看法］，到公元630年（唐太宗颁赐礼物的年份），然后到公元598年（刺史辛公义上邀天恩），到公元372年（王羲之得到“黄银”印）。高似孙对确认是黄铜的怀疑主要在于它不够贵重，但是这会因为时代不同和那个时候生产的合金的颜色不同而变化[④]。他的惊人的参考文献在年代上比别的都更早，因为《礼（纬）斗威仪》无疑是汉代的书，是星占谶纬文献的一部分[⑤]，书名的意思是“关于《礼记》的经外论集；北斗（即大熊星座）权威的
208 体系”[⑥]。此外，后来的评注者读到这段时同意“黄银”是一种“鍮石”，即黄铜。这里提到“黄银”会将黄铜的出现提前到约公元50年，也许甚至是公元前50年至前100年，那就肯定比“鍮石”这一名称更早。我们还要寻找哪些别的名称？它们会是最古老的吗？

也许最明显的一个名称是“黄铜”（黄色的青铜），虽然它没有将我们带回到西汉时期，但它确实涉及一篇将黄铜制造和制作赝金及点金联系起来的最中肯和最有意义的文章。在明代和清代，它也许是最常见的名称，因为我们在《物理小识》[⑦]、《天工开物》（三种组分，见表98)[⑧] 和《本草纲目》（见“炉甘石条”)[⑨] 中都可以找到。宋

---

① 这可能相当于60或120斤，斤的重量接近于磅。但是实质上它是谷物的衡器，因而是一定容积。在我们所讨论的这件事上约相当于79磅。

② 颜京监在皇家宝库里见到也许就是这类东西。

③ 见表97中给出的组分。

④ 见于《本草纲目》卷八（第7页），李时珍和高似孙有同样的怀疑，如章鸿钊［（*1*），第328页］注意到的，他更重视别的解释中的一个，但没有具体说明是什么。

⑤ 参见本书第二卷，pp. 380，382。

⑥ 李时珍（《本草纲目》卷八）从另一部汉代谶纬书中引用一段几乎完全相同的叙述，那本书叫《春秋纬运斗枢》。它充满征兆和预言，他引用的叙述在现有的辑本中已经找不到了，所以可能是李时珍时代以后它已经佚失，或者更可能他根据记忆转引，因而将涉及的谶纬书名弄错了。

⑦ 《物理小识》卷七，第三十一页。

⑧ 《天工开物》卷十四，第七页，译文见 Sun & Sun（1），p. 247。

⑨ 《本草纲目》卷九（第84页）。

应星用于最好的黄铜（如含铜70%的弹壳黄铜）的名称是“熟铜”（精炼黄铜），这又可以回溯很长一段时间到1044年的军事百科全书《武经总要》，在那上面这一名称用于称呼有名的喷火器的部件[1]。顾祖禹于1667年所著的地理书《读史方舆纪要》中载，大量“炉甘石”和黄铜产自云南。这个说法得到其它几种著作的肯定，如檀萃的《滇海虞衡志》，一本撰于18世纪末的描述这个省的书。顾祖禹还记录了明代从1520年到那个世纪末使用黄铜钱币，这不仅为《明史》[2] 所记载，也为化学分析（见于表98）所证实。实际上将“黄铜”用于钱币有很长久的传统，因为可以在《宋史》[3] 的相关章节中找到不少参考资料。比这更早的时候这个名称出现得很少，但是在王莹的传记（490年）中有一个很好的例子，它作为一个笑柄中的一部分而出现。王莹是一个变节的三朝元老，历任刘宋、南齐和梁三朝的高级文官和武将[4]。比这更早的例子尚未找到。

李时珍在“炉甘石”和“黄铜”的条目中包含有刚提到过的真正重要的文章。他引用[5]一本已经佚失却是我们非常想拥有的书——《造化指南》[6]。它的作者是一位博物学家和炼丹术士，他将自己隐蔽在假名“土宿真君”后面。李时珍采用了两段，在他的条目开头和结尾处各一段，我们现在将它们合并在一起。

> 土宿真君说：“此物在点化的转变中会生成一种最高级的有魔力的化学神奇（‘此物点化为神药绝妙’），被九天和三清尊称为‘炉先生’，它确实不是普通化 209
> 学制品。”
>
> 《造化指南》说：“‘炉甘石’被赋予黄金和白银的气。它必须（用大地呼出的气）熏30年，它的发展才能完成。在粪肥的（发热）中和砷化物一起（发酵）之后，可经点化而进行炼丹术的变化（‘皆可点化’）。它不会减少‘三黄’（的效应）。”[7]
>
> 〈土宿真君曰：此物点化为神药绝妙，九天三清俱尊之曰炉先生，非小药也。
>
> 《造化指南》云：炉甘石受黄金、白银之气熏陶，三十年方能结成。以大秽浸及砒煮过，皆可点化，不减三黄。〉

这极为重要，因为它实际上证明中国的赝金制作者和炼丹术士所生产的人造黄金是适当成分的黄铜，讲到与锌有关的点化（还有镍，这个金属由于提到砷而明白地暗示出来，因为砷化镍是最常见的矿石之一）有清楚的叙述——“他加入某种矿物或化学制品，而它全部转变为金”，或视情况不同转变为银。李时珍本人懂得它，因为在同一处

① 见本书第四卷第二分册，p. 145，那里有这部分的完整译文。

② 《明史》卷八十一，第八页。完成于1736年，但根据的是16世纪的档案。

③ 《宋史》卷一八〇，第八页。完成于1345年，但根据10世纪到13世纪的记录。

④ 《南史》卷二十三，第六页。

⑤ 《本草纲目》卷九（第84页）。

⑥ 关于这个书名的恰当理解可见本书第二卷，p. 564以及第三卷，p. 599。作者之一（席文）建议“造化”可理解为“自然的塑造力量”。参见上文p. 93。

⑦ 这个说法一定是指硫黄、雄黄、雌黄（参见下文p. 275）。这里的意思是，即使黄铜或铜镍合金已经制成，它们的铸件或锭仍可以通过硫化物、多硫化物以及各种砷化物的作用——即通过蒸气或“浸泡”来“着青铜色”，使其生成表面薄膜而产生相当程度的颜色和光泽的变化。

210—211 **表 98　中国钱币成分的历史数据及分析数据**（组分百分比）

	铜	锡	锌	铅	铁	备　注
西汉币，公元前 186 年	61	10	1.5	25.5	1.5	分析见章鸿钊（*1*），第 343 页
汉币	81.9	5.4	2.9	0.9	2.3	分析见 Anon.（*78*）
西汉币，公元前 175 年	75	18.5	4	痕量	1	注意：公元前 133 年禁铸币令之前，分析见章鸿钊（*1*），第 342 页
新币，公元 9 年	91	痕量	7	0.5	0.5	分析见 Chang Hung-Chao（3），参见章鸿钊（*1*），第 340 页。铅和铁可能来自铜矿石
唐代，铸币厂大量铸造，752 年	83.5	2	14.5	—	—	像优良铸造黄铜，镴被认为是锌
唐币，开元年间（713—742 年）	70.1	12.7	1.1	12.3	—	也许锌、铅和锡都含在镴中*；分析见王琎（*2*），第 34 页，引自 Anon.（*78*）
	71.9	13.7	1.4	12.9		分析见 Y. L. Kao（1）
宋，《外丹本草》中的黄铜（“鍮石”）配方，1045 年	80	—	20	—	—	如果没有大量挥发损失，像最好的现代黄铜
宋，铸币厂大量铸造的“夹锡钱”，约 1092 年	57	—	14.5	28.5	—	见下文 p. 215
宋币						
绍圣年间（1094—1098 年）	55.5	3.1	13.1	25.8	1.5	分析见 Chang Hung-Chao（2），p. 21
元祐年间（1086—1094 年）	61.5	8.1	2.2	25.4	2.1	分析见 Anon.（*78*）
熙宁年间（1102—1107 年）	69.3	13.9	1.2	15.6	痕量	分析见 Anon.（*78*）
元币						
元统年间（1333—1335 年）	65.1	—	4.7	26.1	—	分析见 Y. L. Kao（1）
明币						
永乐、宣德、隆庆和泰昌年间（1402—1572 年，及 1620 年）	—	—	98.5	—	—	分析见 Sage（1），Leed（1）
万历年间（1573—1619 年）	48.5	6.5	31.7	1.4	2.4	分析见 Anon.（*78*）
万历年间（1573—1619 年）	—	—	20.9	—	—	分析见 Y. L. Kao（1）

续表

	铜	锡	锌	铅	铁	备　注
明，《天工开物》配方，1637年						
"响铜"	80	20	—	—	—	用于锣、钟等，参见上文 pp. 197，199
"三火（烧）黄铜"	70	—	30	—	—	最好的，像弹壳黄铜
"四火烧熟（黄）铜"	70	—	30	—	—	最好的，像弹壳黄铜
"黄铜"	60	—	40	—	—	标准质量，像四－六黄铜
"低器铜"	40—50	—	50—60	—	—	最廉价，像白铜
清币						
康熙年间（1662—1723年）	50.7	4.2	24.4	3.7	1.9	分析见 Anon.（*78*）
乾隆年间（1736—1796年）						
"白"	52.8	4.3	37.9	3.2	0.7	分析见 Anon.（*78*）
"红"	47.9	1.8	44.9	0.9	4.7	分析见 Anon.（*78*）
光绪年间（1875—1908年）	54.7	1.0	40.6	1.1	2.3	分析见 Anon.（*78*）
清，《物理小识》配方，1664年						
"黄铜"	62.5	—	37.5	—	—	
"钱铜"	40	—	60	—	—	脆，白色，易变黑

* 为了理解主要将在下文（pp. 214 ff.）讨论的内容，有必要记住，只有锌和铅在一起时，仅当温度高于790℃才能完全互相混溶，而温度达到1000℃时锌会挥发掉。当冷却时，出现一个很大的"不混溶区"，致使两种金属分成两层，锌浮在铅的上面，每种金属都只以不到2%的含量溶解在另一金属中。但是有锡（从10%到75%）存在时，几乎各种比例的锌和铅都能结合在真正的三元合金中。某些这类合金曾用于小铸件和印刷铅字合金［参见 Hiorns（2），p. 330，以及现在的标准冶金手册］。我们认为中国从古代起就知道将锡矿加在混合的锌铅矿中，以使锌能在传统的黄铜制造过程中与铜有效地结合。这类合金有很好的性质，因为在冷却时锌增强锡的硬度，而在熔化时铅增加流动性。

这种"粘结作用"的证实和重现需要实验室工作，因为近几个世纪以来它在中国或别处都没有实行过。如果证明它不可行，剩下唯一的解释是鑞、链及提到的其它中古时期的金属都是锌；这样就把首次分离锌的年代提前到汉代（公元前2世纪到公元2世纪）而不是五代时期（10世纪，参见下文 p. 213）。这较易使人相信，因为在坩埚法炼铁中用煤在中国是很早的，至少追溯到4世纪，参见 Needham（32），p. 14；Read（12）。因此由煤堆产生出适当的温度是可以获得的。最后，如果在中国自汉代以来就有了金属锌，那么就真的可以制出高锌黄铜，而在这一小节里几处表现的小心谨慎也就变得不必要了。

他说，"'炉甘石'是金银的前导（'金银之苗也'）"（"炉甘石所在坑冶处皆有，川蜀、湘东最多，而太原、泽州、阳城、高平、灵丘、融县及云南者为胜，金银之苗也"），还说，"所有各类黄铜都是经此物点化（'皆此物点化也'）"（"今之黄铜，皆此物点化也"）。令人惋惜的是我们尚不能准确定出《造化指南》的成书时间，但是它的风格使人更多地想起唐、宋道士的著作，而不是明代的直白作品。我们猜想它或是在10世纪（五代）与《宝藏论》同时，或是在11世纪与《外丹本草》同时。我们能得到的一般性设想是，自中国最早的制作赝金和炼丹点金始，即不晚于公元前2世纪，也许更早一点，其所做的一切大概都可以用不同组分的黄铜来解释[1]。权威学者也表达了同样的观点[2]。

它还得到另外的支持，那是解读一组古代的现已作废的古怪技术名词得到的。可以肯定它们涉及含锌的合金，也许有好几类，包括黄铜，但是并不太容易找出它们准确的是什么。它们都属于分离和正规生产锌之前的那些世纪，所以在考虑
212 它们之前最好先确定时间。我们把它定在很早的10世纪，也许是9世纪，因而可能是晚唐时期的一项发明。按照我们惯用的程序，让我们先从近期的资料开始来考察这个焦点。

(ii) 锌的起源

1745年，轮船歌德堡号（Gotheborg）在距它在瑞典的母港哥德堡（Gothenburg）不远处触礁失事，损失了18个月前在广州装上的瓷器、丝绸、茶和锌等全部货物。大约在1870年，潜水员捞起了大部分瓷器和一些锌锭，根据1912年的分析，这些锌锭证明是纯度达98.99%的锌，不含铜、镍、银、砷或铅，只含少量的铁和锑[3]。霍梅尔（Hommel）写道："有这样光亮断面和纯度的锌，会使不少今天的经理也感到喜悦，他们必须靠那些不纯的矿来填充他们的干馏釜。"确实金属锌以"tutenag"这个名称（它是从已经提到过的字"*tūtiya*"衍生的，它有上百种奇怪的拼写方式[4]），是大约从1605年起由中国向欧洲出口的重要货物[5]。虽然被正确地称作粗锌[6]并用来制黄铜，但是对它的来源和制法都不知道。1679年5月29日托马斯·布朗（Thomas Browne）爵士写信问他的儿子："'toothanage'是什么？"1751年，工业词典编辑波斯尔思韦特［Postlethwayt (1)］仍然不知道它是如何制造的，但是斯当东（Staunton）由于跟随马戛尔尼使团访问中国，对它了解得很清楚，并在他于1797年撰写的书中作了解释。从1699年开始将锌用作茶叶贸易中的密封容器，通常是与铅和锡

① 《神农本草经》中的一条神秘的记载很可能真正是它的见证，这条记载无疑是汉代的文字。在孔雀石、碳酸铜（"空青"）的条目中说它能将铜、铁、铅和锡全部都转变为金（《证类本草》卷三，第90页）。铁可以用"湿铜"沉淀来解释（参见下文p.245），但是其它三种可以是低锌黄铜中的成分，必须记住"炉甘石"在16世纪的本草著作（《本草纲目》卷九，第84页）之前没有出现过，汉代的作者可能将菱锌矿与其它矿物混淆起来。但是陶弘景（《证类本草》卷三）仍然说"碳酸铜"在混合其它东西以后，能够将铅变成金。

② 例如，章鸿钊（*1*），第341，343页；Chang Hung-Chao (2)，p.26；Chang Hung-Chao (3)，p.130；章鸿钊（*6*）；章鸿钊（*8*），第55、118页；张子高（*2*），第83页。

③ W. Hommel (1)。

④ 见Bonnin (1)，pp.3 ff.。在三个世纪中，欧洲对于从中国进口的两大金属的命名上有很大混淆，"tutenag"（因而叫"tooth-and-egg-metal"，牙齿和鸡蛋合金）应当是锌，"paktong"（白铜）应当是铜镍合金（参见下文pp.225 ff.）。

⑤ 邦宁（Bonnin）的书中有丰富的资料。1760—1780年，单是英国就每年进口40吨。

⑥ 见Dawkins (1)。

的合金，称作“茶罐合金”①。东亚的百科全书编纂者们对于锌自己心里也并不总很清楚，这可以从《和汉三才图会》的条目中看出来，该书是基于1609年王圻的《三才图会》编写的。

> 亚铅，也叫止多牟（*totamu*），是一个外来词②。
>
> 我们确实不很清楚这个金属是什么，但是它属于“铅类”，因此称作“劣铅”（“亚铅”）。它以1尺多长，5到6寸宽，不到1寸厚的板材出售。它由冶炼而得到。还有一种称作“药研”，可能呈花瓣状（也许是片状）。
>
> 在质量方面，广东产的最好，东京琶牛（印度支那）产的其次。现在制造黄
> 铜（“唐金”③、“真鍮”）④ 器皿时，一定要加入“亚铅”，所以这种金属非常有价 213
> 值。它很可能是在炉内使菱锌矿（“炉甘石”）发生转变制得的。
>
> 本草著作说菱锌矿与铜混合可制黄铜（“鍮石”），这是没有疑问的；但是我们不能肯定是如何做的⑤。
>
> 〈亚铅。止多牟，番语也。按此未知何物，甚类铅，故称亚铅。长尺许，幅五六寸，厚不及寸，熔冶作成者也。或有药研，形或如花葩者。出于广东者为上，东京琶牛之产次之。今造唐金、真鍮诸器者，并不加亚铅则不成实，此重宝也。恐是炉甘石炼成者矣。《本草》曰“炉甘石与铜和为鍮石”则无疑，而未知制。〉

其他作者说得更精确一些，1664年的《物理小识》⑥ 就有很好的记载，而对于金属锌蒸馏的经典解释出现在1637年的《天工开物》⑦ 中。所有这些书中都称锌为“倭铅”，即低劣的铅，但是宋应星说它是一个新的金属，意思是发现的时间不长，这一点他说错了。

在给出我们能找到这个名称的最早出现时间之前，对于明代在宋应星之前使用过几乎是纯锌的硬币必须说几句。锌币的使用一直延续到清代（图1323）。萨热［sage（1）］首先认识到这种金属（纯度为97.6%—99%）的本质，他在1804年分析了一个可能与他同时代的硬币，并且想必不会早于1723年。其后利兹［Leeds（1）］的仔细分析揭示，这种粗糙的灰色硬币的铸造从1402年始，经永乐和宣德年间，再到16世纪中期和17世纪的头40年⑧，然后到1662年，即康熙皇帝开始统治的时候。中国明代的历史记载常提到黄铜钱币⑨，但迄今尚未找到单独使用“倭铅”的原文资料。

---

① 这对于下文（p.214）要讨论的观点特别有意义。Bonnin（1），p.69。

② 很明显还是来自“*tūtiya*”和“tutty”。

③ 严格说是青铜；“黄唐金”（*kōkarakane*）的字面意思是“黄色的中国金属”。

④ 注意这里古代关于由混合矿石炼出的“真黄铜”与将菱锌矿加入铜中得到的“假黄铜”的区别，至此已经消失。

⑤ 由作者译成英文，借助于 de Mély（1），原文，p.34，译文，p.41。

⑥ 《物理小识》卷七，第五、三十一、三十二页。

⑦ 《天工开物》卷十四，第八页，译文见 Sun & Sun（1），pp.247，258。我们保留我们的译文和评论于本书第三十六章。同时可参见 Julien & Champion（1），p.46；Biot（17）。

⑧ 这时日本人也用锌铸他们的钱币［分析见 Anon.（*78*）］，但是就我们所知，不是只用锌一种金属。

⑨ 如《明史》卷八十一，第八页；《物理小识》卷七，第三十一页。

图 1323　明代的锌钱［采自 Leed（1）］。1. 永乐钱，含锌 99%；2. 宣德钱，含锌 98%；3. 隆庆钱，含锌 98.7%；4. 泰昌钱，含锌 97.6%。

现在我们就来看这个名词最早出现在何处。该词见于公元 918 年的《宝藏论》，它出现在铅与有关金属的讨论中。青霞子（且不管这个人是谁）说[①]：

铅有许多种。波斯产的铅质硬、色白，是最好的一种。犍为（现在四川境内）出产的"草节铅"是银的精华[②]。"衔银铅"是来自银矿的铅[③]；它包容五色，真
214 是神奇[④]。然后还有来自（江西）上饶和（山西）乐平的铅，仅次于来自波斯和犍为的。"负版"铅是铁之"苗"，不能使用[⑤]。"倭铅"（"劣"铅，即锌）却可以与别的金属生成合金("可勾金")[⑥]。

〈铅有数种，波斯铅，坚白为天下第一。草节铅，出犍为，银之精也。衔银铅，银坑中之铅也，内含五色，并妙。上饶乐平铅，次于波斯、草节。负版铅，铁苗也，不可用。倭铅，可勾金。〉

很可能那个时候"倭铅"不是锌的唯一名称，因为有时我们可以见到"白铅"，例如在独孤滔的作品《丹方鉴源》当中，它的成书刚好在宋代之前，即大约为公元 950 年[⑦]。这个名称一直和"倭铅"一起延续使用到现代[⑧]，它与"黑铅"是相对的，黑铅总是指铅本身。现在应当记住的是，我们可以充分肯定，从公元 900 年起已经有分离

① 存于《本草纲目》卷八（第 12 页），由作者译成英文。

② 这可能是在灰吹法中这两个金属紧密结合的资料。

③ 这里很清楚是指方铅矿［硫化铅，参见 Gowland（9），p. 135］，方铅矿现仍提供给世界大量的白银。

④ 猜想是指熔化的铅的表面膜的彩虹般的颜色。

⑤ 这是一种神秘的说法，可能隐藏着某些有趣的东西，但是迄今尚不能解释。

⑥ 我们翻译"勾"时，可以取"句"或"拘"义，但是说"可以勾引（人们接受伪）金"，也许更大胆一点。

⑦《丹方鉴源》卷上，参见 Fêng Chia - Lo & Collive（1）。

⑧ 这也许能够解释 18 世纪欧洲的"packyyn"。

出来的金属锌的存在和使用了①。

现在我们回到一组意思含混不清的古代名称上面②，必须考虑的有“𫓧”、“白锡”、“锡”、“锡镴”或“锡”和“镴”、“白镴”、“连”或“链”、“链锡”或“链”和“锡”，最后还有“**鎌**”。这里若把我们惯用的方法倒转过来，将会使事情容易一些，即从最早出现的开始。《山海经》（约公元前6—前3世纪）说“白锡”产于某处山中③，这被认为就是指锡，但是公元300年前后郭璞在他的注释中说“白锡”就是“白镴”。在《尔雅》（约公元前4世纪）中，“𫓧”是“锡”的同义词④，但是也是约公元300年时郭璞注释说这也是“白镴”。《玉篇》（543年）⑤说“𫓧”就是“白锡”。我们本来可以把“白锡”、“镴”、“白镴”都勾销，只留下锡，如果不是在以后的年代里它们 215
被证明是别的东西。这个别的东西可能就存在于郭璞的时代，而他（毕竟是门外汉）将它与锡混淆起来了。

我们必须逐个地追寻这些字的命运，如果不是完全按年代顺序的话。历代正史食货志中的有趣特点之一是，当讲到货币时有时给出官府铸币厂每年耗费各种金属总量的数字，因而能够估计出主要合金的成分，这有时又可以从现存货币的化学分析结果中得到肯定。在《宋史》中，大约是1092年改革派人物蔡京（1046—1126年）任宰相时，我们可以读到⑥，“他提倡使用‘夹锡钱’……每造1000枚硬币需用8斤铜，4斤黑锡和2斤白锡”（“蔡京主行夹锡钱，……其法以夹锡钱一折铜钱二，每缗用铜八斤，黑锡半之，白锡又半之”）。在这个简单的比例中有“黑锡”和“白锡”，但是没有普通锡。从《玉篇》中知道黑锡是铅⑦，所以“白锡”似乎可能是锌；而这为绍圣年间（1094—1097年）的钱币的现代分析所完全证实（参见表

---

① 也许从中国出口金属锌的最早记载出现在阿布·阿卜杜拉·迪马什吉（Abū Abdallāh al-Dimashqī）1300年的《宇宙志》［*Nukhbat al-Dahr*；译本：Mehren（1），引文见Forbes（3），p. 284，Forbes（28），p. 273］中。他说它色白如锡、不易氧化，敲击时发出低沉的声音。比这早许久的关于从中国出口特别金属的阿拉伯文记述可见下文p. 238和本卷第四分册。至于锌在西方的历史，见Partington（7），vol. 2，pp. 108 ff. 和Dawkins（1）。按照冯·勒奈斯［von Löhneyss（1）］的记述，早在1600年德国戈斯拉尔（Goslar）就不时有少量锌的熔炼［Fester（1），p. 70；参见Sisco & Smith（1），pp. 271ff. ］。在英国，大约是1680年使用门迪普斯（Mendips）的菱锌矿首次熔炼锌，而最早的正规生产始于1743年，在布里斯托尔（Bristol）由钱皮恩（Wm. Champion）生产。托尔贝恩·贝里曼［Torbern Bergman；或者是他的学生耶耶尔（B. R. Geyer）］在1779年说：“某个英国人为了学习熔炼锌或者“tutenago”（中国白铜）的技术，几年前去了中国。虽然他得到传授，掌握了秘密，并且平安返回，但是他小心地保守秘密。”［参见Bergman（1），dissertation no. 32；*De Mineris Zinci*，载于vol. 2，p. 309，英译本见vol. 2，p. 317；引用于Cronstedt（1），2nd ed. ］。这里讲的那个人很可能是苏格兰人艾萨克·劳森（Isaac Lawson），他于1737年以关于锌的论文在莱顿获博士学位，但是那时布里斯托尔的生产已经秘密进行了半个世纪，甚至1766年沃森主教（Bp. Watson）获准参观时它仍保守秘密。

② 有趣的是近代化学名词学者选择的“锌”字，早已出现于6世纪的《玉篇》（篇中，第五十一页），书中说它相当于“釪”，意思是“硬”，但也有“金之子”（“金儿”）的意思。可能它具有炼丹的或制作赝金的意义，表示一种只有少量金或没有金但看起像金的黄铜，因而显示出硬化剂锌的存在。近代选择这个字来代表这种金属真是绝妙的选择。关于近代化学术语的形成，参见本卷第三分册。

③ 《山海经》卷五，第二十五页，“灌山”条；译文参见de Rosney（1），p. 253。

④ 《尔雅·释器第六》，第六页。

⑤ 《玉篇》篇中，第四十九页。

⑥ 《宋史》卷一八〇，第十九页，由作者译成英文，借助于Chang Hung-Chao（2）。

⑦ 《玉篇》篇中，第五十一页。

98），虽然与它邻近的一些年代的硬币中并不含多少锌[1]。两者的相符合甚至达到定量的程度，从史书记载应当含锌 14.5%，得到的结果是 13.1%。再往回走一点，“白锡金”出现在公元 918 年的《宝藏论》的人造金的名目中[2]，它可能意味着某种形式的“降低成色”，也许使用锡、锌和铅。“白锡银”也出现在《日华诸家本草》[3]的类似的假银或真银的名目中，它表明是一种由贵重金属经过类似的稀释得到的合金[4]。因为所有这些年代都在有金属锌的时代，所以我们用不着怀疑，虽然“白锡”或许也指（特别是前期）锌和锡及铅的合金[5]。这个名称晚些时候零星出现，用以表示锌（及其合金），如在 1331 年的《金丹大要图》中，该书是一本炼丹术的重要摘录书籍，它在内丹方面和外丹方面都令人信服[6]；这个名称也出现在一本旅行的书《岛夷志略》（约 1350 年）中，它的作者汪大渊在前面业已提到过的马来半岛丹眉流发现有大量的锌（p. 201）[7]。但在那以后它似乎逐渐消失，可能因为“倭铅”成了金属锌的主要名称。

现在来看“镴”、“锡”和“镴”、“白镴”[8]。对于晋代（约 300 年）的郭璞来说，
216 “白镴”就是“锡”的同义词，在隋代它显然指别的东西，或许那时了解得更清楚。公元 543 年的《玉篇》将“镴”定义为“镴与锡在一起”，或“锡的镴”（“锡镴也”）[9]。谈到公元 585 年时，《隋书》说[10]：

> 在那个时候（指以前）大量使用部分由锡和“镴”铸的钱币。现在“锡”和“镴”变得便宜，许多人非常想从中获利。因此私铸难以禁止，但是现在有诏书禁止，关闭锡和“镴”精炼厂，使得民间的私人（钱币）铸造不能进行。
>
> 〈是时见用之钱，皆须和以锡镴。锡镴既贱，求利者多，私铸之钱，不可禁约。其年，诏乃禁出锡镴之处，并不得私有采取。〉

所以“镴”不是锡，而是某种与锡有关联的东西。《新唐书》中几处都再次提供了材料，例如它说仪凤年间（676—678 年）有很多用铜、锡、“镴”私铸的钱币，天宝年间（742—755 年）[11] 也有。它接着说[12]：

> 天宝 11 年（752 年）全国有 99 个铸币厂，每厂有 30 个工人。每个厂家造 3300 串钱[13]。为此耗铜 21 000 斤，“镴” 3700 斤，锡 500 斤。

---

① 但是后来明币中含更多的锌（表 98）。

② 全面讨论见下文 p. 275。

③ 另见下文 p. 279。

④ 两个表上都还有黑铅金和黑铅银，无疑在不同情况下指铅，铅永远带着“黑”这个词。

⑤ 在汉代和三国时期很可能是这样，我们相信甚至在《山海经》成书的周代也是。

⑥ 见 Ho Ping-Yü & Needham（2），p. 197，详见本卷第三和第五分册。《道藏辑要》本，第三十四页。

⑦ 《岛夷志略》，译文见 Rockhill（1）。

⑧ “镴”本身是一个很古老的字，像许多金属的古代名称一样，它也有点含混不清。在周代青铜器的铭文上，可以见到有“赤镴”字样，一定是指这个金属（郑德坤博士的私人通信）。

⑨ 《玉篇》篇中，第五十二页。

⑩ 《隋书》卷二十四，第二十二页，由作者译成英文。

⑪ 《新唐书》卷五十四，第五页。

⑫ 《新唐书》卷五十四，第六页。

⑬ 根据章鸿钊［Chang Hung-Chao（2），p. 23］的说明，就是 3 300 000 个硬币。

〈天宝十一载……天下炉九十九……每炉岁铸钱三千三百缗，役丁匠三十，费铜二万一千二百斤、镴三千七百斤、锡五百斤。〉

如果在这个较早的年代“镴”已经是锌，那么按上述配方标出的组成已表示在表98中，但是邻近年代钱币的分析结果并不支持这一设想。“镴”可能是黄铜，但更可能是锡、铅和某些锌的合金，这样那些数字就符合得很好了。这种类型的三元合金可能对于甚至远古时代的整个问题的解决提供了线索①。

唐代的铸币技术似乎延续到宋代，也许甚至延续到发现了从菱锌矿中蒸馏出锌的方法之后，这至少可以从一段有趣的文字来判断，这段文字讲的是前朝南唐的一位冶金专家如何受委派去报告最好的方案以供采用。《宋史》说②：

存在着铜、锡、铅的缺乏及对最好的合金的疑问。经过询问，在朝臣中找到一个叫丁钊的人，他曾在前朝南唐（五代年间，937—958年）作过官，了解饶（州）、信（州）和其它一些有出产铜、锡、铅的山谷的地区。于是这位文官得到授权去调查以前的铸造方法，并召集人去开采矿藏。结果他发现永平的方法最好，也就是唐代开元年间曾使用过的方法。然后丁钊回到京城作了报告。旧饶州永平监岁铸钱六万贯，平江南，增为七万贯，而铜、铅、锡常不给。

〈……铜、铅、锡常不给。转运使张齐贤访求，得南唐承旨丁钊，能知饶、信等州山谷产铜、铅、锡，乃便宜调民采取；且询旧铸法，惟永平用唐开元钱料最善，即诣阙面陈。〉

这件事发生在公元977年。如果它的意思是（看起来它是）“镴”在宋代仍继续使用， 217
钱币中稳定的高含铅量和波动的含锌量（分析结果见表98），可以从来自混合矿石产品的成分不稳定而得到解释，也许还因为某几次锌的挥发损失比另几次多。最后，在1000年时“镴”再次成为马来半岛丹眉流国贡品的一部分③；这清楚地表明那里是锌的一个重要来源，还有黄铜（见上文p. 201）以及可能是成分可变的锌-铅-锡合金也从那里来的（上文p. 215）。在10世纪或11世纪之后，“镴”这个名称再度消失④，我

---

① 关于隋代和唐代的“白钱”问题，见章鸿钊（*8*），第103页及参考文献。将“锡”和“镴”用于铸币似从公元528年时的北魏开始。

② 《宋史》卷一八〇，第三页，由作者译成英文，借助于章鸿钊（*8*），第103页。

③ 《宋史》卷四八九，第二十四页。

④ 或者更准确地说，在较近代以双名“锡镴”而获新生，用作焊料。软焊料是锡和铅并有少量其它成分如铋（表102），而用于黄铜的硬焊料还加有铜和锌［参见Hiscox（1），pp. 655ff.］。

“白镴”作为一种以锡和铅为主要成分的合金的名称也继续存在下来（见表102）。它的制造在中国始于何时不太清楚，也许比明代早不了太多。专门名称的缺乏给研究带来了困难。在近代，温州和邻近汕头的一些地区是制造中心［参见R. P. Hommel（1），pp. 354 ff.］，它大量用于寺庙和家庭的祭祀用具。我们中的一人（鲁桂珍）于1930年在雷氏德医学研究院与普拉特（Ben Platt）博士及艾黎先生一起工作时，经常在江苏乡下百姓的牙龈上看到“铅线”，猜想是因为使用含铅太高的白镴所致。商代青铜中含铅可高达20%，如果用来盛食物可能是危险的［参见Kobert（1）］。

“白镴”在日本也知名，读作“*byahurō*”或“*shirome*”。但是第二种读法也指白焊料，相似的有“硬镴”（*kūrō*）、“中镴”（*chūrō*）、早镴（*hayarō*）。但是“*shirome*”还有一个意思，指日本熔析法生产的含铜、铅、砷和锑的类黄渣（pseudo-speiss）［Gowland（11），参见表102］，并且常加在青铜中。第四个叫“伊豫白镴”（*Iyo-shirome*），它指金属锑。“白镴”（不管它是什么）的早期参考文献出现在公元698年和768年［《和汉三才图会》，de Mély（1），原文，pp. 27，37，译文，pp. 33，43］。但是在日本，“镴”的另一用途是“银镴”，指银和锌或银和锌与铅的合金［参见表100上的“银锌”和Hiorns（2），p. 396］。

们猜想是新得到金属锌因而废弃了锌、铅和锡的混合产品的生产和进口[①]。

我们尚未讨论“连”、“链”和“鐮”，它们会比前面讨论过的任何术语都可回溯到更早的年代。它出现在成书于公元前90年的《史记》中，书中说“连”和“锡”是在（湖南）长沙附近生产的[②]。许慎（121年）将这个字加一个金字旁，并解释说它属于铜一类(“铜属也”)[③]。这个字在汉代以前的著作中尚未找到，但是在《前汉书》中有几处提到，例如与公元10年政府的征用[④]，特别是与王莽的铸币有关的记载。它说[⑤]，“王莽登基（公元9年，新朝的第一个也是唯一的一个皇帝）时，他改变汉朝的律令，改用铜与‘连’和‘锡’混合来铸币”（“王莽居摄，变汉制……铸作钱布皆用铜，
218 淆以连锡”)[⑥]。对新币的现代分析[⑦]表明，其成分主要是铜，还有不稳定含量的其它金属，锡达7%、锌达7%、铅达12%。这与特意加入少量锡，以及加入组成可变的锌—铅—锡合金是相符的。这些别的金属肯定不可能是铜中的杂质，特别是文献中说明加入“连”和“锡”。更有趣的是，公元197年应劭撰著了一本关于汉代官僚制度的书《汉官仪》，它说王莽的钱币称作“白水真人”，这明白地显示出道教的炼丹术士在青铜掺假中所起的作用。还要加上一句，近年来云南省仍用“鐮”表示锌。这种用字的变化也许是与由制造旧的混合金属向制造纯的金属锌的改变相伴随的一种地方性用法。

总结起来，这些古老名词的得到解读，使获得锌的时间提前到公元前2世纪。从什么样的复合矿中能够生产出锌和铅的混合物然后与锡结合生成“连”和“鑞”呢？这种矿是很多的，例如在澳大利亚新南威尔士（New South Wales）的布罗肯希尔(Broken Hill）有一硫化物矿，它含有大量闪锌矿与方铅矿的紧密混合物。它的成分变化颇大，未加工的原矿中含锌10%—20%、含铅15%—25%和少量的银，它们包容在蔷薇辉石、石榴石、石英和方解石的脉石中[⑧]。许多年来它是这两个金属的巨大资源，

---

① 见上文 p. 211 的脚注。

② 《史记》卷一二九，第十二页。参见 Swann（1），p. 445。章鸿钊［Chang Hung-Chao（2），p. 24］注意到，在16世纪大量炉甘石和黄铜来自湖南和湖北（《本草纲目》、《天工开物》）；这可能真正是有意义的。

③ 《说文》卷十四上（第293页）。

④ 《前汉书》卷二十四下，第二十二页：“所有能够生产金、银、铜、链和锡，或者能够提供龟壳，或收集宝贝贝壳的工匠和商人都要申报他们的财产，以使七个市场主管财务的人能按照一年中的四季和二十四个节令征收所需的东西。”参见 Swann（1），p. 337。

⑤ 《前汉书》卷二十四下，第二十一页。参见 Swann（1），p. 331。

⑥ 古代的注释者都对此感到困惑。孟康（约公元240年）认为“连”是锡的另一名称；李奇（约公元200年）认为它是未经熔炼的铅和锡的矿石；而应劭（约公元190年）说“连”“像铜”（任何金属都可能像）。很久以后颜师古（约公元620年）断言孟康和李奇都错了，它是锡以外的一种金属，与铜混合用以铸币的。张揖（《广雅》，公元230年，卷八上，第十二页）同意李奇的意见，认为是熔炼前的铅矿，这也许又一次表明那个时候锌和铅的紧密联系。东汉和三国时期的注释家不真正了解“连”是什么，可能由于他们是文史方面的学者而不是冶金学者，也可能由于贸易上的术语因“连”被鑞所取代而改变。

方以智在他的《通雅》(1636年）中猜测“连”就是锌，这不见得全错，虽然在那么早的年代很难有金属锌。但是我们永远不能确定，因为古代出现金属锌的孤立的例子曾在世界各地都有报道。例如见法恩斯沃思、史密斯和罗达［Farnsworth，Smith & Rodda（1）］关于在雅典发现一块公元前3世纪经锻打的锌片的报告（上文 p. 198）。拉夫里昂（Laurium）的炼银工匠们肯定有很好的菱锌矿。

⑦ 由王季点分析，报告见 Chang Hung-Chao（3）和章鸿钊（8），第53页；另可参见 Y. L. Kao（1）。

⑧ 参见 Gowland（9），p. 372。

与此相似而量较小的矿很可能在中国古代开采，就如现在仍在开采一样①。确实，20 世纪和 19 世纪中国主要的锌和铅的生产是在湖南长沙西南的水口山矿②，它正是公元前 100 年司马迁所说“连”的产地。它的矿石约含锌 28%，含铅 29%，所以它是比布罗肯希尔更富的矿。另一处资源是直到不久前仍按传统方法生产的云南贡山矿，及腾 219
越附近一些较小的中心。因此如果我们设想从公元前 2 世纪或前 3 世纪开始，至少到公元 9 世纪或 10 世纪分离出锌为止，一直有锌、铅、锡合金的经常性生产，这大概不会错。司马迁所说的“连”和丁钊所说的“鑞”有很长的历史，也许和 18 世纪的中国茶叶贸易中的“茶罐合金”没有什么区别。而且（为了与我们讲述的第三条线索相联系），同样地，“连”和“鑞”（也许还有菱锌矿）也可为炼丹术士用来制造黄铜作为人造金，李少君时代肯定用过，相信邹衍时代也用过。

在将要离开这个主题进入用铜镍和其它类型合金来模拟银的时候，很值得再次考察在本书第七章已经引用过的一段文章，这段文章记录了司马迁生前的事情③。讲到公元前 2 世纪居住在从大宛向西到安息的道路两边的人民时，他写道④：

> 这些国家不生产丝绸和漆，也不知道用铁铸造(“铸”）壶、锅和各种有用器物的技术……当汉使随员中某些逃亡者(“汉使亡卒”）定居下来后，他们教当地人（用铁）铸造武器和别的有用东西，当（这些地区人民）得到中国的黄色和白色金属（“得汉黄白金”）他们立刻用来（“铸”）作用具，而不用来(“铸”）作币。
>
> 〈其地皆无丝漆，不知铸钱器。及汉使亡卒降，教铸作他兵器。得汉黄白金，辄以为器，不用为币。〉

在这个时候，约公元前 110 年，将铸铁技术引进中亚仍然是一个有趣的焦点（参见本书第三十章），但是对我们来说重要的是解释最后一句。在本书第七章中我们认为“黄色和白色金属”是金和银，每一个熟悉道家炼丹术语的人都会这么认为，但是这太简单了，我们现在自问这是否指不同的合金。可以设想黄色金属（如果不是大量稀释的低开度黄金）是某种黄铜，或者可能只是中等锡含量的青铜。与此相似，白色金属可能是高锡青铜，如镜子合金，或者更有意思是铜镍合金，如在下面即将讨论的白铜，或者明显地用锡或用称作“连”和“鑞”的锌铅－锡合金高度稀释的银。无论如何有一件事是肯定的，那就是中国人对大宛－安息一带的人民不用它铸币而用来制器皿感到惊奇；这提示：①这种金属在中国是用来铸币的；②那时在中亚还没有要使用硬币的货币经济。因此西汉时期一些硬币的分析结果（见表 98）就相当有趣，公元前 186 年的钱币有高达 25% 的铅，而公元前 175 年的钱币则有高达 4% 的锌。特别有趣的是这些日期在公元前 144 年发布“禁铸币”的诏令之前（参见上文 pp. 12—13），它泄漏了大量欺骗性的合金制造及制作赝金现象的存在，且它已 220

① 见 Ong Wên-Hao（1），p. 42；Bain（1），pp. 154，164 ff.；Collins（1），pp. 99 ff.；di Villa（1），pp. 81 ff.；Torgashev（1），pp. 164 ff.。

② 见 Liang（2）；Wheler & Li（1）；Torgashev（1），pp. 178 ff.。

③ 本书第一卷，pp. 234，235。

④ 《史记》卷一二三，第十五页，由作者重新译成英文，借助于 Hirth（2）。

是传统。但是迄今对其分析得很少，非常希望做更多分析。公元前 2 世纪的前半叶对于中国文化中的冶金知识和实践的历史是一个非常重要的时期，我们迫切需要更多的了解。同时我们猜想大宛—安息一带人民从中国得到的“黄白金属”是相当复杂的合金，肯定不是纯的金和银。

现在即将结束对黄铜的讨论。回顾时，我们发现以前就曾遇到的另一个奇异的平行现象，某些发明和它发展的环境总是同时出现在旧大陆的两端。首先想到的是水磨和旋转磨的发明①。先不说荷马时代希腊人对天然混合铜锌矿的短暂使用（假定真有这回事），黄铜似乎是在公元前 3 世纪同时在希腊和中国文化区域内变得流行。这提示有一个中间的发源地，知识从那里向两个方向传播。前面所提到（上文 pp. 201—202，203）的黄铜作为一种波斯的出口品表明，对于伊朗文化区我们应当进行研究②，但不幸的是这个文化区的早期科学和技术史很少有文字材料，除了那两个同样是模糊不清的例子外，我们不知道任何更好的证据③。

221 ### （iii）其它金黄色合金

最后还有一组不能视为黄铜的人造黄金。某些典型的组分列在表 99 中，对它们的

---

① 本书第四卷第二分册，pp. 190，407。

② 南部波斯有特别丰富的锌矿。主要蕴藏位于伊斯法罕（Isfahan）和阿纳拉克（Anarak）之间亚兹德（Yazd）以北的巴南（Kūh-e Banān）山。马可·波罗访问过的“tuttia”工厂即在此处。

③ 伍尔夫［Wulff（1），pp. 20 ff.，28 ff.］有一项波斯黄铜制造和铜匠工艺保留传统的有意思的研究，但是他的历史评注并未使我们更接近问题的实质。福布斯［Forbes（3），p. 297，（28），p. 268］发现公元前 8 世纪的萨尔贡二世（Sargon Ⅱ）的豪尔萨巴德（Khorsabad）碑文上有关黄铜的最早伊朗文献，但是文中关于“发亮的”或“白色的”青铜不很具说服力，虽然可能是记录了一次短暂的出现，类似于荷马时代的那次，但时间上稍早。伪亚里士多德的书提到（上文 p. 198）将公元 2 世纪最好的黄铜归于摩叙诺基人（Mossynoeci），一个居住在小亚细亚东部，本都山脉（Pontus）特拉布宗（Trebizond）以南的民族。福布斯在追寻他们是什么民族及他们与亚述人和希伯来人的关系时发现，这个地区是黄铜最早的产地。我们不想跟随他从这里回到公元前第 1 千纪的前几个世纪去，但是公元前 5 世纪或前 4 世纪也许是一个比较保险的猜测。

福布斯［Forbes（3），p. 283，（28），p. 273］说（未给出参考文献），佐西默斯“相当知晓从碳酸锌和铜制造黄铜，说制造这种‘黄色的合金’或‘波斯合金’，完全像天然黄金……”，是由西托斯（Sitos）之子，神话人物帕巴普尼多斯（Pabapnidos）发明的一个重要秘密。如果他是一位波斯人，这神话也许就有趣了。虽然《文集》中有几处黄铜制造的记载（如《文集》Ⅲ，xlviii；v，i，55，xxviii），在其中却找不到引用的这一段。在《文集》（V，iv）一篇关于公元 8 世纪“按波斯人的方法”制黄铜的论文中也找不到。福布斯的资料来源一定是佐西默斯著作的 15 世纪的古叙利亚语版，现保存在剑桥大学图书馆的本斯利收藏部（Bensly Collection）中，并由贝特洛和杜瓦尔［Berthelot & Duval（1），pp. 227，228］翻译。确实，黄铜似乎称作黄色的铜、白色的铜或“波斯铜”，但帕巴普多尼斯做了什么仍不清楚；他也许只不过发明了“着青铜色浸泡法”，产生有颜色的表面薄膜，如果这段带有古代特征的文字离佐西默斯的时代（公元 300 年）不远，那么帕巴普尼多斯可能是亚历山大里亚时期另一位点金术士或制作赝金者。

总之，我们倾向于黄铜制造始于波斯文化区，并向西传播到欧洲向东到中国。但疑问犹存。伪亚里士多德的书提到波斯的“印度”杯，看来像金却有不良气味——很像黄铜——说它是大流士（估计是大流士一世；公元前 521—前 485 年）之物。时间和所有者可能错，但地点可能对。“印度”常指印度以远，即东亚。所以，波斯起源说仍有问题。

表 99 其它似金合金（组分百分比） 222

	银	铜	锡	锌	铅	铁	铝	镍	镁	铂	锑	砷	颜色与性质
含砷的铜	—	98	—	—	—	—	—	—	—	—	—	2	参见下文 p. 240 表 102
“不氧化的金”	—	94. 8	—	2. 8	0. 7	1. 4	—	—	—	—	—	—	用硝酸处理后抛光，金色灿灿
德国金	—	94. 5	—	—	—	—	—	—	—	—	5. 5	—	用于制相等比例的紫色合金（维纳斯的锑），见下文 p. 267
“仿金”	—	—	83 83	11. 5 —	— 11. 5	—	—	—	5 5	—	—	—	细晶粒，高延展性，可抛光
库珀金	—	81. 25	—	—	—	—	—	—	—	18. 75	—	—	非常像 18 开金
含铝青铜金	—	80	1—10	—	—	—	1—10	—	—	—	—	—	金黄色，参见表 97 含铝青铜
含铂合金	10	59. 5	—	3. 5	—	—	—	9	—	18	—	—	金黄色
库珀镜子合金	—	58	27. 5	3. 5	—	—	—	—	—	9. 5	—	1. 7	
“仿金”	9	57	—	6	—	—	—	9	—	18	—	—	抗氧化，很易抛光
克拉克合金	—	50	—	—	—	—	—	—	—	50	—	—	黄色，比重与金接近
库珀笔尖合金	36. 5	13. 5	—	—	—	—	—	—	—	—	—	—	浅黄色，硬，抗腐蚀，适于作精密仪器的轴承

性质附有边注①。其中 6 种因有铂而可以排除在古代和中古时期的中国之外②；同样也可排除在古代和中世纪的欧洲之外，因为在近代以前欧洲也不知道且没有使用过这种金属。只在南美洲印第安人文化中使用过铂，我们不应该失去这个向他们表示他们应得的敬意的机会③。这不是说秘鲁的、哥伦比亚的和厄瓜多尔的印第安金属加工工人曾

① 参见 Hiorns（2），pp. 274，423，426，451；Hiscox（1），pp. 50，67，74。

② 然而，曾经报道在山东和别的地方发现砂金矿中有天然铂［Torgashev（1），p. 266］，所以可以想象在中古时期中国的金匠和炼丹术士能够得到。

③ 参见本书第四卷第三分册，p. 544。对于某些美洲印第安文化曾系统地加工过铂的发现，最早是于 1879 年由沃尔夫［T. Wolf（1）］作出的，他发现天然金银的制品中有 18% 的铂，白色带一些黄灰色泽。自那以后，他接着做了许多冶金方面的工作。也许做得最好的是贝瑟［Bergsøe（1）］；另可参见 Saville（1）；Farabee（1，2）；Rivet & Arsendaux（1）；Rivet（2，3）；Covarrubias（2），pp. 126ff.。

经熔炼过或熔化过铂，因为它只在较高的温度下才熔化（1773℃）[1]；但是他们能够在木炭上用吹管使它烧结[2]，因而可以制得金、银、铜及含铂高达57%的合金[3]。金或金铜合金制成的器物[4]有时覆盖上一层这种银白色金属[5]。后来铂矿层对西班牙矿工造成困难。1557年，斯卡利杰尔说在墨西哥有一种黄铜，任何西班牙人的火和工艺都不能使它液化。1735年，访问这个国家的数学家安东尼奥·德·乌略阿（Antonio de Ulloa）报告说，好几处矿都放弃了，因为对其中的天然铂的各种加工办法都不成功。1741年，
223 伍德（C. Wood）将天然铂带到欧洲，最后于1752年谢费尔（Theophilus Scheffer）认识到它是一种“新”的金属[6]。

如果不把铂算在内，中古时期的中国炼丹术士很可能会制造表99上的其它金属。含有少量铁的所谓“不氧化的金”很可能曾是他们的选择。这个成分复杂的合金让人想起罗马人的克劳狄合金，虽然那里面用锡和砷代替了铁[7]，也让人想起亚历山大里亚时期的铅铜（*molybdochalcum*）[8]，现代使用的金属的组合还没有与它相对应的。按我们的看法，约含5%锑的“德国”金也是可能的，因为也许可以用辉锑矿来代替菱锌矿。然后有各种含镁约5%的“青铜”和“黄铜”，如果炼金术士能找到可以用菱镁矿取代菱锌矿和辉锑矿的条件，他也许就能够生产出这种有意思的人造黄金[9]。因为有前面提到的理由，含铝青铜仍是一个大问号[10]。最后，含银67.5%、含锌32.5%的合金表面有浅淡的红黄色泽，这大约在公元900年以后也是可能的[11]。在这方面还不应忘记简单地用铜来稀释银，铜的含量在50%以下颜色仍是白色，

---

[1] 为了对比：铜1083℃、金1063℃、银960℃、铅327℃。还可比较熟铁1535℃，含碳1%的钢1470℃，含碳4.3%的铸铁1130℃。

[2] 他们的原料无疑是天然铂的颗粒，是从厄瓜多尔的埃斯梅拉达斯海岸附近河流淘得的天然砂金中用手选出的。这两种金属一起用吹管在木炭上加热时，铂会软化并融入熔化的金中。类似的技术也用于现代钨合金的制造上。钨要在3390℃才熔化，但是等量的铜和镍的混合物在它的熔点1450℃时，可以融解不少于它本身重量9倍的钨［Smithells（1）］。

[3] 用它们做成的器物总是锻造或冷锻，从不铸造，它们比最好的青铜硬，比熟铁硬得多。精美纤细的小物品由金或金合金的小颗粒或小球和很细的丝，用氢氧化铜和树脂粘接在一起，加热到约1000℃以后，含极少量铜的金的表面凝结得很坚固，肉眼都看不出来。随着加热的增强，依次经过下列阶段：氧化、渗碳、还原、通过扩散制成合金。几乎可以肯定此法在欧洲早在公元前8世纪也使用过，例如伊特拉斯坎人（Etruscans），后来又不时地使用。然后由利特代尔（H. A. P. Littledale）于1934年重新发现。见Bergsøe（2），pp. 50 ff.；Maryon（3，4，5）；Singer（24）。对于普利尼［特别是《自然史》XXXⅢ，xxvi至xxx，86—94，译文与注释见Bailey（1），vol. 1，pp. 105 ff.，205 ff.］和亚历山大里亚学派文集［Alexandrian Corpus；参见Berthelot（1），p. 222，（2），p. 232］中的“金胶体”有时的神秘意义，上面这些都能给出解释。另见C. S. Smith（7），p. 100。

[4] 可以肯定高达50%的铜是有意加入的，但是银（达23%）则从未超过天然金银矿中的比例。铂含3%的铱，当然还有少量有关金属。

[5] 详见Bergsøe（1）。

[6] Partington（7），vol. 3，p. 176。天然铂最终导致粉末冶金的首次成功，基兹学院的渥拉斯顿（W. H. Wollaston）于1804年制得了有延展性的铂（同上，p. 698），参见Sivin（6）；McDonald（1）。

[7] Berthelot（2），pp. 67，70，71。参见上文p. 195。

[8] Berthelot（2），pp. 67，70，71；Hopkins（1），pp. 103 ff.，106 ff.。

[9] 参见上文p. 191。

[10] 参见上文p. 192。

[11] Hiorns（2），p. 396。

50%—70%呈黄色，然后明显地变红。因此在一定条件下，单用银和铜就可以得到似金的合金①。

（3）含砷的铜

现在到了离开金光闪烁物体的世界而进入银白色物体世界的时候了。实现这个转变的最好途径莫过于讨论含砷的铜，因为明显的事实是，含砷2%会赋予铜美丽的金黄色，而含4.6%使它闪耀银色的光辉②；高于8.0%—9.5%将不能均匀结合，高于6%则金属呈暗淡的白色。从少量加入砷（以硫化物或氧化物的形式）就足以带来如此的效果看，再设想炼金术士能够找到防止挥发损失的办法，我们立即可以看到另一种通过“点化”来实现点金和点银的过程，这在中国历史上可追溯到非常早的时期——公元前4世纪邹衍的时代。

这是我们不必担心把日期定得过早的少数事例之一，因为近年来考古学家发现了许多古代文明的铜器和青铜器，其中含砷量都很高③。例如，爱琴海地区早期青铜时代
第二期和中期青铜时代（约公元前2500—前1500年）出土了数百件含锡高达8.8%和 224
含砷高达9.5%的工具和武器，一地的最高数字常与另一地的最低数字相衔接④。经过许多的不确定之后，查尔斯［Charles（1）］提出有说服力的论证来支持砷是有意加进去而不是由于使用了混合矿石⑤的观点，因为矿石的还原过程中不可避免地要将砷赶出去。随意选择矿石绝不可能使铜中的含砷量高达8%，相反，设想古代工匠加入仔细选择分量的黑色硫砷铜矿或黄色的雌黄或雄黄会合理得多。他们这样做的原因，除缺少锡外（这在爱琴海地区可能是一个因素），似乎是由于生成的合金的性质；因为砷是强脱氧剂，通过减少生成在金属中的氧化铜的量使它大幅提高延展性和加工性能，不论是热加工还是冷加工。除易于锻造外，最终产品比普通铜和青铜硬，却不脆⑥。查尔斯作出结论说，什么时候锡变得可以大量供应，青铜时代冶金业中的“含砷相”（arsenical phase）就到了尽头，这完全是因为砷中毒的极端危险性，特别是在原始的工作条件下。所有这些都表明，我们这里与之打交道的是一项也许遍及整个旧大陆的古老技术⑦，这项技术后来成为东西方点金和制作赝金背景中不可缺的一部分。

---

① Hiorns（2），pp. 399 ff.。

② 查尔斯（Mr. J. A. Charles）的私人通信。参见表102；Berthelot（2），pp. 34，60，62，68；Sherwood Taylor（2），pp. 125 ff.。在含砷0.1%—0.5%时，抗张强度已有增加。

③ 最古老冶金学的简短而有价值的总结，Wertime（1）。

④ 参见Caley（3）；Renfrew（1）；关于高加索地区，也可见Selimkhanov（1），关于欧洲和古代爱尔兰，也可见Coghlan（6）。

⑤ 例如硫砷铜矿（Cu_3AsS_4）和砷黝铜矿（Cu_3AsS_3）。

⑥ 含砷的铜现在仍用于某些特殊用途，例如锅炉燃烧室的某些部件，因为在冷加工后它能在中等温度下保持高强度。

⑦ 在这方面，中国的古物仍有待研究，但是商代青铜器中似乎不含多少砷［参见Pope，Gettens *et al.*（1）］。可能中国的锡很丰富。可以想象古代关于砷的技术知识的应用，是中国点金开始的一个因素。

青铜时代的工匠们所做的是为了得到高质量的短剑和斧，并不在意其颜色，他们的做法后来被公元前第1千纪后期的冶金实验者重新使用，却恰好是因为其对合金的颜色感兴趣。我们已经知道亚历山大里亚时期的原始化学家们对于砷的蒸气作用在铜上所产生的表面色彩效果是何等印象深刻，他们可能学会了精巧地控制这种效应（见下文 p. 252）①。根据中国原始化学书的最早记载中雌黄和雄黄的突出地位②，我们完全有理由认为中国人将砷加入铜和青铜中以得到人造金和人造银。这可以是对公元前2世纪前期铸币赝金制作的进一步解释(上文 p. 12)，也可以解释公元前2世纪后期李少君的点金（上文 p. 13）。在评价可能是那种合金最早的文献时，这种黄铜的替代品也应该考虑在内，同时对于荷马时代和波斯人的“山上的青铜”实际上就是含砷的铜或
225 青铜，也最好不要排除其可能性。在这一点上，我们真的希望大流士从他的杯子里喝酒时没有全喝光③。

原文中的根据也完全证实了这些结论。援引公元500年陶弘景的话说（可能是在他的《本草经集注》中），可以用雄黄来使铜变成金④。公元918年的《宝藏论》记述甚至更为精细准确：中等质量的雄黄可以将铜点化为金（能化金银铜铁等物）⑤。《证类本草》(1108年）再次肯定这种砷的硫化物可用来从铜制金(“得铜可作金”)⑥。鉴于这一发现的年代久远，它可能存在于汉代文献上，我们应当去寻找。

(4) 银白色的均质合金

银和金相似，能够加入其它金属使之稀释，即使加入相当大量的其它金属，仍能具有类似纯银的外观，在这点上它也与金的性质相似。表100列出一些含银合金的概况⑦，其中大多数都曾由中国中古时期的炼丹术士制得，而含铝合金则属于可疑的例外。一种含等量铜和银的混合物并有少量砷的合金（过去在西方用作餐具，这是非常奇怪的），以及所有的含镍合金，主要是含少量银的白铜，都可能产自中国。其中两种各含2%的贵金属，还有一种钴，在近代欧洲手册上称作“中国的银”或“中国银”，但是我们没有追寻到它们的起源以及它们如何得到这些名称。其中的一种含19.5%的锡，属于青铜，另一与它相似但不含镍的合金，似大量用于中古时期的波斯钱币。自公元10世纪以来制造银锌合金在中国也没有什么困难，更有趣的是中国的人造银里面或许根本不含银，就和我们口袋里的铜—镍币一样。

---

① 在奥林匹奥多罗斯的书中有一条制造金黄色含砷铜的清楚记载（约500年）；《希腊炼金术文集》Ⅱ，iv，12。

② 它们都在《神农本草经》中，这是出现在公元前2世纪的证据，也极可能出现在公元前4世纪或更早。

③ 见上文 p. 220。

④ 《证类本草》卷四（第101页）。陶弘景还说，详情可以在一本炼丹术(“黄白术”）的书中找到。

⑤ 《证类本草》卷四（第102页）。

⑥ 《证类本草》卷四（第101页）。

⑦ 参考 Hiorns（2），pp. 305，396，399，406，413，423；Hiscox（1），pp. 50，64，75，76；Wulff（1），p. 14。

（i）白铜(“丹阳铜”，铜镍合金)

17 世纪英国王朝复辟时期的华丽餐桌上摆着雅致的烛台，18 世纪的壁炉内是诱人的不锈金属做的炉箅，这种金属人们称作“paktong”（白铜）[①]，或（误）称作“tutenag”（锌）或“tooth-and-egg”合金[②]。但是如果有人问“白铜”是什么，那么尽管有新的化学科学的努力，回答仍然只能是它是从中国进口的，由皇家东印度公司的船运 227
到这里。确实中国的“白铜”出口到西方早在 17 世纪就已开始。也许记载它的最早的欧洲文献是化学的伟大振兴人利巴维乌斯的著作。在他 1597 年的《炼金术》(*Alchemia*）中，“*aes album*”是指用汞或银将表层变白的铜[③]，但是在他印于 1599 年的《论特性》(*Singularium*...）第一分册中的一篇文章《论金属性》（*De Natura Metallorum*）中，同一名称应用于从东印度运来的一种金属，“它不是锌，而是一种特殊的响锡”，因此它的西班牙语的名称是“titinaso”[④]。虽然很快人们就明白了白铜既不是锌也不是锡，但对它的本质的了解来得很迟。在许多讲它的文章中[⑤]，我们发现莫雷里(Morery）的“历史大词典”（Grand Dictionnair Historigue，1688 年）中关于中国（浙江）的辞条中写着：“我们在中国也可以取得很多矿物，比如汞、朱砂、蓝矾，我们可以生产比黄铜贵不了多少的白铜。”[⑥] 但是对于它究竟是什么，词典的编纂者并不准备说明。一个世纪之后化学大师，剑桥的沃森（Richard Watson）在他的“化学论文”(Chemical Essays)[⑦] 中讨论了它。他先说了如我们所知的东方和西方都接受的古代观念，即有两类黄铜或“*orichalcum*”（黄铜），一类用混合矿石制成，另一类需加入菱锌矿制成。他接下去说：

> 在杜赫德（du Halde）著的“中国历史”（History of China)[⑧] 中，我们见到如下有关中国白铜的描述：“最不寻常的铜称作‘*pe-tong*’，或白铜：它从矿中挖出就呈白色，内部比外部更白。通过在北京做的大量实验，似乎它的颜色不是由于混合物[⑨]；相反所有混合都减少它的美观。因为如果处理得当，它酷似银，根本没有必要添加少量锌铜镍合金或者此类金属，来使它变软或防止其脆性。更为奇特的是，也许这类铜别处都没有，只产于中国，而且只在云南省。”
>
> 尽管这里说到这类铜的颜色不是由于混合物，但确定的是，运到我们这里来的中国白铜是一种混合金属；所以从中提取出这种金属的矿石必定含有几种金属；从这类矿石中有可能曾经制出天然黄铜（*orichalcum*），如果它确实存在的话。

---

① 由于长期延续下来的翻译错误，此字误拼为“pakfong”。

② 参见上文 p. 212。

③ Rex ed.，p. 173。

④ 这个名称肯定是“*tintinnare*”和“tutenag”这两个词语之间的混淆。

⑤ 有关专题论文，见 Bonnin（1）和 Howard-White（1）。

⑥ 《历史大词典》，第 9 版（1702 年），p. 154。前一版的英译本是基兹学院的科利尔（Jeremy Collier）译的。

⑦ Watson（1），vol. 4，pp. 108 ff.（1786 年）。

⑧ 1735 年出版，英译本 1736 年，vol. 1，p. 16。

⑨ 这并不能说明在中国的杜赫德的耶稣会同时代人的化学能力。

226　**表 100　稀释的或"降低成色"的银**（组分百分比）

	金	银	铜	锡	锌	锰	铁	铝	镍	钴	砷	铂	颜色和性质
勒沃尔银铜合金	—	71.9	28.1	—	—	—	—	—	—	—	—	—	唯一不偏析的二元合金
史密斯－贝尔捷合金	—	81.5	—	—	—	—	—	—	—	—	18.5	—	像擦亮的银，以前曾用作餐具
砷银	—	49	49	—	—	—	—	—	—	—	2	—	
日本"灰银"（"四分一"）	0.1	40	59.4	—	—	—	—	—	—	—	—	—	参见表 96 和 pp. 264—265
阿贝尔合金	—	33	40	—	—	—	—	—	27	—	—	—	用于珠宝
阿贝尔合金	—	33	42	—	16	—	—	—	9	—	—	—	实质是含银的白铜
银锌	—	33	—	—	66	—	—	—	—	—	—	—	相当像银
层叠银	—	33	—	—	—	—	—	66	—	—	—	—	用作银白色家用器皿及焊料
穆塞合金	—	27.5	59.5	—	9.5	—	—	—	3.5	—	—	—	带红黄色泽，但断面为白色
吕奥尔斯似银合金	—	20—30	35—50	—	—	—	—	—	25—30	—	—	—	与银非常相像，若加入少量磷则更易于铸造
	—	20	50	—	—	—	—	—	30	—	—	—	
	—	14	50	—	—	—	—	—	36	—	—	—	
瑞士铸币合金	—	10	55	—	10	—	—	—	25	—	—	—	含少量银的白铜，会变黄像劣质黄铜
克尔曼银青铜	—	10	74	16	—	—	—	—	—	—	—	—	用于 12 世纪时的波斯钱币
铝银	—	3	—	—	—	—	—	97	—	—	—	—	美观的银白色
"中国的银"	—	2	58	—	17.5	—	—	—	11.5	11	—	—	"仿银"，参见白铜
"中国银"	—	2	65	19.5	—	—	—	—	13	—	—	—	
美国镍银	—	1.2	58	1.2	21.5	2.4	0.6	—	14.5	—	—	—	用于人造珠宝

因此，杜赫德没有认识到，而沃森认识到了白铜是一种至少含有三种主要组分金属的合金①。稍后他思考了古代作者的含糊不清和人们的漫不经心②。他写道：

① 沃森［R. Watson（1），vol. 4，p. 28］还能够区分"tutenag"（锌和白铜）这个字的两个用途，并清楚地区分［R. Watson（1），vol. 5，p. 251］白色的砷铜和白铜。

② R. Watson（1），vol. 4，pp. 116 ff.。

罗盘能够在最大程度上使我们将研究拓展到地球的每个角落。发明印刷术之后，相距遥远的国家的历史记载可以更容易地互相交流。然而尽管有这些有利条件，我们仍然对地球上的自然历史和居住其上的各民族的人文历史很不了解。从东印度进口“tutenag”（白铜）和从中国、日本进口白铜的人，非常肯定他的商品在欧洲有广大市场，并且不会被问及这些商品是如何制造以及在何处制造的这类问题。而那些心灵手巧的金属物品制造工匠则可能想要获得它们的知识，以便在当地生产仿制品。但是进口它们的商人似乎对他的［制造工匠的］努力成功毫无兴趣，以致不愿为他费力去获取必要的知识。然而仿制品终于制成，我们有了一种欧洲的“tutenag”和一种欧洲的白铜①，它们在某些品质上不同于来自亚洲的产品，但是在另外许多品质上相似，因此获得了它们的名称。与此情况有些类似的是“*orichalcum*”（黄铜），对于它是如何制造的，大部分古希腊人所知不比我们所知中国人如何制白铜好多少。他们［希腊人］也可能有仿制品，他们的作者可能将一种东西与另一种相混淆，因而在他们的记述中有许多不确定和混乱。 228

事实上在沃森的书出版之前10年，整个秘密就由冯·恩格斯特伦（von Engeström）对白铜锭的分析报告而揭开了。它证明其中含差不多等量的铜和锌，并加入15.6%的镍；可以设想那时在剑桥尚未广泛阅读《瑞典科学院学报》（*Proceedings of the Swedish Academy*）。也许1750—1800年这段时间是进口的高峰期，这段时间由皮特（Peat）和库克森（Cookson）所做的英国制烛台的分析结果（与冯·恩格斯特伦的结果一起）列于表101②。颜色最深的一种证明含7.7%的镍，而最浅的一种据说达到与银难以区分的程度，敲击时像钟一样有清脆的共振声，并有相当抗腐蚀能力，它含镍11.1%。法伊夫［Fyfe（1）］在1822年的一次试验给出高达31.6%的镍③，从他那里我们还知道马戛尔尼使团的登维德博士（Dr. Dinwiddie）曾于1793年带回一些可以从中制得白铜的矿石④。白铜，如现今所知即是铜镍合金⑤，最早由托马森（E. Thomason）公开制得，他于1823年将他的制作方法呈交给（皇家）工艺协会（Royal Society of Arts，现用名）考虑。但是经过考察，他们认为没有新东西，对它没有兴趣。就在这同一时候，普鲁士的商业运输协会（Verein zur Beförderung des Gewerbefleisses）为这种方法提供了一笔奖金［见Schubarth（1）］，于是把这一项工作交给了一批德国冶金学者，其中知名的有盖特纳（E. A. Geitner）和冯·格斯多夫（J. R. von Gersdorff），此后德国银成了欧洲有色金属 229

① 这里沃森有一个脚注，说“聪明的希金斯博士”（可能是Bryan Higgins，1737—1818年）因为“使用英国原料仿制出从东印度运来的白铜”，而于不久后获得工艺奖励协会（Society for the Encouragement of Arts）的一枚金质奖章，但是他没有发表他的方法。很可能使用了镍。镍只是到了1751年才由克龙斯泰特分离出来，他是从传统方法制“蓝粉”，即一种钴的蓝色颜料的钴矿中分离出的一种混合硫化物（冰铜）中提炼的［Sherwood Taylor（4），pp. 87，195；Howard-White（1），pp. 23 ff.］。镍（nickel）从“kupfernickel”得名，这是矿工对一种砷化镍矿的称呼，意思是假铜或“骗人的”铜，因为它带微红色。阿格里科拉认识到它对矿工和熔炼者具危险性［译文见Hoover & Hoover（1），pp. 111，214］。

② 参见Hiorns（2），pp. 203ff.，311，317，318；Hiscox（1），pp. 69 ff.；Gowland（9），p. 421。

③ 加多林［Gadolin（1）］1827年的结果为23%—25%。

④ 登维德在本书第四卷第二分册p. 475出现过，还将在本书第六卷中出现。

⑤ 严格说，是镍黄铜。正如史密斯［C. S. Smith（5）］所说，白铜与瓷器和大马士革钢（Damascus steel）一起，在18世纪欧洲材料科学的发展中，它们是可贵的“东方刺激”。

230 **表 101 白铜类**（组分百分比）

	铜	锡	锌	铅	铁	镍	钴	铬	砷	颜色和性质
中国的白铜，代表（1929 年）	62.5	0.28	22.1	痕量	0.64	6.1	—	—	—	分析：王琎（*6*），见其（*2*），第 92 页，袁翰青（*1*），第 64 页。铁含量可高达 3%
锭，1776 年分析（湿法）	40.6	—	43.8	—	—	15.6	痕量	—	—	von Engeström（1）
盆和壶，1822 年分析(湿法)	40.4	—	25.4	—	2.6	31.6		—	—	Fyfe（1）
代表性样品（1907 年）	43.3	—	34.3	—	—	21.7	—	—	—	Hiscox（1）
	26.3	—	36.8	—	—	36.8	—	—	—	Hiscox（1）
劳弗的收藏，酒壶盖（湿法和 X-射线）	49.4	2.33	41	3.7	1.1	4.6	0.1	—	—	Chêng & Schwitter（1）
烛台，英国制作，使用中国金属	57.9	—	32.2	痕量	2.5	7.7	—	—	—	颜色最深，Peat（1），载于 Bonnin（1）
	40.9	—	45.0	0.2	2.5	11.1	—	—	—	颜色最浅，Cookson（1），载于 Bonnin（1）
德国银，从 1828 年始（镍银、锌白铜、白铜、铜镍锌合金）	50—66	—	19—31	—	—	13—18	—	—	—	典型成分，Hiscox（1）
	46	—	20	—	—	34	—	—	—	最佳成分，Hiorns（2）
	52	—	26	—	—	22	—	—	—	最佳成分，Hiscox（1），蓝白色和银白色
	55	2	17	—	3	23	—	—	—	更白，声音更响亮，但是防腐能力较弱，更脆。加铅到 3% 可增大易熔性，锰使之更白。钴可取代镍达 4%，有时加入铋、钨、镉
托马森建议的成份，1823 年	40.4	—	26.2	—	2.4	31	—	—	—	
铜镍合金										
奥地利钱币	0.3	—	—	—	0.8	97.4	1.3	—	—	
蒙乃尔合金	28	—	—	—	1—2	70	—	—	—	混合矿石的天然产品
康铜	55	—	—	—	—	45	—	—	—	因为电阻的温度系数为 0，用作电阻
塞尔维亚钱币	75	—	—	—	—	25	—	—	—	
公元前 2 世纪的大夏钱币										
1868 年的分析（湿法）	77.6	0.04	—	—	1.02	20.04	0.54	—	—	痕量银。Flight（1）
近年的分析（湿法）	76.7	—	—	—	1.7	19.3	—	—	—	Howard-White（1）
近年的分析（X－射线）	70.5	—	0.3	6.6	1.4	11.2	0.6	—	—	Chêng & Schwitter（1）
	74.6	—	0.3	—	1.2	14	0.7	0.1	0.5	Howard-White（1）

工业中十分普遍的产品①。从那时开始，铜镍合金在不少国家一直用于钱币，而蒙乃尔合金和康铜用作电阻，并且（含锌的合金）普遍用于餐馆的电镀“银”餐具。回想大约两千年前中国炼丹术士首次造出这种金属是很有意思的，他们很可能宣称它比银更优越，因为它绝不会因为生成黑色的硫化物表面膜而变得暗淡（参见上文 p. 68）

但是它在中国的历史究竟有多久？要回答这个问题最好是按照处理锌和黄铜的办法，就是先从较近年的文献开始然后追寻到最早的。在晚明和清代，关于白铜的文献出奇的少，虽然有关产业的适当记载肯定有，而且会慢慢地从地方志中找到。但是在《天工开物》（1637 年）中有一篇特别重要的文章与此有关，我们认为在这里引述是恰当的，因为它对这一节前面的部分和后面将要说到的部分都有参考意义②。这段文字如下：

当“炉甘石”（碳酸锌、菱锌矿）或者“倭铅”（金属锌）加入（铜，“赤铜”）并结合，我们得到“黄青铜”（即普通的黄铜）。当“砒霜”和其它砷化合
物③与它共热，可得到“白色的青铜”或者“白铜”（即“paktong”）。当矾和硝 231
石及其它化学药剂与它一起加热，则得到“绿青铜”（“青铜”）。若将来自广（东和广西）的锡与它结合，则得到“响铜”（即古典青铜）。若将“倭铅”与它结合，则流出“最佳铸造青铜”（“铸铜”）。

〈以炉甘石或倭铅参和，转色为黄铜；以砒霜等药制炼为白铜；矾、硝等药制炼为青铜；广锡参和为响铜；倭铅和泻为铸铜。〉

这里有关于青铜、两类黄铜和白铜的清晰叙述，我们相信第三句完全不是指一个熔体，而是对于黄铜的“浸泡上青铜色”，其目的在于使它有拟古青铜的颜色和铜绿。这属于表层处理及最后修饰的范围，我们将在下文 p. 265 再讨论它。1596 年李时珍也在同一名称下提到白铜④。

在宋应星和李时珍之前有一段很长的空白，虽然可以肯定产业仍在运行，但也许局限于云南因而不为多数人所知晓。当“白铜”一词再次出现时，它是 13 世纪由波斯

① 参见 Stanley（1）；Howard-White（1），pp. 44 ff.。这类合金的商业名称不下 67 种（p. 273），成分上有微小的差异。为了降低成本，多年来有一种将镍含量尽可能降低的趋势，近代的中国白铜只含镍 6%。这里也许适合作些说明：虽然我们首先将铜镍合金视作“人造银”，但是含镍量在 1% 到 4% 之间会给合金带来类似金黄的颜色。因此与砷有明显的类似（上文 p. 223），在低浓度时砷与铜生成金黄色合金，而浓度高时则产生银白色合金。

② 《天工开物》卷十四，第六页。在某些方面我们与孙任以都［Sun & Sun（1），pp. 242，258］的翻译和注释均持不同意见。

③ “砒”或“砒石”，严格说是存在于江西东部的信州（今广信或上饶）的一种天然矿石——三氧化二砷（As_2O_3），因此长期以来称作“信石”（RP 91）。“红信石”，或者红色信州氧化砷，是氧化砷和雄黄的混合物（RP 91）。另一种不同的矿物砷石（“礜石”），化学成分上大体和“砒石”相同，在中国也长期得到开发（RP 88）。这两个名称都和白铜有关联，因为所用的镍常以“红铜”（砷化镍矿 NiAs；RP 6）或辉镍矿（NiAsS）的形式存在，而且对砷化合物危险的蒸气有清楚的认识。另见 Torgashev（1），pp. 253，284。从高兰［Gowland（9），p. 458］作品中知道，氧化砷矿物在世界其它各地无明显的经济重要性。

④ 《本草纲目》卷八（第 8 页）。

湾的基什岛（Kish）运往中国的商品之一[1]。夏德和柔克义将1225年赵汝括的用词译作“粗锌”，但是这个产品绝不可能是金属锌[2]。如果它不是中国的铜镍合金制成器物再返回中国，则可以设想是砷铜或者镀上锡、银或砷的器皿。再往前是1095年何薳所著的《春渚纪闻》上一段特别令人感兴趣的记载，讲到从铜制出一种白色金属。不过这一点我们将保留到澄清白铜产业的古老年代以后再说。“白铜”不仅出现在我们已经引用过的（上文 p. 199）980年的《格物粗谈》中，也出现在公元945年的《旧唐书》里，在有关皇家马车的一卷中作为贵重饰品的金属[3]。存留至今的白铜钱币可以使我们往前追溯几个世纪，这些钱币有唐代开元年间（713—742年）[4]，公元585年（隋代）[5]，还有公元419—425年赫连勃勃的匈奴夏王国所使用的[6]。这些钱币除一个即将提到的突出例子外，必定出自世界上最古老的铜镍合金铸币厂之列（图1324）[7]。此外，大约于公元640年，孙思邈在他的《丹经要诀》中提出增加或“倍增”白铜的方法[8]。在赫连勃勃时代之前大约一个世纪，有常璩于公元347年写的研究中国西部人文地理的《华
232 阳国志》，他说白铜产于云南省螳螂县的螳螂山[9]。最后有张揖于公元230年在《广雅》
中所作的直截的陈述：“鋈是白铜。”[10] 于是我们接触到了整个问题的要害。

---

① 《诸蕃志》卷上，第二十七页。

② Hirth & Rockhill (1), p. 134。

③ 《旧唐书》卷四十五，第四页。

④ 有关唐代白铜钱币的一个证明存在于朝代正史中。《新唐书》在它的食货志中说（《新唐书》卷五十四，第七、八页）：“内陆税务官赵赞从连州收集白铜，并用它铸造大钱。”（“判度支赵赞采连州白铜铸大钱。”）这大约是在公元780年前后。这段文字受到章鸿钊［(8)，第103页］的注意。

⑤ 《新唐书》也记载了隋末“白钱”的使用情况（《新唐书》卷五十四，第四页）。

⑥ 我们已经好多次在与技术有关的文字中遇到这位单于，例如本书第四卷第二分册，pp. 38，219，第四卷第三分册，p. 42。在本书第五卷第一分册（第三十章）将再一次遇到他。

⑦ 关于这些钱币的知识，我们受益于上海宋大仁博士的私人通信（1963年12月）。这些钱币似乎稀少，因此我们希望它们会被送去进行光谱分析。

⑧ 关于这一点可见本书第五卷第三分册。他以碱式碳酸铅的形式加入铅。

⑨ 它在云南北部金沙江东南，今东川附近。由近代资料证实它是很有意思的。我们发现在李希霍芬［von Richthofen (6), p. 136］时代（1870—1872年），主要产镍中心在四川（一度曾是西康）的会理州（今称会泽），在长江西北岸不远处［参见 Collins (1), p. 241］。从这个长江上游河谷向其它省运送圆形的或透镜形的铜镍合金块，它们用来按各种所需比例与铜、锌、锡和铅炼成合金，以制作水烟袋、茶壶、酒壶、盘子、烛台、香炉等物。我们有一份勒沃尔［Levol (1)］的会理锭分析报告，他发现它含铜79.4%、镍16%、铁4.6%。锌肯定会在工场加工时加入以增加其可塑性并使之变得更白。在中国还有许多其它的镍矿藏，如在陕西［di Villa (1), pp. 34 ff.］，以及云南的另外两处［张资珙 (*1*)］。

从前面的引述中可以看到，当中国的书籍讲加入“砷”以制造“白铜”时，至少多数情况下必须认为是砷化镍。也许王琎［(6)，载于 (2)，第91页］是最早认识到这一点的人，而张资珙 (*1*) 也这样看。因此为了简单起见，我们设想许多世纪以来中国所使用的，特别是炼丹术士所使用的，是红砷镍矿（NiAs）和辉砷镍矿（NiAsS）。但是事实上，根据较早期文献［评论见 Chêng & Schwitter (1)］，后来使用的云南和四川的最重要矿藏主要是与黄铜矿（$CuFeS_2$）共生的镍黄铁矿（NiFeS）。托尔加舍夫［Torgashev (1), p. 253］的说法支持这一点。这些镍铜的硫化物一定是在很低的温度下熔炼以使它不致熔化并完全除去其中的硫，生成的混合氧化物则很容易被还原为混合金属。这个秘密在1905年被斯坦利（R. C. Stanley）重新发现，他首次从加拿大的萨德伯里（Sudbury）的混合硫化物矿藏中制出蒙乃尔合金（Monel metal；表101）。中国何时掌握这一技术仍有待追寻，但肯定在一个较早的年代，因为《华阳国志》讲的是云南资源。

现在认为萨德伯里有名的矿藏可能是由一个直径约3至4英里的小行星坠落造成的一个陨石坑［Ruddy (1)］。

⑩ 《广雅》卷八上，第十一页。

1 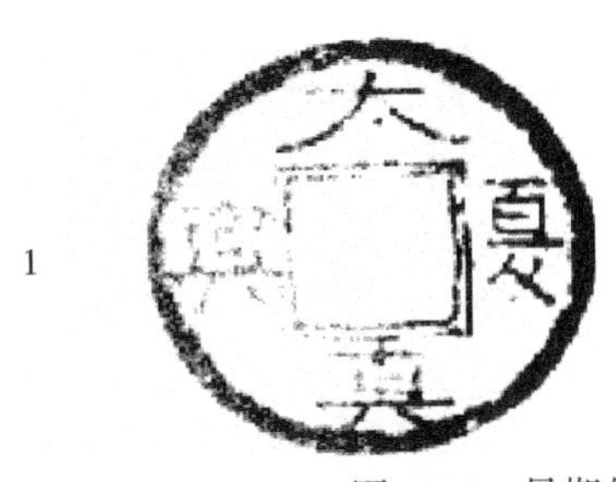 2 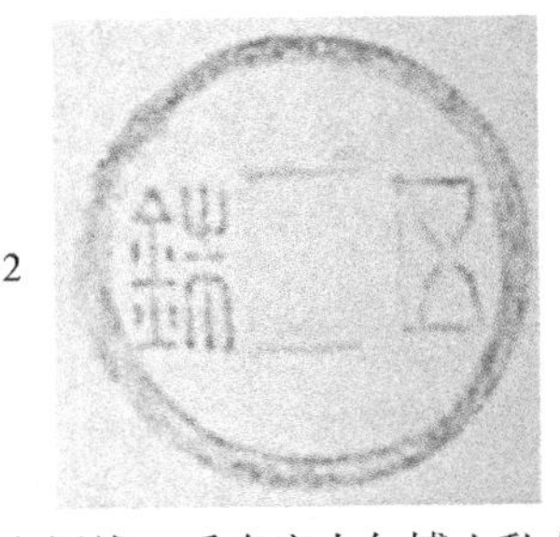 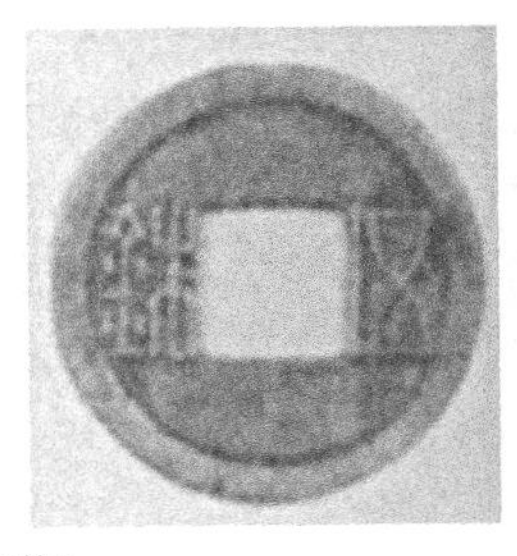

图 1324 早期的白铜钱（采自宋大仁博士私人通信）。
1. 大夏国，真兴年间（419—425 年），拓本；
2. 隋朝，五铢钱（约 610 年），拓本和照片。

这好像可以说是造成了历史上的大混乱，因为“鋈”一字曾出现在《诗经》的一首诗歌中，这首民间诗歌的年代可追溯到公元前 8 世纪初甚至更早①。一位姑娘唱赞美她的情人或丈夫以及他的闪亮的战车，每一节中有一个形容词鋈，依次用于马勒的环、缰绳的搭扣和矛的护手。当然任何人都不愿意把白铜的出现提早到这个时候，经过许多的犹疑之后终于由张子高（*4*）对此作了明智的说明。理雅各简单地译作“镀金”②，但是较谨慎的高本汉和韦利了解注释者所保留的传统，选择了“镀银”一词③。正如张子高所指出的，“镀”字用作镀金和镀银没有出现在《说文》，而出现在六朝时期，因为公元 739 年的《唐六典》把它包括在 14 种黄金之列（参见下文 p. 274）。青铜的镀金叫做“鎏”。这是一个带有明显语义的字，因为“流”表
示流动和淹没，表示汞齐法镀金。公元 543 年的《广韵》虽将它简单地解释为“美 233
丽的金黄色”（“美金也”）④，1037 年的《集韵》则首次对它作了正确的解释。大约在公元 830 年，李绅写过一首诗，“伪金可以用真金镀（‘鎏’），真金则不需要镀金”（“假金方用真金镀，若是真金不镀金”）。“鋈”与这些相似。郑玄对诗经的注释和《释名》（公元 100 年）、《说文》（公元 121 年）和《广韵》（公元 543 年）将它定义为“白色金属”或“变白的金属”而不是“白铜”或“白色青铜”是一致的，但是孔颖达的注释则解释它是洗（“沃”）白和洗亮的金属，使它像阳光下的稻田那样闪光⑤。用以表示洗的一些不常见的字（如“茯”）被认为是拟声的。我们不能完全排除战车用具镀银的可能性，但是镀银需达 960℃ 的温度，而镀锡只需 230℃。此外，在那古老年代，银通常作镶嵌用，而镀锡的青铜器皿在商周时期是有名的⑥。孔颖达也强烈表明是镀锡，他说《诗经》中讲的饰物可能是“白铁”和“白青铜”⑦。其方法也简单，只需先用氯化铵将金属表面清洗，然后将它浸入熔化

① 《诗经·国风·秦风·小戎》；《毛诗》128。
② Legge（8），vol. 1，pp. 193，194。
③ 分别见 Karlgren（14），p. 82；Waley（1），p. 111。
④ 《广韵》卷二，第五十一页。
⑤ 方以智在他的《通雅》卷四十八中对此表示同意。
⑥ 特别是最近从云南石寨山滇王国古墓出土的。
⑦ 参见章鸿钊（*8*），第 101 页。

的锡中。这在古代和中世纪的西方也是相当普遍的①。也许张揖在3世纪解释古代有关表面层的“鋈”字时，用了一个相当新的合金的名称白铜。张资珙（*1*）提出铜镍合金的制造始于汉代，可能是公元前130年汉武帝征服云南北部，砷化镍矿藏变得比较广为人知以后。所以最可能的解释是张揖本人不能清楚分辨镀锡的青铜或镀锡铁与白铜之间的区别②。本来应该从以后的文献中对“鋈”字进行特别的追踪研究，但是它似乎在唐代以前就销声匿迹了。

说清楚这以后，我们可以回到已提及的1095年的《春渚纪闻》，它有一些有趣的小故事。何薳写道③：

> 丹阳化铜
>
> 兰陵人薛驼有次从一位异人学得一个制造和使用精制砷粉（“煅砒粉”）的方法。该法称作丹阳法。
>
> 记得一次我跟随我的老师惟湛去拜访他，我向他要一些药剂。于是他用一个
> 234 纸做的铲刀取出约十分之一两，并告诉我：“这些够我修道一个月用的消耗，因为它能将二两铜变成闪亮的白银。如果按市场价计算，并且所有金银匠都知道，在这样制出的（二两）白银中还可以加入十分之二两铜，因此从（我的）每两（原料）获利可得钱二百。”
>
> 他的药剂色白而光亮，他将它与枣肉一起捏成（小）丸。将铜（在火上）熔化以后，他把这样的丸放入坩埚，很快铜中的杂质形成黏稠的渣浮上表面，加入一些硝石并搅拌之后，就（可将金属）浇入模子里面。那是真正的白银，即使在火中烧一百次，它的延展性也决不会变化。
>
> 他说：“这个方法我亲自（多次）试验都获成功——这不是骗人的。”
>
> 他后来答应将他的方法教给我，不过因为内乱，此后我失去了与他的联系。
>
> 〈丹阳化铜。薛驼，兰陵人，尝受异人锻砒粉法，是名丹阳者。余尝从惟湛师访之，因请其药，取药帖，抄二钱匕相语曰：“此我一月养道食料也，此可化铜二两为烂银，若就市货之，锻工皆知我银，可再入铜二钱，比常直每两必加二百付我也。”其药正白，而加光璨，取枣肉为圆，俟溶铜汁成，即投药甘锅中，须臾，铜中恶类如铁屎者，胶着锅面，以消石搅之，倾槽中，真是烂银，虽经百火，柔软不变也。此余所躬亲试而不诬者。后亦许传法，而贼乱不知所在矣。〉

这段有趣的记述可能是我们所有关于中国中古时期制造铜镍合金的记载中最充分而详尽的。首先注意到这一点的是黄子卿④，并为袁翰青⑤和张子高⑥接受，虽然别的一些

---

① 例如可见乔普［Jope（3）］关于中世纪前期的马刺的论文；以及Theophilus，III，92。

② 当然也还有其它可能性，例如砷铜和镀砷（下文p. 241）。我特别高兴引用此篇有意思的研究，因为二次世界大战期间我常在重庆和南温泉见到张资珙博士，后来有段时间他在剑桥工作。他的这篇文章研究的内容与本节讨论的内容许多是重合的，但是由于难以获得，我们读到时已太晚，因而未能成为我们的指导。

③ 《春渚纪闻》卷十，第二、三页，由作者译成英文。

④ Huang Tzu-Chhing（1），p. 729。我再次高兴地引用此文，在第二次世界大战期间我常在昆明及其附近见到黄教授［参见Needham & Needham（1）］。

⑤ 袁翰青（*1*），第64页。

⑥ 张子高（*2*），第113页。

人认为砷铜更可能是生成“银”的解释①。虽然这段文字在运作的经济意义方面留下一些费解的地方，但是道士显然靠他的技艺可以过上不错的生活，它还给我们提供了一个不寻常的精确数字，即有某种东西，不管它是什么，加 4.55% 到坩埚的铜里面。这个比例对于单独的砷刚好够②，但若是加入砷化镍以制白铜，则镍的量太低③。但是对 11 世纪的文章中的定量数据也许不应当过于看重。

知道薛驼的技术叫做“丹阳法”的好处是，我们可以根据这个名称对白铜和砷铜追溯到更久远的年代。何薳在他的书中用下面这个故事作该卷的开头④：

> 讲到长生药、药剂和炼丹炉，所有高官、学者、隐居山林的有学问的道士都喜爱谈论和寻找它们；我认为他们之中十有七八是这样，但是我怀疑他们是否全都一心想得到长生不老药以成仙。
>
> 例如，（很久）以前三茅君在丹阳遇上荒年，很多人饿死，于是（茅）盈用某种药剂将银点化为金，还将铁点化为银；他用此法救了饥民（未说明人数）的
> 命（通过购买和运来粮食）。此后，所有通过加热制作药剂粉末并用点化使铜转 235
> 变的人，都把他们的方法叫“丹阳法”。
>
> 另有一些人使用致命的含砷物质来点化铜，他们称自己的方法为“点化（黄）水葵”（“点茆”）⑤。还有一些人使用药剂并通过循环方法“抑制红色”以“培养黄水葵”，或“消除”硫以固定汞，如汉代的王阳⑥或娄敬⑦，或唐代的成弼⑧。
>
> 〈丹灶之事，士大夫与山林学道之人喜于谈访者，十盖七八也，然不知皆是仙药丹头也。自三茅君以丹阳岁歉，死者盈道，因取丹头点银为金，化铁为银，以救饥人。故后人以锻粉点铜者，名其法曰“丹阳”；以死砒点铜者，名其法曰“点茆”。亦有取丹头初转，伏朱以养黄茆，死䃃以干汞，如汉之王阳、娄敬，唐之成弼，……〉

他接下去谈到与他同代的宋人王捷的功绩。关于他，后面（本卷第三分册）也有详尽的描述。茅盈本人是一位历史上还有点地位的人物，也将在后面（本卷第三分册）讲述他的世俗方面。他是三茅君中最年长者⑨，为西汉时期道家的一位大学者，他的鼎盛期无疑在公元前 50 年至前 30 年⑩。丹阳可能是位于江苏距南京不远的一座城市。有趣的是，他不断出现在有关白铜和砷铜的文字中⑪。也许我们不应当将何薳提到的实际转

① Sun & Sun（1），p. 258。

② 考虑到氧化物中的含氧量，砷含量为 3.52%。参见上文 p. 166。

③ 考虑到矿石的砷含量，镍含量为 2.04%。参见上文 p. 178。

④ 《春渚纪闻》卷十，第一页，由作者译成英文。

⑤ 此植物为某种莼菜（*Brasenia peltate*，*Schreberi* 或 *purpurea*），属睡莲科；R 540；CC 1447；B Ⅱ 398；B Ⅲ 199。此名称在这里可能有双关意义。

⑥ 见本卷第三分册。

⑦ 参见下文 p. 258。

⑧ 见本卷第三分册。

⑨ 这三兄弟成为道教茅山派的祖师，南京附近这座山的三座山峰以他们的名字命名（参见本卷第三分册）。

⑩ 这个年代特别令人感兴趣，因为正好是刘向（参见上文 p. 48 和本卷第三分册）在皇室的赞助下制作赝金惨遭失败之后。也许那次有太多懂得灰吹法的人在场。

⑪ 例如，俞琰在他的《席上腐谈》（约 1285 年）中重述了茅盈的慈善行为［参见章鸿钊（*1*），第 322 页］。

化看得过于认真，可能是将“银”（用砷变白的铜）持续加热会除去其中的挥发性元素而转变成带红色的“金”。同样，“铁”可能是暗色的黄铜，长时间加热会由于挥发而失去锌，加入镍矿石后变成“银”。

“丹阳铜”具有十分珍贵的集中于三国时期（3 世纪）的文字记载历史。葛洪曾提到它[①]，说到一种含汞盐的长生不老药的制备（至今未确认是什么），“如果将它投入丹阳铜并加热，就得到黄金”（“以投丹阳铜中，火之成金”）。这一点的重要性在于它表明在大约公元 300 年时，“丹阳铜”本身还不是金黄色，这里它也许是银白色，因此这次它可能是白铜，正如有关薛驼活动的详细描述所揭示的那样。另外，也许在比《抱朴子》略早，也许比它约晚差不多一个世纪的年代，《神异经》的作者描述了立在西部荒山之间的一座金属的男人像，说它是由银、锡、铅和丹阳铜塑成[②]。对此的解释是：

236 “丹阳铜”外观像金，可锻[③]，用于器物的镶嵌和覆镀（错涂）。《淮南术》中有一句讲到“内服丹阳伪金”。

注：后人将它与《淮南子》混淆。另外梁简文帝有一首诗讲到丹阳铜用于镶嵌刀剑。

〈丹阳铜，似金可锻，以作错涂之器也。《淮南子》术曰“饵丹阳之为金”是也。（《淮南子》以下乃茂生注，后人误合为经。梁简文帝诗云剑镂丹阳铜，用此。）〉

这里的文献显然是《淮南万毕术》，关于它我们将在适当的地方讨论（本卷第三分册），但是引文中的用丹阳铜作长生不老药，尚未发现这一古老药方的现代重现。至于提到的梁朝皇帝，即萧纲，他只在位一年（550 年），我们已经在与各种技术有关的地方遇见他[④]。重要之点在于王浮，或不论这位《神异经》的作者是谁，他认为丹阳铜是金黄色。更早的 3 世纪的孟康也认为如此。《前汉书》中有一段说到，在交换中黄色金属居最高等级，白色金属次之，而红色金属第三（参见上文 p. 51）[⑤]，在评注这一段时，他自然是说白色金属指“银”，但是出乎意料的是，他说红色金属指丹阳铜。可能他心里想的是某些带红色的人造“金”，但是我们设想含砷量低的砷铜可能生成相当疏松多孔的金属用于中国的铸币，然而我们不知道有这方面的考古证据。总的说，传说中将白铜（铜镍合金）和砷铜都追溯到公元前 120 年淮南王刘安的门客，我们猜想是可信的，特别是因为这时恰好是占领云南北部之后。

但是有一点值得怀疑，即是否应该将流经四川[⑥]和云南两省之间的长江上游流域一

---

① 《抱朴子内篇》卷四，第十三页，丹法第 33 种（参见本卷第三分册）。魏鲁男［Ware（5），p. 88］，“一知半解”（如他们以前常说的），佚失了这个名字的意义，译作“阳性铜”（male copper），但他猜与砷铜有关。

② 《神异经 · 西荒经》，第二页。这个像不能不让人想起另一个由多种金属制成并有一双泥足的像，它出现在尼布甲尼撒二世的梦中，大约于公元前 585 年由但以理（《但以理书》，ii. 33）作了解释。这两者中间有任何联系吗？

③ 这表示它有相当的延展性，恰如含砷 2% 的铜所应具有的性质。参见 Charles（1）。

④ 例如本书第四卷第二分册，pp. 234，577。

⑤ 《前汉书》卷二十四下，第十页。孙念礼［Swann（1）］在该处未作注释。

⑥ 四川的一部分曾是西康省。

带的征服作为开采和利用镍矿的绝对界限。云南人的滇王国[①]，作为楚的属国建立于公元前334年[②]，它与中原的贸易关系一定在秦代就已经存在。汉武帝在西南方面并没有取得像张骞出使西域（公元前138—前126年）后在中亚[③]，或像在华南（越）[④]，或像在朝鲜所取得的那样成功，所以他承认滇的国王，并于公元前109年颁给他一颗承认他统治的金印，这颗印已经在我们的时代于石寨山发掘出土[⑤]。即使在公元前2世纪前 237
期镍并没有真正到达中国皇室手中，那时也已经以砷矿石，或未提纯的含高镍的铜，或硫化物混合冰铜的形式成为贸易中的商品。

(ii) 中国的镍在大夏

这些合金的来源对于古代贸易和技术史具有相当的重要性，因为一个引人瞩目的事实是，大夏（即巴克特里亚，Bactria）的希腊人王国在公元前2世纪上半叶使用过一种迄今所知世界上最古老的铜镍合金硬币。这是弗莱特［Flight (1)］在1868年的发现，从年代大约在公元前180年至前170年欧西德穆斯二世（Euthydemus Ⅱ）的一枚硬币中他发现了含量20%的镍，后来［Flight (2)］又证实，欧西德穆斯二世的弟弟潘塔勒翁（Pantaleon）和阿伽托克勒斯（Agathocles）的钱币（公元前170—前160年）也由非常类似的合金铸成[⑥]。这个发现与较近期用传统的湿法[⑦]和X-射线荧光分析[⑧]做的许多分析结果没有差异，因而为后者所肯定（参见表101）。这些成分的比例不可能是随意配成，必须设想是精心配制的合金（参见图1325）。

由于知道白铜的中国背景，坎宁安［Cunningham (1)］于1873年提出这些希腊—印度人的钱币使用的镍是以某种方式通过陆路由中国运去的，因而开创了后来所谓的“大夏镍理论”（Bactrian nickel theory）。在一段时间内它赢得声誉，为知名学者如塔恩（Tarn）[⑨] 和马歇尔（Marshall）[⑩] 及冶金史学者弗兰德（Friend）[⑪] 等所接受，但是它也遭到其他人的严厉批评，例如卡利［Caley (4)］和嘉门［Cammann (4)］，主要基于在那个年代长途贩运重的矿石或金属锭，无论通过缅甸、阿萨姆（Assam）和印度，或甚至经过新疆，都是难以想象的。郑和斯维特［Chêng & Schwitter (1)］提出了他们新

---

① 在现代的昆明这一区域。

② 参见本书第一卷，pp. 93 ff.。

③ 本书第一卷，pp. 173 ff.。

④ 本书第四卷第三分册，pp. 441 ff.。

⑤ 关于这些位于滇池附近、年代可追溯到公元前100年的重要古墓的发现，见 Anon. (*28*) 和 Wang Chiung-Ming (1)。

⑥ 其它硬币上面有同时代副王（sub-king）阿波罗多图斯（Apollodotus）和菲罗克塞诺斯（Philoxenos）的头像和铭文的，似也有相同成分。

⑦ 不列颠博物馆，1962年，载于 Howard-White (1)，p. 10，高达20.9%的镍。另见 Case (1)。

⑧ Chêng & Schwitter (1)，1957年，高达13.8%的镍；不列颠博物馆，1962年，载于 Howard-White (1)，p. 11，高达21%的镍。

⑨ Tarn (1)，pp. 87，111，363。

⑩ Taxila Report (1)，vol. 1，pp. 40，107，129，vol. 2，pp. 571—572。

⑪ Friend (2)，pp. 294 ff.。也可见 Howard - White (1)。

的分析，通过张骞在大夏认出的四川的布和竹杖，在某种程度上并不很慎重地支持他们关于大夏的铜镍合金是从中国运去的想法，并且认为是经过印度运去的①。但是他们真正有力的论证在另一方面，是冶金学的论证：大夏合金中各组分（铜、铅、铁、镍和钴）的比例与标准的中国白铜的组分十分相近，进一步提出的材料还说明在9种已知亚洲镍矿中，只有中国矿可能炼出这种比例的合金②。

图1325 大夏铜镍钱币［Tarn（1）］。
5. 欧西德穆斯二世；
8. 潘塔勒翁；
9. 阿伽托克勒斯。

238 郑和斯维特的论文激起嘉门［Cammann（5）］可以称为谴责性的抨击，其中充斥着不必要的尖刻言词，继之而来的是双方尖锐的辩驳③。但是当尘埃落定后，事情仍和从前一样，嘉门能够彻底打垮两位冶金学家在汉学方面的学识，而郑和斯维特能够分

---

① 见本书第一卷，p. 174。虽然嘉门［Cammann（4，5）］反对，许多知名学者都相信这条商贸通道的存在，对此，余英时［Yü Ying-Shih（1）］提出了新的论证，但是郑和斯维特也因为接受《诗经》中的“鋈”就是镍铜合金（这是很不可能的）的说法，而使自己处于受批评的位置（参见上文 p. 232），这方面他们本来可以承认章鸿钊（*6*）的权威观点，但是没有这样做。

② 这是强有力的证明，但亦非绝对可靠，因为没有把任何一种波斯镍矿考虑在内，例如邻近大夏的阿纳拉克地区。参见 Wulff（1），p. 16；Curzon（1），p. 519。

③ 郑和斯维特［Chêng & Schwitter（2）］为他们的中国来源说提供了痕量元素方面的进一步论证，并且坚持他们关于张骞的竹子的论点。嘉门仍然拒绝相信在那个时代能够跨越亚洲进行金属的交易。

析古代的合金并能将一种与另一种区分开来，这是嘉门所不会的[1]。与他的信念相反，在古代和中古时期前期，确实有块状金属或金属锭，而不是金属的制品，沿这条道路运输，例如“中国铁”（Seric iron）[2] 向西，波斯黄铜向东[3]，中国各朝断代史中列举的贡品有印度的伍兹钢（wootz）和比德里合金，大马士革钢，以及上百种其它金属产品。一个突出的例子就是中国白铜本身，如果它被证明就是在阿拉伯炼金术士中享有盛誉的中国金属，如“*khārsīnī*”（中国箭头合金）或“*ḥadīd al-Ṣīnī*”（中国铁）的话，它用于制镜并被认为是标准金属中之第七种[4]。嘉门［Cammann (5)］的大部分论点是软弱无力的[5]，也许唯一能在读者心中留下的论点是：如果大夏白铜真的来自中国，我们就很难想象刚好在公元前 110 年前后打通古丝绸之路，因而汉帝国开展与中亚细亚的数量可观的贸易时，这种白铜的供应会完全中断。但是所有带偶然性的事件，包括欧西德穆斯王室的灭亡，能够解释希腊-印度人的铜镍合金货币的结束。更加难以想象的是原料的运输，如砷化镍、混合氧化物、富镍的铜金属块，甚至硫化物冰铜，首先通过滇-汉边界或边境地区，然后穿越整个新疆的部族间或城邦间的交易。然而尽管存在这一切，我们仍然倾向于相信这是实际发生的事情[6]。

现在我们得以从这个枝节回到炼金术和赝金制作上来，并且注意这样一个事情的 239
意义，欧西德穆斯和他的兄弟们及继位者们的年代（公元前 180—前 150 年），恰好是中国的制造伪金和伪银产业遇到公元前 144 年“禁铸币令”而遭灭顶之灾的年代[7]（参见上文 pp. 12—13）。因此给我们留下这样的印象：在那个年代（包括李少君制作赝金的年份），除我们已经接受的类似金的黄铜外，也不能轻易排除铜镍合金和砷铜的存在。也许在铸币方面吸引欧西德穆斯王朝诸王和诸副王的正是公元前 3 世纪末以来，或甚至在公元前 4 世纪，“伪黄金”术的专家们在中国所调制的那类材料，如果邹衍和他的门人知道有某些迹象表明他们确实如此的话[8]。

以上讨论的都是“在很远的地方和很久以前”的事，但是只要全面考察一下这些

---

① 嘉门喜爱“镍青铜”（nickel bronze）这一名称，但它肯定是一错误的名称，因为白铜很少含可观数量的锡，至于大夏的硬币肯定不含锡。

② 不管它是什么东西；见本书第三十六章，还有本书第一卷 p. 183 和 Needham (32), p. 14。因为嘉门提到并承认它的贸易，所以否认同一时代白铜的贸易几乎是堂吉诃德式的。

③ 参见上文 pp. 201—202，220。

④ 见 Laufer (1), p. 555；Stapleton, Azo & Husain (1), pp. 321, 340 ff., 370, 405 ff.。另一主要设想是金属锌，但是在拉齐（al-Razī）和贾比尔文集（约 900 年）中已经有“*khārṣīnī*”，这对于金属锌是太早了一点。有许多别的迹象强烈表明是白铜。但是因为一些阿拉伯书籍详述这种箭头的毒性，所以排除高含砷量的铜是不明智的。不管它是什么，它总是有许多世纪之久从中国运到阿拉伯地区的历史。我们将在本书第五卷第四分册详细讨论它。

⑤ 值得注意的是，他宣称在早期白铜是“白色的青铜”或者制镜合金（参见表 97），也就是浅色的高锡青铜。但是就我们所知，并没有这样一个名称用于这类合金，例如在《考工记》中本来应有此类记载，而实际上没有。承郑德坤博士应我们的请求，从商、周、汉的青铜器及铜鉴铭文和古籍上查找，结果也完全是否定的。

⑥ 袁翰青［(*1*) 第 21、64 页］支持这一意见。

⑦ 当然是暂时的。

⑧ 见本卷第三分册。

金属用于当代货币的情况①，就知道这个问题是多么受关注。在写作本书的时候，没有一种单一货币中有传统的金币和银币，即使是用铜相当大量稀释了的金币和银币也没有。成分为铜镍合金的白铜已成为当今全世界使用最多的钱币金属，它比纯镍（虽然用于铸币性能极佳）价廉，并比较易于熔化、冷轧和退火。它用于英国的所有白色硬币，包括七边形的面值50新便士（10先令）硬币，它在所有国家中制作价值最高。其次受欢迎的是标准白铜（所谓“镍-银”，包含铜、镍和锌），为葡萄牙、菲律宾和非洲国家大量使用；它比铜镍合金更廉价但也更难制造，因为必须加入额外的锌以补偿挥发的损失。以前我们制作十二边形三便士硬币的“镍黄铜”，其中含镍量可降至1%，但是由于轧制时的加工硬化，使造币产生困难，而且它也最容易伪造，就如以前的印度两安那（two-anna）硬币曾发生过的那样。甚至在制作复合钱币时，在软钢或铜的核心外面也覆盖一层（如在南美和北美）白铜（铜镍合金）。比上面任何一种钱币使用少得多的有不锈钢币②（意大利、法国和土耳其），其限于浅浮雕设计并很快损坏模具；铝币也少用，它不耐磨、重量轻、外观不雅致。一种锡和锌含量低的似黄铜的青铜仍在广泛应用，但主要用于小面值钱币。铜中含8%的铝会产生出特殊的黄色，它也用于钱币。考虑到这一切，并考虑到每年生产大量白铜用作“电镀镍-银”的基体合金，以供全世界的旅馆和餐馆作餐具用，同时也用于私人家庭，
242 我们认为现代世界从中国古代和中古时期的炼丹术士及技师获益甚多，是他们首先研究和使用了镍。

240—241 **表102　其它似银的白色或灰色合金**（组分百分比）

	铜	锡	锌	镉	铅	锰	铁	铝	镍	钴	镁	锑	铋	砷	钨	颜色和性质
含砷的铜	95.4	—	—	—	—	—	—	—	—	—	—	—	—	4.6	—	供制作似金的合金，见表99，一般情况见上文 pp. 223 ff. *
“中国的合金”	80.83	10.67	—	—	—	—	—	—	—	—	—	8.5	—	—	—	锑青铜，类似制镜合金［Hiscox（1），p. 73］
克拉克合金	75	1.5	7.5	—	—	—	—	—	14.5	1.5	—	—	—	—	—	“仿银”，含钴和铝的铜镍合金
包德温合金	72	2.5	7.1					0.5	16.5	1.8					—	“仿银”，含钴和铝的铜镍合金

① 见迪恩［Deane（1）］的高水平综述。

② “不锈钢”由布里尔利（H. Brearley）于1914年首次制得，他将大约14%的铬加入低碳或中碳钢中。后来发现防锈最好的是含镍8%、含铬18%的钢［Aitchison（1），vol. 2，p. 583］，所以即使在这里“中国的金属”也起了作用。

续表

	铜	锡	锌	镉	铅	锰	铁	铝	镍	钴	镁	锑	铋	砷	钨	颜色和性质
铁-锌白铜或巴黎合金	70	—	5.5	4.5	—	—	—	—	20	—	—	—	—	—	—	很像银，含镉的铜镍合金
假银	65	32—34	—	—	—	—	—	—	—	—	—	—	—	2—3.5	—	“仿银”，含砷的制镜合金
铜锰合金	65	—	5	—	—	20	—	—	10	—	—	—	—	—	—	银白色，铸造性能好，含锰的铜镍合金
米纳金特铜镍合金	56	—	—	—	—	—	—	1	40	—	—	—	—	—	3	非常像银，“仿银”
阿加索依德（或阿盖佐依德）铜镍锌合金	55.8	4	23	—	3.5	—	痕量	—	13.4	—	—	—	—	—	—	也是“仿银”；含锡和铅的白铜，有延展性，较适宜铸造
“铋青铜”	45	16	21.5	—	—	—	—	—	32.5	—	—	—	1	—	—	硬，有共鸣声，抗腐蚀，用作钢琴弦
托卡斯铜镍合金	35.5	7.5	7.5	—	7	—	7	—	28.5	—	—	7	—	—	—	仿银，但难加工
锡锑铜合金	53.5	19.5	—	—	—	—	—	—	—	—	—	23	—	—	—	Wm. Tutin（1770年），用于鞋扣
含锑的铜镍合金	25	—	—	—	—	—	—	—	24	—	—	50	1	—	—	硬，有光泽，用于反光灯
印度比德里合金（海得拉巴）	3—11	1—2	84—93	—	3	—	—	—	—	—	—	—	—	—	—	含锌很高的黄铜，抗腐蚀，铸成器具+
不列颠银	1—10	75—94	0.5—3	—	1—11	—	—	—	—	—	—	5—25	—	—	—	约从1770年起，用作小铸件，“锡兵士”
轴承用韧性锡青铜	8.5	91.5	—	—	—	—	—	—	—	—	—	—	—	—	—	银白色，含锡非常高的青铜
塞德拉菲特耐蚀合金	5	—	—	—	—	—	64	4.5	22.5	—	—	—	—	—	4	“仿银”，抗腐蚀，但难制造

续表

	铜	锡	锌	镉	铅	锰	铁	铝	镍	钴	镁	锑	铋	砷	钨	颜色和性质
软焊料	—	60	—	—	35	—	—	—	—	—	—	—	5	—	—	
黄铜焊料	44	4	50	—	2	—	—	—	—	—	—	—	—	—	—	
熔析类黄渣	72.7	—	—	—	8.53	—	—	—	—	—	—	4.27	—	11.37	—	日本类黄渣，加到青铜中；见Gowland（11）
餐具锡合金	4	66	9	—	—	—	1	—	—	—	—	20	—	—	—	含锑的高锡青铜，像不列颠银
阿什伯里合金	2—3	78—82	1.5	—	—	—	—	—	2	—	—	16—20	—	—	—	含锑的高锡青铜，像不列颠银
白镴	1.7	80—90	—	—	10—20	—	—	—	—	—	—	5—8	—	—	—	无光泽的白色，时间长了会变暗。用作盛酒和醋的容器，含铅不允许超过18%
印刷铅字合金	—	5—20	—	—	60—82	—	—	—	—	—	—	15—30	—	—	—	成分可大幅度变动
利波维茨低温易熔合金	—	13.5	—	10	26.5	—	—	—	—	—	—	—	50	—	—	银白色，70℃熔化
牛顿易熔合金	—	30	—	—	20	—	—	—	—	—	—	—	50	—	—	95℃熔化。参见上文p. 34
白色装饰用合金	—	37	—	—	—	—	—	—	26	11	—	—	26	—	—	“仿银”，白色，细颗粒，但不易熔化
	—	50	—	—	—	—	—	—	—	15	—	—	35	—	—	
法伦银亮合金	—	60.4	—	—	39.6	—	—	—	—	—	—	—	—	—	—	用于制作舞台珠宝的“铸造钻石”，以及“锡兵士”
银色合金	—	85.5	—	—	—	—	—	—	—	—	—	14.5	—	—	—	银白色，用作旋塞阀的阀座
特拉布克锡镍合金	—	87.5	—	—	—	—	—	—	5.5	—	—	5	5	—	—	“仿银”

续表

	铜	锡	锌	镉	铅	锰	铁	铝	镍	钴	镁	锑	铋	砷	钨	颜色和性质
巴氏抗摩擦轴承合金	3.7	89	—	—	—	—	—	—	—	—	—	7.4	—	—	—	这些合金成分复杂，可变性大，或以铜、锡、铅为主，或以锌和锑为主
迪朗斯轴承合金	22.2	33.3	—	—	—	—	—	—	—	—	—	44.4	—	—	—	高锑轴承合金
螺旋桨轴瓦合金	5	26	69	—	—	—	—	—	—	—	—	—	—	—	—	高锌轴承合金
铅锑锡合金	—	6	—	—	78	—	—	—	—	—	—	16	—	—	—	高铅轴承合金
镁铝合金	—	—	—	—	—	—	—	70—90	—	—	10—30	—	—	—	—	白色，比银更光亮，如含镁超过15%，则变脆
硬铝	3.6	—	—	—	—	0.4	0.6	94.9	—	—	—	—	—	—	—	含硅0.5%，非常光亮，强度高

* 此外，含砷量高的砷铜很容易产生所谓“逆向偏析”，这个过程在凝固的最后阶段中会有含砷高的液体渗出，并覆盖整个物体的外表，使它变得光滑并呈银白色。除此以外，铜和青铜也可以用粘结法覆盖砷，将三氧化二砷和木炭粉末做成糊，在约400℃缓慢加热。公元前第3千纪的霍罗兹泰佩公牛（Horoztepe bulls）上面厚厚的白涂层是一种化合物，可能是Cu_3As，无疑是用此法制得的。我们为获得此方面知识而深切感谢查尔斯先生。它们特别引人注意，因为它们不是严格意义的镀银（下文 p.246），不是贵金属的表面富集（p.250），也不是“青铜化”的表面膜（p.251），尽管砷的蒸汽常常与之有关。也许我们可以相当有信心地预测：随着对古代中国器物进行更多的冶金学的工作，会找到更多的使用砷的证据，自汉代以来它在炼丹术方面的作用非常突出。

+ 这个合金大量应用来作镶嵌金和银的基体，这个合金本身通过浸入氯化铵、硝酸盐、食盐和硫酸铜混合物中使它“青铜化”或使之呈浅黑色［参见 Hiorns（1），pp.232 ff.］。见下文 p.255。

(iii) 其它银白色合金

还有一些在今天很著名的银白色合金，它们当中有一些相信曾由古代或中古时期的中国炼丹术士制得，这些合金列于表102[①]。考虑时必须记住对某些元素所作的保留（如铝和锰），对此本书已有叙述（上文 p. 189）。其中一些，如克拉克合金（Clark's metal），与白铜很接近，但含有钴。钴这个元素可能已在实际上应用，明代以前钴通过进口，此后则使用本地资源。镉是直到1817年才由施特罗迈尔（Stromeyer）分离出来的，但是由于它经常与锌矿共生，在利用含镉的中国锌资源时，它很可能进入合金的成分中。各种砷铜和青铜前面已讨论过（p. 223）。有可能加入锑和钨系由它们在中国有丰富的蕴藏所致（本书，p. 191），所以中国的炼丹术士会使用它们的盐或矿物，即使它们在本草学典籍中从来没有名称或条目可以生产出类似米纳金特铜镍合金（minargent）、托卡斯铜镍合金（Toucas' metal）、锡锑铜合金（tutania）、锑青铜和不列颠银（Britannia metal）等合金。对于阿什伯里合金（Ashberry metal），任何组分都可获得，对于塞德拉菲特耐蚀合金（sideraphite）也一样（只有铝是可疑的例外），虽然由于缺乏现代方法，可能非常难以制成。另一方面，白镴肯定可大量生产，只是即使在早年，恐怕也只有相当天真幼稚的顾客才会把它当成银。至于银白色的易熔合金，它在很大程度上取决于其中铋的含量百分比，这个问题暂时必须搁置，且不作结论。

(5) 汞 齐

在这以前几乎没有说到汞，但它无疑是炼丹术士用的一种最为重要的试剂。公元659年出版的《新修本草》一书中，在"银屑"（即银粉）这一条目的原注中，可以发现一段特别有趣的话[②]。其中说道："术士能利用辰砂（即硫化汞）或铅和汞，或'焦
243 铜'[③] 实现制造银屑的目的，但所得之物并不具备'造化之气'，那么又怎么能拿来当药用呢？"（"世有术士，能以朱砂而成者，有铅、汞而成者，有焦铜而成者，不复更有造化之气，岂可更入药？"）类似的怀疑和告诫也出现在初唐时期的《丹房镜源》一书中。该书的写作肯定是早于公元800年的。书中说："人们利用汞和辰砂加工制作金的器皿，这是一种赢利技术，然而其制品并不可内服，因为它含有金属的毒气[④]。"（"若

---

① 参见 Hiorns（2），pp. 103，265，305，334，343，348，413，452，456；Hiscox（1），pp. 50，63，70，77，78，80；Bonnin（1），p. 89。

② 《新修本草》卷四，第二页，后来常被引用，如在《本草衍义》卷五，第二页，及《证类本草》卷四（第110页）；由作者译成英文。

③ 这一意义含糊的术语，由于它与希腊化时代原始化学家的 *kekaumenos chalkos*、*aes ustum* 十分相近而使人们感兴趣。它被认为是佐西默斯的短文"关于不同种类的焦铜"（on the different sorts of burnt copper），见于《希腊炼金术文集》Ⅲ，xiii，xlvi；并参见《希腊炼金术文集》Ⅲ，xxiii。贝特洛［Berthelot（2），p. 233］将焦铜释为黑色氧化铜。按这一解释，铜汞齐不难由焦铜制成。这一用词似乎又一次表明，古代东方和西方的行医者之间存在某些相通之处（参见本卷第四分册）。

④ 或称"金属元素的毒气"。此段引自《证类本草》卷四（第109页）。

制水银朱砂成器为利术，不堪食，内有金气毒也。”）汞就是这样被用于点银和赝金制作中的，那么在考查基质均匀的合金时，我们不得不提及汞齐[1]。而对汞齐的研究，即便不是更早也至少是在汉代初期就已开始。《神农本草经》（公元1世纪前后）说：“汞能杀金、银、铜、锡诸金属的毒气”（“杀金银铜锡毒”），这可能就是指汞的汞齐化作用。而在5世纪末，陶弘景说汞能融化（“消”）这些金属使之成为汞齐（“泥”）。这一说法在后来的书籍中的确还多次重现，例如，在《药性论》（可能是6世纪）[2] 中。

当铅含量在33%以下时，铅汞齐为银白色光亮的液体，当其含量与汞相等时，汞齐呈结晶结构，似乎一些小件物品和器皿可由它铸成[3]。200℃时铅在汞中的溶解度相当大，其液态溶液可含铅65%，而固态溶液则含铅85%。含汞11%的锌汞齐为脆性白色固体，这种合金，9世纪以来一直在制造。水银与锡在室温下即可结合。如果加热，即可制成任意比例的脆性锡白色的合金[4]，这种合金过去用来给镜子镀银，不久前还用它来作为牙医填补牙洞的材料[5]。鲜为人知的是，此项技术发端于中国，在唐代，中国已经采用锡－银汞齐作此用途[6]，却直到1826年，才由塔沃（M. Taveau）引入欧洲。铜汞齐具有特殊的银色，30%铜–70%汞的汞齐具有趋凝性，凝固后质地坚硬，因而能像银一样的进行抛光——这种材料和格斯奈恩合金（Gersnein's alloy）合金一样，长久以来是作为一种有价值的牙科胶泥而闻名[7]。它甚至比铅汞齐更可能导致某些炼丹活动方面的描述。这种材料具有延展性，在空气中能很好地保持其光泽，不过遇到微量的硫化氢会变成黑色。在本书中也常提及某些贵金属的汞齐（本卷第三、四、五分册）。料想此等金属必早已为中国人所知。如在希腊化地区一样，在中国汞齐化技术已用来
从矿石中提取金或银（参见本书第三十六章）和镀金或镀银（下文 p. 247）[8]。自然界 244
中的金汞齐和银汞齐在美国加州和智利均有发现，而至今未在中国找到。66%金和33%汞形成蜡状或糊状汞齐，然而在温度很低时，即便只含0.1%的金汞齐也一样会结晶。银汞齐可呈柔软的颗粒，也可为结晶状。其结晶往往比金汞齐大。所有这些汞齐在中古时期中国的炼丹术中究竟占据什么地位，尚待进一步探讨，根据各种资料所做的实验室试验是很有价值的[9]。

---

[1] 见 Hiorns（2），pp. 353 ff.；Hanson（1）。

[2] 均引自《证类本草》卷四（第107页）。

[3] 参见 Roberts-Austen（2），p. 1139。

[4] 参见 Berthelot（2），pp. 29，37，46，64。

[5] 常用的填补材料成分为锡－镉汞齐和锡－金－银汞齐。

[6] 如李时珍在《本草纲目》中所记载；参见 Lu Gwei-Djen（1），p. 587。最早提及此事的是《新修本草》（659年）；见 Chu Hsi-Thao（1）。在中国，牙医所用汞齐一直称为“银膏”。

[7] Hiorns（2），p. 452；Hiscox（1），p. 65。铜汞齐在欧洲是最先用于牙科的汞齐。这一技术，里特［Riethe（2）］曾在由乌尔姆（Ulm）的施托克尔（Johames Stocker）根据自己行医实践书写的关于治疗和药物的一篇手稿中查找到。施托克尔死于1513年。关于这一技术是否由中国传入欧洲，仍属悬案。如确系传入，也应该是15世纪的事。但有关汞齐的知识，不论是在东方的亚洲，还是在希腊化时代的西方都早已普及。有趣的是，牙医用的汞齐现在被认为是金属间化合物［Westbrook（1）］。

[8] 参见 Berthelot（2），p. 37。

[9] 例如在莱顿纸草文稿X（第13，18号）中提及铜–银–金–锡型的复杂汞齐，联系刚提到的牙医用的汞齐，设想它们是金黄色或银白色的。由于这种成分在现代技术中已不复使用，其外观也久已被遗忘，若欲再现希腊化时代或中国原始化学家的制作过程，则必须再行研究。见 Berthelot（2），p. 66。

《本草纲目》中有一段关于“灵液”的奇特记载，“灵液”实际上是“神灵的膏脂”的意思。李时珍写道[1]：

> 方术家将汞与牛、羊和猪的油脂混合并研成膏状，用“通草”做成灯芯[2]，在存放黄金宝物之处点燃，即可辨认金、银、铜、铁、铅乃至玉石、玳瑁、蛇以及其它各种奇特物品。所以将它称为“神灵的膏脂”。
>
> 〈方术家以水银和牛羊豕三脂杵成膏，以通草为炷，照于有金宝处，即知金、银、铜、铁、铅、玉、龟、蛇、妖怪，故谓之灵液。〉

或许将汞与油脂共研并且拿来当蜡烛点燃有些巫术的意味，诚如上段最后所揭示的，但是在这种记载中隐藏了某些古代金匠或金属工匠曾进行过的一些有益的实验的可能性又何尝不存在呢？我的朋友，剑桥冶金实验室的查尔斯先生曾进行过“水银蜡烛”的试验，但并不成功。当蜡烛与物体挨得很近时，可以见到一层凝结的汞，但这时所产生的黑烟会使试验结果模糊不清。我们预期在各种情况下，厚度相近的汞齐膜的颜色相去不远，而含有不同金属的汞齐膜的颜色则会有较大差异。然而颜色的差异也可由氧化物引起，尽管带黑烟的火焰具有还原性，金属在汞齐中的氧化速度还是大大加快了。无论如何，李时珍所述的实验，至今尚未有人原样做成过。

最后，还应指出的是，本书第五卷第五分册讨论的内丹的意象，并非基于汞与硫之间的相互关系，而是建立在汞与铅的相互作用的基础之上。这一事实表明，早在外丹与内丹两大流派分化开来之前，汞齐在早期炼丹家的心目中已经占据了十分突出的地位。这并不意味着辰砂在内丹中无关紧要，因为阳的事物中总含有阴；而黑色物质在五行中是水和北方的代表，白色物质则是金属与西方的象征。铅和汞正好适合这一
245 情形，随着它们常态性质的神秘变化而形成汞齐，这就是在心理生理的训练中，通过相反相成致使内丹，即体内长生药，生成的模式。

(6) 金属与合金的表面处理

有关古代和中古时期中国炼丹术士已能造出的和未能造出的各种基质均匀的合金，本书的叙述就到此为止。那些纯银表面存在一层极薄以至稍厚的覆盖层而呈现出金银外观的金属物品，又属一种什么情况？在讨论贵金属以及外观与之相似的物品时，应考虑以下三类过程：

1. 表面富集
    (a) 通过添加一层贵金属
    (b) 通过从表面层除去贱金属
2. 形成稳定的表面膜

以上诸过程，在中古时期即为中国人所知晓，并付诸实际应用，这将在本章以后各段中讨论。在先前的科学家的著作中，并不难找到一些段落来说明他们已经能够将均匀

---

[1] 《本草纲目》卷九（第56页），由作者译成英文。在《证类本草》的各种版本中没有找到类似的段落。

[2] 可能是通脱木［*Tetrapanax*（曾作 *Fatsia*）*papyrifera*；B Ⅱ，82；CC 597］。

合金和表面覆层或所谓“表面染色层”明确地加以区分。其中，葛洪（大约300年）的叙述，前已引证（上文 p.67），在比葛洪晚两个世纪的炼丹术士和植物医学大师陶弘景的著作中可以引出一段，以提供另一例证。《证类本草》的“矾石”（即明矾）的条目下，在引据《本经》之后又引证歧伯所说：“矾石可使铁变铜。”[①] 在这以后又援引陶弘景的话，所引可能取自他所作《本草经集注》（约510年）[②]：

> 陶隐居［弘景］说：“黄黑色（或暗黄色）的一类（矾石）称为‘鸟粪矾’。这类矾石，不能用于医药，而只在镀（金属）中适用[③]。若将矾石与‘熟铜’（粉末）共同与天然醋和成糊状，然后涂敷于铁的表面，铁就会变成铜的颜色。然而，外层虽已呈出铜色，其内部物质并未变化。”
>
> 〈陶隐居云：……其黄黑者名鸡屎矾，不入药，惟堪镀作以合熟铜。投苦酒中，涂铁皆作铜色。外虽铜色，内质不变。〉

显然这是一种与“湿铜法”相类似的过程。在湿铜法中使含有较多硫酸铜的矿坑水流经铁屑以便得到大量的铜沉淀，这一方法甚至可以在工业规模上进行。在上文其它地方（pp.24，35，67，209），也常引据这一直到17世纪才由容吉乌斯和范·海尔蒙特作出明确解释的古代技术[④]，作为欧洲文艺复兴前炼金术嬗变法的一个例证。由于铜、
金和银都位于金属电化序列的末尾，它们容易被锌和铁等其它金属从它们的盐的水溶 246
液中置换出来，形成沉淀。至于“黄黑矾”究竟是什么东西，现在还不能准确地说出，但几乎可以肯定它是一种既含有硫酸铜又含有硫酸铁的矿物，与18世纪化学家们所说的“德国硫酸盐”相类似。在中古时期的中国，各种矾类和硫酸盐的叫法有些混乱，所谓“矾石”，无疑是包括了所有的属于矾类的物质，而硫酸铜则应称为“石胆”，且它还有许多同义词，例如，“胆矾”、“丹矾”、“石矾”和“蓝矾”等。与此类似，硫酸亚铁，应该称为“绿矾”，而它也有许多别的叫法，如“青矾”、“皂矾”及“黄黑矾”等。晚近的一位耶稣会会士金济时［Collas（5）］曾有一段关于当时（1785年）黄黑矾贸易情况的专门记录，但他并不能确定这种“硫酸盐”的成分。

（i）表面富集，添加一层贵金属（镀金或镀银）

有关中国镀金和镀银（“镀”）的历史情况，足可以写成一本小册子，然而在此我们仅由大约公元300年崔豹所写《古今注》中的一段引文即可满足，“当军队的统帅出发远征时，要携带铜（或青铜）制的黄钺以象征兵权，钺身和柄不可能由纯金打成，

---

① 《证类本草》卷三（第84页），由作者译成英文。标明出自歧伯，当然是暗示《黄帝内经》至少是公元前1世纪时所作，甚至更早得多；不过，现在该书中已不存在这句话。也可能是出自已佚的《黄帝外经》，歧伯也在其它一些书籍中以对话者的身份出现；参见《宋以前医籍考》，第706页。公元659年的《新修本草》已有引用；卷三（第22页）。

② 在本卷第三分册将对此进行更详细的叙述。

③ 除在这段引证中接下去所讲的内容外，很可能还有关于在镀金或镀银之前要进行表面清洗一类工作并没有说明。

④ Pagel（15）。值得注意的是，葛洪与陶弘景对这一技术的说明比利巴维乌斯（1600年）与森纳特（Sennertus，1629年）更为透彻。

因而覆盖以金的镀层”① （“大将军出征，特加黄钺者，以铜为之，以黄金涂刃及柄，不得纯金也”）。一般地讲，可以认为在中国，镀金和镀银技术比贵金属镶嵌出现得晚，不过两种方法在战国时期（公元前4世纪）都已经广为人们所知。

在研究中古时期的工艺时，一些由近代科学知识所产生的方法是可以不用考虑的②。例如：（A）采用贵金属的氰化物溶液进行电镀③；（B）利用金属的电化学活性不同进行接触镀敷④；（C）浸泡于金的盐类溶液中，以便使物体表面层的部分金属溶解而将金沉积于其上；（D）利用强还原剂使金从其盐类溶液中沉淀出来；或（E）在
247 粘结熔剂存在下对含金的化学物料加热，使其中的金析出并“烧结”于瓷器或玻璃之上。这种方法自明代以来一直用于瓷器业中；（F）采用金箔烫金，这是人类最古老的技术之一，可以追溯到古埃及公元前第3千纪的古王国时期⑤，而在中国则肯定是可以追溯到公元前第1千纪的。黄金因其具有奇特的性质，故能被锤打成极薄的箔片，这在很古的时候就已被人们所知道，不过当时并不能像现代制成只有0.000 1毫米厚的金箔，而一般只能达到0.005毫米左右的厚度。在中国和日本，金箔是根据其颜色来判定其优劣等级的。橙色被认为是最上等的，用来给钢进行包敷；黄色稍差，用于器皿和花瓶；而呈绿色的最厚，用于装饰佛教和道教的塑像，各种装饰的华丽效果，熟悉东亚艺术的人尽皆知之⑥。然而锤打金的行业，金箔和银箔以及贵金属的薄片的应用，在所有的古老文化中均长期延续，直到近代。

在这一类型的方法中，还有一特别有趣的是：（G）使银扩散粘结于铜上⑦。将银条置于较厚的铜棒之上，并在压力下加热至约800℃⑧，使在两者界面上形成熔融的银铜共熔合金，冷却后结合得十分牢靠，并且不需要添加任何易熔合金的焊剂。由于银和铜具有同样的变形特性，在成形中可将两者的粘合体当作一个单件加工。这种工艺品称为“谢菲尔德盘”（Sheffield plate），系由博尔索弗（T. Bolsover）于1743年发明，并从此在英国的谢菲尔德（Sheffield）市发展成为一种工业，故得名。那么，现在我们应该了解，（倘若不是在古代经由一些途径不明的渠道传入的话）这是一次重新发明，因为这一工艺在东方的应用，已被查尔斯［Charles（2）］在东克里特岛（Crete）古尔

---

① 《古今注》卷上，由作者译成英文。

② 关于现代技术，参见希斯科克斯［Hiscox（1）］的著作和贝瑟［Bergsøe（2）］有趣的述评。

③ 这些亦可单独使用，而无需通电流。铜、黄铜以及一些其它的金属用氰化钾、硝酸银和碳酸钙的混合物摩擦即可镀上银，Hiscox（1），pp. 587，642。哈斯什米［Haschmi（5）］相信在《贾比尔文集》中有证据表明氰化金在9—10世纪即已制出，并因其离子交换性质而可用于对铁进行覆盖，不过这有待于进一步考查。

④ 由斯蒂尔［Steele（3）］所译的《贾比尔文集》中说到一种类似大理石的物质，可以将银覆盖于铜、铁、铅及锡之上。哈斯什米［Haschmi（5）］认为这一物质可能是硫酸银或硝酸银，因离子交换性质而具有镀银的能力。在《贾比尔文集》的另一些地方也提及一种“红色的炼金药”，可以使银呈金色，而另一种白色的炼金药则可使铜呈银色——这些似乎都可以由同一原理加以解释。不过这些文字所说的内容还需进一步详加考证。借离子交换以实现覆盖的最突出的例子，当首推由铜的盐类溶液将铜析出于铁的表面上（上文p. 245）；这在中古时期的中国已成为一种产业生产方法。另可参见上文p. 67和本卷第三分册。

⑤ 见Lucas（1），pp. 263 ff.。

⑥ Julien & Champion（1），pp. 79 ff.；Moran（1）。金属表面要先用温度相当于沸点的弱有机酸处理。

⑦ 令人颇感兴味的是，在白铜上采用扩散粘结所形成的镀银层，看起来就好像是19世纪中叶的制品一样［Aitchison（1），vol. 2，p. 535］。

⑧ 根据材料工程手册，铜的熔点为1083℃，银的熔点为960.5℃。

尼亚(Gournia)出土的一柄米诺斯人于公元前1700—前1400年所制青铜短剑上的银包铜铆钉头所证实。贝尔纳雷吉[Bernareggi(1)]根据公元前2或前3世纪罗马共和国的镀银铜币也作出了同样的证实。短剑的铆钉头经过热粘接,承受(锤打、扩展等)冷加工,因而能使剑柄成功地安装于剑上。钉头的顶端实际还开有凹槽,以便接纳多余的低共熔合金。迄今所知,在中华文化圈内至今尚未找到利用扩散粘接来镀银的实例,虽然是很有可能找到的。不过以上所述事实引起了一个难以解答的关于社会传播方面的问题,即这项技艺是否曾经以及如何从米诺斯人的克里特岛经历漫长的年代流传到达18世纪的英国谢菲尔德。

在电镀法发明之前,不论是在东方还是在西方,(H)采用汞齐对金属物件镀金和镀银,一直都是最常用的方法。将金融于沸腾的水银中以形成油脂状的汞齐,并用毛刷或抹刀将汞齐涂敷于已清洗干净的金属表面,汞齐就会粘附于金属表面,其情况犹如将铁或铜的物件浸泡于熔融的锡中一样。然后加热使水银挥发从而留下光滑的镀金 248
表面。以上步骤可重复以便使金属表面上沉积数层黄金。不过其操作温度不得超过500℃,否则,金就会渗入镀层底下的金属中。镀银,例如给镜面镀银,其操作方法也相类似。虽然这一方法后来已变得十分普及而不令人感到新鲜,但它确实曾经是光耀夺目一时的一项新发明。这在中国,最大的可能性是在战国时期,或许就在公元前4世纪邹衍之前的某一个时期,那时对水银的特性刚开始进行探索①。在西方,有关汞齐的知识及其应用,始于亚里士多德时代,似乎是与东方同时并进的。埃瑞苏斯(Eresus)的泰奥弗拉斯托斯(卒于公元前287年)已经知道水银可由辰砂制得②,而到维特鲁威(Vitruvius,公元前27年)③、普利尼(公元77年)④及迪奥斯科里德斯(公元2世纪)⑤的时代,汞齐镀金已是一种标准作业。有关内容在伪德谟克利特和其它亚历山大里亚时期原始化学家的文字中已可见到⑥,而在公元3世纪的纸草文稿⑦中则大量存在。在这一时期的书中还提及另一种简陋得多的技术,即在表面涂敷金和铅的合金,而后利用氧化和挥发作用以除去铅⑧。这种方法很有可能是从知道利用汞以前更早的时候遗留下的。中国利用汞齐为铜镜镀银,正如我们在本书中早些时候看到的(参见图1326),至少是从公元前2世纪就已经开始了⑨。

---

① 关于水银在中国的历史,见本卷第三分册。那里还有陶弘景关于采用水银镀金和镀银的经典性陈述的译文。

② 参见Stillman(1),p. 18。

③ Vitruvius,Ⅶ,8。

④ 《自然史》,XXXⅢ,多处可见,译文与注释见Bailey(1)。

⑤ 参见Stillman(1),p. 44。

⑥ 如Berthelot(1),p. 272,(2),pp. 70,71。

⑦ Caley(1,2);Berthelot(2),pp. 37,40,52,56,58等。参见上文p. 16。

⑧ Berthelot(1),p. 244,(2),pp. 52,58。

⑨ 本书第四卷第一分册,p. 91。一般常用锡汞齐,同样的工艺为亚历山大里亚时期的技师与原始化学家们所用[Berthelot(2),pp. 35,60,72],这一工艺还用于利用锡汞齐制造仿银物品(上文p. 243)。对于贵重物品,则可采用银汞齐。

249

图 1326　负局先生，磨镜者。《列仙全传》卷一，第三十三页。

一种可称为"涂金"的工艺，即采用类似于镀锡①的方法使金属物品上附着一层金的表面，贝瑟［Bergsøe（1）］将这种工艺称为"熔化镀金"，但称为"涂金"也未尝不可。他还证实，在哥伦布发现美洲之前，埃斯梅拉达斯（Esmeraldas）沿岸的印第安人采用过这一工艺②。这一工艺是使含铜约20%的金铜合金在稍高于850℃下流经铜制品，使之像熔融的锡一样吸附在后者的表面上。然后将其粗糙的表面打磨光滑或者锤打成薄片。贝瑟还证明，完全相同的工艺也适用于银，而且由于银与铜的变形特性比金与铜更加接近，其涂银效果更佳③。中国中古时期的工匠是否曾经采用过类似的方法，现在还不清楚，但是有一种与之相类似的在铁的表面进行"熔化镀"青铜的工艺曾经在一些早期的爱尔兰基督教的圣钟上使用过④。

（ii）表面富集，除去表层贱金属（渗透化合法） 250

最后还有两种表面富集的方法应在此进行讨论，这两种方法中并不是在表面上添加一层贵金属而只是从表面层中除去贱金属。实质上，是从金或银的合金的表面层中除去铜和其它易氧化的元素⑤，从而使其色泽变为金色或银色。当然，这样形成的表面，能通得过试金石的检验⑥。毫无疑问，这一技艺在中国上古和中古时期已得到应用，并由此产生汉代以来炼丹术士借以制造"人造黄金"以欺骗权贵们的方法。通过除去贱金属以实现表面富集的工艺又可分成截然不同的两种：其中一种为（J）沥滤法，而另一种为（K）采用盐类进行表面渗透化合。第一种方法，先要将对象在空气中加热使其表面生成黑色氧化铜，然后必须将氧化铜溶解掉并冲洗擦净。现今的金匠通常采用稀硝酸或稀硫酸，但沥滤法的运用远在人类知晓这些知识之前，现已肯定，在哥伦布之前的美洲印第安人，已经采用了沥滤法⑦。根据推测，他们采用的是较弱的有机酸如草酸⑧、醋酸或苹果酸，而且在加温下进行，古代中国的做法肯定也是与此相类似⑨。在镀金或镀银前进行金属表面清洗所用的传统中国配方中，也包括一些具有腐蚀

① 参见上文 p. 233。

② Bergsøe（2），pp. 29 ff.。

③ 与关于谢菲尔德盘的叙述中所见情况相同，上文 p. 247。Bergsøe（2），pp. 37 ff.。

④ 马里恩（Maryon）致贝瑟的私人通信。

⑤ 在行话中称为"在酸中煮沸"或"着色"［参见 Hiorns（2），pp. 386 ff.］。

⑥ 若长时间埋于地下，由于腐蚀，这一过程也会发生，它已被金币（Hughes & Oddy；C. F. Carter）、银币（Hendy & Charles；Condamin & Picon）以及其它贵金属物品（E. T. Hall，Hall & Roberts）所证实。这对古币学家和化学考古学家是有意义的。这一过程甚至也发生于自然界，砂金颗粒外层含金量往往大于内部［Mc Connell（1）］。

⑦ 例如，前印加时期的秘鲁印第安人制成一些"镀银"物品［Antze（1）］，所用合金含银约40%、含铜约60%。其上有经过强沥滤作用过的表面层［Bergsøe（2），p. 39］。与此相似，前哥伦布时期的埃斯梅拉达斯印第安人曾对他们采用"熔化镀金"，即按文中所述"涂金"工艺，制作的铜制物品进行沥滤。

⑧ 例如，取自酢浆草软毛（*Oxalis pubescens*）；Arsendaux & Rivet（1）；Bergsøe（2），pp. 35 ff.。

⑨ 而且亨迪（Michael Hendy）博士也告诉我们：12及13世纪阿拉伯制币文件中也提及钱币表面富集是当时的一种例行作业。参见 Levey（9）。

性的植物成分①，这也提示我们，在沥滤过程中是用植物酸的②。贝瑟的试验发现，如果要由沥滤法得到经久不变的金色表面，其铜合金中至少应含20%的金。

渗透化合本身就是一种更为剧烈的反应，为了便于将问题说得更透彻，应回顾一下上文关于灰吹法及分离法等一般技术的描述（p. 38）。沥滤法可以用来增加表面层的银含量，而渗透化合只适用于金，因为所用的食盐会将各种元素包括银在内以氯化物
251 的形式除去。这一方法实际上是由“干分离法”演变出来，它是将物品用添加了硫酸铁的食盐和砖屑或者食盐和黏土裹起来③，加热至高温使除金以外的表面层金属都转变为氯化物，随着烟气逸出或者被烤钵状容器中的一氧化铅和灰烬吸收④。这一方法在中国从何时开始，上文（p. 55）⑤ 已经作过考查。《黄帝九鼎神丹经诀》虽然是一部编纂于唐代的书，却能使我们了解2世纪的事，我们可以认为利用表面层除杂以富集的方法早在汉代即为人们所知。欧洲希腊化时代的许多著作出现在这一时期的前后，例如伪德谟克利特的著作出现于1世纪⑥，而稍晚些时候的希腊文原始化学著作和关于技术的纸草文稿则出现于3世纪⑦。因此，在旧大陆，不论是东方文明区域还是西方文明区域，在刚进入中古时期的时候，就已经成功地进行了由对象表面除去贱金属的过程，这些对象可以是由不纯的金或银制成的，也可以是经过表面富集的合金。显然，这就进一步给我们提供了有关中国古代赝金制作者和点金术士所从事的工作的资料，其年代早至李少君和公元2世纪前半期的造“伪黄金”币者。

（iii）有色表面膜的沉积（“着色”、上青铜色、酸蚀浸泡）

以上已包括了关于表面镀金和镀银我们所需要叙述的全部内容，然而还有另一种类型的技术，这些技术对了解炼丹术和赝金制作是很重要的，应用这一类型的技术就可以使金属表面涂上极薄的永久性或半永久性的表面膜，并使之呈现出各种各样的颜色。人们对其所能达到的效果难免感到震惊，它不但可以使金属获得金和银的外观，

---

① 例如儒莲和商毕昂［Julien & Champion（1），p. 79］提到的酸浆（*Physalis Alkekengi*）及酸梨。有关此项目的实用性研究，可以从《事林广记》（参见上文pp. 61，62）所描述的过程开始。

② 霍尔［Hall（1）］写道：现已知道，中国人是用生梨汁处理某些含金的合金表面，其处理过程长达数年之久。但他未给出资料来源。他的结论可能来自近期实践的报告。参见何丙郁等［Ho Ping-Yü，Lim & Morsingh（1）］翻译并加以论述的明初的专题论文。

③ 砖屑或黏土将钠结合为硅酸盐和铝酸盐。释出的氯化氢和硫酸蒸汽使反应得以进行。在这一方法中，用以处理金属的混合物称为“氯化焙烧剂”。参见图1301。

④ 埃克尔（1574年）曾对渗透化合作用作过很好的记载；见Sisco & Smith（1），pp. 182 ff.。

⑤ 关于日本的情况，参见Gowland（6），p. 32；（7），p. 137。海恩斯［Hiorns（2），pp. 386 ff.］对现代的食盐法是如何进行的作了描述。将物件置于沸腾的HCl、浓硝酸钾和氯化钠浴槽中，这一过程只需几分钟即可完成；这叫做“湿法着色”。也可将物件置于熔融的明矾、硝酸钾和氯化钠中，然后再浸入稀硝酸溶液片刻；这又称为“干法着色”。

⑥ 《制金》（*Chrysopoia*），第8条，《希腊炼金术文集》Ⅱ，i，12。

⑦ 莱顿纸草文稿Ⅹ，第20，20a；参见Caley（1）。关于该两项文献，均可见Berthelot（2），pp. 14 ff.，16，33，34，55 ff.，58，71。

还能使其表面呈现出深浅不等的绿、蓝[1]、紫红以及紫等颜色，甚至还可以变成像青铜一般的青铜色、灰色和黑色，此等技术在工业上统称“镀青铜”[2]，这也可能是使人感到惊异的一部分原因。铜可以利用氧化铁处理使其色泽类似棕色青铜[3]，也可以用硫酸铁处理使其成为红棕色并带有紫色光泽，而用氯化锑处理则变为紫红色，若用硫酸铜 252
和氯化锌处理则呈暗绿色，又可用硫酸铜及醋酸铜使呈蓝绿色[4]。而黄铜则可由氯化铜及氯化铁的作用而变为橄榄绿，或由硝酸铜作用而为暗红色。若用硫代硫酸钠和醋酸铅共同处理，则可通过改变其作用温度与时间而使之呈现出各种各样的奇特色彩，包括：金色、黄色、粉红、深红、紫红、蓝、蓝绿等[5]。有意义的是，那些本来因为本身成分而不具黄金颜色的黄铜，可以经由醋酸铜、碳酸铜和氯化铜的各种比例的混合物，或经由铁氰化钾与苛性钠或酒石酸钾与苛性苏打的作用而变成黄金的颜色[6]。甚至于只需要正确地使用醋酸铜和氧化铁，就可以使铜的表面附上一层深金黄色的薄膜[7]。硫化物可以产生强烈效果，以致黄铜用硫化钾和硫化铵处理会永久性地变黑[8]，而更为重要的是，银可以在硫化钡和硫化铵的作用下，按照要求具有由浅至深的各种黄金色泽[9]。

提及采用硫化物使金属改变颜色或称“着色”又使我们考虑到现代工厂的方法。似乎现代方法与希腊—埃及纸草文稿以及希腊化时代原始化学家书中的古代方法相去甚远，然而，它们之间的联系是既紧密又直接的[10]。可以肯定，他们所进行的一项主要工作，就是使在气体中或在溶液中的汞、砷和硫与含铜合金的物品反应，使后者先“变白”（*leucōsis*），继而“变黄”（*xanthōsis*）。砷的蒸气[11]或砷和汞的硫化物[12]可以使与金、银、锡或铅相结合的铜变白，即变成银色。回流冷凝器（*kērotakis*）中的汞蒸气

① 凡是把法国色拉调味汁洒在铜盘上的人，都会因为看到由调味汁中含有的醋酸及醋酸盐类所引起的光亮蓝色而感到惊讶。

② 参见海恩斯［Hiorns（1）］关于这一问题的饶有趣味的书。几乎各种方法都由以下几个步骤组成：金属表面的预先擦净和清洁处理，在不同温度下在化学试剂中浸泡不同的时间，而后在各种条件下进行干燥等。

③ 这就是1828年拉弗勒（Lafleur）介绍的“佛罗伦萨镀青铜”［Hiorns（1），pp. 63，103］。

④ Hiorns（1），pp. 14，103，108，225；Hiscox（1），p. 221。

⑤ Hiorns（1），pp. 193，27，230。硫代硫酸盐及氯化锑可使黄铜呈黄金一般的外观，但若处理时间过长则变为灰色；Hiorns（1），p. 192。

⑥ Hiorns（1），pp. 191 ff.，202；Hiscox（1），pp. 130，570，571，又关于“锑浴”的描述见 p. 581。

⑦ Hiscox（1），p. 221；Hiorns（1），p. 103。或者还可产生砖红色。参见《希腊炼金术文集》V，i，13，及 Hopkins（1），p. 101。

⑧ Hiorns（1），pp. 207，208。

⑨ Hiorns（1），pp. 266，268。若继续延长处理时间，将使之具有彩虹般的绯红、暗紫红色，直至赭色或像钢铁表面的深棕色。醋酸根离子具有强烈的使金属产生彩虹色彩的倾向（p. 154），所产生的彩虹色彩可以通过在表面涂以透明清漆加以保留，《文集》常提及醋的应用，纸草文稿也有记载。值得注意的还有，在硫化钡的作用下，镍也可产生黄金—青铜色泽。关于钢的着色，见 Hiscox（1），p. 80。

⑩ 霍普金斯［Hopkins（3）］的巨大功绩在于说明，只有借助现今镀青铜法才能充分说明希腊化时代“工艺师”的“着色”技术。不过，他将渗透化合法解释成仅仅是镀青铜法中的一种方法，很有可能是不对的［莱顿纸草文稿 V，Berthelot（2），pp. 18 ff.，莱顿纸草文稿 X，第 15，Berthelot（2），p. 31］。

⑪ Leicester（1），p. 45；Sherwood Taylor（2），pp. 125 ff.；Hopkins（1），p. 46。

⑫ Berthelot（2），pp. 11，72；Leicester（1），p. 43。

可以在对象表面形成银汞齐①，从而也起到同样的效果，甚至利用锡汞齐也可以②。接着，表面上的银或砷铜合金，或者那些已经具有银色的含砷或含汞的复杂的铜合金，可以因硫化物的作用而变黄。在所用的硫化物中，以多硫化钙（CaS_2-CaS_7）的混合物
253 为最好，这就是著名的“神”水或“硫黄”水③，也有人采用由鸡蛋（天然地像宇宙一般神奇的东西）干馏而得的硫化铵④，使用硫化钠也能达到同样目的⑤。伪德谟克利特著作中最早的制造黄金（*chrysopoia*）的步骤包括：“使铜的外观变得像银，然后使表面层变金。”⑥ 可以将全面重现希腊化时代的点金看成由三个主要步骤组成⑦。规范的方法是先在含有铜和铅的铅铜（*molybdochalcum*）中，或者在含有铜、铅、锡及铁；（氧化镁金属；metal of magnesia）的物质中，加上银或金银合金（*asem*），并用汞或锡汞齐淹没，以便得到内部为黄色而外观像银的物品，接着，加入少量的金并用多硫化钙将外表面变黄使之具有金黄色泽。其最后一步为“染成紫色”（*iōsis*）⑧，有可能与前述的某一种“上青铜色”工艺相类似，例如使硫酸铜、醋酸盐或醋酸作用于含少量金的铜（参见下文 p. 264）⑨。另一种或许比较原始的方法是，用醋酸铜及氯化铵作用于铜的镀锡表面，使之变成具有光彩的黄色表面⑩。稍晚一些时候，还有一种与犹太妇女玛丽有关的方法，即从铅铜合金（*molybdochalcum*）开始，将它与硫共熔，用汞或锡汞齐使它变白，再用硫化物使它变黄。这些重现的方法都是人们猜想出来的，还十分有必要在现代实验室中多次重复验证，不过它们与真实情况不会相差太多。

因此，回顾过去可以清楚地看出，与制作赝金和点金相关的冶金技术有两大传统。其一是制造基质均匀的合金，而另一种是通过改变表面层的组分或者沉积极薄的带色薄膜使金属表面“着色”或“染色”⑪。当然这二者不可能截然区分开，因为利用表面层处理或表面层薄膜究竟能取得什么样的效果往往要取决于表面层底下的金属本体的确切成分，一些研究希腊化时代原始化学的人认为可以觉察出埃及和波斯两种文化传统的差异，如果波斯被认为是意味着在精神特征上受远东的影响较大的话，这种差异

① Berthelot（1），p. 161；Leicester（1），pp. 43，45。

② Berthelot（2），pp. 35，60，72。

③ Leicester（1），pp. 39，43，68；Sherwood Taylor（3），p. 45；Berthelot（2），pp. 47，68，69。参见 Mellor（1），p. 409；Partington（10），pp. 377，693，696。

④ Leicester（1），p. 44。鸡蛋含硫量相当高；在蛋黄和蛋白的蛋白质中，特别是在卵黄蛋白质和卵粘蛋白质中含有巯（氢硫）基，蛋膜的角朊中也含有大量的硫。蛋黄中还可能含有硫脂类。蛋白和蛋黄长时间存放在会自发地放出 H_2S，这是早已为人们所知的。

⑤ Berthelot（2），pp. 39，59。

⑥ 《希腊炼金术文集》Ⅱ，i，4；参见 Berthelot（2），p. 71；Hopkins（1），p. 64。

⑦ Hopkins（1），pp. 93，103，106。参见《希腊炼金术文集》Ⅲ，xxviii，2，9。

⑧ 《希腊炼金术文集》Ⅱ，i，7；ii，5。

⑨ 参见 Hopkins（3）。

⑩ 这一方法为霍普金斯［Hopkins（1）］根据莱顿纸草Ⅹ第 14，15，89 所提出，其中有些内容可以有其它解释。但所说的方法的可行性已经试验证明，见 Hiorns（1），p. 107。

⑪ 古希腊文集采用“表面染色”（*chrōsis*；χρῶσις）、“涂油”（*chrisis*；χρίσις）以及“浸泡于染料中”（*katabaphē*；καταβαφή）等术语说明这一过程。我们将在此看到，中文中的相当术语就是“染”字。参见Berthelot（2），p. 23。

对我们而言就是很有意义的。比德兹和屈蒙①得出以下结论：伪德谟克利特学派因效
法其波斯大师奥斯塔内斯而偏爱“液体”的方法，如着色、涂漆、薄膜沉积、表面富 254
集和汞齐镀金等，而埃及人往往倾向于制造各种不同组分的均匀合金②。的确，辛尼修
斯在公元389年前的某一个时期给狄奥斯科鲁斯的信中曾说过以下的话③：

> 他［伪德谟克利特］在谈到伟大的奥斯塔内斯时，证实了奥氏并没有利用埃及人的嬗变术，也没有采用他们的加热和熔化工艺，而是从外面施用（其它物质）使其发生作用，并利用火（加热）使产生化学反应。他说这种操作方式正好就是波斯人的习惯。

我们觉得对待这种区别还应持较大的保留态度。也许在1世纪时曾经有过短暂的这种分化的倾向，但这似乎并不十分重要。这部分是由于在东亚化学技术中两种工艺并存④，同时也部分由于事实上在当时的埃及已有表面膜的突出实例，而且之后又继续不断地产生。图坦卡蒙（Tutankhamun）拖鞋（约公元前1350年）上的金制玫瑰红片状装饰品就是一个极好的例子。金表面上的这类淡红或者玫瑰紫色的薄膜在当时就已经不是第一次见到的新鲜玩意儿，因为这种薄膜在这以前约30年的泰伊（Tiy）皇后的珠宝上就已经发现，它在这以后还继续生产了一段时间，例如在特沃斯瑞特（Tewosret）皇后（第十九王朝，公元前1350—前1200年）的王冠上以及在拉美西斯十一世（Ramesses Ⅺ，第二十王朝，公元前1200—前1090年）的耳环上，均有所发现。卢卡斯最先指出，这种玫瑰颜色并不是来自任何有机物的覆盖，也不是因为对黄金进行了胶质改性，相反的，将金烧至红热然后锤打，往往也只能起到加强这一效果的作用而已，而金中含有少量的铁⑤，这才是真正的原因。接着，伍德［Wood（1）］在稍晚一些时候作出了出色的研究，他已能证明只要金中的铁含量接近1%，并按一定方法加热，就会自然地生成一层厚度不大于0.25×10^{-3}mm并含有氧化铁的膜⑥。奥斯塔内斯当时所能做的，也无非就是这些而已。

另一个来源截然不同的例子是印度的莫卧儿王朝（Mogul）时期及以后⑦，在海得拉巴西北约60英里的比德拉（Bidera）镇生产了具有多种图案的铸造器皿和厨房用具，其所用材料为高锌黄铜（表102），其实就几乎只含锌，而铜、铅、锡诸元素的总量不

---

① Bidez & Cumont（1），vol. 1，p. 205，vol. 2，p. 314。

② 参见《希腊炼金术文集》Ⅱ，ii，1，伪德谟克利特致伪留基伯（Pseudo-Leucippus）；Berthelot & Ruelle（1），vol. 3，p. 57。

③ 《希腊炼金术文集》Ⅱ，iii，1，2，译文见Berthelot & Ruelle（1），vol. 3，p. 61，由作者译成英文。

④ 参见本册pp. 67，273及本卷第三分册。

⑤ 卢卡斯［Lucas（1），p. 266］根据有关墓穴挖掘报告的附录Ⅱ。

⑥ 伍德成功地用指甲亮光油将薄膜剥离，薄膜剥离后，其颜色完全消失，但他采用阴极溅射喷镀法将金沉积于薄膜的背面后，其颜色立即恢复。金当中除了含有必要数量的铁以外，还含有砷及硫，这使人认为金匠可能曾经加入了一些雌黄，但是这两种元素对于产生粉红或紫红颜色都是不必要的，因而它们可能原来就存在于被开采的金块中，铁有可能也是这样。可以概括地将这一方法说成是金所含的少量活性金属，在加热当中会被氧化而产生带颜色的薄膜（查尔斯）。有趣的是，粉红色彩也可以由热的氯化铜溶液在银的表面上产生［Hiorns（1），p. 270］。

⑦ 现在还不清楚这一技术可以追溯到多远。这与印度熔炼锌的起始时间有关，这一问题本书第三十六章还要讨论。

足 10%，其含量按上述顺序依次递减。这种合金具有在浸泡于氯化铵、硝酸和硫酸铜
255 的混合物中经“上青铜色”或“着色”处理后会变成黑色的特性[1]，艺术家们应用这一方法镶嵌花卉图案及金银装饰等。因而比德里合金（白合金）制品与地中海地区的乌银器（*niello*）在外观上有几分相像，但它是借助某种合金的特殊的“上青铜色”的性能制成，而不是由在银或其它金属基体上沉积多种金属硫化物的混合物而得到的[2]。

这些方法在中国古代的化学技术中有什么样的反映，是一个饶有兴趣的重要问题，一部分答案将随着我们的讨论逐渐得到，在此先提出几个有关的要点。《抱朴子》一书中相应的内容已经在前面指出（p. 67），当时不仅已经了解了由硫酸铜或碳酸铜析出铜而使铁的外观变铜仅仅是限于表面的变化这一特点[3]，同时还知道了“可用蛋白使银变黄色而视若黄金”。这就难免使我们想起亚历山大里亚时期利用硫化物进行“变黄”（*xanthōsis*）[4]，但令人遗憾的是，葛洪竟然几乎没有谈到有关采用什么样的方法能使鸡蛋中的硫参与化学反应的细节。还有一点，就是在读到本章中有关历史的许多记述时，读者往往要问起在中国辰砂（硫化汞）与黄金或赝金之间存在着如此普遍的联系，其基础究竟是什么？这种联系肯定是有一些原因的。第一，由天然矿产物中制备汞及利用汞从含金的砂子一类东西中通过形成汞齐提取金；第二，通过汞齐镀金来点金[5]；第三，利用汞使铜和铜合金变白（*leucōsis*），接着又利用硫化物使表面“变黄”。以上三种方法都见之于李少君以来的中国炼丹术士叙述的字里行间，它们就是上述联系的背景。普利尼的《博物志》一书中有一段关于卡利古拉（Caligula，公元 37—41 年在位）皇帝为了得到黄金而大量熔炼雌黄（三硫化二砷）的奇妙的记载，他果然得到了少量的黄金，但还不足抵偿该项工作的消耗[6]。银的表面涂抹雌黄然后稍微加热，就会因形成硫化的薄膜而看起来像金[7]，而一定比例的砷铜外观也与黄金相像[8]，因而很有可能
256 在普利尼的记载中，已将当时点金的企图隐瞒下来[9]；虽然采用罗马的雌黄（*auripigmentum*）处理一些贫乏的真金矿物也同样是完全可能的。而与中国有关的是，由于砷的两种硫化物在其文化的早期炼丹术中均占有十分突出的地位，因此难免会使人们相信这种表面处理方式，在汉代炼丹术士的活动中已经采用。

---

① Ray（1），2nd. ed，p. 217；Hiornes（1），pp. 232 ff. 。

② 研究西方乌银的人，把兴趣集中在 12 世纪初特奥菲卢斯的一本书上［Theophilus，chs. 28 ff. ，Hawthorne & Smith（1），pp. 104 ff. ）。他采用熔融的硫化银、硫化铜、铅和助熔剂硼砂（不过，后来发现采用氯化铵做助熔剂更好）。这一技艺为普利尼所知［《自然史》，XXXⅢ，xlvi，131，参见 Bailey（1），vol. 1，pp. 129，227］。关于这一技艺的历史，见 Blümner（1），vol. 4，pp. 267 ff. ，及 Rosenberg（1），vol. 2；而关于技艺本身的详情，见 Maryon（6）和 Moss（1）。

③ 有趣的是，这一古代方法至今仍在应用［Hiorns（1），pp. 299 ff. ］。

④ 参见 Berthelot（1），p. 244，（2），pp. 47，68。

⑤ 读者应能记得，通过制备不同汞齐来实现的造银术及其在各种合金表面镀银中的应用。

⑥ 《自然史》，XXXⅢ，xxii，p. 79；参见 Bailey（1），vol. 1，pp. 101，201。

⑦ 查尔斯先生的私人信件。

⑧ 参见上文 p. 223。在奥林匹奥多罗斯（约公元 500 年）的书中，有关用砷制得金色砷铜的相当清晰的记载；《希腊炼金术文集》Ⅱ，iv. 12。

⑨ 如贝特洛［Berthelot（1），p. 69］书中所提示的。

关于这一点，在公元第1千纪的末期，已有足够的文本材料可以证明。《宝藏论》（约918年）中述及，将雄黄（二硫化二砷）与多种植物材料共热，可得一种萃取液和一种在进一步加热中颜色不会改变的沉淀，再用其它植物原料处理，就可得到一种液体制剂①。制剂分为三类，其最佳者可以内服，其次“可点铜成金”，第三等“可变银成金”。这就意味着以下两点：（a）制成金色外观的砷铜②；（b）在银色金属表面沉积黄色硫化物薄膜。该书还以类似方式述及雌黄（三硫化二砷），但略去有关植物原料的处理，而且还暗示（在防止氧化的条件下）将硫化物加热以形成熔化的冰铜③。熔化的冰铜可进一步用来“点银成金”和“点铜成银”。上句前一词组中的“点”可能是“变”的讹误，因此，我们仍有（a）硫化物薄膜的沉积，（b）制造银色砷铜。

不难找到另外一些把问题说得比较清楚的书籍。例如，在《太古土兑经》中载有④：

> 再有，若金属中混杂有假，只需洒上氯化铵，即可区分。氯化铵浴也能使颜色变得均匀。龙血⑤能起保护颜色使它不变的作用。与此相仿，粟酒可以软化金属（表面），栀子⑥的种子可以给金属染色，而余甘子的果实⑦的提取液可以除去金属上的污点和斑点。红赭石（氧化铁）可以改善物质的颜色，增进其美观。黄矾可使金属及矿物显出色彩。
>
> 〈又五金有不真物，但投硇砂则真伪自见。亦能均色也。麒麟竭亦能驻色，黍米酒能柔软，栀子能染色，余甘子能去不净，代赭亦能润色兼能美质，黄矾能出染一切金石汞砂。〉

作者在这段话中显然是在说金属的染色表面。氯化铵至今还被用来在焊接中保护金属以防止氧化，它可以使氧化物变为氯化物从而挥发掉，因此它对氧化物的表面色彩所产生的作用肯定是引人注目的。树脂薄膜当然可以起保护表面颜色的作用，而所提到的其它植物材料，也只不过是那些因含有机酸类、染料或含硫化合物而能对金属表面产生影响的众多物质中的少数几个罢了。对于表面层所染的颜色，显然有一个奇特的 257
专用名词就是“晕”。这一名词，将在崔昉约于1045年所著的《炉火本草》（见本书第三卷）中再次见到，该书中说到“晕”可用硝石（即硝酸钾）除去。五代或宋初的《龙虎还丹诀》一书则说，“晕”可以用酿酒工人的尿液除去⑧。这一作用不大可能是因为酿酒工的尿液中含有某些特殊成分如乙醛等所产生的，各种尿液多半都会有同样的功效，而尿液分解时所产生的氨无疑是真正起作用的原因。

---

① 引自《证类本草》卷四（第102页）。

② 参见上文 p. 223。

③ 引自《证类本草》卷四（第104页）。

④ *TT* 942，卷下，第十一页，由作者译成英文。

⑤ 估计是一种藤属植物麒麟竭（*Daemonorops draco*；参见上文 p. 171）的树脂。

⑥ 栀子［*Gardenia florida* = *jasminoides*；R 82；Anon.（57），第2册，第101号，第403页］。种子中含有黄色染料，因此又称中国黄草莓。

⑦ 通常称为庵摩勒（*Phyllanthus Emblica* = *E. officinalis*；R 330），其果实称为诃子。

⑧ *TT* 902，卷二，第三十页。

(iv) “紫磨金”和日本“赤铜”、“乌金”

中国文明中有关“着色”的实例，可以从很早的时期就追踪到，而且其细节还颇令人神往。读者还应记得上文 p. 50 说过，第一个从事出土楚国金币研究的学者，当推在 1080 年前后的沈括，我们又曾说到一种葛洪在公元 320 年左右称为“上色紫磨金”的赝金（上文 p. 70）。若从《梦溪笔谈》中的该段文字接着往下读，就会遇到一段引人注目的记述，它展现了一个关于紫磨金发展历程的全面回顾，而且还说明了紫磨金究竟是什么东西。在讨论公元前 5—前 3 世纪（这时间是按现在我们所知道的写的）的打印金币之后，沈括接着往下说[1]：

> 再者，在襄、随（两州）之间，旧春陵附近有一称白水的地方，挖掘的结果得到许多“金麟趾褭蹄”[2]。“麟趾”是中空的，四边有很细的刻文，雕工极巧。“褭蹄”看来倒像一个圆饼，其四周看不出模压的痕迹，好像是熔融金属倒在平板上固化而成（如同烤饼成形的方法）。由于它的形状有点像干柿子[3]，当地老百姓称之为“柿子金”。
>
> 《赵飞燕外传》中讲述汉成帝如何窥视赵昭仪入浴，（为了这一目的），汉成帝用“金饼”讨好她的随从和贴身丫鬟。所用的“金饼”，很有可能与“麟趾褭蹄”同属一类东西。每个重刚好 4 两多一点，相当于古代的 1 斤。其色为美丽的“紫艳”，非其它黄金能与之伦比。这种“金”比铅还要软，甚至大块的也能用刀来切割。其中间部分更加软弱易碎，用磨石不难把它碾成粉状[4]。
>
> 258 据杂家称，这种“麟趾褭蹄”是以前娄敬制造的炼丹用的金（“药金”），被药师（或方士）们称为“娄金”，且被认为是调配药剂的上等材料。前汉书的注解中也说这种“金”“异于他金”[5]。我在汉东[6]住过一年，当地许多人家都收藏有这种东西（金），在某处地窖还有数打，我也因此得到了一块[7]。
>
> 〈襄、随之间，故春陵、白水地，发土多得金麟趾褭蹄。麟趾中空，四傍皆有文，刻极工巧。褭蹄作团饼，四边无模范迹，似于平物上滴成，如今干柿，土人谓之“柿子金”。《赵飞燕外传》“帝窥赵昭仪浴，多袖金饼，以赐侍儿私婢”，殆此类也。一枚重四两余，乃古之一斤也。色有紫艳，非他金可比。以刃切之，柔甚于铅；虽大块，亦可刀切，其中皆虚软。以石磨之，则霏霏成俏。小说谓麟趾褭蹄，乃娄敬所为药金，方家谓之“娄金”，和药最良。《汉书注》亦云“异于他金”。余在汉东一岁，凡数家得之；有一窖数十饼者，余亦买得一饼。〉

从这段话可以清楚地看出，沈括确实是有接触和研究这种具有紫色表面薄膜的含金合

---

① 《梦溪笔谈》卷二十一，第四页，第 10 段，参见胡道静（*1*），下册，第 680 页起，由作者译成英文。

② 这一奇怪的名称以后要解释，见下文 p. 259。

③ 亚洲柿（*Diospyros kaki*）；R 188；CC 481。

④ 此类性质必定是由内部风化而引起，也可能属于晶间腐蚀，对此我们将加以讨论。值得注意的是，铜绿仍完好无损。

⑤ 本书使用的版本中并无此句，但此句可支持刘敞的观点（见下页）。

⑥ 今湖北随州。

⑦ 大部分内容也出现在 12 世纪中叶的《续博物志》卷十，第八页。

金的条件，他认为该合金与汉武帝的麟趾褭蹄是同一种东西，且还和汉成帝在有名的事件中用于馈赠的“金饼”相类似。他还把它看做是娄敬炼丹用的金，但这并不减少他的研究对我们的重要性，这一看法与楚地乡民将楚国的钱币看成是刘安点金所得在性质上是相类似的。但后者是错的，而我们将看到沈括的说法仍有可能还是对的。其背景可以从两个方面来阐明，一是从“麟趾褭蹄”来讨论，另一是从赵氏姐妹在后宫的情况来讨论。前者要追溯到公元前2世纪，后者要追溯到公元前1世纪。

汉武帝（公元前140—前86年在位）是一位大力扶持道家和炼丹术士的皇帝（见本卷第三分册），在他的本纪中有两段有用的文字。在公元前105年的一则诏令中说[①]：

> 我们对首山行过祭祀仪式之后，山脚下的田地产出了珍奇的事物，它们变化着，有些变为黄金（“田出珍物化,或为黄金”），献祭地神时，三束神奇的火焰升起……
>
> 〈朕礼首山，昆田出珍物，化或为黄金。祭后土，神光三烛。……〉

因此汉武帝颁布了大赦令和大施舍令。这一点也被德效骞注意到了，他正确地认为这是存在某种点金的疑点，但是他苦于没有想出如何去解释[②]。“神奇的火焰”的出现，显然是在揭示某些隐蔽处有道家炼丹术士的存在。于是在公元前95年又有了另一则诏令，大意为[③]：

> ……在门外祭祖之后……登上陇首山……在泰山发现黄金（以及其它吉祥之兆）。为了与这些吉祥之兆相协调，特将金条改为“金麟趾褭蹄”，并按官品大小分配给各诸侯与王子。
>
> 〈往者朕郊见上帝，西登陇首，获白麟以馈宗庙，渥洼水出天马，泰山见黄金，宜改故名。今更黄金为麟趾褭蹄以协瑞焉。因以班赐诸侯王。〉

一些注释者的解说如下：应劭（约180年）说，所改变的只是金属铸锭的形状，并告知，这一名称来自一种一日飞行一万五千里[④]的传奇神马“騕褭”。按颜师古（约635 259
年）的注释，“此意为古代金虽以斤、两计重[⑤]，而当时则须按官方规定制成一定的形状，犹如现代的金锭，其上还有招福的刻词[⑥]……今日人们偶尔在地下发现马蹄金[⑦]，这种金属十分精致，铸形也很优美”。更晚些时候，刘攽（约1070年）提出了他自己的见解（很有可能更多的是基于文献学而不是出自化学的考虑），用来制造金麟趾褭蹄的正是公元前105年“转化所得”的金。这种假造金与沈括所实际发现的相符合。现在还没有确凿的证据能说明，在汉高祖时代历尽艰险、当过文武高官的娄敬（鼎盛于

① 《前汉书》卷六，第二十六页，由作者译成英文，借助于 Dubs (2), vol. 2, p. 97。

② Dubs (5), p. 74。

③ 《前汉书》卷六，第三十一页，由作者译成英文，借助于 Dubs (2), vol. 2, p. 110。

④ 这就解释了在英语中为何将“褭”译为“Pegasus”（飞马），但还应补充说明“unicorn”是一种神奇的动物叫“麒麟”，想象中有蹄如同马一样。参见《诗经·国风·周南·麟之趾》；Legge (8), vol. 1, p. 19。

⑤ 当然并不完全相等。在颜师古时代，1斤相当于1.32磅，并一直是16两为1斤。

⑥ 关于这一点，现在我们所知，只此而已。

⑦ 现代也还有人发现这类物品，如1962年解希恭 (*1*) 报告所说，在山西太原附近东太堡的发掘中发现了五块麟趾褭蹄金。我们在图1327中复制了解希恭报告中的照片。一面凸一面凹的饼状物体每个重约5盎司或略少，多数具有残缺不全的铭文，字迹模糊不清。根据同时发现的其它物品的年代来判断，这些金块应属于公元前95年或稍晚些时候的制品，但不会晚于公元前74年。

公元前 210—前 190 年)[1] 曾经插手过任何制造药金或赝金的活动，但上述传统的说法未必有错，因为（正如我们将看到的），引起公元前 144 年的“禁铸币”法令的背景条件可以源溯到这时，而且淮南王刘安数十年的活动也在这一期间，他无疑是某一重要的炼丹学派的赞助者（参见本卷第三分册）。

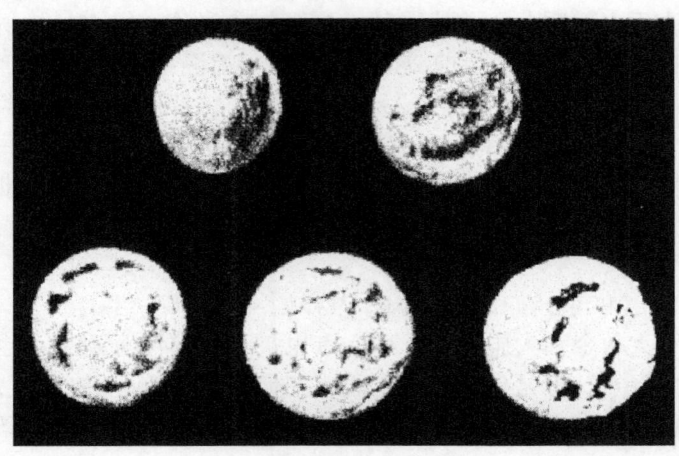

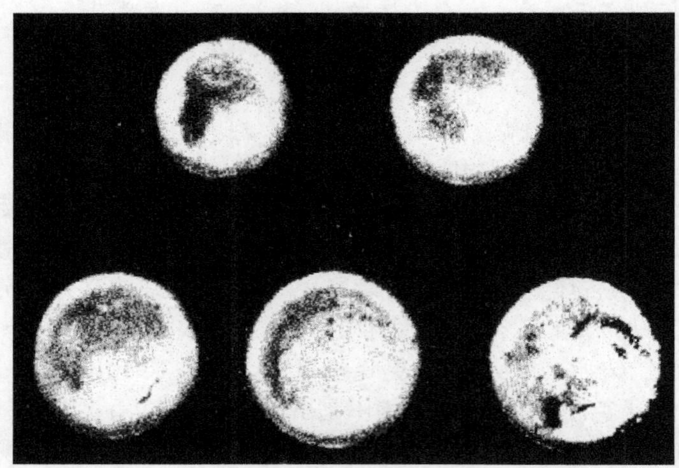

图 1327 西汉墓出土的“麟趾马蹄金”；上图为正面，下图为反面。采自解希恭(*1*)，图版第 11 页，图 22 和 23。在满城刘胜（卒于公元前 113 年）墓中发现有许多类似的金饼，它们状如纽扣，一面呈凹形（关于此墓，详见下文 p. 303)。已知最早的金饼来自安徽的战国墓葬。最近在陕西咸阳 [Anon. (*116*)] 和其它地方同一时期的墓中发现有更大的马蹄形铸金（“金饼”），每枚约重 250 克，相当于汉代的一斤。较小的金饼平均为大金饼重量的十六分之一，约 15.6 克，相当于汉代的一两；参见安志敏(*2*)，他认为这与楚国压制的金币有关系（参见上文 p. 49)。

---

① 因皇帝赐姓而改称刘敬。

有关“马蹄块”的问题，在文献中颇为混乱，后来的作者常将这一物品视为天然矿藏中所产的金块，就算最好的观点也认为这些是标准尺寸的含金合金块①。《宝藏论》可能部分写于唐代②，而其成书则稍晚，但不会晚于公元918年。该书认为“马蹄金”是最上等的黄金，并说标准的重量为两块1斤③；因而它也就不可能是未经加工的天然产品④。在其它书籍中也多次见到有关它的重量的叙述。而且，在有些资料中似乎可看出它的含
金量根本不高。康骈于公元885年所著《剧谈录》中，有一个故事说一缸埋藏的马蹄金 260
被人发现后不久就腐蚀风化，这也许是由于暴露于空气中的缘故⑤。而在与此相关的诉讼案中，其判决部分地是根据盛满真金块的缸很重，一个工人甚至无法举起这一事实作出的。可见当时人们已知金的比重颇高，而马蹄金则是一种轻得多的合金。

关于马蹄金方面的事就说到此，现在回到发生在汉代的另一个情节，并且探讨一下赵飞燕是一个什么样的人。在公元前24年左右，有两个年轻的姊妹来到当时的京城长安寻求荣华富贵，她们天赋很高，而且是当时公认的天下美人。她们必定也聪明伶俐过人，因为据她们的传记说⑥，她们已故的父亲冯万金家曾是王府乐师，她们在家时修读医药（特别是有关脉理）和道家内丹术（包括行气、导引及房中术等）书籍。姐姐赵宜主，以舞姿优雅而著称，并因此而得“飞燕”之名，妹妹赵昭仪是歌手和说书家。公元前18年，姊妹二人均被选入宫中，姐姐很快就成为汉成帝的爱妃，两年之后又被封为皇后。但汉成帝又看中其妹赵昭仪，这就是汉成帝向她的随从赠送紫磨金，以达到窥视她沐浴的故事的由来。从我们手中的伶玄所写的传记中，除了说这些赠品是普通的“黄金”⑦以外，再也找不到其它有关叙述，但是伶玄在另一处的确提到过两姊妹互赠的礼物包括三个“紫金”的床上用的香炉。这显然是一种具有平衡环结构的香炉，平衡环为丁缓所发明⑧。这一切都以悲剧告终，年轻的皇帝死于公元前7年，据说与服用有害健康的媚药不无关系⑨，随即发生宫廷骚乱，赵氏姊妹被迫自杀⑩。不过她们生前确实过得快活⑪，而有关她们的记载，却给我们提供了一些了解化学史和金属史的资料。至少，从中可以看出所谓“紫金”有可能与“紫磨金”是一回事。

---

① 有关新近的发现的分析报告尚未见到。关于这一问题和这几段中所讨论的其它问题，章鸿钊［（*1*），第361页起］作了极好的研究，其简要摘录可见胡道静（*1*），下册，第681页起。

② 这是我们的观点，张子高［（*2*），第118页］则认为是晚些时候的五代时期的作品（即10世纪上半叶，而不是8世纪以来）。《宝藏论》是一部很有价值的作品（参见下文p.273），但是现仅存于他书的引文之中。

③ 引自《本草纲目》卷八（第3页）。

④ 这一观点系谷泰在《博物要览》（约1560年）及方以智在《物理小识》（1664年）卷七（第一页）中所假设。在这以后，杨联升［Yang Lien-Shêng（3），p.46］也仍坚持“马蹄金”是一种天然金块的名称。

⑤ 这一故事只载于该书最完整的版本中。

⑥ 见于伶玄所著《赵飞燕外传》，该篇似乎是汉代作品，如果真如此，则应为1世纪时的作品。该篇见于多种丛书之中，例如《说郛》卷三十二，第二十页，其英译文可见Lin Yü-Thang（8），pp.378 ff.，及Eichhorn（11）。

⑦ 《说郛》卷三十二，第二十四页。

⑧ 见本书第四卷第二分册，p.233。《说郛》卷三十二，第二十二页。

⑨ 这当然是一种帝王常见的结局，这一情节见于关于汉成帝与赵氏姐妹的历史小说中，例如，宋代秦醇的《赵飞燕别传》，参见《说郛》卷三十二，第二十八页。关于此点还可见Eichhorn（11）。

⑩ 赵昭仪卒于公元前6年，其姐卒于公元前1年。

⑪ 直到昭仪被指控加害皇帝与另一宫妃所生的男婴，并被认为证据确凿［译文见Wilbur（1），pp.418 ff.，424 ff.］。

261 这两个名词，也出现在其它一些重要的文献中。《尔雅》为公元前4世纪的作品，但郭璞加注始于3世纪。上文p. 54上提到，金在古代是怎么取名为“璗”的（采用部首“玉”是由于它的颜色灰白像玉一样，因此那时的“璗”很可能常常是琥珀金），并说“其美者谓之镠”。数百年之后，郭璞进一步说：“镠”与“紫磨金”为同一物①。我们将会看到，他这一说法未必对，却留下一个令人感兴趣的问题，即中国为什么在这样早的时期已经像希腊化时代的点金术士那样地推崇这种紫红或紫色呢？这种偏向在中国其它的人中也存在，例如孔融（卒于公元208年左右）写道，“最好的金称为紫磨金，（大大超过其它种类的金，）犹如人中之圣贤”②（“金之优者名曰紫磨，犹人之有圣也”）。这是发生于郭璞注释之前约70年的事，但类似的说法在这以后仍然经常出现。《水经注》（500年左右）也说，“民俗称上金为‘紫磨’金，野蛮人把它叫‘阳迈’”③（“华俗谓上金为紫磨金，夷俗谓上金为阳迈金”）。唐代一本炼丹术书将采用一定方法所得的制品称为“足色金”④，另一本书则把它叫“赤上色紫磨黄金”⑤。一篇712年左右的具有重要理论意义的论文（参见本卷第四分册）也是这样认为的，其中还载有人造金颜色的顺序，最后为紫色⑥。据称，“青金砂”产生于第三次转化之后，而“黄金”于第四次之后，“红金”和“赤金”分别于第五次及第六次之后，若再经最后一次即第七次转化即可得“紫金”。在若干世纪中，许多佛经的翻译者将极乐世界及佛像的装饰物均随心所欲地译为“紫磨金”⑦。还有一种传统的说法，认为波斯及其它西边的国家盛产紫磨金，甚至中国也一度由这些地方进口紫磨金⑧，这和“麟趾”、“马蹄”金块的情况十分相像，存在一种错误的传统说法：紫磨金是一种天然矿产⑨。

262 综合上述全部证据，可以得出一个有关多个世纪以来应用一种特殊合金的清晰图像。它最先由娄敬发现，而后为汉武帝大规模应用，毫无疑问，汉武帝是知道用它来制造金块的经济性的。如果我们的追踪是正确的话，这一特殊合金究竟是什么，并不难得到说明。“紫磨金”易于制造，并为“上青铜色的匠师”所熟知，这些匠师就像是现代对金属表面进行“着色”或染色的那些技师。含有少量金（约4%）和大量铜

① 《尔雅·释器第六》，第六页。

② 《全上古三代秦汉三国六朝文》（全后汉文）卷八十三，第十页。

③ 《水经注》卷三十六，第二十二页（“温水”）。这一叙述在《南史》（670年）关于林邑（现为越南的一部分）的一卷中被完全重复（《南史》卷七十八，第三页）。

④ *TT* 903，第十、十三页。

⑤ *TT* 879，第六页。

⑥ *TT* 883，见于《云笈七籤》卷六十九，第三页，译文见Sivin（4），颜色顺序载于Sivin（2）。

⑦ 这是公元2世纪末安世高时期以来所发生的事。许多例子见于章鸿钊［（*1*），第330页起］的有关条目中。章鸿钊认为有可能是“阎浮河金”（*jambūnada suvarṇa*）的标准译法。章鸿钊［（*8*），第42—43，111页起］对劳弗［Laufer（1），pp. 509—510］著作的评论。

⑧ 《六帖》（考试类书，约800年）中说，以盛产矿产著名的位于帕米尔高原东南的钵露国（即Bolur；或罕萨－那噶尔，Hunza-Nagar）具有丰富的紫金资源。另一本唐代书籍《宝藏论》中说：“波斯过去常输出紫金，但现在已甚少找到。我的看法，紫金实际出产于印度，但因从前人们由波斯得到，就一直认为波斯是它的产地。”见《本草纲目》卷八（第四页）及章鸿钊（*8*），第42—43，111页。

⑨ 例如，《太平寰宇记》（980年）中说，在庐陵县落亭石，地上长出灵芝的地方，在地下即可找出紫金。关于中国中古时期的地面植物勘探，见本书第三卷，pp. 675 ff.。

的合金，用醋酸铜、醋酸和硫酸铜处理后，即可产生永久性的漂亮紫红色或紫色的色彩①。由以上得出结论，3 世纪时的郭璞因受崇尚紫色的诱惑而酿成谬误，并影响后人将最上等的黄金与精心炮制的具有漂亮的表面“着色”的劣等金混为一谈②。这就给我们留下两个问题，即：第一，为何紫红在中国备受推崇？第二，这与希腊化时代玄妙神秘的点金者对染成紫色的偏爱又有什么样的联系？

整个中古时期，紫色一直是道教中最具代表性的颜色之一。它像破晓及日落时天空的云霞一样具有神秘色彩，是上苍玄虚的象征。不像地中海地区有其独特的骨螺紫染料（*Murex*）及元老院和宫廷所用的紫颜色③，紫色在中国从来就没有成为王权的代表，也不在古代宇宙五行相应的颜色之列，而是一种属于道教真人或炼丹术方面的颜色。“紫”在道士的号或人名的别号中一再出现。“紫虚真人”为崔嘉彦的号，他是一位道教医师，以精通脉理而著名（鼎盛于 1170—1190 年）。“紫琼真人”是张模，一位 13 世纪道教天文学家兼炼丹术士，赵友钦的师傅。或许还可再举一例，“紫金光耀大仙”正是 16 世纪的一位道教性学大师邓希贤的号。何薳在《春渚纪闻》（约 1095 年）中记述：法空首座与无相大师的工作堪称点金活动中颇具名声的一个实例，他们成功地制成一种软质合金，若置于炉中加热，则会散发紫色蒸气④，金匠对此种合金有兴趣采购。他们看到的很可能是钾的火焰。早些时候，张读的《宣室志》（唐代，约 860 年）谈到，在韦思玄探索精炼黄金技术期间，他曾招待过一位奇怪的客人辛锐，辛锐 263
患有严重的出血及痈疔，这肯定是一种深度的炼丹中毒的迹象⑤。在他离去后，发现他的尿液呈光亮紫金色，按我所知道的，这并不是什么值得注意的特点。这类故事本身也未必有意义。不过故事给我们证明了道家对神秘的紫色具有极度的热情。

有时，这种颜色也用来表示相当于现代高开数黄金的等级。13 世纪后期的《癸辛杂识》上说，块金来自广西的金矿，有些是破碎颗粒状，像是“蚯蚓泥”，有些大小如瓜子（“瓜子金”）⑥，还有些是像麸皮般的小碎片（“麸皮金”）。“最后一种为深紫色，乃金中之上品，因此官方所列的表，有金、金紫和银、银青等分级记录。”⑦（“故官品有金紫银青之目，盖金至于紫，银至于青，为绝品也。”）1387 年的《格古要论》说：“与铜相混合，产生各种不同的颜色，金占（十分之）七者呈银青色，（十分之）八者呈黄色，（十分之）九者呈紫色，纯金则呈红色，即‘足色金’。此种金具有胡椒花或凤凰尾的标志，颜色犹如紫霞。”⑧（“其色七青、八黄、九紫、十赤，以赤为足色金也。

---

① Hopkins（3），根据 Hiorns（1），pp. 108，152。参见 Hopkins（1），pp. vii，100。不含金的铜经酸洗方法处理后变棕红色。镀铜或镀铜—金合金的铁经处理可得到与铜相同的效果。

② “紫金”还继续出现。老友李书华［（3），第 66 页］于 1936 年游浙江天台山高明寺，他见到在展览的许多珍品中有一直径约 1 英尺的紫金盆，除颜色以外，其它方面都像是铜合金或青铜制成。

③ 所有希腊化时代原始化学的研究者们都强调与纺织染色艺术的关系。这一点在中国看来并不明显。

④ 《春渚纪闻》卷十，第三、四页。我们还从这本有趣的书中撷取了更多的资料（上文 p. 233 和本卷第三分册）。

⑤ 参见 Ho Ping-Yü & Needham（4），详见本书第四十五章。

⑥ 参见 Yang Lien-Shêng（3），p. 46。

⑦ 《癸辛杂识续集》，第四十页，由作者译成英文。

⑧ 《格古要论》卷六，第十二页，由作者译成英文。

足色者面有椒花、凤尾及紫霞色。”）不过这时，采用试金石鉴别的技术业已传到中国，因此所说的颜色有可能指试金石上所产生的[①]。书中还有一段关于江苏唐宗仁的有趣记述，此人因为一种具有紫色斑点的微红“足色”金制珠宝而闻名于京城，这种称为紫衣的珠宝风行一时，售价甚高[②]。该书作者曹昭还接着披露：以往半两的钱币用紫金制成，而现今人们则将“赤铜”与黄金混合以制成具有紫色表面的合金，因此人们再也看不到往日那种真正的紫金了[③]。很明显，唐宗仁所用的就是前面所描述的“镀青铜法”。曹昭的后继者，16 世纪的谷泰指出另一种称为“橄榄金”的呈红紫颜色。这表明，这种合金很可能也有经过处理的表面(《博物要览》)。最后，章鸿钊在《方舆纪》(约 5 世纪）中发现一些重要的地名，值得注意的是山西平阳府的紫金山，在该处曾大量开采铜矿[④]。在南京附近有一座更加出名的紫金山，也产铜。这支持了我们已经作出的一般解释。

至于有关紫色与中国最高级的制金工艺相关恰好与希腊化时代的埃及的情况极相
264 一致（如果这确实是一种巧合的话）的问题，须留待讨论原始化学的两个最古老的文化区域间的相似和传播的章节中再行评论。似乎值得注意的是：希腊—埃及的“染成紫色”（*iōsis*；参见上文 p. 23)，在娄敬（与门德斯的博卢斯同时代）和汉武帝的密室点金者及制作赝金者的活动中应该有所反映。引起孔融和郭璞发表评论的那些工作处于西方伪德谟克利特时期，在帕诺波利斯的佐西默斯之前。然而，有关“染成紫色”的做法，只有在我们考查了古文明中炼金术的全部相似点之后才能相当透彻地看清楚(本卷第四分册)。

如果我们对中国上古和中古时期紫金的追踪是正确的话，那么可以预期在东亚文化地区中会发现一些类似的遗物。事实上，也确实如此，众多古代中国的发现与发明，都在日本保存下来并有所发展[⑤]。一个世纪以前，一种称为“赤铜”或“乌金”的日本合金[⑥]给欧洲人留下了深刻的印象。高兰［Gowland（6，12)］及罗伯特-奥斯汀［Robert-Austen（2)］[⑦] 发现该种合金成分为铜约 95%，银约 1%，金约 1%—5%，正好是我们所假设的“紫磨金”的成分。若采用醋酸铜、硫酸铜、醋酸溶液（有时还加入氯化钠、硝酸钾及硫）进行处理，在合金表面会产生“美丽的紫色薄膜”[⑧]；另一种

---

① 见本书第三卷 p. 672。

② 参见杨烈宇［(*1*)，第 83 页］的评论。

③《格古要论》卷六，第十二页。关于其中的两段文字，参见 David（3)，pp. 134—135。

④ 章鸿钊（*1*)，第 333 页。但并非所有以“紫金山”为名的山都产金属；有关在山西的另一座山的记载，参见 Norin（1)。

⑤ 这类例子在陶瓷及纺织技术中都可发现，与这里所讲内容紧密相关的一个例子是钢制刀剑上的花纹焊；见本书第三十六章及 Needham（32)。

⑥ 参见表 96 中的“日本乌金”项。

⑦ 随后有 Hiorns（1)，pp. 151ff.，226 ff.，(2)，pp. 289 ff.；Hiscox（1)，p. 69。

⑧ 醋酸铜、硫酸铜和醋酸三者已足以使日本赤铜产生染成紫色的效果，但对于铜，这一溶液只能使之变成灰暗的棕红色（Roberts-Austen)。对于黄铜则产生带绿色亮光的红棕色，然后颜色变深灰亦有变紫色的倾向。若加硝酸盐但不加食盐及醋酸，黄铜可以着上紫色，若用硝酸盐及食盐但不加醋酸则铜变黑，但必须有醋酸盐，若只使用这两种盐类，铜变淡棕色而黄铜则变成带蓝色亮光的红棕色（Hiorns)。

日本合金是“四分一”或称“胧银”[1]，其成分按高兰、罗伯特-奥斯汀及其他人士确定为铜银几乎各半，但铜稍多，以及金0.1%，铁0.5%，有时还有少量的铅。如高兰所说，这种合金的一般铸件并不显得特别好看，它的装饰价值完全来自适当处理之后在表面所产生的薄膜。在处理之前日本“赤铜”表面为不引人注目的黑铜色，但经完整的酸洗处理之后，表面变成带紫色亮光的浓黑色，“其表面膜的美色绝非其它合金所能及”，其用于金、银、铜的镶嵌极为合适，而且这种合金具有极好的铸造和变形特性。高兰记录他目睹的情况，写道：“将物件置于浸滤木灰而得的灰碱水中煮沸[2]，若有需要，可用木炭粉小心地抛光。然后浸入含有食盐的梅子醋中，并用稀碱水冲洗干 265
净，在大盆水中除去残存的碱分。经过这种处理后，物件再在沸腾的硫酸铜、碱式醋酸铜的水溶液（有时还加硝酸钾）中处理，直到产生所需要的色膜为止。”高兰还发现，以相同的方法处理“四分一”，开始可以产生暗的炮筒色[3]，而后生成一种迷人的灰色薄膜，其也很适用于金或银的镶嵌[4]。有时，这两种合金本身也可再结合而成另一种合金，例如，“旧四分一”就是1分日本“赤铜”与2分“四分一”的合金。在另一些场合下，如在“木理”加工[5]中，使其与其它不同颜色的金属，如金、银、“黑味”合金（铜、锡、钴合金）进行更为精巧的结合成为多层金属，并经锻打、熔合或焊合，然后用模锻、凿或锉等加工以形成各种颜色的凹凸花纹[6]。

日本“赤铜”与“四分一”的历史，现在还不十分清楚。存在着有关7世纪时在日本奈良曾采用“赤铜”制成大型铸像的故事[7]，不过，比较保守的说法认为现存最早的制品是14世纪中期保存下来的刀剑护手（也是由“四分一”制成），而佛门方丈日莲（Nichiren，约1580年）的圣骨箱肯定无疑是由“赤铜”制成的[8]。而且还存在一些暗示这一技术是起源于中国（如所预期）的线索，因为一个法国外交官帕莱奥洛格（Maurice Paleologue）有一段关于中国当时使用一种含铜、锡和少量金的合金的颇为断章取义的报道，该合金用于制造花瓶器皿，其美丽来自“浸泡上青铜色”而形成的薄膜[9]。在这一处理中，最为重要的是采用含醋酸铜的由梅子制成的浓醋，它与日本技术的相似性清晰可见[10]。实际上，这一情况几乎已完全为孙思邈在其《丹经要诀》（640

---

① “四分一”这一名词本身的意思是1分银与3分铜，但通常合金中含银较这比例高，使它可以得到最好的表面膜色彩。

② 即浓氢氧化钾溶液。

③ 显然，这一方法有时也用于通过渗透化合产生一层银色表面。

④ 相同的“着色”、“酸洗”、“上青铜色”或“浸泡”的工艺，在日本也用于（不过所用的溶液中醋酸稍浓）含砷达2%和较少量锑的青铜，以得到精致的灰色薄膜。近年来，日本的冶金学家不用黄金而只在普通的青铜中加入少量含铁和砷的硬渣即能形成“赤铜”的紫黑色薄膜。这方面的研究已取得进展，甚至是一定程度的成功。

⑤ 即使对象产生犹如木纹的一种加工方法。

⑥ 这与古代多种颜色漆器制作工艺十分相似（参见本书第四十二章）。有一插图，为一美丽的刀柄，在灰色“四分一”底上有一紫色“赤铜”的鸭子，见Roberts-Austen（2）。

⑦ Roberts-Austen（2）。

⑧ Gowland（6），p.91。

⑨ 参见Paleologue（1）；在其中较显著的地方，我均未发现这一报道，因此想必载于某种期刊，但高兰未提供确切的文献名称。

⑩ 倘若能得知某个博物馆中有这种制品的实例将是一件有趣的事。

年）中提到一种显然用于金属的“梅池”的事实所证明①。所用盐水由不成熟的梅子制成，倘若不含醋酸，也必定是含苹果酸、草酸及其它有机酸类的浓溶液。

其次，在西方所收集的作坊制作方法中，有一种能使铜具有青铜颜色的传统“中
266 国方法”，对象是用由醋酸铜、辰砂、氯化铵、矾与醋调成的糊处理的。据说可以加入硫酸铜使其颜色加深，加入硼砂使其颜色变黄。海恩斯进行过这项操作，但并未能获得成功②。霍普金斯虽不懂中文③，他却在希腊化时代的纸草文稿的启发下，大胆地对一个中国的经验配方提出了解释，认为矾实际上是指红色氧化铁和氯化铵或硼砂，并进行了试验，在铜板上形成“美丽的深粉红色而且还带有绿色波浪形条纹”。但是他所尝试的修改，从汉学研究的角度来看还难以承认，其结果如何就显得无关紧要，而我们要从本节记取的只是在中国确有一类传统的“上青铜色”的方法（也许往往还是家庭秘方）。

一段表明这种方法的宋代文字可以在《老学庵笔记》中找到。陆游于1190年左右写道④：

> 青铜原本为黄颜色。古时的钟、鼎及器皿等，本多为黄色青铜（“黄铜”）所制。
>
> 而今人从地（即墓穴）中挖出的这类物品，呈（暗黑）色，这是由于它们长期置于地下；这只是一种自然界现象而已。
>
> 然现今寺庙所用器皿，又何必借药物染成棕黑色（“以药之染令苍黑”），这是毫无道理的。
>
> 〈铜色本黄，古钟鼎彝器大抵皆黄铜耳。今人得之地中者，岁久色变，理自应耳。今郊庙所制，乃以药熏染令苍黑，此何理也？〉

由此可以清楚地看出，黄铜在陆游时代已大量使用，其中大多数特别是那些用于庙宇和祖先祭坛的容器，均经人工“上青铜色”。陆游本人对黄铜比青铜熟悉得多，因而产生古代青铜器在经几个世纪的埋藏并附上一层暗黑薄膜之前原本也是黄铜制品的概念。他所不赞成的也正是，采用“着色”或（按他的话说）“染色”的方法来对黄铜进行伪装。稍晚些时候，14世纪的《格古要论》有大量关于古铜的自然色泽（“古铜色”）和所产生的铜绿颜色的记载，也有各种制造“伪古铜”方法的叙述⑤。最后，耶稣会士韩国英［P. M. Cibot（17）］于1779年发表了一种当时流行的中国传统的上青铜色方法。对象经灰和醋擦洗后，反复用碱性醋酸铜、辰砂、氯化铵、矾石以及干鸟肉粉（作为炭的来源）制成的糊状物覆盖，然后烘烤、冲洗后再覆盖再烘烤。总之，有充足的理由可以认为，在中国采用“上青铜色”及“酸洗”等方法以制成多种颜色的表面膜的历史很长久。

---

① 关于这本书，见本卷第三分册。由于在《云笈七籤》的单行本中配方已略去（可能是由于该书是单纯为研究冶金学的目的而出的），这里援引自 *TT* 1020，第二十六页。

② Hiorns（1），pp. 104 ff.。但他的书中记载了许多能很有效地使铜及黄铜获得青铜颜色的方法。

③ Hopkins（3），p. 50。他理所当然地认为任何中国人和日本人在这方面所获得的成功都来源于“埃及炼金术”。从本卷第三和第四分册将会清楚，任何这类看法是多么的不可信。

④ 《老学庵笔记》卷四，第十页，由作者译成英文，借助于 Chang Hung-Chao（2），p. 22。

⑤ 《格古要论》卷六，第十六页起。参见 David（3），pp. 9 ff.。

(7) 紫色合金、“金锡紫”、红宝石玻璃、彩色金和含锑万灵药 267

在稍微偏离“紫磨金”这一正题后，现在回到这一问题上作一简略的审查，看看它可能是什么，这不无益处。一个应该经常注意到的可能性是，一种称为“维纳斯锑铜合金”（regulus of Venus）的奇特的紫红或紫色合金，它含有几乎等量的铜和锑①。这里的一切都与（上文 p. 189）已提出的一个问题有关，该问题是一些在中国蕴藏极为丰富甚至在当今世界产量中占据重要地位的矿产，或许仅仅是由于它们与医药无关，因而在本草文献中未被提及或至少是几乎见不到，就被排除在中古时期中国炼丹士使用的范围之外，这种做法是否有充足的理由。锑就是属于这一情况的一个突出实例。尽管在湖南多处，特别是在长沙以西及西南处，存在辉锑矿（Sb_2S_3）② 的巨大矿床③，在 1590 年，李时珍列出“锡吝脂”又称“悉蔺脂”，并称之为一种波斯产的银矿之前，锑及锑的化合物均未见诸本草著述。李时珍说锡吝脂似乎可用于治疗砂眼，如内服可作为催吐剂，还可用于婴儿痉挛的病例④。这想必是指熟知的含有银、锑和硫的矿物质中的一种⑤。但是，单纯根据本草文献判断这类物质的技术用途的企图可能是全然错误的，应牢牢记住，道家炼丹书籍中有成百上千的物质名称，至今尚未辨认，更不用说许多只是个别术士了解如何利用的物质了⑥。湖南的辉锑矿就是其中之一⑦，看来绝非

---

① Roberts-Austen (2), pp. 1115, 1141; Hiorns (1), p. 14; Hiscox (1), p. 61。这一合金也许是一种化合物 $SbCu_3$ [Partinton (10), p. 632]。该合金的特征颜色可由将镀铜的黄铜或铁制品短时浸泡于合适的含锑溶液中产生。

② 同时还有从属的矿物如锑华矿及锑黄矿等氧化物。

③ 见 Liang (1); Wheler (1); Tegengren (2); Gowland (9), p. 441; Collins (1), pp. 94 ff.; Divilla (1), pp. 71 ff.; Bain (1), pp. 181 ff.; Wang Chhung-Yu (2, 3); Torgashev (1), pp. 220 ff.。

④ 《本草纲目》卷八（第 7 页）；RP 3。劳弗 [Laufer (1), p. 509] 援引中古时期阿拉伯的证据，认为波斯有锑的矿藏。

⑤ 例如硫锑银矿（Ag_3SbS_3，“红宝石银”）、脆银矿（Ag_5SbS_4）或锑银矿（Ag_3Sb）；参见 Partington (10), p. 341; Gowland (9), p. 297。硫砷银矿（Ag_3AsS_3）也是淡红色。《山海经》偶尔提及“赤银”。章鸿钊 [(*1*), 第 323 页起] 提出，有可能是指这几种矿石中的一种的颜色，虽然他自己倾向于认为是指赤铁矿（RP 78）的观点。郭璞的注释（约 300 年）中说：“赤银，银之精也。”这倒是指出在他的时代，它们是用来熔炼这种金属的。关于中国存在这些矿产的近代报告绝无仅有。中国的银绝大部分来自含银的方铅矿 [Torgashev (1), pp. 151 ff.]。

⑥ 辉锑矿有时可以在“黑石脂”的名下，即“五色石脂”中的黑色者 [《本草纲目》卷九（第 81 页），RP 57c]。也可以如德梅莱 [de Mély (1), pp. 88, 209] 所认为的，与石墨同在该名之下。

⑦ 似乎有关黑色画眉石（*al-kohl*，阿拉伯语和希伯来语）的著名故事，中国并无与之正好相对应的史料，这是令人感到奇怪的。耶洗别（Jezebel）的“*stibio*”（《旧约全书 · 列王纪下》，ix, 30，参见《以西结书》，xxiii, 40）究竟是什么，我们还不知道，不过可以肯定的是；古埃及画眉石主要含方铅矿、硫化铅 [Lucas (1), p. 99]，而罗马人用的是含硫化锑的辉锑矿 [*stimmi* 或 *stibi*，普利尼，《自然史》，XXXIII, xxxiii, 101—xxxiv, 104，参见 Bailey (1), vol. 5, p. 213]。这在阿拉伯文化中一直沿用至今，矿物被碾成很细的粉末——因此帕拉塞尔苏斯将名字改为现今的“alcohol”（酒精），即“由果酒蒸馏所得之精” [*alcool vini*; *alcool est rei cuiuslibet subtillissimum*; 参见 Partington (7), vol. 2, p. 149]。另一方面，在中国最广为流传的“画眉色”是柳枝炭棒。然而，李时珍（同上引文）说中国南方使用“黑石脂”，这种称为“画眉石”的当然含有“石墨”并可能就是辉锑矿。画眉材料在古代称“黛”（《说文》）。锑字一直到 15 世纪后期才为人们所用，该字的来源，至今仍有争论。迪奥斯科里德斯（Doiscorides, v. 59）可能知道这种金属，但错把它当作铅 [参见 Dyson (1); Hoover & Hoover (1), pp. 428 ff.]。

没有可能。由于上述原因，可能还是以不排除“紫磨金”实际上从飞燕皇后以来就是
268 含等量铜锑的合金的可能性为好，（在这种情况下认为）其名称是来自祭祀塞浦路斯女神的金属（是最为合适的）。

其它的一些金属，其可能性更小。考虑到前面有关铝的叙述，很值得回忆的是一种以铝78%和金22%的比例合成的合金，呈浓重的紫色，表面闪闪发光①。中古时期的中国就已制出这种合金的可能性更是小得多。而比这一合金还可以更有把握地排除在外的是一种含10%—20%铂的铋合金，该合金性脆易熔，接触空气后具有紫红或紫色色泽②。前近代的冶炼铂的技术应该是属于新大陆而与旧大陆无关（参见上文 p. 221）。

在结束这段旨在阐明中国炼丹术史和早期化学史的冶金学内容之前，我们还有两件事要做。第一，是提一下金、银或紫色珍品中既非游离金属又非其混合物的一两个特例；第二，是考虑各种赝金和赝银有趣的中古中文名目，看看至少到目前为止，我们能确认其中的多少种。

让我们先来（仍然沿着紫色这一线索追溯）看被称为“金锡紫”的由锡和金的奇妙结合而产生的合金。虽然它可能与东亚中古时期的炼金术并无关系，但它确与后来的中国技术存在着有趣的关系。金的颗粒极其细微，形成悬浮胶状从而产生漂亮的红宝石颜色③。当氯化金溶液由于氯化亚锡而产生沉淀时，形成了盐酸和氧化锡并生成一种含有被吸附于胶状氧化物上的胶状金的紫色粉状物④。熔融玻璃中若熔合这种“金锡紫”并不表现出颜色，但退火后由于超细黄金粒子的存在而呈现人们熟知的红宝石颜色⑤。金锡紫粉英文名称“purple of Cassius”的由来，是因为传统上它最先是由容吉乌斯（参见上文 p. 24）的朋友大安德烈亚斯·卡西乌斯（Andreas Cassius，卒于 1673年）制得。然而，他没有公布用于“析出金与锡”（praecipitatio Solis cum Jove）的方法，这一方法是由他的弟子奥尔沙尔（J. C. Orschall）于 1684 年在《没有着装的太阳》
269 (*Sol sine Veste*) 的小册子中首次公布。一年后，小安德烈亚斯·卡西乌斯也出了一本类似的小册子⑥。第一个就全部金红宝石玻璃问题进行清晰的讨论的是孔克尔（Johann Kunckel，卒于 1703 年），所进行的讨论见于他死后于 1716 年才出版的《大学物理化学》（*Collegium Physico-Chemicum*）⑦。

不过，似乎在上述德国人的小组进行此项工作之前，含金红玻璃早已为人们所知。虽然 14 世纪后期比萨的安东尼奥（Antonio of Pisa）技师和他的先驱赫拉克利乌斯（Her-

① Hiorns（2），p. 373；Hiscox（1），p. 50。

② Hiorns（2），p. 425。

③ Partington（10），pp. 84，355。法拉第（Faraday）于 1857 年最先对胶体状的金进行了透彻的研究。

④ Partington（10），pp. 355，516；（7），vol. 3，pp. 643，686。其反应是由里希特（Richter，1802 年），普鲁斯特（Proust，1806 年），并最后由在法拉第之后的穆瓦桑（Moissan）于 1905 年弄清的。希斯科克斯［Hiscox（1），p. 383］给出了现代工厂利用此物制造粉红色搪瓷的操作细则实例。

⑤ 这一现象最先由德布朗古［de Blancourt（1），p. 177］于 1699 年记述，不过在有关行业中，早数个世纪前就已为人们所知。

⑥ Partington（7），vol. 2，pp. 370 ff.。

⑦ Kunckel（2），p. 650。

aclius) 及特奥菲卢斯所了解的主要是具有氧化铜的棕红色玻璃[①]，但在15世纪中叶的佚名手稿“颜色的秘密”(Segreti per Colori) 中确实有关于金红宝石玻璃 (gold-ruby glass) 的描述[②]。实际上在王水 (*aqua regia*) 刚开始得到应用的时候 (14世纪早期)，工匠已发现利用由金溶于硝酸和盐酸中所得的氯化金制取胶状金的方法[③]。这一方法在安东尼奥·内里 (Antonio Neri) 1612年的印刷品中有清晰的描述[④]，但很可能在这之前的一个世纪就已经被用于制造半透明的红色瓷釉。切利尼 (Benvenuto Cellini) 曾绘图描述过艺高匠师的操作[⑤]。尽管古代民间相信可以由彩色窗玻璃提炼出黄金[⑥]，至今未找到任何在16—17世纪之前有人利用金红宝石玻璃制金的考古证据。这可能是由于费用的限制。

在这期间，欧洲与东亚的技术交往正在缓慢地兴起。伊斯兰文化区的景泰蓝制品的样品也正是在比萨的安东尼奥的同一时期开始传到中国，并且刺激了中国的这一技术的发展[⑦]。景泰蓝上的各种釉质无非是透明、半透明或者不透明的玻璃，在适当的高温下粘附于金、银或铜制的衬底之上[⑧]，它们分别涂敷于各自的格眼之中，互相间并不混合[⑨]。关于中国景泰蓝的最早记载见于《格古要论》(1387年)[⑩]，其上并未说明所用的颜色，不过元末及明代的遗物表明它们是七彩缤纷的[⑪]。其后于清代，又因欧洲的胶状紫金由西向东传入而增添了粉红彩釉[⑫]，并促使彩瓷有更加辉煌的发展而出现“洋 270
彩”[⑬]。在1715—1730年，耶稣会士冯秉正 (Joseph de Mailla，1669—1748年)[⑭] 及其他的传教士，从欧洲找来专家帮助中国刚刚兴起的瓷器上釉产业。其中一位显然只是中等水平的技术员，是一个修道院的非神职人员陈忠信 (J. B. Gravereau，1690—1757

① 译文见 Bruch (1)。然而，比萨的安东尼奥确实知道，由德国和荷兰进口的红色玻璃可能有“含金红宝石”型的。铜肯定也用于中国陶瓷的釉上，但它产生红颜色的能力只是金的百分之一而已 [参见 Mellor (3)]。

② 首先为梅里菲尔德 [Merrifield (1), pp. 277ff.] 所注意到。参见 Ganzenmüller (1), p. 98。他所讲述的故事极其详细，以至达到令人着迷 (不过有时令人感到混乱) 的程度。见 pp. 71, 76 ff., 85 ff., 97 ff.。

③ Ganzenmüller (1), pp. 109 ff.。

④ Neri (1), ch. 129。

⑤ 译文见 Ashbee (1), p. 16。

⑥ 这至少可追溯到图尔的格雷戈里 (Gregory of Tours，卒于595年)，除非甘岑米勒的猜想 (下文 p. 270) 被证明是有理由的，不然很难解释。

⑦ 见本书第三十五章及加纳 [Garner (2)] 的专题论文。

⑧ 最早知道上釉制品的是公元前1200年左右的迈锡尼人，其后世代相传，经由希腊至拜占庭及阿拉伯文化区，并有一重要分支传至欧洲西部的凯尔特人 (Celtic) 区域。

⑨ 正如加纳所解释的，釉通常沉积于金属托衬表面的网格眼中。在景泰蓝技术中 (该技术最先为埃及所采用，约于公元前1800年左右，借以固定贵重或稍差的宝石)，格眼系由细金属丝焊于金属衬底之上而成。在雕花工艺品中，格眼由实心金属雕出。在敲花工艺品中，格眼在薄金属片上加工出。

⑩ 《格古要论》卷七，第二十三页；译文见 Garner (2), p. 31。参见 David (3), pp. 143—144。

⑪ 其后，该项技术偶尔也用于半科技的用途上，例如本书第四卷第三分册 (pp. 587 ff.) 中所描述的纳色恩 (Rosthorn) 地球仪。

⑫ 已知欧洲最早的彩釉是德国人的，而且追溯到1687年，令人注目地与卡西乌斯家族活动的年代相近。

⑬ 加纳 [Garner (3)] 及威廉森 [Williamson (1)]，曾对此作专门的研究。“洋彩”被认为受到17世纪初欧洲彩釉制品的启示，该种制品是在薄铜板两侧涂上连续的不透明釉层，在其一侧的白色底釉上画上彩釉图案。这种技术源始于14世纪的锡耶纳 (Siene)，当时发明了浅浮雕珐琅 (*basse taille*) 技术，即在釉熔化前采用雕刻或刻蚀的方法使釉紧塞于金属凹处。在已上底釉的瓷器表面绘上面釉的做法，1680年左右在欧洲即已开始，据信利摩日 (Limoges) 制造的产品对中国很有影响。

⑭ 见 Pfister (1), no. 269。

年以后)，他 1719—1722 年在中国工作①。虽然在上彩釉中还存在着一些困难，但到该世纪中叶，中国绘制的釉制品与同期欧洲最精美的产品相比，都毫不逊色②。

关于以上所述，尚有诸多未被细察之处，甘岑米勒在两本提示性的书③中，将注意力引到金红宝石玻璃与中世纪欧洲的“点金石”之间存在着密切联系的事实上。他表明这种联系经常被说成是由于一种“像红宝石或红玉一样发光”的深红色颜色，并且认为胶状金的着色性能的发现有一段很长的掩盖着的历史，它也许能说明在希腊化时代的文集中如此突出（同时也如此会令人费解）的“金珊瑚”④。现在还不能证明阿拉伯和早期的拉丁炼金术士曾制出金红宝石玻璃，由于这种经常归因于点金石有人造颜色而认为很可能——这当然也应该与利用经过处理的染色石英或透明石膏或者人造玻璃，来有计划地进行仿造宝石的工作有着重要的联系。以上几种仿造宝石的方法，均普遍载于希腊—埃及纸草文稿⑤中。正如我们早已述及，一些充当商品的仿造宝石在汉代已到达中国，并照例被认出为赝品⑥。所有这些似乎都与中国炼丹术及其发展的特点格格不入，但
271 仍有多处值得探究以便从中寻求了解古代以及中古时期中国书籍中难以解释之处的线索。不过，起码有一件事，现已有把握，即所谓“金锡紫”并不包含在中国古代“紫金”或“紫磨金”的范畴中⑦，而属于耶稣会时期由西方传入东方的多种技术之一。

但是如果说中国人并没有发现如何用木星击落太阳，他们却成功地使木星变成太阳，也就是使锡嬗变为外观活像上等黄金的细薄小片。这就是葛洪（上文 p. 69）所描述的制造二硫化锡（SnS_2）的方法，其年代可能远早于公元 300 年。这种称为“彩色金”（mosaic gold）⑧ 的盐类结晶，极易由加热锡屑、硫、氯化铵的混合物而以残留物的形式制得，其呈闪闪发光的金黄颜色六角细鳞片状。其反应很复杂，并有一种中间

① Jourdain & Soame Jenyns（1），p. 67；G. Loehr（1）。关于陈忠信（Gravereau 或 Graverot），现只知一些琐碎的事，见 Pfister（1），no. 307。

② Garner（3）。

③ Ganzenmüller（1），pp. 87 ff.，101 ff.；（2），pp. 175 ff.，177，208 ff.。

④ 这种“*chrysokorallos*”（*χρυσοκόραλλος*）的确被描述为在“变黄”成“金”与“变白”成“银”之后超越黄金的更高阶段（参见伪德谟克利特，《希腊炼金术文集》Ⅱ，i，4）。因此，它的含义如果确实是像从字面所了解的那样，它就应该和最终“变紫”有密切关系。

⑤ 特别是斯德哥尔摩纸草文稿，参见 Caley（2）。另见《希腊炼金术文集》V，vi，vii，viii，ix；及 Berthelot（1），pp. 123，125，218 ff.，221 ff.，235。

⑥ 参见本书第一卷，p. 200。中国书籍中所讨论的希腊—叙利亚“夜明珠”，应认为是磷绿萤石（一种荧石），可参考贝特洛［Berthelot（2），pp. 271 ff.］奇妙的备忘录就《希腊炼金术文集》（V. vii，6—9）关于采用鱼类及爬虫类动物的胆酸盐类（牛磺胆酸盐及甘胆酸盐），使假宝石具有短暂的磷旋光性质的叙述所进行的讨论。

⑦ 当然最好留有一定余地，因为“紫粉”一词，在中国炼丹术书中并非不常见。例如，它出现在《抱朴子内篇》［卷十六，第十九页；Ware（5），p. 274］，鉴别为密陀僧（PbO），虽然它的颜色为红、黄或橙色。有时“紫粉”也作为铅本身的一个隐名。另一方面，《本草纲目》以“紫粉霜”作为辰砂（HgS，银朱，RP 47）的同义词。相反的，贝特洛［Berthelot（1），p. 93］认为金锡紫可能是作为希腊化时代原始化学家著作中十分突出的染成紫色方法的解释。除非甘岑米勒关于古代和中世纪西方实验工作者已找到某种可以获得氯化金的看法是正确的，我们倾向于相信，王水（HNO_3 与 HCl）的发现（约 1300 年）是获得任何形式的胶状金的限制因素和必要条件。这种强无机酸肯定是希腊化时代的原始化学家和中国炼丹术士都不会知道的，虽然（如我们以后将要在本卷第四分册看到）他们确有应用过硝酸溶液的可能性。但是，对于这里所讨论的用途，稀硝酸断然不行。

⑧ 这一名称有时被误用于黄铜，特别是仅含铜锌而无其它少量元素的黄铜，其用途为铸造供镀金用的物件；参见 Hiscox（1），p. 68；Hiorns（2），p. 153。

产物为氯锡酸铵。这可能是古代中国实验化学所获成绩之冠，可与希腊化时代发现多硫化钙相提并论。正如我们已看到的（上文 pp. 62，201），在掌握低锌黄铜微粒成片的秘诀之前，彩色金广泛应用于金色油漆，而且从葛洪时代开始，它就有可能已在各种炼丹术的"饮用金"的制备中起重要作用（本卷第三分册）。

在欧洲，这一发现要晚得多，最早也在 14 世纪。硫化锡是否能在某一本贾比尔学派的书（Geberian books，约 1300 年）中找到，取决于对一隐秘句子的解释。该句话说"青铜"（*aes*）与硫在一起将呈现太阳的外观①。或许这更可能是指锡与硫化锡，因为在其后不久，即 14 世纪中期，一本关于油漆和颜料的那不勒斯人（Neapolitan）未署姓名的手稿《手写本彩饰技术》（*De Arte Illuminandi*）对这一过程的记载十分清楚，可谓举世无双②。15 世纪的记载更多（虽然并不是所有的记载都像上面的那么好），例如勒 272
贝格（Jean le Begue，1431 年）③、琴尼尼（Cennino Cennini，1437 年）④ 以及其他一些人⑤的手稿。诗人斯克尔顿（John Skelton）在描述英国国王亨利八世（Henry Ⅷ）所收藏的弥撒书时写道：

"边缘闪闪发光
只因有红玉和宝石
每隔一行金色灿烂
原来是彩色金。"

似乎在人们知道硫化锡之前，就已经采用磨碎的黄铜粉末做金色涂料，锡做银色涂料，磨碎的金属金和银在作为手稿的彩饰方面无疑占有重要的地位⑥。但是我们不得不怀疑这一种新的廉价代用品的出现是否与欧洲纹章⑦的发展有关联，在纹章的所谓七种"色彩"⑧ 中，金色和银色出现频繁⑨。在一些国家中例如德国，彩色金的确从未取代过粉末的黄铜或顿巴黄铜⑩，而且自从 1771 年沃尔夫［Woulfe（1）］对彩色金进行

---

① *Summa Perfectionis*，ch. 28；达姆施泰特［Darmstädter（1），p. 36］有译文和注释，他认为"*aes*"是锡，而且假设是一种金色的产物（p. 142）。马尔特霍夫［Multhauf（5），p. 159］同意这一说法；我们对此则长期迟疑不决。

② 见 Partington（10），p. 521，特别是 Partington（12）。该手稿已由萨拉扎罗［Salazaro（1）］和德拉马尔什［dela Marche（1）］发表，有关段落见于 dela Marche（1），p. 258。法文译文见 Dimier（1），p. 46。该章的标题为"*De Purpureo Colore... qui vocatur aurum musivum*"。

③ *Experimenta de Coloribus* 等，译文见 Merrfield（11），vol. 1，p. 54。

④ *Libro dell'Arte*，chs. 62，159，译文见 Merrifield（2），p. 159；Herringham（1），pp. 47，138；Thompson（2），pp. 36，101。琴尼尼称之为"porporina"。在所有的文化中，金与紫色之间均有奇特的联系。

⑤ 关于一种博洛尼亚人（Bolognese）的手稿的讨论，参见 Merrifield（1），vol. 1，p. xcix，vol. 2，pp. 458 ff.，470。

⑥ 见特奥菲卢斯论各种技艺的书（约 1145 年），特别是霍索恩和史密斯［Hawthorne & Smith（1），pp. 14 ff.］的注释。另见 Thompson（1）。

⑦ 更确切地说应为盾形纹章。

⑧ 明显的是炼金术用语。

⑨ 见 Woodward & Burnett（1），vol. 1，pp. 60 ff.。与一般想象相反，纹章在欧洲发展甚晚，且颇为突然，接近于 12 世纪末。

⑩ 见上文 p. 196。

科学研究起，彩色金就大体上一直搁置在一边[1]。帕廷顿［Partington（12）］提出，彩色金是由于在制造银朱中有人试图用锡取代昂贵的汞和用氯化铵代替硫而被人发现的，制造银朱的工艺是希腊化时代原始化学家早已知道的[2]。按照他的印象，银朱的制造工艺“可能源自中国”，这一点在考察东西文化早期化学的比较发展后将能作出较好的评论，但这又引起进一步的问题，即彩色金的制备方法本身就是由葛洪时代的中国间接传播来的可能性或许不是太大。这一工艺最先出现于贾比尔学派的欧洲的事实使人不禁怀疑它是承自阿拉伯的炼金术，这就使我们对阿拉伯文献中对彩色金的任何叙述都感兴趣。最后，“彩色银”（mosaic silver）[3] 这一名称是指制作银色油漆的锡与铋混合汞齐。这在16世纪几乎不可能制成，事实上是由孔克尔[4]于1679年最先进行描述的。

还有一个可以提一下的化学金是“锑的金色硫化物”，即五硫化二锑（Sb_2S_5）[5]。在文艺复兴时期，其颇为盛行[6]。“巴兹尔·瓦伦丁”（Basil Valentine）在1600年前
273 后将醋加入辉锑矿的碱水蒸煮液[7]中以制成该物质；格劳贝尔在他于1656年所著的《炼金药典》（*Pharmacopoeia Spagyrica*）一书中称该物质为一种奇妙的含锑万灵药（*panacea antimonialis*）[8]；莱默里（Lemery）在他1675年的著作《化学教程》（*Cours de Chymie*）[9] 中作了记载；其后，日夫鲁瓦（C. J. Geoffroy）、博梅（Baumè）和富克鲁瓦（Fourcroy）都对该物质进行了研究。倘若我们关于中国中古时期炼丹术士已经知道并且还利用了锑的化合物的猜想（上文 pp. 190，252，267）是对的，加上他们获得辉锑矿的条件又得天独厚，那么五硫化二锑就是我们应当在他们著述中查找的对象。

（8）唐代各种伪造的和真正的金、银一览表

最后，让我们来讨论由中古前期中国传下来的各种真和伪金、银的一览表。其中最老的一个表，即表103并不需要更多的叙述，因为它对真伪不加区分，而只是一份保留在成书于公元739年的《唐六典》中帝王宫廷供应部门的各种金和银的材料详表罢了。对所列14种中的大部分作一些说明都很容易，不过，有几种材料还有些不清楚之处，特在最后一栏中加上问号以表明[10]。

---

① 有关制作说明仍然可在作坊及实验室参考书中见到；参见 Hiscox（1），p. 140。

② 《希腊炼金术文集》I，xvii，v，xxiii。

③ 见 Hiscox（1），pp. 140，580。与彩色金相类似，将彩色银与骨灰、蛋白和清漆或胶共混。

④ 与彩色金同时描述。Partington（7），vol. 2，pp. 375—376。

⑤ Partington（10），p. 638。

⑥ Multhauf（5），p. 231。

⑦ Partington（7），vol. 2，p. 198。

⑧ Partington（7），vol. 2，p. 357。

⑨ Partington（7），vol. 3，p. 37。

⑩ 该表取自章鸿钊（*1*），第360页。他认为几乎所有类型和品质的均掺铜等金属以降低其价格（“耗”）。

对于我们当前的目的更加有用的是《宝藏论》所列出的各种金和银。该书为一本关于矿物学、冶金学及化学的著名著作，成书于公元918年前后，是南汉朝某位作者的作品[1]。作者的真实姓名，现在还不知道，但他好像用了一个化名叫“青霞子”，这意味着他自认为他是在继承晋代炼丹术士苏元明（3—4世纪）所做的工作，甚至还发展了他所留下的文献[2]。不论是否如此，他在“金屑”的名目下列出了20种金（表104），其中15种为伪金，而真金只有5种。我们从《证类本草》（1249年版）的引证中以最为简洁的形式录下了此名单[3]，这可能就是唐慎微在11世纪末所援引的方式，更完整的节录要见李时珍16世纪末的《本草纲目》[4]。表中最后一栏的解释词大部分可由本节中已说过的内容清楚地了解，只有少数还需要进一步说明。但是我们最好先查 274
看一些技术名词在同类书籍中的变化，以便研究这个表在历史上可以追溯到多早。现在需要记住的主要问题是，《宝藏论》的作者十分明确地说表104中头15种“皆是假”，而最后5种才是“真金”。

在《本草纲目》的名单中，将15种假金分成两组，前11种称为“并药制成者”（即由化学药物制成），而后4种则说成是“并药点成者”（即由化学药物嬗变而得）。在第一组中，《证类本草》表中的第5、10以及11项删去，而代之以“水银金”、“石绿金”［铜或铜绿（碳酸铜或醋酸铜）[5] 的金］以及“石胆金”［蓝矾（硫酸铜）金］三者。由于关于利用铜和水银作为制造伪金的试剂前已大量叙述，在此无须多说[6]。表中第二组包括了《证类本草》的表中的第6、7、8、9四项（不过顺序并不相同）。各种具有黄铜颜色的合金是如何在嬗变金的名目下被纳入表中是容易理解的。但是两种形式的铁是怎么回事，就不是那么显而易见了。书中还说15种金是人造的，而且“如 276
考查其特性，皆属阻塞性且有毒”（“性顽滞有毒”）。然后再谈到5种真金（虽然实际上它们连同它们的来源及矿石排在前面），其中三种（第16、18、19三项）与《证类本草》表中的一样，但另外两种已由“山金”和“马蹄金”[7] 取代[8]。很难令人相信，李时珍手中会备有比他早500年的唐慎微更为广泛的书籍资料，尤为甚者，李时珍没有将《宝藏论》列在他有机会读到并在工作中使用的书目中，但是他也许会从本草文献中的其它注释者所正确地留传下来的注释中引用了《宝藏论》的一些内容。在他的名单中，还增加了5种由国外输入的黄金[9]。

---

① 参见曾远荣（*1*）。

② 因此该书有时被认为是属于较早时期的作品，如杨烈宇（*1*）就持此看法，但这种说法并未被接受。

③ 《证类本草》卷四（第109页）。

④ 《本草纲目》卷八（第3、4页）。此表在很久以前就由德梅利［de Mély（6），p. 329］给出，但他当时未能得其要领。

⑤ Lauter（1），p. 510。

⑥ 表中第12项也被简略称为“母砂金”。

⑦ 关于这种金，参见上文 pp. 257 ff.。

⑧ 该文本部分结束时说这5种均为“生金”，未经炼制时均有毒，经十次或更多次的精炼后方可入药。参见上文 p. 62。

⑨ 即“波斯紫磨金”（参见上文 p. 261）、“东边青金”（来自东部边境，设想由朝鲜传来）、“林邑赤金”（由越南传来的赤金）、“西戎金”（即由西部未开化民族，或许由西藏或西伯利亚人传来）及“占城金”（即柬埔寨金）。

表 103　《唐六典》中各种金的一览表

中文名	名称的意义	解释
1. 销金	熔炼而得的金	可能是精炼的黄金
2. 拍金	锤打成薄片的金	金箔（上文 p. 247）
3. 镀金	镀金	利用水银汞齐化的金？或是一种更为原始的金铅合金（上文 p. 248）？
4. 织金	黄金线材	可能是拉制而得的，或者是由金箔切成的细丝
5. 研金	经辗轧和磨光的金片	包覆用的薄金片？
6. 披金	未经辗轧的金作披盖或包覆之用	同上
7. 泥金	泥土金	金汞齐（上文 p. 244）或砂金或书画中的金色颜料
8. 镂金	镶嵌用的金	设想为粗金线
9. 捻金	搓捻成的金线	可能是粗线与金丝缠绕而成（参见第 4 项）
10. 戗金	“制造”或“创造”的黄金	人造金或由炼金术所产生的金？（参见以后各表）
11. 圈金	金环	
12. 贴金	用于“粘贴”或“粘附”的金	某种镀金（参见第 3 项），即含有铅或汞，或可能含有金焊料者
13. 嵌金	镶嵌用金	可能是细薄条状金（参见第 8 项）
14. 裹金	包裹用金	可能是金片

275 **表 104　《宝藏论》中各种金的一览表**

名称	解释
1. 雄黄金	具有硫化物表面染色层的银色金属（上文 p. 255）或砷铜（上文 pp. 223，241）
2. 雌黄金	同上
3. 曾青金	镀金的铜合金，或者铜合金表面染成银色，再行着色或“镀青铜”（上文 p. 251）
4. 硫黄金	具有硫化物染色表面层的一种银色金属（上文 p. 253）
5. 土中金	不很清楚，见正文
6. 生铁金	
7. 熟铁金	采用某种方法在铁上镀金，但也有可能是将钢加热至 220—225℃时所产生的回火黄色①
8. 生铜金	某种铜或黄铜合金（上文 p. 196）或者某种掺了贱金属的金
9. 鍮石金	一种低锌黄铜（参见上文 p. 195）
10. 砂子金	难以解释。因为各种形式的砂金本应为真金，但其它金属的某些矿石也可以看起来十分像金。
11. 土碌砂子金	值得注意的是，用于炼铜的黄铜矿（Cu_2，Fe_2S_3），还有斑铜矿或“孔雀石”，该矿石含有较多的铁并呈紫金色
12. 金母砂子金	
13. 白锡金	掺锡、锌及铅等贱金属的金或高锌黄铜（上文 p. 215）或某种锡或锌合金，其表面由硫化物着色。当然还可能是硫化物（参见上文 pp. 69，271）即“彩色金”
14. 黑铅金	铅制芯件，采用某种镀金法覆盖黄金，也可能先镀银再镀金
15. 朱砂金	参见上文 p. 255，利用汞齐给其它金属镀金。或利用汞使铜变白，再利用硫化物使之变黄
16. 还丹金	见正文
17. 水中金	砂金粒

① 见 Hiorns（1），pp. 246 ff.，252。参见上文 p. 252。

续表

名称	解释
18. 瓜子金	部分也是砂金粒
19. 青麸金	另一种砂金形式
20. 草砂金	由石英矿脉开得

一个更加令人感兴趣的事实是，《宝藏论》所列并非我们已有的最早文献。《道藏》中有一本题为《铅汞甲庚至宝集成》① 的书，由赵耐庵撰于公元808年，在该书中有两个类似的名单。该书颇具价值，还因书中附有炼丹所用设备的插图②。书中一个名单所用名称和排列顺序与《证类本草》中引《宝藏论》的基本相同，只有几处较小变动③。另一名单也与之十分相近，三种“砂子金”都包含于其中，但二种“铁金”在15种假金中排行居最后二位，这与《本草纲目》的做法一致④。两个名单都没有像《本草纲目》那样把15种假金分为二组，但都和惯常做法一样，在五种真金和其它金类之间作出明显的划分。不过，上述第二个名单的标题揭示出赵耐庵在此是转引他人所作。他在“二十种黄金的论述”的题下说：“《本草金石论》云……”如果这一《本草金石论》不是一本单独的现已遗失的著作的话（现无法在文献目录中找到类似书目），赵耐庵必然是指某一在他之前的一本本草著述。遗憾的是，这类书都没有完整地保存至今，但是与苏敬于公元659年编纂的《新修本草》作一核对还是办得到的，因为预期的内容所在的部分（卷四）正好为日本缮写者所抄而留传至今。然而该抄本上并无此 277
名单。这名单也有可能来自陈藏器于公元725年所作的重要著作《本草拾遗》。无论如何，这一由炼金术所产生的金与真金的名单源于7—8世纪之时，而有可能早于《唐六典》的年代，甚至还可能追溯到隋代孙思邈之时，这是已经很清楚了的。以上就是目前我们力所能及的内容，但已很清楚，自觉而坦诚地承认制作赝金的年代颇为悠久。

现在回到《宝藏论》中的名单，再稍微做一些进一步的评论。第2项“雌黄金”揭示了砷及硫在制作赝金与点金中的作用，值得注意的是与普利尼（参见上文p. 255）所提及的雌黄金之间的联系。第5项“土中金”，与其说它是伪金就不如认为它是真金，但或许也可以理解为土制坩埚或反应器，如果是这样，那可能是指二硫化锡。第6、7两项“铁金”与宋代颇见成效的赝金制作者王捷（参见本卷第三分册）活动的关系是有趣的，但确定正确的解释仍然很困难。第10、11、12项“砂子金”，也很含糊不清，因为人们会认为它们是真实的砂金，但是把它们解释为其它金属的金黄色矿石也不是不可能的⑤。该名单最为奇特之处，是将还丹金排在一类真正黄金中的第一个（即第16项）。在新有这些当中，如果说有一件事看来似乎是清楚的话，那就应该是该

① *TT* 912，参见本卷第三分册。年代及作者不很肯定，但我们在此所作结论与这一可疑之处无关。

② 关于这一点的进一步说明参见本卷第四分册。

③ 第5项因笔误，以“水”代“土”，第9项作“鍮”，较“碖”更为正确，第10项整个被略去，故一共只有19项。此名单可见《铅汞甲庚至宝集成》卷四，第二页。

④ 此名单见于《铅汞甲庚至宝集成》卷一，第十八页。

⑤ 中国有不少黄铜矿；勘查报告可参见Ong Wên-Hao（1），Torgashev（1），pp. 195 ff.。甚至可以设想“砂”代表“丹砂”（即辰砂），那么这将成为水银制作赝金中的一个进一步的内容。

名单的最初制作人和其后的抄录者都不相信点金。有几种可能的解释。其一是在某些中国的炼丹术士中，至少“循环转化”一词在其它方面经常意味着重复多次的分解辰砂并使汞与硫重新结合，在此则几乎用隐名的方式表示反复采用灰吹法以使黄金变得更加纯净。另一种解释是按近重真澄的理论（参见上文 p. 67），可以假设在某种场合下，晋、六朝及唐时的中国炼丹术士的确曾采用某些合金原料制出一些真金[①]。李时珍在其详细的《本草纲目》版本中[②]提到“还丹金”时说，它是来自辰砂矿而仍保留某些辰砂在内，可以入药供内服之用，为世上稀有珍品。这提示我们，在某一时期，金是由与辰砂矿床共生的含金矿物提炼的，而这种矿脉的确在含有大量硫化物之处容易出现，例如在四川和贵州[③]，虽然（正如李时珍所暗示），由此而得的黄金在产量上并
278 非砂金的对手。因而，第三种假说认为，“还丹金”只不过是由辰砂矿邻近的矿脉提炼出的黄金罢了。最后，从循环转化的概念和金属汞之间存在着密切关系的观点来看，我们有可能将这种被称为是“丹药”而实为真金之物，解释为一种由含金之沙或土利用汞齐化方法制成的黄金。当然，不论是东方还是西方，这都是古代就有的事[④]。

现在讨论银的列表。公元 918 年的《宝藏论》所给出的各种银（即 1249 年的《证类本草》所给出的）见表 105。这位五代时期的作者和前面一样地肯定前 12 种银是假的或者是人造的，而后 5 种是真的，这样总数是 17 而不是前面的 20。再早一个世纪的赵耐庵，显然对银的兴趣远小于对金的兴趣，至少，在我们现有的《铅汞甲庚至宝集成》中没有找到银的名单。而《宝藏论》的作者却得到同一世纪的另两位原始冶金化学家的支持。首先，成书于公元 972 年左右的《日华诸家本草》[⑤] 中有一个名称几乎完全相同的名单。我们现在能得到这份名单，部分是因高似孙在其《纬略》[⑥]（约 1190 年）中的完整引用。不但技术名称，而且连顺序也相同，唯一的不同是略去了第 5 项“丹阳银”，其显然是一种铜镍合金。可能当时当地的道士将之视为“机密资料”，因此仅有 11 种假银和 5 种真银。另一份差异较大的名单是在独孤滔于公元 950 年成书的《丹方鉴源》[⑦] 中找到的。其中“白银”[⑧] 无疑是某种白色金属的汞齐而与表 105 第 1 项相当，表中的“水银银”也应是同一物。“朱砂银”显然是第 16 项，由汞齐化方法制得，而“铅银”与第 17 项相同，是由含银的铅合金经灰吹法制得。“锡银”使人想起第 2 项，即锡铅锌与银的合金，“铁银”则与第 6 项相同。而有趣的是独孤滔说这些银并无“变化之气”，这可能是在表明它们具有表面膜或表面层而不是一种基质均匀的

---

① 即由许多当时认为不含任何金成分的矿物或化学物制出黄金。

② 《本草纲目》卷八（第 3 页）。

③ Di Villa (1), p. 84; Bain (1), p. 159。详见翁文灏 (*1*)。参见 Torgashev (1), pp. 121 ff. 。云南西部以其金及汞共生矿而特别出名；Tegegren (3), p. 4; Moore-Bennett (1); Rocher (1), vol. 2, p. 247。

④ 参见 Mellor (1), p. 385; Gowland (9), pp. 202ff. 。弥乐石 [Rocher (1), vol. 2, p. 247] 曾记载云南利用汞齐法制金。

⑤ 日华子的真名是“大明”或“田大明”。

⑥ 应能记得，在本节较早些时候曾有一段关于这一问题的重要讨论，其中日华子的名单推迟到现在才讨论的原因也已说明。该名单载于《纬略》卷五，第一页，并在章鸿钊 [(*1*), 第 326 页] 著作中转载。

⑦ 《丹方鉴源》卷上部分的节译，见 Fêng Chia-Lo & Collier (1)。

⑧ “银粉”即由“白银”去除其中的水银而得。

表 105　《宝藏论》中各种银的一览表 279

名称	解释
1. 真①水银银	任何银色汞齐（上文 p. 242）或利用水银进行表面染色的铜（上文 p. 19）
2. 白锡银	一些掺锡、锌或铅等贱金属的银（上文 p. 226）②
3. 曾青银	一种掺铜的银合金，与多种现代钱币相同（参见上文 p. 239）③
4. 土碌银	难以解释，但仿照表 104 的第 11 项，可能是不含银的银色矿石
5. 丹阳银	显然是一种铜镍合金（参见上文 pp. 225 ff.）
6. 生铁银	将铸铁染成银色或用各种方法镀上银（参见上文 p. 247）
7. 生铜银	可以设想为铜镍合金；不然就是镀锡或染成银色或镀银的铜或黄铜；另一种可能是利用水银或砷进行表面染色；还或许是砷铜（上文 pp. 223，241）
8. 硫黄银	利用硫化物进行表面着色的铜或黄铜
9. 砒霜银	如果是利用砷化镍制造则应为白铜（铜－镍，参见上文 p. 232）；或是砷铜（上文 p. 223）
10. 雄黄银	（含镍或不含镍的）铜砷复合物，或是带有砷或硫的银色或黄色表面膜的铜或贱金属合金
11. 雌黄银	
12. 鍮石银	锌含量很高的黄铜，或者是镀锡或染成银色或镀银的黄铜；或某种铜镍合金
13. 至药银	由辉银矿（Ag_2S）熔炼而得之银，与拉夫里昂山处所炼得的一样（?）
14. 山泽银	在浅地层中发现的天然银
15. 草砂银	由枝状或线状矿脉开采的天然银
16. 丹砂银④	即水银银，利用汞齐法分离出的银，像墨西哥庭院法所得的银一样⑤
17. 黑铅银	显然是用灰吹法处理铅所得的银或由方铅矿获得的银（参见上文 p. 36）

物质。最后，能“勾住”或固定黄金的“红银”不好解释，不过我们怀疑其为铜、镍合金。“子母银”被描述成一种汞齐，受高热后其水银仍可留下，现尚无法予以解释。因此，独孤滔的名单与日华子和《宝藏论》作者的名单在传统上有些不一样，但仍有 280
些类似之处，使我们可以勾画出 10 世纪冶金化学学科知识的概貌。

如果细看《本草纲目》⑥所引的各种银的名单，便可发现与各种金的名单有相似的情况。其中有 13 种假银和 4 种真银（而不像《证类本草》中的 12 种及 5 种），在前一组假银中，有 9 种是属于“以药制成者”而另 4 种是属于“以药点化者”。虽然按照推测，李时珍的名单也是引自《宝藏论》，但“土碌银”（第 4 项）已不在名单中，除非它经常错误地用来称呼“石绿银”（碳酸铜或醋酸铜的“银”），而现在为“石碌银”所取代。若不是前者为后者之误（像经常发生的情形那样），那就是前者从名单中被删除。名单中也没有第 9 项砷（镍）“银”及第 12 项“鍮石银”，代替它们的是“胆矾银”或称硫酸铜“银”（与金的名单的情况相同）和“灵草银”，该“灵草银”的意义

① “真”字似乎是因疏忽而加上的。
② 参见 Hiorns（2），pp. 320，395 ff.。
③ 参见 Hiorns（2），pp. 399 ff.。
④ 两种引用《宝藏论》名单的版本中均有“母砂银”，此处是按日华子的名单（见 p. 278）。
⑤ 参见 Mellor（1），p. 382；Gowland（9），p. 299。
⑥ 《本草纲目》卷八（第 5、6 页）。

十分含糊不清①。还有，令人费解的是第15项"草砂银"不在5种真银之列，而在13种假银中，其排行第二。

在《本草纲目》所引中的《宝藏论》名单中，4种真银也有些不同之处，对真银的叙述也安排在假银的之前，与金的情形一样②。其中第1项"天生牙"应与表105中的第14项和第15项相当，其同义名称"龙牙"和"龙须"与树枝状或线状矿脉紧密相关，在这些矿脉中经常可发现天然银。《证类本草》的引用在结尾中肯定地说："在银矿的裂缝中经常有外观如线段的物质。因而当地人称为'老翁须'，这是真正的天然银。"（"银坑内石缝间有生银迸出如布线，土人曰老须翁发，是正生银也。"）《本草纲目》所引中的第二种银"生银"，在对它的叙述中包括"至药根本也"。显然这可以作为表105中第13项"至药银"的说明。综上各点，似乎可以看出当时已认为由硫化物所得的银实际上与天然银是相同的。我们在表105中提出"至药银"是由天然硫化银
281 制得，但起码还应保留采用硫化分离法，即使银形成硫化物而得以与金分开（参见上文p.38）的可能性。关于云南采用的此项传统工艺操作，我们确有一份现代目击人的报告③。《本草纲目》所引名单中第3种银（"母砂银"，与《证类本草》的一致而与日华子的第16项有差别），关于它，《本草纲目》说是在辰砂矿中发现，且呈红色。这提示有可能用硫砷银矿（一种由银的硫化物与砷的硫化物组成的混合物，$3Ag_2S + As_2S_3$）来作为银的一种来源。但"母"字总有可能是"丹"字的讹误，而利用汞齐化法制银的可能性也绝不应被排除。最后，各种表中的"黑铅银"（第17项）都是一致的，此必指借灰吹法由含银的方铅矿中制取银④。

由以上几段文字和列表，已经有几点比较清楚，尽管某些细节还有些模糊。那些编纂、转抄和订正金、银名单的人，显然是对各种伪金和伪银以及如何利用各种方法制取纯正金属颇为熟悉，那么他们也必然会了解灰吹法和多种经试验证明为有效的造伪金和造伪银的技术。他们必然会熟知一些基质均匀的合金例如低锌黄铜和铜镍合金，他们也应对诸如镀金，使表面呈现金色或银色，以及表面着色即利用生成极薄的表面膜的"上青铜色"法等有所了解。基于同样的理由，他们必然已经摒弃对点金和点银的信仰。不过，点金术士们及其支持者们直到那以后几个世纪，才放弃这一骗术。在葛洪时代（300年左右），正如上文（pp.65 ff.）已详述的，道教炼丹术士已经详细地了解灰吹法，但是他们有意采用与工匠们不同的一套方法定义他们的"金"，从为了获得长生不老的角度看，外观酷似黄金的人造品远胜于天然真金。400年后的《宝藏论》

① 在中国植物学文献中并无此种"灵草"。不过有一种灵枫树（*Liquidambar formosana*）能产生树脂胶（图1339下，参见上文p.142及本书第一卷，pp.202 ff.）。这种树脂胶有可能用在油漆中以涂刷银粉或银色粉末。还有一种称为"灵通"的甘草属植物（*Glycyrrhiza glabra*），俗称甘草，广泛用于中药，但像"灵芝"（神灵的蘑菇）一类植物，可能不值得在此进行讨论。关于这三种植物，见孔庆来等（*1*），第1578页起。

② 《本草纲目》所引名单中增加了4种由外国输入的银的注释："新罗银"来自朝鲜语的"Silla"；"波斯银"来自波斯；"林邑银"来自安南；还有一种"云南银"。在10世纪时，"云南银"被认为是由外国来的，因为当时的南诏王国一直坚持独立，直到宋末。

③ Rocher（1），vol.2，p.246。

④ 弥乐石［Rocher（1），vol.2，fig.viii，pp.240 ff.］提供了关于云南灰吹法亲眼目睹的第一手纪录，并附有按比例绘制的炼银炉图。

(我们已讨论过《宝藏论》中的名单可以追溯到唐初) 所处环境的气氛显然大不相同，这使它比较接近工匠们的看法而背离道教哲学家和炼丹术士，因而摒弃了具有神奇色彩的制药学思想，而关注对那些属于 (从现代观点上来看) 真正的金和银的品种与那些伪造的品种作出无情的区别。倘若化学史可以因此而考虑存在不同的阶段甚至包括或大或小的革命，那么或许可以说，向科学的思维所迈出的决定性的一步就发生于那4个世纪之中。唐代在中国炼丹术史上是个很伟大的时代，这一点将在本章中一再见到，但是对这一时代的重要性的说明莫过于此。远在中国的中古前期阶段结束之前，也远在中国对阿拉伯的炼金术产生重大影响 (因而也对欧洲起重要影响) 之前，中国原始化学家的核心团体已经对制作赝金和点金以及各自的制造技术之间的区别有了明确清楚的认识。可以说，这就是我们已经证明的结论。

(d) 生理学背景、丹药功效的考证 282

(1) 初期的刺激作用

关于中国炼丹术的动机，在我们有关术语和定义的一节，特别是对中国独特的“长生不老”概念进行讨论时 (上文 pp. 81 ff.)，已经谈得很多。金属金与其所具有的长期保持清洁无瑕的性能之间的联系是这一问题的要点，因而下一步就是要很详细地了解古代及中古时期中国的炼丹术士们在其点金活动中究竟在干什么。然而中国的炼丹术同时具有冶金学与生理学两方面的背景，既然中古时期无数的丹药制剂中都含有各种砷、汞、铅、铜、锡、镍、锌甚至还有锑等危险金属的化合物，那么又为什么还能吸引如此众多的热切的追求者呢？又为什么能激起人们的兴趣使他们坚持使用这些药物呢？经若干世纪的使用后，丹药中毒的实例连连发生，已使丹药声名狼藉[①]，而对于丹药的醉心还不衰退，这又是为何？当然，唯一的解释就是许多矿物药品，特别是那些含砷的，可以给人一种短时的舒适感，以后才陷入不能自拔的境地。砷中毒的隐伏性是众所周知的[②]，其初期的滋补作用只不过是一种诱饵，诱骗信奉者越过危险界线，逐步加深其无可挽回的中毒[③]。

人生诸欲望中以“食”与“色”为最[④]。在引发期中的无饥饿感，以及食欲加大会导致体重一时减少，这种“轻身”常见于丹药作用的描述中。但“色”甚至更为重要。除了多妻制会刺激和满足天生欲望以外，在中国传统的社会中，不单是皇室，所有达官显贵都要受到来自他们周围为数众多的妃妾之辈的压力[⑤]。在这种大户人家中，

---

① 见本书第六卷第四十五章以及 Ho Ping-Yü & Needham (4)，转载于 Needham (64)，pp. 316 ff.。

② “含砷物品使人在不知不觉中中毒，受害者至死仍具有大量服食毒物的欲望” [Frost (1)]。

③ 典型含砷药物配方可见《证类本草》卷四 (第102页)，引自《(太上) 洞神八帝元 (玄) 变经》，该书可能是一部唐代的著作，*TT* 1187。

④ 《孟子》中告子说：“食、色，性也” (《孟子·告子上》第四章)。

⑤ 见本书第四卷第二分册 (pp. 477—478)，关于典型的宫廷安排的记载，就可以明了该段话所暗示的意思。

如果妇女们的自然要求得不到满足，就可能引起外间男性亲戚利用她们的冷遇（或仅仅想象中的）进行勾引，并带来政治是非。因此，如果某种丹药成分具有增强性能力
283 的功效，哪怕是短暂的，也会被视为非凡的成就，并被指望随之而来有更大的奇迹[①]。发生于其后的不可逆转的衰退并不会阻止信奉者越来越深地陷入危险的中毒深渊。因此我们势必涉及关于金属与半金属，特别是砷的药物学及毒物学，同时也还会牵涉到一般的滋补药和媚药，因为丹药的配制向来就没有严格地局限于矿物质。

服用丹药极需坚忍不拔之毅力，这曾被一再告诫。《抱朴子》一书中有一很好的例子。葛洪说：

> 倘若血肉的身躯只需吞“气”服（药）一日即可升天，而生翼长翅又仅需导引一月之久便可实现，世上之人尽皆信服道家方士无疑。然我以为，功夫需以桶计，（其效果）未必能匙量，……在稳操胜券之前，必须制服含于升华及沉淀之物（冰及霜）中的毒性。人们则往往因不了解自己的过失，反而反对道家的方法，宣称这些方法全然无益，旋即停服丹丸粉散和练功运气。[②]
>
> 〈若令服食终日，则肉飞骨腾，导引改朔，则羽翮参差，则世间无不信道之民也。患乎升勺之利未坚，而锺石之费相寻，根柢之据未极，而冰霜之毒交攻。不知过之在己，而反云道之无益，故捐丸散而罢吐纳矣。〉

不要让一些不良症状吓退长生不老的追求者，而应说服他们，这些症状正是丹药奏效的信号。《太清石壁记》是一本撰于6世纪的书，其中包括了一些3世纪的资料。该书中有一段引人注目的话[③]：

> 服食丹药后，若遇上全身和脸上奇痒宛如虫蚁行走，手足肿胀，闻食物气味即感恶心难忍，进食则呕吐，其状犹如大病将至，并有四肢无力、尿频，或头、胃处剧痛等——此时切莫吓呆或动摇。凡此病状，均为所服丹药业已开始成功地驱散潜藏病变之明证。
>
> 〈服丹后觉身面上痒如虫行，身面手足浮肿，见食臭，吃食呕逆恶心，四肢微弱，或痢或吐，头痛腹痛。并请不怪，此是丹效排病之验也。〉

在此可发现，许多病状和金属中毒的特征十分相像：如蚁走感、水肿以及四肢无力，稍后因感染生疖以至溃烂，恶心、呕吐、胃及腹部疼痛、腹泻，并且必然产生头痛。这些难以忍受的苦楚全仗勇气和信心来支撑。可惜，正是这种坚忍刚毅，给众多道教方士及其信徒们带来了灭顶之灾。

关于“上钩”之说，就到此。不过，在这方面还有一问题需要解决。即既然含金
284 属的丹药可由其初期的表面上的功效来客观地给予“验证”，那么肉体的不朽似乎也应由死后尸体的不腐烂来“验证”。据称丹药可以使方士产生不会腐烂的化身，脱出尸体而得以长生，犹如蝴蝶可以由蛹中脱出而成[④]。因而，这一“尸解”过程的结果，可能

---

① 在这方面易于使人怀疑，幻觉治疗（不论用显花植物或隐花植物）也是方士对其门徒或病人所施丹药疗法的一部分内容（参见上文 pp. 116 ff. ）。

② 《抱朴子内篇》卷十三，第二页，由作者译成英文，借助于 Ware（5），p. 214。

③ 《太清石壁记》卷中，第七页，Ho Ping-Yü（8），Sivin（1），p. 143。*TT* 874。

④ 此处依据席文［Sivin（1），p. 41］的简明陈述。

会产生空棺（倘若肉体躯壳完全气化成精），或者也可以使其躯壳变为不再变化的不朽之物，其轻如蚕茧，即死后不显示出任何腐烂之迹象，对葛洪而言，这完全是天经地义的事。在《抱朴子内篇》中他写道①：

> 若将金和玉插入人的九孔之中②，尸体就不会腐烂。当盐和卤水被生肉和骨髓所吸收，干肉便不再腐烂。人若摄取能强身延寿之物质，而（其中一部分人）获得永生，又何足为奇。
>
> 〈金玉在九窍，则死人为之不朽。盐卤沾于肌髓，则脯腊为之不烂，况于以宜身益命之物，纳之于己，何怪其令人长生乎？〉

腐烂的防止确实可以证明一种力量使人们相信“肉身已有不朽的能力”，正如我们将看到的。有关这一点的解释与一项鲜为人们所知的奇特事实相关，即东亚的“肉身自身木乃伊化”可以追溯到很早的年代，事实上，在人类记忆中从来就有此种实践。然而他们仅仅依赖于生理因素，即采用极其严格的养生法而不利用矿物药品或植物药品的作用实现其目的。这些是应当首先考虑的。

描述砷、汞和铅的慢性与急性中毒现象③，以及长期接触硫、锑、硒和其它有关元素的影响的资料并不难找到，也为人们所熟知④，但在此并不需要，它们将被保留到第四十五章，在将丹药中毒的最后阶段⑤与前现代中国人关于工业疾病的知识联系起来讨论时再来叙述。就“上钩”理论而言，重要的是研究小量有毒元素在其发生作用的初期所产生的短暂影响。这一问题应从两方面着手，第一考查在中国中古时期的书籍中认为哪一些特性是由哪一些矿物及其配制方法引起的⑥，第二将该考查结果与现代科学发展后所得的知识，特别是近半个世纪以来作出的结论进行对比。在此已无须要更多举例。

我们已很清楚，砷的硫化物（即雄黄与雌黄）被赋予促进性欲的特性⑦，对“阳 285
事不举”⑧、“阴痿不起”有效。这一点可在《太平惠民和剂局方》⑨中找到。该书为一官方汇集，根据陈师文与其同事们于1151年所完成的早期版本扩充而成。在书中，砷的硫化物与辰砂及硫调和后成为一种复合药物，称为“四神丹”⑩。同样有趣的是，砷

---

① 《抱朴子内篇》卷三，第六页，由作者译成英文，借助于 Ware（5），p. 62。

② 参见本书第四卷第三分册，p. 544。

③ 有关铅中毒及其在古代西方社会流行的情况，见 Kobert（1）。

④ 例如，见 Sollmann（1）或 Goodman & Gilman（1）。在较早的书中还可参考 Pereira（1）或 Whitla（1）。

⑤ 在本书第六卷出版前，可参见 Ho Ping-Yü & Needham（4），前文已提及。

⑥ 应注意的是矿物质很少单独使用，一般与植物或动物提取物合并使用。后者或者作载体，如枣肉、蜂蜜、猪油，或者是根据中国配药方式要求作为一种辅助药物。这些有机成分中，有些本身就有催欲强身作用，其它则可能含有维生素和其它营养成分，因而有助于改善人体总的健康状态。

⑦ 在中国，雄黄有很特殊的用法，是将天然矿产雄黄雕刻成十分漂亮的药杯。图1328所示即一只这样的药杯，采自汉伯里［Hanbury（1）］1876年的著作，他称：“杯内表面有时似乎显出有剥蚀现象，这可作为有小剂量砷被调入药内的证明。”一只于1684年由暹罗大使带至巴黎的这种药杯，曾于1703年由翁贝格（W. Homberg）采用分析法进行鉴定。关于翁贝格之事，见 Patington（7），vol. 3，p. 42。

⑧ 此处“阳”指功能，而“阴”则指器官或阴虚。

⑨ 《太平惠民和剂局方》卷五，第九十六页。

⑩ 这实际上是一个比《太平惠民和剂局方》一书古老得多的名称，其配方的内容不尽相同。我们自己发现6世纪或更早些时候的《太清石壁记》中已多次提及这一名称；译文见 Ho Ping-Yü（8）。目前尚缺少可以提供该药剂各种矿物成分的标准药方资料。

的硫化物可能的强身作用一再被提及，如《证类本草》中所说“保中不饥”、“轻身”、“增年”等①。再则，服用极小量的砷华（天然产的三氧化二砷，能生成亚砷酸），能产生多种功效，其中包括“攻击积聚痼冷之病”②，并有“轻身”作用，但若
286 吞服过量，即造成“热病”和“石发”（矿物中毒）。孙思邈在其《千金翼方》（670
年）中也描述了一种含有三氧化二砷的丸剂③。

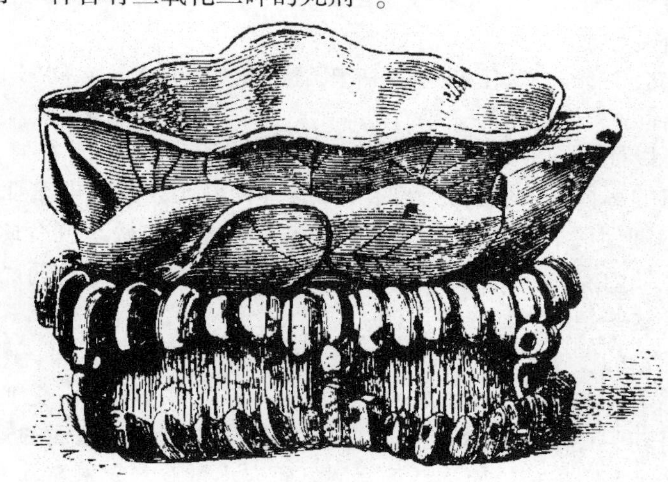

图1328 由雄黄雕刻成的药杯，安放在木制支架上［采自Hanbury（1），p. 221］。可能是清代制品。

硫本身被说成可以“壮阳道”④，并能“挺立阳精，消阴化魄”⑤，还被用来治疗女性的性感缺失症⑥。硫化汞及汞被视为一种会使妇女堕胎的药物⑦。在《太平惠民和剂局方》中，同时采用两者（一起使用的还有其它矿物、植物药和香料等）的方子不少于五种，它们被推荐用于医治“痼冷”⑧和“男子真元衰惫”⑨，并能“助阳接真”⑩。在唐代及五代时期即已采用一种汞外敷药膏治疗阳痿，这比丹波康赖在他绝妙的药物简编《医心方》⑪中进行的记载要早。《医心方》完成于公元982年，但一直到1854年

---

① 《证类本草》卷四（第101、103、104页）。此处摘自1249年的第一版，但其主要内容来自1108年的原作者唐慎微。书中引用陶弘景所说：《仙经》从来建议不单独服用雌黄，而应与辰砂及其它药物配合使用。

② 《证类本草》卷五（第124页），引用《新修本草》（唐代）及《本草图经》（宋代）。

③ 《千金翼方》卷十五（第168页）。

④ 《证类本草》卷四（第103页），引用日华子（972年）；又，《太平惠民和剂局方》卷五（第104页），说可治遗精。

⑤ 《证类本草》卷四（第103页），引用《太清服炼灵砂法》，这是一篇显然不在现在《道藏》中的论文。关于“魄”与“魂”，参见上文pp. 85 ff.。

⑥ 《医心方》卷二十八（第656页），将此归功于洞玄子（参见本书第二卷，pp. 147—148，及第五卷第五分册）。

⑦ 《证类本草》卷四（第107页），引用《药性论》，可能是梁代（6世纪）的书，现只存在于引证之中。

⑧ 《太平惠民和剂局方》卷五（第89、96、100、107、109页）。

⑨ 其中一种方子称为“震灵丹”，其成分是由著名的茅山道院主持人魏夫人（见上文p. 152）提出的。这就是“紫府元君南岳魏夫人（丹）方”。

⑩ 关于这句话的意思见本书第五卷第五分册。

⑪ 《医心方》卷二十八（第655页）。

才付印。这可能是一种早得多的习惯，因为丹波康赖将该方子归功于葛洪本人。

在古书中还可找到关于多种矿物质对生殖系统的其它作用的记载。蓝矾①、磁铁矿（黑色氧化铁）②、阳起石（硅酸镁钙）③ 和萤石④有助于促进生育，即可“令人有子”和“能暖子宫”。钟乳方解石⑤和石英⑥均被认为可以增强性机能（“建益阳事”）和增强男性性机能（“壮阳道”），而精液不足（“精乏”）可用阳起石来解除。萤石和紫石英似乎有“补虚除痼冷”之效。云母被认为有助于增加精子数量（“益子精”）⑦。而方 287
解石治疗遗精（“主泄精”）⑧。所有上述，显然都为中国古代和中古时期的医师们所深信不疑，但是对于我们，除去比较容易观察到的钙、镁、铁、氟等元素及一般食物所缺少的一些痕量元素的一般滋补作用以外，这要比那些有强药理作用的元素难理解得多。既然中国人的食物中明显地不含有奶类及其制品，后来的情况也相同，那么完全可以有理由想象他们会产生慢性的缺钙症。而实际的问题在于，有关的各种矿物质中，不少极难溶解，而所采用的调制方法，即使是在长期服药的条件下究竟能在何种程度上使它们被有效地吸收，这一问题的答案，在现有的教本上是不会找到的。众多医师一致认为，在服药中，一些十分有用的东西被摄入人体，而最主要的效果则可能由矿物质缺乏状态的缓解来解释。这些医师是临床的观察者，他们的意见不容轻视。

如果注意到，在历史上一些营养缺乏症就属于中国不同地区的地方病，人们就会更加信服上述解释⑨。骨骼的疾病和畸形，如佝偻病和软骨病⑩很久以来就是北方小麦生长地区所特有的病症⑪。四肢肿大且麻木无力，如脚气病所遇到的情形⑫，也同样是自古以来就属于南方种稻区所特有⑬。显然，如果只靠矿物质和维生素，要恢复正常的健康和性机能，就需要很长时间⑭。此外，所有的毛病都会因有寄生虫病而加剧，而寄

① 《证类本草》卷三（第 89 页），引用《神农本草经》，该书无疑是汉代作品。

② 《证类本草》卷四（第 111 页）。

③ 《证类本草》卷四（第 113 页）。

④ 《证类本草》卷三（第 92、93 页），引用《神农本草经》及《药性论》；另见《千金翼方》卷二十二（第 259 页）。

⑤ 《证类本草》卷三（第 83 页），另见《千金翼方》卷二十二（第 257—258 页）。《医心方》在这一主题下，有不能勃起症状的系统分类，卷二十八（第 652 页），并将这一内容归功于孙思邈的《千金方》，不过，至今我们未在该书中找到这一段。

⑥ 《证类本草》卷三（第 92 页），引用日华子。

⑦ 《证类本草》卷三（第 80 页），引用《神农本草经》。

⑧ 见上文 p. 286 的脚注。

⑨ 关于比较现代的地理病理学的著作，见 Jefferys & Maxwell（1），以及 Snapper（1），pp. 9 ff.。

⑩ 参见 Miles & Fêng（1）；Maxwell（1）；Maxwell，Hu & Turnbull（1）；Tso（1）；Hedblom（1）。

⑪ 关于历史病理学，可见余云岫（*1*），第 157 页起；Lu Gwei-Djen & Needham（4）。

⑫ 一份很好的临时记录，见 Wang Chi-Min & Wu Lien-Tê（1），pp. 211 ff.。

⑬ 关于区域划分的讨论和地图，见 Buck（1），p. 25，Map3；Cressey（1），figs. 47、48、49；Shen Tsung-Han（1），pp. 132 ff.。其分界由东至西，大致与淮河流域相近，一个不被注意的事实是，这分界线与从三国以后北方和南方政治区域间界线（265—316 年，前赵与西晋间；352—384 年，前秦与东晋间；或直到 5 世纪中期，北魏及其后诸国与刘宋、齐、梁）大致相符。将不同时期的制药与炼丹技术与北方和南方生活条件联系起来进行研究，应该是一件有趣的事。

⑭ 关于中国营养缺乏症的前期工作，见 Lu Gwei-Djen & Needham（5）。

生虫病则有可能因丹药中的矿物和金属的作用而得以治疗①。

这些无机物质鲜为人们单独使用，而是经精心提炼后制成的标准复合药剂。孙思
288 邈在公元650—680年，曾就此做过大量论述②，其中包括古代的“五石散”③处方，该处方更早时称为“寒食散”。也有人称之为“五石更生散”和“五石护命散”，据称均用于性功能衰弱，即“丈夫衰阳气绝”④。这些药物肯定已经持续了很长时间，它们无疑在公元前2世纪淳于意和倒霉的遂医生（参见本卷第三分册）商量时就已开始使用。而葛洪本人在其医书《肘后备急方》中专有一篇“治服散”，讲述采用矿物质处方治疗男性“虚羸”时的中毒危险⑤。孙思邈曾警告那些不解药剂提炼方法的年轻人，要他们既不要服用这类药物也不要开出这类药物的处方⑥。他认为有一种称为“紫石寒食散”的处方是来源于汉代大医师张仲景⑦。孙思邈还说，“又有贪饵五石以求房中之乐”⑧者，这表明他对金属效力的信赖。难道所有这些仅仅是由于这些药物对那些在饮食中缺少矿物质的人有和缓的滋补作用吗？

当然，中国并不是唯一相信砷是具有促进性欲作用的文明国度，这种看法在西方也长期流行。砷以三氧化二砷的形式作为治疗阳痿的药物，曾在1854年由泰斯特（Teste）⑨根据民间习惯做法给予认可，而到1884年，布伦顿（Lauder Brunton）⑩还认可了亚砷酸铁；并且有理由认为，近代仍有其它砷化合物的处方开出。1901年索尔曼（Sollmann）的权威性药物学著作的第一版，同意砷和磷在作为促进性欲方面颇具名声的说法，但认为如果它真有任何功效，那也必定是在改善病人的全面健康状况后取得的⑪。很早以前，在1895年韦尔泰梅（Wertheimer）就指出，小剂量服用砷会引起尿道的炎症，因而除了会刺激勃起外，同时还有引起排尿困难、尿急痛和膀胱后坠等现象的可能性⑫。他的说法决然无错。现在的观点认为各种砷的化合物，在最初阶段会使全身血管轻度扩张，而这只不过是有可能产生微血管中毒的一个信号而已⑬。一旦进入慢
289 性中毒阶段，就会使得身体状况恶化而产生局部渗出、水肿、丧失食欲、恶心、多发性神经炎、肌肉萎缩以及各种皮肤、头发和指甲的病变⑭。

在欧洲，砷作为一种促进性欲的药物，可能是由印度传入的，因为在那里是一种传

---

① 在此只要考虑锑对中国北方的黑热病和中部及南部的血吸虫病的作用即可。

② 《千金翼方》卷二十二（第256页）。

③ 在6世纪的《太清石壁记》卷上中亦有描述，并称为一种“丹”，译文见Ho Ping-Yü（8）。

④ 《千金翼方》卷二十二（第260、271页）。

⑤ 《肘后备急方》第二十二篇，见卷三（第82页）。

⑥ 《千金翼方》卷二十二（第261页）。

⑦ 《千金翼方》卷十五（第167页）。

⑧ 《千金要方》（约655年）卷一（第2页）；一千年后，张璐（1617—1698年）又在他的《千金方衍义》（卷二，第五页）中重述。

⑨ Teste（1），p. 219。

⑩ Brunton（1），pp. 641，677，1100。

⑪ Sollmann（1），p. 697。参见p. 649。

⑫ 见Richet，*Dictionaire de Physiclogie*，vol. 1，p. 696。

⑬ Sollmann（1），1st ed.，pp. 602 ff.；Goodman & Gilman（1），pp. 944 ff. 。

⑭ 与上文（p. 283）《太清石壁记》所列举的症状相似，颇使人感到惊奇。

统的做法。1903年科里（Khory）及卡特拉克（Katrak）[1] 形容砷为一种性刺激剂。在更晚些时候，纳德卡尔尼（Nadkarni）[2] 于1954年还给出这种药物的正统处方，即砷与由萝摩科植物牛角瓜［*Calotropis*（=*Asclepias*）*giganted*］[3] 和夹竹桃（*Nerium odorum*）[4] 提取的植物原料在油中结合。用砷治疗发烧的习惯做法也一样可能来自印度[5]，这在《妙闻集》（*Suśruta Samhita*）和更晚些时候的炼丹术著作，如《丹海》（*Rasārnāava Tantra*，12世纪）及《丹宝集论》（*Rasāratnasamuccaya Tantra*，1300年左右）[6] 中均可见到。然而在西方，伦蒂利乌斯（Rosinus Lentilius）于1698年[7]第一个推荐采用砷退烧，从那以后一直到20世纪初的医疗书籍中[8]仍可见到将福勒氏溶液（Fowler's Solution）[9] 或坦焦尔丸（Tanjore Pills）等含砷药物作为退烧药的处方。而砷作为催欲之用，在欧洲则可能始于16或17世纪，因为在更早些的资料中，几乎见不到这方面的记述。

现在已无需对中国"媚药"历史作进一步的追踪，而对那些被认为具有催欲作用的草药则将留到本书第四十五章药物学中进行讨论[10]。不过，为了弄清中国中古时期矿物丹药的来龙去脉，还是值得看一看它的分类。范行准对不同历史时代的"催淫"手段作了有趣的讨论[11]。他说，在古时的周和汉代，人们依赖香、酒和诱惑；晋和北魏时期，无机药剂（如寒食散）闻名天下；唐代和北宋人多用金丹，这种药一般都含有汞，而且肯定也往往会含有砷的化合物。南宋时期就有正规的分离类固醇性激素（"秋石"、 290
"红铅"）[12] 的方法，该方法于元和明代大量采用，清代以后则拜倒于鸦片[13]。当然在所有这些时期中，草药一直普遍使用[14]。现在世界各国在调理性机能紊乱中都已采用经提

---

[1] Khory & Katrak (1), p. 239。

[2] Nadkarni (1), vol. 2, p. 18。

[3] Nadkarni (1), vol. 1, p. 237。中国采用另一种萝摩科（*Asclepias*）植物（R 166；CC 413）。

[4] Nadkarni (1), vol. 1, p. 847，参见 CC 428及刘寿山等（*1*），第147号。

[5] 在中国，这也是一种古老的做法，可由《证类本草》卷五（第124页）看出，其中包括更老的资料；1860—1870年的证据，见 F. P. Smith (1), pp. 24—25。

[6] 见 Schelenz (1), pp. 57, 478, 540。关于年代，见 Ray (1)。

[7] Lentilius (1), vol. 2, p. 18。

[8] 即三氧化二砷溶于氢氧化钾溶液中。1953年的英国大药典中仍有，但于1958年被删除。

[9] 例如见 Lauder Brunton (1), p. 644；Sollmann (1), 1st ed., p. 609。

[10] 在西方肯定还有大量关于媚药的文献，可以从以下出版物中查找：Davenport (1)；或 Aigremont (1) 及 Cabanès (1)。一个奇怪的想法是，如果有某种理论能说明对砷作为性刺激剂的长久而广泛的信念，那么它也一样能说明将软体动物、甲壳动物、棘皮动物作为食物用于这一用途的古老的信念。这一点为尤维纳利斯［Juvenal, *Sat.* Ⅵ, 301，译文见 Madan (1), vol. 1, p. 271］、普劳图斯（Plautus, *Casina*, Ⅱ, viii）及阿普列尤斯（Apuleius, *Apologia sive de Magia*, xxvii ff.）等人所发现。事实上，如弗罗斯特［Frost (1)］在综述中所收集的数据表明的那样，这些无脊椎动物的组织中所聚集的砷量远高于其它可食动物。查看这一信念是否也存在于中国古代丰富的营养学文献中，将是一件有趣的事（本书第六卷第四十章）。

[11] 范行准（*6*），第42页。他广泛地研究了中国有关媚药的书籍。

[12] 可进一步见本书第五卷第五分册，以及第六卷中第四十五章。并可参考 Lu Gwei-Djen & Needham (3) 及 Needham & Lu (3)。

[13] 在10世纪之前，这类毒品完全不为中国所知，在19世纪上半叶受西方商人怂恿而成瘾之前，也很少用于药物。

[14] 根据某一东方药方说明，一些草药是阴茎形菌类。"锁阳"或"蛇菰"［*Cynomorium coccineum*（=*Balanophora dioica*=*japonica*）］属于蛇菰科（R 240；CC 1565, 1566），有关资料，见 Stuart (1), p. 61。据说这种植物生长在野马撒下精液之处，1500年前后，李时珍有保留地叙述了这一故事；《本草纲目》卷十二（第110页）。

纯的性激素，而不再用其它药物了，但是知道在东方和在西方过去曾用哪些种类的物质还是很有意思的①。由一份较晚近的表②上可看出，这些药物分为以下几大类：（a）精神治疗剂，是作用于高级神经系统的药物，如酒精、大麻和鸦片生物碱类；（b）尿道刺激剂，其中有些比较剧烈而且有危险性，如斑蝥剂③，另一些比较温和，例如各种风油精类④，以及（c）脊椎刺激剂，一般对骨盆部位有不同程度的特殊作用，如马钱子碱和马钱子⑤，其对骨盆部位作用较小，而育亨宾⑥对骨盆部位的作用明显很大。事实上，所有上述药剂大体上都起一定的作用，而另外一些在现代医学中仍保有一席之地的药物，其作用反而几乎得不到证实⑦。砷在以上三类中应属于第二类。

根据《不列颠医学百科全书》（*British Encyclopaedia of Medical Practice*，1967 年版）
291 的药物增补篇⑧，一种典型的现今常用专卖催欲药的方子为，在一种称为甲基睾甾酮的类固醇性激素中加入育亨宾和少量的马钱子碱（还加入右旋苯异丙胺和淀粉巴比妥）。而有趣的是在 1961 年的版本中，只含育亨宾和马钱子碱而不含激素⑨，而在 1957 年的版本中还含有三氧化二砷⑩。由此看出，利用砷治疗阳痿和性衰直到多么晚近才被废止⑪。也许这一次最终被废止，其主要原因并不在于砷被认为无效，而是人们不愿意冒该药即使小剂量服用在最初阶段即已产生剧烈中毒的危险。

即使近代医学对砷具有独特的强催欲作用的信念难以完全肯定，其仍然可以认为这一元素对服用丹药者在正统的滋补和强身方面（服用初期）起很大的作用。这一作

---

① 有合用的日文研究著作，见川端男勇和米田祐太郎（*1*）。

② “英国药典”（B. P. Codex），1934 年，p. 1620。

③ 取自有名的“西班牙蝇”或称“芫菁”（*Cantharis vesicatoria*，鞘翅目）的内酯结晶，由于对尿道粘膜的反射刺激而起促进性欲的作用［Sollmann（1），8th ed.，p. 161］。对这种药物的最好记载见 Pereira（1），vol. 2，pp. 1834 ff.。值得一说的是，中国有一种从不同的硬壳虫斑蝥（*Mylabris sidae*）、黄黑小斑蝥（*M. cichorii*）及豆斑芫菁（*M. Pustulata*）得来的类似药物。这就是 2000 年之前的《本经》所提到的“斑蝥”［R 29；F. P. Smith（1），p. 153；Anon（57），第 4 卷，第 190 页起］。在《证类本草》卷二十二（第 448 页）有一插图。

④ 例如特纳草、薄荷、樟脑，当然还有中国人参（*Panax ginseng*）。特纳草（*Turnera diffusa*）是一种北美和中美的植物，薄荷（*Mentha piperita*）与中国的薄荷（*Mentha arvensis*）系同类植物（R 129；CC 337）。

⑤ 马钱子（*Strychnos Nux-vomica*）的干燥的成熟种子（R 175；CC 447）。在西方，直到 1540 年以后才对其生物碱的重要意义有所描述。该生物碱对所有神经均能加强其反射作用，还有人认为可以激励与生殖系统相连接的脊椎中枢，但值得怀疑［Sollmann（1），8th ed.，pp. 232 ff.］。

⑥ 一种非洲生长的育亨宾树（*Pausinystalia yohimba*，茜草科）的树皮中提取的生物碱。它肯定对所有骨盆部位神经反射作用有特殊的功效，而对生殖系统的血管有扩张作用［Meyer & Gottlieb（1），p. 253］，但对性欲和产生精子并无作用［Sollmann（1），8th ed.，p. 342］。也许这种局部血管扩张和大多数普通药剂的作用是一样的，如果它们还有一点功效的话。

⑦ 采用氯化金治疗性机能衰退，曾于 1885 年被布伦顿［Lauder Brunton（1），pp. 680，1100］认可，这也许是西方炼金梦想的最明显的遗风之一。在治疗狼疮和关节炎中，仍有采用金的盐类、有机金和胶状金的。

⑧ Anon.（92），p. 669。

⑨ Anon.（92），p. 680。参见 Martindale（1），pp. 1555—1556。

⑩ Anon.（92），p. 472。在 1953 年的版本中，根本没有列出这一特殊的配方，但无疑地当时包括有砷。

⑪ 在德国，停止用砷治疗阳痿和性衰还要早些。1937 年的“格黑药典”［Gehes Code；Anon.（*93*），pp. 1315—1316］给出多种催欲药的成分，均不含砷。

用从未引起任何争辩，尽管今天已再没有人愿意冒险开出这种处方[1]。在以往的半个世纪内，砷被认为可以增强胃口，但并不增加饥饿感（虽然很快就消失，而且随着砷在体内聚集，开始厌食）[2]，也被认为可以（一时地）增加生长速度和体重，并刺激骨髓提高红血球数[3]。所有这些现象在属实的情况下，现在也认为不过是中毒的早期表现，也肯定同时还会产生轻微的内脏充血[4]。印度人一直到现在还相信砷为一种安全的滋补品，这可以从印度医疗方面的论文看出[5]。不仅印度人如此，1937 年德国专卖药的"《格黑药典》"用了八页的篇幅叙述各种形式的含砷滋补剂[6]。由此，所讨论的问题已得到证明，即砷元素的确构成中国中古时期道教信徒和病人的一种诱饵。

在理解这一点之后，其它元素的情况就同样清楚了。1901 年的一本关于植物学的
教科书中说："服用小剂量的汞，可以对新陈代谢作用产生类似于小量砷的效果，甚至
连产生的方式都大致相同。病人体重会增加，红血球数会上升等。"[7] 在阿伯内西氏
(Abernethy) 的"蓝药丸"可以任意入处方的 19 世纪[8]，汞对消化不良、猩红热、腮 292
腺炎、黄疸病和所谓"胆汁病"等的类似有益效果，如同治疗"宿醉"一样出色。然
而，汞从来就没有像砷那样明确地视为"滋补"和"强身"药物。有一点值得我们考
虑，即汞对唾液分泌的强刺激作用是举世公认的[9]。稍后我们将看到，吞咽唾液是内丹
家（即中国中古时期与化学炼丹术士相对立的生理炼丹术士）的重要基本功之一[10]。铅
对唾液的刺激性与汞相似，它也极有可能用于金属丹药，虽然在短期服用后即产生深
度中毒[11]。因而外丹药物恰好可以使唾液分泌大为增加，这是内丹家所渴求的。而相似
的论证也适用于另一种分泌物——精液，如我们将于本书第五卷第三分册看到的，所
有的生理炼丹术士，不论是道教的、"密宗"的，还是后来佛、道相融合的心理学派，
均视精液为极其重要之物。虽然，不论是砷还是那些植物性的催欲药品，甚至连矿物
滋补药都在内，十之八九都根本起不到刺激睾丸产生精子的作用，但这些药物对性欲
和性机能所起的功效已经完全足以保证有充足的分泌液供应[12]。当然，在宋代已经能使
用类固醇性激素和促性腺激素（在某种意义上比欧洲的发现早差不多整一千年），中国的

---

[1] 奥地利施蒂里亚（Styria）的农民曾有服用砷以增进体力的习惯。这一著名实例曾被认为是说明他们已具有某种耐力或免疫力［Lauder Brunton (1), p. 643］。不论这说明什么，恐怕这可能使得中国中古时期的丹药服用者延长了抵抗药物毒性的时间，因而最终也延长了他们所受极度痛苦的时间。不过，所服用的砷必须是不溶性的，以使小肠壁吸收量极微。

[2] Martindale (1), p. 138。

[3] 关于这些效果，可见 Whitla (1), p. 294; Lauder Brunton (1), pp. 317, 644; Solmann (1), 1st. ed, pp. 602 ff., 605, 609; Goodman & Gilman (1), p. 946; Frost (1)。

[4] 参见 Goodman & Gilman (1), p. 946; Sollmann (1), 1st ed., p. 604, 8th ed., p. 1204。

[5] 始于 Ainslie (1), vol. 1, pp. 498 ff., 604, 再有如 Khory & Katrak (1), p. 239, 以及 Nadkarni (1), vol. 2, p. 18, 一直到 1954 年。

[6] Anon. (93), pp. 116—124。对英国的情况也可有类似的叙述。

[7] Sollmann (1), 1st ed., p. 634。现代的调查，可见 Passow, Rothstein & Clarkson (1)。

[8] Lauder Brunton (1), pp. 618 ff.。

[9] Sollmann (1), 1st ed., p. 633; Lauder Brunton (1), p. 616; Martindale (1), p. 762。

[10] 见本书第五卷第五分册。

[11] Sollmann (1), 1st ed., p. 641。

[12] 以后将看到，这是需要的，但对射精而言，其必要性远不如内丹的产生。

炼丹术士和医生们也就拥有了能以完全正常的方式刺激性机能的手段。但正如我们将看到，这种发展正是内丹与外丹相互融合的结果。不论如何，丹药的服用者对砷、汞、金、银、铅等金属化合物的依赖程度有所降低，其结果总是令人快慰的。但是还有一种金属，可以认为是有可靠的“强身”作用而并无大危险性，即中国炼丹术士和医疗化学家们所熟知的铁。

曾记得，我在童年时期曾经服用含有铁、奎宁和马钱子碱的苦味补铁药剂①。对于“滋补药”的需求，60年前要比现在急迫得多（对于一种能使人“精力充沛”或能使人“恢复活力”的气氛的需求亦然）。现在一般人的营养水平都很高，维生素的供应和补充富富有余。但应时刻不忘本节全部论证中一些重要而有力的论点，即不能按照今日产品富足营养良好的社会的习俗去判断古代和中古时期食物标准低下的民众对医药
293 的需要和使用（当然也包括今日世界上较落后地区）②。尽管中国古代营养学文献中包含许多先进的知识（参见本书第四十章），在过去的中国，不但存在食物营养不足的现象而且慢性寄生虫病广泛蔓延，尤以肠道寄生虫为甚③。诚然，古代和中古社会的需求与今日大不相同，对于炼丹术的似乎是奇特的需要也应从这方面去加以思考。

因此，将中国中古时期全部有关调制铁以供炼丹和制药之用的文献找出来，就具有特别重要的意义。《三品颐神保命神丹方》④ 为张君房所编辑，应不迟于1020年，可能是在唐代的某个时期。书中的主要内容为，在控制的条件下将好钢板置于盐水中使之生锈以制成紫红色的氧化铁⑤，然后再将氧化铁与植物及其它材料调配成复合药剂，因而可能形成少量易于吸收的盐类（如柠檬酸盐、苹果酸盐或醋酸盐）。其主要产品称为“铁御丹”或“铁胤丹”，其中“胤”字即意味该药系铁之“后嗣”或“后代”。在该药的介绍中称⑥：植物类药，可见速效，但不能持久。而矿物药与金属药类作用来得慢，但经久不衰，不过药中含有危险毒素会引起头部剧痛、背上溃烂和长疔痈，为此还要服用解毒药——而唯独“铁胤丹”绝无此种忧患。它能健壮肌肉，减轻病痛，使眼睛明亮，镇定心神，加强脑髓，使皮肤光亮，使头发保持乌黑，并使人易于戒食五谷，增进记忆，还能“安魂定魄”⑦。换句话说，“铁胤丹”是补药中之一流者，要

---

① 即“伊斯顿糖浆”（Easton's Syrup），其主要成分为磷酸亚铁［“英国药典”，1934，p. 459；Sollmann（1），1st ed.，p. 625］。“帕里什食品”（或糖浆）”［Parrish's Food（or Syrup）］为其相似品，但不含生物碱，只加入磷酸钙和蔗糖［“英国药典”，1934，p. 457；Lauder Brunton（1），p. 677］。索尔曼，［Sollmann（1），p. 613］指出：注射铁质药剂，其所产生的影响极似砷所产生的；关于对骨髓的作用，参见 p. 622。

② 一百年前，布伦顿［Lauder Brunton（1），p. 676］说，碘化亚铁“对于大城市的医药行业十分有用，苍白、贫血、弱不禁风和患结核病的小孩甚多，求医者甚多”，读者不难了解其言外之意。他还把硫酸亚铁与鱼肝油混合使用。

③ 在这方面一个不容忽视的事实是，除中国人最先了解的一种相当安全的植物驱虫剂外，还曾多方考虑利用铁和汞来实现驱虫目的并认为是有用的［Sollmann（1），1st ed.，p. 739；Lauder Brunton（1），pp. 357—358，672，1117］，因而也被认为对人身体有益。

④ 载于《云笈七籤》卷七十八，第一页起。

⑤ 《三品颐神保命神丹方》第四页起、三十一页起。

⑥ 《三品颐神保命神丹方》第一页。如果将效果显著的生物碱所起的令人惊奇的速效与有毒金属的缓慢并且又不易逆转的积累相对比，这一说法是非常公正的。

⑦ 《三品颐神保命神丹方》第二页。又可预防流行性传染病，并可助人成仙（第十页）。有关“魂”与“魄”，见上文 p. 85。

是这位不知名的作者知道这种神药还能增加血红素和红血球数量的话，他肯定会加进这一内容。这种药可连续多年服用而无不良后果[1]。但是特别有趣的是，反复说明对性冲动和性活力的作用极强，而必须配以抑制性欲的草药以免陷入“茎不委歇”[2] 的困境，使之能奏“益心力而不强阳道”[3] 之效。这一经验的记录，颇有价值，因为它表明 294
在饮食标准低下的情况下，像铁这样简单的滋补品便足以使性欲和性机能恢复到一般正常水平，因而炼丹术士不仅能够轻易地向那些容易上当的人推出其含砷和汞的，还可以推出含铁的各种丹药。

至于有关含铁药剂开始的年代，应在《三品颐神保命神丹方》之前很久。前已提及，一些十分类似的工艺已在《太清石壁记》[4] 中描述，该书中的一些部分始于3世纪末，其最终汇集与成书是6世纪的事。例如取两块钢板，一为圆形，另一为矩形[5]，将其中部固定于铁棒上，并浸泡于醋与酒之中，浸泡液中并有胡椒、姜、磁铁矿粉末和大量食盐。如此置于陶质坛子中150日，每天加入新鲜食盐水[6]。想象中，所形成的应为氧化铁（“铁锈”）、氢氧化铁（“铁落”）、醋酸亚铁（“铁华粉”）及其它铁的盐类的混合物[7]。按另一种方法，所制成为醋酸铁系由加热“镔铁”屑及浓醋而得[8]。据称，其最后呈现“紫”色，必然指所形成的醋酸铁和碱式醋酸铁混合溶液，该溶液为深红色，这种成分现仍用做媒染剂[9]，直到最近才停止用于医学[10]。中国人并不单独使用醋酸铁，而是将它与植物及其它药物配合使用。

综上，应得出结论，在古代及中古时期中国丹药的金属及矿物成分中，有些确实能给长生不老的追求者带来身体和精神上的好处，特别是在营养普遍不足和寄生虫病流行的情况下，尤其如此。其中某些成分，例如铁，并不危及身体。但其它多种成分，如砷和汞，所产生的结果只不过是从充满希望的开头，到慢性中毒告终。因而，对于可以实现长生不老的信念，与驱使飞蛾投火自焚的盲目趋旋光性是相似的。

(2) 死后不烂

在中国炼丹术发展的不同时期中，都有一种信念认为进入视若已死的状态，或者处于暂死的梦幻境界之中，或者在某种意义上的真实死亡是通向道家长生不朽的必由

[1] 《三品颐神保命神丹方》第三页。不仅如此，它还帮助魅力不足者改进体态（第十五页）。

[2] 《三品颐神保命神丹方》第三、九、十页。

[3] 《三品颐神保命神丹方》第三、六页。还按年龄规定服药期间可有的房事次数（第十、十九、三十、三十一页）。

[4] *TT* 874。

[5] 可能是一种天地感应法术，天圆地方（见本书第三卷，pp. 212—213，220）。

[6] 《太清石壁记》卷中，第六页，译文见 Ho Ping-Yü（8），pp. 59—61。

[7] RP 22，23，24，25；参见 Partington（10），pp. 856 ff. 及 F. P. Smith（1），pp. 121—122。

[8] 《太清石壁记》卷下，第一页，译文见 Ho Ping-Yü（8），pp. 75—76。关于“镔铁”，见 Needham（32），pp. 44 ff.，本书第五卷第一分册。一种印度坩埚钢称“wootz”（伍兹钢），来自坎纳拉人（Canarese）的“*ukku*”，1795年开始出现在英语中。

[9] Sudborough（1），p. 151。

[10] Lauder Brunton（1），p. 671；Sollmann（1），1st ed.，p. 625。参见 F. P. Smith（1），p. 122。

295 之路。这可以从关于2世纪炼丹师魏伯阳的传说中看出，我们还将专门用一节来讨论这一传奇人物。4世纪的《神仙传》描述了吴地隐士魏伯阳其人：

(伯阳) 入山炼丹，随同者有其三个弟子。其中有二人，伯阳以为他们内心精诚不足。俟丹药成，伯阳意欲一试，于是说："金丹已得，然须先试。可以此白狗试之，若能（活着）升天，则对人亦安全。若狗服后即死，则人不可食。"白狗是他们带进山的。倘若炼丹过程中循环转化的次数不足，抑或各种原料未能成功地均匀结合，所得丹药便有毒，人若食之则死。

因此，(魏) 伯阳将丹药喂狗，狗立即倒下死去。于是伯阳对弟子们说："恐怕丹药炼制还不到家，狗已中毒致死，也可见我们不曾掌握精神力量的全部理论。现在服下此丹药恐怕难逃与此狗相同之厄运。你等意下如何？"弟子们迟疑，于是问道："不知先生吞食之决心已下定否？"回答曰："我已远离世俗，又舍家弃友进入深山。现今既不能找到圣仙之道，又有何颜面返回。空手而归莫不如死于丹药。我意已决。"于是服下，旋即倒地而死……

目睹于此，其中一弟子说："吾师实非凡人，其所作均为意念之行。"于是也吞下丹药而死去。另二弟子对语:"炼丹者，其意在长生，今则服食丹药而死，莫如不服，还可多活数十载。"于是两个结伴离山，并打算为埋葬师傅及师兄置备棺木及其它物品①。

二弟子离去之后，(魏) 伯阳苏醒过来，其弟子（名虞者）也随之苏醒，最后白狗也活了。他们一同奔向深山（以求成仙之道）。道中与樵夫相遇，樵夫受托于伯阳，带信给另二弟子以致谢意。弟子阅信，悲痛与懊丧交加②。

〈入山作神丹将三弟子，知两弟子心不尽诚。丹成，乃诫之曰："金丹虽成，当先试之。饲于白犬，犬即能飞者，人可服之；若犬死者，即不可服也。"伯阳入山时，将一白犬自随。又丹转数未足，和合未至，自有毒丹，毒丹服之皆暂死。伯阳故便以毒丹与白犬食之，犬即死。伯阳乃复问诸弟子曰："作丹恐不成，今成而与犬食，犬又死，恐是未得神明之意，服之恐复如犬，为之奈何？"弟子曰："先生当服之否？"伯阳曰："吾背违世路，委家入山，不得仙道，吾亦耻复归，死之与生。吾当服之耳。"伯阳便服丹，丹入口即死。弟子相顾谓曰："所以作丹者欲求长生耳，而服之即死，当奈此何？"惟一弟子曰："师非凡人也，服丹而死，得无有意邪？"又服之，丹入口复死。余二弟子乃相谓曰："作丹求长生耳，今服丹即死，当用此何为？若不服此，自可得数十年在世间活也。"遂不服，乃共出山，欲为伯阳及死弟子求棺木殡具。二人去后，伯阳即起，将服丹弟子姓虞及白犬而去。逢入山伐薪人，作手书与乡里人寄谢二弟子。弟子见书始大懊恼。伯阳作参同契、五相类，凡二卷，其说如似解释周易，其实假借爻象以论作丹之意，而儒者不知神仙之事，多作阴阳注之，殊失其奥旨矣。〉

在此转载此著名故事，是因为它不仅可以作为在4世纪时就已产生用动物做试验的思想的明证③，而且还可以说明"暂死"是通向长生之门的观念。有一本唐代书籍描述一种丹药，说若有规律服用，每次仅吞服半粟粒大小，七日至一年后即可成仙，其时间长短视丹药之质量而定。但该书又说：

① 这是一种高尚的儒家风尚。

② 原文见《云笈七籤》卷一〇九，第五、六页，由作者译成英文，借助于 Wu Lu-Chhiang & Davis (1)，摘自《列仙全传》。常被引用，如 J. Read (1)，p. 122。参见图 1329。

③ 因而也可能还可以说明当时已有此种实践。参见本卷第三分册。

图版 四四九

图 1329　传说中的魏伯阳和他的门徒虞生，以及用来试验长生不老药的狗（《列仙全传》卷三，第十二页）。

若有至诚，必敢一次服下整满匙，将暂死半日许，然后复苏，犹如从睡眠中
296 醒过来。然而这是极端危险之举。建议最好每次服用剂量不超过半个粟粒，如用药说明中所规定①。

〈若还志诚，便敢顿服刀圭者，暂死半日许，乃生如眠觉状，此乃险之至矣。必须依方以半黍粟为度。〉

类似的观念屡屡见到。公元515年，周子良服用一种可能引起幻觉的毒菌制成的“九真玉沥丹”②。对此，有人（可能是陶弘景）评论如下③：

渴望立即升天者，应一次吞服全部丹药，并即刻倒地而死。但若希望长留人间，则宜少量逐次服用，当最后全部用完，将会发现自己已成神仙……

〈若欲速登天，可并服之，即死矣。若欲且留世，当稍服之，尽亦仙矣。〉

在陶弘景于公元449年前不久收集的文献中，有一份名为《真诰》的文告，其中有以下一段奇特的文字，系引自前一世纪茅盈的某一文本（参见上文 p. 235）④：

吞食“琅玕花”⑤而佯葬于墓中者为衔门子⑥、高丘子和洪涯先生……他们的墓地所在的三个县的居民以为三者均为“远古人的空坟”。但他们并不知晓，高丘子先前由肉体中解脱出来仙游六景山⑦，而后服用液化金粉，又在钟山吞服更多琅玕花再次假死，最后才来到玄州。

服用“龙胎”⑧或喝下“琼精”⑨而即刻死去，便能叩击其棺材，这些人中包括吾师王西城、赵伯玄和刘子先。

服用金丹后临终者有臧延甫、张良⑩以及墨狄子⑪。

297 服用九转（丹）者，其尸体即刻腐烂，仅服一小匙其尸中立刻便产生成群的蛆，如是者有司马季主⑫、宁仲君⑬、燕昭王⑭和王子乔⑮。

---

① *TT* 878，卷二十，第十七页，由作者译成英文。

② “九真”可能不是一种菌类的隐喻。此处参考文献是《冥通记》卷四，第十九页。

③ Strikmann（2），p. 25。关于周子良，见上文 p. 110 的注。

④ *TT* 1004，卷十四，第十六页起，译文见 Strikmann（2），pp. 5—6。

⑤ 可能是某些红色或绿色的有毒蘑菇。“琅玕”在中国的矿物学中是最难解释的名词之一，在不同的时期用来代表珊瑚、玫红尖晶石、孔雀石以及其它物质［参见章鸿钊（*1*），第26页起］。

⑥ 参见上文 p. 96 及第二卷，pp. 133—134。准确地叫法应为“羡门子”。

⑦ 关于这一概念参见 p. 302。

⑧ 现尚不知其性质。但一如司马虚发现的那样，在《真诰》（例如卷三，第十五页，卷六，第二页）以及《裴君传》（《云笈七籤》卷一〇五，第八页，参见第五卷第五分册）中一再出现。疑仍为一种隐花植物。

⑨ 未知为何物，但并不一定是红玉。因该名不仅可用于珊瑚和碧玉，还可用于某些与长生有关的植物，有时还被认定为绣球花属植物（*Hortensia*）。这一问题将在第三十八章中详加讨论。另者，此物也十分有可能与一种红色菌类有关。

⑩ 道家政治家，卒于公元前187年。参见本卷第三分册及第二卷 p. 155。

⑪ 兼爱哲学家，后转为炼丹术士。严格地说“狄”应为“翟”字，参见本书第二卷 p. 202。

⑫ 西汉卜卦者，卒于公元前170年前后。

⑬ 可能就是本书第四卷第二分册 p. 44 已提及的半传说人物宁封子，康德谟［Kaltenmark（2），pp. 43 ff.］对此有更充分的讨论。

⑭ 公元前311年至前278年在位，以寻求长生不老之药而著称。参见上文 p. 97 及本卷第三分册所引经典段落。

⑮ 公元前550年左右的晋太子，在半传说中被誉为道家长生术及航海罗盘使用技艺的守护神，并被神化为华盖之魁星。参见上文图1307。

〈吞琅玕之华而方营丘墓者，衔门子、高丘子、洪涯先生是也。……此三郡县人并云上古死人之空冢矣，而不知高丘子时以尸解入六景山，后服金液之末，又受服琅玕华于中山，方复讬死，乃入玄州，受书为中岳真人，于今在也。……

漱龙胎而死诀，饮琼精而叩棺者，先师王西城及赵伯玄刘子先是也。服金丹而告终者，臧延甫、张子房、墨狄子是也。

挹九转而尸臭，吞刀圭而虫流，司马季主、宁仲君、燕昭王、王子晋是也。〉

由此，使人尸消逝于大气中可有不同的方法，甚至还可多次进行，视若已死而葬后仍葆其活力，死而同时分解干净，或虽死而不腐烂等。在中国的各种流传中，炼丹术士在吞服剧毒[1]时所特有的自信心，使一个世纪前首先在这一领域进行现代研究的丁韪良产生了深刻的印象[2]，最近也由迈赫迪哈桑[3]在一种印度—阿拉伯的情境中予以强调。

即使确实由于吞服丹药而致死亡，仍可无损于教义。假若能避免尸体的自然腐烂，使形体完整而可辨认，这本身就是一个奇迹。它可以证明方士已进入不朽的神仙之列，他保持着与他和外形相似的幻影，以使三魂七魄聚起。这是一种“告化”或“尸解”。也许他借不烂之身躯，长眠于其中而生机勃然，而道士及其门徒们却看不出来。这应属于“羽化”的一种。属于这一类的名称和用语不少，在《历世真仙体道通鉴》一书中有20种之多。这一浩瀚巨著可能是由元时赵道一所完成[4]。有一点若不是肯定无疑也起码是反复得到证实的，即有些炼丹家的身体死后并不腐烂。例如沈汾在公元923—936年所撰的《续仙传》中曾提到，百岁老人孙思邈于公元682年逝世后数周而未发现任何腐烂现象。“月余而外观全然不变，大殓之时，乃轻如空衣，其实就是尸解。”[5]（“月余颜色不变，举
尸入棺，如空衣焉，已尸解矣。”）正如何丙郁与李约瑟[6]所指出：也许这位7世纪的伟 298
大炼丹家、医师和药剂师，已服用他本人于公元640年前后所作《太清丹经要诀》或《太清真人大丹》中所描述的多种含砷或汞的丹药中的一种。这些书中所建议的金属元素如汞、金和各种硫化砷剂量[7]一般远比他自己的医学书籍中所规定的大得多[8]。

有三种可以避免尸体发生腐烂的方法。第一，法医专家们经常见到因金属化合物，特别是砷化物中毒而死的人，其尸体的腐烂会在很大程度上受到抑制[9]。格莱斯特（Glaister）在他的权威著作中指出：“尽管有反对意见，我们曾反复观察和记录到砷对发掘出来的砷中毒尸体组织的防腐作用。”[10] 很可能细菌本身也被砷毒死。因而中丹药

① 参见上文p. 110上许翙和周子良的例子，他们正是属于茅山道院，《真诰》即产生于此。

② Martin（8），载于Martin（3），vol. 2，pp. 224 ff.。他甚至还举出1877年的一个美国例子。

③ Mahdihassan（17），pp. 72，78。

④ *TT* 293。

⑤ 《云笈七籤》卷一一三，第二十页。《旧唐书》［卷一九一，第十页，译文见Sivin（1），p. 130］有几乎相同的一段。

⑥ Ho Ping-Yü & Needham（4），p. 236。

⑦ 例如见《云笈七籤》卷七十一卷，第九页，译文见Sivin（1），p. 184。

⑧ 参见本卷第三分册。

⑨ 金属汞无疑可以作为一种防腐剂，甚至对未中汞毒的人也有效。秦始皇帝的陵墓就有汞（参见本书第三卷，p. 582）。现发现四川一些明代埋葬的尸体保存完好，其杉木棺材四周包以石灰起干燥剂作用，尸体腹部涂以汞；参见刘仕骥（*1*），Demiéville（8）。其它关于四川木乃伊的描述，见Kung，Chao，Pei & Chang（1）。

⑩ Glaister（1），1st ed.，p. 419，7th ed.，p. 479，12th ed.，p. 513。惠特福德［Whitford（1）］举例说，埋葬37个月后，尸体几乎没有变化（1884年）。

的毒而死的人，其尸体较不易分解。这一事实可以被道士们引用作为他们的化学方法有效的证据。在这种情况下，死人容貌不改，身体能保持其原来外观，几乎无腐烂的臭味。

也曾考虑过别种可能性。尸体的分解因空气而加速，而在没有空气的状态下就会减缓或受到抑制①。如温度保持在10℃以下（这一条件在中国很少见到），分解也进行得很慢，甚至停止②。而温度高于38℃（这一条件在中国南方有可能），所含液体会干掉，就容易发生木乃伊化③。任何非常干燥的条件都会阻碍分解，使其木乃伊化，当然在这里不考虑前已述及（上文 p. 75）的古埃及的特殊干燥过程，因其中有一股干暖气
299 流起作用④。发生木乃伊化时，其皮肤变为棕黑色而肌肉干瘪，但仍保存其解剖学特征，而且体内脂肪越少，所形成的木乃伊越硬实，越不发生臭味⑤。

还有第三种可能性，在温度和湿度都高又缺空气和少细菌的环境中，脂肪类深度水解和氢化作用可能会超过细菌对蛋白质的侵蚀作用，通过皂化作用生成高级脂肪酸的钙盐、铵盐及其它盐类形成蜡状物质，即称为尸蜡。此时，虽然略微发出像发酵奶酪的气味，但在产生尸蜡的同时，体形显然可以保持不变⑥。现在还不可能有意识地重现此项变化，但也不能证明过去没有发生的可能。这又使道士可以有理由认为那些死后保持完好的可认形体、视若长眠的真人现已进入仙班。

怎样才能如愿地防止腐烂？文献中关于肉身自身木乃伊化的故事最近已由安藤更生［（*2*），Andō Kōsei（1）］和堀一郎［（*1*，*2*），Hori Ichirō（1）］查证说明，他们两人发现了日本迄今仍在实行的传统做法⑦。真人在终了其一生之前曾长时间禁食五谷⑧，而只进如栗子、榧实⑨、松树皮及草根一类植物性食物。然后在临死前，他可以要求被活埋。死后，将其尸置于炭火上烘干，并以香熏之，待全干之后，周身涂以漆或用作黏土或石膏塑像的底子。堀一郎和安藤更生所研究的真言宗的肉身成佛都是“一生行人”（终身持戒苦行）的“山伏”（山中法师）⑩，属于“修验道”或“山苦行”宗派，其宗旨为合佛教与神道教二教为一体⑪。现在汤殿山山形省的五所寺庙中仍保存有六个

---

① 在丹麦沼泽地发现保存良好的新石器和金石混用时期的尸体，可以作为这方面的著名例子。

② 不过这现象确实解释了西伯利亚冻土底下已绝灭的猛犸保持完好，甚至皮毛无损的原因。类似的冷冻条件也自然地保存了阿尔卑斯山冰缝中的尸体。关于尸体分解的条件，见 Glaister（1），1st. ed，pp. 115 ff.；7th. ed，p. 128，12nd. ed，pp. 119 ff.。

③ 戴密微［Demiéville（8）］引用了许多欧洲的例子，包括各个僧院，如巴勒莫（Palermo）的艾雷米塔尼（Eremitami）教堂、罗马（Rome）的卡普奇尼（Capuccini）、保加利亚的里拉的圣约翰（St John of Rila）［参见 Hristov，Stojkov & Mijatev（1），pp. 12 ff.］以及基辅（Kiev）洞窟修道院（Poščevskaia Lavra）的圣巴西勒会修士（Basilians）。

④ Glaister（1），7th. ed，p. 132，12nd. ed，pp. 124—125。

⑤ 再者，据说如存在砷，木乃伊化更易发生，见 Glaister（1），1st. ed，pp. 113—114。

⑥ 关于皂化作用，见 Glaister（1），1st. ed，pp. 111—112，7th. ed，p. 132，12nd. ed，pp. 124—125。

⑦ 收集的相关论文，可参见 Anon.（103）。

⑧ 但可以少量进食荞麦。严格地讲，荞麦不属五谷之列，对英国亦然，它属于蓼属植物。

⑨ 一种紫杉科树的果实，称为榧实（*Taxaceous nucifera*），与浆果紫杉相去不远。参见 F. P. Smith（1），p. 220。

⑩ 参见 Casal（1）；Schurhammer（2）。

⑪ 参见 Hori Ichirō（2）；Renondeau（1）。

这种“肉身成佛”的木乃伊，而总共有八人的身世现仍为人们所准确地知道。其第一人为弘智法印，卒于1663年，最后一人为铁龙海上人（1868年或1881年）①。其它几人中，有二人属于17世纪，二人属于18世纪，还有二人属于19世纪初②。“修验道”可追溯到1000多年以前，故应有更多的这类木乃伊，也许大部分已遗失，要不就是还未被发现和研究。传说中，其创始人为役小角（634—700年左右）③，其后由圣宝法师 300
（832—909年）领导；而大法师空海（又称弘法大师，生于774年）为传说中的日文片假名发明人，曾于公元804—806年在中国，据称是于835年肉身成道的④。

“真身”或“肉身”成道始于道教还是始于佛教，有不同的意见。堀一郎相信始于道教的说法⑤，而戴密微［Demiéville（8）］则强调这种实践在佛教中更为流行，起码晋以后是如此。我们比较偏向前者，部分原因是“辟谷”或“绝谷”（戒食五谷）以及“木食行”（进食各种异于常人经常吃的植物和矿物类食物）的习惯，为早期道教圣徒传记的一贯特色（见本书第五卷第三分册）。公元359年死于广东的单道开道士曾完成肉身成道，这一点并无争论⑥。据说他曾戒食谷类七年之久，只吃柏果和松脂。这两者确实包括在孙思邈于公元670年所推荐的“食物”名单中，在名单中还有茯苓菌⑦、针叶树树脂、松子和柏子以及云母粉并用白蜂蜜和枣泥拌成酱⑧。安藤更生（*1*）已能记录下50多个从5世纪以来肉身成道的实例，几乎都是佛家的，其中包括天台宗的宗师智顗（卒于597或598年）和印度密教信徒善无畏（Śubhakarasiṃha，卒于735年）。一个突出的例子是禅宗六祖（也是最后一祖）慧能高僧（卒于713年）。他的涂漆法身至今仍供奉于曲江附近的曹溪南华寺⑨。根据罗香林（*3*）关于广州著名的光孝寺的记载，复制其图于图1330中，慧能与该寺密不可分。更使人感觉吃惊的是肉身成道的做法，在中国甚至比在日本还延续到更晚近的时候。马伯乐［Maspero（31）］曾描述佛教仁光和尚在普陀山肉身成道，其涂漆法身一直在该处供奉，至1904年仍然保存完好。据戴密微称，还有名“静参”者，1927年死于台湾，其肉身成道的情况与仁光同。更近的例子是1954年死于台北的慈航。1959年开罐时，还未见其干瘪尸身有任何腐败现象，因此将其涂漆并供奉于寺庙中⑩。

可能有人会问，人果真能如此结束其一生？似乎是可以的，经过漫长岁月，以其 301
老者之宁静，圣者之德望（如道家和佛家所了解的）而伴随吟诵《道藏》或《大藏》之

---

① “上人”是佛教高僧的尊号。

② 小片保（*1*）曾作过详细的解剖研究。

③ 参见本书第五卷第三分册。

④ 我和鲁桂珍博士、李大斐博士一行曾于1971年由中山茂教授、筱田治教授及桥本敬造教授陪同，拜谒了高野山的弘法大师墓地，印象颇深。

⑤ HoriIchirō（1），p.239。

⑥ 他是少数名列高僧传中的道士之一。

⑦ 参见本书第四卷第一分册p.31以及第三十八和四十五章。

⑧ 《千金翼方》卷十三（第152页起）。

⑨ Blofeld（3），pp.86 ff.，90—91。其中有访问该处的记录，并参见图1331。

⑩ 见Anon.（*115*）；苏芬、朱家轩等（*1*）。月溪也有类似的报道，该人1965年死于香港沙田（戴密微教授私人信件，我们获准查阅）。

图版　四五一

图 1330　禅宗六祖慧能的肉身金像，自公元 713 年至今一直保存在广东珠江附近的曹溪南华寺中。罗香林（*3*），图版 4。

经，似乎在缭绕香烟中飘然成仙①。其尸身不腐即可证明：或是再生成为神仙，或是进入西方极乐世界，沿着企盼的终点的路大步前进。所有这些许多与化学前史的关系，也就是经由丹药的砷中毒死亡抑或经由肉身成道而使其身躯长存的事实，在一定程度上可以证明道教技术的有效，进而促进对于了解各种矿物、金属、植物和动物药剂的冒险尝试，而这构成我们历史的内容。如果丹药可以由病人在服药初期的速效来验证，那么不朽也可以由其最后的不腐烂得到辨明。

图版　四五一

图 1331　广州六榕寺的慧能铜像（J. D. Bernal 摄）。据当地传说，该像制作于公元 989 年，但制作于清初的可能性更大［参见罗香林（*3*），图 8］。

① 老北京人对西山的两座寺庙颇为熟悉，该处所存肉人（身）为人们所尊敬。八大处附近的天台寺中的人身，老百姓说是顺治皇帝（1644—1661 年在位），但学者不同意［见 Fabre（1），p. 215；Arlington & Lewisohn（1），p. 304，其中还有照片，地图见 Anon.（*100*），p. 120；Lin Yü-Thang（7），p. 24］。其方丈的涂漆真身在八大处之一的宝珠洞［参见 Anon.（100），p. 119］。

本想根据以上叙述对本卷作一总结，但在过去五年撰写本卷期间，中国的考古学又有许多不平凡的新发现，与本卷内容至关密切而必须提及。为了充分认识它们，最后再次看一看尸体不烂为实质不灭的证明这一观点的真实意义究竟何在？

在阐明该观点中，曾多次提到一个专门用来称颂圣仙的词“尸解”①。在现存历史传统意义上对这一词应作何种理解，可由现今道教宫观中传阅的教义问答看出。李叔还写道②：

> 第223问：何谓尸解？
>
> 答：修仙者死后，形体骨骸留下而精神走脱，此即尸解的含意。当人即将成仙，遂由世间发臭之躯壳中离去，因此有“解化”一词，表示“仙”由“尸”中“解脱”出来③。
>
> 《集仙录》写道④：“外观似活人——此尸解之证明。其双脚并未变青，而皮
> 302 肤也不萎缩——此即为尸解的象征。眼光并不发钝，看来仍和活人一般——再度说明了尸解。也有人死后又再复活，也有人在入棺之前尸体就已消失；也有人升天而只留下头发⑤——所有这些均称为尸解。凡尸解于白昼者可以成为高等神仙；而于夜间者即为等级低一些的神仙。”⑥
>
> 所有这些（各种不同）的现象均与得道成仙者有关⑦。
>
> 〈所谓尸解者，假形而示死，非真死也。……人死必视其形，如生人者，尸解也，足不青、皮不皱者，亦尸解也。目落不光，无异生人者，尸解也。……有脱而形飞者，有头断已死乃从一旁出者，皆尸解也。白日解者为上，夜半解者为下。向晚向暮去者，为地下主者，此得道之差降也。〉

因此，在所有的年代中，对躯体腐烂的抑制都被认为是实现实质不灭的突出标志⑧。想象中，尸身完整地保存可以使其灵魂不致失散，直到准备就绪后，即可升天成仙、遨游神州⑨。这样，就可以料想其身躯早晚要全部消失⑩。在段成式于公元850年左右所

---

① 参见pp. 106—107，284，297—298。

② 李叔还（*1*），第164页。

③ “解化”（字面意义是解脱和变化）与“羽化”（字面意义是长羽毛或长羽翼）一样，都表示成仙，关于这方面参见本书第二卷，p. 141。

④ 无法查到标题完全相同的书籍，有《集仙经》，见*TT* 8。从内容对照看，书中所引可能取自宋代曾慥（1100—1147年）的《集仙传》。参见《说郛》卷四十三，第二十三页。书中的文字可能较曾慥还早，而曾慥只是根据同名书改写，该书在《隋书·经籍志》中出现，必然在公元7世纪前就有。

⑤ 砷的作用？

⑥ 可能是指“天仙”和“地仙”。参见上文pp. 106 ff.。

⑦ 我们有时还怀疑东欧吸血鬼的传说还是起源于中国此类观念的某种曲解。参见Calmet（1）；Rycaut（1）；McCullch（10）。该词（vampire）源于土耳其语，因而可能中亚土耳其人误解原意而将中国仁慈之仙人讹为巴尔干半岛各国肉食成性的吸血鬼。在中国文献中殆无吸血鬼之说，而仅有的记载出现得非常晚［参见de Groot（2），vol. 5，pp. 723 ff.］。

⑧ 不举更多的例子，而在此只是提一下顾欢，其尸体长久不烂。此人是陶弘景以前茅山派的杨羲和许谧二人著作的编辑者（参见上文p. 110，又见《南齐书》卷五十四，第六页）。许翙本人（约卒于370年）也是如此。参见《真诰》卷二十，第十页。《拾遗记》卷四，第十五页。关于背景情况，见Strickmann（2），pp. 5，33；Strickmann（3），p. 35。

⑨ 是否与儒家常言的孝道即“身体发肤受之父母，不可损伤”有未道破的关联？

⑩ 在某些情况下或许其“魂”附于某一替身而尸体则允许分解。

写的故事中，有一个关于发掘出充满丝绸的石棺的故事。石棺中出现一个灰白头发、风采高贵的男人，整理一下衣服即消逝不见[①]。众人都认为这是道士“太阴炼形法”的一例。

这里所指的是为了使魂魄保留于死后不烂的躯体中而进行的神幻祈祷仪式，借以击退地煞神的邪恶[②]。仪式有各种叫法，有时全部借助于“阴”而称“养形太阴”[③]或“太阴炼形法”[④]，有时又有“五炼生尸之法”[⑤]之称，即通过五种变换使其尸体保持生 303
命的意思。现在撇开祈祷和符咒而谈技术问题。

首先是关于一种漂亮而经久不变的物质——玉的应用。上文（p. 284）曾引用葛洪的论述，说明小片玉有防腐作用。可以料想要是有人在经济上负担得起，就可以利用为数众多的玉片连接成一件完整的玉衣，而希望并且相信保存于其中的躯体永不腐烂。1968 年在河北省满城附近的古代王室墓葬中发现两件完整的玉衣[⑥]。其中一个属于卒于公元前 133 年的中山靖王刘胜［见图 1332（a）］[⑦]，另一个［图 1332（b）］属于其妻王妃窦绾。窦绾可能是窦皇后[⑧]的侄孙女。这些金缕玉衣（用金丝缝成的玉衣）或称玉匣，是由许多形状与盔甲上的鳞片相似的长方形玉片构成[⑨]。男人玉衣由 2500 片玉片组成，需要金线约 1100 克左右，而女人的约为 2160 片[⑩]需要金线约 700 克[⑪]。中国还发现了许多部分完整的玉衣[⑫]。例如，在南京博物馆有一用银线缝制的，可能是属于 2 世纪彭城王刘恭的[⑬]。很清楚，在汉代这种做法已并非罕见，虽然它只是为了一种几乎不可能实现的愿望——尸解而进行的。难道这除了躯体干瘪之外，还能使人相信可能有其它任何成就吗？

---

① 《酉阳杂俎》（续集）卷二，第四页。这是与“支诺皋”，即道教招降神灵的仪式，有关的三卷中的第二卷。

② 此处尚需进一步研究，本段现按侯锦郎先生所提供的资料写成。

③ 见 *TT* 611，卷四，第十四、十六页（9 世纪末或 10 世纪初）。另可参见纪昀的《阅微草堂笔记》（约 1800 年），台北版，第 194 页。

④ 《大汉和辞典》第 3 卷，第 522 页。

⑤ 见 *TT* 1，卷三，第四十七页（可能是 5 世纪末，但不晚于 7 世纪）；又 *TT* 366 及 605。一种称为“炼度”的祈祷仪式，在台湾仍保留至今，是称为“做功德”的埋葬礼仪的一部分。参见 Saso（1）。

⑥ 有人已多次对这些玉衣用文字和图进行简要描述——见 Anon.（*106*），图版 28、29A。Hsia Nai，KuYen-Wên *et al.*（1），pp. 8—9，13 ff.；王治秋等（*1*），第 38 页起；Anon.（115）；Hsiao Wên（1）；Bulling（14）。对该二墓的全面描述见 Anon.（*111*），关于玉衣结构的详细记载见 Anon.（*112*）。

⑦ 其传载于《史记》卷五十九，第五、六页。是汉武帝的长兄，和真实的道家一样也好酒色，但由于其地位显贵可能更加放纵。

⑧ 汉景帝的母亲。

⑨ 玉片间互相衔接很好而不重叠，当然有些地方还需要三角形和别的形状的玉片。

⑩ 人体七窍，按习惯而有大块玉，手中也放上象征性的玉块。

⑪ 关于所用的金，另有评论，见上文 pp. 47 ff.。

⑫ 这些部分完整的玉衣，也使一些大博物馆中所藏单片玉的来由得以解释。在这以前，人们对这些单片迷惑不解，如多伦多（Toronto）的皇家安大略博物馆（Royal Ontario Museum）。

⑬ 汉明帝之子，其墓在淮安之北，徐州附近，1970 年发掘。

图版 四五二

(a)

(b)

图 1332 1968 年在河北满城附近出土的中山靖王墓中的玉衣。据信这些用金线缝成的“玉衣”（“金缕玉衣”）能确保尸体不腐，这样，其灵魂就可在其中安息，直到作为天仙登上天上的极乐世界列入仙班，不过这种设施只有富贵的人才用得起。

（a）中山靖王刘胜（卒于公元前 113 年）的玉衣。照片见 Anon.（*106*），图版 28；

（b）刘胜的妻子窦绾的玉衣。照片见 Anon.（*106*），图版 29A。

在1972年以前对上述问题恐怕要说一个“不”字，而那年一个空前的发现说明了
古代道士已经知道使人的身体几乎永远不腐烂的方法。在长沙附近的马王堆[1]发掘出一
大墓葬，现已证实是属于轪的贵妇[2]，显然贵妇是轪侯（利仓或黎朱仓）之妻。轪侯受 304
封于公元前193年[3]，其妻应卒于公元前186年[4]。棺材外表涂漆，棺内装满各种绚丽
多彩的随葬品[5]，并用多层木炭和黏稠的白膏土密封（见图1333）[6]。所有这些并没有
什么独特之处，但当包裹在内的尸体被揭开后，发现其保存得异常完好，好像一两个
星期前才死一样（见图1334），其皮下组织的弹性仍然如初，如将皮肤按下后放开，就
会立即弹回原状。注射防腐药水即引起肿胀，不久就又消失。身体的一部分浸泡在棕
色的含硫化汞的水溶液中，棺材内为甲烷气氛，稍呈正压，温度则恒保持在13℃左右。
整个棺材密封严实，既不透气又不渗水。

这一发现的意义在于第一次认可了由尸解所能得到的一切提示，而且揭示了古代道士们掌握和应用化学知识的水平[7]。因为这种最完善的保存方法并不利用涂刷香油或防腐药剂[8]，也不是某种木乃伊法[9]，没有鞣制过程[10]，也不用冷冻。不管是怎样实现的，事实已说明道家关于尸身不烂的趣闻并非无稽之谈，因而使得实质不灭的教义别开生面。这一教义从现代观念来看，简直是离奇古怪，但在历史上却是世界各方文明培育各自的化学疗法的一片沃土。

---

① 我得知这一发现，最初是于7月20日在北京由学术界朋友告知的。7月31日才公开发表，而正式报告则是8月初的事［Anon.（*104*）］。其后并有大量中、日及西方各语种文字的通俗报道［Anon.（*104*，*105*，*113*，*114*），宫川寅雄（*1*）等］。

② 轪侯之妻。

③ 轪侯是汉惠帝之子。

④ 也是轪侯本人去世的年代，虽然她也可能是他的三个继承者之一的妻子，因此她去世的最晚可能的年代是公元前141年。

⑤ 如图形精美的织物，彩色丝绸、乐器、漆制用具、陶器、食物以及许多准备带到阴间服侍的木俑。还有装有草药及香料的布囊。

⑥ 例如其股动脉的颜色和刚死不久的人一样，手指和脚趾未枯萎起皱。轪侯之妻死时年约五十。一根肋骨在生前曾折断过，肺部有明显的结核钙化病灶。对其全身各组织的研究工作现还在进行中。在宫川寅雄［（*1*）等，第60—61页］的文章中载有在湖南医学院实验室中进行研究时拍摄的人体照片。

⑦ 曾就这一问题与一些法医专家如伦敦医院的卡梅伦（James Cameron）教授和西姆斯（Bernard Sims）博士等进行商讨，可以肯定这一发现是举世无双的。现在既然这样的一个实例已经发现，我们有理由希望进一步的研究会导致更多的发现。杨伯峻（*1*）曾在中国公元650年前的文献（如《水经注》、《晋书》等）查出有五处对类似实例的描述。

⑧ 例如利用福尔马林（甲醛）、酒精及其它具有防腐性能的有机药品等，都是直到近代才知道的事。参见Polson，Brittain & Marshall（1）。现在已禁用水银作为防腐剂，因为它对所研究的物体有毒害作用。含氯的水，其防腐作用不错，但古代并不知有氯。

⑨ 利用天然的碳酸钠加树脂和香料进行干燥，见上文p. 75。

⑩ 例如丹麦将人葬于沼泽之中，泥煤水对身体组织起酸鞣作用；参见Glob（1）。

图版　四五三

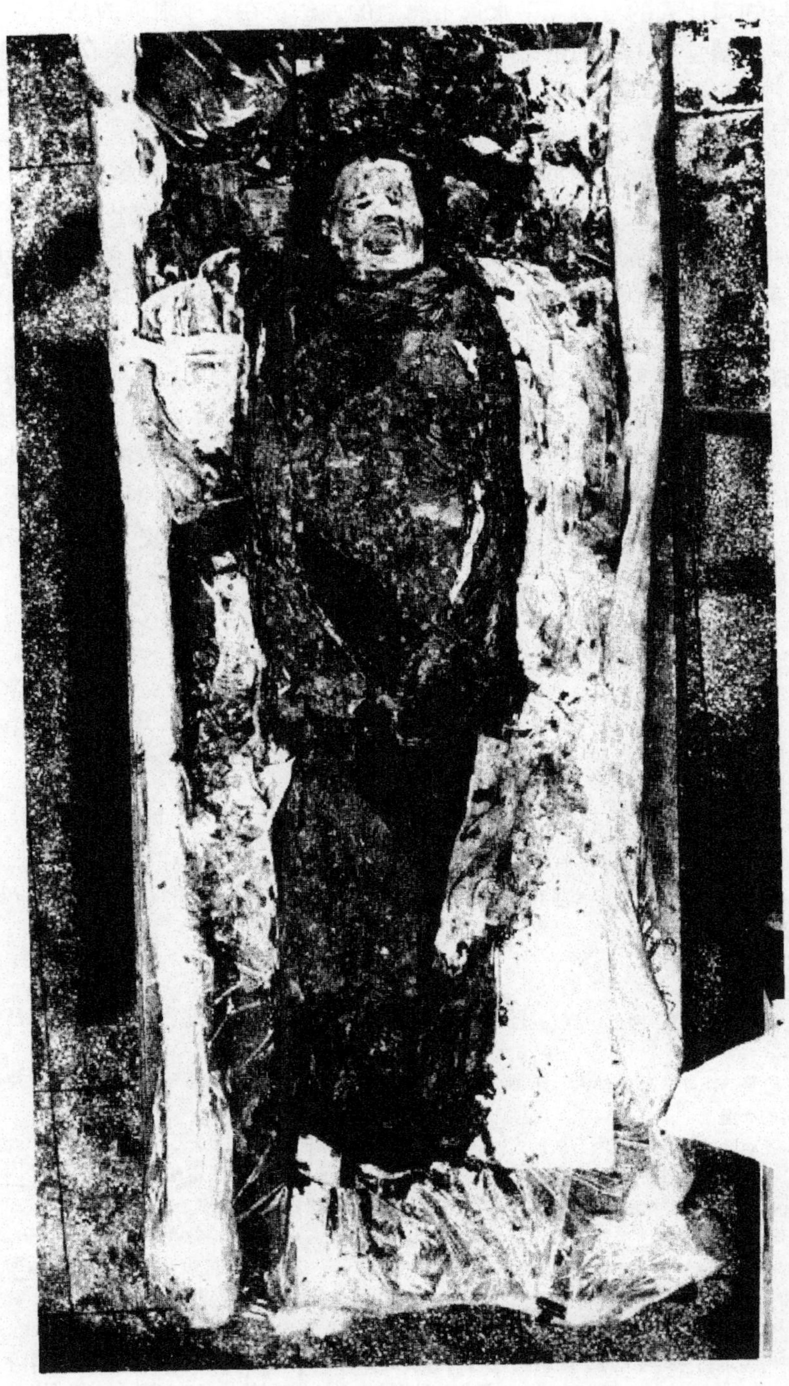

图 1333　轪侯妃的尸体（卒于公元前 193—前 141 年之间），穿裹着 20 多层丝袍，图为刚开棺时之情况（中国科学院摄）。口中塞满保护性玉符。

图版 四五四

图 1334 在研究室中被研究的轪侯妃尸体。虽然她已死了 2000 多年，既没有用防腐剂或被制成木乃伊，也没有作鞣酸处理，但尸体仍保存得相当完好。

这或许可作为古代道家“尸解”的一个例子，并提供他们具有实用化学知识的一项说明。此系中国科学院影片中洗出的一张照片；承蒙新华社香港分社的李宗英（译音，Li Tsung-Ying）好心提供。

图版　四五五

图 1335　窖藏中标明内装药品的银盒，1970 年在唐代长安城兴化坊（今西安西南何家村）发现并出土。它们属于邠王李守礼（唐玄宗的堂兄弟）所有，邠王卒于公元 741 年。公元 756 年，他的儿子可能由于躲避安禄山叛军而把上述物品窖藏起来。中国科学院摄。参见 Anon.（*106*），图版 65B、66A（左）。

图中左边的说明是：“上上乳一十八两。”中间是：“虎魄十段，盛次光明沙廿一两，合重卅六两。”右后，银盘中为白石英；右前，为紫石英；参见 Anon.（*106*），图版 66C、D。除了图中所列药品之外，藏品还有例如“密陀僧”、“珊瑚”、金粉（“金面”）和“金箔”。此窖藏还包括一些可能是炼丹术士用的器具（参见本书第五卷第四分册）。

图版 四五六

图 1336 从满城刘胜（卒于公元前 113 年）墓出土的山形香炉（博山香炉，参见第三卷 p. 581），（并参见本卷 p. 303 和图 1332 的说明），由青铜嵌金制成。它表示神仙居住的仙岛——蓬莱（参见第二卷 pp. 240-1），该岛升起在东海波涛之上。其空隙处绘有虎、野猪、猴子和人，底座则围绕着盘龙。该炉高 26 厘米，直径 9.7 厘米。新华社香港分社摄；彩图见 Anon（*106*），图版 5；Hsiao Wên（1），p. 25；Hsia Nai *et al.*（1），pl. 6；Anon.（115），pl. 3。

图版　四五七

图 1337　西汉彩绘陶明器（公元前 1 世纪或前 2 世纪），1969 年在山东济南附近无影山出土；参见 Anon.（*113*）。中国科学院摄，参见 Anon.（*106*），图版 126。神鸠或许是神鹏（参见本书第二卷 p. 81），正要升入仙界，它背负两位相互致礼的炼丹术士，后面是他们炼制长生不老药的鼎炉，一个戴着同样奇异头巾的随从站在靠近鸟尾处执着一把伞罩着他们。器高 40.5 厘米，宽 4.5 厘米。参见本册 pp. 104 ff.，113 和 124 ff.。

图版 四五八

图 1338 从同一墓中出土的另一具同类彩绘陶明器。中国科学院摄，参见 Anon. (*106*)，图版 127A。与前图相比较，这是一次运货飞行，因为鸠或鹏只背着两只大瑚，其中无疑装着长生不老药。器高 52.5 厘米，宽 46 厘米。

图版 四五九

(a)

(b)

图1339 《香药抄》之图，观祐作于约1163年。此为保存在日本的手稿。其中有许多画的风格与著于1159年的《绍兴本草》很相似（如卷十和卷十三等），但前者画得更好些。参见Karow（2）。感谢时学颜博士在多伦多皇家安大略博物馆发现了这些画。

（a）土沉香（*Aquilaria agallocha* 或 *Sinensis*），其病木能产生沉香［Burkill（1），vol. 1，pp. 197 ff.；Anon.（*109*），第2册，第948页；参见Dioscorides，*De Mat. Med.* 1，21］。广州出产。见上文p. 141。

（b）枫香树［*Liquidambar formosana*（=*taiwaniana*）；Anon.（*109*），第2册，第159页］，产生枫香（苏合香液）。观祐提示要注意其戟形的叶子。见上文p. 142。

图版　四六〇

(a)

(b)

图 1340　《香药抄》之图（约作于 1163 年）。

（a）郁金香（*Curcuma aromatica*，*zedoaria* 或 *longa*），野生姜黄属植物，其提炼的香精油散发姜和樟脑的香味［R 646a；CC 1763—1764；Burkill（1），vol. 1，pp. 704 ff. ］。注意其倒披针形的叶子。

（b）白豆蔻（*Amomum cardamomum*，*xanthoides* 或 *echinosphaera*），一种广州的小豆蔻，能提炼复合的和极其芳香的香精油［R 641；CC 1761；Burkill（1），vol. 1，pp. 131 ff. ；Dioscorides，*De Mat. Med.* 1，5］。

图版　四六一

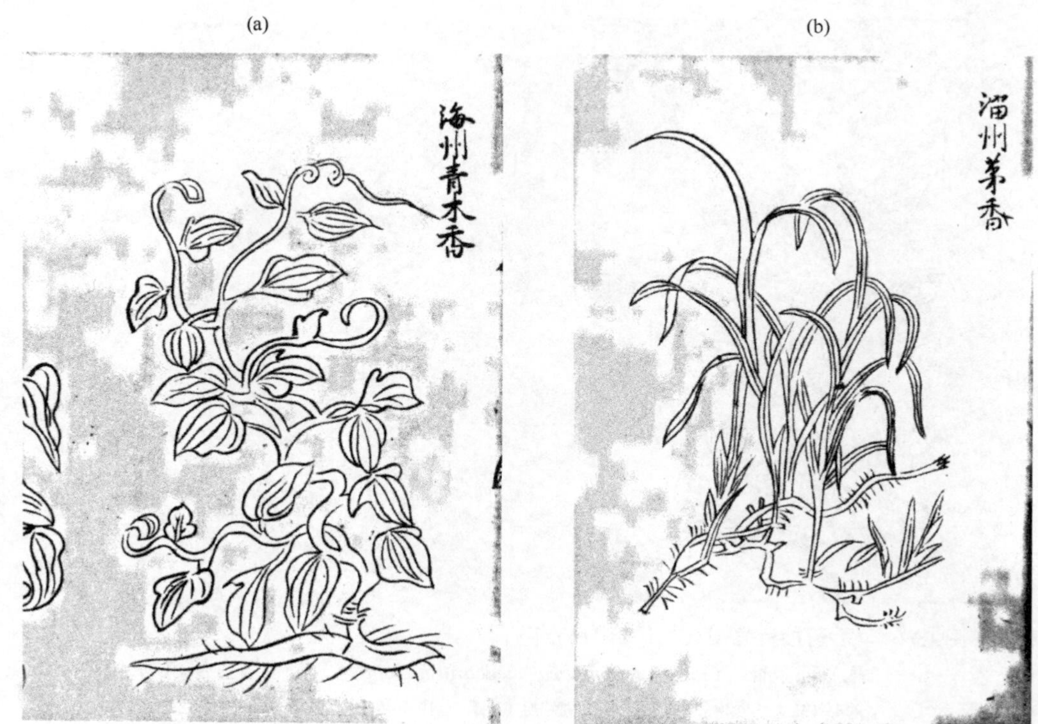

图 1341　《香药抄》之图（约作于 1163 年）。

（a）海州青木香，乃马兜铃（*Aristolochia debilis*）的一幅精美图画，可能是一种变种，因而其叶子更像截形而非心形［Anon.（*109*），第 1 册，第 547 页］。这在古代是一种药用植物而不是大家熟知的芳香植物，因而观祐可能想描绘其它木香植物，例如木香（*Aucklandia Costus*）、云木香（*Saussurea lappa*）或土木香（*Inula racemosa*），它们能提供芳香的根（参见上文 p. 141）。

（b）淄州茅香，乃单子叶芳香植物的一幅精美图画，不管是香茅草［*Cymbopogon*（=*Andropogon*）*Nardus*］还是香子兰草（*Hierochloe borealis*）（参见上文 p. 136 和 p. 140）。在这些木刻画中，有些画面线条优美、简洁，使人回忆起距当时 400 年后德国植物学先辈们所作的画（参见本书第六卷第三十八章）。

参考文献

缩略语表

A　1800 年以前的中文和日文书籍

B　1800 年以后的中文和日文书籍与论文

C　西文书籍与论文

说明

1. 参考文献 A，现以书名的汉语拼音为序排列。

2. 参考文献 B，现以作者姓名的汉语拼音为序排列。

3. A 和 B 收录的文献，均附有原著列出的英文译名。其中出现的汉字拼音，属本书作者所采用的拼音系统。其具体拼写方法，请参阅本书第一卷第二章（pp. 23 ff. ）和第五卷第一分册书末的拉丁拼音对照表。

4. 参考文献 C，系按原著排印。

5. 在 B 中，作者姓名后面的该作者论著序号，均为斜体阿拉伯数码；在 C 中，作者姓名后面的该作者论著序号，均为正体阿拉伯数码。由于本卷未引用有关作者的全部论著，因此，这些序号不一定从（*1*）或（1）开始，也不一定是连续的。

6. 在缩略语表中，对于用缩略语表示的中日文书刊等，尽可能附列其中日文原名，以供参阅。

7. 关于参考文献的详细说明，见于本书第一卷第二章（pp. 20 ff. ）。

缩略语表

另见 Pix 页

A	*Archeion*
AA	*Artibus Asiae*
AAA	*Archaeologia*
AAAA	*Archaeology*
A/AIHS	*Archives Internationales d'Histoire des Sciences* (continuation of *Archeion*)
AAN	*American Anthropologist*
AAPWM	*Archiv. f. Anat., Physiol., and Wiss. Med.* (Joh. Müller's)
ABAW/PH	*Abhandlungend. bayr. Akad. Wiss. München* (Phil. -Hist. Klasse)
ACASA	*Archives of the Chinese Art Soc. of America*
ACF	*Annuaire du Collège de France*
ADVC	*Advances in Chemistry*
ADVS	*Advancement of Science* (British Assoc., London)
AEM	*Anuario de Estudios Medievales* (Barcelona)
AEPHE/SHP	*Annuaire de l'Ecole Pratique des Hautes Études* (Sect. Sci. Hist. et Philol.)
AEPHE/SSR	*Annuaire de l'Ecole Pratique des Hautes Études* (Sect. des Sci. Religieuses)
AESC	*Aesculape* (Paris)
AEST	*Annales de l'Est* (Fac. des Lettres, Univ. Nancy)
AF	*Ärztliche Forschung*
AFG	*Archiv. f. Gynäkologie*
AFGR/CINO	*Atti della Fondazione Giorgio Ronchi e Contributi dell' Istituto Nazionale di Ottica* (Arcetri)
AFP	*Archivum Fratrum Praedicatorum*
AFRA	*Afrasian* (student Journal of London Inst. Oriental & African Studies)
AGMN	*Archiv. f. d. Gesch. d. Medizin u. d. Naturwissenschaften* (Sud-hoff's)
AGMW	*Abhandlungen z. Geschichte d. Math. Wissenschaft*
AGNT	*Archiv. f. d. Gesch. d. Naturwiss. u. d. Technik* (cont. as *AGMNT*)
AGP	*Archiv. f. d. Gesch. d. Philosophie*
AGR	*Asahigraph*
AGWG/PH	*Abhdl. d. Gesell. d. Wiss. Z. Göttingen* (Phil. -Hist. Kl.)
AHES/AHS	*Annales d'Hist. Sociale*
AHOR	*Antiquarian Horology*
AIENZ	*Advances in Enzymology*
AIP	*Archives Internationales de Physio logie*
AJA	*American Journ. Archaeology*
AJOP	*Amer. Journ. Physiol.*
AJPA	*Amer. Journ. Physical Anthropology*
AJSC	*American Journ. Science and Arts* (Silliman's)
AM	*Asia Major*
AMA	*American Antiquity*
AMH	*Annals of Medical History*
AMS	*American Scholar*
AMY	*Archaeometry* (Oxford)
AN	*Anthropos*
ANATS	*Anatolian Studies* (British School of Archaeol. Ankara)
ANS	*Annals of Science*
ANT	*Antaios* (Stuttgart)
ANTJ	*Antiquaries Journal*
AP	*Aryan Path.*
APH	*Actualités Pharmacologiques*
AP/HJ	*Historical Journal*, *National Peiping*

Academy
《北平研究院史学集刊》

APAW/PH Abhandlungen d. preuss. Akad. Wiss. Berlin (Phil. -Hist. Klasse)

APHL Acta Pharmaceutica Helvetica

APNP Archives de Physiol. normale et pathologique

AQ Antiquity

AR Archiv. f. Religionswissenschaft

ARB Annual Review of Biochemistry

ARLC/DO Annual Reports of the Librarian of Congress (Division of Orientalia)

ARMC Ann. Reports in Medicinal Chemistry

ARO Archiv Orientalni (Prague)

ARQ Art Quarterly

ARSI Annual Reports of the Smithsonian Institution (Washington, D. C.)

AS/BIHP Bulletin of the Institute of History and Philology, Academia Sinica
《中央研究院历史语言研究所集刊》

AS/CJA Chinese Journal of Archaeology, Academia Sinica
《中国考古学报》(中央研究院，中国科学院)；《考古学报》(中国科学院)

ASEA Asiatische Studien; Études Asiatiques

ASN/Z Annales des Sciences Naturelles; Zoologie (Paris)

ASSF Acta Societatis Scientiarum Fennicae (Helsingfors)

AT Atlantis

ATOM Atomes (Paris)

AX Ambix

BABEL Babel; Revue Internationale de la Traduction

BCGS Bull. Chinese Geological Sac.
《中国地质学会志》

BCP Bulletin Catholique de Pêkin

BCS Bulletin of Chinese Studies (Chhêngtu)
《中国文化研究汇刊》(成都)

BDCG Ber. d. deutsch. chem. Gesellschaft.

BDP Blätter f. deutschen Philosophie

BE/AMG Bibliographie d'Études (Annales du Musee Guimet)

BEC Bulletin de l'École des Chartes (Paris)

BEFED Bulletin de l'Ecole Frarfaise de l'Extrême Orient (Hanoi)

BGSC Bulletin of the Chinese Geological Survey

BGTI 0Beiträge z. Gesch. d. Technik u. Industrie (continued as Technik Geschichte—see BGTI/TG)

BGTI/TG Technik Geschichte

BHMZ Berg und Hüttenmännische Zeitung

BIHM Bulletin of the (Johns Hopkins) Institute of the History of Medicine (cont. as Bulletin of the History of Medicine)

BJ Biochemical Journal

BJRL Bull. John Rylands Library (Manchester)

BK Bunka (Culture), Sendai
《文化》(仙台)

BLSOAS Bulletin of the London School of Oriental and African Studies

BM Bibliotheca Mathematica

BMFEA Bulletin of the Museum of Far Eastern Antiquities (Stockholm)

BMFJ Bulletin de la Maison Franco-Japonaise (Tokyo)

BMJ British Medical Journal

BNJ British Numismatic Journ.

BOE Boethius; Texte und Abhandlungen d. exakte Naturwissenschaften (Frankfurt)

BR Biological Reviews

BS Behavioural Science

BSAA Bull. Soc. Archéologique d'Alexandrie

BSAB Bull. Soc. d'Anthropologie de Bruxelles

BSCF Bull. de la Société Chimique de France

BSGF Bull. de la Société Géologique de France

BSJR Bureau of Standards Journ. of Research

BSPB Bull. Soc. Pharm. Bordeaux

BUA *Bulletin de l'Université de l'Aurore* (Shanghai)
BV *Bharatiya Vidya* (Bombay)
CA *Chemical Abstracts*
CALM *California Medicine*
CBH *Chūgoku Bungaku-hō* (*Journ. Chinese Literature*) 《中国文学報》
CCJ *Chung-Chi Jousnal* (Chhung-Chi Univ. Coll. Hongkong) 《崇基学报》(香港)
CDA *Chinesisch-Deutschen Almanach* (Frankfort a/M)
CEM *Chinese Economic Monthly* (Shanghai) 《中国经济月刊》(上海)
CEN *Centaurus*
CHA *Chemische Apparatur*
CHEMC *Chemistry in Canada*
CHI *Cambridge History of India*
CHIM *Chimica* (Italy)
CHIND *Chemistry and Industry* (Joum. Soc. Chem. Ind. London)
CHJ *Chhing-Hua Hsüeh Pao* (*Chhing-Hua* (*Ts'ing-Hua*) *University Journal of Chinese Studies*) 《清华学报》;《清华大学学报》
CHJ/T *Chhing-Hua* (*Ts'ing-Hua*) *Journal of Chinese Studies* (New Series, publ. Thaiwan) 《清华学报》(台湾)
CHWSLT *Chung-Hua Wên-Shih Lun Tshung* (*Collected Studies in the History of Chinese Literature*) 《中华文史论丛》
CHYM *Chymia*
CHZ *Chemiker Zeitung*
CIBA/M *Ciba Review* (Medical History)
CIBAIMZ *Ciba Zeitschrift* (Medical History)
CIBA/S *Ciba Symposia*
CIBA/T *Ciba Review* (Textile Technology)
CIMC/MR *Chinese Imperial Maritime Customs* (Medical Report Series)
CIT *Chemie Ingenieur Technik*
CJ *China Journal of Science and Arts*
CJFC *Chin Jih Fo Chiao* (*Buddhism Today*), *Thaiwan* 《今日佛教》(台湾)
CLINK *Clinical Radiology*
CLR *Classical Review*
CMJ *Chinese Medical Journal*
CN *Chemical News*
CNRS Centre National de la Recherche Scientifique
COCJ *Coin Collectors' Journal*
COPS *Confines of Psychiatry*
CP *Classical Philology*
CQ *Classical Quarterly*
CR *China Review* (Hongkong and Shanghai)
CRAS *Comptes Rendus hebdomadaires de l'Acad. des Sciences* (Paris)
CREC *China Reconstructs*
CRESC *Crescent* (Surat)
CPR *Chinese Recorder*
CRRR *Chinese Repository*
CS *Current Science*
CUNOB *Cunobelin*; *Yearbook of the British Association of Numismatic Societies*
CUP Cambridge University Press
CUQ *Columbia University Quarterly*
CURRA *Current Anthropology*
CVS *Christiania Videnskabsselskabet Skrifter*
CW *Chemische Weekblad*
CWR *China Weekly Review*
DAZ *Deutscher Apotheke Zeitung*
DB *The Double Bond*
DI *Die Islam*
DK *Dōkyō Kenkyū* (*Researches in the Taoist Religion*) 《道教研究》
DMAB *Abhandlungen u. Berichte d. Deutsches Museum* (München)
DS *Desalination* (*International Journ.*

Water Desalting) (Amsterdam and Jerusalem, Israel)

DV *Deutsche Vierteljahrschrift*

DVN *Dan Viet Nam*

DZZ *Deutsche Zahnärztlichen Zeit.*

EARLH *Earlham Review*

EECN *Electroencephalography and Clinical Neurophysiology*

EG *Economic Geology*

EHOR *Eastern Horizon* (Hongkong)

EHR *Economic History Review*

EI *Encyclopaedia of Islam*

EMJ *Engineering and Mining Journal*

END *Endeavour*

EPJ *Edinburgh Philosophical Journal* (continued as *ENPJ*)

ERE *Encyclopaedia of Religion and Ethics*

ERJB *Eranos Jahrbuch*

ERYB *Eranos Yearbook*

ETH *Ethnos*

EURR *Europaäsche Revue* (Berlin)

EXPED *Expedition* (*Magazine of Archaeology and Anthropology*), Philadelphia

FCON *Fortschritte d. chemie d. organischen Naturstoffe*

FER *Far Eastern Review* (London)

FF *Forschungen und Fortschritte*

FMNHP/AS *Field Museum of Natural History* (Chicago) *Publications*; Anthropological Series

FP *Federation Proceedings* (USA)

FPNJ *Folia Psychologica et Neurologica Japonica*

FRS *Franziskanischen Studien*

GBA *Gazette des Beaux-Arts*

GBT *Global Technology*

GEW *Geloof en Wetenschap*

GJ *Geographical Journal*

GR *Geographical Review*

GRM *Germanisch-Romanische Monatsschrift*

GUJ *Gutenberg Jahrbuch*

HCA *Helvetica Chimica Acta*

HE *Hesperia* (*Journ. Amer. Sch. Class. Stud. Athens*)

HEJ *Health Education Journal*

HERM *Hermes*; *Zeitschr. f. Klass. Philol.*

HF *Med Hammare och Fackla* (Sweden)

HHS *Hua Hsüeh* (*Chemistry*), Ch. Chem. Soc.
《化学》(中国化学学会)

HHSTH *Hua Hsüeh Thung Hsün* (*Chemical Correspondent*), Chekiang Univ.
《化学通讯》(浙江大学)

HITC *Hsüeh I Tsa Chih* (*Wissen und Wissenschaft*), Shanghai
《学艺杂志》(上海)

HJAS *Harvard Journal of Asiatic Studies*

HMSO Her Majesty's Stationery Office

HOR *History of Religion* (Chicago)

HOSC *History of Science* (annual)

HRASP *Histoire de l'Acad. Roy. des Sciences, Paris*

HSS *Hsüeh Ssu* (*Thought and Learning*), Chhêngtu
《学思》(成都)

HU/BML *Harvard University Botanical Museum Leaflets*

HUM *Humanist* (RPA, London)

IA *Iron Age*

IBK *Indogaku Bukkyōgaku Kenkyū* (*Indian and Buddhist Studies*)
《印度学仏教学研究》

IC *Islamic Culture* (Hyderabad)

ID *Idan* (Medical Discussions), Japan
《医譚》(日本)

IEC/AE *Industrial and Engineering Chemistry*; *Analytical Edition*

IEC/I *Industrial and Engineering Chemistry*; *Industrial Edition*

IHQ *Indian Historical Quarterly*

IJE *Indian Journ. Entomol.*

IJHM	Indian Journ. History of Medicine
IJHS	Indian Journ. History of Science
IJMR	Indian Journ. Med. Research
IMIN	Industria Mineraria
IMW	India Medical World
INDQ	Industriay Quimica (Buenos Aires)
INM	International Nickel Magazine
IPEK	Ipek; Jahrb. f. prähistorische u. ethnographische Kunst (Leipzig)
IQB	Iqbal (Lahore), later lqbal Review (Journ. of the Iqbal Academy or Bazmi Iqbal)
IRAQ	Iraq (British Sch. Archaeol. in Iraq)
ISIS	Isis
ISTC	I Shih Tsa Chih (Chinese Journal of the History of Medicine) 《医史杂志》;《医学史与保健组织》;《中华医史杂志》
IVS	Ingeniörvidenskabelje Skrifter (Copenhagen)
JA	Journal Asiatique
JAC	Jahrb. f. Antike u. Christentum
JACS	Journ. Amer. Chem. Soc.
JAHIST	Journ. Asian History (International)
JAIMH	Pratibha; Journ. All-India Instit. of Mental Health
JALCHS	Journal of the Alchemical Society (London)
JAN	Janus
JAOS	Journal of the American Oriental Society
JAP	Journ. Applied Physiol.
JAS	Journal of Asian Studies (continuation of Far Eastern Quarterly, FEQ)
JATBA	Journal d'Agriculture tropicale et de Botanique appliqué
JBC	Journ. Biol. Chem.
JBFIGN	Jahresber. d. Forschungsinstitut f. Gesch. d. Naturwiss. (Berlin)
JC	Jimnin Chūgoku (People's China), Tokyo 《人民中国》(东京)
JCE	Journal of Chemical Education
JCP	Yahrb. f. class. Philologie
JCS	Journal of the Chemical Society
JEA	Journal of Egyptian Archaeology
JEGP	Journal of English and Germanic Philology
JEH	Journal of Economic History
JEM	Journ. Exper. Med.
JFI	Journ. Franklin Institute
JGGBB	Jahrbuch d. Gesellschafl f. d. Gesch. u. Bibliographie des Brauwesens
JGMB	Journ. Gen. Microbiol.
JHI	Journal of the History of Ideas
JHMAS	Journal of the History of Medicine and Allied Sciences
JHS	Journal of Hellenic Studies
JI	Jissen Igaku (Practical Medicine) 《实践医学》
JIM	Journ. Institute of Metals (UK)
JIMA	Journ. Indian Med. Assoc.
JKHRS	Journ. Kalinga Historical Research Soc. (Orissa)
JMBA	Journ. of the Marine Biological Association (Plymouth)
JNMD	Journ. Nervous & Mental Diseases
JMS	Journ. Mental Science
JNPS	Journ. Neuropsychiatr.
JOP	Journ. Physiol.
JOSHK	Journal of Oriental Studies (Hongkong Univ.) 《东方文化》(香港大学)
JP	Journal of Philology
JPB	Journ. Pathol. and Bacteriol.
JPC	Journ. f. prakt. Chem.
JPCH	Journ. Physical Chem.
JPH	Journal de Physique
JPHS	Journ. Pakistan Historical Society
JPHST	Journ. Philos. Studies
JPOS	Journal of the Peking Oriental Society
JRAI	Journal of the Royal Anthropological

Institute

JRAS *Journal of the Royal Asiatic Society*

JRAS/B *Journal of the (Royal) Asiatic Society of Bengal*

JRAS/BOM *Journ. Roy. Asiatic Soc., Bombay Branch*

JRAS/KB *Journal* (or *Transactions*) *of the Korea Branch of the Royal Asiatic Society*

JRAS/M *Journal of the Malayan Branch of the Royal Asiatic Society*

JRAS/NCB *Journal* (or *Transactions*) *of the Royal Asiatic Society* (North China Branch)

JRAS/P *Journ. of the (Royal) Asiatic Soc. of Pakistan*

JRIBA *Journ. Royal Institute of British Architects*

JRSA *Journal of the Royal Society of Arts*

JS *Journal des Scavans* (1665—1778) and *Journal des Savants* (1816—)

JSA *Journal de la Société des Americanistes*

JSCI *Journ. Soc. Chem. Industry*

JSHS *Japanese Studies in the History of Science* (Tokyo)

JUB *Journ. Univ. Bombay*

JUS *Journ. Unified Science* (continuation of *Erkenntnis*)

JWCBRS *Journal of the West China Border Research Society*

JWCI *Journal of the Warburg and Courtauld Institutes*

JWH *Journal of World History* (UNESCO)

KHS *Kho Hsüeh* (*Science*) 《科学》

KHSC *Kho-Hsüeh Shih Chi-Khan* (*Ch. Journ. Hist. of Sci.*) 《科学史集刊》

KHTP *Kho Hsüeh Thung Pao* (*Science Correspondent*) 《科学通报》

KHVL *Kungliga Humanistiska Vetenskapsamfundet i Lund Arskerättelse* (*Bull. de la Soc. Roy. de Lettres de Lund*)

KKD *Kiuki Daigaku Sekai Keizai Kenkyūjo Hōkoku* (*Reports of the Institute of World Economics at Kiuki Univ.*) 《近畿大学世界経済研究所報告》

KKTH *Khao Ku Thung Hsün* (*Archaeological Correspondent*), cont. as Khao Ku 《考古通讯》(后改为《考古》)

KKTS *Ku Kung Thu Shu Chi Khan* (*Journal of the Imperial Palace Museum and Library*), Thaiwan 《故宫图书季刊》(台湾)

KSVA/H *Kungl. Svenske Vetenskapsakad. Handlingar*

KVSUA *Kungl. Vetenskaps Soc. i Uppsala Arsbok* (*Mem. Roy. Acad. Sci. Uppsala*)

KW *Klinische Wochenschrift*

LA *Annalen d. Chemie* (Liebig's)

LCHIND *La Chimica e l'Industria* (Milan)

LEC *Lettres Édifiantes et Curieuses écrites des Missions Étrangères* (Paris, 1702—1776)

LH *l'Homrne; Revue Francaise d'Anthropologie*

LIN *L'Institut* (*Journal Universel des Sciences et des Sociétés Savantes en France et à l'Étranger*)

LN *La Nature*

LP *La Pensée*

LSYC *Li Shih Yen Chiu* (*Journal of Historical Research*), Peking 《历史研究》(北京)

LSYKK *Li Shih yü Khao Ku* (*History and Archaeology; Bulletin of the Shenyang Museum*), Shenyang 《历史与考古》(沈阳)

LT *Lancet*

LYCH *Lychnos* (*Annual of the Swedish Hist. of Sci. Society*)

MAAA *Memoirs Amer. Anthropological Association*

MAI/NEM *Mbnoires de l'Académie des Inscriptions et Belles-Lettres*, *Paris* (Notices et Extraits des *MSS*)

MAIS/SP *Mémoires de l'Acad. Impériale des Sciences*, *St Pétersbourg*

MAS/B *Memoirs of the Asiatic Society of Bengal*

MB *Monographiae Biologicae*

MBLB *May and Baker Laboratory Bulletin*

MBPB *May and Baker Pharmaceutical Bulletin*

MCB *Melunges Chinois et Bouddhiques*

MCE *Metallurgical and Chemical Engineering*

MCHSAMUC *Mémoires concernant l'Histoire*, *les Sciences*, *les Arts*, *les Moeurs et les Usages*, *des Chinois*, *par les Missionnaires de Pékin* (Paris 1776—)

MDGNVO *Mitteilungen d. deutsch. Gesellsch. f. Natur. u. Volkskunde Ostasiens*

MDP *Mémoires de la Délégation en Perse*

MED *Medicus* (Karachi)

MEDA *Medica* (Paris)

METL *Metallen* (Sweden)

MGG *Monatsschrift f. Geburtshilfe u. Gynäkologie*

MGGW *Mitteilungen d. geographische Gesellschaft Wien*

MGSC *Memoirs of the Chinese Geological Survey*
《地质专报》

MH *Medical History*

MI *Metal Industry*

MIE *Mémoires de l'Institut d'Egypte* (Cairo)

MIFC *Mémoires de l'Institut Franäais d' Archéol. Orientale* (Cairo)

MIK *Mikrochemie*

MIMG *Mining Magazine*

MIT Massachusetts Institute of Technology

MJ *Mining Journal*, *Railway and Commercial Gazette*

MJA *Med. Journ. Australia*

MJPGA *Mitteilungen aus Justus Perthes Geogr. Anstalt* (Petermann's)

MKDUS/HF *Meddelelser d. Kgl. Danske Videnskabernes Selskab* (Hilt. -Filol.)

MM *Mining and Metallurgy* (New York, contd. as *Mining Engineering*)

MMN *Materia Medica Nordmark*

MMVKH *Mitteilungen d. Museum f. Völkerkunde* (Hamburg)

MMW *Münchener Medizinische Wochenschrift*

MOULA *Memoirs of the Osaka University of Liberal Arts and Education*
《大阪学芸大学紀要》

MP *Il Marco Polo*

MPMH *Memoirs of the Peabody Museum of American Archaeology and Ethnology*, *Harvard University*

MRASP *Mémoires de l'Acad. Royale des Sciences* (Paris)

MRDTB *Memoirs of the Research Dept. of Tōyō Bunko* (Tokyo)
《東洋文化研究所紀要》(東京)

MRS *Mediaeval and Renaissance Studies*

MS *Monumenta Serica*

MSAF *Mémoires de la Société* (*Nat.*) *des Antiquaires de France*

MSGVK *Mitt. d. Schlesische Gesellschaft f. Volkskunde*

MSIV/MF *Memoire di Mat. e. Fis dells Soc. Ital.* (Verona)

MSOS *Mitteilungen d. Seminar f. orientalischen Sprachen* (Berlin)

MSP *Mining and Scientific Press*

MUl *Museum Journal* (Philadelphia)

MUSEON *Le Muséon* (Louvain)

N *Nature*

NAGS *New Age* (New Delhi)

NAR *Nutrition Abstracts and Reviews*

NARSU *Nova Acta Reg. Soc. Sci. Upsaliensis*

NC *Numismatic Chronicle (and Journ. Roy. Numismatic Soc.)*

NCDN *North China Daily News*

NCGH *Nihon Chūgoku Gakkai-hō (Bulletin of the Japanese Sinological Society)* 《日本中国学会報》

NCH *North China Herald*

NCR *New China Review*

NDI *Niigata Daigaku Igakubu Gakushikai Kaihō (Bulletin of the Medical Graduate Society of Niigata University)* 《新潟大学医学部学士会会報》

NFR *Nat. Fireworks Review*

NHK Nihon Heibon Keisha (publisher) 日本放送出版協会

NIZ *Nihon Ishigaku Zasshi (Jap. Journ. Hist. Med.)* 《日本医史学雑誌》

NN *Nation*

NQ *Notes and Queries*

NR *Numismatic Review*

NRRS *Notes and Records of the Royal Society*

NS *New Scientist*

NSN *New Statesman and Nation* (London)

NU *The Nucleus*

NUM/SHR *Studies in the History of Religions* (Supplements to *Numen*)

NW *Naturwissenschaften*

OAZ *Ostasiatische Zeitschrift*

ODVS *Oversigt over det k. Danske Videnskabernes Selskabs Forhandlinger*

OE *Oriens Extremus* (Hamburg)

OLZ *Orientalische Literatur-Zeitung*

ORA *Oriental Art*

ORCH *Orientalia Christiana*

ORD *Ordnance*

ORG *Organon* (Warsaw)

ORR *Orientalia* (Rome)

ORS *Orientalia Suecana*

OSIS *Osiris*

OUP Oxford University Press

OUSS *Ochanomizu University Studies* 《お茶の水女子大学人文科学紀要》

OX *Oxoniensia*

PAAAS *Proceeding of the British Academy*

PAAQS *Proceedings of the American Antiquarian Society*

PAI *Paideuma*

PAKJS *Pakistan Journ. Sci.*

PAKPJ *Pakistan Philos. Journ.*

PAPS *Proc. Amer. Philos. Soc.*

PCASC *Proc. Cambridge Antiquarian Soc.*

PEW *Philosophy East and West* (Univ. Hawaii)

PF *Psychologische Forschung*

PHI *Die Pharmazeutische Industrie*

PHREV *Pharmacological Reviews*

PHY *Physis* (Florence)

PJ *Pharmaceut. Journal (and Trans. Pharmaceut. Soc.)*

PKAWA *Proc. Kon. Akad. Wetensch. Amsterdam*

PKR *Peking Review*

PM *Presse Medicale*

PMG *Philosophical Magazine*

PMLA *Publications of the Modern Language Association of America*

PNHB *Peking Natural History Bulletin*

POLYJ *Polytechnisches Journal* (Dingler's)

PPHS *Proceedings of the Prehistoric Society*

PRGS *Proceedings of the Royal Geographical Society*

PRIA *Proceedings of the Royal Irish*

Academy

PRPH	*Produits Pharmaceutiques*
PRSA	*Proceedings of the Royal Society* (Series A)
PRSB	*Proceedings of the Royal Society* (Series B)
PRSM	*Proceedings of the Royal Society of Medicine*
PSEBM	*Proc. Soc. Exp. Biol. and Med.*
PTRS	*Philosophical Transactions of the Royal Society*
QSGNM	*Quellen u. Studien z. Gesch. d. Naturwiss. u. d. Medizin* (*continuation of Archiv. f. Gesch. d. Math.*, *d. Naturwiss. u. d. Technik*, *AGMNT*, *formerly Archiv. f. d. Gesch. d. Naturwiss. u. d. Technik*, *AGNT*)
QSKMR	*Quellenschriften f. Kunstgeschichte und Kunsttechnik des Mittelalters u. d. Renaissance* (Vienna)
RA	*Revue Archeologique*
RAA/AMG	*Revue des Arts Asiatiques* (*Annales du Musée Guimet*)
RAAAS	*Reports*, *Australasian Assoc. Adv. of Sci.*
RAAO	*Revue d'Assyriologie et d'Archéologie Orientale*
RALUM	*Revue de l'Aluminium*
RB	*Revue Biblique*
RBPH	*Revue Belge de Philol. et d'Histoire*
RIBS	*Revue Bibliographique de Sinologie*
RDM	*Revue des Mines* (*later Revue Universelle des Mines*)
RGVV	*Religionsgeschichtliche Versuche und Vorarbeiten*
RHR/AMG	*Revue de l'Histoire des Religions* (*Annales du Musée Guimet*, *Paris*)
RHS	*Revue d'Histoire des Sciences*
RHSID	*Revue d'Histoire de la Sidérurgie* (Nancy)
RIN	*Rivista Italiana di Numismatica*
RKW	*Repertorium f. Kunst. wissenschaft*
RMY	*Revue de Mycologie*
ROC	*Revue de l'Orient Chrétien*
RP	*Revue Philosophique*
RPA	*Rationalist Press Association* (London)
RPCHG	*Revue de Pathologie comparée et d'Hygiène générale* (Paris)
RPLHA	*Revue de Philol.*, *Litt. et Hist. Ancienne*
RR	*Review of Religion*
RSCI	*Revue Scientifique* (Paris)
RSH	*Revue de Synthèse Historique*
RSI	*Reviews of Scientific Instruments*
RSO	*Rivista di Studi Orientali*
RUB	*Revue de l'Univ. de Bruxelles*
S	*Sinologica* (Basel)
SA	*Sinica* (originally *Chinesische Blätter f. Wissenschaft u. Kunst*)
SAEC	*Supplemento Annuale all'Enciclopedia di Chimica*
SAEP	Soc. Anonyme des Études et Pub. (publisher)
SAM	*Scientific American*
SB	*Shizen to Bunka* (*Nature and Culture*) 《自然と文化》
SBE	*Sacred Books of the East series*
SBK	*Seikatsu Bunka Kenkyū* (*Journ. Econ. Cult.*) 《生活文化研究》
SBM	*Svenska Bryggareföreningens Månadsblad*
SC	*Science*
SCI	*Scientia*
SCIS	*Sciences*; *Revue de la Civilisation Scientifique* (Paris)
SCISA	*Scientia Sinica* (Peking)
SCK	*Smithsonian Contributions to Knowledge*
SCM	Student Christian Movement (Press)
SCON	*Studies in Conservation* (*Journ. Internat. Instit. for the Con-*

servation of Museum objects)

SET Structure et Evolution des Tech-niques

SGZ Shigaku Zasshi (Historical Journ. of Japan) 《史学雜誌》

SHA Shukan Asahi 《週刊朝日》

SHAW/PH Sitzungsber. d. Heidelberg. Akad. d. Wissensch. (Phil. -Hist. Kl.)

SHST/T Studies in the History of Science and Technol. (Tokyo Univ. Inst. Technol.)

SI Studio Islamica (Paris)

SIB Sibrium (Collana di Studi a Documentazioni, Centro di Studi Preistorici e Archeologici Varese)

SILL Sweden Illustrated

SK Seminarium Kondakovianum (Recueil d'Études de l'Institut Kondakov)

SM Scientific Monthly (formerly Popular Science Monthly)

SN Shirin (Journal of History), Kyoto 《史林》(京都)

SNM Sbornik Nauknych Materialov (Erivan, Armenia)

SOS Semitic and Oriental Studies (Univ. of Calif. Publ. in Semitic Philol.)

SP Speculum

SPAW/PH Sitzungsber. d. preuss. Akad. d. Wissenschaften (Phil. -Hist. Kl.)

SPCK Society for the Promotion of Christian Knowledge

SPMSE Sitzungsberichte d. physik. med. Soc. Erlangen

SPR Science Progress

SSIP Shanghai Science Institute Publications 《上海自然科学研究所汇报》

STM Studi Medievali

SWAW/PH Sitzungsberichte d. k. Akad. d. Wissenschaften Wien (Phil. -Hist. Klasse), Vienna

TAFA Transactions of the American Foundrymen's Association

TAIME Trans. Amer. Inst. Mining Engineers (continued as TAIMME)

TAIMME Transactions of the American Institute of Mining and Metallurgical Engineers

TAPS Transactions of the American Philosophical Society (cf. MAPS)

TAS/J Transactions of the Asiatic Society of Japan

TBKK Tohoku Bunka Kenkyūshitsu Kiyō (Record of the North-Eastern Research Institute of Humanistic Studies), Sendai 《東北文化研究室紀要》(仙台)

TCS Trans. Ceramic Society (formerly Tans. Engl. Cer. Soc., contd as Trans. Brit. Cer. Soc.)

TCULT Technology and Culture

TFTC Tung Fang Tsa Chih (Eastern Miscellany) 《东方杂志》

TGAS Transactions of the Glasgow Archaeological Society

TG/T Tōhō Gakuhō, Tōkyō (Tokyo Journal of Oriental Studies) 《東方学報》(東京)

TH Thien Hsia Monthly (Shanghai) 《天下》(上海)

THG Tōhōgaku (Eastern Studies), Tokyo 《東方学》(東京)

TICE Transactions of the Institute of Chemical Engineers

TIMM Transactions of the Institution of Mining and Metallurgy

TJSL Transactions (and Proceedings) of the Japan Society of London

TLTC Ta Lu Tsa Chih (Continent Magazine), Thaipei 《大陆杂志》(台北)

TMIE Travaux et Mémoires de l'Inst.

d'Ethnologie (Paris)

TNS *Transactions of the Newcomen Society*

TOCS *Transactions of the Oriental Ceramic Society*

TP *T'oung Pao* (*Archives concernant l' Histoire, les Langues, la Geographie, l'Ethnographie et les Arts de l'Asie Orientale*), Leiden 《通报》(莱顿)

TQ *Tel Quel* (Paris)

TR *Technology Review*

TRAD *Tradition* (*Zeitschr. f. Firmengeschichte und Unternehmerbiographie*)

TRSC *Trans. Roy. Soc. Canada*

TS *Tōhō Shūkyō* (*Journal of East Asian Religions*) 《東方宗教》

TSFFA *Techn. Studies in the Field of the Fine Arts*

TTT *Theoria to Theory* (Cambridge)

TYG *Tōyō Gakuhō* (*Reports of the Oriental Society of Tokyo*) 《東洋学報》(東京)

TYGK *Tōyōgaku* (*Oriental Studies*), Sendai 《東洋学》(仙台)

TYKK *Thien Yeh Khao Ku Pao Kao* (*Archaeological Reports*) 《田野考古报告》

UCC *University of California Chronicle*

UCR *University of Ceylon Review*

UNASIA *United Asia* (India)

UNESC *Unesco Courier*

UNESCO United Nations Educational, Scientific and Cultural Organisation

UUA *Uppsala Univ. Arsskrift* (*Acta Umv. Upsaliensis*)

VBA *Visva-Bharati Annals*

VBW *Vorträge d. Bibliothek Warburg*

VK *Vijnan Karmee*

VKAWA/L *Verhandelingen d. Koninklijke Akad. v. Wetenschappen te Amsterdam* (Afd. Letterkunde)

VMAWA *Verslagen en Meded. d. Koninklijke Akad. v. Wetenschappen te Amsterdam*

VVBGP *Verhandhingen d. Verein z. Beförderung des Gewerbefleisses in Preussen*

WA *Wissenschaftliche Annalen*

WKW *Wiener klinische Wochenschrift*

WS *Wên Shih* (*History of Literature*), *Peking* 《文史》(北京)

WWTK *Wên Wu* (*formerly Wên Wu Tshan Khao Tzu Liao, Reference Materials for History and Archaeology*) 《文物》(原名为《文物参考资料》)

WZNHK *Wiener Zeitschr. f. Nervenheilkunde*

YCHP *Yenching Hsüeh Pao* (*Yenching University Journal of Chinese Studies*) 《燕京学报》

YJBM *Yale Journal of Biology and Medicine*

YJSS *Yenching Journal of Social Studies*

Z *Zalmoxis; Revue des Études Religieuses*

ZAC *Zeitschr. f. angewandte chemie*

ZAC/AC *Angewandte Chemie*

ZAES *Zeitschrift f. Aegyptische Sprache u. Altertumskunde*

ZASS *Zeitschr. f. Assyriologie*

ZDMG *Zeitschrift d. deutsch. Morgenländischen Gesellschaft*

ZGEB *Zeitschr. d. Gesellsch. f. Erdkunde* (Berlin)

ZMP *Zeitschrift f. Math. u. Physik*

ZPC *Zeitschr. f. physiologischen Chemie*

ZS *Zeitschr. f. Semitistik*

ZVSF *Zeitschr. f. vergl. Sprachforschung*

A 1800年以前的中文和日文书籍

《阿难四事经》
Sūtra on the Four Practices spoken to Ānanda
印度
汉译，三国，公元222—230年，支谦译
N/696；TW/493

《阿毗昙毗婆沙论》
Abhidharma Mahāvibhāsha
印度（此修订本在600年前不久）
玄奘译，公元659年
N/1263；TW/1546

《白先生金丹火候图》
Master Pai's Illustrated Tractate on the 'Fire-Times' of the Metallous Enchymoma
宋，约1210年
白玉蟾
收录于《修真十书》（*TT*/260）卷一

《宝藏论》
[=《轩辕宝藏论》]
(The Yellow Emperor's) Discourse on the (Contents of the) Precious Treasury (of the Earth), [mineralogy and metallurgy]
可能部分为唐或唐以前；完成于五代（南汉）。曾远荣（*1*）提到晁公武在其《郡斋读书志》中将它的年代定在公元918年，张子高［（*2*），第118页］也认为它大体上是一部五代时期的作品
传为青霞子撰
如果苏元明不是化名的话，最早的部分可能属于晋代（3或4世纪）；参见杨烈宇（*1*）
现仅存于引文中
参见《罗浮山志》卷四，第十三页

《宝颜堂秘笈》
Private Collection of the Pao-Yen Library
明，六集刊行于1606—1620年
陈继儒编

《保生心鉴》
Mental Mirror of the Preservation of Mite [gymnastics and other longevity techniques]
明，1506
铁峰居士
胡文焕编，约1596年

《保寿堂经验方》
Tried and Tested Prescriptions of the Protection-of-Longevity Hall (a surgery or pharmacy)
明，约1450年
刘松石

《抱朴子》
Book of the Preservation-of-Solidarity Master
晋，4世纪前期，可能约在公元320年
葛洪
部分译文：Feifel（1，2）；Wu & Davis（2）
全译本：Ware（5），仅《内篇》各卷
TT/1171—1173

《抱朴子神仙金汋经》
The Preservation-of-Solidarity Master's Manual of the Bubbling Gold (Potion) of the Holy Immortals
归于晋，约320年。或为唐以前，更可能是唐
传为葛洪撰
TT/910
参见Ho Ping-Yü（11）

《抱朴子养生论》
The Preservation-of-Solidarity Master's Essay on Hygiene
归于晋，约公元320年
传为葛洪撰
TT/835

《北虏风俗》
[=《夷俗记》]
Customs of the Northern Barbarians (i. e. the Mongols)

明，1594 年
萧大亨

《北梦琐言》
Fragmentary Notes Indited North of (Lake) Mêng
五代（南平），约公元 950 年
孙光宪
见 des Rotours (4), p. 38

《北山酒经》
Northern Mountain Wine Manual
宋，1117 年
朱肱

《北史》
History of the Northern Dynasties [Nan Pei Chhao period, +386 to +581]
唐，约公元 670 年
李延寿
节译索引：Frankel (1)

《本草备要》
Practical Aspects of Materia Medica
清，约 1690 年，1694 年第 2 版
汪昂
《现存本草书录》，第 90 种；《医籍考》，第 215 页起
参见 Swingle (4)

《本草从新》
New Additions to Pharmaceutical Natural History
清，1757 年
吴仪洛
《现存本草书录》，第 99 种

《本草纲目》
The Great Pharmacopoeia; or, The Pandects of Natural History (Mineralogy, Metallurgy, Botany, Zoology etc.), Arrayed in their Headings and Subheadings
明，1596 年
李时珍
节译和释义：Read 及其合作者（2—7）；Read & Pak 附索引。植物列表见 Read (1) (with Liu Ju-Chhiang)
参见 Swingle (7)

《本草纲目拾遗》
Supplementary Amplifications for the *Pandects of Natural History* (of Li Shih Chen)
清，约始于 1760 年，1765 年撰序，1780 年增卷首绪论，1803 年定稿
清，初刊于 1871 年
赵学敏
《现存本草书录》，第 93 种
参见 Swingle (11)

《本草和名》
Synonymic Materia Medica with Japanese Equivalents
日本，公元 918 年
深根辅仁
参见 Karow (1)

《本草汇》
Needles from the Haystack; Selected Essentials of Materia Medica
清，1666 年，刊行于 1668 年
郭佩兰
《现存本草书录》，第 84 种
参见 Swingle (4)

《本草汇笺》
Classified Notes on Pharmaceutical Natural History
清，始于 1660 年，刊行于 1666 年
顾元交
《现存本草书录》，第 83 种
参见 Swingle (8)

《本草经集注》
Collected Commentaries on the *Classical Pharmacopoeia* (*of the Heavenly Husbandman*)
南齐，公元 492 年
陶弘景
目前归于陶弘景名义之下的，除本草著作中众多引文外，仅存敦煌或吐鲁番的抄本残篇

《本草蒙筌》
Enlightenment on Pharmaceutical Natural History
明，1565 年
陈嘉谟

《本草品汇精要》
Essentials of the Pharmacopoeia Ranked according to Nature and Efficacity (Imperially Com-

missioned)
明，1505 年
刘文泰、王槃和高廷和
《本草求真》
Truth Searched out in Pharmaceutical Natural History
清，1773 年
黄宫绣
《本草拾遗》
A Supplement for the Pharmaceutical Natural Histories
唐，约公元 725 年
陈藏器
现仅存于大量的引文中
《本草述》
Explanations of Materia Medica
清，1665 年以前，1700 年初刊
刘若金
《现存本草书录》，第 79 种
参见 Swingle（6）
《本草述钩元》
Essentials Extracted from the *Explanations of Materia Medica*
见杨时泰（*1*）
《本草通玄》
The Mysteries of Materia Medica Unveiled
清，始于 1655 年前，刊行于 1667 年前
李中梓
《现存本草书录》，第 75 种
参见 Swingle（4）
《本草图经》
Illustrated Pharmacopoeia; or, Illustrated Treatise of Pharmaceutical Natural History
宋，1061 年
苏颂等
现仅存于后来的本草著作的众多引文中
《本草衍义》
Dilations upon Pharmaceutical Natural History
宋，1116 年作序，1119 年刊行，1185 年、1195 年重刊
寇宗奭
另见《图经衍义本草》（*TT*/761）
《本草衍义补遗》
Revision and Amplification of the *Dilations upon Pharmaceutical Natural History*
元，约 1330 年
朱震亨
《现存本草书录》，第 47 种
参见 Swingle（12）
《本草药性》
The Natures of the Vegetable and Other Drugs in the Pharmaceutical Treatises
唐，约公元 620 年
甄立言和甄权
现仅存于引文中
《本草原始》
Objective Natural History of Materia Medica; a True-to-Life Study
清，始于 1578 年，刊行于 1612 年
李中立
《现存本草书录》，第 60 种
《本经逢原》
(Additions to Natural History) aiming at the Original Perfection of the *Classical Pharmacopoeia (of the Heavenly Husbandman)*
清，1695 年，刊行于 1705 年
张璐
《现存本草书录》，第 93 种
《碧玉朱砂寒林玉树匮》
On the Caerulean Jade and Cinnabar Jade-Tree-in-a-Cold-Forest Casing Process
宋，11 世纪前期
陈景元
TT/891
《辨道论》
On Taoism, True and False
三国（魏），约公元 230 年
曹植（魏王子）
现仅存于引文中
《辩惑编》
Disputations on Doubtful Matters
元，1348 年
谢应芳

《博物记》
Notes on the Investigation of Things
东汉，约公元190年
唐蒙

《博物要览》
The Principal Points about Objects of Art and Nature
明，约1560年
谷泰

《博物志》
Records of the Investigation of Things（参见《续博物志》）
晋，约公元290年（始于270年前后）
张华

《采真机要》
Important（Information on the）Means（by which one can）Attain（the Regeneration of the）Primary（Vitalities）［physiological alchemy，poems and commentary］
《三峰丹诀》（参见该条）的一部分

《参同契》
The Kinship of the Three；or，The Accordance（of the *Book of Changes*）with the Phenomena of Composite Things［alchemy］
东汉，公元142年
魏伯阳

《参同契》
另见《周易参同契》

《参同契阐幽》
Explanation of the Obscurities in the *Kinship of the Three*
清，1729年撰序，1735年刊行
朱元育编辑与注释
《道藏辑要》

《参同契考异》
［=《周易参同契注》］
A Study of the *Kinship of the Three*
宋，1197年
朱熹（原托名为邹訢）
TT/992

《参同契五相类秘要》
Arcane Essentials of the Similarities and Categories of the Five（Substances）in the *Kinship of the Three*（sulphur，realgar，orpiment，mercury and lead）
六朝，可能为唐代；虽然归于2世纪，但可能在3至7世纪间，必定是在9世纪初以前
作者不详（传为魏伯阳撰）
卢天骥注，宋，1111—1117年，可能在1114年
TT/898
译本：Ho Ping-Yü & Needham（2）

《参同契章句》
The *Kinship of the Three*（arranged in）Chapters and Sections
清，1717年
李光地编

《草木子》
The Book of the Fading-like-Grass Master
明，1378年
叶子奇

《册府元龟》
Collection of Material on the Lives of Emperors and Ministers，(lit.（Lessons of）the Archives，（the True）Scapulimancy）；［a governmental ethical and political encyclopaedia.］
宋，1005年敕令修纂，1013年刊行
王钦若和杨亿编
参见 des Rotours（2），p. 91

《长春子磻溪集》
Chhiu Chhang-Chhun's Collected（Poems）at Phan-Hsi
宋，约1200年
邱处机
TT/1145

《长生术》
The Art and Mystery of Longevity and Immortalitv
《金华宗旨》（参见该条）的别名

《尘外遐举笺》
Examples of Men who Renounced Official Careers and Shook off the Dust of the World
［《遵生八笺》（参见该条）的第八笺（卷十

九）]
明，1591 年
高濂
《赤水玄珠》
The Mysterious Pearl of the Red River [a system of medicine and iatro-chemistry]
明，1596 年
孙一奎
《赤水玄珠全集》
The Mysterious Pearl of the Red River; a Complete (Medical) Collection
见《赤水玄珠》
《赤水吟》
Chants of the Red River
见傅金铨（*1*）
《赤松子玄记》
Arcane Memorandum of the Red-Pine Master
唐或更早，9 世纪以前
作者不详
被引用于 *TT*/928 和别处
《赤松子肘后药诀》
Oral Instructions of the Red-Pine Master on Handy (Macrobiotic) Prescriptions
唐以前
作者不详
《太清经天师口诀》的一部分
TT/876
《初学记》
Entry into Learning [encyclopaedia]
唐，公元 700 年
徐坚
《褚澄遗书》
Remaining Writings of Chhu Chhêng
晋，约公元 500 年，可能宋代做了大修改
褚澄
《传西王母握固法》
[=《太上传西王母握固法》]
A Recording of the Method of Grasping the Firmness (taught by) the Mother Goddess of the West
[道士的日光疗法与冥想。"握固法"是一个术语，指一种在冥想过程中紧握双手的功法。]
唐或更早
作者不详
片段存于《修真十书》（*TT*/260）卷二十四，第一页起
参见 Maspero（7），p. 376
《春秋繁露》
String of Pearls on the *Spring and Autumn Annals*
西汉，约公元前 135 年
董仲舒
见 Wu Khang（1）
部分译文：Wieger（2）；Hughes（1）；d'Hormon（1）
《通检丛刊》之四
《春秋纬元命苞》
Apocryphal Treatise on the *Spring and Autumn Annals*: the Mystical Diagrams of Cosmic Destiny [astrological-astronomical]
西汉，约公元前 1 世纪
作者不详
辑录于《古微书》卷七
《春秋纬运斗枢》
Apocryphal Treatise on the *Spring and Autumn Annals*; the Axis of the Turning of the Ladle (i. e. the Great Bear)
西汉，1 世纪或之后
作者不详
辑录于《古微书》卷九，第四页起；《玉函山房辑佚书》卷五十五，第二十二页起
《春渚纪闻》
Record of Things Heard at Spring Island.
宋，约 1095 年
何薳
《纯阳吕真人药石制》
The Adept Lü Shun-Yang's (i. e. Lü Tung-Pin's) Book on Preparations of Drugs and Minerals [in verses]
唐后期
传为吕洞宾撰
TT/896
译本：Ho Ping-Yü，Lim & Morsingh（1）

《辍耕录》

[有时也作《南村辍耕录》]

Talks (at South Village) while the Plough is Resting

元，1366 年

陶宗仪

《崔公入药镜注（合）解》

见《入药镜》和《天元入药镜》

《翠虚篇》

Book of the Emerald Heaven

宋，约 1200 年

陈楠

TT/1076

《存复斋文集》

Literary Collection of the Preservation-and-Return Studio

元，1349 年

朱德润

《存真环中图》

Illustrations of the True Form (of the Body) and of the (Tracts of) Circulation (of the Chhi)

宋，1113 年

杨介

现仅部分存于《顿医抄》和《万安方》（参见此二条）。一些绘图收入朱肱的《内外二景图》，也收入《华佗内照图》和《广为大法》（参见此三条）

《大戴礼记》

Record of Rites [compiled by Tai the Elder]

（参见《小戴礼记》、《礼记》）

归于西汉，公元前 70—前 50 年，但实际为东汉，公元 80—105 年

传为戴德编，但实际可能为曹褒编

见 Legge (7)

译本：Douglas (1)；R. Wilhelm (6)

《大丹记》

Record of the Great Enchymoma

归于 2 世纪，但可能为宋，13 世纪

传为魏伯阳撰

TT/892

《大丹铅汞论》

Discourse on the Great Elixir [or Enchymoma] of Lead and Mercury

但愿是唐，9 世纪，更可能是宋

金竹坡

TT/916

参见吉田光邦（5），第 230—232 页

《大丹问答》

Questions and Answers on the Great Elixir (or Enchymoma) [dialogues between Chêng Yin and Ko Hung]

年代不详，可能为宋或元

作者不详

TT/932

《大丹药诀本草》

Pharmaceutical Natural History in the form of Instructions about Medicines of the Great Elixir (Type), [iatro-chemical]

可能是《外丹本草》（参见该条）的别名

《大丹直指》

Direct Hints on the Great Elixir

宋，约 1200 年

邱处机

TT/241

《大洞炼真宝经九还金丹妙诀》

Mysterious Teachings on the Ninefold Cyclically Transformed Gold Elixir, supplementary to the Manual of the Making of the Perfected Treasure; a Ta Tung Scripture

唐，8 世纪，或约公元 712 年

陈少微

TT /884。*TT*/883 的续篇，并收录于《云笈七籤》卷六十八，第八页起

译本：Sivin (4)

《大洞炼真宝经修伏灵砂妙诀》

Mysterious Teachings on the Alchemical Preparation of Nummous Cinnabar, supplementary to the Manual of the Making of the Perfected Treasure; a Ta-Tung Scripture

唐，8 世纪，或约公元 712 年

陈少微

TT /883。《七返灵砂论》的别名，该篇收录

于《云笈七籤》卷六十九，第一页起
译本：Sivin（4）
《大方广佛华严经》
Avatamsaka Sūtra
印度
实叉难陀汉译，公元 699 年
N/88；TW/279
《大观经史证类备急本草》
The Classified and Consolidated Armamentarium; Pharmacopoeia of the Ta Kuan reign-period
宋，1108 年；1211、1214 年（金），1302 年（元）重刊
唐慎微
艾晟编
《大还丹契祕图》
Esoteric Illustrations of the Concordance of the Great Regenerative Enchymoma
唐或宋
作者不详
收录于《云笈七籤》卷七十二，第一页起
参见《修真历验钞图》和《金液还丹印证图》
《大还丹照鉴》
An Elucidation of the Great Cyclically Transformed Elixir [in verses]
五代（蜀），公元 962 年
作者不详
TT/919
《大钧鼓铜》
(Illustrated Account of the Mining), Smelting and Refining of Copper [and other Non-Ferrous Metals], according to the Principles of Nature (lit. the Great Potter's Wheel)
见增田纲谨（*1*）
《大明一统志》
Comprehensive Geography of the (Chinese) Empire (under the Ming dynasty)
明，1450 年敕令编修，1461 年完成
李贤编
《大有妙经》
[=《洞真太上素灵洞元大有妙经》]
Book of the Great Mystery of Existence [Taoist anatomy and physiology; describes the shang tan thien, upper region of vital heat, in the brain]
晋，4 世纪
作者不详
TT/1295
参见 Maspero（7），p. 192
《大越史记全书》
The Complete Book of the History of Great Annam
越南，约 1479 年
吴士连
《大招》
The Great Summons (of the Soul), [ode]
楚（秦汉之间），公元前 206 或前 205 年
作者不详
译本：Hawkes（1），p. 109
《大智度论》
Mahā-prajñapāramito-padeśa Śāstra
(Commentary on the Great Sūtra of the Perfection of Wisdom)
印度
传为龙树撰，2 世纪
很可能出于中亚地区
鸠摩罗什汉译，公元 406 年
N/1169；TW/1509
《代疑篇》
On Replacing Doubts by Certainties
明，1621 年
杨廷筠
王徵序
《丹方鉴源》
The Mirror of Alchemlcal Rrocesses and Reagents); a Source-book
五代（后蜀），约公元 938—965 年
独孤滔
对此书的描述，见 Fêng Chia-Lo & Collier（1）
见何炳郁和苏莹辉（*1*）
TT/918
《丹房奥论》
Subtle Discourse on the (Alchemical) Elaboratory (of the Human Body, for making

the Enchymoma)
宋，1020 年
程了一
TT/913，并收录于《道藏辑要》(昴集第五册)

《丹房宝鉴之图》
[=《紫阳丹房宝鉴之图》]
Precious Mirror of the Elixir and Enchymoma Laboratory; Tables and Pictures (to illustrate the Principles).
宋，约 1075 年
张伯端（紫阳子或紫阳真人）
后编入《金丹大要图》(参见该条)
收录于《金丹大要》(《道藏辑要》本) 卷三，第三十四页起。也收录于《悟真篇》(《修真十书》，*TT*/260，卷二十六，第五页起)
参见 Ho Ping-Yü & Needham (2)

《丹房镜源》
The Mirror of the Alchemlcal Elaboratory; a Source-book
唐前期，但不晚于公元 800 年
作者不详
仅存编入 *TT*/912 的部分和《证类本草》中的引文
见何丙郁和苏莹辉 (*1*)

《丹房须知》
Indispensable Knowledge for the Chymical Elaboratory [with illustrations of apparatus]
宋，1163 年
吴悮
TT/893

《丹经示读》
A Guide to the Reading of the Enchymoma Manuals
见傅金铨 (*3*)

《丹经要诀》
见《太清丹经要诀》

《丹论诀旨心镜》 (在某些版本的标题中因避"镜"讳，而用"鉴"或"照")
Mental Mirror Reflecting the Essentials of Oral Instruction about the Discourses on the Elixir and the Enchymoma
唐，可能在 9 世纪
张玄德，批评司马希夷的学说
TT /928，并收录于《云笈七籤》卷六十六，第一页起
译本：Sivin (5)

《丹拟三卷》
见 巴子园 (*1*)

《丹台新录》
New Discourse on the Alchemical Laboratory
宋前期或宋以前
传为青霞子或夏有章撰
现仅存于引文中

《丹阳神光灿》
Tan Yang (Tzu's Book) on the Resplendent Glow of the Numinous Light
宋，12 世纪中期
马钰
TT/1136

《丹阳真人玉录》
Precious Records of the Adept Tan-Yang
宋，12 世纪中期
马钰
TT/1044

《丹药秘诀》
Confidential Oral Instructions on Elixirs and Drugs
可能在元或明早期
胡演
现仅作为引文存于本草著作中

《导引养生经》
[=《太清导引养生经》]
Manual of Nourishing the Life-Force (or, Attaining Longevity and Immortality) by Gymnastics
唐后期，五代，或宋前期
作者不详
TT/811，并收录于《云笈七籤》卷三十四
参见 Maspero (7), pp. 415 ff.

《捣素赋》
Ode on a Girl of Matchless Beauty [Chao nü, probably Chao Fei-Yen]; or, Of What does Spotless Beauty Consist?

西汉，约公元前20年
班婕妤
收录于《全上古三代秦汉三国六朝文》（全汉文）卷十一，第七页起

《道藏》
The Taoist Patrology [containing 1464 Taoist works]
历代作品，但最初汇辑于唐，约在公元730年；后于公元870年重辑并于1019年编定。初刊于宋(1110—1117年)。金(1186—1191年)、元（1244年）、明(1445、1598和1607年)也曾刊印
作者众多
索引：Wieger（6），见伯希和［Pelliot（58）］对其的评述；翁独健所编索引（《引得》第25号）

《道藏辑要》
Essentials of the Taoist Patrology [containing 287 books，173 works from the Taoist Patrology and 114 Taoist works from other sources]
历代作品，1906年刊刻于成都二仙庵
作者众多
贺龙骧和彭瀚然（清）编辑

《道藏续编初集》
First Series of a Supplement to the Taoist Patrology
清，19世纪前期
闵一得编

《道德经》
Canon of the Tao and its Virtue
周，公元前300年以前
传为李耳（老子）撰
译本：Waley（4）；Chhu Ta-Kao（2）；Lin Yü-Thang（1）；Wieger（7）；Duyvendak（18）；以及其他很多种

《道法会元》
Liturgical and Apotropaic Encyclopaedia of Taoism
唐和宋
作者和编者不详
TT/1203

《道法心传》
Transmission of (a Lifetime of) Thought on Taoist Techniques [physiological alchemy with special reference to microcosin and macrocosm: many poems and a long exposition]
元，1294年
王惟一
TT/1235，并收录于《道藏辑要》（昴集第五册）

《道海津梁》
A Catena (of Words) to Bridge the Ocean of the Tao
见傅金铨（*4*）

《道枢》
Axial Principles of the Tao [doctrinal treatise, mainly on the techniques of physiological alchemy]
宋，12世纪前期；1145年时完成
曾慥
TT/1005

《登真隐诀》
Confidential Instructions for the Ascent to Perfected (Immortality)
晋和南齐。原始材料来源于公元365—366年；陶弘景（公元456—536年）的注释(即标题中的“隐诀”）撰于公元493—498年
原作者不详
陶弘景编
TT/418，但保存不完整
参见Maspero（7），pp. 192，374

《滇海虞衡志》
A Guide to the Region of the Kunming Lake (Yunnan)
清，约1770年，刊行于1799年
檀萃

《典术》
Book of Arts
刘宋
王建平

《调气经》
见《太极调气经》

《鼎器歌》
Song (or, Mnemonic Rhymes) on the

(Alchemical) Reaction-Vessel
汉，如果原初的确像它现在这样，是《周易参同契》(参见该条) 中的一部分的话
有时为单行本
收录于《周易参同契分章注解》卷三十三 (卷三，第七页起)
参见《周易参同契鼎器歌明镜图》(*TT*/994)

《东坡诗集注》
[= 《梅溪诗注》]
Collected Commentaries on the Poems of (Su) Tung-Pho
宋，约 1140 年
王十朋 (王梅溪)

《东轩笔录》
Jottings from the Eastern Side-Hall
宋，11 世纪末
魏泰

《东医宝鉴》
Precious Mirror of Eastern Medicine [system of medicine]
朝鲜，1596 年敕令修纂，1610 年进呈，1613 年刊行
许浚

《洞神八帝妙精经》
Mysterious Canon of Revelation of the Eight (Celestial) Emperors; a Tung-Shen Scripture
年代未定，可能为唐但更可能较早
作者不详
TT/635

《洞神八帝元 (玄) 变经》
Manual of the Mysterious Transformations of the Eight (Celestial) Emperors; a Tung-Shen Scripture [nomenclature of spiritual beings, invocations, exorcisms, techniques of rapport]
年代不详，可能为唐但更可能较早
作者不详
TT/1187

《洞神经》
见《洞神八帝妙精经》和《洞神八帝元 (玄) 变经》

《洞玄金玉集》
Collections of Gold and Jade; a Tung Hsüan Scripture
宋，12 世纪中期
马钰
TT/1135

《洞玄灵宝真灵位业图》
Charts of the Ranks, Positions and Attributes of the Perfected (Immortals); a Tung-Hsuan Ling-Pao Scriptüre
归于梁，6 世纪前期
传为陶弘景撰
TT/164

《洞玄子》
Book of the Mystery-Penetrating Master
唐以前，可能在 5 世纪
作者不详
收录于《双梅景闇丛书》
译本：van Gulik (3)

《洞真灵书紫文琅玕华丹上经》
Divinely Written Exalted Manual in Purple Script on the Lang-Kan (Gem) Radiant Elixir; a Tung-Chen Scripture
《太微灵书紫文琅玕华丹神真上经》(参见该条) 的别名

《洞真太上素灵洞元大有妙经》
见《大有妙经》

《洞真太微灵书紫文上经》
Divinely Written Exalted Canon in Purple Script; a Tung-Chen Thai-Wei Scripture
见《太微灵书紫文琅玕华丹上经》，此原为前书的一部分

《窦先生修真指南》
见《西域窦先生修真指南》

《读史方舆纪要》
Essentials of Historical Geography.
清，1667 年初刊，1692 年作者生前大幅扩充，约 1799 年刊行
顾祖禹

《独醒杂志》
Miscellaneous Records of the Lone Watcher

宋，1176 年
曾敏行
《独异志》
Things Uniquely Strange
唐
李冗
《度人经》
见《灵宝无量度人上品妙经》
《頓醫抄》
Medical Excerpts Urgently Copied
日本，1304 年
梶原性全
《法言》
Admonitory Sayings [in admiration, and imitation, of the Lun Yü]
西汉，公元 5 年
扬雄
译本：von Zach (5)
《法苑珠林》
Forest of Pearls from the Garden of the [Buddhist] Law
唐，公元 668 年，公元 688 年
道世
《范子计然》
见《计倪子》
《方壶外史》
Unofficial History of the Land of the Immortals, Fang-hu. (Contains two *nei tan* commentaries on the *Tshan Thung Chhi*, +1569 and +1573)
明，约 1590 年
陆西星
参见 Liu Tshun-Jen (1, 2)
《方舆记》
General Geography.
晋，或至少在宋以前
徐锴
《斐录汇答》
Questions and Answers on Things Material and Moral
明，1636 年
高一志（Alfonso Vagnoni）
Bernard-MAître (18), no. 272
《粉图》
见《狐刚子粉图》
《风俗通义》
The Meaning of Popular Traditions and Customs
东汉，公元 175 年
应劭
《通检丛刊》之三
《佛说佛医王经》
Buddha haidyarāja Sātra; or *Buddha-prokta Buddha-bhaisajyarāja Sūtra* (Sūtra of the Buddha of Healing, spoken by Buddha)
印度
汉译，三国（吴），公元 230 年
律炎（Vinayātapa）和支谦译
N/1327；TW/793
《佛祖历代通载》
General Record of Buddhist and Secular History through the Ages
元，1341 年
念常（僧人）
《伏汞图》
Illustrated Manual on the Subduing of Mercury
隋，唐，金，或可能为明
昇玄子
现仅存于引文中
《扶桑略記》
Classified Historical Matters concerning the Land of Fu-Sang (Japan) [from +898 to +1197]
日本（镰仓时代），1198 年
皇圆（僧人）
《服内元气经》
Manual of Absorbing the Internal Chhi of Primary (Vitality)
唐，8 世纪，可能约为公元 755 年
幻真先生
TT/821，并收录于《云笈七籤》卷六十，第十页起
参见 Maspero (7), p. 199
《服气精义论》
Dissertation on the Meaning of 'Absorbing the Chhi and the Ching' (for Longevity and

Immortality), [Taoist hygienic, respiratory, pharmaceutical, medical and (originally) sexual procedures]
唐，约公元715年
司马承贞
收录于《云笈七籤》卷五十七
参见 Maspero (7), pp. 364 ff.

《服石论》
Treatise on the Consumption of Mineral Drugs
唐，或许为隋
作者不详
现仅存于《医心方》(982年) 的摘录中

《福寿丹书》
A Book of Elixir-Enchymoma Techniques for Happiness and Longevity
明，1621年
郑之侨 (至少是部分)
导引术材料的部分译文：Dudgeon (1)

《感气十六转金丹》
The Sixteen-fold Cyclically Transformed Gold Elixir prepared by the 'Responding to the Chhi' Method [with illustrations of alchemical apparatus]
宋
作者不详
TT/904

《感应经》
On Stimulus and Response (the Resonance of Phenomena in Nature)
唐，约公元640年
李淳风
见 Ho & Needham (2)

《感应类从志》
Record of the Mutual Resonances of Things according to their Categories
晋，约公元295年
张华
见 Ho & Needham (2)

《高士传》
Lives of Men of Lofty Attainments
晋，约公元275年
皇甫谧

《格古要论》
Handbook of Archaeology, Art and Antiquarianism
明，1387年，1459年增补重刊
曹昭

《格物粗谈》
Simple Discourses on the Investigation of Things
宋，约公元980年
误传为苏东坡撰
实际作者为 (录) 赞宁。后来的增益，一些和苏东坡相关

《格致草》
Scientific Sketches [astronomy and cosmology; part of *Han Yü Thung*, q. v.]
明，1620年，1648年刊行
熊明遇

《格致镜原》
Mirror of Scientific and Technological Origins
清，1735年
陈元龙

《葛洪枕中书》
《枕中记》(参见该条) 的别名

《葛仙翁肘后备急方》
The Elder-Immortal Ko (Hung's) Handbook of Medicines for Emergencies
《肘后备急方》(参见该条) 的别名
TT/1287

《庚道集》
Collection of Procedures of the Golden Art (Alchemy)
宋或元，年代未知，但在1144年之后
作者不详
蒙轩居士汇编
TT/946

《庚辛玉册》
Precious Secrets of the Realm of Kêng and Hsin (i. e. all things connected with metals and minerals, symbolised by these two cyclical characters) [on alchemy and pharmaceutics. Kêng-Hsin is also an alchemical synonym for gold]
明，1421年

朱权（宁献王）
现仅存于引文中
《公羊传》
Master Kungyang's Tradition（or Commentary）on the *Spring and Autumn Annals*
周(有秦、汉增益)，公元前3世纪后期至前2世纪前期
传为公羊高撰，但更可能为公羊寿撰
见 Wu Khang（1）；van der Loon（1）
《古今医统（大全）》
Complete System of Medical Practice, New and Old
明，1556年
徐春甫
《古微书》
Old Mysterious Books [a collection of the apocryphal Chhan-Wei treatises]
年代未定，部分在西汉
孙毂（明）辑
《古文参同契集解》
见《古文周易参同契注》
《古文参同契笺注集解》
见《古文周易参同契注》
《古文参同契三相类集解》
见《古文周易参同契注》
《古文龙虎经注疏》和《古文龙虎上经注》
见《龙虎上经注》
《古文周易参同契注》
Commentary on the Ancient Script Version of the Kinship of the Three
清，1732年
袁仁林编辑与注释
见本书第五卷第三分册
《鼓铜图录》
Illustrated Account of the（Mining），Smelting and Refining of Copper（and other Non-Ferrous Metals）
见增田纲谨（*1*）
《关尹子》
[=《文始真经》]
The Book of Master Kuan Yin
唐，公元742年（可能为晚唐或五代）。汉代曾有一同名著作，但已佚失
作者可能是田同秀
《管窥编》
An Optick Glass（for the Enchymoma）.
见闵一得（*1*）
《广成集》
The Kuang-chhêng Collection [Taoist writings of every kind; a florilegium]
唐，9世纪后期；或五代前期，933年之前
杜光庭
TT/611
《广为大法》
见《伊尹汤液仲景广为大法》
《广雅》
Enlargement of the *Erh Ya*; *Literary Expositor* [dictionary]
三国（魏），公元230年
张揖
《广韵》
Enlargement of the *Chhieh Yüun*; *Dictionary of the Sounds of Characters*
宋
(由晚唐及宋代学者完成，现名定于1011年)
陆法言等
《规中指南》
A Compass for the Internal Compasses; or, Orientations concerning the Rules and Measures of the Inner（World）[i. e. the preparation of the enchymoma in the microcosm of man's body]
宋或元，13或14世纪
陈冲素（虚白子）
TT/240，并收录于《道藏辑要》（昴集第五册）
《国史补》
Emendations to the National Histories
唐，约公元820年
李肇
《国语》
Discourses of the（ancient feudal）States
晚周、秦和西汉，包含采自古代记录的早期

材料
作者不详

《海药本草》
[=《南海药谱》]
Materia Medica of the Countries Beyond the Seas
五代（前蜀），约公元 923 年
李珣
仅存于《证类本草》及后来各种汇编的大量引文中

《韩非子》
The Book of Master Han Fei
周，公元前 3 世纪前期
韩非
译本：Liao Wên-Kuei (1)

《汉宫香方》
On the Blending of Perfumes in the Palaces of the Han
东汉，1 或 2 世纪
张邦基保存部分真本，约 1131 年
传为董遐周撰
郑玄注
高濂“辑复”，约 1590 年

《汉官仪》
The Civil Service of the Han Dynasty and its Regulations
东汉，公元 197 年
应劭
张宗源编（1752—1800 年）
参见 Hummel (2), p. 57

《汉天师世家》
Genealogy of the Family of the Han Heavenly Teacher
年代不详
作者不详
有补编《补天师世家》，1918 年，张元旭（第 62 代天师）撰
TT/1442

《汉魏丛书》
Collection of Books of the Han and Wei Dynasties [first only 38, later increased to 96]
明，1592 年
屠隆编

《汉武（帝）故事》
Tales of (the Emperor) Wu of the Han (r. -140 to—87)
刘宋和晋，5 世纪后期
王俭
可能以葛洪的同类前期著作为基础
译本：d'Hormon (1)

《汉武（帝）内传》
The Inside Story of (Emperor) Wu of the Han (r. -140 to—87)
材料出自晋、刘宋、齐、梁和陈，年代在公元 320—580 年，可能定稿于公元 580 年前后
传为班固、葛洪等人撰
真实作者不详
TT/289
译本：Schipper (1)

《汉武（帝）内传附录》
见《汉武帝外传》

《汉武（帝）外传》
[=《汉武帝内传附录》]
Extraordinary Particulars of (Emperor) Wu of the Han (and his collaborators), [largely biographies of the magician-technicians at Han Wu Ti's court]
部分材料的收集与定稿早至隋或唐，7 世纪前期
作者和编者不详
王游岩附增部分段落（746 年）
TT/290
参见 Maspero (7), p. 234, 及 Schipper (1)

《和（倭）名類聚抄》
General Encyclopaedic Dictionary
日本（平安时代），公元 934 年
源顺

《和漢三才圖會》
The Chinese and Japanese Universal Encyclopaedia (based on the *San Tshai Thu Hui*)
日本，1712 年
寺岛良安

《和剂局方》
Standard Formularies of the (Government) Pharmacies [based on the Thai-Phing Sheng Hui Fang and other collections]
宋，约 1109 年
陈承、裴宗元、陈师文编
参见《宋以前医籍考》，第 947 页
《和名抄》
见《和（倭）名類聚抄》
《河南陈氏香谱》
见陈敬《香谱》
《河南程氏粹言》
Authentic Statements of the Chhêng brothers of Honan [Chhêng I and Chhêng Hao, +11th-century Neo-Confucian philosophers. In fact more altered and abridged than the other sources, which are therefore to be preferred.]
宋，初次搜集约在 1150 年，据信编辑于 1166 年，现今版本出自 1340 年
胡寅搜集
据信为张栻编
1606 年后收录于《二程全书》(参见该条)
参见 Graham (1), p. 145
《河南程氏遗书》
Remaining Records of Discourses of the Chhêng brothers of Honan [Chhêng I and Chhêng Hao +11th-century Neo-Confucian philosophers]
宋，1168 年，约 1250 年刊行
朱熹（编）
收录于《二程全书》(参见该条)
参见 Graham (1), p. 141
《黑铅水虎论》
Discourse on the Black Lead and the Water Tiger
《还丹内象金钥匙》(参见该条) 的别名
《红铅火龙论》
Discourse on the Red Lead and the Fire Dragon
《还丹内象金钥匙》(参见该条) 的别名
《红铅入黑铅诀》
Oral instructions on the Entry of the Red Lead into the Black Lead
可能是宋，但一些材料或许更早
编者不详
TT/934
《后汉书》
History of the Later Han Dynasty [+25 to +220]
刘宋，公元 450 年
范晔
书中诸“志”为司马彪（卒于 305 年）撰写，并附有刘昭（约 510 年）的注释，后者首次将“志”并入该书
部分译文：Chavannes (6, 16); Pfizmaier (52, 53)
《引得》第 41 号
《厚德录》
Stories of Eminent Virtue
宋，12 世纪前期
李元纲
《狐刚子粉图》
Illustrated Manual of Powders [Salts], by the Fox-Hard Master
隋或唐
狐刚子
现仅存于引文中；最初收录于《道藏》，但后来佚失。参见本书第四卷第一分册，p. 308
《湖北通志》
Historical Geography of Hupei Province
民国，1921 年，但依据大量较早的记载
见杨承禧 (*1*)
《华佗内照图》
Hua Thos Illustrations of Visceral Anatomy
见《玄门脉决内照图》
参见 Miyashita Saburo (1)
《华严经》
Buddha-avatamsaka Sūtra; The Adornment of Buddha
印度
汉译，6 世纪
TW/278, 279
《华阳陶隐居传》
A Biography of Thao Yin-Chü (Thao Hung-

Ching) of Huayang [the great alchemist, naturalist and physician]
唐
贾嵩
TT/297

《淮南(王)万毕术》
[或 = 《枕中鸿宝苑秘书》和各种异本]
The Ten Thousand Infallible Arts of (the Prince of) Huai-Nan [Taoist magical and technical recipes]
西汉,公元前2世纪
已无完本,仅在《太平御览》卷七三六及别处存有佚文
有叶德辉《观古堂所著书》和孙冯翼《问经堂丛书》辑佚本
传为刘安撰
见 Kaltenmark (2), p. 32
"枕中"、"鸿宝"、"万毕"、"苑秘"可能原为《淮南王书》中的篇名,由它们构成了"中篇"(也可能是"外书"),而现存的《淮南子》(参见该条)则是其"内书"

《淮南鸿烈解》
见《淮南子》

《淮南子》
[=《淮南鸿烈解》]
The Book of (the Prince of) Huai-Nan [compendium of natural philosophy]
西汉,公元前120年
淮南王刘安聚集学者集体撰写
部分译文: Morgan (1); Erkes (1); Hughes (1); Chatley (1); Wieger (2)
《通检丛刊》之五
TT/1170

《还丹秘诀养赤子神方》
The Wondrous Art of Nourishing the (Divine) Embryo (lit. the Naked Babe) by the use of the secret Formula of the Re-generative Enchymoma [physiological alchemy]
宋,可能在12世纪后期
许明道
TT/229

《还丹内象金钥匙》
[=《黑铅水虎论》和《红铅火龙论》]
A Golden Key to the Physiological Aspects of the Regenerative Enchymoma
五代,约公元950年
彭晓
虽然从前曾被收入《道藏》,但是现在仅有半卷存于《云笈七籤》卷七十,第一页起

《还丹众仙论》
Pronouncements of the Company of the Immortals on Cyclically Transformed Elixirs
宋,1052年
杨在
TT/230

《还丹肘后诀》
Oral Instructions on Handy Formulae for Cyclically Transformed Elixirs [with illustrations of alchemical apparatus]
归于晋,约公元320年
实际为唐,包括仵达灵于公元875年所撰的附记,其余部分可能为其他人在该年份前的若干年内所作
传为葛洪撰
TT/908

《还金述》
An Account of the Regenerative Metallous Enchymoma
唐,可能是9世纪
陶植
TT/915,也摘录于《云笈七籤》卷七十,第十三页起

《还原篇》
Book of the Return to the Origin [poems on the regaining of the primary vitalities in physiological alchemy]
宋,约1140年
石泰
TT/1077。也收录于《修真十书》(*TT*/260)卷二

《寰宇始末》
On the Beginning and End of the World [the Hebrew-Christian account of creation, the

Four Aristotelian Causes, Elements, etc.]
明，1637 年
高一志（Alfonso Vagnoni）
Bernard-MAître（18），no. 283

《幻真先生》
见《胎息经》和《服内元气经》

《皇极阖辟仙经》
[=《尹真人东华正脉皇极阖闢辟仙经》]
The Height of Perfection（attained by）Opening and Closing（the Orifices of the Body）; a Manual of the Immortals [physiological alchemy, *nei tan* techniques]
明或清
传为尹真人（蓬头）撰
闵一得编，约 1830 年
收录于《道藏续编》（初集），第 2 种，所据抄本存于青羊宫（成都）

《皇极经世书》
Book of the Sublime Principle which governs All Things within the World
宋，约 1060 年
邵雍
TT/1028。节录于《性理大全》和《性理精义》

《皇天上清金阙帝君灵书紫文上经》
Exalted Canon of the Imperial Lord of the Golden Gates, Divinely Written in Purple Script; a Huang-Thien Shang-Chhing Scripture
晋，4 世纪后期，之后有增订
作者不详
TT/634

《黄白镜》
Mirror of（the Art of）the Yellow and the White [physiological alchemy]
明，1598 年
李文烛
王清正注
收录于《外金丹》卷二（《证道秘书十种》第七本）

《黄帝八十一难经纂图句解》
Diagrams and a Running Commentary for the *Manual of*（*Explanations Concerning*）*Eighty-one Difficult*（*Passages*）*in the Yellow Emperor's*（*Manual of Corporeal Medicine*）
宋，1270 年（正文，东汉，1 世纪）
李駉
TT/1012

《黄帝宝藏经》
可能是《轩辕宝藏（畅微）论》（参见该条）的别名

《黄帝九鼎神丹经诀》
The Yellow Emperor's Canon of the Nine-Vessel Spiritual Elixir, with Explanations
唐前期或宋前期，但其卷一可能是一篇 2 世纪的真经作品
作者不详
TT/878。也节录于《云笈七籤》六十七卷，第一页起

《黄帝内经灵枢白话解》
见陈璧琉和郑卓人（*1*）

《黄帝内经灵枢》
The Yellow Emperor's Manual of Corporeal（Medicine）, the Vital Axis [medical physiology and anatomy]
可能是西汉，约公元前 1 世纪
作者不详
王冰编辑于唐，公元 762 年
相关分析见 Huang Wên（*1*）
译本：Chamfrault & Ung Kang-Sam（*1*）
马莳（明）和张志聪（清）注，收录于《图书集成·艺术典》卷六十七至八十八

《黄帝内经素问》
The Yellow Emperor's Manual of Corporeal（Medicine）; Questions（and Answers）about Living Matter [clinical medicine] .
周，秦、汉时整理增益，公元前 2 世纪最终定型
作者不详
编辑与注释：唐（762 年），王冰；宋（约 1050 年），林亿
部分译文：Hübotter（1），卷四、五、十、十一、二十一；Veith（1）；全译本：Chamfrault & Ung Kang-Sam（1）
见Wang & Wu（1），pp. 28 ff.；Huang Wên

(1)

《黄帝内经素问白话解》

见周凤梧、王万杰和徐国仟（*1*）

《黄帝内经素问遗篇》

The Missing Chapters from the Questions and Answers of the Yellow Emperor's Manual of Corporeal (Medicine)

归于汉以前

序，作于宋，1099 年

刘温舒编（或许撰）

常附于其《素问入式运气奥论》（参见该条）

《黄帝阴符经》

见《阴符经》

《黄帝阴符经注》

Commentary on the *Yellow Emperor's Book on the Harmony of the Seen and the Unseen*

宋

刘处玄

TT/119

《黄庭内景（玉）经注》

Commentary on the *Jade Manual of the Internal Radiance of the Yellow Courts*

唐，8 或 9 世纪

梁丘子

TT /399，并收录于《修真十书》（*TT*/260）卷五十五至五十七；以及《云笈七籤》卷十一、十二（其中前三章有务成子的注，别处则已佚失）

参见 Maspero (7), pp. 239 ff.

《黄庭内景五脏六府补泻图》

Diagrams of the Strengthening and Weakening of the Five Yin-viscera and the Six Yang-viscera (in accordance with) the (*Jade Manual of the*) *Internal Radiance of the Yellow Courts*

唐，约公元 850 年

胡愔

TT/429

《黄庭内景五脏六府图》

Diagrams of the Five Yin-viscera and the Six Yang-viscera (discussed in the *Jade Manual of the*) *Internal Radiance of the Yellow Courts* [Taoist anatomy and physiology; no illustrations surviving, but much therapy and pharmacy]

唐，公元 848 年

胡愔（原题“太白山见素女胡愔”）

收录于《修真十书》（*TT*/260）卷五十四

图仅存于日本，公元 985 年之前的抄本

《宋以前医籍考》，第 223 页；渡边幸三（*1*），第 112 页起

《黄庭内景玉经》

[=《太上黄庭内景玉经》]

Jade Manual of the Internal Radiance of the Yellow Courts (central regions of the three parts of the body) [Taoist anatomy and physiology]

刘宋、齐、梁或陈，5 或 6 世纪。最老的部分或可追溯至晋，公元 365 年前后

作者不详。相传由仙人传于魏夫人，即魏华存

TT/328

刘长生（隋）注，*TT*/398

梁丘子（唐）注，*TT*/399；蒋慎修（宋）解，*TT*/400

参见 Maspero (7), p. 239

《黄庭内景玉经注》

Commentary on (and paraphrased text of) the *Jade Manual of the Internal Radiance of the Yellow Courts*

隋

刘长生

TT/398

《黄庭内外景玉经解》

Explanation of the *Jade Manuals of the Internal and External Radiances of the Yellow Courts*

宋

蒋慎修

TT/400

《黄庭外景玉经》

[=《太上黄庭外景玉经》]

Jade Manual of the External Radiance of the Yellow Courts (central regions of the three parts of the body) [Taoist anatomy and

physiology]
东汉、三国或晋，2 或 3 世纪。不晚于公元 300 年
作者不详
TT/329
务成子（唐前期）注，《云笈七籤》卷十二；梁丘子（唐后期）注，*TT*/260，卷五十八至六十；蒋慎修（宋）解，*TT*/400。
参见 Maspero (7), pp. 195 ff., 428 ff.

《黄庭外景玉经注》
Commentary on the *Jade Manual of the External Radiance of the Yellow Courts*
隋或唐前期，7 世纪
务成子
收录于《云笈七籤》卷十二，第三十页起
参见 Maspero (7), p. 239

《黄庭外景玉经注》
Commentary on the *Jade Manual of the External Radiance of the Yellow Courts*
唐，8 或 9 世纪
梁丘子
收录于《修真十书》（*TT*/260）卷五十八至六十
参见 Maspero (7), pp. 239 ff.

《黄庭中景经》
[=《太上黄庭中景经》]
Manual of the Middle Radiance of the Yellow Courts (central regions of the three parts of the body) [Taoist anatomy and physiology]
隋
李千乘
TT/1382，全本：*TT*/398—400
参见 Maspero (7), pp. 195, 203

《黄冶赋》
Rhapsodic Ode on 'Smelting the Yellow' [alchemy]
唐，约公元 840 年
李德裕
收录于《李文饶别集》卷一

《黄冶论》
Essay on the 'Smelting of the Yellow' [alchemy]
唐，约公元 830 年
李德裕
收录于《文苑英华》卷七三九，第十五页，及《李文饶外集》卷四

《慧命经》
[=《最上一层慧命经》，也题作《续命方》]
Manual of the (Achievement of) Wisdom and the (Lengthening of the) Life-Span
清，1794 年
柳华阳
参见 Wilhelm & Jung (1)，1957 年后的版本

《火攻挈要》
Essentials of Gunnery
明，1643 年
焦勗
与汤若望（J. A. Schall von Bell）合作
Bernard-MAître (18), no. 334

《火莲经》
Manual of the Lotus of Fire [physiological alchemy]
明或清
传为刘安（汉）撰
收录于《外金丹》卷一（《证道秘书十种》第六本）

《火龙经》
The Fire-Drake (Artillery) Manual.
明，1412 年
焦玉
此书本书三卷，伪托于诸葛武侯（即诸葛亮），而作为合编者出现的刘基（1311—1375 年），实际上可能是合作者
二集三卷，传为刘基撰，但由毛希秉汇辑或撰于 1632 年
三集二卷，茅元仪（鼎盛于 1628 年）撰，诸葛光荣（其序作于 1644 年）、方元状和钟伏武辑

《火龙诀》
Oral Instructions on the Fiery Dragon [proto-chemical and physiological alchemy]
年代未定，归于元，14 世纪
传为上阳祖师撰
收录于《外金丹》卷三（《证道秘书十种》第八本）

《集仙传》

Biographies of the Company of the Immortals

宋，约 1140 年

曾慥

《集异记》

A Collection of Assorted Stories of Strange Events

唐

薛用弱

《集韵》

Complete Dictionary of the Sounds of Characters

［参见《切韵》和《广韵》］

宋，1037 年

丁度等人编撰

可能于 1067 年由司马光完成

《计倪子》

［＝《范子计然》］

The Book of Master Chi Ni

周（越），公元前 4 世纪

传为范蠡撰，记录其师计然的哲学思想

《纪效新书》

A New Treatise on Military and Naval Efficiency

明，约 1575 年

戚继光

《济生方》

Prescriptions for the Preservation of Health

宋，约 1267 年

严用和

《嘉祐本草》

见《嘉祐补注神农本草》

《嘉祐补注神农本草》

Supplementary Commentary on the *Pharmacopoeia of the Heavenly Husbandman*, commissioned in the Chia-Yu reign-period

宋，补注于 1057，完成于 1060 年

掌禹锡、林亿、张洞

《渐悟集》

On the Gradual Understanding (of the Tao)

宋，12 世纪中期

马钰

TT/1128

《江淮异人录》

Records of (Twenty-five) Strange Magician-Technicians between the Yangtze and the Huai River (during the Thang, Wu and Nan Thang Dynasties, c. +850 to +950)

宋，约公元 975 年

吴淑

《江文通集》

Literary Collection of Chiang Wên-Thung (Chiang Yen)

南朝/齐，约公元 500 年

江淹

《蕉窗九录》

Nine Dissertations from the (Desk at the) Banana-Grove Window

明，约 1575 年

项元汴

《今古奇观》

Strange Tales New and Old

明，约 1620 年；1632—1644 年刊行

冯梦龙

参见 Pelliot (57)

《今昔物語》

Tales of Today and Long Ago (in three collections: Indian, 187 stories and traditions, Chinese, 180, and Japanese, 736)

日本（平安时代），1107 年

编者不详

参见 Anon. (*103*), pp. 97 ff.

《今昔物語集》

见《今昔物語》

《金碧五相类参同契》

Gold and Caerulean Jade Treatise on the Similarities and Categories of the Five (Substances) and the *Kinship of the Three* [a poem on physiological alchemy]

归于东汉，约公元 200 年

传为阴长生撰

TT/897

参见 Ho Ping-Yü (12)

不要与《参同契五相类秘要》（参见该条）相混

《金丹大成》
Compendium of the Metallous Enchymoma
宋，1250 年以前
萧廷芝
收录于《道藏辑要》（昴集第四册），和 *TT*/260，《修真十书》（包括卷九至十三）

《金丹大药宝诀》
Precious Instructions on the Great Medicines of the Golden Elixir (Type)
宋，约 1045 年
崔昉
序言存于《庚道集》卷一，第八页，但其它部分仅偶见于引文中
可能与《外丹本草》（参见该条）为同一本书

《金丹大要》
[= 《上阳子金丹大要》]
Main Essentials of the Metallous Enchymoma; the true Gold Elixir
元，1331 年（1335 年撰序）
陈致虚（上阳子）
收录于《道藏辑要》（昴集第一、二、三册）
TT/1053

《金丹大要列仙志》
[= 《上阳子金丹大要列仙志》]
Records of the Immortals mentioned in the *Main Essentials of the Metallous Enchymoma; the true Gold Elixir*
元，约 1333 年
陈致虚（上阳子）
TT/1055

《金丹大要图》
[《上阳子金丹大要图》]
Illustrations for the *Main Essentials of the Metallous Enchymoma; the true Gold Elixir*
元，1333 年
陈致虚（上阳子）
根据 10 世纪以来彭晓、张伯端（故名《紫阳丹房宝鉴图》）、林神凤等人的图表
收录于《道藏辑要》（《金丹大要》卷三，第二十六页起）
TT/1054
参见 Ho Ping-Yü & Needham (2)

《金丹大要仙派源流》
[= 《上阳子金丹大要仙派》]
A History of the Schools of Immortals mentioned in the *Main Essentials of the Metallous Enchymoma; the true Gold Elixir*
元，约 1333 年
陈致虚（上阳子）
收录于《道藏辑要》本《金丹大要》卷三，第四十页起
TT/1056

《金丹赋》
Rhapsodical Ode on the Metallous Enchymoma
宋，13 世纪
作者不详
马莅昭注
TT/258
参见《内丹赋》，两书内容非常相似

《金丹节要》
Important Sections on the Metallous Enchymoma
《三峰丹诀》（参见该条）的一部分

《金丹金碧潜通诀》
Oral Instructions explaining the Abscondite Truths of the Gold and Caerulean Jade (Components of the) Metallous Enchymoma.
年代不详，不早于五代
作者不详
节本收录于《云笈七籤》卷七十三，第七页起

《金丹龙虎经》
Gold Elixir Dragon and Tiger Manual
唐或宋初
作者不详
现仅存于引文中，如《诸家神品丹法》（参见该条）所引

《金丹秘要参同录》
Essentials of the Gold Elixir; a Record of the Concordance (or Kinship) of the Three
宋
孟要甫
收录于《诸家神品丹法》（参见该条）

《金丹四百字》

The Four-Hundred Word Epitome of the Metallous Enchymoma

宋，约 1065 年

张伯端

收录于《修真十书》（*TT*/260）卷五，第一页起

TT/1067

彭好古和闵一得注，收录于《道藏续编》（初集），第 21 种

译本：Davis & Chao Yün-Tshun（2）

《金丹真传》

A Record of the Primary（Vitalities, regained by）the Metallous Enchymoma

明，1615 年

孙汝忠

《金丹正理大全》

Comprehensive Collection of Writings on the True Principles of the Metallous Enchymoma [a florilegium]

明，约 1440 年

涵蟾子辑

参见 Davis & Chao Yün-Tshung（6）

《金丹直指》

Straightforward Explanation of the Metallous Enchymoma

宋，可能是 12 世纪

周无所

TT/1058

参见《纸舟先生金丹直指》

见陈国符（*1*），下册，第 447 页起

《金华冲碧丹经秘旨》

Confidential Instructions on the Manual of the Heaven-Piercing Golden Flower Elixir [with illustrations of alchemical apparatus]

宋，1225 年

彭耜和孟煦（孟煦作序并编）

白玉蟾和兰元老传授

TT/907

此重要著作的作者不详。孟煦在他的序言中说，1218 年他在山中遇到彭耜，彭耜将其自白玉蟾处所受的短篇传给了他。此即为本书的上卷。两年后，孟煦遇到一位号为兰元老的真人，此人自称为白玉蟾的化身，传给他一个更长的篇章；这部分包含对复杂炼丹器具的描述，并作为本书的下卷

书名取自于兰元老炼丹室之名“金华冲碧丹室”

《金华玉女说丹经》

Sermon of the Jade Girl of the Golden Flower about Elixirs and Enchymomas

五代或宋

作者不详

收录于《云笈七籤》卷六十四，第一页起

《金华玉液大丹》

The Great Elixir of the Golden Flower（or Metallous Radiance）and the Juice of Jade

年代不详，可能为唐

作者不详

TT/903

《金华宗旨》

[=《太乙金华宗旨》，也题作《长生术》；更早的书名为《吕祖传授宗旨》]

Principles of the（Inner）Radiance of the Metallous（Enchymoma）[a Taoist nei tan treatise on meditation and sexual techniques, with Buddhist influence]

明和清，约 1403 年，成书于 1663 年，但一些内容可能为更早时期的口授。现在的书名是 1668 年确定的

作者不详。传为吕嵒（吕洞宾）及其弟子所撰，8 世纪后期

澹然慧注（1921 年）

张三峰（约 1410 年）等序，部分可能系托名之作

另见《吕祖师先天虚无太乙金华宗旨》

参见 Wilhelm & Jung（1）

《金木万灵论》

Essay on the Tens of Thousands of Efficacious（Substances）among Metals and Plants

归于晋，约公元 320 年。实际可能是宋后期或元

传为葛洪撰

TT/933

《金石簿五九数诀》

Explanation of the Inventory of Metals and Minerals according to the Numbers Five (Earth) and Nine (Metal) [catalogue of substances with provenances, including some from foreign countries]

唐，可能约在公元670年（包括有关664年的一个故事）

作者不详

TT/900

《金石灵砂论》

A Discourse on Metals, Minerals and Cinnabar (by the Adept Chang)

唐，公元713—741年

张隐居

TT/880

《金石五相类》

[=《阴真君金石五相类》]

The Similarities and Categories of the Five (Substances) among Metals and Minerals (sulphur, realgar, orpiment, mercury and lead) (by the Deified Adept Yin)

年代不详（归于2或3世纪）

传为阴真君（阴长生）撰

TT/899

《金液还丹百问诀》

Questions and Answers on Potable Gold (Metallous Fluid) and Cyclically-Transformed Elixirs and Enchymomas

宋

李光玄

TT/263

《金液还丹印证图》

Illustrations and Evidential Signs of the Regenerative Enchymoma (constituted by, or elaborated from) the Metallous Fluid

宋，可能是12世纪，序约撰于1218年

龙眉子（托名）

TT/148

《经典释文》

Textual Criticism of the Classics

隋，约公元600年

陆德明

《经史证类备急本草》

The Classified and Consolidated Armamentarium of Pharmaceutical Natural History

宋，1083年，1090年重刊

唐慎微

《经验方》

Tried and Tested Prescriptions

宋，1025年

张声道

现仅存于引文中

《经验良方》

Valuable Tried and Tested Prescriptions

元

作者不详

《荆楚岁时记》

Annual Folk Customs of the States of Ching and Chhu [i. e. of the districts corresponding to those ancient States Hupei, Hunan and Chiangsi]

可能为梁，约公元550年，但或许部分撰于隋，约公元610年

宗懔

见 des Rotours (1), p. cii

《警世通言》

Stories to Warn Men

明，约1640年

冯梦龙

《九鼎神丹经诀》

见《黄帝九鼎神丹经诀》

《九还金丹二章》

Two Chapters on the Ninefold Cyclically Transformed Gold Elixir

《九转灵砂大丹》

The Great Ninefold Cyclically Transformed Numinous Cinnabar Elixir.

年代不详

作者不详

TT/886

《九转灵砂大丹资圣玄经》

Mysterious (or Esoteric) Sagehood-Enhancing

Canon of the Great Ninefold Cyclically Transformed Numinous Cinnabar Elixir (or Enchymoma)
年代不详，可能为唐；文本依照“经文”(sūtra)
作者不详
TT/879

《九转流珠神仙九丹经》
Manual of the Nine Elixirs of the Holy Immortals and of the Ninefold Cyclically Transformed Mercury
不晚于宋，但包含更早些时候的材料
太清真人
TT/945

《九转青金灵砂丹》
The Ninefold Cyclically Transformed Caerulean Golden Numinous Cinnabar Elixir
年代不详
作者不详，但部分与 *TT*/886 重复
TT/887

《酒谱》
A Treatise on Wine
宋，1020 年
窦苹

《酒史》
A History of Wine
明，16 世纪（但初刊于 1750 年）
冯时化

《旧唐书》
Old History of the Thang Dynasty [+618 to +906]
五代（后晋），公元 945 年
刘昫
参见 des Rotours (2), p. 64
节译索引：Frankel (1)

《就正录》
Drawing near to the Right Way: a Guide [to physiological alchemy]
清，1678 年作序，1697 年
陆世忱
收录于《道藏续编》（初集），第 8 种

《剧谈录》
Records of Entertaining Conversations
唐，约公元 885 年
康骈，或康軿

《菌谱》
A Treatise on Fungi
宋，1245 年
陈仁玉

《郡斋读书附志》
Supplement to Chüun-Chai's (Chhao Kung-Wu's) *Memoir on the Authenticities of Ancient Books*
宋，约 1200 年
赵希弁

《郡斋读书后志》
Further Supplement to Chün-Chai's (Chhao Kung-Wu's) *Memoir on the Authenticities of Ancient Books*
宋，1151 年作序，1250 年刊行
晁公武撰，赵希弁根据姚应绩的版本重编

《郡斋读书志》
Memoir on the Authenticities of Ancient Books, by (Chhao) Chün-Chai
宋，1151 年
晁公武

《开宝本草》
见《开宝新详定本草》

《开宝新详定本草》
New and More Detailed Pharmacopoeia of the Khai-Pao reign-period
宋，公元 973 年
刘翰、马志和另七位本草学家编撰，卢多逊定稿

《空际格致》
A Treatise on the Material Composition of the Universe [the Aristotelian Four Elements, etc.]
明，1633 年
高一志 (Alfonso Vagnoni)
Bernard-Maitre (18), no. 227

《孔氏杂说》
Mr Khung's Miscellany
宋，约 1082 年

孔平仲
《坤舆格致》
Investigation of the Earth [Western mining methods based on Agricola's *De Re Metallica*]
明，1639—1640年，可能从未刊行
邓玉函（Johann Schreck）和汤若望（John Adam Schall von Bell）
《老学庵笔记》
Notes from the Hall of Learned Old Age
宋，约1190年
陆游
《老子说五厨经》
Canon of the Five Kitchens [the five viscera] Revealed by Lao Tzu [respiratory techniques]
唐或唐以前
作者不详
收录于《云笈七籤》卷六十一，第五页起
《老子中经》
The Median Canon of Lao Tzu [on physiological micro-cosmography]
唐以前
作者不详
收录于《云笈七籤》卷十八
《雷公炮制》
(Handbook based on the) Venerable Master Lei's (Treatise on) the Preparation (of Drugs)
刘宋，约公元470年
雷斅
张光斗（清）编，1871年
《雷公炮制药性（赋）解》
(Essays and) Studies on the Venerable Master Lei's (Treatise on) the Natures of Drugs and their Preparation
前四卷，金，约1220年
李杲
后六卷，清，约1650年
李中梓
（包含很多出自早期《雷公书》的引文，5世纪以来）
《雷公炮炙论》
The Venerable Master Lei's Treatise on the Decoction and Preparation (of Drugs)
刘宋，约公元470年
雷斅
仅存于《证类本草》的引文中，张骥辑复
《现存本草书录》，第116页
《雷公药对》
Answers of the Venerable Master Lei (to Questions) concerning Drugs
可能是刘宋，无论如何是在南齐以前
传为雷斅撰
后来传为一位半传说中的黄帝属臣撰
徐之才注，南齐，公元565年
现仅存于引文中
《雷震丹经》
《雷震金丹》（参见该条）的别名
《雷震金丹》
Lei Chen's Book of the Metallous Enchymoma
明，1420年后
雷震（序?）
收录于《外金丹》卷五（《证道秘书十种》第十本）
《类经附翼》
Supplement to the Classics Classified; (the Institutes of Medicine)
明，1624年
张介宾
《类说》
A Classified Commonplace-Book [a great florilegium of excerpts from Sung and pre-Sung books, many of which are otherwise lost]
宋，1136年
曾慥辑
《类证普济本事方》
Classified Fundamental Prescriptions of Universal Benefit
宋，1253年
传为许叔微（鼎盛于1132年）撰
《离骚》
Elegy on Encountering Sorrow [ode]
周(楚)，约公元前295年，或即公元前300年之前。一些学者将其定在公元前269年
屈原

译本：Hawkes（1）

《蠡海集》

The Beetle and the Sea [title taken from the proverb that the beetle's eye view cannot encompass the wide sea-a biological book]

明，14 世纪后期

王逵

《礼记》

[=《小戴礼记》]

Record of Rites [compiled by Tai the Younger]（参见《大戴礼记》）

归于西汉，约公元前 70—前 50 年，实是公元 80—105 年的东汉作品，尽管其中包含一些最早始于《论语》时代（约前 465—前 450 年）的文章片断

传为戴圣编

实为曹褒编

译本：Legge（7）；Couvreur（3）；R. Wilhelm（6）

《引得》第 27 号

《礼纬斗威仪》

Apocryphal Treatise on the *Record of Rites*; System of the Majesty of the Ladle [the Great Bear]

西汉，公元前 1 世纪或稍后

作者不详

《李文饶集》

Collected Literary Works of Li Tê-Yü（Wên-Jao），（+787 to +849）

唐，约公元 855 年

李德裕

《历代名医蒙求》

Brief Lives of the Famous Physicians in All Ages

宋，1040 年

周守忠

《（历代）神仙（通）鉴》

（参见《神仙通鉴》）

General Survey of the Lives of the Holy Immortals（in all Ages）

清，1712 年

徐道（李理协助）和程毓奇（王太素协助）

《历世真仙体道通鉴》

Comprehensive Mirror of the Embodiment of the Tao by Adepts and Immortals throughout History

可能为元

赵道一

TT/293

《梁丘子》

见《黄庭内景玉经注》和《黄庭外景玉经注》

《梁四公记》

Tales of the Four Lords of Liang

唐，约公元 695 年

张说

《寥阳殿问答编》

[=《尹真人寥阳殿问答编》]

Questions and Answers in the（Eastern Cloister of the）Liao-yang Hall（of the White Clouds Temple at Chhing-chhêng Shan in Szechuan）[on physic logical alchemy, *nei tan*)

明或清

传为尹真人（蓬头）

闵一得编，1830 年

收录于《道藏续编》（初集），第 3 种，所据抄本存于青羊宫（成都）

《列仙传》

Lives of Famous Immortals（参见《神仙传》）

晋，3 世纪或 4 世纪，尽管书中有某些部分源自公元前 35 年前后和稍晚于公元 167 年

传为刘向撰

译本：Kaltenmark（2）

《列仙全传》

Complete Collection of the Biographies of the Immortals

明，约 1580 年

王世贞辑

汪云鹏补正

《临江仙》

The Immortal of Lin-chiang

宋，1151 年

曾慥

收录于《修真十书》（*TT*/260）卷二十三，

第一页起

《灵宝九幽长夜起尸度亡玄章》

Mysterious Cantrap for the Resurrection of the Body and Salvation from Nothingness during the Long Night in the Nine Under worlds; a Ling-Pao Scripture

年代未定

作者不详

TT/605

《灵宝无量度人上品妙经》

Wonderful Immeasurable Highly Exalted Manual of Salvation; a Ling-Pao Scripture

六朝，或在5世纪后期，可能完成于唐，7世纪

作者不详

TT/1

《灵宝五符（序）》

见《太上灵宝五符（经）》

《灵宝众真丹诀》

Supplementary Elixir Instructions of the Company of the Realised Immortals, a Ling-Pao Scripture

宋，1101年以后

作者不详

TT/416

有关“灵宝”一词，见Kaltenmark（4）

《灵秘丹药笺》

On Numinous and Secret Elixirs and Medicines

[《遵生八笺》（参见该条）的第七笺（卷十六至十八）]

明，1591年

高濂

《灵砂大丹秘诀》

Secret Doctrine of the Numinous Cinnabar and the Great Elixir

宋，1101年张侍中受传此篇以后

作者不详，鬼眼禅师编

TT/890

《灵枢经》

见《黄帝内经灵枢》

《岭表录异》

Strange Things Noted in the South

唐，约公元890年

刘恂

《岭外代答》

Information on What is Beyond the Passes (lit. a book in lieu of individual replies to questions from friends)

宋，1178年

周去非

《刘子新论》

见《新论》

《六书精蕴》

Collected Essentials of the Six Scripts

明，约1530年

魏校

《六物新志》

New Record of Six Things (including the drug mumia]. (In part a translation from Dutch texts)

日本，约1786年

大槻玄泽

《龙虎大丹诗》

Song of the Great Dragon-and-Tiger Enchymoma

见《至真子龙虎大丹诗》

《龙虎还丹诀》

Explanation of the Dragon-and-Tiger Cyclically Transformed Elixir

五代，宋或之后

金陵子

TT/902

《龙虎还丹诀颂》

A Eulogy of the Instructions for (preparing) the Regenerative Enchymoma of the Dragon and the Tiger (Yang and Yin), (physiological alchemy)

宋，约985年

林大古（谷神子）

TT/1068

《龙虎铅汞说》

A Discourse on the Dragon and Tiger, (Physiological) Lead and Mercury, (addressed to his younger brother Su Tzu-Yu)

宋，约1100年
苏东坡
收录于《图书集成·神异典》卷三〇〇，“艺文”第六页起

《龙虎上经注》
Commentary on the Exalted Dragon-and-Tiger Manual
宋
王道
TT/988，989
参见 Davis & Chao Yün-Tshung (6)

《龙树菩萨传》
Biography of the Bodhisattva Nāgārjuna (+ 2nd-century Buddhist patriarch)
可能是隋或唐
作者不详
TW/2047

《炉火本草》
Spagyrical Natural History
可能是《外丹本草》（参见该条）的别名

《炉火监戒录》
Warnings against Inadvisable Practices in the Work of the Stove [alchemical]
宋，约1285年
俞琰

《颅顖经》
A Tractate on the Fontanelles of the Skull [anatomical-medical]
唐后期或宋前期，9或10世纪
作者不详

《吕祖沁园春》
The (Taoist) Patriarch Lü (Yen's) 'Spring in the Prince's Gardens' [a brief epigrammatic text on physiological alchemy]
唐，8世纪（但愿确实）
传为吕嵒撰
TT/133
傅金铨注（约1822年）
收录于《道海津梁》，第四十五页，并附于《试金石》（《悟真四注篇》本）

《吕祖师三尼医世说述》
A Record of the Lecture by the (Taoist) Patriarch Lü (Yen, Tung-Pin) on the Healing of Humanity by the Three Ni Doctrines (Taoism, Confucianism and Buddhism) [physiological alchemy in mutationist terms]
清，1664年
传为吕嵒撰（8世纪）
陶太定序
闵一得增补
收录于《道藏续编》（初集），第10、11种

《吕祖师授宗旨》
Principles (of Macrobiotics) Transmitted and Handed Down by the (Taoist) Patriarch Lü (Yen, Tung-Pin)
《金华宗旨》（参见该条）的原名

《吕祖师先天虚无太一金华宗旨》
Principles of the (Inner) Radiance of the Metallous (Enchymoma) (explained in terms of the) Undifferentiated Universe, and of all the All-Embracing Potentiality of the Endowment of Primary Vitality, taught by the (Taoist) Patriarch Lü (Yen, Tung-Pin)
《金华宗旨》（参见该条）的别名，但是文本上有相当多的分歧，特别是卷一
明和清
作者不详
传为吕嵒（吕洞宾）及其弟子撰，8世纪后期
蒋元庭和闵一得编辑与注释，约1830年
收录于《图书集成》，及《道藏续编》（初集），第1种

《论衡》
Discourses Weighed in the Balance
东汉，公元82或83年
王充
译本：Forke (4)；参见 Leslie (3)
《通检丛刊》之一

《罗浮山志》
History and Topography of the Lo-fou Mountains (north of Canton)
清，1716年（依据更早的史书）
陶敬益

《茅山贤者服内气诀》
Oral Instructions of the Adepts of Mao Shan for Absorbing the Chhi [Taoist breathing exercises for longevity and immortality]
唐或宋
作者不详
收录于《云笈七籤》卷五十八，第三页起
参见 Maspero (7), p. 205

《茅亭客话》
Discourses with Guests in the Thatched Pavilion
宋，1136 年以前
黄休复

《梅溪诗注》
(Wang) Mei-Chhi's Commentaries on Poetry.
《东坡诗集注》的简称

《梦溪笔谈》
Dream Pool Fssavs.
宋，1086 年；最后一次续补，1091 年
沈括
校本：胡道静 (*1*)；参见 Holzman (1)

《妙法莲花经》
Sūtra on the Lotus of the Wonderful Law
印度
汉译，晋，公元 397—400 年，鸠摩罗什译
N/134；TW/262

《妙解录》
见《雁门公妙解录》

《名医别录》
Informal (or Additional) Records of Famous Physicians (on Materia Medica)
归于梁，约公元 510 年
传为陶弘景撰
现仅存于各种本草著作的引文中，黄钰 (*1*) 有辑复本
这部著作在公元 523—568 或 656 年由别人撰写，以解决李当之（约 225 年）和吴普（约 235 年）的著作以及陶弘景（492 年）的注释，与《神农本草经》其正文所存在的不一致。换言之，这是《本草经集注》（参见该条）中的非《本经》部分。书中也许或多或少地包含了陶弘景的注释

《明史》
History of the Ming Dynasty [+1368 to +1643]
清，始于 1646 年，完成于 1736 年，初刊于 1739 年
张廷玉等

《明堂玄真经诀》
[=《上清明堂玄真经诀》]
Explanation of the Manual of (Recovering the) Mysterious Primary (Vitalities of the) Cosmic Temple (i. e. the Human Body) [respiration and heliotherapy]
南齐或梁，5 世纪后期或 6 世纪前期（但变更较大）
传为西王母撰
作者不详
TT/421
参见 Maspero (7), p. 376

《明堂元真经诀》
见《明堂玄真经诀》

《冥通记》
Record of Communication with the Hidden Ones (the Perfected Immortals)
梁，公元 516 年
周子良
陶弘景编

《墨娥小录》
A Secretary's Commonplace-Book [popular encyclopaedia]
元或明，14 世纪，刊行于 1571 年
编者不详

《墨庄漫录》
Recollections from the Estate of Literary Learning
宋，约 1131 年
张邦基

《墨子》
The Book of Master Mo
周，公元前 4 世纪
墨翟（及其弟子）
译本：Mei Yi-Pao (1)；Forke (3)
《引得特刊》第 21 号
TT/1162

《内丹赋》

[=《陶真人内丹赋》]

Rhapsodical Ode on the Physiological Enchymoma

宋，13 世纪

陶植

作注者不详

TT/256

参见《金丹赋》，两者文字非常相似

《内丹诀法》

见《还丹内象金钥匙》

《内功图说》

见王祖源（*1*）

《内金丹》

[=《内丹秘旨》或《天仙直论长生度世内炼金丹法》]

The Metallous Enchymoma Within (the Body), [physiological alchemy]

明，1622 年，部分于 1615 年

可能为陈泥丸撰，或为伍冲虚撰

内含象征隐语

《证道秘书十种》第十二本

《内经》

见《黄帝内经素问》和《黄帝内经灵枢》

《内经素问》

见《黄帝内经素问》

《南村辍耕录》

见《辍耕录》

《南蕃香录》

Catalogue of the Incense of the Southern Barbarians

见《香录》

《南海药谱》

A Treatise on the Materia Medica of the South Seas (Indo-China, Malayo-Indonesia, the East Indies, etc.)

《海药本草》（参见该条）的别名（据李时珍）

《南岳思大禅师立誓愿文》

Text of the Vows (of Aranyaka Austerities) taken by the Great Chhan Master (Hui-) Ssu of the Southern Sacred Mountain

陈，约公元 565 年

慧思

TW/1933，N/1576

《内丹秘指》

Confidential Directions on the Enchymoma

《内金丹》（参见该条）的别名

《内外二景图》

Illustrations of Internal and Superficial Anatomy

宋，1118 年

朱肱

原文亡佚，后人重修；图绘取自杨介的《存真环中图》

《能改斋漫录》

Miscellaneous Records of the Ability-to-Improve-Oneself Studio

宋，12 世纪中期

吴曾

《泥丸李祖师女宗双修宝筏》

见《女宗双修宝筏》

《女功指南》

A Direction-Finder for (Inner) Achievement by Women (Taoists)

[Physiological alchemy, *nei tan* gymnastic techniques, etc.]

见《女宗双修宝筏》

《女宗双修宝筏》

[=《泥丸李祖师女宗双修宝筏》和《女功指南》]

A Precious Raft (of Salvation) for Women (Taoists) Practising the Double Regeneration (of the primary vitalities, for their nature and their life-span, *hsing ming*), [physiological alchemy]

清，约 1795 年

泥丸氏，李翁（16 世纪后期），泥丸李祖师

太虚翁沈一炳大师，约 1820 年

收录于《道藏续编》（初集），第 20 种

参见《道海津梁》第三十四页，《试金石》第十二页

《盘山语录》

Record of Discussions at Phan Mountain [dialogues of pronouncedly medical character

on physiological alchemy]
宋，可能在 13 世纪前期
作者不详
收录于《修真十书》（*TT*/260）卷五十三

《彭祖经》
Manual of Phêng Tsu [Taoist sexual techniques and their natural philosophy]
晚周或西汉，公元前 4 至前 1 世纪
传为彭祖撰
现仅有残篇存于《全上古三代秦汉三国六朝文》（全上古三代文）卷十六，第五页起

《蓬莱山西灶还丹歌》
Mnemonic Rhymes of the Cyclically Transformed Elixir from the Western Furnace on Phêng-lai Island
传为约公元前 98 年。可能为唐
黄玄钟
TT/909

《普济方》
Practical Prescriptions for Everyman
明，约 1418 年
朱橚（周定王）
《医籍考》，第 914 页

《七返丹砂诀》
[=《魏伯阳七返丹砂诀》或《七返灵砂歌》]
Explanation of the Sevenfold Cyclically Transformed Cinnabar (Elixir), (of Wei Po-Yang).
年代不详（归于东汉）
作者不详（传为魏伯阳撰）
黄童君注，唐或唐以前，806 年以前
TT/881

《七返灵砂歌》
Song of the Sevenfold Cyclically Trans-formed Numinous Cinnabar (Elixir)
见《七返丹砂诀》

《七返灵砂论》
On Numinous Cinnabar Seven Times Cyclically Transformed
《大洞炼真宝经九还金丹妙诀》（参见该条）的别名
收录于《云笈七籤》卷六十九，第一页起

《七国考》
Investigations of the Seven (Warring) States
清，约 1660 年
董说

《七录》
Bibliography of the Seven Classes of Books
梁，公元 523 年
阮孝绪

《楼云山悟元子修真辩难参证》
见《修真辩难（参证）》

《齐民要术》
Important Arts for the People's Welfare [lit. Equality]
北魏（及东魏或西魏），公元 533—544 年
贾思勰
见 des Rotours (1), p. c; Shih Shêng-Han (1)

《奇效良方》
Effective Therapeutics
明，约 1436 年，1470 年刊行
方贤

《起居安乐笺》
On (Health-giving) Rest and Recreations in a Retired Abode
[《遵生八笺》（参见该条）的第三笺（卷七、八）]
明，1591 年
高濂

《千金方衍义》
Dilations upon the *Thousand Golden Remedies*
清，1698 年
张璐

《千金食治》
A Thousand Golden Rules for Nutrition and the Preservation of Health [i. e. Diet and Personal Hygiene saving lives worth a Thousand Ounces of Gold], (included as a chapter in the *Thousand Golden Remedies*)
唐，7 世纪（约 625 年，肯定在 659 年以前）
孙思邈

《千金要方》

A Thousand Golden Remedies [i. e. Essential Prescriptions saving lives worth a Thousand Ounces of Gold]

唐，公元 650—659 年

孙思邈

《千金翼方》

Supplement to the *Thousand Golden Remedies* [i. e. Revised Prescriptions saving lives worth a Thousand Ounces of Gold]

唐，公元 660—680 年

孙思邈

《铅汞甲庚至宝集成》

Complete Compendium on the Perfected Treasure of Lead, Mercury, Wood and Metal [with illustrations of alchemical apparatus]

On the translation of this title, cf. Vol. 5, Pt. 3

被认为纂于唐，公元 808 年；但更可能是在五代或宋

参见本册 p. 276

赵耐庵

TT/912

《前汉书》

History of the Former Han Dynasty [-206 to +24]

东汉（约公元 65 年开始编写），约公元 100 年

班固，死后（公元 92 年）由其妹班昭续撰

部分译文：Dubs (2), Pfizmaier (32—34, 37—51), Wylie (2, 3, 10), Swann (1)

《引得》第 36 号

《乾坤秘韫》

The Hidden Casket of Chhien and Khun (kua, i. e. Yang and Yin) Open'd

明，约 1430 年

朱权（宁献王）

《乾坤生意》

Principles of the Coming into Being of Chhien and Khun (kua, i. e. Yang and Yin)

明，约 1430 年

朱权（宁献王）

《切韵》

Dictionary of the Sounds of Characters [rhyming dictionary]

隋，公元 601 年

陆法言

见《广韵》

《擒玄赋》

Rhapsodical Ode on Grappling with the Mystery

宋，13 世纪

作者不详

TT/257

《青箱杂记》

Miscellaneous Records on Green Bamboo Tablets

宋，约 1070 年

吴处厚

《清波杂志》

Green-Waves Memories

宋，1193 年

周煇

《清灵真人裴君内传》

Biography of the Chhing-Ling Adept, Master Phei

刘宋或南齐，5 世纪，但附有唐代前期的增益

邓云子（裴玄仁是一位据说生于公元前 178 年的半传说中的仙人）

收录于《云笈七籤》卷一〇五

参见 Maspero (7), pp. 386 ff.

《清微丹诀（法）》

Instructions for Making the Enchymoma in Calmness and Purity [physiological alchemy]

年代不详，可能是唐

作者不详

TT/275

《清修妙论笺》

Subtile Discourses on the Unsullied Restoration (of the Primary Vitalities)

[《遵生八笺》（参见该条）的第一笺（卷一、二）]

明，1591 年

高濂

《清异录》
Records of the Unworldly and the Strange.
五代，约公元950年
陶谷
《邱长春青天歌》
Chhiu Chhang-Chhun's Song of the Blue Heavens
宋，约1200年
邱处机
TT/134
《祛疑说纂》
Discussions on the Dispersal of Doubts
宋，约1230年
储泳
《臞仙神隐书》
Book of Daily Occupations for Scholars in Rural Retirement, by the Emaciated Immortal
明，约1430年
朱权（宁献王）
《全真集玄秘要》
Esoteric Essentials of the Mysteries (of the Tao), according to the Chhüan-Chen (Perfect Truth) School [the Northern School of Taoism in Sung and Yuan times]
元，约1320年
李道纯
TT/248
《全真坐钵捷法》
Ingenious Method of the Chhdan-Chen School for Timing Meditation (and other Exercises) by a (Sinking-) Bowl Clepsydra
宋或元
作者不详
TT/1212
《拳经》
Manual of Boxing
清，18世纪
张孔昭
《日本国見在書目録》
Bibliography of Extant Books in Japan.
日本（平安时代），约公元895年
藤原佐世
参见吉田光邦（*6*），第196页
《日本後紀》
Chronicles of Japan, further continued [from +792 to +833]
日本（平安时代），公元840年
藤原绪嗣
《日本紀》
[=《日本書紀》]
Chronicles of Japan [from the earliest times to +696]
日本（奈良时代），公元720年
舍人亲王、太安万吕、纪清人等人
译本：Aston (1)
参见 Anon. (103), pp. 1 ff.
《日本記略》
Classified Matters from the *Chronicles of Japan*
日本
《日本靈異記》
Record of Strange and Mysterious Things in Japan
日本（平安时代），公元823年
作者不详
《日本山海名物圖會》
Illustrations of Japanese Processes and Manufactures (lit., of the Famous Products of Japan)
日本（德川时代），大阪，1754年
平瀨徹斋
长谷川光信、千种屋新右卫门图解
摹本（附导言），名著刊行会，东京，1969年
《日本書紀》
见《日本紀》
《日华诸家本草》
The Sun-Rays Master's Pharmaceutical Natural History, collected from Many Authorities
五代和宋，约公元972年
通常被后世作者归于唐代，但陶宗仪已辨认出其正确的成书年代，见《辍耕录》(1366年）卷二十四，第十七页
大明（日华子）
(或即田大明)

《日月玄枢论》

Discourse on the Mysterious Axis of the Sun and Moon [i. e. Yang and Yin in natural phenomena; the earliest interpretation (or recognition) of the *Chou I Tshan Thung Chhi* (q. v.) as a physiological rather than (or, as well as) a proto-chemical text]

唐，约公元 740 年

刘知古

虽然一度被单独列于《道藏》中，但现仅作为引文存于《道枢》(参见该条)

《日知录》

Daily Additions to Knowledge

清，1673 年

顾炎武

《入唐求法巡礼行记》

Record of a Pilgrimage to China in Search of the (Buddhist) Law

唐，公元 838—847 年

圆仁

译本：Reischauer (2)

《入药镜》

Mirror of the All-Penetrating Medicine (the enchymoma), [rhyming verses]

五代，约公元 940 年

崔希范

TT/132，并收录于《道藏辑要》(虚集第五册)

附有王道渊（元)、李攀龙（明）和彭好古（明）的注释

也收录于《修真十书》(*TT*/260)，卷十三，第一页起，附萧廷芝（明）注释

还收录于《道海津梁》，第三十五页起，附傅金铨（清）注释

另见《天元入药镜》

参见 van Gulik (8), pp. 224 ff.

《三才图会》

Universal Encyclopaedia

明，1609 年

王圻

《三洞珠囊》

Bag of Pearls from the Three (Collections that) Penetrate the Mystery [a Taoist florilegium]

唐，7 世纪

王悬河（编)

TT/1125

参见 Maspero (13), p.77; Schipper (1), p. 11

《三峰丹诀》（包括《金丹节要》和《采真机要》，含《无根树》中部分诗歌和题词)

Oral Instructions of (Chang) San-Fêng on the Enchymoma [physiological alchemy]

明，约从 1410 年起（但愿确实)

传为张三峰撰

傅金铨（济一子）编并附传记，约 1820 年

《三峰真人玄谭全集》

Complete Collection of the Mysterious Discourses of the Adept (Chang) San-Fêng [physiological alchemy]

明，从约 1410 年起（但愿确实)

传为张三峰撰

闵一得编（1834 年)

收录于《道藏续编》(初集)，第 17 种

《三品颐神保命神丹方》

Efficacious Elixir Prescriptions of Three Grades Inducing the Appropriate Mentality for the Enterprise of Longevity

唐，五代和宋

作者不详

《云笈七籤》卷七十八，第一页起

《三十六水法》

Thirty-six Methods for Bringing Solids into Aqueous Solution

唐以前

作者不详

TT/923

《三言》

见《醒世恒言》、《喻世明言》和《警世通言》

《三真旨要玉诀》

Precious Instructions concerning the Message of the Three Perfected (Immortals), [i. e. Yang Hsi (*fl.* +370) 杨羲; Hsü Mi (*fl.* +345) 许谧; and Hsü Hui (d. *c.* +370) 许翙]

道教的日光疗法、呼吸吐纳和冥想
晋，约公元365年，可能编辑于唐
TT/419
参见 Maspero（7），p. 376.

《山海经》
Classic of the Mountains and Rivers
周和西汉，公元前8至前1世纪
作者不详
部分译文：de Rosny（1）
《通检丛刊》之九

《上洞心丹经诀》
An Explanation of the Heart Elixir and Enchymoma Canon：a Shang-Tung Scripture
年代不详，或为宋
作者不详
TT/943
参见陈国符（*1*），下册，第389、435页

《上品丹法节次》
Expositions of the Techniques for Making the Best Quality Enchymoma [physiological alchemy]
清
李德洽
闵一德注，约1830年
收录于《道藏续编》（初集），第6种

《上清洞真九宫紫房图》
Description of the Purple Chambers of the Nine Palaces；a Tung-Chen Scripture of the Shang-Chhing Heavens [parts of the microcosmic body corresponding to stars in the macrocosm]
宋，可能在12世纪
作者不详
TT/153

《上清含象剑鉴图》
The Image and Sword Mirror Diagram；a Shang-chhing Scripture
唐，约公元700年
司马承贞
TT/428

《上清后圣道君列纪》
Annals of the Latter-Day Sage，the Lord of the Tao；a Shang-Chhing Scripture
晋，4世纪后期
授予杨羲
TT/439

《上清黄书过度仪》
The System of the Yellow Book for Attaining Salvation；a Sbang-Chhing Scripture [the rituale of the communal Taoist liturgical sexual ceremonies，+2nd to +7th centuries]
年代不详，但是可能为唐以前
作者不详
TT/1276

《上清集》
A Literary Collection（inspired by）the Shang-Chhing Scriptures [prose and poems on physiological alchemy]
宋，约1220年
葛长庚（白玉蟾）
收录于《修真十书》（*TT*/260）卷三十七至四十四

《上清经》
[《太上三十六部尊经》的一部分]
The Shang-Chhing（Heavenly Purity）Scripture
晋，最早的部分的年代约在公元316年
传为魏华存口授给杨羲
收录于*TT*/8

《上清九真中经内诀》
Confidential Explanation of the Interior Manual of the Nine（Adepts）；a Shang-Chhing Scripture
归于晋，4世纪，可能为唐以前
传为赤松子（黄初平）撰
TT/901

《上清灵宝大法》
The Great Liturgies；a Shang-Chhing Ling Pao Scripture
宋，13世纪
金允中
TT/1204，1205，1206

《上清明堂玄真经诀》

见《明堂玄真经诀》

《上清三真旨要玉诀》

见《三真旨要玉诀》

《上清太上八素真经》

Realisation Canon of the Eight Purifications (or Eightfold Simplicity); a Shang-Chhing Thai-Shang Scripture

年代未定，但在唐以前.

作者不详

TT/423

《上清太上帝君九真中经》

Ninefold Realised Median Canon of the Imperial Lord; a Shang-Chhing Thai-Shang Scripture

可能为4世纪后期晋代材料汇编

著者和编者不详

TT/1357

《上清握中诀》

Explanation of (the Method of) Grasping the Central (Luminary); a Shang-Chhing Scripture [Taoist meditation and heliotherapy]

年代不详，梁，或为唐

作者不详

根据范幼冲（东汉）的法诀

TT/137

参见 Maspero (7), p. 373

《上阳子金丹大要》

见《金丹大要》

《上阳子金丹大要仙派（源流）》

见《金丹大要仙派（源流）》

《上阳子金丹大要列仙志》

见《金丹大要列仙志》

《上阳子金丹大要图》

见《金丹大要图》

《尚书大传》

Great Commentary on the *Shang Shu* chapters of the *Historical Classic*

西汉，约公元前185年

伏胜

参见 Wu Khang (1), p. 230

《绍兴校定经史证类备急本草》

The Corrected Classified and Consolidated Armamentarium; Pharmacopoeia of the Shao-Hsing Reign-Period

南宋，1157年进呈，1159年刊行，常被抄录和重刊，尤其是在日本

唐慎微，王继先等校订增补

参见中尾万三 (*1*); Nakao Manzō (1); Swingle (11)

插图摹本：和田利彦 (*1*); Karrow (*2*)

抄本摹本藏于日本京都龙谷大学图书馆

冈西为人编，附解析和历史导言，包括内容目录和索引（春阳堂，东京，1971年）

《摄大乘论释》

Mahāyāna-samgraha-bhāshya (Explanatory Discourse to assist the Understanding of the Great Vehicle)

印度，公元300—500年

玄奘汉译，约公元650年

N/1171 (4); TW/1597

《摄养要诀》

Important Instructions for the Preservation of Health conducive to Longevity

日本（平安时代），约公元820年

物部广泉（御医）

《（摄养）枕中记（方）》

Pillow-Book on Assisting the Nourishment (of the Life-Force)

唐，7世纪前期

传为孙思邈撰

TT/830，并收录于《云笈七籤》卷三十三

《申天师服气要诀》

Important Oral Instructions of the Heavenly Teacher (or Patriarch) Shen on the Absorption of the Chhi [Taoist breathing exercises]

唐，约公元730年

申元之

现仅有一小段文字存于《云笈七籤》卷五十九，第十六页起

《神农本草经》

Classical Pharmacopoeia of the Heavenly Husbandman

西汉，依据周和秦的材料，但最后成书不早于2世纪
作者不详
单行本已亡佚，但作为后世所有本草著作的基础，经常被引用
许多学者做过辑复和注释；见龙伯坚（*1*），第2页起、第12页起
最好的辑复本为森立之（1845年）、刘复（1942年）所辑

《神仙传》
Lives of the Holy Immortals
（参见《列仙传》和《续神仙传》）
晋，4世纪
传为葛洪撰

《神仙服饵丹石行药法》
The Methods of the Holy Immortals for Ingesting Cinnabar and（Other）Minerals, and Using them Medicinally
年代不详
传为京里先生撰
TT/417

《神仙服食灵芝菖蒲丸方》
Prescriptions for Making Pills from Numinous Mushrooms and Sweet Flag（*Calamus*）, as taken by the Holy Immortals
年代不详
作者不详
TT/837

《神仙金汋经》
见《抱朴子神仙金汋经》

《神仙炼丹点铸三元宝镜法》
Methods used by the Holy Immortals to Prepare the Elixir, Project it, and Cast the Precious Mirrors of the Three Powers（or the Three Primary Vitalities），[magical]
唐，公元902年
作者不详
TT/856

《神仙通鉴》
（参见《（李泰）神仙（通）鉴》）
General Survey of the Lives of the Holy Immortals
明，1640年
薛大训

《神异记》
（可能是《神异经》（参见该条）的一个别名）
Records of the Spiritual and the Strange
晋，约公元290年
王浮

《神异经》
Book of the Spiritual and the Strange
归于汉，但是可能为3、4或5世纪
传为东方朔撰
作者可能是王浮

《沈氏良方》
《苏沈良方》的原名

《生尸妙经》
见《太上洞玄灵宝灭度（三元）五炼生尸妙经》

《渑水燕谈录》
Fleeting Gossip by the River Shêng [in Shantung]
宋，11世纪后期（1094年以前）
王辟之

《圣济总录》
Imperial Medical Encyclopaedia [issued by authority]
宋，约1111—1118年
十二名医生编

《十便良方》
Excellent Prescriptions of Perfect Convenience
宋，1196年
郭坦
参见《宋以前医籍考》，第1119页；《医籍考》，第813页

《石函记》
见《许真君石函记》

《石药尔雅》
The Literary Expositor of Chemical Physic; or, Synonymic Dictionary of Minerals and Drugs
唐，公元806年
梅彪
TT/894

《拾遗记》

Memoirs on Neglected Matters

晋，约公元 370 年

王嘉

参见 Eichhorn（5）

《食疗本草》

Nutritional Therapy; a Pharmaceutical Natural History

唐，约公元 670 年

孟诜

《食物本草》

Nutritional Natural History

明，1571 年（据稍早的版本重印）

传为李杲（金）或汪颖（明）各编辑有不同版本；实际作者为卢和

本书不同版本的鉴别以及作者和编者的问题是复杂的

见龙伯坚（*1*），第 104、105、106 页；王毓瑚（*1*），第 2 版，第 194 页；Swingle（1，10）

《世医得效方》

Efficacious Prescriptions of a Family of Physicians

元，1337 年

危亦林

《事林广记》

Guide through the Forest of Affairs [encyclopaedia]

宋，1100—1250 年；初刊于 1325 年

陈元靓

（剑桥大学图书馆藏有一部 1478 年的明版）

《事物纪原》

Records of the Origins of Affairs and Things

宋，约 1085 年

高承

《事原》

On the Origins of Things

宋

朱绘

《试金石》

On the Testing of (what is meant by) 'Metal' and 'Mineral'

见傅金铨（5）

《释名》

Explanation of Names [dictionary]

东汉，约公元 100 年

刘熙

《寿域神方》

Magical Prescriptions of the Land of the Old

明，约 1430 年

朱权（宁献王）

《菽园杂记》

The Bean-Garden Miscellany

明，1475 年

陆容

《数术记遗》

Memoir on some Traditions of Mathematical Art

东汉，公元 190 年，但一般怀疑由它的注释者甄鸾写成，约公元 570 年。有人，例如胡适，认为书中有些地方的文字晚至五代时期（10 世纪）；还有些人如李叔华（2），宁选唐代

徐岳

《双梅景闇丛书》

Double Plum-Tree Collection [of ancient and medieval books and fragments on Taoist sexual techniques]

见叶德辉（*1*）

《水云录》

Record of Clouds and Waters [iatro-chemical]

宋，约 1125 年

叶梦得

现仅存于引文中

《说文》

见《说文解字》

《说文解字》

Analytical Dictionary of Characters (lit. Explanations of Simple Characters and Analyses of Composite Ones)

东汉，公元 121 年

许慎

《四川通志》

General History and Topography of Szechuan Province

清，18 世纪（1816 年刊行）

常明、杨芳灿等编纂

《四库提要辨证》

见余嘉锡（*1*）

《四声本草》

Materia Medica Classified according to the Four Tones (and the Standard Rhymes), [the ent-ries arranged in the order of the pronunciation of the first character of their names]

唐，约公元 775 年

萧炳

《四时调摄笺》

Directions for Harmonising and Strengthening (the Vitalities) according to the Four Seasons of the Year

[《遵生八笺》（参见该条）的第二笺（卷三至六）]

明，1591 年

高濂

有关导引术的部分译文：Dudgeon（1）

《四时纂要》

Important Rules for the Four Seasons [agriculture and horticulture, family hygiene and pharmacy, etc.]

唐，约公元 750 年

韩鄂

《嵩山太无先生气经》

Manual of the (Circulation of the) Chhi, by Mr Grand-Nothingness of Sung Mountain

唐，公元 766—779 年

可能是李奉时（太无先生）撰

TT/817，并收录于《云笈七籤》卷五十九（部分），第七页起

参见 Maspero（7），p. 199

《宋朝事实》

Records of Affairs of the Sung Dynasty

元，13 世纪

李攸

《宋史》

History of the Sung Dynasty [+960 to +1279]

元，约 1345 年

脱脱和欧阳玄

《引得》第 34 号

《搜神后记》

Supplementary Reports on Spiritual Manifestations

晋，4 世纪后期或 5 世纪前期

陶潜

《搜神记》

Reports on Spiritual Manifestations

晋，约公元 348 年

干宝

部分译文：Bodde（9）

《苏沈良方》

Beneficial Prescriptions collected by Su (Tung-Pho) and Shen (Kua)

宋，约 1120 年。一些材料早至 1060 年。林灵素序

沈括和苏东坡（遗著）

最早被称为《沈氏良方》，故大多数条目是沈括收集，但其中一些肯定来自苏东坡，后者可能是编者在新的世纪之初加入的

参见《医籍考》，第 737、732 页

《素女经》

Canon of the Immaculate Girl

汉

作者不详

仅有片段存于《双梅景闇丛书》中，现包含《玄女经》（参见该条）

部分译文：van Gulik（3，8）

《素女妙论》

Mysterious Discourses of the Immaculate Girl

明，约 1500 年

作者不详

部分译文：van Gulik（3）

《素问灵枢经》

见《黄帝内经素问》和《黄帝内经灵枢》

《素问内经》

见《黄帝内经素问》

《隋书》

History of the Sui Dynasty [+581to +617]

唐，公元 636 年（本纪和列传）；公元 656 年（各志和经籍志）

魏徵等

部分译文：Pfizmaier（61—65）；Balazs（7，8）；Ware（1）
节译索引：Frankel（1）

《孙公谈圃》
The Venerable Mr Sung's Conversation Garden
宋，约1085年
孙升

《琐碎录》
Sherds，Orts and Unconsidered Fragments ［iatro-chemical］
宋，可能是11世纪后期
作者不详
现仅存于引文中。参见 *Winter's Tale*，iv，iii，*Timon of Athens*，iv，iii，and *Julius Caesar*，iv，i

《胎息根旨要诀》
Instruction on the Essentials of（Understanding）Embryonic Respiration ［Taoist respiratory and sexual techniques］
唐或宋
作者不详
收录于《云笈七籤》卷五十八，第四页起
参见 Maspero（7），p. 380

《胎息经》
Manual of Embryonic Respiration
唐，8世纪，约公元755年
幻真先生
TT/127，及《云笈七籤》卷六十，第二十二页起
译本：Balfour（1）
参见 Maspero（7），p. 211

《胎息精微论》
Discourse on Embryonic Respiration and the Subtlety of the Seminal Essence
唐或宋
作者不详
收录于《云笈七籤》卷五十八，第一页起
参见 Maspero（7），p. 210

《胎息口诀》
Oral Explanation of Embryonic Respiration
唐或宋
作者不详
收录于《云笈七籤》卷五十八，第十二页起
参见 Maspero（7），p. 198

《胎脏论》
Discourse on the Foetalisation of the Viscera（the Restoration of the Embryonic Condition of Youth and Health）
《中黄真经》（参见该条）的别名

《太白经》
The Venus Canon
唐，约公元800年
施肩吾
TT/927

《太古集》
Collected Works of（Ho）Thai-Ku ［Ho Ta-Thung］
宋，约1200年
郝大通
TT/1147

《太古土兑经》
Most Ancient Canon of the Joy of the Earth；or，of the Element Earth and the Kua Tui ［mainly on the alchemical subduing of metals and minerals］
年代不详，可能为唐或稍早时期
传为张先生撰
TT/942

《太极葛仙翁传》
Biography of the Supreme-Pole Elder-Immortal Ko（Hsüan）
可能为明
谭嗣先
TT/447

《太极真人九转还丹经要诀》
Essential Teachings of the Manual of the Supreme-Pole Adept on the Ninefold Cyclically Transformed Elixir
年代不详，由托名推测或许为宋，但“经”的部分可能是隋以前的，因为其经名已见于《隋书经籍志》。茅山的影响通过对生长在茅山的五种芝茸的记述，以及茅君对摄取它们的方法指导而显示出来
作者不详

TT/882
部分译文：Ho Ping-Yü（9）

《太极真人杂丹药方》
Tractate of the Supreme-Pole Adept on Miscellaneous Elixir Recipes [with illustrations of alchemical apparatus]
年代不详，但由托名的哲学意义推测可能为宋
作者不详
TT/939

《太平广记》
Copious Records collected in the Thai-Phing reign-period [anecdotes, stories, mirabilia and memorabilia]
宋，公元978年
李昉编纂

《太平寰宇记》
Thai-Phing reign-period General Description of the World [geographical record]
宋，公元976—983年
乐史

《太平惠民和剂局方》
Standard Formularies of the (Government) Great Peace People's Welfare Pharmacies [based on the Ho Chi Chü Fang, etc.]
宋，1151年
陈师文、裴宗元和陈承编
参见 Li Thao（1，6）；《宋以前医籍考》，第973页

《太平经》
[=《太平清领书》]
Canon of the Great Peace (and Equality).
归于东汉，约公元150年（166年首次被提到），但有后世增益和篡改
部分传为于吉撰
可能依据甘忠可的《天官历包元太平经》（约前35年）
TT/1087。王明（2）辑补、合校
参见 Yü Ying-Shih（2），p. 84.
据熊得基（*1*）的意见，由天师与其弟子对话构成的几部分，和《抱朴子》书目所列《太平经》相符，并经襄楷整理
其它部分大体上为《甲乙经》各部分，这在《抱朴子》中也提到过，并归于公元125—145年的于吉及其弟子宫崇

《太平清领书》
Received Book of the Great Peace and Purity
见《太平经》

《太平圣惠方》
Prescriptions Collected by Imperial Benevolence during the Thai-Phing reign-period
宋，公元982年敕令编修；公元992年完稿
王怀隐、郑彦等人编纂
《宋以前医籍考》，第921页；《玉海》卷六十三

《太平御览》
Thai-Phing reign-period Imperial Encyclopaedia (lit. the Emperor's Daily Readings)
宋，公元983年
李昉编纂
部分卷的译文：Pfizmaier（84—106）
《引得》第23号

《太清丹经要诀》
[=《太清真人大丹》]
Essentials of the Elixir Manuals, for Oral Transmission; a Thai-Chhing Scripture
唐，7世纪中期（约640年）
可能是孙思邈撰
收录于《云笈七籤》卷七十一
译本：Sivin（1），pp. 145 ff.

《太清导引养生经》
见《导引养生经》

《太清调气经》
Manual of the Harmonising of the Chhi; a Thai-Chhing Scripture [breathing exercises for longevity and immortality]
唐或宋，9或10世纪
作者不详
TT/813
参见 Maspero（7），p. 202

《太清金液神丹经》
Manual of the Potable Gold (or Metallous Fluid), and the Magical Elixir (or Enchymoma); a Thai-Chhing Scripture

年代不详，但必定在梁以前［陈国符（*1*），下册，第 419 页］。包含公元 320—330 年材料，但大多数文章更可能是 5 世纪前期的作品

序言和主要内容属于“内丹”，其余部分叙述“外丹”，包括丹房实验室的指导说明

作者不详；各卷归属不一

卷下，专门记述外国制造丹砂和其他化学物质的情形，可能撰于 7 世纪下半叶［Maspero（14），pp. 95 ff.］。内容大体上依据万震的《南州异物志》（3 世纪），但无一涉及马伯乐译作“罗马东地”（Roman Orient）的大秦。然而，斯坦因［Stein（5）］指出，指称拜占庭的“拂菻”一词早在公元 500—520 年就已出现，所以卷下很可能是 6 世纪前期的作品

TT/873

节录于《云笈七籤》卷六十五，第一页起

参见 Ho Ping-Yü（10）

《太清金液神气经》

Manual of the Numinous Chhi of Potable Gold; a Thai-Chhing Scripture

卷下记录了魏华存夫人与诸仙真降授，内容大多与《真诰》相似。

它们由许谧的曾孙许荣第（卒于 435 年）记录下来，约公元 430 年。

卷上和卷中为唐宋时期所作，在 1150 年以前。如果为唐以前，也不会早于 6 世纪

作者大多不详

TT/875

《太清经天师口诀》

Oral Instructions from the Heavenly Masters [Taoist Patriarchs] on the Thai-Chhing Scriptures

年代不详，但必定在 5 世纪中期之后、元之前

作者不详

TT/876

《太清石壁记》

The Records in the Rock Chamber (lit. Wall); a Thai-Chhing Scripture

梁，6 世纪前期，但包含较早的不晚于 3 世纪后期、传为苏元明撰的晋代作品

楚泽先生编

原作者为苏元明（青霞子）

TT/874

译文见 Ho Ping-Yü（8）

参见《罗浮山志》卷四，第十三页

《太清王老服气口诀（传法）》

The Venerable Wang's Instructions for Absorbing the Chhi; a Thai-Chhing Scripture [Taoist breathing exercises]

唐或五代（书名中的“王”加于 11 世纪）

作者不详

部分归于女道士李液

TT/815，并收录于《云笈七籤》卷六十二，第一页起，以及卷五十九，第十页起

参见 Maspero（7），p. 209

《太清玉碑子》

The Jade Stele (Inscription); a Thai Chhing Scripture [dialogues between Chêng Yin and Ko Hung]

年代不详，可能为宋后期或元

作者不详

TT/920

参见《大丹问答》和《金木万灵论》，其中编入了类似的章节

《太清真人大丹》

［《太清丹经要诀》后来的用名］

The Great Elixirs of the Adepts; a Thai-Chhing Scripture

唐，公元 7 世纪中期（约 640 年）

可能为孙思邈撰

收录于《云笈七籤》卷七十一

译本：Sivin（1），pp. 145 ff.

《太清中黄真经》

见《中黄真经》

《太上八帝元（玄）变经》

见《洞神八帝元（玄）变经》

《太上八景四蕊紫浆（五珠）降生神丹方》

Method for making the Eight-Radiances Four-Stamens Purple-Fluid (Five-Pearl) Incarnate Numinous Elixir; a Thai-Shang Scripture

晋，可能在 4 世纪后期

推测为口授给杨羲

收录于《云笈七籤》卷六十八；另一种文本见 *TT*/1357
《太上传西王母握固法》
见《传西王母握固法》
《太上洞房内经注》
Esoteric Manual of the Innermost Chamber, a Thai-Shang Scripture; with Commentary
归于公元前 1 世纪
传为周季通撰
TT/130
《太上洞玄灵宝灭度（三元）五炼生尸妙经》
Marvellous Manual of the Resurrection (or Preservation) of the Body, giving Salvation from Dispersal, by means of (the Three Primary Vitalities and) the Five Transmutations; a Ling-Pao Thai-Shang Tung-Hsüan Scripture
年代未定
作者不详
TT/366
《太上洞玄灵宝授度仪》
Formulae for the Reception of Salvation; a Thai-Shang Tung-Hsüan Ling-Pao Scripture [liturgical]
刘宋，约公元 450 年
陆修静
TT/524
《太上黄庭内（外、中）景（玉）经》
见《黄庭……》
《太上老君养生诀》
Oral Instructions of Lao Tzu on Nourishing the Life-Force; a Thai-Shang Scripture [Taoist respiratory and gymnastic exercises]
唐
传为华佗和吴普撰
实际作者不详
TT/814
《太上灵宝五符（经）》
(Manual of) the Five Categories of Formulae (for achieving Material and Celestial Immortality); a Thai-Shang Ling-Pao Scripture [liturgical]
三国，3 世纪中期
作者不详
TT/385
关于“灵宝”一词，见 Kaltenmark (4)
《太上灵宝芝草图》
Illustrations of the Numinous Mushrooms; a Thai-Shang Ling-Pao Scripture
隋或隋以前
作者不详
TT/1387
《太上三十六部尊经》
The Venerable Scripture in 36 Sections
TT/8
见《上清经》
《太上卫灵神化九转丹砂法》
Methods of the Guardian of the Mysteries for the Marvellous Thaumaturgical Transmutation of Ninefold Cyclically Transformed Cinnabar; a Thai-Shang Scripture
宋，不然的话则更早
作者不详
TT/885
译本：Spooner & Wang (1)；Sivin (3)
《太上养生胎息气经》
见《养生胎息气经》
《太上助国救民总真秘要》
Arcane Essentials of the Mainstream of Taoism, for the Help of the Nation and the Saving of the People; a Thai-Shang Scripture [apotropaics and liturgy]
宋，1016 年
元妙宗
TT/1210
《太微灵书紫文琅玕华丹神真上经》
Divinely Written Exalted Spiritual Realisation Manual in Purple Script on the Lang-Kan (Gem) Radiant Elixir; a Thai-Wei Scripture
晋，4 世纪后期，可能更晚
口授给杨羲
TT/252
《太无先生服气法》
见《嵩山太无先生气经》
《太玄宝典》
Precious Records of the Great Mystery [of

attaining longevity and immortality by physiological alchemy, *nei tan*]
宋或元，13 或 14 世纪
作者不详
TT/1022，并收录于《道藏辑要》（昴集第五册）

《太一（乙）金华宗旨》
Principles of the (Inner) Radiance of the Metallous (Enchymoma), (explained in terms of the) Undifferentiated Universe
见《金华宗旨》

《泰西水法》
Hydraulic Machinery of the West
明，1612 年
熊三拔（Sabatino de Ursis）和徐光启

《谭先生水云集》
Mr Than's Records of Life among the Mountain Clouds and Waterfalls
宋，12 世纪中期
谭处端
TT/1146

《唐本草》
Pharmacopoeia of the Thang Dynasty
=《新修本草》（参见该条）

《唐会要》
History of the Administrative Statutes of the Thang Dynasty
宋，公元 961 年
王溥
参见 des Rotours（2），p. 92

《唐六典》
Institutes of the Thang Dynasty (lit. Administrative Regulations of the Six Ministries of the Thang)
唐，公元 738 或 739 年
李林甫编
参见 des Rotours（2），p. 99

《唐语林》
Miscellanea of the Thang Dynasty
宋，约 1107 年收集
王谠
参见 des Rotours（2），p. 109

《陶真人内丹赋》
见《内丹赋》

《体壳歌》
Song of the Bodily Husk (and the Deliverance from its Ageing)
五代或宋，总之在 1040 年以前
烟萝子
收录于《修真十书》（*TT*/260）卷十八

《天地阴阳大乐赋》
Poetical Essay on the Supreme Joy
唐，约公元 800 年
白行简

《天工开物》
The Exploitation of the Works of Nature
明，1637 年
宋应星
译本：Sun Jen I-Tu & Sun Hsüeh-Chuan（1）

《天台山方外志》
Supplementary Historical Topography of Thien-thai Shan
明
传灯（僧人）

《天下郡国利病书》
Merits and Drawbacks of all the Countries in the World [geography]
清，1662 年
顾炎武

《天仙正理读法点睛》
The Right Pattern of the Celestial Immortals; Thoughts on Reading the *Consecration of the Law*
见傅金铨（2）

《天仙直论长生度世内炼金丹（诀心）法》
(Confidential) Methods for Processing the Metallous Enchymoma; a Plain Discourse on Longevity and Immortality (according to the Principles of the) Celestial Immortals for the Salvation of the World
《内金丹》（参见该条）的别名

《天元入药镜》
Mirror of the All-Penetrating Medicine (the Enchymoma; restoring the Endowment) of

the Primary Vitalities
五代，公元940年
崔希范
收录于《修真十书》（*TT*/260）卷二十一，第六至九页；一篇无注释的文章，与《入药镜》（参见该条）不同，而且后者结尾部分缺图
参见 van Gulik（8），pp. 224 ff.

《铁围山丛谈》
Collected Conversations at Iron-Fence Mountain
宋，约1115年
蔡絛

《通俗编》
Thesaurus of Popular Terms, Ideas and Customs
清，1751年
翟灏

《通玄秘术》
The Secret Art of Penetrating the Mystery [alchemy]
唐，公元864年后不久
沈知言
TT/935

《通雅》
Helps to the Understanding of the *Literary Expositor* [general encyclopaedia with much of scientific and technological interest]
明和清，完稿于1636年，刊行于1666年
方以智

《通幽诀》
Lectures on the Understanding of the Obscurity (of Nature) [alchemy, proto chemical and physiological]
不早于唐
作者不详
TT/906
参见陈国符（*1*），下册，第390页

《投荒杂录》
Miscellaneous jottings far from Home
唐，约公元835年
房千里

《图经本草》
Illustrated Treatise (of Pharmaceutical Natural History)
见《本草图经》
《图经》一名原用于公元659年的《新修本草》（参见该条）中两部分图录之一（另一部分为《药图》）；参见《新唐书》卷五十九，第二十一页，或 *TSCCIW*，第273页。到11世纪中期，这些图录已散佚，所以苏颂的《本草图经》便准备用作替代。后来，《图经本草》一名常被用来指苏颂的著作，但是（根据《宋史·艺文志》，*SSIW*，第179、529页）这是误用

《图经集注衍义本草》
Illustrations and Collected Commentaries for the *Dilations upon Pharmaceutical Natural History*
TT/761（翁独健《道藏子目引得》编号767）
另见《图经衍义本草》
《道藏》包含了两种单独编目的著作，但实际上《图经集注衍义本草》是一部完整著作的5卷导言，而《图经衍义本草》则是这部著作中余下的42卷

《图经衍义本草》
Illustrations (and commentary) for the *Dilations upon Pharmaceutical Natural History*. (An abridged conflation of the *Chêng-Ho…Chêng Lei…Pên Tshao* with the *Pên Tshao Yen I*)
宋，约1223年
唐慎微、寇宗奭，许洪编
TT/761（翁独健《道藏子目引得》编号768）
另见《图经集注衍义本草》
参见张赞臣（*2*）；龙伯坚（*1*），第38、39种

《土宿本草》
The Earth's Mansions Pharmacopoeia
见《造化指南》

《土宿真君造化指南》
Guide to the Creation, by the Earth's Mansions Immortal
见《造化指南》

《橐钥子》
Book of the Bellows-and-Tuyère Master

[physiological alchemy in mutationist terms]
宋或元
作者不详
TT/1174，及《道藏辑要》(昴集第五册)

《外丹本草》
Iatro chemical Natural History
宋前期，约 1045 年
崔昉
现仅存于引文中
参见《金丹大要宝诀》和《大丹要诀本草》

《外国传》
见《吴时外国传》

《外金丹》
Disclosures (of the Nature of) the Metallous Enchymoma [a collection of some thirty tractates on *nei tan* physiological alchemy, ranging in date from Sung to Chhing and of varying authenticity]
宋或清
傅金铨编，约 1830 年
收录于《证道秘书十种》，第六至十本

《外科正宗》
An Orthodox Manual of External Medicine
明，1617 年
陈实功

《外台秘要（方）》
Important (Medical) Formulae and Prescriptions now revealed by the Governor of a Distant Province
唐，公元 752 年
王焘
关于书名，见 des Rotours (1), pp. 294, 721。王焘在任职地方高官之前曾以学士的身份在皇家图书馆博览群书

《万病回春》
The Restoration of Well-Being from a Myriad Diseases
明，1587 年；1615 年刊行
龚廷贤

《万寿仙书》
A Book on the Longevity of the Immortals [longevity techniques, especially gymnastics and respiratory exercises]
清，18 世纪
曹无极
编入巴子园 (*1*)

《万姓统谱》
General Dictionary of Biography
明，1579 年
凌迪知

《萬安方》
A Myriad Healing Prescriptions
日本，1315 年
梶原性全

《萬葉集》
Anthology of a Myriad Leaves
日本（奈良时代），公元 759 年
橘诸兄或大伴家持编
参见 Anon. (103), pp. 14 ff.

《王老服气口诀》
见《太清王老服气口诀》

《王屋真人口授阴丹秘诀灵篇》
Numinous Record of the Confidential Oral Instructions on the Yin Enchymoma handed down by the Adept of Wang-Wu (Shan)
唐，或约公元 765 年；肯定在 8 至 10 世纪后期之间
可能为刘守撰
收录于《云笈七籤》卷六十四，第十三页起

《王屋真人刘守依真人口诀进上》
Confidential Oral Instructions of the Adept of Wang-Wu (Shan) presented to the Court by Liu Shou
唐，约公元 785 年（780 年之后）；肯定在 8 至 10 世纪后期之间
刘守
见《云笈七籤》，卷六十四，第十四页起

《望仙赋》
Contemplating the Immortals; a Hymn of Praise [ode on Wangtzu Chhiao and Chhih Sung Tzu]
西汉，公元前 14 或前 13 年
桓谭
收录于《全上古三代秦汉三国六朝文》（全

后汉文）卷十二，第七页，以及几种类书中
《纬略》
Compendium of Non-Classical Matters
宋，12 世纪（末），约 1190 年
高似孙
《卫生易筋经》
见《易筋经》
《魏伯阳七返丹砂诀》
见《七返丹砂诀》
《魏书》
History of the (Northern) Wei Dynasty [+386 to +550, including the Eastern Wei successor State]
北齐，公元 554 年；公元 572 年修订
魏收
见 Ware (3)
其中一卷的译文：Ware (1, 4)
节译索引：Frankel (1)
《文德實錄》
Veritable Records of the Reign of the Emperor Montoku [from +851 to +858]
日本（平安时代），公元 879 年
藤原基经
《文始真经》
True Classic of the Original Word (of Lao Chün, third person of the Taoist Trinity)
《关尹子》（参见该条）的别名
《文苑英华》
The Brightest Flowers in the Garden of Literature [imperially commissioned collection, intended as a continuation of the *Wên Hsüan* (q. v.) and containing therefore compositions written between +500 and +960]
宋，公元 987 年；1567 年初刊
李昉、宋白等编
参见 des Rotours (2), p. 93
《无根树》
The Rootless Tree [poems on physiological alchemy]
明，约 1410 年（但愿确实）
传为张三峰撰
收录于《三峰丹诀》（参见该条）
《无上秘要》
Essentials of the Matchless Books (of Taoism), [a florilegium]
北周，公元 561—578 年
编者不详
TT/1124
参见 Maspero (13), p. 77; Schipper (1), p. 11
《吴录》
Record of the Kingdom of Wu
三国，3 世纪
张勃
《吴时外国传》
Records of the Foreign Countries in the Time of the State of Wu
三国，约公元 260 年
康泰
仅有片段存于《太平御览》和其他资料中
《吴氏本草》
Mr Wu's Pharmaceutical Natural History
三国（魏），约公元 235 年
吴普
现仅存于后世文献的引文中
《五厨经》
见《老子说五厨经》
《五代史记》
见《新五代史》
《五相类秘要》
见《参同契五相类秘要》
《五行大义》
Main Principles of the Five Elements
隋，约公元 600 年
萧吉
《武夷集》
The Wu-I Mountains Literary Collection [prose and poems on physiological alchemy]
宋，约 1220 年
葛长庚（白玉蟾）
收录于《修真十书》（*TT*/260）卷四十五至五十二
《务成子》
见《黄庭外景玉经注》

《物类相感志》

On the Mutual Responses of Things according to their Categories

宋，约公元 980 年

误传为苏东坡撰

实际作者为录赞宁（僧人）

见苏莹辉（*1*，*2*）

《物理小识》

Small Encyclopaedia of the Principles of Things

明和清，1643 年完稿，1664 年刊行

方以智

参见侯外庐（*3*，*4*）

《物原》

The Origins of Things

明，15 世纪

罗颀

《悟玄篇》

Essay on Understanding the Mystery（of the Enchymoma），［Taoist physiological alchemy］

宋，1109 或 1169 年

余洞真

TT/1034，并收录于《道藏辑要》（昴集第五册）

《悟真篇》

［=《紫阳真人悟真篇》］

Poetical Essay on Realising（the Necessity of Regenerating the）Primary（Vitalities）［Taoist physiological alchemy］

宋，1075 年

张伯端

收录于《修真十书》（*TT*/260）卷二十六至三十

TT/138。参见 *TT*/139—143

译本：Davis & Chao Yün-Tshung（7）

《悟真篇三注》

Three Commentaries on the *Essay on Realising the Necessity of Regenerating the Primary Vitalities*［Taoist physiological alchemy］

宋和元，约 1331 年完稿

薛道光（或翁葆光）、陆墅和戴起宗（或陈致虚）

TT/139

参见 Davis & Chao Yün-Tshung（7）

《悟真篇直指祥说三乘秘要》

Precise Explanation of the Difficult Essentials of the *Essay on Realising the Necessity of Regenerating the Primary Vitalities*, in accordance with the Three Classes of（Taoist）Scriptures

宋，约 1170 年

翁葆光

TT/140

《西清古鉴》

Hsi Chhing Catalogue of Ancient Mirrors（and Bronzes）in the Imperial Collection

清，1751 年

梁诗正

《西山群仙会真记》

A True Account of the Proceedings of the Company of Immortals in the Western Mountains

唐，约公元 800 年

施肩吾

TT/243

《西王母女修正途十则》

The Ten Rules of the Mother（Goddess）Queen of the West to Guide Women（Taoists）along the Right Road of Restoring（the Primary Vitalities）［physiological alchemy］

明或清

传为吕嵒撰（8 世纪）

沈一炳等

闵一得注（约 1830 年）

收录于《道藏续编》（初集），第 19 种

《西溪丛话》

（《四库全书》作《西溪丛语》）

Western Pool Collected Remarks

宋，约 1150 年

姚宽

《西洋火攻图说》

Illustrated Treatise on European Gunnery

明，1625 年之前

张焘和孙学诗

《西游记》
A Pilgrimage to the West [novel]
明，约 1570 年
吴承恩
译本：Waley (17)
《西域记》
见《长春真人西域记》
《西域旧闻》
Old Traditions of the Western Countries [a conflation, with abbreviations, of the Hsi Yü Wên Chien Lu and the Sheng Wu Chi, q. v.]
清，1777 年和 1842 年
椿园七十一老人和魏源
郑光祖辑（1843 年）
《西域图记》
Illustrated Record of Western Countries
隋，610 年
裴矩
《西域闻见录》
Things Seen and Heard in the Western Countries
清，1777 年
椿园七十一老人
Bretschneider (2), vol. 1, p. 128
《西岳窦先生修真指南》
Teacher Ton's South-Pointer for the Regeneration of the Primary (Vitalities), from the Western Sacred Mountain.
宋，可能在 13 世纪前期
窦先生
收录于《修真十书》（*TT*/260）卷二，第一至六页
《西岳华山志》
Records of Hua-Shan, the Great Western Mountain
宋，约 1170 年
王处一
TT/304
《席上腐谈》
Old-Fashioned Table Talk
元，约 1290 年
俞琰
《洗冤录》
The Washing Away of Wrongs (i. e. False Charges) [treatise on forensic medicine]
宋，1247 年
宋慈
部分译文：H. A. Giles (7)
《徒然草》
Gleanings of Leisure Moments [miscellanea, with much on Confucianism, Buddhism and Taoist philosophy]
日本，约 1330 年
兼好法师（吉田兼好）
参见 Anon. (103), pp. 197 ff.
《仙乐集》
(Collected Poems) on the Happiness of the Holy Immortals
宋，12 世纪后期
刘处玄
TT/1127
《香乘》
Records of Perfumes and Incense [including combustion-clocks]
明，1618—1641 年
周嘉胄
《香国》
The Realm of Incense and Perfumes
明
毛晋
《香笺》
Notes on Perfumes and Incense
明，约 1560 年
屠隆
《香录》
[=《南番香录》]
A Catalogue of Incense.
宋，1151 年
叶廷珪
《香谱》
A Treatise on Aromatics and Incense [-Clocks]
宋，约 1073 年
沈立
现仅存于后世著述的引文中
《香谱》
A Treatise on Perfumes and Incense

宋，约 1115 年
洪刍

《香谱》
[=《新纂香谱》或《河南陈氏香谱》]
A Treatise on Perfumes and Aromatic Substances [including incense and combustion-clocks]
宋，12 世纪后期或 13 世纪；可能晚至 1330 年
陈敬

《香谱》
A Treatise on Incense and Perfumes
元，1322 年
熊朋来

《香藥抄》
Memoir on Aromatic Plants and Incense
日本，约 1163 年
观祐。抄本存于滋贺石山寺。摹本收录于《大正新修大藏经》别卷图像十一

《泄天机》
A Divulgation of the Machinery of Nature (in the Human Body, permitting the Formation of the Enchymoma)
清，约 1795 年
李翁（泥丸氏）
闵小艮于 1833 年重纂
收录于《道藏续编》（初集），第 4 种

《新论》
New Discussions
东汉，约公元 10—20 年，成于公元 25 年
桓谭
参见 Pokora (9)

《新论》
New Discourses
梁，约 530 年
刘勰

《新唐书》
New History of the Thang Dynasty [+618 to +906]
宋，1061 年
欧阳修和宋祁
参见 des Rotours (2), p. 56.
部分译文：des Rotours (1, 2)；Pfizmaier (66—74)。节译索引：Frankel (1)
《引得》第 16 号

《新五代史》
New History of the Five Dynasties [+907 to +959]
宋，约 1070 年
欧阳修
节译索引：Frankel (1)

《新修本草》
The New (lit. Newly Improved) Pharmacopoeia
唐，公元 659 年
苏敬（苏恭）与组织的 22 位合作者，在李勣、于志宁以及后来的长孙无忌指导下编修。这部著作后来被普遍误作《唐本草》。在中国已经亡佚，仅在敦煌尚存抄本残篇，但曾由一位日本人在 731 年抄录，现存于日本，也非完本

《新语》
New Discourses
西汉，约公元前 196 年
陆贾
译本：Gabain (1)

《新纂香谱》
见陈敬《香谱》

《醒世恒言》
Stories to Atvaken Men
明，约 1640 年
冯梦龙

《性理大全（书）》
Collected Works of (120) Philosophers of the Hsing-Li (Neo-Confucian) School [*Hsing* = human nature; *Li* = the principle of organisation in all Nature]
明，1415 年
胡广等编

《性理精义》
Essential Ideas of the Hsing-Li (Neo-Confucian) School of Philosophers [a condensation of the I-Ising Li Ta Chhüan, q. v.]
清，1715 年
李光地

《性命圭旨》
A Pointer to the Meaning of (Human) Nature and the Life-Span [physiological alchemy: the *kuei* is a pun on the two kinds of *thu*, central earth where the enchymoma is formed]
归于宋，刊行于明和清，1615 年，1670 年重刊
传为尹真人授
尹真人高弟笔述
余永宁等作序
《修丹妙用至理论》
A Discussion of the Marvellous Functions and Perfect Principles of the Practice of the Enchymoma
宋后期或之后
作者不详
TT/231
参考宋代真人海蟾先生（刘操）
《修炼大丹要旨》
Essential Instructions for the Preparation of the Great Elixir [with illustrations of alchemical apparatus] Probably Sung or later
作者不详
TT/905
《修仙辨惑论》
Resolution of Doubts concerning the Restoration to Immortality
宋，约 1220 年
葛长庚（白玉蟾）
收录于《图书集成·神异典》卷三〇〇，“艺文”第十一页起
《修真辩难参证》
[=《楼云山悟元子修真辩难参证》]
A Discussion of the Difficulties encountered in the Regeneration of the Primary (Vitalities) [physiological alchemy]; with Supporting Evidence
清，1798 年
刘一明（悟元子）
闵一得注（约 1830 年）
收录于《道藏续编》（初集），第 23 种
《修真历验钞图》
[=《真元妙道修丹历验抄》]
Transmitted Diagrams illustrating Tried and Tested (Methods of) Regenerating the Primary Vitalities [physiological alchemy]
唐或宋，1019 年以前
无作者名，但收录于《云笈七籤》卷七十二时，此书作者署为“洞真子”
TT/149
《修真秘诀》
Esoteric Instructions on the Regeneration of the Primary (Vitalities)
宋或宋以前，1136 年之前
作者未确定
收录于《类说》卷四十九，第五页起
《修真内炼秘妙诸诀》
Collected Instructions on the Esoteric Mysteries of Regenerating the Primary (Vitalities) by Internal Transmutation
宋或宋以前
作者不详
可能与《修真秘诀》一样（参见该条）；现仅存于引文中
《修真十书》
A Collection of Ten Tractates and Treatises on the Regeneration of the Primary (Vitalities) [in fact, many more than ten]
宋，约 1250 年
编者不详
TT/260
参见 Maspero (7), pp. 239, 157
《修真太极混元图》
Illustrated Treatise on the (Analogy of the) Regeneration of the Primary (Vitalities) (with the Cosmogony of) the Supreme Pole and Primitive Chaos
宋，约 1100 年
萧道存
TT/146
《修真太极混元指玄图》
Illustrated Treatise Expounding the Mystery of the (Analogy of the) Regeneration of the

Primary (Vitalities) (with the Cosmogony of) the Supreme Pole and Primitive Chaos
唐，约公元 830 年
金全子
TT/147

《修真演义》
A Popular Exposition of (the Methods of) Regenerating the Primary (Vitalities) [Taoist sexual techniques]
明，约 1560 年
邓希贤（紫金光耀大仙）
见 van Gulik (3, 8)

《修真指南》
South-Pointer for the Regeneration of the Primary (Vitalities)
见《西域窦先生修真指南》

《徐光启手迹》
Manuscript Remains of Hsü Kuang-Chhi [facsimile reproductions]
上海，1962 年

《许彦周诗话》
Hsü Yen-Chows Talks on Poetry
宋，12 世纪前期，可能约在 1111 年
许彦周

《许真君八十五化录》
Record of the Transfiguration of the Adept Hsü (Hsün) at the Age of Eighty-five.
晋，4 世纪
施岑
TT/445

《许真君石函记》
The Adept Hsü (Sun's) Treatise, found in a Stone Coffer
归于晋，4 世纪，可能约为 370 年
传为许逊撰
TT/944
参见 Davis & Chao Yün-Tshung (6)

《续博物志》
Supplement to the *Record of the Investigation of Things*（参见《博物志》）
宋，12 世纪中期
李石

《续古摘奇算法》
Choice Mathematical Remains Collected to Preserve the Achievements of Old [magic squares and other computational examples]
宋，1275 年
杨辉
（收录于《杨辉算法》）

《续命方》
Precepts for Lengthening the Life-span
《慧命经》（参见该条）的别名

《续神仙传》
Supplementary Lives of the Hsien（参见《神仙传》）
唐
沈汾

《续事始》
Supplement to the *Beginnings of All Affairs*（参见《事始》）
后蜀，约公元 960 年
马鉴

《续仙传》
Further Biographies of the Immortals.
五代（后周），公元 923—936 年
沈汾
收录于《云笈七籤》卷一一三

《續日本後紀》
Chronicles of Japan, still further continued [from +834 to +850]
日本（平安时代），公元 869 年
藤原良房

《續日本紀》
Chronicles of Japan, continued [from +697 to +791]
日本（奈良时代），公元 797 年
石川、藤原继绳、菅野真道等

《轩辕宝藏畅微论》
The Yellow Emperor's Expansive yet Detailed Discourse on the (Contents of the) Precious Treasury (of the Earth) [mineralogy and metallurgy]
《宝藏论》（参见该条）的别名

《轩辕宝藏论》
The Yellow Emperor's Discourse on the Contents of the Precious Treasury (of the Earth)
见《宝藏论》
《轩辕黄帝水经药法》
(Thirty-two) Medicinal Methods from the Aqueous (Solutions) Manual of Hsien-Yuan the Yellow Emperor
年代未定
作者不详
TT/922
《宣和博古图录》
[=《博古图录》]
Hsüan-Ho reign-period Illustrated Record of Ancient Objects [catalogue of the archaeological museum of the emperor Hui Tsung]
宋，1111－1125年
王黼（王黻）等
《宣室志》
Records of Hsüan Shih
唐，约公元860年
张读
《玄风庆会录》
Record of the Auspicious Meeting of the Mysterious Winds [answers given by Chhiu Chhu-Chi (Chhang-Chhun Chen Jen) to Chingiz Khan at their interviews at Samarqand in +1222]
宋，1225年
邱处机
TT/173
《玄怪续录》
The Record of Things Dark and Strange, continued
唐
李复言
《玄解录》
The Mysterious Antidotarium [warnings against elixir poisoning, and remedies for it]
唐，无名氏公元855年作序，可能初刊于公元847—850年
作者不详，可能是纥干皋
所有文明中的第一部有关科学主题的印刷书
TT/921，收录于《云笈七籤》卷六十四，第五页起
《玄门脉诀内照图》
[=《华佗内照图》]
Illustrations of Visceral Anatomy, for the Taoist *Sphygmological Instructions*
宋，1095年，孙焕1273年重刊本含杨介的绘图
传为华佗撰
沈铢初刊
参见马继兴（2）
《玄明粉传》
On the 'Mysterious Bright Powder' (purified sodium sulphate, Glauber's salt)
唐，约公元730年
刘玄真
《玄女经》
Canon of the Mysterious Girl [or, the Dark Girl]
汉
作者不详
仅有片段存于《双梅景闇丛书》，现已与《素女经》（参见该条）合并
部分译文：van Gulik (3, 8)
《玄品录》
Record of the (Different) Grades of Immortals.
元
张天雨
TT/773
参见陈国符（*1*），第1版，第260页
《玄霜掌上录》
Mysterious Frost on the Palm of the Hand; or, Handy Record of the Mysterious Frost [preparation of lead acetate]
年代不详
作者不详
TT/938
《悬解录》
见《玄解录》

《延陵先生集新旧服气经》
New and Old Manuals of Absorbing the Chhi, Collected by the Teacher of Yen-Ling
唐，8世纪前期，约公元745年
作者不确定
桑榆子注（9或10世纪）
TT/818，并（部分）收录于《云笈七籤》卷五十八，第二页，卷五十九，第一页起、第十八页起，卷六十一，第十九页起
参见 Maspero（7），pp. 220，222

《延年却病笺》
How to Lengthen one's Years and Ward off all Diseases
[《遵生八笺》（参见该条）的第四笺（卷九、十）]
明，1591年
高濂
导引术材料的部分译文：Dudgeon（1）

《延寿赤书》
Red Book on the Promotion of Longevity.
唐，或许隋
裴煜（或裴玄）
现仅存于《医心方》（公元982年）的摘录中，《宋以前医籍考》，第465页

《盐铁论》
Discourses on Salt and Iron [record of the debate of －81 on State control of commerce and industry]
西汉，约公元前80—前60年
桓宽
部分译文：Gale（1）；Gale，Boodberg & Lin（1）

《演繁露》
Extension of the *String of Pearls*（*on the Spring and Autumn Annals*），[on the meaning of many Thang and Sung expressions]
宋，1180年
程大昌
见 des Rotours（1），p. cix

《雁门公妙解录》
The Venerable Yen Mên's Record of Marvellous Antidotes [alchemy and elixir poisoning]
唐，大约在公元847年前后，因文本与同时期的《玄解录》完全相同
雁门撰（雁门，或是一个托名，取自长城的关口和要塞，参见本书第四卷第三分册，pp. 11，48，以及图711）
TT/937

《燕闲清赏笺》
The Use of Leisure and Innocent Enjoyments in a Retired Life
[《遵生八笺》（参见该条）的第六笺（卷十四、十五）]
明，1591年
高濂

《燕翼诒谋录》
Handing Down Good Plans for Posterity from the Wings of Yen
宋，1227年
王栐

《杨辉算法》
Yang Hui's Methods of Computation
宋，1275年
杨辉

《养生导引法》
Methods of Nourishing the Vitality by Gymnastics（and Massage）[附于《保生心鉴》（参见该条）]
明，约1506年
铁峰居士
胡文焕编（约1596年）

《养生食忌》
Nutritional Recommendations and Prohibitions for Health [附于《保生心鉴》（参见该条）]
明，约1506年
铁峰居士
胡文焕编（约1596年）

《养生胎息气经》
[＝《太上养生胎息气经》]
Manual of Nourishing the Life-Force（or, Attaining Longevity and Immortality）by Embryonic Respiration.

唐后期或宋代
作者不详
TT/812
参见 Maspero（7），pp. 358，365

《养生延命录》
On Delaying Destiny by Nourishing the Natural Forces
《养性延命录》（参见该条）的别名

《养性延命录》
On Delaying Destiny by Nourishing the Natural Forces（or, Achieving Longevity and Immortality by Regaining the Vitality of Youth），[Taoist sexual and respiratory techniques]
宋，1013—1161 年（按照马伯乐的意见），但因在《云笈七籤》中出现，必须早于 1020 年，很可能在宋以前
传为陶弘景或孙思邈撰
实际作者不详
TT/831，节录于《云笈七籤》卷三十二，第一页起
参见 Maspero（7），p. 232

《養生訓》
Instructions on Hygiene and the Prolongation of Life
日本（德川时代），约 1700 年
贝原益轩（杉靖三郎编）

《药名隐诀》
Secret Instructions on the Names of Drugs and Chemicals
或许是《太清石壁记》（参见该条）的一种别名

《药性本草》
见《本草药性》

《药性论》
Discourse on the Natures and Properties of Drugs
梁（或唐，如果与《本草药性》相同的话）
传为陶弘景撰
现仅存于本草著作的引文中
《医籍考》，第 169 页

《藥種抄》
Memoir on Several Varieties of Drug Plants
日本，约 1163 年
观祐。抄本存于滋贺石山寺。摹本收录于《大正新修大藏经》别卷图像十一

《邺中记》
Record of Affairs at the Capital of the Later Chao Dynasty
晋
陆翙
参见 Hirth（17）

《伊尹汤液仲景广为大法》
[=《医家大法》或《广为大法》]
The Great Tradition（of Internal Medicine）going back to I Yin（legendary minister）and his Pharmacal Potions，and to（Chang）Chung-Ching（famous Han physician）
元，1294 年
王好古
《医籍考》，第 863 页

《医籍考》
Comprehensive Annotated Bibliography of Chinese Medical Literature
见多纪元胤（*1*）

《医家大法》
见《伊尹汤液仲景广为大法》

《医门秘旨》
Confidential Guide to Medicine
明，1578 年
张四维

《医心方》
The Heart of Medicine（partly a collection of ancient Chinese and Japanese books）
日本，982 年（1854 年后才刊行）
丹波康赖

《医学入门》
Janua Medicinae [a general system of medicine]
明，1575 年
李梴

《医学源流论》
On the Origins and Progress of Medical Science
清，1757 年
徐大椿

(收录于《徐灵胎医书全集》)

《夷坚志》

Strange Stories four I-Chien

宋，约 1185 年

洪迈

《夷俗记》

Records of Barbarian Customs

《北虏风俗》(参见该条) 的别名

《颐真堂经验方》

Tried and Tested Prescriptions of the True-Centenarian Hall (a surgery or pharmacy)

明，可能在 15 世纪，约 1450 年

杨氏

《义山杂纂》

Collected Miscellany of (Li) I-Shan [Li Shang-Yin, epigrams]

唐，约公元 850 年

李商隐

译本：Bonmarchand (1)

《易筋经》

Manual of Exercising the Muscles and Tendons [Buddhist]

归于北魏

清，可能是 17 世纪

传为达摩 (Bodhidharma) 撰

作者不详

整理本见于王祖源 (*1*)

《易经》

The Classic of Changes [Book of Changes]

周，有西汉增益

编者不详

见李镜池 (*1*, *2*); Wu Shih-Chhang (1)

译本：Wilhelm (2); Legge (9); de Harlez (1)

《引得特刊》第 10 号

《易图明辨》

Clarification of the Diagrams in the (Book of) Changes [historical analysis]

清，1706 年

胡渭

《易纬河图数》

Apocryphal Treatise on the (*Book of*) *Changes*; the Numbers of the Ho Thu (Diagram)

东汉

作者不详

《易纬乾凿度》

Apocryphal Treatise on the (*Book of*) *Changes*; a Penetration of the Regularities of Chhien (the first *kua*)

西汉，公元前 1 世纪或公元 1 世纪

作者不详

《逸史》

Leisurely Histories

唐

卢氏

《阴丹内篇》

Esoteric Essay on the Yin Enchymoma

《橐钥子》(参见该条) 的附录

《阴符经》

The Harmony of the Seen and the Unseen

唐，约公元 735 年 (实质上并非遗存于世的战国后期文献)

李筌

TT/30

参见 *TT*/105—124。也收录于《道藏辑要》(斗集第六集)

译本：Legge (5)

参见 Maspero (7), p. 222

《阴阳九转成紫金点化还丹诀》

Secret of the Cyclically Transformed Elixir, Treated through Nine Yin-Yang Cycles to Form Purple Gold and Projected to Bring about Transformation

年代不详

作者不详，但与茅山道士有关

TT/888

《阴真君金石五相类》

《金石五相类》(参见该条) 的别名

《尹真人东华正脉皇极阖辟证道仙经》

见《皇极阖辟仙经》

《尹真人寥阳殿问答编》

见《寥阳殿问答编》

《饮膳正要》

Principles of Correct Diet [on deficiency

diseases, with the aphorism ‘many diseases can be cured by diet alone’]
元, 1330 年; 1456 年奉敕重刊.
忽思慧
见 Lu & Needham (1)
《饮馔服食笺》
Explanations on Diet, Nutrition and Clothing
[《遵生八笺》(参见该条) 的第五笺 (卷十一至十三)]
明, 1591 年
高濂
《莹蟾子语录》
Collected Discourses of the Luminous Toad Master
元, 约 1320 年
李道纯 (莹蟾子)
TT/1047
《瀛涯胜览》
Triumphant Visions of the Ocean Shores [relative to the voyages of Chêng Ho]
明, 1451 年 (1416 始撰, 约 1435 年完成)
马欢
译本: Mills (11); Groeneveldt (1); Phillips (1); Duyvendak (10)
《瀛涯胜览集》
Abstract of the *Triumphant Visions of the Ocean Shores* [a rêfacimento of Ma Huan's book]
明, 1522 年
张昇
《古今图书集成 · 边裔典》卷五十八、七十三、七十八、八十五、八十六、九十六、九十七、九十八、九十九、一〇一、一〇三、一〇六有引用
译本: Rockhill (1)
《游宦纪闻》
Things Seen and Heard on my official Travels
宋, 1233 年
张世南
《酉阳杂俎》
Miscellany of the Yu-yang Mountain (Cave) [in S. E. Szechuan]
唐, 公元 863 年
段成式
见 des Rotours (1), p. civ
《玉洞大神丹砂真要诀》
True and Essential Teachings about the Great Magical Cinnabar of the Jade Heaven [paraphrase of +8th-century materials]
唐, 不在 8 世纪前
传为张果撰
TT/889
《玉房秘诀》
Secret Instructions concerning the Jade Chamber
隋以前, 可能是 4 世纪
作者不详
部分译文: van Gulik (3)
仅有片段存于《双梅景闇丛书》中
《玉房指要》
Important Matters of the Jade Chamber
隋以前, 可能在 4 世纪
作者不详
收录于《医心方》和《双梅景闇丛书》
部分译文: van Gulik (3, 8)
《玉篇》
Jade Page Dictionary
梁, 公元 543 年
顾野王
唐代 (674 年) 孙强增字并编辑
《玉清金笥青华秘文金宝内炼丹诀》
The Green-and-Elegant Secret Papers in the Jade-Purity Golden Box on the Essentials of the Internal Refining of the Golden Treasure, the Enchymoma
宋, 11 世纪末
张伯端
TT/237
参见 Davis & Chao Yün-Tshung (5)
《玉清内书》
Inner Writings of the Jade-Purity (Heaven)
可能为宋, 但现存版本不完整, 一些材料可能或也许更早
编者不详
TT/940

《喻世明言》

Stories to Enlighten Men

明，约 1640 年

冯梦龙

《元气论》

Discourse on the Primary Vitality (and the Cosmogonic Chhi)

唐，8 世纪后期或可能在 9 世纪

作者不详

收录于《云笈七籤》卷五十六

参见 Maspero (7), p. 207

《元始上真众仙记》

Record of the Assemblies of the Perfected Immortals; a Yuan-Shih Scripture

归于晋，约公元 320 年，更可能在 5 或 6 世纪

传为葛洪撰

TT/163

《元阳经》

Manual of the Primary Yang (Vitality)

晋，刘宋，齐或梁，公元 550 年以前

作者不详

现仅存于《养性延命录》等书的引文中

参见 Maspero (7), p. 232

《源氏物語》

The Tale of (Prince) Genji

日本，1021 年

紫式部

《远游》

Roaming the Universe; or, The journey into Remoteness [ode]

西汉，约公元前 110 年

作者姓名不详，但是一位道士

译本：Hawkes (1)

《阅微草堂笔记》

Jottings from the Yüeh-wei Cottage

清，1800 年

纪昀

《云光集》

Collected (Poems) of Light (through the) Clouds

宋，约 1170 年

王处一

TT/1138

《云笈七籤》

The Seven Bamboo Tablets of the Cloudy Satchel [an important collection of Taoist material made by the editor of the first definitive form of the *Tao Tsan* (+1019), and including much material which is not in the Patrology as we now have it]

宋，约 1022 年

张君房

TT/1020

《云溪友议》

Discussions with Friends at Cloudy Pool

唐，约公元 870 年

范摅

《云仙散录》

Scattered Remains on the Cloudy Immortals

归于唐或五代，约公元 904 年，实际可能是宋

传为冯贽撰，但可能是王铚撰

《云仙杂记》

Miscellaneous Records of the Cloudy Immortals

唐或五代，约公元 904 年

冯贽

《云斋广录》

Extended Records of the Cloudy Studio

宋

李献民

《造化钳锤》

The Hammer and Tongs of Creation (i. e. Nature)

明，约 1430 年

朱权（宁献王）

《造化指南》

[=《土宿本草》]

Guide to the Creation (i. e. Nature)

唐，宋或可能为明。年代可最合理地推测为 1040 年前后，因与《外丹本草》(参见该条) 有不少相似

土宿真君

现仅存于引文中，比如《本草纲目》的引

文中
《则克录》
Methods of Victory
《火攻挈要》在有些版本中的名称
《增广智囊补》
Additions to the *Enlarged Bag of Wisdom Supplemented*
明，约1620年
冯梦龙
《张真人金石灵砂论》
见《金石灵砂论》
《招魂》
The Summons of the Soul [ode]
周（楚），约公元前240年
或为景差撰
译本：Hawkes（1），p. 103
《赵飞燕别传》
[=《赵后遗事》]
Another Biography of Chao Fei-Yen [historical novelette]
宋
秦醇
《赵飞燕外传》
Unofficial Biography of Chao Fei-Yen (d. -6, celebrated dancing-girl, consort and empress of Han Chhêng Ti)
归于汉代，1世纪
传为伶玄撰
《赵后遗事》
A Record of the Affairs of the Empress Chao (-1st century)
见《赵飞燕别传》
《真诰》
Declarations of Perfected, or Realised, (Immortals) [visitations and revelations of the Taoist pantheon]
晋和东晋，原始材料是公元364—370年，陶弘景在公元484—492年搜集（公元456—536年），并于公元493—498年作注释和序言；完稿于公元499年
原作者不详
陶弘景辑
TT/1004
《真气还元铭》
The Inscription on the Regeneration of the Primary Chhi
唐或宋，应在13世纪中期前
作者不详
TT/261
《真系》
The Legitimate Succession of Perfected, or Realised, (Immortals)
唐，公元805年
李渤
收录于《云笈七籤》卷五，第一页起
《真元妙道修丹历验抄》
[=《修真历验钞图》]
A Document concerning the Tried and Tested (Methods for Preparing the) Restorative Enchymoma of the Mysterious Pao of the Primary (Vitalities) [physiological alchemy]
唐或宋，1019年以前
洞真子（托名）
收录于《云笈七籤》卷七十二，第十七页起
《真元妙道要略》
Classified Essentials of the Mysterious Tao of the True Origin (of Things) [alchemy and chemistry]
归于晋，3世纪，但很可能是唐，8世纪和9世纪，因书中引用了李勣，无论如何应晚于7世纪
传为郑思远撰
TT/917
《枕中鸿宝苑秘书》
The Infinite Treasure of the Garden of Secrets; (Confidential) Pillow-Book (of the Prince of Huai-Nan)
见《淮南王万毕书》
参见 Kaltenmark（2），p. 32
《枕中记》
[=《葛洪枕中书》]
Pillow-Book (of Ko Hung)
归于晋，约公元320年，但实际不会早于7世纪

传为葛洪撰

TT/830

《枕中记》

见《摄养枕中记》

《正一法文太上外录仪》

The System of the Outer Certificates, a Thai-Shang Scripture

年代不详，但在唐以前

作者不详

《证道秘书十种》

Ten Types of Secret Books on the Verification of the Tao

见傅金铨（*6*）

《证类本草》

见《经史证类备急本草》和《重修政和经史证类备用本草》

《芝草图》

见《太上灵宝芝草图》

《直指祥说三乘秘要》

见《悟真篇直指祥说三乘秘要》

参见 Davis & Chao Yün-Tshung（*6*）

《旨道篇（编）》

A Demonstration of the Tao

隋或隋之前，约公元 *580* 年

苏元明（或苏元朗）＝青霞子

现仅存于引文中

《纸舟先生金丹直指》

Straightforward Indications about the Metallous Enchymoma by the Paper Boat Teacher

宋，可能是 *12* 世纪

金月岩

TT/239

《指归集》

Pointing the Way Home（to Life Eternal）; a Collection

宋，约 *1165* 年

吴悮

TT/914

参见陈国符（*1*），下册，第 389、390 页

《指玄篇》

A Pointer to the Mysteries [psycho-physiological alchemy]

宋，约 1215 年

白玉蟾

收录于《修真十书》（*TT*/260）卷一至八

《至真子龙虎大丹诗》

Song of the Great Dragon-and-Tiger Enchymoma of the Perfected-Truth Master

宋，1026 年

周方

由卢天［骥］献于皇室，约 1115 年

TT/266

《稚川真人校证术》

Technical Methods of the Adept（Ko）Chih-Chhuan（i. e. Ko Hung）, with Critical Annotations [and illustrations of alchemical apparatus]

归于晋，约公元 320 年，但可能更晚一些

传为葛洪撰

TT/895

《中华古今注》

Commentary on Things Old and New in China

五代（后唐），公元 923－926 年

马缟

见 des Rotours（1）, p. xcix.

《中黄真经》

［＝《太清中黄真经》或《胎脏论》］

True Manual of the Middle（Radiance）of the Yellow（Courts），（central regions of the three parts of the body）［道教的解剖学和生理学，带有佛教的影响］

可能为宋，12 或 13 世纪

九仙君（托名）

中黄真人注释（托名）

TT/810

完整本：*TT*/328 和 329（Wieger）

参见 Maspero（7）, p. 364

《中山玉柜服气经》

Manual of the Absorption of the Chhi, found in the Jade Casket on Chung-Shan（Mtn）. [Taoist breathing exercises.]

唐或宋，9 或 10 世纪

传为张道陵（汉）撰，或碧岩张道者、碧岩先生撰

黄元君注
收录于《云笈七籤》卷六十，第一页起
参见 Maspero (7), pp. 204, 215, 353

《钟离八段锦法》
The Eight Elegant (Gymnastic) Exercises of Chungli (Chhüan)
唐，8 世纪后期
钟离权
收录于《修真十书》(*TT*/260) 卷十九
译本：Maspero (7), pp. 418 ff.
参照曾慥在《临江仙》(*TT*/260，卷二十三，第一、二页) 中作介绍的年代为 1151 年。其中说，吕洞宾亲自手书该文于石壁上因而流传下来

《钟吕传道集》
Dialogue between Chungli (Chhüan) and Lü (Tung-Pin) on the Transmission of the Tao (and the Art of Longevity, by Rejuvenation)
唐，8 或 9 世纪
传为钟离权与吕嵒撰
施肩吾辑
收录于《修真十书》(*TT*/260) 卷十四至十六

《重修政和经史证类备用本草》
New Revision of the Pharmacopoeia of the Chêng-Ho reign-period; the Classified and Consolidated Armamentarium
(《政和新修经史证类备用本草》和《本草衍义》的合编本)
元，1249 年；此后多次重刊，特别是明代 (1468 年)，至少有七种明刊本，最后一种刊于 1624 年或 1625 年
唐慎微
寇宗奭
张存惠刊（或辑）

《重阳分梨十化集》
Writings of (Wang) Chhung-Yang [Wang Chê] (to commemorate the time when he received a daily) Ration of Pears, and the Ten Precepts of his Teacher
宋，12 世纪中期
王嚞
TT/1141

《重阳教化集》
Memorials of (Wang) Chhung-Yang's [Wang Chê's] Preaching
宋，12 世纪中期
王嚞
TT/1140

《重阳金关玉锁诀》
(Wang) Chhung-Yang's [Wang's Chê's] Instructions on the Golden Gate and the Lock of Jade
宋，12 世纪中期
王嚞
TT/1142

《重阳立教十五论》
Fifteen Discourses of (Wang) Chhung-Yang [Wang Chê] on the Establishment of his School
宋，12 世纪中期
王嚞
TT/1216

《重阳全真集》
(Wang) Chhung-Yang's [Wang Chê's] Records of the Perfect Truth (School)
宋，12 世纪中期
王嚞
TT/1139

《周易参同契》
另见《参同契》

《周易参同契鼎器歌明镜图》
An Illuminating Chart for the Mnemonic Rhymes about Reaction-Vessels in the *Kinship of the Three and the Book of Changes*
正文，东汉，约公元 140 年（仅《鼎器歌》部分）
注释，五代，公元 947 年
彭晓编辑与注释
TT/994

《周易参同契发挥》
Elucidations of the *Kinship of the Three and the Book of Changes* [alchemy]
正文，东汉，约公元 140 年

注释，元，1284 年
俞琰编辑与注释
译本：Wu & Davis (1)
TT/996

《周易参同契分章通真义》
The *Kinship of the Three and the Book of Changes* divided into (short) chapters for the Understanding of its Real Meanings
正文，东汉，约公元 140 年
注释，五代，公元 947 年
彭晓编辑与注释
译本：Wu & Davis (1)
TT/993

《周易参同契分章注（解）》
The *Kinship of the Three and the Book of Changes* divided into (short) chapters, with Commentary and Analysis
正文，东汉，约公元 140 年
注释，元，约 1330 年
陈致虚（上阳子）注
《道藏辑要》第 93 本

《周易参同契解》
The *Kinship of the Three and the Book of Changes*, with Explanation
正文，东汉，约公元 140 年
注释，宋，1234 年
陈显微编辑与注释
TT/998

《周易参同契释疑》
Clarification of Doubtful Matters in the *Kinship of the Three and the Book of Changes*
元，1284 年
俞琰编辑与注释
TT/997

《周易参同契疏略》
Brief Explanation of the *Kinship of the Three and the Book of Changes*
明，1564 年
王文禄编辑与注释

《周易参同契注》
The *Kinship of the Three and the Book of Changes*, with Commentary
正文，东汉，约公元 140 年
注释，归于东汉，约公元 160 年，但可能为宋
传为阴长生编辑与注释
TT/990

《周易参同契注》
The *Kinship of the Three and the Book of Changes*, with Commentary
正文，东汉，约公元 140 年
注释，可能为宋
编者和注释者不详
TT/991

《周易参同契注》
The *Kinship of the Three and the Book of Changes*, with Commentary
正文，东汉，约公元 140 年
注释，可能为宋
编者和注释者不详
TT/995

《周易参同契注》
The *Kinship of the Three and the Book of Changes*, with Commentary
正文，东汉，约公元 140 年
注释，宋，约 1230 年
储华谷编辑与注释
TT/999

《周易参同契注》(*TT*/992)
(朱熹)《参同契考异》(参见该条) 的别名

《肘后百一方》
见《肘后备急方》

《肘后备急方》
[=《肘后卒救方》、《肘后百一方》、《葛仙翁肘后备急方》]
Handbook of Medicines for Emergencies
晋，约公元 340 年
葛洪

《肘后卒救方》
见《肘后备急方》

《诸蕃志》
Records of Foreign Peoples (and their Trade)
宋，约 1225 年 [此为伯希和 (Pelliot) 断定的年代；夏德和柔克义 (Hirth & Rockhill)

赞成在 1242—1258 年]
赵汝适
译本：Hirth & Rockhill（1）

《诸家神品丹法》
Methods of the Various Schools for Magical Elixir Preparations（an alchemical anthology）
宋
孟要甫（玄真子）等
TT/911

《诸证辨疑》
Resolution of Diagnostic Doubts
明，15 世纪后期
吴球

《竹取物語》
The Tale of the Bamboo-Gatherer
日本（平安时代），约公元 865 年。不会早于约公元 810 年，或晚于约公元 955 年
作者不详
参见 Matsubara Hisako（1，2）

《竹泉集》
The Bamboo Springs Collection [poems and personal testimonies on physiological alchemy]
明，1465 年
董重理等
收录于《外金丹》（参见该条）卷三

《竹叶亭杂记》
Miscellaneous Records of the Bamboo Leaf Pavilion
清，约始于 1790 年，但直至 1820 年后才完稿
姚元之

《妆楼记》
Records of the Ornamental Pavilion
五代或宋，约公元 960 年
张泌

《紫金光耀大仙修真演义》
见《修真演义》

《紫阳丹房宝鉴之图》
见《丹房宝鉴之图》

《紫阳真人内传》
Biography of the Adept of the Purple Yang
东汉，三国或晋，公元 399 年以前
作者不详
此“紫阳真人”为周义山（不要与张伯端混淆）
参见 Maspero（7），p. 201；（13），pp. 78，103
TT/300

《紫阳真人悟真篇》
见《悟真篇》

《自然集》
Collected（Poems）on the Spontaneity of Nature
宋，12 世纪中期
马钰
TT/1130

《最上一乘慧命经》
Exalted Single-Vehicle Manual of the Sagacious（Lengthening of the）Life Span
见《慧命经》

《遵生八笺》
Eight Disquisitions on Putting Oneself in Accord with the Life-Force [a collection of works]
明，1591 年
高濂
各笺为：
1. 清修妙论笺（卷一、二）
2. 四时调摄笺（卷三至六）
3. 起居安乐笺（卷七、八）
4. 延年却病笺（卷九、十）
5. 饮馔服食笺（卷一至十三）
6. 燕闲清赏笺（卷十四、十五）
7. 灵秘丹药笺（卷十六至十八）
8. 尘外遐举笺（卷十九）

《左传》
Master Tso chhiu's Tradition（or Enlargement）of the *Chhun Chhiu*（*Spring and Autumn Annals*），[dealing with the period -722 to-453]
晚周，据公元前 430 至前 250 年间列国的古代记录和口头传说编成，但有秦汉儒家学

者（特别是刘歆）的增益和窜改。系春秋三传中最重要者，另二传为《公羊传》和《穀梁传》，但与之不同的是，《左传》可能原即为独立的史书

传为左丘明撰

见Karlgren（8）；Maspero（1）；Chhi Ssu-Ho（1）；Wu Khang（1）；Wu Shih-Chhang（1）；van der Loon（1），Eberhard，Müller & Henseling（1）

译本：Couvreur（1）；Legge（11）；Pfizmaier（1—12）

索引：Fraser & Lockhart（1）

《坐忘论》

Discourse on（Taoist）Meditation

唐，约公元715年

司马承贞

TT/1024，并收录于《道藏辑要》（昴集第五册）

《道藏》经书子目编号索引

戴遂良编号		翁独健编号
398	《黄庭内景玉经注》	401
399	《黄庭内景（玉）经注》	402
400	《黄庭内外景玉经解》	403
416	《灵宝众真丹诀》	419
417	《神仙服饵丹石行药法》	420
418	《登真隐诀》	421
419	《（上清）三真旨要玉诀》	422
421	《（上清）明堂玄真经诀》	424
423	《上清太上八素真经》	426
428	《上清含象剑鉴图》	431
429	《黄庭内景五脏六府补泻图》	432
439	《上清后圣道君列纪》	442
445	《（西山）许真君（许逊）八十五化录》	448
447	《太极葛仙翁［公］（葛玄）传》	450
524	《太上洞玄灵宝授度仪》	528
605	《灵宝九幽长夜起尸度亡玄章》	610
611	《广成集》	616
634	《皇天上清金阙帝君灵书紫文上经》	639
635	《洞神八帝妙精经》	640
761	《图经集注衍义本草》	767
761	《图经衍义本草》	768
773	《玄品录》	780
810	《（太清）中黄真经》	816
811	《（太清）导引养生经》	817
812	《（太上）养生胎息气经》	818
813	《太清调气经》	819
814	《太上老君养生诀》	820
815	《太清（王老）服气口诀［传法］》	821
817	《嵩山太无先生气经》	823
818	《（延陵先生集）新旧服气经》	824
821	《（幻真先生）服内元气经》	827
830	《枕中记》	836
(830)	《（摄养）枕中记［方］》	(836)
831	《养性延命录》	837
835	《（抱朴子）养生论》	841
837	《神仙服食灵芝菖蒲丸方》	843
838	《上清经真丹秘诀》	844
856	《神仙炼丹点铸三元宝镜法》	862
873	《太清［上清］金液神丹经》	879
874	《太清石壁记》	880
875	《太清金液神气经》	881
876	《（太清经）天师口诀》	882
878	《（黄帝）九鼎神丹经诀》	884
879	《九转灵砂大丹资圣玄经》	885
880	《（张真人）金石灵砂论》	886
881	《（魏伯阳）七返丹砂诀》	887
882	《（太极真人）九转还丹经要诀》	888
883	《（大洞炼真宝经）修伏灵砂妙诀》	889
884	《（大洞炼真宝经）九还金丹妙诀》	890
885	《（太上卫灵神化）九转丹砂法》	891
886	《九转灵砂大丹》	892
887	《九转青金灵砂丹》	893
888	《阴阳九转成紫金点化还丹诀》	894
889	《玉洞大神丹砂真要诀》	895
890	《灵砂大丹秘诀》	896
891	《碧玉朱砂寒林玉树匮》	897
892	《大丹记》	898
893	《丹房须知》	899
894	《石药尔雅》	900
895	《（稚川真人）校证术》	901

戴遂良编号		翁独健编号
896	《纯阳吕真人药石制》	902
897	《金碧五相类参同契》	903
898	《参同契五相类秘要》	904
899	《（阴真君）金石五相类》	905
900	《金石簿五九数诀》	906
901	《上清九真中经内诀》	907
902	《龙虎还丹诀》	908
903	《金华玉液大丹》	909
904	《感气十六转金丹》	910
905	《修炼大丹要旨［诀］》	911
906	《通幽诀》	912
907	《金华冲碧丹经秘旨》	913
908	《还丹肘后诀》	914
909	《蓬莱山西灶还丹歌》	915
910	《（抱朴子）神仙金汋经》	916
911	《诸家神品丹法》	917
912	《铅汞甲庚至宝集成》	918
913	《丹房奥论》	919
914	《指归集》	920
915	《还金述》	921
916	《大丹铅汞论》	922
917	《真元妙道要略》	923
918	《丹方鉴源》	924
919	《大还丹照鉴》	925
920	《太清玉碑子》	926
921	《玄解录》	927
922	《（轩辕黄帝）水经药法》	928
923	《三十六水法》	929
927	《太白经》	933
928	《丹论诀旨心镜》	934

戴遂良编号		翁独健编号
932	《大丹问答》	938
933	《金木万灵论》	939
934	《红铅入黑铅诀》	940
935	《通玄秘术》	941
937	《雁门公妙解录》（=921）	943
938	《玄霜掌上录》	944
939	《太极真人杂丹药方》	945
940	《玉清内书》	946
942	《太古土兑经》	948
943	《上洞心丹经诀》	949
944	《（许真君）石函记》	950
945	《九转流［灵］珠神仙九丹经》	951
946	《庚道集》	952
988	《（古文）龙虎经注疏》	994
989	《（古文）龙虎上经注》	995
990	《周易参同契（注）》（阴长生注）	996
991	《周易参同契注》（无名氏注）	997
992	《参同契考异》或《周易参同契注》（朱熹注）	998
993	《周易参同契分章通真义》（彭晓注）	999
994	《周易参同契鼎器歌明镜图》（彭晓注）	1000
995	《周易参同契注》（无名氏注）	1001
996	《周易参同契发挥》（俞琰注）	1002
997	《周易参同契释疑》（俞琰注）	1003
998	《周易参同契解》（陈显微注）	1004
999	《周易参同契注》（储华谷注）	1005
1004	《真诰》	1010
1005	《道枢》	1011
1012	《黄帝八十一难经纂图句解》	1018
1020	《云笈七籤》	1026

戴遂良编号		翁独健编号
1022	《太玄宝典》	1028
1024	《坐忘论》	1030
1028	《皇极经世（书）》	1034
1034	《悟玄篇》	1040
1044	《丹阳真人玉录》	1050
1047	《莹蟾子语录》	1053
1053	《（上阳子）金丹大要》	1059
1054	《（上阳子）金丹大要图》	1060
1055	《（上阳子）金丹大要列仙志》	1061
1056	《（上阳子）金丹大要仙派（源流）》	1062
1058	《金丹直指》	1064
1067	《金丹四百字（注）》	1073
1068	《龙虎还丹诀颂》	1074
1074	《还丹复命篇》	1080
1076	《翠虚篇》	1082
1077	《还原篇》	1083
1087	《太平经》	1093
1124	《无上秘要》	1130
1125	《三洞珠囊》	1131
1127	《仙乐集》	1133
1128	《渐悟集》	1134
1130	《自然集》	1136
1135	《洞玄金玉集》	1141
1136	《丹阳神光灿》	1142
1138	《云光集》	1144
1139	《（王）重阳全真集》	1145
1140	《（王）重阳教化集》	1146
1141	《（王）重阳分梨十化集》	1147
1142	《（王）重阳（真人）金关玉锁诀》	1148
1145	《长春子磻溪集》	1151
1146	《谭先生水云集》	1152
1147	《太古集》	1153
1162	《墨子》	1168
1170	《淮南（子）鸿烈解》	1176
1171	《抱朴子内篇》	1177
1172	《抱朴子别旨》	1178
1173	《抱朴子外篇》	1179
1174	《橐钥子》	1180
1187	《洞神八帝元（玄）变经》	1193
1203	《道法会元》	1210
1204	《上清灵宝大法》	1211
1205	《上清灵宝大法》	1212
1206	《上清灵宝大法》	1213
1210	《太上助国救民总真秘要》	1217
1212	《全真坐钵捷法》	1219
1216	《（王）重阳立教十五论》	1223
1225	《正一法文（太上）外箓仪》	1233
1235	《道法心传》	1243
1273	《上清经秘诀》	1281
1276	《上清黄书过度仪》	1284
1287	《葛仙翁（葛玄）肘后备急方》	1295
1295	《（洞真太上素灵洞元）大有妙经》	1303
1357	《上清太上帝君九真中经》	1365
1382	《黄庭中景经》	1390
1387	《太上灵宝芝草品》	1395
1405	《太上老君太素经》	1413
1442	《汉天师世家》	1451

B 1800 年以后的中文和日文书籍与论文

Anon. (*10*)
《敦煌壁画集》
Album of Coloured Reproductions of the fresco-paintings at the Tunhuang cave-temples
北京，1957 年

Anon. (*11*)
《长沙发掘报告》
Report on the Excavations (of Tombs of the Chhu State, of the Warring States period, and of the Han Dynasties) at Chhangsha
中国科学院考古研究所，科学出版社出版，北京，1957 年

Anon. (*17*)
《寿县蔡侯墓出土遗物》
Objects Excavated from the Tomb of the Duke of Tshai at Shou-hsien
中国科学院考古研究所，北京，1956 年

Anon. (*27*)
《上村岭虢国墓地》
The Cemetery (and Princely Tombs) of the State of (Northern) Kuo at Shang-tshun-ling (near Shen-hsien in the Sanmên Gorge Dam Area of the Yellow River)
中国科学院考古研究所，北京，1959 年 (中国田野考古报告集，第 10 号)，(黄河水库考古报告之三)

Anon. (*28*)
《云南晋宁石寨山古墓群发掘报告》
Report on the Excavation of a Croup of Tombs (of the Tien Culture) at Shih-chai Shan near Chin-ning in Yunnan
2 册
云南省博物馆
文物出版社，北京，1959 年

Anon. (*57*)
《中药志》
Repertorium of Chinese Materia Medica (Drug Plants and their Parts, Animals and Minerals)
4 册
人民卫生出版社，北京，1961 年

Anon. (*73*) (安徽医学院附属医院医疗体育科)
《中医按摩学简编》
Introduction to the Massage Techniques in Chinese Medicine
人民卫生出版社，北京，1960 年，1963 年第 2 版

Anon. (*74*) (国家体委运动司)
《太极拳运动》
The Chinese Boxing Movements [instructions for the exercises]
人民体育出版社，北京，1962 年

Anon. (*77*)
《气功疗法讲义》
Lectures on Respiratory Physiotherapy
科技卫生出版社，上海，1958 年

Anon. (*78*)
中国制钱之定量分析
Analyses of Chinese Coins (of different Dynasties)
《科学》，1921，**6** (no. 11)，1173
表格转载于王琎 (2)，第 88 页

Anon. (*100*)
《绍兴酒酿造》
Methods of Fermentation (and Distillation) of Wine used at Shao-hsing (Chekiang)
轻工业出版社，北京，1958 年

Anon. (*101*)
《中国名菜谱》
Famous Dishes of Chinese Cookery
12 卷
轻工业出版社，北京，1965 年

Anon. (*103*)
《日本ミイラの研究》
Researches on Mummies (and Self-Mummi-fication) in Japan
平凡社，东京，1971 年

Anon. (*104*)
《长沙马王堆一号汉墓发掘简报》
Preliminary Report on the Excavation of Han Tomb No. 1 at Ma-wang-tui (Hayagriva Hill) near Chhangsha [the Lady of Tai, c. -180]
文物出版社，北京，1972 年

Anon. (*105*)
考古学上の新發見；二千餘年まえの緝絵織物その他
A New Discovery in Archaeology; Painted Silks, Textiles and other Things more than Two Thousand Years old
JC, 1972 (no. 9), 68, 附彩色图版

Anon. (*106*)
《文化大革命期间出土文物》
Cultural Relics Unearthed during the period of the Great Cultural Revolution (1965—1971), vol. 1 [album]
文物出版社，北京，1972 年

Anon. (*109*)
《中国高等植物图鉴》
Iconographia Cormophytorum Sinicorum (Flora of Chinese Higher Plants)
2 册。科学出版社，北京，1972 年（中国科学院北京植物研究所主编）

Anon. (*110*)
《常用中草药图谱》
Illustrated Flora of the Most Commonly Used Drug Plants in Chinese Medicine
人民卫生出版社，北京，1970 年

Anon. (*111*)
满城汉墓发掘纪要
The Essential Findings of the Excavations of the (Two) Han Tombs at Man-chhêng (Hopei), [Liu Shêng, Prince Ching of Chung-shan, and his consort Tou Wan]
《考古》，1972，(no. 1)，8

Anon. (*112*)
满城汉墓“金缕玉衣”的清理和复原
On the Origin and Detailed Structure of the Jade Body-cases Sewn with Gold Thread found in the Han Tombs at Man-chhêng
《考古》，1972，(no. 2)，39

Anon. (*113*)
试谈济南无影山出土的西汉乐舞杂技宴欢陶俑
A Discourse on the Early Han pottery models of musicians, dancers, acrobats and miscellaneous artists performing at a banquet, discovered in a Tomb at Wu-ying Shan (Shadowless Hill) near Chinan (in Shan-tung province)
《文物》，1972，(no. 5)，19

Anon. (*115*)
《慈航大师傅》
A Biography of the Great Buddhist Teacher, Tzhu-Hang (d., self-mummified, 1954)
台北，1959 年（《甘露丛书》，第 11 种）

ドナルド・リチー (Richie, Donald) 和伊藤堅吉 (*1*) = Richie, D. & Itō Kenkichi (1)
《男女像》
Images of the Male and Female Sexes [= The Erotic Gods]
图谱新社，东京，1967 年

阿知波五郎 (Achiwa Gorō) (*1*)
蘭学期の自然良能説研究
A Study of the Theory of Nature-Healing in the Period of Dutch Learning in Japan
《医譚》，1965，No. 31，2223

安藤更生 (Andō Kōsei) (*1*)
《鑑真》
Life of Chien-Chen (+688 to +763)
[杰出的佛僧，传教于日本，擅长医学与建筑]
美术出版社，东京，1958 年；1963 年再版
摘要：*RBS*，1964，**4**，no. 889

安藤更生 (*2*)
《日本のミイラ》
Mummification in Japan
每日新闻社，东京，1961 年

摘要：*RBS*，1968，**7**，no. 575

巴子园（*1*）（编）
《丹拟三卷》
Three Books of Draft Memoranda on Elixirs and Enchymomas
1801 年

毕利干（Billequin，M. A.）、承霖和王锺祥（*1*）
《化学阐原》
Explanation of the Fundamental Principles of Chemistry
同文馆，北京，1882 年

蔡龙云（*1*）
《四路华拳》
Chinese Boxing Calisthenics on the Four Directions System
人民体育出版社，北京，1959 年；1964 年重印

曹元宇（*1*）
中国古代金丹家的设备和方法
Apparatus and Methods of the Ancient Chinese Alchemists
《科学》，1933，**17**（no. 1），31
转载于王琎（*2*），第 67 页
英文节译：Barnes（1）
英文摘要：H. D. C［oilier］，*ISIS*，1935，**23**，570

曹元宇（*2*）
中国作酒化学史料
Materials for the History of Fermentation（Wine-making）Chemistry in China
《学艺杂志》，1922，**6**（no. 6），1

曹元宇（*3*）
关于唐代没有蒸馏酒的问题
On the Question of whether Distilled Alcoholic Liquors were known in the Thang Period
《科学史集刊》，1963，no. 6，24

昌彼得（*1*）
《说郛考》
A Study of the *Shuo Fu* Florilegium
中国东亚学术研究计划委员会，台北，1962 年

長谷川卯三郎（Hasegawa Usaburo）（*1*）
《新医学禅》
New Applications of Zen Buddhist Techniques in Medicine
创元社，东京，1970 年

常盤大定（Tokiwa Daijō）（*1*）
道教概说
Outline of Taoism
《东洋学报》，1920，**10**（no. 3），305

常盤大定（*2*）
道教发达史概说
General Sketch of the Development of Taoism
《东洋学报》，1921，**11**（no. 2），243

朝比奈泰彦（Asahina Yasuhiko）（*1*）（编）以及 16 名合作者
《正倉院藥物》
The Shōsōin Medicinals；a Report on Scientific Researches
附小畑薰良所撰英文摘要
植物文献刊行会，大阪，1955 年

陈邦贤（*1*）
《中国医学史》
History of Chinese Medicine
商务印书馆，上海，1937 年，1957 年

陈璧琉和郑卓人（*1*）
《灵枢经白话解》
The *Yellow Emperor's Manual of Corporeal*（*Medicine*）；*the Vital Axis*；done into Colloquial Language
人民卫生出版社，北京，1963 年

陈公柔（*3*）
白沙唐墓简报
Preliminary Report on（the Excavation of）a Thang Tomb at the Pai-sha（Reservoir），（in Yü-hsien，Honan）
《考古通讯》，1955（no. 1），22

陈国符（*1*）
《道藏源流考》
A Study on the Evolution of the Taoist Patrology
第一版，中华书局，上海，1949 年
第二版，2 册，中华书局，北京，1963 年

陈经（*1*）
《求古精舍金石图》
Illustrations of Antiques in Bronze and Stone from

the Spirit-of-Searching-Out- Antiquity Cottage

陈梦家 (*4*)

《殷虚卜辞综述》

A study of the Characters on the Shang Oracle-Bones

科学出版社，北京，1956 年

陈槃 (*7*)

战国秦汉间方士考论

Investigations on the Magicians of the Warring States, Chhin and Han periods

《中央研究院历史语言研究所集刊》，1948，**17**，7

陈涛 (*1*)

《气功科学常识》

A General Introduction to the Science of Respiratory Physiotherapy

科技卫生出版社，上海，1958 年

陈文熙 (*1*)

炉甘石 Tutty 鍮石鍮锑

A Study of the Designations of Zinc Ores, *lu-kan-shih*, tutty and brass

《学艺杂志》，1933，**12**，839；1934，**13**，401

陈寅恪 (*3*)

天师道与滨海地域之关系

On the Taoist Church and its Relation to the Coastal Regions of China (c. + 126 to + 536)

《中央研究院历史语言研究所集刊》，1934 (no. 3/4)，439

陈垣 (*4*)

《史讳举例》

On the Tabu Changes of Personal Names in History; Some Examples

中华书局，北京，1962 年，1963 年重印

川端男勇 (Kawabata Otakeshi) 和米田祐太郎 (Yoneda Yūtarō) (*1*)

《東西媚薬考》

Die Liebestränke in Europa and Orient

文久社，东京

川久保悌郎 (Kawakubo Teirō) (*1*)

《清代滿洲における燒鍋の簇について》

On the (Kao-liang) Spirits Distilleries in Manchuria in the Chhing Period and their Economic Role in Rural Colonisation

《和田博士古稀记念东洋史论丛》，讲谈社，东京，1961 年，第 303 页

摘要：*RBS*，1968，**7**，no. 758

村上嘉実 (Murakami Yoshimi) (*3*)

《中国の仙人；抱朴子の思想》

On the Immortals of Chinese (Taoism); a Study of the Thought of Pao Phu Tzu (Ko Hung)

平乐寺书店，东京，1956 年；重印：サーラ叢書，京都，1957 年

摘要：*RBS*，1959，**2**，nos. 566，567

大矢真一 (Ōya Shin'ichi) (*1*)

《日本の産業技術》

Industrial Arts and Technology in (Old) Japan

三省堂，东京，1970 年

大淵忍爾 (Ōbuchi Ninji) (*1*)

《道教史の研究》

Researches on the History of Taoism and the Taoist Church

冈山，1964 年

島邦男 (Shima Kunio) (*1*)

《殷墟卜辞研究》

Researches on the Shang Oracle-Bones and their Inscriptions

中国学研究会，弘前，1958 年

摘要：*RBS*，1964，**4**，no. 520

道端良秀 (Michihata Ryōshū) (*1*)

中国仏教の鬼神

The 'Gods and Spirits' in Chinese Buddhism

《印度学仏教学研究》，1962，**10**，486

摘要：*RBS*，1969，**8**，no. 700

道野鶴松 (Dōno Tsurumatsu) (*1*)

《古代の支那に於ける化学思想特に元素思想に就いて》

On Ancient Chemical Ideas in China, with Special Reference to the Idea of Elements (comparison with the Four Aristotelian Elements and the Spagyrical Tria Prima)

《东方学报》(东京)，1931，**1**，159

丁韪良（Martin，W. A. P.）（*1*）
《格物入门》
An Introduction to Natural Philosophy
同文馆，北京，1868 年

丁文江（*1*）
Biography of Sung Ying-Hsing 宋应星（author of the Exploitation of the Works of Nature）
收录于《喜脉轩丛书》，陶湘编
北平，1929 年

丁绪贤（*1*）
《化学史通考》
A General Account of the History of Chemistry
2 册，商务印书馆，上海，1936 年；1951 年重印

渡邊幸三（Watanabe Kōzō）（*1*）
現存する中国近世までの五藏六府図の概說
General Remarks on（the History of）Dissection and Anatomical Illustration in China
《日本医史学杂志》，1956，**7**（nos. 1—3），88

渡邊幸三（*2*）
清淙寺釈迦胎内五藏の解剖学的研究
An Anatomical Study（of Traditional Chinese Medicine）in relation to the Visceral Models in the Sakyamuni Statue at the Seiryoji Temple（at Saga，near Kyoto）
《日本医史学杂志》，1956，**7**（nos. 1—3），30

段文杰（*1*）（编）
《榆林窟》
The Frescoes of Yii-lin-khu［i. e. Wan-fo-hsia，a series of cave-temples in Kansu］
敦煌文物研究所，中国古典艺术出版社，北京，1957 年

多紀元胤（Taki Mototane）（*1*）
《医籍考》
Comprehensive Annotated Bibliography of Chinese Medical Literature（Lost or Still Existing）
约 1825 年，印行于 1831 年
重印：东京，1933 年；中西医药研究社，上海，1936 年，王吉民撰有题识

范行准（*6*）
中华医学史
Chinese Medical History
《医史杂志》，1947，**1**（no. 1），37，（no. 2），21；1948，**1**（no. 3/4），17

范行准（*12*）
两汉三国南北朝隋唐医方简录
A Brief Bibliography of（Lost）Books on Medicine and Pharmacy written during the Han，Three Kingdoms，Northern and Southern Dynasties and Sui and Thang Periods
《中华文史论丛》，1965，**6**，295

冯承钧（*1*）
《中国南洋交通史》
History of the Contacts of China with the South Sea Regions
商务印书馆，上海，1937 年；重印：太平书局，香港，1963 年

冯家昇（*1*）
火药的发现及其传布
The Discovery of Gunpowder and its Diffusion
《北平研究院史学集刊》，1947，5，29

冯家昇（*2*）
回教国为火药由中国传入欧洲的桥梁
The Muslims as the Transmitters of Gun-powder from China to Europe
《北平研究院史学集刊》，1949，**1**

冯家昇（*3*）
读西洋的几种火器史后
Notes on reading some of the Western Histories of Firearms
《北平研究院史学集刊》，1947，**5**，279

冯家昇（*4*）
火药的由来及其传入欧洲的经过
On the Origin of Gunpowder and its Transmission to Europe
载于李光璧和钱君晔（*1*），第 33 页
北京，1955 年

冯家昇（*5*）
炼丹术的成长及其西传
Achievements of（ancient Chinese）Alchemy and its Transmission to the West
载于李光璧和钱君晔（*1*），第 120 页

北京，1955 年
冯家昇（*6*）
《火药的发明和西传》
The Discovery of Gunpowder and its Transmission to the West
华东人民出版社，上海，1954 年
修订本：上海人民出版社，1962 年
福井康順（Fukui Kōjun）（*1*）
《東洋思想の研究》
Studies in the History of East Asian Philosophy
理想社，东京，1956 年
摘要：*RBS*，1959，**2**，no. 564
福永光司（Fukunaga Mitsuji）（*1*）
封禪說の形成
The Evolution of the Theory of the Fêng and Shan Sacrifices（in Chhin and Han Times）
《東方宗教》，1954，**1**（no. 6），28，（no. 7），45
傅金铨（*1*）
《赤水吟》
Chants of the Red River [physiological alchemy]
1823 年
收录于《证道秘书十种》第四本
傅金铨（*2*）
《天仙正理读法点睛》
The Right Pattern of the Celestial Immortals; Thoughts on Reading the *Consecration of the Law* [physiological alchemy. *Tien ching* refers to the ceremony of painting in the pupils of the eyes in an image or other representation]
1820 年
收录于《证道秘书十种》第五本
傅金铨（*3*）
《丹经示读》
A Guide to the Reading of the Enchymoma Manuals [dialogue of pupil and teacher on physiological alchemy]
约 1825 年
收录于《证道秘书十种》第十一本
傅金铨（*4*）
《道海津梁》
A Catena（of Words）to Bridge the Ocean of the Tao [mutationism，Taoist-Buddhist- Confucian syncretism，and physiological alchemy]
1822 年
收录于《证道秘书十种》第十一本
傅金铨（*5*）
《试金石》
On the Testing of（what is meant by）'Metal' and 'Mineral'
约 1820 年
收录于《悟真篇三注》本
傅金铨（*6*）（编）
《证道秘书十种》
Ten Types of Secret Books on the Verification of the Tao
19 世纪前期
傅兰雅（Fryer，John）和徐寿（*1*）（译）
《化学鉴原》[Wells（1）的译本]
Authentic Mirror of Chemical Science（translation of Wells，1）
江南机器制造总局，上海，1871 年
傅勤家（*1*）
《中国道教史》
A History of Taoism in China
商务印书馆，上海，1937 年
冈西为人（Okanishi Tameto）（*2*）
《宋以前医籍考》
Comprehensive Annotated Bibliography of Chinese Medical Literature in and before the Sung Period
人民卫生出版社，北京，1958 年
冈西为人（*4*）
《丹方之研究》
Index to the 'Tan' Prescriptions in Chinese Medical Works
收录于《皇汉医学丛书》，1936 年，第 11 种
冈西为人（*5*）
《重辑〈新修本草〉》
Newly Reconstituted Version of the New and Improved Pharmacopoeia（of +659）
中国医药研究所，台北，1964 年
高铦等（*1*）

《化学药品辞典》
Dictionary of Chemistry and Pharmacy (based on T. C. Gregory (1), with the supplement by A. Rose & E. Rose)
上海科学技术出版社，上海，1960 年

高至喜 (*1*)
牛镫
An 'Ox Lamp' (bronze vessel of Chhien Han date, probably for sublimation, with the boiler below formed in the shape of an ox, and the rising tubes a continuation of its horns)
《文物》，1959 (no. 7)，66

宫川寅雄 (Miyagawa Torao) 等 (*1*)
長沙漢墓の奇跡 よみがえる軑侯夫人の世界
Marvellous Relics from a Han Tomb; the World of the Resurrected Lady of Tai
《周刊朝日》，1972 (增刊) no. 9－10
其他重要的图片见 *AGR*，1972，25 Aug.

宫下三郎 (Miyashita Saburō) (*1*)
《漢薬；秋石の薬史学的研究》
A Historical-Pharmaceutical Study of the Chinese Drug 'Autumn Mineral' (*chhiu shih*)
私人印行，大阪，1969 年

宫下三郎 (*2*)
一〇六一年に沈括が製造した性ホルモン剤について
On the Preparation of 'Autumn Mineral' [Steroid Sex Hormones from Urine] by Shen Kua in +1061
《日本医史学杂志》，1965，**11** (no. 2)，1

郭宝钧 (*1*)
浚县辛村古残墓之清理
Preliminary Report on the Excavations at the Ancient Cemetery of Hsin-tshun village, Hsün-hsien (Honan)
《田野考古报告》，1930，**1**，167

郭宝钧 (*2*)
《浚县辛村》
(Archaeological Discoveries at) Hsin-tshun Village in Hsün-hsien (Honan)
中国科学院考古研究所，北京，1964 年
(考古学专刊乙种第十三号)

郭沫若 (*8*)
出土文物二三事
One or two Points about Cultural Relics recently Excavated (including Japanese coin inscriptions)
《文物》，1972 (no. 3)，2

合信 (Hobson，Benjamin) (*1*)
《博物新编》
New Treatise on Natural Philosophy and Natural History [the first book on modern chemistry in Chinese]
上海，1855 年

何丙郁和陈铁凡 (*1*)
论《纯阳吕真人药石制》的著成时代
On the Dating of the 'Manipulations of Drugs and Minerals, by the Adept Lü Shun-Yang', a Taoist Pharmaceutical and Alchemical Manual
《东方文化》，1971，**9**，181—228

何丙郁和苏莹辉 (*1*)
《丹房镜源》考
On the *Mirror of the Alchemical Elaboratory*, (a Thang Manual of Practical Experimentation)
《东方文化》，1970，**8** (no. 1)，1，23

何汉南 (*1*)
西安市西窑村唐墓清理记
A Summary Account of the Thang Tomb at Hsi-yao Village near Sian [the tomb which yielded early Arabic coins]
参见夏鼐 (*3*)
《考古》，1965，no. 8 (no. 108)，383，388

和田久德 (Wada Hisanori) (1)
《南蕃香錄》と《諸蕃誌》との関係
On the Records of *Perfumes and Incense of the Southern Barbarians* [by Yeh Thing-Kuei, c. +1150] and the *Records of Foreign Peoples* [by Chao Ju-Kua, c. +1250, for whom it was an important source]
《お茶の水女子大学人文科学紀要》，1962，**15**，133
摘要见 *RBS*，1969，8，no. 183

黑田源次（Kuroda Genji）(*1*)
氣
On the Concept of Chhi（*pneuma*；ancient Chinese thought）
《东方宗教》，1954（no. 4/5），1；1955（no. 7），16
洪焕椿（*1*）
十至十三世纪中国科学的主要成就
The Principal Scientific（and Technological）Achievements in China from the +10th to the +13th centuries（inclusive），［the Sung period］，
《历史研究》，1959，**5**（no. 3），27
洪业（2）
再说《西京杂记》
Further Notes on the *Miscellaneous Records of the Western Capital*［with：study of the dates of Ko Hung］
《中央研究院历史语言研究所集刊》，1963，**34**（no. 2），397
侯宝璋（*1*）
中国解剖史
A History of Anatomy in China
《医学史与保健组织》，1957，**8**（no. 1），64
侯外庐（*3*）
方以智——中国的百科全书派大哲学家
Fang I-Chih-China's Great Encyclopaedist Philosopher
《历史研究》，1957（no. 6），1；1957（no. 7），1
侯外庐（*4*）
十六世纪中国的进步的哲学思潮概述
Progressive Philosophical Thinking in +16th-century China
《历史研究》，1959（no. 10），39
侯外庐、赵纪彬、杜国庠和邱汉生（*1*）
《中国思想通史》
General History of Chinese Thought
5卷
人民出版社，北京，1957年
胡适（*7*）
《论学近著》（第一集）
Recent Studies on Literature（first series）
胡耀贞（*1*）
《气功健身法》
Respiratory Exercises and the Strengthening of the Body
太平书局，香港，1963年
黄兰孙（*1*）（编）
《中国药物的科学研究》
Scientific Researches on Chinese Materia Medica
千顷堂书局，上海，1952年
黄著勋（*1*）
《中国矿产》
The Mineral Wealth and Productivity of China
第二版，商务印书馆，上海，1930年
吉岡義豊（Yoshioka Yoshitoyo）(*1*)
《道教経典史論》
Studies on the History of the Canonical Taoist Literature
道教刊行会，东京，1955年；1966年重印
摘要：*RBS*，1957，**1**，no. 415
吉岡義豊（2）
初唐における仏道論争の一資料《道教義樞》の成立について
The Tao Chiao I Shu（Basic Principles of Taoism, by Mêng An-Phai 孟安排，c. +660）and its Background；a Contribution to the Study of the Polemics between Buddhism and Taoism at the Beginning of the Thang Period
《印度学仏教学研究》，1956，**4**，58
参见 *RBS*，1959，2，no. 590
吉岡義豊（3）
《永生への願い道教》
Taoism；the Quest for Material Immortality and its Origins
淡交社，东京，1972年（《世界の宗教》，第9号）
吉田光邦（Yoshida Mitsukuni）(2)
《天工開物》の製鏈鑄造技術
Metallurgy in the *Thien Kung Khai Wu*（Exploitation of the Works of Nature，+1637）
载于藪内清（*11*），第137页
吉田光邦（5）
中世の化学（煉丹術）と仙術

Chemistry and Alchemy in Medieval China
载于薮内清（*25*），第200页

吉田光邦（*6*）
《鍊金術》
(An Introduction to the History of) Alchemy (and Early Chemistry in China; and Japan)
中央公论社，东京，1963年

吉田光邦（*7*）
《中国科学技術史論集》
Collected Essays on the History of Science and Technology in China
东京，1972年

纪昀（*1*）
《阅微草堂笔记》
Jottings from the Yüeh-wei Cottage
1800年

嘉约翰（Kerr, J. G.）和何了然（*1*）
《化学初阶》
First Steps in Chemistry
广州，1870年

贾祖璋和贾祖珊（*1*）
《中国植物图鉴》
Illustrated Dictionary of Chinese Flora [arranged on the Engler system; 2602 entries]
中华书局，北京，1936年，1955年、1958年重印

蒋天枢（*1*）
《〈楚辞新注〉导论》
A Critique of the *New Commentary on the Odes of Chhu*
《中华文史论丛》，1962，**1**，81
摘要：*RBS*，1969，**8**，no. 558

蒋维乔（*1*）
《因是子静坐法》
Yin Shih Tzu's Methods of Meditation [Taoist]
实用书局，香港，1914年，1960年、1969年重印
附续编
参见 Lu Khuan-Yü（1），pp. 167，193

蒋维乔（*2*）
《静坐法辑要》
The Important Essentials of Meditation Practice
重印，台湾印经处，台北，1962年

蒋维乔（*3*）
《呼吸习静养生法》
Methods of Nourishing the Life-Force by Respiratory Physiotherapy and Meditation Technique
重印，太平书局，香港，1963年

蒋维乔（*4*）
《因是子静坐卫生实验谈》
Talks on the Preservation of Health by Experiments in Meditation
与《因是子静坐法续编》一起印行
自由出版社，台湾台中/香港，1957年
参见 Lu Khuan-Yü（1），pp. 157，160，193

蒋维乔（*5*）
《中国的呼吸习静养生法（气功防治法）》
The Chinese Methods of Prolongevity by Respiratory and Meditational Technique (Hygiene and Health due to the Circulation of the Chhi)
上海卫生出版社，上海，1956年，1957年重印

蒋维乔和刘贵珍（*1*）
《中医谈气功疗法》
Respiratory Physiotherapy in Chinese Medicine
太平书局，香港，1964年

今井宇三郎（Imai Usaburō）（*1*）
悟真篇の成書と思想
The Poetical Essay on Realising the… Primary Vitalities [by Chang Po-Tuan, +1075]; its System of Thought and how it came to be written
《东方宗教》，1962，**19**，1
摘要：*RBS*，1969，**8**，no. 799

津田左右吉（Tsuda Sōkichi）（*2*）
神仙思想に関する二三の考察
Some Considerations and Researches on the Holy Immortals (and the Immortality Cult in Ancient Taoism)
载于《满鲜地理历史研究报告》，1924，no. 10，235

近重真澄（*1*） = Chikashige Masumi（1）
《東洋鍊金術；化学上より見たる東洋上代

の文化》
East Asian Alchemy; the Culture of East Asia in Early Times seen from the Chemical Point of View
内田老鹤圃，东京，1929 年，1936 年重印
部分依据近重真澄（*4*），以及若干篇论文，载于《史林》，1918，**3**（no. 2），以及 1919，4（no. 2）

近重真澄（*2*）
東洋古銅器の化学的研究
A Chemical Investigation of Ancient Chinese Bronze［and Brass］Vessels
《史林》，1918，**3**（no. 2），77

近重真澄（*3*）
化学より観たる東洋上代の文化
The Culture of Ancient East Asia seen from the Viewpoint of Chemistry
《史林》，1919，**4**（no. 2），169

近重真澄（*4*）
東洋古代文化の化学観
A Chemical View of Ancient East Asian Culture
印行于，东京，1920 年

孔庆莱等（*1*）（13 名合作者）
《植物学大辞典》
General Dictionary of Chinese Flora
商务印书馆，上海和香港，1918 年，1933 年重印，其后多次重印

堀一郎（Hori Ichirō）（*1*）
湯殿山系の即身仏（ミイラ）とその背景
The Preserved Buddhas（Mummies）at the Temples on Yudono Mountain
《东北文化研究室纪要》，1961，no. 35（no. 3）
重印，堀一郎（2），第 191 页

堀一郎（*2*）
《宗教習俗の生活規制》
Life and Customs of the Religious Sects（in Buddhism）
未来社，东京，1963 年

赖斗岩（*1*）
医史碎锦
Medico-historical Gleanings
《医史杂志》，1948，**2**（no. 3/4），41

赖家度（*1*）
《天工开物》及其著者宋应星
The *Exploitation of the Works of Nature* and its Author; Sung Ying-Hsing
载于李光璧和钱君晔（*1*），第 338 页
北京，1955 年

劳榦（*6*）
中国丹砂之应用及其推演
The Utilisation of Cinnabar in China and its Historical Implications
《中央研究院历史语言研究所集刊》，1936，**7**（no. 4），519

李光璧和钱君晔（*1*）
《中国科学技术发明和科学技术人物论集》
Essays on Chinese Discoveries and Inventions in Science and Technology, and on the Men who made them
三联书店，北京，1955 年

李乔苹（*1*）
《中国化学史》
History of Chemistry in China
商务印书馆，长沙，1940 年，第二版（增订），台北，1955 年

李书华（*3*）
《李书华游记》
Travel Diaries of Li Shu-Hua［recording visits to temples and other notable places around Huang Shan, Fang Shan, Thien-thai Shan, Yen-tang Shan etc. in 1935 and 1936］
传记文学出版社，台北，1969 年

李叔还（*1*）
《道教要义问答集成》
A Catechism of the Most Important Ideas and Doctrines of the Taoist Religion
印行，高雄和台北，1970 年。香港新界青山的青松观分发

李俨（*4*）
《中算史论丛》
Gesammelte Abhandlungen ü. die Geschichte d. chinesischen Mathematik
1—3 集，1933—1935 年；第 4 集（2 册），

1947 年
商务印书馆，上海

李俨（*21*）
《中算史论丛》
Collected Essays on the History of Chinese Mathematics
第 1 集，1954 年；第 2 集，1954 年；第 3 集，1955 年；第 4 集，1955 年；第 5 集，1955 年
科学出版社，北京

栗原圭介（Kurihara Keisuke）（*1*）
虞祭の“儀禮”的意義
The Meaning and Practice of the Yü Sacrifice, as seen in the *Personal Conduct Ritual*
《日本中国学会报》，1961，**313**，19
摘要：*RBS*，1968，**7**，no. 615

梁津（*1*）
周代合金成分考
A Study of the Analysis of Alloys of the Chou period
《科学》，1925，**9**（no. 3），1261；转载于王琎（*2*），第 52 页

林天蔚（*1*）
《宋代香药贸易史稿》
A History of the Perfume and Drug Trade during the Sung Dynasty
中国学社，香港，1960 年

凌纯声（*6*）
中国酒之起源
On the Origin of Wine in China
《中央研究院历史语言研究所集刊》，1958，**29**，883（赵元任赠本）

刘波（*1*）
《蘑菇及其栽培》
Mushrooms, Toadstools, and their Cultivation
科学出版社，北京，1959 年；1960 年重印；第 2 版，增订，1964 年

刘贵珍（*1*）
《气功疗法实践》
The Practice of Respiratory Physiotherapy
河北人民出版社，保定，1957 年
也以《试验气功疗法》（Experimental Tests of Respiratory Physiotherapy）为名出版
太平书局，香港，1965 年

刘仕骥（*1*）
《中国葬俗搜奇》
A Study of the Curiosities of Chinese Burial Customs
上海书局，香港，1957 年

刘寿山等（*1*）
《1820—1961 中药研究文献摘要》
A Selection of the Most Important Findings in the Literature on Chinese Drugs from 1820 to 1961
科学出版社，北京，1963 年

刘文典（*2*）
《淮南鸿烈集解》
Collected Commentaries on the *Huai-Nan Tzu* Book
商务印书馆，上海，1923 年，1926 年

刘友梁（*1*）
《矿物药与丹药》
The Compounding of Mineral and Inorganic Drugs in Chinese Medicine
上海科学技术出版社，上海，1962 年

龙伯坚（*1*）
《现存本草书录》
Bibliographical Study of Extant Pharmacopoeias and Treatises on Natural History（from all periods）
人民卫生出版社，北京，1957 年

瀧沢馬琴（Takizawa Bakin）（*1*）
《近世說美少年錄》
Modern Stories of Youth and Beauty
日本（江户），约 1820 年

陆奎生（*1*）（编）
《中药科学化大辞典》
Dictionary of Scientific Studies of Chinese Drugs
上海印书馆，香港，1957 年

罗香林（*3*）
《唐代广州光孝寺与中印交通之关系》
The Kuang-Hsiao Temple at Canton during the Thang period, with reference to Sino-Indian Relations

中国学社，香港，1960 年
罗宗真（*1*）
江苏宜兴晋墓发掘报告（有夏鼐撰写的跋）
Report of an Excavation of a Chin Tomb at I-hsing in Chiangsu［周处（卒于公元 297 年）的墓，其中出土的腰带饰物含有铝，见正文 p. 192］
《考古学报》，1957（no. 4），no. 18，83
参见沈时英（*1*）；杨根（*1*）
罗宗真（2）
我对西晋铝带饰问题的看法
Rejoinder to 沈时英（*1*）
《考古》，1963（no. 3），165
马继兴（2）
宋代的人体解剖图
On the Anatomical Illustrations of the Sung Period
《医学史与保健组织》，1957，**8**（no. 2），125
茆泮林（*1*）
《淮南万毕书》（参见该条）辑补
收入《龙溪精舍丛书》
Collection from the Dragon Pool Studio
郑国勋辑（1917 年）
约 1821 年
梅荣照（*1*）
我国第一本微积分学的译本——《代微积拾级》出版一百周年
The Centenary of the First Translation into Chinese of a book on Analytical Geometry and Calculus;（Li Shan-Lan's translation of Elias Loomis）
《科学史集刊》，1960，**3**，59
摘要：*RBS*，1968，**7**，no. 747
梅原末治（Umehara Sueji）（*3*）
《泉屋清賞；新收编》
New Acquisitions of the Sumitomo Collection of Ancient Bronzes（Kyoto）; a Catalogue
京都，1961 年
附英文目录
孟乃昌（*1*）
关于中国炼丹术中硝酸的应用
On the（Possible）Applications of Nitric Acid in（Mediaeval）Chinese Alchemy
《科学史集刊》，1966，**9**，24
闵一得（*1*）
《管窥编》
An Optick Glass（for the Enchymoma）
约 1830 年
收录于《道藏续编》（初集），第 7 种
木宫泰彦（Kimiya Yasuhiko）（*1*）
《日華文化交流史》
A History of Cultural Relations between Japan and China
冨山房，东京，1955 年
摘要：*RBS*，1959，**2**，no. 37
潘霨（*1*）
《卫生要术》
Essential Techniques for the Preservation of Health［based on earlier material on breathing exercises, physical culture and massage etc. collected by Hsü Ming-Fêng］
1848 年，重印于 1857 年
平岡禎吉（Hiraoka Teikichi）（2）
《〈淮南子〉に現われた氣の研究》
Studies on the Meaning and the Conception of '*chhi*' in the *Huai Nan Tzu* book
汉魏文化学会，东京，1961 年
摘要：*RBS*，1968，**7**，no. 620
平野元亮（Chojiya Heibei）（*1*）
《硝石製煉法》
The Manufacture of Saltpetre
江户，1863 年
妻木直良（Tsumaki Naoyoshi）（*1*）
道教の研究
Studies in Taoism
《东洋学报》，1911，**1**（no. 1），1；（no. 2），20；1912，**2**（no. 1），58
前野直彬（Maeno Naoaki）（*1*）
冥界游行
On the journey into Hell［critique of Duyvendak（20）continued: a study of the growth of Chinese conceptions of hell］
《中国文学报》，1961，**14**，38；**15**，33
摘要：*RBS*，1968，**7**，no. 636

青木正兒（Aoki Masaru）（*1*）
《中華名物考》
Studies on Things of Renown in (Ancient and Medieval) China, [including aromatics, incense and spices]
春秋社，东京，1959年
摘要：*RBS*，1965，**5**，no. 836
秋月観瑛（Akitsuki Kanei）（*1*）
黄老観念の係譜
On the Genealogy of the Huang-Lao Concept (in Taoism)
《東方学》，1955，**10**，69
全相運（Chŏn Sangun）（*2*）
《韓國科學技術史》
A Brief History of Science and Technology in Korea
科学世界社，汉城，1966年
任应秋（*1*）
《通俗中国医学史话》
Popular Talks on the History of Medicine
重庆，1957年
容庚（*3*）
《金文编》
Bronze Forms of Characters
北京，1925年；1959年重印
三木栄（Miki Sakae）（*1*）
《朝鲜医学史及疾病史》
A History of Korean Medicine and of Diseases in Korea
堺，大阪，1962年
三木栄（*2*）
《体系世界医学史；書誌的研究》
A Systematic History of World Medicine; Bibliographical Researches
东京，1972年
三上義夫（Mikami Yoshio）（*16*）
支那の無機酸類に関する知識の始め
Le Premier Savoir des Acides Inorganiques en Chine
《实践医学》，1931，**1**（no. 1），95
森田幸门（Morita Kōmon）（*1*）
序说
Introduction to the Special Number of *Nihon Ishigaku Zasshi* (*Journ. Jap. Soc. Hist. of Med.*) on the Model Human Viscera in the Cavity of the Statue of Sakyamuni (Buddha) at the Seiriyōji
《日本医史学杂志》，1956，**7**（nos. 1-3），1
山田慶兒（Yamada Keiji）（*1*）
《物类相感志》の成立
The Organisation of the Book *Wu Lei Hsiang Kan Chih* (Mutual Responses of Things according to their Categories)
《生活文化研究》，1965，**13**，305
山田慶兒（*2*）
中世の自然觀
The Naturalism of the (Chinese) Middle Ages [with special reference to Taoism, alchemy, magic and apotropaics]
载于薮内清（*25*），第55—110页
山田憲太郎（Yamada Kentarō）（*1*）
《东西香薬史》
A History of Perfumes, Incense, Aromatics and Spices in East and West
东京，1958年
山田憲太郎（*2*）
《香料の歴史》
History of Perfumes, Incense and Aromatics
东京，1964年（纪伊国屋新书，B-14）
山田憲太郎（*3*）
《小川香料時報》（日本香料史）
News from the Ogawa Company; A History of the Incense, Spice and Perfume Industry (in Japan)
小川商店编，大阪，1948年
山田憲太郎（*4*）
《東亞香料史》
A History of Incense, Aromatics and Perfumes in East Asia
东洋堂，东京，1942年
山田憲太郎（*5*）
中国の安息香と西洋のベソゾイソとの源
A Study of the Introduction of *an-hsi* hsiang

(gum guggul, bdellium) into China, and that of gum benzoin into Europe
《自然と文化》, 1951 (no. 2), 1—36

山田憲太郎 (*6*)
中世の中国人とアラビア人が知つていた龍脳の产出地とくに婆律国について
On the knowledge which the Medieval Chinese and Arabs possessed of Baros camphor (from *Dryobalanops aromatica*) and its Place of Production, Borneo
NYGDR, 1966 (no. 5), 1

山田憲太郎 (*7*)
龍脳考 (その商品史的考察)
A Study of Borneo or Baros camphor (from *Dryobalanops aromatica*), and the History of the Trade in it
NYGDR, 1967 (no. 10), 19

山田憲太郎 (*8*)
沈すなわ香
On the 'Sinking Aromatic' (garroo wood, Aquilaria agallocha)
NYGDR, 1970, **7** (no. 1), 1

沈时英 (*1*)
关于江苏宜兴西晋周处墓出土带饰成分问题
Notes on the Chemical Composition of the Belt Ornaments from the Western Chin Period (+265 to +316) found in the Tomb of Chou Chhu at I-hsing in Chiangsu
《考古》, 1962 (no. 9), 503
席文 (N. Sivin) 英译 (未发表)
参见罗宗真 (**1**); 杨根 (*1*)

石岛快隆 (Ishijima Yasutaka) (*1*)
抱朴子引書考
A Study of the Books quoted in the *Pao Phu Tzu* and its Bibliography
《文化》(仙台), 1956, **20**, 877
摘要: *RBS*, 1959, 2, no. 565

石井昌子 (Ishii Masako) (*1*)
《稿本〈真誥〉》
Draft of an Edition of the *Declarations of Perfected Immortals*, (with Notes on Variant Readings)
多册
丰岛书房, 东京, (道教刊行会), 1966 年—

石井昌子 (*2*)
《真誥》の成立をみぐる資料的検討; 《登真隱訣》, 《真靈位業圖》及び《無上秘要》との関係を中心に
Documents for the Study of the Formation of the *Declarations of Perfected Immortals*. ...
《道教研究》, 1968, **3**, 79—195 (附法文摘要, 第 iv 页)

石井昌子 (*3*)
《真誥》の成立に関する一考察
A Study of the Formation of the *Declarations of Perfected Immortals*
《道教研究》, 1965, **1**, 215 (附法文摘要, 第 x 页)

石井昌子 (*4*)
陶弘景傳記考
A Biography of Thao Hung-Ching
《道教研究》, 1971, **4**, 29—113 (附法文摘要, 第 iv 页)

石原明 (Ishihara Akira) (*1*)
五臟入胎の意義について
The Buddhist Meaning of the Visceral Models (in the Sakyamuni Statue at the Seiryōji Temple)
《日本医史学杂志》, 1956, **7** (nos. 1—3), 5

石原明 (*2*)
印度解剖学の成立とその流傳
On the Introduction of Indian Anatomical Knowledge (to China and Japan)
《日本医史学杂志》, 1956, **7** (nos. 1—3), 64

史树青 (*2*)
古代科技事物四考
Four Notes on Ancient Scientific Technology: (a) Ceramic objects for medical heat-treatment; (b) Mercury silvering of bronze mirrors; (c) Cardan Suspension perfume burners; (d) Dyeing stoves

《文物》, 1962（no. 3）, 47
水野清一（Mizuno Seiichi）(*3*)
《殷代青銅文化の研究》
Researches on the Bronze Culture of the Shang (Yin) Period
京都, 1953年
松田壽男（Matsuda Hisao）(*1*)
戎塩と人参と貂皮
On Turkestan salt, Ginseng and Sable Furs
《史学杂志》, 1957, **66**, 49
藪内清（Yabuuchi Kiyoshi）(*11*)（编）
《天工開物の研究》
A Study of the *Thien Kung Khai Wu* (Exploitation of the Works of Nature, +1637)
原文的日文译文, 以及几位作者的注释性论文
恒星社厚生阁, 东京, 1953年
评论: 杨联升（Yang Lien-Shêng）, *HJAS*, 1954, **17**, 307
原文的英文译本（注释谨慎）: Sun & Sun (1)
11篇论文的中文译本:
(a)《天工开物之研究》, 苏芗雨等译, 中华丛书委员会, 台湾和香港, 1956年
(b)《天工开物研究论文集》, 章熊、吴杰译, 商务印书馆, 北京, 1961年
藪内清 (*25*)（编）
《中国中世科学技术史の研究》
Studies in the History of Science and Technology in Medieval China [a collective work]
角川书店（京都大学人文科学研究所研究报告）, 东京, 1963年
苏芬、朱稼轩等 (*1*)
航慈法师菩萨四不朽
The Self-Mummification of the Abbot and Bodhisattva, Tzhu-Hang (d. 1954)
《今日佛教》, 1959 (no. 27), 15, 21, 等
苏莹辉 (*1*)
论《物类相感志》之作成时代
On the Time of Completion of the *Mutual Responses of Things according to their Categories*
《大陆杂志》, 1970, **40** (no. 10)
苏莹辉 (*2*)
《物类相感志》分卷沿革考略
A Study of the Transmission of the *Mutual Responses of Things according to their Categories* and the Vicissitudes in the Numbering of its Chapters
《故宫图书集刊》(台湾), 1970, **1** (no. 2), 23
孙冯翼 (*1*)
《淮南万毕术》辑补
收入《问经堂丛书》
1797至1802年
孙作云 (*1*)
说羽人
On the Feathered and Winged Immortals (of early Taoism)
《历史与考古》, 1948年
澹然慧 (*1*)（编）
《〈长生术〉〈续命方〉合刊》
A Joint Edition of the Art and Mystery of Longevity and Immortality and the Precepts for Lengthening the Life-Span. [The former work is that previously entitled *Thai-I Chin Hua Tsung Chih* (q. v.) and the latter is that previously entitled *Tsui-Shang I Chhêng Hui Ming Ching* (q. v.)]
北平, 1921年 [此版本后被卫礼贤和荣格 (Wilhelm & Jung, 1) 采用]
汤用彤和汤一介 (*1*)
冠谦之的著作与思想
On the Doctrines and Writings of (the Taoist reformer) Khou Chhien-Chih (in the Northern Wei period)
《历史研究》, 1961, **8** (no. 5), 64
摘要: *RBS*, 1968, **7**, no. 659
藤堂恭俊（Tōdō Kyōshun）(*1*)
シナ浄土教における隋逐擁護說の成立過程について
On the Origin of the Invocation to the 25 Bodhisattvas for Protection against severe judgments; a Practice of the Chinese Pure Land (Amidist) School
载于《塚本博士頌壽記念仏教史学論集》,

京都，1961 年，第 502 页
摘要：*RBS*，1968，**7**，no. 664
土肥慶藏（Dohi Keizō）(*1*)
《正倉院藥種の史的考察》
Historical Investigation of the Drugs preserved in the Imperial Treasury at Nara
載于《続正倉院史論》，1932 年，第 15 册，宁乐发行所
第一部分，第 133 页
王辑五（*1*）
《中国日本交通史》
A History of the Relations and Connections between China and Japan
商务印书馆，台北，1965 年（《中国文化史丛书》）
王季梁和纪纫容（*1*）
中国化学界之过去与未来
The Past and Future of Chemistry [and Chemical Industry] in China
《化学通讯》，1942，**3**
王琎（*1*）
中国之科学思想
On (the History of) Scientific Thought in China
载于《科学通论》
中国科学社，上海，1934 年
原载于《科学》，1922，**7**（no. 10），1022
王琎（2）（编）
《中国古代金属化学及金丹术》
Alchemy and the Development of Metallurgical Chemistry in Ancient and Medieval China [collective work]
中国科学图书仪器公司，上海，1955 年
王琎（*3*）
中国古代金属原质之化学
The Chemistry of Metallurgical Operations in Ancient and Medieval China [smelting and alloying]
《科学》，1919，**5**（no. 6），555；转载于王琎（*2*），第 1 页
王琎（*4*）
中国古代金属化合物之化学
The Chemistry of Compounds containing Metal Elements in Ancient and Medieval China
《科学》，1920，**5**（no. 7），672；转载于王琎（*2*），第 10 页
王琎（*5*）
五铢钱化学成分及古代应用铅锡锌鑞考
An Investigation of the Ancient Technology of Lead, Tin, Zinc and *la*, together with Chemical Analyses of the Five-Shu Coins [of the Han and subsequent periods]
《科学》，1923，**8**（no. 9），839；转载于王琎（*2*），第 39 页
王琎（*6*）
中国铜合金内之镍
On the Chinese Copper Alloys containing Nickel [paktong] etc
《科学》，1929，**13**，1418；摘要载于王琎（*2*），第 91 页
王琎（*7*）
中国古代酒精发酵业之一斑
A Brief Study of the Alcoholic Fermentation Industry in Ancient (and Medieval) China
《科学》，1921，**6**（no. 3），270
王琎（*8*）
中国古代陶业之科学观
Scientific Aspects of the Ceramics Industry in Ancient China
《科学》，1921，**6**（no. 9），869
王琎（*9*）
中国黄铜业之全盛时期
On the Date of Full Development of the Chinese Brass Industry
《科学》，1925，**10**，495
王琎（*10*）
宜兴陶业原料之科学观
Scientific Aspects of the Raw Materials of the I-hsing Ceramics Industry
《科学》，1932，16（no. 2），163
王琎（*11*）
中国古代化学的成就
Achievements of Chemical Science in Ancient and Medieval China
《科学通报》，1951，**2**（no. 11），1142

王琎（*1*2）

葛洪以前之金丹史略

A Historical Survey of Alchemy before Ko Hung (*c.* +300)

《学艺杂志》，1935，**14**，45，283

王奎克（*1*）（译）

三十六水法——中国古代关于水溶液的一种早期炼丹文献

The *Thirty-six Methods of Bringing Solids into Aqueous Solution-an* Early Chinese Alchemical Contribution to the Problem of Dissolving (Mineral Substances), [a partial translation of Tshao Thien-Chhin, Ho Ping-Yü & Needham, J. (1)]

《科学史集刊》，1963，**5**，67

王奎克（*2*）

中国炼丹术中的金液和华池

'Potable Gold' and Solvents (for Mineral Substances) in (Medieval) Chinese Alchemy

《科学史集刊》，1964，**7**，53

王明（*2*）

《〈太平经〉合校》

A Reconstructed Edition of the *Canon of the Great Peace (and Equality)*

中华书局，北京和上海，1960 年

王明（*3*）

《周易参同契》考证

A Critical Study of the *Kinship of the Three*

《中央研究院历史语言研究所集刊》，1948，**19**，325

王明（*4*）

《黄庭经》考

A Study on the Manuals of the *Yellow Courts*

《中央研究院历史语言研究所集刊》，1948，**20** 上册

王明（*5*）

《太平经》目录考

A Study of the Contents Tables of the *Canon of the Great Peace (and Equality)*

《文史》，1965，no. 4，19

王先谦（*3*）

《释名疏证补》

Revised and Annotated Edition of the [Han] *Explanation of Names* [dictionary]

北京，1895 年

王冶秋、王仲殊和夏鼐（*1*）

文化大革命期间出土文物展览

Articles to accompany the Exhibition of Cultural Relics Excavated (in Ten Provinces of China) during the Period of the Great Cultural Revolution

《人民中国》，1971（no. 10），31，附彩色图版

王祖源（*1*）

《内功图说》

Illustrations and Explanations of Gymnastic Exercises [based on an earlier presentation by Phan Wei (q. v.) using still older material from Hsü Ming Feng]

1881 年

现代重印：人民卫生出版社，北京，1956 年；太平书局，香港，1962 年

魏源（*1*）

《圣武记》

Records of the Warrior Sages [a history of the military operations of the Chhing emperors]

1842 年

闻一多（*3*）

《神话与诗》

Religion and Poetry (in Ancient Times), [contains a study of the Taoist immortality cult and a theory of its origins]

北京，1956 年（遗作）

翁独健（*1*）

《道藏子目引得》

An Index to the Taoist Patrology

哈佛燕京学社，北平，1935 年

翁文灏（*1*）

《中国矿产志略》

The Mineral Resources of China (Metals and Non-Metals except Coal)

《地质专报》（乙种），1919，no. 1，1—270 附英文目录

吴承洛（*2*）
《中国度量衡史》
History of Chinese Metrology [weights and measures]
商务印书馆，上海，1937 年；第 2 版，上海，1957 年
吴德铎（*1*）
唐宋文献中关于蒸馏酒与蒸馏器问题
On the Question of Liquor Distillation and Stills in the Literature of the Thang and Sung Periods
《科学史集刊》，1966，no. 9，53
吴世昌（*1*）
密宗塑像说略
A Brief Discussion of Tantric（Buddhist）Images
《北平研究院史学集刊》，1935，1
武内義雄（Takeuchi Yoshio）（*1*）
《神仙說》
The Holy Immortals（a study of ancient Taoism）
东京，1935 年
夏鼐（*2*）
《考古学论文集》
Collected Papers on Archaeological Subjects
中国科学院考古研究所编辑，北京，1961 年
夏鼐（*3*）
西安唐墓出土阿拉伯金币
Arab Gold Coins unearthed from a Thang Dynasty Tomb（at Hsi-yao-thou Village）near Sian, Shensi（gold dinars of the Umayyad Caliphs 'Abd al-Malik, +702, 'Umar ibn 'Abd al-'Azīz, +718, and Marwān II, +746）
参见何汉南（*1*）
《考古》，1965，no. 8（no. 108），420，附图 1—6，载于图版 1
向达（*3*）
《唐代长安与西域文明》
Western Cultures at the Chinese Capital（Chhang-an）during the Thang Dynasty
《燕京学报》专号 2，北平，1933 年
小林勝人（Kobayashi Katsuhito）（*1*）
楊朱学派の人々
On the Disciples and Representatives of the（Hedonist）School of Yang Chu
《东洋学》，1961，**5**，29
摘要：*RBS*，1968，**7**，no. 606
小柳司氣太（Koyanagi Shikita）（*1*）
《道教概說》
A Brief Survey of Taoism
陈斌和译
商务印书馆，上海，1926 年
重印：商务印书馆，台北，1966 年
小片保（Ogata Tamotsu）（*1*）
我国即身仏成立に関ずる諸問題
The Self-Mummified Buddhas of Japan, and Several（Anatomical）Questions concerning them
《新潟大学医学部学士会会报》（专号），1962（no. 15），16，附 8 幅图版
篠田統（Shinoda Osamu）（*1*）
暖氣樽小考
A Brief Study of the 'Daki', [*Nuan Chhi*] Temperature Stabiliser（used in breweries for the saccharification vats, cooling them in summer and warming them in winter）
《大阪学芸大学紀要》，B 刊，1963（no. 12），217
篠田統（*2*）
中世の酒
Wine-Makin in Medieval（China and Japan）
载于藪内清（*25*），第 321 页
谢诵穆（*1*）
中国历代医学伪书考
A Study of the Authenticity of（Ancient and Medieval）Chinese Medical Books
《医史杂志》，1947，**1**（no. 1），53
解希恭（*1*）
太原东太堡出土的汉代铜器
Bronze Objects of Han Date Excavated at Tung-thai-pao Village near Thaiyuan（Shansi），[including five unicorn-foot horse-hoof gold pieces, about 140 gms. wt., with almost illegible inscriptions]
《文物》，1962（no. 4/5），no. 138—139，66

(71)，图版 11
摘要：*RBS*，1969，8，no. 360（p. 196）
熊德基（*1*）
《太平经》的作者和思想及其与黄巾和天师道的关系
The Authorship and Ideology of the *Canon of the Great Peace*; and its Relation with the Yellow Turbans (Rebellion) and the Taoist Church (Tao of the Heavenly Teacher)
《历史研究》，1962（no. 4），8
摘要：*RBS*，1969，**8**，no. 737
徐建寅（*1*）
《格致丛书》
A General Treatise on the Natural Sciences
上海，1901 年
徐致一（*1*）
《吴家太极拳》
Chinese Boxing Calisthenics according to the Wu Tradition
新文书店，香港，1969 年
徐中舒（*7*）
金文嘏辞释例
Terms and Forms of the Prayers for Blessings in the Bronze Inscriptions
《中央研究院历史语言研究所集刊》，1936，(no. 4)，15
徐中舒（*8*）
陈侯四器考释
Researches on Four Bronze Vessels of the Marquis Chhen [i. e. Prince Wei of Chhi State, r. −378 to −342]
《中央研究院历史语言研究所集刊》，1934，(no. 3/4)，499
许地山（*1*）
《道教史》
History of Taoism
商务印书馆，上海，1934 年
许地山（*2*）
道家思想与道教
Taoist Philosophy and Taoist Religion
《燕京学报》，1927，**2**，249
緒方洪庵（Ogata Kōan）（*1*）
《病学通論》
Survey of Pathology (after Christopher Hufeland's theories)
东京，1849 年
緒方洪庵（*2*）
《扶氏経験遺訓》
Mr Hu's (Christopher Hufeland's) Well-tested Advice to Posterity [medical macrobiotics]
东京，1857 年
薛愚（*1*）
道家仙药之化学观
A Look at the Chemical Reactions involved in the Elixir-making of the Taoists
《学思》，1942，**1**（no. 5），126
严敦杰（*20*）
中国古代自然科学的发展及其成就
The Development and Achievements of the Chinese Natural Sciences (down to 1840)
《科学史集刊》，1969，1（no. 3），6
严敦杰（*21*）
《徐光启》
A Biography of Hsü Kuang-Chhi
《中国古代科学家》，李俨编（*27*），第 2 版，第 131 页
杨伯峻（*1*）
略谈我国史籍上关于尸体防腐的记载和马王堆一号汉墓墓主问题
A Brief Discussion of Some Historical Text concerning the Preservation of Human Bodies in an Incorrupt State, especially it connection with the Han Burial in Tomb, no. 1 at Ma-wang-tui
《文物》，1972（no. 9），36
杨承禧等（*1*）
《湖北通志》
Historical Geography of Hupei Province
1921 年
杨根（*1*）
晋代铝铜合金的鉴定及其冶炼技术的初步探讨
An Aluminium-Copper Alloy of the Chin Dynasty

(+265 to +420); its Determination and a Preliminary Study of the Metallurgical Technology (which it Implies)
《考古学报》, 1959 (no. 4), no. 26, 91
班以安 (D. Bryan) 曾为铝开发协会 (Aluminium Development Association) 将之译成英文 (未发表), 1962 年
参见罗宗真 (*1*); 沈时英 (*1*)

杨联升 (2)
道教之自搏与佛教之自扑
Penitential Self-Flagellation, Violent Prostration and similar practices in Taoist and Buddhist Religion
载于《塚本博士頌壽記念仏教史学論集》, 京都, 1961 年, 第 962 页
摘要: *RBS*, 1968, 7, no. 642
另见《中央研究院历史语言研究所集刊》, 1962, **34**, 275; 摘要: *RBS*, 1969, **8**, no. 740

杨烈宇 (*1*)
中国古代劳动人民在金属及合金应用上的成就
Ancient Chinese Achievements in Practical Metal and Alloy Technology
《科学通报》, 1955, **5** (no. 10), 77

杨明照 (*1*)
Critical Notes on the *Pao Phu Tzu* book
《中国文化研究汇刊》, 1944, **4**

杨时泰 (*1*)
《本草述钩元》
Essentials Extracted from the Explanations of Materia Medica
1833 年撰序, 1842 年初刊
《现存本草书录》, 第 108 种

叶德辉 (*1*) (编)
《双梅景闇丛书》
Double Plum-Tree Collection [of ancient and medieval books and fragments on Taoist sexual techniques
包括:《素女经》(含《玄女经》)、《洞玄子》、《玉房指要》、《玉房秘诀》、《天地阴阳大乐赋》等 (参见以上诸条)
长沙, 1903 年和 1914 年

叶德辉 (*2*)
《淮南万毕书》辑补
收入《观古堂所著书》
长沙, 1919 年

伊藤光远 (Itō Mitsutōshi) (*1*)
《养生内功秘诀》
Confidential Instructions on Nourishing the Life Force by Gymnastics (and other physiological techniques)
段竹君由日文本译出
台北, 1966 年

伊藤堅吉 (Itō Kenkichi) (*1*)
《性のみほとけ》
Sexual Buddhas (Japanese Tantric images etc.)
图谱新社, 东京, 1965 年

益富壽之助 (Masutomi Kazunosuke) (*1*)
《正倉院薬物を中心とする古代石薬の研究》
A study of Ancient Mineral Drugs based on the chemicals preserved in the Shōsōin (Treasury, at Nara)
日本矿物趣味の会, 京都, 1957 年

因是子
见蒋维乔

于非闇 (*1*)
《中国画颜色的研究》
A Study of the Pigments Used by Chinese Painters
朝花美术出版社, 北京, 1955 年, 1957 年

余嘉锡 (*1*)
《四库提要辨证》
A Critical Study of the Annotations in the 'Analytical Catalogue of the *Complete Library of the Four Categories* (of Literature)'
1937 年

余云岫 (*1*)
《古代疾病名候疏义》
Explanations of the Nomenclature of Diseases in Ancient Times
人民卫生出版社, 北京, 1953 年
评论: Nguyen Tran-Huan, *RHS*, 1956,

9, 275
宇田川榕庵（Udagawa Yōan）(*1*)
舍密開宗
Treatise on Chemistry [largely a translation of W. Henry (1), but with added material from other books, and some experiments of his own]
东京，1837—1846 年
参见 Tanaka Minoru (3)
原田淑人和田澤金吾（Harada Yoshito & Tazawa Kingo）(*1*)
《樂浪五官掾王旴の墳墓》
Lo-Lang; a Report on the Excavation of Wang Hsü' s Tomb in the Lo-Lang Province (an ancient Chinese Colony in Korea)
东京大学，东京，1930 年
袁翰青 (*1*)
《中国化学史论文集》
Collected Papers in the History of Chemistry in China
三联书店，北京，1956 年
曾熙署 (*1*)
《四体大字典》
Dictionary of the Four Scripts
上海，1929 年
曾远荣 (*1*)
中国用锌之起源
Origins and Development of Zinc Technology in China [with a dating of the Pao Tsang Lun]
1925 年 10 月致王琎的信件
载于王琎 (2)，第 92 页
曾昭抡 (*1*)
中国学术的进展
[The Translations of the Chiangnan Arsenal Bureau]
《东方杂志》，1941，**38** (no. 1)，56
曾昭抡 (2)
中外化学发展概述
Chinese and Western Chemical Discoveries; an Outline
《东方杂志》，1944，**40** (no. 8)，33
曾昭抡 (*3*)
二十年来中国化学之进展
Advances in Chemistry in China during the past Twenty Years
《科学》，1936，**19** (no. 10)，1514
增田綱（Masuda Tsuna）(*1*) 住友家的技工
《鼓銅図録》
Illustrated Account of the (Mining) Smelting and Refining of Copper (and other Non Ferrous Metals)
京都，1801 年
译本：*CRRR*，1840，**9**，86
湛然慧 (*1*)
见澹然慧 (*1*)
张昌绍 (*1*)
《现代的中药研究》
Modern Researches on Chinese Drugs
科学技术出版社，上海，1956 年
张静庐 (*1*)
《中国近代出版史料初编》
Materials for a History of Modern Book Publishing in China, Pt. 1
张其昀 (2)（编）
《中华民国地图集》
Atlas of the Chinese Republic (5 vols)
第一册：台湾省；第二册：中亚；第三册：中国北部；第四册：中国南部；第五册：中华民国总图
台湾省国防研究院，台北，1962—1963 年
张文元 (*1*)
《太极拳常识问答》
Explanation of the Standard Principles of Chinese Boxing
人民体育出版社，北京，1962 年
张心澂 (*1*)
《伪书通考》
A Complete Investigation of the (Ancient and Medieval) Books of Doubtful Authenticity
2 册，商务印书馆，1939 年；1957 年重印
张瑄 (*1*)
《中文常用三千字形义释》
Etymologies of Three Thousand Chinese Characters in Common Use

香港大学出版社，1968 年

张资珙（*1*）
略论中国的镍质白铜和它在历史上与欧亚各国的关系
On Chinese Nickel and Paktong, and on their Role in the Historical Relations between Asia and Europe
《科学》，1957，**33**（no. 2），91

张资珙（*2*）
《元素发现史》
The Discovery of the Chemical Elements
［Weeks（1）一书的译本，增补了 40% 左右的原始资料］
上海，1941 年

张子高（*1*）
《科学发达略史》
A Classified History of the Natural Sciences
商务印书馆，上海，1923 年；1936 年重印

张子高（*2*）
《中国化学史稿（古代之部）》
A Draft History of Chemistry in China（Section on Antiquity）
科学出版社，北京，1964 年

张子高（*3*）
炼丹术的发生与发展
On the Origin and Development of Chinese Alchemy
《清华大学学报》，1960，**7**（no. 2），35

张子高（*4*）
从镀锡铜器谈到“鋈”字本义
Tin-Plated Bronzes and the Possible Original Meaning of the Character *wu*
《考古学报》，1958（no. 3），73

张子高（*5*）
赵学敏《本草纲目拾遗》著述年代兼论我国首次用强水刻铜版事
On the Date of Publication of Chao Hsüeh-Min's Supplement to the Great Pharmacopoeia, and the Earliest Use of Acids for Etching Copper Plates in China
《科学史集刊》，1962，**1**（no. 4），106

张子高（*6*）
论我国酿酒起源的时代问题
On the Question of the Origin of Wine in China
《清华大学学报》，1960，**17**（**7**），no. 2，31

章鸿钊（*1*）
《石雅》
Lapidarium Sinicum；a Study of the Rocks, Fossils and Minerals as known in Chinese Literature
农商部地质调查所，北平：第一版，1921 年；第二版，1927 年
《地质专报》（乙种第二号），1—432（附英文摘要）
评论：P. Demiéville, *BEFEO*, 1924, **24**, 276

章鸿钊（*3*）
中国用锌的起源
Origins and Development of Zinc Technology in China
《科学》，1923，**8**（no. 3），233，转载于王琎（2），第 21 页
参见 Chang Hung-Chao（2）

章鸿钊（*6*）
再述中国用锌的起源
Further Remarks on the Origins and Development of Zinc Technology in China
《科学》，1925，**9**（no. 9），1116，转载于王琎（2），第 29 页
参见 Chang Hung-Chao（3）

章鸿钊（*8*）
《洛氏“中国伊兰”卷金石译证》
Metals and Minerals as Treated in Laufer's 'Sino-Iranica', translated with Commentaries
《地质专报》（乙种第三号），1925 年，1—119
附翁文灏所撰英文序言

章杏云（*1*）
《饮食辩》
A Discussion of Foods and Beverages
1814 年；1824 年重印
参见 Dudgeon（2）

赵避尘（*1*）
《性命法诀明指》

A Clear Explanation of the Oral Instructions concerning the Techniques of the Nature and the Life-Span
真善美出版社，台北，1963 年
译文见 Lu Khuan-Yü（4）
中岛敏（Nakao Satoshi）(*1*)
支那に於ける濕式收銅法の起源
The Origins and Development of the Wet Method for Copper Production in China
载于《加藤博士還暦記念東洋史集說》
另见《东洋学报》，1945，27（no. 3）
中瀬古六郎（Nakaseko Rokuro）(*1*)
《世界化学史》
General History of Chemistry
カニヤ书店，京都，1927 年
评论：M. Muccioli，*A*，1928，**9**，379
中尾万三（Nakao Manzō）(*1*)
《〈食疗本草〉の考察》
A Study of the [Tunhuang MS. of the] *Shih Liao Pen Tshao* (Nutritional Therapy; a Pharmaceutical Natural History), [by Mêng Shen, *c.* +670]
《上海自然科学研究所汇报》，1930，**1**（no. 3）
周凤梧、王万杰和徐国仟（*1*）
《黄帝内经素问白话解》
The *Yellow Emperor's Manual of Corporeal* (*Medicine*); *Questions* (*and Answers*) *about Living Matter*; done into Colloquial Language
人民卫生出版社，北京，1963 年
周绍贤（*1*）
《道家与神仙》
The Holy Immortals of Taoism; the Development of a Religion
中华书局，台北，1970 年
朱季海（*1*）
《楚辞》解故识遗
Commentary on Parts of the *Odes of Chhu* (especially Li Sao and Chin Pien), [with special attention to botanical identifications]
《中华文史论丛》，1962，2，77
摘要：*RBS*，1969，**8**，no. 557
朱琏（*1*）
《新针灸学》
New Treatise on Acupuncture and Moxibustion
人民卫生出版社，北京，1954 年
梓溪（*1*）
青铜器名词解说
An Explanation of the Terninology of (Ancient) Bronze Vessels
《文物》，1958（no. 1），1；（no. 2），55；（no. 3），1；（no. 4），1；（no. 5），1；（no. 6），1；（no. 7），68
左和隆研（Sawa Ryūken）(*1*)
《日本密教その展開と美術》
Esoteric (Tantric) Buddhism in Japan; its Development and (Influence on the) Arts
日本放送出版协会，东京，1966 年；1971 年重印
佐中壮（Sanaka Sō）(*1*)
陶隱居小傳；その撰述を通じて見た本草学と仙藥との関係
A Biography of Thao Hung-Ching; his Knowledge of Botany and Medicines of Immortality
载于《和田博士古稀記念東洋史論叢》，讲谈社，东京，1961 年，第 447 页
摘要：*RBS*，1968，**7**，no. 756

C 西文书籍与论文

ABBOTT, B. C. & BALLENTINE, D. (1). 'The "Red Tide" Alga, a toxin from *Gymnodinium veneficum*. *JMBA*, 1957, **36**, 169.

ABEGG, E., JENNY, J. J. & BING, M. (1). 'Yoga'. *CIBA/M*, 1949, **7** (no. 74), 2578. *CIBA/MZ*, 1948, **10**, (no. 121), 4122.

Includes: 'Die Anfänge des Yoga' and 'Der klassische Yoga' by E. Abegg; 'Der Kundalinī-Yoga' by J. J. Jenny; and 'Über medizinisches und psychologisches in Yoga' by M. Bing & J. J. Jenny.

ABICH, M. (1). 'Note sur la Formation de l'Hydrochlorate d'Ammoniaque à la Suite des Éruptions Volcaniques et surtout de celles du Vésuve.' *BSGF*, 1836, **7**, 98.

ABRAHAMS, H. J. (1). Introduction to the Facsimile Reprint of the 1530 Edition of the English Translation of H. Brunschwyk's *Vertuose Boke of Distillacyon*. Johnson, New York and London, 1971 (Sources of Science Ser., no. 79).

ABRAHAMSOHN, J. A. G. (1). 'Berättelse om *Kien* [*chien*], elt Nativt Alkali Minerale från China...' *KSVA/H*, 1772, **33**, 170. Cf. von Engeström (2).

ABRAMI, M., WALLICH, R. & BERNAL, P. (1). 'Hypertension Artérielle Volontaire.' *PM*, 1936, **44** (no. 17), 1 (26 Feb.).

ACHELIS, J. D. (1). 'Über den Begriff Alchemie in der Paracelsischen Philosophie.' *BDP*, 1929–30, **3**, 99.

ADAMS, F. D. (1). *The Birth and Development of the Geological Sciences*. Baillière, Tindall & Cox, London, 1938; repr. Dover, New York, 1954.

ADNAN ADIVAR (1). 'On the *Tanksuq-nāmah-ī Īlkhān dar Funūn-i 'Ulūm-i Khiṭāi.*' *ISIS*, 1940 (appeared 1947), **32**, 44.

ADOLPH, W. H. (1). 'The Beginnings of Chemical Research in China.' *PNHB*, 1950, **18** (no. 3), 145.

ADOLPH, W. H. (2). 'Observations on the Early Development of Chemical Education in China.' *JCE*, 1927, **4**, 1233, 1488.

ADOLPH, W. H. (3). 'The Beginnings of Chemistry in China.' *SM*, 1922, **14**, 441. Abstr. *MCE*, 1922, **26**, 914.

AGASSI, J. (1). 'Towards an Historiography of Science.' Mouton, 's-Gravenhage, 1963. (History and Theory; Studies in the Philosophy of History, Beiheft no. 2.)

AHMAD, M. & DATTA, B. B. (1). 'A Persian Translation of the +11th-Century Arabic Alchemical Treatise '*Ain al-Ṣan'ah wa 'Aun al-Ṣana'ah* (Essence of the Art and Aid to the Workers) [by 'Abd al-Malik al-Ṣāliḥī al-Khwārizmī al-Kathī, +1034].' *MAS/B*, 1927, **8**, 417. Cf. Stapleton & Azo (1).

AIGREMONT, Dr [ps. S. Schultze] (1). *Volkserotik und Pflanzenwelt; eine Darstellung alter wie moderner erotischer und sexuelle Gebräuche, Vergleiche, Benennungen, Sprichwörter, Redewendungen, Rätsel, Volkslieder, erotischer Zaubers und Aberglaubens, sexuelle Heilkunde die sich auf Pflanzen beziehen.* 2 vols. Trensinger, Halle, 1908. Re-issued as 2 vols. bound in one, Bläschke, Darmstadt, n.d. (1972).

AIKIN, A. & AIKIN, C. R. (1). *A Dictionary of Chemistry and Mineralogy*. 2 vols. Phillips, London, 1807.

AINSLIE, W. (1). *Materia Indica; or, some Account of those Articles which are employed by the Hindoos and other Eastern Nations in their Medicine, Arts and Agriculture; comprising also Formulae, with Practical Observations, Names of Diseases in various Eastern Languages, and a copious List of Oriental Books immediately connected with General Science, etc. etc.* 2 vols. Longman, Rees, Orme, Brown & Green, London, 1826.

AITCHISON, L. (1). *A History of Metals*. 2 vols. McDonald & Evans, London, 1960.

ALEXANDER, GUSTAV (1). *Herrengrunder Kupfergefässe*. Vienna, 1927.

ALEXANDER, W. & STREET, A. (1). *Metals in the Service of Man*. Pelican Books, London, 1956 (revised edition).

ALI, M. T., STAPLETON, H. E. & HUSAIN, M. H. (1). 'Three Arabic Treatises on Alchemy by Muḥammad ibn Umail [al-Ṣādiq al-Tamīmī] (d. *c.* +960); the *Kitāb al-Mā' al-Waraqī wa'l Arḍ al-Najmīyah* (Book of the Silvery Water and the Starry Earth), the *Risālat al-Shams Ila'l Hilāli* (Epistle of the Sun to the Crescent Moon), and the *al-Qaṣīdat al-Nūnīyah* (Poem rhyming in Nūn) —edition of the texts by M.T.A.; with an Excursus (with relevant Appendices) on the Date, Writings and Place in Alchemical History of Ibn Umail, an Edition (with glossary) of an early mediaeval Latin rendering of the first half of the *Mā' al-Waraqī*, and a Descriptive Index, chiefly of the alchemical authorities quoted by Ibn Umail [Senior Zadith Filius Hamuel], by H.E.S. & M.H.H.' *MAS/B*, 1933, **12** (no. 1), 1–213.

ALLEN, E. (ed.) (1). *Sex and Internal Secretions; a Survey of Recent Research*. Williams & Wilkins, Baltimore, 1932.

ALLEN, H. WARNER (1). *A History of Wine; Great Vintage Wines from the Homeric Age to the Present Day*. Faber & Faber, London, 1961.

ALLETON, V. & ALLETON, J. C. (1). *Terminologie de la Chimie en Chinois Moderne*. Mouton, Paris and The Hague, 1966. (Centre de Documentation Chinois de la Maison des Sciences de l'Homme, and VIe Section de l'École Pratique des Hautes Études, etc.; Matériaux pour l'Étude de l'Extrême-Orient Moderne et Contemporain; Études Linguistiques, no. 1.)

AMIOT, J. J. M. (7). 'Extrait d'une Lettre...' *MCHSAMUC*, 1791, **15**, v.

AMIOT, J. J. M. (9). 'Extrait d'une Lettre sur la Secte des Tao-sée [Tao shih].' *MCHSAMUC*, 1791, **15**, 208–59.

ANAND, B. K. & CHHINA, G. S. (1). 'Investigations of Yogis claiming to stop their Heart Beats.' *IJMR*, 1961, **49**, 90.

ANAND, B. K., CHHINA, G. S. & BALDEV SINGH (1). 'Studies on Shri Ramanand Yogi during his Stay in an Air-tight Box.' *IJMR*, 1961, **49**, 82.

ANAND, MULK RAJ (1). *Kama-Kala; Some Notes on the Philosophical Basis of Hindu Erotic Sculpture*. Nagel; Geneva, Paris, New York and Karlsruhe, 1958.

ANAND, MULK RAJ & KRAMRISCH, S. (1). *Homage to Khajuraho*. With a brief historical note by A. Cunningham. Marg, Bombay, n.d. (*c*. 1960).

ANDERSSON, J. G. (8). 'The Goldsmith in Ancient China.' *BMFEA*, 1935, **7**, 1.

ANDŌ KŌSEI (1). 'Des Momies au Japon et de leur Culte.' *LH*, 1968, **8** (no. 2), 5.

ANIANE, M. (1). 'Notes sur l'Alchimie, "Yoga" Cosmologique de la Chrétienté Mediévale'; art. in *Yoga, Science de l'Homme Intégrale*. Cahiers du Sud, Loga, Paris, 1953.

ANON. (83). 'Préparation de l'Albumine d'Oeuf en Chine.' *TP*, 1897 (1e sér.), **8**, 452.

ANON. (84). *Beytrag zur Geschichte der höhern Chemie*. 1785. Cf. Ferguson (1), vol. 1, p. 111.

ANON. (85). *Aurora Consurgens* (first half of the +14th cent.). In ANON. (86). *Artis Auriferae*. Germ. tr. 'Aufsteigung der Morgenröthe' in Morgenstern (1).

ANON. (86). *Artis Auriferae, quam Chemiam vocant, Volumina Duo, quae continent 'Turbam Philosophorum', aliosq̃ antiquiss. auctores, quae versa pagina indicat; Accessit noviter Volumen Tertium...* Waldkirch, Basel, 1610. One of the chief collections of standard alchemical authors' (Ferguson (1), vol. 1, p. 51).

ANON. (87). *Musaeum Hermeticum Reformatum et Amplificatum* (twenty-two chemical tracts). à Sande, Frankfurt, 1678 (the original edition, much smaller, containing only ten tracts, had appeared at Frankfurt, in 1625; see Ferguson (1), vol. 2, p. 119). Tr. Waite (8).

ANON. (88). *Probierbüchlein, auff Golt, Silber, Kupffer und Bley, Auch allerley Metall, wie man die Zunutz arbeyten und Probieren Soll. c.* 1515 or some years earlier; first extant pr. ed., Knappe, Magdeburg, 1524. Cf. Partington (7), vol. 2, p. 66. Tr. Sisco & Smith (2).

ANON. (89). (in Swedish) *METL*, 1960 (no. 3), 95.

ANON. (90). 'Les Chinois de la Dynastie Tsin [Chin] Connaissaient-ils déjà l'Alliage Aluminium–Cuivre?' *RALUM*, 1961, 108. Eng. tr. 'Did the Ancient Chinese discover the First Aluminium–Copper Alloy?' *GBT*, 1961, 41.

ANON. [initialled Y.M.] (91). 'Surprenante Découverte; un Alliage Aluminium–Cuivre réalisé en Chine à l'Époque Tsin [Chin].' *LN*, 1961 (no. 3316), 333.

ANON. (92). *British Encyclopaedia of Medical Practice; Pharmacopoeia Supplement* [proprietary medicines]. 2nd ed. Butterworth, London, 1967.

ANON. (93). *Gehes Codex d. pharmakologische und organotherapeutische Spezial-präparate...* [proprietary medicines]. 7th ed. Schwarzeck, Dresden, 1937.

ANON. (94). *Loan Exhibition of the Arts of the Sung Dynasty* (Catalogue). Arts Council of Great Britain and Oriental Ceramic Society, London, 1960.

ANON. (95). Annual Reports, Messrs Schimmel & Co., Distillers, Miltitz, near Leipzig, 1893 to 1896.

ANON. (96). Annual Report, Messrs Schimmel & Co., Distillers, Miltitz, near Leipzig, 1911.

ANON. (97). *Decennial Reports on Trade etc. in China and Korea* (Statistical Series, no. 6), 1882–1891. Inspectorate-General of Customs, Shanghai, 1893.

ANON. (98). 'Saltpetre Production in China.' *CEM*, 1925, **2** (no. 8), 8.

ANON. (99). 'Alkali Lands in North China [and the sodium carbonate (*chien*) produced there].' *JSCI*, 1894, **13**, 910.

ANON. (100). *A Guide to Peiping [Peking] and its Environs*. Catholic University (Fu-Jen) Press, for Peking Bookshop (Vetch), Peking, 1946.

ANON. (101) (ed.). *De Alchemia: In hoc Volumine de Alchemia continentur haec: Geber Arabis, philosophi solertissimi rerumque naturalium, praecipue metallicarum peritissimi*...(4 books); *Speculum Alchemiae* (Roger Baeon); *Correctorium Alchemiae* (Richard Anglici); *Rosarius Minor; Liber Secretorum Alchemicae* (Calid = Khalid); *Tabula Smaragdina* (with commentary of Hortulanus)...etc. Petreius, Nuremberg, 1541. Cf. Ferguson (1), vol. 1, p. 18.

ANON. (103). *Introduction to Classical Japanese Literature*. Kokusai Bunka Shinkokai (Soc. for Internat. Cultural Relations), Tokyo, 1948.
ANON. (104). *Of a Degradation of Gold made by an Anti-Elixir; a Strange Chymical Narative*. Herringman, London, 1678. 2nd ed. *An Historical Account of a Degradation of Gold made by an Anti-Elixir; a Strange Chymical Narrative. By the Hon. Robert Boyle, Esq.* Montagu, London, 1739.
ANON. (105). 'Some Observations concerning Japan, made by an Ingenious Person that hath many years resided in that Country...' *PTRS*, 1669, **4** (no. 49), 983.
ANON. (113). 'A 2100-year-old Tomb Excavated; the Contents Well Preserved.' *PKR*, 1972, no. 32 (11 Aug.), 10. *EHOR*, 1972, **11** (no. 4), 16 (with colour-plates). [The Lady of Tai (d. *c.* −186), incorrupted body, with rich tomb furnishings.] The article also distributed as an offprint at showings of the relevant colour film, e.g. in Hongkong, Sept. 1972.
ANON. (114). 'A 2100-year-old Tomb Excavated.' *CREC*, 1972, **21** (no. 9), 20 (with colour-plates). [The Lady of Tai, see previous entry.]
ANON. (115). *Antiquities Unearthed during the Great Proletarian Cultural Revolution*. n.d. [Foreign Languages Press, Peking, 1972]. With colour-plates. Arranged according to provinces of origin.
ANON. (116). *Historical Relics Unearthed in New China* (album). Foreign Languages Press, Peking, 1972.
ANTENORID, J. (1). 'Die Kenntnisse der Chinesen in der Chemie.' *CHZ*, 1902, **26** (no. 55), 627.
ANTZE, G. (1). 'Metallarbeiten aus Peru.' *MMVKH*, 1930, **15**, 1.
APOLLONIUS OF TYANA. *See* Conybeare (1); Jones (1).
ARDAILLON, E. (1). *Les Mines de Laurion dans l'Antiquité*. Inaug. Diss. Paris. Fontemoing, Paris, 1897.
ARLINGTON, L. C. & LEWISOHN, W. (1). *In Search of Old Peking*. Vetch, Peiping, 1935.
ARMSTRONG, E. F. (1). 'Alcohol through the Ages.' *CHIND*, 1933, **52** (no. 12), 251, (no. 13), 279. (Jubilee Memorial Lecture of the Society of Chemical Industry.)
ARNOLD, P. (1). *Histoire des Rose-Croix et les Origines de la Franc-Maçonnerie*. Paris, 1955.
AROUX, E. (1). *Dante, Hérétique, Révolutionnaire et Socialiste; Révélations d'un Catholique sur le Moyen Age*. 1854.
AROUX, E. (2). *Les Mystères de la Chevalerie et de l'Amour Platonique au Moyen Age*. 1858.
ARSENDAUX, H. & RIVET, P. (1). 'L'Orfèvrerie du Chiriqui et de Colombie'. *JSA*, 1923, **15**, 1.
ASCHHEIM, S. (1). 'Weitere Untersuchungen über Hormone und Schwangerschaft; das Vorkmmen der Hormone im Harn der Schwangeren.' *AFG*, 1927, **132**, 179.
ASCHHEIM, S. & ZONDEK, B. (1). 'Hypophysenvorderlappen Hormon und Ovarialhormon im Harn von Schwangeren.' *KW*, 1927, **6**, 1322.
ASHBEE, C. R. (1). *The Treatises of Benvenuto Cellini on Goldsmithing and Sculpture; made into English from the Italian of the Marcian Codex...* Essex House Press, London, 1898.
ASHMOLE, ELIAS (1). *Theatrum Chemicum Britannicum; Containing Severall Poeticall Pieces of our Famous English Philosophers, who have written the Hermetique Mysteries in their owne Ancient Language, Faithfully Collected into one Volume, with Annotations thereon by E. A. Esq.* London, 1652. Facsim. repr. ed. A. G. Debus, Johnson, New York and London, 1967 (Sources of Science ser. no. 39).
ASTON, W. G. (tr.) (1). *'Nihongi', Chronicles of Japan from the Earliest Times to +697*. Kegan Paul, London, 1896; repr. Allen & Unwin, London, 1956.
ATKINSON, R. W. (2). '[The Chemical Industries of Japan; I,] Notes on the Manufacture of *oshiroi* (White Lead).' *TAS/J*, 1878, **6**, 277.
ATKINSON, R. W. (3). 'The Chemical Industries of Japan; II, *Ame* [dextrin and maltose].' *TAS/J*, 1879, **7**, 313.
[ATWOOD, MARY ANNE] (1) (Mary Anne South, Mrs Atwood). *A Suggestive Enquiry into the Hermetic Mystery; with a Dissertation on the more Celebrated of the Alchemical Philosophers, being an Attempt towards the Recovery of the Ancient Experiment of Nature*. Trelawney Saunders, London, 1850. Repr. with introduction by W. L. Wilmhurst, Tait, Belfast, 1918, repr. 1920. *Hermetic Philosophy and Alchemy; a Suggestive Enquiry*. Repr. New York, 1960.
AVALON, A. (ps.). *See* Woodroffe, Sir J.
AYRES, LEW (1). *Altars of the East*. New York, 1956.

BACON, J. R. (1). *The Voyage of the Argonauts*. London, 1925.
BACON, ROGER
Compendium Studii Philosophiae, +1271. *See* Brewer (1).
De Mirabili Potestatis Artis et Naturae et de Nullitate Magiae, bef. +1250. *See* de Tournus (1); T. M [oufet]? (1); Tenney Davis (16).
De Retardatione Accidentium Senectutis etc., +1236 to +1245. *See* R. Browne (1); Little & Withington (1).
De Secretis operibus Artis et Naturae et de Nullitate Magiae, bef. +1250. *See* Brewer (1).
Opus Majus, +1266. *See* Bridges (1); Burke (1); Jebb (1).
Opus Minus, +1266 or +1267. *See* Brewer (1).

Opus Tertium, +1267. *See* Little (1); Brewer (1).
Sanioris Medicinae etc., pr. +1603. *See* Bacon (1).
Secretum Secretorum (ed.), *c.* +1255, introd. *c.* +1275. *See* Steele (1).

BACON, ROGER (1). *Sanioris Medicinae Magistri D. Rogeri Baconis Angli De Arte Chymiae Scripta.* Schönvetter, Frankfurt, 1603. Cf. Ferguson (1), vol. 1, p. 63.

BAGCHI, B. K. & WENGER, M. A. (1). 'Electrophysiological Correlates of some Yogi Exercises.' *EECN*, 1957, **7** (suppl.), 132.

BAIKIE, J. (1). 'The Creed [of Ancient Egypt].' *ERE*, vol. iv, p. 243.

BAILEY, CYRIL (1). *Epicurus; the Extant Remains.* Oxford, 1926.

BAILEY, SIR HAROLD (1). 'A Half-Century of Irano-Indian Studies.' *JRAS*, 1972 (no. 2), 99.

BAILEY, K. C. (1). *The Elder Pliny's Chapters on Chemical Subjects.* 2 vols. Arnold, London, 1929 and 1932.

BAIN, H. FOSTER (1). *Ores and Industry in the Far East; the Influence of Key Mineral Resources on the Development of Oriental Civilisation.* With a chapter on Petroleum by W. B. Heroy. Council on Foreign Relations, New York, 1933.

BAIRD, M. M., DOUGLAS, C. G., HALDANE, J. B. S. & PRIESTLEY, J. G. (1). 'Ammonium Chloride Acidosis.' *JOP*, 1923, **57**, xli.

BALAZS, E. (= S.) (1). 'La Crise Sociale et la Philosophie Politique à la Fin des Han.' *TP*, 1949, **39**, 83.

BANKS, M. S. & MERRICK, J. M. (1). 'Further Analyses of Chinese Blue-and-White [Porcelain and Pottery].' *AMY*, 1967, **10**, 101.

BARNES, W. H. (1). 'The Apparatus, Preparations and Methods of the Ancient Chinese Alchemists.' *JCE*, 1934, **11**, 655. 'Diagrams of Chinese Alchemical Apparatus' (an abridged translation of Tshao Yuan-Yü, *1*). *JCE*, 1936, **13**, 453.

BARNES, W. H. (2). 'Possible References to Chinese Alchemy in the −4th or −3rd Century.' *CJ*, 1935, **23**, 75.

BARNES, W. H. (3). 'Chinese Influence on Western Alchemy.' *N*, 1935, **135**, 824.

BARNES, W. H. & YUAN, H. B. (1). 'Thao the Recluse (+452 to +536); Chinese Alchemist.' *AX*, 1946, 2, 138. Mainly a translation of a short biographical paper by Tshao Yuan-Yü.

LA BARRE, W. (1). 'Twenty Years of Peyote Studies.' *CURRA*, 1960, **1**, 45.

LA BARRE, W. (2). *The Peyote Cult.* Yale Univ. Press, New Haven, Conn., repr. Shoestring Press, Hamden, Conn. 1960. (Yale Univ. Publications in Anthropology, no. 19.)

BARTHOLD, W. (2). *Turkestan down to the Mongol Invasions.* 2nd ed. London, 1958.

BARTHOLINUS, THOMAS (1). *De Nivis Usu Medico Observationes Variae.* Copenhagen, 1661.

BARTON, G. A. (1). '[The "Abode of the Blest" in] Semitic [including Babylonian, Jewish and ancient Egyptian, Belief].' *ERE*, ii, 706.

DE BARY, W. T. (3) (ed.). *Self and Society in Ming Thought.* Columbia Univ. Press, New York and London, 1970.

BASU, B. N. (1) (tr.). *The 'Kāmasūtra' of Vātsyāyana* [prob. +4th century]. Rev. by S. L. Ghosh. Pref. by P. C. Bagchi. Med. Book Co., Calcutta, 1951 (10th ed.).

BAUDIN, L. (1). 'L'Empire Socialiste des Inka [Incas].' *TMIE*, 1928, no. 5.

BAUER, W. (3). 'The Encyclopaedia in China.' *JWH*, 1966, **9**, 665.

BAUER, W. (4). *China und die Hoffnung auf Glück; Paradiese, Utopien, Idealvorstellungen.* Hanser, München, 1971.

BAUMÉ, A. (1). *Éléments de Pharmacie.* 1777.

BAWDEN, F. C. & PIRIE, N. W. (1). 'The Isolation and Some Properties of Liquid Crystalline Substances from Solanaceous Plants infected with Three Strains of Tobacco Mosaic Virus.' *PRSB*, 1937, **123**, 274.

BAWDEN, F. C. & PIRIE, N. W. (2). 'Some Factors affecting the Activation of Virus Preparations made from Tobacco Leaves infected with a Tobacco Necrosis Virus.' *JGMB*, 1950, **4**, 464.

BAYES, W. (1). *The Triple Aspect of Chronic Disease, having especial reference to the Treatment of Intractable Disorders affecting the Nervous and Muscular System.* Churchill, London, 1854.

BAYLISS, W. M. (1). *Principles of General Physiology.* 4th ed. Longmans Green, London, 1924.

BEAL, S. (2) (tr.). *Si Yu Ki [Hsi Yü Chi], Buddhist Records of the Western World, transl. from the Chinese of Hiuen Tsiang [Hsüan-Chuang].* 2 vols. Trübner, London, 1881, 1884, 2nd ed. 1906. Repr. in 4 vols. with new title; *Chinese Accounts of India, translated from the Chinese of Hiuen Tsiang.* Susil Gupta, Calcutta, 1957.

BEAUVOIS, E. (1). 'La Fontaine de Jouvence et le Jourdain dans les Traditions des Antilles et de la Floride.' *MUSEON*, 1884, **3**, 404.

BEBEY, F. (1). 'The Vibrant Intensity of Traditional African Music.' *UNESC*, 1972, **25** (no. 10), 15. (On p. 19, a photograph of a relief of Ouroboros in Dahomey.)

BEDINI, S. A. (5). 'The Scent of Time; a Study of the Use of Fire and Incense for Time Measurement in Oriental Countries.' *TAPS*, 1963 (N.S.), **53**, pt. 5, 1–51. Rev. G. J. Whitrow, *A/AIHS*, 1964, **17**, 184.

BEDINI, S. A. (6). 'Holy Smoke; Oriental Fire Clocks.' *NS*, 1964, **21** (no. 380), 537.

VAN BEEK, G. W. (1). 'The Rise and Fall of Arabia Felix.' *SAM*, 1969, **221** (no. 6), 36.

BEER, G. (1) (ed. & tr.). 'Das Buch Henoch [Enoch]' in *Die Apokryphen und Pseudepigraphien des alten Testaments*, ed. E. Kautzsch, 2 vols. Mohr (Siebeck), Tübingen, Leipzig and Freiburg i/B, 1900, vol. 2 (Pseudepigraphien), pp. 217 ff.

LE BEGUE, JEAN (1). *Tabula de Vocabulis Synonymis et Equivocis Colorum* and *Experimenta de Coloribus* (MS. BM. 6741 of +1431). Eng. tr. Merrifield (1), vol. 1, pp. 1–321.

BEH, Y. T. *See* Kung, S. C., Chao, S. W., Bei, Y. T. & Chang, C. (1).

BEHANAN, KOVOOR T. (1). *Yoga; a Scientific Evaluation.* Secker & Warburg, London, 1937. Paperback repr. Dover, New York and Constable, London. n.d. (*c.* 1960).

BEHMEN, JACOB. *See* Boehme, Jacob.

BELL, SAM HANNA (1). *Erin's Orange Lily.* Dobson, London, 1956.

BELPAIRE, B. (3). 'Note sur un Traité Taoiste.' *MUSEON*, 1946, **59**, 655.

BENDALL, C. (1) (ed.). *Subhāṣita-saṃgraha.* Istas, Louvain, 1905. (Muséon Ser. nos. 4 and 5.)

BENEDETTI-PICHLER, A. A. (1). 'Micro-chemical Analysis of Pigments used in the Fossae of the Incisions of Chinese Oracle-Bones.' *IEC/AE*, 1937, **9**, 149. Abstr. *CA*, 1938, **31**, 3350.

BENFEY, O. T. (1). 'Dimensional Analysis of Chemical Laws and Theories.' *JCE*, 1957, **34**, 286.

BENFEY, O. T. (2) (ed.). *Classics in the Theory of Chemical Combination.* Dover, New York, 1963. (Classics of Science, no. 1.)

BENFEY, O. T. & FIKES, L. (1). 'The Chemical Prehistory of the Tetrahedron, Octahedron, Icosahedron and Hexagon.' *ADVC*, 1966, **61**, 111. (Kekulé Centennial Volume.)

BENNETT, A. A. (1). *John Fryer; the Introduction of Western Science and Technology into Nineteenth-Century China.* Harvard Univ. Press, Cambridge, Mass. 1967. (Harvard East Asian Monographs, no. 24.)

BENSON, H., WALLACE, R. K., DAHL, E. C. & COOKE, D. F. (1). 'Decreased Drug Abuse with Transcendental Meditation; a Study of 1862 Subjects.' In 'Hearings before the Select Committee on Crime of the House of Representatives (92nd Congress)', U.S. Govt. Washington, D.C. 1971, p. 681 (Serial no. 92-1).

BENTHAM, G. & HOOKER, J. D. (1). *Handbook of the British Flora; a Description of the Flowering Plants and Ferns indigenous to, or naturalised in, the British Isles.* 6th ed. 2 vols. (1 vol. text, 1 vol. drawings). Reeve, London, 1892. repr. 1920.

BENVENISTE, E. (1). 'Le Terme *obryza* et la Métallurgie de l'Or.' *RPLHA*, 1953, **27**, 122.

BENVENISTE, E. (2). *Textes Sogdiens* (facsimile reproduction, transliteration, and translation with glossary). Paris, 1940. Rev. W. B. Hemming, *BLSOAS*, **11**.

BERENDES, J. (1). *Die Pharmacie bei den alten Culturvölkern; historisch-kritische Studien.* 2 vols. Tausch & Grosse, Halle, 1891.

BERGMAN, FOLKE (1). *Archaeological Researches in Sinkiang.* Reports of the Sino-Swedish [scientific] Expedition [to Northwest China]. 1939, vol. 7 (pt. 1).

BERGMAN, TORBERN (1). *Opuscula Physica et Chemica, pleraque antea seorsim edita, jam ab Auctore collecta, revisa et aucta.* 3 vols. Edman, Upsala, 1779–83. Eng. tr. by E. Cullen, *Physical and Chemical Essays*, 2 vols. London, 1784, 1788; the 3rd vol. Edinburgh, 1791.

BERGSØE, P. (1). 'The Metallurgy and Technology of Gold and Platinum among the Pre-Columbian Indians.' *IVS*, 1937, no. A44, 1–45. Prelim. pub. *N*, 1936, **137**, 29.

BERGSØE, P. (2). 'The Gilding Process and the Metallurgy of Copper and Lead among the Pre-Columbian Indians.' *IVS*, 1938, no. A46. Prelim. pub. 'Gilding of Copper among the Pre-Columbian Indians.' *N*, 1938, **141**, 829.

BERKELEY, GEORGE, BP. (1). *Siris; Philosophical Reflections and Enquiries concerning the Virtues of Tar-Water.* London, 1744.

BERNAL, J. D. (1). *Science in History.* Watts, London, 1954. (Beard Lectures at Ruskin College, Oxford.) Repr. 4 vols. Penguin, London, 1969.

BERNAL, J. D. (2). *The Extension of Man; a History of Physics before 1900.* Weidenfeld & Nicolson, London, 1972. (Lectures at Birkbeck College, London, posthumously published.)

BERNARD, THEOS (1). *Haṭhayoga; the Report of a Personal Experience.* Columbia Univ. Press, New York, 1944; Rider, London, 1950. Repr. 1968.

BERNARD-MAÎTRE, H. (3). 'Un Correspondant de Bernard de Jussieu en China; le Père le Chéron d'Incarville, missionaire français de Pékin, d'après de nombreux documents inédits.' *A/AIHS*, 1949, **28**, 333, 692.

BERNARD-MAÎTRE, H. (4). 'Notes on the Introduction of the Natural Sciences into the Chinese Empire.' *YJSS*, 1941, **3**, 220.

BERNARD-MAÎTRE, H. (9). 'Deux Chinois du 18e siècle à l'École des Physiocrates Français.' *BUA*, 1949 (3e sér.), **10**, 151.

BERNARD-MAÎTRE, H. (17). 'La Première Académie des Lincei et la Chine.' *MP*, 1941, 65.

BERNARD-MAÎTRE, H. (18). 'Les Adaptations Chinoises d'Ouvrages Européens; Bibliographie chronologique depuis la venue des Portugais à Canton jusqu'à la Mission française de Pékin (+1514 à +1688).' *MS*, 1945, **10**, 1–57, 309–88.

BERNAREGGI, E. (1). 'Nummi Pelliculati' (silver-clad copper coins of the Roman Republic). *RIN*, 1965, **67** (5th. ser., **13**), 5.

BERNOULLI, R. (1). 'Seelische Entwicklung im Spiegel der Alchemie u. verwandte Disciplinen.' *ERJB*, 1935, **3**, 231–87. Eng. tr. 'Spiritual Development as reflected in Alchemy and related Disciplines.' *ERYB*, 1960, **4**, 305. Repr. 1970.

BERNTHSEN, A. *See* Sudborough, J. J. (1).

BERRIMAN, A. E. (2). 'A Sumerian Weight-Standard in Chinese Metrology during the Former Han Dynasty (−206 to −23).' *RAAO*, 1958, **52**, 203.

BERRIMAN, A. E. (3). 'A New Approach to the Study of Ancient Metrology.' *RAAO*, 1955, **49**, 193.

BERTHELOT, M. (1). *Les Origines de l'Alchimie*. Steinheil, Paris, 1885. Repr. Libr. Sci. et Arts, Paris, 1938.

BERTHELOT, M. (2). *Introduction à l'Étude de la Chimie des Anciens et du Moyen-Age*. First published at the beginning of vol. 1 of the *Collection des Anciens Alchimistes Grecs* (see Berthelot & Ruelle), 1888. Repr. sep. Libr. Sci. et Arts, Paris, 1938. The 'Avant-propos' is contained only in Berthelot & Ruelle; there being a special Preface in Berthelot (2).

BERTHELOT, M. (3). Review of de Mély (1), *Lapidaires Chinois*. *JS*, 1896, 573.

BERTHELOT, M. (9). Les Compositons Incendiaires dans l'Antiquité et Moyen Ages.' *RDM*, 1891, **106**, 786.

BERTHELOT, M. (10). *La Chimie au Moyen Age;* vol. 1, *Essai sur la Transmission de la Science Antique au Moyen Age* (Latin texts). Impr. Nat. Paris, 1893. Photo. repr. Zeller, Osnabrück; Philo, Amsterdam, 1967. Rev. W. P[agel], *AX*, 1967, **14**, 203.

BERTHELOT, M. (12). 'Archéologie et Histoire des Sciences; avec Publication nouvelle du Papyrus Grec chimique de Leyde, et Impression originale du *Liber de Septuaginta* de Geber.' *MRASP*, 1906, **49**, 1–377. Sep. pub. Philo, Amsterdam, 1968.

BERTHELOT, M. [P. E. M.]. *See* Tenney L. Davis' biography (obituary), with portrait. *JCE*, 1934, **11** (585) and Boutaric (1).

BERTHELOT, M. & DUVAL, R. (1). *La Chimie au Moyen Age*; vol. 2, *l'Alchimie Syriaque*. Impr. Nat. Paris, 1893. Photo. repr. Zeller, Osnabrück; Philo, Amsterdam, 1967. Rev. W. P[agel], *AX*, 1967, **14**, 203.

BERTHELOT, M. & HOUDAS, M. O. (1). *La Chimie au Moyen Age*; vol. 3, *l'Alchimie Arabe*. Impr. Nat. Paris, 1893. Photo repr. Zeller, Osnabrück; Philo, Amsterdam, 1967. Rev. W. P[agel], *AX*, 1967, **14**, 203.

BERTHELOT, M. & RUELLE, C. E. (1). *Collection des Anciens Alchimistes Grecs*. 3 vols. Steinheil, Paris, 1888. Photo. repr. Zeller, Osnabrück, 1967.

BERTHOLD, A. A. (1). 'Transplantation der Hoden.' *AAPWM*, 1849, **16**, 42. Engl. tr. by D. P. Quiring. *BIHM*, 1944, **16**, 399.

BERTRAND, G. (1). Papers on laccase. *CRAS*, 1894, **118**, 1215; 1896, **122**, 1215; *BSCF*, 1894, **11**, 717; 1896, **15**, 793.

BERTUCCIOLI, G. (2). 'A Note on Two Ming Manuscripts of the *Pên Tshao Phin Hui Ching Yao*.' *JOSHK*, 1956, **2**, 63. Abstr. *RBS*, 1959, **2**, 228.

BETTENDORF, G. & INSLER, V. (1) (ed.). *The Clinical Application of Human Gonadotrophins*. Thieme, Stuttgart, 1970.

BEURDELEY, M. (1) (ed.). *The Clouds and the Rain; the Art of Love in China*. With contributions by K. Schipper on Taoism and sexuality, Chang Fu-Jui on literature and poetry, and J. Pimpaneau on perversions. Office du Livre, Fribourg and Hammond & Hammond, London, 1969.

BEVAN, E. R. (1). 'India in Early Greek and Latin Literature.' *CHI*, Cambridge, 1935, vol. 1, ch. 16, p. 391.

BEVAN, E. R. (2). *Stoics and Sceptics*. Oxford, 1913.

BEVAN, E. R. (3). *Later Greek Religion*. Oxford, 1927.

BEZOLD, C. (3). *Die 'Schatzhöhle'; aus dem Syrische Texte dreier unedirten Handschriften in's Deutsche übersezt und mit Anmerkungen versehen...nebst einer Arabischen Version nach den Handschriften zu Rom, Paris und Oxford*. 2 vols. Hinrichs, Leipzig, 1883, 1888.

BHAGVAT, K. & RICHTER, D. (1). 'Animal Phenolases and Adrenaline.' *BJ*, 1938, **32**, 1397.

BHAGVAT SINGHJI, H. H. (Maharajah of Gondal) (1). *A Short History of Aryan Medical Science*. Gondal, Kathiawar, 1927.

BHATTACHARYA, B. (1) (ed.). *Guhya-samāja Tantra, or Tathāgata-guhyaka*. Orient. Instit., Baroda, 1931. (Gaekwad Orient. Ser. no. 53.)

BHATTACHARYA, B. (2). *Introduction to Buddhist Esoterism*. Oxford, 1932.

BHISHAGRATNA, (KAVIRAJ) KUNJA LAL SHARMA (1) (tr.). *An English Translation of the 'Sushruta Samhita', based on the original Sanskrit Text.* 3 vols. with an index volume, pr. pr. Calcutta, 1907–18. Reissued, Chowkhamba Sanskrit Series Office, Varanasi, 1963. Rev. M. D. Grmek, *A/AIHS*, 1965, **18**, 130.

BIDEZ, J. (1). *'l'Épître sur la Chrysopée' de Michel Psellus* [with Italian translation]; [also] *Opuscules et Extraits sur l'Alchimie, la Météorologie et la Démonologie*... (Pt. VI of *Catalogue des Manuscrits Alchimiques Grecques*). Lamertin, for Union Académique Internationale, Brussels, 1928.

BIDEZ, J. (2). *Vie de Porphyre le Philosophe Neo-Platonicien avec les Fragments des Traités περὶ ἀγαλμάτων et 'De Regressu Animae'.* 2 pts. Univ. Gand, Leipzig, 1913. (Receuil des Trav. pub. Fac. Philos. Lettres, Univ. Gand.)

BIDEZ, J. & CUMONT, F. (1). *Les Mages Hellenisés; Zoroastre, Ostanès et Hytaspe d'après la Tradition Grecque.* 2 vols. Belles Lettres, Paris, 1938.

BIDEZ, J., CUMONT, F., DELATTE, A. HEIBERG, J. L., LAGERCRANTZ, O., KENYON, F., RUSKA, J. & DE FALCO, V. (1) (ed.). *Catalogue des Manuscrits Alchimiques Grecs.* 8 vols. Lamertin, Brussels, 1924–32 (for the Union Académique Internationale).

BIDEZ, J., CUMONT, F., DELATTE, A., SARTON, G., KENYON, F. & DE FALCO, V. (1) (ed.). *Catalogue des Manuscrits Alchimiques Latins.* 2 vols. Union Acad. Int., Brussels, 1939–51.

BIOT, E. (1) (tr.). *Le Tcheou-Li ou Rites des Tcheou* [Chou]. 3 vols. Imp. Nat., Paris, 1851. (Photograpically reproduced, Wêntienko, Peiping, 1930.)

BIOT, E. (17). 'Notice sur Quelques Procédés Industriels connus en Chine au XVIe siècle.' *JA*, 1835 (2e sér.), **16**, 130.

BIOT, E. (22). 'Mémoires sur Divers Minéraux Chinois appartenant à la Collection du Jardin du Roi.' *JA*, 1839 (3e sér.), **8**, 206.

BIRKENMAIER, A. (1). 'Simeon von Köln oder Roger Bacon?' *FRS*, 1924, **2**, 307.

AL-BĪRŪNĪ, ABŪ AL-RAIḤĀN MUḤAMMAD IBN-AḤMAD. *Ta'rīkh al-Hind* (History of India). *See* Sachau (1).

BISCHOF, K. G. (1). *Elements of Chemical and Physical Geology*, tr. B. H. Paul & J. Drummond from the 1st German edn. (3 vols., Marcus, Bonn, 1847-54), Harrison, London, 1854 (for the Cavendish Society). 2nd German ed. 3 vols. Marcus, Bonn, 1863, with supplementary volume, 1871.

BLACK, J. DAVIDSON (1). 'The Prehistoric Kansu Race.' *MGSC* (Ser. A.), 1925, no. 5.

BLAKNEY, R. B. (1). *The Way of Life; Lao Tzu—a new Translation of the 'Tao Tê Ching'.* Mentor, New York, 1955.

BLANCO-FREIJEIRO, A. & LUZÓN, J. M. (1). 'Pre-Roman Silver Miners at Rio Tinto.' *AQ*, 1969, **43**, 124.

DE BLANCOURT, HAUDICQUER (1). *L'Art de la Verrerie*... Paris, 1697. Eng. tr. *The Art of Glass...with an Appendix containing Exact Instructions for making Glass Eyes of all Colours.* London, 1699.

BLAU, J. L. (1). *The Christian Interpretation of the Cabala in the Renaissance.* Columbia Univ. Press, New York, 1944. (Inaug. Diss. Columbia, 1944.)

BLOCHMANN, H. F. (1) (tr.). *The 'Ā'īn-i Akbarī' (Administration of the Mogul Emperor Akbar) of Abū'l Faẓl 'Allāmī.* Rouse, Calcutta, 1873. (Bibliotheca Indica, N.S., nos. 149, 158, 163, 194, 227, 247 and 287.)

BLOFELD, J. (3). *The Wheel of Life; the Autobiography of a Western Buddhist.* Rider, London, 1959.

BLOOM, ANDRÉ [METROPOLITAN ANTHONY] (1). 'Contemplation et Ascèse; Contribution Orthodoxe', art. in *Technique et Contemplation.* Études Carmelitaines, Paris, 1948, p. 49.

BLOOM, ANDRÉ [METROPOLITAN ANTHONY] (2). 'l'Hésychasme, Yoga Chrétien?', art. in *Yoga*, ed. J. Masui, Paris, 1953.

BLOOMFIELD, M. (1) (tr.). *Hymns of the Atharva-veda, together with Extracts from the Ritual Books and the Commentaries.* Oxford, 1897 (*SBE*, no. 42). Repr. Motilal Banarsidass, Delhi, 1964.

BLUNDELL, J. W. F. (2). *Medicina Mechanica.* London.

BOAS, G. (1). *Essays on Primitivism and Related Ideas in the Middle Ages.* Johns Hopkins Univ. Press, Baltimore, 1948.

BOAS, MARIE (2). *Robert Boyle and Seventeenth-Century Chemistry.* Cambridge, 1958.

BOAS, MARIE & HALL, A. R. (2). 'Newton's Chemical Experiments.' *A/AIHS*, 1958, **37**, 113.

BOCHARTUS, S. (1). *Opera Omnia, hoc est Phaleg, Canaan, et Hierozoicon.* Boutesteyn & Luchtmans, Leiden and van de Water, Utrecht, 1692. [The first two books are on the geography of the Bible and the third on the animals mentioned in it.]

BOCTHOR, E. (1). *Dictionnaire Français–Arabe*, enl. and ed. A. Caussin de Perceval. Didot, Paris, 1828–9. 3rd ed. Didot, Paris, 1864.

BODDE, D. (5). 'Types of Chinese Categorical Thinking.' *JAOS*, 1939, **59**, 200.

BODDE, D. (9). 'Some Chinese Tales of the Supernatural; Kan Pao and his *Sou Shen Chi*.' *HJAS*, 1942, **6**, 338.

BODDE, D. (10). 'Again Some Chinese Tales of the Supernatural; Further Remarks on Kan Pao and his *Sou Shen Chi*.' *JAOS*, 1942, **62**, 305.

BODDE, D. (12). *Annual Customs and Festivals in Peking, as recorded in the 'Yenchung Sui Shih Chi'* [by Tun Li-Chhen]. Vetch, 1936. Peiping, (Rev. J. J. L. Duyvendak, *TP*, 1937, **33**, 102; A. Waley, *FL*, 1936, **47**, 402.)

BOECKH, A. (1) (ed.). *Corpus Inscriptionum Graecorum.* 4 vols. Berlin, 1828–77.

BOEHME, JACOB (1). *The Works of Jacob Behmen, the Teutonic Theosopher... To which is prefixed, the Life of the Author, with Figures illustrating his Principles, left by the Rev. W. Law.* Richardson, 4 vols. London, 1764–81. *See* Ferguson (1), vol. 1, p. 111. Based partly upon: *Idea Chemiae Böhmianae Adeptae; das ist, ein Kurtzer Abriss der Bereitung deß Steins der Weisen, nach Anleitung deß Jacobi Böhm...* Amsterdam, 1680, 1690; and: *Jacob Böhms kurtze und deutliche Beschreibung des Steins der Weisen, nach seiner Materia, aus welcher er gemachet, nach seiner Zeichen und Farbe, welche im Werck erscheinen, nach seiner Kraft und Würckung, und wie lange Zeit darzu erfordert wird, und was insgemein bey dem Werck in acht zu nehmen...* Amsterdam, 1747.

BOEHME, JACOB (2). *The Epistles of Jacob Behmen, aliter Teutonicus Philosophus, translated out of the German Language.* London, 1649.

BOERHAAVE, H. (1). *Elementa Chemiae, quae anniversario labore docuit, in publicis, privatisque, Scholis.* 2 vols. Severinus and Imhoff, Leiden, 1732. Eng. tr. by P. Shaw: *A New Method of Chemistry, including the History, Theory and Practice of the Art.* 2 vols. Longman, London, 1741, 1753.

BOERHAAVE, HERMANN. *See* Lindeboom (1).

BOERSCHMANN, E. (11). 'Peking, eine Weltstadt der Baukunst.' *AT*, 1931 (no. 2), 74.

BOLL, F. (6). 'Studien zu Claudius Ptolemäus.' *JCP*, 1894, **21** (Suppl.), 155.

BOLLE, K. W. (1). *The Persistence of Religion; an Essay on Tantrism and Sri Aurobindo's Philosophy.* Brill, Leiden, 1965. (Supplements to *Numen*, no. 8.)

BONI, B. (3). 'Oro e Formiche Erodotee.' *CHIM*, 1950 (no. 3).

BONMARCHAND, G. (1) (tr.). 'Les Notes de Li Yi-Chan [Li I-shan], (Yi-Chan Tsa Tsouan [*I-Shan Tsa Tsuan*]), traduit du Chinois; Étude de Littérature Comparée.' *BMFJ*, 1955 (N.S.) **4** (no. 3), 1–84.

BONNER, C. (1). 'Studies in Magical Amulets, chiefly Graeco-Egyptian.' Ann Arbor, Michigan, 1950. (Univ. Michigan Studies in Humanities Ser., no. 49.)

BONNIN, A. (1). *Tutenag and Paktong; with Notes on other Alloys in Domestic Use during the Eighteenth Century.* Oxford, 1924.

BONUS, PETRUS, of Ferrara (1). *M. Petri Boni Lombardi Ferrariensis Physici et Chemici Excellentiss. Introductio in Artem Chemiae Integra, ab ipso authore inscripta Margarita Preciosa Novella; composita ante annos plus minus ducentos septuaginta, Nune multis mendis sublatis, comodiore, quam antehâc, forma edita, et indice revum ad calcem adornata.* Foillet, Montbeliard, 1602. 1st ed. Lacinius ed. Aldus, Venice, 1546. Tr. Waite (7). *See* Leicester (1), p. 86. Cf. Ferguson (1), vol. 1, p. 115.

BORNET, P. (2). 'Au Service de la Chine; Schall et Verbiest, maîtres-fondeurs, I. les Canons.' *BCP*, 1946 (no. 389), 160.

BORNET, P. (3) (tr.). 'Relation Historique' [de Johann Adam Schall von Bell, S.J.]; Texte Latin avec Traduction française.' Hautes Études, Tientsin, 1942 (part of *Lettres et Mémoires d'Adam Schall S.J.* ed H. Bernard[-Maître]).

BORRICHIUS, O. (1). *De Ortu et Progressu Chemiae.* Copenhagen, 1668.

BOSE, D. M., SEN, S.-N., SUBBARAYAPPA, B. V. et al. (1). *A Concise History of Science in India.* Baptist Mission Press, Calcutta, for the Indian National Science Academy, New Delhi, 1971.

BOSON, G. (1). 'Alcuni Nomi di Pietri nelle Inscrizioni Assiro-Babilonesi.' *RSO*, 1914, **6**, 969.

BOSON, G. (2). 'I Metalli e le Pietri nelle Inscrizioni Assiro-Babilonesi.' *RSO*, 1917, **7**, 379.

BOSON, G. (3). *Les Métaux et les Pierres dans les Inscriptions Assyro-Babyloniennes.* Munich, 1914.

BOSTOCKE, R. (1). *The Difference between the Ancient Physicke, first taught by the godly Forefathers, insisting in unity, peace and concord, and the Latter Physicke...* London, 1585. Cf. Debus (12).

BOUCHÉ-LECLERCQ, A. (1). *L'Astrologie Grecque.* Leroux, Paris, 1899.

BOURKE, J. G. (1). 'Primitive Distillation among the Tarascoes.' *AAN*, 1893, **6**, 65.

BOURKE, J. G. (2). 'Distillation by Early American Indians.' *AAN*, 1894, **7**, 297.

BOURNE, F. S. A. (2). *The Lo-fou Mountains; an Excursion.* Kelly & Walsh, Shanghai, 1895.

BOUTARIC, A. (1). *Marcellin Berthelot (1827 à 1907).* Payot, Paris, 1927.

BOVILL, E. W. (1). 'Musk and Amber[gris].' *NQ*, 1954.

BOWERS, J. Z. & CARUBBA, R. W. (1). 'The Doctoral Thesis of Engelbert Kaempfer: "On Tropical Diseases, Oriental Medicine and Exotic Natural Phenomena".' *JHMAS*, 1970, **25**, 270.

BOYLE, ROBERT (1). *The Sceptical Chymist; or, Chymico-Physical Doubts and Paradoxes, touching the Experiments whereby Vulgar Spagyrists are wont to endeavour to evince their Salt, Sulphur and Mercury to be the True Principles of Things.* Crooke, London, 1661.

BOYLE, ROBERT (4). 'A New Frigoric Experiment.' *PTRS*, 1666, **1**, 255.

BOYLE, ROBERT (5). *New Experiments and Observations touching Cold.* London, 1665. Repr. 1772.

BOYLE, ROBERT. *See* Anon. (104).

BRADLEY, J. E. S. & BARNES, A. C. (1). *Chinese–English Glossary of Mineral Names.* Consultants' Bureau, New York, 1963.

BRASAVOLA, A. (1). *Examen Omnium Sinplicium Medicamentorum.* Rome, 1536.

BRELICH, H. (1). 'Chinese Methods of Mining Quicksilver.' *TIMM*, 1905, **14**, 483.

BRELICH, H. (2). 'Chinese Methods of Mining Quicksilver.' *MJ*, 1905 (27 May), 578, 595

BRETSCHNEIDER, E. (1). *Botanicon Sinicum; Notes on Chinese Botany from Native and Western Sources*, 3 vols.
Vol. 1 (Pt. I, no special sub-title) contains
ch. 1. Contribution towards a History of the Development of Botanical Knowledge among Eastern Asiatic Nations.
ch. 2. On the Scientific Determination of the Plants Mentioned in Chinese Books.
ch. 3. Alphabetical List of Chinese Works, with Index of Chinese Authors.
app. Celebrated Mountains of China (list)
Trübner, London, 1882 (printed in Japan); also pub. *JRAS/NCB*, 1881 (n.s.), **16**, 18–230 (in smaller format).
Vol. 2, Pt. II, *The Botany of the Chinese Classics*, with Annotations, Appendixes and Indexes by E. Faber, contains
Corrigenda and Addenda to Pt. I
ch. 1. Plants mentioned in the *Erh Ya*.
ch. 2. Plants mentioned in the *Shih Ching*, the *Shu Ching*, the *Li Chi*, the *Chou Li* and other Chinese classical works.
Kelly & Walsh, Shanghai etc. 1892; also pub. *JRAS/NCB*, 1893 (n.s.), **25**, 1–468.
Vol. 3, Pt. III, *Botanical Investigations into the Materia Medica of the Ancient Chinese*, contains
ch. 1. Medicinal Plants of the *Shen Nung Pên Tshao Ching* and the *[Ming I] Pieh Lu* with indexes of geographical names, Chinese plant names and Latin generic names.
Kelly & Walsh, Shanghai etc., 1895; also pub. *JRAS/NCB*, 1895 (n.s.), **29**, 1–623.

BRETSCHNEIDER, E. (2). *Mediaeval Researches from Eastern Asiatic Sources; Fragments towards the Knowledge of the Geography and History of Central and Western Asia from the +13th to the +17th century*. 2 vols. Trübner, London, 1888. New ed. Routledge & Kegan Paul, 1937. Photo-reprint, 1967.

BREUER, H. & KASSAU, E. (1). *Eine einfache Methode zur Isolierung von Steroiden aus biologischen Medien durch Mikrosublimation*. Proc. 1st International Congress of Endocrinology, Copenhagen, 1960, Session XI (*d*), no. 561.

BREUER, H. & NOCKE, L. (1). 'Stoffwechsel der Oestrogene in der menschlichen Leber'; art. in VIter Symposium d. Deutschen Gesellschaft f. Endokrinologie, *Moderne Entwicklungen auf dem Gestagengebiet Hormone in der Veterinärmedizin*. Kiel, 1959, p. 410.

BREWER, J. S. (1) (ed.). *Fr. Rogeri Bacon Opera quaedam hactenus inedita*. Longman, Green, Longman & Roberts, London, 1859 (Rolls Series, no. 15). Contains *Opus Tertium* (*c.* +1268), part of *Opus Minus* (*c.* +1267), part of *Compendium Studii Philosophiae* (+1272), and the *Epistola de Secretis Operibus Artis et Naturae et de Nullitate Magiae* (*c.* +1270).

BRIDGES, J. H. (1) (ed.). *The 'Opus Maius' [c. +1266] of Roger Bacon*. 3 vols. Oxford, 1897–1900.

BRIDGMAN, E. C. (1). *A Chinese Chrestomathy, in the Canton Dialect*. S. Wells Williams, Macao, 1841.

BRIDGMAN, E. C. & WILLIAMS, S. WELLS (1). 'Mineralogy, Botany, Zoology and Medicine' [sections of a Chinese Chrestomathy], in Bridgman (1), pp. 429, 436, 460 and 497.

BRIGHTMAN, F. E. (1). *Liturgies, Eastern and Western*. Oxford, 1896.

BROMEHEAD, C. E. N. (2). 'Aetites, or the Eagle-Stone.' *AQ*, 1947, **21**, 16.

BROOKS, CHANDLER MCC., GILBERT, J. L., LEVEY, H. A. & CURTIS, D. R. (1). *Humors, Hormones and Neurosecretions; the Origins and Development of Man's present Knowlege of the Humoral Control of Body Function*. New York State Univ. N.Y. 1962.

BROOKS, E. W. (1). 'A Syriac Fragment [a chronicle extending from +754 to +813].' *ZDMG*, 1900, **54**, 195.

BROOKS, G. (1). *Recherches sur le Latex de l'Arbre à Laque d'Indochine; le Laccol et ses Derivés*. Jouve, Paris, 1932.

BROOKS, G. (2). 'La Laque Végétale d'Indochine.' *LN*, 1937 (no. 3011), 359.

BROOMHALL, M. (1). *Islam in China*. Morgan & Scott, London, 1910.

BROSSE, T. (1). *Études instrumentales des Techniques du Yoga; Expérimentation psychosomatique*... with an Introduction 'La Nature du Yoga dans sa Tradition' by J. Filliozat, École Française d'Extrême-Orient, Paris, 1963 (Monograph series, no. 52).

BROUGH, J. (1). 'Soma and *Amanita muscaria*.' *BLSOAS*, 1971, **34**, 331.

BROWN-SÉQUARD, C. E. (1). 'Du Rôle physiologique d'un thérapeutique d'un Suc extrait de Testicules d'Animaux, d'après nombre de faits observés chez l'Homme.' *APNP*, 1889, **21**, 651.

BROWNE, C. A. (1). 'Rhetorical and Religious Aspects of Greek Alchemy; including a Commentary and Translation of the Poem of the Philosopher Archelaos upon the Sacred Art.' *AX*, 1938, **2**, 129; 1948, **3**, 15.

BROWNE, E. G. (1). *Arabian Medicine*. Cambridge, 1921. Repr. 1962. (French tr. H. J. P. Renaud; Larose, Paris, 1933.)

BROWNE, RICHARD (1) (tr.). *The Cure of Old Age and the Preservation of Youth* (tr. of Roger Bacon's *De Retardatione Accidentium Senectutis*...). London, 1683.

BROWNE, SIR THOMAS (1). *Religio Medici*. 1642.

BRUCK, R. (1) (tr.). 'Der Traktat des Meisters Antonio von Pisa.' *RKW*, 1902, **25**, 240. A +14th-century treatise on glass-making.

BRUNET, P. & MIELI, A. (1). *L'Histoire des Sciences (Antiquité)*. Payot, Paris, 1935. Rev. G. Sarton, *ISIS*, 1935, **24**, 444.

BRUNSCHWYK, H. (1). *'Liber de arte Distillandi de Compositis': Das Buch der waren Kunst zů distillieren die Composita und Simplicia; und das Buch 'Thesaurus Pauperum', Ein schatz der armen genannt Micarium die brösamlin gefallen von den büchern d'Artzny und durch Experiment von mir Jheronimo Brunschwick uff geclubt und geoffenbart zu trost denen die es begehren.* Grüninger, Strassburg, 1512. (This is the so-called 'Large Book of Distillation'.) Eng. tr. *The Vertuose Boke of the Distillacyon...*, Andrewe, or Treveris, London, 1527, 1528 and 1530. The last reproduced in facsimile, with an introduction by H. J. Abrahams, Johnson, New York and London, 1971 (Sources of Science Ser., no. 79).

BRUNSCHWYK, H. (2). *'Liber de arte distillandi de simplicibus' oder Buch der rechten Kunst zu distillieren die eintzigen Dinge.* Grüninger, Strassburg, 1500. (The so-called 'Small Book of Distillation'.)

BRUNTON, T. LAUDER (1). *A Textbook of Pharmacology, Therapeutics and Materia Medica.* Adpated to the United States Pharmacopoeia by F. H. Williams. Macmillan, London, 1888.

BRYANT, P. L. (1). 'Chinese Camphor and Camphor Oil.' *CJ*, 1925, **3**, 228.

BUCH, M. (1). 'Die Wotjäken, eine ethnologische Studie.' *ASSF*, 1883, **12**, 465.

BUCK, J. LOSSING (1). *Land Utilisation in China; a Study of 16,786 Farms in 168 Localities, and 38,256 Farm Families in Twenty-two Provinces in China, 1929 to 1933.* Univ. of Nanking, Nanking and Commercial Press, Shanghai, 1937. (Report in the International Research Series of the Institute of Pacific Relations.)

BUCKLAND, A. W. (1). 'Ethnological Hints afforded by the Stimulants in Use among Savages and among the Ancients.' *JRAI*, 1879, **8**, 239.

BUDGE, E. A. WALLIS (4) (tr.). *The Book of the Dead; the Papyrus of Ani in the British Museum.* Brit. Mus., London, 1895.

BUDGE, E. A. WALLIS (5). *First Steps in [the Ancient] Egyptian [Language and Literature]; a Book for Beginners.* Kegan Paul, Trench & Trübner, London, 1923.

BUDGE, E. A. WALLIS (6) (tr.). *Syrian Anatomy, Pathology and Therapeutics; or, 'The Book of Medicines' —the Syriac Text, edited from a Rare Manuscript, with an English Translation...* 2 vols. Oxford, 1913.

BUDGE, E. A. WALLIS (7) (tr.). *The 'Book of the Cave of Treasures'; a History of the Patriarchs and the Kings and their Successors from the Creation to the Crucifixion of Christ, translated from the Syriac text of BM Add. MS. 25875.* Religious Tract Soc. London, 1927.

BUHOT, J. (1). *Arts de la Chine.* Editions du Chêne, Paris, 1951.

BÜLFFINGER, G. B. (1). *Specimen Doctrinae Veterum Sinarum Moralis et Politicae; tanquam Exemplum Philosophiae Gentium ad Rem Publicam applicatae; Excerptum Libellis Sinicae Genti Classicis, Confucii sive Dicta sive Facta Complexis.* Frankfurt a/M, 1724.

BULLING, A. (14). 'Archaeological Excavations in China, 1949 to 1971.' *EXPED*, 1972, **14** (no. 4), 2; **15** (no. 1), 22.

BURCKHARDT, T. (1). *Alchemie.* Walter, Freiburg i/B, 1960. Eng. tr. by W. Stoddart: *Alchemy; Science of the Cosmos, Science of the Soul.* Stuart & Watkins, London, 1967.

BURKE, R. B. (1) (tr.). *The 'Opus Majus' of Roger Bacon.* 2 vols. Philadelphia and London, 1928.

BURKILL, I. H. (1). *A Dictionary of the Economic Products of the Malay Peninsula* (with contributions by W. Birtwhistle, F. W. Foxworthy, J. B. Scrivener & J. G. Watson). 2 vols. Crown Agents for the Colonies, London, 1935.

BURKITT, F. C. (1). *The Religion of the Manichees.* Cambridge, 1925.

BURKITT, F. C. (2). *Church and Gnosis.* Cambridge, 1932.

BURNAM, J. M. (1). *A Classical Technology edited from Codex Lucensis 490.* Boston, 1920.

BURNES, A. (1). *Travels into Bokhara...* 3 vols. Murray, London, 1834.

BURTON, A. (1). *Rush-bearing; an Account of the Old Customs of Strewing Rushes, Carrying Rushes to Church, the Rush-cart; Garlands in Churches, Morris-Dancers, the Wakes, and the Rush.* Brook & Chrystal, Manchester, 1891.

BUSHELL, S. W. (2). *Chinese Art.* 2 vols. For Victoria and Albert Museum, HMSO, London, 1909; 2nd ed. 1914.

CABANÈS, A. (1). *Remèdes d'Autrefois.* 2nd ed. Maloine, Paris, 1910.

CALEY, E. R. (1). 'The Leyden Papyrus X; an English Translation with Brief Notes.' *JCE*, 1926, **3**, 1149.

CALEY, E. R. (2). 'The Stockholm Papyrus; an English Translation with Brief Notes.' *JCE*, 1927, **4**, 979.

CALEY, E. R. (3). 'On the Prehistoric Use of Arsenical Copper in the Aegean Region.' *HE*, 1949, **8** (Suppl.), 60 (Commemorative Studies in Honour of Theodore Leslie Shear).

CALEY, E. R. (4). 'The Earliest Use of Nickel Alloys in Coinage.' *NR*, 1943, **1**, 17.

CALEY, E. R. (5). 'Ancient Greek Pigments.' *JCE*, 1946, **23**, 314.
CALEY, E. R. (6). 'Investigations on the Origin and Manufacture of Orichalcum', art. in *Archaeological Chemistry*, ed. M. Levey. Pennsylvania University Press, Philadelphia, Pennsylvania, 1967, p. 59.
CALEY, E. R. & RICHARDS, J. C. (1). *Theophrastus on the Stones*. Columbus, Ohio, 1956.
CALLOWAY, D. H. (1). 'Gas in the Alimentary Canal.' Ch. 137 in *Handbook of Physiology*, sect. 6, 'Alimentary Canal', vol. 5, 'Bile; Digestion; Ruminal Physiology'. Ed. C. F. Code & W. Heidel. Williams & Wilkins, for the American Physiological Society, Washington, D.C. 1968.
CALMET, AUGUSTIN (1). *Dissertations upon the Appearances of Angels, Daemons and Ghosts, and concerning the Vampires of Hungary, Bohemia, Moravia and Silesia*. Cooper, London, 1759, tr. from the French ed. of 1745. Repr. with little change, under the title: *The Phantom World, or the Philosophy of Spirits, Apparitions, etc....*, ed. H. Christmas, 2 vols. London, 1850.
CAMMANN, S. VAN R. (4). 'Archaeological Evidence for Chinese Contacts with India during the Han Dynasty.' *S*, 1956, **5**, 1; abstr. *RBS*, 1959, **2**, no. 320.
CAMMANN, S. VAN R. (5). 'The "Bactrian Nickel Theory".' *AJA*, 1958, **62**, 409. (Commentary on Chêng & Schwitter, 1.)
CAMMANN, S. VAN R. (7). 'The Evolution of Magic Squares in China.' *JAOS*, 1960, **80**, 116.
CAMMANN, S. VAN R. (8). 'Old Chinese Magic Squares.' *S*, 1962, **7**, 14. Abstr. L. Lanciotti, *RBS*, 1969, **8**, no. 837.
CAMMANN, S. VAN R. (9). 'The Magic Square of Three in Old Chinese Philosophy and Religion.' *HOR*, 1961, **1** (no. 1), 37. Crit. J. Needham, *RBS*, 1968, **7**, no. 581.
CAMMANN, S. VAN R. (10). 'A Suggested Origin of the Tibetan Maṇḍala Paintings.' *ARQ*, 1950, **13**, 107.
CAMMANN, S. VAN R. (11). 'On the Renewed Attempt to Revive the "Bactrian Nickel Theory".' *AJA*, 1962, **66**, 92 (rejoinder to Chêng & Schwitter, 2).
CAMMANN, S. VAN R. (12). 'Islamic and Indian Magic Squares.' *HOR*, 1968, **8**, 181, 271.
CAMMANN, S. VAN R. (13). Art. 'Magic Squares' in *EB* 1957 ed., vol. XIV, p. 573.
CAMPBELL, D. (1). *Arabian Medicine and its Influence on the Middle Ages*. 2 vols. (the second a bibliography of Latin MSS translations from Arabic). Kegan Paul, London, 1926.
CARATINI, R. (1). 'Quadrature du Cercle et Quadrature des Lunules en Mésopotamie.' *RAAO*, 1957, **51**, 11.
CARBONELLI, G. (1). *Sulle Fonti Storiche della Chimica e dell'Alchimia in Italia*. Rome, 1925.
CARDEW, S. (1). 'Mining in China in 1952.' *MJ*, 1953, **240**, 390.
CARLID, G. & NORDSTRÖM, J. (1). *Torbern Bergman's Foreign Correspondence* (with brief biography by H. Olsson). Almqvist & Wiksell, Stockholm, 1965.
CARLSON, C. S. (1). 'Extractive and Azeotropic Distillation.' Art. in *Distillation*, ed. A. Weissberger (*Technique of Organic Chemistry*, vol. 4), p. 317. Interscience, New York, 1951.
CARR, A. (1). *The Reptiles*. Time-Life International, Holland, 1963.
CARTER, G. F. (1). 'The Preparation of Ancient Coins for Accurate X-Ray Fluorescence Analysis.' *AMY*, 1964, **7**, 106.
CARTER, T. F. (1). *The Invention of Printing in China and its Spread Westward*. Columbia Univ. Press, New York, 1925, revised ed. 1931. 2nd ed. revised by L. Carrington Goodrich. Ronald, New York, 1955.
CARY, G. (1). *The Medieval Alexander*. Ed. D. J. A. Ross. Cambridge, 1956. (A study of the origins and versions of the Alexander-Romance; important for medieval ideas on flying-machine and diving-bell or bathyscaphe.)
CASAL, U. A. (1). 'The Yamabushi.' *MDGNVO*, 1965, **46**, 1.
CASAL, U. A. (2). 'Incense.' *TAS/J*, 1954 (3rd ser.), **3**, 46.
CASARTELLI, L. C. (1). '[The State of the Dead in] Iranian [and Persian Belief].' *ERE*, vol. XI, p. 847.
CASE, R. E. (1). 'Nickel-containing Coins of Bactria, −235 to −170.' *COCJ*, 1934, **102**, 117.
CASSIANUS, JOHANNES. *Conlationes*, ed. Petschenig. Cf. E. C. S. Gibson tr. (1).
CASSIUS, ANDREAS (the younger) (1). *De Extremo illo et Perfectissimo Naturae Opificio ac Principe Terraenorum Sidere Auro de admiranda ejus Natura...Cogitata Nobilioribus Experimentis Illustrata*. Hamburg, 1685. Cf. Partington (7), vol. 2, p. 371; Ferguson (1), vol. 1, p. 148.
CEDRENUS, GEORGIUS (1). *Historiōn Archomenē* (*c.* +1059), ed. Bekker (in *Corp. Script. Hist. Byz.* series).
CENNINI, CENNINO (1). *Il Libro dell'Arte*. MS on dyeing and painting, 1437. Eng. trs. C. J. Herringham, Allen & Unwin, London, 1897; D. V. Thompson, Yale Univ. Press. New Haven, Conn. 1933.
CERNY, J. (1). *Egyptian Religion*.
CHADWICK, H. (1) (tr.). *Origen 'Contra Celsum'; Translated with an Introduction and Notes*. Cambridge, 1953.
CHAMBERLAIN, B. H. (1). *Things Japanese*. Murray, London, 2nd ed. 1891; 3rd ed. 1898.
CHAMPOLLION, J. F. (1). '*L'Égypte sous les Pharaons; ou Recherches sur la Geographie, la Religion, la Langue, les Écritures, et l'Histoire de l'Égypte avant l'invasion de Cambyse*. De Bure, Paris, 1814.
CHAMPOLLION, J. F. (2). *Grammaire Égyptien en Écriture Hieroglyphique*. Didot, Paris, 1841.

CHAMPOLLION, J. F. (3). *Dictionnaire Égyptien en Écriture Hieroglyphique*. Didot, Paris, 1841.
CHANG, C. *See* Kung, S. C., Chao, S. W., Pei, Y. T. & Chang, C. (1).
CHANG CHUNG-YUAN (1). 'An Introduction to Taoist Yoga.' *RR*, 1956, **20**, 131.
CHANG HUNG-CHAO (1). *Lapidarium Sinicum; a Study of the Rocks, Fossils and Minerals as known in Chinese Literature* (in Chinese with English summary). Chinese Geological Survey, Peiping, 1927. *MGSC* (ser. B), no. 2.
CHANG HUNG-CHAO (2). 'The Beginning of the Use of Zinc in China.' *BCGS*, 1922, **2** (no. 1/2), 17. Cf. Chang Hung-Chao (3).
CHANG HUNG-CHAO (3). 'New Researches on the Beginning of the Use of Zinc in China.' *BCGS*, 1925, **4** (no. 1), 125. Cf. Chang Hung-Chao (6).
CHANG HUNG-CHAO (4). 'The Origins of the Western Lake at Hangchow.' *BCGS*, 1924, **3** (no. 1), 26. Cf. Chang Hung-Chao (5).
CHANG HSIEN-FÊNG (1). 'A Communist Grows in Struggle.' *CREC*, 1969, **18** (no. 4), 17.
CHANG KUANG-YU & CHANG CHÊNG-YU (1). *Peking Opera Make-up; an Album of Cut-outs*. Foreign Languages Press, Peking, 1959.
CHANG TZU-KUNG (1). 'Taoist Thought and the Development of Science; a Missing Chapter in the History of Science and Culture-Relations.' Unpub. MS., 1945. Now in *MBPB*, 1972, **21** (no. 1), 7 (no. 2), 20.
CHARLES, J. A. (1). 'Early Arsenical Bronzes—a Metallurgical View.' *AJA*, 1967, **71**, 21. A discussion arising from the data in Renfrew (1).
CHARLES, J. A. (2). 'The First Sheffield Plate.' *AQ*, 1968, **42**, 278. With an appendix on the dating of the Minoan bronze dagger with silver-capped copper rivet-heads, by F. H. Stubbings.
CHARLES, J. A. (3). 'Heterogeneity in Metals.' *AMY*, 1973, **15**, 105.
CHARLES, R. H. (1) (tr.). *The 'Book of Enoch', or 'I Enoch', translated from the Editor's Ethiopic Text, and edited with the Introduction, Notes and Indexes of the First Edition, wholly recast, enlarged and re-written, together with a Reprint from the Editor's Text of the Greek Fragments*. Oxford, 1912 (first ed., Oxford, 1893).
CHARLES, R. H. (2) (ed.). *The Ethiopic Version of the 'Book of Enoch', edited from 23 MSS, together with the Fragmentary Greek and Latin Versions*. Oxford, 1906.
CHARLES, R. H. (3). *A Critical History of the Doctrine of a Future Life in Israel, in Judaism, and in Christianity; or, Hebrew, Jewish and Christian Eschatology from pre-Prophetic Times till the Close of the New Testament Canon*. Black, London, 1899. Repr. 1913 (Jowett Lectures, 1898–9).
CHARLES, R. H. (4) 'Gehenna', art. in Hastings, *Dictionary of the Bible*, Clark, Edinburgh, 1899, vol. 2, p. 119.
CHARLES, R. H. (5) (ed.). *The Apocrypha and Pseudepigrapha of the Old Testament in English; with Introductions, and Critical and Explanatory Notes, to the Several Books*... 2 vols. Oxford, 1913 (1 Enoch is in vol. 2).
CHATLEY, H. (1). MS. translation of the astronomical chapter (ch. 3, Thien Wên) of *Huai Nan Tzu*. Unpublished. (Cf. note in *O*, 1952, **72**, 84.)
CHATLEY, H. (37). 'Alchemy in China.' *JALCHS*, 1913, **2**, 33.
CHATTERJI, S. K. (1). 'India and China; Ancient Contacts—What India received from China.' *JRAS/B*, 1959 (n.s.), **1**, 89.
CHATTOPADHYAYA, D. (1). 'Needham on Tantrism and Taoism.' *NAGE*, 1957, **6** (no. 12), 43; 1958, **7** (no. 1), 32.
CHATTOPADHYAYA, D. (2). 'The Material Basis of Idealism.' *NAGE*, 1958, **7** (no. 8), 30.
CHATTOPADHYAYA, D. (3) 'Brahman and Maya.' *ENQ*, 1959, **1** (no. 1), 25.
CHATTOPADHYAYA, D. (4). *Lokāyata, a Study in Ancient Indian Materialism*. People's Publishing House, New Delhi, 1959.
CHAVANNES, E. (14). *Documents sur les Tou-Kiue [Thu-Chüeh] (Turcs) Occidentaux, receuillis et commentés par E. C.*... Imp. Acad. Sci., St Petersburg, 1903. Repr. Paris, with the inclusion of the 'Notes Additionelles', n. d.
CHAVANNES, E. (17). 'Notes Additionelles sur les Tou-Kiue [Thu-Chüeh] (Turcs) Occidentaux.' *TP*, 1904, **5**, 1–110, with index and errata for Chavannes (14).
CHAVANNES, E. (19). 'Inscriptions et Pièces de Chancellerie Chinoises de l'Époque Mongole.' *TP*, 1904, **5**, 357–447; 1905, **6**, 1–42; 1908, **9**, 297–428.
CHAVANNES, E. & PELLIOT, P. (1). 'Un Traité Manichéen retrouvé en Chine, traduit et annoté.' *JA*, 1911 (10e sér), **18**, 499; 1913 (11e sér), **1**, 99, 261.
CH'ÊN, JEROME. *See* Chhen Chih-Jang.
CHÊNG, C. F. & SCHWITTER, C. M. (1). 'Nickel in Ancient Bronzes.' *AJA*, 1957, **61**, 351. With an appendix on chemical analysis by X-ray fluorescence by K. G. Carroll.
CHÊNG, C. F. & SCHWITTER, C. M. (2). 'Bactrian Nickel and [the] Chinese [Square] Bamboos.' *AJA*, 1962, **66**, 87 (reply to Cammann, 5).

CHÊNG MAN-CHHING & SMITH, R. W. (1). *Thai-Chi; the 'Supreme Ultimate' Exercise for Health, Sport and Self-Defence*. Weatherhill, Tokyo, 1966.
CHÊNG TÊ-KHUN (2) (tr.). 'Travels of the Emperor Mu.' *JRAS/NCB*, 1933, **64**, 142; 1934, **65**, 128.
CHÊNG TÊ-KHUN (7). 'Yin Yang, Wu Hsing and Han Art.' *HJAS*, 1957, **20**, 162.
CHÊNG TÊ-KHUN (9). *Archaeology in China*.
Vol. 1, *Prehistoric China*. Heffer, Cambridge, 1959.
Vol. 2, *Shang China*. Heffer, Cambridge, 1960.
Vol. 3, *Chou China*, Heffer, Cambridge, and Univ. Press, Toronto, 1963.
Vol. 4, *Han China* (in the press).
CHENG WOU-CHAN. See Shêng Wu-Shan.
CHEO, S. W. *See* Kung, S. C., Chao, S. W., Pei, Y. T. & Chang, C. (1).
CHEYNE, T. K. (1). *The Origin and Religious Content of the Psalter*. Kegan Paul, London, 1891. (Bampton Lectures.)
CHHEN CHIH-JANG (1). *Mao and the Chinese Revolution*. Oxford, 1965. With 37 Poems by Mao Tsê-Tung, translated by Michael Bullock & Chhen Chih-Jang.
CHHEN SHOU-YI (3). *Chinese Literature; a Historical Introduction*. Ronald, New York, 1961.
CHHU TA-KAO (2) (tr.). *Tao Tê Ching, a new translation*. Buddhist Lodge, London, 1937.
CHIKASHIGE, MASUMI (1). *Alchemy and other Chemical Achievements of the Ancient Orient; the Civilisation of Japan and China in Early Times as seen from the Chemical (and Metallurgical) Point of View*. Rokakuho Uchida, Tokyo, 1936. Rev. Tenney L. Davis, *JACS*, 1937, **59**, 952. Cf. Chinese résumé of Chakashige's lectures by Chhen Mêng-Yen, *KHS*, 1920, **5** (no. 3), 262.
CHIU YAN TSZ. See Yang Tzu-Chiu (1).
CHOISY, M. (1). *La Métaphysique des Yogas*. Ed. Mont. Blanc, Geneva, 1948. With an introduction by P. Masson-Oursel.
CHŎN SANGŬN (1). *Science and Technology in Korea; Traditional Instruments and Techniques*. M.I.T. Press, Cambridge, Mass. 1972.
CHOU I-LIANG (1). 'Tantrism in China.' *HJAS*, 1945, **8**, 241.
CHOULANT, L. (1). *History and Bibliography of Anatomic Illustration*. Schuman, New York, 1945, tr. from the German (Weigel, Leipzig, 1852) by M. Frank, with essays by F. H. Garrison, M. Frank, E. C. Streeter & Charles Singer, and a Bibliography of M. Frank by J. C. Bay.
CHOU YI-LIANG. See Chou I-Liang.
CHU HSI-THAO (1). 'The Use of Amalgam as Filling Material in Dentistry in Ancient China.' *CMJ*, 1958, **76**, 553.
CHWOLSON, D. (1). *Die Ssabier und der Ssabismus*. 2 vols. Imp. Acad. Sci., St Petersburg, 1856. (On the culture and religion of the Sabians, Ṣābi, of Harrān, 'pagans' till the +10th century, a people important for the transmission of the Hermetica, and for the history of alchemy, Harrān being a cross-roads of influences from the East and West of the Old World.)
[CIBOT, P. M.] (3). 'Notice du Cong-Fou [*Kung fu*], des Bonzes Tao-sée [Tao Shih].' *MCHSAMUC*, 1779, **4**, 441. Often ascribed, as by Dudgeon (1) and others, to J. J. M. Amiot, but considered Cibot's by Pfister (1), p. 896.
[CIBOT, P. M.] (5). 'Notices sur différens Objets; (1) Vin, Eau-de-Vie et Vinaigre de Chine, (2) Raisins secs de Hami, (3) Notices du Royaume de Hami, (4) Rémèdes [*pao-hsing shih, khu chiu*], (5) Teinture chinoise, (6) Abricotier [selection, care of seedlings, and grafting], (7) Armoise.' *MCHSAMUC*, 1780, **5**, 467–518.
CIBOT, P. M. (11). (posthumous). 'Notice sur le Cinabre, le Vif-Argent et le *Ling sha*.' *MCHSAMUC*, 1786, **11**, 304.
CIBOT, P. M. (12) (posthumous). 'Notice sur le Borax.' *MCHSAMUC*, 1786, **11**, 343.
CIBOT, P. M. (13) (posthumous). 'Diverses Remarques sur les Arts-Pratiques en Chine; Ouvrages de Fer, Art de peindre sur les Glaces et sur les Pierres.' *MCHSAMUC*, 1786, **11**, 361.
CIBOT, P. M. (14). 'Notice sur le Lieou-li [*Liu-li*], ou Tuiles Vernissées.' *MCHSAMUC*, 1787, **13**, 396.
[CIBOT, P. M.] (16). 'Notice du Ché-hiang [*Shê hsiang*, musk and the musk deer].' *MCHSAMUC*, 1779, **4**, 493.
[CIBOT, P. M.] (17). 'Quelques Compositions et Recettes pratiquées chez les Chinois ou consignées dans leurs Livres, et que l'Auteur a crues utiles ou inconnues en Europe [on felt, wax, conservation of oranges, bronzing of copper, etc. etc.].' *MCHSAMUC*, 1779, **4**, 484.
CLAPHAM, A. R., TUTIN, T. G. & WARBURG, E. F. (1). *Flora of the British Isles*. 2nd ed. Cambridge, 1962.
CLARK, A. J. (1). *Applied Pharmacology*. 7th ed. Churchill, London, 1942.
CLARK, E. (1). 'Notes on the Progress of Mining in China.' *TAIME*, 1891, **19**, 571. (Contains an account (pp. 587 ff.) of the recovery of silver from argentiferous lead ore, and cupellation by traditional methods, at the mines of Yen-tang Shan.)
CLARK, R. T. RUNDLE (1). *Myth and Symbol in Ancient Egypt*. Thames & Hudson, London, 1959.

CLARK, W. G. & DEL GIUDICE, J. (1) (ed.). *Principles of Psychopharmacology*. Academic Press, New York and London, 1971.

CLARKE, J. & GEIKIE, A. (1). *Physical Science in the Time of Nero, being a Translation of the 'Quaestiones Naturales' of Seneca, with notes by Sir Archibald Geikie*. Macmillan, London, 1910.

CLAUDER, GABRIEL (1). *Inventum Cinnabarinum, hoc est Dissertatio Cinnabari Nativa Hungarica, longa circulatione in majorem efficaciam fixata et exalta*. Jena, 1684.

CLEAVES, F. W. (1). 'The Sino-Mongolian Inscription of +1240 [edict of the empress Törgene, wife of Ogatai Khan (+1186 to +1241) on the cutting of the blocks for the Yuan edition of the *Tao Tsang*].' *HJAS*, 1960, **23**, 62.

CLINE, W. (1). *Mining and Metallurgy in Negro Africa*. Banta, Menasha, Wisconsin, 1937 (mimeographed). (General Studies in Anthropology, no. 5, Iron.)

CLOW, A. & CLOW, NAN L. (1). *The Chemical Revolution; a Contribution to Social Technology*. Batchworth, London, 1952.

CLOW, A. & CLOW, NAN L. (2). 'Vitriol in the Industrial Revolution.' *EHR*, 1945, **15**, 44.

CLULEE, N. H. (1). 'John Dee's Mathematics and the Grading of Compound Qualities.' *AX*, 1971, **18**, 178.

CLYMER, R. SWINBURNE (1). *Alchemy and the Alchemists; giving the Secret of the Philosopher's Stone, the Elixir of Youth, and the Universal Solvent; Also showing that the* True *Alchemists did not seek to transmute base metals into Gold, but sought the Highest Initiation or the Development of the Spiritual Nature in Man*... 4 vols. Philosophical Publishing Co. Allentown, Pennsylvania, 1907. The first two contain the text of Hitchcock (1), but 'considerably re-written and with much additional information, mis-information and miscellaneous nonsense interpolated' (Cohen, 1).

COGHLAN, H. H. (1). 'Metal Implements and Weapons [in Early Times before the Fall of the Ancient Empires].' Art. in *History of Technology*, ed. C. Singer, E. J. Holmyard & A. R. Hall. Oxford, 1954, vol. 1, p. 600.

COGHLAN, H. H. (3). 'Etruscan and Spanish Swords of Iron.' *SIB*, 1957, **3**, 167.

COGHLAN, H. H. (4). 'A Note upon Iron as a Material for the Celtic Sword.' *SIB*, 1957, **3**, 129.

COGHLAN, H. H. (5). *Notes on Prehistoric and Early Iron in the Old World; including a Metallographic and Metallurgical Examination of specimens selected by the Pitt Rivers Museum, and contributions by I. M. Allen*. Oxford, 1956. (Pitt Rivers Museum Occasional Papers on Technology, no. 8.)

COGHLAN, H. H. (6). 'The Prehistorical Working of Bronze and Arsenical Copper.' *SIB*, 1960, **5**, 145.

COHAUSEN, J. H. (1). *Lebensverlängerung bis auf 115 Jahre durch den Hauch junger Mädchen*. Orig. title: *Der wieder lebende Hermippus, oder curieuse physikalisch-medizinische Abhandlung von der seltener Art, sein Leben durch das Anhauchen Junger- Mägdchen bis auf 115 Jahr zu verlängern, aus einem römischen Denkmal genommen, nun aber mit medicinischen Gründen befestiget, und durch Beweise und Exempel, wie auch mit einer wunderbaren Erfindung aus der philosophischen Scheidekunst erläutert und bestätiget von J. H. C*.... Alten Knaben, (Stuttgart?), 1753. Latin ed. Andreae, Frankfurt, 1742. Reprinted in *Der Schatzgräber in den literarischen und bildlichen Seltenheiten, Sonderbarkeiten, etc., hauptsächlich des deutschen Mittelalters*, ed. J. Scheible, vol. 2. Scheible, Stuttgart and Leipzig, 1847. Eng. tr. by J. Campbell, *Hermippus Redivivus; or, the Sage's Triumph over Old Age and the Grave, wherein a Method is laid down for prolonging the Life and Vigour of Man*. London, 1748, repr. 1749, 3rd ed. London, 1771. Cf. Ferguson (1), vol. 1, pp. 168 ff.; Paal (1).

COHEN, I. BERNARD (1). 'Ethan Allen Hitchcock; Soldier–Humanitarian–Scholar; Discoverer of the "True Subject" of the Hermetic Art.' *PAAQS*, 1952, 29.

COLEBY, L. J. M. (1). *The Chemical Studies of P. J. Macquer*. Allen & Unwin, London, 1938.

COLLAS, J. P. L. (3) (posthumous). 'Sur un Sel appellé par les Chinois *Kièn*.' *MCHSAMUC*, 1786, **11**, 315.

COLLAS, J. P. L. (4) (posthumous). 'Extrait d'une Lettre de Feu M. Collas, Missionnaire à Péking, 1e Sur la Chaux Noire de Chine, 2e Sur une Matière appellée Lieou-li [*Liu-li*], qui approche du Verre, 3e Sur une Espèce de Mottes à Brûler.' *MCHSAMUC*, 1786, **11**, 321.

COLLAS, J. P. L. (5) (posthumous). 'Sur le Hoang-fan [*Huang fan*] ou vitriol, le Nao-cha [*Nao sha*] ou Sel ammoniac, et le Hoang-pé-mou [*Huang po mu*].' *MCHSAMUC*, 1786, **11**, 329.

COLLAS, J. P. L. (6) (posthumous). 'Notice sur le Charbon de Terre.' *MCHSAMUC*, 1786, **11**, 334.

COLLAS, J. P. L. (7) (posthumous). 'Notice sur le Cuivre blanc de Chine, sur le Minium et l'Amadou.' *MCHSAMUC*, 1786, **11**, 347.

COLLAS, J. P. L. (8) (posthumous). 'Notice sur un Papier doré sans Or.' *MCHSAMUC*, 1786, **11**, 351.

COLLAS, J. P. L. (9) (posthumous). 'Sur la Quintessence Minérale de M. le Comte de la Garaye.' *MCHSAMUC*, 1786, **11**, 298.

COLLIER, H. B. (1). 'Alchemy in Ancient China.' *CHEMC*, 1952, 41 (101).

COLLINS, W. F. (1). *Mineral Enterprise in China*. Revised edition, Tientsin Press, Tientsin, 1922. With an appendix chapter on 'Mining Legislation and Development' by Ting Wên-Chiang (V. K. Ting), and a memorandum on 'Mining Taxation' by G. G. S. Lindsey.

CONDAMIN, J. & PICON, M. (1). 'The Influence of Corrosion and Diffusion on the Percentage of Silver in Roman Denarii.' *AMY*, 1964, **7**, 98.
DE CONDORCET, A. N. (1). *Esquisse d'un Tableau Historique des Progrès de l'Esprit Humain*. Paris, 1795. Eng. tr. by J. Barraclough, *Sketch for a Historical Picture of the Human Mind*. London, 1955.
CONNELL, K. H. (1). *Irish Peasant Society; Four Historical Essays*. Oxford, 1968. ('Illicit Distillation', pp. 1–50.)
CONRADY, A. (1). 'Indischer Einfluss in China in 4-jahrh. v. Chr.' *ZDMG*, 1906, **60**, 335.
CONRADY, A. (3). 'Zu *Lao-Tze*, cap. 6' (The valley spirit). *AM*, 1932, **7**, 150.
CONRING, H. (1). *De Hermetica Aegyptiorum Vetere et Paracelsicorum Nova Medicina*. Muller & Richter, Helmstadt, 1648.
CONYBEARE, F. C. (1) (tr.). *Philostratus [of Lemnos); the 'Life of Apollonius of Tyana'*. 2 vols. Heinemann, London, 1912, repr. 1948. (Loeb Classics series.)
CONZE, E. (8). 'Buddhism and Gnosis.' *NUM/SHR*, 1967, **12**, 651 (in *Le Origini dello Gnosticismo*).
COOPER, W. C. & SIVIN, N. (1). 'Man as a Medicine; Pharmacological and Ritual Aspects of Traditional Therapy using Drugs derived from the Human Body.' Art. in Nakayama & Sivin (1), p. 203.
CORBIN, H. (1). 'De la Gnose antique à la Gnose Ismaelienne.' Art. in *Atti dello Convegno di Scienze Morali, Storiche e Filologiche*—'Oriente ed Occidente nel Medio Evo'. Acc. Naz. dei Lincei, Rome, 1956 (Atti dei Convegni Alessandro Volta, no. 12), p. 105.
CORDIER, H. (1). *Histoire Générale de la Chine*. 4 vols. Geuthner, Paris, 1920.
CORDIER, H. (13). 'La Suppression de la Compagnie de Jésus et de la Mission de Péking' (1774). *TP*, 1916, **17**, 271, 561.
CORDIER, L. (1). 'Observations sur la Lettre de Mons. Abel Rémusat...sur l'Existence de deux Volcans brûlans dans la Tartarie Centrale.' *JA*, 1824, **5**, 47.
CORDIER, V. (1). *Die chemischen Zeichensprache Einst und Jetzt*. Leykam, Graz, 1928.
CORNARO, LUIGI (1). *Discorsi della Vita Sobria*. 1558. Milan, 1627. Eng. tr. by J. Burdell, *The Discourses and Letters of Luigi Cornaro on a Sober and Temperate Life*. New York, 1842. Also nine English translations before 1825, incl. Dublin, 1740.
CORNER, G. W. (1). *The Hormones in Human Reproduction*. Univ. Press, Princeton, N.J. 1946.
CORNFORD, F. M. (2). *The Laws of Motion in Ancient Thought*. Inaug. Lect. Cambridge, 1931.
CORNFORD, F. M. (7). *Plato's Cosmology; the 'Timaeus' translated, with a running commentary*. Routledge & Kegan Paul, London, 1937, repr. 1956.
COVARRUBIAS, M. (2). *The Eagle, the Jaguar, and the Serpent; Indian Art of the Americas—North America (Alaska, Canada, the United States)*. Knopf, New York, 1954.
COWDRY, E. V. (1). 'Taoist Ideas of Human Anatomy.' *AMH*, 1925, **3**, 301.
COWIE, A. T. & FOLLEY, S. J. (1). 'Physiology of the Gonadotrophins and the Lactogenic Hormone.' Art. in *The Hormones*..., ed. G. Pincus, K. V. Thimann & E. B. Astwood. Acad. Press, New York, 1948–64, vol. 3, p. 309.
COYAJI, J. C. (2). 'Some Shahnamah Legends and their Chinese Parallels.' *JRAS/B*, 1928 (n.s.), **24**, 177.
COYAJI, J. C. (3). '*Bahram Yasht*; Analogues and Origins.' *JRAS/B*, 1928 (n.s.), **24**, 203.
COYAJI, J. C. (4). 'Astronomy and Astrology in the *Bahram Yasht*.' *JRAS/B*, 1928 (n.s.), **24**, 223.
COYAJI, J. C. (5). 'The *Shahnamah* and the *Fêng Shen Yen I*.' *JRAS/B*, 1930 (n.s.), **26**, 491.
COYAJI, J. C. (6). 'The *Sraosha Yasht* and its Place in the History of Mysticism.' *JRAS/B*, 1932 (n.s.), **28**, 225.
CRAIG, SIR JOHN (1). 'Isaac Newton and the Counterfeiters.' *NRRS*, 1963, **18**, 136.
CRAIG, SIR JOHN (2). 'The Royal Society and the Mint.' *NRRS*, 1964, **19**, 156.
CRAIGIE, W. A. (1). '[The State of the Dead in] Teutonic [Scandinavian, Belief].' *ERE*, vol. xi, p. 851.
CRAVEN, J. B. (1). *Count Michael Maier, Doctor of Philosophy and of Medicine, Alchemist, Rosicrucian, Mystic (+1568 to +1622); his Life and Writings*. Peace, Kirkwall, 1910.
CRAWLEY, A. E. (1). *Dress, Drinks and Drums; Further Studies of Savages and Sex*, ed. T. Besterman. Methuen, London, 1931.
CREEL, H. G. (7). 'What is Taoism?' *JAOS*, 1956, **76**, 139.
CREEL, H. G. (11). *What is Taoism?, and other Studies in Chinese Cultural History*. Univ. Chicago Press, Chicago, 1970.
CRESSEY, G. B. (1). *China's Geographic Foundations; a Survey of the Land and its People*. McGraw-Hill, New York, 1934.
CROCKET, R., SANDISON, R. A. & WALK, A. (1) (ed.). *Hallucinogenic Drugs and their Psychotherapeutic Use*. Lewis, London, 1961. (Proceedings of a Quarterly Meeting of the Royal Medico-Psychological Association.) Contributions by A. Cerletti and others.
CROFFUT, W. A. (1). *Fifty Years in Camp and Field; the Diary of Major-General Ethan Allen Hitchcock, U.S. Army*. Putnam, New York and London, 1909. 'A biography including copious extracts from the diaries but relatively little from the correspondence' (Cohen, 1).

CROLL, OSWALD (1). *Basilica Chymica*. Frankfurt, 1609.

CRONSTEDT, A. F. (1). *An Essay towards a System of Mineralogy*. London, 1770, 2nd ed. 1788 (greatly enlarged and improved by J. H. de Magellan). Tr. by G. von Engeström fom the Swedish *Försök till Mineralogie eller Mineral-Rikets Upställning*. Stockholm, 1758.

CROSLAND, M. P. (1). *Historical Studies in the Language of Chemistry*. Heinemann, London, 1962.

CUMONT, F. (4). *L'Égypte des Astrologues*. Fondation Égyptologique de la Reine Elisabeth, Brussels, 1937.

CUMONT, F. (5) (ed.). *Catalogus Codic. Astrolog. Graecorum*. 12 vols. Lamertin, Brussels, 1929–.

CUMONT, F. (6) (ed.). *Textes et Monuments Figurés relatifs aux Mystères de Mithra*. 2 vols. Lamertin, Brussels, 1899.

CUMONT, F. (7). 'Masque de Jupiter sur un Aigle Éployé [et perché sur le Corps d'un Ouroboros]; Bronze du Musée de Bruxelles.' Art. in *Festschrift f. Otto Benndorf*. Hölder, Vienna, 1898, p. 291.

CUMONT, F. (8). '*La Cosmogonie Manichéenne d'après Théodore bar Khōni* [Bp. of Khalkar in Mesopotamia, *c.* +600]. Lamertin, Brussels, 1908 (Recherches sur le Manichéisme, no. 1). Cf. Kugener & Cumont, (1, 2).

CUMONT, F. (9). 'La Roue à Puiser les Âmes du Manichéisme.' *RHR/AMG*, 1915, **72**, 384.

CUNNINGHAM, A. (1). 'Coins of Alexander's Successors in the East.' *NC*, 1873 (n.s.), **13**, 186.

CURWEN, M. D. (1) (ed.). *Chemistry and Commerce*. 4 vols. Newnes, London, 1935.

CURZON, G. N. (1). *Persia and the Persian Question*. London, 1892.

CYRIAX, E. F. (1). 'Concerning the Early Literature on Ling's Medical Gymnastics.' *JAN*, 1926, **30**, 225.

DALLY, N. (1). *Cinésiologie, ou Science du Mouvement dans ses Rapports avec l'Éducation, l'Hygiène et la Thérapie; Études Historiques, Théoriques et Pratiques*. Librairie Centrale des Sciences, Paris, 1857.

DALMAN, G. (1). *Arbeit und Sitte in Palästina*.
Vol. 1 *Jahreslauf und Tageslauf* (in two parts).
Vol. 2 *Der Ackerbau*.
Vol. 3 *Von der Ernte zum Mehl* (*Ernten, Dreschen, Worfeln, Sieben, Verwahren, Mahlen*).
Vol. 4 *Brot, Öl und Wein*.
Vol. 5. *Webstoff, Spinnen, Weben, Kleidung*.
Bertelsmann, Gütensloh, 1928– . (Schriften d. deutschen Palästina-Institut, nos. 3, 5, 6, 7, 8; Beiträge z. Forderung christlicher Theologie, ser. 2, Sammlung Wissenschaftlichen Monographien, nos. 14, 17, 27, 29, 33, 36.)
Vol. 6 *Zeltleben, Vieh- und Milch-wirtschaft, Jagd, Fischfang*.
Vol 7. *Das Haus, Hühnerzucht, Taubenzucht, Bienenzucht*.
Olms, Hildesheim, 1964. (Schriften d. deutschen Palästina-Institut, nos. 9, 10; Beiträge z. Forderung Christlicher Theologie. ser. 2, Sammlung Wissenschaftlichen Monographien, nos. 41, 48.)

DANA, E. S. (1). *A Textbook of Mineralogy, with an Extended Treatise on Crystallography and Physical Mineralogy*. 4th ed. rev. & enlarged by W. E. Ford. Wiley, New York, 1949.

DARMSTÄDTER, E. (1) (tr.). *Die Alchemie des Geber* [containing *Summa Perfectionis, Liber de Investigatione Perfectionis, Liber de Inventione Veritatis, Liber Fornacum*, and *Testamentum Geberis*, in German translation]. Springer, Berlin, 1922. Rev. J. Ruska, *ISIS*, 1923, **5**, 451.

DAS, M. N. & GASTAUT, H. (1). 'Variations de l'Activité électrique du Cerveau, du Coeur et des Muscles Squelettiques au cours de la Méditation et de l'Extase Yogique. Art. in *Conditionnement et Reactivité en Électro-encéphalographie*, ed. Fischgold & Gastaut (1). Masson, Paris, 1957, pp. 211 ff.

DASGUPTA, S. N. (3). *A Study of Patañjali*. University Press, Calcutta, 1920.

DASGUPTA, S. N. (4). *Yoga as Philosophy and Religion*. London, 1924.

DAUBRÉE, A. (1). 'La Génération des Minéraux dans la Pratique des Mineurs du Moyen Age d'après le "Bergbüchlein".' *JS*, 1890, 379, 441.

DAUMAS, M. (5). 'La Naissance et le Developpement de la Chimie en Chine.' *SET*, 1949, **6**, 11.

DAVENPORT, JOHN (1), ed. A. H. Walton. *Aphrodisiacs and Love Stimulants, with other chapters on the Secrets of Venus; being the two books by John Davenport entitled 'Aphrodisiacs and Anti-Aphrodisiacs'* [London, pr. pr. 1869, but not issued till 1873] *and 'Curiositates Eroticae Physiologiae; or, Tabooed Subjects Freely Treated'* [London, pr. pr. 1875]; *now for the first time edited, with Introduction and Notes* [and the omission of the essays 'On Generation' and 'On Death' from the second work] *by A.H.W.*... Lyle Stuart, New York, 1966.

DAVID, SIR PERCIVAL (3). *Chinese Connoisseurship; the 'Ko Ku Yao Lun'* [+1388], (*Essential Criteria of Antiquities*)—*a Translation made and edited by Sir P. D.... with a Facsimile of the Chinese Text*. Faber & Faber, London, 1971.

DAVIDSON, J. W. (1). *The Island of Formosa, past and present*. Macmillan, London, 1903.

DAVIES, D. (1). 'A Shangri-La in Ecuador.' *NS*, 1973, **57**, 236. On super-centenarians, especially in the Vilcabamba Valley in the Andes.

DAVIES, H. W., HALDANE, J. B. S. & KENNAWAY, E. L. (1). 'Experiments on the Regulation of the Blood's Alkalinity.' *JOP*, 1920, **54**, 32.
DAVIS, TENNEY L. (1). 'Count Michael Maier's Use of the Symbolism of Alchemy.' *JCE*, 1938, **15**, 403.
DAVIS, TENNEY L. (2). 'The Dualistic Cosmogony of Huai Nan Tzu and its Relations to the Background of Chinese and of European Alchemy.' *ISIS*, 1936, **25**, 327.
DAVIS, TENNEY L. (3). 'The Problem of the Origins of Alchemy.' *SM*, 1936, **43**, 551.
DAVIS, TENNEY L. (4). 'The Chinese Beginnings of Alchemy.' *END*, 1943, **2**, 154.
DAVIS, TENNEY L. (5). 'Pictorial Representations of Alchemical Theory.' *ISIS*, 1938, **28**, 73.
DAVIS, TENNEY L. (6). 'The Identity of Chinese and European Alchemical Theory.' *JUS*, 1929, **9**, 7. This paper has not been traceable by us. The reference is given in precise form by Davis & Chhen Kuo-Fu (2), but the journal in question seems to have ceased publication after the end of vol. 8.
DAVIS, TENNEY L. (7). 'Ko Hung (Pao Phu Tzu), Chinese Alchemist of the +4th Century.' *JCE*, 1934, **11**, 517.
DAVIS, TENNEY L. (8). 'The "Mirror of Alchemy" [*Speculum Alchemiae*] of Roger Bacon, translated into English.' *JCE*, 1931, **8**, 1945.
DAVIS, TENNEY L. (9). 'The Emerald Table of Hermes Trismegistus; Three Latin Versions Current among Later Alchemists.' *JCE*, 1926, **3**, 863.
DAVIS, TENNEY L. (10). 'Early Chinese Rockets.' *TR*, 1948, **51**, 101, 120, 122.
DAVIS, TENNEY L. (11). 'Early Pyrotechnics; I, Fire for the Wars of China, II, Evolution of the Gun, III, Early Warfare in Ancient China.' *ORD*, 1948, **33**, 52, 180, 396.
DAVIS, TENNEY L. (12). 'Huang Ti, Legendary Founder of Alchemy.' *JCE*, 1934, **11**, (635).
DAVIS, TENNEY L. (13). 'Liu An, Prince of Huai-Nan.' *JCE*, 1935, **12**, (1).
DAVIS, TENNEY L. (14). 'Wei Po-Yang, Father of Alchemy.' *JCE*, 1935, **12**, (51).
DAVIS, TENNEY L. (15). 'The Cultural Relationships of Explosives.' *NFR*, 1944, **1**, 11.
DAVIS, TENNEY L. (16) (tr.). *Roger Bacon's Letter concerning the Marvellous Power of Art and Nature, and concerning the Nullity of Magic...with Notes and an Account of Bacon's Life and Work*. Chem. Pub. Co., Easton, Pa. 1923. Cf. T. M[oufet] (1659).
DAVIS, TENNEY L. See Wu Lu-Chhiang & Davis.
DAVIS, TENNEY L. & CHAO YÜN-TSHUNG (1). 'An Alchemical Poem by Kao Hsiang-Hsien [+14th cent.]'. *ISIS*, 1939, **30**, 236.
DAVIS, TENNEY L. & CHAO YÜN-TSHUNG (2). 'The Four-hundred Word *Chin Tan* of Chang Po-Tuan [+11th cent.].' *PAAAS*, 1940, **73**, 371.
DAVIS, TENNEY L. & CHAO YÜN-TSHUNG (3). 'Three Alchemical Poems by Chang Po-Tuan.' *PAAAS*, 1940, **73**, 377.
DAVIS, TENNEY L. & CHAO YÜN-TSHUNG (4). 'Shih Hsing-Lin, disciple of Chang Po-Tuan [+11th cent.] and Hsieh Tao-Kuang, disciple of Shih Hsing-Lin.' *PAAAS*, 1940, **73**, 381.
DAVIS, TENNEY L. & CHAO YÜN-TSHUNG (5). 'The Secret Papers in the Jade Box of Chhing-Hua.' *PAAAS*, 1940, **73**, 385.
DAVIS, TENNEY L. & CHAO YÜN-TSHUNG (6). 'A Fifteenth-century Chinese Encyclopaedia of Alchemy.' *PAAAS*, 1940, **73**, 391.
DAVIS, TENNEY L. & CHAO YÜN-TSHUNG (7). 'Chang Po-Tuan of Thien-Thai; his *Wu Chen Phien* (Essay on the Understanding of the Truth); a Contribution to the Study of Chinese Alchemy.' *PAAAS*, 1939, **73**, 97.
DAVIS, TENNEY L. & CHAO YÜN-TSHUNG (8). 'Chang Po-Tuan, Chinese Alchemist of the +11th Century.' *JCE*, 1939 **16**, 53.
DAVIS, TENNEY L. & CHAO YÜN-TSHUNG (9). 'Chao Hsüeh-Min's Outline of Pyrotechnics [*Huo Hsi Lüeh*]; a Contribution to the History of Fireworks.' *PAAAS*, 1943, **75**, 95.
DAVIS, TENNEY, L. & CHHEN KUO-FU (1) (tr.). 'The Inner Chapters of *Pao Phu Tzu*.' *PAAAS*, 1941, **74**, 297. [Transl. of chs. 8 and 11; précis of the remainder.]
DAVIS, TENNEY L. & CHHEN KUO-FU (2). 'Shang Yang Tzu, Taoist writer and commentator on Alchemy.' *HJAS*, 1942, **7**, 126.
DAVIS, TENNEY L. & NAKASEKO ROKURO (1). 'The Tomb of Jofuku [Hsü Fu] or Joshi [Hsü Shih]; the Earliest Alchemist of Historical Record.' *AX*, 1937, **1**, 109, ill. *JCE*, 1947, **24**, (415).
DAVIS, TENENY L. & NAKASEKO ROKURO (2). 'The Jofuku [Hsü Fu] Shrine at Shingu; a Monument of Earliest Alchemy.' *NU*, 1937, **15** (no. 3), 60. 67.
DAVIS, TENNEY L. & WARE, J. R. (1). 'Early Chinese Military Pyrotechnics.' *JCE*, 1947, **24**, 522.
DAVIS, TENNEY L. & WU LU-CHHIANG (1). 'Ko Hung on the Yellow and the White.' *JCE*, 1936, **13**, 215.
DAVIS, TENNEY L. & WU LU-CHHIANG (2). 'Ko Hung on the Gold Medicine.' *JCE*, 1936, **13**, 103.
DAVIS, TENNEY L. & WU LU-CHHIANG (3). 'Thao Hung-Chhing.' *JCE*, 1932, **9**, 859.
DAVIS, TENNEY L. & WU LU-CHHIANG (4). 'Chinese Alchemy.' *SM*, 1930, **31**, 225. Chinese tr. by Chhen Kuo-Fu in *HHS*, 1936, **3**, 771.

DAVIS, TENNEY L. & WU LU-CHHIANG (5). 'The Advice of Wei Po-Yang to the Worker in Alchemy.' *NU*, 1931, **8**, 115, 117. Repr. *DB*, 1935, **8**, 13.
DAVIS, TENNEY L. & WU LU-CHHIANG (6). 'The Pill of Immortality.' *TR*, 1931, **33**, 383.
DAWKINS, J. M. (1). *Zinc and Spelter; Notes on the Early History of Zinc from Babylon to the +18th Century, compiled for the Curious.* Zinc Development Association, London, 1950. Repr. 1956.
DEANE, D. V. (1). 'The Selection of Metals for Modern Coinages.' *CUNOB*, 1969, no. 15. 29.
DEBUS, A. G. (1). *The Chemical Dream of the Renaissance.* Heffer, Cambridge, 1968. (Churchill College Overseas Fellowship Lectures, no. 3.)
DEBUS, A. G. (2). Introduction to the facsimile edition of Elias Ashmole's *Theatrum Chemicum Britannicum* (1652). Johnson, New York and London, 1967. (Sources of Science ser., no. 39.)
DEBUS, A. G. (3). 'Alchemy and the Historian of Science.' (An essay-review of C. H. Josten's *Elias Ashmole.*) *HOSC*, 1967, **6**, 128.
DEBUS, A. G. (4). 'The Significance of the History of Early Chemistry.' *JWH*, 1965, **9**, 39.
DEBUS, A. G. (5). 'Robert Fludd and the Circulation of the Blood.' *JHMAS*, 1961, **16**, 374.
DEBUS, A. G. (6). 'Robert Fludd and the Use of Gilbert's *De Magnete* in the Weapon-Salve Controversy.' *JHMAS*, 1964, **19**, 389.
DEBUS, A. G. (7). 'Renaissance Chemistry and the Work of Robert Fludd.' *AX*, 1967, **14**, 42.
DEBUS, A. G. (8). 'The Sun in the Universe of Robert Fludd.' Art. in *Le Soleil à la Renaissance; Sciences et Mythes*, Colloque International, April 1963. Brussels, 1965, p. 261.
DEBUS, A. G. (9). 'The Aerial Nitre in the +16th and early +17th Centuries.' Communication to the Xth International Congress of the History of Science, Ithaca, N.Y. 1962. In *Communications*, p. 835.
DEBUS, A. G. (10). 'The Paracelsian Aerial Nitre.' *ISIS*, 1964, **55**, 43.
DEBUS, A. G. 11). 'Mathematics and Nature in the Chemical Texts of the Renaissance.' *AX*, 1968, **15**, 1.
DEBUS, A. G. (12). 'An Elizabethan History of Medical Chemistry' [R. Bostocke's *Difference between the Auncient Phisicke...and the Latter Phisicke*, +1585]. *ANS*, 1962, **18**, 1.
DEBUS, A. G. (13). 'Solution Analyses Prior to Robert Boyle.' *CHYM*, 1962, **8**, 41.
DEBUS, A. G. (14). 'Fire Analysis and the Elements in the Sixteenth and Seventeenth Centuries.' *ANS*, 1967, **23**, 127.
DEBUS, A. G. (15). 'Sir Thomas Browne and the Study of Colour Indicators.' *AX*, 1962, **10**, 29.
DEBUS, A. G. (16). 'Palissy, Plat, and English Agricultural Chemistry in the Sixteenth and Seventeenth Centuries.' *A/AIHS*, 1968, **21** (nos. 82–3), 67.
DEBUS, A. G. (17). 'Gabriel Plattes and his Chemical Theory of the Formation of the Earth's Crust.' *AX*, 1961, **9**, 162.
DEBUS, A. G. (18). *The English Paracelsians.* Oldbourne, London, 1965; Watts, New York, 1966. Rev. W. Pagel, *HOSC*, 1966, **5**, 100.
DEBUS, A. G. (19). 'The Paracelsian Compromise in Elizabethan England.' *AX*, 1960, **8**, 71.
DEBUS, A. G. (20) (ed.). *Science, Medicine and Society in the Renaissance; Essays to honour Walter Pagel.* 2 vols. Science History Pubs (Neale Watson), New York, 1972.
DEBUS, A. G. (21). 'The Medico-Chemical World of the Paracelsians.' Art. in *Changing Perspectives in the History of Science*, ed. M. Teich & R. Young (1), p. 85.
DEDEKIND, A. (1). *Ein Beitrag zur Purpurkunde.* 1898.
DEGERING, H. (1). 'Ein Alkoholrezept aus dem 8. Jahrhundert.' [The earliest version of the *Mappae Clavicula*, now considered *c.* +820.] *SPAW/PH*, 1917, **36**, 503.
DELZA, S. (1). *Body and Mind in Harmony; Thai Chi Chhüan* (*Wu Style*), *an Ancient Chinese Way of Exercise.* McKay, New York, 1961.
DEMIÉVILLE, P. (2). Review of Chang Hung-Chao (*1*), *Lapidarium Sinicum. BEFEO*, 1924, **24**, 276.
DEMIÉVILLE, P. (8). 'Momies d'Extrême-Orient.' *JS*, 1965, 144.
DENIEL, P. L. (1). *Les Boissons Alcooliques Sino-Vietnamiennes.* Inaug. Diss. Bordeaux, 1954. (Printed Dong-nam-a, Saigon).
DENNELL, R. (1). 'The Hardening of Insect Cuticles.' *BR*, 1958, **33**, 178.
DEONNA, W. (2). 'Le Trésor des Fins d'Annecy.' *RA*, 1920 (5e sér), **11**, 112.
DEONNA, W. (3). 'Ouroboros.' *AA*, 1952, **15**, 163.
DEVASTHALI, G. V. (1). *The Religion and Mythology of the Brāhmaṇas with particular reference to the 'Satapatha-brāhmaṇa'.* Univ. of Poona, Poona, 1965. (Bhau Vishnu Ashtekar Vedic Research series, no. 1.)
DEVÉRIA, G. (1). 'Origine de l'Islamisme en Chine; deux Légendes Mussulmanes Chinoises; Pelérinages de Ma Fou-Tch'ou.' In *Volume Centenaire de l'Ecole des Langues Orientales Vivantes, 1795–1895.* Leroux, Paris, 1895, p. 305.
DEY, K. L. (1). *Indigenous Drugs of India.* 2nd ed. Thacker & Spink, Calcutta, 1896.
DEYSSON, G. (1). 'Hallucinogenic Mushrooms and Psilocybine.' *PRPH*, 1960, **15**, 27.

Diels, H. (1). *Antike Technik*. Teubner, Leipzig and Berlin, 1914; enlarged 2nd ed. 1920 (rev. B. Laufer, *AAN*, 1917, **19**, 71). Photolitho reproducton, Zeller, Osnabrück, 1965.

Diels, H. (3). 'Die Entdeckung des Alkohols.' *APAW/PH*, 1913, no. 3, 1–35.

Diels, H. (4). 'Etymologica' (incl. 2. χυμεία). *ZVSF*, 1916 (NF), **47**, 193.

Diels, H. (5). *Fragmente der Vorsokratiker*. 7th ed., ed. W. Kranz. 3 vols.

Diergart, P. (1) (ed.). *Beiträge aus der Geschichte der Chemie dem Gedächtnis v. Georg W. A. Kahlbaum...* Deuticke, Leipzig and Vienna, 1909.

Dihle, A. (2). 'Neues zur Thomas-Tradition.' *JAC*, 1963, **6**, 54.

Dillenberger, J. (1). *Protestant Thought and Natural Science; a Historical Interpretation*. Collins, London, 1961.

Dimier, L. (1). *L'Art d'Enluminure*. Paris, 1927.

Dindorf, W. *See* John Malala and Syncellos, Georgius.

Divers, E. (1). 'The Manufacture of Calomel in Japan.' *JSCI*, 1894, **13**, 108. Errata, p. 473.

Dixon, H. B. F. (1). 'The Chemistry of the Pituitary Hormones.' Art. in *The Hormones*... ed. G. Pincus, K. V. Thimann & E. B. Astwood. Academic Press, New York, 1948–64, vol. 5, p. 1.

Dobbs, B. J. (1). 'Studies in the Natural Philosophy of Sir Kenelm Digby.' *AX*, 1971, **18**, 1.

Dodwell, C. R. (1) (ed. & tr.). *Theophilus* [*Presbyter*]; *De Diversis Artibus* (*The Various Arts*) [probably by Roger of Helmarshausen, *c.* +1130]. Nelson, London, 1961.

Dohi Keizo (1). 'Medicine in Ancient Japan; A Study of Some Drugs preserved in the Imperial Treasure House at Nara.' In *Zoku Shōsōin Shiron*, 1932, no. 15, Neiyaku. 1st pagination, p. 113.

Dondaine, A. (1). 'La Hierarchie Cathare en Italie.' *AFP*, 1950, **20**, 234.

Doolittle, J. (1). *A Vocabulary and Handbook of the Chinese Language*. 2 vols. Rozario & Marcal, Fuchow, 1872.

Doresse, J. (1). *Les Livres Secrets des Gnostiques d'Égypte*. Plon, Paris, 1958–.
  Vol. 1. *Introduction aux Écrits Gnostiques Coptes découverts à Khénoboskion*.
  Vol. 2. *'L'Évangile selon Thomas', ou 'Les Paroles Secrètes de Jésus'*.
  Vol. 3. *'Le Livre Secret de Jean'; 'l'Hypostase des Archontes' ou 'Livre de Nōréa'*.
  Vol. 4. *'Le Livre Sacré du Grand Esprit Invisible' ou 'Évangile des Égyptiens'; 'l'Épître d'Eugnoste le Bienheureux'; 'La Sagesse de Jésus'*.
  Vol. 5 *'L'Évangile selon Philippe.'*

Dorfman, R. I. & Shipley, R. A. (1). *Androgens; their Biochemistry, Physiology and Clinical Significance*. Wiley, New York and Chapman & Hall, London, 1956.

Douglas, R. K. (2). *Chinese Stories*. Blackwood, Edinburgh and London, 1883. (Collection of translations previously published in *Blackwood's Magazine*.)

Douthwaite, A. W. (1). 'Analyses of Chinese Inorganic Drugs.' *CMJ*, 1890, **3**, 53.

Dozy, R. P. A. & Engelmann, W. H. (1). *Glossaire des Mots Espagnols et Portugais dérivés de l'Arabe*. 2nd ed. Brill, Leiden, 1869.

Dozy, R. P. A. & de Goeje, M. J. (2). *Nouveaux Documents pour l'Étude de la Religion des Ḥarrāniens*. Actes du 6e Congr. Internat. des Orientalistes, Leiden, 1883. 1885, vol. 2, pp. 281ff., 341 ff.

Drake, N. F. (1). 'The Coal Fields of North-East China.' *TAIME*, 1901, **31**, 492, 1008.

Drake, N. F. (2). 'The Coal Fields around Tsê-Chou, Shansi.' *TAIME*, 1900, **30**, 261.

Dronke, P. (1). 'L'Amor che Move il Sole e l'Altre Stelle.' *STM*, 1965 (3a ser.), **6**, 389.

Dronke, P. (2). 'New Approaches to the School of Chartres.' *AEM*, 1969, **6**, 117.

Druce, G. C. (1). 'The Ant-Lion.' *ANTJ*, 1923, **3**, 347.

Du, Y., Jiang, R. & Tsou, C. (1). See Tu Yü-Tshang, Chiang Jung-Chhing & Tsou Chhêng-Lu (1).

Dubler, C. E. (1). *La 'Materia Medica' de Dioscorides; Transmission Medieval y Renacentista*. 5 vols. Barcelona, 1955.

Dubs, H. H. (4). 'An Ancient Chinese Stock of Gold [Wang Mang's Treasury].' *JEH*, 1942, **2**, 36.

Dubs, H. H. (5). 'The Beginnings of Alchemy.' *ISIS*, 1947, **38**, 62.

Dubs, H. H. (34). 'The Origin of Alchemy.' *AX*, 1961, **9**, 23. Crit. abstr. J. Needham, *RBS*, 1968, **7**, no. 755.

Duckworth, C. W. (1). 'The Discovery of Oxygen.' *CN*, 1886, **53**, 250.

Dudgeon, J. (1). 'Kung-Fu, or Medical Gymnastics.' *JPOS*, 1895, **3** (no. 4), 341–565.

Dudgeon, J. (2). 'The Beverages of the Chinese' (on tea and wine). *JPOS*, 1895, **3**, 275.

Dudgeon, J. (4). '[Glossary of Chinese] Photographic Terms', in Doolittle (1), vol. 2, p. 518.

Duhr, J. (1). *Un Jésuite en Chine, Adam Schall*. Desclée de Brouwer, Paris, 1936. Engl. adaptation by R. Attwater, *Adam Schall, a Jesuit at the Court of China, 1592 to 1666*. Geoffrey Chapman, London, 1963. Not very reliable sinologically.

Duncan, A. M. (1). 'The Functions of Affinity Tables and Lavoisier's List of Elements.' *AX*, 1970, **17**, 28.

Duncan, A. M. (2). 'Some Theoretical Aspects of Eighteenth-Century Tables of Affinity.' *ANS*, 1962, **18**, 177, 217.

DUNCAN, E. H. (1). 'Jonson's "Alchemist" and the Literature of Alchemy.' *PMLA*, 1946, **61**, 699.
DUNLOP, D. M. (5). 'Sources of Silver and Gold in Islam according to al-Hamdānī (+10th century).' *SI*, 1957, **8**, 29.
DUNLOP, D. M. (6). *Arab Civilisation to A.D. 1500*. Longman, London and Librairie du Liban, Beirut, 1971.
DUNLOP, D. M. (7). *Arabic Science in the West*. Pakistan Historical Soc., Karachi, 1966. (Pakistan Historical Society Pubs. no. 35.)
DUNLOP, D. M. (8). 'Theodoretus-Adhrīṭūs.' Communication to the 26th International Congress of Orientalists, New Delhi, 1964. Summaries of papers, p. 328.
DÜNTZER, H. (1). *Life of Goethe*. 2 vols. Macmillan, London, 1883.
DÜRING, H. I. (1). 'Aristotle's Chemical Treatise, *Meteorologica* Bk. IV, with Introduction and Commentary.' *GHA*, 1944 (no. 2), 1–112. Sep. pub., Elander, Goteborg, 1944.
DURRANT, P. J. (1). *General and Inorganic Chemistry*. 2nd ed. repr. Longmans Green, London, 1956.
DUVEEN, D. I. & WILLEMART, A. (1). 'Some +17th-Century Chemists and Alchemists of Lorraine.' *CHYM*, 1949, **2**, 111.
DUYVENDAK, J. J. L. (18) (tr.). *'Tao Tê Ching', the Book of the Way and its Virtue*. Murray, London, 1954 (Wisdom of the East Series). Crit. revs. P. Demiéville, *TP*, 1954, **43**, 95; D. Bodde, *JAOS*, 1954, **74**, 211.
DUYVENDAK, J. J. L. (20). 'A Chinese *Divina Commedia*.' *TP*, 1952, **41**, 255. (Also sep. pub. Brill, Leiden, 1952.)
DYSON, G. M. (1). 'Antimony in Pharmacy and Chemistry; I, History and Occurrence of the Element; II, The Metal and its Inorganic Compounds; III, The Organic Antimony Compounds in Therapy. *PJ*, 1928, **121** (4th ser. **67**), 397, 520.

EBELING, E. (1). 'Mittelassyrische Rezepte zur Bereitung (Herstellung) von wohlriechenden Salben.' *ORR*, 1948 (n.s.) **17**, 129, 299; 1949, **18**, 404; 1950, **19**, 265.
ECKERMANN, J. P. (1). *Gespräche mit Goethe*. 3 vols. Vols. 1 and 2, Leipzig, 1836. Vol. 3, Magdeburg, 1848. Eng. tr. 2 vols. by J. Oxenford, London, 1850. Abridged ed. *Conversations of Goethe with Eckermann*, Dent, London, 1930. Ed. J. K. Moorhead, with introduction by Havelock Ellis.
EDKINS, J. (17). 'Phases in the Development of Taoism.' *JRAS/NCB*, 1855 (1st ser.), **5**, 83.
EDKINS, J. (18). 'Distillation in China.' *CR*, 1877, **6**, 211.
EFRON, D. H., HOLMSTEDT, Bo & KLINE, N. S. (1) (ed.). *The Ethno-pharmacological Search for Psychoactive Drugs*. Washington, D.C. 1967. (Public Health Service Pub. no. 1645.) Proceedings of a Symposium, San Francisco, 1967.
EGERTON, F. N. (1). 'The Longevity of the Patriarchs; a Topic in the History of Demography.' *JHI*, 1966, **27**, 575.
EGGELING, J. (1) (tr.). *The 'Satapatha-brāhmaṇa' according to the Text of the Mādhyandina School*. 5 vols. Oxford, 1882–1900 (*SBE*, nos. 12, 26, 41, 43, 44). Vol. 1 repr. Motilal Banarsidass, Delhi, 1963.
EGLOFF, G. & LOWRY, C. D. (1). 'Distillation as an Alchemical Art.' *JCE*, 1930, **7**, 2063.
EICHHOLZ, D. E. (1). 'Aristotle's Theory of the Formation of Metals and Minerals.' *CQ*, 1949, **43**, 141.
EICHHOLZ, D. E. (2). *Theophrastus 'De Lapidibus'*. Oxford, 1964.
EICHHORN, W. (6). 'Bemerkung z. Einführung des Zölibats für Taoisten.' *RSO*, 1955, **30**, 297.
EICHHORN, W. (11) (tr.). The *Fei-Yen Wai Chuan*, with some notes on the *Fei-Yen Pieh Chuan*. Art. in *Eduard Erkes in Memoriam 1891–1958*, ed. J. Schubert. Leipzig, 1962. Abstr. *TP*, 1963, **50**, 285.
EISLER, R. (4). 'l'Origine Babylonienne de l'Alchimie; à propos de la Découverte Récente de Récettes Chimiques sur Tablettes Cunéiformes.' *RSH*, 1926, **41**, 5. Also *CHZ*, 1926 (nos. 83 and 86); *ZASS*, 1926, 1.
ELIADE, MIRCEA (1). *Le Mythe de l'Eternel Retour; Archétypes et Répétition*. Gallimard, Paris, 1949. Eng. tr. by W. R. Trask, *The Myth of the Eternal Return*. Routledge & Kegan Paul, London, 1955.
ELIADE, MIRCEA (4). 'Metallurgy, Magic and Alchemy.' *Z*, 1938, **1**, 85.
ELIADE, MIRCEA (5). *Forgerons et Alchimistes*. Flammarion, Paris, 1956. Eng. tr. S. Corrin, *The Forge and the Crucible*. Harper, New York, 1962. Rev. G. H[eym], *AX*, 1957, **6**, 109.
ELIADE, MIRCEA (6). *Le Yoga, Immortalité et Liberté*. Payot, Paris, 1954. Eng. tr. by W. R. Trask. Pantheon, New York, 1958.
ELIADE, MIRCEA (7). *Imgaes and Symbols; Studies in Religious Symbolism*. Tr. from the French (Gallimard, Paris, 1952) by P. Mairet. Harvill, London, 1961.
ELIADE, M. (8). 'The Forge and the Crucible: a Postscript.' *HOR*, 1968, **8**, 74–88.
ELLINGER, T. U. H. (1). *Hippocrates on Intercourse and Pregnancy; an English Translation of 'On Semen' and 'On the Development of the Child'*. With introd. and notes by A. F. Guttmacher. Schuman, New York, 1952.
ELLIS, G. W. (1). 'A Vacuum Distillation Apparatus.' *CHIND*, 1934, **12**, 77 (*JSCI*, **53**).

ELLIS, W. (1). *History of Madagascar*. 2 vols. Fisher, London and Paris, 1838.
VON ENGESTRÖM, G. (1). 'Pak-fong, a White Chinese Metal' (in Swedish). *KSVA/H*, 1776, **37**, 35.
VON ENGESTRÖM, G. (2). 'Försök på Fōrnt omtalle Salt eller *Kien* [*chien*].' *KSVA/H*, 1772, **33**, 172. Cf. Abrahamsohn (1).
D'ENTRECOLLES, F. X. (1). *Lettre au Père Duhalde* (on alchemy and various Chinese discoveries in the arts and sciences, porcelain, artificial pearls and magnetic phenomena) dated 4 Nov. 1734. *LEC*, 1781, vol. 22, pp. 91 ff.
D'ENTRECOLLES, F. X. (2). *Lettre au Père Duhalde* (on botanical subjects, fruits and trees, including the persimmon and the lichi; on medicinal preparations isolated from human urine; on the use of the magnet in medicine; on the feathery substance of willow seeds; on camphor and its sublimation; and on remedies for night-blindness) dated 8 Oct. 1736. *LEC*, 1781, vol. 22, pp. 193 ff.
ST EPHRAIM OF SYRIA [d. +373]. *Discourses to Hypatius* [against the Theology of Mani, Marcion and Bardaisan]. See Mitchell, C. W. (1).
EPHRAIM, F. (1). *A Textbook of Inorganic Chemistry*. Eng. tr. P. C. L. Thorne. Gurney & Jackson, London, 1926.
ERCKER, L. (1). *Beschreibung Allefürnemsten Mineralischem Ertzt und Berckwercks Arten*... Prague, 1574. 2nd ed. Frankfurt, 1580. Eng. tr. by Sir John Pettus, as *Fleta Minor, or, the Laws of Art and Nature, in Knowing, Judging, Assaying, Fining, Refining and Inlarging the Bodies of confin'd Metals*... Dawks, London, 1683. See Sisco & Smith (1); Partington (7), vol. 2, pp. 104 ff.
ERKES, E. (1) (tr.). 'Das Weltbild d. *Huai Nan Tzu*.' (Transl. of ch. 4.) *OAZ*, 1918, **5**, 27.
ERMAN, A. & GRAPOW, H. (1). *Wörterbuch d. Aegyptische Sprache*. 7 vols. (With *Belegstellen*, 5 vols. as supplement.) Hinrichs, Leipzig, 1926–.
ERMAN, A. & GRAPOW, H. (2). *Aegyptisches Handwörterbuch*. Reuther & Reichard, Berlin, 1921.
ERMAN, A. & RANKE, H. (1). *Aegypten und aegyptisches Leben in Altertum*. Tübingen, 1923.
ESSIG, E. O. (1). *A College Entomology*. Macmillan, New York, 1942.
ESTIENNE, H. (1) (Henricus Stephanus). *Thesaurus Graecae Linguae*. Geneva, 1572; re-ed. Hase, de Sinner & Fix, 8 vols. Didot, Paris, 1831–65.
ETHÉ, H. (1) (tr.). *Zakarīya ibn Muḥ. ibn Maḥmūd al-Qazwīnī's Kosmographie; Die Wunder der Schöpfung* [*c.* +1275]. Fues (Reisland), Leipzig, 1868. With notes by H. L. Fleischer. Part I only; no more published.
EUGSTER, C. H. (1). 'Brève Revue d'Ensemble sur la Chimie de la Muscarine.' *RMY*, 1959, **24**, 1.
EUONYMUS PHILIATER. See Gesner, Conrad.
EVOLA, J. (G. C. E.) (1). *La Tradizione Ermetica*. Bari, 1931. 2nd ed. 1948.
EVOLA, J. (G. C. E.) (2). *Lo Yoga della Potenza, saggio sui Tantra*. Bocca, Milan, 1949. Orig. pub. as *l'Uomo come Potenza*.
EVOLA, J. (G. C. E.) (3). *Metafisica del Sesso*. Atanòr, Rome, 1958.
EWING, A. H. (1). *The Hindu Conception of the Functions of Breath; a Study in early Indian Psycho-physics*. Inaug. Diss. Johns Hopkins University. Baltimore, 1901; and in *JAOS*, 1901, **22** (no. 2).

FABRE, M. (1). *Pékin, ses Palais, ses Temples, et ses Environs*. Librairie Française, Tientsin, 1937.
FABRICIUS, J. A. (1). *Bibliotheca Graeca*... Edition of G. C. Harles, 12 vols. Bohn, Hamburg, 1808.
FABRICIUS, J. A. (2). *Codex Pseudepigraphicus Veteris Testamenti, Collectus, Castigatus, Testimoniisque Censuris et Animadversionibus Illustratus*. 3 vols. Felginer & Bohn, Hamburg, 1722–41.
FABRICIUS, J. A. (3). *Codex Apocryphus Novi Testamenti, Collectus, Castigatus, Testimoniisque Censuris et Animadversionibus Illustratus*. 3 vols. in 4. Schiller & Kisner, Hamburg, 1703–19.
FARABEE, W. C. (1). 'A Golden Hoard from Ecuador.' *MUJ*, 1912.
FARABEE, W. C. (2). 'The Use of Metals in Prehistoric America.' *MUJ*, 1921.
FARNWORTH, M., SMITH, C. S. & RODDA, J. L. (1). 'Metallographic Examination of a Sample of Metallic Zinc from Ancient Athens.' *HE*, 1949, **8** (Suppl.) 126. (Commemorative Studies in Honour of Theodore Leslie Shear.)
FEDCHINA, V. N. (1). 'The +13th-century Chinese Traveller, [Chhiu] Chhang-Chhun' (in Russian), in *Iz Istorii Nauki i Tekhniki Kitaya* (Essays in the History of Science and Technology in China), p. 172. Acad. Sci. Moscow, 1955.
FEHL, N. E. (1). 'Notes on the Lü Hsing [chapter of the *Shu Ching*]; proposing a Documentary Theory.' *CCJ*, 1969, **9** (no. 1), 10.
FEIFEL, E. (1) (tr.). '*Pao Phu Tzu (Nei Phien)*, chs. 1–3.' *MS*, 1941, **6**, 113.
FEIFEL, E. (2) (tr.). '*Pao Phu Tzu (Nei Phien)*, ch. 4.' *MS*, 1944, **9**, 1.
FEIFEL, E. (3) (tr.). '*Pao Phu Tzu (Nei Phien)*, ch. 11, Translated and Annotated.' *MS*, 1946, **11** (no. 1), 1.
FEISENBERGER, H. A. (1). 'The [Personal] Libraries of Newton, Hooke and Boyle.' *NRRS*, 1966, **21**, 42.
FÊNG CHIA-LO & COLLIER, H. B. (1). 'A Sung-Dynasty Alchemical Treatise; the "Outline of Alchemical Preparations" [*Tan Fang Chien Yuan*], by Tuku Thao [+10th cent.].' *JWCBRS*, 1937, **9**, 199.

FÊNG HAN-CHI (H. Y. Fêng) & SHRYOCK, J. K. (2). 'The Black Magic in China known as *Ku*.' *JAOS*, 1935, **65**, 1. Sep. pub. Amer. Oriental Soc. Offprint Ser. no. 5.
FERCHL, F. & SÜSSENGUTH, A. (1). *A Pictorial History of Chemistry*. Heinemann, London, 1939.
FERDY, H. (1). *Zur Verhütung der Conception*. 1900.
FERGUSON, JOHN (1). *Bibliotheca Chemica; a Catalogue of the Alchemical, Chemical and Pharmaceutical Books in the Collection of the late James Young of Kelly and Durris...* 2 vols. Maclehose, Glasgow, 1906.
FERGUSON, JOHN (2). *Bibliographical Notes on Histories of Inventions and Books of Secrets*. 2 vols. Glasgow, 1898; repr. Holland Press, London, 1959. (Papers collected from *TGAS*.)
FERGUSON, JOHN (3). 'The "Marrow of Alchemy" [1654–5].' *JALCHS*, 1915, **3**, 106.
FERRAND, G. (1). *Relations de Voyages et Textes Géographiques Arabes, Persans et Turcs relatifs à l'Extrême Orient, du 8e au 18e siècles, traduits, revus et annotés etc.* 2 vols. Leroux, Paris, 1913.
FERRAND, G. (2) (tr.). *Voyage du marchand Sulaymān en Inde et en Chine redigé en +851; suivi de remarques par Abū Zayd Haṣan (vers +916)*. Bossard, Paris, 1922.
FESTER, G. (1). *Die Entwicklung der chemischen Technik, bis zu den Anfängen der Grossindustrie*. Berlin, 1923. Repr. Sändig, Wiesbaden, 1969.
FESTUGIÈRE, A. J. (1). *La Révélation d'Hermès Trismégiste*, I. *L'Astrologie et les Sciences Occultes*. Gabalda, Paris, 1944. Rev. J. Filliozat, *JA*, 1944, **234**, 349.
FESTUGIÈRE, A. J. (2). 'L'Hermétisme.' *KHVL*, 1948, no. 1, 1–58.
FIERZ-DAVID, H. E. (1). *Die Entwicklungsgeschichte der Chemie*. Birkhauser, Basel, 1945. (Wissenschaft und Kultur ser., no. 2.) Crit. E. J. Holmyard, *N*, 1946, **158**, 643.
FIESER, L. F. & FIESER, M. (1). *Organic Chemistry*. Reinhold, New York; Chapman & Hall, London, 1956.
FIGUIER, L. (1). *l'Alchimie et les Alchimistes; ou, Essai Historique et Critique sur la Philosophie Hermétique*. Lecou, Paris, 1854. 2nd ed. Hachette, Paris, 1856. 3rd ed. 1860.
FIGUROVSKY, N. A. (1). 'Chemistry in Ancient China, and its Influence on the Progress of Chemical Knowledge in other Countries' (in Russian). Art. in *Iz Istorii Nauki i Tekhniki Kitaya*. Moscow, 1955, p. 110.
FILLIOZAT, J. (1). *La Doctrine Classique de la Médécine Indienne*. Imp. Nat., CNRS and Geuthner, Paris, 1949.
FILLIOZAT, J. (2). 'Les Origines d'une Technique Mystique Indienne.' *RP*, 1946, **136**, 208.
FILLIOZAT, J. (3). 'Taoisme et Yoga.' *DVN*, 1949, **3**, 1.
FILLIOZAT, J. (5). Review of Festugière (1). *JA*, 1944, **234**, 349.
FILLIOZAT, J. (6). 'La Doctrine des Brahmanes d'après St Hippolyte.' *JA*, 1945, **234**, 451; *RHR/AMG*, 1945, **128**, 59.
FILLIOZAT, J. (7). 'L'Inde et les Échanges Scientifiques dans l'Antiquité.' *JWH*, 1953, **1**, 353.
FILLIOZAT, J. (10). 'Al-Bīrūnī et l'Alchimie Indienne.' Art. in *Al-Bīrūnī Commemoration Volume*. Iran Society, Calcutta, 1958, p. 101.
FILLIOZAT, J. (11). Review of P. C. Ray (1) revised edition. *ISIS*, 1958, **49**, 362.
FILLIOZAT, J. (13). 'Les Limites des Pouvoirs Humains dans l'Inde.' Art. in *Les Limites de l'Humain*. Études Carmelitaines, Paris, 1953, p. 23.
FISCHER, OTTO (1). *Die Kunst Indiens, Chinas und Japans*. Propylaea, Berlin, 1928.
FISCHGOLD, H. & GASTAUT, H. (1) (ed.). *Conditionnement et Reactivité en Électro-encephalographie*. Masson, Paris, 1957. For the Féderation Internationale d'Électro-encéphalographie et de Neurophysiologie Clinique, Report of 5th Colloquium, Marseilles, 1955 (*Electro-encephalography and Clinical Neurophysiology*, Supplement no. 6).
FLIGHT, W. (1). 'On the Chemical Compositon of a Bactrian Coin.' *NC*, 1868 (n.s.), **8**, 305.
FLIGHT, W. (2). 'Contributions to our Knowledge of the Composition of Alloys and Metal-Work, for the most part Ancient.' *JCS*, 1882, **41**, 134.
FLORKIN, M. (1). *A History of Biochemistry. Pt. I, Proto-Biochemistry; Pt. II, From Proto-Biochemistry to Biochemistry*. Vol. 30 of *Comprehensive Biochemistry*, ed. M. Florkin & E. H. Stotz. Elsevier, Amsterdam, London and New York, 1972.
FLUDD, ROBERT (3). *Tractatus Theologo-Philosophicus, in Libros Tres distributus; quorum I, De Vita, II, De Morte, III, De Resurrectione; Cui inseruntur nonnulla Sapientiae Veteris...Fragmenta;...collecta Fratribusq a Cruce Rosea dictis dedicata à Rudolfo Otreb Brittano*. Oppenheim, 1617.
FLÜGEL, G. (1) (ed. & tr.). *The 'Fihrist al-'Ulūm' (Index of the Sciences)* [by Abū'l-Faraj ibn abū-Ya'qūb al-Nadīm]. 2 vols. Leipzig, 1871–2.
FLÜGEL, G. (2) (tr.). *Lexicon Bibliographicum et Encyclopaedicum, a Mustafa ben Abdallah Katib Jelebi dicto et nomine Haji Khalfa celebrato compositum*...(the *Kashf al-Ẓunūn* (Discovery of the Thoughts of Muṣṭafā ibn 'Abdallāh Haji Khalfa, or Ḥajji Khalīfa, +17th-century Turkish (bibliographer). 7 vols. Bentley (for the Or. Tr. Fund Gt. Br. & Ireland), London and Leipzig, 1835–58.
FOHNAHN, A. (1). 'New Chemical Terminology in Chinese.' *JAN*, 1927, **31**, 395.

FOLEY, M. G. (1) (tr.). *Luigi Galvani: 'Commentary on the Effects of Electricity on Muscular Motion', translated into English*...[from *De Viribus Electricitatis in Motu Musculari Commentarius*, Bologna, +1791]; *with Notes and a Critical Introduction by I. B. Cohen, together with a Facsimile...and a Bibliography of the Editions and Translations of Galvani's Book prepared by J. F. Fulton & M. E. Stanton*. Burndy Library, Norwalk, Conn. U.S.A. 1954. (Burndy Library Publications, no.10.)

FORBES, R. J. (3). *Metallurgy in Antiquity; a Notebook for Archaeologists and Technologists*. Brill, Leiden, 1950 (in press since 1942). Rev. V. G. Childe, *A/AIHS*, 1951, **4**, 829.

[FORBES, R. J.] (4*a*). *Histoire des Bitumes, des Époques les plus Reculées jusqu'à l'an 1800*. Shell, Leiden, n.d.

FORBES, R. J. (4*b*). *Bitumen and Petroleum in Antiquity*. Brill, Leiden, 1936.

FORBES, R. J. (7). 'Extracting, Smelting and Alloying [in Early Times before the Fall of the Ancient Empires].' Art. in A *History of Technology*, ed. C. Singer, E. J. Holmyard & A. R. Hall. vol. 1, p.572. Oxford, 1954.

FORBES, R. J. (8). 'Metallurgy [in the Mediterranean Civilisations and the Middle Ages].' In *A History of Technology*, ed. C. Singer *et al.* vol. 2, p. 41. Oxford, 1956.

FORBES, R. J. (9). *A Short History of the Art of Distillation*. Brill, Leiden, 1948.

FORBES, R. J. (10). *Studies in Ancient Technology*. Vol. 1, *Bitumen and Petroleum in Antiquity; The Origin of Alchemy; Water Supply*. Brill, Leiden, 1955. (Crit. Lynn White, *ISIS*, 1957, **48**, 77.)

FORBES, R. J. (16). 'Chemical, Culinary and Cosmetic Arts' [in early times to the Fall of the Ancient Empires]. Art. in *A History of Technology*, ed. C. Singer *et al.* Vol. 1, p. 238. Oxford, 1954.

FORBES, R. J. (20). *Studies in Early Petroleum History*. Brill, Leiden, 1958.

FORBES, R. J. (21). *More Studies in Early Petroleum History*. Brill, Leiden, 1959.

FORBES, R. J. (26). 'Was Newton an Alchemist?' *CHYM*, 1949, **2**, 27.

FORBES, R. J. (27). *Studies in Ancient Technology*. Vol. 7, *Ancient Geology; Ancient Mining and Quarrying; Ancient Mining Techniques*. Brill, Leiden, 1963.

FORBES, R. J. (28). *Studies in Ancient Technology*. Vol. 8, *Synopsis of Early Metallurgy; Physico-Chemical Archaeological Techniques; Tools and Methods; Evolution of the Smith (Social and Sacred Status); Gold; Silver and Lead; Zinc and Brass*. Brill, Leiden, 1964. A revised version of Forbes (3).

FORBES, R. J. (29). *Studies in Ancient Technology*. Vol. 9, *Copper; Tin; Bronze; Antimony; Arsenic; Early Story of Iron*. Brill, Leiden, 1964. A revised version of Forbes (3).

FORBES, R. J. (30). *La Destillation à travers les Ages*. Soc. Belge pour l'Étude du Pétrole, Brussels, 1947.

FORBES, R. J. (31). 'On the Origin of Alchemy.' *CHYM*, 1953, **4**, 1.

FORBES, R. J. (32). Art. 'Chemie' in *Real-Lexikon f. Antike und Christentum*, ed. T. Klauser, 1950–3, vol. 2, p. 1061.

FORBES, T. R. (1). 'A[rnold] A[dolf] Berthold [1803–61] and the First Endocrine Experiment; some Speculations as to its Origin.' *BIHM*, 1949, **23**, 263.

FORKE, A. (3) (tr.). *Me Ti [Mo Ti] des Sozialethikers und seiner Schüler philosophische Werke*. Berlin, 1922. (*MSOS*, Beibände, **23–25**).

FORKE, A. (4) (tr.). *'Lun-Hêng', Philosophical Essays of Wang Chhung*. Vol. 1, 1907. Kelly & Walsh, Shanghai; Luzac, London; Harrassowitz, Leipzig. Vol. 2, 1911 (with the addition of Reimer, Berlin). (*MSOS*, Beibände, **10** and **14**.) Photolitho Re-issue, Paragon, New York, 1962. Crit. P. Pelliot, *JA*, 1912 (10e sér.), **20**, 156.

FORKE, A. (9). *Geschichte d. neueren chinesischen Philosophie* (i.e. from the beginning of the Sung to modern times). De Gruyter, Hamburg, 1938. (Hansische Univ. Abhdl. a. d. Geb. d. Auslandskunde, no. 46 (ser. B, no. 25).)

FORKE, A. (12). *Geschichte d. mittelälterlichen chinesischen Philosophie* (i.e. from the beginning of the Former Han to the end of the Wu Tai). De Gruyter, Hamburg, 1934. (Hamburg. Univ. Abhdl. a. d. Geb. d. Auslandskunde, no. 41 (ser. B, no. 21).)

FORKE, A. (13). *Geschichte d. alten chinesischen Philosophie* (i.e. from antiquity to the beginning of the Former Han). De Gruyter, Hamburg, 1927. (Hamburg. Univ. Abhdl. a. d. Geb. d. Auslandskunde, no. 25 (ser. B, no. 14).)

FORKE, A. (15). 'On Some Implements mentioned by Wang Chhung' (1. Fans, 2. Chopsticks, 3. Burning Glasses and Moon Mirrors). Appendix III to Forke (4).

FORKE, A. (20). 'Ko Hung der Philosoph und Alchymist.' *AGP*, 1932, **41**, 115. Largely incorporated in (12), pp. 204 ff.

FÖRSTER, E. (1). *Roger Bacon's 'De Retardandis Senectutis Accidentibus et de Sensibus Conservandis' und Arnald von Villanova's 'De Conservanda Juventutis et Retardanda Senectute'*. Inaug. Diss. Leipzig, 1924.

FOWLER, A. M. (1). 'A Note on ἄμβροτος.' *CP*, 1942, **37**, 77.

FRÄNGER, W. (1). *The Millennium of Hieronymus Bosch*. Faber, London, 1952.

FRANCKE, A. H. (1). 'Two Ant Stories from the Territory of the Ancient Kingdom of Western Tibet; a Contribution to the Question of Gold-Digging Ants.' *AM*, 1924, **1**, 67.

FRANK, B. (1). '*Kata-imi* et *Kata-tagae;* Étude sur les Interdits de Direction à l'Époque Heian.' *BMFJ*, 1958 (n.s.), **5** (no. 2–4), 1–246.

FRANKE, H. (17). 'Das chinesische Wort für "Mumie" [mummy].' *OR*, 1957, **10**, 253.

FRANKE, H. (18). 'Some Sinological Remarks on Rashīd al-Dīn's "History of China".' *OR*, 1951, **4**, 21.

FRANKE, W. (4). *An Introduction to the Sources of Ming History*. Univ. Malaya Press, Kuala Lumpur and Singapore, 1968.

FRANKFORT, H. (4). *Ancient Egyptian Religion; an Interpretation*. Harper & Row, New York, 1948. Paperback ed. 1961.

FRANTZ, A. (1). 'Zink und Messing im Alterthum.' *BHMZ*, 1881, **40**, 231, 251, 337, 377, 387.

FRASER, SIR J. G. (1). *The Golden Bough*. 3-vol. ed. Macmillan, London, 1900; superseded by 12-vol. ed. (here used), Macmillan, London, 1913–20. Abridged 1-vol. ed. Macmillan, London, 1923.

FRENCH, J. (1). *Art of Distillation*. 4th ed. London, 1667.

FRENCH, P. J. (1). *John Dee; the World of an Elizabethan Magus*. Routledge & Kegan Paul, London, 1971.

FREUDENBERG, K., FRIEDRICH, K. & BUMANN, I. (1). 'Über Cellulose und Stärke [incl. description of a molecular still].' *LA*, 1932, **494**, 41 (57).

FREUND, IDA (1). *The Study of Chemical Composition; an Account of its Method and Historical Development, with illustrative quotations*. Cambridge, 1904. Repr. Dover, New York, 1968, with a foreword by L. E. Strong and a brief biography by O. T. Benfey.

FRIEDERICHSEN, M. (1). 'Morphologie des Tien-schan [Thien Shan].' *ZGEB*, 1899, **34**, 1–62, 193–271. Sep. pub. Pormetter, Berlin, 1900.

FRIEDLÄNDER, P. (1). 'Über den Farbstoff des antiken Purpurs aus *Murex brandaris*.' *BDCG*, 1909, **42**, pt. 1, 765.

FRIEND, J. NEWTON (1). *Iron in Antiquity*. Griffin, London, 1926.

FRIEND, J. NEWTON (2). *Man and the Chemical Elements*. London, 1927.

FRIEND, J. NEWTON & THORNEYCROFT, W. E. (1). 'The Silver Content of Specimens of Ancient and Mediaeval Lead.' *JIM*, 1929, **41**, 105.

FRITZE, M. (1) (tr.). *Pancatantra*. Leipzig, 1884.

FRODSHAM, J. D. (1) (tr.). *The Poems of Li Ho (+791 to +817)*. Oxford, 1970.

FROST, D. V. (1). 'Arsenicals in Biology; Retrospect and Prospect.' *FP*, 1967, **26** (no. 1), 194.

FRYER, J. (1). *An Account of the Department for the Translation of Foreign Books of the Kiangnan Arsenal*. *NCH*, 28 Jan. 1880, and offprinted.

FRYER, J. (2). 'Scientific Terminology; Present Discrepancies and Means of Securing Uniformity.' *CRR*, 1872, **4**, 26, and sep. pub.

FRYER, J. (3). *The Translator's Vade-Mecum*. Shanghai, 1888.

FRYER, J. (4). 'Western Knowledge and the Chinese.' *JRAS/NCB*, 1886, **21**, 9.

FRYER, J. (5). 'Our Relations with the Reform Movement.' Unpublished essay, 1909. See Bennett (1), p. 151.

FUCHS, K. W. C. (1). *Die vulkanische Erscheinungen der Erde*. Winter, Leipzig and Heidelberg, 1865.

FUCHS, W. (7). 'Ein Gesandschaftsbericht ü. Fu-Lin in chinesischer Wiedergabe aus den Jahren +1314 bis +1320.' *OE*, 1959, **6**, 123.

FÜCK, J. W. (1). 'The Arabic Literature on Alchemy according to al-Nadīm (+987); a Translation of the Tenth Discourse of the Book of the Catalogue (*al-Fihrist*), with Introduction and Commentary.' *AX*, 1951, **4**, 81.

DE LA FUENTE, J. (1). *Yalalag; una Villa Zapoteca Serrana*. Museo Nac. de Antropol. Mexico City, 1949. (Ser. Cientifica, no. 1.)

FYFE, A. (1). 'An Analysis of Tutenag or the White Copper of China.' *EPJ*, 1822, **7**, 69.

GADD, C. J. (1). 'The Ḥarrān Inscriptions of Nabonidus [of Babylon, −555 to −539].' *ANATS*, 1958, **8**, 35.

GADOLIN, J. (1). *Observationes de Cupro Albo Chinensium Pe-Tong vel Pack-Tong*. *NARSU*, 1827, **9** 137.

GALLAGHER, L. J. (1) (tr.). *China in the 16th Century; the Journals of Matthew Ricci, 1583–1610*. Random House, New York, 1953. (A complete translation, preceded by inadequate bibliographical details, of Nicholas Trigault's *De Christiana Expeditione apud Sinas* (1615). Based on an earlier publication: *The China that Was; China as discovered by the Jesuits at the close of the 16th Century: from the Latin of Nicholas Trigault*. Milwaukee, 1942.) Identifications of Chinese names in Yang Lien-Shêng (4). Crit. J. R. Ware, *ISIS*, 1954, **45**, 395.

GANZENMÜLLER, W. (1). *Beiträge zur Geschichte der Technologie und der Alchemie*. Verlag Chemie, Weinheim, 1956. Rev. W. Pagel, *ISIS*, 1958, **49**, 84.

GANZENMÜLLER, W. (2). *Die Alchemie im Mittelalter*. Bonifacius, Paderborn, 1938. Repr. Olms, Hildesheim, 1967. French, tr. by Petit-Dutailles, Paris, n.d. (*c*. 1940).

GANZENMÜLLER, W. (3). '*Liber Florum Geberti;* alchemistischen Öfen und Geräte in einer Handschrift des 15. Jahrhunderts.' *QSGNM*, 1942, **8**, 273. Repr. in (1), p. 272.

GANZENMÜLLER, W. (4). 'Zukunftsaufgaben der Geschichte der Alchemie.' *CHYM*, 1953, **4**, 31.
GANZENMÜLLER, W. (5). 'Paracelsus und die Alchemie des Mittelalters.' *ZAC/AC*, 1941, **54**, 427.
VON GARBE, R. K. (3) (tr.). *Die Indischen Mineralien, ihre Namen und die ihnen zugeschriebenen Kräfte; Narahari's 'Rāja-nighaṇṭu' [King of Dictionaries], varga XIII, Sanskrit und Deutsch, mit kritischen und erläuternden Anmerkungen herausgegeben*... Hirzel, Leipzig, 1882.
GARBERS, K. (1) (tr.). *'Kitāb Kimiya al-Itr wa'l-Tas'idat'; Buch über die Chemie des Parfüms und die Destillationen von Ya'qub ibn Ishaq al-Kindī; ein Beitrag zur Geschichte der arabischen Parfümchemie und Drogenkunde aus dem 9tr Jahrh. A.D., übersetzt*...Brockhaus, Leipzig, 1948. (Abhdl. f.d. Kunde des Morgenlandes, no. 30.) Rev. A. Mazaheri, *A/AIHS*, 1951, **4** (no. 15), 521.
GARNER, SIR HARRY (1). 'The Composition of Chinese Bronzes.' *ORA*, 1960, **6** (no. 4), 3.
GARNER, SIR HARRY (2). *Chinese and Japanese Cloisonné Enamels*. Faber & Faber, London, 1962.
GARNER, SIR HARRY (3). 'The Origins of "Famille Rose" [polychrome decoration of Chinese Porcelain].' *TOCS*, 1969.
GEBER (ps. of a Latin alchemist *c.* +1290). *The Works of Geber, the most famous Arabian Prince and Philosopher, faithfully Englished by R. R., a Lover of Chymistry [Richard Russell]*. James, London, 1678. Repr. and ed. E. J. Holmyard. Dent, London, 1928.
GEERTS, A. J. C. (1). *Les Produits de la Nature Japonaise et Chinoise, Comprenant la Dénomination, l'Histoire et les Applications aux Arts, à l'Industrie, à l'Economie, à la Médécine, etc. des Substances qui dérivent des Trois Régnes de la Nature et qui sont employées par les Japonais et les Chinois: Partie Inorganique et Minéralogique*...[only part published]. 2 vols. Levy, Yokohama; Nijhoff, 's Gravenhage, 1878, 1883. (A paraphrase and commentary on the mineralogical chapters of the *Pên Tshao Kang Mu*, based on Ono Ranzan's commentary in Japanese.)
GEERTS, A. J. C. (2). 'Useful Minerals and Metallurgy of the Japanese; [Introduction and] A, Iron.' *TAS/J*, 1875, **3**, 1, 6.
GEERTS, A. J. C. (3). 'Useful Minerals and Metallurgy of the Japanese; [B], Copper.' *TAS/J*, 1875, **3**, 26.
GEERTS, A. J. C. (4). 'Useful Minerals and Metallurgy of the Japanese; C, Lead and Silver.' *TAS/J*, 1875, **3**, 85.
GEERTS, A. J. C. (5). 'Useful Minerals and Metallurgy of the Japanese; D, Quicksilver.' *TAS/J*, 1876, **4**, 34.
GEERTS, A. J. C. (6). 'Useful Minerals and Metallurgy of the Japanese; E, Gold' (with twelve excellent pictures on thin paper of gold mining, smelting and cupellation from a traditional Japanese mining book). *TAS/J*, 1876, **4**, 89.
GEERTS, A. J. C. (7). 'Useful Minerals and Metallurgy of the Japanese; F, Arsenic' (reproducing the picture from *Thien Kung Khai Wu*). *TAS/J*, 1877, **5**, 25.
GEHES CODEX. See Anon. (93).
GEISLER, K. W. (1). 'Zur Geschichte d. Spirituserzeugung.' *BGTI*, 1926, **16**, 94.
GELBART, N. R. (1). 'The Intellectual Development of Walter Charleton.' *AX*, 1971, **18**, 149.
GELLHORN, E. & KIELY, W. F. (1). 'Mystical States of Consciousness; Neurophysiological and Clinical Aspects.' *JNMD*, 1972, **154**, 399.
GENZMER, F. (1). 'Ein germanisches Gedicht aus der Hallstattzeit.' *GRM*, 1936, **24**, 14.
GEOGHEGAN, D. (1). 'Some Indications of Newton's Attitude towards Alchemy.' *AX*, 1957, **6**, 102.
GEORGII, A. (1). *Kinésithérapie, ou Traitement des Maladies par le Mouvement selon la Méthode de Ling... suivi d'un Abrégé des Applications de Ling à l'Éducation Physique*. Baillière, Paris, 1847.
GERNET, J. (3). *Le Monde Chinois*. Colin, Paris, 1972. (Coll. Destins du Monde.)
GESNER, CONRAD (1). *De Remediis secretis, Liber Physicus, Medicus et partiam Chymicus et Oeconomicus in vinorum diversi apparatu, Medicis & Pharmacopoiis omnibus praecipi necessarius nunc primum in lucem editus*. Zürich, 1552, 1557; second book edited by C. Wolff, Zürich, 1569; Frankfurt, 1578.
GESNER, CONRAD (2). *Thesaurus Euonymus Philiatri, Ein köstlicher Schatz*.... Zürich, 1555. Eng. tr. Daye, London, 1559, 1565. French tr. Lyon, 1557.
GESSMANN, G. W. (1). *Die Geheimsymbole der Chemie und Medizin des Mittelalters; eine Zusammenstellung der von den Mystikern und Alchymisten gebrauchten geheimen Zeichenschrift, nebst einen Kurzgefassten geheimwissenschaftlichen Lexikon*. Pr. pr. Graz, 1899, then Mickl, München, 1900.
GETTENS, R. J., FITZHUGH, E. W., BENE, I. V. & CHASE, W. T. (1). *The Freer Chinese Bronzes. Vol. 2. Technical Studies*. Smithsonian Institution, Washington, D.C. 1969 (Freer Gallery of Art Oriental Studies, no. 7). See also Pope, Gettens, Cahill & Barnard (1).
GHOSH, HARINATH (1). 'Observations on the Solubility *in vitro* and *in vivo* of Sulphide of Mercury, and also on its Assimilation, probable Pharmacological Action and Therapeutic Utility.' *IMW*, 1 Apr. 1931.
GIBB, H. A. R. (1). 'The Embassy of Hārūn al-Rashīd to Chhang-An.' *BLSOAS*, 1922, **2**, 619.
GIBB, H. A. R. (4). *The Arab Conquests in Central Asia*. Roy. Asiat. Soc., London, 1923. (Royal Asiatic Society, James G. Forlong Fund Pubs. no. 2.)

GIBB, H. A. R. (5). 'Chinese Records of the Arabs in Central Asia.' *BLSOAS*, 1922, **2**, 613.

GIBBS, F. W. (1). 'Invention in Chemical Industries [+1500 to +1700].' Art. in *A History of Technology*, ed. C. Singer *et al.* Vol. 3, p. 676. Oxford, 1957.

GIBSON, E. C. S. (1) (tr.). *Johannes Cassianus' 'Conlationes'* in 'Select Library of Nicene and Post-Nicene Fathers of the Christian Church'. Parker, Oxford, 1894, vol. 11, pp. 382 ff.

GICHNER, L. E. (1). *Erotic Aspects of Hindu Sculpture.* Pr. pr., U.S.A. (no place of publication stated), 1949.

GICHNER, L. E. (2). *Erotic Aspects of Chinese Culture.* Pr. pr., U.S.A. (no place of publication stated), *c.* 1957.

GIDE, C. (1). *Les Colonies Communistes et Coopératives.* Paris, 1928. Eng. tr. by E. F. Row. *Communist and Cooperative Colonies.* Harrap, London, 1930.

GILDEMEISTER, E. & HOFFMANN, F. (1). *The Volatile Oils.* Tr. E. Kremers. 2nd ed., 3 vols. Longmans Green, London, 1916. (Written under the auspices of Schimmel & Co., Distillers, Miltitz near Leipzig.)

GILDEMEISTER, J. (1). 'Alchymie.' *ZDMG*, 1876, **30**, 534.

GILES, H. A. (2). *Chinese–English Dictionary.* Quaritch, London, 1892, 2nd ed. 1912.

GILES, H. A. (7) (tr.). 'The *Hsi Yüan Lu* or "Instructions to Coroners"; (Translated from the Chinese).' *PRSM*, 1924, **17**, 59.

GILES, H. A. (14). *A Glossary of Reference on Subjects connected with the Far East.* 3rd ed. Kelly & Walsh, Shanghai, 1900.

GILES, L. (6). *A Gallery of Chinese Immortals ('hsien'), selected biographies translated from Chinese sources (Lieh Hsien Chuan, Shen Hsien Chuan,* etc.). Murray, London, 1948.

GILES, L. (7). 'Wizardry in Ancient China.' *AP*, 1942, **13**, 484.

GILES, L. (14). 'A Thang Manuscript of the *Sou Shen Chi.*' *NCR*, 1921, **3**, 378, 460.

GILLAN, H. (1). *Observations on the State of Medicine, Surgery and Chemistry in China (+1794)*, ed. J. L. Cranmer-Byng (2). Longmans, London, 1962.

GLAISTER, JOHN (1). *A Textbook of Medical Jurisprudence, Toxicology and Public Health.* Livingstone, Edinburgh, 1902. 5th ed. by J. Glaister the elder and J. Glaister the younger, Edinburgh, 1931. 6th ed. title changed to *Medical Jurisprudence and Toxicology*, J. Glaister the younger, Edinburgh, 1938. 7th ed. Edinburgh, 1942, 9th ed. Edinburgh, 1950. 10th to 12th eds. (same title), Edinburgh, 1957 to 1966 by J. Glaister the younger & E. Rentoul.

GLISSON, FRANCIS (1). *Tractatus de Natura Substantiae Energetica, seu de Vita Naturae ejusque Tribus Primus Facultatibus; I, Perceptiva; II, Appetitiva; III, Motiva, Naturalibus.* Flesher, Brome & Hooke, London, 1672. Cf. Pagel (16, 17); Temkin (4).

GLOB, P. V. (1). *Iron-Age Man Preserved.* Faber & Faber, London; Cornell Univ. Press, Ithaca, N.Y. 1969. Tr. R. Bruce-Mitford from the Danish *Mosefolket; Jernalderens Mennesker bevaret i 2000 År.*

GLOVER, A. S. B. (1) (tr.). 'The Visions of Zosimus', in Jung (3).

GMELIN, J. G. (1). *Reise durch Russland.* 3 vols. Berlin, 1830.

GOAR, P. J. See Syncellos, Georgius.

GODWIN, WM. (1). *An Enquiry concerning Political Justice, and its Influence on General Virtue and Happiness.* London, 1793.

GOH THEAN-CHYE. See Ho Ping-Yü, Ko Thien-Chi *et al.*

GOLDBRUNNER, J. (1). *Individuation; a study of the Depth Psychology of Carl Gustav Jung.* Tr. from Germ. by S. Godman. Hollis & Carter, London, 1955.

GOLTZ, D. (1). *Studien zur Geschichte der Mineralnamen in Pharmazie, Chemie und Medizin von den Anfängen bis Paracelsus.* 1971. (Sudhoffs Archiv. Beiheft, no. 14.)

GONDAL, MAHARAJAH OF. See Bhagvat Singhji.

GOODFIELD, J. & TOULMIN, S. (1). 'The Qaṭṭāra; a Primitive Distillation and Extraction Apparatus still in Use.' *ISIS*, 1964, **55**, 339.

GOODMAN, L. S. & GILMAN, A. (ed.) (1). *The Pharmacological Basis of Therapeutics.* Macmillan, New York, 1965.

GOODRICH, L. CARRINGTON (1). *Short History of the Chinese People.* Harper, New York, 1943.

GOODWIN, B. (1). 'Science and Alchemy', art. in *The Rules of the Game*... ed. T. Shanin (1), p. 360.

GOOSENS, R. (1). Un Texte Grec relatif à l'aśvamedha' [in the Life of Apollonius of Tyana by Philostratos]. *JA*, 1930, **217**, 280.

GÖTZE, A. (1). 'Die "Schatzhöhle"; Überlieferung und Quelle.' *SHAW/PH*, 1922, no. 4.

GOULD, S. J. (1). 'History *versus* Prophecy; Discussion with J. W. Harrington.' *AJSC*, 1970, **268**, 187. With reply by J. W. Harrington, p. 189.

GOWLAND, W. (1). 'Copper and its Alloys in Prehistoric Times.' *JRAI*, 1906, **36**, 11.

GOWLAND, W. (2). 'The Metals in Antiquity.' *JRAI*, 1912, **42**, 235. (Huxley Memorial Lecture 1912.)

GOWLAND, W. (3). 'The Early Metallurgy of Silver and Lead.' Pt. I, 'Lead' (no more published). *AAA* 1901, **57**, 359.

GOWLAND, W. (4). 'The Art of Casting Bronze in Japan.' *JRSA*, 1895, **43**. Repr. *ARSI*, 1895, 609.
GOWLAND, W. (5). 'The Early Metallurgy of Copper, Tin and Iron in Europe as illustrated by ancient Remains, and primitive Processes surviving in Japan.' *AAA*, 1899, **56**, 267.
GOWLAND, W. (6). 'Metals and Metal-Working in Old Japan.' *TJSL*, 1915, **13**, 20.
GOWLAND, W. (7). 'Silver in Roman and earlier Times.' Pt. I, 'Prehistoric and Protohistoric Times' (no more published). *AAA*, 1920, **69**, 121.
GOWLAND, W. (8). 'Remains of a Roman Silver Refinery at Silchester' (comparisons with Japanese technique). *AAA*, 1903, **57**, 113.
GOWLAND, W. (9). *The Metallurgy of the Non-Ferrous Metals.* Griffin, London, 1914. (Copper, Lead, Gold, Silver, Platinum, Mercury, Zinc, Cadmium, Tin, Nickel, Cobalt, Antimony, Arsenic, Bismuth, Aluminium.)
GOWLAND, W. (10). 'Copper and its Alloys in Early Times.' *JIM*, 1912, **7**, 42.
GOWLAND, W. (11). 'A Japanese Pseudo-Speiss (*Shirome*), and its Relation to the Purity of Japanese Copper and the Presence of Arsenic in Japanese Bronze.' *JSCI*, 1894, **13**, 463.
GOWLAND, W. (12). 'Japanese Metallurgy; I, Gold and Silver and their Alloys.' *JCSI*, 1896, **15**, 404. No more published.
GRACE, V. R. (1). *Amphoras and the Ancient Wine Trade.* Amer. School of Classical Studies, Athens and Princeton, N.J., 1961.
GRADY, M. C. (1). 'Préparation Electrolytique du Rouge au Japan.' *TP*, 1897 (1e sér.), **8**, 456.
GRAHAM, A. C. (5). '"Being" in Western Philosophy compared with *shih/fei* and *yu/wu* in Chinese Philosophy.' With an appendix on 'The Supposed Vagueness of Chinese'. *AM*, 1959, **7**, 79.
GRAHAM, A. C. (6) (tr.). *The Book of Lieh Tzu.* Murray, London, 1960.
GRAHAM, A. C. (7). 'Chuang Tzu's "Essay on Making Things Equal".' Communication to the First International Conference of Taoist Studies, Villa Serbelloni, Bellagio, 1968.
GRAHAM, D. C. (4). 'Notes on the Han Dynasty Grave Collection in the West China Union University Museum of Archaeology [at Chhêngtu].' *JWCBRS*, 1937, **9**, 213.
GRANET, M. (5). *La Pensée Chinoise.* Albin Michel, Paris, 1934. (Evol. de l'Hum. series, no. 25 bis.)
GRANT, R. McQ. (1). *Gnosticism; an Anthology.* Collins, London, 1961.
GRASSMANN, H. (1). 'Der Campherbaum.' *MDGNVO*, 1895, **6**, 277.
GRAY, B. (1). 'Arts of the Sung Dynasty.' *TOCS*, 1960, 13.
GRAY, J. H. (1). '[The "Abode of the Blest" in] Persian [Iranian, Thought].' *ERE*, vol. ii, p. 702.
GRAY, J. H. (1). *China: a History of the Laws, Manners and Customs of the People.* Ed. W. G. Gregor. 2 vols. Macmillan, London, 1878.
GRAY, W. D. (1). *The Relation of Fungi to Human Affairs.* Holt, New York, 1959.
GREEN, F. H. K. (1). 'The Clinical Evaluation of Remedies.' *LT*, 1954, 1085.
GREEN, R. M. (1) (tr.). *Galen's Hygiene; 'De Sanitate Tuenda'.* Springfield, Ill. 1951.
GREENAWAY, F. (1). 'Studies in the Early History of Analytical Chemistry.' Inaug. Diss. London, 1957.
GREENAWAY, F. (2). *The Historical Continuity of the Tradition of Assaying.* Proc. Xth Int. Congr. Hist. of Sci., Ithaca, N.Y., 1962, vol. 2, p. 819.
GREENAWAY, F. (3). 'The Early Development of Analytical Chemistry.' *END*, 1962, **21**, 91.
GREENAWAY, F. (4). *John Dalton and the Atom.* Heinemann, London, 1966.
GREENAWAY, F. (5). 'Johann Rudolph Glauber and the Beginnings of Industrial Chemistry.' *END*, 1970, **29**, 67.
GREGORY, E. (1). *Metallurgy.* Blackie, London and Glasgow, 1943.
GREGORY, J. C. (1). *A Short History of Atomism.* Black, London, 1931.
GREGORY, J. C. (2). 'The Animate and Mechanical Models of Reality.' *JPHST*, 1927, **2**, 301. Abridged in 'The Animate Model of Physical Process'. *SPR*, 1925.
GREGORY, J. C. (3). 'Chemistry and Alchemy in the Natural Philosophy of Sir Francis Bacon (+1561 to +1626).' *AX*, 1938, **2**, 93.
GREGORY, J. C. (4). 'An Aspect of the History of Atomism.' *SPR*, 1927, **22**, 293.
GREGORY, T. C. (1). *Condensed Chemical Dictionary.* 1950. Continuation by A. Rose & E. Rose. Chinese tr. by Kao Hsien (*1*).
GRIERSON, SIR G. A. (1). *Bihar Peasant Life.* Patna, 1888; reprinted Bihar Govt., Patna, 1926.
GRIERSON, P. (2). 'The Roman Law of Counterfeiting.' Art. in *Essays in Roman Coinage,* Mattingly Presentation Volume, Oxford, 1956, p. 240.
GRIFFITH, E. F. (1). *Modern Marriage.* Methuen, London, 1946.
GRIFFITH, F. LL. & THOMPSON, H. (1). '*The Demotic Magical Papyrus of London and Leiden* [+3rd *Cent.*]. 3 vols. Grevel, London, 1904–9.
GRIFFITH, R. T. H. (1) (tr.). *The Hymns of the 'Atharva-veda'.* 2 vols. Lazarus, Benares, 1896. Repr. Chowkhamba Sanskrit Series Office, Varanasi, 1968.
GRIFFITHS, J. GWYN (1) (tr.). *Plutarch's 'De Iside et Osiride'.* University of Wales Press, Cardiff, 1970.

GRINSPOON, L. (1). 'Marihuana.' *SAM*, 1969, **221** (no. 6), 17.
GRMEK, M. D. (2). 'On Ageing and Old Age; Basic Problems and Historical Aspects of Gerontology and Geriatrics.' *MB*, 1958, **5** (no. 2).
DE GROOT, J. J. M. (2). *The Religious System of China*. Brill, Leiden, 1892.
Vol. 1, Funeral rites and ideas of resurrection.
2 and 3, Graves, tombs, and *fêng-shui*.
4, The soul, and nature-spirits.
5, Demonology and sorcery.
6, The animistic priesthood (*wu*).
GRÖSCHEL-STEWART, U. (1). 'Plazentahormone.' *MMN*, 1970, **22**, 469.
GROSIER, J. B. G. A. (1). *De la Chine; ou, Description Générale de cet Empire*, etc. 7 vols. Pillet & Bertrand, Paris, 1818–20.
GRUMAN, G. J. (1). 'A History of Ideas about the Prolongation of Life; the Evolution of Prolongevity Hypotheses to 1800.' Inaug. Diss., Harvard University, 1965. *TAPS*, 1966 (n.s.), **56** (no. 9), 1–102.
GRUMAN, G. J. (2). 'An Introduction to the Literature on the History of Gerontology.' *BIHM*, 1957, **31**, 78.
GUARESCHI, S. (1). Tr. of Klaproth (5). *SAEC*, 1904, **20**, 449.
GUERLAC, H. (1). 'The Poets' Nitre.' *ISIS*, 1954, **45**, 243.
GUICHARD, F. (1). 'Properties of saponins of *Gleditschia*.' *BSPB*, 1936, **74**, 168.
VAN GULIK, R. H. (3). *'Pi Hsi Thu Khao'; Erotic Colour-Prints of the Ming Period, with an Essay on Chinese Sex Life from the Han to the Chhing Dynasty (−206 to +1644)*. 3 vols. in case. Privately printed. Tokyo, 1951 (50 copies only, distributed to the most important Libraries of the world). Crit. W. L. Hsü, *MN*, 1952, **8**, 455; H. Franke, *ZDMG*, 1955 (NF) **30**, 380.
VAN GULIK, R. H. (4). 'The Mango "Trick" in China; an essay on Taoist Magic.' *TAS/J*, 1952 (3rd ser.), **3**, 1.
VAN GULIK, R. H. (8). *Sexual Life in Ancient China; a Preliminary Survey of Chinese Sex and Society from c. −1500 to +1644*. Brill, Leiden, 1961. Rev. R. A. Stein, *JA*, 1962, **250**, 640.
GUNAWARDANA, R. A. LESLIE H. (1). 'Ceylon and Malaysia; a Study of Professor S. Paranavitana's Research on the Relations between the Two Regions.' *UCR*, 1967, **25**, 1–64.
GUNDEL, W. (4). Art. 'Alchemie' in *Real-Lexikon f. Antike und Christentum*, ed. T. Klauser, 1950–3, vol. 1, p. 239.
GUNDEL, W. & GUNDEL, H. G. (1). *Astrologumena; das astrologische Literatur in der Antike und ihre Geschichte*. Steiner, Wiesbaden, 1966. (*AGMW* Beiheft, no. 6, pp. 1–382.)
GUNTHER, R. T. (3) (ed.). *The Greek Herbal of Dioscorides, illustrated by a Byzantine in +512, englished by John Goodyer in +1655, edited and first printed, 1933*. Pr. pr. Oxford, 1934, photolitho repr. Hafner, New York, 1959.
GUNTHER, R. T. (4). *Early Science in Cambridge*. Pr. pr. Oxford, 1937.
GUPPY, H. B. (1). 'Samshu-brewing in North China.' *JRAS/NCB*, 1884, **18**, 63.
GURE, D. (1). 'Jades of the Sung Group.' *TOCS*, 1960, 39.
GUTZLAFF, C. (1). 'On the Mines of the Chinese Empire.' *JRAS/NCB*, 1847, 43.
GYLLENSVÅRD, BO (1). *Chinese Gold and Silver [-Work] in the Carl Kempe Collection*. Stockholm, 1953; Smithsonian Institution, Washington, D.C., 1954.
GYLLENSVÅRD, BO (2). 'Thang Gold and Silver.' *BMFEA*, 1957, **29**, 1–230.

HACKIN, J. & HACKIN, J. R. (1). *Recherches archéologiques à Begram, 1937*. Mémoires de la Délégation Archéologique Française en Afghanistan, vol. 9. Paris, 1939.
HACKIN, J., HACKIN, J. R., CARL, J. & HAMELIN, P. (with the collaboration of J. Auboyer, V. Elisséeff, O. Kurz & P. Stern) (1). *Nouvelles Recherches archéologiques à Begram (ancienne Kāpiśi), 1939–1940*. Mémoires de la Délégation Archéologique Française en Afghanistan, vol. 11. Paris, 1954. (Rev. P. S. Rawson, *JRAS*, 1957, 139.)
HADD, H. E. & BLICKENSTAFF, R. T. (1). *Conjugates of Steroid Hormones*. Academic Press, New York and London, 1969.
HADI HASAN (1). *A History of Persian Navigation*. Methuen, London, 1928.
HAJI KHALFA (or Ḥajji Khalīfa). See Flügel (2).
HALBAN, J. (1). 'Über den Einfluss der Ovarien auf die Entwicklung der Genitales.' *MGG*, 1900, **12**, 496.
HALDANE, J. B. S. (2). 'Experiments on the Regulation of the Blood's Alkalinity.' *JOP*, 1921, **55**, 265.
HALDANE, J. B. S. (3). 'Über Halluzinationen infolge von Änderungen des Kohlensäuredrucks.' *PF*, 1924, **5**, 356.
HALDANE, J. B. S. See also Baird, Douglas, Haldane & Priestley (1); Davies, Haldane & Kennaway (1).
HALDANE, J. B. S., LINDER, G. C., HILTON, R. & FRASER, F. R. (1). 'The Arterial Blood in Ammonium Chloride Acidosis.' *JOP*, 1928, **65**, 412.

HALDANE, J. B. S., WIGGLESWORTH, V. B. & WOODROW, C. E. (1). 'Effect of Reaction Changes on Human Inorganic Metabolism.' *PRSB*, 1924, **96**, 1.

HALDANE, J. B. S., WIGGLESWORTH, V. B. & WOODROW, C. E. (2). 'Effect of Reaction Changes on Human Carbohydrate and Oxygen Metabolism.' *PRSB*, 1924, **96**, 15.

HALEN, G. E. (1). *De Chemo Scientiarum Auctore*. Uppsala, 1694.

HALES, STEPHEN (2). *Philosophical Experiments; containing Useful and Necessary Instructions for such as undertake Long Voyages at Sea, shewing how Sea Water may be made Fresh and Wholsome*. London, 1739.

HALL, E. T. (1). 'Surface Enrichment of Buried [Noble] Metal [Alloys].' *AMY*, 1961, **4**, 62.

HALL, E. T. & ROBERTS, G. (1). 'Analysis of the Moulsford Torc.' *AMY*, 1962, **5**, 28.

HALL, F. W. (1). '[The "Abode of the Blest" in] Greek and Roman [Culture].' *ERE*, vol. ii, p. 696.

HALL, H. R. (1). 'Death and the Disposal of the Dead [in Ancient Egypt].' Art. in *ERE*, vol. iv, p. 458.

HALL, MANLY P. (1). *The Secret Teachings of All Ages*. San Francisco, 1928.

HALLEUX, R. (1). 'Fécondité des Mines et Sexualité des Pierres dans l'Antiquité Gréco-Romaine.' *RBPH*, 1970, **48**, 16.

HALOUN, G. (2). Translations of *Kuan Tzu* and other ancient texts made with the present writer, unpub. MSS.

HAMARNEH, SAMI, K. & SONNEDECKER, G. (1). *A Pharmaceutical View of Albucasis (al-Zahrāwī) in Moorish Spain*. Brill, Leiden, 1963.

HAMMER-JENSEN, I. (1). 'Deux Papyrus à Contenu d'Ordre Chimique.' *ODVS*, 1916 (no. 4), 279.

HAMMER-JENSEN, I. (2). 'Die ältesten Alchemie.' *MKDVS/HF*, 1921, **4** (no. 2), 1–159.

HANBURY, DANIEL (1). *Science Papers, chiefly Pharmacological and Botanical*. Macmillan, London, 1876.

HANBURY, DANIEL (2). 'Notes on Chinese Materia Medica.' *PJ*, 1861, **2**, 15, 109, 553; 1862, **3**, 6, 204, 260, 315, 420. German tr. by W. C. Martius (without Chinese characters), *Beiträge z. Materia Medica Chinas*. Kranzbühler, Speyer, 1863. Revised version, with additional notes, references and map, in Hanbury (1), pp. 211 ff.

HANBURY, DANIEL (6). 'Note on Chinese Sal Ammoniac.' *PJ*, 1865, **6**, 514. Repr. in Hanbury (1), p. 276.

HANBURY, DANIEL (7). 'A Peculiar Camphor from China [Ngai Camphor from *Blumea balsamifera*]. *PJ*, 1874, **4**, 709. Repr. in Hanbury (1), pp. 393 ff.

HANBURY, DANIEL (8). 'Some Notes on the Manufactures of Grasse and Cannes [and Enfleurage].' *PJ*, 1857, **17**, 161. Repr. in Hanbury (1), pp. 150 ff.

HANBURY, DANIEL (9). 'On Otto of Rose.' *PJ*, 1859, **18**, 504. Repr. in Hanbury (1), pp. 164 ff.

HANSFORD, S. H. (1). *Chinese Jade Carving*. Lund Humphries, London, 1950.

HANSFORD, S. H. (2) (ed.). *The Seligman Collection of Oriental Art; Vol. 1, Chinese, Central Asian and Luristan Bronzes and Chinese Jades and Sculptures*. Arts Council G. B., London, 1955.

HANSON, D. (1). *The Constitution of Binary Alloys*. McGraw-Hill, New York, 1958.

HARADA, YOSHITO & TAZAWA, KINGO (1). *Lo-Lang; a Report on the Excavation of Wang Hsü's Tomb in the Lo-Lang Province, an ancient Chinese Colony in Korea*. Tokyo University, Tokyo, 1930.

HARBORD, F. W. & HALL, J. W. (1). *The Metallurgy of Steel*. 2 vols. 7th ed. Griffin, London, 1923.

HARDING, M. ESTHER (1). *Psychic Energy; its Source and Goal*. With a foreword by C. G. Jung. Pantheon, New York, 1947. (Bollingen series, no. 10.)

VON HARLESS, G. C. A. (1). *Jakob Böhme und die Alchymisten; ein Beitrag zum Verständnis J. B.'s...* Berlin, 1870. 2nd ed. Hinrichs, Leipzig, 1882.

HARRINGTON, J. W. (1). 'The First "First Principles of Geology".' *AJSC*, 1967, **265**, 449.

HARRINGTON, J. W. (2). 'The Prenatal Roots of Geology; a Study in the History of Ideas.' *AJSC*, 1969, **267**, 592.

HARRINGTON, J. W. (3). 'The Ontology of Geological Reasoning; with a Rationale for evaluating Historical Contributions.' *AJSC*, 1970, **269**, 295.

HARRIS, C. (1). '[The State of the Dead in] Christian [Thought].' *ERE*, vol. xi, p. 833.

HARRISON, F. C. (1). 'The Miraculous Micro-Organism' (*B. prodigiosus* as the causative agent of 'bleeding hosts'). *TRSC*, 1924, **18**, 1.

HARRISSON, T. (8). 'The *palang*; its History and Proto-history in West Borneo and the Philippines.' *JRAS/M*, 1964, **37**, 162.

HARTLEY, SIR HAROLD (1). 'John Dalton, F.R.S. (1766 to 1844) and the Atomic Theory; a Lecture to commemorate his Bicentenary.' *PRSA*, 1967, **300**, 291.

HARTNER, W. (12). *Oriens-Occidens; ausgewählte Schriften zur Wissenschafts- und Kultur-geschichte (Festschrift zum 60. Geburtstag)*. Olms, Hildesheim, 1968. (Collectanea, no. 3.)

HARTNER, W. (13). 'Notes on *Picatrix*.' *ISIS*, 1965, **56**, 438. Repr. in (12), p. 415.

HASCHMI, M. Y. (1). 'The Beginnings of Arab Alchemy.' *AX*, 1961, **9**, 155.

HASCHMI, M. Y. (2). '*The Propagation of Rays'; the Oldest Arabic Manuscript about Optics (the Burning-Mirror)*, [a text written by] *Ya'kub ibn Ishaq al-Kindī, Arab Philosopher and Scholar of the +9th Century. Photocopy, Arabic text and Commentary*. Aleppo, 1967.

HASCHMI, M. Y. (3). 'Sur l'Histoire de l'Alcool.' Résumés des Communications, XIIth International Congress of the History of Science, Paris, 1968, p. 91.
HASCHMI, M. Y. (4). 'Die Anfänge der arabischen Alchemie.' Actes du XIe Congrès International d'Histoire des Sciences, Warsaw, 1965, p. 290.
HASCHMI, M. Y. (5). 'Ion Exchange in Arabic Alchemy.' Proc. Xth Internat. Congr. Hist. of Sci., Ithaca, N.Y. 1962, p. 541. Summaries of Communications, p. 56.
HASCHMI, M. Y. (6). 'Die Geschichte der arabischen Alchemie.' *DMAB*, 1967, **35**, 60.
HATCHETT, C. (1). 'Experiments and Observations on the Various Alloys, on the Specific Gravity, and on the Comparative Wear of Gold...' *PTRS*, 1803, **93**, 43.
HAUSHERR, I. (1). 'La Méthode d'Oraison Hésychaste.' *ORCH*, 1927, **9**, (no. 2), 102.
HÄUSSLER, E. P. (1). 'Über das Vorkommen von a-Follikelhormon (3-oxy-17 Keto-1, 3, 5-oestratriën) im Hengsturin.' *HCA*, 1934, **17**, 531.
HAWKES, D. (1) (tr.). '*Chhu Tzhu*'; *the Songs of the South—an Ancient Chinese Anthology*. Oxford, 1959. Rev. J. Needham, *NSN* (18 Jul. 1959).
HAWKES, D. (2). 'The Quest of the Goddess.' *AM*, 1967, **13**, 71.
HAWTHORNE, J. G. & SMITH, C. S. (1) (tr.). '*On Divers Arts*'; *the Treatise of Theophilus* [Presbyter], *translated from the Mediaeval Latin with Introduction and Notes*... [probably by Roger of Helmarshausen, *c.* +1130]. Univ. of Chicago Press, Chicago, 1963.
HAY, M. (1). *Failure in the Far East; Why and How the Breach between the Western World and China First Began* (on the dismantling of the Jesuit Mission in China in the late +18th century). Spearman, London; Scaldis, Wetteren (Belgium), 1956.
HAYS, E. E. & STEELMAN, S. L. (1). 'The Chemistry of the Anterior Pituitary Hormones.' Art. in *The Hormones*..., ed. G. Pincus, K. V. Thimann & E. B. Astwood. Academic Press, New York, 1948–64. vol. 3, p. 201.
HEDBLOM, C. A. (1). 'Disease Incidence in China [16,000 cases].' *CMJ*, 1917, **31**, 271.
HEDFORS, H. (1) (ed. & tr.). *The* '*Compositiones ad Tingenda Musiva*'... Uppsala, 1932.
HEDIN, SVEN A., BERGMAN, F. *et al.* (1). *History of the Expedition in Asia, 1927/1935*. 4 vols. Reports of the Sino-Swedish [Scientific] Expedition [to NW China]. 1936. Nos. 23, 24, 25, 26.
HEIM, R. (1). 'Old and New Investigations on Hallucinogenic Mushrooms from Mexico.' *APH*, 1959, **12**, 171.
HEIM, R. (2). *Champignons Toxiques et Hallucinogènes*. Boubée, Paris, 1963.
HEIM, R. & HOFMANN, A. (1). 'Psilocybine.' *CRAS*, 1958, **247**, 557.
HEIM, R., WASSON, R. G. *et al.* (1). *Les Champignons Hallucinogènes du Mexique; Études Ethnologiques, Taxonomiques, Biologiques, Physiologiques et Chimiques*. Mus. Nat. d'Hist. Nat. Paris, 1958.
VON HEINE-GELDERN, R. (4). 'Die asiatische Herkunft d. südamerikanische Metalltechnik.' *PAI*, 1954, **5**, 347.
HEMNETER, E. (1). 'The Influence of the Caste-System on Indian Trades and Crafts.' *CIBA/T*, 1937, **1** (no. 2), 46.
H[EMSLEY], W. B. (1). 'Camphor.' *N*, 1896, **54**, 116.
HENDERSON, G. & HURVITZ, L. (1). 'The Buddha of Seiryō-ji [Temple at Saga, Kyoto]; New Finds and New Theory.' *AA*, 1956, **19**, 5.
HENDY, M. F. & CHARLES, J. A. (1). 'The Production Techniques, Silver Content and Circulation History of the +12th-Century Byzantine Trachy.' *AMY*, 1970, **12**, 13.
HENROTTE, J. G. (1). 'Yoga et Biologie.' *ATOM*, 1969, **24** (no. 265), 283.
HENRY, W. (1). *Elements of Experimental Chemistry*. London, 1810. German. tr. by F. Wolff, Berlin, 1812. Another by J. B. Trommsdorf.
HERMANN, A. (1). 'Das Buch *Kmj.t* und die Chemie.' *ZAES*, 1954, **79**, 99.
HERMANN, P. (1). *Een constelijk Distileerboec inhoudende de rechte ende waerachtige conste der distilatiën om alderhande wateren der cruyden, bloemen ende wortelen ende voorts alle andere dinge te leeren distileren opt alder constelijcste, alsoo dat dies gelyke noyt en is gheprint geweest in geen derley sprake*... Antwerp, 1552.
HERMANNS, M. (1). *Die Nomaden von Tibet*. Vienna, 1949. Rev. W. Eberhard, *AN*, 1950, **45**, 942.
HERRINGHAM, C. J. (1). *The* '*Libro dell'Arte*' *of Cennino Cennini* [+1437]. Allen & Unwin, London, 1897.
HERRMANN, A. (2). *Die Alten Seidenstrassen zw. China u. Syrien; Beitr. z. alten Geographie Asiens, I* (with excellent maps). Berlin, 1910. (Quellen u. Forschungen z. alten Gesch. u. Geographie, no. 21; photographically reproduced, Tientsin, 1941).
HERRMANN, A. (3). 'Die Alten Verkehrswege zw. Indien u. Süd-China nach Ptolemäus.' *ZGEB*, 1913, 771.
HERRMANN, A. (5). 'Die Seidenstrassen vom alten China nach dem Romischen Reich.' *MGGW*, 1915, **58**, 472.

HERRMANN, A. (6). *Die Verkehrswege zw. China, Indien und Rom um etwa 100 nach Chr.* Leipzig, 1922 (Veröffentlichungen d. Forschungs-instituts f. vergleich. Religionsgeschichte a.d. Univ. Leipzig, no. 7.)
HERTZ, W. (1). 'Die Sage vom Giftmädchen.' *ABAW/PH*, 1893, **20**, no. 1. Repr. in *Gesammelte Abhandlungen*, ed. v. F. von der Leyen, 1905, pp. 156–277.
D'HERVEY ST DENYS, M. J. L. (3). *Trois Nouvelles Chinoises, traduites pour la première fois.* Leroux, Paris, 1885. 2nd ed. Dentu, Paris, 1889.
HEYM, G. (1). 'The *Aurea Catena Homeri* [by Anton Joseph Kirchweger, +1723].' *AX*, 1937, **1**, 78. Cf. Ferguson (1), vol. 1, p. 470.
HEYM, G. (2). 'Al-Rāzī and Alchemy.' *AX*, 1938, **1**, 184.
HICKMAN, K. C. D. (1). 'A Vacuum Technique for the Chemist' (molecular distillation). *JFI*, 1932, **213**, 119.
HICKMAN, K. C. D. (2). 'Apparatus and Methods [for Molecular Distillation].' *IEC/I*, 1937, **29**, 968.
HICKMAN, K. C. D. (3). 'Surface Behaviour in the Pot Still.' *IEC/I*, 1952, **44**, 1892.
HICKMAN, K. C. D. & SANFORD, C. R. (1). 'The Purification, Properties and Uses of Certain High-Boiling Organic Liquids.' *JPCH*, 1930, **34**, 637.
HICKMAN, K. C. D. & SANFORD, C. R. (2). 'Molecular stills.' *RSI*, 1930, **1**, 140.
HICKMAN, K. C. D. & TREVOY, D. J. (1). 'A Comparison of High Vacuum Stills and Tensimeters.' *IEC/I*, 1952, **44**, 1903.
HICKMAN, K. C. D. & WEYERTS, W. (1). 'The Vacuum Fractionation of Phlegmatic Liquids.' *JACS*, 1930, **52**, 4714.
HIGHMORE, NATHANIEL (1). *The History of Generation, examining the several Opinions of divers Authors, especially that of Sir Kenelm Digby, in his Discourse of Bodies.* Martin, London, 1651.
HILGENFELD, A. (1). *Die Ketzergeschichte des Urchristenthums.* Fues (Reisland), Leipzig, 1884.
HILLEBRANDT, A. (1). *Vedische Mythologie.* Breslau, 1891–1902.
HILTON-SIMPSON, M. W. (1). *Arab Medicine and Surgery; a Study of the Healing Art in Algeria.* Oxford, 1922.
HIORDTHAL, T. See Hjortdahl, T.
HIORNS, A. H. (1). *Metal-Colouring and Bronzing.* Macmillan, London and New York, 1892. 2nd ed. 1902.
HIORNS, A. H. (2). *Mixed Metals or Metallic Alloys.* 3rd ed. Macmillan, London and New York, 1912.
HIORNS, A. H. (3). *Principles of Metallurgy.* 2nd ed. Macmillan, London, 1914.
HIRTH, F. (2) (tr.). 'The Story of Chang Chhien, China's Pioneer in West Asia.' *JAOS*, 1917, **37**, 89. (Translation of ch. 123 of the *Shih Chi*, containing Chang Chhien's Report; from §18–52 inclusive and 101 to 103. §98 runs on to §104, 99 and 100 being a separate interpolation. Also tr. of ch. 111 containing the biogr. of Chang Chhien.)
HIRTH, F. (7). *Chinesische Studien.* Hirth, München and Leipzig, 1890.
HIRTH, F. (9). *Über fremde Einflüsse in der chinesischen Kunst.* G. Hirth, München and Leipzig. 1896.
HIRTH, F. (11). 'Die Länder des Islam nach Chinesischen Quellen.' *TP*, 1894, **5** (Suppl.). (Translation of, and notes on, the relevant parts of the *Chu Fan Chih* of Chao Ju-Kua; subsequently incorporated in Hirth & Rockhill.)
HIRTH, F. (25). 'Ancient Porcelain; a study in Chinese Mediaeval Industry and Trade.' G. Hirth, Leipzig and Munich; Kelly & Walsh, Shanghai, Hongkong, Yokohama and Singapore, 1888.
HIRTH, F. & ROCKHILL, W. W. (1) (tr.). *Chau Ju-Kua; His work on the Chinese and Arab Trade in the 12th and 13th centuries, entitled 'Chu-Fan-Chi'.* Imp. Acad. Sci, St Petersburg, 1911. (Crit. G. Vacca *RSO*, 1913, **6**, 209; P. Pelliot, *TP*, 1912, **13**, 446; E. Schaer, *AGNT*, 1913, **6**, 329; O. Franke, *OAZ*, 1913, **2**, 98; A. Vissière, *JA*, 1914 (11e sér.), **3**, 196.)
HISCOX, G. D. (1) (ed.). *The Twentieth Century Book of Recipes, Formulas and Processes; containing nearly 10,000 selected scientific, chemical, technical and household recipes, formulas and processes for use in the laboratory, the office, the workshop and in the home.* Lockwood, London; Henley, New York, 1907. Lexicographically arranged. 4th ed., Lockwood, London; Henley, New York, 1914. Retitled *Henley's Twentieth Century Formulas, Recipes and Processes; containing 10,000 selected household and workshop formulas, recipes, proceesses and money-saving methods for the practical use of manufacturers, mechanics, housekeepers and home workers.* Spine title unchanged; index of contents added and 2 entries omitted.
HITCHCOCK, E. A. (1). *Remarks upon Alchemy and the Alchemists, indicating a Method of discovering the True Nature of Hermetic Philosophy; and showing that the Search after the Philosopher's Stone had not for its Object the Discovery of an Agent for the Transmutation of Metals—Being also an attempt to rescue from undeserved opprobrium the reputation of a class of extraordinary thinkers in past ages.* Crosby & Nichols, Boston, 1857. 2nd ed. 1865 or 1866. See also Clymer (1); Croffut (1).
HITCHCOCK, E. A. (2). *Remarks upon Alchymists, and the supposed Object of their Pursuit; showing that the Philosopher's Stone is a mere Symbol, signifiying Something which could not be expressed openly without*

incurring the Danger of an Auto-da-Fé. By an Officer of the United States Army. Pr. pr. Herald, Carlisle, Pennsylvania, 1855. This pamphlet was the first form of publication of the material enlarged in Hitchcock (1).

HJORTDAHL, T. (1). 'Chinesische Alchemie', art. in Kahlbaum Festschrift (1909), ed. Diergart (1): *Beiträge aus der Geschichte der Chemie*, pp. 215–24. Comm. by E. Chavannes, *TP*, 1909 (2e sér.), **10**, 389.

HJORTDAHL, T. (2). 'Fremstilling af Kemiens Historie' (in Norwegian). *CVS*, 1905, **1** (no. 7).

HO JU (1). *Poèmes de Mao Tsê-Tung* (French translation). Foreign Languages Press, Peking, 1960. 2nd ed., enlarged, 1961.

HO PENG YOKE. See Ho Ping-Yü.

HO PING-YÜ (5). 'The Alchemical Work of Sun Ssu-Mo.' Communication to the American Chemical Society's Symposium on Ancient and Archaeological Chemistry, at the 142nd Meeting, Atlantic City, 1962.

HO PING-YÜ (7). 'Astronomical Data in the Annamese *Đai Viêt Sú-Ký Toàn-thû*; an early Annamese Historical Text.' *JAOS*, 1964, **84**, 127.

HO PING-YÜ (8). 'Draft translation of the *Thai-Chhing Shih Pi Chi* (Records in the Rock Chamber); an alchemical book (*TT*/874) of the Liang period (early +6th Century, but including earlier work as old as the late +3rd).' Unpublished.

HO PING-YÜ (9). 'Précis and part draft translation of the *Thai Chi Chen-Jen Chiu Chuan Huan Tan Ching Yao Chüeh* (Essential Teachings of the Manual of the Supreme-Pole Adept on the Ninefold Cyclically Transformed Elixir); an alchemical book (*TT*/882) of uncertain date, perhaps Sung but containing much earlier material.' Unpublished.

HO PING-YÜ (10). 'Précis and part draft translation of the *Thai-Chhing Chin I Shen Tan Ching* (Manual of the Potable Gold and Magical Elixir; a Thai-Chhing Scripture); an alchemical book (*TT*/873) of unknown date and authorship but prior to +1022 when it was incorporated in the *Yün Chi Chhi Chhien*.' Unpublished.

HO PING-YÜ (11). 'Notes on the *Pao Phu Tzu Shen Hsien Chin Shuo Ching* (The Preservation-of-Solidarity Master's Manual of the Bubbling Gold (Potion) of the Holy Immortals); an alchemical book (*TT*/910) attributed to Ko Hung (*c*. +320).' Unpublished.

HO PING-YÜ (12). 'Notes on the *Chin Pi Wu Hsiang Lei Tshan Thung Chhi* (Gold and Caerulean Jade Treatise on the Similarities and Categories of the Five (Substances) and the *Kinship of the Three*); an alchemical book (*TT*/897) attributed to Yin Chhang-Shêng (H/Han, *c*. +200), but probably of somewhat later date.' Unpublished.

HO PING-YÜ (13). 'Alchemy in Ming China (+1368 to +1644).' Communication to the XIIth International Congress of the History of Science, Paris, 1968. Abstract Vol. p. 174. Communications, Vol. 3A, p. 119.

HO PING-YÜ (14). 'Taoism in Sung and Yuan China.' Communication to the First International Conference of Taoist Studies, Villa Serbelloni, Bellagio, 1968.

HO PING-YÜ (15). 'The Alchemy of Stones and Minerals in the Chinese Pharmacopoeias.' *CCJ*, 1968, **7**, 155.

HO PING-YÜ (16). 'The System of the *Book of Changes* and Chinese Science.' *JSHS*, 1972, No. 11, 23.

HO PING-YÜ & CHHEN THIEH-FAN (1) = (*1*). 'On the Dating of the *Shun-Yang Lü Chen-Jen Yao Shih Chih*, a Taoist Pharmaceutical and Alchemical Manual.' *JOSHK*, 1971, **9**, 181 (229).

HO PING-YÜ, KO THIEN-CHI & LIM, BEDA (1). 'Lu Yu (+1125 to 1209), Poet-Alchemist.' *AM*, 1972, in the press.

HO PING-YÜ, KO THIEN-CHI & PARKER, D. (1). 'Pai Chü-I's Poems on Immortality.' *HJAS*, 1972 (in the press).

HO PING-YÜ & LIM, BEDA (1). 'Tshui Fang, a Forgotten +11th-Century Alchemist [with assembly of citations, mostly from *Pên Tshao Kang Mu*, probably transmitted by *Kêng Hsin Yü Tshê*].' *JSHS*, 1972, No. 11, 103.

HO PING-YÜ, LIM, BEDA & MORSINGH, FRANCIS (1) (tr.). 'Elixir Plants: the *Shun-Yang Lü Chen-Jen Yao Shih Chih* (Pharmaceutical Manual of the Adept Lü Shun-Yang)' [in verses]. Art. in Nakayama & Sivin (1), p. 153.

HO PING-YÜ & NEEDHAM, JOSEPH (1). 'Ancient Chinese Observations of Solar Haloes and Parhelia.' *W*, 1959, **14**, 124.

HO PING-YÜ & NEEDHAM, JOSEPH (2). 'Theories of Categories in Early Mediaeval Chinese Alchemy' (with transl. of the *Tshan Thung Chhi Wu Hsiang Lei Pi Yao*, *c*. +6th to +8th cent.). *JWCI*, 1959, **22**, 173.

HO PING-YÜ & NEEDHAM, JOSEPH (3). 'The Laboratory Equipment of the Early Mediaeval Chinese Alchemists.' *AX*, 1959, **7**, 57.

HO PING-YÜ & NEEDHAM, JOSEPH (4). 'Elixir Poisoning in Mediaeval China.' *JAN*, 1959, **48**, 221.

HO PING-YÜ & NEEDHAM, JOSEPH. See Tshao Thien-Chhin, Ho Ping-Yü & Needham, J.

HOEFER, F. (1). *Histoire de la Chimie.* 2 vols. Paris, 1842–3. 2nd ed. 2 vols. Paris, 1866–9.
HOENIG, J. (1). 'Medical Research on Yoga.' *COPS*, 1968, **11**, 69.
HOERNES, M. (1). *Natur- und Ur-geschichte der Menschen.* Vienna and Leipzig, 1909.
HOERNLE, A. F. R. (1) (ed. & tr.). *The Bower Manuscript; Facsimile Leaves, Nagari Transcript, Romanised Transliteration and English Translation with Notes.* 2 vols. Govt. Printing office, Calcutta, 1893–1912. (Archaeol. Survey of India, New Imperial Series, no. 22.) Mainly pharmacological text of late +4th cent. but with some chemistry also.
HOFF, H. H., GUILLEMIN, L. & GUILLEMIN, R. (1) (tr. and ed.). *The 'Cahier Rouge' of Claude Bernard.* Schenkman, Cambridge, Mass. 1967.
HOFFER, A. & OSMOND, H. (1). *The Hallucinogens.* Academic Press, New York and London, 1968. With a chapter by T. Weckowicz.
HOFFMANN, G. (1). Art. 'Chemie' in A. Ladenburg (ed.), *Handwörterbuch der Chemie*, Trewendt, Breslau, 1884, vol. 2, p. 516. This work forms Division 2, Part 3 of W. Förster (ed.), *Encyklopaedie der Naturwissenschaften* (same publisher).
HOFMANN, K. B. (1). 'Zur Geschichte des Zinkes bei den Alten.' *BHMZ*, 1882, **41**, 492, 503.
HOLGEN, H. J. (1). 'Iets over de Chineesche Alchemie.' *CW*, 1917, **24**, 400.
HOLGEN, H. J. (2). 'Iets uit de Geschiedenis van de Chineesche Mineralogie en Chemische Technologie.' *CW*, 1917, **24**, 468.
HOLLOWAY, M. (1). *Heavens on Earth; Utopian Communities in America, +1680 to 1880.* Turnstile, London, 1951. 2nd ed. Dover, New York, 1966.
HOLMYARD, E. J. (1). *Alchemy.* Penguin, London, 1957.
HOLMYARD, E. J. (2). 'Jābir ibn Ḥayyān [including a bibliography of the Jābirian corpus].' *PRSM*, 1923, **16** (Hist. Med. Sect.), 46.
HOLMYARD, E. J. (3). 'Some Chemists of Islam.' *SPR*, 1923, **18**, 66.
HOLMYARD, E. J. (4). 'Arabic Chemistry [and Cupellation].' *N*, 1922, **109**, 778.
HOLMYARD, E. J. (5). '*Kitāb al-'Ilm al-Muktasab fī Zirā'at al-Dhahab*' (*Book of Knowledge acquired concerning the Cultivation of Gold*), *by Abū'l Qāsim Muḥammad ibn Aḥmad al-Irāqī* [d. *c.* +1300]; *the Arabic text edited with a translation and introduction.* Geuthner, Paris, 1923.
HOLMYARD, E. J. (7). 'A Critical Examination of Berthelot's Work on Arabic Chemistry.' *ISIS*, 1924, **6**, 479.
HOLMYARD, E. J. (8). 'The Identity of Geber.' *N*, 1923, **111**, 191.
HOLMYARD, E. J. (9). 'Chemistry in Mediaeval Islam.' *CHIND*, 1923, **42**, 387. *SCI*, 1926, 287.
H[OLMYARD], E. J. (10). 'The Accuracy of Weighing in the +8th Century.' *N*, 1925, **115**, 963.
HOLMYARD, E. J. (11). 'Maslama al-Majrīṭī and the *Rutbat al-Ḥakīm* [(The Sage's Step)].' *ISIS*, 1924, **6**, 293.
HOLMYARD, E. J. (12) (ed.). *The 'Ordinall of Alchimy' by Thomas Norton of Bristoll* (*c.* +1440; facsimile reproduction from the *Theatrum Chemicum Brittannicum* (+1652) with annotations by Elias Ashmole). Arnold, London, 1928.
HOLMYARD, E. J. (13). 'The Emerald Table.' *N*, 1923, **112**, 525.
HOLMYARD, E. J. (14). 'Alchemy in China.' *AP*, 1932, **3**, 745.
HOLMYARD, E. J. (15). 'Aidamir al-Jildakī [+14th-century alchemist].' *IRAQ*, 1937, **4**, 47.
HOLMYARD, E. J. (16). 'The Present Position of the Geber Problem.' *SPR*, 1925, **19**, 415.
HOLMYARD, E. J. (17). 'An Essay on Jābir ibn Ḥayyān.' Art. in *Studien z. Gesch. d. Chemie; Festgabe f. E. O. von Lippmann zum 70. Geburtstage*, ed. J. Ruska (37). Springer, Berlin, 1927, p. 28.
HOLMYARD, E. J. & MANDEVILLE, D. C. (1). '*Avicennae De Congelatione et Conglutinatione Lapidum*', *being Sections of the 'Kitāb al-Shifā'; the Latin and Arabic texts edited with an English translation of the latter and with critical notes.* Geuthner, Paris, 1927. Rev. G. Sarton, *ISIS*, 1928, **11**, 134.
HOLTORF, G. W. (1). *Hongkong—World of Contrasts.* Books for Asia, Hongkong, 1970.
HOMANN, R. (1). *Die wichtigsten Körpergottheiten im 'Huang Thing Ching'* (Inaug. Diss. Tübingen). Kümmerle, Göppingen, 1971. (Göppinger Akademische Beiträge, no. 27.)
HOMBERG, W. (1). Chemical identification of a carved realgar cup brought from China by the ambassador of Siam. *HRASP*, 1703, 51.
HOMMEL, R. P. (1). *China at Work; an illustrated Record of the Primitive Industries of China's Masses, whose Life is Toil, and thus an Account of Chinese Civilisation.* Bucks County Historical Society, Doylestown, Pa.; John Day, New York, 1937.
HOMMEL, W. (1). 'The Origin of Zinc Smelting.' *EMJ*, 1912, **93**, 1185.
HOMMEL, W. (2). 'Über indisches und chinesisches Zink.' *ZAC*, 1912, **25**, 97.
HOMMEL, W. (3). 'Chinesisches Zink.' *CHZ*, 1912, **36**, 905, 918.
HOOVER, H. C. & HOOVER, L. H. (1) (tr.). *Georgius Agricola 'De Re Metallica' translated from the 1st Latin edition of 1556, with biographical introduction, annotations and appendices upon the development of mining methods, metallurgical processes, geology, mineralogy and mining law from the earliest times to the 16th century.* 1st ed. Mining Magazine, London, 1912; 2nd ed. Dover, New York, 1950.

HOOYKAAS, R. (1). 'The Experimental Origin of Chemical Atomic and Molecular Theory before Boyle.' *CHYM*, 1949, **2**, 65.

HOOYKAAS, R. (2). 'The Discrimination between "Natural" and "Artificial" Substances and the Development of Corpuscular Theory.' *A/AIHS*, 1947, **1**, 640.

HOPFNER, T. (1). *Griechisch-Aegyptischer Offenbarungszauber*. 2 vols. photolitho script. (Studien z. Palaeogr. u. Papyruskunde, ed. C. Wessely, nos. 21, 23.)

HOPKINS, A. J. (1). *Alchemy, Child of Greek Philosophy*. Columbia Univ. Press, New York, 1934. Rev. D. W. Singer, *A*, 1936, **18**, 94; W. J. Wilson, *ISIS*, 1935, **24**, 174.

HOPKINS, A. J. (2). 'A Defence of Egyptian Alchemy.' *ISIS*, 1938, **28**, 424.

HOPKINS, A. J. (3). 'Bronzing Methods in the Alchemical Leiden Papyri.' *CN*, 1902, **85**, 49.

HOPKINS, A. J. (4). 'Transmutation by Colour; a Study of the Earliest Alchemy.' Art. in *Studien z. Gesch. d. Chemie* (von Lippmann Festschrift), ed. J. Ruska. Springer, Berlin, 1927, p. 9.

HOPKINS, E. W. (3). 'Soma.' Art. in *ERE*, vol. xi, p. 685.

HOPKINS, E. W. (4). 'The Fountain of Youth.' *JAOS*, 1905, **26**, 1–67.

HOPKINS, L. C. (17). 'The Dragon Terrestrial and the Dragon Celestial; I, A Study of the *Lung* (terrestrial).' *JRAS*, 1931, 791.

HOPKINS, L. C. (18). 'The Dragon Terrestial and the Dragon Celestial; II, A Study of the *Chhen* (celestial).' *JRAS*, 1932, 91.

HOPKINS, L. C. (25). 'Metamorphic Stylisation and the Sabotage of Significance; a Study in Ancient and Modern Chinese Writing.' *JRAS*, 1925, 451.

HOPKINS, L. C. (26). 'Where the Rainbow Ends.' *JRAS*, 1931, 603.

HORI ICHIRO (1). 'Self-Mummified Buddhas in Japan; an Aspect of the Shugen-dō ('Mountain Asceticism') Cult.' *HOR*, 1961, **1** (no. 2), 222.

HORI ICHIRO (2). *Folk Religion in Japan; Continuity and Change*, ed. J. M. Kitagawa & A. L. Miller. Univ. of Tokyo Press, Tokyo and Univ. of Chicago Press, Chicago, 1968. (Haskell Lectures on the History of Religions, new series, no. 1.)

D'HORME, E. & DUSSAUD, R. (1). *Les Religions de Babylonie et d'Assyrie, des Hittites et des Hourrites, des Phéniciens et des Syriens*. Presses Univ. de France, Paris, 1945. (Mana, Introd. à l'Histoire des Religions, no. 1, pt. 2.)

D'HORMON, A. *et al.* (1) (ed. & tr.). '*Han Wu Ti Ku Shih;* Histoire Anecdotique et Fabuleuse de l'Empereur Wou [Wu] des Han' in *Lectures Chinoises*. École Franco-Chinoise, Peiping, 1945 (no. 1), p. 28.

D'HORMON, A. (2) (ed.). *Lectures Chinoises*. École Franco-Chinoise, Peiping, 1945–. No. 1 contains text and tr. of the *Han Wu Ti Ku Shih*, p. 28.

HOURANI, G. F. (1). *Arab Seafaring in the Indian Ocean in Ancient and Early Mediaeval Times*. Princeton Univ. Press, Princeton, N.J. 1951. (Princeton Oriental Studies, no. 13.)

HOWARD-WHITE, F. B. (1). *Nickel, an Historical Review*. Methuen, London, 1963.

HOWELL, E. B. (1) (tr.). '*Chin Ku Chhi Kuan;* story no. XIII, the Persecution of Shen Lien.' *CJ*, 1925, **3**, 10.

HOWELL, E. B. (2) (tr.). *The Inconstancy of Madam Chuang, and other Stories from the Chinese*...(from the *Chin Ku Chhi Kuan*, *c.* +1635). Laurie, London, n.d. (1925).

HRISTOV, H., STOJKOV, G. & MIJATER, K. (1). *The Rila Monastery [in Bulgaria]; History, Architecture, Frescoes, Wood-Carvings*. Bulgarian Acad. of Sci., Sofia, 1959. (Studies in Bulgaria's Architectural Heritage, no. 6.)

HSIA NAI (6). 'Archaeological Work during the Cultural Revolution.' *CREC*, 1971, **20** (no. 10), 31.

HSIA NAI, KU YEN-WEN, LAN HSIN-WÊN *et al.* (1). *New Archaeological Finds in China*. Foreign Languages Press, Peking, 1972. With colour-plates, and Chinese characters in footnotes.

HSIAO WÊN (1). 'China's New Discoveries of Ancient Treasures.' *UNESC*, 1972, **25** (no. 12), 12.

HTIN AUNG, MAUNG (1). *Folk Elements in Burmese Buddhism*. Oxford, 1962. Rev. P. M. R[attansi], *AX*, 1962, **10**, 142.

HUANG TZU-CHHING (1). 'Über die alte chinesische Alchemie und Chemie.' *WA*, 1957, **6**, 721.

HUANG TZU-CHHING (2). 'The Origin and Development of Chinese Alchemy.' Unpub. MS. of a lecture in the Physiological Institute of Chhinghua University, *c.* 1942 (dated 1944). A preliminary form of Huang Tzu-Chhing (1) but with some material which was omitted from the German version, though that was considerably enlarged.

HUANG TZU-CHHING & CHAO YÜN-TSHUNG (1) (tr.). 'The Preparation of Ferments and Wines [as described in the *Chhi Min Yao Shu* of] Chia Ssu-Hsieh of the Later Wei Dynasty [*c.* +540]; with an introduction by T. L. Davis.' *HJAS*, 1945, **9**, 24. Corrigenda by Yang Lien-Shêng, 1946, **10**, 186.

HUANG WÊN (1). '*Nei Ching*, the Chinese Canon of Medicine.' *CMJ*, 1950, **68**, 17 (originally M.D. Thesis, Cambridge, 1947).

HUANG WÊN (2). *Poems of Mao Tsê-Tung, translated and annotated*. Eastern Horizon Press, Hongkong, 1966.

HUARD, P. & HUANG KUANG-MING (M. WONG) (1). 'La Notion de Cercle et la Science Chinoise.' *A/AIHS*, 1956, **9**, 111. (Mainly physiological and medical.)
HUARD, P. & HUANG KUANG-MING (M. WONG) (2). *La Médecine Chinoise au Cours des Siècles*. Dacosta, Paris, 1959.
HUARD, P. & HUANG KUANG-MING (M. WONG) (3). 'Évolution de la Matière Médicale Chinoise.' *JAN*, 1958, **47**. Sep. pub. Brill, Leiden, 1958.
HUARD, P. & HUANG KUANG-MING (M. WONG) (5). 'Les Enquêtes Françaises sur la Science et la Technologie Chinoises au 18e Siècle.' *BEFEO*, 1966, **53**, 137–226.
HUARD, P. & HUANG KUANG-MING (M. WONG) (7). *Soins et Techniques du Corps en Chine, au Japon et en Inde; Ouvrage précédé d'une Étude des Conceptions et des Techniques de l'Éducation Physique, des Sports et de la Kinésithérapie en Occident dépuis l'Antiquité jusquà l'Époque contemporaine*. Berg International, Paris, 1971.
HUARD, P., SONOLET, J. & HUANG KUANG-MING (M. WONG) (1). 'Mesmer en Chine; Trois Lettres Médicales [MSS] du R. P. Amiot; rédigées à Pékin, de +1783 à +1790. *RSH*, 1960, **81**, 61.
HUBER, E. (1). 'Die mongolischen Destillierapparate.' *CHA*, 1928, **15**, 145.
HUBER, E. (2). *Der Kampf um den Alkohol im Wandel der Kulteren*. Trowitsch, Berlin, 1930.
HUBER, E. (3). *Bier und Bierbereitung bei den Völkern der Urzeit*,
Vol. 1. *Babylonien und Ägypten*.
Vol. 2. *Die Völker unter babylonischen Kultureinfluss; Auftreten des gehopften Bieres*.
Vol. 3. *Der ferne Osten und Äthiopien*.
Gesellschaft f. d. Geschichte und Bibliographie des Brauwesens, Institut f. Gärungsgewerbe, Berlin, 1926–8.
HUBICKI, W. (1). 'The Religious Background of the Development of Alchemy and Chemistry at the Turn of the +16th and +17th Centuries.' Communication to the XIIth Internat. Congr. Hist. of Sci. Paris, 1968. Résumés, p. 102. Actes, vol. 3A, p. 81.
HUFELAND, C. (1). *Makrobiotik; oder die Kunst das menschliche Leben zu verlängern*. Berlin, 1823. *The Art of Prolonging Life*. 2 vols. Tr. from the first German ed. London, 1797. Hebrew tr. Lemberg (Lwów), 1831.
HUGHES, A. W. MCKENNY (1). 'Insect Infestation of Churches.' *JRIBA*, 1954.
HUGHES, E. R. (1). *Chinese Philosophy in Classical Times*. Dent, London, 1942. (Everyman Library, no. 973.)
HUGHES, M. J. & ODDY, W. A. (1). 'A Reappraisal of the Specific Gravity Method for the Analysis of Gold Alloys.' *AMY*, 1970, **12**, 1.
HUMBERT, J. P. L. (1). *Guide de la Conversation Arabe*. Paris, Bonn and Geneva, 1838.
VON HUMBOLDT, ALEXANDER (1). *Cosmos; a Sketch of a Physical Description of the Universe*. 5 vols. Tr. E. Cotté, B. H. Paul & W. S. Dallas. Bohn, London, 1849–58.
VON HUMBOLDT, ALEXANDER (3). *Examen Critique de l'Histoire de la Géographie du Nouveau Continent, et des Progrès de l'Astronomie Nautique au 15e et 16e Siècles*. 2 vols. Paris, 1837.
VON HUMBOLDT, ALEXANDER (4). *Fragmens de Géologie et de Climatologie Asiatique*. 2 vols. Gide, de la Forest & Delaunay, Paris, 1831.
HUMMEL, A. W. (6). 'Astronomy and Geography in the Seventeenth Century [in China].' (On Hsiung Ming-Yü's work.) *ARLC/DO*, 1938, 226.
HUNGER, H., STEGMÜLLER, O., ERBSE, H. *et al.* (1). *Geschichte der Textüberlieferung der antiken und mittelälterlichen Literatur*. 2 vols. Vol. 1, *Antiken Literatur*. Atlantis, Zürich, 1964. See Ineichen, Schindler, Bodmer *et al.* (1).
HUSAIN, YUSUF (1) (ed. & tr.). '*Ḥauḍ al-Ḥayāt* [=*Bahr al-Ḥayāt* (The Ocean, or Water, of Life)], la Version Arabe de *l'Amritkuṇḍa* [text and French précis transl.].' *JA*, 1928, **213**, 291.
HUTTEN, E. H. (1). 'Culture, One and Indivisible.' *HUM*, 1971, **86** (no. 5), 137.
HUZZAYIN, S. A. (1). *Arabia and the Far East; their commercial and cultural relations in Graeco-Roman and Irano-Arabian times*. Soc. Royale de Géogr. Cairo, 1942.

ICHIDA, MIKINOSUKE (1). 'The Hu Chi, mainly Iranian Girls, found in China during the Thang Period.' *MRDTB*, 1961, **20**, 35.
IDELER, J. L. (1) (ed.). *Physici et Medici Graeci Minores*. 2 vols. Reimer, Berlin, 1841.
IHDE, A. J. (1). 'Alchemy in Reverse; Robert Boyle on the Degradation of Gold.' *CHYM*, 1964, **9**, 47. Abstr. in Proc. Xth Internat. Congr. Hist. of Sci., Ithaca, N.Y., 1962, p. 907.
ILG, A. (1). 'Theophilus Presbyter *Schedula Diversarum Artium*; I, Revidierter Text, Übersetzung und Appendix.' *QSKMR*, 1874, **7**, 1–374.
IMBAULT-HUART, C. (1). 'La Légende du premier Pape des Taoistes, et l'Histoire de la Famille Pontificale des Tchang [Chang], d'après des Documents Chinois, traduits pour la première fois.' *JA*, 1884 (8e sér.), **4**, 389. Sep. pub. Impr. Nat. Paris, 1885.
IMBAULT-HUART, C. (2). 'Miscellanées Chinois.' *JA*, 1881 (7e sér.), **18**, 255, 534.

INEICHEN, G., SCHINDLER, A., BODMER, D. *et al.* (1). *Geschichte der Textüberlieferung der antiken und mittelälterlichen Literatur.* 2 vols. Vol. 2, *Mittelälterlichen Literatur.* Atlantis, Zürich, 1964. See Hunger, Stegmüller, Erbse *et al.* (1).

INTORCETTA, P., HERDTRICH, C., [DE] ROUGEMONT, F. & COUPLET, P. (1) (tr.). '*Confucius Sinarum Philosophus, sive Scientia Sinensis, latine exposita*'...; *Adjecta est: Tabula Chronologica Monarchiae Sinicae juxta cyclos annorum LX, ab anno post Christum primo, usque ad annum praesentis Saeculi 1683* [by P. Couplet, pr. 1686]. Horthemels, Paris, 1687. Rev. in *PTRS*, 1687, **16** (no. 189), 376.

IYENGAR, B. K. S. (1). *Light on Yoga* ('*Yoga Dīpika*'). Allen & Unwin, London, 2nd ed. 1968, 2nd imp. 1970.

IYER, K. C. VIRARAGHAVA (1). 'The Study of Alchemy [in Tamilnad, South India].' Art. in *Acarya [P.C.] Ray Commemoration Volume*, ed. H. N. Datta, Meghned Saha, J. C. Ghosh *et al.* Calcutta, 1932, p. 460.

JACKSON, R. D. & VAN BAVEL, C. H. M. (1). 'Solar distillation of water from Soil and Plant materials; a simple Desert Survival technique.' *S*, 1965, **149**, 1377.

JACOB, E. F. (1). 'John of Roquetaillade.' *BJRL*, 1956, **39**, 75.

JACOBI, HERMANN (3). '[The "Abode of the Blest" in] Hinduism.' *ERE*, vol. ii, p. 698.

JACOBI, JOLANDE (1). *The Psychology of C. G. Jung; an Introduction with Illustrations.* Tr. from Germ. by R. Manheim. Routledge & Kegan Paul, London, 1942. 6th ed. (revised), 1962.

JACQUES, D. H. (1). *Physical Perfection.* New York, 1859.

JAGNAUX, R. (1). *Histoire de la Chimie.* 2 vols. Baudry, Paris, 1891.

JAHN, K. & FRANKE, H. (1). *Die China-Geschichte des Rašīd ad-Dīn* [*Rashīd al-Dīn*]; *Übersetzung, Kommentar, Facsimiletafeln.* Böhlaus, Vienna, 1971. (Österreiche Akademie der Wissenschaften, Phil.-Hist. Kl., Denkschriften, no. 105; Veröffentl. d. Kommission für Gesch. Mittelasiens, no. 1.) This is the Chinese section of the *Jāmi' al-Tawārīkh*, finished in +1304, the whole by +1316. See Meredith-Owens (1).

JAMES, MONTAGUE R. (1) (ed. & tr.). *The Apocryphal New Testament; being the Apocryphal Gospels, Acts, Epistles and Apocalypses, with other Narratives and Fragments, newly translated by*.... Oxford, 1924, repr. 1926 and subsequently.

JAMES, WILLIAM (1). *Varieties of Religious Experience; a Study in Human Nature.* Longmans Green, London, 1904. (Gifford Lectures, 1901–2.)

JAMSHED BAKHT, HAKIM, S. & MAHDIHASSAN, S. (1). 'Calcined Metals or *kushtas*; a Class of Alchemical Preparations used in Unani-Ayurvedic Medicine.' *MED*, 1962, **24**, 117.

JAMSHED BAKHT, HAKIM, S. & MAHDIHASSAN, S. (2). 'Essences [(*araqiath*)]; a Class of Alchemical Preparations [used in Unani-Ayurvedic Medicine].' *MED*, 1962, **24**, 257.

JANSE, O. R. T. (6). 'Rapport Préliminaire d'une Mission archéologique en Indochine.' *RAA/AMG*, 1935, **9**, 144, 209; 1936, **10**, 42.

JEBB, S. (1). *Fratris Rogeri Bacon Ordinis Minorum 'Opus Majus' ad Clementum Quartum Pontificem Romanum* [r. +1265 to +1268] *ex MS. Codice Dublinensi, cum aliis quibusdam collato, nunc primum edidit*... Bowyer, London, 1733.

JEFFERYS, W. H. & MAXWELL, J. L. (1). *The Diseases of China, including Formosa and Korea.* Bale & Danielsson, London, 1910. 2nd ed., re-written by Maxwell alone. ABC Press, Shanghai, 1929.

JENYNS, R. SOAME (3). *Archaic [Chinese] Jades in the British Museum.* Brit. Mus. Trustees, London, 1951.

JOACHIM, H. H. (1). 'Aristotle's Conception of Chemical Combination.' *JP*, 1904, **29**, 72.

JOHN OF ANTIOCH (fl. +610) (1). *Historias Chronikēs apo Adam.* See Valesius, Henricus (1).

JOHN MALALA (prob. = Joh. Scholasticus, Patriarch of Byzantium, d. +577). *Chronographia*, ed. W. Dindorf. Weber, Bonn, 1831 (in *Corp. Script. Hist. Byz.* series).

JOHNSON, A. CHANDRAHASAN & JOHNSON, SATYABAMA (1). 'A Demonstration of Oesophageal Reflux using Live Snakes.' *CLINR*, 1969, **20**, 107.

JOHNSON, C. (1) (ed.) (tr.). '*De Necessariis Observantiis Scaccarii Dialogus* (*Dialogus de Scaccario*)', '*Discourse on the Exchequer*', *by Richard Fitznigel, Bishop of London and Treasurer of England* [*c.* +1180], *text and translation, with introduction.* London, 1950.

JOHNSON, OBED S. (1). *A Study of Chinese Alchemy.* Commercial Press, Shanghai, 1928. Ch. tr. by Huang Su-Fêng: *Chung-Kuo Ku-Tai Lien-Tan Shu.* Com. Press, Shanghai, 1936. Rev. B. Laufer, *ISIS*, 1929, **12**, 330; H. Chatley, *JRAS/NCB*, 1928, *NCDN*, 9 May 1928. Cf. Waley (14).

JOHNSON, R. P. (1). 'Note on some Manuscripts of the *Mappae Clavicula*.' *SP*, 1935, **10**, 72.

JOHNSON, R. P. (2). '*Compositiones Variae*'...*an Introductory Study.* Urbana, Ill. 1939. (Illinois Studies in Language and Literature, vol. 23, no. 3.)

JONAS, H. (1). *The Gnostic Religion.* Beacon, Boston, 1958.

JONES, B. E. (1). *The Freemason's Guide and Compendium.* London, 1950.

JONES, C. P. (1) (tr.). *Philostratus*' '*Life of Apollonius*', with an introduction by G. W. Bowersock, Penguin, London, 1970.

de Jong, H. M. E. (1). *Michael Maier's 'Atalanta Fugiens'; Sources of an Alchemical Book of Emblems.* Brill, Leiden, 1969. (Janus Supplements, no. 8.)
Jope, E. M. (3). 'The Tinning of Iron Spurs; a Continuous Practice from the +10th to the +17th Century.' *OX*, 1956, **21**, 35.
Joseph, L. (1). 'Gymnastics from the Middle Ages to the Eighteenth Century.' *CIBA/S*, 1949, **10**, 1030.
Josten, C. H. (1). 'The Text of John Dastin's "Letter to Pope John XXII".' *AX*, 1951, **4**, 34.
Jourdain, M. & Jenyns, R. Soame (1). *Chinese Export Art.* London, 1950.
Joyce, C. R. B. & Curry, S. H. (1) (ed.). *The Botany and Chemistry of* Cannabis. Williams & Wilkins, Baltimore, 1970. Rev. *SAM*, 1971, **224** (no. 3), 238.
Juan Wei-Chou. See Wei Chou-Yuan.
Julien, Stanislas (1) (tr.). *Voyages des Pélerins Bouddhistes.* Impr. Imp., Paris, 1853–8. 3 vols. (Vol. 1 contains Hui Li's Life of Hsüan-Chuang; Vols. 2 and 3 contain Hsüan-Chuang's *Hsi Yu Chi.*)
Julien, Stanislas (11). 'Substance anaesthésique employée en Chine dans le Commencement du 3e Siècle de notre ère pour paralyser momentanément la Sensibilité.' *CRAS*, 1849, **28**, 195.
Julien, Stanislas & Champion, P. (1). *Industries Anciennes et Modernes de l'Empire Chinois, d'après des Notices traduites du Chinois*....(paraphrased précis accounts based largely on *Thien Kung Khai Wu*; and eye-witness descriptions from a visit in 1867). Lacroix, Paris, 1869.
Julius Africanus. *Kestoi.* See Thevenot, D. (1).
Jung, C. G. (1). *Psychologie und Alchemie.* Rascher, Zürich, 1944. 2nd ed. revised, 1952. Eng. tr. R. F. C. Hull [& B. Hannah], *Psychology and Alchemy.* Routledge & Kegan Paul, London, 1953 (Collected Works, vol. 12). Rev. W. Pagel, *ISIS*, 1948, **39**, 44; G. H[eym], *AX*, 1948, **3**, 64.
Jung, C. G. (2). 'Synchronicity; an Acausal Connecting Principle' [on extra-sensory perception]; essay in the collection *The Structure and Dynamics of the Psyche.* Routledge & Kegan Paul, London, 1960 (Collected Works, vol. 8). Rev. C. Allen, *N*, 1961, **191**, 1235.
Jung, C. G. (3). *Alchemical Studies.* Eng. tr. from the Germ., R. F. C. Hull. Routledge & Kegan Paul, London, 1968 (Collected Works, vol. 13). Contains the 'European commentary' on the *Thai-I Chin Hua Tsung Chih*, pp. 1–55, and the 'Interpretation of the Visions of Zosimos', pp. 57–108.
Jung, C. G. (4). *Aion; Researches into the Phenomenology of the Self.* Eng. tr. from the Germ., R. F. C. Hull. Routledge & Kegan Paul, London, 1959 (Collected Works, vol. 9, pt. 2).
Jung, C. G. (5). *Paracelsica.* Rascher, Zürich and Leipzig, 1942. Eng. tr. from the Germ., R. F. C. Hull.
Jung, C. G. (6). *Psychology and Religion; West and East.* Eng. tr. from the Germ., R. F. C. Hull. Routledge & Kegan Paul, London, 1958 (63 corr.) (Collected Works, vol. 11). Contains the essay 'Transformation Symbolism in the Mass'.
Jung, C. G. (7). *Memories, Dreams and Reflections.* Recorded by A. Jaffé, tr. R. & C. Winston. New York and London, 1963.
Jung, C. G. (8). *Mysterium Conjunctionis; an Enquiry into the Separation and Synthesis of Psychic Opposites in Alchemy.* Eng. tr. from the Germ., R. F. C. Hull. Routledge & Kegan Paul, London, 1963 (Collected Works, vol. 14). Orig. ed. *Mysterium Conjunctionis; Untersuchung ü. die Trennung u. Zusammensetzung der seelische Gegensätze in der Alchemie*, 2 vols. Rascher, Zürich, 1955, 1956 (Psychol. Abhandlungen, ed. C. G. J., nos. 10, 11).
Jung, C. G. (9). 'Die Erlösungsvorstellungen in der Alchemie.' *ERJB*, 1936, 13–111.
Jung, C. G. (10). *The Integration of the Personality.* Eng. tr. S. Dell. Farrar & Rinehart, New York and Toronto, 1939, Kegan Paul, Trench & Trübner, London, 1940, repr. 1941. Ch. 5, 'The Idea of Redemption in Alchemy' is the translation of Jung (9).
Jung, C. G. (11). 'Über Synchronizität.' *ERJB*, 1952, **20**, 271.
Jung, C. G. (12). *Analytical Psychology; its Theory and Practice.* Routledge, London, 1968.
Jung, C. G. (13). *The Archetypes and the Collective Unconscious.* Eng. tr. by R. F. C. Hull. Routledge & Kegan Paul, London, 1959 (Collected Works, vol. 9, pt. 1).
Jung, C. G. (14). 'Einige Bemerkungen zu den Visionen des Zosimos.' *ERJB*, 1938. Revised and expanded as 'Die Visionen des Zosimos' in *Von der Wurzeln des Bewussteins; Studien ü. d. Archetypus.* In *Psychologische Abhandlungen.* Zürich, 1954, vol. 9.
Jung, C. G. & Pauli, W. (1). *The Interpretation of Nature and the Psyche.*
(*a*) 'Synchronicity; an Acausal Connecting Principle', by C. G. Jung.
(*b*) 'The Influence of Archetypal Ideas on the Scientific Theories of Kepler', by W. Pauli.
Tr. R. F. C. Hull. Routledge & Kegan Paul, London, 1955.
Orig. pub. in German as *Naturerklärung und Psyche*, Rascher, Zürich, 1952 (Studien aus dem C. G. Jung Institut, no. 4).

Kahlbaum, G. W. A. See Diergart, P. (Kahlbaum Festschrift).
Kahle, P. (7). 'Chinese Porcelain in the Lands of Islam.' *TOCS*, 1942, 27. Reprinted in Kahle (3), p. 326, with Supplement, p. 351 (originally published in *WA*, 1953, **2**, 179 and *JPHS*, 1953, **1**, 1).

KAHLE, P. (8). 'Islamische Quellen über chinesischen Porzellan.' *ZDMG*, 1934, **88**, 1, *OAZ*, 1934, **19** (N.F.), 69.

KALTENMARK, M. (2) (tr.). *Le 'Lie Sien Tchouan' [Lieh Hsien Chuan]; Biographies Légendaires des Immortels Taoistes de l'Antiquité.* Centre d'Etudes Sinologiques Franco-Chinois (Univ. Paris), Peking, 1953. Crit. P. Demiéville, *TP*, 1954, **43**, 104.

KALTENMARK, M. (4). 'Ling Pao; Note sur un Terme du Taoisme Religieux', in *Mélanges publiés par l'Inst. des Htes. Etudes Chin.* Paris, 1960, vol. 2, p. 559 (Bib. de l'Inst. des Htes. Et. Chin. vol. 14).

KANGRO, H. (1). *Joachim Jungius' [+1587 to +1657] Experimente und Gedanken zur Begründung der Chemie als Wissenschaft; ein Beitrag zur Geistesgeschichte des 17. Jahrhunderts.* Steiner, Wiesbaden, 1968 (Boethius; *Texte und Abhandlungen z. Gesch. d. exakten Naturwissenschaften*, no. 7). Rev. R. Hooykaas, *A/AIHS*, 1970, **23**, 299.

KAO LEI-SSU (1) (Aloysius Ko, S.J.). 'Remarques sur un Écrit de M. P[auw] intitulé "Recherches sur les Égyptiens et les Chinois" (1775).' *MCHSAMUC*, 1777, **2**, 365–574 (in some editions, 2nd pagination, 1–174).

KAO, Y. L. (1). 'Chemical Analysis of some old Chinese Coins.' *JWCBRS*, 1935, **7**, 124.

KAPFERER, R. (1). 'Der Blutkreislauf im altchinesischen Lehrbuch *Huang Ti Nei Ching*.' *MMW*, 1939 (no. 18), 718.

KARIMOV, U. I. (1) (tr.). *Neizvestnoe Sovrineniye al-Rāzī 'Kniga Taishnvi Taishi' (A Hitherto Unknown Work of al-Rāzī, 'Book of the Secret of Scerets').* Acad. Sci. Uzbek SSR, Tashkent, 1957. Rev. N. A. Figurovsky, tr. P. L. Wyvill, *AX*, 1962, **10**, 146.

KARLGREN, B. (18). 'Early Chinese Mirror Inscriptions.' *BMFEA*, 1934, **6**, 1.

KAROW, O. (2) (ed.). *Die Illustrationen des Arzneibuches der Periode Shao-Hsing* (Shao-Hsing Pên Tshao Hua Thu) *vom Jahre +1159, ausgewählt und eingeleitet.* Farbenfabriken Bayer Aktiengesellschaft (Pharmazeutisch-Wissenschaftliche Abteilung), Leverkusen, 1956. Album selected from the *Shao-Hsing Chiao-Ting Pên Tshao Chieh-Thi* published by Wada Toshihiko, Tokyo, 1933.

KASAMATSU, A. & HIRAI, T. (1). 'An Electro-encephalographic Study of Zen Meditation (*zazen*).' *FPNJ*, 1966, **20** (no. 4), 315.

KASSAU, E. (1). 'Charakterisierung einiger Steroidhormone durch Mikrosublimation.' *DAZ*, 1960, **100**, 1102.

KAZANCHIAN, T. (1). *Laboratornaja Technika i Apparatura v Srednevekovoj Armenii po drevnim Armjanskim Alchimicheskim Rukopisjam* (in Armenian with Russian summary). *SNM*, 1949, **2**, 1–28.

KEFERSTEIN, C. (1). *Mineralogia Polyglotta.* Anton, Halle, 1849.

KEILIN, D. & MANN, T. (1). 'Laccase, a blue Copper-Protein Oxidase from the Latex of *Rhus succedanea*.' *N*, 1939, **143**, 23.

KEILIN, D. & MANN, T. (2). 'Some Properties of Laccase from the Latex of Lacquer-Trees.' *N*, 1940, **145**, 304.

KEITH, A. BERRIEDALE (5). *The Religion and Philosophy of the Vedas and Upanishads.* 2 vols. Harvard Univ. Press, Cambridge (Mass.), 1925. (Harvard Oriental Series, nos. 31, 32.)

KEITH, A. BERRIEDALE (7). '[The State of the Dead in] Hindu [Belief].' *ERE*, vol. xi, p. 843.

KELLING, R. (1). *Das chinesische Wohnhaus; mit einem II Teil über das frühchinesische Haus unter Verwendung von Ergebnissen aus Übungen von Conrady im Ostasiatischen Seminar der Universität Leipzig, von Rudolf Keller und Bruno Schindler.* Deutsche Gesellsch. für Nat. u. Völkerkunde Ostasiens, Tokyo, 1935 (*MDGNVO*, Supplementband no. 13). Crit. P. Pelliot, *TP*, 1936, **32**, 372.

KENNEDY, J. (1). 'Buddhist Gnosticism, the System of Basilides.' *JRAS*, 1902, 377.

KENNEDY, J. (2). 'The Gospels of the Infancy, the *Lalita Vistara*, and the *Vishnu Purana*; or, the Transmission of Religious Ideas between India and the West.' *JRAS*, 1917, 209, 469.

KENT, A. (1). 'Sugar of Lead.' *MBLB*, 1961, **4** (no. 6), 85.

KERNEIZ, C. (1). *Les 'Asanas', Gymnastique immobile du Hathayoga.* Tallandier, Paris, 1946.

KERNEIZ, C. (2). *Le Yoga.* Tallandier, Paris, 1956. 2nd ed. 1960.

KERR, J. G. (1). '[Glossary of Chinese] Chemical Terms', in Doolittle (1), vol. 2, p. 542.

KEUP, W. (1) (ed.). *The Origin and Mechanisms of Hallucinations.* Plenum, New York and London, 1970.

KEYNES, J. M. (Lord Keynes) (1) (posthumous). 'Newton the Man.' Essay in *Newton Tercentenary Celebrations* (July 1946). Royal Society, London, 1947, p. 27. Reprinted in *Essays in Biography.*

KHORY, RUSTOMJEE NASERWANJEE & KATRAK, NANABHAI NAVROSJI (1). *Materia Medica of India and their Therapeutics.* Times of India, Bombay, 1903.

KHUNRATH, HEINRICH (1). *Amphitheatrum Sapientiae Aeternae Solius Verae, Christiano-Kabalisticum, Divino-Magicum, necnon Physico-Chymicum, Tetriunum, Catholicon...* Prague, 1598; Magdeburg, 1602; Frankfurt, 1608, and many other editions.

KIDDER, J. E. (1). *Japan before Buddhism.* Praeger, New York; Thames & Hudson, London, 1959.

KINCH, E. (1). 'Contributions to the Agricultural Chemistry of Japan.' *TAS/J*, 1880, **8**, 369.

KING, C. W. (1). *The Natural History of Precious Stones and of the Precious Metals.* Bell & Daldy, London, 1867.

KING, C. W. (2). *The Natural History of Gems or Decorative Stones.* Bell & Daldy, London, 1867.

KING, C. W. (3). *The Gnostics and their Remains.* 2nd ed. Nutt, London, 1887.

KING, C. W. (4). *Handbook of Engraved Gems.* 2nd ed. Bell, London, 1885.

KLAPROTH, J. (5). 'Sur les Connaissances Chimiques des Chinois dans le 8ème Siècle.' *MAIS/SP*, 1810, **2**, 476. Ital. tr., S. Guareschi, *SAEC*, 1904, **20**, 449.

KLAPROTH, J. (6). *Mémoires relatifs à l'Asie...* 3 vols. Dondey Dupré, Paris, 1826.

KLAPROTH, M. H. (1). *Analytical Essays towards Promoting the Chemical Knowledge of Mineral Substances.* 2 vols. Cadell & Davies, London, 1801.

KNAUER, E. (1). 'Die Ovarientransplantation.' *AFG*, 1900, **60**, 322.

KNOX, R. A. (1). *Enthusiasm; a Chapter in the History of Religion, with special reference to the +17th and +18th Centuries.* Oxford, 1950.

KO, ALOYSIUS. See Kao Lei-Ssu.

KOBERT, R. (1). 'Chronische Bleivergiftung in klassischen Altertume.' Art. in Kahlbaum Festschrift (1909), ed. Diergart (1), pp. 103–19.

KOPP, H. (1). *Geschichte d. Chemie.* 4 vols. 1843–7.

KOPP, H. (2). *Beiträge zur Geschichte der Chemie.* Vieweg, Braunschweig, 1869.

KRAMRISCH, S. (1). *The Art of India; Traditions of Indian Sculpture, Painting and Architecture.* Phaidon, London, 1954.

KRAUS, P. (1). 'Der Zusammenbruch der Dschābir-Legende; II, Dschābir ibn Ḥajjān und die Isma'ilijja.' *JBFIGN*, 1930, **3**, 23. Cf. Ruska (1).

KRAUS, P. (2). 'Jābir ibn Ḥayyān; Contributions à l'Histoire des Idées Scientifiques dans l'Islam; I, Le Corpus des Écrits Jābiriens.' *MIE*, 1943, **44**, 1–214. Rev. M. Meyerhof, *ISIS*, 1944, **35**, 213.

KRAUS, P. (3). 'Jābir ibn Ḥayyān; Contributions à l'Histoire des Idées Scientifiques dans l'Islam; II, Jābir et la Science Grecque.' *MIE*, 1942, **45**, 1–406. Rev. M. Meyerhof, *ISIS*, 1944, **35**, 213.

KRAUS, P. (4) (ed.). *Jābir ibn Ḥayyān; Essai sur l'Histoire des Idées Scientifiques dans l'Islam.* Vol. 1. *Textes Choisis.* Maisonneuve, Paris and El-Kandgi, Cairo, 1935. No more appeared.

KRAUS, P. (5). *L'Épître de Beruni sur al-Rāzī* (*Risālat al-Bīrūnī fī Fihrist Kutub Muḥammad ibn Zakarīyā al-Rāzī*) [*c.* +1036]. Paris, 1936.

KRAUS, P. & PINES, S. (1). 'Al-Rāzī.' Art. in *EI*, vol. iii, pp. 1134 ff.

KREBS, M. (1). *Der menschlichen Harn als Heilmittel; Geschichte, Grundlagen, Entwicklung, Praxis.* Marquardt, Stuttgart, 1942.

KRENKOW, F. (2). 'The Oldest Western Accounts of Chinese Porcelain.' *IC*, 1933, **7**, 464.

KROLL, J. (1). *Die Lehren des Hermes Trismegistos.* Aschendorff, Münster i.W., 1914. (Beiträge z. Gesch. d. Philosophie des Mittelalters, vol. 12, no. 2.)

KROLL, W. (1). 'Bolos und Demokritos.' *HERM*, 1934, **69**, 228.

KRÜNITZ, J. G. (1). *Ökonomisch-Technologische Enzyklopädie.* Berlin, 1773–81.

KUBO NORITADA (1). 'The Introduction of Taoism to Japan.' In *Religious Studies in Japan*, **no. 11** (no. 105), 457. See Soymié (5), p. 281 (10).

KUBO NORITADA (2). 'The Transmission of Taoism to Japan, with particular reference to the *san shih* (three corpses theory).' *Proc. IXth Internat. Congress of the History of Religions*, Tokyo, 1958, p. 335.

KUGENER, M. A. & CUMONT, F. (1). *Extrait de la CXXIII ème 'Homélie' de Sévère d'Antioch.* Lamertin, Brussels, 1912. (Recherches sur le Manichéisme, no. 2.)

KUGENER, M. A. & CUMONT, F. (2). *L'Inscription Manichéenne de Salone* [*Dalmatia*]. (A tombstone or consecration memorial of the Manichaean Virgin Bassa.) Lamertin, Brussels, 1912. (Recherches sur le Manichéisme, no. 3.)

KÜHN, F. (3). *Die Dreizehnstöckige Pagode* (Stories translated from the Chinese). Steiniger, Berlin, 1940.

KÜHNEL, P. (1). *Chinesische Novellen.* Müller, München, 1914.

KUNCKEL, J. (1). '*Ars Vitraria Experimentalis*', *oder Vollkommene Glasmacher-Kunst...* Frankfurt and Leipzig; Amsterdam and Danzig, 1679. 2nd ed. Frankfurt and Leipzig, 1689. 3rd ed. Nuremberg, 1743, 1756. French tr. by the Baron d'Holbach, Paris, 1752.

KUNCKEL, J. (2). '*Collegium Physico-Chemicum Experimentale*', *oder Laboratorium Chymicum; in welchem deutlich und gründlich von den wahren Principiis in der Natur und denen gewürckten Dingen so wohl über als in der Erden, als Vegetabilien, Animalien, Mineralien, Metallen..., nebst der Transmutation und Verbesserung der Metallen gehandelt wird...* Heyl, Hamburg and Leipzig, 1716.

KUNG, S. C., CHAO, S. W., PEI, Y. T. & CHANG, C. (1). 'Some Mummies Found in West China.' *JWCBRS*, 1939, **11**, 105.

KUNG YO-THING, TU YÜ-TSHANG, HUANG WEI-TÊ, CHHEN CHHANG-CHHING & seventeen other collaborators (1). 'Total Synthesis of Crystalline Insulin.' *SCISA*, 1966, **15**, 544.

LACAZE-DUTHIERS, H. (1). 'Tyrian purple.' *ASN/Z*, 1859 (4e sér.), **12**, 5.
LACH, D. F. (5). *Asia in the Making of Europe*. 2 vols. Univ. Chicago Press, Chicago and London, 1965–.
LACH, D. F. (6). 'The Sinophilism of Christian Wolff (+1679 to +1754).' *JHI*, 1953, **14**, 561.
LAGERCRANTZ, O. (1). *Papyrus Graecus Holmiensis*. Almquist & Wiksells, Upsala, 1913. (The first publication of the +3rd-cent. technical and chemical Stockholm papyrus.) Cf. Caley (2).
LAGERCRANTZ, O. (2). 'Über das Wort Chemie.' *KVSUA*, 1937–8, 25.
LAMOTTE, E. (1) (tr.). *Le Traité de la Grande Vertu de Sagesse de Nāgārjuna* (*Mahāprajñāpāramitā-śāstra*). 3 vols. Muséon, Louvain, 1944 (Bibl. Muséon, no. 18). Rev. P. Demiéville, *JA*, 1950, **238**, 375.
LANDUR, N. (1). 'Compte Rendu de la Séance de l'Académie des Sciences [de France] du 24 Août 1868.' *LIN* (1e section), 1868, **36** (no. 1808), 273. Contains an account of a communication by M. Chevreul on the history of alchemy, tracing it to the *Timaeus;* with a critical paragraph by Landur himself maintaining that in his view much (though not all) of ancient and mediaeval alchemy was disguised moral and mystical philosophy.
LANE, E. W. (1). *An Account of the Manners and Customs of the Modern Egyptians* (*1833 to 1835*). Ward Lock, London, 3rd ed. 1842; repr. 1890.
LANGE, E. F. (1). 'Alchemy and the Sixteenth-Century Metallurgists.' *AX*, 1966, **13**, 92.
LATTIMORE, O. & LATTIMORE, E. (1) (ed.). *Silks, Spices and Empire; Asia seen through the Eyes of its Discoverers*. Delacorte, New York, 1968. (Great Explorers Series, no. 3.)
LAUBRY, C. & BROSSE, T. (1). 'Documents recueillis aux Indes sur les "Yoguis" par l'enregistrement simultané du pouls, de la respiration et de l'electrocardiogramme.' *PM*, 1936, **44** (no. 83), 1601 (14 Oct.). Rev. J. Filliozat, *JA*, 1937, 521.
LAUBRY, C. & BROSSE, T. (2). 'Interférence de l'Activité Corticale sur le Système Végétatif Neurovasculaire.' *PM*, 1935, **43** (no. 84). (19 Oct.)
LAUFER, B. (1). *Sino-Iranica; Chinese Contributions to the History of Civilisation in Ancient Iran. FMNHP/AS*, 1919, **15**, no. 3 (Pub. no. 201). Rev. and crit. Chang Hung-Chao, *MGSC*, 1925 (ser. B), no. 5.
LAUFER, B. (8). *Jade; a Study in Chinese Archaeology and Religion. FMNHP/AS*, 1912, **10**, 1–370. Repub. in book form, Perkins, Westwood & Hawley, South Pasadena, 1946. Rev. P. Pelliot, *TP*, 1912, **13**, 434.
LAUFER, B. (10). 'The Beginnings of Porcelain in China.' *FMNHP/AS*, 1917, **15**, no. 2 (Pub. no. 192), (includes description of +2nd-century cast-iron funerary cooking-stove).
LAUFER, B. (12). 'The Diamond; a study in Chinese and Hellenistic Folk-Lore.' *FMNHP/AS*, 1915, **15**, no. 1 (Pub. no. 184).
LAUFER, B. (13). 'Notes on Turquois in the East.' *FMNHP/AS*, 1913, **13**, no. 1 (Pub. no. 169).
LAUFER, B. (15). 'Chinese Clay Figures, Pt. I; Prolegomena on the History of Defensive Armor.' *FMNHP/AS*, 1914, **13**, no. 2 (Pub. no. 177).
LAUFER, B. (17). 'Historical Jottings on Amber in Asia.' *MAAA*, 1906, **1**, 211.
LAUFER, B. (24). 'The Early History of Felt.' *AAN*, 1930, **32**, 1.
LAUFER, B. (28). 'Christian Art in China.' *MSOS*, 1910, **13**, 100.
LAUFER, B. (40). 'Sex Transformation and Hermaphrodites in Ancient China.' *AJPA*, 1920, **3**, 259.
LAUFER, B. (41). 'Die Sage von der goldgrabenden Ameisen.' *TP*, 1908, **9**, 429.
LAUFER, B. (42). *Tobacco and its Use in Asia*. Field Mus. Nat. Hist., Chicago, 1924. (Anthropology Leaflet, no. 18.)
LEADBEATER, C. W. (1). *The Chakras, a Monograph*. London, n.d.
LECLERC, L. (1) (tr.). 'Le Traité des Simples par Ibn al-Beithar.' *MAI/NEM*, 1877, **23**, **25**; 1883, **26**.
LECOMTE, LOUIS (1). *Nouveaux Mémoires sur l'État présent de la Chine*. Anisson, Paris, 1696. (Eng. tr. *Memoirs and Observations Topographical, Physical, Mathematical, Mechanical, Natural, Civil and Ecclesiastical, made in a late journey through the Empire of China, and published in several letters, particularly upon the Chinese Pottery and Varnishing, the Silk and other Manufactures, the Pearl Fishing, the History of Plants and Animals, etc. translated from the Paris edition, etc.*, 2nd ed. London, 1698. Germ. tr. Frankfurt, 1699–1700. Dutch tr. 's Graavenhage, 1698.)
VON LECOQ, A. (1). *Buried Treasures of Chinese Turkestan; an Account of the Activities and Adventures of the 2nd and 3rd German Turfan Expeditions*. Allen & Unwin, London, 1928. Eng. tr. by A. Barwell of *Auf Hellas Spuren in Ost-turkestan*. Berlin, 1926.
VON LECOQ, A. (2). *Von Land und Leuten in Ost-Turkestan*... Hinrichs, Leipzig, 1928.
LEDERER, E. (1). 'Odeurs et Parfums des Animaux.' *FCON*, 1950, **6**, 87.
LEDERER, E. & LEDERER, M. (1). *Chromatography; a Review of Principles and Applications*. Elsevier, Amsterdam and London, 1957.
LEEDS, E. T. (1). 'Zinc Coins in Mediaeval China.' *NC*, 1955 (6th ser.), **14**, 177.
LEEMANS, C. (1) (ed. & tr.). *Papyri Graeci Musei Antiquarii Publici Lugduni Batavi*... Leiden, 1885. (Contains the first publication of the +3rd-cent. chemical papyrus Leiden X.) Cf. Caley (1).

VAN LEERSUM, E. C. (1). *Préparation du Calomel chez les anciens Hindous*. Art. in Kahlbaum Festschrift (1909), ed. Diergart (1), pp. 120–6.

LEFÉVRE, NICOLAS (1). *Traicté de la Chymie*. Paris, 1660, 2nd ed. 1674. Eng. tr. *A Compleat Body of Chymistry*. Pulleyn & Wright, London, 1664. repr. 1670.

LEICESTER, H. M. (1). *The Historical Background of Chemistry*. Wiley, New York, 1965.

LEICESTER, H. M. & KLICKSTEIN, H. S. (1). 'Tenney Lombard Davis and the History of Chemistry.' *CHYM*, 1950, **3**, 1.

LEICESTER, H. M. & KLICKSTEIN, H. S. (2) (ed.). *A Source-Book in Chemistry, +1400 to 1900*. McGraw-Hill, New York, 1952.

LEISEGANG, H. (1). *Der Heilige Geist; das Wesen und Werden der mystisch-intuitiven Erkenntnis in der Philosophie und Religion der Griechen*. Teubner, Leipzig and Berlin, 1919; photolitho reprint, Wissenschaftliche Buchgesellschaft, Darmstadt, 1967. This constitutes vol. 1 of Leisegang (2).

LEISEGANG, H. (2). *'Pneuma Hagion'; der Ursprung des Geistbegriffs der synoptischen Evangelien aus d. griechischen Mystik*. Hinrichs, Leipzig, 1922. (Veröffentlichungen des Forschungsinstituts f. vergl. Religionsgeschichte an d. Univ. Leipzig, no. 4.) This constitutes vol. 2 of Leisegang (1).

LEISEGANG, H. (3). *Die Gnosis*. 3rd ed. Kröner, Stuttgart, 1941. (Kröners Taschenausgabe, no. 32.) French tr.: '*La Gnose*'. Paris, 1951.

LEISEGANG, H. (4). 'The Mystery of the Serpent.' *ERYB*, 1955, 218.

LENZ, H. O. (1). *Mineralogie der alten Griechen und Römer deutsch in Auszügen aus deren Schriften*. Thienemann, Gotha, 1861. Photo reprint, Sändig, Wiesbaden, 1966.

LEPESME, P. (1). 'Les Coléoptères des Denrées alimentaires et des Produits industriels entreposés.' Art. in *Encyclopédie Entomologique*, vol. xxii, pp. 1–335. Lechevalier, Paris, 1944.

LESSIUS, L. (1). *Hygiasticon; seu Vera Ratio Valetudinis Bonae et Vitae...ad extremam Senectute Conservandae*. Antwerp, 1614. Eng. tr. Cambridge, 1634; and two subsequent translations.

LEVEY, M. (1). 'Evidences of Ancient Distillation, Sublimation and Extraction in Mesopotamia.' *CEN*, 1955, **4**, 23.

LEVEY, M. (2). *Chemistry and Chemical Technology in Ancient Mesopotamia*. Elsevier, Amsterdam and London, 1959.

LEVEY, M. (3). 'The Earliest Stages in the Evolution of the Still.' *ISIS*, 1960, **51**, 31.

LEVEY, M. (4). 'Babylonian Chemistry; a Study of Arabic and –2nd Millennium Perfumery.' *OSIS*, 1956, **12**, 376.

LEVEY, M. (5). 'Some Chemical Apparatus of Ancient Mesopotamia.' *JCE*, 1955, **32**, 180.

LEVEY, M. (6). 'Mediaeval Arabic Toxicology; the "Book of Poisons" of Ibn Waḥshīya [+10th cent.] and its Relation to Early Indian and Greek Texts.' *TAPS*, 1966, **56** (no. 7), 1–130.

LEVEY, M. (7). 'Some Objective Factors in Babylonian Medicine in the Light of New Evidence.' *BIHM*, 1961, **35**, 61.

LEVEY, M. (8). 'Chemistry in the *Kitāb al-Sumum* (Book of Poisons) by Ibn al-Waḥshīya [al-Nabaṭī, *fl.* +912].' *CHYM*, 1964, **9**, 33.

LEVEY, M. (9). 'Chemical Aspects of Medieval Arabic Minting in a Treatise by Manṣūr ibn Ba'ra [*c.* +1230].' *JSHS*, 1971, Suppl. no. 1.

LEVEY, M. & AL-KHALEDY, NOURY (1). *The Medical Formulary [Aqrābādhīn] of [Muḥ. ibn 'Alī ibn 'Umar] al-Samarqandī [c. +1210], and the Relation of Early Arabic Simples to those found in the indigenous Medicine of the Near East and India*. Univ. Pennsylvania Press, Philadelphia, 1967.

LÉVI, S. (2). 'Ceylan et la Chine.' *JA*, 1900 (9e sér.), **15**, 411. Part of Lévi (1).

LÉVI, S. (4). 'On a Tantric Fragment from Kucha.' *IHQ*, 1936, **12**, 207.

LÉVI, S. (6). *Le Népal; Étude Historique d'un Royaume Hindou*. 3 vols. Paris, 1905–8. (Annales du Musée Guimet, Bib. d'Études, nos. 17–19.)

LÉVI, S. (8). 'Un Nouveau Document sur le Bouddhisme de Basse Époque dans l'Inde.' *BLSOAS*, 1931, **6**, 417. (Nāgārjuna and gold refining.)

LÉVI, S. (9). 'Notes Chinoises sur l'Inde; V, Quelques Documents sur le Bouddhisme Indien dans l'Asie Centrale, pt. 1.' *BEFEO*, 1905, **5**, 253.

LÉVI, S. (10). 'Vajrabodhi à Ceylan.' *JA*, 1900, (9e sér.) **15**, 418. Part of Lévi (1).

LEVOL, A. (1). 'Analyse d'un Échantillon de Cuivre Blanc de la Chine.' *RCA*, 1862, **4**, 24.

LEVY, ISIDORE (1). 'Sarapis; V, la Statue Mystérieuse.' *RHR/AMG*, 1911, **63**, 124.

LEWIS, BERNARD (1). *The Arabs in History*. London.

LEWIS, M. D. S. (1). *Antique Paste Jewellery*. Faber, London, 1970. Rev. G. B. Hughes, *JRSA*, 1972, **120**, 263.

LEWIS, NORMAN (1). *A Dragon Apparent; Travels in Indo-China*. Cape, London, 1951.

LI CHHIAO-PHING (1) = (*1*). *The Chemical Arts of Old China* (tr. from the 1st, unrevised, edition, Chhangsha, 1940, but with additional material). J. Chem. Ed., Easton, Pa. 1948. Revs. W. Willetts, *ORA*, 1949, **2**, 126; J. R. Partington, *ISIS*, 1949, **40**, 280; Li Cho-Hao, *JCE*, 1949, **26**, 574. The Thaipei ed. of 1955 (Chinese text) was again revised and enlarged.

LI CHO-HAO (1). 'Les Hormones de l'Adénohypophyse.' *SCIS*, 1971, nos. 74–5, 69.

LI CHO-HAO & EVANS, H. M. (1). 'Chemistry of the Anterior Pituitary Hormones.' Art. in *The Hormones....* Ed. G. Pincus, K. V. Thimann & E. B. Astwood. Academic Press, New York, 1948–64, vol. 1, p. 633.

LI HUI-LIN (1). *The Garden Flowers of China.* Ronald, New York, 1959. (Chronica Botanica series, no. 19.)

LI KUO-CHHIN & WANG CHHUNG-YU (1). *Tungsten, its History, Geology, Ore-Dressing, Metallurgy, Chemistry, Analysis, Applications and Economics.* Amer. Chem. Soc., New York, 1943 (Amer. Chem. Soc. Monographs, no. 94). 3rd ed. 1955 (A. C. S. Monographs, no. 130).

LIANG, H. Y. (1). 'The Wah Chang [Hua-Chhang, Antimony] Mines.' *MSP*, 1915, **111**, 53. (The initials are given in the original as H. T. Liang, but this is believed to be a misprint.)

LIANG, H. Y. (2). 'The Shui-khou Shan [Lead and Zinc] Mine in Hunan.' *MSP*, 1915, **110**, 914.

LIANG PO-CHHIANG (1). 'Überblick ü. d. seltenste chinesische Lehrbuch d. Medizin *Huang Ti Nei Ching.*' *AGMN*, 1933, **26**, 121.

LIBAVIUS, ANDREAS (1). *Alchemia. Andr. Libavii, Med. D[oct.], Poet. Physici Rotemburg. Operâ e Dispersis passim Optimorum Autorum, Veterum et Recentium exemplis potissimum, tum etian praeceptis quibusdam operosè collecta, adhibitq; ratione et experientia, quanta potuit esse, methodo accuratâ explicata, et In Integrum Corpus Redacta...* Saur & Kopff, Frankfurt, 1597. Germ. tr. by F. Rex *et al.* Verlag Chemie, Weinheim, 1964.

LIBAVIUS, ANDREAS (2). *Singularium Pars Prima: in qua de abstrusioribus difficilioribusque nonnullis in Philosophia, Medicina, Chymia etc. Quaestionibus; utpote de Metallorum, Succinique Natura, de Carne fossili, ut credita est, de gestatione cacodaemonum, Veneno, aliisque rarioribus, quae versa indicat pagina, plurimis accuratè disseritur.* Frankfurt, 1599. Part II also 1599. Parts III and IV, 1601.

LICHT, S. (1). 'The History [of Therapeutic Exercise].' Art. in *Therapeutic Exercise*, ed. S. Licht, Licht, New Haven, Conn. 1958, p. 380. (Physical Medicine Library, no. 3.)

LIEBEN, F. (1). *Geschichte d. physiologische Chemie.* Deuticke, Leipzig and Vienna, 1935.

LIN YÜ-THANG (1) (tr.). *The Wisdom of Laotse [and Chuang Tzu] translated, edited and with an introduction and notes.* Random House, New York, 1948.

LIN YÜ-THANG (7). *Imperial Peking; Seven Centuries of China* (with an essay on the Art of Peking, by P. C. Swann). Elek, London, 1961.

LIN YÜ-THANG (8). *The Wisdom of China.* Joseph, London (limited edition) 1944; (general circulation edition) 1949.

LINDBERG, D. C. & STENECK, N. H. (1). 'The Sense of Vision and the Origins of Modern Science', art. in *Science, Medicine and Society in the Renaissance* (Pagel Presentation Volume), ed. Debus (20), vol. 1, p. 29.

LINDEBOOM, G. A. (1). *Hermann Boerhaave; the Man and his Work.* Methuen, London, 1968.

LING, P. H. (1). *Gymnastikens Allmänna Grunder...*(in Swedish). Leffler & Sebell, Upsala and Stockholm, 1st part, 1834, 2nd part, 1840 (based on observations and practice from 1813 onwards). Germ. tr.: *P. H. Ling's Schriften über Leibesübungen* (with posthumous additions), by H. F. Massmann, Heinrichshofen, Magdeburg, 1847. Cf. Cyriax (1).

LINK, ARTHUR E. (1). 'The Taoist Antecedents in Tao-An's [+312 to +385] Prajñā Ontology.' Communication to the First International Conference of Taoist Studies, Villa Serbelloni, Bellagio, 1968.

VON LIPPMANN, E. O. (1). *Entstehung und Ausbreitung der Alchemie, mit einem Anhange, Zur älteren Geschichte der Metalle; ein Beitrag zur Kulturgeschichte.* 3 vols. Vol. 1, Springer, Berlin, 1919. Vol. 2, Springer, Berlin, 1931. Vol. 3, Verlag Chemie, Weinheim, 1954 (posthumous, finished in 1940, ed. R. von Lippmann).

VON LIPPMANN, E. O. (3). *Abhandlungen und Vorträge zur Geschichte d. Naturwissenschaften.* 2 vols. Vol. 1, Veit, Leipzig, 1906. Vol. 2, Veit, Leipzig, 1913.

VON LIPPMANN, E. O. (4). *Geschichte des Zuckers, seiner Darstellung und Verwendung, seit den ältesten Zeiten bis zum Beginne der Rübenzuckerfabrikation; ein Beitrag zur Kulturgeschichte.* Hesse, Leipzig, 1890.

VON LIPPMANN, E. O. (5). 'Chemisches bei Marco Polo.' *ZAC*, **21**, 1778. Repr. in (3), vol. 2, p. 258.

VON LIPPMANN, E. O. (6). 'Die spezifische Gewichtsbestimmung bei Archimedes.' Repr. in (3), vol. 2, p. 168.

VON LIPPMANN, E. O. (7). 'Zur Geschichte d. Saccharometers u. d. Senkspindel.' Repr. in (3), vol. 2, pp. 171, 177, 183.

VON LIPPMANN, E. O. (8). 'Zur Geschichte der Kältemischungen.' Address to the General Meeting of the Verein Deutscher Chemiker, 1898. Repr. in (3). vol. 1, p. 110.

VON LIPPMANN, E. O. (9). *Beiträge z. Geschichte d. Naturwissenschaften u. d. Technik.* 2 vols. Vol. 1, Springer, Berlin, 1925. Vol. 2, Verlag Chemie, Weinheim, 1953 (posthumous, ed. R. von Lippmann). Both vols. photographically reproduced, Sändig, Niederwalluf, 1971.

von Lippmann, E. O. (10). 'J. Ruska's Neue Untersuchungen ü. die Anfänge der Arabischen Alchemie.' *CHZ*, 1925, 2, 27.

von Lippmann, E. O. (11). 'Some Remarks on Hermes and Hermetica.' *AX*, 1938, **2**, 21.

von Lippmann, E. O. (12). 'Chemisches u. Alchemisches aus Aristoteles.' *AGNT*, 1910, **2**, 233–300.

von Lippmann, E. O. (13). 'Beiträge zur Geschichte des Alkohols.' *CHZ*. 1913, **37**, 1313, 1348, 1358, 1419, 1428. Repr. in (9), vol. 1, p. 60.

von Lippmann, E. O. (14). 'Neue Beiträge zur Geschichte dez Alkohols.' *CHZ*, 1917, **41**, 865, 883, 911. Repr. in (9), vol. 1, p. 107.

von Lippmann, E. O. (15). 'Zur Geschichte des Alkohols.' *CHZ*, 1920, **44**, 625. Repr. in (9), vol. 1, p. 123.

von Lippmann, E. O. (16). 'Kleine Beiträge zur Geschichte d. Chemie.' *CHZ*, 1933, **57**, 433. 1. Zur Geschichte des Alkohols. 2. Der Essig des Hannibal. 3. Künstliche Perlen und Edelsteine. 4. Chinesische Ursprung der Alchemie.

von Lippmann, E. O. (17). 'Zur Geschichte des Alkohols und seines Namens.' *ZAC*, 1912, **25**, 1179, 2061.

von Lippmann, E. O. (18). 'Einige Bemerkungen zur Geschichte der Destillation und des Alkohols.' *ZAC*, 1912, **25**, 1680.

von Lippmann, E. O. (19). 'Zur Geschichte des Wasserbades vom Altertum bis ins 13. Jahrhundert.' Art. in Kahlbaum Festschrift (1909), ed. Diergart (1), pp. 143–57.

von Lippmann, E. O. (20). *Urzeugung und Lebenskraft; Zur Geschichte dieser Problem von den ältesten Zeiten an bis zu den Anfängen des 20. Jahrhunderts.* Springer, Berlin, 1933.

von Lippmann, E. O. Biography, see Partington (19).

von Lippmann, E. O. & Sudhoff, K. (1). 'Thaddäus Florentinus (Taddeo Alderotti) über den Weingeist.' *AGMW*, 1914, **7**, 379. (Latin text, and comm. only.)

Lipsius, A. & Bonnet, M. (1). *Acta Apostolorum Apocrypha.* 2 vols. in 3 parts. Mendelssohn, Leipzig, 1891–1903.

Little, A. G. (1) (ed.). *Part of the 'Opus Tertium'* [*c.* +1268] *of Roger Bacon.* Aberdeen, 1912.

Little, A. G. & Withington, E. (1) (ed.). *Roger Bacon's 'De Retardatione Accidentium Senectutis', cum aliis Opusculis de Rebus Medicinalibus.* Oxford, 1928. (Pubs. Brit. Soc. Franciscan Studies, no. 14.) Also printed as Fasc. 9 of Steele (1). Cf. the Engl. tr. of the *De Retardatione* by R. Browne, London, 1683.

Liu Mao-Tsai (1). *Kutscha und seine Beziehungen zu China vom 2 Jahrhundert v. bis zum 6 Jh. n. Chr.* 2 vols. Harrassowitz, Wiesbaden, 1969. (Asiatische Forschungen [Bonn], no. 27.)

Liu Mau-Tsai. See Liu Mao-Tsai.

Liu Pên-Li, Hsing Shu-Chieh, Li Chhêng-Chhiu & Chang Tao-Chung (1). 'True Hermaphroditism; a Case Report.' *CMJ*, 1959, **78**, 449.

Liu Tshun-Jen (1). 'Lu Hsi-Hsing and his Commentaries on the *Tshan Thung Chhi*.' *CHJ/T*, 1968, (n.s.) **7**, (no. 1), 71.

Liu Tshun-Jen (2). 'Lu Hsi-Hsing [+1520 to *c.* +1601]; a Confucian Scholar, Taoist Priest and Buddhist Devotee of the +16th Century.' *ASEA*, 1965, **18–19**, 115.

Liu Tshun-Jen (3). 'Taoist Self-Cultivation in Ming Thought.' Art. in *Self and Society in Ming Thought*, ed. W. T. de Bary. Columbia Univ. Press, New York, 1970, p. 291.

Liu Ts'un-Yan. See Liu Tshun-Jen.

Lloyd, G. E. R. (1). *Polarity and Analogy; Two Types of Argumentation in Greek Thought.* Cambridge, 1971.

Lloyd, Seton (2). 'Sultantepe, II.' *ANATS*, 1954, **4**, 101.

Lloyd, Seton & Brice, W. (1), with a note by C. J. Gadd. 'Ḥarrān.' *ANATS*, 1951, **1**, 77–111.

Lloyd, Seton & Gökçe, Nuri (1), with notes by R. D. Barnett. 'Sultantepe, I.' *ANATS*, 1953, **3**, 27.

Lo, L. C. (1) (tr.). 'Liu Hua-Yang; *Hui Ming Ching*, Das Buch von Bewusstsein und Leben.' In *Chinesische Blätter*, vol. 3, no. 1, ed. R. Wilhelm.

Loehr, G. (1). 'Missionary Artists at the Manchu Court.' *TOCS*, 1962, **34**, 51.

Loewe, M. (5). 'The Case of Witchcraft in −91; its Historical Setting and Effect on Han Dynastic History' (*ku* poisoning). *AM*, 1970, **15**, 159.

Loewe, M. (6). 'Khuang Hêng and the Reform of Religious Practices (−31).' *AM*, 1971, **17**, 1.

Loewe, M. (7). 'Spices and Silk; Aspects of World Trade in the First Seven Centuries of the Christian Era.' *JRAS*, 1971, 166.

Loewenstein, P. J. (1). *Swastika and Yin-Yang.* China Society Occasional Papers (n. s.), China Society, London, 1942.

von Löhneyss, G. E. (1). *Bericht vom Bergwerck, wie man diselben bawen und in güten Wolstande bringen sol, sampt allen dazu gehörigen Arbeiten, Ordning und Rechtlichen Processen beschrieben durch G.E.L.* Zellerfeld, 1617. 2nd ed. Leipzig, 1690.

Lonicerus, Adam (1). *Kräuterbuch.* Frankfort, 1578.

LORGNA, A. M. (1). 'Nuove Sperienze intorno alla Dolcificazione dell'Acqua del Mare.' *MSIV/MF*, 1786, **3**, 375. 'Appendice alla Memoria intorno alla Dolcificazione dell'Acqua del Mare.' *MSIV/MF*, 1790, **5**, 8.

LOTHROP, S. (1). 'Coclé; an Archaeological Study of Central Panama.' *MPMH*, 1937, **7**.

LOUIS, H. (1). 'A Chinese System of Gold Milling.' *EMJ*, 1891, 640.

LOUIS, H. (2). 'A Chinese System of Gold Mining.' *EMJ*, 1892, 629.

LOVEJOY, A. O. & BOAS, G. (1). *A Documentary History of Primitivism and Related Ideas*. Vol. 1. *Primitivism and Related Ideas in Antiquity*. Johns Hopkins Univ. Press, Baltimore, 1935.

LOWRY, T. M. (1). *Historical Introduction to Chemistry*. Macmillan, London, 1936.

LU GWEI-DJEN (1). 'China's Greatest Naturalist; a Brief Biography of Li Shih-Chen.' *PHY*, 1966, **8**, 383. Abridgment in Proc. XIth Internat. Congress of the History of Science, Warsaw, 1965, Summaries, vol. 2, p. 364; Actes, vol. 5, p. 50.

LU GWEI-DJEN (2). 'The Inner Elixir (*Nei Tan*); Chinese Physiological Alchemy.' Art. in *Changing Perspectives in the History of Science*, ed. M. Teich & R. Young. Heinemann, London, 1973, p. 68.

LU GWEI-DJEN & NEEDHAM, JOSEPH (1). 'A Contribution to the History of Chinese Dietetics.' *ISIS*, 1951, **42**, 13 (submitted 1939, lost by enemy action; again submitted 1942 and 1948).

LU GWEI-DJEN & NEEDHAM, JOSEPH (3). 'Mediaeval Preparations of Urinary Steroid Hormones.' *MH*,1964, **8**, 101. Prelim. pub. *N*, 1963, **200**, 1047. Abridged account, *END*, 1968, **27** (no. 102), 130.

LU GWEI-DJEN & NEEDHAM, JOSEPH (4). 'Records of Diseases in Ancient China', art. in *Diseases in Antiquity*, ed. D. R. Brothwell & A. T. Sandison. Thomas, Springfield, Ill. 1967, p. 222.

LU GWEI-DJEN, NEEDHAM, JOSEPH & NEEDHAM, D. M. (1). 'The Coming of Ardent Water.' *AX*, 1972, **19**, 69.

LU KHUAN-YÜ (1). *The Secrets of Chinese Meditation; Self-Cultivation by Mind Control as taught in the Chhan, Mahāyāna and Taoist Schools in China*. Rider, London, 1964.

LU KHUAN-YÜ (2). *Chhan and Zen Teaching* (Series Two). Rider, London, 1961.

LU KHUAN-YÜ (3). *Chhan and Zen Teaching* (Series Three). Rider, London, 1962.

LU KHUAN-YÜ (4) (tr.). *Taoist Yoga; Alchemy and Immortality—a Translation, with Introduction and Notes, of 'The Secrets of Cultivating Essential Nature and Eternal Life' (Hsing Ming Fa Chüeh Ming Chih) by the Taoist Master Chao Pi-Chhen, b. 1860*. Rider, London, 1970.

LUCAS, A. (1). *Ancient Egyptian Materials and Industries*. Arnold, London (3rd ed.), 1948.

LUCAS, A. (2). 'Silver in Ancient Times.' *JEA*, 1928, **14**, 315.

LUCAS, A. (3). 'The Occurrence of Natron in Ancient Egypt.' *JEA*, 1932, **18**, 62.

LUCAS, A. (4). 'The Use of Natron in Mummification.' *JEA*, 1932, **18**, 125.

LÜDY-TENGER, F. (1). *Alchemistische und chemische Zeichen*. Berlin, 1928. Repr. Lisbing, Würzburg, 1972.

LUK, CHARLES. See LU KHUAN-YÜ.

LUMHOLTZ, C. S. (1). *Unknown Mexico; a Record of Five Years' Exploration among the Tribes of the Western Sierra Madre; in the Tierra Caliente of Tepic and Jalisco; and among the Tarascos of Michoacan*, 2 vols. Macmillan, London, 1903.

LUTHER, MARTIN (1). *Werke*. Weimarer Ausgabe.

MACALISTER, R. A. S. (2). *The Excavation of [Tel] Gezer, 1902–05 and 1907–09*. 3 vols. Murray, London, 1912.

MCAULIFFE, L. (1). *La Thérapeutique Physique d'Autrefois*. Paris, 1904.

MCCLURE, C. M. (1). 'Cardiac Arrest through Volition.' *CALM*, 1959, **90**, 440.

MCCONNELL, R. G. (1). *Report on Gold Values in the Klondike High-Level Gravels*. Canadian Geol. Survey Reports, 1907, 34.

MCCULLOCH, J. A. (2). '[The State of the Dead in] Primitive and Savage [Cultures].' *ERE*, vol. xi, p. 817.

MCCULLOCH, J. A. (3). '[The "Abode of the Blest" in] Primitive and Savage [Cultures].' *ERE*, vol. ii, p. 680.

MCCULLOCH, J. A. (4). '[The "Abode of the Blest" in] Celtic [Legend].' *ERE*, vol. ii, p. 688.

MCCULLOCH, J. A. (5). '[The "Abode of the Blest" in] Japanese [Thought].' *ERE*, vol. ii, p. 700.

MCCULLOCH, J. A. (6). '[The "Abode of the Blest" in] Slavonic [Lore and Legend].' *ERE*, vol. ii, p. 706.

MCCULLOCH, J. A. (7). '[The "Abode of the Blest" in] Teutonic [Scandinavian, Belief].' *ERE*, vol. ii, p. 707.

MCCULLOCH, J. A. (8). 'Incense.' Art. in *ERE*, vol. vii, p. 201.

MCCULLOCH, J. A. (9). 'Eschatology.' Art. in *ERE*, vol. v, p. 373.

MCCULLOCH, J. A. (10). 'Vampires.' *ERE*, vol. xii, p. 589.

MCDONALD, D. (1). *A History of Platinum*. London, 1960.

MACDONELL, A. A. (1). 'Vedic Religion.' *ERE*, vol. xii, p. 601.

McGovern, W. M. (1). *Early Empires of Central Asia*. Univ. of North Carolina Press, Chapel Hill, 1939.
McGowan, D. J. (2). 'The Movement Cure in China' (Taoist medical gymnastics). *CIMC/MR*, 1885 (no. 29), 42.
McGuire, J. E. (1). 'Transmutation and Immutability; Newton's Doctrine of Physical Qualities.' *AX*, 1967, **14**, 69.
McGuire, J. E. (2). 'Force, Active Principles, and Newton's Invisible Realm.' *AX*, 1968, **15**, 154.
McGuire, J. E. & Rattansi, P. M. (1). 'Newton and the "Pipes of Pan".' *NRRS*, 1966, **21**, 108.
McKenzie, R. Tait (1). *Exercise in Education and Medicine*. Saunders, Philadelphia and London, 1923.
McKie, D. (1). 'Some Notes on Newton's Chemical Philosophy, written upon the Occasion of the Tercentenary of his Birth.' *PMG*, 1942 (7th ser.), **33**, 847.
McKie, D. (2). 'Some Early Chemical Symbols.' *AX*, 1937, **1**, 75.
McLachlan, H. (1). *Newton; the Theological Manuscripts*. Liverpool, 1950.
Macquer, P. J. (1). *Élémens de la Théorie et de la Pratique de la Chimie*. 2 vols, Paris, 1775. (The first editions, uncombined, had been in 1749 and 1751 respectively, but this contained accounts of the new discoveries.) Eng. trs. London, 1775, Edinburgh, 1777. Cf. Coleby (1).
Madan, M. (1) (tr.). *A New and Literal Translation of Juvenal and Persius, with Copious Explanatory Notes by which these difficult Satirists are rendered easy and familiar to the Reader*. 2 vols. Becket, London, 1789.
Maenchen-Helfen, O. (4). *Reise ins asiatische Tuwa*. Berlin, 1931.
de Magalhaens, Gabriel (1). *Nouvelle Relation de la Chine*. Barbin, Paris, 1688 (a work written in 1668). Eng. tr. *A New History of China, containing a Description of the Most Considerable Particulars of that Vast Empire*. Newborough, London, 1688.
Magendie, F. (1). *Mémoire sur la Déglutition de l'Air atmosphérique*. Paris, 1813.
Mahdihassan, S. (2). 'Cultural Words of Chinese Origin' [*firoza* (Pers) = turquoise, *yashb* (Ar) = jade, *chamcha* (Pers) = spoon, *top* (Pers, Tk, Hind) = cannon, *silafchi* (Tk) = metal basin]. *BV*, 1950, **11**, 31.
Mahdihassan, S. (3). 'Ten Cultural Words of Chinese Origin' [*huqqa* (Tk), *qaliyan* (Tk) = tobacco-pipe, *sunduq* (Ar) = box, *piali* (Pers), *findjan* (Ar) = cup, *jaushan* (Ar) = armlet, *safa* (Ar) = turban, *qasai*, *qasab* (Hind) = butcher, *kah-kashan* (Pers) = Milky Way, *tugra* (Tk) = seal]. *JUB*, 1949, **18**, 110.
Mahdihassan, S. (5). 'The Chinese Origin of the Words Porcelain and Polish.' *JUB*, 1948, **17**, 89.
Mahdihassan, S. (6). 'Carboy as a Chinese Word.' *CS*, 1948, **17**, 301.
Mahdihassan, S. (7). 'The First Illustrations of Stick-Lac and their probable origin.' *PKAWA*, 1947, **50**, 793.
Mahdihassan, S. (8). 'The Earliest Reference to Lac in Chinese Literature.' *CS*, 1950, **19**, 289.
Mahdihassan, S. (9). 'The Chinese Origin of Three Cognate Words: Chemistry, Elixir, and Genii.' *JUB*, 1951, **20**, 107.
Mahdihassan, S. (11). 'Alchemy in its Proper Setting, with Jinn, Sufi, and Suffa as Loan-Words from the Chinese.' *IQB*, 1959, **7** (no. 3), 1.
Mahdihassan, S. (12). 'Alchemy and its Connection with Astrology, Pharmacy, Magic and Metallurgy.' *JAN*, 1957, **46**, 81.
Mahdihassan, S. (13). 'The Chinese Origin of Alchemy.' *UNASIA*, 1953, **5** (no. 4), 241.
Mahdihassan, S. (14). 'The Chinese Origin of the Word Chemistry.' *CS*, 1946, **15**, 136. 'Another Probable Origin of the Word Chemistry from the Chinese.' *CS*, 1946, **15**, 234.
Mahdihassan, S. (15). 'Alchemy in the Light of its Names in Arabic, Sanskrit and Greek.' *JAN*, 1961, **49**, 79.
Mahdihassan, S. (16). 'Alchemy a Child of Chinese Dualism as illustrated by its Symbolism.' *IQB*, 1959, **8**, 15.
Mahdihassan, S. (17). 'On Alchemy, Kimiya and Iksir.' *PAKPJ*, 1959, **3**, 67.
Mahdihassan, S. (18). 'The Genesis of Alchemy.' *IJHM*, 1960, **5** (no. 2), 41.
Mahdihassan, S. (19). 'Landmarks in the History of Alchemy.' *SCI*, 1963, **57**, 1.
Mahdihassan, S. (20). 'Kimiya and Iksir; Notes on the Two Fundamental Concepts of Alchemy.' *MBLB*, 1962, **5** (no. 3), 38. *MBPB*, 1963, **12** (no. 5), 56.
Mahdihassan, S. (21). 'The Early History of Alchemy.' *JUB*, 1960, **29**, 173.
Mahdihassan, S. (22). 'Alchemy; its Three Important Terms and their Significance.' *MJA*, 1961, 227.
Mahdihassan, S. (23). 'Der Chino-Arabische Ursprung des Wortes Chemikalie.' *PHI*, 1961, **23**, 515.
Mahdihassan, S. (24). 'Das Hermetische Siegel in China.' *PHI*, 1960, **22**, 92.
Mahdihassan, S. (25). 'Elixir; its Significance and Origin.' *JRAS/P*, 1961, **6**, 39.
Mahdihassan, S. (26). 'Ouroboros as the Earliest Symbol of Greek Alchemy.' *IQB*, 1961, **9**, 1.
Mahdihassan, S. (27). 'The Probable Origin of Kekulé's Symbol of the Benzene Ring.' *SCI*, 1960, **54**, 1.

MAHDIHASSAN, S., (28). 'Alchemy in the Light of Jung's Psychology and of Dualism.' *PAKPJ*, 1962, **5**, 95.
MAHDIHASSAN, S. (29). 'Dualistic Symbolism; Alchemical and Masonic.' *IQB*, 1963, 55.
MAHDIHASSAN, S. (30). 'The Significance of Ouroboros in Alchemy and Primitive Symbolism.' *IQB*, 1963, 18.
MAHDIHASSAN, S. (31). 'Alchemy and its Chinese Origin as revealed by its Etymology, Doctrines and Symbols.' *IQB*, 1966, 22.
MAHDIHASSAN, S. (32). 'Stages in the Development of Practical Alchemy.' *JRAS/P*, 1968, **13**, 329.
MAHDIHASSAN, S. (33). 'Creation, its Nature and Imitation in Alchemy.' *IQB*, 1968, 80.
MAHDIHASSAN, S. (34). 'A Positive Conception of the Divinity emanating from a Study of Alchemy.' *IQB*, 1969, **10**, 77.
MAHDIHASSAN, S. (35). '*Kursi* or throne; a Chinese word in the *Koran*.' *JRAS/BOM*, 1953, **28**, 19.
MAHDIHASSAN, S. (36). '*Khazana*, a Chinese word in the *Koran*, and the associated word "Godown".' *JRAS/BOM*, 1953, **28**, 22.
MAHDIHASSAN, S. (37). 'A Cultural Word of Chinese Origin; *ta'un* meaning Plague in Arabic.' *JUB*, 1953, **22**, 97. *CRESC*, 1950, 31.
MAHDIHASSAN, S. (38). 'Cultural Words of Chinese Origin; *qaba*, *aba*, *diba*, *kimkhwab* (kincob).' *JKHRS*, 1950, **5**, 203.
MAHDIHASSAN, S. (39). 'The Chinese Origin of the Words Kimiya, Sufi, Dervish and Qalander, in the Light of Mysticism.' *JUB*, 1956, **25**, 124.
MAHDIHASSAN, S. (40). 'Chemistry a Product of Chinese Culture.' *PAKJS*, 1957, **9**, 26.
MAHDIHASSAN, S. (41). 'Lemnian Tablets of Chinese Origin.' *IQB*, 1960, **9**, 49.
MAHDIHASSAN, S. (42). 'Über einige Symbole der Alchemie.' *PHI*, 1962, **24**, 41.
MAHDIHASSAN, S. (43). 'Symbolism in Alchemy; Islamic and other.' *IC*, 1962, **36** (no. 1), 20.
MAHDIHASSAN, S. (44). 'The Philosopher's Stone in its Original Conception.' *JRAS/P*, 1962, **7** (no. 2), 263.
MAHDIHASSAN, S. (45). 'Alchemie im Spiegel hellenistisch-buddhistische Kunst d. 2. Jahrhunderts.' *PHI*, 1965, **27**, 726.
MAHDIHASSAN, S. (46). 'The Nature and Role of Two Souls in Alchemy.' *JRAS/P*, 1965, **10**, 67.
MAHDIHASSAN, S. (47). 'Kekulé's Dream of the Ouroboros, and the Significance of this Symbol.' *SCI*, 1961, **55**, 187.
MAHDIHASSAN, S. (48). 'The Natural History of Lac as known to the Chinese; Li Shih-Chen's Contribution to our Knowledge of Lac.' *IJE*, 1954, **16**, 309.
MAHDIHASSAN, S. (49). 'Chinese Words in the Holy Koran; *qirtas* (paper) and its Synonym *kagaz*.' *JUB*, 1955, **24**, 148.
MAHDIHASSAN, S. (50). 'Cultural Words of Chinese Origin; *kutcherry* (government office), *tusser* (silk).' Art. in Karmarker Commemoration Volume, Poona, 1947–8, p. 97.
MAHDIHASSAN, S. (51). 'Union of Opposites; a Basic Theory in Alchemy and its Interpretation.' Art. in *Beiträge z. alten Geschichte und deren Nachleben*, Festschrift f. Franz Altheim, ed. R. Stiehl & H. E. Stier, vol. 2, p. 251. De Gruyter, Berlin, 1970.
MAHDIHASSAN, S. (52). 'The Genesis of the Four Elements, Air, Water, Earth and Fire.' Art. in Gulam Yazdani Commemoration Volume, Hyderabad, Andhra, 1966, p. 251.
MAHDIHASSAN, S. (53). 'Die frühen Bezeichnungen des Alchemisten, seiner Kunst und seiner Wunderdroge.' *PHI*, 1967, .
MAHDIHASSAN, S. (54). 'The *Soma* of the Aryans and the *Chih* of the Chinese.' *MBPB*, 1972, **21** (no. 3), 30.
MAHDIHASSAN, S. (55). 'Colloidal Gold as an Alchemical Preparation.' *JAN*, 1972, **58**, 112.
MAHLER, J. G. (1). *The Westerners among the Figurines of the Thang Dynasty of China*. Ist. Ital. per il Med. ed Estremo Or., Rome, 1959. (Ser. Orientale Rom, no. 20.)
MAHN, C. A. F. (1). *Etymologische Untersuchung auf dem Gebiete der Romanischen Sprachen*. Dümmler, Berlin, 1858, repr. 1863.
MAIER, MICHAEL (1). *Atalanta Fugiens*, 1618. Cf. Tenney Davis (1); J. Read (1); de Jong (1).
MALHOTRA, J. C. (1). 'Yoga and Psychiatry; a Review.' *JNPS*, 1963, **4**, 375.
MANUEL, F. E. (1). *Isaac Newton, Historian*. Cambridge, 1963.
MANUEL, F. E. (2). *The Eighteenth Century Confronts the Gods*. Harvard Univ. Press, Cambridge, Mass. 1959.
MAQSOOD ALI, S. ASAD & MAHDIHASSAN, S. (4). 'Bazaar Medicines of Karachi; [IV], Inorganic Drugs.' *MED*, 1961, **23**, 125.
DE LA MARCHE, LECOY (1). 'L'Art d'Enluminer; Traité Italien du XVe Siecle' (*De Arte Illuminandi*, Latin text with introduction). *MSAF*, 1888, **47** (5e sér.), **7**, 248.
MARÉCHAL, J. R. (3). *Reflections upon Prehistoric Metallurgy; a Research based upon Scientific Methods*. Brimberg, Aachen (for Junker, Lammersdorf), 1963. French and German editions appeared in 1962.

MARSHALL, SIR JOHN (1). *Taxila; An Illustrated Account of Archaeological Excavations carried out at Taxila under the orders of the Government of India between the years 1913 and 1934.* 3 vols. Cambridge, 1951.

MARTIN, W. A. P. (2). *The Lore of Cathay.* Revell, New York and Chicago, 1901.

MARTIN, W. A. P. (3). *Hanlin Papers.* 2 vols. Vol. 1. Trübner, London; Harper, New York, 1880; Vol. 2. Kelly & Walsh, Shanghai, 1894.

MARTIN, W. A. P. (8). 'Alchemy in China.' A paper read before the Amer. Or. Soc. 1868; abstract in *JAOS*, 1871, **9**, xlvi. *CR*, 1879, **7**, 242. Repr. in (3), vol. 1, p. 221; (2), pp. 44 ff.

MARTIN, W. A. P. (9). *A Cycle of Cathay.* Oliphant, Anderson & Ferrier, Edinburgh and London; Revell New York, 1900.

MARTINDALE, W. (1). *The Extra Pharmacopoeia; incorporating Squire's 'Companion to the Pharmacopoeia'.* 1st edn. 1883. 25th edn., ed. R. G. Todd, Pharmaceutical Press, London, 1967.

MARX, E. (2). Japanese peppermint oil still. *MDGNVO*, 1896, **6**, 355.

MARYON, H. (3). 'Soldering and Welding in the Bronze and Early Iron Ages.' *TSFFA*, 1936, **5** (no. 2).

MARYON, H. (4). 'Prehistoric Soldering and Welding' (a précis of Maryon, 3). *AQ*, 1937, **11**, 208.

MARYON, H. (5). 'Technical Methods of the Irish Smiths.' *PRIA*, 1938, **44**C, no. 7.

MARYON, H. (6). *Metalworking and Enamelling; a Practical Treatise.* 3rd ed. London, 1954.

MASON, G. H. (1). *The Costume of China.* Miller, London, 1800.

MASON, H. S. (1). 'Comparative Biochemistry of the Phenolase Complex.' *AIENZ*, 1955, **16**, 105.

MASON, S. F. (2). 'The Scientific Revolution and the Protestant Reformation; I, Calvin and Servetus in relation to the New Astronomy and the Theory of the Circulation of the Blood.' *ANS*, 1953, **9** (no. 1).

MASON, S. F. (3). 'The Scientific Revolution and the Protestant Reformation; II, Lutheranism in relation to Iatro-chemistry and the German Nature-philosophy.' *ANS*, 1953, **9** (no. 2).

MASPERO, G. (2). *Histoire ancienne des Peuples d'Orient.* Paris, 1875.

MASPERO, H. (7). 'Procédés de 'nourrir le principe vital' dans la Religion Taoiste Ancienne.' *JA*, 1937, **229**, 177 and 353.

MASPERO, H. (9). 'Notes sur la Logique de Mo-Tseu [Mo Tzu] et de son École.' *TP*, 1928, **25**, 1.

MASPERO, H. (13). *Le Taoisme.* In *Mélanges Posthumes sur les Religions et l'Histoire de la Chine*, vol. 2, ed. P. Demiéville, SAEP, Paris, 1950. (Publ. du Mus. Guimet, Biblioth. de Diffusion, no 58.) Rev. J. J. L. Duyvendak, *TP*, 1951, **40**, 372.

MASPERO, H. (14). *Études Historiques.* In *Mélanges Posthumes sur les Religions et l'Histoire de la Chine*, vol. 3, ed. P. Demiéville. Civilisations du Sud, Paris, 1950. [Publ. du Mus. Guimet, Biblioth. de Diffusion, no. 59.) Rev. J. J. L. Duyvendak, *TP*, 1951, **40**, 366.

MASPERO, H. (19). 'Communautés et Moines Bouddhistes Chinois au 2e et 3e Siècles.' *BEFEO*, 1910, **10**, 222.

MASPERO, H. (20)., 'Les Origines de la Communauté Bouddhiste de Loyang.' *JA*, 1934, **225**, 87.

MASPERO, H. (22). 'Un Texte Taoiste sur l'Orient Romain.' *MIFC*, 1937, **17**, 377 (*Mélanges G. Maspero*, vol. 2). Reprinted in Maspero (14), pp. 95 ff.

MASPERO, H. (31). Review of R. F. Johnston's *Buddhist China* (London, 1913). *BEFEO*, 1914, **14** (no. 9), 74.

MASPERO, H. (32). *Le Taoïsme et les Religions Chinoises.* (Collected posthumous papers, partly from (12) and (13) reprinted, partly from elsewhere, with a preface by M. Kaltenmark.) Gallimard, Paris, 1971. (Bibliothèque des Histoires, no. 3.)

MASSÉ, H. (1). *Le Livre des Merveilles du Monde.* Chêne, Paris, 1944. (Album of colour-plates from al-Qazwīnī's Cosmography, *c.* +1275, with introduction, taken from Bib. Nat. Suppl. Pers. MS. 332.)

MASSIGNON, L. (3). 'The Qarmatians.' *EI*, vol. ii, pt. 2, p. 767.

MASSIGNON, L. (4). 'Inventaire de la Littérature Hermétique Arabe.' App. iii in Festugière (1), 1944. (On the role of the Sabians of Ḥarrān, who adopted the Hermetica as their Scriptures.)

MASSIGNON, L. (5). 'The Idea of the Spirit in Islam.' *ERYB*, 1969, **6**, 319 (*The Mystic Vision*, ed. J. Campbell). Tr. from the German in *ERJB*, 1945, **13**, 1.

MASSON, L. (1). 'La Fontaine de Jouvence.' *AESC*, 1937, **27**, 244; 1938, **28**, 16.

MASSON-OURSEL, P. (4). *Le Yoga.* Presses Univ. de France, Paris, 1954. (Que Sais-je? ser. no. 643.)

AL-MAS'ŪDĪ. See de Meynard & de Courteille.

MATCHETT, J. R. & LEVINE, J. (1). 'A Molecular Still designed for Small Charges.' *IEC/AE*, 1943, **15**, 296.

MATHIEU, F. F. (1). *La Géologie et les Richesses Minières de la Chine.* Impr. Comm. et Industr., la Louvière, n.d. (1924), paginated 283–529, with 4 maps (from Pub. de l'Assoc. des Ingénieurs de l'École des Mines de Mons).

MATSUBARA, HISAKO (1) (tr.). *Die Geschichte von Bambus-sammler und dem Mädchen Kaguya* [the *Taketori Monogatari, c.* +866], with illustrations by Mastubara Naoko. Langewiesche-Brandt, Ebenhausen bei München, 1968.

MATSUBARA, HISAKO (2). 'Dies-seitigkeit und Transzendenz im *Taketori Monogatari*.' Inaug. Diss., Ruhr Universität, Bochum, 1970.
MATTHAEI, C. F. (1) (tr.). *Nemesius Emesenus 'De Natura Hominis' Graece et Latine* (*c.* +400). Halae Magdeburgicae, 1802.
MATTIOLI, PIERANDREA (2). *Commentarii in libros sex Pedacii Dioscoridis Anazarbei de materia medica....* Valgrisi, Venice, 1554, repr. 1565.
MAUL, J. P. (1). 'Experiments in Chinese Alchemy.' Inaug. Diss., Massachusetts Institute of Technology, 1967.
MAURIZIO, A. (1). *Geschichte der gegorenen Getränke*. Berlin and Leipzig, 1933.
MAXWELL, J. PRESTON (1). 'Osteomalacia and Diet.' *NAR*, 1934, **4** (no. 1), 1.
MAXWELL, J. PRESTON, HU, C. H. & TURNBULL, H. M. (1). 'Foetal Rickets [in China].' *JPB*, 1932, **35**, 419.
MAYERS, W. F. (1). *Chinese Reader's Manual*. Presbyterian Press, Shanghai, 1874; reprinted 1924.
MAZZEO, J. A. (1). 'Notes on John Donne's Alchemical Imagery.' *ISIS*, 1957, **48**, 103.
MEAD, G. R. S. (1). *Thrice-Greatest Hermes; Studies in Hellenistic Theosophy and Gnosis—Being a Translation of the Extant Sermons and Fragments of the Trismegistic Literature, with Prolegomena, Commentaries and Notes*. 3 vols. Theosophical Pub. Soc., London and Benares, 1906.
MEAD, G. R. S. (2) (tr.). *'Pistis Sophia'; a [Christian] Gnostic Miscellany; being for the most part Extracts from the 'Books of the Saviour', to which are added Excerpts from a Cognate Literature*. 2nd ed. Watkins, London, 1921.
MECHOULAM, R. & GAONI, Y. (1). 'Recent Advances in the Chemistry of Hashish.' *FCON*, 1967, **25**, 175.
MEHREN, A. F. M. (1) (ed. & tr.). *Manuel de la Cosmographie du Moyen-Âge, traduit de l'Arabe; 'Nokhbet ed-Dahr fi Adjaib-il-birr wal-Bahr [Nukhbat al-Dahr fi 'Ajāib al-Birr wa'l Bahr]' de Shems ed-Din Abou-Abdallah Mohammed de Damas* [Shams al-Dīn Abū 'Abd-Allāh al-Anṣarī al-Ṣūfī al-Dimashqī; *The Choice of the Times and the Marvels of Land and Sea*, *c.* +1310]... St Petersburg, 1866 (text), Copenhagen, 1874 (translation).
MEILE, P. (1). 'Apollonius de Tyane et les Rites Védiques.' *JA*, 1945, **234**, 451.
MEISSNER, B. (1). *Babylonien und Assyrien*. Winter, Heidelberg, 1920, Leipzig, 1925.
MELLANBY, J. (1). 'Diphtheria Antitoxin.' *PRSB*, 1908, **80**, 399.
MELLOR, J. W. (1). *Modern Inorganic Chemistry*. Longmans Green, London, 1916; often reprinted.
MELLOR, J. W. (2). *Comprehensive Treatise on Inorganic and Theoretical Chemistry*. 15 vols. Longmans Green, London, 1923.
MELLOR, J. W. (3). 'The Chemistry of the Chinese Copper-red Glazes.' *TCS*, 1936, **35**.
DE MÉLY, F. (1) (with the collaborationof M. H. Courel). *Les Lapidaires Chinois*. Vol. 1 of *Les Lapidaires de l'Antiquité et du Moyen Age*. Leroux, Paris, 1896. (Contains facsimile reproduction of the mineralogical section of *Wakan Sanzai Zue*, chs. 59, 60, and 61.) Crit. rev. M. Berthelot, *JS*, 1896, 573).
DE MÉLY, F. (6). 'L'Alchimie chez les Chinois et l'Alchimie Grecque.' *JA*, 1895 (9e sér.), **6**, 314.
DE MENASCE, P. J. (2). 'The Cosmic Noria (Zodiac) in Parsi Thought.' *AN*, 1940, **35–6**, 451.
MEREDITH-OWENS, G. M. (1). 'Some Remarks on the Miniatures in the [Royal Asiatic] Society's *Jāmi' al-Tawārīkh* (MS. A27 of +1314) [by Rashīd al-Dīn, finished +1316]. *JRAS*, 1970 (no. 2, Wheeler Presentation Volume), 195. Includes a brief account of the section on the History of China; cf. Jahn & Franke (1).
MERRIFIELD, M. P. (1). *Original Treatises dating from the +12th to the +18th Centuries on the Arts of Painting in Oil, Miniature, and the Preparation of Colour and Artificial Gems*. 2 vols. London, 1847, London, 1849.
MERRIFIELD, M. P. (2). *A Treatise on Painting* [Cennino Cennini's], *translated from Tambroni's Italian text of 1821*. London, 1844.
MERSENNE, MARIN (3). *La Verité des Sciences, contre les Sceptiques on Pyrrhoniens*. Paris, 1625. Facsimile repr. Frommann, Stuttgart and Bad Cannstatt, 1969. Rev. W. Pagel, *AX*, 1970, **17**, 64.
MERZ, J. T. (1). *A History of European Thought in the Nineteenth Century*. 2 vols. Blackwood, Edinburgh and London, 1896.
METCHNIKOV, E. (= I. I.) (1). *The Nature of Man; Studies in Optimistic Philosophy*. Tr. P. C. Mitchell, New York, 1903, London, 1908; rev. ed. by C. M. Beadnell, London, 1938.
METTLER, CECILIA C. (1). *A History of Medicine*. Blakiston, Toronto, 1947.
METZGER, H. (1). *Newton, Stahl, Boerhaave et la Doctrine Chimique*. Alcan, Paris, 1930.
DE MEURON, M. (1). 'Yoga et Médecine; propos du Dr J. G. Henrotte recueillis par...' *MEDA*, 1968 (no. 69), 2.
MEYER, A. W. (1). *The Rise of Embryology*. Stanford Univ. Press, Palo Alto, Calif. 1939.
VON MEYER, ERNST (1). *A History of Chemistry, from earliest Times to the Present Day; being also an Introduction to the Study of the Science*. 2nd ed., tr. from the 2nd Germ. ed. by G. McGowan. Macmillan, London, 1898.

MEYER, H. H. & GOTTLIEB, R. (1). *Die experimentelle Pharmakologie als Grundlage der Arzneibehandlung.* 9th ed. Urban & Schwarzenberg, Berlin and Vienna, 1936.
MEYER, P. (1). *Alexandre le Grand dans la Litterature Française du Moyen Age.* 2 vols. Paris, 1886.
MEYER, R. M. (1). *Goethe.* 3 vols. Hofmann, Berlin, 1905.
MEYER-STEINEG, T. & SUDHOFF, K. (1). *Illustrierte Geschichte der Medizin.* 5th ed. revised and enlarged, ed. R. Herrlinger & F. Kudlien. Fischer, Stuttgart, 1965.
MEYERHOF, M. (3). 'On the Transmission of Greek and Indian Science to the Arabs.' *IC*, 1937, **11**, 17.
MEYERHOF, M. & SOBKHY, G. P. (1) (ed. & tr.). *The Abridged Version of the 'Book of Simple Drugs' of Aḥmad ibn Muḥammad al-Ghāfiqī of Andalusia by Gregorius Abu'l-Faraj (Bar Hebraeus).* Govt. Press, Cairo, 1938. (Egyptian University Faculty of Med. Pubs. no. 4.)
DE MEYNARD, C. BARBIER (3). '"L'Alchimiste", Comédie en Dialecte Turc Azeri [Azerbaidjani].' *JA*, 1886 (8e sér.), **7**, 1.
DE MEYNARD, C. BARBIER & DE COURTEILLE, P. (1) (tr.). *Les Prairies d'Or* (the *Murūj al-Dhahab* of al-Mas'ūdī, +947). 9 vols. Paris, 1861–77.
MIALL, L. C. (1). *The Early Naturalists, their Lives and Work* (+1530 to +1789). Macmillan, London, 1912.
MICHELL, H. (1). *The Economics of Ancient Greece.* Cambridge, 1940. 2nd ed. 1957.
MICHELL, H. (2). 'Oreichalcos.' *CLR*, 1955, **69** (n.s. **5**), 21.
MIELI, A. (1). *La Science Arabe, et son Rôle dans l'Evolution Scientifique Mondiale.* Brill, Leiden, 1938. Repr. 1966, with additional bibliography and analytic index by A. Mazaheri.
MIELI, A. (3). *Pagine di Storia della Chimica.* Rome, 1922.
MIGNE, J. P. (1) (ed.). *Dictionnaire des Apocryphes; ou, Collection de tous les Livres Apocryphes relatifs à l'Ancien et au Nouveau Testament, pour la plupart, traduits en Français pour la première fois sur les textes originaux; et enrichie de préfaces, dissertations critiques, notes historiques, bibliographiques, géographiques et theologiques...* 2 vols. Migne, Paris, 1856. Vols. 23 and 24 of his *Troisième et Dernière Encyclopédie Théologique*, 60 vols.
MILES, L. M. & FÊNG, C. T. (1). 'Osteomalacia in Shansi.' *JEM*, 1925, **41**, 137.
MILES, W. (1). 'Oxygen-consumption during Three Yoga-type Breathing Patterns.' *JAP*, 1964, **19**, 75.
MILLER, J. INNES (1). *The Spice Trade of the Roman Empire, −29 to +641.* Oxford, 1969.
MILLS, J. V. (11). *Ma Huan['s] 'Ying Yai Shêng Lan', 'The Overall Survey of the Ocean's Shores' [1433]; translated from the Chinese text edited by Fêng Chhêng-Chün, with Introduction, Notes and Appendices...* Cambridge, 1970. (Hakluyt Society Extra Series, no. 42.)
MINGANA, A. (1) (tr.). *An Encyclopaedia of the Philosophical and Natural Sciences, as taught in Baghdad about +817; or, the 'Book of Treasures' by Job of Edessa: the Syriac Text Edited and Translated...* Cambridge, 1935.
MITCHELL, C. W. (1). *St Ephraim's Prose Refutations of Mani, Marcion and Bardaisan;...from the Palimpsest MS. Brit. Mus. Add. 14623...*Vol. 1. *The Discourses addressed to Hypatius.* Vol. 2. *The Discourse called 'Of Domnus', and Six other Writings.* Williams & Norgate, London, 1912–21. (Text and Translation Society Series.)
MITRA, RAJENDRALALA (1). 'Spirituous Drinks in Ancient India.' *JRAS/B*, 1873, **42**, 1–23.
MIYASHITA SABURŌ (1). 'A Link in the Westward Transmission of Chinese Anatomy in the Later Middle Ages.' *ISIS*, 1968, **58**, 486.
MIYUKI MOKUSEN (1). 'Taoist Zen Presented in the *Hui Ming Ching.*' Communication to the First International Conference of Taoist Studies, Villa Serbelloni, Bellagio, 1968.
MIYUKI MOKUSEN (2). 'The "Secret of the Golden Flower", Studies and [a New] Translation.' Inaug. Diss., Jung Institute, Zürich, 1967.
MODEL, J. G. (1). *Versuche und Gedanken über ein natürliches oder gewachsenes Salmiak.* Leipzig, 1758.
MODI, J. J. (1). 'Haoma.' Art. in *ERE*, vol. vi, p. 506.
MOISSAN, H. (1). *Traité de Chimie Minérale.* 5 vols. Masson, Paris, 1904.
MONTAGU, B. (1) (ed.). *The Works of Lord Bacon.* 16 vols. in 17 parts. Pickering, London, 1825–34.
MONTELL, G. (2). 'Distilling in Mongolia.' *ETH*, 1937 (no. 5), **2**, 321.
DE MONTFAUCON, B. (1). *L'Antiquité Expliquée et Representée en Figures.* 5 vols. with 5-vol. supplement. Paris, 1719. Eng. tr. by D. Humphreys, *Antiquity Explained, and Represented in Sculptures, by the Learned Father Montfaucon.* 5 vols. Tonson & Watts, London, 1721–2.
MONTGOMERY, J. W. (1). 'Cross, Constellation and Crucible; Lutheran Astrology and Alchemy in the Age of the Reformation.' *AX*, 1964, **11**, 65.
MOODY, E. A. & CLAGETT, MARSHALL (1) (ed. and tr.). *The Mediaeval Science of Weights ('Scientia de Ponderibus'); Treatises ascribed to Euclid, Archimedes, Thabit ibn Qurra, Jordanus de Nemore, and Blasius of Parma.* Univ. of Wisconsin Press, Madison, Wis., 1952. Revs. E. J. Dijksterhuis, *A/AIHS*, 1953, **6**, 504; O. Neugebauer, *SP*, 1953, **28**, 596.
MOORE-BENNETT, A. J. (1). 'The Mineral Areas of Western China.' *FER*, 1915, 225.
MORAN, S. F. (1). 'The Gilding of Ancient Bronze Statues in Japan.' *AA*, 1969, **30**, 55.

DE MORANT, G. SOULIÉ (2). *L'Acuponcture Chinoise.* 4 vols.
I. *l'Énergie (Points, Méridiens, Circulation).*
II. *Le Maniement de l'Energie.*
III. *Les Points et leurs Symptômes.*
IV. *Les Maladies et leurs Traitements.*
Mercure de France, Paris, 1939–. Re-issued as 5 vols. in one, with 1 vol. of plates, Maloine, Paris, 1972.

MORERY, L. (1). *Grand Dictionnaire Historique; ou le Mélange Curieux de l'Histoire Sacrée et Profane...* 1688, Supplement 1689. Later editions revised by J. Leclerc. 9th ed. Amsterdam and The Hague, 1702. Eng. tr. revised by Jeremy Collier, London, 1701.

MORET, A. (1). 'Mysteries, Egyptian.' *ERE*, vol. ix, pp. 74–5.

MORET, A. (2). *Kings and Gods in Egypt.* London, 1912.

MORET, A. (3). 'Du Caractère Religieux de la Royauté Pharaonique.' *BE/AMG*, 1902, **15**, 1–344.

MORFILL, W. R. & CHARLES, R. H. (1) (tr.). *The 'Book of the Secrets of Enoch'* [2 Enoch], *translated from the Slavonic...* Oxford, 1896.

MORGENSTERN, P. (1) (ed.). *'Turba Philosophorum'; Das ist, Das Buch von der güldenen Kunst, neben andern Authoribus, welche mit einander 36 Bücher in sich haben. Darinn die besten vrältesten Philosophi zusam̃en getragen, welche tractiren alle einhellig von der Universal Medicin, in zwey Bücher abgetheilt, unnd mit Schönen Figuren gezieret. Jetzundt newlich zu Nutz und Dienst allen waren Kunstliebenden der Natur (so der Lateinischen Sprach unerfahren) mit besondern Fleiß, mühe unnd Arbeit trewlich an tag geben...* König, Basel, 1613. 2nd ed. Krauss, Vienna, 1750. Cf. Ferguson (1), vol. 2, pp. 106 ff.

MORRIS, IVAN I. (1). *The World of the Shining Prince; Court Life in Ancient Japan* [in the Heian Period, +782 to +1167, here particularly referring to Late Heian, +967 to +1068]. Oxford, 1964.

MORRISON, P. & MORRISON, E. (1). 'High Vacuum.' *SAM*, 1950, **182** (no. 5), 20.

MORTIER, F. (1). 'Les Procédés Taoistes en Chine pour la Prolongation de la Vie Humaine.' *BSAB*, 1930, **45**, 118.

MORTON, A. A. (1). *Laboratory Technique in Organic Chemistry.* McGraw-Hill, New York and London, 1938.

MOSS, A. A. (1). 'Niello.' *SCON*, 1955, **1**, 49.

M[OUFET], T[HOMAS] (of Caius, d. +1605)? (1). '*Letter* [of Roger Bacon] *concerning the Marvellous Power of Art and Nature.* London, 1659. (Tr. of *De Mirabili Potestate Artis et Naturae, et de Nullitate Magiae.*) French. tr. of the same work by J. Girard de Tournus, Lyons, 1557, Billaine, Paris, 1628. Cf. Ferguson (1), vol. 1, pp. 52, 63-4, 318, vol. 2, pp. 114, 438.

MOULE, A. C. & PELLIOT, P. (1) (tr. & annot.). *Marco Polo (+1254 to +1325); The Description of the World.* 2 vols. Routledge, London, 1938. Further notes by P. Pelliot (posthumously pub.). 2 vols. Impr. Nat. Paris, 1960.

MUCCIOLI, M. (1). 'Intorno ad una Memoria di Giulio Klaproth sulle "Conoscenze Chimiche dei Cinesi nell 8 Secolo".' *A*, 1926, **7**, 382.

MUELLER, K. (1). 'Die Golemsage und die sprechenden Statuen.' *MSGVK*, 1918, **20**, 1–40.

MUIR, J. (1). *Original Sanskrit Texts.* 5 vols. London, 1858–72.

MUIR, M. M. PATTISON (1). *The Story of Alchemy and the Beginnings of Chemistry.* Hodder & Stoughton, London, 1902. 2nd ed. 1913.

MUIRHEAD, W. (1). '[Glossary of Chinese] Mineralogical and Geological Terms. In Doolittle (1), vol. 2, p. 256.

MUKAND SINGH, THAKUR (1). *Ilajul Awham (On the Treatment of Superstitions).* Jagat, Aligarh, 1893 (in Urdu).

MUKERJI, KAVIRAJ B. (1). *Rasa-jala-nidhi; or, Ocean of Indian Alchemy.* 2 vols. Calcutta, 1927.

MULTHAUF, R. P. (1). 'John of Rupescissa and the Origin of Medical Chemistry.' *ISIS*, 1954, **45**, 359.

MULTHAUF, R. P. (2). 'The Significance of Distillation in Renaissance Medical Chemistry.' *BIHM*, 1956, **30**, 329.

MULTHAUF, R. P. (3). 'Medical Chemistry and "the Paracelsians".' *BIHM*, 1954, **28**, 101.

MULTHAUF, R. P. (5). *The Origins of Chemistry.* Oldbourne, London, 1967.

MULTHAUF, R. P. (6). 'The Relationship between Technology and Natural Philosophy, *c.* +1250 to +1650, as illustrated by the Technology of the Mineral Acids.' Inaug. Diss., Univ. California, 1953.

MULTHAUF, R. P. (7). 'The Beginnings of Mineralogical Chemistry.' *ISIS*, 1958, **49**, 50.

MULTHAUF, R. P. (8). 'Sal Ammoniac; a Case History in Industrialisation.' *TCULT*, 1965, **6**, 569.

MUS, P. (1). 'La Notion de Temps Réversible dans la Mythologie Bouddhique.' *AEPHE/SSR*, 1939, 1.

AL-NADĪM, ABŪ'L-FARAJ IBN ABŪ YA'QŪB. See Flügel, G. (1).

NADKARNI, A. D. (1). *Indian Materia Medica.* 2 vols. Popular, Bombay, 1954.

NAGEL, A. (1). 'Die Chinesischen Küchengott.' *AR*, 1908, **11**, 23.

NAKAYAMA SHIGERU & SIVIN, N. (1) (ed.). *Chinese Science; Explorations of an Ancient Tradition.* M.I.T. Press, Cambridge, Mass., 1973. (M.I.T. East Asian Science Ser. no. **2**.)

NANJIO, B. (1). *A Catalogue of the Chinese Translations of the Buddhist Tripiṭaka.* Oxford, 1883. (See Ross, E. D, 3.)

NARDI, S. (1) (ed.). *Taddeo Alderotti's Consilia Medicinalia'*, *c.* +*1280*. Turin, 1937.

NASR, SEYYED HOSSEIN. See Said Husain Nasr.

NAU, F. (2). 'The translation of the *Tabula Smaragdina* by Hugo of Santalla (mid +12th century).' *ROC*, 1907 (2e sér.), **2**, 105.

NEAL, J. B. (1). 'Analyses of Chinese Inorganic Drugs.' *CMJ*, 1889, **2**, 116; 1891, **5**, 193,

NEBBIA, G. & NEBBIA-MENOZZI, G. (1). 'A Short History of Water Desalination.' Art. from *Acqua Dolce dal Mare.* IIª Inchiesta Internazionale, Milan, Fed. delle Associazioni Sci. e Tecniche, 1966, pp. 129–172.

NEBBIA, G. & NEBBIA-MENOZZI, G. (2). 'Early Experiments on Water Desalination by Freezing.' *DS*, 1968, **5**, 49.

NEEDHAM, DOROTHY M. (1). *Machina Carnis; the Biochemistry of Muscle Contraction in its Historical Development.* Cambridge, 1971.

NEEDHAM, JOSEPH (2). *A History of Embryology.* Cambridge, 1934. 2nd ed., revised with the assistance of A. Hughes. Cambridge, 1959; Abelard-Schuman, New York, 1959.

NEEDHAM, JOSEPH (25). 'Science and Technology in China's Far South-East.' *N*, 1946, **157**, 175. Reprinted in Needham & Needham (1).

NEEDHAM, JOSEPH (27). 'Limiting Factors in the Advancement of Science as observed in the History of Embryology.' *YJBM*, 1935, **8**, 1. (Carmalt Memorial Lecture of the Beaumont Medical Club of Yale University.)

NEEDHAM, JOSEPH (30). 'Prospection Géobotanique en Chine Médiévale.' *JATBA*, 1954, **1**, 143.

NEEDHAM, JOSEPH (31). 'Remarks on the History of Iron and Steel Technology in China (with French translation; 'Remarques relatives à l'Histoire de la Sidérurgie Chinoise'). In *Actes du Colloque International 'Le Fer à travers les Ages'*, pp. 93, 103. Nancy, Oct. 1955. (*AEST*, 1956, Mémoire no. 16.)

NEEDHAM, JOSEPH (32). *The Development of Iron and Steel Technology in China.* Newcomen Soc. London, 1958. (Second Biennial Dickinson Memorial Lecture, Newcomen Society.) Précis in *TNS*, 1960, **30**, 141; rev. L. C. Goodrich, *ISIS*, 1960, **51**, 108. Repr. Heffer, Cambridge, 1964. French tr. (unrevised, with some illustrations omitted and others added by the editors), *RHSID*, 1961, **2**, 187, 235; 1962, **3**, 1, 62.

NEEDHAM, JOSEPH (34). 'The Translation of Old Chinese Scientific and Technical Texts.' Art. in *Aspects of Translation*, ed. A. H. Smith, Secker & Warburg, London, 1958. p. 65. (Studies in Communication, no. 22.) Also in *BABEL*, 1958, **4** (no. 1), 8.

NEEDHAM JOSEPH (36). *Human Law and the Laws of Nature in China and the West.* Oxford Univ. Press, London, 1951. (Hobhouse Memorial Lectures at Bedford College, London, no. 20.) Abridgement of (37).

NEEDHAM, JOSEPH (37). 'Natural Law in China and Europe.' *JHI*, 1951, **12**, 3 & 194 (corrigenda, 628).

NEEDHAM, JOSEPH (45). 'Poverties and Triumphs of the Chinese Scientific Tradition.' Art. in *Scientific Change; Historical Studies in the Intellectual, Social and Technical Conditions for Scientific Discovery and Technical Invention from Antiquity to the Present*, ed. A. C. Crombie, p. 117. Heinemann, London, 1963. With discussion by W. Hartner, P. Huard, Huang Kuang-Ming, B. L. van der Waerden and S. E. Toulmin (Symposium on the History of Science, Oxford, 1961). Also, in modified form: 'Glories and Defects...' in *Neue Beiträge z. Geschichte d. alten Welt*, vol. 1, *Alter Orient und Griechenland*, ed. E. C. Welskopf, Akad. Verl. Berlin, 1964. French tr. (of paper only) by M. Charlot, 'Grandeurs et Faiblesses de la Tradition Scientifique Chinoise', *LP*, 1963, no. 111. Abridged version; 'Science and Society in China and the West', *SPR*, 1964, **52**, 50.

NEEDHAM, JOSEPH (47). 'Science and China's Influence on the West.' Art. in *The Legacy of China*, e R. N. Dawson. Oxford, 1964, p. 234.

NEEDHAM, JOSEPH (48). 'The Prenatal History of the Steam-Engine.' (Newcomen Centenary Lecture). *TNS*, 1963, **35**, 3–58.

NEEDHAM, JOSEPH (50). 'Human Law and the Laws of Nature.' Art. in *Technology, Science and Art; Common Ground.* Hatfield Coll. of Technol., Hatfield, 1961, p. 3. A lecture based upon (36) and (37), revised from Vol. 2, pp. 518 ff. Repr. in *Social and Economic Change* (Essays in Honour of Prof. D. P. Mukerji), ed. B. Singh & V. B. Singh. Allied Pubs. Bombay, Delhi etc., 1967, p. 1.

NEEDHAM, JOSEPH (55). 'Time and Knowledge in China and the West.' Art. in *The Voices of Time; a Cooperative Survey of Man's Views of Time as expressed by the Sciences and the Humanities*, ed. J. T. Fraser. Braziller, New York, 1966, p. 92.

NEEDHAM, JOSEPH (56). *Time and Eastern Man.* (Henry Myers Lecture, Royal Anthropological Institute, 1964.) Royal Anthropological Institute, London, 1965.

NEEDHAM, JOSEPH (58). 'The Chinese Contribution to Science and Technology.' Art. in *Reflections on our Age* (Lectures delivered at the Opening Session of UNESCO at the Sorbonne, Paris, 1946), ed. D. Hardman & S. Spender. Wingate, London, 1948, p. 211. Tr. from the French *Conférences de l'Unesco.* Fontaine, Paris, 1947, p. 203.

NEEDHAM, JOSEPH (59). 'The Roles of Europe and China in the Evolution of Oecumenical Science.' *JAHIST*, 1966, **1**, 1. As Presidential Address to Section X, British Association, Leeds, 1967, in *ADVS*, 1967, **24**, 83.

NEEDHAM, JOSEPH (60). 'Chinese Priorities in Cast Iron Metallurgy.' *TCULT*, 1964, **5**, 398.

NEEDHAM, JOSEPH (64). *Clerks and Craftsmen in China and the West* (Collected Lectures and Addresses). Cambridge, 1970.

NEEDHAM, JOSEPH (65). *The Grand Titration; Science and Society in China and the West.* (Collected Addresses.) Allen & Unwin, London, 1969.

NEEDHAM, JOSEPH (67). *Order and Life* (Terry Lectures). Yale Univ. Press, New Haven, Conn.; Cambridge, 1936. Paperback edition (with new foreword), M.I.T. Press, Cambridge, Mass. 1968. Italian tr. by M. Aloisi, *Ordine e Vita*, Einaudi, Turin, 1946 (Biblioteca di Cultura Scientifica, no. 14).

NEEDHAM, JOSEPH (68). 'Do the Rivers Pay Court to the Sea? The Unity of Science in East and West.' *TTT*, 1971, **5** (no. 2), 68.

NEEDHAM, JOSEPH (70). 'The Refiner's Fire; the Enigma of Alchemy in East and West.' Ruddock, for Birkbeck College, London, 1971 (Bernal Lecture). French tr. (with some additions and differences), 'Artisans et Alchimistes en Chine et dans le Monde Hellénistique.' *LP*, 1970, no. 152, 3 (Rapkine Lecture, Institut Pasteur, Paris).

NEEDHAM, JOSEPH (71). 'A Chinese Puzzle—Eighth or Eighteenth?', art. in *Science, Medicine and Society in the Renaissance* (Pagel Presentation Volume), ed. Debus (20), vol. 2, p. 251.

NEEDHAM, JOSEPH & LU GWEI-DJEN (1). 'Hygiene and Preventive Medicine in Ancient China.' *JHMAS*, 1962, **17**, 429; abridged in *HEJ*, 1959, **17**, 170.

NEEDHAM, JOSEPH & LU GWEI-DJEN (3). 'Proto-Endocrinology in Mediaeval China.' *JSHS*, 1966, **5**, 150.

NEEDHAM, JOSEPH & NEEDHAM, DOROTHY M. (1) (ed.). *Science Outpost.* Pilot Press, London, 1948.

NEEDHAM, JOSEPH & ROBINSON, K. (1). 'Ondes et Particules dans la Pensée Scientifique Chinoise.' *SCIS*, 1960, **1** (no. 4), 65.

NEEDHAM, JOSEPH, WANG LING & PRICE, D. J. DE S. (1). *Heavenly Clockwork; the Great Astronomical Clocks of Mediaeval China.* Cambridge, 1960. (Antiquarian Horological Society Monographs, no. 1.) Prelim. pub. *AHOR*, 1956, **1**, 153.

NEEF, H. (1). *Die im 'Tao Tsang' enthaltenen Kommentare zu 'Tao-Tê-Ching' Kap. VI.* Inaug. Diss. Bonn, 1938.

NEOGI, P. (1). *Copper in Ancient India.* Sarat Chandra Roy (Anglo-Sanskrit Press), Calcutta, 1918. (Indian Assoc. for the Cultivation of Science, Special Pubs. no. 1.)

NEOGI, P. & ADHIKARI, B. B. (1). 'Chemical Examination of Ayurvedic Metallic Preparations; I, *Shata-puta lauha* and *Shahashra-puta lauha* (Iron roasted a hundred or a thousand times).' *JRAS/B*, 1910 (n.s.), **6**, 385.

NERI, ANTONIO (1). *L'Arte Vetraria distinta in libri sette...* Giunti, Florence, 1612. 2nd ed. Rabbuiati, Florence, 1661, Batti, Venice, 1663. Latin tr. *De Arte Vitraria Libri Septem, et in eosdem Christoph. Merretti...Observationes et Notae.* Amsterdam, 1668. German tr. by F. Geissler, Frankfurt and Leipzig, 1678. English tr. by C. Merrett, London, 1662. Cf. Ferguson (1), vol. 2, pp. 134 ff.

NEUBAUER, C. & VOGEL, H. (1). *Handbuch d. Analyse d. Harns.* 1860, and later editions, including a revision by A. Huppert, 1910.

NEUBURGER, A. (1). *The Technical Arts and Sciences of the Ancients.* Methuen, London, 1930. Tr. by H. L. Brose from *Die Technik d. Altertums.* Voigtländer, Leipzig, 1919. (With a drastically abbreviated index and the total omission of the bibliographies appended to each chapter, the general bibliography, and the table of sources of the illustrations).

NEUBURGER, M. (1). 'Théophile de Bordeu (1722 bis 1776) als Vorläufer d. Lehre von der inneren Sekretion.' *WKW*, 1911 (pt. 2), 1367.

NEUMANN, B. (1). 'Messing.' *ZAC*, 1902, **15**, 511.

NEUMANN, B. & KOTYGA, G. (1) (with the assistance of M. Rupprecht & H. Hoffmann). 'Antike Gläser.' *ZAC*, 1925, **38**, 776, 857; 1927, **40**, 963; 1928, **41**, 203; 1929, **42**, 835.

NEWALL, L. C. (1). 'Newton's Work in Alchemy and Chemistry.' Art. in *Sir Isaac Newton, 1727 to 1927*, Hist. Sci. Soc. London, 1928, pp. 203–55.

NGUYEN DANG TÂM (1). 'Sur les Bokétonosides, Saponosides du Boket ou *Gleditschia fera* Merr. (*australis* Hemsl.; *sinensis* Lam.).' *CRAS*, 1967, **264**, 121.

NIU CHING-I, KUNG YO-THING, HUANG WEI-TÊ, KO LIU-CHÜN & eight other collaborators (1). 'Synthesis of Crystalline Insulin from its Natural A-Chain and the Synthetic B-Chain.' *SCISA*, 1966, **15**, 231.

NOBLE, S. B. (1). 'The Magical Appearance of Double-Entry Book-keeping' (derivation from the mathematics of magic squares). Unpublished MS., priv. comm.

NOCK, A. D. & FESTUGIÈRE, A. J. (1). *Corpus Hermeticum* [Texts and French translation]. Belles lettres, Paris, 1945–54.
Vol. 1, Texts I to XII; text established by Nock, tr. Festugière.
Vol. 2, Texts XIII to XVIII, Asclepius; text established by Nock, tr. Festugière.
Vol. 3, Fragments from Stobaeus I to XXII; text estab. and tr. Festugière.
Vol. 4, Fragments from Stobaeus XXIII to XXIX (text estab. and tr. Festugière) and Miscellaneous Fragments (text estab. Nock, tr. Festugière).
(Coll. Universités de France, Assoc. G. Budé.)

NOEL, FRANCIS (2). *Philosophia Sinica; Tribus Tractatibus primo Cognitionem primi Entis, secundo Ceremonias erga Defunctos, tertio Ethicam juxta Sinarum mentem complectens.* Univ. Press, Prague, 1711. Cf. Pinot (2), p. 116.

NOEL, FRANCIS (3) (tr.). *Sinensis Imperii Libri Classici Sex; nimirum: Adultorum Schola [Ta Hsüeh], Immutabile Medium [Chung Yung], Liber Sententiarum [Lun Yü], Mencius [Mêng Tzu], Filialis Observantia [Hsiao Ching], Parvulorum Schola [San Tzu Ching], e Sinico Idiomate in Latinum traducti....* Univ. Press, Prague, 1711. French tr. by Pluquet, *Les Livres Classiques de l'Empire de la Chine, précédés d'observations sur l'Origine, la Nature et les Effets de la Philosophie Morale et Politique dans cet Empire.* 7 vols. De Bure & Barrois, Didot, Paris, 1783–86. The first three books had been contained in Intorcetta *et al.* (1) *Confucius Sinarum Philosophus...*, the last three were now for the first time translated.

NOEL, FRANCIS (5) (tr.). MS. translation of the *Tao Tê Ching*, sent to Europe between +1690 and +1702. Present location unknown. See Pfister (1), p. 418.

NORDHOFF, C. (1). *The Communistic Societies of the United States, from Personal Visit and Observation.* Harper, New York, 1875. 2nd ed. Dover, New York, 1966, with an introduction by M. Holloway.

NORIN, E. (1). 'Tzu Chin Shan, an Alkali-Syenite Area in Western Shansi; Preliminary Notes.' *BGSC*, 1921, no. 3, 45–70.

NORPOTH, L. (1). 'Paracelsus—a Mannerist?', art. in *Science, Medicine and Society in the Renaissance* (Pagel Presentation Volume), ed. Debus (20), vol. 1, p. 127.

NORTON, T. (1). *The Ordinall of Alchimy* (*c.* 1+440). See Holmyard (12).

NOYES, J. H. [of Oneida] (1). *A History of American Socialisms.* Lippincott, Philadelphia, 1870. 2nd ed. Dover, New York, 1966, with an introduction by M. Holloway.

O'FLAHERTY, W. D. (1). 'The Submarine Mare in the Mythology of Siva.' *JRAS*, 1971, 9.

O'LEARY, DE LACY (1). *How Greek Science passed to the Arabs.* Routledge & Kegan Paul, London, 1948.

OAKLEY, K. P. (2). 'The Date of the "Red Lady" of Paviland.' *AQ*, 1968, **42**, 306.

ŌBUCHI, NINJI (1). 'How the *Tao Tsang* Took Shape.' Contribution to the First International Conference of Taoist Studies, Villa Serbelloni, Bellagio, 1958.

OESTERLEY, W. O. E. & ROBINSON, T. H. (1). *Hebrew Religion; its Origin and Development.* SPCK, London, 2nd ed. 1937, repr. 1966.

OGDEN, W. S. (1). 'The Roman Mint and Early Britain.' *BNJ*, 1908, **5**, 1–50.

OHSAWA, G. See Sakurazawa, Nyoiti (1).

D'OLLONE, H., VISSIÈRE, A., BLOCHET, E. *et al.* (1). *Recherches sur les Mussulmans Chinois.* Leroux, Paris, 1911. (Mission d'Ollone, 1906–1909: cf. d'Ollone, H.: *In Forbidden China*, tr. B. Miall, London, 1912.)

OLSCHKI, L. (4). *Guillaume Boucher; a French Artist at the Court of the Khans.* Johns Hopkins Univ. Press, Baltimore, 1946 (rev. H. Franke, *OR*, 1950, **3**, 135).

OLSCHKI, L. (7). *The Myth of Felt.* Univ. of California Press, Los Angeles, Calif., 1949.

ONG WÊN-HAO (1). 'Les Provinces Métallogéniques de la Chine.' *BGSC*, 1920, no. 2, 37–59.

ONG WÊN-HAO (2). 'On Historical Records of Earthquakes in Kansu.' *BGSC*, 1921, no. 3, 27–44.

OPPERT, G. (2). 'Mitteilungen zur chemisch-technischen Terminologie im alten Indien; (1) Über die Metalle, besonders das Messing, (2) der Indische Ursprung der Kadmia (Calaminaris) und der Tutia.' Art. in Kahlbaum Festschrift (1909), ed. Diergart (1), pp. 127–42.

ORSCHALL, J. C. (1). '*Sol sine Veste*'; *Oder dreyssig Experimenta dem Gold seinen Purpur auszuziehen...* Augsburg, 1684. Cf. Partington (7), vol. 2, p. 371; Ferguson (1), vol. 2, pp. 156 ff.

DA ORTA, GARCIA (1). *Coloquios dos Simples e Drogas he cousas medicinais da India compostos pello Doutor Garcia da Orta.* de Endem, Goa, 1563. Latin epitome by Charles de l'Escluze, Plantin, Antwerp, 1567. Eng. tr. *Colloquies on the Simples and Drugs of India* with the annotations of the Conde de Ficalho, 1895, by Sir Clements Markham. Sotheran, London, 1913.

OSMOND, H. (1) 'Ololiuqui; the Ancient Aztec Narcotic.' *JMS*, 1955, **101**, 526.
OSMOND, H. (2). 'Hallucinogenic Drugs in Psychiatric Research.' *MBLB*, 1964, **6** (no. 1), 2.
OST, H. (1). *Lehrbuch der chemischen Technologie*. 11th ed. Jänecke, Leipzig, 1920.
OTA, K. (1). 'The Manufacture of Sugar in Japan.' *TAS/J*, 1880, **8**, 462.
OU YUN-JOEI. See Wu Yün-Jui in Roi & Wu (1).
OUSELEY, SIR WILLIAM (1) (tr.). *The 'Oriental Geography 'of Ebn Haukal, an Arabian Traveller of the Tenth Century* [Abū al-Qāsim Muḥammad Ibn Ḥawqal, *fl.* +943 to +977]. London, 1800. (This translation, done from a Persian MS., is in fact an abridgement of the *Kitāb al-Masālik wa'l-Mamālik*, 'Book of the Roads and the Countries', of Ibn Ḥawqal's contemporary, Abū Isḥāq Ibrāhīm ibn Muḥammad al-Fārisī al-Iṣṭakhrī.)

PAAL, H. (1). *Johann Heinrich Cohausen, +1665 bis +1750; Leben und Schriften eines bedeutenden Arztes aus der Blütezeit des Hochstiftes Münster, mit kulturhistorischen Betrachtungen*. Fischer, Jena, 1931. (Arbeiten z. Kenntnis d. Gesch. d. Medizin im Rheinland und Westfalen, no. 6.)
PAGEL, W. (1). 'Religious Motives in the Medical Biology of the Seventeenth Century.' *BIHM*, 1935, **3**, 97.
PAGEL, W. (2). 'The Religious and Philosophical Aspects of van Helmont's Science and Medicine.' *BIHM*, Suppl. no. 2, 1944.
PAGEL, W. (10). *Paracelsus; an Introduction to Philosophical Medicine in the Era of the Renaissance*. Karger, Basel and New York, 1958. Rev. D. G[eoghegan], *AX*, 1959, **7**, 169.
PAGEL, W. (11). 'Jung's Views on Alchemy.' *ISIS*, 1948, **39**, 44.
PAGEL, W. (12). 'Paracelsus; Traditionalism and Mediaeval Sources.' Art. in *Medicine, Science and Culture*, O. Temkin Presentation Volume, ed. L. G. Stevenson & R. P. Multhauf. Johns Hopkins Press, Baltimore, Md. 1968, p. 51.
PAGEL, W. (13). 'The Prime Matter of Paracelsus.' *AX*, 1961, **9**, 117.
PAGEL, W. (14). 'The "Wild Spirit" (Gas) of John-Baptist van Helmont (+1579 to +1644), and Paracelsus.' *AX*, 1962, **10**, 2.
PAGEL, W. (15). 'Chemistry at the Cross-Roads; the Ideas of Joachim Jungius.' *AX*, 1969, **16**, 100. (Essay-review of Kangro, 1.)
PAGEL, W. (16). 'Harvey and Glisson on Irritability, with a Note on van Helmont.' *BIHM*, 1967, **41**, 497.
PAGEL, W. (17). 'The Reaction to Aristotle in Seventeenth-Century Biological Thought.' Art. in Singer Commemoration Volume, *Science, Medicine and History*, ed. E. A. Underwood. Oxford, 1953, vol. 1, p. 489.
PAGEL, W. (18). 'Paracelsus and the Neo-Platonic and Gnostic Tradition.' *AX*, 1960, **8**, 125.
PALÉOLOGUE, M. G. (1). *L'Art Chinois*. Quantin, Paris, 1887.
PALLAS, P. S. (1). *Sammlungen historischen Nachrichten ü. d. mongolischen Völkerschaften*. St Petersburg 1776. Fleischer, Frankfurt and Leipzig, 1779.
PALMER, A. H. (1). 'The Preparation of a Crystalline Globulin from the Albumin fraction of Cow's Milk.' *JBC*, 1934, **104**, 359.
[PALMGREN, N.] (1). 'Exhibition of Early Chinese Bronzes arranged on the Occasion of the 13th International Congress of the History of Art.' *BMFEA*, 1934, **6**, 81.
PÁLOS, S. (2). *Atem und Meditation; Moderne chinesische Atemtherapie als Vorschule der Meditation—Theorie, Praxis, Originaltexte*. Barth, Weilheim, 1968.
PARANAVITANA, S. (4). *Ceylon and Malaysia*. Lake House, Colombo, 1966.
DE PAREDES, J. (1). *Recopilacion de Leyes de los Reynos de las Indias*. Madrid, 1681.
PARENNIN, D. (1). 'Lettre à Mons. [J. J.] Dortous de Mairan, de l'Académie Royale des Sciences (on demonstrations to Chinese scholars of freezing-point depression, fulminate explosions and chemical precipitation, without explanations but as a guarantee of theological veracity; on causes of the alleged backwardness of Chinese astronomy, including imperial displeasure at ominous celestial phenomena; on the pretended origin of the Chinese from the ancient Egyptians; on famines and scarcities in China; and on the aurora borealis)'. *LEC*, 1781, vol. 22, pp. 132 ff., dated 28 Sep. 1735.
PARKES, S. (1). *Chemical Essays, principally relating to the Arts and Manufactures of the British Dominions*. 5 vols. Baldwin, Cradock & Joy, London, 1815.
PARTINGTON, J. R. (1). *Origins and Development of Applied Chemistry*. Longmans Green, London, 1935.
PARTINGTON, J. R. (2). 'The Origins of the Atomic Theory.' *ANS*, 1939, **4**, 245.
PARTINGTON, J. R. (3). 'Albertus Magnus on Alchemy.' *AX*, 1937, **1**, 3.
PARTINGTON, J. R. (4). *A Short History of Chemistry*. Macmillan, London, 1937, 3rd ed. 1957.
PARTINGTON, J. R. (5). *A History of Greek Fire and Gunpowder*. Heffer, Cambridge, 1960.
PARTINGTON, J. R. (6). 'The Origins of the Planetary Symbols for Metals.' *AX*, 1937, **1**, 61.
PARTINGTON, J. R. (7). *A History of Chemistry*.
Vol. 1, pt. 1. *Theoretical Background* [Greek, Persian and Jewish].

Vol. 2. *+1500* to *+1700*.
Vol. 3. *+1700* to *1800*.
Vol. 4. *1800 to the Present Time.*
Macmillan, London, 1961– . Rev. W. Pagel, *MH*, 1971, **15**, 406.

PARTINGTON, J. R. (8). 'Chinese Alchemy.'
(*a*) *N*, 1927, **119**, 11.
(*b*) *N*, 1927, **120**, 878; comment on B. E. Read (11).
(*c*) *N*, 1931, **128**, 1074; dissent from von Lippmann (1).

PARTINGTON, J. R. (9). 'The Relationship between Chinese and Arabic Alchemy.' *N*, 1928, **120**, 158.

PARTINGTON, J. R. (10). *General and Inorganic Chemistry*... 2nd ed. Macmillan, London, 1951.

PARTINGTON, J. R. (11). 'Trithemius and Alchemy.' *AX*, 1938, **2**, 53.

PARTINGTON, J. R. (12). 'The Discovery of Mosaic Gold.' *ISIS*, 1934, **21**, 203.

PARTINGTON, J. R. (13). 'Bygone Chemical Technology.' *CHIND*, 1923 (n.s.), **42** (no. 26), 636.

PARTINGTON, J. R. (14). 'The Kerotakis Apparatus.' *N*, 1947, **159**, 784.

PARTINGTON, J. R. (15). 'Chemistry in the Ancient World.' Art. in *Science, Medicine and History*, Singer Presentation Volume, ed. E. A. Underwood. Oxford, 1953, vol. 1, p. 35. Repr. with slight changes, 1959, 241.

PARTINGTON, J. R. (16). 'An Ancient Chinese Treatise on Alchemy [the *Tshan Thung Chhi* of Wei Po-Yang].' *N*, 1935, **136**, 287.

PARTINGTON, J. R. (17). 'The Chemistry of al-Rāzī.' *AX*, 1938, **1**, 192.

PARTINGTON, J. R. (18). 'Chemical Arts in the Mount Athos Manual of Christian Iconography [prob. +13th cent., MSS of +16th to +18th centuries].' *ISIS*, 1934, **22**, 136.

PARTINGTON, J. R. (19). 'E. O. von Lippmann [biography].' *OSIS*, 1937, **3**, 5.

PASSOW, H., ROTHSTEIN, A. & CLARKSON, T. W. (1). 'The General Pharmacology of the Heavy Metals.' *PHREV*, 1961, **13**, 185

PASTAN, I. (1). 'Biochemistry of the Nitrogen-containing Hormones.' *ARB*, 1966, **35** (pt. 1), 367,

DE PAUW, C. (1). *Recherches Philosophiques sur les Égyptiens et les Chinois*... (vols. IV and V of *Oeuvres Philosophiques*), Cailler, Geneva, 1774. 2nd ed. Bastien, Paris, Rep. An. III (1795). Crit. Kao Lei-Ssu [Aloysius Ko, S.J.], *MCHSAMUC*, 1777, **2**, 365, (2nd pagination) 1–174.

PECK, E. S. (1). 'John Francis Vigani, first Professor of Chemistry in the University of Cambridge, +1703 to +1712, and his Cabinet of Materia Medica in the Library of Queens' College.' *PCASC*, 1934, **34**, 34.

PELLIOT, P. (1). Critical Notes on the Earliest Reference to Tea. *TP*, 1922, **21**, 436.

PELLIOT, P. (3). 'Notes sur Quelques Artistes des Six Dynasties et des Thang.' *TP*, 1923, **22**, 214. (On the Bodhidharma legend and the founding of Shao-lin Ssu on Sung Shan, pp. 248 ff., 252 ff.)

PELLIOT, P. (8). 'Autour d'une Traduction Sanskrite du *Tao-tö-king* [*Tao Tê Ching*].' *TP*, 1912, **13**, 350.

PELLIOT, P. (10). 'Les Mongols et la Papauté.'
Pt. 1 'La Lettre du Grand Khan Güyük à Innocent IV [+1246].'
Pt. 2*a* 'Le Nestorien Siméon Rabban-Ata.'
Pt. 2*b* 'Ascelin [Azelino of Lombardy, a Dominican, leader of the first diplomatic mission to the Mongols, +1245 to +1248].'
Pt. 2*c* 'André de Longjumeau [Dominican envoy, +1245 to +1247].'
ROC, 1922, **23** (sér. 3, **3**), 3–30; 1924, **24** (sér. 3, **4**), 225–335; 1931, **28** (sér. 3, **8**), 3–84.

PELLIOT, P. (47). *Notes on Marco Polo; Ouvrage Posthume.* 2 vols. Impr. Nat. and Maisonneuve, Paris, 1959.

PELLIOT, P. (54). 'Le Nom Persan du Cinabre dans les Langues "Altaiques".' *TP*, 1925, **24**, 253.

PELLIOT, P. (55). 'Henri Bosmans, S.J.' *TP*, 1928, **26**, 190.

PELLIOT, P. (56). Review of Cordier (12), *l'Imprimerie Sino-Européenne en Chine. BEFEO*, 1903, **3**, 108.

PELLIOT, P. (57). 'Le *Kin Kou K'i Kouan* [*Chin Ku Chhi Kuan*, Strange Tales New and Old, *c.* +1635]' (review of E. B. Howell, 2). *TP*, 1925, **24**, 54.

PELLIOT, P. (58). Critique of L. Wieger's *Taoisme. JA*, 1912 (10e sér.), **20**, 141.

PELSENEER, J. (3). 'La Réforme et l'Origine de la Science Moderne.' *RUB*, 1954, **5**, 406.

PELSENEER, J. (4). 'L'Origine Protestante de la Science Moderne.' *LYCH*, 1947, 246. Repr. *GEW*, **47**.

PELSENEER, J. (5). 'La Réforme et le Progrès des Sciences en Belgique au 16e Siècle.' Art. in *Science, Medicine and Hisory*, Charles Singer Presentation Volume, ed. E. A. Underwood, Oxford, 1953, vol. 1, p. 280.

PENZER, N. M. (2). *Poison-Damsels; and other Essays in Folklore and Anthropology*. Pr. pr. Sawyer, London, 1952.

PERCY, J. (1). *Metallurgy; Fuel, Fire-Clays, Copper, Zinc and Brass*. Murray, London, 1861.

PERCY, J. (2). *Metallurgy; Iron and Steel*. Murray, London, 1864.

PERCY, J. (3). *Metallurgy; Introduction, Refractories, Fuel*. Murray, London, 1875.

PERCY, J. (4). *Metallurgy; Silver and Gold*. Murray, London, 1880.

PEREIRA, J. (1). *Elements of Materia Medica and Therapeutics.* 2 vols. Longman, Brown, Green & Longman, London, 1842.

PERKIN, W. H. & KIPPING, F. S. (1). *Organic Chemistry*, rev. ed. Chambers, London and Edinburgh, 1917.

PERRY, E. S. & HECKER, J. C. (1). 'Distillation under High Vacuum.' Art. in *Distillation*, ed. A. Weissberger (*Technique of Organic Chemistry*, vol. 4), p. 495. Interscience, New York, 1951.

PERTOLD, O. (1). 'The Liturgical Use of *mahuḍa* liquor among the Bhīls.' *ARO*, 1931, **3**, 406.

PETERSON, E. (1). 'La Libération d'Adam de l'Ἀνάγκη.' *RB*, 1948, **55**, 199.

PETRIE, W. M. FLINDERS (5). 'Egyptian Religion.' Art. in *ERE*, vol. v, p. 236.

PETTUS, SIR JOHN (1). *Fleta Minor; the Laws of Art and Nature, in Knowing, Judging, Assaying, Fining, Refining and Inlarging the Bodies of confin'd Metals...* The first part is a translation of Ercker (1), the second contains: *Essays on Metallic Words, as a Dictionary to many Pleasing Discourses.* Dawkes, London, 1683; reissued 1686. See Sisco & Smith (1); Partington (7), vol. 2, pp. 104 ff.

PETTUS, SIR JOHN (2). *Fodinae Regales; or, the History, Laws and Places of the Chief Mines and Mineral Works in England, Wales and the English Pale in Ireland; as also of the Mint and Mony; with a Clavis explaining some difficult Words relating to Mines, Etc.* London, 1670. See Partington (7), vol. 2, p. 106.

PFISTER, R. (1). 'Teinture et Alchimie dans l'Orient Hellénistique.' *SK*, 1935, **7**, 1–59.

PFIZMAIER, A. (95) (tr.). 'Beiträge z. Geschichte d. Edelsteine u. des Goldes.' *SWAW/PH*, 1867, **58**, 181, 194, 211, 217, 218, 223, 237. (Tr. chs. 807 (coral), 808 (amber), 809 (gems), 810, 811 (gold), 813 (in part), *Thai-Phing Yü Lan*.)

PHARRIS, B. B., WYNGARDEN, L. J. & GUTKNECHT, G. D. (1). Art. in *Gonadotrophins, 1968*, ed. E. Rosenberg, p. 121.

PHILALETHA, EIRENAEUS (or IRENAEUS PHILOPONUS). Probably pseudonym of George Starkey (*c.* +1622 to +1665, *q.v.*). See Ferguson (1), vol. 2, pp. 194, 403.

PHILALETHES, EUGENIUS. See Vaughan, Thomas (+1621 to +1665), and Ferguson (1), vol. 2, p. 197.

PHILIPPE, M. (1). 'Die Braukunst der alten Babylonier im Vergleich zu den heutigen Braumethoden.' In Huber, E. (3), *Bier und Bierbereitung bei den Völkern d. Urzeit*, vol. 1, p. 29.

PHILIPPE, M. (2). 'Die Braukunst der alten Ägypter im Lichte heutiger Brautechnik.' In Huber, E. (3), *Bier und Bierbereitung bei den Völkern d. Urzeit*, vol. 1, p. 55.

PHILLIPPS, T. (SIR THOMAS) (1). 'Letter...communicating a Transcript of a MS. Treatise on the Preparation of Pigments, and on Various Processes of the Decorative Arts practised in the Middle Ages, written in the +12th Century and entitled *Mappae Clavicula*.' *AAA*, 1847, **32**, 183.

PHILOSTRATUS OF LEMNOS. See Conybeare (1); Jones (1).

PIANKOFF, A. & RAMBOVA, N. (1). *Egyptian Mythological Papyri.* 2 vols. Pantheon, New York, 1957 (Bollingen Series, no. 40).

PINCHES, T. G. (1). 'Tammuz.' *ERE*, vol. xii, p. 187. 'Heroes and Hero-Gods (Babylonian).' *ERE*, vol. vi, p. 642.

PINCUS, G., THIMANN, K. V. & ASTWOOD, E. B. (1) (ed.). *The Hormones; Physiology, Chemistry and Applications.* 5 vols. Academic Press, New York, 1948–64.

PINOT, V. (2). *Documents Inédits relatifs à la Connaissance de la Chine en France de 1685 à 1740.* Geuthner, Paris, 1932.

PITTS, F. N. (1). 'The Biochemistry of Anxiety.' *SAM*, 1969, **220** (no. 2), 69.

PIZZIMENTI, D. (1) (ed. & tr.). *Democritus 'De Arte Magna' sive 'De Rebus Naturalibus', necnon Synesii et Pelagii et Stephani Alexandrini et Michaelis Pselli in eundem Commentaria.* Padua, 1572, 1573, Cologne, 1572, 1574 (cf. Ferguson (1), vol. 1, p. 205). Repr. J. D. Tauber: *Democritus Abderyta Graecus 'De Rebus Sacris Naturalibus et Mysticis', cum Notis Synesii et Pelagii...* Nuremberg, 1717.

PLESSNER, M. (1). 'Picatrix' Book on Magic and its Place in the History of Spanish Civilisation.' Communication to the IXth International Congress of the History of Science, Barcelona and Madrid, 1959. Abstract in *Guiones de las Communicaciones*, p. 78. A longer German version appears in the subsequent *Actes* of the Congress, p. 312.

PLESSNER, M. (2). 'Hermes Trismegistus and Arab Science.' *SI*, 1954, **2**, 45.

PLESSNER, M. (3). 'Neue Materialen z. Geschichte d. *Tabula Smaragdina*.' *DI*, 1927, **16**, 77. (A critique of Ruska, 8.)

PLESSNER, M. (4). 'Jābir ibn Ḥayyān und die Zeit der Entstehung der arabischen Jābir-schriften.' *ZDMG*, 1965, **115**, 23.

PLESSNER, M. (5). 'The Place of the *Turba Philosophorum* in the Development of Alchemy.' *ISIS*, 1954, **45**, 331.

PLESSNER, M. (6). 'Vorsokratischen Philosophie und Griechischer Alchemie in Arabisch-Lateinische Traktat; *Turba Philosophorum*.' *BOE*, **4** (in the press).

PLESSNER, M. (7). 'The *Turba Philosophorum*; a Preliminary Report on Three Cambridge Manuscripts.' *AX*, 1959, **7**, 159. (These MSS are longer than that used by Ruska (6) in his translation, but the authenticity of the additional parts has not yet been established.)

PLESSNER, M. (8). 'Geber and Jābir ibn Ḥayyān; an Authentic +16th-Century Quotation from Jābir.' *AX*, 1969, **16**, 113.

PLOSS, E. E., ROOSEN-RUNGE, H., SCHIPPERGES, H. & BUNTZ, H. (1). *Alchimia; Ideologie und Technologie*. Moos, München, 1970.

POISSON, A. (1). *Théories et Symboles des Alchimistes, le Grand Oeuvre; suivi d'un Essai sur la Bibliographie Alchimique du XIXe Siècle*. Paris, 1891. Repr. 1972.

POISSONNIER, P. J. (1). *Appareil Distillatoire présenté au Ministre de la Marine*. Paris, 1779.

POKORA, T. (4). 'An Important Crossroad of Chinese Thought' (Huan Than, the first coming of Buddhism; and Yogistic trends in ancient Taoism). *ARO*, 1961, **29**, 64.

POLLARD, A. W. (2) (ed.). *The Travels of Sir John Mandeville; with Three Narratives in illustration of it—The Voyage of Johannes de Plano Carpini, the Journal of Friar William de Rubruquis, the Journal of Friar Odoric*. Macmillan, London, 1900. Repr. Dover, New York; Constable, London, 1964.

POMET, P. (1). *Histoire Générale des Drogues*. Paris, 1694. Eng. tr. *A Compleat History of Druggs*. 2 vols. London, 1735.

DE PONCINS, GONTRAN (1). *From a Chinese City*. New York, 1957.

POPE, J. A., GETTENS, R. J., CAHILL, J. & BARNARD, N. (1). *The Freer Chinese Bronzes*. Vol. 1, Catalogue. Smithsonian Institution, Washington, D.C. 1967. (Freer Gallery of Art Oriental Studies, no. 7; Smithsonian Publication, no. 4706.) See also Gettens, Fitzhugh, Bene & Chase (1).

POPE-HENNESSY, U. (1). *Early Chinese Jades*. Benn, London, 1923.

PORKERT, MANFRED (1). *The Theoretical Foundations of Chinese Medicine*. M.I.T. Press, Cambridge, Mass. 1973. (M.I.T. East Asian Science and Technology Series, no. 3.)

PORKERT, MANFRED (2). 'Untersuchungen einiger philosophisch-wissenschaftlicher Grundbegriffe und Beziehungen in Chinesischen.' *ZDMG*, 1961, **110**, 422.

PORKERT, MANFRED (3). 'Wissenschaftliches Denken im alten China—das System der energetischen Beziehungen.' *ANT*, 1961, **2**, 532.

DELLA PORTA, G. B. (3). *De distillatione libri IX; Quibus certa methodo, multiplici artificii: penitioribus naturae arcanis detectis cuius libet mixti, in propria elementa resolutio perfectur et docetur*. Rome and Strassburg, 1609.

PORTER, W. N. (1) (tr.). *The Miscellany of a Japanese Priest, being a Translation of the Tsurezuregusa* [+1338], *by Kenkō* [Hōshi], *Yoshida* [no Kaneyoshi]. With an introduction by Ichikawa-Sanki. Clarendon (Milford), London, 1914. Repr. Tuttle, Rutland, Vt. and Tokyo, 1974.

POSTLETHWAYT, MALACHY (1). *The Universal Dictionary of Trade and Commerce; translated from the French of Mons. [Jacques] Savary [des Bruslons], with large additions*. 2 vols. London, 1751–5. 4th ed. London, 1774.

POTT, A. F. (1). 'Chemie oder Chymie?' *ZDMG*, 1876, **30**, 6.

POTTIER, E. (1). 'Observations sur les Couches profondes de l'Acropole [& Nécropole] à Suse.' *MDP*, 1912, **13**, 1, and pl. xxxvii, 8.

POUGH, F. H. (1). 'The Birth and Death of a Volcano [Parícutin in Mexico].' *END*, 1951, **10**, 50.

[VON PRANTL, K.] (1). 'Die Keime d. Alchemie bei den Alten.' *DV*, 1856 (no. 1), no. 73, 135.

PREISENDANZ, K. (1). 'Ostanes.' Art. in Pauly–Wissowa, *Real-Encyklop. d. class. Altertumswiss*. Vol. xviii, pt. 2, cols. 1609 ff.

PREISENDANZ, K. (2). 'Ein altes Ewigkeitsymbol als Signet und Druckermarke.' *GUJ*, 1935, 143.

PREISENDANZ, K. (3). 'Aus der Geschichte des Uroboros; Brauch und Sinnbild.' Art. in E. Fehrle Festschrift, Karlsruhe, 1940, p. 194.

PREUSCHEN, E. (1). 'Die Apocryphen Gnostichen Adamschriften aus dem Armenischen übersetzt und untersucht.' Art. in Festschrift f. Bernhard Stade, sep. pub. Ricker (Töpelmann), Giessen, 1900.

PRYOR, M. G. M. (1). 'On the Hardening of the Ootheca of *Blatta orientalis* (and the cuticle of insects in general).' *PRSB*, 1940, **128**, 378, 393.

PRZYŁUSKI, J. (1). 'Les Unipédes.' *MCB*, 1933, **2**, 307.

PRZYŁUSKI, J. (2). (*a*) 'Une Cosmogonie Commune à l'Iran et à l'Inde.' *JA*, 1937, **229**, 481. (*b*) 'La Théorie des Eléments.' *SCI*, 1933.

PUECH, H. C. (1). *Le Manichéisme; son Fondateur, sa Doctrine*. Civilisations du Sud, SAEP, Paris, 1949. (Musée Guimet, Bibliothèque de Diffusion, no. 56.)

PUECH, H. C. (2). 'Catharisme Médiéval et Bogomilisme.' Art. in *Atti dello Convegno di Scienze Morali, Storiche e Filologiche*—'Oriente ed Occidente nel Medio Evo'. Accad. Naz. di Lincei, Rome, 1956 (Atti dei Convegni Alessandro Volta, no. 12), p. 56.

PUECH, H. C. (3). 'The Concept of Redemption in Manichaeism.' *ERYB*, 1969, **6**, 247 (*The Mystic Vision*, ed. J. Campbell). Tr. from the German in *ERJB*, 1936, **4**, 1.

PUFF VON SCHRICK, MICHAEL. See von Schrick.

PULLEYBLANK, E. G. (11). 'The Consonantal System of Old Chinese.' *AM*, 1964, **9**, 206.

PULSIFER, W. H. (1). *Notes for a History of Lead; and an Enquiry into the Development of the Manufacture of White Lead and Lead Oxides*. New York, 1888.

PUMPELLY, R. (1). 'Geological Researches in China, Mongolia and Japan, during the years 1862 to 1865.' *SCK*, 1866, **202**, 77.
PUMPELLY, R. (2). 'An Account of Geological Researches in China, Mongolia and Japan during the Years 1862 to 1865.' *ARSI*, 1866, **15**, 36.
PURKINJE, J. E. (PURKYNĚ). See Teich (1).
DU PUY-SANIÈRES, G. (1). 'La Modification Volontaire du Rhythme Respiratoire et les Phenomènes qui s'y rattachent.' *RPCHG*, 1937 (no. 486).

QUIRING, H. (1). *Geschichte des Goldes; die goldenen Zeitalter in ihrer kulturellen und wirtschaftlichen Bedeutung*. Enke, Stuttgart, 1948.
QUISPEL, G. (1). 'Gnostic Man; the Doctrine of Basilides.' *ERYB*, 1969, **6**, 210 (*The Mystic Vision*, ed. J. Campbell). Tr. from the German in *ERJB*, 1948, **16**, 1.

RAMAMURTHI, B. (1). 'Yoga; an Explanation and Probable Neurophysiology.' *JIMA*, 1967, **48**, 167.
RANKING, G. S. A. (1). 'The Life and Works of Rhazes.' (Biography and Bibliography of al-Rāzī.) Proc. XVIIth Internat. Congress of Medicine, London, 1913. Sect. 23, pp. 237–68.
RAO, GUNDU H. V., KRISHNASWAMY, M., NARASIMHAIYA, R. L., HOENIG, J. & GOVINDASWAMY, M. V. (1). 'Some Experiments on a Yogi in Controlled States.' *JAIMH*, 1958, **1**, 99.
RAO, SHANKAR (1). 'The Metabolic Cost of the (Yogi) Head-stand Posture.' *JAP*, 1962, **17**, 117.
RAO, SHANKAR (2). 'Oxygen-consumption during Yoga-type Breathing at Altitudes of 520 m. and 3800 m.' *IJMR*, 1968, **56**, 701.
RATLEDGE, C. (1). 'Cooling Cells for Smashing.' *NS*, 1964, **22**, 693.
RATTANSI, P. M. (1). 'The Literary Attack on Science in the Late Seventeenth and Eighteenth Centuries.' Inaug. Diss. London, 1961.
RATTANSI, P. M. (2). 'The Intellectual Origins of the Royal Society.' *NRRS*, 1968, **23**, 129.
RATTANSI, P. M. (3). 'Newton's Alchemical Studies', art. in *Science, Medicine and Society in the Renaissance* (Pagel Presentation Volume), ed. Debus (20), vol. 2, p. 167.
RATTANSI, P. M. (4). 'Some Evaluations of Reason in +16th- and +17th-Century Natural Philosophy', art. in *Changing Perspectives in the History of Science*, ed. M. Teich & R. Young. Heinemann, London, 1973, p. 148.
RATZEL, F. (1). *History of Mankind*. Tr. A. J. Butler, with introduction by E. B. Tylor. 3 vols. London, 1896–8.
RAWSON, P. S. (1). *Tantra*. (Catalogue of an Exhibition of Indian Religious Art, Hayward Gallery, London, 1971.) Arts Council of Great Britain, London, 1971.
RAY, P. (1). 'The Theory of Chemical Combination in Ancient Indian Philosophies.' *IJHS*, 1966, **1**, 1.
RAY, P. C. (1). *A History of Hindu Chemistry, from the Earliest Times to the middle of the 16th cent. A.D., with Sanskrit Texts, Variants, Translation and Illustrations*. 2 vols. Chuckerverty & Chatterjee, Calcutta, 1902, 1904, repr. 1925. New enlarged and revised edition in one volume, ed. P. Ray, retitled *History of Chemistry in Ancient and Medieval India*, Indian Chemical Society, Calcutta, 1956. Revs. J. Filliozat, *ISIS*, 1958, **49**, 362; A. Rahman, *VK*, 1957, 18.
RAY, P. C. See Tenney L. Davis' biography (obituary), with portrait. *JCE*, 1934, **11** (535).
RAY, T. (1) (tr.). *The 'Ananga Ranga'* [written by Kalyana Malla, for Lad Khan, a son of Ahmed Khan Lodi, *c.* +1500], pref. by G. Bose. Med. Book Co. Calcutta, 1951 (3rd ed.).
RAZDAN, R. K. (1). 'The Hallucinogens.' *ARMC*, 1970 (1971), **6**.
RAZOOK. See Razuq.
RAZUQ, FARAJ RAZUQ (1). 'Studies on the Works of al-Ṭughrā'ī.' Inaug. Diss., London, 1963.
READ, BERNARD E. (with LIU JU-CHHIANG) (1). *Chinese Medicinal Plants from the 'Pên Tshao Kang Mu', A.D. 1596...a Botanical, Chemical and Pharmacological Reference List*. (Publication of the Peking Nat. Hist. Bull.) French Bookstore, Peiping, 1936 (chs. 12–37 of *PTKM*). Rev. W. T. Swingle, *ARLC/DO*, 1937, 191. Originally published as *Flora Sinensis*, Ser. A, vol. 1, *Plantae Medicinalis Sinensis*, 2nd ed., *Bibliography of Chinese Medicinal Plants from the Pên Tshao Kang Mu, A.D. 1596*, by B. E. Read & Liu Ju-Chhiang. Dept. of Pharmacol. Peking Union Med. Coll. & Peking Lab. of Nat. Hist. Peking, 1927. First ed. Peking Union Med. Coll. 1923.
READ, BERNARD E. (2) (with LI YÜ-THIEN). *Chinese Materia Medica; Animal Drugs.*

		Serial nos.	Corresp. with chaps. of *Pên Tshao Kang Mu*
Pt. I	Domestic Animals	322–349	50
II	Wild Animals	350–387	51*A* & *B*
III	Rodentia	388–399	51*B*
IV	Monkeys and Supernatural Beings	400–407	51*B*
V	Man as a Medicine	408–444	52

PNHB, **5** (no. 4), 37–80; **6** (no. 1), 1–102. (Sep. issued, French Bookstore, Peiping, 1931.)

	Serial nos.	Corresp. with chaps. of *Pên Tshao Kang Mu*
READ, BERNARD E. (3) (with LI YÜ-THIEN). *Chinese Materia Medica; Avian Drugs.* Pt. VI Birds *PNHB*, 1932, **6** (no. 4), 1–101. (Sep. issued, French Bookstore, Peiping, 1932.)	245–321	47, 48, 49
READ, BERNARD E. (4) (with LI YÜ-THIEN). *Chinese Materia Medica; Dragon and Snake Drugs.* Pt. VII Reptiles *PNHB*, 1934, **8** (no. 4), 297–357. (Sep. issued, French Bookstore, Peiping, 1934.)	102–127	43
READ, BERNARD E. (5) (with YU CHING-MEI). *Chinese Materia Medica; Turtle and Shellfish Drugs.* Pt. VIII Reptiles and Invertebrates *PNHB*, (Suppl.) 1939, 1–136. (Sep. issued, French Bookstore, Peiping, 1937.)	199–244	45, 46
READ, BERNARD E. (6) (with YU CHING-MEI). *Chinese Materia Medica; Fish Drugs.* Pt. IX Fishes (incl. some amphibia, octopoda and crustacea) *PNHB* (Suppl.), 1939. (Sep. issued, French Bookstore, Peiping, n.d. prob. 1939.)	128–199	44
READ, BERNARD E. (7) (with YU CHING-MEI). *Chinese Materia Medica; Insect Drugs.* Pt. X Insects (incl. arachnidae etc.) *PNHB* (Suppl.), 1941. (Sep. issued, Lynn, Peiping, 1941.)	1–101	39, 40, 41, 42

READ, BERNARD E. (10). 'Contributions to Natural History from the Cultural Contacts of East and West.' *PNHB*, 1929, **4** (no. 1), 57.

READ, BERNARD E. (11). 'Chinese Alchemy.' *N*, 1927, **120**, 877.

READ, BERNARD E. (12). 'Inner Mongolia; China's Northern Flowery Kingdom.' (This title is a reference to the abundance of wild flowers on the northern steppes, but the article also contains an account of the saltpetre industry and other things noteworthy at Hochien in S.W. Hopei.) *PJ*, 1926, **61**, 570.

READ, BERNARD E. & LI, C. O. (1). 'Chinese Inorganic Materia Medica.' *CMJ*, 1925, **39**, 23.

READ, BERNARD E. & PAK, C. (PAK KYEBYŎNG) (1). *A Compendium of Minerals and Stones used in Chinese Medicine, from the 'Pên Tshao Kang Mu'*. *PNHB*, 1928, **3** (no. 2), i–vii, 1–120. Revised and enlarged, issued separately, French Bookstore, Peiping, 1936 (2nd ed.). Serial nos. 1–135, corresp. with chaps. of *Pên Tshao Kang Mu*, 8, 9, 10, 11.

READ, J. (1). *Prelude to Chemistry; an Outline of Alchemy, its Literature and Relationships.* Bell, London, 1936.

READ, J. (2). 'A Musical Alchemist [Count Michael Maier].' Abstract of Lecture, Royal Institution, London, 22 Nov. 1935.

READ, J. (3). *Through Alchemy to Chemistry.* London, 1957.

READ, T .T. (1). 'The Mineral Production and Resources of China' (metallurgical notes on tours in China, with analyses by C. F. Wang, C. H. Wang & F. N. Lu). *TAIMME*, 1912, **43**, 1–53.

READ, T. T. (2). 'Chinese Iron castings.' *CWR*, 1931 (16 May).

READ, T. T. (3). 'Metallurgical Fallacies in Archaeological Literature.' *AJA*, 1934, **38**, 382.

READ, T. T. (4). 'The Early Casting of Iron; a Stage in Iron Age Civilisation.' *GR*, 1934, **24**, 544.

READ, T. T. (5). 'Iron, Men and Governments.' *CUQ*, 1935, **27**, 141.

READ, T. T. (6). 'Early Chinese Metallurgy.' *MI*, 1936 (6 March), p. 308.

READ, T. T. (7). 'The Largest and the Oldest Iron Castings.' *IA*, 1936, **136** (no. 18, 30 Apr.), 18 (the lion of Tshang-chou, +954, the largest).

READ, T. T. (8). 'China's Civilisation Simultaneous, not Osmotic' (letter). *AMS*, 1937, **6**, 249.

READ, T. T. (9). 'Ancient Chinese Castings.' *TAFA*, 1937 (Preprint no. 37–29 of June), 30.

READ, T. T. (10). 'Chinese Iron—A Puzzle.' *HJAS*, 1937, **2**, 398.

READ, T. T. (11). Letter on 'Pure Iron—Ancient and Modern'. *MM*, 1940 (June), p. 294.

READ, T. T. (12). 'The Earliest Industrial Use of Coal.' *TNS*, 1939, **20**, 119.

READ, T. T. (13). 'Primitive Iron-Smelting in China.' *IA*, 1921, **108**, 451.

REDGROVE, H. STANLEY (1). 'The Phallic Element in Alchemical Tradition.' *JALCHS*, 1915, **3**, 65. Discussion, pp. 88 ff.

REGEL, A. (1). 'Reisen in Central-Asien, 1876–9.' *MJPGA*, 1879, **25**, 376, 408. 'Turfan.' *MJPGA*, 1880, **26**, 205. 'Meine Expedition nach Turfan.' *MJPGA*, 1881, **27**, 380. Eng. tr. *PRGS*, 1881, 340.

REID, J. S. (1). '[The State of the Dead in] Greek [Thought].' *ERE*, vol. xi, p. 838.

REID, J. S. (2). '[The State of the Dead in] Roman [Culture].' *ERE*, vol. xi, p. 839.

REINAUD, J. T. & FAVÉ, I. (1). *Du Feu Grégeois, des Feux de Guerre, et des Origines de la Poudre à Canon, d'après des Textes Nouveaux*. Dumaine, Paris, 1845. Crit. rev. by D[efrémer]y, *JA*, 1846 (4e sér.), **7**, 572; E. Chevreul, *JS*, 1847, 87, 140, 209.

REINAUD, J. T. & FAVÉ, I. (2). 'Du Feu Grégeois, des Feux de Guerre, et des Origines de la Poudre à Canon chez les Arabes, les Persans et les Chinois.' *JA*, 1849 (4e sér.), **14**, 257.

REINAUD, J. T. & FAVÉ, I. (3). Controverse à propos du Feu Grégeois; Réponse aux Objections de M. Ludoyic Lalanne.' *BEC*, 1847 (2e sér.), **3**, 427.

REITZENSTEIN, R. (1). *Die Hellenistischen Mysterienreligionen, nach ihren Grundgedanken und Wirkungen*. Leipzig, 1910. 3rd, enlarged and revised ed. Teubner, Berlin and Leipzig, 1927.

REITZENSTEIN, R. (2). *Das iranische Erlösungsmysterium; religionsgeschichtliche Untersuchungen*. Marcus & Weber, Bonn, 1921.

REITZENSTEIN, R. (3). *'Poimandres'; Studien zur griechisch-ägyptischen und frühchristlichen Literatur*. Teubner, Leipzig, 1904.

REITZENSTEIN, R. (4). *Hellenistische Wundererzähhungen*.
Pt. I *Die Aretalogie* [Thaumaturgical Fabulists]; *Ursprung, Begriff, Umbildung ins Weltliche*.
Pt. II *Die sogenannte Hymnus der Seele in den Thomas-Akten*.
Teubner, Leipzig, 1906.

RÉMUSAT, J. P. A. (7) (tr.). *Histoire de la Ville de Khotan, tirée des Annales de la Chine et traduite du Chinois; suivie de Recherches sur la Substance Minérale appelée par les Chinois Pierre de Iu [Jade] et sur le Jaspe des Anciens*. [Tr. of *TSCC*, *Pien i tien*, ch. 55.] Doublet, Paris, 1820. Crit. rev. J. Klaproth (6), vol. 2, p. 281.

RÉMUSAT, J. P. A. (9). 'Notice sur l'Encyclopédie Japonoise et sur Quelques Ouvrages du Même Genre' (mostly on the *Wakan Sanzai Zue*). *MAI/NEM*, 1827, **11**, 123. Botanical lists, with Linnaean Latin identifications, pp. 269–305; list of metals, p. 231, precious stones, p. 232; ores, minerals and chemical substances, pp. 233–5.

RÉMUSAT, J. P. A. (10). 'Lettre de Mons. A. R....à Mons. L. Cordier...sur l'Existence de deux Volcans brûlans dans la Tartarie Centrale [a translation of passages from *Wakan Sanzai Zue*].' *JA*, 1824, **5**, 44. Repr. in (11), vol. 1, p. 209.

RÉMUSAT, J. P. A. (11). *Mélanges Asiatiques; ou, Choix de Morceaux de Critique et de Mémoires relatifs aux Réligions, aux Sciences, aux Coutumes, à l'Histoire et à la Géographie des Nations Orientales*. 2 vols. Dondey-Dupré, Paris, 1825–6.

RÉMUSAT, J. P. A. (12). *Nouveaux Mélanges Asiatiques; ou, Recueil de Morceaux de Critique et de Mémoires relatifs aux Religions, aux Sciences, aux Coutumes, à l'Histoire et à la Géographie des Nations Orientales*. 2 vols. Schubart & Heideloff and Dondey-Dupré, Paris, 1829.

RÉMUSAT, J. P. A. (13). *Mélanges Posthumes d'Histoire et de Littérature Orientales*. Imp. Roy., Paris, 1843.

RENAULD, E. (1) (tr.). *Michel Psellus' 'Chronographie', ou Histoire d'un Siècle de Byzance, +976 à +1077; Texte établi et traduit...* 2 vols. Paris, 1938. (Collection Byzantine Budé, nos. 1, 2.)

RENFREW, C. (1). 'Cycladic Metallurgy and the Aegean Early Bronze Age.' *AJA*, 1967, **71**, 1. See Charles (1).

RENOU, L. (1). *Anthologie Sanskrite*. Payot, Paris, 1947.

RENOU, L. & FILLIOZAT, J. (1). *L'Inde Classique; Manuel des Études Indiennes*. Vol. 1, with the collaboration of P. Meile, A. M. Esnoul & L. Silburn. Payot, Paris, 1947. Vol. 2, with the collaboration of P. Demiéville, O. Lacombe & P. Meile. École Française d'Extrême Orient, Hanoi; Impr. Nationale, Paris, 1953.

RETI, LADISLAO (6). *Van Helmont, Boyle, and the Alkahest*. Clark Memorial Library, Univ. of California, Los Angeles, 1969. (In *Some Aspects of Seventeenth-Century Medicine and Science*, Clark Library Seminar, no. 27, 1968.)

RETI, LADISLAO (7). 'Le Arte Chimiche di Leonardo da Vinci.' *LCHIND*, 1952, **34**, 655, 721.

RETI, LADISLAO (8). 'Taddeo Alderotti and the Early History of Fractional Distillation' (in Spanish). MS. of a Lecture in Buenos Aires, 1960.

RETI, LADISLAO (10). 'Historia del Atanor desde Leonardo da Vinci hasta "l'Encyclopédie" de Diderot.' *INDQ*, 1952, **14** (no. 10), 1.

RETI, LADISLAO (11). 'How Old is Hydrochloric Acid?' *CHYM*, 1965, **10**, 11.

REUVENS, C. J. C. (1). *Lettres à Mons. Letronne...sur les Papyrus Bilingues et Grecs et sur Quelques Autres Monumens Gréco-Égyptiens du Musée d'Antiquités de l'Université de Leide*. Luchtmans, Leiden, 1830. Pagination separate for each of the three letters.

REX, FRIEDEMANN, ATTERER, M., DEICHGRÄBER, K. & RUMPF, K. (1). *Die 'Alchemie' des Andreas Libavius, ein Lehrbuch der Chemie aus dem Jahre 1597, zum ersten mal in deutscher Übersetzung... herausgegeben...* Verlag Chemie, Weinheim, 1964.

REY, ABEL (1). *La Science dans l'Antiquité.* Vol. 1 *La Science Orientale avant les Grecs*, 1930, 2nd ed. 1942; Vol. 2 *La Jeunesse de la Science Grecque*, 1933; Vol. 3 *La Maturité de la Pensée Scientifique en Grèce*, 1939; Vol. 4 *L'Apogée de la Science Technique Grecque* (*Les Sciences de la Nature et de l'Homme, les Mathematiques, d'Hippocrate à Platon*), 1946. Albin Michel, Paris. (Evol. de l'Hum. Ser. Complementaire.)

RHENANUS, JOH. (1). *Harmoniae Imperscrutabilis Chymico-Philosophicae Decades duae.* Frankfurt, 1625. See Ferguson (1), vol. 2, p. 264.

RIAD, H. (1). 'Quatre Tombeaux de la Nécropole ouest d'Alexandrie.' (Report of the −2nd-century sāqīya fresco at Wardian.) *BSAA*, 1967, **42**, 89. Prelim. pub., with cover colour photograph, *AAAA*, 1964, **17** (no. 3).

RIBÉREAU-GAYON, J. & PEYNARD, E. (1). *Analyse et Contrôle des Vins...* 2nd ed. Paris, 1958.

RICE, D. S. (1). 'Mediaeval Ḥarrān; Studies on its Topography and Monuments.' *ANATS*, 1952, **2**, 36–83.

RICE, TAMARA T. (1). *The Scythians.* 3rd ed. London, 1961.

RICE, TAMARA T. (2). *Ancient Arts of Central Asia.* Thames & Hudson, London, 1965.

RICHET, C. (1) (ed.). *Dictionnaire de Physiologie.* 6 vols. Alcan, Paris, 1895–1904.

RICHIE, D. & ITO KENKICHI (1) = (1). *The Erotic Gods; Phallicism in Japan* (English and Japanese text and captions). Zufushinsha, Tokyo, 1967.

VON RICHTHOFEN, F. (2). *China; Ergebnisse eigener Reisen und darauf gegründeter Studien.* 5 vols. and Atlas. Reimer, Berlin, 1877–1911.
Vol. 1 Einleitender Teil
Vol. 2 Das nördliche China
Vol. 3 Das südliche China (ed. E. Tiessen)
Vol. 4 Palaeontologischer Teil (with contributions by W. Dames *et al.*)
Vol. 5 Abschliessende palaeontologischer Bearbeitung der Sammlung... (by F. French).
(Teggart Bibliography says 5 vols. +2 Atlas Vols.)

VON RICHTHOFEN, F. (6). *Letters on Different Provinces of China.* 6 parts, Shanghai, 1871–2.

RICKARD, T. A. (2). *Man and Metals.* Fr. tr. by F. V. Laparra, *L'Homme et les Métaux.* Gallimard, Paris, 1938. Rev. L. Febvre, *AHES/AHS*, 1940, **2**, 243.

RICKARD, T. A. (3). *The Story of the Gold-Digging Ants.* UCC, 1930.

RICKETT, W. A. (1) (tr.). *The 'Kuan Tzu' Book.* Hongkong Univ. Press, Hong Kong, 1965. Rev. T. Pokora, *ARO*, 1967, **35**, 169.

RIDDELL, W. H. (2). Earliest representations of dragon and tiger. *AQ*, 1945, **19**, 27.

RIECKERT, H. (1). 'Plethysmographische Untersuchungen bei Konzentrations- und Meditations-Übungen.' *AF*, 1967, **21**, 61.

RIEGEL, BEISWANGER & LANZL (1). Molecular stills. *IEC/A*, 1943, **15**, 417.

RIETHE, P. (1). 'Amalgamfüllung Anno Domini 1528' [A MS. of therapy and pharmacy drawn from the practice of Johannes Stocker, d. +1513]. *DZZ*, 1966, **21**, 301.

RITTER, H. (1) (ed.). *Pseudo-al-Majrīṭī 'Das Ziel des Weisen'* [*Ghāyat al-Ḥakīm*]. Teubner, Leipzig, 1933. (Studien d. Bibliothek Warburg, no. 12.)

RITTER, H. (2) '*Picatrix*, ein arabisches Handbuch hellenistischer Magie.' *VBW*, 1923, **1**, 94. A much enlarged and revised form of this lecture appears as the introduction to vol. 2 of Ritter & Plessner (1), pp. xx ff.

RITTER, H. (3) (tr.). *Al-Ghazzālī's* (al-Ṭusī, +1058 to +1112] '*Das Elixir der Glückseligkeit*' [*Kīmiyā al-Sa'āda*]. Diederichs, Jena, 1923. (Religiöse Stimmen der Völkers; die Religion der Islam, no. 3.)

RITTER, H. & PLESSNER, M. (1). '*Picatrix*'; *das 'Ziel des Weisen' [Ghāyat al Ḥakīm] von Pseudo-Majrīṭī* 2 vols. Vol. 1, Arabic text, ed. H. Ritter. Teubner, Leipzig and Berlin, 1933 (Studien der Bibliothek Warburg, no. 12). Vol. 2, German translation, with English summary (pp. lix–lxxv), by H. Ritter & M. Plessner. Warburg Inst. London, 1962 (Studies of the Warburg Institute, no. 27). Crit. rev. W. Hartner, *DI*, 1966, **41**, 175, repr. Hartner (12), p. 429.

RITTER, K. (1). *Die Erdkunde im Verhaltnis z. Natur und z. Gesch. d. Menschen; oder, Allgemeine Vergleichende Geographie.* Reimer, Berlin, 1822–59. 19 vols., the first on Africa, all the rest on Asia. Indexes after vols. 5, 13, 16 and 17.

RITTER, K. (2). *Die Erdkunde von Asien.* 5 vols. Reimer, Berlin, 1837 (part of Ritter, 1).

RIVET, P. (2). 'Le Travail de l'Or en Colombie.' *IPEK*, 1926, **2**, 128.

RIVET, P. (3). 'L'Orfèvrerie Colombienne; Technique, Aire du Dispersion, Origines.' Communication to the XXIst International Congress of Americanists, The Hague, 1924.

RIVET, P. & ARSENDAUX, H. (1). 'La Métallurgie en Amérique pre-Colombienne.' *TMIE*, 1946, no. 39.

ROBERTS [-AUSTEN], W. C. (1). 'Alloys used for Coinage' (Cantor Lectures). *JRSA*, 1884, **32**, 804, 835, 881.

ROBERTS-AUSTEN, W. C. (2). 'Alloys' (Cantor Lectures). *JRSA*, 1888, **36**, 1111, 1125, 1137.

ROBERTSON, T. BRAILSFORD & RAY, L. A. (1). 'An Apparatus for the Continuous Extraction of Solids at the Boiling Temperature of the Solvent.' *RAAAS*, 1924, **17**, 264.

ROBINSON, B. W. (1). 'Royal Asiatic Society MS. no. 178; an unrecorded Persian Painter.' *JRAS*, 1970 (no. 2, Wheeler Presentation Volume), 203. ('Abd al Karīm, active *c.* +1475, who illustrated some East Asian subjects.)

ROBINSON, G. R. & DEAKERS, T. W. (1). 'Apparatus for sublimation of anthracene.' *JCE*, 1932, **9**, 1717.

DE ROCHAS D'AIGLUN, A. (1). *La Science des Philosophes et l'Art des Thaumaturges dans l'Antiquité.* Dorbon, Paris. 1st ed. n.d. (1882), 2nd ed. 1912.

DE ROCHEMONTEIX, C. (1). *Joseph Amiot et les Derneirs Survivants de la Mission Française à Pékin (1750 à 1795); Nombreux Documents inédits, avec Carte.* Picard, Paris, 1915.

ROCHER, E. (1). *La Province Chinoise du Yunnan*, 2 vols. [incl. special chapter on metallurgy]. Leroux, Paris, 1879, 1880.

ROCKHILL, W. W. (1). 'Notes on the Relations and Trade of China with the Eastern Archipelago and the Coast of the Indian Ocean during the +15th Century.' *TP*, 1914, **15**, 419; 1915, **16**, 61, 236, 374, 435, 604.

ROCKHILL, W. W. (5) (tr. & ed.). *The Journey of William of Rubruck to the Eastern Parts of the World* (+1253 to +1255) *as narrated by himself; with Two Accounts of the earlier Journey of John of Pian de Carpine.* Hakluyt Soc., London, 1900 (second series, no. 4).

RODWELL, G. F. (1). *The Birth of Chemistry.* London, 1874.

RODWELL, J. M. (1). *Aethiopic and Coptic Liturgies and Prayers.* Pr. pr. betw. 1870 and 1886.

ROGERS, R. W. (1). '[The State of the Dead in] Babylonian [and Assyrian Culture].' *ERE*, vol. xi, p. 828.

ROI, J. (1). *Traité des Plantes Médicinales Chinoises.* Lechevalier, Paris, 1955. (Encyclopédie Biologique ser. no. 47.) No Chinese characters, but a photocopy of those required is obtainable from Dr Claude Michon, 8 bis, Rue Desilles, Nancy, Meurthe & Moselle, France.

ROI, J. & WU YÜN-JUI (OU YUN-JOEI) (1). 'Le Taoisme et les Plantes d'Immortalité.' *BUA*, 1941 (3e sér.), **2**, 535.

ROLANDI, G. & SCACCIATI, G. (1). 'Ottone e Zinco presso gli Antichi' (Brass and Zinc in the Ancient World). *IMIN*, 1956, **7** (no. 11), 759.

ROLFINCK, WERNER (1). *Chimia in Artis Formam Redacta.* Geneva, 1661, 1671, Jena, 1662, and later editions.

ROLLESTON, SIR HUMPHREY (1). *The Endocrine Organs in Health and Disease, with an Historical Review.* London, 1936.

RÖLLIG, W. (1). 'Das Bier im alten Mesopotamien.' *JGGBB*, 1970 (for 1971), 9–104.

RONCHI, V. (5). 'Scritti di Ottica; Tito Lucrezio Caro, Leonardo da Vinci, G. Rucellai, G. Fracastoro, G. Cardano, D. Barbaro, F. Maurolico, G. B. della Porta, G. Galilei, F. Sizi, E. Torricelli, F. M. Grimaldi, G. B. Amici [a review].' *AFGR/CINO*, 1969, **24** (no. 3), 1.

RONCHI, V. (6). 'Philosophy, Science and Technology.' *AFGR/CINO*, 1969, **24** (no. 2), 168.

RONCHI, V. (7). 'A New History of the Optical Microscope.' *IJHS*, 1966, **1**, 46.

RONCHI, V. (8). 'The New History of Optical Microscopy.' *ORG*, 1968, **5**, 191.

RORET, N. E. (1) (ed.). *Manuel de l'Orfévre*, part of *Encyclopédie Roret* (or *Manuels Roret*). Roret, Paris, 1825– . Berthelot (1, 2) used the ed. of 1832.

ROSCOE, H. E. & SCHORLEMMER, C. (1). *A Treatise on Chemistry.* Macmillan, London, 1923.

ROSENBERG, E. (1) (ed.). *Gonadotrophins, 1968.* 1969.

ROSENBERG, M. (1). *Geschichte der Goldschmiedekunst auf technische Grundlage.* Frankfurt-am-Main.
Vol. 1 *Einführung*, 1910.
Vol. 2 *Niello*, 1908.
Vol. 3 (in 3 parts) *Zellenschmelz*, 1921, 1922, 1925.
Re-issued in one vol., 1972.

VON ROSENROTH, K. & VAN HELMONT, F. M. (1) (actually anon.). *Kabbala Denudata, seu Doctrina Hebraeorum Transcendentalis et Metaphysica*, etc. Lichtenthaler, Sulzbach, 1677.

ROSENTHAL, F. (1) (tr.). *The 'Muqaddimah'* [of Ibn Khaldun]; *an Introduction to History.* Bollingen, New York, 1958. Abridgement by N. J. Dawood, London, 1967.

ROSS, E. D. (3). *Alphabetical List of the Titles of Works in the Chinese Buddhist Tripitaka.* Indian Govt. Calcutta, 1910. (See Nanjio, B.)

ROSSETTI, GABRIELE (1). *Disquisitions on the Anti-Papal spirit which produced the Reformation; its Secret Influence on the Literature of Europe in General and of Italy in Particular.* Tr. C. Ward from the Italian. 2 vols. Smith & Elder, London, 1834.

ROSSI, P. (1). *Francesco Bacone; dalla Magia alla Scienza.* Laterza, Bari, 1957. Eng. tr. by Sacha Rabinovitch, *Francis Bacon; from Magic to Science.* Routledge & Kegan Paul, London, 1968.

ROTH, H. LING (1). *Oriental Silverwork, Malay and Chinese; a Handbook for Connoisseurs, Collectors, Students and Silversmiths.* Truslove & Hanson, London, 1910, repr. Univ. Malaya Press, Kuala Lumpur, 1966.
ROTH, MATHIAS (1). *The Prevention and Cure of Many Chronic Diseases by Movements.* London, 1851.
ROTHSCHUH, K. E. (1). *Physiologie; der Wandel ihrer Konzepte, Probleme und Methoden vom 16. bis 19. Jahrhundert.* Alber, Freiburg and München, 1968. (Orbis Academicus, Bd. 2, no. 15.)
DES ROTOURS, R. (3). 'Quelques Notes sur l'Anthropophagie en Chine.' *TP*, 1963, **50**, 386. 'Encore Quelques Notes...' *TP*, 1968, **54**, 1.
ROUSSELLE, E. (1). 'Der lebendige Taoismus im heutigen China.' *SA*, 1933, **8**, 122.
ROUSSELLE, E. (2). 'Yin und Yang vor ihrem Auftreten in der Philosophie.' *SA*, 1933, **8**, 41.
ROUSSELLE, E. (3). 'Das Primat des Weibes im alten China.' *SA*, 1941, **16**, 130.
ROUSSELLE, E. (4*a*). 'Seelische Führung im lebenden Taoismus.' *ERJB*, 1933, **1** (a reprint of (6), with (5) intercalated). Eng. tr., 'Spiritual Guidance in Contemporary Taoism.' *ERYB*, 1961, **4**, 59 ('Spiritual Disciplines', ed. J. Campbell). Includes footnotes but no Chinese characters.
ROUSSELLE, E. (4*b*). *Zur Seelischen Führung im Taoismus; Ausgewählte Aufsätze.* Wissenschaftl. Buchgesellsch., Darmstadt, 1962. (A collection of three reprinted articles (7), (5) and (6), including footnotes, and superscript references to Chinese characters, but omitting the characters themselves.)
ROUSSELLE, E. (5). '*Ne Ging Tu* [*Nei Ching Thu*], "Die Tafel des inneren Gewebes"; ein Taoistisches Meditationsbild mit Beschriftung.' *SA*, 1933, **8**, 207.
ROUSSELLE, E. (6). 'Seelische Führung im lebenden Taoismus.' *CDA*, 1934, 21.
ROUSSELLE, E. (7). 'Die Achse des Lebens.' *CDA*, 1933, 25.
ROUSSELLE, E. (8). 'Dragon and Mare; Figures of Primordial Chinese Mythology' (personifications and symbols of Yang and Yin, and the *kua* Chhien and Khun), *ERYB*, 1969, **6**, 103 (*The Mystic Vision*, ed. J. Campbell). Tr. from the German in *ERJB*, 1934, **2**, 1.
RUDDY, J. (1). 'The Big Bang at Sudbury.' *INM*, 1971 (no. 4), 22.
RUDELSBERGER, H. (1). *Chinesische Novellen aus dem Urtext übertragen.* Insel Verlag, Leipzig, 1914. 2nd ed., with two tales omitted, Schroll, Vienna, 1924.
RUFUS, W. C. (2). 'Astronomy in Korea.' *JRAS/KB*, 1936, **26**, 1. Sep. pub. as *Korean Astronomy.* Literary Department, Chosen Christian College, Seoul (Eng. Pub. no. 3), 1936.
RUHLAND, MARTIN (RULAND) (1). *Lexicon Alchemiae, sive Dictionarium Alchemisticum, cum obscuriorum Verborum et rerum Hermeticarum, tum Theophrast-Paracelsicarum Phrasium, Planam Explicationem Continens.* Palthenius, Frankfurt, 1612; 2nd ed. Frankfurt, 1661. Photolitho repr., Olms, Hildesheim, 1964. Cf. Ferguson (1), vol. 2, p. 303.
RULAND, M. See Ruhland, Martin.
RUSH, H. P. (1) Biography of A. A. Berthold. *AMH*, 1929, **1**, 208.
RUSKA, J. For bibliography see Winderlich (1).
RUSKA, J. (1). 'Die Mineralogie in d. arabischen Litteratur.' *ISIS*, 1913, **1**, 341.
RUSKA, J. (2). 'Der Zusammenbruch der Dschābir-Legende; I, die bisherigen Versuche das Dschābirproblem zu lösen.' *JBFIGN*, 1930, **3**, 9. Cf. Kraus (1).
RUSKA, J. (3). 'Die Siebzig Bücher des Ǵābir ibn Ḥajjān.' Art. in *Studien z. Gesch. d. Chemie; Festgabe f. E. O. von Lippmann zum 70. Geburtstage*, ed. J. Ruska. Springer, Berlin, 1927, p. 38.
RUSKA, J. (4). *Arabische Alchemisten.* Vol. 1, *Chālid* [Khālid] *ibn Jazīd ibn Mu'āwija* [Mu'awiya]. Winter, Heidelberg, 1924 (Heidelberger Akten d. von Portheim Stiftung, no. 6). Rev. von Lippmann (10); *ISIS*, 1925, **7**, 183. Repr. with Ruska (5), Sändig, Wiesbaden, 1967.
RUSKA, J. (5). *Arabische Alchemisten.* Vol. 2, *Ǵa'far* [Ja'far] *al-Ṣādiq, der sechste Imām.* Winter, Heidelberg, 1924 (Heidelberger Akten d. von Portheim Stiftung, no. 10). Rev. von Lippmann (10). Repr. with Ruska (4), Sändig, Wiesbaden, 1967.
RUSKA, J. (6). '*Turba Philosophorum*; ein Beitrag z. Gesch. d. Alchemie.' *QSGNM*, 1931, **1**, 1–368.
RUSKA, J. (7). 'Chinesisch-arabische technische Rezepte aus der Zeit der Karolinger.' *CHZ*, 1931, **55**, 297.
RUSKA, J. (8). '*Tabula Smaragdina*'; *ein Beitrag z. Gesch. d. Hermetischen Literatur.* Winter, Heidelberg, 1926 (Heidelberger Akten d. von Portheim Stiftung, no. 16).
RUSKA, J. (9). 'Studien zu Muḥammad ibn 'Umail al-Tamīnī's *Kitāb al-Mā'al al-Waraqī wa'l-Ạrd al-Najmīyah.*' *ISIS*, 1936, **24**, 310.
RUSKA, J. (10). 'Der Urtext der *Tabula Chemica.*' *A*, 1934, **16**, 273.
RUSKA, J. (11). 'Neue Beiträge z. Gesch. d. Chemie (1. Die Namen der Goldmacherkunst, 2. Die Zeichen der griechischen Alchemie, 3. Griechischen Zeichen in Syrischer Überlieferung, 4. Ü. d. Ursprung der neueren chemischen Zeichen, 5. Kataloge der Decknamen, 6. Die metallurgischen Künste). *QSGNM*, 1942, **8**, 305.
RUSKA, J. (12). 'Über das Schriftenverzeichniss des Ǵābir ibn Ḥajjān [Jābir ibn Ḥayyān] und die Unechtheit einiger ihm zugeschriebenen Abhandlungen.' *AGMN*, 1923, **15**, 53.
RUSKA, J. (13). 'Sal Ammoniacus, Nušādir und Salmiak.' *SHAW/PH*, 1923 (no. 5), 1–23.

RUSKA, J. (14). 'Übersetzung und Bearbeitungen von al-Rāzī's Buch "Geheimnis der Geheimnisse" [*Kitāb Sirr al-Asrār*].' *QSGNM*, 1935, **4**, 153–238; 1937, **6**, 1–246.

RUSKA, J. (15). 'Die Alchemie al-Rāzī's.' *DI*, 1935, **22**, 281.

RUSKA, J. (16). 'Al-Bīrūnī als Quelle für das Leben und die Schriften al-Rāzī's.' *ISIS*, 1923, **5**, 26.

RUSKA, J. (17). 'Ein neuer Beitrag zur Geschichte des Alkohols.' *DI*, 1913, **4**, 320.

RUSKA, J. (18). 'Über die von Abulqāsim al-Zuhrāwī beschriebene Apparatur zur Destillation des Rosenwassers.' *CHA*, 1937, **24**, 313.

RUSKA, J. (19) (tr.). *Das Steinbuch des Aristoteles; mit literargeschichtlichen Untersuchungen nach der arabischen Handschrift der Bibliothèque Nationale herausgegeben und ubersetzt.* Winter, Heidelberg, 1912. (This early +9th-century text, the earliest of the Arabic lapidaries and widely known later as (Lat.) *Lapidarium Aristotelis*, must be termed Pseudo-Aristotle; it was written by some Syrian who knew both Greek and Eastern traditions, and was translated from Syriac into Arabic by Luka bar Serapion, or Lūqā ibn Sarāfyūn.)

RUSKA, J. (20). 'Über Nachahmung von Edelsteinen.' *QSGNM*, 1933, **3**, 316.

RUSKA, J. (21). *Das 'Buch der Alaune und Salze'; ein Grundwerk der spät-lateinischen Alchemie* [Spanish origin, +11th cent.]. Verlag Chemie, Berlin, 1935.

RUSKA, J. (22). 'Wem verdankt Man die erste Darstellung des Weingeists?' *DI*, 1913, **4**, 162.

RUSKA, J. (23). 'Weinbau und Wein in den arabischen Bearbeitungen der Geoponika.' *AGNT*, 1913, **6**, 305.

RUSKA, J. (24). *Das Steinbuch aus der 'Kosmographie' des Zakariya ibn Maḥmūd al-Qazwīnī* [*c.* +1250] *übersetzt und mit Anmerkungen versehen*... Schmersow (Zahn & Baendel), Kirchhain N-L, 1897. (Beilage zum Jahresbericht 1895–6 der prov. Oberrealschule Heidelberg.)

RUSKA, J. (25). 'Der Urtext d. *Tabula Smaragdina*.' *OLZ*, 1925, **28**, 349.

RUSKA, J. (26). 'Die Alchemie des Avicenna.' *ISIS*, 1934, **21**, 14.

RUSKA, J. (27). 'Über die dem Avicenna zugeschriebenen alchemistischen Abhandlungen.' *FF*, 1934, **10**, 293.

RUSKA, J. (28). 'Alchemie in Spanien.' *ZAC/AC*, 1933, **46**, 337; *CHZ*, 1933, **57**, 523.

RUSKA, J. (29). 'Al-Rāzī (Rhazes) als Chemiker.' *ZAC*, 1922, **35**, 719.

RUSKA, J. (30). 'Über die Anfänge der wissenschaftlichen Chemie.' *FF*, 1937, **13**.

RUSKA, J. (31). 'Die Aufklärung des Jābir-Problems.' *FF*, 1930, **6**, 265.

RUSKA, J. (32). 'Über die Quellen von Jābir's Chemische Wissen.' *A*, 1926, **7**, 267.

RUSKA, J. (33). 'Über die Quellen des [Geber's] *Liber Claritatis*.' *A*, 1934, **16**, 145.

RUSKA, J. (34). 'Studien zu den chemisch-technischen Rezeptsammlungen des *Liber Sacerdotum* [one of the texts related to *Mappae Clavicula*, etc.].' *QSGNM*, 1936, **5**, 275 (83–125).

RUSKA, J. (35). 'The History and Present Status of the Jābir Problem.' *JCE*, 1929, **6**, 1266 (tr. R. E. Oesper); *IC*, 1937, **11**, 303.

RUSKA, J. (36). 'Alchemy in Islam.' *IC*, 1937, **11**, 30.

RUSKA, J. (37) (ed.). *Studien z. Geschichte d. Chemie; Festgabe E. O. von Lippmann zum 70. Geburtstage*... Springer, Berlin, 1927.

RUSKA, J. (38). 'Das Giftbuch des Ǵābir ibn Ḥajjān.' *OLZ*, 1928, **31**, 453.

RUSKA, J. (39). 'Der Salmiak in der Geschichte der Alchemie.' *ZAC*, 1928, **41**, 1321; *FF*, 1928, **4**, 232.

RUSKA, J. (40). 'Studien zu Severus [or Jacob] bar Shakko's "Buch der Dialoge".' *ZASS*, 1897, **12**, 8, 145.

RUSKA, J. & GARBERS, K. (1). 'Vorschriften z. Herstellung von scharfen Wässern bei Jābir und Rāzī.' *DI*, 1939, **25**, 1.

RUSKA, J. & WIEDEMANN, E. (1). 'Beiträge z. Geschichte d. Naturwissenschaften, LXVII; Alchemistische Decknamen. *SPMSE*, 1924, **56**, 17. Repr. in Wiedemann (23), vol. 2, p. 596.

RUSSELL, E. S. (1). *Form and Function; a Contribution to the History of Animal Morphology*. Murray, London, 1916.

RUSSELL, E. S. (2). *The Interpretation of Development and Heredity; a Study in Biological Method.* Clarendon Press, Oxford, 1930.

RUSSELL, RICHARD (1) (tr.). *The Works of Geber, the Most Famous Arabian Prince and Philosopher*... [containing *De Investigatione*, *Summa Perfectionis*, *De Inventione* and *Liber Fornacum*]. James, London, 1678. Repr., with an introduction by E. J. Holmyard, Dent, London, 1928.

RYCAUT, SIR PAUL (1). *The Present State of the Greek Church.* Starkey, London, 1679.

SACHAU, E. (1) (tr.). *Alberuni's India.* 2 vols. London, 1888; repr. 1910.

DE SACY, A. I. SILVESTRE (1). 'Le "Livre du Secret de la Création", par le Sage Bélinous [Balīnās; Apollonius of Tyana, attrib.].' *MAI/NEM*, 1799, **4**, 107–58.

DE SACY, A. I. SILVESTRE (2). *Chrestomathie Arabe; ou, Extraits de Divers Écrivains Arabes, tant en Prose qu'en Vers*... 3 vols. Impr. Imp. Paris, 1806. 2nd ed. Impr. Roy. Paris, 1826–7.

SAEKI, P. Y. (1). *The Nestorian Monument in China*. With an introductory note by Lord William Gascoyne-Cecil and a pref. by Rev. Prof. A. H. Sayce. SPCK, London, 1916.

SAEKI, P. Y. (2). *The Nestorian Documents and Relics in China*. Maruzen, for the Toho Bunkwa Gakuin, Tokyo, 1937, second (enlarged) edn. Tokyo, 1951.

SAGE, B. M. (1). 'De l'Emploi du Zinc en Chine pour la Monnaie.' *JPH*, 1804, **59**, 216. Eng. tr. in Leeds (1) from *PMG*, 1805, **21**, 242.

SAHLIN, C. (1). 'Cementkopper, en historiske Översikt.' *HF*, 1938, **9**, 100. Résumé in Lindroth (1) and *SILL*, 1954.

SAID HUSAIN NASR (1). *Science and Civilisation in Islam* (with a preface by Giorgio di Santillana). Harvard University Press, Cambridge, Mass. 1968.

SAID HUSAIN NASR (2). *The Encounter of Man and Nature; the Spiritual Crisis of Modern Man*. Allen & Unwin, London, 1968.

SAID HUSAIN NASR (3). *An Introduction to Islamic Cosmological Doctrines*. Cambridge, Mass. 1964.

SAKURAZAWA, NYOITI [OHSAWA, G.] (1). *La Philosophie de la Médecine d'Extrême-Orient; le Livre du Jugement Suprême*. Vrin, Paris, 1967.

SALAZARO, D. (1). *L'Arte della Miniatura nel Secolo XIV, Codice della Biblioteca Nazionale di Napoli*... Naples, 1877. The MS. Anonymus, *De Arte Illuminandi* (so entitled in the Neapolitan Library Catalogue, for it has no title itself). Cf. Partington (12).

SALMONY, A. (1). *Carved Jade of Ancient China*. Gillick, Berkeley, Calif., 1938.

SALMONY, A. (2). 'The Human Pair in China and South Russia.' *GBA*, 1943 (6e sér.), **24**, 321.

SALMONY, A. (4). *Chinese Jade through* [i.e. until the end of] *the* [Northern] *Wei Dynasty*. Ronald, New York, 1963.

SALMONY, A. (5). *Archaic Chinese Jades from the Edward and Louise B. Sonnenschein Collection*. Chicago Art Institute, Chicago, 1952.

SAMBURSKY, S. (1). *The Physical World of the Greeks*. Tr. from the Hebrew edition by M. Dagut. Routledge & Kegan Paul, London, 1956.

SAMBURSKY, S. (2). *The Physics of the Stoics*. Routledge & Kegan Paul, London, 1959.

SAMBURSKY, S. (3). *The Physical World of Late Antiquity*. Routledge & Kegan Paul, London, 1962. Rev. G. J. Whitrow, *A/AIHS*, 1964, **17**, 178.

SANDARS, N. K. (1) (tr.). *The Epic of Gilgamesh*. Penguin, London, 1960.

SANDYS, J. E. (1). *A History of Classical Scholarship*. 3 vols. Cambridge, 1908. Repr. New York, 1964.

DI SANTILLANA, G. (2). *The Origins of Scientific Thought*. University of Chicago Press, Chicago, 1961.

DI SANTILLANA, G. & VON DECHEND, H. (1). *Hamlet's Mill; an Essay on Myth and the Frame of Time*. Gambit, Boston, 1969.

SARLET, H., FAIDHERBE, J. & FRENCK, G. 'Mise en evidence chez différents Arthropodes d'un Inhibiteur de la D-acidaminoxydase.' *AIP*, 1950, **58**, 356.

SARTON, GEORGE (1). *Introduction to the History of Science*. Vol. 1, 1927; Vol. 2, 1931 (2 parts); Vol. 3, 1947 (2 parts). Williams & Wilkins, Baltimore, (Carnegie Institution Pub. no. 376.)

SARTON, GEORGE (13). Review of W. Scott's 'Hermetica' (1). *ISIS*, 1926, **8**, 342.

SARWAR, G. & MAHDIHASSAN, S. (1). 'The Word *Kimiya* as used by Firdousi.' *IQB*, 1961, **9**, 21.

SASO, M. R. (1). 'The Taoists who did not Die.' *AFRA*, 1970, no. 3, 13.

SASO, M. R. (2). *Taoism and the Rite of Cosmic Renewal*. Washington State University Press, Seattle, 1972.

SASO, M. R. (3). 'The Classification of Taoist Sects and Ranks observed in Hsinchu and other parts of Northern Thaiwan.' *AS/BIE* 1971, **30** (vol. 2 of the Presentation Volume for Ling Shun-Shêng).

SASO, M. R. (4). 'Lu Shan, Ling Shan (Lung-hu Shan) and Mao Shan; Taoist Fraternities and Rivalries in Northern Thaiwan.' *AS/BIE*, 1972, No. 34, 119.

SASTRI, S. S. SURYANARAYANA (1). *The 'Sāṃkhya Kārikā' of Iśvarakrsna*. University Press, Madras, 1930.

SATYANARAYANAMURTHI, G. G. & SHASTRY, B. P. (1). 'A Preliminary Scientific Investigation into some of the unusual physiological manifestations acquired as a result of Yogic Practices in India.' *WZNHK*, 1958, **15**, 239.

SAURBIER, B. (1). *Geschichte der Leibesübungen*. Frankfurt, 1961.

SAUVAGET, J. (2) (tr.). *Relation de la Chine et de l'Inde, redigée en +857* (*Akhbār al-Ṣīn wa'l-Hind*). Belles Lettres, Paris, 1948. (Budé Association, Arab Series.)

SAVILLE, M. H. (1). *The Antiquities of Manabi, Ecuador*. 2 vols. New York, 1907, 1910.

SAVILLE, M. H. (2). *Indian Notes*. New York, 1920.

SCHAEFER, H. (1). *Die Mysterien des Osiris in Abydos*. Leipzig, 1901.

SCHAEFER, H. W. (1). *Die Alchemie; ihr ägyptisch-griechischer Ursprung und ihre weitere historische Entwicklung*. Programm-Nummer 260, Flensburg, 1887; phot. reprod. Sändig, Wiesbaden, 1967.

SCHAFER, E. H. (1). 'Ritual Exposure [Nudity, etc.] in Ancient China.' *HJAS*, 1951, **14**, 130.

SCHAFER, E. H. (2). 'Iranian Merchants in Thang Dynasty Tales.' *SOS*, 1951, **11**, 403.

SCHAFER, E. H. (5). 'Notes on Mica in Medieval China.' *TP*, 1955, **43**, 265.

SCHAFER, E. H. (6). 'Orpiment and Realgar in Chinese Technology and Tradition.' *JAOS*, 1955, **75**, 73.

SCHAFER, E. H. (8). 'Rosewood, Dragon's-Blood, and Lac.' *JAOS*, 1957, **77**, 129.

SCHAFER, E. H. (9). 'The Early History of Lead Pigments and Cosmetics in China.' *TP*, 1956, **44**, 413.

SCHAFER, E. H. (13). *The Golden Peaches of Samarkand; a Study of Thang Exotics*. Univ. of Calif. Press, Berkeley and Los Angeles, 1963. Rev. J. Chmielewski, *OLZ*, 1966, **61**, 497.

SCHAFER, E. H. (16). *The Vermilion Bird; Thang Images of the South*. Univ. of Calif. Press, Berkeley and Los Angeles, 1967. Rev. D. Holzman, *TP*, 1969, **55**, 157.

SCHAFER, E. H. (17). 'The Idea of Created Nature in Thang Literature' (on the phrases *tsao wu chê* and *tsao hua chê*). *PEW*, 1965, **15**, 153.

SCHAFER, E. H. & WALLACKER, B. E. (1). 'Local Tribute Products of the Thang Dynasty.' *JOSHK*, 1957, **4**, 213.

SCHEFER, C. (2). 'Notice sur les Relations des Peuples Mussulmans avec les Chinois dépuis l'Extension de l'Islamisme jusqu'à la fin du 15e Siècle.' In *Volume Centenaire de l'École des Langues Orientales Vivantes, 1795–1895*. Leroux, Paris, 1895, pp. 1–43.

SCHELENZ, H. (1). *Geschichte der Pharmazie*. Berlin, 1904; photographic reprint, Olms, Hildesheim, 1962.

SCHELENZ, H. (2). *Zur Geschichte der pharmazeutisch-chemischen Destilliergeräte*. Miltitz, 1911. Reproduced photographically, Olms, Hildesheim, 1964. (Publication supported by Schimmel & Co., essential oil distillers, Miltitz.)

SCHIERN, F. (1). *Über den Ursprung der Sage von den goldgrabenden Ameisen*. Copenhagen and Leipzig, 1873.

SCHIPPER, K. M. (1) (tr.). *L'Empereur Wou des Han dans la Légende Taoiste; le 'Han Wou-Ti Nei-Tchouan [Han Wu Ti Nei Chuan]'*. Maisonneuve, Paris, 1965. (Pub. de l'École Française d'Extrême Orient, no. 58.)

SCHIPPER, K. M. (2). 'Priest and Liturgy; the Live Tradition of Chinese Religion.' MS. of a Lecture at Cambridge University, 1967.

SCHIPPER, K. M. (3). 'Taoism; the Liturgical Tradition.' Communication to the First International Conference of Taoist Studies, Villa Serbelloni, Bellagio, 1968.

SCHIPPER, K. M. (4). 'Remarks on the Functions of "Inspector of Merits" [in Taoist ecclesiastical organisation; with a description of the Ordination ceremony in Thaiwan Chêng-I Taoism].' Communication to the Second International Conference of Taoist Studies, Chino (Tateshina), Japan, 1972.

SCHLEGEL, G. (10). 'Scientific Confectionery' (a criticism of modern chemical terminology in Chinese). *TP*, 1894 (1e sér.), **5**, 147.

SCHLEGEL, G. (11). 'Le Tchien [*Chien*] en Chine.' *TP*, 1897 (1e sér.), **8**, 455.

SCHLEIFER, J. (1). 'Zum Syrischen Medizinbuch; II, Der therapeutische Teil.' *RSO*, 1939, **18**, 341. (For Pt I see *ZS*, 1938 (n.s.), **4**, 70.)

SCHMAUDERER, E. (1). 'Kenntnisse ü. das Ultramarin bis zur ersten künstlichen Darstellung um 1827.' *BGTI/TG*, 1969, **36**, 147.

SCHMAUDERER, E. (2). 'Künstliches Ultramarin im Spiegel von Preisaufgaben und der Entwicklung der Mineralanalyse im 19. Jahrhundert.' *BGTI/TG*, 1969, **36**, 314.

SCHMAUDERER, E. (3). 'Die Entwicklung der Ultramarin-fabrikation im 19. Jahrhundert.' *TRAD*, 1969, **3–4**, 127.

SCHMAUDERER, E. (4). 'J. R. Glaubers Einfluss auf die Frühformen der chemischen Technik.' *CIT*, 1970, **42**, 687.

SCHMAUDERER, E. (5). 'Glaubers Alkahest; ein Beispiel für die Fruchtbarkeit alchemischer Denkansätze im 17. Jahrhundert.'; in the press.

SCHMIDT, C. (1) (ed.). *Koptisch-Gnostische Schriften* [including *Pistis Sophia*]. Hinrichs, Leipzig, 1905 (Griech. Christliche Schriftsteller, vol. 13). 2nd ed. Akad. Verlag, Berlin, 1954.

SCHMIDT, R. (1) (tr.). *Das 'Kāmasūtram' des Vātsyāyana; die indische Ars Amatoria nebst dem vollständigen Kommentare (Jayamangalā) des Yasodhara—aus dem Sanskrit übersetzt und herausgegeben...* Berlin, 1912. 7th ed. Barsdorf, Berlin, 1922.

SCHMIDT, R. (2). *Beitäage z. Indischen Erotik; das Liebesleben des Sanskritvolkes, nach den Quellen dargestellt von R. S...* 2nd ed. Barsdorf, Berlin, 1911. Reissued under the imprint of Linser, in the same year.

SCHMIDT, R. (3) (tr.). *The 'Rati Rahasyam' of Kokkoka* [said to be +11th cent. under Rājā Bhōja]. Med. Book Co. Calcutta, 1949. (Bound with Tatojaya (1), *q.v.*)

SCHMIDT, W. A. (1). *Die Grieschischen Papyruskunden der K. Bibliothek Berlin; III, Die Purpurfärberei und der Purpurhandel in Altertum*. Berlin, 1842.

SCHMIEDER, K. C. (1). *Geschichte der Alchemie*. Halle, 1832.

SCHRIMPF, R. (1). 'Bibliographie Sommaire des Ouvrages publiés en Chine durant la Période 1950–60 sur l'Histoire du Développement des Sciences et des Techniques Chinoises.' *BEFEO*, 1963, **51**, 615. Includes chemistry and chemical industry.

SCHNEIDER, W. (1). 'Über den Ursprung des Wortes "Chemie".' *PHI*, 1959, **21**, 79.

SCHNEIDER, W. (2). 'Kekule und die organische Strukturchemie.' *PHI*, 1958, **20**, 379.

SCHOLEM, G. (3). *Jewish Gnosticism, Merkabah* [apocalyptic or Messianic] *Mysticism, and the Talmudic Tradition*. New York, 1960.

SCHOLEM, G. (4). 'Zur Geschichte der Anfänge der Christlichen Kabbala.' Art. in L. Baeck Presentation Volume, London, 1954.

SCHOTT, W. (2). 'Ueber ein chinesisches Mengwerk, nebst einem Anhang linguistischer Verbesserungen zu zwei Bänden der Erdkunde Ritters' [the *Yeh Huo Pien* of Shen Tê-Fu (Ming)]. *APAW/PH*, 1880, no. 3.

SCHRAMM, M. (1). 'Aristotelianism; Basis of, and Obstacle to, Scientific Progress in the Middle Ages—Some Remarks on A. C. Crombie's "From Augustine to Galileo".' *HOSC*, 1963, **2**, 91; 1965, **4**, 70.

VON SCHRICK, MICHAEL PUFF (1). *Hienach volget ein nüczliche Materi von manigerley ausgeprânten Wasser, wie Man die nüczen und pruchen sol zu Gesuntheyt der Menschen; Ůn das Puchlein hat Meiyster Michel Schrick, Doctor der Erczney durch lijebe und gepet willen erberen Personen ausz den Pǔchern zu sammen colligiert un beschrieben*. Augsburg, 1478, 1479, 1483, etc.

SCHUBARTH, DR (1). 'Ueber das chinesisches Weisskupfer und die vom Vereine angestellten Versuche dasselbe darzustellen.' *VVBGP*, 1824, **3**, 134. (The Verein in question was the Verein z. Beförderung des Gewerbefleisses in Preussen.)

SCHULTES, R. E. (1). *A Contribution to our Knowledge of* Rivea corymbosa, *the narcotic Ololiuqui of the Aztecs*. Botanical Museum, Harvard Univ. Cambridge, Mass. 1941.

SCHULTZE, S. See Aigremont, Dr.

SCHURHAMMER, G. (2). 'Die Yamabushis nach gedrückten und ungedrückten Berichten d. 16. und 17. Jahrhunderts.' *MDGNVO*, 1965, **46**, 47.

SCOTT, HUGH (1). *The Golden Age of Chinese Art; the Lively Thang Dynasty*. Tuttle, Rutland, Vt. and Tokyo, 1966.

SCOTT, W. (1) (ed.). *Hermetica*. 4 vols. Oxford, 1924–36.
Vol 1, Introduction, Texts and Translation, 1924.
Vol 2, Notes on the Corpus Hermeticum, 1925.
Vol 3, Commentary; Latin Asclepius and the Hermetic Excerpts of Stobaeus, 1926 (posthumous ed. A. S. Ferguson).
Vol 4, Testimonia, Addenda, and Indexes (posthumous, with A. S. Ferguson).
Repr. Dawson, London, 1968. Rev. G. Sarton, *ISIS*, 1926, **8**, 342.

SÉBILLOT, P. (1). *Les Travaux Publics et les Mines dans les Traditions et les Superstitions de tous les Peuples*. Paris, 1894.

SEGAL, J. B. (1). 'Pagan Syrian Monuments in the Vilayet of Urfa [Edessa].' *ANATS*, 1953, **3**, 97.

SEGAL, J. B. (2). 'The Ṣābian Mysteries; the Planet Cult of Ancient Ḥarrān.' Art. in *Vanished Civilisations*, ed. E. Bacon. 1963.

SEIDEL, A. (1). 'A Taoist Immortal of the Ming Dynasty; Chang San-Fêng.' Art. in *Self and Society in Ming Thought*, ed. W. T. de Bary. Columbia Univ. Press, New York, 1970, p. 483.

SEIDEL, A. (2). *La Divinisation de Lao Tseu* [*Lao Tzu*] *dans le Taoisme des Han*. École Française de l'Extrême Orient, Paris, 1969. (Pub. de l'Éc. Fr. de l'Extr. Or., no. 71.) A Japanese version is in *DK*, 1968, **3**, 5–77, with French summary, p. ii.

SELIMKHANOV, I. R. (1). 'Spectral Analysis of Metal Articles from Archaeological Monuments of the Caucasus.' *PPHS*, 1962, **38**, 68.

SELYE, H. (1). *Textbook of Endocrinology*. Univ. Press and *Acta Endocrinologica*, Montreal, 1947.

SEN, SATIRANJAN (1). 'Two Medical Texts in Chinese Translation.' *VBA*, 1945, **1**, 70.

SENCOURT, ROBERT (1). *Outflying Philosophy; a Literary Study of the Religious Element in the Poems and Letters of John Donne and in the Works of Sir Thomas Browne and Henry Vaughan the Silurist, together with an Account of the Interest of these Writers in Scholastic Philosophy, in Platonism and in Hermetic Physic; with also some Notes on Witchcraft*. Simpkin, Marshall, Hamilton & Kent, London, n.d. (1923).

SENGUPTA, KAVIRAJ N. N. (1). *The Ayurvedic System of Medicine*. 2 vols. Calcutta, 1925.

SERRUYS, H. (1) (tr.). '*Pei Lu Fêng Su*; Les Coutumes des Esclaves Septentrionaux [Hsiao Ta-Hêng's book on the Mongols, +1594].' *MS*, 1945, **10**, 117–208.

SEVERINUS, PETRUS (1). *Idea Medicinae Philosophicae*, 1571. 3rd ed. The Hague, 1660.

SEWTER, E. R. A. (1) (tr.). *Fourteen Byzantine Rulers; the 'Chronographia' of Michael Psellus* [+1063, the last part by +1078]. Routledge & Kegan Paul, London; Yale Univ. Press, New Haven, Conn., 1953. 2nd revised ed. Penguin, Baltimore, and London, 1966.

SEYBOLD, C. F. (1). Review of J. Lippert's 'Ibn al-Qifṭī's *Ta'rīkh al-Ḥukamā'*, auf Grund der Vorarbeiten Aug. Müller (Dieter, Leipzig, 1903).' *ZDMG*, 1903, **57**, 805.
SEYYED HOSSEIN NASR. See Said Husain Nasr.
SEZGIN, F. (1). 'Das Problem des Jābir ibn Ḥayyān im Lichte neu gefundener Handschriften.' *ZDMG*, 1964, **114**, 255.
SHANIN, T. (1) (ed.). *The Rules of the Game; Cross-Disciplinary Essays on Models in Scholarly Thought.* Tavistock, London, 1972.
SHAPIRO, J. (1). 'Freezing-out, a Safe Technique for Concentration of Dilute Solutions.' *S*, 1961, **133**, 2063.
SHASTRI, KAVIRAJ KALIDAS (1). *Catalogue of the Rasashala Aushadhashram Gondal* (Ayurvedic Pharmaceutical Works of Gondal), [founded by the Maharajah of Gondal, H. H. Bhagvat Singhji]. 22nd ed. Gondal, Kathiawar, 1936. 40th ed. 1952.
SHAW, THOMAS (1). *Travels or Observations relating to sereral parts of Barbary and the Levant.* Oxford, 1738; London, 1757; Edinburgh, 1808. *Voyages dans la Régence d'Alger*. Paris, 1830.
SHEA, D. & FRAZER, A. (1) (tr.). *The 'Dabistan', or School of Manners* [by Mobed Shah, +17th Cent.], *translated from the original Persian, with notes and illustrations...* 2 vols. Paris, 1843.
SHEAR, T. L. (1). 'The Campaign of 1939 [excavating the ancient Athenian agora].' *HE*, 1940, **9**, 261.
SHEN TSUNG-HAN (1). *Agricultural Resources of China.* Cornell Univ. Press, Ithaca, N.Y., 1951.
SHÊNG WU-SHAN (1). *Érotologie de la Chine; Tradition Chinoise de l'Érotisme.* Pauvert, Paris, 1963. (Bibliothèque Internationale d'Érotologie, no. 11.) Germ. tr. *Die Erotik in China*, ed. Lo Duca. Desch, Basel, 1966. (Welt des Eros, no. 5.)
SHEPPARD, H. J. (1). 'Gnosticism and Alchemy.' *AX*, 1957, **6**, 86. 'The Origin of the Gnostic-Alchemical Relationship.' *SCI*, 1962, **56**, 1.
SHEPPARD, H. J. (2). 'Egg Symbolism in Alchemy.' *AX*, 1958, **6**, 140.
SHEPPARD, H. J. (3). 'A Survey of Alchemical and Hermetic Symbolism.' *AX*, 1960, **8**, 35.
SHEPPARD, H. J. (4). 'Ouroboros and the Unity of Matter in Alchemy; a Study in Origins.' *AX*, 1962, **10**, 83. 'Serpent Symbolism in Alchemy.' *SCI*, 1966, **60**, 1.
SHEPPARD, H. J. (5). 'The Redemption Theme and Hellenistic Alchemy.' *AX*, 1959, **7**, 42.
SHEPPARD, H. J. (6). 'Alchemy; Origin or Origins?' *AX*, 1970, **17**, 69.
SHEPPARD, H. J. (7). 'Egg Symbolism in the History of the Sciences.' *SCI*, 1960, **54**, 1.
SHEPPARD, H. J. (8). 'Colour Symbolism in the Alchemical *Opus*.' *SCI*, 1964, **58**, 1.
SHERLOCK, T. P. (1). 'The Chemical Work of Paracelsus.' *AX*, 1948, **3**, 33.
SHIH YU-CHUNG (1). 'Some Chinese Rebel Ideologies.' *TP*, 1956, **44**, 150.
SHIMAO EIKOH (1). 'The Reception of Lavoisier's Chemistry in Japan.' *ISIS*, 1972, **63**, 311.
SHIRAI, MITSUTARŌ (1). 'A Brief History of Botany in Old Japan.' Art. in *Scientific Japan, Past and Present*, ed. Shinjo Shinzo. Kyoto, 1926. (Commemoration Volume of the 3rd Pan-Pacific Science Congress.)
SIGERIST, HENRY E. (1). *A History of Medicine.* 2 vols. Oxford, 1951. Vol. 1, *Primitive and Archaic Medicine*. Vol. 2, *Early Greek, Hindu and Persian Medicine*. Rev. (vol. 2), J. Filliozat, *JAOS*, 1926, **82**, 575.
SIGERIST, HENRY E. (2). *Landmarks in the History of Hygiene.* London, 1956.
SIGGEL, A. (1). *Die Indischen Bücher aus dem 'Paradies d. Weisheit über d. Medizin' des 'Alī Ibn Sahl Rabban al-Ṭabarī.* Steiner, Wiesbaden, 1950. (Akad. d. Wiss. u. d. Lit. in Mainz; Abhdl. d. geistes- und sozial-wissenschaftlichen Klasse, no. 14.) Crit. O. Temkin, *BIHM*, 1953, **27**, 489.
SIGGEL, A. (2). *Arabisch-Deutsches Wörterbuch der Stoffe aus den drei Natur-reichen die in arabischen alchemistischen Handschriften vorkommen; nebst Anhang, Verzeichnis chemischer Geräte.* Akad. Verlag. Berlin, 1950. (Deutsche Akad. der Wissenchaften zu Berlin; Institut f. Orientforschung, Veröffentl. no. 1.)
SIGGEL, A. (3). *Decknamen in der arabischen Alchemistischen Literatur.* Akad. Verlag. Berlin, 1951. (Deutsche Akad. der Wissenschaften zu Berlin; Institut f. Orientforschung, Veröffentl. no. 5.) Rev. M. Plessner, *OR*, **7**, 368.
SIGGEL, A. (4). 'Das Sendschreiben "Das Licht über das Verfahren des Hermes der Hermesse dem, der es begehrt".' (*Qabas al-Qabīs fī Tadbīr Harmas al-Harāmis*, early +13th cent.) *DI*, 1937, **24**, 287.
SIGGEL, A. (5) (tr.). *'Das Buch der Gifte' [Kitāb al-Sumūm wa daf 'maḍārrihā] des Jābir ibn Ḥayyān* [Kr/2145]; *Arabische Text in Faksimile...übers. u. erlaütert...* Steiner, Wiesbaden, 1958. (Veröffentl. d. Orientalischen Komm. d. Akad. d. Wiss. u. d. Lit. no. 12.) Cf Kraus (2), pp. 156 ff.
SIGGEL, A. (6). 'Gynäkologie, Embryologie und Frauenhygiene aus dem "Paradies der Weisheit [*Firdaws al-Ḥikma*] über die Medizin" des Abū Ḥasan 'Alī ibn Sahl Rabban al-Ṭabarī [d. *c.* +860] nach der Ausgabe von Dr. M. Zubair al-Ṣiddīqī (Sonne, Berlin-Charlottenberg, 1928).' *QSGNM* 1942, **8**, 217.
SILBERER, H. (1). *Probleme der Mystik und ihrer Symbolik.* Vienna, 1914. Eng. tr. S. E. Jelliffe, *Problem of Mysticism, and its Symbolism.* Moffat & Yard, New York, 1917.

SINGER, C. (1). *A Short History of Biology*. Oxford, 1931.
SINGER, C. (3). 'The Scientific Views and Visions of St. Hildegard.' Art. in Singer (13), vol. 1, p. 1. Cf. Singer (16), a parallel account.
SINGER, C. (4). *From Magic to Science; Essays on the Scientific Twilight*. Benn, London, 1928.
SINGER, C. (8). *The Earliest Chemical Industry; an Essay in the Historical Relations of Economics and Technology, illustrated from the Alum Trade*. Folio Society, London, 1948.
SINGER, C. (13) (ed.). *Studies in the History and Method of Science*. Oxford, vol. 1, 1917; vol. 2, 1921. Photolitho reproduction, Dawson, London, 1955.
SINGER, C. (16). 'The Visions of Hildegard of Bingen.' Art. in Singer (4), p. 199.
SINGER, C. (23). 'Alchemy' (art. in *Oxford Classical Dictionary*). Oxford.
SINGER, CHARLES (25). *A Short History of Anatomy and Physiology from the Greeks to Harvey*. Dover, New York, 1957. Revised from *The Evolution of Anatomy*. Kegan Paul, Trench, & Trubner, London, 1925.
SINGER, D. W. (1). *Giordano Bruno; His Life and Thought, with an annotated Translation of his Work 'On the Infinite Universe and Worlds'*. Schuman, New York, 1950.
SINGER, D. W. (2). 'The Alchemical Writings attributed to Roger Bacon.' *SP*, 1932, **7**, 80.
SINGER, D. W. (3). 'The Alchemical Testament attributed to Raymund Lull.' *A*, 1928, **9**, 43. (On the pseudepigraphic nature of the Lullian corpus.)
SINGER, D. W. (4). 'l'Alchimie.' Communiction to the IVth International Congress of the History of Medicine, Brussels, 1923. Sep. pub. de Vlijt, Antwerp, 1927.
SINGER, D. W., ANDERSON, A. & ADDIS, R. (1). *Catalogue of Latin and Vernacular Alchemical Manuscripts in Great Britain and Ireland before the 16th Century*. 3 vols. Lamertin, Brussels, 1928–31 (for the Union Académique Internationale).
SINGLETON, C. S. (1) (ed.). *Art, Science and History in the Renaissance*. Johns Hopkins, Baltimore, 1968.
SISCO, A. G. & SMITH, C. S. (1) (tr.). *Lazarus Ercker's Treatise on Ores and Assaying, translated from the German edition of +1580*. Univ. Chicago Press, Chicago, 1951.
SISCO, A. G. & SMITH, C. S. (2). *'Bergwerk- und Probier-büchlein'; a Translation from the German of the 'Berg-büchlein', a Sixteenth-Century Book on Mining Geology, by A. G. Sisco, and of the 'Probier-büchlein', a Sixteenth-Century Work on Assaying, by A. G. Sisco & C. S. Smith; with technical annotations and historical notes*. Amer. Institute of Mining and Metallurgical Engineers, New York, 1949.
SIVIN, N. (1). 'Preliminary Studies in Chinese Alchemy; the *Tan Ching Yao Chüeh* attributed to Sun Ssu-Mo (+581? to after +674).' Inaug. Diss., Harvard University, 1965. Published as: *Chinese Alchemy; Preliminary Studies*. Harvard Univ. Press, Cambridge, Mass. 1968. (Harvard Monographs in the History of Science, no. 1.) Ch. 1 sep. pub. *JSHS*, 1967, **6**, 60. Revs. J. Needham, *JAS*, 1969, 850; Ho Ping-Yü, *HJAS*, 1969, **29**, 297; M. Eliade, *HOR*, 1970, **10**, 178.
SIVIN, N. (1*a*). 'On the Reconstruction of Chinese Alchemy.' *JSHS*, 1967, **6**, 60 (essentially ch. 1 of Sivin, 1).
SIVIN, N. (2). 'Quality and Quantity in Chinese Alchemy.' Priv. circ. 1966; expanded as: 'Reflections on Theory and Practice in Chinese Alchemy.' Contribution to the First International Conference of Taoist Studies, Villa Serbelloni, Bellagio, 1968.
SIVIN, N. (3). Draft Translation of *Thai-Shang Wei Ling Shen Hua Chiu Chuan Tan Sha Fa* (*TT*/885). Unpublished MS., copy deposited in Harvard-Yenching Library for circulation.
SIVIN, N. (4). Critical Editions and Draft Translations of the Writings of Chhen Shao-Wei (*TT*/883 and 884, and YCCC, chs. 68–9). Unpublished MS.
SIVIN, N. (5). Critical Edition and Draft Translation of *Tan Lun Chüeh Chih Hsin Ching* (*TT*/928 and *YCCC*, ch. 66). Unpublished MS.
SIVIN, N. (6). 'William Lewis as a Chemist.' *CHYM*, 1962, **8**, 63.
SIVIN, N. (7). 'On the *Pao Phu Tzu* (*Nei Phien*) and the Life of Ko Hung (+283 to +343).' *ISIS*, 1969. **60**, 388.
SIVIN, N. (8). 'Chinese Concepts of Time.' *EARLH*, 1966, **1**, 82.
SIVIN, N. (9). *Cosmos and Computation in Chinese Mathematical Astronomy*. Brill, Leiden, 1969. Reprinted from *TP*, 1969, **55**.
SIVIN, N. (10). 'Chinese Alchemy as a Science.' Contrib. to '*Nothing Concealed*' (Wu Yin Lu); *Essays in Honour of Liu* (*Aisin-Gioro*) *Yü-Yün*, ed. F. Wakeman, Chinese Materials and Research Aids Service Centre, Tnaipei, Thaiwan, 1970, p. 35.
SKRINE, C. P. (1). 'The Highlands of Persian Baluchistan.' *GJ*, 1931, **78**, 321.
DE SLANE, BARON MCGUCKIN (2) (tr.). *Ibn Khallikan's Dictionary* (translation of Ibn Khallikān's *Kitāb Wafayāt al-A'yān*, a collection of 865 biographies, +1278). 4 vols. Paris, 1842–71.
SMEATON, W. A. (1). 'Guyton de Morveau and Chemical Affinity.' *AX*, 1963, **11**, 55.
SMITH, ALEXANDER (1). *Introduction to Inorganic Chemistry*. Bell, London, 1912.
SMITH, C. S. (4). 'Matter versus Materials; a Historical View.' *SC*, 1968, **162**, 637.

SMITH, C. S. (5). 'A Historical View of One Area of Applied Science—Metallurgy.' Art. in *Applied Science and Technological Progress*. A Report to the Committee on Science and Astronautics of the United States House of Representatives by the National Academy of Sciences, Washington, D.C. 1967.

SMITH, C. S. (6). 'Art, Technology and Science; Notes on their Historical Interaction.' *TCULT*, 1970, **11**, 493.

SMITH, C. S. (7). 'Metallurgical Footnotes to the History of Art.' *PAPS*, 1972, **116**, 97. (Penrose Memorial Lecture, Amer. Philos. Soc.)

SMITH, C. S. & GNUDI, M. T. (1) (tr. & ed.). *Biringuccio's 'De La Pirotechnia' of +1540, translated with an introduction and notes*. Amer. Inst. of Mining and Metallurgical Engineers, New York, 1942, repr. 1943. Reissued, with new introductory material. Basic Books, New York, 1959.

SMITH, F. PORTER (1). *Contributions towards the Materia Medica and Natural History of China, for the use of Medical Missionaries and Native Medical Students*. Amer. Presbyt. Miss. Press, Shanghai; Trübner, London, 1871.

SMITH, F. PORTER (2). 'Chinese Chemical Manufactures.' *JRAS/NCB*, 1870 (n.s.), **6**, 139.

SMITH, R. W. (1). 'Secrets of Shao-Lin Temple Boxing.' Tuttle, Rutland, Vt. and Tokyo, 1964.

SMITH, T. (1) (tr.). *The 'Recognitiones' of Pseudo-Clement of Rome* [c. +220]. In Ante-Nicene Christian Library, ed. A. Roberts & J. Donaldson, Clark, Edinburgh, 1867. vol. 3, p. 297.

SMITH, T., PETERSON, P. & DONALDSON, J. (1) (tr.). *The Pseudo-Clementine Homilies* [c. +190, attrib. Clement of Rome, *fl.* +96]. In Ante-Nicene Christian Library, ed. A. Roberts & J. Donaldson, Clark, Edinburgh, 1867. vol. 17.

SMITHELLS, C. J. (1). 'A New Alloy of High Density.' *N*, 1937, **139**, 490.

SMYTHE, J. A. (1). *Lead; its Occurrence in Nature, the Modes of its Extraction, its Properties and Uses, with Some Account of its Principal Compounds*. London and New York, 1923.

SNAPPER, I. (1). *Chinese Lessons to Western Medicine; a Contribution to Geographical Medicine from the Clinics of Peiping Union Medical College*. Interscience, New York, 1941.

SNELLGROVE, D. (1). *Buddhist Himalaya; Travels and Studies in Quest of the Origins and Nature of Tibetan Religion*. Oxford, 1957.

SNELLGROVE, D. (2). *The 'Hevajra Tantra', a Critical Study*. Oxford, 1959.

SODANO, A. R. (1) (ed. & tr.). *Porfirio* [Porphyry of Tyre]; *Lettera ad Anebo* (Greek text and Italian tr.). Arte Tip., Naples, 1958.

SOLLERS, P. (1). 'Traduction et Presentation de quelques Poèmes de Mao Tsê-Tung.' *TQ*, 1970, no. 40, 38.

SOLLMANN, T. (1). *A Textbook of Pharmacology and some Allied Sciences*. Saunders, 1st ed. Philadelphia and London, 1901. 8th ed., extensively revised and enlarged, Saunders, Philadelphia and London, 1957.

SOLOMON, D. (1) (ed.). *LSD, the Consciousness-Expanding Drug*. Putnam, New York, 1964. Rev. W. H. McGlothlin, *NN*, 1964, **199** (no. 15), 360.

SOYMIÉ, M. (4). 'Le Lo-feou Chan (Lo-fou Shan]; Étude de Géographie Religieuse.' *BEFEO*, 1956, **48**, 1–139.

SOYMIÉ, M. (5). 'Bibliographie du Taoisme; Études dans les Langues Occidentales' (pt. 2). *DK*, 1971, **4**, 290–225 (1–66); with Japanese introduction, p. 288 (3).

SOYMIÉ, M. (6). 'Histoire et Philologie de la Chine Médiévale et Moderne; Rapport sur les Conférences' (on the date of *Pao Phu Tzu*). *AEPHE/SHP*, 1971, 759.

SOYMIÉ, M. & LITSCH, F. (1). 'Bibliographie du Taoisme; Études dans les Langues Occidentales' (pt. 1). *DK*, 1968, **3**, 318–247 (1–72); with Japanese introduction, p. 316 (3).

SPEISER, E. A. (1). *Excavations at Tepe Gawra*. 2 vols. Philadelphia, 1935.

SPENCER, J. E. (3). 'Salt in China.' *GR*, 1935, **25**, 353.

SPENGLER, O. (1). *The Decline of the West*, tr. from the German, *Die Untergang des Abendlandes*, by C. F. Atkinson. 2 vols. Vol. 1, *Form and Actuality;* vol. 2, *Perspectives of World History*. Allen & Unwin, London, 1926, 1928.

SPERBER, D. (1). 'New Light on the Problem of Demonetisation in the Roman Empire.' *NC*, 1970 (7th ser.), **10**, 112.

SPETER, M. (1). 'Zur Geschichte der Wasserbad-destillation; das "Berchile" Abul Kasims.' *APHL*, 1930, **5** (no. 8), 116.

SPIZEL, THEOPHILUS (1). *De Re Literaria Sinensium Commentarius*... Leiden, 1660 (frontispiece, 1661)

SPOONER, R. C. (1). 'Chang Tao-Ling, the first Taoist Pope.' *JCE*, 1938, **15**, 503.

SPOONER, R. C. (2). 'Chinese Alchemy.' *JWCBRS*, 1940 (A), **12**, 82.

SPOONER, R. C. & WANG, C. H. (1). 'The Divine Nine-Turn Tan-Sha Method, a Chinese Alchemical Recipe.' *ISIS*, 1948, **28**, 235.

VAN DER SPRENKEL, O. (1). 'Chronology, Dynastic Legitimacy, and Chinese Historiography' (mimeographed). Paper contributed to the Study Conference at the London School of Oriental Studies

1956, but not included with the rest in *Historians of China and Japan*, ed. W. G. Beasley & E. G. Pulleybank, 1961.

Squire, S. (1) (tr.). *Plutarch 'De Iside et Osiride', translated into English* (sep. pagination, text and tr.). Cambridge, 1744.

Stadler, H. (1) (ed.). *Albertus Magnus 'De Animalibus, libri* XXVI.' 2 vols. Münster i./W., 1916–21.

Stanley, R. C. (1). *Nickel, Past and Present*. Proc. IInd Empire Mining and Metallurgical Congress, 1928, pt. 5, Non-Ferrous Metallurgy, 1–34.

Stannus, H. S. (1). 'Notes on Some Tribes of British Central Africa [esp. the Anyanja of Nyasaland]. *JRAI*, 1912, **40**, 285.

Stapleton, H. E. (1). 'Sal-Ammoniac; a Study in Primitive Chemistry.' *MAS/B*, 1905, **1**, 25.

Stapleton, H. E. (2). 'The Probable Sources of the Numbers on which Jābirian Alchemy was based.' *A/AIHS*, 1953, **6**, 44.

Stapleton, H. E. (3). 'The Gnomon as a possible link between one type of Mesopotamian *Ziggurat* and the Magic Square Numbers on which Jābirian Alchemy was based.' *AX*, 1957, **6**, 1.

Stapleton, H. E. (4). 'The Antiquity of Alchemy.' *AX*, 1953, **5**, 1. The Summary also printed in *A/AIHS*, 1951, **4** (no. 14), 35.

Stapleton, H. E. (5). 'Ancient and Modern Aspects of Pythagoreanism; I, The Babylonian Sources of Pythagoras' Mathematical Knowledge; II, The Part Played by the Human Hand with its Five Fingers in the Development of Mathematics; III, Sumerian Music as a possible intermediate Source of the Emphasis on Harmony that characterises the −6th-century Teaching of both Pythagoras and Confucius; IV, The Belief of Pythagoras in the Immaterial, and its Co-existence with Natural Phenomena.' *OSIS*, 1958, **13**, 12.

Stapleton, H. E. & Azo, R. F. (1). 'Alchemical Equipment in the +11th Century.' *MAS/B*, 1905, **1** 47. (Account of the '*Ainu al-San'ah wa-l 'Aunu al-Sana'ah* (Essence of the Art and Aid to the Workers) by Abū-l Ḥakīm al-Sālihī al-Kāthī, +1034.) Cf. Ahmad & Datta (1).

Stapleton, H. E. & Azo, R. F. (2). 'An Alchemical Compilation of the +13th Century.' *MAS/B*, 1910, **3**, 57. (A florilegium of extracts gathered by an alchemical copyist travelling in Asia Minor and Mesopotamia about +1283.)

Stapleton, H. E., Azo, R. F. & Husain, M. H. (1). 'Chemistry in Iraq and Persia in the +10th Century.' *MAS/B*, 1927, **8**, 315–417. (Study of the *Madkhal al-Ta'līmī* and the *Kitāb al-Asrār* of al-Rāzī (d. +925), the relation of Arabic alchemy with the Sabians of Ḥarrān, and the role of influences from Hellenistic culture, China and India upon it.) Revs. G. Sarton, *ISIS*, 1928, **11**, 129; J. R. Partington, *N*, 1927, **120**, 243.

Stapleton, H. E., Azo, R. F., Husain, M. H. & Lewis, G. L. (1). 'Two Alchemical Treatises attributed to Avicenna.' *AX*, 1962, **10**, 41.

Stapleton, H. E. & Husain, H. (1) (tr.). 'Summary of the Cairo Arabic MS. of the "Treatise of Warning (*Risālat al-Ḥadar*)" of Agathodaimon, his Discourse to his Disciples when he was about to die.' Published as Appendix B in Stapleton (4), pp. 40 ff.

Stapleton, H. E., Lewis, G. L. & Taylor, F. Sherwood (1). 'The Sayings of Hermes as quoted in the *Mā al-Waraqī* of Ibn Umail' (*c.* +950). *AX*, 1949, **3**, 69.

Starkey, G. [Eirenaeus Philaletha] (1). *Secrets Reveal'd; or, an Open Entrance to the Shut-Palace of the King; Containing the Greatest Treasure in Chymistry, Never yet so plainly Discovered. Composed by a most famous English-man styling himself Anonymus, or Eyrenaeus Philaletha Cosmopolita, who by Inspiration and Reading attained to the Philosophers Stone at his Age of Twenty-three Years, A.D. 1645*... Godbid for Cooper, London, 1669. Eng. tr. of first Latin ed. *Introitus Apertus*... Jansson & Weyerstraet, Amsterdam, 1667. See Ferguson (1), vol. 2, p. 192.

Starkey, G. [Eirenaeus Philaletha] (2). *Arcanum Liquoris Immortalis, Ignis-Aquae Seu Alkehest*. London, 1683, Hamburg, 1688. Eng. tr. 1684.

Staudenmeier, Ludwig (1). *Die Magie als experimentelle Wissenschaft*. Leipzig, 1912.

Steele, J. (1) (tr.). *The 'I Li', or Book of Etiquette and Ceremonial*. 2 vols. London, 1917.

Steele, R. (1) (ed.). *Opera Hactenus Inedita Rogeri Baconi*. 9 fascicles in 3 vols. Oxford, 1914–.

Steele, R. (2). 'Practical Chemistry in the +12th Century; Rasis *De Aluminibus et Salibus*, the [text of the] Latin translation by Gerard of Cremona, [with an English précis].' *ISIS*, 1929, **12**, 10.

Steele, R. (3) (tr.). *The Discovery of Secrets* [a Jābirian Corpus text]. Luzac (for the Geber Society), London, 1892.

Steele, R. & Singer, D. W. (1). 'The Emerald Table [*Tabula Smaragdina*].' *PRSM*, 1928, **21**, 41.

Stein, O. (1). 'References to Alchemy in Buddhist Scriptures.' *BLSOAS*, 1933, **7**, 263.

Stein, R. A. (5). 'Remarques sur les Mouvements du Taoisme Politico-Religieux au 2e Siècle ap. J. C.' *TP*, 1963, **50**, 1–78. Japanese version revised by the author, with French summary of the alterations. *DK*, 1967, **2**.

Stein, R. A. (6). 'Spéculations Mystiques et Thèmes relatifs aux "Cuisines" [*chhu*] du Taoisme.' *ACF*, 1972, **72**, 489.

STEINGASS, F. J. (1). *A Comprehensive Persian–English Dictionary*. Routledge & Kegan Paul, London, 1892, repr. 1957.

STEININGER, H. (1). *Hauch- und Körper-seele, und der Dämon, bei 'Kuan Yin Tzu'*. Harrassowitz, Leipzig, 1953. (Sammlung orientalistischer Arbeiten, no. 20.)

STEINSCHNEIDER, M. (1). 'Die Europäischen Übersetzungen aus dem Arabischen bis mitte d. 17. Jahrhunderts. A. Schriften bekannter Übersetzer; B, Übersetzungen von Werken bekannter Autoren deren Übersetzer unbekannt oder unsicher sind.' *SWAW/PH*, 1904, **149** (no. 4), 1–84; 1905, **151** (no. 1), 1–108. Also sep. issued. Repr. Graz, 1956.

STEINSCHNEIDER, M. (2). 'Über die Mondstationen (Naxatra) und das Buch Arcandam.' *ZDMG*, 1864, **18**, 118. 'Zur Geschichte d. Übersetzungen ans dem Indischen in Arabische und ihres Einflusses auf die Arabische Literatur, insbesondere über die Mondstationen (Naxatra) und daraufbezüglicher Loosbücher.' *ZDMG*, 1870, **24**, 325; 1871, **25**, 378. (The last of the three papers has an index for all three.)

STEINSCHNEIDER, M. (3). 'Euklid bei den Arabern.' *ZMP*, 1886, **31** (Hist. Lit. Abt.), 82.

STEINSCHNEIDER, M. (4) *Gesammelte Schriften*, ed. H. Malter & A. Marx. Poppelauer, Berlin, 1925.

STENRING, K. (1) (tr.). *The Book of Formation, 'Sefer Yetzirah', by R. Akiba ben Joseph*...With introd. by A. E. Waite, Rider, London, 1923.

STEPHANIDES, M. K. (1). *Symbolai eis tēn Historikē tōn Physikōn Epistēmōn kai Idiōs tēs Chymeias* (in Greek). Athens, 1914. See Zacharias (1).

STEPHANIDES, M. K. (2). Study of Aristotle's views on chemical affinity and reaction. *RSCI*, 1924, **62**, 626.

STEPHANIDES, M. K. (3). *Psammourgikē kai Chymeia* (*Ψαμμουργικὴ καὶ Χυμεία*) [in Greek]. Mytilene, 1909.

STEPHANIDES, M. K. (4). 'Chymeutische Miszellen.' *AGNWT*, 1912, **3**, 180.

STEPHANUS OF ALEXANDRIA. *Megalēs kai Hieras Technēs* [*Chymeia*]. Not in the *Corpus Alchem. Gr.* (Berthelot & Ruelle) but in Ideler (1), vol. 2.

STEPHANUS, HENRICUS. See Estienne, H. (1).

STILLMAN, J. M. (1). *The Story of Alchemy and Early Chemistry*. Constable, London and New York, 1924. Repr. Dover, New York, 1960.

STRASSMEIER, J. N. (1). *Inschriften von Nabuchodonosor* [−6th cent.]. Leipzig, 1889.

STRASSMEIER, J. N. (2). *Inschriften von Nabonidus* [r. −555 to −538]. Leipzig. 1889.

STRAUSS, BETTINA (1). 'Das Giftbuch des Shānāq; eine literaturgeschichtliche Untersuchung.' *QSGNM*, 1934, **4**, 89–152.

VON STRAUSS-&-TORNEY, V. (1). 'Bezeichnung der Farben Blau und Grün in Chinesischen Alterthum.' *ZDMG*, 1879, **33**, 502.

STRICKMANN, M. (1). 'Notes on Mushroom Cults in Ancient China.' Rijksuniversiteit Gent (Gand), 1966. (Paper to the 4e Journée des Orientalistes Belges, Brussels, 1966.)

STRICKMANN, M. (2). 'On the Alchemy of Thao Hung-Ching.' Unpub. MS. Revised version contributed to the 2nd International Conference of Taoist Studies, Tateshina, Japan, 1972.

STRICKMANN, M. (3). 'Taoism in the Lettered Society of the Six Dynasties.' Contribution to the 2nd International Conference of Taoist Studies, Chino (Tateshina), Japan, 1972.

STROTHMANN, R. (1). 'Gnosis Texte der Ismailiten; Arabische Handschrift Ambrosiana H 75.' *AGWG/PH*, 1943 (3rd ser.), no. 28.

STRZODA, W. (1). *Die gelben Orangen der Prinzessin Dschau, aus dem chinesischen Urtext*. Hyperion Verlag, München, 1922.

STUART, G. A. (1). *Chinese Materia Medica; Vegetable Kingdom, extensively revised from Dr F. Porter Smith's work*. Amer. Presbyt. Mission Press, Shanghai, 1911. An expansion of Smith, F.P. (1).

STUART, G. A. (2). 'Chemical Nomenclature.' *CRR*, 1891; 1894, **25**, 88; 1901, **32**, 305.

STUHLMANN, C. C. (1). 'Chinese Soda.' *JPOS*, 1895, **3**, 566.

SUBBARAYAPPA, B. V. (1). 'The Indian Doctrine of Five Elements.' *IJHS*, 1966, **1**, 60.

SUDBOROUGH, J. J. (1). *A Textbook of Organic Chemistry; translated from the German of A. Bernthsen, edited and revised*. Blackie, London, 1906.

SUDHOFF, K. (1). 'Eine alchemistische Schrift des 13. Jahrhunderts betitelt *Speculum Alkimie Minus*, eines bisher unbekannten Mönches Simeon von Köln.' *AGNT*, 1922, **9**, 53.

SUDHOFF, K. (2). 'Alkoholrezept aus dem 8. Jahrhundert?' [The earliest version of the *Mappae Clavicula*, now considered *c.* +820.] *NW*, 1917, **16**, 681.

SUDHOFF, K. (3). 'Weiteres zur Geschichte der Destillationstechnik.' *AGNT*, 1915, **5**, 282.

SUDHOFF, K. (4). 'Eine Herstellungsanweisung für "Aurum Potabile" und "Quinta Essentia" von dem herzogliche Leibarzt Albini di Moncalieri (14ter Jahrh.).' *AGNT*, 1915, **5**, 198.

SÜHEYL ÜNVER, A. (1). *Tanksuknamei Ilhan der Fünunu Ulumu Hatai Mukaddinesi* (Turkish tr.) T. C. Istanbul Universitesi Tib Tarihi Enstitusu Adet 14. Istanbul, 1939.

SÜHEYL ÜNVER, A. (2). *Wang Shu-ho eseri hakkinda* (Turkish with Eng. summary). Tib. Fak. Mecmuasi. Yil 7, Sayr 2, Umumi no. 28. Istanbul, 1944.

AL-SUHRAWARDY, ALLAMA SIR ABDULLAH AL-MAMUN (1) (ed.). *The Sayings of Muḥammad* [ḥadith]. With foreword by M. K. (Mahatma) Gandhi. Murray, London, 1941. (Wisdom of the East series.)

SUIDAS (1). *Lexicon Graece et Latine...*(*c.* +1000), ed. Aemilius Portus & Ludolph Kuster, 3 vols. Cambridge, 1705.

SULLIVAN, M. (8). 'Kendi' (drinking vessels, Skr. *kundika*, with neck and side-spout). *ACASA*, 1957, **11**, 40.

SUN JEN I-TU & SUN HSÜEH-CHUAN (1) (tr.). '*Thien Kung Khai Wu*', *Chinese Technology in the Seventeenth Century, by Sung Ying-Hsing*. Pennsylvania State Univ. Press; University Park & London, Penn. 1966.

SUTER, H. (1). *Die Mathematiker und Astronomen der Araber und ihre Werke*. Teubner, Leipzig, 1900. (Abhdl. z. Gesch. d. Math. Wiss. mit Einschluss ihrer Anwendungen, no. 10; supplement to *ZMP*, **45**.) Additions and corrections in *AGMW*, 1902, no. 14.

SUZUKI SHIGEAKI (1). 'Milk and Milk Products in the Ancient World.' *JSHS*, 1965, **4**, 135.

SWEETSER, WM. (1). *Human Life*. New York, 1867.

SWINGLE, W. T. (12). 'Notes on Chinese Accessions; chiefly Medicine, Materia Medica and Horticulture.' *ARLC/DO*, 1928/1929, 311. (On the *Pên Tshao Yen I Pu I*, the *Yeh Tshai Phu*, etc.; including translations by M. J. Hagerty.)

SYNCELLOS, GEORGIOS (1). *Chronographia* (*c.* +800), ed. W. Dindorf. Weber, Bonn, 1829 (in *Corp. Script. Hist. Byz.* series). Ed. P. J. Goar, Paris, 1652.

TANAKA, M. (1). *The Development of Chemistry in Modern Japan*. Proc. XIIth Internat. Congr. Hist. of Sci., Paris, 1968. Abstracts & Summaries, p. 232; Actes, vol. 6, p. 107.

TANAKA, M. (2). 'A Note to the History of Chemistry in Modern Japan, [with a Select List of the most important Contributions of Japanese Scientists to Modern Chemistry].' *SHST/T*, Special Issue for the XIIth Internat. Congress of the Hist. of Sci., Paris, 1968.

TANAKA, M. (3). 'Einige Probleme der Vorgeschichte der Chemie in Japan; Einführung und Aufnahme der modernen Materienbegriffe.' *JSHS*, 1967, **6**, 96.

TANAKA, M. (4). 'Ein Hundert Jahre der Chemie in Japan.' *JSHS*, 1964, **3**, 89.

TARANZANO, C. (1). *Vocabulaire des Sciences Mathématiques, Physiques et Naturelles*. 2 vols. Hsien-hsien, 1936.

TARN, W. W. (1). *The Greeks in Bactria and India*. Cambridge, 1951.

TASLIMI, MANUCHECHR (1). 'An Examination of the *Nihāyat al-Ṭalab* (The End of the Search) [by 'Izz al-Dīn Aidamur ibn 'Ali ibn Aidamur al-Jildakī, *c.* +1342] and the Determination of its Place and Value in the History of Islamic Chemistry.' Inaug. Diss. London, 1954.

TATARINOV, A. (2). 'Bemerkungen ü. d. Anwendung schmerzstillender Mittel bei den Operationen, und die Hydropathie, in China.' Art. in *Arbeiten d. k. Russischen Gesandschaft in Peking über China, sein Volk, seine Religion, seine Institutionen, socialen Verhältnisse, etc.*, ed. C. Abel & F. A. Mecklenburg. Heinicke, Berlin, 1858. Vol. 2, p. 467.

TATOJAYA, YATODHARMA (1) (tr.). *The 'Kokkokam' of Ativira Rama Pandian* [a Tamil prince at Madura, late +16th cent.]. Med. Book Co., Calcutta, 1949. Bound with R. Schmidt (3).

TAYLOR, F. SHERWOOD (2). 'A Survey of Greek Alchemy.' *JHS*, 1930, **50**, 109.

TAYLOR, F. SHERWOOD (3). *The Alchemists*. Heinemann, London, 1951.

TAYLOR, F. SHERWOOD (4). *A History of Industrial Chemistry*. Heinemann, London, 1957.

TAYLOR, F. SHERWOOD (5). 'The Evolution of the Still.' *ANS*, 1945, **5**, 185.

TAYLOR, F. SHERWOOD (6). 'The Idea of the Quintessence.' Art. in *Science, Medicine and History* (Charles Singer Presentation Volume), ed. E. A. Underwood, Oxford, 1953. Vol. 1, p. 247.

TAYLOR, F. SHERWOOD (7). 'The Origins of Greek Alchemy.' *AX*, 1937, **1**, 30.

TAYLOR, F. SHERWOOD (8) (tr. and comm.). 'The Visions of Zosimos [of Panopolis].' *AX*, 1937, **1**, 88.

TAYLOR, F. SHERWOOD (9) (tr. and comm.). 'The Alchemical Works of Stephanos of Alexandria.' *AX*, 1937, **1**, 116; 1938, **2**, 38.

TAYLOR, F. SHERWOOD (10). 'An Alchemical Work of Sir Isaac Newton.' *AX*, 1956, **5**, 59.

TAYLOR, F. SHERWOOD (11). 'Symbols in Greek Alchemical Writings.' *AX*, 1937, **1**, 64.

TAYLOR, F. SHERWOOD & SINGER, CHARLES (1). 'Pre-scientific Industrial Chemistry [in the Mediterranean Civilisations and the Middle Ages].' Art. in *A History of Technology*, ed. C. Singer *et al.* Oxford, 1956. Vol. 2, p. 347.

TAYLOR, J. V. (1). *The Primal Vision; Christian Presence amid African Religion*. SCM Press, London, 1963.

TEGENGREN, F. R. (1). 'The Iron Ores and Iron Industry of China; including a summary of the Iron situation of the Circum-Pacific Region.' *MGSC*, 1921 (Ser. A), no. 2, pt. I, pp. 1–180, with Chinese abridgement of 120 pp. 1923 (Ser. A), no. 2, pt. II, pp. 181–457, with Chinese abridgement of 190 pp. The section on the Iron Industry starts from p. 297: 'General Survey; Historical Sketch' [based

mainly on Chang Hung-Chao (*1*)], pp. 297–314; 'Account of the Industry [traditional] in different Provinces', pp. 315–64; 'The Modern Industry', pp. 365–404; 'Circum-Pacific Region', pp. 405-end.
TEGENGREN, F. R. (2). 'The Hsi-khuang Shan Antimony Mining Fields in Hsin-hua District, Hunan.' *BGSC*, 1921, no. 3, 1–25.
TEGENGREN, F. R. (3). 'The Quicksilver Deposits of China.' *BGSC*, 1920, no. 2, 1–36.
TEGGART, F. J. (1). *Rome and China; a Study of Correlations in Historical Events.* Univ. of California Press, Berkeley, Calif. 1939.
TEICH, MIKULÁŠ (1) (ed.). *J. E. Purkyně, 'Opera Selecta'*. Prague, 1948.
TEICH, MIKULÁŠ (2). 'From "Enchyme" to "Cyto-Skeleton"; the Development of Ideas on the Chemical Organisation of Living Matter.' Art. in *Changing Perspectives in the History of Science...*, ed. M. Teich & R. Young, Heinemann, London, 1973, p. 439.
TEICH, MIKULÁŠ & YOUNG, R. (1) (ed.). *Changing Perspectives in the History of Science...* Heinemann, London, 1973.
TEMKIN, O. (3). 'Medicine and Graeco-Arabic Alchemy.' *BIHM*, 1955, **29**, 134.
TEMKIN, O. (4). 'The Classical Roots of Glisson's Doctrine of Irritation.' *BIHM*, 1964, **38**, 297.
TEMPLE, SIR WM. (3). 'On Health and Long Life.' In *Works*, 1770 ed. vol. 3, p. 266.
TESTE, A. (1). *Homoeopathic Materia Medica, arranged Systematically and Practically*. Eng. tr. from the French, by C. J. Hempel. Rademacher & Shelk, Philadelphia, 1854.
TESTI, G. (1). *Dizionario di Alchimia e di Chimica Antiquaria.* Mediterranea, Rome, 1950. Rev. F. S[herwood] T[aylor], *AX*, 1953, **5**, 55.
THACKRAY, A. (1). '"Matter in a Nut-shell"; Newton's "Opticks" and Eighteenth-Century Chemistry.' *AX*, 1968, **15**, 29.
THELWALL, S. & HOLMES, P. (1) (tr.). *The Writings of Tertullian* [*c.* +200]. In Ante-Nicene Christian Library, ed. A. Roberts & J. Donaldson. Clark, Edinburgh, 1867, vols. 11, 15 and 18.
THEOBALD, W. (1). 'Der Herstelling der Bronzefarbe in Vergangenheit und Gegenwart.' *POLYJ*, 1913, **328**, 163.
THEOPHANES (+758 to +818) (1). *Chronographia*, ed. Classen (in *Corp. Script. Hist. Byz.* series).
[THEVENOT, D.] (1) (ed.). *Scriptores Graeci Mathematici, Veterum Mathematicorum Athenaei, Bitonis, Apollodori, Heronis et aliorum Opera Gr. et Lat. pleraque nunc primum edita* [including the *Kestoi* of Julius Africanus]. Paris, 1693.
THOMAS, E. J. (2). '[The State of the Dead in] Buddhist [Belief].' *ERE*, vol. xi, p. 829.
THOMAS, SIR HENRY (1). 'The Society of Chymical Physitians; an Echo of the Great Plague of London, +1665.' Art. in Singer Presentation Volume, *Science, Medicine and History*, ed. E. A. Underwood. 2 vols. Oxford, 1953. Vol. 2, p. 56.
THOMPSON, D. V. (1). *The Materials of Mediaeval Painting*. London, 1936.
THOMPSON, D. V. (2) (tr.). *The 'Libro dell Arte' of Cennino Cennini* [+1437]. Yale Univ. Press, New Haven, Conn. 1933.
THOMPSON, NANCY (1). 'The Evolution of the Thang Lion-and-Grapevine Mirror.' *AA*, 1967, **29**. Sep. pub. Ascona, 1968; with an addendum on the Jen Shou Mirrors by A. C. Soper.
THOMPSON, R. CAMPBELL (5). *On the Chemistry of the Ancient Assyrians* (mimeographed, with plates of Assyrian cuneiform tablets, romanised transcriptions and translations). Luzac, London, 1925.
THOMS, W. J. (1). *Human Longevity; its Facts and Fictions*. London, 1873.
THOMSEN, V. (1). 'Ein Blatt in türkische "Runen"-schrift aus Turfan.' *SPAW/PH*, 1910, 296. Followed by F. C. Andreas: 'Zwei Soghdische Exkurse zu V. Thomsen's "Ein Blatt..."' 307.
THOMSON, JOHN (2). '[Glossary of Chinese Terms for] Photographic Chemicals and Apparatus.' In Doolittle (1), vol. 2, p. 319.
THOMSON, T. (1). *A History of Chemistry*. 2 vols. Colburn & Bentley, London, 1830.
THORNDIKE, LYNN (1). *A History of Magic and Experimental Science*. 8 vols. Columbia Univ. Press, New York:
Vols. 1 & 2 (The First Thirteen Centuries), 1923, repr. 1947;
Vols. 3 and 4 (Fourteenth and Fifteenth Centuries), 1934;
Vols. 5 and 6, (Sixteenth Century), 1941;
Vols. 7 and 8 (Seventeenth Century), 1958.
Rev. W. Pagel, *BIHM*, 1959, **33**, 84.
THORNDIKE, LYNN (6). 'The *cursus philosophicus* before Descartes.' *A/AIHS*, 1951, **4 (30)**, 16.
THORPE, SIR EDWARD (1). *History of Chemistry*. 2 vols. in one. Watts, London, 1921.
THURSTON, H. (1). *The Physical Phenomena of Mysticism*, ed. J. H. Crehan. Burns & Oates, London, 1952. French tr. by M. Weill, *Les Phenomènes Physiques du Mysticisme aux Frontières de la Science*. Gallimard, Paris, 1961.
TIEFENSEE, F. (1). *Wegweiser durch die chinesischen Höflichkeits-Formen*. Deutschen Gesellsch. f. Natur- u. Völkerkunde Ostasiens, Tokyo, 1924 (*MDGNVO*, **18**), and Behrend, Berlin, 1924.
TIMKOVSKY, G. (1). *Travels of the Russian Mission through Mongolia to China, and Residence in Peking in*

the Years 1820–1, with corrections and notes by J. von Klaproth. Longmans, Rees, Orme, Brown & Green, London, 1827.

TIMMINS, S. (1). 'Nickel German Silver Manufacture', art. in *The Resources, Products and Industrial History of Birmingham and the Midland Hardware District*, ed. S. Timmins. London, 1866, p. 671.

TOBLER, A. J. (1). *Excavations at Tepe Gawra*. 2 vols. Philadelphia, 1950.

TOLL, C. (1). *Al-Hamdānī, 'Kitāb al-Jauharatain' etc., 'Die beiden Edelmetalle Gold und Silber' herausgegeben u. übersetzt*... University Press, Uppsala, 1968 (*UUA*, Studia Semitica, no. 1).

TOLL, C. (2). 'Minting Technique according to Arabic Literary Sources.' *ORS*, 1970, **19–20**, 125.

TORGASHEV, B. P. (1). *The Mineral Industry of the Far East*. Chali, Shanghai, 1930.

DE TOURNUS, J. GIRARD (1) (tr.). *Roger Bachon de l'Admirable Pouvoir et Puissance de l'Art et de Nature, ou est traicté de la pierre Philosophale*. Lyons, 1557, Billaine, Paris, 1628. Tr. of *De Mirabili Potestate Artis et Naturae, et de Nullitate Magiae*.

TRIGAULT, NICHOLAS (1). *De Christiana Expeditione apud Sinas*. Vienna, 1615; Augsburg, 1615. Fr. tr.: *Histoire de l'Expédition Chrétienne au Royaume de la Chine, entrepris par les PP. de la Compagnie de Jésus, comprise en cinq livres*...*tirée des Commentaires du P. Matthieu Riccius, etc*. Lyon, 1616; Lille, 1617; Paris, 1618. Eng. tr. (partial): *A Discourse of the Kingdome of China, taken out of Ricius and Trigautius*, In *Purchas his Pilgrimes*. London, 1625, vol. 3, p. 380. Eng. tr. (full): see Gallagher (1). Trigault's book was based on Ricci's *I Commentarj della Cina* which it follows very closely, even verbally, by chapter and paragraph, introducing some changes and amplifications, however. Ricci's book remained unprinted until 1911, when it was edited by Venturi (1) with Ricci's letters; it has since been more elaborately and sumptuously edited alone by d'Elia (2).

TSHAO THIEN-CHHIN, HO PING-YÜ & NEEDHAM, JOSEPH (1). 'An Early Mediaeval Chinese Alchemical Text on Aqueous Solutions' (the *San-shih-liu Shui Fa*, early +6th century). *AX*, 1959, **7**, 122. Chinese tr. by Wang Khuei-Kho (*1*), *KHSC*, 1963, no. 5, 67.

TSO, E. (1). 'Incidence of Rickets in Peking; Efficacy of Treatment with Cod-liver Oil.' *CMJ*, 1924, **38**, 112.

TSUKAHARA, T. & TANAKA, M. (1). 'Edward Divers; his Work and Contribution to the Foundation of [Modern] Chemistry in Japan.' *SHST/T*, 1965, 4.

TU YÜ-TSHANG, CHIANG JUNG-CHHING & TSOU CHHÊNG-LU (1). 'Conditions for the Successful Resynthesis of Insulin from its Glycyl and Phenylalanyl Chains.' *SCISA*, 1965, **14**, 229.

TUCCI, G. (4). 'Animadversiones Indicae; VI, A Sanskrit Biography of the Siddhas, and some Questions connected with Nāgārjuna.' *JRAS/B*, 1930, **26**, 138.

TUCCI, G. (5). *Teoria e Practica del Maṇḍala*. Rome, 1949. Eng. tr. London, 1961.

ULSTADT, PHILIP (1). *Coelum Philosophorum seu de Secretis Naturae Liber*. Strassburg, 1526 and many subsequent eds.

UNDERWOOD, A. J. V. (1). 'The Historical Development of Distilling Plant.' *TICE*, 1935, **13**, 34.

URDANG, G. (1). 'How Chemicals entered the Official Pharmacopoeias.' *A/AIHS*, 1954, **7**, 303.

URE, A. (1). A *Dictionary of Arts, Manufactures and Mines*. 1st ed., 2 vols, London, 1839. 5th ed. 3 vols. ed. R. Hunt, Longman, Green, Longman & Roberts, London, 1860.

VACCA, G. (2). 'Nota Cinesi.' *RSO*, 1915, **6**, 131. (1) A silkworm legend from the *Sou Shen Chi*. (2) The fall of a meteorite described in *Mêng Chhi Pi Than*. (3) Invention of movable type printing (*Mêng Chhi Pi Than*). (4) A problem of the mathematician I-Hsing (chess permutations and combinations) in *Mêng Chhi Pi Than*. (5) An alchemist of the +11th century (*Mêng Chhi Pi Than*).

VAILLANT, A. (1) (tr.). *Le Livre des Secrets d'Hénoch; Texte Slave et Traduction Française*. Inst. d'Études Slaves, Paris, 1952. (Textes Publiés par l'Inst. d'Ét. Slaves, no. 4.)

VALESIUS, HENRICUS (1). *Polybii, Diodori Siculi, Nicolai Damasceni, Dionysii Halicar[nassi], Appiani, Alexand[ri] Dionis[ii] et Joannis Antiocheni, Excerpta et Collectaneis Constantini Augusti [VII] Porphyrogenetae*...*nunc primum Graece edidit, Latine vertit, Notisque illustravit*. Du Puis, Paris, 1634.

DE LA VALLÉE-POUSSIN, L. (9). '[The "Abode of the Blest" in] Buddhist [Belief].' *ERE*, vol. ii, p. 686.

VANDERMONDE, J. F. (1). 'Eaux, Feu (et Cautères), Terres etc., Métaux, Minéraux et Sels, du *Pên Ts'ao Kang Mou*.' MS., accompanied by 80 (now 72) specimens of inorganic substances collected and studied at Macao or on Poulo Condor Island in +1732, then presented to Bernard de Jussieu, who deposited them in the Musée d'Histoire Naturelle at Paris. The samples were analysed for E. Biot (22) by Alexandre Brongniart (in 1835 to 1840), and the MS. text (which had been acquired from the de Jussieu family by the Museum in 1857) printed in excerpt form by de Mély (1), pp. 156–248. Between 1840 and 1895 the collection was lost, but found again by Lacroix, and the MS. text, not catalogued at the time of acquisition, was also lost, but found again by Deniker; both in time for the work of de Mély.

VARENIUS, BERNARD (1). *Descriptio Regni Japoniae et Siam; item de Japoniorum Religione et Siamensium; de Diversis Omnium Gentium Religionibus*... Hayes, Cambridge, 1673.

VARENIUS, BERNARD (2). *Geographiae Generalis, in qua Affectiones Generales Telluris explicantur summa cura quam plurimus in locis Emendata, et XXXIII Schematibus Novis, aere incisis, una cum Tabb. aliquot quae desiderabantur Aucta et Illustrata, ab Isaaco Newton, Math. Prof. Lucasiano apud Cantabrigiensis.* Hayes, Cambridge, 1672. 2nd ed. (*Auctior et Emendatior*), 1681.

VÄTH, A. (1) (with the collaboration of L. van Hée). *Johann Adam Schall von Bell, S. J., Missionar in China, Kaiserlicher Astronom und Ratgeber am Hofe von Peking; ein Lebens- und Zeit-bild.* Bachem, Köln, 1933. (Veröffentlichungen des Rheinischen Museums in Köln, no. 2.) Crit. P. Pelliot, *TP*, 1934, **31**, 178.

VAUGHAN, T. [Eugenius Philalethes] (1), (attrib.), *A Brief Natural History, intermixed with a Variety of Philosophical Discourses, and Observations upon the Burning of Mount Aetna; with Refutations of such vulgar Errours as our Modern Authors have omitted.* Smelt, London, 1669. See Ferguson (1), vol. 2, p. 197; Waite (4), p. 492.

VAUGHAN, T. (Eugenius Philalethes] (2). *Magia Adamica; or, the Antiquitie of Magic, and the Descent thereof from Adam downwards proved; Whereunto is added, A Perfect and True Discoverie of the True* Coelum Terrae, *or the Magician's Heavenly Chaos, and First Matter of All Things.* London, 1650. Repr. in Waite (5). Germ. ed. Amsterdam, 1704. See Ferguson (1), vol. 2, p. 196.

DE VAUX, B. CARRA (5). '*L'Abrégé des Merveilles*' (*Mukhtaṣaru'l-'Ajā'ib*) *traduit de l'Arabe*...(A work attributed to al-Mas'ūdī.) Klincksieck, Paris, 1898.

VAVILOV, S. I. (1). 'Newton and the Atomic Theory.' Essay in *Newton Tercentenary Celebrations Volume* (July 1946). Royal Society, London, 1947, p. 43.

DE VEER, GERARD (1). 'The Third Voyage Northward to the Kingdoms of Cathaia, and China, Anno 1596.' In *Purchas his Pilgrimes*, 1625 ed., vol. 3, pt. 2, bk. iii. p. 482; ed. of McLehose, Glasgow, 1906, vol. 13, p. 91.

VEI CHOW JUAN. See Wei Chou-Yuan.

VELER, C. D. & DOISY, E. A. (1). 'Extraction of Ovarian Hormone from Urine.' *PSEBM*, 1928, **25**, 806.

VON VELTHEIM, COUNT (1). *Von den goldgrabenden Ameisen und Greiffen der Alten; eine Vermuthung.* Helmstadt, 1799.

VERHAEREN, H. (1). *L'Ancienne Bibliothèque du Pé-T'ang.* Lazaristes Press, Peking, 1940.

DI VILLA, E. M. (1). *The Examination of Mines in China.* North China Daily Mail, Tientsin, 1919.

DE VILLARD, UGO MONNERET (2). *Le Leggende Orientali sui Magi Evangelici.* Vatican City, 1952. (Studie Testi, no. 163.)

DE VISSER, M. W. (2). *The Dragon in China and Japan.* Müller, Amsterdam, 1913. Orig. in *VKAWA/L*, 1912 (n. r.), **13** (no. 2.).

V[OGT], E. (1). 'The Red Colour Used in [Palaeolithic and Neolithic] Graves.' *CIBA/T*, 1947, **5** (no. 54), 1968.

VOSSIUS, G. J. (1). *Etymologicon Linguae Latinae.* Martin & Allestry, London, 1662; also Amsterdam, 1695, etc.

WADDELL, L. A. (4). '[The State of the Dead in] Tibetan [Religion].' *ERE*, vol. xi, p. 853.

WAITE, A. E. (1). *Lives of Alchemystical Philosophers, based on Materials collected in 1815 and supplemented by recent Researches; with a Philosophical Demonstration of the True Principles of the Magnum Opus or Great Work of Alchemical Re-construction, and some Account of the Spiritual Chemistry*...; *to Which is added, a Bibliography of Alchemy and Hermetic Philosophy.* Redway, London, 1888. Based on: [Barrett, Francis], (attrib.). *The Lives of Alchemystical Philosophers; with a Critical Catalogue of Books in Occult Chemistry, and a Selection of the most Celebrated Treatises on the Theory and Practice of the Hermetic Art.* Lackington & Allen, London, 1814, with title-page slightly changed, 1815. See Ferguson (1), vol. 2, p. 41. The historical material in both these works is now totally unreliable and outdated; two-thirds of it concerns the 17th century and later periods, even as enlarged and re-written by Waite. The catalogue is 'about the least critical compilation of the kind extant'.

WAITE, A. E. (2). *The Secret Tradition in Alchemy; its Development and Records.* Kegan Paul, Trench & Trübner, London; Knopf, New York, 1926.

WAITE, A. E. (3). *The Hidden Church of the Holy Graal* [Grail]; *its Legends and Symbolism considered in their Affinity with certain Mysteries of Initiation and Other Traces of a Secret Tradition in Christian Times.* Rebman, London, 1909.

WAITE, A. E. (4) (ed.). *The Works of Thomas Vaughan; Eugenius Philalethes*...Theosophical Society, London, 1919.

WAITE, A. E. (5) (ed.). *The Magical Writings of Thomas Vaughan (Eugenius Philalethes); a verbatim reprint of his first four treatises; 'Anthroposophia Theomagica', 'Anima Magica Abscondita', 'Magia Adamica' and the 'Coelum Terrae'.* Redway, London, 1888.

WAITE, A. E. (6) (tr.). *The Hermetic and Alchemical Writings of Aureolus Philippus Theophrastus Bombast of Hohenheim, called Paracelsus the Great*...2 vols. Elliott, London, 1894. A translation of the Latin Works, Geneva, 1658.

WAITE, A. E. (7) (tr.). *The 'New Pearl of Great Price', a Treatise concerning the Treasure and most precious Stone of the Philosophers* [by P. Bonus of Ferrara, *c.* +1330]. Elliott, London, 1894. Tr. from the Aldine edition (1546).

WAITE, A. E. (8) (tr.). *The Hermetic Museum Restored and Enlarged; most faithfully instructing all Disciples of the Sopho-Spagyric Art how that Greatest and Truest Medicine of the Philosophers' Stone may be found and held; containing Twenty-two most celebrated Chemical Tracts.* 2 vols. Elliott, London, 1893, later repr. A translation of Anon. (87).

WAITE, A. E. (9). *The Brotherhood of the Rosy Cross; being Records of the House of the Holy Spirit in its Inward and Outward History.* Rider, London, 1924.

WAITE, A. E. (10). *The Real History of the Rosicrucians.* London, 1887.

WAITE, A. E. (11) (tr.). *The 'Triumphal Chariot of Antimony', by Basilius Valentinus, with the Commentary of Theodore Kerckringius.* London, 1893. A translation of the Latin *Currus Triumphalis Antimonii*, Amsterdam, 1685.

WAITE, A. E. (12). *The Holy Kabbalah; a Study of the Secret Tradition in Israel as unfolded by Sons of the Doctrine for the Benefit and Consolation of the Elect dispersed through the Lands and Ages of the Greater Exile.* Williams & Norgate, London, 1929.

WAITE, A. E. (13) (tr.). *The 'Turba Philosophorum', or, 'Assembly of the Sages'; called also the 'Book of Truth in the Art' and the Third Pythagorical Synod; an Ancient Alchemical Treatise translated from the Latin, [together with] the Chief Readings of the Shorter Codex, Parallels from the Greek Alchemists, and Explanations of Obscure Terms.* Redway, London, 1896.

WAITE, A. E. (14). 'The Canon of Criticism in respect of Alchemical Literature.' *JALCHS*, 1913, **1**, 17. His reply to the discussion, p. 32.

WAITE, A. E. (15). 'The Beginnings of Alchemy.' *JALCHS*, 1915, **3**, 90. Discussion, pp. 101 ff.

WAITE, A. E. See also Stenring (1).

WAKEMAN, F. (1) (ed.). *Wu Yin Lu, 'Nothing Concealed'; Essays in Honour of Liu (Aisin-Gioro) Yü-Yün.* Chinese Materials and Research Aids Service Centre, Thaipei, Thaiwan, 1970.

WALAAS, O. (1) (ed.). *The Molecular Basis of Some Aspects of Mental Activity.* 2 vols. Academic Press, London and New York, 1966–7.

WALDEN, P. (1). *Mass, Zahl und Gewicht in der Chemie der Vergangenheit; ein Kapitel aus der Vorgeschichte des Sogenannten quantitative Zeitalters der Chemie.* Enke, Stuttgart, 1931. Repr. Liebing, Würzburg, 1970. (Samml. chem. u. chem. techn. Vorträge, N.F. no. 8.)

WALDEN, P. (2). 'Zur Entwicklungsgeschichte d. chemischen Zeichen.' Art. in *Studien z. Gesch. d. Chemie* (von Lippmann Festschrift), ed. J. Ruska. Springer, Berlin, 1927, p. 80.

WALDEN, P. (3). *Geschichte der Chemie.* Universitätsdruckerei, Bonn, 1947. 2nd ed. Athenäum, Bonn, 1950.

WALDEN, P. (4). 'Paracelsus und seine Bedeutung für die Chemie.' *ZAC/AC*, 1941, **54**, 421.

WALEY, A. (1) (tr.). *The Book of Songs.* Allen & Unwin, London, 1937.

WALEY, A. (4) (tr.). *The Way and its Power; a Study of the 'Tao Tê Ching' and its Place in Chinese Thought.* Allen & Unwin, London, 1934. Crit. Wu Ching-Hsiang, *TH*, 1935, **1**, 225.

WALEY, A. (10) (tr.). *The Travels of an Alchemist; the Journey of the Taoist* [Chhiu] *Chhang-Chhun from China to the Hindu-Kush at the summons of Chingiz Khan, recorded by his disciple Li Chih-Chhang.* Routledge, London, 1931. (Broadway Travellers Series.) Crit. P. Pelliot, *TP*, 1931, **28**, 413.

WALEY, A. (14). 'Notes on Chinese Alchemy, supplementary to Johnson's "Study of Chinese Alchemy".' *BLSOAS*, 1930, **6**, 1. Revs. P. Pelliot, *TP*, 1931, **28**, 233; Tenney L. Davis, *ISIS*, 1932, **17**, 440.

WALEY, A. (17). *Monkey, by Wu Chhêng-Ên.* Allen & Unwin, London, 1942.

WALEY, A. (23). *The Nine Songs; a study of Shamanism in Ancient China* [the *Chiu Ko* attributed traditionally to Chhü Yuan]. Allen & Unwin, London, 1955.

WALEY, A. (24). 'References to Alchemy in Buddhist Scriptures.' *BLSOAS*, 1932, **6**, 1102.

WALEY, A. (27) (tr.). *The Tale of Genji.* 6 vols. Allen & Unwin, London; Houghton Mifflin, New York, 1925–33.

Vol. 1 *The Tale of Genji.*
Vol. 2 *The Sacred Tree.*
Vol. 3 *A Wreath of Cloud.*
Vol. 4 *Blue Trousers.*
Vol. 5 *The Lady of the Boat.*
Vol. 6 *The Bridge of Dreams.*

WALKER, D. P. (1). 'The Survival of the "Ancient Theology" in France, and the French Jesuit Missionaries in China in the late Seventeenth Century.' MS. of Lecture at the Cambridge History of Science Symposium, Oct. 1969. Pr. in Walker (2) pp. 194 ff.

WALKER, D. P. (2). *The Ancient Theology; Studies in Christian Platonism from the +15th to the +18th Century*. Duckworth, London, 1972.

WALKER, D. P. (3). 'Francis Bacon and *Spiritus*', art. in *Science, Medicine and Society in the Renaissance* (Pagel Presentation Volume), ed. Debus (20), vol. 2, p. 121.

WALKER, W. B. (1). 'Luigi Cornaro; a Renaissance Writer on Personal Hygiene.' *BIHM*, 1954, **28**, 525.

WALLACE, R. K. (1). 'Physiological Effects of Transcendental Meditation.' *SC*, 1970, **167**, 1751.

WALLACE, R. K. & BENSON, H. (1). 'The Physiology of Meditation.' *SAM*, 1972, **226** (no. 2), 84.

WALLACE, R. K., BENSON, H. & WILSON, A. F. (1). 'A Wakeful Hypometabolic Physiological State.' *AJOP*, 1971, **221**, 795.

WALLACKER, B. E. (1) (tr.). *The 'Huai Nan Tzu' Book*, [*Ch.*] *11; Behaviour, Culture and the Cosmos*. Amer. Oriental Soc., New Haven, Conn. 1962. (Amer. Oriental Series, no. 48.)

VAN DE WALLE, B. (1). 'Le Thème de la Satire des Métiers dans la Littérature Egyptienne.' *CEG*, 1947, **43**, 50.

WALLESER, M. (3). 'The Life of Nāgārjuna from Tibetan and Chinese Sources.' *AM* (Hirth Anniversary Volume), **1**, 1.

WALSHE, W. G. (1). '[Communion with the Dead in] Chinese [Thought and Liturgy].' *ERE*, vol. iii, p. 728.

WALTON, A. HULL. See Davenport, John.

WANG, CHHUNG-YU (1). *Bibliography of the Mineral Wealth and Geology of China*. Griffin, London, 1912.

WANG, CHHUNG-YU (2). *Antimony; its History, Chemistry, Mineralogy, Geology, Metallurgy, Uses, Preparations, Analysis, Production and Valuation; with Complete Bibliographies*. Griffin, London, 1909.

WANG CHHUNG-YU (3). *Antimony; its Geology, Metallurgy, Industrial Uses and Economics*. Griffin, London, 1952. ('3rd edition' of Wang Chhung-Yu (2), but it omits the chapters on the history, chemistry, mineralogy and analysis of antimony, while improving those that are retained.)

WANG CHI-MIN & WU LIEN-TÊ (1). *History of Chinese Medicine*. Nat. Quarantine Service, Shanghai, 1932, 2nd ed. 1936.

WANG CHIUNG-MING (1). 'The Bronze Culture of Ancient Yunnan.' *PKR*, 1960 (no. 2), 18. Reprinted in mimeographed form, Collet's Chinese Bookshop, London, 1960.

WANG LING (1). 'On the Invention and Use of Gunpowder and Firearms in China.' *ISIS*, 1947, **37**, 160.

WARE, J. R. (1). 'The *Wei Shu* and the *Sui Shu* on Taoism.' *JAOS*, 1933, **53**, 215. Corrections and emendations in *JAOS*, 1934, **54**, 290. Emendations by H. Maspero, *JA*, 1935, **226**, 313.

WARE, J. R. (5) (tr.). *Alchemy, Medicine and Religion in the China of +320; the 'Nei Phien' of Ko Hung ('Pao Phu Tzu')*. M.I.T. Press, Cambridge, Mass. and London, 1966. Revs. Ho Ping-Yü, *JAS*, 1967, **27**, 144; J. Needham, *TCULT*, 1969, **10**, 90.

WARREN, W. F. (1). *The Earliest Cosmologies; the Universe as pictured in Thought by the Ancient Hebrews, Babylonians, Egyptians, Greeks, Iranians and Indo-Aryans—a Guidebook for Beginners in the Study of Ancient Literatures and Religions*. Eaton & Mains, New York; Jennings & Graham, Cincinnati, 1909.

WASHBURN, E. W. (1). 'Molecular Stills.' *BSJR*, 1929, **2** (no. 3), 476. Part of a collective work by E. W. Washburn, J. H. Bruun & M. M. Hicks: *Apparatus and Methods for the Separation, Identification and Determination of the Chemical Constituents of Petroleum*, p. 467.

WASITZKY, A. (1). 'Ein einfacher Mikro-extraktionsapparat nach dem Soxhlet-Prinzip.' *MIK*, 1932, **11**, 1.

WASSON, R. G. (1). 'The Hallucinogenic Fungi of Mexico; an Enquiry into the Origins of the Religious Idea among Primitive Peoples.' *HU/BML*, 1961, **19**, no. 7. (Ann. Lecture, Mycol. Soc. of America.)

WASSON, R. G. (2). '*Ling Chih* [the Numinous Mushroom]; Some Observations on the Origins of a Chinese Conception.' Unpub. MS. Memorandum, 1962.

WASSON, R. G. (3). *Soma; Divine Mushroom of Immortality*. Harcourt, Brace & World, New York; Mouton, The Hague, 1968. (Ethno-Mycological Studies, no. 1.) With extensive contributions by W. D. O'Flaherty. Rev. F. B. J. Kuiper, *IIJ*, 1970, **12** (no. 4), 279; followed by comments by R. G. Wasson, 286.

WASSON, R. G. (4). 'Soma and the Fly-Agaric; Mr Wasson's Rejoinder to Prof. Brough.' Bot. Mus. Harvard Univ. Cambridge, Mass. 1972. (Ethno-Mycological Studies, no. **2**, 169, 188)

WASSON, R. G. & INGALLS, D. H. H. (1). 'The Soma of the *Rig Veda*; what was it?' (Summary of his argument by Wasson, followed by critical remarks by Ingalls.) *JAOS*, 1971, **91** (no. 2). Separately issued as: *R. Gordon Wasson on Soma and Daniel H. H. Ingalls' Response*. Amer. Oriental Soc. New Haven, Conn. 1971. (Essays of the Amer. Orient. Soc. no. 7.)

WASSON, R. G. & WASSON, V. P. (1). *Mushrooms, Russia and History*. 2 vols. Pantheon, New York, 1957.

WATERMANN, H. I. & ELSBACH, E. B. (1). 'Molecular stills.' *CW*, 1929, **26**, 469.
WATSON, BURTON (1) (tr.). *'Records of the Grand Historian of China', translated from the 'Shih Chi' of Ssuma Chhien.* 2 vols. Columbia University Press, New York, 1961.
WATSON, R., Bp of Llandaff (1). *Chemical Essays.* 2 vols. Cambridge, 1781; vol. 3, 1782; vol. 4, 1786; vol. 5, 1787. 2nd ed. 3 vols. Dublin, 1783. 5th ed. 5 vols., Evans, London, 1789. 3rd ed. Evans, London, 1788. 6th ed. London, 1793–6.
WATSON, WM. (4). *Ancient Chinese Bronzes.* Faber & Faber, London, 1962.
WATTS, A. W. (2). *Nature, Man and Woman; a New Approach to Sexual Experience.* Thames & Hudson, London; Pantheon, New York, 1958.
WAYMAN, A. (1). 'Female Energy and Symbolism in the Buddhist Tantras.' *HOR*, 1962, **2**, 73.
WESBTER, C. (1). 'English Medical Reformers of the Puritan Revolution; a Background to the "Society of Chymical Physitians".' *AX*, 1967, **14**, 16.
WEEKS, M. E. (1). *The Discovery of the Elements; Collected Reprints of a series of articles published in the* Journal of Chemical Education; *with Illustrations collected by F. B. Dains.* Mack, Easton, Pa. 1933. Chinese tr. *Yuan Su Fa-Hsien Shih* by Chang Tzu-Kung, with additional material. Shanghai, 1941.
WEI CHOU-YUAN (VEI CHOU JUAN) (1). 'The Mineral Resources of China.' *EG*, 1946, **41**, 399–474
VON WEIGEL, C. E. (1). *Observationes Chemicae et Mineralogicae.* Pt. 1, Göttingen, 1771; pt. 2, Gryphiae, 1773.
WEISS, H. B. & CARRUTHERS, R. H. (1). *Insect Enemies of Books* (63 pp. with extensive bibliography). New York Public Library, New York, 1937.
WELCH, HOLMES, H. (1). *The Parting of the Way; Lao Tzu and the Taoist Movement.* Beacon Press, Boston, Mass. 1957.
WELCH, HOLMES H. (2). 'The Chang Thien Shih ["Taoist Pope"] and Taoism in China.' *JOSHK*, 1958, **4**, 188.
WELCH, HOLMES H. (3). 'The Bellagio Conference on Taoist Studies.' *HOR*, 1970, **9**, 107.
WELLMANN, M. (1). 'Die Stein- u. Gemmen-Bücher d. Antike.' *QSGNM*, 1935, **4**, 86.
WELLMANN, M. (2). 'Die Φυσικά des Bolos Democritos und der Magier Anaxilaos aus Larissa.' *APAW/PH*, 1928 (no. 7).
WELLMANN, M. (3). 'Die "Georgika" des [Bolus] Demokritos.' *APAW/PH*, 1921 (no. 4), 1–.
WELLS, D. A. (1). *Principles and Applications of Chemistry.* Ivison, Blakeman & Taylor, New York and Chicago, 1858. Chinese tr. by J. Fryer & Hsü Shou, Shanghai, 1871.
WELTON, J. (1). *A Manual of Logic.* London, 1896.
WENDTNER, K. (1). 'Assaying in the Metallurgical Books of the +16th Century.' Inaug. Diss. London, 1952.
WENGER, M. A. & BAGCHI, B. K. (1). 'Studies of Autonomic Functions in Practitioners of Yoga in India.' *BS*, 1961, **6**, 312.
WENGER, M. A., BAGCHI, B. K. & ANAND, B. K. (1). 'Experiments in India on the "Voluntary" Control of the Heart and Pulse.' *CIRC*, 1961, **24**, 1319.
WENSINCK, A. J. (2). *A Handbook of Early Muhammadan Tradition, Alphabetically Arranged.* Brill, Leiden, 1927.
WENSINCK, A. J. (3). 'The Etymology of the Arabic Word *djinn*.' *VMAWA*, 1920, 506.
WERTHEIMER, E. (1). Art. 'Arsenic' in *Dictionnaire de Physiologie*, ed. C. Richet, vol. i. Paris.
WERTIME, T. A. (1). 'Man's First Encounters with Metallurgy.' *SC*, 1964, **146**, 1257.
WEST, M. (1). 'Notes on the Importance of Alchemy to Modern Science in the Writings of Francis Bacon and Robert Boyle.' *AX*, 1961, **9**, 102.
WEST, M. L. (1). *Early Greek Philosophy and the Orient.* Oxford, 1971.
WESTBERG, F. (1). *Die Fragmente des* Toparcha Goticus (*Anonymus Tauricus, 'Zapisk gotskogo toparcha'); Nachdruck der Ausgabe St. Petersburg, 1901, mit einem wissenchafts-geschichtlichen Vorwort in englischer Sprache von Ihor Ševčenko* (*Washington*). Zentralantiquariat der D. D. R., Leipzig, 1971. (Subsidia Byzantina, no. 18.)
WESTBROOK, J. H. (1). 'Historical Sketch [of Intermetallic Compounds].' Xerocopy of art. without indication of place or date of pub., comm. by the author, General Electric Co., Schenectady, N.Y.
WESTERBLAD, C. A. (1). *Pehr Henrik Ling; en Lefnadsteckning och några Sympunkter* [in Swedish]. Norstedt, Stockholm, 1904. *Ling, the Founder of the Swedish Gymnastics.* London, 1909.
WESTERBLAD, C. A. (2). *Ling; Tidshistoriska Undersökningar* [in Swedish]. Norstedt, Stockholm. Vol. 1, *Den Lingska Gymnastiken i dess Upphofsmans Dagar*, 1913. Vol. 2, *Personlig och allmän Karakteristik samt Litterär Analys*, 1916.
WESTFALL, R. S. (1). 'Newton and the Hermetic Tradition', art. in *Science, Medicine and Society in the Renaissance* (Pagel Presentation Volume), ed. Debus (20), vol. 2. p. 183.
WEULE, K. (1). *Chemische Technologie der Naturvölker.* Stuttgart, 1922.

WEYNANTS-RONDAY, M. (1). *Les Statues Vivantes; Introduction à l'Étude des Statues Égyptiennes...* Fond. Egyptol. Reine Elis:, Brussels, 1926.

WHELER, A. S. (1). 'Antimony Production in Hunan Province.' *TIMM*, 1916, **25**, 366.

WHELER, A. S. & LI, S. Y. (1). 'The Shui-ko-shan [Shui-khou Shan] Zinc and Lead Mine in Hunan [Province].' *MIMG*, 1917, **16**, 91.

WHITE, J. H. (1). *The History of the Phlogiston Theory.* Arnold, London, 1932.

WHITE, LYNN (14). *Machina ex Deo; Essays in the Dynamism of Western Culture.* M.I.T. Press, Cambridge, Mass. 1968.

WHITE, LYNN (15). 'Mediaeval Borrowings from Further Asia.' *MRS*, 1971, **5**, 1.

WHITE, W. C., Bp. of Honan (3). *Bronze Culture of Ancient China; an archaeological Study of Bronze Objects from Northern Honan dating from about −1400 to −771.* Univ. of Toronto Press, Toronto, 1956 (Royal Ontario Museum Studies, no. 5).

WHITFORD, J. (1). 'Preservation of bodies after arsenic poisoning.' *BMJ*, 1884, pt. 1, 504.

WHITLA, W. (1). *Elements of Pharmacy, Materia Medica and Therapeutics.* Renshaw, London, 1903.

WHITNEY, W. D. & LANMAN, C. R. (1) (tr.). *Atharva-veda Saṃhitā.* 2 vols. Harvard Univ. Press, Cambridge, Mass. 1905. (Harvard Oriental Series, nos. 7, 8.)

WIBERG, A. (1). 'Till Frågan om Destilleringsförfarandets Genesis; en Etnologisk-Historisk Studie' [in Swedish]. *SBM*, 1937 (nos. 2–3), 67, 105.

WIDENGREN, GEO. (1). 'The King and the Tree of Life in Ancient Near Eastern Religion.' *UUA*, 1951, **4**, 21.

WIEDEMANN, E. (7). 'Beiträge z. Gesch. d. Naturwiss.; VI, Zur Mechanik und Technik bei d. Arabern.' *SPMSE*, 1906, **38**, 1. Repr. in (23), vol. 1, p. 173.

WIEDEMANN, E. (11). 'Beiträge z. Gesch. d. Naturwiss.; XV, Über die Bestimmung der Zusammensetzung von Legierungen.' *SPMSE*, 1908, **40**, 105. Repr. in (23), vol. 1, p. 464.

WIEDEMANN, E. (14). 'Beiträge z. Gesch. d. Naturwiss.; XXV, Über Stahl und Eisen bei d. muslimischen Völkern.' *SPMSE*, 1911, **43**, 114. Repr. in (23), vol. 1, p. 731.

WIEDEMANN, E. (15). 'Beiträge z. Gesch. d. Naturwiss.; XXIV, Zur Chemie bei den Arabern' (including a translation of the chemical section of the *Mafātīḥ al-'Ulūm* by Abū 'Abdallah al-Khwārizmī al-Kātib, *c.* +976). *SPMSE*, 1911, **43**, 72. Repr. in (23), vol. 1, p. 689.

WIEDEMANN, E. (21). 'Zur Alchemie bei den Arabern.' *JPC*, 1907, **184** (N.F. **76**), 105.

WIEDEMANN, E. (22). 'Über chemische Apparate bei den Arabern.' Art. in the Kahlbaum Gedächtnisschrift: *Beiträge aus d. Gesch. d. Chemie*...ed. P. Diergart (1), 1909, p. 234.

WIEDEMANN, E. (23). *Aufsätze zur arabischen Wissenschaftsgeschichte* (a reprint of his 79 contributions in the series 'Beiträge z. Geschichte d. Naturwissenschaften' in *SPMSE*), ed. W. Fischer, with full indexes. 2 vols. Olm, Hildesheim and New York, 1970.

WIEDEMANN, E. (24). 'Beiträge z. Gesch. d. Naturwiss.; I, Beiträge z. Geschichte der Chemie bei den Arabern.' *SPMSE*, 1902, **34**, 45. Repr. in (23), vol. 1, p. 1.

WIEDEMANN, E. (25). 'Beiträge z. Gesch. d. Naturwiss.; LXIII, Zur Geschichte der Alchemie.' *SPMSE*, 1921, **53**, 97. Repr. in (23), vol. 2, p. 545.

WIEDEMANN, E. (26). 'Beiträge z. Mineralogie u.s.w. bei den Arabern.' Art. in *Studien z. Gesch. d. Chemie* (von Lippmann Festschrift), ed. J. Ruska. Springer, Berlin, 1927, p. 48.

WIEDEMANN, E. (27). 'Beitrage z. Gesch. d. Naturwiss.; II, 1. Einleitung, 2. Ü. elektrische Erscheinungen, 3. Ü. Magnetismus, 4. Optische Beobachtungen, 5. Ü. einige physikalische usf. Eigenschaften des Goldes, 6. Zur Geschichte d. Chemie (a) Die Darstellung der Schwefelsäure durch Erhitzen von Vitriolen, die Wärme-entwicklung beim Mischen derselben mit Wasser, und ü. arabische chemische Bezeichnungen, (b) Astrologie and Alchemie, (c) Anschauungen der Araber ü. die Metallverwandlung und die Bedeutung des Wortes al-Kimiya.' *SPMSE*, 1904, **36**, 309. Repr. in (23), vol. 1, p. 15.

WIEDEMANN, E. (28). 'Beiträge z. Gesch. d. Naturwiss.; XL, Über Verfälschungen von Drogen usw. nach Ibn Bassām und Nabarāwī.' *SPMSE*, 1914, **46**, 172. Repr. in (23), vol. 2, p. 102.

WIEDEMANN, E. (29). 'Zur Chemie d. Araber.' *ZDMG*, 1878, **32**, 575.

WIEDEMANN, E. (30). 'Al-Kīmīyā.' Art. in *Encyclopaedia of Islam*, vol. ii, p. 1010.

WIEDEMANN, E. (31). 'Beiträge zur Gesch. der Naturwiss.; LVII, Definition verschiedener Wissenschaften und über diese verfasste Werke.' *SPMSE*, 1919, **50–51**, 1. Repr. in (23), vol. 2, p. 431.

WIEDEMANN, E. (32). *Zur Alchemie bei den Arabern.* Mencke, Erlangen, 1922. (Abhandlungen zur Gesch. d. Naturwiss. u. d. Med., no. 5.) Translation of the entry on alchemy in Haji Khalfa's Bibliography and of excerpts from al-Jildakī, with a biographical glossary of Arabic alchemists.

WIEDEMANN, E. (33). 'Beiträge zur Gesch. der Naturwiss.; V, Auszüge aus arabischen Enzyklopädien und anderes.' *SPMSE*, 1905, **37**, 392. Repr. in (23), vol. 1, p. 109.

WIEGER, L. (2). *Textes Philosophiques.* (Ch and Fr.) Mission Press, Hsien-hsien, 1930.

WIEGER, L. (3). *La Chine à travers les Ages; Précis, Index Biographique et Index Bibliographique.* Mission Press, Hsien-hsien, 1924. Eng. tr. E. T. C. Werner.

WIEGER, L. (6) *Taoisme*. Vol. 1. *Bibliographie Générale*: (1) Le Canon (Patrologie); (2) Les Index Officiels et Privés. Mission Press. Hsien-hsien, 1911. Crit. P. Pelliot, *JA*, 1912 (10e Sér.) **20**, 141.

WIEGER, L. (7). *Taoisme*. Vol. 2. *Les Pères du Système Taoiste* (tr. selections of Lao Tzu, Chuang Tzu, Lieh Tzu). Mission Press, Hsien-hsien, 1913.

WIEGLEB, J. C. (1). *Historisch-kritische Untersuchung der Alchemie, oder den eingebildeten Goldmacherkunst; von ihrem Ursprunge sowohl als Fortgange, und was nun von ihr zu halten sey*. Hoffmanns Wittwe und Erben, Weimar, 1777. 2nd ed. 1793. Photolitho repr. of the original ed., Zentral-Antiquariat D.D.R. Leipzig, 1965. Cf. Ferguson (1), vol. 2, p. 546.

WIGGLESWORTH, V. B. (1). 'The Insect Cuticle.' *BR*, 1948, **23**, 408.

WILHELM, HELLMUT (6). 'Eine Chou-Inschrift über Atemtechnik.' *MS*, 1948, **13**, 385.

WILHELM, R. (2) (tr.). *I Ging [I Ching]: das Buch du Wandlungen*. 2 vols. (3 books, pagination of 1 and 2 continuous in first volume). Diederichs, Jena, 1924. Eng. tr. C. F. Baynes (2 vols.) Bollingen Pantheon, New York, 1950.

WILHELM, RICHARD & JUNG, C. G. (1). *The Secret of the Golden Flower; a Chinese Book of Life* (including a partial translation of the *Thai-I Chin Hua Tsung Chih* by R. W. with notes, and a 'European commentary' by C. G. J.).

Eng. ed. tr. C. F. Baynes, (with C. G. J.'s memorial address for R. W.). Kegan Paul, London and New York, 1931. From the Germ. ed. *Das Geheimnis d. goldenen Blute; ein chinesisches Lebensbuch*. Munich, 1929.

Abbreviated preliminary version: '*Tschang Scheng Shu* [*Chhang Shêng Shu*]; die Kunst das menschlichen Leben zu verlängern.' *EURR*, 1929, **5**, 530.

Revised Germ. ed. with new foreword by C. G. J., Rascher, Zürich, 1938. Repr. twice, 1944.

New Germ. ed. entirely reset, with new foreword by Salome Wilhelm, and the partial translation of a Buddhist but related text, the *Hui Ming Ching*, from R. W.'s posthumous papers, Zürich, 1957.

New Eng. ed. including all the new material, tr. C. F. Baynes. Harcourt, New York and Routledge, London, 1962, repr. 1965, 1967, 1969. Her revised tr. of the 'European commentary' alone had appeared in an anthology: *Psyche und Symbol*, ed. V. S. de Laszlo. Anchor, New York, 1958. Also tr. R. F. C. Hull for C. G. J.'s *Collected Works*, vol. 13, pp. 1–55, i.e. Jung (3).

WILLETTS, W. Y. (1). *Chinese Art*. 2 vols. Penguin, London, 1958.

WILLETTS, W. Y. (3). *Foundations of Chinese Art; from Neolithic Pottery to Modern Architecture*. Thames & Hudson, London, 1965. Revised, abridged and re-written version of (1), with many illustrations in colour.

WILLIAMSON, G. C. (1). *The Book of 'Famille Rose'* [polychrome decoration of Chinese Porcelain]. London, 1927.

WILSON, R. MCLACHLAN (1). *The Gnostic Problem; a Study of the Relations between Hellenistic Judaism and the Gnostic Heresy*. Mowbray, London, 1958.

WILSON, R. MCLACHLAN (2). *Gnosis and the New Testament*. Blackwell, Oxford, 1968.

WILSON, R. MCLACHLAN (3) (ed. & tr.). *New Testament Apocrypha* (ed. E. Hennecke & W. Schneemelcher). 2 vols. Lutterworth, London, 1965.

WILSON, W. (1) (tr.). *The Writings of Clement of Alexandria* (b. c. +150] (including *Stromata*, c. +200). In Ante-Nicene Christian Library, ed. A. Roberts & J. Donaldson. Clark, Edinburgh, 1867, vols 4 and 12.

WILSON, W. J. (1). 'The Origin and Development of Graeco-Egyptian Alchemy.' *CIBA/S*, 1941, **3**, 926.

WILSON, W. J. (2) (ed.). 'Alchemy in China.' *CIBA/S*, 1940, **2** (no. 7), 594.

WILSON, W. J. (2*a*). 'The Background of Chinese Alchemy.' *CIBA/S*, 1940, **2** (no. 7), 595.

WILSON, W. J. (2*b*). 'Leading Ideas of Early Chinese Alchemy.' *CIBA/S*, 1940, **2** (no. 7), 600.

WILSON, W. J. (2*c*). 'Biographies of Early Chinese Alchemists.' *CIBA/S*, 1940, **2** (no. 7), 605.

WILSON, W. J. (2*d*). 'Later Developments of Chinese Alchemy.' *CIBA/S*, 1940, **2** (no. 7), 610.

WILSON, W. J. (2*e*). 'The Relation of Chinese Alchemy to that of other Countries.' *CIBA/S*, 1940, **2** (no. 7), 618.

WILSON, W. J. (3). 'An Alchemical Manuscript by Arnaldus [de Lishout] de Bruxella [written from +1473 to +1490].' *OSIS*, 1936, **2**, 220.

WINDAUS, A. (1). 'Über d. Entgiftung der Saponine durch Cholesterin.' *BDCG*, 1909, **42**, 238.

WINDAUS, A. (2). 'Über d. quantitative Bestimmung des Cholesterins und der Cholesterinester in einigen normalen und pathologischen Nieren.' *ZPC*, 1910, **65**, 110.

WINDERLICH, R. (1) (ed.). *Julius Ruska und die Geschichte d. Alchemie, mit einem Völlstandigen Verzeichnis seiner Schriften; Festgabe zu seinem 70. Geburtstage*... Ebering, Berlin, 1937. (Abhdl. z. Gesch. d. Med. u. d. Naturwiss., no. 19).

WINDERLICH, R. (2). 'Verschüttete und wieder aufgegrabene Quellen der Alchemie des Abendlandes' (a biography of J. Ruska and an account of his work). Art. in Winderlich (1), the Ruska Presentation Volume.

WINKLER, H. A. (1). *Siegel und Charaktere in der Mohammedanische Zauberei.* De Gruyter, Berlin and Leipzig, 1930. (*DI* Beiheft, no. 7.)

WISE, T. A. (1). *Commentary on the Hindu System of Medicine.* Thacker, Ostell & Lepage, Calcutta; Smith Elder, London, 1845.

WISE, T. A. (2). *Review of the History of Medicine* [*among the Asiatic Nations*]. 2 vols. Churchill, London, 1867.

WOLF, A. (1) (with the co-operation of F. Dannemann & A. Armitage). *A History of Science, Technology, and Philosophy in the 16th and 17th Centuries.* Allen & Unwin, London, 1935; 2nd ed., revised by D. McKie, London, 1950. Rev. G. Sarton, *ISIS*, 1935, **24**, 164.

WOLF, A. (2). *A History of Science, Technology and Philosophy in the 18th Century.* Allen & Unwin, London, 1938; 2nd ed. revised by D. McKie, London, 1952.

WOLF, JOH. CHRISTOPH (1). *Manichaeismus ante Manichaeos, et in Christianismo Redivivus; Tractatus Historico-Philosophicus...* Liebezeit & Stromer, Hamburg, 1707. Repr. Zentralantiquariat D. D. R., Leipzig, 1970.

WOLF, T. (1). *Viajes Cientificos.* 3 vols. Guayaquil, Ecuador, 1879.

WOLFF, CHRISTIAN (1). 'Rede über die Sittenlehre der Sineser', pub. as *Oratio de Sinarum Philosophia Practica* [that morality is independent of revelation]. Frankfurt a/M, 1726. The lecture given in July 1721 on handing over the office of Pro-Rector, for which Christian Wolff was expelled from Halle and from his professorship there. See Lach (6). The German version did not appear until 1740 in vol. 6 of Wolff's *Kleine Philosophische Schriften*, Halle.

WOLTERS, O. W. (1). 'The "Po-Ssu" Pine-Trees.' *BLSOAS*, 1960, **23**, 323.

WONG K. CHIMIN. See Wang Chi-Min.

WONG, M. or MING. See Huang Kuang-Ming, Huard & Huang Kuang-Ming.

WONG MAN. See Huang Wên.

WONG WÊN-HAO. See Ong Wên-Hao.

WOOD, I. F. (1). '[The State of the Dead in] Hebrew [Thought].' *ERE*, vol. xi, p. 841.

WOOD, I. F. (2). '[The State of the Dead in] Muhammadan [Muslim, Thought].' *ERE*, vol. xi, p. 849.

WOOD, R. W. (1). 'The Purple Gold of Tut'ankhamĕn.' *JEA*, 1934, **20**, 62.

WOODCROFT, B. (1) (tr.). *The 'Pneumatics' of Heron of Alexandria.* Whittingham, London, 1851.

WOODROFFE, SIR J. G. (ps. A. Avalon) (1). *Śakti and Śakta; Essays and Addresses on the Śakta Tantra-śāstra.* 3rd ed. Ganesh, Madras; Luzac, London, 1929.

WOODROFFE, SIR J. G. (ps. A. Avalon) (2). *The Serpent Power* [Kuṇḍalinī Yoga], *being the Ṣat-cakra-nirūpana* [i.e. ch. 6 of Pūrnānanda's *Tattva-chintāmaṇi*] *and 'Pādukā-panchaka', two works on Laya Yoga...* Ganesh, Madras; Luzac, London, 1931.

WOODROFFE, SIR J. G. (ps. A. Avalon) (3) (tr.). *The Tantra of the Great Liberation, 'Mahā-nirvāna Tantra', a translation from the Sanskrit.* London, 1913. Ganesh, Madras, 1929 (text only).

WOODS, J. H. (1). *The Yoga System of Patañjali; or, the Ancient Hindu Doctrine of Concentration of Mind...* Harvard Univ. Press, Cambridge, Mass. 1914. (Harvard Oriental Series, no. 17.)

WOODWARD, J. & BURNETT, G. (1). *A Treatise on Heraldry, British and Foreign...* 2 vols. Johnston, Edinburgh and London, 1892.

WOOLLEY, C. L. (4). 'Excavations at Ur, 1926–7, Part II.' *ANTJ*, 1928, **8**, 1 (24), pl. viii, 2.

WOULFE, P. (1). 'Experiments to show the Nature of *Aurum Mosaicum*.' *PTRS*, 1771, **61**, 114.

WRIGHT, SAMSON, (1). *Applied Physiology.* 7th ed. Oxford, 1942.

WU KHANG (1). *Les Trois Politiques du Tchounn Tsieou* [*Chhun Chhiu*] *interpretées par Tong Tchong-Chou* [*Tung Chung-Shu*] *d'après les principes de l'école de Kong-Yang* [*Kungyang*]. Leroux, Paris, 1932. (Includes tr. of ch. 121 of *Shih Chi*, the biography of Tung Chung-Shu.)

WU LU-CHHIANG. See Tenney L. Davis' biography (obituary). *JCE*, 1936, **13**, 218.

WU LU-CHHIANG & DAVIS, T. L. (1) (tr.). 'An Ancient Chinese Treatise on Alchemy entitled *Tshan Thung Chhi*, written by Wei Po-Yang about +142...' *ISIS*, 1932, **18**, 210. Critique by J. R. Partington, *N*, 1935, **136**, 287.

WU LU-CHHIANG & DAVIS, T. L. (2) (tr.). 'An Ancient Chinese Alchemical Classic; Ko Hung on the Gold Medicine, and on the Yellow and the White; being the 4th and 16th chapters of *Pao Phu Tzu...*' *PAAAS*, 1935, **70**, 221.

WU YANG-TSANG (1). 'Silver Mining and Smelting in Mongolia.' *TAIME*, 1903, **33**, 755. With a discussion by B. S. Lyman, pp. 1038 ff. (Contains an account of the recovery of silver from argentiferous lead ore, and cupellation by traditional methods, at the mines of Ku-shan-tzu and Yen-tung Shan in Jehol province. The discussion adds a comparison with traditional Japanese methods observed at Hosokura). Abridged version in *EMJ*, 1903, **75**, 147.

WULFF, H. E. (1). *The Traditional* [*Arts and*] *Crafts of Persia; their Development, Technology and Influence on Eastern and Western Civilisations.* M.I.T. Press, Cambridge, Mass. 1966. Inaug. Diss. Univ. of New South Wales, 1964.

WUNDERLICH, E. (1). 'Die Bedeutung der roten Farbe im Kultus der Griechern und Römer.' *RGVV*, 1925, **20**, 1.

YABUUCHI KIYOSHI (9). 'Astronomical Tables in China, from the Han to the Thang Dynasties.' Eng. art. in Yabuuchi Kiyoshi (25) (ed.), *Chūgoku Chūsei Kagaku Gijutsushi no Kenkyū* (Studies in the History of Science and Technology in Mediaeval China). Jimbun Kagaku Kenkyusō, Tokyo, 1963.

YAMADA KENTARO (1). *A Short History of Ambergris [and its Trading] by the Arabs and the Chinese in the Indian Ocean.* Kinki University, 1955, 1956. (Reports of the Institute of World Economics, *KKD*, nos. 8 and 11.)

YAMADA KENTARO (2). *A Study of the Introduction of 'An-hsi-hsiang' into China and of Gum Benzoin into Europe.* Kinki University, 1954, 1955. (Reports of the Institute of World Economics, *KKD*, nos. 5 and 7.)

YAMASHITA, A. (1). 'Wilhelm Nagayoshi Nagai [Nakai Nakayoshi], Discoverer of Ephredrin; his Contributions to the Foundation of Organic Chemistry in Japan.' *SHST/T*, 1965, 11.

YAMAZAKI, T. (1). 'The Characteristic Development of Chemical Technology in Modern Japan, chiefly in the Years between the two World Wars.' *SHST/T*, 1965, 7.

YAN TSZ CHIU. See Yang Tzu-Chiu (1).

YANG LIEN-SHÊNG (8). 'Notes on Maspero's "Les Documents Chinois de la Troisième Expédition de Sir Aurel Stein en Asie Centrale".' *HJAS*, 1955, **18**, 142.

YANG TZU-CHIU (1). 'Chemical Industry in Kuangtung Province.' *JRAS/NCB*, 1919, **50**, 133.

YATES, FRANCES A. (1). *Giordano Bruno and the Hermetic Tradition.* Routledge & Kegan Paul, London, 1964. Rev. W. P[agel], *AX*, 1964, **12**, 72.

YATES, FRANCES A. (2). 'The Hermetic Tradition in Renaissance Science.' Art. in *Art, Science and History in the Renaissance*, ed. C. S. Singleton. Johns Hopkins Univ. Press, Baltimore, 1968, p. 255.

YATES, FRANCES A. (3). *The Rosicrucian Enlightenment.* Routledge & Kegan Paul, London, 1972.

YEN CHI (1). 'Ancient Arab Coins in North-West China.' *AQ*, 1966, **40**, 223.

YETTS, W. P. (4). 'Taoist Tales; III, Chhin Shih Huang's Ti's Expeditions to Japan.' *NCR*, 1920, **2**, 290.

YOUNG, S. & GARNER, SIR HARRY M. (1). 'An Analysis of Chinese Blue-and-White [Porcelain]', with 'The Use of Imported and Native Cobalt in Chinese Blue-and-White [Porcelain].' *ORA*, 1956 (n. s.), **2** (no. 2).

YOUNG, W. C. (1) (ed.). *Sex and Internal Secretions.* 2 vols. Williams & Wilkins, Baltimore, 1961.

YÜ YING-SHIH (2). 'Life and Immortality in the Mind of Han China.' *HJAS*, 1965, **25**, 80.

YUAN WEI-CHOU. See Wei Chou-Yuan.

YULE, SIR HENRY (1) (ed.). *The Book of Ser Marco Polo the Venetian, concerning the Kingdoms and Marvels of the East, translated and edited, with Notes, by H. Y....*, 1st ed. 1871, repr. 1875. 2 vols. ed. H. Cordier. Murray, London, 1903 (reprinted 1921). 3rd ed. also issued Scribners, New York, 1929. With a third volume, *Notes and Addenda to Sir Henry Yule's Edition of Ser Marco Polo*, by H. Cordier. Murray, London, 1920.

YULE, SIR HENRY (2). *Cathay and the Way Thither; being a Collection of Mediaeval Notices of China.* 2 vols. Hakluyt Society Pubs. (2nd ser.) London, 1913–15. (1st ed. 1866.) Revised by H. Cordier, 4 vols. Vol. 1 (no. 38), *Introduction; Preliminary Essay on the Intercourse between China and the Western Nations previous to the Discovery of the Cape Route.* Vol. 2 (no. 33), *Odoric of Pordenone.* Vol. 3 (no. 37), *John of Monte Corvino and others.* Vol. 4 (no. 41), *Ibn Baṭṭuṭa and Benedict of Goes.* (Photo-litho reprint, Peiping, 1942.)

YULE, H. & BURNELL, A. C. (1). *Hobson-Jobson; being a Glossary of Anglo-Indian Colloquial Words and Phrases....* Murray, London, 1886.

YULE & CORDIER. See Yule (1).

ZACHARIAS, P. D. (1). 'Chymeutike, the real Hellenic Chemistry.' *AX*, 1956, **5**, 116. Based on Stephanides (1), which it expounds.

ZIMMER, H. (1). *Myths and Symbols in Indian Art and Civilisation*, ed. J. Campbell. Pantheon (Bollingen), Washington, D.C., 1947.

ZIMMER, H. (3). 'On the Significance of the Indian Tantric Yoga.' *ERYB*, 1961, **4**, 3, tr. from German in *ERJB*, 1933, **1**.

ZIMMER, H. (4). 'The Indian World Mother.' *ERYB*, 1969, **6**, 70 (*The Mystic Vision*, ed. J. Campbell). Tr. from the German in *ERJB*, 1938, **6**, 1.

ZIMMERN, H. (1). 'Assyrische Chemische-Technische Rezepte; insbesondere f. Herstellung farbiger glasierter Ziegel, im Umschrift und Übersetzung.' *ZASS*, 1925, **36** (N.F. **2**), 177.

ZIMMERN, H. (2). 'Babylonian and Assyrian [Religion].' *ERE*, vol. ii, p. 309.

ZONDEK, B. & ASCHHEIM, S. (1). 'Hypophysenvorderlappen und Ovarium; Beziehungen der endokrinen Drüsen zur Ovarialfunktion.' *AFG*, 1927, **130**, 1.

ZURETTI, C. O. (1). *Alchemistica Signa; Glossary of Greek Alchemical Symbols.* Vol. 8 of Bidez, Cumont, Delatte, Heiberg *et al.* (1).

ZURETTI, C. O. (2). *Anonymus 'De Arte Metallica seu de Metallorum Conversione in Aurum et Argentum'* [early +14th cent. Byzantine]. Vol. 7 of Bidez, Cumont, Delatte, Heiberg *et al.* (1), 1926.

索　引

说明

1. 本册原著索引系穆里尔·莫伊尔（Muriel Moyle）女士编制。本索引据原著索引译出，个别条目有所改动。
2. 本索引按汉语拼音字母顺序排列。第一字同音时，按四声顺序排列；同音同调时，按笔画多少和笔顺排列。
3. 各条目所列页码，均指原著页码。数字加 * 号者，表示这一条目见于该页脚注；数字后加 ff. 者，表示这一条目出现的起始页码。
4. 在一些条目后面所列的加有括号的阿拉伯数码，系指参考文献；斜体阿拉伯数码，表示该文献属于参考文献 B；正体阿拉伯数码，表示该文献属于参考文献 C。
5. 除外国人名和有西文论著的中国人名外，一般未附原名或相应的英译名。

A

B

C

D

E

F

K

L

Q

R

S

T

W

Y

译　后　记

本册的译稿由北京科技大学的周曾雄、李敉功和北京化工大学的陈罕翻译，并由李敉功和周曾雄作了校订。北京化工大学的王明明参与了相关工作。

参考文献 A、B 和索引由胡晓菁译编、胡维佳校订。

胡晓菁承担了译稿的体例统一、查核古籍原文、制作译名表和查核译名，以及校对清样等工作。

胡维佳负责解决译稿遗留问题，审定译名，最后审读并校核改定了全书译稿。

本册的翻译工作得到了华觉明、何绍庚的帮助和指导，谨此致谢！

李约瑟《中国科学技术史》
翻译出版委员会办公室
2009 年 8 月 6 日